Eckard Macherauch

Praktikum in Werkstoffkunde

Eckard Macherauch

Praktikum in Werkstoffkunde

Skriptum für
Ingenieure, Metall- und Werkstoffkundler,
Werkstoffwissenschaftler, Eisenhüttenleute,
Fertigungs- und Umformtechniker

10., verbesserte Auflage

Mit 508 Bildern

Friedr. Vieweg & Sohn Braunschweig/Wiesbaden

1. Auflage 1970
2. Auflage 1972
3., vollständig neu bearbeitete Auflage 1981
4., überarbeitete und verbesserte Auflage 1983
5., durchgesehene und ergänzte Auflage 1984
6., überarbeitete und ergänzte Auflage 1985
7., durchgesehene Auflage 1987
8., verbesserte Auflage 1989
9., Auflage 1990
10., verbesserte Auflage 1992

Der Verlag Vieweg ist ein Unternehmen der Verlagsgruppe Bertelsmann International.

Druck und buchbinderische Verarbeitung: W. Langelüddecke, Braunschweig
Gedruckt auf säurefreiem Papier
Printed in Germany

ISBN 3-528-93306-2

Aus dem Vorwort zur 3. Auflage

Das "Praktikum in Werkstoffkunde" war längere Zeit vergriffen. Meine starke berufliche Belastung verzögerte leider eine frühere Fertigstellung der hiermit vorgelegten 3. Auflage. Aus vielen Gründen erschien mir eine einfache Überarbeitung und Ergänzung des ursprünglichen Textes nicht mehr vertretbar. Vor allem die mehrfach geäußerten Wünsche, das Buch frei von der in Karlsruhe für Praktikumszwecke zur Verfügung stehenden Sachausrüstung zu gestalten und weitere Versuche aufzunehmen, legten eine vollständige Neukonzipierung und Neubearbeitung nahe.

Für die getroffene Auswahl der Versuche waren fachliche und didaktische Gesichtspunkte maßgebend. Angestrebt wurde eine Versuchsfolge, die fortschreitend ein vertieftes Eindringen in grundlegende werkstoffkundliche Methoden und Zusammenhänge ermöglicht. Dabei wurden viele Erfahrungen berücksichtigt, die sich bei dem Karlsruher werkstoffkundlichen Ausbildungskonzept für Ingenieure ergaben. Ein besonderes Anliegen war es, den Lernenden durch einfache Versuche die faszinierende Welt des Werkstoffaufbaus und des Werkstoffverhaltens unter den verschiedenartigsten Randbedingungen nahezubringen, wie sie Werkstoffherstellung, Werkstoffver- und -bearbeitung sowie Werkstoffprüfung und -verwendung bieten. Daneben sollten aber auch die physikalischen, die chemischen, die makromechanischen sowie die strukturmechanischen Grundlagen aufgezeigt werden, die die unerläßliche Basis jedes Werkstoffverständnisses sind. So entstand ein "Praktikum in Werkstoffkunde", das - wie ich hoffe - die einführenden und vertiefenden werkstoffkundlichen Vorlesungen in ausgewogener Weise ergänzen kann.

Ich hoffe, daß das hinsichtlich Form, Inhalt und Umfang veränderte Buch nicht nur den Studenten bei der Beschäftigung mit der Werkstoffkunde, sondern darüberhinaus auch überall dort von Nutzen sein wird, wo in Lehre und Praxis werkstoffkundliche Probleme behandelt werden.

Karlsruhe, im Sommer 1981 E. MACHERAUCH

Aus dem Vorwort zur 4. Auflage

Die vollständig neubearbeitete 3. Auflage des "Praktikum in Werkstoffkunde" war wenige Monate nach Erscheinen vergriffen. Das kann wohl als Beweis dafür angesehen werden, daß die mit dem Buche verfolgte Absicht gelang. Einerseits sollte dem Lernenden eine aktuelle, vorlesungsergänzende Informationsquelle und eine Anleitung zur Durchführung und zum Kennenlernen wichtiger Untersuchungsmethoden in der Werkstoffkunde, andererseits dem Praktiker ein Hilfsmittel und Nachschlagewerk für die Bewältigung werkstoffkundlicher Fragestellungen und Probleme geboten werden. Viele zustimmende Kommentare von Fachkollegen zu Form und Inhalt des "Praktikum in Werkstoffkunde", für die ich bestens danke, unterstützen diese Auffassung.

Bei der Überarbeitung der hiermit vorgelegten 4. Auflage dieses Buches habe ich der Versuchung widerstanden, neue Versuche durch Austausch bisheriger oder durch Umfangsvergrößerung aufzunehmen. Ich habe mich vielmehr darauf beschränkt, ... Textpassagen dort zu ändern, zu ergänzen oder neu einzufügen, wo mir dies auf Grund von Diskussionen mit Lernenden oder auf Grund einer eigenen kritischen Bewertung der bisherigen Formulierungen notwendig und sinnvoll erschien. Ich habe ferner - zugunsten der Lernenden - nunmehr auch bei den Versuchen zur Schwingfestigkeit und an anderen Stellen den Begriff des Werkstoffwiderstandes konsequent benutzt und dabei Symbole eingeführt, die zwar nicht mit den gängigen übereinstimmen, dafür aber - unter Berücksichtigung der bei quasistatischen Werkstoffkenngrößen verfügten Bezeichnungen - insgesamt ein vernünftiges und in sich einigermaßen geschlossenes Bezeichnungssystem ergeben.

Karlsruhe, im Juli 1982 E. MACHERAUCH

Vorwort zur 5. Auflage

Die positive Aufnahme, die die vollständig neu bearbeitete 3. Auflage dieses Buches nach ihrem Erscheinen bei werkstoffkundlich Interessierten fand, hielt auch für die 4. Auflage an. Nach knapp einem Jahr war diese ebenfalls wieder vergriffen. Bei der hiermit vorgelegten 5. Auflage wurden einige Berichtigungen und Aktualisierungen vorgenommen sowie einige Teile aus didaktischen und sachlichen Gründen neu verfaßt. Für die engagierte Mithilfe bei diesen Arbeiten bin ich Herrn Dipl.-Ing. R. Schäfer und Frau R. Dobler zu besonderem Dank verpflichtet.

Karlsruhe, im Dezember 1983 E. MACHERAUCH

Vorwort zur 10. Auflage

Das "Praktikum in Werkstoffkunde" erfreut sich nach wie vor bei Studierenden als vorlesungsergänzender bzw. vorlesungsbegleitender und in grundlegende Versuche der Werkstoffkunde einführender Text großer Beliebtheit. Auch die Ingenieure in der Praxis, die sich mit werkstoffkundlichen Problemen auseinandersetzen müssen, greifen offenbar in verstärktem Maße gerne auf dieses Buch zurück. Die dadurch wiederum relativ schnell erforderliche weitere Auflage des "PiW" bot Gelegenheit zur Vornahme einiger Berichtigungen und Ergänzungen.

Karlsruhe, im Dezember 1991 E. MACHERAUCH

Inhaltsverzeichnis

Strukturelle Beschreibung reiner Metalle

Grundlagen

Ordnet man alle natürlichen und alle künstlich erzeugten Elemente nach steigender relativer Atommasse A_r so an, daß chemisch verwandte Elemente untereinander stehen, so ergibt sich das in Bild 1 wiedergegebene sog. Kurzperiodensystem der Elemente. Man erhält sieben waagerechte Zeilen (Perioden) und acht senkrechte mit römischen Ziffern bezeichnete Spalten (Gruppen), die ihrerseits die Hauptgruppenelemente (A) und die Nebengruppenelemente (B) umfassen. Die Reihenfolge der Elemente wird durch die Ordnungszahl Z festgelegt. Sie ist identisch mit der Zahl der Protonen und der Zahl der Elektronen der Elementatome. Das periodische System der Elemente spiegelt die Periodizität im Aufbau der Elektronenhülle der Elementatome wieder. Man gelangt zu dieser Ordnung nur, wenn die eingangs erwähnte Reihenfolge der relativen Atommassen bei Ar/K mit Z = 18/19, bei Co/Ni mit Z = 27/28 und Te/J mit Z = 52/53 unterbrochen wird. Ferner ist nach Z = 57 (La) und nach Z = 89 (Ac) jeweils 14 Elementen, den Lanthaniden und den Aktiniden, ein einziger Platz zuzuweisen.

	A I B	A II B	B III A	B IV A	B V A	B VI A	B VII A	B VIII A
1	1 H 1,008							2 He 4,003
2	3 Li 6,941	4 Be 9,012	5 B 10,810	6 C 12,011	7 N 14,007	8 O 15,999	9 F 18,998	10 Ne 20,179
3	11 Na 22,990	12 Mg 24,31	13 Al 26,98	14 Si 28,09	15 P 30,97	16 S 32,06	17 Cl 35,45	18 Ar 39,95
4	19 K 39,10	20 Ca 40,08	21 Sc 44,96	22 Ti 47,90	23 V 50,94	24 Cr 52,00	25 Mn 54,94	26 Fe 27 Co 28 Ni 55,85 58,93 58,70
4	29 Cu 63,55	30 Zn 65,38	31 Ga 69,72	32 Ge 72,59	33 As 74,92	34 Se 78,96	35 Br 79,91	36 Kr 83,80
5	37 Rb 85,47	38 Sr 87,62	39 Y 88,91	40 Zr 91,22	41 Nb 92,91	42 Mo 95,94	43 Tc 99,91	44 Ru 45 Rh 46 Pd 101,07 102,91 106,40
5	47 Ag 107,87	48 Cd 112,41	49 In 114,82	50 Sn 118,69	51 Sb 121,75	52 Te 127,60	53 J 126,90	54 Xe 131,30
6	55 Cs 132,91	56 Ba 137,33	57 La [58-71] 138,91	72 Hf 178,49	73 Ta 180,95	74 W 183,85	75 Re 186,21	76 Os 77 Ir 78 Pt 190,20 192,22 195,09
6	79 Au 196,97	80 Hg 200,59	81 Tl 204,37	82 Pb 207,19	83 Bi 208,98	84 Po 208,98	85 At 209,99	86 Rn 222,02
7	87 Fr 223,02	88 Ra 226,03	89 Ac [90-103] 227,03	104 Ku 261	105 Ns 262	106 263	107 262	108 109 266

6	[58-71]	58 Ce 140,12	59 Pr 140,91	60 Nd 144,24	61 Pm 144,91	62 Sm 150,40	63 Eu 151,96	64 Gd 157,25	65 Tb 158,93	66 Dy 162,50	67 Ho 164,93	68 Er 167,26	69 Tm 168,93	70 Yb 173,04	71 Lu 174,97
7	[90-103]	90 Th 232,04	91 Pa 231,04	92 U 238,03	93 Np 237,05	94 Pu 244,06	95 Am 243.06	96 Cm 245,07	97 Bk 247,07	98 Cf 251,08	99 Es 254,09	100 Fm 255,09	101 Md 256.09	102 No 257	103 Lr 256

Bild 1: Kurzperiodensystem der Elemente. Die einzelnen Plätze sind gekennzeichnet durch Ordnungszahl, Elementsymbol und rel. Atommasse

In der Werkstoffkunde wird bevorzugt das sog. Langperiodensystem der Elemente benutzt. Man erhält es aus Bild 1 durch Herausschieben der Elementgruppen IB und IIB sowie IIIA bis VIIIA nach rechts und Anfügen an die Elementgruppe VIIIB. Wie Bild 2 zeigt, gibt diese Art der Darstellung unmittelbar den Aufbau der den einzelnen Elementen zugehörigen Elektronenhüllen wieder. Aus den angegebenen Bezeichnungen der Elektronenzustände ersieht man, daß die Auffüllung der Elektronenniveaus bis Ar in der Sequenz 1s, 2s, 2p, 3s und 3p erfolgt. Dann werden bei K und Ca die 4s-Niveaus besetzt, und erst danach erfolgt ab Sc bis Zn der Einbau von 3d-Elektronen. Daran schließt

Bild 2: Langperiodensystem der Elemente mit Angaben zur Struktur der Elektronenhülle

	1	2	3	4	5	6	7	
⊕	s	s p	s p d	s p d f	s p d f	s p d	s	← Hauptschale (Hauptquantenzahl) / ← Unterschale (Nebenquantenzahl)
	2	2 6	2 6 10	2 6 10 14	2 6 10 14	2 6 10	2	← zum Füllen der entsprechenden Unterschalen benötigte Elektronenanzahl

	IA	IIA		IIIB	IVB	VB	VIB	VIIB	VIIIB	VIIIB	VIIIB	IB	IIB		IIIA	IVA	VA	VIA	VIIA	VIIIA
1s	1 H																			2 He
2s	3 Li	4 Be												2p	5 B	6 C	7 N	8 O	9 F	10 Ne
3s	11 Na	12 Mg												3p	13 Al	14 Si	15 P	16 S	17 Cl	18 Ar
4s	19 K	20 Ca	3d	21 Sc	22 Ti	23 V	24 Cr	25 Mn	26 Fe	27 Co	28 Ni	29 Cu	30 Zn	4p	31 Ga	32 Ge	33 As	34 Se	35 Br	36 Kr
5s	37 Rb	38 Sr	4d	39 Y	40 Zr	41 Nb	42 Mo	43 Tc	44 Ru	45 Rh	46 Pd	47 Ag	48 Cd	5p	49 In	50 Sn	51 Sb	52 Te	53 J	54 Xe
6s	55 Cs	56 Ba	5d	57 La •	72 Hf	73 Ta	74 W	75 Re	76 Os	77 Ir	78 Pt	79 Au	80 Hg	6p	81 Tl	82 Pb	83 Bi	84 Po	85 At	86 Rn
7s	87 Fr	88 Ra	6d	89 Ac •	104 Ku	105 Ns	106	107	108	109										s 2
	s 1	s 2		d 1 s 2	d 2 s 2	d 3 4 3 s 2 1 2	d 5 5 4 s 1 1 2	d 5 6 5 s 2 1 2	d 6 7 6 s 2 1 2	d 7 8 7 s 2 1 2	d 8 10 9 s 2 0 1	d 10 s 1	d 10 s 2		s 2 p 1	s 2 p 2	s 2 p 3	s 2 p 4	s 2 p 5	s 2 p 6

	Ce	Pr	Nd	Pm	Sm	Eu	Gd	Tb	Dy	Ho	Er	Tm	Yb	Lu
4f	58 Ce	59 Pr	60 Nd	61 Pm	62 Sm	63 Eu	64 Gd	65 Tb	66 Dy	67 Ho	68 Er	69 Tm	70 Yb	71 Lu
4f	2	3	4	5	6	7	7	9	10	11	12	13	14	14
5s	2	außere Unterschalen wie bei Ce					2	2	außere Unterschalen wie bei Ce und Tb					2
5p	6						6	6						6
5d	0						1	0						1
6s	2						2	2						2
5f	90 Th	91 Pa	92 U	93 Np	94 Pu	95 Am	96 Cm	97 Bk	98 Cf	99 Es	100 Fm	101 Md	102 No	103 Lr
5f	0	2	3	4	5	6	7	8	9	10	11	12	13	14
6s	2	2	außere Unterschalen wie bei Pa											
6p	6	6												
6d	2	1												
7s	2	2												

(La, Ac und Lanthaniden/Actiniden: IIIB)

Die Bezeichnung der Elektronenzustände s, p, d und f folgt der historischen Charakterisierung von Spektrallinien durch die Adjektive sharp, principal, diffuse und fundamental

sich von Ga bis Kr die Aufnahme von 4p-Elektronen an. Nach dem Einbau von 5s-Elektronen bei Rb und Sr folgt ab Y bis Cd die Besetzung der 4d-Niveaus und anschließend von In bis Xe die der 5p-Niveaus. Nach La werden erst die 4f-Elektronenzustände, nach Ac die 5f-Elektronenzustände voll besetzt, bevor dann mit Hf bzw. Ku die Aufnahme weiterer d-Elektronen erfolgt. Eisen hat beispielsweise die Elektronenkonfiguration $1s^2$, $2s^2$, $2p^6$, $3s^2$, $3p^6$, $4s^2$, $3d^6$. Dabei werden die vor den Buchstaben stehenden Zahlen durch die Hauptquantenzahl (n = 1, 2, 3, 4, 5 ...), die Buchstaben s, p, d durch die Nebenquantenzahl (l = n - 1 = 0, 1, 2, 3, 4 ...) bestimmt. Die Hochzahl bei den Buchstaben gibt die Zahl der jeweiligen Elektronen des gleichen Typs an. Sie ist begrenzt durch 2 (2 l + 1). Die Elemente, die bei ihrer größten Hauptquantenzahl nur über besetzte äußere s- bzw. s- und p-Elektronenzustände verfügen, heißen Hauptgruppenelemente (A-Elemente). Beispielsweise wird die 2. Hauptgruppe IIA von den Erdalkalimetallen Be, Mg, Ca, Sr, Ba und Ra gebildet. Die s- bzw. p-Elektronen bestimmen die chemischen Eigenschaften und heißen daher Valenzelektronen. Die Elemente der Nebengruppen besitzen neben den Elektronen in den s-Niveaus der jeweils größten Hauptquantenzahl stets noch Elektronen in den d- bzw. f-Niveaus mit kleinerer (zweit- bzw. drittgrößter) Hauptquantenzahl. Dabei sind Elektronenplatzwechsel zwischen dem s- und dem jeweils letzten d-Niveau möglich. Beispiele dafür sind die VIB-Metalle Cr, Mo und W sowie die IB-Metalle Cu, Ag und Au.

Etwa 75 % aller Elemente des periodischen Systems sind Metalle. Diese liegen bei Raumtemperatur - mit Ausnahme von Quecksilber - alle als kristalline Festkörper mit einer räumlich periodischen Anordnung der Atome vor und zeichnen sich durch mehr oder weniger gute elektrische und thermische Leitfähigkeit, plastische Verformbarkeit und einen typischen Glanz aus. Die meisten Metalle kristallisieren im kubisch-flächenzentrierten (kfz.), kubisch-raumzentrierten (krz.) oder hexagonalen (hex.) Kristallsystem, deren Elementarzellen links in Bild 3 wiedergegeben sind. Die Schwerpunkte der Atome sind durch kleine Kugeln

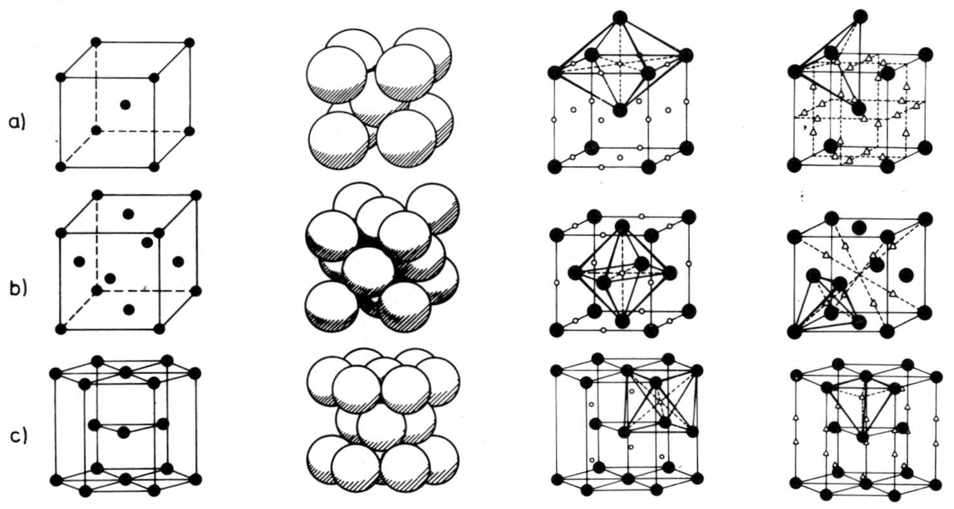

Bild 3: Kubisch-raumzentrierte (a), kubisch-flächenzentrierte (b) und hexagonale (c) Elementarzellen. 1. Spalte: Schwerpunktmodell; 2. Spalte: Realmodell; 3. Spalte: Oktaederplätze (o); 4. Spalte: Tetraederplätze (Δ)

symbolisiert. Durch räumliche Aneinanderreihung der Elementarzellen ergibt sich ein Raumgitter als Modell für die Schwerpunktlagen der Atome. Ein realistischeres Bild über die Atomanordnung in diesen Raumgittern vermittelt die zweite Spalte von Bild 3. Es entsteht dadurch, daß man sich alle Kugeln gleichzeitig gleichmäßig aufgeblasen denkt, bis sich die ersten Kugeln in bestimmten Richtungen (dichtest gepackte Gitterrichtungen) berühren. Man sieht, daß die Atome die Elementarzellen in relativ starkem Maße ausfüllen. Zwischen den Atomen treten jedoch charakteristische Lücken auf, die man je nach Anordnung der benachbarten Gitteratome als Oktaeder- und als Tetraederlückenplätze bezeichnet, und deren Lagen in der dritten und in der vierten Spalte von Bild 3 wiedergegeben sind.

Einige Metalle weisen in Abhängigkeit von der Temperatur unterschiedliche Gitterstrukturen auf, sog. allotrope Modifikationen. Die Tieftemperaturmodifikation wird üblicherweise mit α bezeichnet. Den bei höheren Temperaturen auftretenden Modifikationen werden die nächsten Buchstaben des griechischen Alphabets zugeordnet. Beispiele sind

Eisen (bis 911 °C krz. α-Fe, bis 1392 °C kfz. γ-Fe, bis 1536 °C krz. δ-Fe),

Kobalt (bis 450 °C hex. α-Co, bis 1495 °C kfz. β-Co),

Titan (bis 882 °C hex. α-Ti, bis 1720 °C krz. β-Ti) und

Zinn (bis 13.2 °C tetrg. α-Sn, bis 232 °C rhomb. β-Sn).

Zur Kennzeichnung von Ebenen und Richtungen in Raumgittern hat sich eine einheitliche Kurzschrift entwickelt. Gitterebenen werden durch sog. Miller'sche Indizes h, k, l angegeben. Dies sind die teilerfremden Reziprokwerte der Achsenabschnitte, die von den Ebenen auf einem mit der Symmetrie des Gitters kompatiblen Koordinatensystem abgeschnitten werden. Die Achsenabschnitte werden in Vielfachen der Atomabstände in den Achsenrichtungen gemessen. Ebenen, die parallel zu einer Achse des Raumgitters liegen, werden parallel zu sich selbst solange verschoben, bis sie durch die ursprungsnächsten Atome auf den anderen Achsen verlaufen. Negative Achsenabschnitte führen auf negative Miller'sche Indizes und werden durch einen Querstrich über der entsprechenden Ziffer vermerkt. Beispiele für die Ebenenindizierung in einem kubischen Raumgitter zeigt Bild 4. Den angegebenen Würfel-

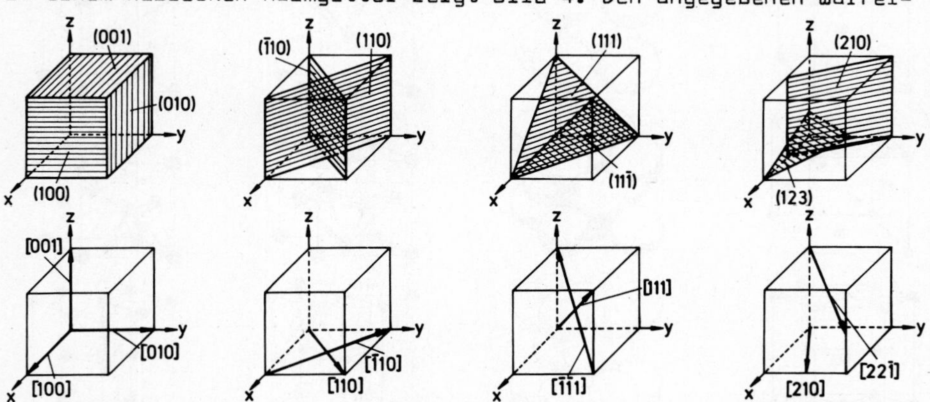

Bild 4: Charakteristische Ebenen und Richtungen im kubischen Raumgitter

flächen kommen z. B. die Indizes (100), (010) und (001) zu. Will man die Gesamtheit aller Würfelflächen ansprechen, so schreibt man in geschweiften Klammern {100} und meint damit die Ebenen (100), (010),

(001), (00$\bar{1}$), (0$\bar{1}$0) und ($\bar{1}$00). Die Richtung von Gittergeraden wird durch die teilerfremden Koordinaten u, v, w eines beliebigen Punktes auf dieser Geraden festgelegt, die in Vielfachen der auf den Koordinatenachsen vorliegenden Atomabstände gemessen werden. Dazu wird die Gerade parallel zu sich selbst in den Ursprung des Koordinatensystems verschoben. Beispiele für Richtungsindizierungen sind ebenfalls in Bild 4 enthalten. Den Würfelkanten kommen z. B. die Richtungen [100], [010] und [001] zu. Die Gesamtheit der Würfelkantenrichtungen setzt man in spitze Klammern und schreibt $\langle 100 \rangle$. In kubischen Raumgittern fallen die Richtungen [u v w] stets mit den Normalen auf den Ebenen (h k l) zusammen, wenn u = h, v = k und w = l ist.

Aufgabe

Für krz., kfz. und hex. kristallisierende Metalle sind unter Zugrundelegung des Realmodells die Zahl der nächsten Atome (Koordinationszahl), die Zahl der Atome pro Elementarzelle, die Atomradien, die Raumerfüllung pro Elementarzelle, die Radien der Oktaeder- und Tetraederlücken sowie die Zahl der Oktaeder- und Tetraederlücken pro Elementarzelle anzugeben.

Versuchsdurchführung

Es stehen Modelle für krz., kfz. und hex. Kristallgitter zur Verfügung. Die Gitterparameter sind im kubischen Fall die Gitterkonstante a_0 und die Achsenwinkel $\alpha = \beta = \gamma = 90^0$, im hexagonalen Fall a_0, c_0 mit $c_0/a_0 = 1.63$ sowie $\alpha = \beta = 90^0$ und $\gamma = 120^0$. An Hand der Modelle und nach Entwicklung geeigneter Skizzen erfolgt die Beantwortung der Fragen. Die Ergebnisse der Überlegungen und Berechnungen werden in die nachfolgende Tabelle eingetragen, miteinander verglichen und diskutiert.

Charakteristische Größen	Gittertyp		
	krz.	kfz.	hex.
Koordinationszahl			
Atome pro Elementarzelle			
Atomradius			
Raumerfüllung pro Elementarzelle			
Oktaederlückenradius			
Tetraederlückenradius			
Oktaederlücken pro Elementarzelle			
Tetraederlücken pro Elementarzelle			

Literatur: 4,5,7,12,16.

V 2 Gitterstrukturbestimmung mit Röntgenstrahlen

Grundlagen

Die Bestimmung der atomaren Struktur metallischer Werkstoffe, die kubisch, tetragonal, rhombisch oder hexagonal kristallisieren, ist mit Hilfe des sog. Debye-Scherrer-Verfahrens möglich. Dabei werden stäbchen- bzw. tablettenförmig verklebte Pulver oder Feilspäne dieser Materialien mit Abmessungen im µm-Bereich als "Präparat" im Zentrum einer Debye-Scherrer-Kammer bzw. eines Röntgen-Diffraktometers angeordnet und mit monochromatischer Röntgenstrahlung bestrahlt. Die dann auftretenden Röntgeninterferenzen werden auf einem Film oder mit anderen Strahlungsdetektoren registriert und liefern nach entsprechender Auswertung die angestrebten Informationen.

Das Debye-Scherrer-Verfahren nützt die Erscheinung aus, daß Röntgenstrahlen der Wellenlänge λ an den Gitterebenen (vgl. V 1) der Werkstoffkristallite gebeugt werden. Fällt wie in Bild 1 ein Röntgenstrahl J_0 unter dem Winkel θ auf Gitterebenen mit dem Abstand D und den Miller'schen Indizes {hkl}, dann tritt unter dem Winkel 2θ gegenüber J_0 der abgebeugte Strahl 1. Ordnung auf, wenn die Bragg'sche Bedingung

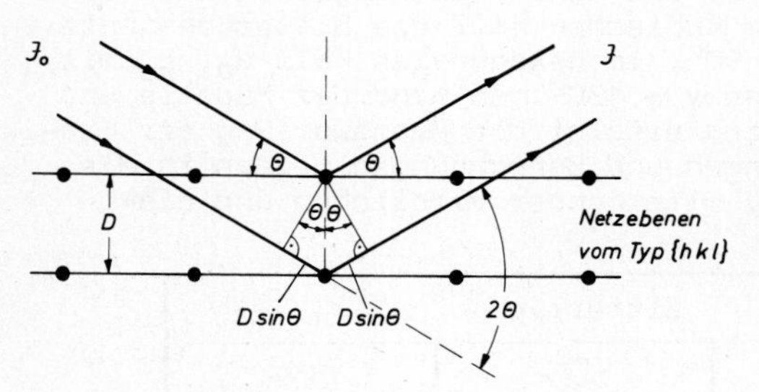

Bild 1: Geometrische Veranschaulichung der Bragg'schen Interferenzbedingung. Der Begriff Netzebene wird synonym zu Gitterebene und Atomebene benutzt.

$$2D\sin\theta = \lambda \tag{1}$$

erfüllt ist. Die Wegdifferenz der von benachbarten Atomen abgebeugten Strahlen beträgt dann gerade eine Wellenlänge. Man erkennt, daß der Beugungsvorgang formal als eine Reflexion des primären Röntgenbündels an den betrachteten Gitterebenen beschrieben werden kann. Abgebeugte Strahlen n-ter Ordnung ($n > 1$) treten auf, wenn der Einfallwinkel θ so verändert wird, daß die Wegdifferenz zwischen J_0 und J das n-fache der Wellenlänge erreicht. Dann ist

$$2D\sin\theta = n\lambda\ . \tag{2}$$

Bei kubischer Kristallstruktur, auf die sich die folgenden Betrachtungen beschränken, besteht zwischen der Gitterkonstanten a (Kantenlänge der Elementarzelle) und den Abständen D der Gitterebenen vom Typ {hkl} die Beziehung

$$D^2 = \frac{a^2}{h^2+k^2+l^2}\ . \tag{3}$$

Damit folgt aus Gl. 1

$$\sin^2\theta_{hkl} = \frac{\lambda^2}{4a^2}\,[h^2+k^2+l^2]\ . \tag{4}$$

Die beim Debye-Scherrer-Verfahren auftretenden Interferenzerscheinungen erläutert Bild 2. Das durch die Blenden B begrenzte primäre Röntgenbündel $\mathfrak{J}_0$ trifft im Präparat P auf eine hinreichend große Zahl von Kristalliten mit unterschiedlich orientierten Atomebenen $\{hkl\}_i$, die alle die Bragg'sche Interferenzbedingung erfüllen.

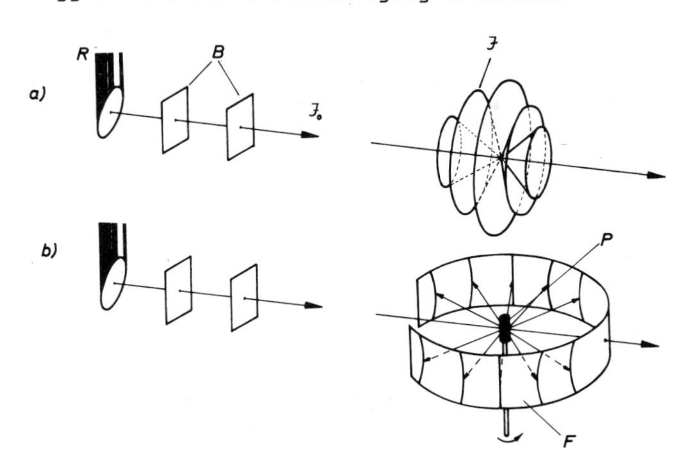

Bild 2: Meßanordnung beim Debye-Scherrer-Verfahren
a) Lage der Interferenzkegel, b) Entstehung der Debye-Scherrer-Ringe (Interferenzlinien)

Die von den regellos orientierten Kristalliten abgebeugten Strahlungsintensitäten treten daher gleichzeitig auf Kegeln $\mathfrak{J}$ mit den Öffnungswinkeln $4\,\theta\{hkl\}_i$ symmetrisch zum Primärstrahl auf. Der Schnitt dieser Interferenzkegel mit einem zentrisch zum Präparat P angebrachten Zylinderfilm F führt zu den in Bild 2b schematisch angegebenen "Debye-Scherrer-Ringen". Sie liegen auf dem Zylinderfilm symmetrisch zum Durchstoßpunkt des Primärstrahls und werden gleichzeitig registriert. Bild 3 veranschaulicht die im Filmäquator vorliegenden geometrischen Verhältnisse an Hand eines den Primärstrahl enthaltenden ebenen Schnittes durch die Meßanordnung. Interferenzen mit $4\,\theta_i < 180^o$ werden Vorderstrahlinterferenzen, solche mit $4\,\theta_i > 180^o$ Rückstrahlinterferenzen genannt. Man erkennt, daß die entstehenden Interferenzen auch nacheinander registriert werden können, wenn man mit einem geeigneten Strahlungsdetektor (Zählrohr, Szintillationszähler) den Filmäquator abtastet. Dieses Prinzip wird bei dem Diffraktometerverfahren angewandt(vgl. V 17).

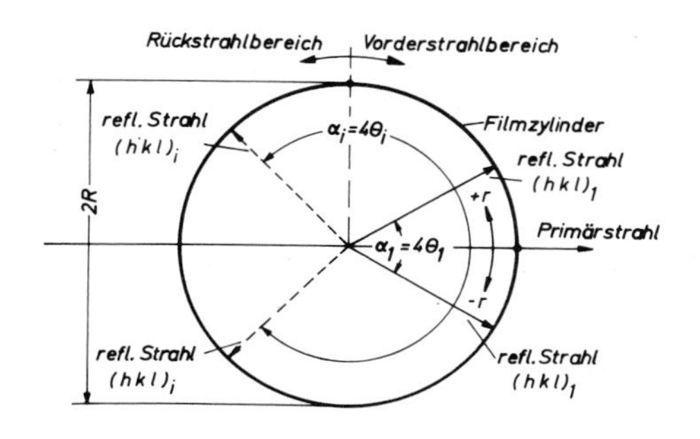

Bild 3: Geometrische Verhältnisse in der Äquatorebene einer Debye-Scherrer-Kammer.

Beim Auftreffen eines monochromatischen Röntgenstrahls auf ein regelloses Haufwerk unterschiedlich orientierter Kristallite mit kubischer Struktur erweisen sich aus beugungstheoretischen Gründen nur ganz bestimmte Gitterebenen $\{hkl\}$ als interferenzfähig. Bei kfz. Metallen (Aluminium, Kupfer, Nickel, γ-Eisen) treten nur Interferenzen von Gitterebenen auf, deren Miller'sche Indizes gerade, also z.B. vom Typ $\{200\}$, $\{220\}$ usw., oder ungerade, also z.B. vom Typ $\{111\}$, $\{113\}$ usw. sind. Bei krz. Metallen (Wolfram, Chrom, Molybdän, Niob, Tantal, α-Eisen) sind dagegen nur Interferenzen von solchen Gitterebenen möglich, bei denen die Summe der Miller'schen Indizes geradzahlig, also die Bedingung $h+k+l = 2n$ (n = 1, 2, 3 usw.) erfüllt ist. Das ist z. B. der Fall für Ebenen vom Typ $\{110\}$, $\{200\}$, $\{211\}$ usw. . Die kleinste mögliche Quadratsumme der Miller'schen Indizes ($h^2+k^2+l^2$) ist demnach bei kfz. Kristalliten 3 (das entspricht der Interferenz $\{111\}$), bei krz. Kristalliten dagegen 2 (das entspricht der Interferenz $\{110\}$).

Werden zwei Interferenzen mit unterschiedlichem Braggwinkel θ_1 und θ_2 und damit unterschiedlichen Miller'schen Indizes $(hkl)_1$ und $(hkl)_2$ betrachtet, dann gilt nach Gl. 4

$$\frac{\sin^2\Theta_{(hkl)_2}}{\sin^2\Theta_{(hkl)_1}} = \frac{[h^2+k^2+l^2]_2}{[h^2+k^2+l^2]_1} \quad . \tag{5}$$

Die Quadrate der Sinusse der Braggwinkel verhalten sich also wie die Summe der Quadrate der Miller'schen Indizes der zur Interferenz beitragenden Gitterebenen. Mit Hilfe dieser Beziehung und den oben entwickelten Auswahlregeln ist die eindeutige Zuordnung von Miller'schen Indizes zu den Interferenzlinien einer Debye-Scherrer-Aufnahme oder eines Diffraktometerschriebes möglich. Dazu werden für die einzelnen Interferenzen $(hkl)_i$ die Verhältniszahlen

$$\frac{\sin^2\Theta_{(hkl)_i}}{\sin^2\Theta_{(hkl)_1}} \tag{6}$$

gebildet, wobei $\theta(hkl)_1$ der Braggwinkel ist, der der ersten Interferenzlinie zukommt. Bei kfz. Gitterstruktur muß

$$\frac{\sin^2\Theta_{(hkl)_i}}{\sin^2\Theta_{\{111\}}} = \frac{[h^2+k^2+l^2]_i}{3} \quad , \tag{7}$$

bei krz. Gitterstruktur

$$\frac{\sin^2\Theta_{(hkl)_i}}{\sin^2\Theta_{\{110\}}} = \frac{[h^2+k^2+l^2]_i}{2} \tag{8}$$

erfüllt sein. Zur Indizierung der Debye-Scherrer-Aufnahme bzw. des Diffraktometerschriebes eines Werkstoffes mit kubischer Gitterstruktur multipliziert man daher wahlweise die Verhältnisse der Quadrate der Sinusse der Braggwinkel der einzelnen Interferenzen mit 3 bzw. 2 und sieht nach, ob sich Quadratsummen der Miller'schen Indizes ergeben, die mit den kennengelernten Auswahlregeln verträglich sind. Ein Auswertungsbeispiel enthält Tab. 1. Nach Ermittlung der den einzelnen Interferenzen zukommenden Miller'schen Indizes ist eine Berechnung der Gitterkonstanten a des Untersuchungsmaterials möglich. Aus Gl. 4 folgt

$$a = \frac{\lambda}{2} \cdot \frac{\sqrt{[h^2+k^2+l^2]_i}}{\sin\Theta_{(hkl)_i}} \quad . \tag{9}$$

Durch Vergleich mit den in Tab. 2 vermerkten Gitterkonstanten einiger kfz. und krz. Metalle wird das unbekannte Material identifiziert.

Bei der Auswertung von Beugungsdiagrammen ist zu beachten, daß die verwendete Röntgenstrahlung nicht streng monochromatisch ist, sondern

Tab. 1: Beispiel für die Auswertung einer Debye-Scherrer-Aufnahme eines Metalls mit kubischer Struktur. Die Meßdaten wurden von Tantalpulver mit Cu-Kα - Strahlung ($\lambda = 1.54 \cdot 10^{-8}$ cm) erhalten.

Debye-Scherrer-Linie	$2r_i$ [mm]	θ_i	$\sin\theta_i$	$\sin^2\theta_i$	$\frac{\sin^2\theta_{(hkl)i}}{\sin^2\theta_{(hkl)1}} = c$	$3c \approx (h^2+k^2+l^2)_i$		$(hkl)_i$	Gitterkonstante
1	39.22	19.61	0.336	0.112	1.00	3.00	3	111	
2	56.26	28.13	0.471	0.222	1.98	5.94	6	211	
3	70.32	35.16	0.576	0.331	2.94	8.82	9	300/221	
4	83.12	41.56	0.663	0.439	3.90	11.70	12	222	
5	95.54	47.77	0.740	0.547	4.86	14.58	15	-	
6	108.24	54.12	0.810	0.655	5.84	17.52	18	330/411	
7	121.74	60.87	0.873	0.762	6.80	20.40	20	420	
Die Indizierung ist weder mit der für ein krz. noch mit der für ein kfz. Gitter erlaubten verträglich.									
						$2c \approx (h^2+k^2+l^2)_i$			
1	39.22	19.61	0.336	0.112	1.00	2.00	2	110	3.243
2	56.26	28.13	0.471	0.222	1.98	3.96	4	200	3.271
3	70.32	35.16	0.576	0.331	2.94	5.88	6	211	3.282
4	83.12	41.56	0.663	0.439	3.90	7.80	8	220	3.285
5	95.54	47.77	0.740	0.547	4.86	9.72	10	310	3.296
6	108.24	54.12	0.810	0.655	5.84	11.68	12	222	3.303
7	121.74	60.87	0.873	0.762	6.80	13.60	14	321	3.304
Die Indizierung ist mit der für ein krz. Gitter erlaubten verträglich.									

meist aus zwei besonders intensiven Strahlungsanteilen mit den Wellenlängen $\lambda(K\alpha_1)$ und $\lambda(K\alpha_2)$ besteht, die sich um $\Delta\lambda$ unterscheiden. Das ist eine Folge des Aufbaus der inneren Elektronenschalen der Atome der Metalle, die als Anodenmaterial in der Röntgenröhre Verwendung finden (vgl. V 6). Aus Gl. 1 folgt

$$\frac{\Delta\lambda}{\lambda} = \mathrm{ctg}\,\Theta \cdot \Delta\Theta \ . \qquad (10)$$

Eine Wellenlängendifferenz $\Delta\lambda$ liefert somit bei großen Braggwinkeln θ, also im Rückstrahlbereich, eine relativ große Braggwinkeländerung $\Delta\theta$ und damit eine Trennung der den beiden Wellenlängen zukommenden Interferenzlinien. Das ist deutlich bei der in Bild 4 wiedergegebenen Debye-Scherrer-Aufnahme zu sehen. Bei den getrennt als Dublett auftretenden Interferenzlinien wird allen Auswertungen die intensivere $K\alpha_1$-

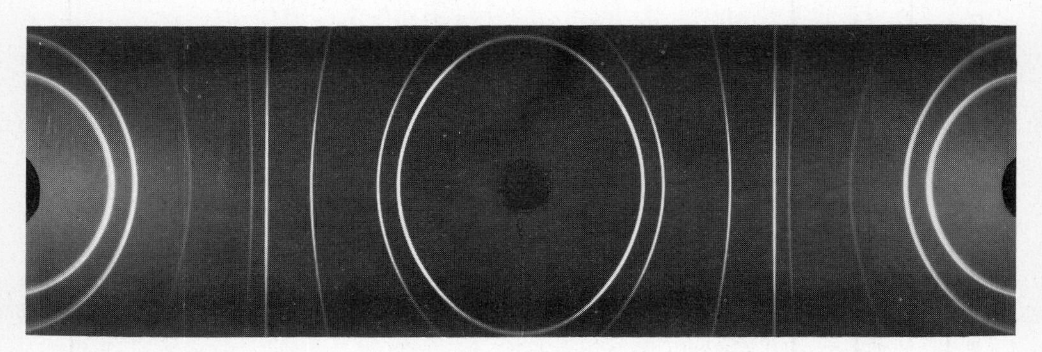

Bild 4: Debye-Scherrer-Aufnahme von Kupferfeilspänen

Linie zugrundegelegt. Im Mittelstrahlbereich ($4\theta \approx 180°$) bleibt dagegen $\Delta\theta$ sehr klein, und die "$K\alpha_1$- und $K\alpha_2$- Interferenzen" überdecken sich. In diesen Fällen wird bei der Auswertung von Debye-Scherrer-Aufnahmen von der mittleren Wellenlänge $\lambda = 1/2\ [\lambda(K\alpha_1) + \lambda(K\alpha_2)]$ ausgegangen.

Aufgabenstellung

Von einem Metall mit kubischer Kristallstruktur ist mit Cu-$K\alpha$-Strahlung $[\lambda(K\alpha_1) = 1{,}5405 \cdot 10^{-8}$ cm, $\lambda(K\alpha_2) = 1{,}5443 \cdot 10^{-8}$ cm$]$ eine Debye-Scherrer-Aufnahme anzufertigen und zu indizieren. Der Strukturtyp und die Gitterkonstante des Metalls sind zu ermitteln. Durch Vergleich der Ergebnisse mit Tab. 2 ist das Metall zu identifizieren.

krz. Metalle	Gitterkonstanten in 10^{-8} cm	kfz. Metalle	Gitterkonstanten in 10^{-8} cm
α-Fe	2.8667	Al	4.0495
Cr	2.8844	Cu	3.6152
Mo	3.1473	Ni	3.5238
V	3.0390	Au	4.0745
W	3.1647	Ag	4.0860
Ta	3.3050	Pt	3.9238

Tab. 2: Gitterkonstanten einiger kubischer Metalle

Versuchsdurchführung

Für die Untersuchungen steht die in Bild 5 gezeigte oder eine ähnliche Debye-Scherrer (DS) - Kammer zur Verfügung. Sie besteht aus dem

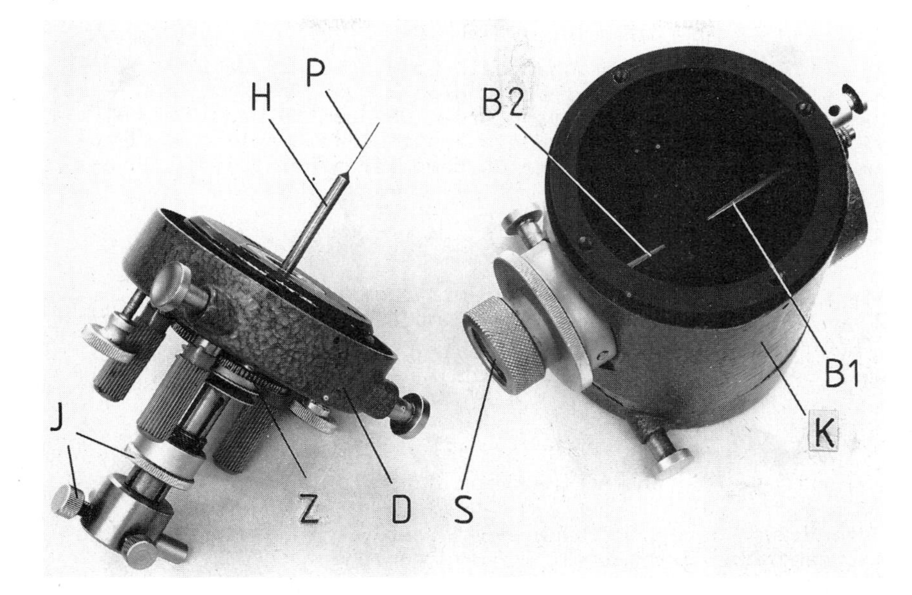

Bild 5: Geöffnete Debye-Scherrer-Kammer
K zylindrischer Kammerteil, D Deckel, P Präparat, H Präparathalterung, B 1 Eintrittsblende, B 2 Austrittsblende, S Leuchtschirm, Z Zahnrad, J Justierschrauben

zylindrischen Kammerteil K und dem Deckel D mit Präparathalterung H und Justiereinrichtung J. Der Röntgenstrahl tritt radial durch die Eintrittsblende B 1 in die Kammer ein. Der Durchmesser der Blendenöffnung ist stets größer als der Durchmesser des in der Zylinderachse auf der Präparathalterung H angebrachten Präparates P.

Das Untersuchungsmaterial liegt pulverförmig vor. Zur Herstellung eines Präparates wird ein dünn ausgezogenes Glasröhrchen zuerst in Zaponlack und dann in das Metallpulver getaucht. Das so erhaltene Stäbchen wird mit Kitt auf der Präparathalterung befestigt und in einer Spezialvorrichtung justiert. Dazu wird der Deckel der DS-Kammer in einen Justierbock mit Mikroskop gespannt und das Präparat mit Hilfe der Justierschrauben J solange verschoben, bis es parallel zur Zylinderachse liegt. Danach wird bei Rotlicht der Röntgenfilm in die DS-Kammer eingelegt und diese anschließend mit dem Deckel und dann mit dem Boden verschlossen. Zuletzt wird das Primärstrahlblendenröhrchen eingesetzt und die DS-Kammer mit Hilfe eines Bajonettringes an der Röntgenröhrenhaube befestigt. Während der Aufnahme werden Präparathalterung H und Präparat P über das Zahnrad Z durch einen anflanschbaren Motor gedreht.

Bei handelsüblichen DS-Kammern wird der Kammerradius R meist so gewählt, daß jedem Millimeter des Kammerumfanges $2\pi R$ ein Winkel von einem ganzzahligen Vielfachen eines Grades entspricht. Damit kommt einem Umfangsteil der Größe 2 r, der auf dem Röntgenfilm beiderseits vom Durchstoßpunkt des Primärstrahls gemessen wird, ein Zentriwinkel α zu (vgl. Bild 3) und es gilt

$$\frac{360^\circ}{2\pi R} = \frac{\alpha}{2r} = x \left[\frac{\text{Grad}}{\text{mm}}\right] \quad . \tag{11}$$

DS-Kammern, bei denen einem Umfangsanteil 2 r = 1 mm ein Zentriwinkelanteil von α = 1° entspricht, bei denen also x = 1 [Grad/mm] ist, werden 360°-Kammern genannt. Am meisten werden DS-Kammern benutzt, bei denen einem Umfangsanteil 2 r = 1 mm ein Zentriwinkelanteil α = 2° zukommt. Dann ist x = 2 [Grad/mm]. Der Durchmesser einer solchen DS-Kammer beträgt auf Grund von Gl. 11

$$2R = \frac{360}{2\pi} = \frac{180}{\pi} \quad . \tag{12}$$

Andererseits folgt aus Gl. 11 für die damit registrierten Debye-Scherrer-Ringe mit den Durchmessern 2 r_i und den Zentriwinkeln α_i = 4 θ

$$\frac{\alpha_i}{2r_i} = \frac{4\theta_i}{2r_i} = 2\left[\frac{\text{Grad}}{\text{mm}}\right] \tag{13}$$

oder

$$r_i\,[\text{mm}] = \theta_i\,[\text{Grad}] \quad . \tag{14}$$

Den in mm gemessenen Radien der Debye-Scherrer-Ringe lassen sich also direkt die zugehörigen Braggwinkel in Grad zuordnen.

Das Ausmessen der Debye-Scherrer-Ringe erfolgt entweder photometrisch oder mit Hilfe eines einfachen Koinzidenzmaßstabes, der als Anzeigegerät eine Meßuhr besitzt. Im letztgenannten Falle wird der Film auf eine Glasplatte gelegt (vgl. Bild 6), die von unten mit Hilfe eines Lichtkastens beleuchtet wird. Dabei werden auf dem Filmäquator die Durchmesser der beiderseits des Primärstrahls registrierten Debye-Scherrer-Ringe des gleichen Interferenzkegels mit einer Genauigkeit von etwa ± 0.02 mm vermessen.

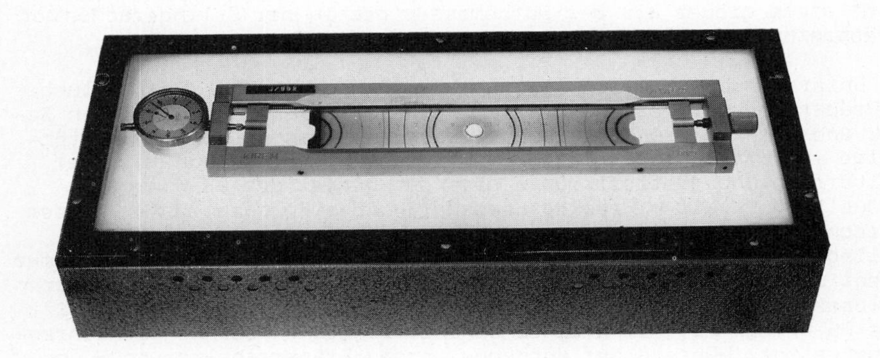

Bild 6: Leuchtkasten mit Koinzidenzmaßstab zur Vermessung von Debye-Scherrer-Aufnahmen

Literatur: 17,18.

Gitterstörungen

V 3

Grundlagen

Die Metalle und Metall-Legierungen, die in der Technik als Konstruktionswerkstoffe benutzt werden, sind aus relativ kleinen, gegeneinander unterschiedlich orientierten Körnern oder Kristalliten aufgebaut. Man spricht von Vielkristallen. Jedes ihrer Körner umfaßt für sich eine dreidimensionale periodische Anordnung von Atomen, stellt also ein Raumgitter dar. Homogene Vielkristalle besitzen nur eine Kornart, heterogene dagegen mehrere. Gleichartige Körner sind durch sog. Korngrenzen, ungleichartige durch sog. Phasengrenzen voneinander getrennt. Die mittleren Linearabmessungen der Körner können von Bruchteilen eines µm bis zu mehr als 10^4 µm reichen. Selbst bei reinen Metallen sind die Körner, wie viele Untersuchungen gezeigt haben, nicht vollkommen regelmäßig und störungsfrei aufgebaut. Sie besitzen zwar (vgl. V 1 und V 2) über mikroskopische Bereiche hinweg eine kristallographisch eindeutig ansprechbare Struktur, haben also im Mittel z. B. eine kfz., krz. oder hex. Anordnung der Atome, können jedoch in submikroskopischen Bereichen mehr oder weniger starke Abweichungen (Fehlordnungen) von einem idealen Atomgitteraufbau zeigen. Man spricht von Gitterstörungen, deren Art und Häufigkeit durch Herstellung, Behandlung und Beanspruchung der Werkstoffe bestimmt werden. Auf der Beherrschung und gezielten Ausnutzung der Eigenschaften bestimmter Gitterstörungen beruhen viele Erfolge der modernen Werkstofftechnologie. Die auftretenden Abweichungen von der strengen dreidimensionalen Periodizität der Atomanordnung in einem Raumgitter lassen sich unter rein geometrischen Gesichtspunkten in

0-dimensionale oder punktförmige,
1-dimensionale oder linienförmige,
2-dimensionale oder flächenförmige und
3-dimensionale oder räumlich ausgedehnte Gitterstörungen

unterteilen. Als Dimensionen sind dabei jeweils diejenigen Ausdehnungen der Gitterstörungen zu verstehen, die atomare Abmessungen überschreiten. Linienförmige Gitterstörungen besitzen beispielsweise in einer Richtung große, in den beiden dazu senkrechten Richtungen dagegen nur atomare Abmessungen. Man weiß heute, daß es nur eine begrenzte Zahl von Gitterstörungstypen gibt. Die für werkstoffkundliche Belange wichtigsten werden nachfolgend kurz angesprochen.

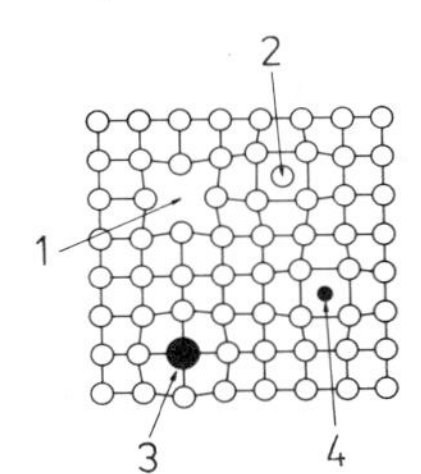

Bild 1: Punktförmige Gitterstörungen
1. Leerstelle
2. Zwischengitteratom
3. Substitutionsatom
4. Interstitionsatom

Bild 1 zeigt eine {100} - Ebene eines primitiv kubischen Gitters. Die Kreise symbolisieren die Atomlagen der aus einer einheitlichen Atomart aufgebauten Struktur. Vier verschiedene Typen punktförmiger Gitterstörungen können unterschieden werden. An der Stelle 1 fehlt im Gitterverband ein Atom. Eine solche Gitterstörung heißt Leerstelle. Die durch 2 gekennzeichnete Erscheinung, bei der ein Atom einen Platz zwischen den regulären Gitterplätzen einnimmt, wird Zwischengitteratom genannt. Von diesen punktförmigen Gitterstörungen, die durch Atome der gleichen Art verursacht werden, sind die durch Fremdatome hervorgerufenen zu unterscheiden. Fremdatome, die von dem Raumgitter eines Metalls aufgenommen werden, bilden mit diesem eine "feste Lösung" und werden deshalb als gelöste Atome bezeichnet. Ein solcher Einbau von Fremdatomen in den Gitterverband kann in zweifacher Weise erfolgen. An der Stelle 3 hat z. B. ein Fremdatom mit größerem Atomdurchmesser als die Atome, die das Gitter aufbauen (Matrixatome), einen regulären Gitterplatz eingenommen. Das Fremdatom ist gegen ein Gitteratom ausgetauscht und damit in das Gitter substituiert worden. Man spricht von einem Substitutions- oder Austauschatom (Beispiel: Zn-Atome in Kupfer). An der Stelle 4 ist dagegen ein Fremdatom mit einem erheblich kleineren Atomvolumen als die Matrixatome auf einem nicht regulär besetzten Gitterplatz (Zwischengitterplatz) interstitiell gelöst worden. Man spricht von einem Interstitions- oder Einlagerungsatom (Beispiel: C-Atome in Eisen).

In Bild 2 sind die mit 5 und 6 bezeichneten Gebilde als linienförmige Gitterstörungen anzusprechen. Bei 5 endet eine einzelne Atomreihe

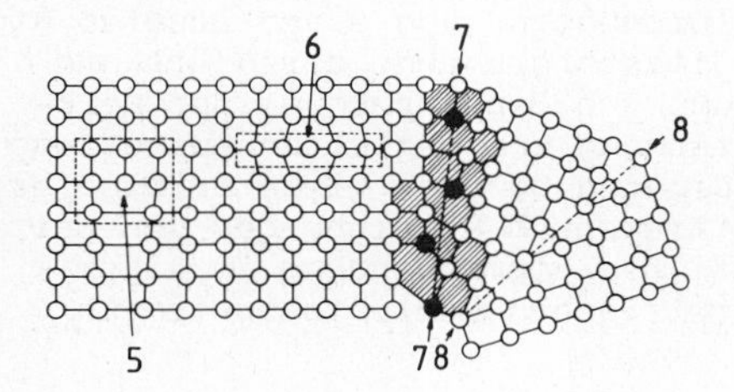

Bild 2: Linien- und flächenförmige Gitterstörungen
5. Versetzung
6. Crowdion
7. Kleinwinkelkorngrenze
8. Zwillingsgrenze

im Innern der aufgezeichneten Atomebene. Stellt man sich Bild 2 als Schnitt durch einen senkrecht zur Zeichenebene ausgedehnten Kristall vor, so ist die bei 5 auftretende Atomanordnung die Folge einer in die obere Kristallhälfte eingeschobenen und im Kristallinnern endenden Atomhalbebene. In der Zeichenebene treten dadurch zwei horizontal übereinander liegende Gittergeraden auf, von denen die eine n, die andere n + 1 Atome besitzt. Die Grenzlinie der eingeschobenen Atomebene, die sich senkrecht zur Zeichenebene über größere Gitterbereiche erstreckt, ist eine linienförmige Gitterstörung und wird als Versetzung bezeichnet. Im Gegensatz dazu ist die Gitterstörung 6 dadurch charakterisiert, daß n + 1 linienhaft angeordnete Atome parallel zu ihrer Längsausdehnung in ihrer unmittelbaren Nachbarschaft auf der gleichen Strecke jeweils nur n Atome vorfinden. Man spricht in Ermangelung eines charakteristischen deutschen Wortes von einem crowdion.

Die Gitterstörungen 7 und 8 sind flächenhafter Natur. Bei 7 treten Versetzungen in gesetzmäßiger Weise untereinander angeordnet auf. Bei den schwarz ausgezeichneten Atomen enden jeweils eingeschobene Gitterhalbebenen. Der schraffiert gezeichnete Gitterbereich stellt einen Schnitt durch eine sog. Kleinwinkelkorngrenze dar, die zwischen benachbarten, gegeneinander um kleine Winkelbeträge **geneigten Kristallbereichen vermittelt. Auch die Gitterstörung 8 führt zu einem Orientierungs**unterschied zwischen benachbarten Gitterteilen. Sie ist dadurch gekennzeichnet, daß die Atome beiderseits einer sich senkrecht zur Zeichenebene erstreckenden Gitterebene völlig symmetrisch liegen. Die gestrichelte Linie (8 ... 8) gibt die Spur dieser Spiegelebene mit der Zeichenebene an. Da die benachbarten Kristallteile sich völlig gleichen, wird die Spiegelebene als Zwillingsgrenze oder Zwillingskorngrenze bezeichnet.

Als weitere flächenförmige Störung ist in Bild 3 an der Stelle 9 das Fehlen einiger Atome in einer Gitterebene angedeutet. Man kann

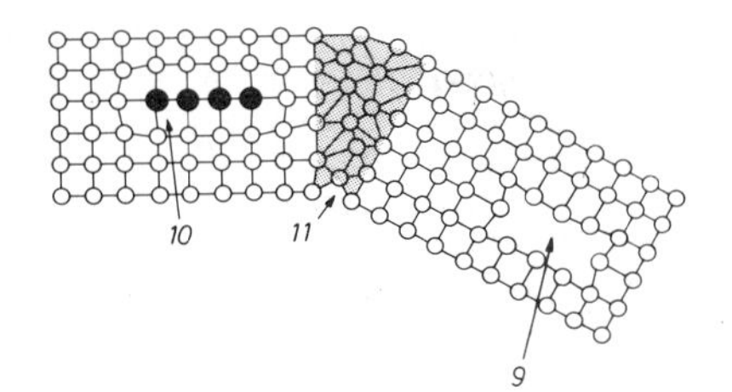

Bild 3: Flächenförmige Gitterstörungen
9. Leerstellenzone
10. Fremdatomzone
11. Großwinkelkorngrenze

sich die Öffnung durch Ansammlung von Leerstellen entstanden und scheibenförmig senkrecht zur Zeichenebene ausgedehnt vorstellen. Man spricht von einer Leerstellenzone. Die flächenförmige Gitterstörung 10 stellt dagegen einen Schnitt durch eine zweidimensional ausgedehnte Anhäufung von Fremdatomen auf einer Gitterebene dar. Eine solche Gitterstörung wird als Fremdatomzone bezeichnet. Die Störung 11 schließlich umfaßt in atomaren Dimensionen mehr oder weniger stark gestörte Gitterbereiche, die zwischen benachbarten Kristalliten mit zueinander größeren Orientierungsunterschieden vermitteln. Sie stellt einen Schnitt durch eine Grenzfläche zwischen relativ ungestörten Gitterbereichen dar und unterbricht die Kontinuität des Gitters. Eine solche Gitterstörung wird Großwinkelkorngrenze oder einfach Korngrenze genannt. Die Grenzenflächen zwischen Körnern unterschiedlicher Art und Gitterstruktur werden als Phasengrenzen (12 in Bild 4) bezeichnet.

Charakteristische dreidimensionale Gitterstörungen sind schematisch in Bild 4 dargestellt. Bei vielen Metall-Legierungen bilden sich unter

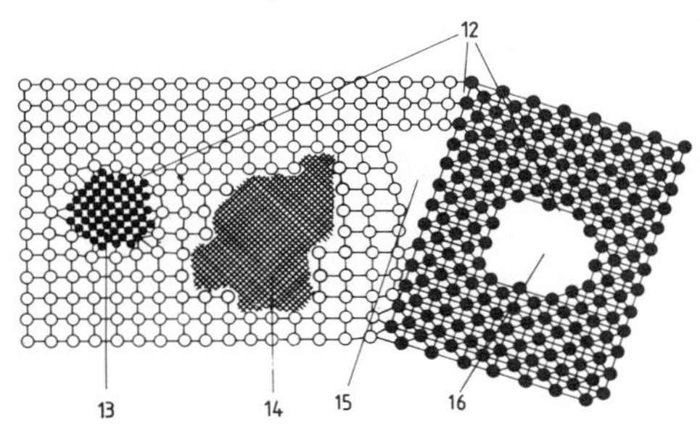

Bild 4: Phasengrenzen (12) und dreidimensionale Gitterstörungen
13. Ausscheidung, Dispersion
14. Einschluß
15. Mikroriß
16. Mikropore, Pore

bestimmten thermodynamischen Bedingungen im Gitter der Matrixatome neue Gitterbereiche mit einer gegenüber der Matrix veränderten Struktur aus. Man spricht in solchen Fällen von Ausscheidungen. Es können aber auch durch geeignete Versuchsführungen innerhalb eines Matrixgitters feindispers oxydische Kristallite entweder durch geeignete Sinterprozesse eingebaut oder durch innere Oxydation erzeugt werden. Derartige Gebilde nennt man Dispersionen. Schließlich treten oft auch auf Grund der Herstellungsprozesse unvermeidbare intermetallische oder intermediäre Verbindungen als selbständige Kristallite innerhalb eines Matrixgitters auf. Sie können verschiedene Abmessungen einnehmen und werden als Einschlüsse bezeichnet. Ausscheidungen, Dispersionen und Einschlüsse stellen räumliche Gitterstörungen dar (13 und 14 in Bild 4). Sie sind dadurch gekennzeichnet, daß sie innerhalb eines Matrixgitters einen geordneten Kristallbereich mit eigener Struktur (eine andere Phase!) bilden und gegenüber ihrer Umgebung durch eine Phasengrenze getrennt sind. Eine andere räumliche Gitterstörung ist der sog. Mikroriß. Man kann sich diesen dadurch entstanden denken, daß z. B., wie im Bereich 15 angenommen, drei Versetzungen gegen eine Phasengrenze angelaufen sind und dadurch unter ihren drei Gitterhalbebenen einen sich senkrecht oder schräg zur Zeichenebene ausdehnenden Hohlraum bilden. Schließlich kommt auch die räumliche Störung 16 vor, die einen kugelförmigen Hohlraum innerhalb des Matrixgitters darstellen soll. Derartige Poren können als Leerstellen- oder als Gasansammlungen unter bestimmten Bedingungen entstehen. Glücklicherweise gibt es nur eine endlich begrenzte Zahl von Gitterstörungen, die sich der eingangs erwähnten Systematik unterordnen. Das ist deshalb von großer praktischer Bedeutung, weil die Gitterstörungen einerseits viele Werkstoffeigenschaften beeinflussen und bestimmen, andererseits aber auch viele für die Werkstofftechnologie wichtige Prozesse überhaupt erst ermöglichen. Als Beispiele seien hier nur die Leerstellen und die Versetzungen näher betrachtet. Leerstellen entstehen auf Grund allgemeiner thermodynamischer Gesetze in jedem Kristallgitter mit einer durch die jeweilige absolute Temperatur T bestimmten Konzentration c_L. Quantitativ gilt

$$c_L = \frac{n}{N} = c_0 \exp[-Q_B/kT] . \tag{1}$$

Dabei ist n die Zahl der Leerstellen, N die Zahl der Gitteratome, c_0 eine Konstante, k die Boltzmannkonstante und Q_B die Bildungsenergie einer Leerstelle. Typische Zahlenwerte für Q_B liegen bei reinen Metallen in der Größenordnung von $\sim$ 1 eV/Leerstelle = 96600 J/mol. Mit wachsender Temperatur steigt die Leerstellenkonzentration an. Die bei Raumtemperatur in Metallen bzw. Legierungen vorliegenden c_L-Werte sind von deren Schmelztemperaturen bzw. Schmelztemperaturbereichen abhängig. Bei reinen Metallen ist ein guter Richtwert $c_L \approx 10^{-12}$. In der Nähe des Schmelzpunktes wird in vielen Fällen $c_L \approx 10^{-4}$ beobachtet. Als wichtige Konsequenz des Auftretens dieser atomaren Fehlordnungserscheinung folgt unmittelbar aus Bild 1, daß die den Leerstellen benachbarten Atome mit diesen den Gitterplatz tauschen können. Leerstellen ermöglichen also atomare Platzwechsel von Matrix- und Substitutionsatomen und damit Diffusionsvorgänge. Man macht sich aber andererseits an Hand von Bild 1 auch klar, daß für die Diffusion von Interstitionsatomen, die auf Sprüngen von einem Gitterlückenplatz zu benachbarten (vgl. V 1, Bild 3) beruhen, die Existenz von Leerstellen nicht benötigt wird.

Die Versetzungen schließlich sind eine für die plastische Verformbarkeit metallischer Werkstoffe unerläßliche Voraussetzung. Ohne Versetzungen gäbe des z. B. keine Umformtechnik. Man unterscheidet als Grundtypen der Versetzungen die Stufen- und die Schraubenversetzungen. Ihre formale Erzeugung in einem primitiv kubischen Gitter geht aus Bild 5 und 6 hervor. Man denke sich das betrachtete primitiv kubische Kristallgitter jeweils zur Hälfte aufgeschnitten, das oberhalb der

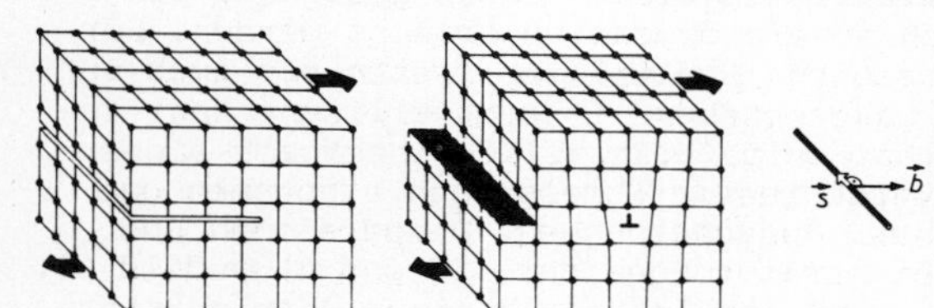

Bild 5: Formale Erzeugung einer Stufenversetzung in einem kubisch primitiven Kristallgitter

Schnittfläche gelegene Kristallviertel unter der Wirkung der angedeuteten Schubkräfte soweit (um den sog. Burgersvektor $\vec{b}$) nach rechts verschoben, bis eine Oberflächenstufe vom Betrage b entstanden ist und danach wieder verschweißt. Dann hat sich im Gitter ein Zwangszustand gebildet, bei dem in einem bestimmten Gitterbereich die obere Kristallhälfte eine Gitterhalbebene mehr enthält als die untere. Die zusätzliche Gitterhalbebene endet in Höhe der ursprünglichen Schnittebene. Es ist eine den Kristall schlauchförmig durchsetzende Gitterstörung entstanden, die man Stufenversetzung nennt. Abstrahierend von den atomaren Details kann man diese durch eine gerade Linie darstellen und ihr einen Linienvektor $\vec{s}$ zuordnen. Eine Stufenversetzung ist dann

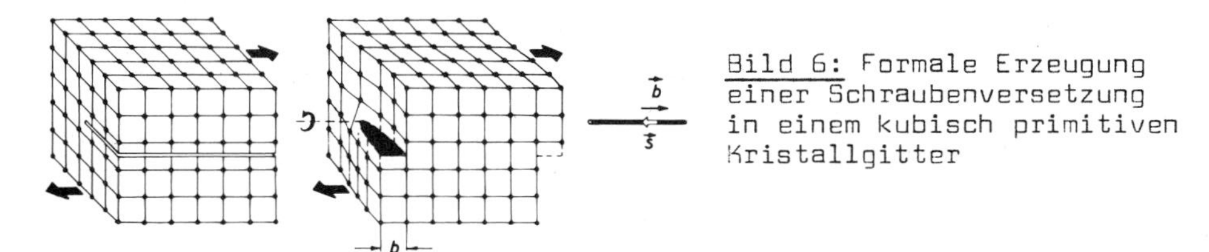

Bild 6: Formale Erzeugung einer Schraubenversetzung in einem kubisch primitiven Kristallgitter

dadurch charakterisiert, daß sie sich senkrecht zu ihrer Verschiebungsrichtung erstreckt und daß ihr Linienvektor $\vec{s}$ senkrecht auf dem Burgersvektor $\vec{b}$ steht. Das Gitter um eine Stufenversetzung ist innerlich verspannt. Das Atomgitter ist oberhalb der Schnittebene zusammengedrückt, unterhalb dagegen gedehnt. Man spricht von einem Eigenspannungsfeld (vgl. V 77). Es fällt mit wachsender Entfernung von der Störung proportional zu 1/r ab. Die auf die Länge der Versetzungslinie bezogene elastisch gespeicherte Energie ist proportional zu b^2 und durch

$$U_{\perp}^{L} = \alpha_{\perp} G b^{2} \tag{2}$$

gegeben. Dabei ist $\alpha_{\perp}$ eine Konstante und G der sog. Schubmodul (vgl. V 50). Bei der Verschiebung des oberen Kristallviertels in Bild 6 um $\vec{b}$ entsteht keine zusätzliche Gitterhalbebene. Dagegen tritt, wie man sich leicht klar macht, eine schraubenförmige Aufspaltung der senkrecht zur entstandenen linienförmigen Störung liegenden Gitterebenen auf. Wiederum kann man von den atomaren Details abstrahieren und die Versetzungslinie durch eine Gerade beschreiben, bei der Linienvektor $\vec{s}$ und Burgersvektor $\vec{b}$ parallel zueinander liegen. Die Verschiebung der Gitteratome erfolgt bei der Bewegung einer Schraubenversetzung senkrecht zu ihrer Bewegungsrichtung. Das mit der Schraubenversetzung verbundene Spannungsfeld ist rotationssymmetrisch und enthält keine Kompressions- bzw. Dillatationsbereiche. Die Linienenergie ist durch

$$U_{\odot}^{L} = \alpha_{\odot} G b^{2} \tag{3}$$

gegeben, wobei $\alpha_{\odot} < \alpha_{\perp}$ ist.

Der allgemeinste Fall einer Versetzung, die sog. gemischte Versetzung, ist in Bild 7 gezeigt. Burgersvektor $\vec{b}$ und Linienvektor $\vec{s}$ bilden einen beliebigen Winkel γ miteinander. Offenbar besitzt die Versetzung an der Stirnseite des betrachteten Gitterbereiches reinen Stufencharakter, auf der linken Begrenzungsseite dagegen reinen Schraubencharakter. Im dazwischen liegenden Gitterbereich kann man der Versetzung Stufen- und Schraubenanteile dadurch zuordnen, daß man den Burgersvektor bezüg-

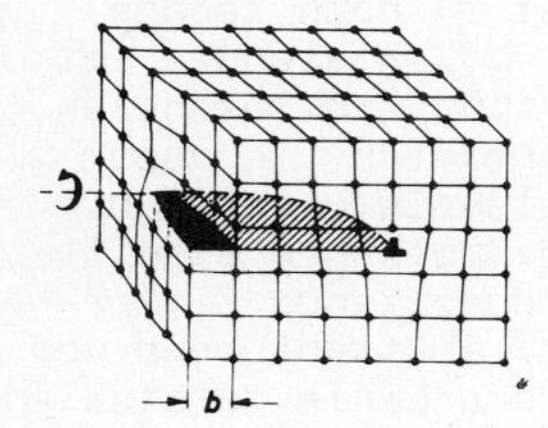

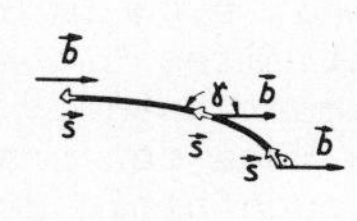

Bild 7: Gemischte Versetzung in einem kubisch primitiven Kristallgitter

lich der Versetzungslinie in eine Normal- und eine Tangentialkomponente zerlegt. Die in Bild 5 bis 7 gezeigten Versetzungen sind unter der Einwirkung von Schubkräften in der gedanklich verlängerten ursprünglichen Schnittebene relativ leicht beweglich. Man nennt diese Ebene Gleitebene und die Richtung, in der dabei die Atombewegung erfolgt, Gleitrichtung. Gleitebene und Gleitrichtung bilden das Gleitsystem der Versetzung. In den erörterten Beispielen wurde als Gleitebene eine {100} - Ebene und als Gleitrichtung eine < 100 > - Richtung betrachtet. Das Gleitsystem ist also vom Typ {100} < 100 >. Da es drei unterschiedlich orientierte {100} - Ebenen im kubisch primitiven Gitter mit jeweils zwei < 100 > - Richtungen gibt, verfügt dieser Gittertyp über sechs Gleitsysteme vom Typ {100} < 100 > . Bewegen sich die in Bild 5 bis 7 gezeigten Versetzungen in ihren Gleitsystemen unter der Einwirkung von Schubkräften durch die betrachteten Kristallbereiche vollkommen hindurch, so entsteht jeweils eine weitere Oberflächenstufe der Höhe $|\vec{b}|$. Jeder Kristall ist um den gleichen Betrag $|\vec{b}|$ länger geworden und hat sich damit bleibend verformt. In den Gleitsystemen der Körner eines Vielkristalls liegen im allgemeinen viele Versetzungen bzw. Versetzungslinien vor. Ihre Gesamtlänge pro cm^3 wird als Versetzungsdichte des Werkstoffes bezeichnet.

Aufgabe

Mit Hilfe ebener Stahlkugelmodelle sind Gitterstörungszustände zu simulieren und zu diskutieren. Danach sind an Hand von Schwerpunkts- und Realmodellen (vgl. V 1) eines kfz. Gitters mit Gleitsystemen vom Typ {111} < 110 > und eines krz. Gitters mit Gleitsystemen vom Typ {110} < 111 > die atomaren Strukturen der Stufenversetzungen in diesen Gittern zu erörtern. Ferner sind für beide Gittertypen die atomaren Vorgänge zu analysieren, die zur Zwillingsbildung führen.

Versuchsdurchführung

Es stehen zwei ebene Stahlkugelmodelle zur Verfügung. Beim ersten Modell (vgl. Bild 8) sind gleich große Kugeln zwischen zwei Plexiglasplatten so gesammelt, daß sie sich beim Schütteln in einer Ebene relativ zueinander bewegen und durchmischen können. Die jeweilig erzeugten Anordnungen liefern ebene Schnitte durch eine dichteste Kugelpakkung und zeigen bei Betrachtung auf einem Lichtkasten die verschiedensten Störungen. Bei dem zweiten Stahlkugelmodell sind den großen Kugeln anteilmäßig 5 % kleinere zugemischt. Dieses Modell erlaubt die Beobachtung der Auswirkung einer zweiten Atomart auf die Ausbildung von Störungen.

Ferner liegen Realmodelle von der Atomanordnung in den {111} - und {110} - Ebenen eines kfz. und von den {110} - und {111} - Ebenen eines krz. Gitters vor. Zunächst wird gezeigt, daß beide Gitterstrukturen

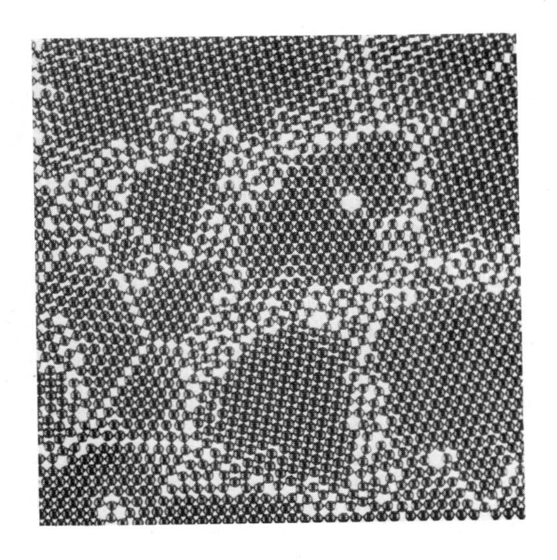

Bild 8: Anordnung von beweglichen Stahlkugeln in einem ebenen Modell nach Durchmischung

auch durch Stapelung bestimmter Gitterebenen entstehen können. Dann wird nachgewiesen, daß die Struktur von Stufenversetzungen bei kfz. und krz. Gittern aus geometrischen Gründen nicht durch eine einzige eingeschobene Halbebene charakterisiert werden kann. Die mögliche Aufspaltung der Burgersvektoren a/2 < 110 > und a/2 < 111 > in Teilvektoren wird begründet. Die in Bild 9 dargestellten Versetzungen werden disku-

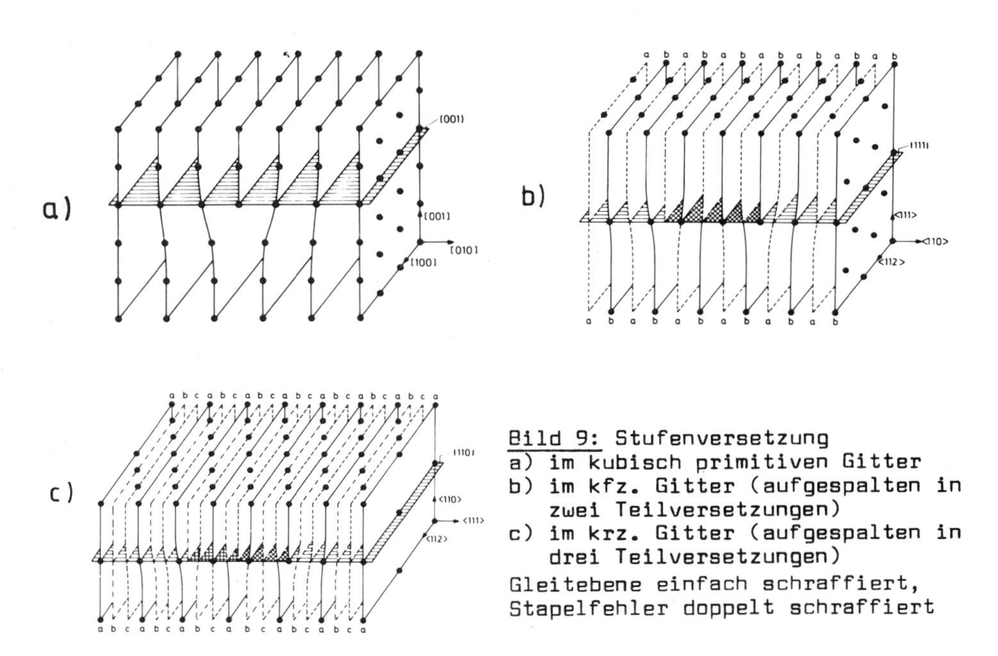

Bild 9: Stufenversetzung
a) im kubisch primitiven Gitter
b) im kfz. Gitter (aufgespalten in zwei Teilversetzungen)
c) im krz. Gitter (aufgespalten in drei Teilversetzungen)
Gleitebene einfach schraffiert, Stapelfehler doppelt schraffiert

tiert. Bei den Bildern 9b und 9c sind mit dem Auftreten der Teilversetzungen Veränderungen in der Stapelfolge der zu den Gleitebenen parallelen Gitterebenen verbunden. Man spricht von dem Auftreten von Stapelfehlern. Am einfachsten macht man sich den mit der Teilversetzungsbildung verbundenen Stapelfehler im kfz. Gitter klar. Aus gittergeometrischen Gründen umfaßt dort eine Stufenversetzung zwei benachbarte {110}-Halbebenen, die senkrecht auf der {111}-Ebene stehen. Dieser Zustand ist energetisch ungünstig. Deshalb separieren sich die beiden Halbebenen voneinander und nehmen z.B. die in Bild 9b gezeigten Positionen ein. Dabei verändern die Atome unmittelbar oberhalb der Gleitebene zwischen den Teilversetzungen ihre Positionen gegenüber dem versetzungsfreien Zustand. Schreitet man außerhalb der Teilversetzungen im Gitter senkrecht zur {111}-Ebene in <111>-Richtung fort, so findet man eine Dreischichtenfolge von {111}-Ebenen. Geht man dabei von einer Bezugsebene aus, so ist mit dieser jede folgende dritte {111}-Ebene lagemäßig identisch. Man spricht von einer Stapelfolge ...ABCABCABC.... Zwischen den Teilversetzungen liegt dagegen z.B. eine Stapelfolge ...ABC BC ABC... mit dem Stapelfehler im doppeltschraffierten Bereich vor. Damit ist eine Erhöhung der inneren Energie verbunden. Der auf die Flächeneinheit bezogene Energiebetrag wird Stapelfehlerenergie genannt. Sie bestimmt die Aufspaltungsweite der Teilversetzungen und damit den Abstand der eingeschobenen {110}-Halbebenen im Gitter. An Hand räumlicher Modelle von Versetzungen im kfz. und krz. Gitter werden die vorliegenden Verhältnisse diskutiert.

Schließlich wird an Hand von Bild 10 die Zwillingsbildung im kfz. Gitter besprochen und der Vorgang der Zwillingsbildung im krz. Gitter

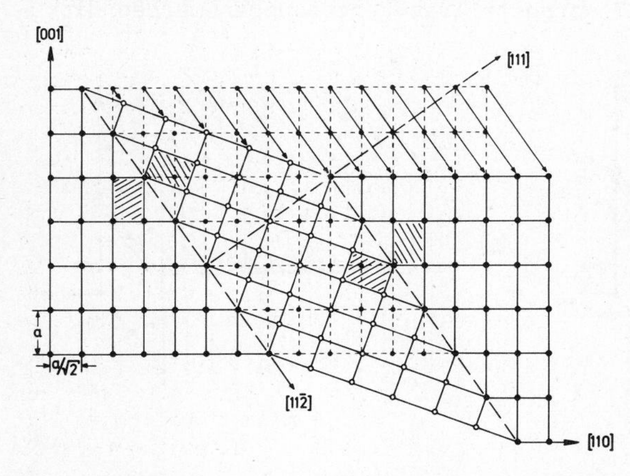

Bild 10: Zwillingsbildung im kfz. Gitter (Schwerpunktmodell). Betrachtet wird die (1$\bar{1}$0)-Ebene. Zwillingsebene ist die (111)-Ebene, Zwillingsabgleitrichtung die [11$\bar{2}$]-Richtung. Man spricht von einem Zwillingssystem vom Typ {111} < 112 > . Beiderseits der entstandenen Zwillingsgrenzen sind Gitterbereiche schraffiert, die die entstandene Spiegelsymmetrie bezüglich der Grenzflächen verdeutlichen.

entwickelt. Dazu wird eine {110} - Ebene aufgezeichnet. Spiegel- und damit Zwillingsebene ist eine {112} - Ebene, die die Zeichenebene längs einer < 111 > - Richtung schneidet. Durch geeignete Atomverschiebungen, die mit der Entfernung von der Zwillingsebene anwachsen, wird ein Kristallteil bezüglich des Ausgangszustandes in eine spiegelbildliche Lage gebracht. Der relative Verschiebungsbetrag, um benachbarte {112} - Ebenen in Zwillingsposition zu bringen, wird berechnet.

Literatur: 19,20,21.

Schmelzen und Erstarren von Metallen und Legierungen **V 4**

Grundlagen

Metall-Legierungen werden häufig durch Zusammenschmelzen von mehr oder weniger reinen Metallen (den Komponenten) erzeugt. Dabei wird zunächst das Metall mit dem größten Massenanteil (Basismetall) erschmolzen. Danach erfolgt der Zusatz der vorgesehenen weiteren Legierungskomponenten. Bei etwa gleichen Anteilen zweier Metalle in einer Legierung wird erst das Metall mit dem größten Schmelzpunkt aufgeschmolzen und dann das andere in fester oder flüssiger Form zugegeben. Ist der Schmelzpunkt einer Legierungskomponente erheblich größer als der des Basismetalls oder soll es nur in kleinen Mengen zugesetzt werden, so erzeugt man zunächst geeignete niedrigschmelzende Vorlegierungen. Diese werden dann dem geschmolzenen Basismetall in fester Form zugesetzt. Bei der Legierungsherstellung wird stets eine gute Durchmischung der Schmelze angestrebt. Dies wird bei Legierungen, deren Komponenten im flüssigen Zustand völlig ineinander löslich sind, durch geeignete Bewegung der Schmelze bei Temperaturen oberhalb des Schmelzbereichs der Legierung erreicht. Das Aufschmelzen erfolgt in Tiegeln, die mit den Schmelzen nicht reagieren. Je nach Höhe der erforderlichen Temperatur werden verschiedene Tiegelmaterialien benutzt. Im Laboratoriumsmaßstab können Glastiegel bis etwa 800 °C, Tonerdesilikattiegel bis etwa 1400 °C, Oxydkeramiktiegel bis etwa 2800 °C und Kohletiegel bis zu höchsten Temperaturen verwendet werden. Die Aufheizung dieser Tiegel erfolgt in Öfen. Dabei kann es sich um elektrisch widerstands- oder induktionsbeheizte Öfen handeln. Um während des Schmelzens eine Reaktion des Tiegelinhaltes mit der umgebenden Atmosphäre zu vermeiden, sind verschiedene Abhilfemaßnahmen möglich. Bei Metallen mit geringem Dampfdruck (vgl. Bild 1) kann z.B. die Schmelzbehandlung unter Vakuum durchgeführt werden. Bei Metallen, die keine Nitride und Karbide bilden, ist eine Abdeckung der Schmelzoberfläche mit Kohlegrieß möglich. Ferner kann man die Schmelzoberfläche mit neutralen Gasen besprühen oder mit Salzschmelzen bedecken.

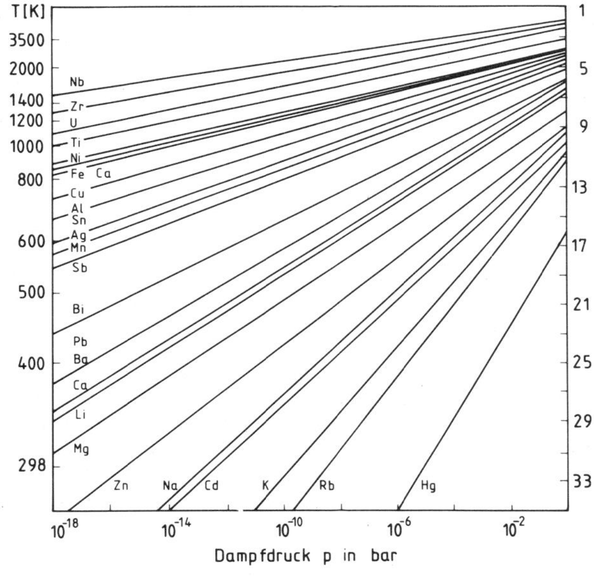

Bild 1: Temperatur-Dampfdruck-Kurven reiner Metalle (rechte Ordinatenteilung 1/T in 10^4 K^{-1})

Im einfachsten Falle binärer Legierungen, die aus den Komponenten (Elementen) A und B zusammengeschmolzen werden, wird die Legierungskonzentration entweder in Masse-% c_A bzw. c_B oder in Atom-% c_A' bzw. c_B' angegeben. Liegen die Elemente A und B mit den Massen m_A und m_B in der Legierung vor, dann ist die Massenkonzentration von A durch

$$c_A = \frac{m_A}{m_A + m_B} \cdot 100 \text{ Masse-\%} \quad (1)$$

und die von B durch

$$c_B = \frac{m_B}{m_A + m_B} \cdot 100 \text{ Masse-\%} \tag{2}$$

gegeben. Natürlich gilt

$$c_A + c_B = 100 \text{ Masse-\%} . \tag{3}$$

Sind n_A Atome des Elements A und n_B Atome des Elements B in einer Legierung enthalten, dann ist die Atomkonzentration von A durch

$$c'_A = \frac{n_A}{n_A + n_B} \cdot 100 \text{ Atom-\%} \tag{4}$$

und die von B durch

$$c'_B = \frac{n_B}{n_A + n_B} \cdot 100 \text{ Atom-\%} \tag{5}$$

bestimmt. Dabei ist

$$c'_A + c'_B = 100 \text{ Atom-\%} . \tag{6}$$

Bei bekannter Masse m_A und m_B der Komponenten berechnet sich die Zahl der A-Atome zu

$$n_A = \frac{m_A}{\mathbf{A}_A} L \tag{7}$$

und die der B-Atome zu

$$n_B = \frac{m_B}{\mathbf{A}_B} L . \tag{8}$$

Dabei ist $\mathbf{A}_A$ [g/mol] die Molmasse der A-Atome, $\mathbf{A}_B$ die Molmasse der B-Atome und $L = 6.02 \cdot 10^{23}$ [mol^{-1}] die Avogadro'sche Zahl. Zwischen c_A, c_B, c'_A und c'_B bestehen die Zusammenhänge

$$c_A = \frac{c'_A \mathbf{A}_A}{c'_A \mathbf{A}_A + c'_B \mathbf{A}_B} \cdot 100 \text{ Masse-\%} , \tag{9}$$

$$c_B = \frac{c'_B \mathbf{A}_B}{c'_A \mathbf{A}_A + c'_B \mathbf{A}_B} \cdot 100 \text{ Masse-\%} , \tag{10}$$

$$c'_A = \frac{c_A \mathbf{A}_A}{c_A \mathbf{A}_A + c_B \mathbf{A}_B} \cdot 100 \text{ Atom-\%} , \tag{11}$$

und

$$c'_B = \frac{c_B \mathbf{A}_B}{c_A \mathbf{A}_A + c_B \mathbf{A}_B} \cdot 100 \text{ Atom-\%} . \tag{12}$$

Mit Hilfe dieser Beziehungen lassen sich binäre Legierungen auf Grund abgewogener Massen m_A und m_B der Komponenten erschmelzen. Ist dagegen eine Vorlegierung mit $c_{A,V}$ Masse-% der Komponente A und $c_{B,V}$ Masse-% der Komponente B vorhanden und sollen m Gramm einer A-reichen Legierung erzeugt werden, die c_A Masse-% an A- und c_B Masse-% an B-Atomen enthalten, so muß, wenn $c_B < (>) \; c_{B,V}$ ist, die Vorlegierung B-ärmer (B-reicher) gemacht werden. Für den Fall $c_B < c_{B,V}$ ist dann der Masse der Vorlegierung

$$m_V = \frac{c_B}{c_{B,V}} m \tag{13}$$

die Masse

$$m_A = \frac{c_{B,V} - c_B}{c_{B,V}} \cdot m \qquad (14)$$

der Komponente A hinzuzufügen. Soll beispielsweise aus CuNi 30 durch Nickelzugabe die Masse m = 1000 g der Legierung CuNi 10 erzeugt werden, so ist der Vorlegierung mit m_V = (10/30) 1000 g = 333 g eine Nickelmenge von m_A = (20/30) 1000 g = 666 g zuzusetzen.

Nach ihrer Herstellung werden die Metall- oder Legierungsschmelzen in Gußformen (Kokillen aus Metallen und Keramiken oder Sandformen) abgegossen. Die lokale chemische Zusammensetzung, die Anordnung, die Form und die Größe der Körner (man spricht von Gußgefüge) sowie die Dichtigkeit des Gusses hängen von dem Legierungstyp und von den vorliegenden thermodynamischen Verhältnissen ab. Grundsätzlich geht der Erstarrungsvorgang von Kristallisationszentren, sog. Keimen, aus. Meistens liegen Fremdkeime vor, die im Schmelzvolumen katalytisch für das Wachsen kleiner Kristalle wirken. Der Erstarrungsprozeß umfaßt somit die Vorgänge der Keimbildung und/oder des Keimwachstums sowie des eigentlichen Kornwachstums. In Bild 2 sind in einem ebenen Modell einzelne Wachstumsstadien der Körner eines reinen Metalls angedeutet.

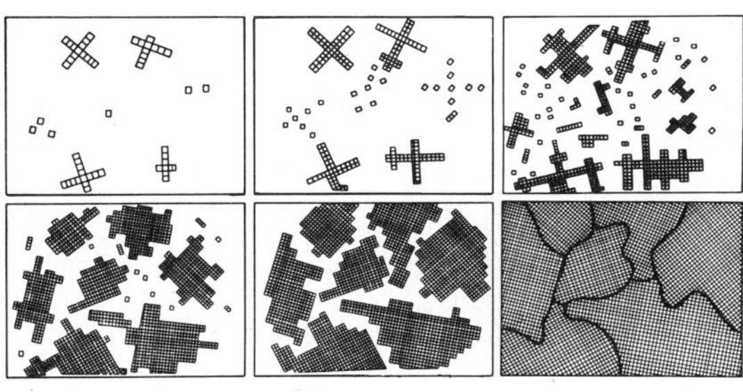

Bild 2: Schematische Darstellung des Erstarrungsvorganges bei einem Metall

Für die lokale Gefügeausbildung in einem Gußstück ist die vorliegende Wärmeabflußrichtung bestimmend. Für einen zylindrischen Gußstab aus Aluminium, der durch Abguß in eine auf Raumtemperatur befindliche Stahlkokille erhalten wurde, zeigt Bild 3 die nach Anätzen mit einem Säuregemisch im Querschnitt sichtbar gemachte Gefügestruktur. In den der Kokillenwand unmittelbar anliegenden Stabbereichen liegt ein feinkörniges globulares Gefüge vor, das sich, von vielen Kristallisationskeimen ausgehend, gebildet hat. Daran schließt sich ein Bereich mit langgestreckten stengelförmigen Körnern an. Ausgehend von wenigen Keimen, erfolgt dort die Kristallisation bevorzugt entgegen der Wärmeableitungsrichtung. Im zentralen Stabbereich schließlich entwickelt sich wegen eines wieder erhöhten Keimangebotes erneut ein globulares Gefüge mit größeren mittleren Kornabmessungen als in den Randschichten.

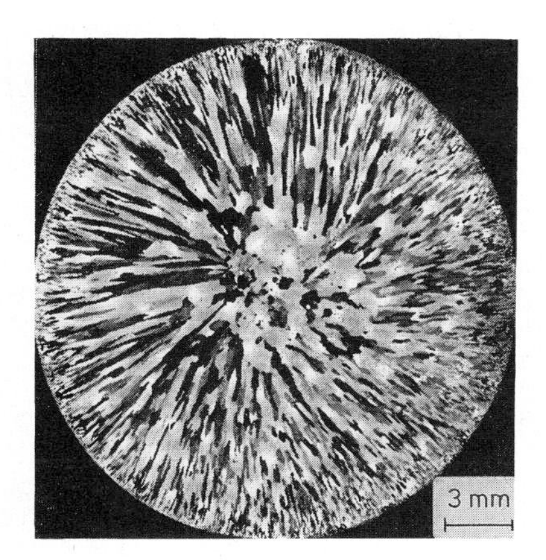

Bild 3: Gefügeausbildung in einem abgegossenen Aluminiumstab

Eine sehr häufig auftretende Kristallisationsform beim Erstarren von metallischen Schmelzen stellt die sog. Dendritenbildung dar. Dabei wachsen, von Kristallisationskeimen ausgehend, tannenbaumförmige Gebilde, bei denen in Richtung des Stammes und der Äste günstigere Wachstumsbedingungen vorliegen als in allen anderen Richtungen. Bild 4 deutet schematisch verschiedene Zustände des dendritischen Kornwachstums an. Bei Legierungen mit dendritischem Gefüge treten in den einzelnen Körnern stets viele Dendriten auf. Bild 5

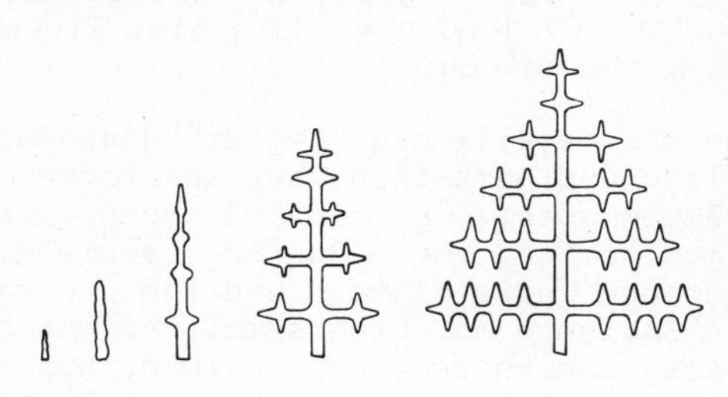

Bild 4: Zur Entwicklung dendritischer Erstarrungsstrukturen

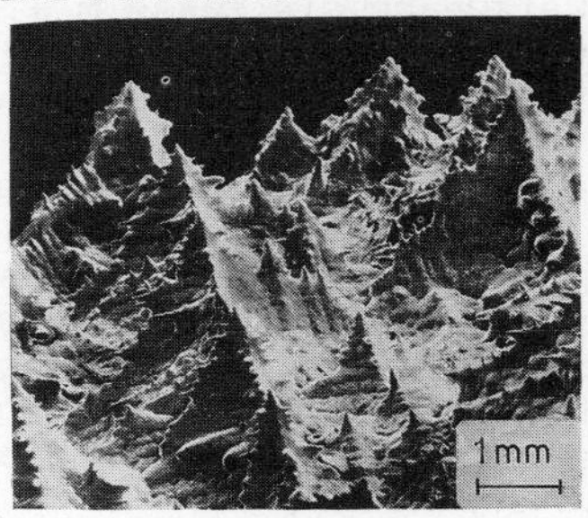

Bild 6: Dendriten im Lunker eines Feinkornbaustahles (StE)

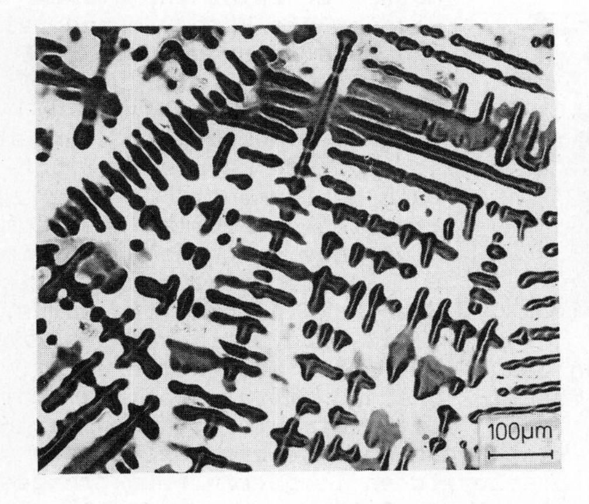

Bild 5: Dendritische Gefügestruktur einer Au Ni 25 Cu 18 Zn 8-Legierung

belegt dies am Beispiel des Schliffbildes (vgl. V 8) einer Au Ni 25 Cu 18 Zn 8-Legierung, die nach dem Wachsausschmelzverfahren in einer Gipsform von einer Gießtemperatur von 1000 °C abgegossen wurde. Die Dendritenstruktur ist gut zu erkennen. In Bild 6 schließlich ist ein Gußdendritenagglomerat gezeigt, das dem Lunker (s.u.) eines Feinkornbaustahls entnommen wurde. Die räumliche Struktur der Dendritenausbildung tritt deutlich hervor.

Der Übergang eines Metall- bzw. Legierungsvolumens aus dem schmelzflüssigen in den festen Zustand bei Raumtemperatur ist mit Schrumpfungsvorgängen verbunden. Dabei sind verschiedene Stadien zu unterscheiden, und zwar einmal der Übergang von der Guß- zur Erstarrungstemperatur bei Metallen bzw. zur Liquidustemperatur bei Legierungen (vgl. V 7), dann der Übergang vom flüssigen zum festen Zustand bei Legierungen sowie schließlich die Abkühlung im festen Zustand auf Raumtemperatur. Dabei ist das Ausmaß der Erstarrungsschrumpfung (vgl. Tab. 1), die bei vielen Metallen und Legierungen Werte zwischen -2 und -8 Vol.-% annimmt, von erheblicher Bedeutung. Schließen die beim Abguß zuerst erstarrten Volumenbereiche noch schmelzflüssige ein, so fehlt als Folge der Schrumpfung am Ende der Erstarrung Gußvolumen, und es treten Hohlräume auf. Die Lage und Form dieser "Lunker" ist auf Grund der jeweiligen Wärmeableitbedingungen voraussagbar. Bei einseitig offenen zylindrisch oder andersartig begrenzten Gußblöcken treten trichterförmige Lunker auf (vgl. Bild 7).

Tab. 1: Erstarrungsschrumpfungen für einige reine Metalle und Richtwerte für einige Gußlegierungen (Sb und Bi zeigen Erstarrungsaufweitungen!)

Werkstoff	Al	Mg	Zn	Cu	Pb	Sn	Sb
$\frac{\Delta V}{V} \cdot 100\ \%$	-6.0	-4.2	-4.2	-4.1	-3.5	-2.8	+0.95
Werkstoff	Bi	Gußeisen mit Lamellen- (GG) graphit	Gußeisen mit Kugel- (GGG) graphit	Stahlguß (GS)	Al-Basis Legierungen	Cu-Basis Legierungen	
$\frac{\Delta V}{V} \cdot 100\ \%$	+3.3	-2.0	-6.0	-5.0	-6.0	-8.0	

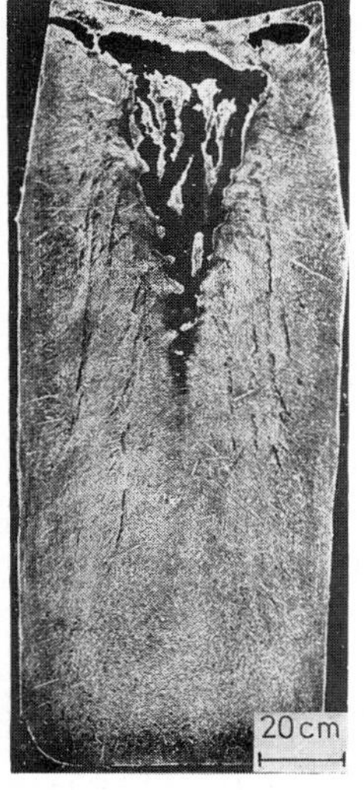

Bild 7: Lunker in einem Gußblock einer Chrom-Nickel-Stahlschmelze

Aufgabe

Es steht Reinaluminium (Al 99.5) und eine Vorlegierung AlSi 20 zur Verfügung. Reinaluminium wird aufgeschmolzen und in zwei zylindrische Stahlkokillen von 15 mm Durchmesser abgegossen, die sich auf einer Temperatur von 20 °C und 500 °C befinden. Danach ist aus Reinaluminium und der Vorlegierung AlSi 20 eine Legierung AlSi 12 zu erschmelzen und in gleicher Weise zu vergießen. Nach der Erstarrung sind die Gußgefüge in Quer- und Längsschnitten der Gußstäbe zu beurteilen.

Versuchsdurchführung

Für die Untersuchungen steht ein Widerstandsofen mit Graphittiegeln zur Verfügung. Ferner ist ein Kammerofen vorhanden. Bei einem Teil der Kokillen sind die Zylinderwände durch Wasserzufuhr kühlbar. Die anderen Kokillen werden im Kammerofen auf die vorgesehene Temperatur vorgewärmt.

Zunächst wird in einem Tiegel das Reinaluminium aufgeschmolzen. Als Gießtemperatur wird 700 °C angestrebt. Danach erfolgt Abguß in eine gekühlte und eine vorgewärmte Kokille. Nach Abschluß der Erstarrung werden die zylindrischen Proben den Kokillen entnommen. Danach wird aus der Probenmitte eine Scheibe von 20 mm Dicke herausgesägt und diese einseitig mit kleiner Spanabnahme überfräst. Ferner werden die oberen und unteren Gußstabenden vertikal aufgeschnitten und in einer die Stablängsachse enthaltenden Ebene fein überfräst. Anschließend werden die so präparierten Flächen zur Grobgefügeentwicklung mit einem Gemisch aus 15 cm^3 Flußsäure, 45 cm^3 Salzsäure, 15 cm^3 Salpetersäure und 25 cm^3 Wasser geätzt.

Für den zweiten Teil des Versuches werden zunächst die Massen an Reinaluminium und der Vorlegierung berechnet, die für die gewünschte Legierung AlSi 12 erforderlich sind. Im Tiegel wird dann das Reinaluminium aufgeschmolzen und anschließend die Vorlegierung in geeigneten Teilmengen zugegeben. Nach hinreichender Homogenisierung der Schmelze und Einstellung einer Gießtemperatur von 650 °C wird in die auf unterschiedlichen Temperaturen befindlichen Kokillen abgegossen. Alle weiteren Arbeitsschritte erfolgen wie bei Reinaluminium.

Literatur: 22,23,26,27.

V 5 Optische Metallspektroskopie

Grundlagen

Die Kenntnis der chemischen Zusammensetzung eines Werkstoffes ist von grundsätzlicher Bedeutung für werkstoffkundliche Belange. Die quantitative chemische Analyse stellt dafür genaue aber i. a. sehr zeitaufwendige Methoden zur Verfügung. Bei den für praktische Zwecke vielfach ausreichenden Betriebsanalysen bedient man sich durchweg schnellanalytischer Verfahren, unter denen die optische Spektralanalyse besonders wichtig ist. Sie ermöglicht in sehr kurzen Zeiten für viele Zwecke hinreichend genaue Angaben über Art und Menge der in einem Werkstoff vorliegenden Elemente.

Die Metallspektroskopie beruht auf der Tatsache, daß die Atome der chemischen Elemente unter bestimmten Bedingungen, wie z. B. bei elektrischen Funken- und Bogenentladungen, ein für sie charakteristisches Linienspektrum aussenden. Durch den Anregungsprozeß nehmen die äußeren Elektronen der Atome freie Plätze auf energiereicheren Schalen der Elektronenhülle ein und emittieren beim anschließenden Übergang in energieärmere Zustände und in den Ausgangszustand Lichtquanten mit definierten aber elementspezifischen Wellenlängen. Das Emissionsspektrum eines Elementes umfaßt somit viele Spektrallinien mit unterschiedlichen Wellenlängen und Intensitäten. Als Beispiel ist in Bild 1 das Eisenspektrum im Wellenlängenbereich beiderseits von 0.530 und 0.535 µm

Bild 1: Ausschnitt aus dem Emissionsspektrum reinen Eisens

wiedergegeben. Die Strichstärke ist dabei der Intensität der einzelnen Spektrallinien proportional. Die meisten metallischen Elemente emittieren Spektrallinien im Wellenlängenbereich des sichtbaren Lichtes (0.360 bis 0.830 µm) und sind damit visuellen spektroskopischen Beobachtungen zugänglich. Es gibt aber auch Elemente, wie z. B. Kohlenstoff, Bor oder Beryllium, deren Emissionsspektren nicht im sichtbaren Wellenlängenbereich liegen. Bei spektroskopischen Untersuchungen hat es sich bewährt, das Linienspektrum des Eisenlichtbogens als Vergleichsspektrum für das gesamte sichtbare und ultraviolette Spektralgebiet bis 0.180 µm zu benutzen.

Die spektrale Zerlegung des von angeregten Atomen eines Elementes emittierten Lichtes erfolgt mit optischen Hilfsmitteln, und zwar entweder mit Prismen oder mit optischen Gittern. In Prismenspektralapparaten wird die Wellenlängenabhängigkeit der Brechungszahl (Dispersion) des Stoffes (Glas, Quarz) ausgenutzt, aus dem das Prisma gefertigt ist. Bild 2 zeigt den prinzipiellen Aufbau eines solchen Gerätes. Das zu analysierende Licht fällt auf einen Spalt Sp auf, der sich in der Brennebene einer achromatischen Linse L_1 befindet. Das durch L_1 parallelisierte Strahlenbündel durchsetzt das Prisma P und wird dort gemäß der wellenlängenabhängigen Brechungszahl in Parallelbündel definierter Wellenlänge auf-

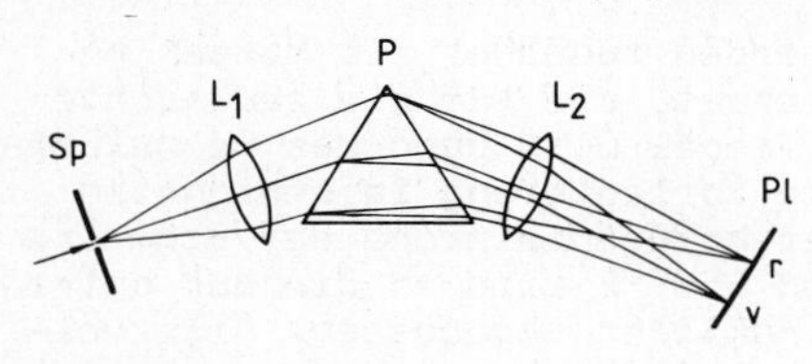

Bild 2: Einfacher Prismenspektralapparat

gefächert. Diese Bündel werden von der zweiten Linse L_2 in deren Brennebene als Spektrallinien abgebildet. Violettes (v) Licht mit $\lambda \approx 0.400\,\mu m$ wird dabei stärker abgelenkt als rotes (r) Licht mit $\lambda \approx 0.800\,\mu m$.

Bei Gitterspektralapparaten erfolgt die spektrale Zerlegung unter Ausnutzung der Wellenlängenabhängigkeit der Beugung des Lichtes an optischen Gittern. Solche Beugungsgitter bestehen im einfachsten Falle aus einer Spiegelglasplatte, in die mit einem Diamanten mehr als 100 parallele Furchen pro Millimeter eingeritzt werden können. Die zwischen den Furchen liegenden Teile der Platte wirken als die Spalte des Gitters. Ist der Spaltabstand b, so treten für senkrecht auffallendes Licht der Wellenlänge λ hinter dem Gitter Beugungslinien verschiedener Ordnung k unter Winkeln α gegenüber dem primären Strahlenbündel auf, die durch die Beziehung

$$b \sin\alpha = k\lambda \quad \text{mit } k = 0,1,2,\ldots \qquad (1)$$

gegeben sind. Unabhängig von k werden kurzwellige Strahlen (violettes Licht) weniger weit abgebeugt als langwellige Strahlen (rotes Licht). Bei dem in Bild 3 schematisch gezeigten Gitterspektralapparat, bei dem

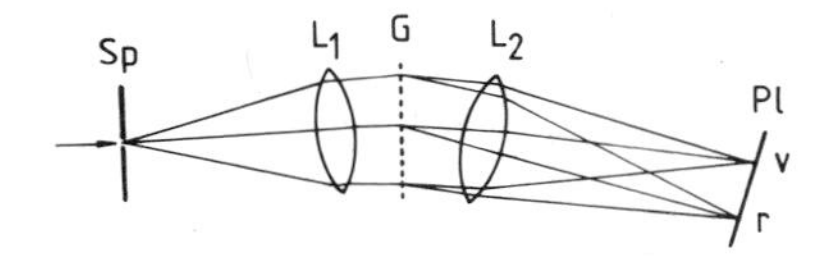

Bild 3: Einfacher Gitterspektralapparat

gegenüber Bild 2 lediglich das Prisma durch ein Transmissionsgitter G ausgetauscht ist, erscheinen also in der Bildebene die Spektrallinien innerhalb der einzelnen Ordnungen unter umso größeren Ablenkungswinkeln, je größer ihre Wellenlänge ist. Die Auflösung des Spektrums wächst mit der Ordnung an. Gleichzeitig überlappen oder überlagern sich aber die Spektren höherer Ordnung. Schließlich ist die Lichtintensität umso geringer, je größer die Ordnung ist. Üblicherweise werden nur die Spektren 1. und 2. Ordnung registriert.

Wegen der starken Absorption kurzwelliger Lichtstrahlen in Gläsern lassen sich die im ultravioletten Spektralgebiet liegenden Spektren weder unter Benutzung von Glasprismen noch von Glastransmissionsgittern auflösen. Für derartige Untersuchungen finden linsenfreie Spektralapparate mit Konkavreflexionsgittern Anwendung, deren Prinzip aus Bild 4 hervorgeht. Der Eintrittsspalt Sp des spektral zu zerlegenden Lichtes und das Konkavgitter G befinden sich auf dem Umfang eines Kreises, dessen Durchmesser identisch ist mit dem Radius des Gitters. Das Konkavgitter besteht aus einer spiegelnden Metallfläche, in die parallele Furchen mit gleichmäßiger Teilung geritzt sind. Die Metallflächen zwischen den Furchen reflektieren das einfallende Licht und bewirken Beugungserscheinungen so, als ob dieses von einer hinter dem Metallspiegel liegenden Lichtquelle ausginge. Auf Grund der geometrischen Be-

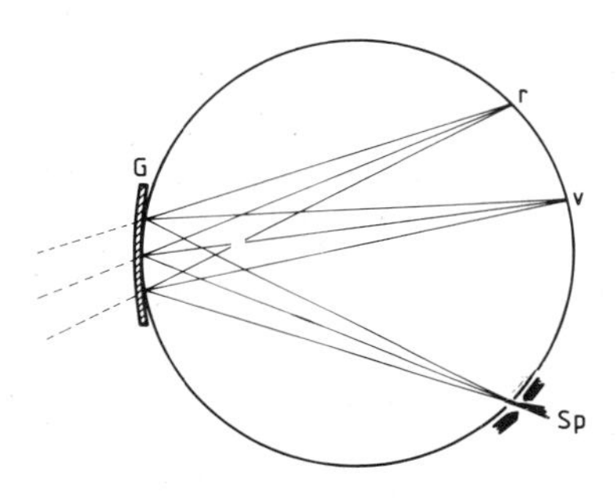

Bild 4: Prinzipieller Aufbau eines Konkavgitterspektralapparates

dingungen werden die abgebeugten, spektral zerlegten Lichtbündel auf dem Kreisumfang fokussiert. Man kann dort also unmittelbar die auffallenden Strahlungsintensitäten bestimmten Wellenlängen zuordnen. Absorptionsverluste in Luft lassen sich dadurch vermeiden, daß die ganze Apparatur unter Vakuum betrieben wird. Die Ansicht eines modernen Emissionsspektrometers, das mit einem Konkavgitter mit 2400 Furchen/mm bei einem Krümmungsradius von 750 mm arbeitet, zeigt Bild 5. Es kann

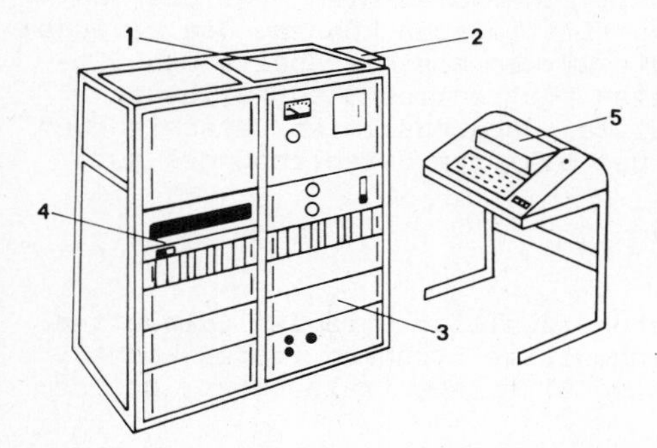

Bild 5: Modernes Konkavgitter-spektrometer (Bauart OBLF)
Spektrometeroptik (1)
Probeneingabe (2)
Anregungsgenerator (3)
Prozeßrechnerelektronik (4)
Datenterminal (5)

wahlweise als Luft- oder Vakuumspektrometer betrieben werden. Auf dem Spektrometerrahmen (A) des Gerätes (vgl. Bild 6) befinden sich in der

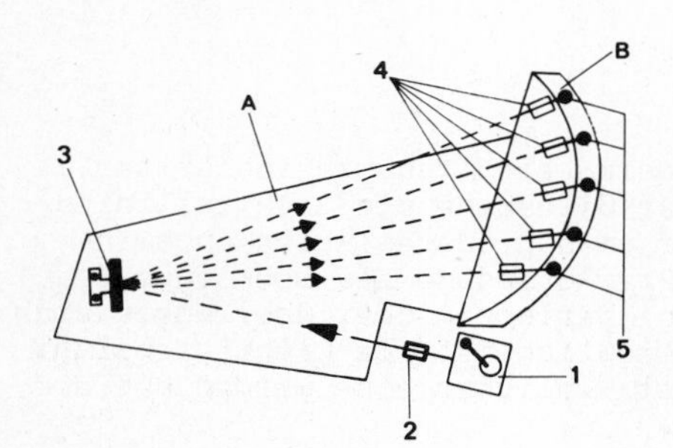

Bild 6: Spektrometeroptik des in Bild 5 gezeigten Gerätes
Spektrometerrahmen (A)
Fokalebene (B)
Probenstativ (1)
Eintrittsspalt (2)
Beugungsgitter (3)
Austrittsspalte (4)
Photomultiplier (5)

Fokalebene (B) der Eintrittsspalt (2), das Beugungsgitter (3) und die Austrittsspalte (4). Letztere sind mit Sekundärelektronenvervielfachern (Photomultipliern 5) gekoppelt und frei positionierbar, so daß je nach Analyseproblem bestimmte Wellenlängen angesteuert werden können. Bei den Sekundärelektronenvervielfachern werden von den einfallenden Strahlungsquanten in der Photokathode Elektronen herausgeschlagen. Diese werden in einem elektrischen Feld beschleunigt und fallen auf eine Prallelektrode auf, wo sie durch Stoßprozesse weitere Elektronen freisetzen, die wiederum einer Prallelektrode zugeführt werden. Durch mehrmalige Wiederholung dieses Prozesses entsteht ein der auffallenden Lichtintensität proportionaler Elektronenstrom, der relativ einfach als Maß für die Konzentration der interessierenden Elementart weiterverarbeitet werden kann. Bei dem in Bild 5 gezeigten Gerät können bis zu 48 Analysenkanäle installiert werden, die vorab mit geeigneten Standards zu eichen sind.

Die Objektproben werden mit einer geschliffenen Seite pneumatisch auf die Platte des Probenstativs ((1) in Bild 6) gepreßt, das gleichzeitig eine argongespülte Funkenkammer luftdicht abschließt. Die zur Strahlungsemmission der interessierenden Elemente erforderliche Funkenanregung kann mit Frequenzen zwischen 100 und 400 Hz erfolgen. Anregungsparameter und Funkenfolgefrequenz sind objektspezifisch zu wählen. Zur Spektrometersteuerung sowie zur Meßwerterfassung, -auswertung und -ausgabe verfügt das Spektrometer über ein Digitalrechnersystem mit entsprechenden Speicher- und Ausgabeeinrichtungen. Eine Werkstoff-Vollanalyse auf beispielsweise 10 Elemente ist mit einem geringeren Zeitaufwand als 10 s möglich. Dadurch sind auch alle Voraussetzungen für Schnellanalysen zur Prozeßsteuerung und -kontrolle von Legierungszusammensetzungen z.B. in Gießereien oder Umschmelzbetrieben gegeben. Bild 7 zeigt als Beispiel einen Auszug aus ausgedruckten Analysen, wie

ANALYSEN FUER GIESSEREIBETRIEB

GIESSDATUM: 19. 10. 80

ZEIT	C	SI	MN	CR	MO	CU	NI	P	S	AL	TI	SN
22.49	3.31	2.01	.67	.17	.04	.21	.04	.026	.047	.003	.003	.009
22.51	3.41	2.04	.71	.17	.11	.39	.04	.025	.045	.005	.003	.008
22.56	3.20	1.75	.58	.16	.01	.28	.04	.040	.052	.002	.004	.023
22.57	3.24	1.88	.59	.15	.01	.33	.05	.041	.054	.002	.004	.031
22.59	3.18	1.69	.60	.17	.01	.13	.04	.028	.046	.002	.002	.009
23.01	3.24	1.83	.60	.16	.01	.20	.04	.034	.050	.002	.004	.016
23.05	3.17	1.84	.64	.16	.01	.38	.05	.042	.053	.002	.004	.039
23.06	3.28	1.80	.62	.16	.01	.14	.04	.033	.048	.002	.003	.009
23.09	3.15	1.60	.65	.16	.02	.24	.04	.032	.050	.002	.003	.024
23.11	3.11	1.67	.66	.16	.02	.36	.04	.036	.054	.002	.003	.039
23.13	3.11	1.73	.59	.17	.02	.64	.05	.034	.056	.002	.004	.082
23.15	3.24	1.86	.60	.17	.05	.25	.04	.027	.046	.002	.003	.011
23.18	3.32	1.81	.62	.17	.02	.28	.04	.034	.052	.002	.004	.026

Bild 7: Schreiberauszug aus Betriebsanalysen

sie heute mit Vakuum-Emissions-Spektrometern in Gießereibetrieben vorgenommen werden.

Aufgabe

Die Hauptbestandteile einer Kupferbasislegierung und eines chromlegierten Stahles sind spektralanalytisch zu bestimmen. Bei der Kupferlegierung sollen qualitative Überprüfungen auf die Elemente Sn, Mg, Pb und Si vorgenommen werden. Der Zn-Gehalt soll quantitativ ermittelt werden. Bei dem Stahl sollen die Elemente Mo, Mn und V qualitativ, das Element Cr quantitativ nachgewiesen werden.

Versuchsdurchführung

Für die Untersuchungen steht ein einfaches Metallspektroskop zur Verfügung. Bild 8 zeigt die Gesamtansicht eines geeigneten Gerätes mit optischer Einrichtung O, Vorschalttransformator V und Steuerungsgerät L. Der Strahlengang des eigentlichen Spektroskopes geht aus Bild 9 hervor. Die zu analysierende Probe wird auf den Tisch A_1, die Vergleichsprobe auf den Tisch A_2 gelegt. Beim Abfunken der Proben fällt Licht von beiden Proben (1 und 7) in den Eintrittsspalt des Spektroskops, gelangt von dort über die Umlenkprismen (8) in das Objektiv (11) und durchläuft die Spektralprismen (12,14). Das Spektralhalbprisma (14) ist rückseitig

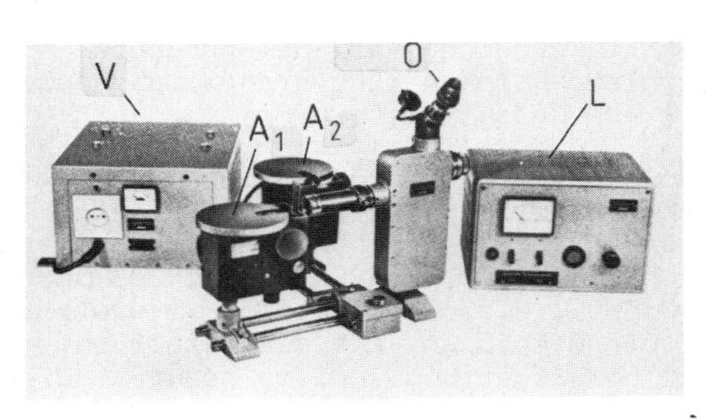

Bild 8: Metallspektroskop (Bauart Hahn und Kolb)

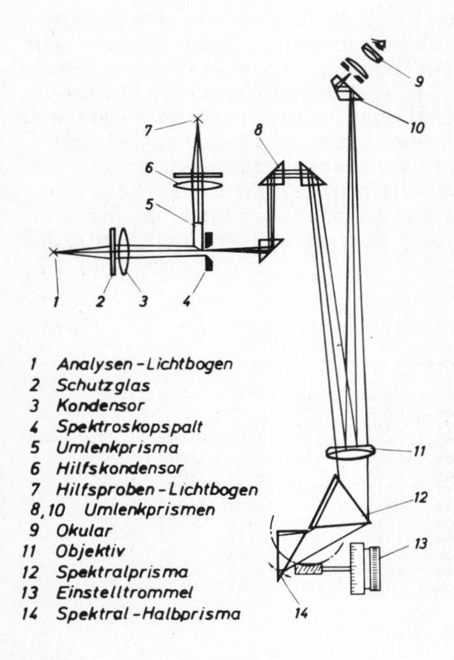

Bild 9: Optik des in Bild 8 gezeigten Metallspektroskopes

verspiegelt, so daß das Licht reflektiert wird, nochmals die Spektralprismen durchläuft und in das Okularsystem (9,10) eintritt. Die Lage der einzelnen Spektrenabschnitte im Okular läßt sich durch Drehen des Spektralhalbprismas (14) mit Hilfe der Einstelltrommel (13) reproduzierbar verändern. Die Spektren der zu analysierenden und der Vergleichsprobe erscheinen im Okular übereinander, so daß die Unterschiede ihrer Spektren leicht zu erkennen sind.

Bei der Untersuchung der Kupferlegierung wird eine Gegenelektrode aus Eisen benutzt. Als Referenzprobe wird zunächst mit einer Reinstkupferprobe gearbeitet. Beim Abfunken erscheinen daher sowohl im oberen als auch im unteren Spektrum alle Kupferlinien, im oberen Spektrum aber zusätzlich die Linien der Legierungselemente. Sie sind daher leicht zu erkennen und mit Hilfe vorliegender Spektrentafeln einfach zu identifizieren. Die jeweils stärksten Spektrallinien einer Atomart bleiben bei abnehmender Elementkonzentration am längsten nachweisbar. Diese sog. "letzten Linien" besitzen bei Zink die Wellenlängen 0.4722, 0.4811 und 0.6362 µm, bei Zinn 0.4523 µm, bei Silizium 0.3906 µm, bei Blei 0.4058 µm sowie bei Magnesium 0.5167, 0.5173 und 0.5184 µm. Man kann daher auch mit Hilfe dieser Wellenlängen die "Wellenlängentrommel" des Gerätes (vgl. Bild 9) einstellen und damit das Vorliegen bzw. Nichtvorliegen bestimmter Elemente beurteilen.

Zur visuellen quantitativen Analyse wird das sog. Vergleichsproben-Verfahren herangezogen. Dazu werden auf dem Vergleichsprobentisch nacheinander Proben abgefunkt, die das interessierende Element in definierten Konzentrationsabstufungen enthalten. Liefert eine Vergleichsprobe die gleiche Spektrallinienintensität wie das Prüfobjekt, so liegt eine vergleichbare Legierungskonzentration vor. Verständlicherweise ist dieses Verfahren nicht sehr genau. Es findet jedoch bei Ausschußanalysen häufig praktische Anwendung. Für den durchzuführenden Versuch liegen mehrere Kupferproben mit abgestuften Zinkgehalten vor. Der gesuchte Zinkgehalt wird zwischen dem der Vergleichsproben eingeordnet, die hellere und dunklere Spektrallinien als das Objekt liefern.

Zur qualitativen Analyse der Stahlprobe wird sinngemäß wie eben beschrieben vorgegangen. Als Gegenelektrode wird Kupfer, als Referenzprobe Reinsteisen benutzt. Die Wellenlängen der "letzten Linien" der hier interessierenden Elemente sind bei Chrom 0.5205, 0.5206 und 0.5208 µm, bei Nickel 0.4714 µm, bei Molybdän 0.5057, 0.5533 und 0.6031 µm sowie bei Vanadium 0.4379, 0.4390, 0.4408 und 0.4460 µm. Zur quantitativen Chrombestimmung wird die Methode der homologen Linienpaare benutzt. Dieses Verfahren beruht darauf, daß zunächst von bekannten Elementkonzentrationen und von einem reinen Bezugselement Spektrallinien gleicher Helligkeit auf empirischem Wege ermittelt und tabelliert werden. Bei

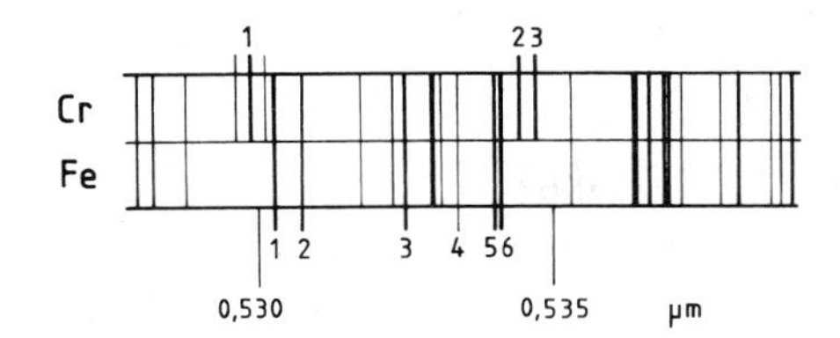

Bild 10: Zur Anwendung der Methode der homologen Linienpaare. Cr-Spektrum oben, Fe-Spektrum unten

Eisen und Chrom treten z. B. beiderseits 0.530 und 0.535 µm die aus Bild 10 ersichtlichen Spektrallinien auf. Die mit Ziffern bezeichneten Spektrallinien lassen sich zur Chromkonzentrationsbestimmung ausnutzen. Bestimmte Chromgehalte führen zu Intensitätsidentitäten der folgenden Spektrallinien:

Cr-Gehalt in Masse-%	Identische Linienintensitäten		
	Cr 1	Cr 2	Cr 3
0.30	-	Fe 4	-
0.55	-	-	Fe 2
0.70	-	-	Fe 4
1.00	-	Fe 5	-
1.50	Fe 1	-	-
2.00	-	Fe 6	-
2.50	-	-	Fe 5
5.00	-	Fe 3	Fe 6

Offensichtlich läßt sich auf dieser Basis ebenfalls eine quantitative Elementbestimmung vornehmen. Für die Stahlprobe ist der Chromgehalt mit Hilfe dieser Angaben zu ermitteln.

Literatur: 5,6,25,26.

V 6

Grundlagen

Die Röntgenfluoreszenzanalyse ist eine Methode zur schnellen Ermittlung der Art und der Menge der in einem Werkstoffvolumen vorliegenden Elemente. Das Verfahren beruht auf der Anregung der für die einzelnen Elemente charakteristischen Röntgenfluoreszenzstrahlung (Eigenstrahlung) durch primäre Röntgenstrahlen hinreichend kleiner Wellenlänge und hinreichend hoher Intensität. Die elementspezifische Eigenstrahlung wird analysiert und intensitätsmäßig vermessen, woraus Art und Menge des interessierenden Elementes bestimmt werden können.

Die Erzeugung von Röntgenstrahlen erfolgt in Hochvakuumröhren, wobei die von einer Glühkathode emittierten Elektronen in einem elektrischen Gleichspannungsfeld beschleunigt und anschließend auf einer metallischen Anode (z. B. aus Chrom, Gold, Molybdän, Silber, Wolfram oder Rhodium) abgebremst werden. Bei der Abbremsung der Elektronen entstehen zwei Arten von Röntgenstrahlen, die Bremsstrahlung und die Eigenstrahlung. Die Bremsstrahlung beruht darauf, daß die Elektronen bei ihrer Wechselwirkung mit der Elektronenhülle oder dem Kern der Atome des Anodenmaterials einen Teil oder den ganzen Betrag ihrer kinetischen Energie

$$eU = \frac{1}{2} m v^2 \qquad (1)$$

in Röntgenstrahlenergie umwandeln. Dabei ist e die Elektronenladung (Elementarladung), U die Beschleunigungsspannung (Röhrenspannung), m die Masse und v die Geschwindigkeit der Elektronen. Von Elektronen unterschiedlicher Energie werden bei Abbremsung an einer Platinanode die in Bild 1 wiedergegebenen Bremsspektren erzeugt. Jedes Spektrum besitzt eine kurzwellige Grenze, die dem vollkommenen Umsatz der kinetischen Energie der beschleunigten Elektronen in Strahlungsenergie entspricht. Dafür gilt

$$eU = h\nu = \frac{hc}{\lambda} \qquad (2)$$

wobei h das Plancksche Wirkungsquantum, c die Lichtgeschwindigkeit sowie ν die Frequenz und λ die Wellenlänge der Röntgenstrahlung ist. Mit Gl. 1 folgt daraus für die kurzwellige ($\lambda = \lambda_{min}$) Bremsstrahlungsgrenze

$$\lambda_{min} = \frac{hc}{e}\,\frac{1}{U} = \frac{12400}{U}\,10^{-8} \quad [cm] \;. \qquad (3)$$

wenn die Beschleunigungsspannung in Volt gemessen wird. λ_{min} ist also unabhängig von der Art des Anodenmaterials. Die kurzwellige Grenze und das Intensitätsmaximum des Bremsspektrums verschieben sich mit anwachsender Röhrenspannung mehr und mehr zu kürzeren Wellenlängen. Die Gesamtintensität der Bremsstrahlung nimmt etwa mit dem Quadrat der Röhrenspannung zu.

Dem beschriebenen kontinuierlichen Bremsspektrum überlagert sich die nur diskrete Wellenlängen umfassende Eigenstrahlung des Anodenmaterials. Ein Beispiel zeigt Bild 2. Das Eigenstrahlungsspektrum besitzt gegenüber der Bremsstrahlung erheblich größere Intensitäten und ist für den Aufbau der inneren Elektronenhülle des Anodenmaterials charakteristisch. Die Entstehung der charakteristischen Eigenstrahlung eines Elementes kann an Hand des Schalenmodells der Elektronenhülle seiner Atome veranschaulicht werden. In Bild 3 sind die innersten vier Elektronenschalen eines Atoms schematisch angedeutet, die als K-, L-, M- und N-Schalen bezeichnet werden und denen die Hauptquantenzahlen n = 1, 2, 3 und 4 zukommen (vgl. V 1). Entfernt ein energiereiches

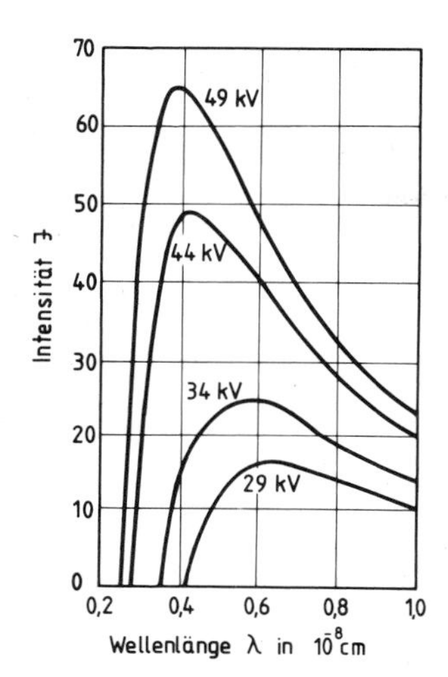

Bild 1: Röntgenbremsspektren einer Platinanode bei verschiedenen Röhrenspannungen

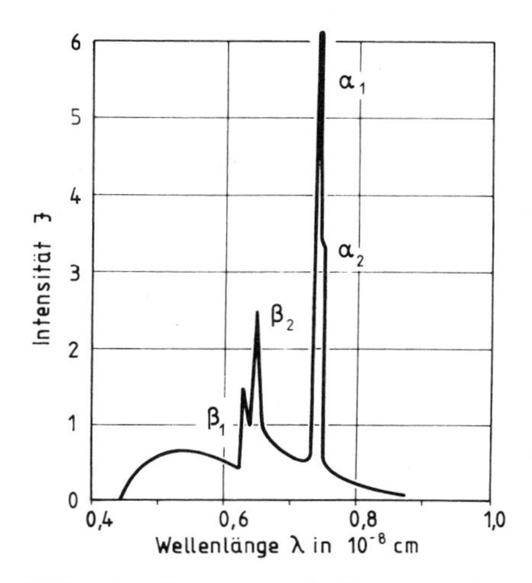

Bild 2: Brems- und Eigenstrahlungsspektrum einer Molybdänanode (Röhrenspannung ~ 40 kV)

Elektron durch einen Stoßprozeß eines der Elektronen der K- oder L-Schale, so kann ein weiter außen sitzendes Hüllelektron auf den freigewordenen Platz springen und dabei den Energiebetrag

$$\Delta E = E_1 - E_0 = h\,\nu = \frac{h\,c}{\lambda} \tag{4}$$

in Form eines Röntgenquants der Wellenlänge λ emittieren, der der energetischen Differenz zwischen Ausgangs- und Endschale des springenden Elektrons entspricht. Springen Elektronen von der L- auf die K-Schale, dann entsteht die sog. Kα-Strahlung, springen Elektronen von der M- auf die K-Schale, die sog. Kβ-Strahlung. Gehen Elektronen von der M- auf die L-Schale über, so tritt das L-Strahlungsspektrum auf. Reicht die Energie der auf das Anodenmaterial auffallenden Elektronen aus, um dort Elektronen aus den K-Schalen der Atome herauszuschlagen, so ist damit offenbar das ganze für den Elektronenaufbau der inneren Atomhülle typische Röntgenspektrum angeregt.

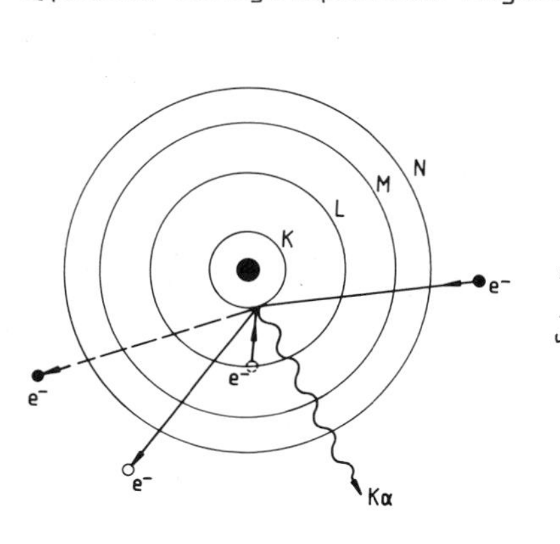

Bild 3: Entstehung der Kα-Eigenstrahlung (schematisch)

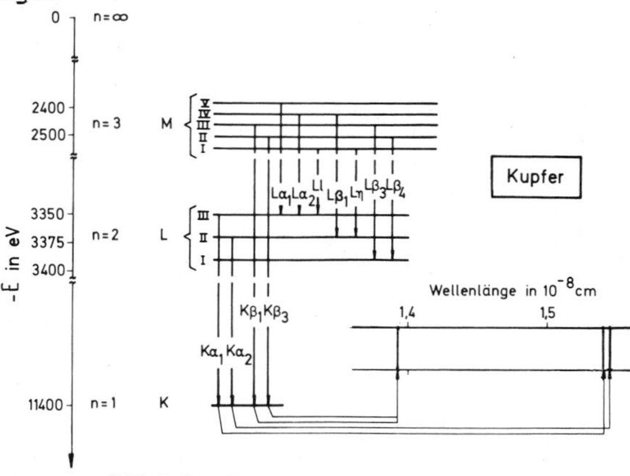

Bild 4: Das K- und L-Röntgenspektrum von Kupfer

Eine genauere Betrachtung zeigt, daß die Elektronen der L-Schale nicht auf einer, sondern auf drei Energieniveaus L_I bis L_{III} und die Elektronen der M-Schale auf fünf Energieniveaus M_I bis M_V untergebracht sind. Dabei sind Elektronenübergänge zwischen Niveaus gleicher Ziffern ausgeschlossen, so daß die in Bild 4 am Beispiel von Kupfer schematisch wiedergegebenen Elektronenübergänge das Röntgenspektrum bestimmen. Eine $K\alpha_1$-Linie entspricht dem Übergang $L_{III} \rightarrow K$, eine $K\alpha_2$-Linie dem Übergang $L_{II} \rightarrow K$, eine $K\beta_1$-Linie dem Übergang $M_{III} \rightarrow K$, wobei $\lambda(K\beta_1) < \lambda(K\alpha_1) < \lambda(K\alpha_2)$ ist. Die zu den Röntgenspektrallinien gehörigen Strahlungsintensitäten $J(K\alpha 1)$, $J(K\alpha_2)$ und $J(K\beta_1)$ verhalten sich wie

$$J(K\alpha_1):J(K\alpha_2):J(K\beta_1) = 100:50:20 \quad . \qquad (5)$$

Die dieser sog. K-Serie zukommenden Wellenlängen sind nun je nach Ordnungszahl Z des Anodenmaterials verschieden. Für $\lambda(K\alpha_1)$ gilt

$$\lambda(K\alpha_1) = \frac{const}{(Z-1)^2} \quad . \qquad (6)$$

Mit wachsender Ordnungszahl wird also die $K\alpha_1$-Strahlung kurzwelliger.

Anstelle von energiereichen Elektronen können auch hinreichend kurzwellige Röntgenstrahlen das charakteristische Röntgenspektrum eines Metalls auslösen. Damit die K-Serie auftritt, muß lediglich die Bedingung

$$h\nu > E_K \qquad (7).$$

erfüllt werden, also die Quantenenergie $h\nu$ der primären Röntgenstrahlung größer als die Bindungsenergie E_K der Elektronen der K-Schale sein. Man spricht von einer Kaltanregung des Röntgenspektrums und nennt die auftretende Strahlung, da diese hinsichtlich ihrer Entstehung der optischen Fluoreszenz vergleichbar ist, Röntgenfluoreszenzstrahlung.

Will man also mit röntgenographischen Hilfsmitteln zu einer Elementanalyse gelangen, so muß man den interessierenden Werkstoffbereich mit einer hinreichend kurzwelligen Röntgenstrahlung beschießen und die entstehende Fluoreszenzstrahlung hinsichtlich Wellenlänge und Intensität analysieren. Eine dafür geeignete Meßanordnung zeigt Bild 5. Die von der primären Röntgenstrahlung in einem Probenbereich von ~ 10 mm Durchmesser ausgelöste Fluoreszenzstrahlung fällt durch ein Kollimatorsystem auf einen im Zentrum des Spektrometers drehbar angebrachten Analysatorkristall, bei dem bestimmte (h k l) - Ebenen mit dem Abstand D parallel zur Kristalloberfläche liegen. Wird der Kristall, ausgehend von der mit der Kollimatorachse zusammenfallenden Position $\theta = 0$, mit der Winkelgeschwindigkeit $\dot{\theta}$ und das auf dem Spektrometerkreis befindliche Strahlungsdetektorsystem mit der Winkelgeschwindigkeit $2\dot{\theta}$ um die Spektrometerachse gedreht, so wird auf Grund der Bragg'schen Gleichung (vgl. V 2) eine Spektrallinie mit der Wellenlänge λ unter dem Winkel

$$2\theta = 2 \arcsin \frac{\lambda}{2D} \qquad (8)$$

abgebeugt und hinsichtlich Lage und Intensitätsverteilung mit dem Strahlungsdetektor als Funktion von 2θ registriert. Als Analysatoren

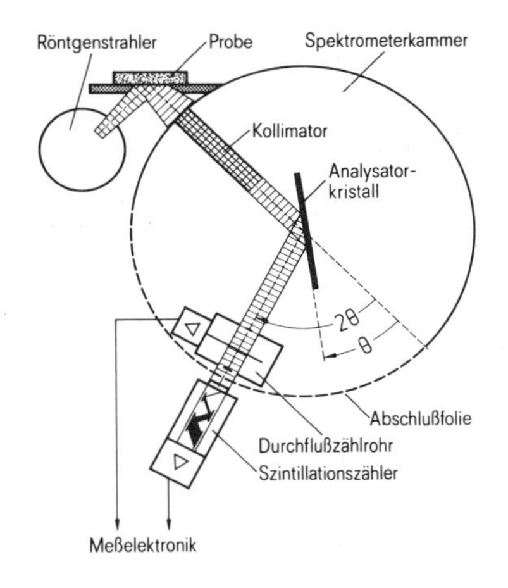

Bild 5: Röntgenspektrometer (schematisch)

finden für die Elemente Ca bis Ag Lithiumfluoridkristalle, für P, S, Cl und K Quarzkristalle, für Mg, Al, Si und P Ammoniumdihydrogen-Phosphatkristalle und für B, C, N und O Bleisteatatkristalle Anwendung. Die Strahlungsregistrierung erfolgt im Wellenlängenbereich von 1.5 bis $20 \cdot 10^{-8}$ cm mit Durchflußzählrohren, im Wellenlängenbereich 0.5 bis $2.7 \cdot 10^{-8}$ cm mit Szintillationszählern. Wegen der starken Absorption, die langwellige Röntgenstrahlungen in Luft erfahren, erfolgt die Fluoreszenzanalyse von Elementen mit kleiner Ordnungszahl in einem evakuierten Meßsystem. Routinemäßig lassen sich heute röntgenfluoreszenzanalytische Untersuchungen bis Z = 9 (Fluor) durchführen. Die von den Detektoren aufgenommenen Signale werden dabei elektronisch weiterverarbeitet und entweder mit einem xy-Schreiber (vgl. Bild 6) aufgeschrieben oder einem Rechner mit hinreichender Speicherkapazität zugeführt und anschließend mit Hilfe geeigneter Verfahren weiterverarbeitet.

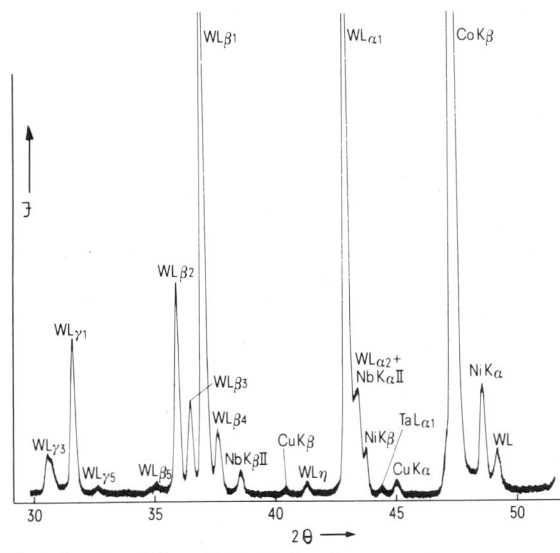

Bild 6: ℑ, 2 θ - Schrieb einer mehrkomponentigen Legierung

Am einfachsten ist die Röntgenfluoreszenzanalyse bei Systemen, die nur aus wenigen Elementen bestehen. Bei einem Zweistoffsystem mit den Elementen A und B erfolgt der quantitative Intensitätsvergleich der Spektrallinien des zu bestimmenden Elementes mit denen geeigneter Eichproben. Dabei genügt für den Vergleich die Registrierung einer Spektrallinie. Zwischen der Intensität dieser Linie und der Konzentration c_B des Elementes B können bei Zweistoffsystemen die in Bild 7 wiedergegebenen Zusammenhänge bestehen. Der lineare Zusammenhang (Kurve I)

$$\Im_B = \frac{\Im_{B|\text{bei } c_B = 100 \text{ Masse-\%}}}{100 \text{ Masse-\%}} c_B \qquad (9)$$

wird beobachtet, wenn die Absorption der anregenden Röntgenstrahlung für beide Komponenten gleich groß ist. Absorbieren dagegen die B-Atome weniger bzw. mehr als die A-Atome, so ergeben sich die Kurven II bzw. III, die man in praktischen Fällen abschnittsweise durch Geraden der Form

$$\Im_B = a\, c_B + b \qquad (10)$$

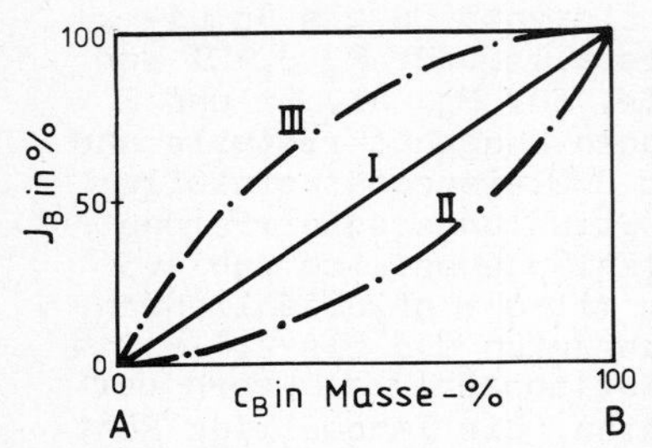

Bild 7: Mögliche Intensitäts-Konzentrations-Verläufe bei der Röntgenfluoreszenzanalyse binärer Legierungen mit gegenüber den A-Atomen gleichem (I), kleinerem (II) oder größerem (III) Absorptionsvermögen der B-Atome

annähert. Die unbekannten Konzentrationen werden durch Vergleich der Meßwerte mit den Eichdaten erhalten.

Der zeitliche Meßaufwand für Röntgenfluoreszenzanalysen ist relativ klein. Bei CuZn 32 beispielsweise läßt sich mit Chromanode ein Al-Gehalt von 0.021 Masse-% in 100 s mit einer Genauigkeit von ± 0.0025 Masse-% bestimmen. In unlegierten Stählen ist in der gleichen Zeit ein S-Gehalt von 0.010 ± 0.001 Masse-% feststellbar. Eine Manganbestimmung, z. B. 0.36 ± 0.0043 Masse-%, ist in 10 s möglich.

Mit der beschriebenen Meßanordnung (vgl. Bild 5) werden die Spektrallinien der interessierenden Elemente nacheinander registriert. Ein solches Meßsystem wird Sequenz-Spektrometer genannt. Davon sind sog. Mehrkanalspektrometer zu unterscheiden, bei denen mit fest auf bestimmte Spektrallinien eingestellten Spektrometerkanälen gearbeitet wird. Mit modernen Geräten dieser Art werden bis zu 30 Einzellinien gleichzeitig registriert. Mehrkanal-Röntgenspektrometer werden heute als Standardeinrichtungen bei der Überwachung metallurgischer Prozesse sowie in der Werkstoffeingangskontrolle eingesetzt.

Aufgabe

Aus Eisen- und Molybdänpulvern sind sechs Eichproben mit unterschiedlichen Massenanteilen an Mo herzustellen. Die Röntgenspektren dieser Proben sind aufzunehmen. Der quantitative Zusammenhang zwischen der Intensität der Mo $K\alpha$ - Spektrallinie und der Molybdänkonzentration in Masse-% ist zu bestimmen. Für zwei molybdänlegierte Stähle sind anschließend die Mo-Gehalte zu ermitteln.

Versuchsdurchführung

Die Pulveranteile (Korngröße < 100 µm) werden mit einer Analysenwaage abgewogen, gut gemischt und anschließend in Tablettenform verpreßt. Danach werden die Proben in einer Spektrometeranordnung vermessen, die der in Bild 5 gezeigten entspricht. Es wird mit einer Cr-Röhre gearbeitet, die mit 40 kV und 40 mA betrieben wird. Während der gesamten Untersuchung werden die Betriebsbedingungen der Röntgenröhre und der Detektoreinrichtungen konstant gehalten. Temperaturkonstanz von ± 0.5 °C wird angestrebt.

Zunächst wird von der Probe mit dem größten Mo-Gehalt das gesamte Spektrum aufgenommen und eine Analyse der Interferenzlinien vorgenommen. Danach wird bei den verschiedenen Proben der Strahlungsdetektor jeweils auf das Maximum der Mo$K\alpha$-Eigenstrahlung eingestellt und die Intensität in Abhängigkeit von der Zeit 60 s lang gemessen. Die Mittelwerte der Eigenstrahlungsintensitäten wachsen mit zunehmendem Mo-Gehalt an. Sie werden als Funktion vom Mo-Gehalt aufgetragen und durch einen ausgleichenden Kurvenzug miteinander verbunden. Die so mit "äußerem Standard" erhaltene Eichkurve wird den nachfolgenden Messungen an den molybdänhaltigen Stählen zugrundegelegt. Der Einfluß der bei den Stählen sonst noch vorliegenden Elemente auf die Meßresultate wird diskutiert.

Literatur: 17, 18.

Thermische Analyse

V 7

Grundlagen

Unter thermischer Analyse versteht man ein metallkundliches Meßverfahren, das auf Grund von Temperatur-Zeit-Kurven Rückschlüsse auf Zustandsänderungen bei der Abkühlung bzw. Erwärmung von Metallen oder Legierungen erlaubt. In Bild 1 ist das Zustandsdiagramm eines binären Legierungssystems aus den reinen Metallen (Komponenten) A und B wiedergegeben, die im schmelzflüssigen Zustand vollständig ineinander löslich sind, im festen Zustand beidseitig eine begrenzte Löslichkeit besitzen (A-reicher Mischkristall α und B-reicher Mischkristall β) und bei Abkühlung aus der Schmelze (S) in einem relativ breiten Konzentrationsbereich bei der eutektischen Temperatur T_{Eu} vollständig erstarren. $T_{S,A}$ ist der Schmelzpunkt des reinen Metalls A und $T_{S,B}$ der des reinen Metalls B. An Hand dieses Zustandsdiagramms läßt sich das bei der thermischen Analyse angewandte Prinzip relativ einfach beschreiben. In den Zustandsdiagrammen von Zweistoffsystemen sind durch Grenzlinien die Temperatur-Konzentrations-Bereiche als Zustandsfelder voneinander abgegrenzt, in denen bestimmte Phasen (physikalisch und chemisch voneinander unterscheidbare Werkstoffzustände) vorliegen. Oberhalb der sog. Liquiduslinien ae und eh existiert das Legierungssystem einphasig im schmelzflüssigen Zustand. Die reinen Metalle A und B gehen unmittelbar bei $T_{S,A}$ und $T_{S,B}$, die Legierung mit der eutektischen Zusammensetzung c_{Eu} bei T_{Eu} aus der Schmelze in den festen Zustand über. Der Punkt e heißt eutektischer Punkt, die Strecke k e m eutektische Gerade (Eutektikale). Die durch a k e a bzw. h e m h begrenzten Bereiche sind Zweiphasengebiete, in denen neben der Schmelze S noch α-

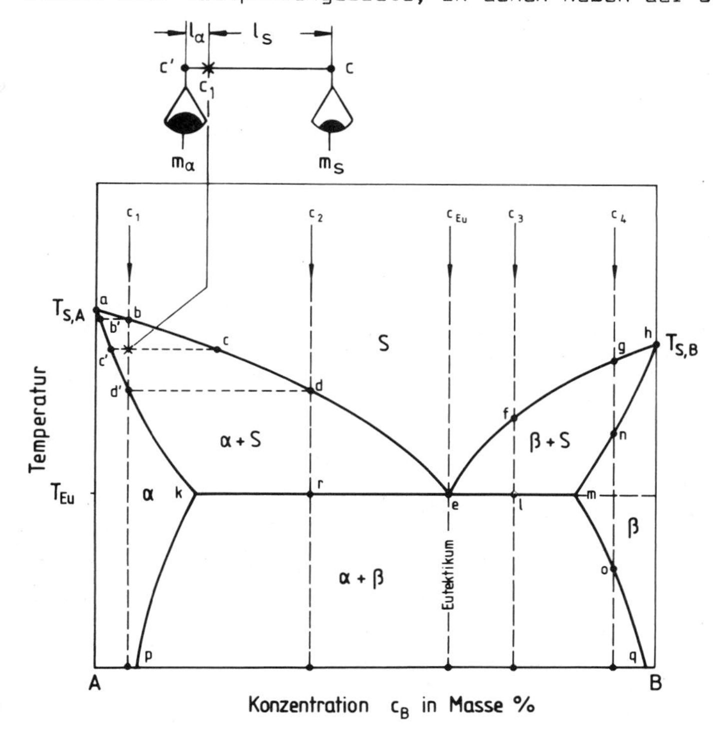

Bild 1: Binäres Zustandsdiagramm mit vollständiger Löslichkeit im flüssigen und beidseitig begrenzter Löslichkeit im festen Zustand

bzw. ß-Mischkristalle vorliegen. Im Gebiet A p k a A existieren nur homogene α-Mischkristalle, im Gebiet B q m h B nur homogene ß-Mischkristalle. Bei den α- bzw. ß-Mischkristallen sind B- bzw. A-Atome auf regulären Gitterplätzen der reinen Komponenten A und B statistisch regellos verteilt (Substitutionsmischkristalle). Im Gebiet pkmqp liegen α- und ß-Mischkristalle nebeneinander vor. Die Konzentrationen der bei gegebener Temperatur in zweiphasigen Gebieten miteinander im Gleichgewicht befindlichen Phasen ergeben sich aus den Schnittpunkten der Geraden T = const. (Konoden) mit den Begrenzungslinien der 2-Phasengebiete. Die dabei im Gleichgewicht befindlichen Massenanteile der Phasen berechnen sich mit Hilfe des Hebelgesetzes. Betrachtet man beispielsweise die Legierung mit der Konzentration c_1 an B-Atomen, so entstehen aus dieser bei Erreichen der Liquiduslinie a e im Punkte b die ersten α-Mischkristalle mit einer dem Punkte b' entsprechenden Konzentration an B-Atomen. Nach Absenkung der Temperatur auf den Punkt * befinden sich α-Mischkristalle mit einer dem Punkte c' und Schmelze mit einer dem Punkte c entsprechenden Konzentration an B-Atomen miteinander im Gleichgewicht. Ist m_α der Massenanteil des α-Mischkristalls und m_S der Massenanteil der Schmelze, so gilt

$$\frac{m_\alpha}{m_S} = \frac{c - c_1}{c_1 - c'} = \frac{l_S}{l_\alpha} \quad . \tag{1}$$

l_S und l_α sind offenbar (vgl. oberen Teil von Bild 1) die Hebelarme des zweiseitigen Hebels mit dem Auflager * bei der Konzentration c_1, an dessen Enden c' und c man sich die Massenanteile m_α und m_S der Phasen vorzustellen hat. Da für die Gesamtmasse der betrachteten Legierung die Bedingung

$$m = m_\alpha + m_S \tag{2}$$

erfüllt sein muß, folgt mit $l = l_\alpha + l_S = c - c'$ aus Gl. 1 und 2

$$m_\alpha = \frac{l_S}{l} m \tag{3}$$

bzw.

$$m_S = \frac{l_\alpha}{l} m \quad . \tag{4}$$

Der bei gegebener Temperatur vorliegende relative Massenanteil einer Phase verhält sich also wie der abgewandte Hebelarm zur Gesamtlänge des zweiseitigen Hebels. Nach Erreichen der Konode d'd liegt demnach für die betrachtete Legierung die gesamte Legierungsmasse ($l_S = l$) als α-Mischkristall vor. Analoge Überlegungen gelten für die anderen Zweiphasengebiete des Zustandsdiagrammes.

Für die Legierung der Konzentration c_1 kann mit Hilfe der thermischen Analyse die Lage der Punkte b und d' leicht ermittelt werden. Bei Abkühlung aus dem schmelzflüssigen Zustand zeigt die Temperatur-Zeit-Kurve (vgl. Bild 2) zunächst einen kontinuierlichen exponentiellen Abfall, der von der spezifischen Wärme und der Masse der Legierung sowie den Umgebungsbedingungen abhängt. Wird die Liquiduslinie bei b erreicht, so bewirkt die Bildung der α-Mischkristalle mit der Konzentration b' an B-Atomen, daß die zugehörige Schmelze reicher an B-Atomen wird und deshalb ihre Erstarrungstemperatur absenkt. Auf Grund der bei der Kristallisation frei werdenden Erstarrungsenthalpie verläuft die Temperatur-Zeit-Kurve der Legierung somit nach Unterschreiten der Liquiduslinie flacher als im einphasigen Schmelzbereich, und es tritt

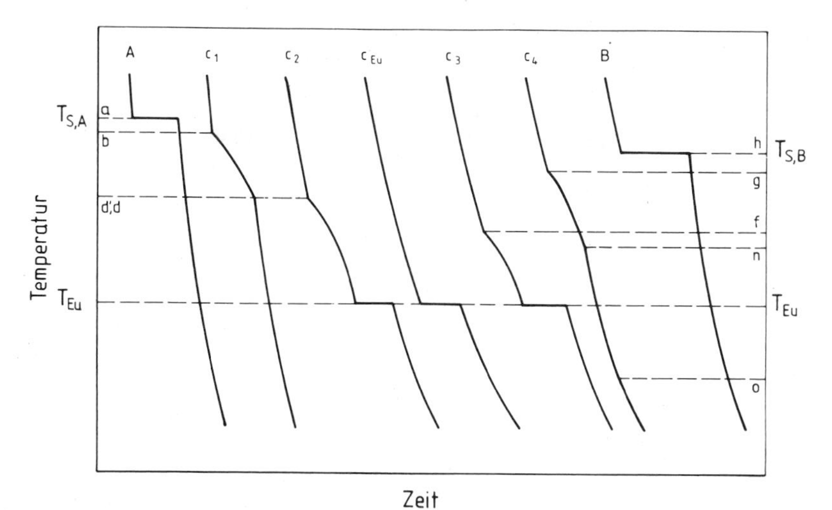

Bild 2: Abkühlungskurven für die reinen Metalle und fünf Legierungen des in Bild 1 gezeigten Zustandsdiagrammes

ein Knickpunkt im Kurvenverlauf auf. Mit weiter abnehmender Temperatur nimmt sowohl die Konzentration der Restschmelze als auch die der α-Mischkristalle an B-Atomen zu. Der noch flüssige Massenanteil der Legierung wird kleiner, der kristallisierte entsprechend größer. Da die Erstarrung der Schmelze beim Erreichen der Konode d'd abgeschlossen ist (d' liegt auf der sog. Soliduslinie), wird bei dieser Temperatur ein weiterer Knickpunkt beobachtet. Danach erfolgt die Abkühlung auf Raumtemperatur kontinuierlich. Neben dem eben beschriebenen Sachverhalt sind in Bild 2 Temperatur-Zeit-Kurven für die reinen Metalle A und B sowie für die in Bild 1 vermerkten Legierungen mit den Konzentrationen c_2, c_{Eu}, c_3 und c_4 aufgezeichnet. Die reinen Metalle A bzw. B ergeben als Folge der bei den Schmelztemperaturen $T_{S,A}$ bzw. $T_{S,B}$ beim Erstarren frei werdenden Kristallisationswärme (Erstarrungsenthalpie) Kurven mit sog. Haltepunkten. Für Legierungskonzentrationen, die zwischen den Begrenzungspunkten der eutektischen Geraden k e m liegen, gelten - mit Ausnahme der eutektischen Zusammensetzung c_{Eu} - nach Unterschreiten der Grenzlinie a e und e h zunächst die gleichen Überlegungen wie für die Legierung mit der Konzentration c_1. Kurz vor Erreichen der eutektischen Temperatur T_{Eu} liegen aber in allen Fällen neben α- bzw. β-Mischkristallen unterschiedlich große Mengenanteile an Schmelze mit der Konzentration c_{Eu} vor, die sich nach weiterer Temperaturabsenkung bei $T = T_{Eu}$ gemäß

$$S \rightarrow \alpha + \beta \qquad (5)$$

eutektisch umwandeln. Das Erreichen der Eutektikalen macht sich also bei diesen Legierungen als Haltepunkt in den T,t-Kurven bemerkbar. Aus der Schmelze der Legierung mit der Konzentration c_2 bilden sich z. B. zunächst α-Mischkristalle. Bei Erreichen einer wenig über T_{Eu} liegenden Temperatur besteht Gleichgewicht zwischen α-Mischkristallen mit einer dem Punkt k entsprechenden Konzentration an B-Atomen und Restschmelze, die praktisch die eutektische Konzentration an B-Atomen besitzt. Absenken der Temperatur auf $T = T_{Eu}$ führt zur eutektischen Reaktion der Restschmelze gemäß Gl. 5. Eine eutektische Legierung der Konzentration c_{Eu} erstarrt dagegen direkt als heterogenes Gemenge aus α- und ß-Mischkristallen bei der Temperatur T_{Eu}. Die entsprechende Abkühlungskurve (c_{Eu} in Bild 2) zeigt daher, wie die der reinen Metalle, nur einen Haltepunkt. Bei einer Legierung der Konzentration c_3 sind die Vorgänge bei der Abkühlung zwischen f und l ähnlich wie die bei der Legierung der Konzentration c_2 zwischen d und r. Zunächst bilden sich nach Überschreiten der Linie e h ß-reiche Mischkristalle, so daß die Schmelze ß-ärmer wird. Die Restschmelze reichert sich bei weiterer Absenkung der Temperatur solange an A an, bis sie die eutektische Zusammensetzung erreicht. Dementsprechend enthält die zugehörige Abkühlungskurve (c_3 in Bild 2) neben einem Knickpunkt bei der Temperatur f noch einen Haltepunkt bei der eutektischen Temperatur T_{Eu}. Bei der Konzentration c_4 schließlich finden zwischen g n ähnliche Erstarrungsvorgänge statt wie für c_1 auf der A-reichen Legierungsseite zwischen b d'. Nach Unterschreiten der Grenzlinie m h liegen nur noch homogene ß-Mischkristalle vor. Wird die Gleichgewichtslinie m q unterschritten, so bilden sich α-Mischkristalle aus den ß-reichen ß-Mischkristallen. Die Legierung geht wieder in einen zweiphasigen Zustand mit heterogenem Gefüge über. Die Abkühlungskurve c_4 in Bild 2 spiegelt diese Prozesse wider.

Aufgabe

Von vier Blei-Zinn-Legierungen sowie reinem Blei und reinem Zinn sind die Temperatur-Zeit-Kurven beim Abkühlen aus dem schmelzflüssigen Zustand zu ermitteln. Mit Hilfe der Meßwerte ist die Lage der Gleichgewichtslinien des zugehörigen Zustandsdiagrammes, das typenmäßig Bild 1 entspricht, anzugeben.

Versuchsdurchführung

Reines Blei und Zinn sowie vier verschiedene PbSn-Legierungen, in die Kupfer-Konstantan-Thermoelemente eintauchen, werden in elektrischen Tiegelöfen auf etwa 350 °C aufgeheizt und liegen dann im schmelzflüssigen Zustand vor. Die Massen von Tiegel, Thermoelement und Schutzrohr sind jeweils klein gegenüber der Masse der Schmelze. Zur Vermeidung von Temperaturunterschieden werden die einzelnen Schmelzen hinreichend lange gerührt. Die Thermoelementspannungen werden mit Hilfe eines Bereichsumschalters einem digitalen Temperaturmeßgerät zugeführt. Nach Abschalten der Heizung werden bei geringer Abkühlgeschwindigkeit die Temperaturen der einzelnen Legierungen in Abständen von etwa 1 Minute abgelesen und aufgezeichnet. Die den Halte- und Knickpunkten der Abkühlungskurven zukommenden Temperaturen werden ermittelt, über der bekannten Legierungskonzentration aufgetragen und hinsichtlich ihrer Bedeutung für die Lage der Zustandsbereiche des Zweistoffsystems PbSn erörtert.

Literatur: 4,7,12,28,29.

Lichtmikroskopie von Werkstoffgefügen

V 8

Grundlagen

Der lichtmikroskopisch erkenn- und bewertbare Aufbau metallischer Werkstoffe wird als Gefüge bezeichnet. Untersuchungen dieser Art werden an geeignet geschliffenen, polierten und geätzten Proben des interessierenden Werkstoffes durchgeführt. Man unterscheidet dabei zwischen homogenen und heterogen Werkstoffen, je nachdem, ob ein- oder mehrphasige Zustände vorliegen. Für die Beurteilung des Gefüges sind Zahl und Anteil der Phasen sowie Größe, Form und Verteilung der den einzelnen Phasen zuzuordnenden Körner von zentraler Bedeutung. Je nach Vorgeschichte kann ein und derselbe Werkstoff sehr unterschiedliche Gefüge aufweisen.

Die zur lichtmikroskopischen Gefügeanalyse erforderlichen Präparationsschritte umfassen im einfachsten Falle die Entnahme, das Schleifen, das Polieren und das Ätzen der Proben. Zunächst wird dem Objekt ein geeigneter Werkstoffbereich mit mechanischen Hilfsmitteln entnommen und durch anschließendes Feilen, Fräsen oder Schleifen an mindestens einer Seite mit einer quasi-ebenen Fläche versehen. Danach wird die Probe so in eine Kunstharzmasse eingebettet oder in eine Halterung eingespannt, daß die vorgeebnete Fläche parallel zu einem ebenen Schleifpapierträger aufgelegt werden kann. Entweder mit der Hand oder in geeigneten Maschinen erfolgt dann der eigentliche Schleifprozeß dadurch, daß Relativbewegungen zwischen Probe und Schleifpapierträger erzwungen werden, und zwar unter systematischer Variation der Schleifrichtung. Dabei finden von grob nach fein abgestufte Schleifpapiere unterschiedlicher Körnung nacheinander Anwendung. Sie werden durch die Zahl der Siebmaschen pro Zoll gekennzeichnet, durch die die benutzten Schleifmittelkörner (Siliziumkarbid, Korund, Schmirgel) gerade noch hindurchfallen (vgl. V 92). Ein 150er Papier ist also gröber als ein 280er, ein 400er Papier gröber als ein 1200er. Eine Erwärmung der Proben während des Schleifvorganges ist zu vermeiden. Man benutzt deshalb mit Vorteil eine Kühlflüssigkeit (z. B. H_2O), die gleichzeitig ausgebrochene Schleifmittelkörner sowie abgeschliffene Werkstoffteilchen wegschwemmt. Nach dem Schleifen wird die Probe auf einer rotierenden tuchbespannten Scheibe je nach Werkstoffart mit geschlämmter Tonerde (Al_2O_3), Magnesia usta (MgO), Poliergrün (Cr_2O_3), Polierrot (Fe_2O_3) oder Diamantpaste (C) poliert. Bei Tonerde werden die Feinheitsstufen grob (1), mittel (2) und fein (3) angeboten. Diamantpasten enthalten Körnungsabstufungen von 15 bis 0.25 µm. Bei Benutzung eines Samttuches beeinflußt die Länge der Haare und deren Elastizität die Poliergüte. Ein weiches Tuch erzeugt eine riefenfreie Oberfläche, hat aber den Nachteil, daß es leicht die Kanten abrundet, nichtmetallische Einschlüsse abträgt und zu Reliefbildung führt. Mit einem härteren Wolltuch kann man diese Nachteile vermeiden, erhält aber keine absolut kratzerfreie Polierfläche. Die besten Resultate werden durch Polieren auf einem kurzhaarigen Wolltuch und anschließendem kurzen Polieren auf weichem Samt erreicht. Im Gegensatz zum Schleifen wird beim Polieren die Probe dauernd gedreht. Die Umdrehnungsgeschwindigkeit der Polierscheibe richtet sich nach dem zu untersuchenden Material. Der richtige Feuchtigkeitsgrad der Polierscheiben ist erreicht, wenn die abgehobene Schliffläche in 5 bis 8 s trocknet. Geschmiert wird mit destilliertem Wasser oder bei Verwendung von Diamantpasten mit Öl und Petroleum. Nach dem Polieren kann "der Schliff" nur dann direkt lichtmikroskopisch beurteilt werden, wenn Gefügebestandteile unterschiedlicher Eigenfärbung und/oder unterschiedlichen Reflexionsvermögens vorliegen. Bei heterogenen Werkstoffen wird unter senkrechtem Lichteinfall von einer Phase mit dem Brechungsindex n der Anteil

$$R = \left(\frac{n-1}{n+1}\right)^2 \cdot 100\,\% \qquad (1)$$

reflektiert. Die folgenden Zahlenwerte geben ein Gefühl für das mittlere Reflexionsvermögen einiger Metalle, Sulfide und Oxyde bei einer Lichtwellenlänge von 0.590 µm:

Material	Ag	Mg	Cu	Al	Pt	Ni	Fe	W	FeS	Fe_2O_3	Cu_2O	MnS	FeO	C	Al_2O_3
R in %	94	93	83	82.7	73	62	59	54.5	37	25.7	22.5	21	19	14	7.6

Bei Fe_2O_3 und C ist R stark anisotrop.

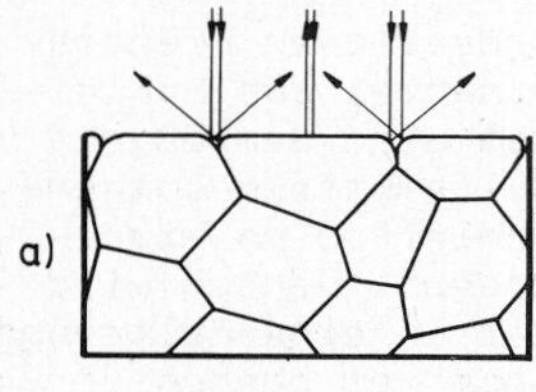

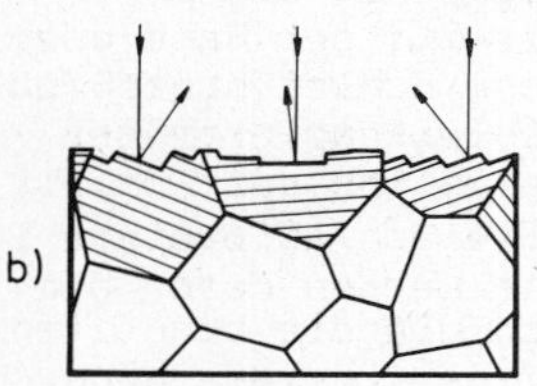

Bild 1: Reflexion senkrecht einfallenden Lichtes bei Korngrenzenätzung (a) und Kornflächenätzung (b)

Im allgemeinen ist jedoch eine Gefügeentwicklung durch Ätzen notwendig. Dabei wird die Tatsache ausgenutzt, daß der chemische Angriff bei den Gefügebestandteilen von deren Orientierung und chemischen Zusammensetzung abhängt. Bei der sog. Korngrenzenätzung (vgl. Bild 1a) greift das Ätzmittel lediglich die Korngrenzen an. Bei der sog. Kornflächenätzung (vgl. Bild 1b) werden dagegen wegen der anisotropen Wirkung des Ätzmittels Kristallite je nach ihrer Orientierung unterschiedlich stark abgetragen. Als Folge der sog. dislozierten Reflexion erhält man einen scheinbaren Hell-Dunkel-Eindruck der Kristallite, weil das auf den Schliff auffallende Lichtbündel in einzelne Raumrichtungen verschieden stark reflektiert wird, so daß die Kornflächen unterschiedlich hell erscheinen. Schräg einfallendes Licht kann dabei auf den tiefer abgetragenen Kristallitbereichen Schlagschatten hervorrufen und dadurch Korngrenzen vortäuschen.

Treten an den Korngrenzen Schichten metallischer oder nichtmetallischer Verunreinigungen auf, die chemisch unedler sind als die Kristallkörner, so können dort beim Ätzen als Folge der Bildung von Lokalelementen (vgl. V 69) grabenartige Vertiefungen auftreten. Bei bestimmten Werkstoffen und Ätzmitteln können sich auf den Kristallen der Schliffläche auch dünne, durchsichtige Oxidschichten bilden, die zu Färbungen und Schattierungen führen. Die Färbungen sind entweder Eigenfärbungen der Oxide oder rühren von Interferenzerscheinungen her. Ein weiterer Kornfärbungseffekt kann dadurch hervorgerufen werden, daß Ätzmittel bei bestimmten Legierungen Substanzen freisetzen, die sich auf den Kristallflächen orientierungsabhängig niederschlagen. Die für die einzelnen Werkstoffe geeigneten Ätzmittel wurden empirisch gefunden und sind in Handbüchern zusammengestellt. Optimale Ätzzeiten, die zwischen wenigen Sekunden und einigen Minuten liegen können, ermittelt man durch Probieren. Greift ein Ätzmittel zu stark an, so kann es meist mit Alkohol, Glycerin oder Glykol verdünnt werden. Die Proben werden üblicherweise mit Hilfe von Platinzangen in das Ätzmittel getaucht, nach dem Erkennen der ersten Anlaufspuren mit Wasser und Alkohol abgespült und dann in warmer Luft getrocknet. In Tab. 1 sind beispielhaft für einige Werkstoffgruppen brauchbare Ätzmittel angegeben.

Tab. 1: Ätzmittel zur Entwicklung des Gefüges von Metallegierungen

Werkstoff	Ätzmittel	
Fe-Basislegierungen	1 - 5 cm^3 100 cm^3	Salpetersäure (ρ = 1.40 g/cm^3) Alkohol
	4 g 100 cm^3	kristallisierte Pikrinsäure Alkohol
Al-Basislegierungen	0.5 cm^3 100 cm^3	40 %-ige Flußsäure Wasser
	30 cm^3 10 cm^3 30 cm^3	40 %-ige Flußsäure Salpetersäure Glyzerin
Cu-Basislegierungen	10 g 90 cm^3	Ammoniumpersulfat Wasser
	50 cm^3 20-50 cm^3 50 cm^3	Ammoniumhydroxid Wasserstoffperoxid Wasser
Ni-Basislegierungen	10 cm^3 100 cm^3	Salzsäure Wasser
	65 cm^3 18 cm^3 17 cm^3	Salpetersäure Eisessig Wasser

Die Größe, unter der die Objektabmessung AB eines fertiggestellten Schliffes einem Beobachter erscheint, ist nach Bild 2 von der Entfernung s zwischen dem Objekt und dem Auge abhängig. Sie wird durch den Sehwinkel ω festgelegt, den die Grenzstrahlen des Objektes von der Augenlinse aus bilden. Man ist übereingekommen, daß ein Gegenstand in der Entfernung s_0 = 25 cm (deutliche Sehweite) dem normalsichtigen Auge unter der Vergrößerung 1 erscheint. Ist der zugehörige Sehwinkel ω_0, so wird der dem Auge näher als in der deutlichen Sehweite dargebotene Gegenstand ($s < s_0$) unter einem größeren Sehwinkel ω und daher mit der Vergrößerung

$$V = \frac{\omega}{\omega_0} \qquad (2)$$

beobachtet. Wird der Abstand Objekt - Auge auf weniger als 10 cm reduziert, so erfordert die Sehwinkelvergrößerung optische Hilfsmittel wie

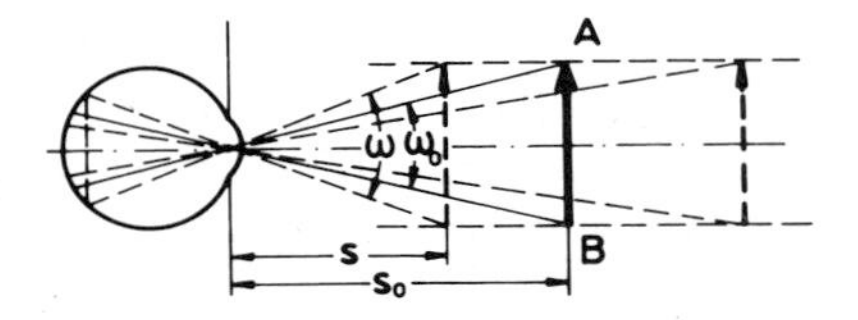

Bild 2: Zur Erläuterung der Begriffe Sehwinkel und deutliche Sehweite

Lupe oder Mikroskop. Auch dabei ist die erzielbare Vergrößerung bestimmt durch

$$V = \frac{\text{Sehwinkel mit optischem Hilfsmittel}}{\text{Sehwinkel ohne optischem Hilfsmittel bei Objektlage in 25cm Entfernung}} \quad . \qquad (3)$$

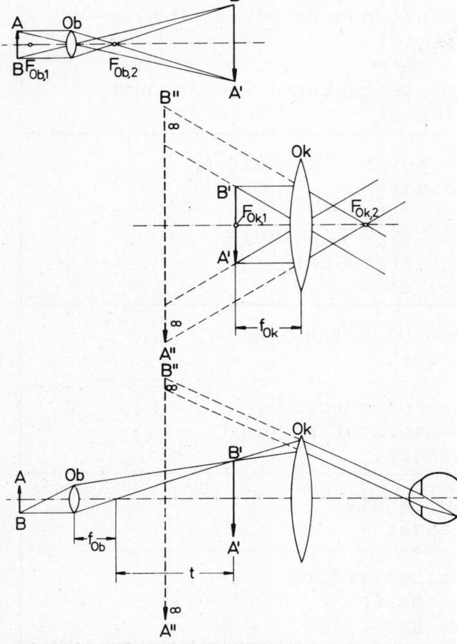

Bild 3: Optische Grundprinzipien der mikroskopischen Abbildung

Ein Okular (Lupe) ist eine Sammellinse kleiner Brennweite, mit der ein in der Brennebene $f_{Ok,1}$ liegender Gegenstand A'B' dem nicht akkomodierten Auge mit der Größe A"B" unter dem Sehwinkel $\omega = A'B'/f_{Ok}$ im Unendlichen erscheint (vgl. Bild 3 Mitte). Dabei ist f_{Ok} die Brennweite (Abstand Linsenmitte/Brennebene) der Linse. Da der Gegenstand ohne Okular (Lupe) in der deutlichen Sehweite unter dem Sehwinkel $\omega_o = A'B'/s_o$ erscheinen würde, ergibt sich nach Gl. 2 die Okular- (Lupen-) Vergrößerung zu

$$V_{Ok} = \frac{s_o}{f_{Ok}} \qquad (4)$$

Mit einfachen Okularen (Lupen) sind nur geringe Vergrößerungen erzielbar. Eine 10-fache Vergrößerung benötigt bereits eine Brennweite von 2.5 cm. Stärkere Vergrößerungen erfordern Mikroskope. Dort wird zunächst mit einem Objektiv vom Gegenstand AB (vgl. Bild 3 oben) ein reelles vergrößertes Bild A'B' (Zwischenbild) erzeugt und dieses anschließend (vgl. Bild 3 Mitte) mit einem als Lupe wirkenden Okular betrachtet. Objektiv und Okular sind auf einer gemeinsamen optischen Achse angebracht (vgl. Bild 3 unten). Ist f_{Ob} die Brennweite des Objektives und ist t der Abstand zwischen bildseitigem Objektivbrennpunkt $F_{Ob,2}$ und dem Zwischenbild A'B', so ergibt sich als Objektivabbildungsmaßstab

$$\beta \approx \frac{t}{f_{Ob}} \quad . \qquad (5)$$

Mit der Vergrößerung des Okulars V_{Ok} ergibt sich die mikroskopische Gesamtvergrößerung zu

$$V_M = \text{Objektivabbildungsmaßstab} \cdot \text{Okularvergrößerung} = \beta\, V_{Ok} = \frac{t}{f_{Ob}} \frac{s_o}{f_{Ok}} \qquad (6)$$

Die Mikroskopvergrößerung für ein auf Unendlich eingestelltes Auge ist also gleich dem Produkt aus deutlicher Sehweite und Abstand zwischen den einander zugekehrten Objektiv- und Okularbrennebenen dividiert durch das Produkt aus der Objektiv- und Okularbrennweite. Das beobachtbare Bild des Gegenstandes ist seiten- und höhenverkehrt.

Da die als Schliff vorliegenden Werkstoffoberflächen nicht selbstleuchtend sind, müssen sie für die mikroskopische Betrachtung mit geeigneten Hilfsmitteln beleuchtet werden. Die Undurchsichtigkeit metallischer Werkstoffe erfordert auffallendes Licht. Dieses wird meistens

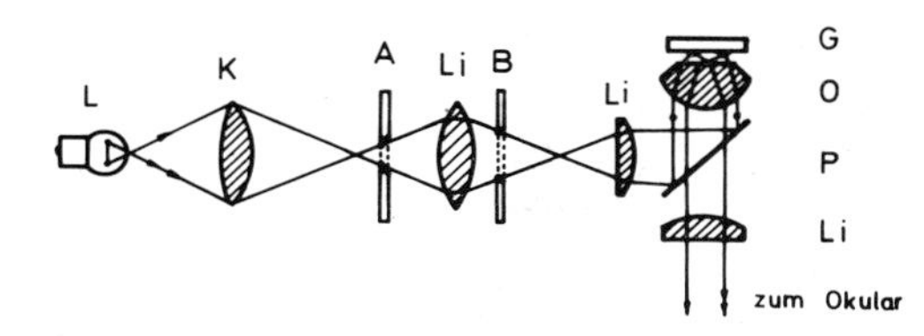

Bild 4:
Köhler'sches Beleuchtungsprinzip
L Lampe, K Kollektorlinse,
A Aperturblende, Li Linse,
B Blende, G Gegenstand,
O Objektiv, P Planglas

nach dem Köhler'schen Beleuchtungsprinzip seitlich in das gleichzeitig als Kondensor wirkende Objektiv eingeblendet und fällt von dort auf den Gegenstand auf (vgl. Bild 4).

In Wirklichkeit bestehen die bei der Metallmikroskopie Verwendung findenden Objektive und Okulare durchweg aus Mehrlinsensystemen. Bei Okularen gibt die eingravierte Bezeichnung, z. B. 20 x, Aufschluß über die damit erzielbare Vergrößerung. Objektivbezeichnungen bestehen i.a. aus Buchstaben- und Zahlenfolgen, z.B. Pl 40 x/0.85. Die Buchstaben bezeichnen die Objektivart. Apochromate (Apo) sind chromatisch weitestmöglich und sphärisch vollständig korrigiert. Planapochromate (Pl) sind darüberhinaus noch hinsichtlich der Bildfeldwölbung korrigiert. Fehlen Buchstabenangaben, so handelt es sich um Achromate, die chromatisch hinsichtlich der grüngelben und roten Lichtanteile sowie sphärisch korrigiert sind. Die der Objektivart folgende erste Zahl mit nachfolgendem x gibt den Abbildungsmaßstab ß an, die davon getrennte zweite Zahl die sog. numerische Apertur

$$A = n \sin\alpha \quad . \tag{7}$$

Dabei ist n der Brechungsindex des Mediums zwischen Gegenstand und Objektiv, α der halbe Öffnungswinkel der Frontlinse des Objektivs. A ist also ein Maß für die Größe des objektivseitig vom Gegenstand aufnehmbaren Lichtkegels. Bei sog. Trockenobjektiven liegt Luft (n = 1) zwischen Gegenstand und Objektiv ($A < 1$). Bei sog. Immersionssystemen wird zwischen Gegenstand und Objektiv eine Immersionsflüssigkeit ($n > 1$, z. B. Zedernholzöl mit n = 1.52 oder Methylenjodid mit n = 1.74) angebracht.

Wesentlich für die Lichtmikroskopie ist das erreichbare Auflösungsvermögen. Nach den Gesetzen der Beugungstheorie können mikroskopisch zwei im Abstand X voneinander entfernte Punkte auf einem Objekt nur dann noch getrennt beobachtet werden, wenn die Abbe'sche Bedingung

$$X = \frac{\lambda}{A} \tag{8}$$

erfüllt ist. Dabei ist λ die Wellenlänge des senkrecht zum Objekt einfallenden Lichtes und A die durch Gl. 7 definierte numerische Apertur. Bei schrägem Lichteinfall geht Gl. 8 in

$$X = \frac{\lambda}{2A} \tag{9}$$

über. Die Linearabmessung, die mit einem Mikroskop noch aufgelöst werden kann, ist daher umso **kleiner, je kleiner die Wellenlänge des verwendeten** Lichtes und je größer die numerische Apertur ist. Ferner kann das Auflösungsvermögen durch schrägen Lichteinfall vergrößert werden. Bei gegebenem Objektivsystem lassen sich also Strukturen, die kleiner als die benutzte (halbe) Lichtwellenlänge sind, nicht mehr auflösen. Bei

Beobachtungen mit dem gelben Licht (λ = 0.59 µm = 590 nm) einer Natriumdampflampe ergibt sich somit als Auflösungsvermögen bei A = 1 und senkrechtem (schrägem) Lichteinfall X = 0.59 µm (0.30 µm).

Das Auflösungsvermögen des Mikroskopes bestimmt die objektiven Grenzen für die sog. förderliche Vergrößerung V_f bei mikroskopischen Beobachtungen. Da das normalsichtige menschliche Auge zwei Punkte nur dann als getrennt erkennt, wenn der Sehwinkel (vgl. Bild 1) $0.02^0 \lesssim \omega \lesssim 0.04^0$ beträgt, ist bei gegebener Auflösung und Vergrößerung des Objektives die Grenze der Okularvergrößerung bestimmbar, ab der sich Leervergrößerungen ergeben. Die förderlichen Vergrößerungen lassen sich mit Hilfe der Ungleichung

$$500\,A \lesssim V_f \lesssim 1000\,A \qquad (10)$$

festlegen. Wird z. B. ein Objektiv 50 x/0.70 mit ß = 50 und A = 0.70 benutzt, so ist $350 \lesssim V_f \lesssim 700$. Mit $V_{Ok} = V_f/\beta$ ergeben sich daher als Grenzwerte der anzuwendenden Okularvergrößerung $7 \lesssim V_{Ok} \lesssim 10$. Es ist also zweckmäßigerweise mit einem 10-fach vergrößernden Okular zu arbeiten. Ein Okular mit 15-facher Vergrößerung liefert bereits Leervergrößerungen. Neben der Auflösung und der förderlichen Vergrößerung ist bei lichtmikroskopischen Beobachtungen noch die Schärfentiefe von großer Bedeutung. Man versteht darunter den Abstand S zweier in Richtung der optischen Achse hintereinander gelegener Objektpunkte die noch scharf abgebildet werden können. S nimmt mit wachsender numerischer Apertur A und wachsender Gesamtvergrößerung V_M bzw. förderlicher Vergrößerung V_f ab. Mit $V_M = V_f = V$ gilt

$$S \approx \frac{0.07}{A\,V}\left(1+\frac{1}{V}\right)\ [\mathrm{mm}] \qquad (11)$$

Für A = 0.70 und V = 500 wird z. B. S = 0.0002 mm = 0.2 µm. Die Schärfentiefe ist also bei lichtmikroskopischen Beobachtungen sehr klein.

Ein modernes Metallmikroskop mit seinem Strahlengang zeigt Bild 5. Der Schliff A kann visuell über ein Binokular C und eine Mattscheibe D beobachtet, aber auch mit einem Kamerazusatz E photographiert werden. B ist ein Objektivrevolver und F eine Belichtungsautomatik.

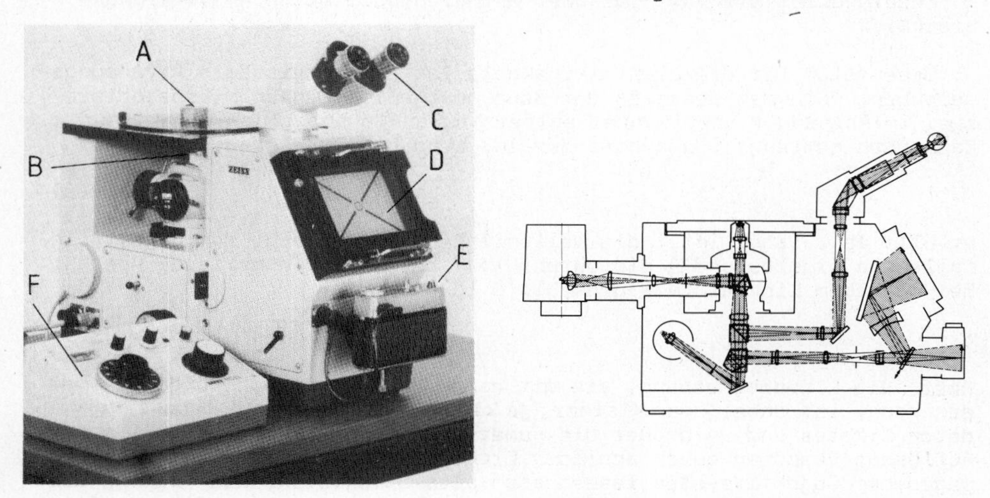

Bild 5: Metallmikroskop mit zugehörigem Strahlengang (Bauart Carl Zeiss)

Aufgabe

Für mehrere PbSn-Legierungen mit abgestuften Zusammensetzungen sind Gefügeuntersuchungen durchzuführen. Die Schliffherstellung erfolgt nach den beschriebenen Prinzipien. Die Schliffe sind an Hand des nachfolgend wiedergegebenen Zustandsdiagrammes und der diesem beigefügten Gefügebilder zu diskutieren und zu bewerten.

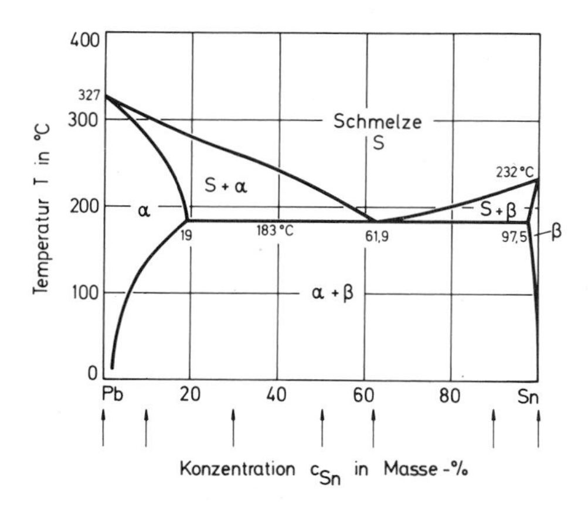

Zustandsdiagramm des binären Systems Blei-Zinn

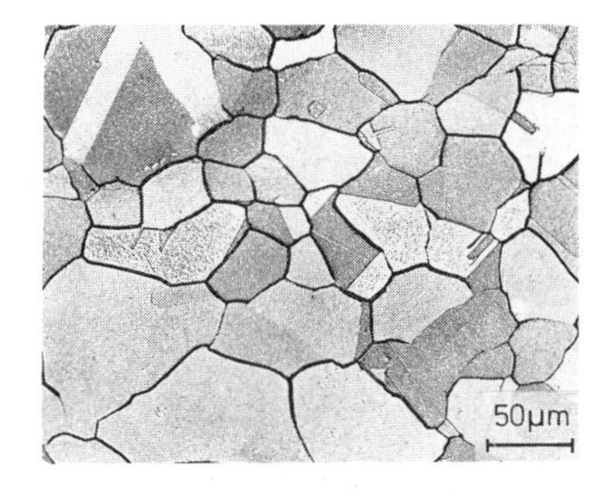

Blei: Bleikörner mit vereinzelten Zwillingen.
Ätzung: 75 ml Essigsäure und 25 ml Wasserstoffsuperoxid

PbSn 10: Primäre α-Mischkristalle (grau) mit β-Mischkristallen (hell).
Ätzung: 100 ml Wasser, 10 gr Zitronensäure und 10 gr Ammoniummolybdat

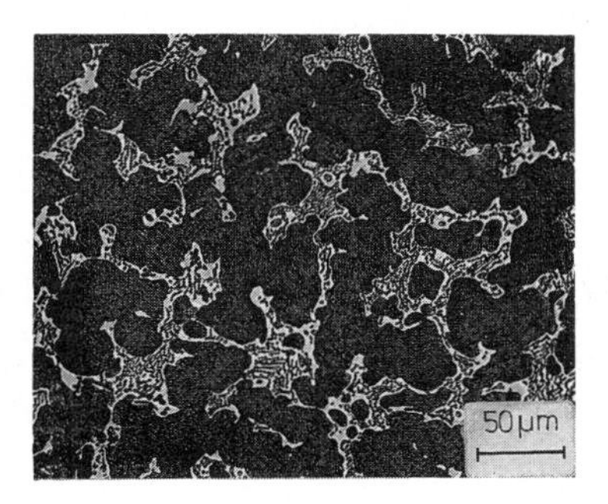

PbSn 30: Primäre α-Mischkristalle (dunkel) sowie Eutektikum aus α-Mischkristallen (dunkel) und β-Mischkristallen (hell).
Ätzung: 100 ml Glyzerin, 10 ml Salpetersäure und 20 ml Essigsäure

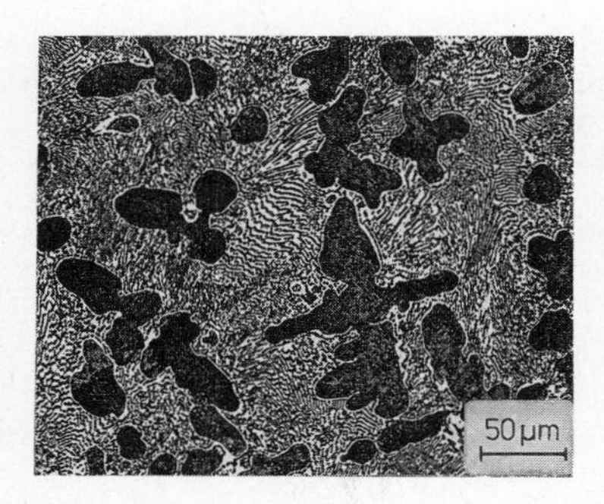

PbSn 50: Primäre α-Mischkristalle (dunkel) und Eutektikum aus α-Mischkristallen (dunkel) und β-Mischkristallen (hell).
Ätzung: Wie bei PbSn 30

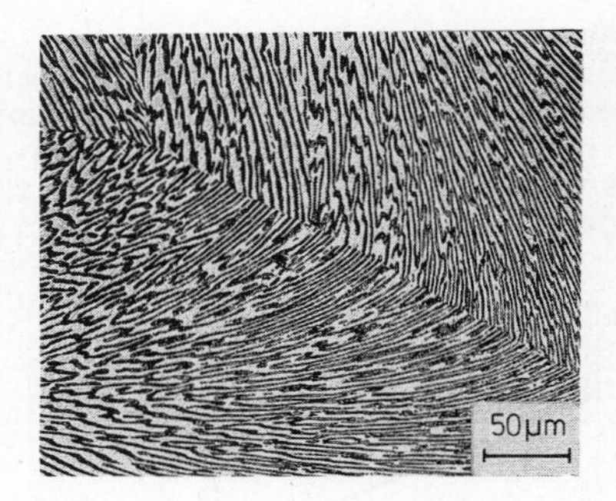

SnPb 38: Eutektikum aus α-Mischkristallen (dunkel) und β-Mischkristallen (hell).
Ätzung: Wie bei PbSn 30

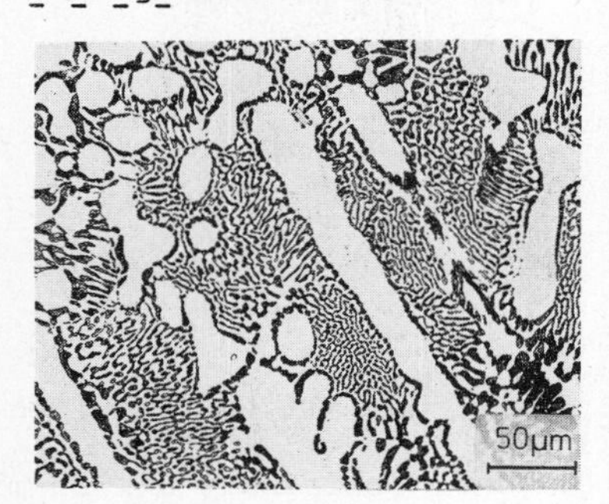

SnPb 10: Primäre β-Mischkristalle (hell) und Eutektikum aus α-Mischkristallen (dunkel) und β-Mischkristallen (hell).
Ätzung: Wie bei PbSn 30

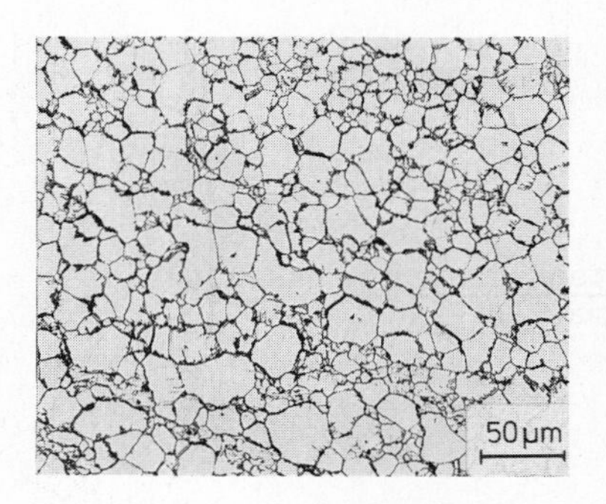

Sn: Zinnkörner mit sehr großen Abmessungsunterschieden.
Ätzung: 100 ml Alkohol, 5 ml Salzsäure

Versuchsdurchführung

Als Versuchseinrichtungen stehen zur Schliffherstellung Schleif- und Polierstände, Einrichtungen für die Ätzbehandlung sowie ein Metallmikroskop zur Schliffbeobachtung zur Verfügung. Von den Werkstoffen werden Proben entnommen, an einer Seite eben gefräst und anschließend in Kunstharz eingebettet. Die einzelnen sehr weichen Werkstoffe werden nacheinander vorsichtig mit SiC-Schleifpapieren der Körnungen 180, 320, 600 und 1000 geschliffen. Poliert wird dann zunächst auf einem harten Tuch mit 3 µm-Diamantpaste und danach auf einem weichen Tuch mit SiO_2-Poliersuspension. Die Gefügeentwicklung erfolgt durch kurzzeitiges Tauchätzen bei Raumtemperatur mit den Ätzmitteln, die bei den oben zusammengestellten Schliffbildern angegeben sind. Von den einzelnen Schliffen werden jeweils charakteristische Bereiche im Lichtmikroskop betrachtet und mit einer Sofortbildkamera photographiert. Unter Heranziehung des Zustandsdiagrammes und des Hebelgesetzes (vgl. V 7) werden die erhaltenen Gefügebilder erörtert und bestimmten Legierungen zugeordnet.

Literatur: 6,29,30,31,32.

Härtemessung

V 9

Grundlagen

Das Attribut "hart" wird in der Technik zur Beschreibung recht unterschiedlicher Werkstoffeigenschaften benutzt. Es ist allgemein üblich, den gegen das Eindringen eines Fremdkörpers beim Ritzen, Furchen, Schneiden, Schlagen, Aufprallen oder Pressen in den oberflächennahen Werkstoffbereichen wirksamen Werkstoffwiderstand als "Härte" anzusprechen. Zu einer Objektivierung des Begriffes Härte gelangt man daher nur durch Festlegung einer Meßvereinbarung.

Für die Werkstoffkunde ist es zweckmäßig, als Härte eines Werkstoffes den Widerstand gegen das Eindringen eines härteren Festkörpers unter der Einwirkung einer ruhenden Kraft zu definieren. Dementsprechend läßt man bei allen technischen Härtemeßverfahren hinreichend harte Eindringkörper mit vorgegebener geometrischer Form während einer festgelegten Zeit mit einer bestimmten Kraft auf das Werkstück einwirken. Der Eindringkörper, der im zu untersuchenden Werkstoff lokal eine hohe Flächenpressung hervorruft und eine mehrachsig elastisch-plastische Verformung erzwingt, darf sich dabei selbst nur elastisch verformen (vgl. V 25). Als Härtemaß wird angesehen entweder die auf die Oberfläche des entstandenen Eindruckes bezogene Prüfkraft (Brinellhärte, Vickershärte), oder die vom Eindringkörper hinterlassene Eindrucktiefe (Rockwellhärte).

Bei der Härteprüfung nach Brinell wird eine gehärtete Stahlkugel des Durchmessers D mit einer Kraft F senkrecht zur Oberfläche des Meßobjektes in die zu vermessende Werkstückoberfläche eingedrückt (vgl. Bild 1 und 2). Die Belastung der Prüfkugel erfolgt stoßfrei (z. B. mit

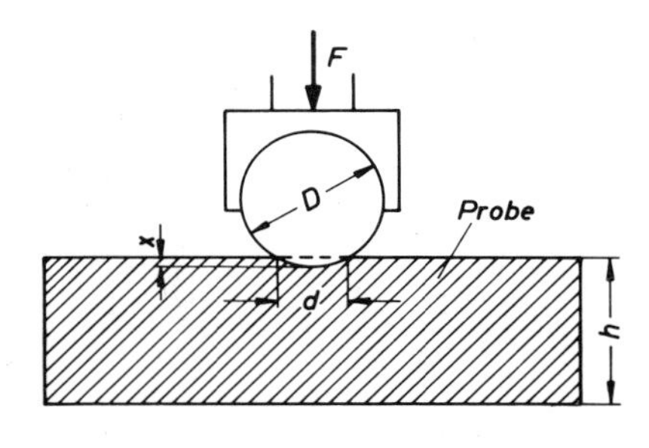

Bild 1: Prinzip der Härtemessung nach Brinell

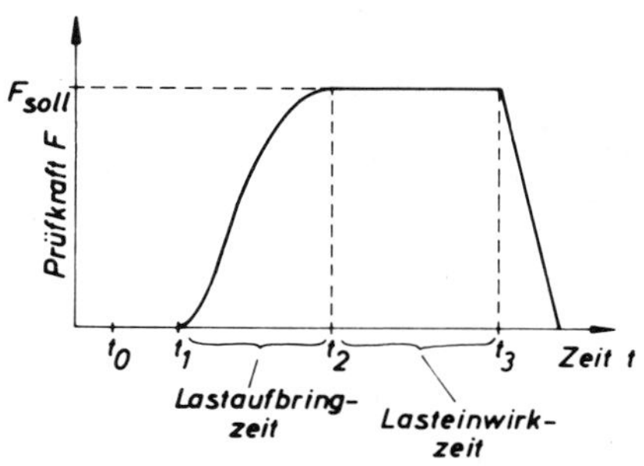

Bild 2: Prüfkraft, Zeit-Verlauf

Hilfe einer Ölbremse) und erreicht nach der Lastaufbringzeit ($t_2 - t_1$) ihren Sollwert. Die Lasteinwirkzeit ($t_3 - t_2$) soll bei Werkstoffen mit $T_S > 600\ ^oC$ mindestens 10 s, bei Werkstoffen mit $T_S < 600\ ^oC$ mindestens 30 s betragen (T_S Schmelztemperatur), weil im letzteren Falle zeitabhängige Kriechverformungen (vgl. V 56) nicht ausgeschlossen werden können. Am Ende der Lasteinwirkzeit berechnet sich die Tiefe der entstandenen Kugelkalotte zu

$$x = \frac{1}{2}(D - \sqrt{D^2 - d^2}) \quad , \qquad (1)$$

wobei d der Eindruckdurchmesser ist. Für die Oberfläche der Kugelkalotte ergibt sich

$$O_K = \pi D x = \frac{\pi D}{2}(D - \sqrt{D^2 - d^2}) . \qquad (2)$$

Als dimensionslose Maßzahl MZ der Brinellhärte HB hat man

$$MZ = \alpha \frac{F}{O_K} = \frac{\alpha\, 2F}{\pi D (D - \sqrt{D^2 - d^2})} \qquad (3)$$

mit $\alpha = 0.102$ mm^2/N vereinbart. Die Brinellhärteangabe erfolgt in der Form

$$MZ \; HB \; , \qquad (4)$$

also z. B. 280 HB oder 375 HB. Bei praktischen HB-Bestimmungen wird der Eindruckdurchmesser in zwei zueinander senkrechten Richtungen vermessen. Die experimentelle Erfahrung zeigt, daß die d-Werte für

$$0{,}2\,D \leq d \leq 0{,}7\,D \qquad (5)$$

am genauesten zu bestimmen sind. Die untere Schranke bedeutet unscharfe Randausbildung der Kugelkalotte, die obere Schranke ungleichmäßiges Wegquetschen der oberflächennahen Werkstoffbereiche in Kugelnähe. Da für die Brinellhärteprüfung je nach Probendicke h unterschiedliche Kugeldurchmesser benutzt werden, und zwar

für $h_1 > 6$ mm $D_1 = 10$ mm
für 3 mm $< h_2 <$ 6 mm $D_2 = 5{,}0$ mm und
für 3 mm $> h_3$ $D_3 = 2{,}5$ mm ,

müssen je nach Werkstoff und Kugeldurchmesser unterschiedliche Prüflasten gewählt werden, um die Forderung in Gl. 5 zu erfüllen. Dabei erweisen sich die HB-Werte als prüflastabhängig. In guter Näherung ist jedoch dann Unabhängigkeit von der Prüflast gewährleistet, wenn der sog. Belastungsgrad

$$B = \frac{F}{D^2}\alpha \qquad (6)$$

konstant gehalten wird. Tab. 1 faßt die für technisch wichtige Werkstoffgruppen festgelegten Belastungsgrade zusammen.

Tab. 1: Belastungsgrade bei Brinellhärtemessungen

Werkstoffe	Stähle Gußeisen	Ni u. Ni-Leg. Cu u. Cu-Leg. Al-Leg.	Al Mg Zn	Lager-metalle	Pb Sn
Belastungsgrad B	30	10	5	2,5	1,25

Bei der Härteprüfung nach Vickers wird als Eindringkörper eine regelmäßige vierseitige Diamantpyramide mit einem Öffnungswinkel von 136° benutzt, die mit einer Kraft F in das zu prüfende Werkstück eingedrückt wird. Bei blanken und ebenen Werkstoffoberflächen hat ein Härteeindruck im Idealfall die in Bild 3 skizzierte quadratische Begrenzung. Ist d der aus den Diagonallängen d_1 und d_2 erhaltene arithmetische Mittelwert, so ergibt sich die Eindruckoberfläche zu

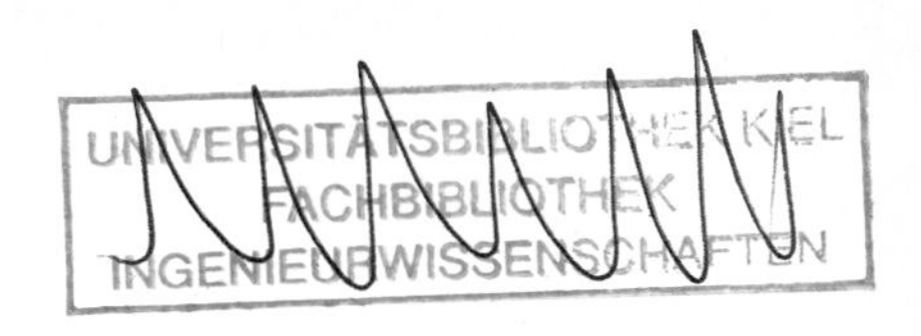

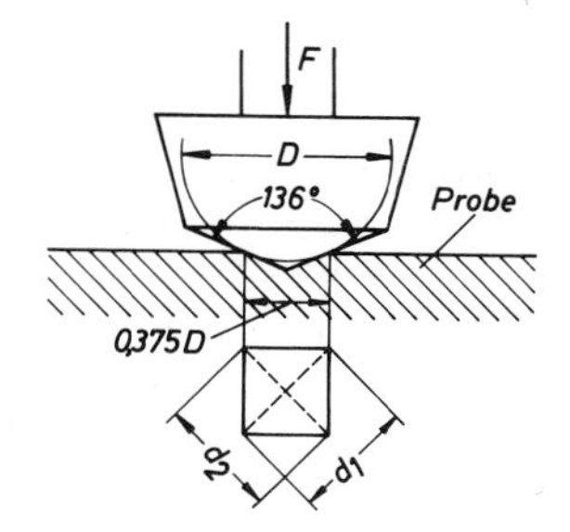

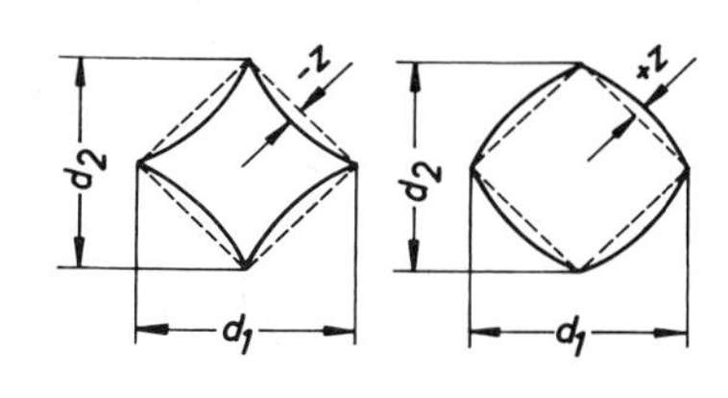

Bild 3: Prinzip der Härtemessung nach Vickers und Berücksichtigung nicht quadratisch begrenzter Eindrücke, D = Durchmesser der Kugel, deren Tangentenkegel einen Öffnungswinkel von 136° besitzt

$$O_P = 4 \frac{d}{2\sqrt{2}} \frac{d}{2\sqrt{2}\cos 22°} = \frac{d^2}{1{,}85_4} \quad (7)$$

Die dimensionslose Maßzahl MZ der Vickerhärte HV wird als

$$MZ = \alpha \frac{F}{O_P} = \frac{\alpha\, 1{,}85_4 F}{d^2} \quad (8)$$

definiert, mit α = 0.102 mm²/N. Die Vickershärteangabe erfolgt in der Form

$$MZ\ HV , \quad (9)$$

also z. B. 430 HV oder 670 HV. Treten verzerrte Härteeindrücke der in Bild 3 rechts gezeigten Art auf, so werden neben den Diagonallinien d_1 und d_2 noch die mit z bezeichneten Strecken ermittelt. Die Maßzahl der Vickershärte ergibt sich in diesen Fällen zu

$$MZ = \frac{\alpha\, 1{,}85_4 F}{2\left(\frac{d}{\sqrt{2}} \pm z\right)^2} . \quad (10)$$

Auch bei der Vickershärteprüfung wird die Prüflast stoß- und schwingungsfrei aufgebracht. Die Lastaufbringzeit beträgt etwa 15 s, die Lasteinwirkzeit etwa 30 s. Da bei Belastungen > 10 N die Eindrücke geometrisch ähnlich bleiben, besteht bei der makroskopischen Vickershärtemessung praktisch kein Prüflasteinfluß. Je nach Probendicke werden als Prüflasten F = 589 N, 294 N oder 98 N benutzt. Die so ermittelten Härtewerte kennzeichnet man durch Anfügen des 9,81-ten Teiles der Prüflast an die HV-Angaben, also z. B. 280 HV 30 oder 670 HV 10. Für den Flächenöffnungswinkel der Vickerspyramide wurde deshalb ein Wert von 136° gewählt, weil dann der Tangentenkegel eines im optimalen Arbeitsbereich liegenden Brinelleindruckes mit d = 0.375 D gerade den gleichen Winkel einschließt (vgl. Bild 3). Auf diese Weise erhält man Vickers- und Brinellhärten, deren Maßzahlen bis zum Betrage von etwa 350 übereinstimmen. Bei größeren Härten eines Werkstoffes werden größere Vickers- als Brinellwerte gemessen, weil dann die Brinelleindrücke Tangentenkegel mit relativ zu großen Öffnungswinkeln liefern (vgl. V 38).

In vielen Fällen ist es wünschenswert, die in kleinen Werkstoffbereichen vorliegenden Vickershärtewerte zu kennen. Dazu wurden spezielle Kleinlasthärteprüfgeräte entwickelt. Bei diesen werden mit kleinen Diamanten und Prüfkräften < 20 N Eindrücke erzeugt und mikroskopisch vermessen. Ein solches Gerät wird in V 27 beschrieben.

Bei der Härteprüfung nach Rockwell (vgl. Bild 4) werden zwei verschiedene Eindringkörper verwendet. Je nachdem, ob ein abgerundeter Diamantkegel oder eine gehärtete Stahlkugel für die Messungen benutzt wird, spricht man von einer HRC (hardness rockwell cone)- oder einer HRB (hardness rockwell ball)-Messung. In beiden Fällen dient als Maßzahl für die Härte der Unterschied in der Eindringtiefe, den der Eindringkörper bei einer bestimmten Vorlast vor und nach der Einwirkung einer bestimmten Meßlast zeigt.

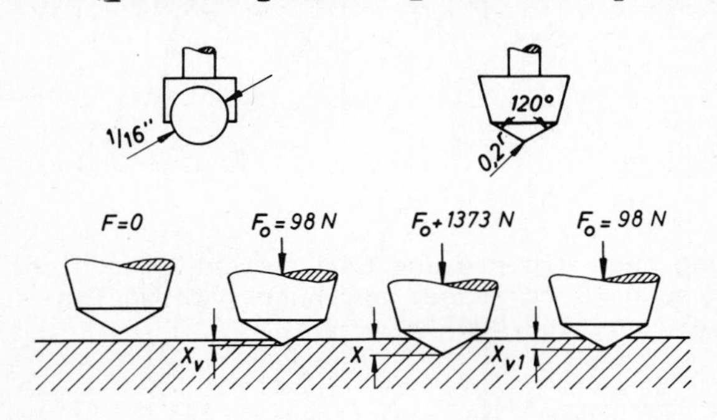

Bild 4: Eindringkörper und Prinzip der Härteprüfung nach Rockwell

Bei der HRC-Messung wird die Werkstoffoberfläche senkrecht zur Achse des Eindringkegels angebracht. Um einen von der Probenoberfläche unbeeinflußten und reproduzierbaren Nullpunkt für die Eindringtiefe zu erhalten, wird der Kegel mit einer Vorlast von F_o = 98 N auf das Prüfobjekt gedrückt. Als Eindringtiefe wird von der Meßuhr eines Tiefenmessers x_v angezeigt. Daraufhin wird in etwa 3 - 5 s die Kegelbelastung stoßfrei um 1373 N auf insgesamt 1471 N gesteigert und diese Last etwa 5 bis 10 s konstant gehalten. Im Zweifelsfalle erfolgt die Lasteinwirkung so lange, bis der Zeiger der Meßuhr zum Stillstand kommt. Danach wird die Zusatzlast von 1373 N wieder entfernt und die nunmehr vorliegende Eindringtiefe x_{v1} gemessen. Bei dem Tiefenmesser, der über eine Skala mit 100 Teilen verfügt, entspricht die Änderung der Anzeige um 1 Skalenteil einer Eindringtiefenänderung von 0.002 mm. Als dimensionslose Maßzahl MZ der Rockwellhärte HRC wird

$$MZ|_C = 100 - \frac{x_{v1} - x_v}{0{,}002} \qquad (11)$$

definiert. Sie ist umso größer, je kleiner die Eindringtiefe des Diamantkegels ist. Die Rockwellhärte wird in der Form

$$MZ|_C \, HRC \ , \qquad (12)$$

also z. B. 47 HRC oder 56 HRC angegeben. Man ist übereingekommen, HRC-Messungen nur im Bereich zwischen 20 HRC und 67 HRC vorzunehmen.

Bei HRB-Messungen ist der Meßvorgang im Prinzip der gleiche wie bei HRC-Messungen. Der Kugeleindruck erfolgt bei der gleichen Vorlast, jedoch mit einer kleineren Zusatzlast von 883 N. Die dimensionslose Maßzahl MZ der Rockwellhärte HRB wird daher als

$$MZ|_B = 130 - \frac{x_{v1} - x_v}{0{,}002} \qquad (13)$$

definiert. Die Härteangaben erfolgen als

$$MZ|_B \, HRB \ , \qquad (14)$$

also z. B. 40 HRB oder 82 HRB. HRB-Messungen dürfen nur zwischen 35 HRB und 100 HRB vorgenommen werden.

Zu den klassischen Härteprüfgeräten, bei denen die Härteeindrücke mit Hilfe optischer Systeme oder mit Feinmeßuhren manuell zu vermessen sind (vgl. Bild 5), treten neuerdings vollautomatische mikroprozessorgesteuerte Prüfeinrichtungen. Als Beispiel zeigt Bild 6 ein modernes Prüfgerät für Rockwell-Härten. Belastung, Belastungsgeschwindigkeit und -einwirkungszeit werden über eine Tastatur vorgewählt. Die Aufbringung der Vor- und der Hauptlast sowie die Eindrucktiefenmessung erfolgen vollautomatisch. Ein linearer Differentialgeber mit einer Auflösung von 10^{-4} mm dient zur Eindrucktiefenbestimmung. Die ermittelten Härtewerte werden über ein vierstelliges Display angezeigt. Das Gerät, das ein Interface für Drucker- oder externen Rechner-Anschluß besitzt, ist für Serienmessungen und -auswertungen programmierbar und erlaubt Härtewertselektionen zwischen vorwählbaren Grenzen.

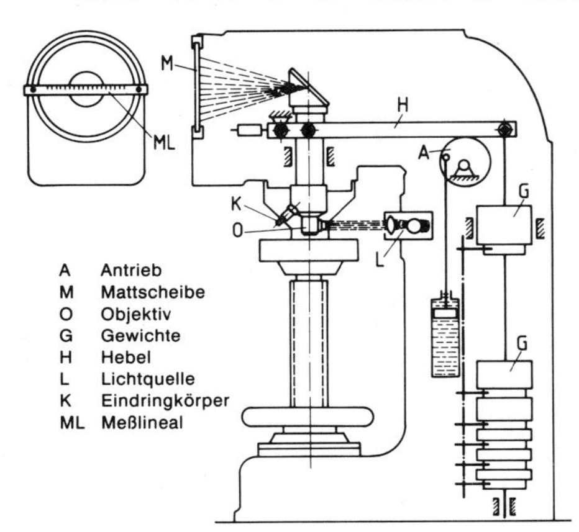

Bild 5: Schematischer Aufbau eines Härteprüfgerätes

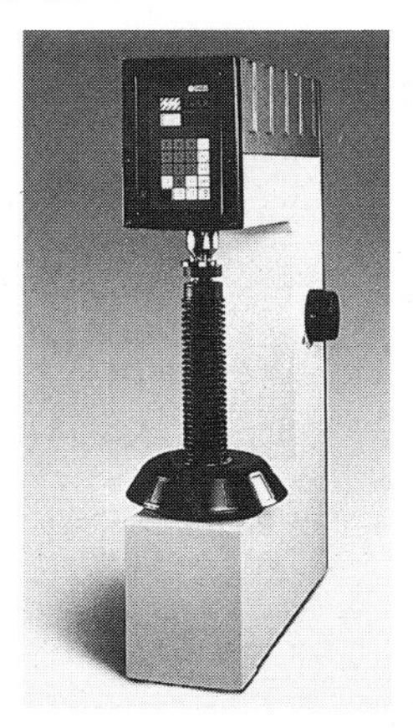

Bild 6: Mikroprozessorgesteuertes Härteprüfgerät

Aufgabe

An Platten aus PbSn 10, MgAl 8, Al 99.98, AlCuMg2, Cu 99.8, CuZn 28, St 37 und X2CrNiMo 18 10, deren Vorgeschichte bekannt ist, sind Brinellhärtemessungen durchzuführen. Die Meßwerte sind statistisch abzusichern und zu diskutieren. Bei den einzelnen Werkstoffen sind Möglichkeiten der Härtesteigerung zu erörtern.

Versuchsdurchführung

Die Brinellhärtemessungen werden mit einem Universal-Härteprüfgerät mit optischer Mattscheibeneinrichtung durchgeführt. Bild 5 zeigt das Prinzipbild eines solchen Gerätes, das eine Variation der Belastung zwischen ~ 1200 N und ~ 30 000 N zuläßt. Das zu vermessende Werkstück wird auf dem Prüftisch so lange in vertikaler Richtung verfahren, bis sich seine Oberfläche auf der Mattscheibe scharf abbildet. Dann wird durch Ziehen eines Auslösehebels die Prüfkugel positioniert und gleichzeitig der Belastungsmechanismus gestartet. Dabei steuert eine über einen Schneckenantrieb gleichförmig gedrehte Kurvenscheibe den Belastungsverlauf. Ein vorgeschaltetes PIV-Getriebe, das von einem Elektromotor angetrieben wird, ermöglicht eine stufenlose Einstellung der Belastungszeit. Nach Abschluß der Belastung geht das Meßgerät automatisch wieder in die Ausgangsposition zurück. Mit dem angebauten Meßlineal wird der 20-fach vergrößerte Eindruckdurchmesser auf der Mattscheibe ermittelt und der zugehörige HB-Wert einer Tabelle entnommen.

Literatur: 33, 34, 35, 36.

V10

Grundlagen

Die technologischen Werkstoffverarbeitungsprozesse werden nach DIN 8580 in Urformen, Umformen, Trennen, Fügen, Beschichten und Eigenschaftsändern eingeteilt. Unter Urformen versteht man dabei die Herstellung eines für technische Zwecke handhabbaren festen Werkstoffzustandes aus formlosen Ausgangsmaterialien. Das Gießen in Fertigformen, Stränge und Masseln oder in Blöcke als Ausgang für die Erzeugung von Brammen, Knüppeln und Platinen bei Eisenbasiswerkstoffen sowie das Gießen in Stränge, Masseln, Formate und Barren bei Nichteisenbasiswerkstoffen (diese Begriffe haben sich fachspezifisch entwickelt!) stellen solche Urformvorgänge dar. Aus den Urformprodukten werden, mit Ausnahme der Masseln, durch Umformprozesse Halbzeuge hergestellt, die als Ausgangswerkstoffe für die Fertigteilerzeugung unter Einschluß spanloser, spanender, fügender, beschichtender und eigenschaftsverändernder Arbeitsschritte dienen. Das Umformen stellt also einen Bereich von zentraler Bedeutung für die Werkstofftechnik dar. Es gibt viele verschiedenartige Umformverfahren. Bild 1 gibt darüber für den Bereich der Stähle einen schematischen Überblick. Das Walzen, das hier beispielhaft behandelt wird, zählt zu den Massivkaltumformverfahren.

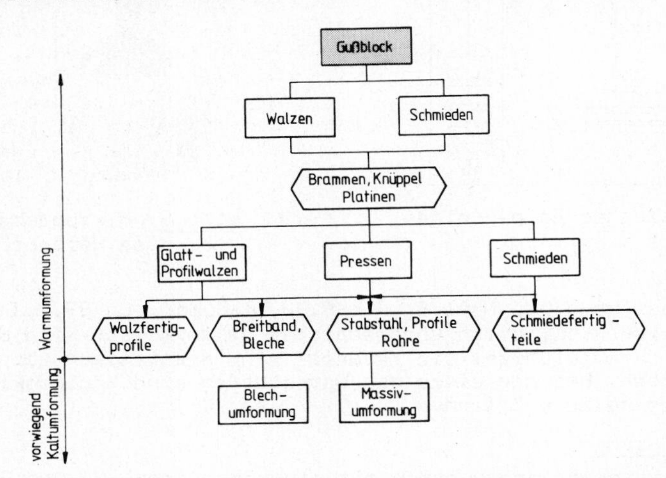

Bild 1: Umformverfahren und Umformprodukte der Stahltechnologie

Unter Walzen versteht man einen Umformvorgang, bei dem plastische Deformation eines Werkstoffes durch den Druck rotierender Walzen erzwungen wird. Das angewandte Prinzip zeigt Bild 2. Das Walzgut wird zwei parallel gelagerten Arbeitswalzen (Duo), die in entgegengesetzten Richtungen mit der gleichen Winkelgeschwindigkeit rotieren, zugeführt. Im Walzspalt erfährt der Werkstoff hauptsächlich eine Stauchung. Dabei "fließt" der umzuformende Werkstoff überwiegend in Längsrichtung (Längung) und relativ wenig in Querrichtung (Breitung) ab. Von großer Bedeutung sind die zwischen den Walzen und dem Walzgut auftretenden Reibungskräfte, die um so größer sind, je größer die Höhenabnahme im Verhältnis zum Walzendurchmesser ist.

Das Walzgut tritt mit einer Geschwindigkeit v_0 in den Walzspalt ein und verläßt diesen mit einer größeren Geschwindigkeit v_1. An der Ein-

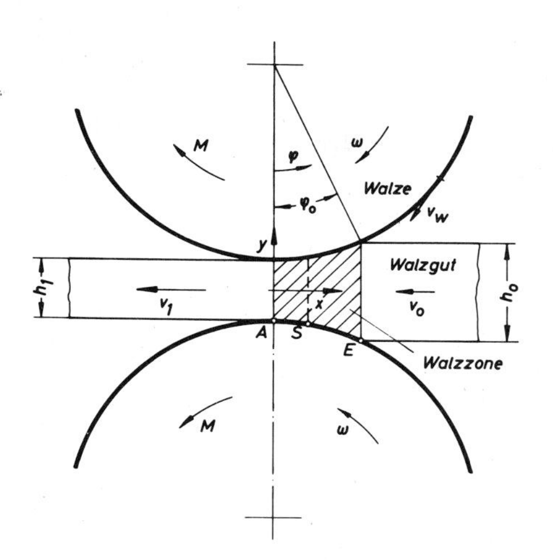

Bild 2: Schematische Darstellung des Walzvorganges

trittsstelle E hat die Walzenoberfläche eine größere Geschwindigkeit in Walzrichtung als das Walzgut ($v_w \cos\varphi_o > v_o$). An der Austrittsstelle A ist dagegen die Geschwindigkeit des Walzgutes v_1 größer als die der Walzenoberfläche v_w. Durch das Stauchen werden also die einzelnen Walzgutquerschnitte beschleunigt, weil in der Zeiteinheit gleiche Werkstoffmengen die einzelnen Bereiche des Walzspaltes durchsetzen müssen. Diese Bedingung der Volumenkonstanz und die erzwungene Querschnittsabnahme bewirken, daß die Geschwindigkeit des Walzgutes vom Eintritt in den Walzspalt bis zum Austritt aus dem Walzspalt ständig zunimmt. Demnach gibt es einen Punkt, in dem die Umfangsgeschwindigkeit der Walze in Walzrichtung und die Vorschubgeschwindigkeit des Walzgutes gleich groß sind. Dieser Punkt wird Fließscheide S genannt. Der Bereich vor der Fließscheide heißt Nacheilzone. Dort ist die Walzgutgeschwindigkeit $v < v_w \cos\varphi$. Der Bereich hinter der Fließscheide wird um so näher an die Eintrittsstelle herangeschoben, je größer die Reibung ist. Als Folge der beschriebenen kinematischen Gegebenheiten kehren sich die Vorzeichen der Reibungskräfte in der Vor- und in der Nacheilzone um. In beiden Zonen sind sie auf die Fließscheide hin gerichtet. In der Fließscheide selbst sind keine Reibungskräfte wirksam.

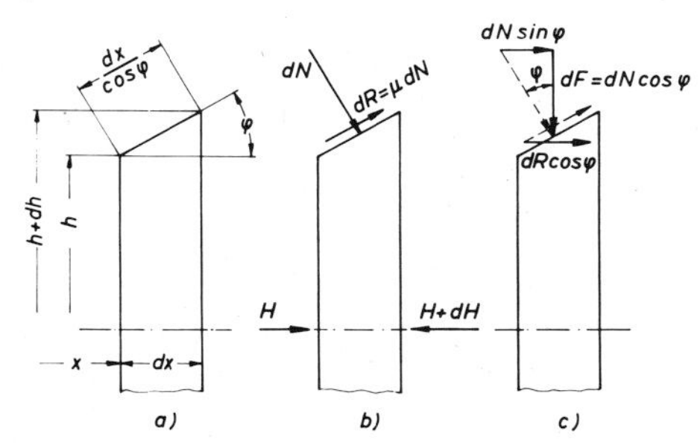

Bild 3: Kräftegleichgewicht in der Voreilzone eines Elementes der Dicke dx, der Höhe h (+dh) und der Breite b

In Bild 3 sind für die Voreilzone die Geometrie und die auf die Breite b des Walzgutes bezogenen Kräfte eines Walzgutelementes dargestellt. Betrachtet wird eine breitungslose Umformung wie z. B. das Bandwalzen, bei dem die Breite des Walzgutes konstant bleibt. Auf die Oberfläche b dx/ $\cos\varphi$ des Walzgutelementes wirkt die Normalkraft dN, die in der Oberfläche die Reibungskraft dR hervorruft. Auf den Querschnitt bh an der Stelle x wirkt die Horizontalkraft H, auf den Querschnitt b (h + dh) an der Stelle x + dx die Horizontalkraft H + dH. Die Flächen bdx parallel zur Symmetrieebene des Walzgutelementes werden von der Normalkraft $dF = dN \cos\varphi$ beaufschlagt. Für das Kräftegleichgewicht in x-Richtung ergibt sich daher

$$H - (H + dH) + 2\,dN \sin\varphi + 2\,dR \cos\varphi = 0 \;. \tag{1}$$

Mit $dR = \mu\, dN$ (μ Reibungskoeffizient) wird

$$dH = 2\,dN\,(\sin\varphi + \mu \cos\varphi) \tag{2}$$

oder

$$dH = 2dF(\tan\varphi + \mu) \quad . \tag{3}$$

Definiert man als Walzdruck die gesamte auf die Symmetrieebene des Walzgutelementes bezogene Normalkraft, so ergibt sich

$$p = \frac{b\,dF}{b\,dx} = \frac{dF}{dx} \quad , \tag{4}$$

und man erhält schließlich als Differentialgleichung des elementaren Walzvorganges in der Voreilzone

$$dH = 2p\,dx(\tan\varphi + \mu) \quad . \tag{5}$$

Für die Nacheilzone liefert eine analoge Betrachtung die Differentialgleichung

$$dH = 2p\,dx(\tan\varphi - \mu) \quad . \tag{6}$$

Unter Annahme bestimmter Randbedingungen läßt sich also mit Hilfe der Gl. 5 und 6 die Druckverteilung im Walzspalt berechnen. Bild 4 zeigt als Beispiel den Walzdruck p in Abhängigkeit vom Walzwinkel φ beim Walzen von Aluminium. Der Walzdruck nimmt von der Eintrittsstelle des Walzgutes an kontinuierlich zu, erreicht in der Fließscheide seinen Größtwert und fällt bis zur Austrittsstelle ($\varphi = 0^{o}$) wieder ab. Druckmaximum und Fließscheide fallen also zusammen. Bei zunehmender Reibung zwischen Walzen- und Walzgutoberfläche steigen die Walzdrücke. Aus den Walzdruckkurven lassen sich die zur Umformung erforderlichen Walzkräfte und Walzmomente berechnen. Die durch den Walzprozeß erzwungene Dickenreduzierung des Walzgutes

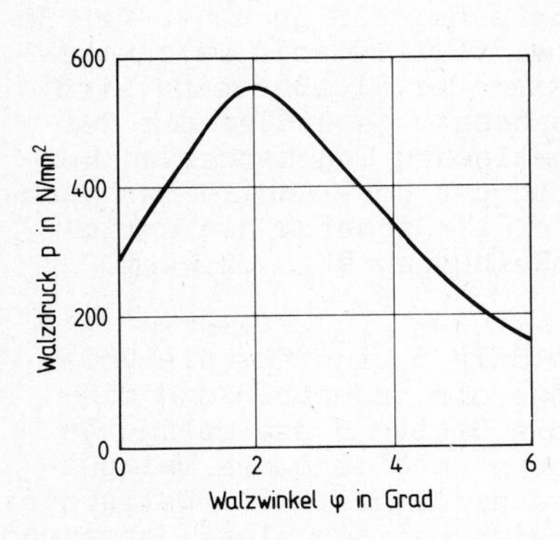

Bild 4: Zusammenhang zwischen Walzdruck und Walzwinkel beim Walzen von Aluminium

$$\varepsilon_w = \frac{h_0 - h}{h_0} \tag{7}$$

wird als Walzgrad bezeichnet. Dabei ist h_0 die Ausgangsdicke, h die nach dem Walzen vorliegende Dicke. In der Umformtechnik wird jedoch meist die auf die jeweilige Höhe h bezogene Höhenabnahme

$$\varphi_w = -\int_{h_0}^{h} \frac{dh}{h} = \ln\frac{h_0}{h} \tag{8}$$

als logarithmische Walzformänderung angegeben (vgl. V 74).

Läßt man einen bei hinreichend hohen Temperaturen geglühten und anschließend auf Raumtemperatur abgekühlten Werkstoff, dessen Körner statistisch regellos orientiert sind, in den Walzspalt einlaufen, so bewirkt der Walzvorgang charakteristische Änderungen der inneren Struktur und der Orientierungsverteilung der Körner. Die plastische Verformung der Körner beruht auf der Bewegung, Erzeugung und Wechselwirkung von Versetzungen im Innern und an den Begrenzungen der Körner. Mit wachsender Walzformänderung nimmt die Versetzungsdichte zu, was zur Verfestigung des Walzgutes führt. Da die Versetzungen mit inneren Spannungsfeldern verknüpft sind (vgl. V 3), wird das Walzgut härter.

Nach hohen Walzgraden liegen sehr große Versetzungsdichten ($\sim 10^{12}$ cm^{-2}) vor. Während der plastischen Verformung führen Abgleitprozesse in mehreren Gleitsystemen zu Orientierungsänderungen der Körner oder einzelner Kornbereiche gegenüber einem durch die Walzgeometrie (Walzrichtung WR, Querrichtung QR, Walzgutnormalenrichtung NR) festgelegten Koordinatensystem. Man spricht von der Ausbildung einer Walztextur (vgl. V 11). Dabei ändern die Körner zudem ihre ursprünglichen Abmessungen und Formen. In Bild 5 sind Längsschliffe durch ein Blech aus AlCuMg 2 vor und nach starkem Walzen gezeigt. Die durch den Walzvorgang hervorgerufene Streckung der Körner in Walzrichtung ist deutlich zu erkennen.

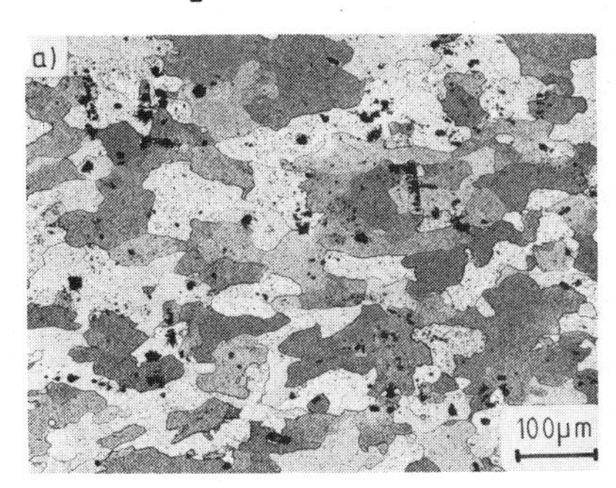

Bild 5: Längsschliffe durch Bleche aus Al Cu Mg 2 vor (a) und nach (b) starkem Walzen

Aufgabe

Weichgeglühte Bleche aus Reinaluminium (99,5 Masse-% Al) mit den Abmessungen l_0 = 60 mm, b_0 = 20 mm und h_0 = 5 mm sind auf mehrere Enddicken bis zu etwa h = 1 mm abzuwalzen. Die Abhängigkeit der Vickershärte von den Umformgraden ϵ_W und φ_W ist zu ermitteln und zu diskutieren. Der Gefügezustand des Ausgangs- und der Walzzustände ist zu beurteilen.

Versuchsdurchführung

Vorbereitete Blechstreifen der angegebenen Abmessungen werden 1 h bei 500 °C in einem Kammerofen weichgeglüht. Von den geglühten Blechen werden Proben für metallographische Untersuchungen entnommen. Danach wird die Ausgangshärte der Bleche durch Messung der Vickershärte mit einer Belastung von 294 N ermittelt (vgl. V 9). Anschließend werden die Bleche in einem Versuchswalzwerk auf unterschiedliche Dicken abgewalzt, und zwar mit Walzstichen $\Delta h < 0.1$ mm. An den ausgewalzten Blechen werden jeweils die HV 30 - Werte und die Blechdicke h gemessen. Wird das Blech nach dem Walzen wellig, so wird ein mittlerer Härtewert aus Messungen auf der konvexen und auf der konkaven Blechseite bestimmt. Von den auf $\epsilon_W \approx 0.4$ und 0.8 verformten Proben werden Schliffe hergestellt, und zwar in Ebenen parallel zu WR und QR sowie parallel zu QR und NR.

Literatur: 37, 38, 39.

V 11

Grundlagen

In homogenen und heterogenen vielkristallinen Werkstoffen liegen die Körner in den seltensten Fällen mit statistisch regelloser Orientierungsverteilung vor. Je nach Vorgeschichte eines Werkstoffs treten mehr oder weniger ausgeprägte Vorzugsrichtungen auf, mit denen sich bestimmte kristallographische Richtungen und/oder Ebenen (vgl. V 1) bezüglich äußerer durch den Fertigungsprozeß vorgegebener Koordinaten einstellen. So ordnen sich z. B. beim Ziehen von Kupferdrähten die meisten Körner mit < 111 > - Richtungen parallel zur Zugrichtung an. Man spricht von einer Ziehtextur. Nach hinreichend starkem Walzen (vgl. V 10) von Eisenblechen orientieren sich viele Körner mit ihren < 110 > - Richtungen in Walzrichtung und mit ihren {100} - Ebenen parallel zur Walzebene. Man spricht von einer Walztextur. Auch andere technologisch wichtige Prozesse führen zur Ausbildung kennzeichnender Texturen mit Kornorientierungen, die mehr oder weniger stark von einer regellosen Orientierungsverteilung abweichen. Beispiele sind Gußtexturen (vgl. V 4), Rekristallisationstexturen (vgl. V 13) und Deckschichttexturen. Da die Eigenschaften texturbehafteter Werkstoffzustände grundsätzlich richtungsabhängig sind, besitzt die Ermittlung von Texturen eine große praktische Bedeutung. Derartige Texturbestimmungen erfolgen heute durchweg röntgenographisch mit Texturgoniometern.

Texturen werden durch sog. Polfiguren beschrieben. Zur Veranschaulichung (vgl. Bild 1) dieses Hilfsmittels stelle man sich einen Vielkristall vor, bei dem die individuellen Orientierungen der mit regelloser Orientierungsverteilung vorliegenden Körner durch die Normalen von bestimmten Gitterebenen angezeigt werden. Faßt man gedanklich die Gesamtheit der Körner im Zentrum einer Kugel zusammen, so durchstoßen die {h k l} - Normalen die Kugeloberfläche (Lagekugel) mit gleichmäßiger Belegungsdichte. Projiziert man vom Südpol S aus die auf der

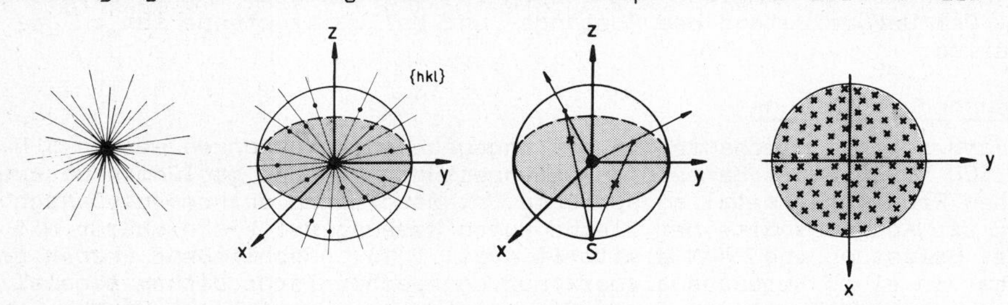

Bild 1: Zur Entstehung einer Polfigur (rechtes Teilbild) bei regelloser Orientierungsverteilung der Körner eines Vielkristalls

nördlichen Halbkugel liegenden Durchstoßpunkte (Flächenpole) auf die Äquatorebene, so erhält man eine Polfigur, die sich ebenfalls durch eine gleichmäßige Belegungsdichte auszeichnet. Denkt man sich anstelle der regellosen Orientierungsverteilung z. B. ein vielkristallines Blech, bei dem durch Walzen die Würfelflächen ({100} - Ebenen) und die Würfelkanten (< 100 > - Richtungen) nahezu aller Körner sich parallel zur Walzrichtung einstellen, so erhält man, wenn die Walzrichtung mit WR und die dazu senkrechte Querrichtung mit QR bezeichnet wird, für die Normalen der {100} - Ebenen die in Bild 2a, für die Normalen der {110} - Ebenen die in Bild 2b und für die Normalen der {111} - Ebenen die in Bild 2c wiedergegebenen Polfiguren. Man spricht von Polfiguren

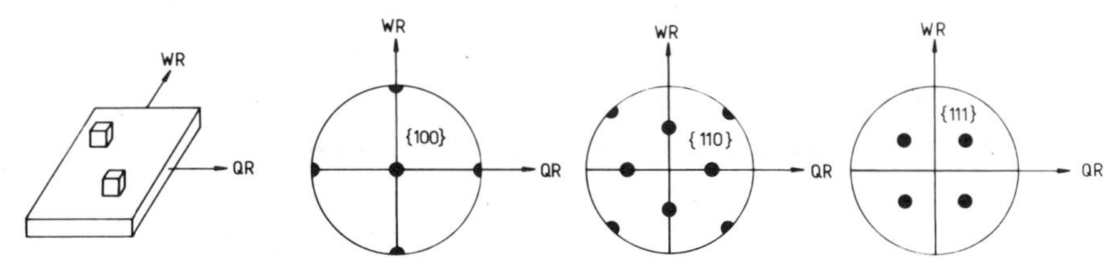

Bild 2: Schematische Darstellung der Polfigungen von {100}-, {110}- und {111}-Ebenen bei Vorliegen einer idealisierten Würfeltextur

der {100}-, {110}- und {111}-Ebenen oder kurz auch von {100}-, {110}- und {111}-Polfiguren. Bild 3 erläutert, wie man solche Polfiguren röntgenographisch ermitteln kann. Im Zentrum des Grundkreises G wird die Probe P justiert. Auf einem Kreis (M) senkrecht dazu werden die Eintrittsspalte einer monochromatischen Röntgenstrahlenquelle S und eines Detektors D symmetrisch zum Oberflächenlot des Bleches so angebracht, daß die parallel zur Probenoberfläche liegenden Gitterebenen {h k l} der erfaßten Körner auf Grund der Bragg'schen Gleichung (vgl. V 2) Primärstrahlintensität reflektieren. Je mehr Körner sich unter diesen Bedingungen in reflexionsfähiger Lage befinden, desto größer ist die abgebeugte Röntgenintensität. Dreht man die Probe um das Oberflächenlot L zur Einstellung unterschiedlicher Azimutwinkel φ, so ändert sich an der vorliegenden Beugungsgeometrie nichts. Kippt man die Probe aus ihrer Ausgangslage um den Winkel ψ durch Drehung um die Achse QR, so werden bei konstanter Lage von S und D Körner reflexionsfähig, deren {h k l} - Ebenen um den Winkel ψ gegenüber dem Oberflächenlot der Probe geneigt und deren Normalen in der von L und WR aufgespannten Ebene liegen. Dreht man nunmehr erneut die Blechprobe um L, so werden auf der Lagekugel alle Positionen abgetastet, die den Winkelabstand ψ von L haben. Offensichtlich muß man nach Einstellung verschiedener Distanzwinkel ψ die Blechprobe um ihr Oberflächenlot drehen, um hinreichende Informationen über die Verteilung der Flächenpole der {h k l} - Ebenen und damit über die zugehörige Polfigur zu erhalten. Bei modernen Texturgoniometern wird die Polfigur in dieser Weise nacheinander auf konzentrischen Kreisbahnen in Winkelabständen von 5^0 abgetastet. Die dabei erhaltenen lokalen Intensitäten werden wegen der je nach Probenneigung unterschiedlichen Absorptionsverhältnisse korrigiert und dann z. B. mit einem Mehrfarbenschreiber aufgezeichnet, wobei jeder Farbe ein bestimmtes Intensitätsintervall und damit eine bestimmte Poldichte zukommt.

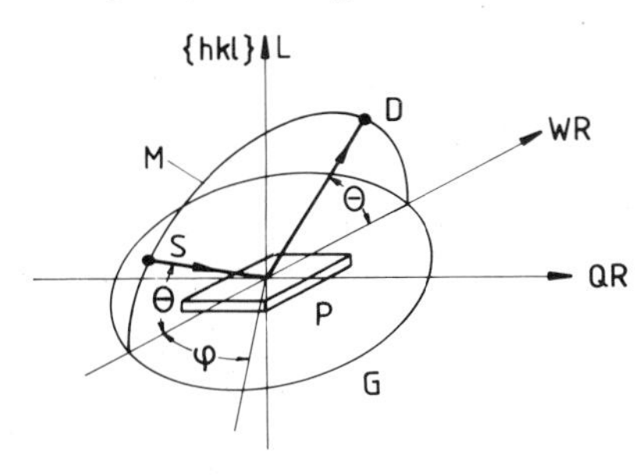

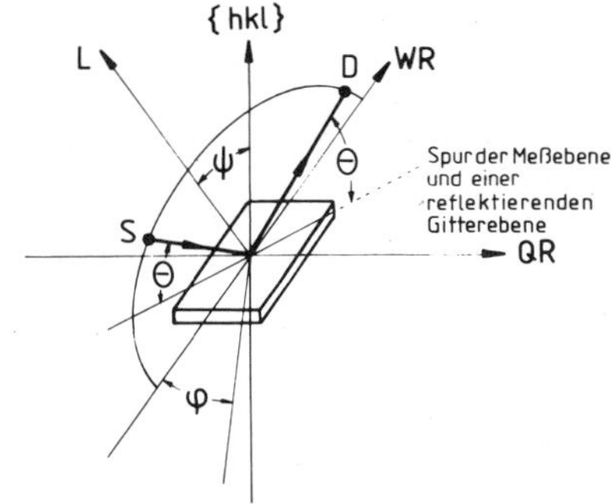

Bild 3: Zur röntgenographischen Ermittlung von Polfiguren

Nur selten liefert eine Texturanalyse so einfache Polfiguren mit einer niedrig indizierten "Ideallage", wie in Bild 2 angenommen. Man spricht im betrachteten Falle vom Auftreten einer Texturkomponente {100} <100>. Meist liegen kompliziertere Polfiguren vor, weil sich mehrere Texturkomponenten überlagern.

Bei der Beurteilung von Polfiguren ist grundsätzlich zu beachten, daß sie jeweils nur für einen Ebenentyp die Orientierungen als Funktion des Distanzwinkels ψ und des Azimutwinkels φ wiedergeben. Die exakte räumliche Fixierung einer Kornorientierung erfordert aber die Angabe von drei Winkeln. Deshalb ist kein exakter Schluß von einer ermittelten Polfigur auf die tatsächlich vorliegende Textur möglich. Mit mathematisch aufwendigen Methoden läßt sich jedoch die räumliche Verteilungsfunktion der Kornorientierungen um so besser annähern, je mehr {h k l} - Polfiguren vermessen werden. Praktisch erörtert man aber vorliegende Texturen meist nur an Hand von einer oder von zwei Polfiguren für Gitterebenen {hkl} mit niedriger Indizierung.

Aufgabe

Proben aus reinem Kupfer und einer Legierung CuZn 32 werden hinreichend stark kaltgewalzt (vgl. V 10) und danach unter Aufnahme von {111} - Polfiguren auf ihren Texturzustand untersucht. Die Besonderheiten der Kupfer- und der Messingtextur sind zu ermitteln und zu diskutieren.

Versuchsdurchführung

Es stehen ein Laborwalzwerk und ein Texturgoniometer zur Verfügung. Die Werkstoffproben werden zunächst in geeigneten Stichen auf etwa 90 % kaltgewalzt. Anschließend werden aus den Blechen Probenteile unter Markierung von Walz- und Querrichtung herausgeschnitten und auf dem Objekthalter des Texturgoniometers befestigt. Bild 4 zeigt die moderne Ausführung eines vollautomatisch arbeitenden Gerätes. Im Mittelpunkt des horizontalen Teilkreises, der zur Einstellung des Braggwinkels θ dient, ist ein senkrecht stehender Teilkreis angeordnet, der die Einstellung unterschiedlicher Distanzwinkel ψ erlaubt. Durch Rotation der blechförmigen Probe um ihre Oberflächennormale erfolgt die Abtastung unterschiedlicher Azimutwinkel φ. Auf diese Weise läßt sich die gesamte Polfigur in ihrem mittleren Bereich erfassen.

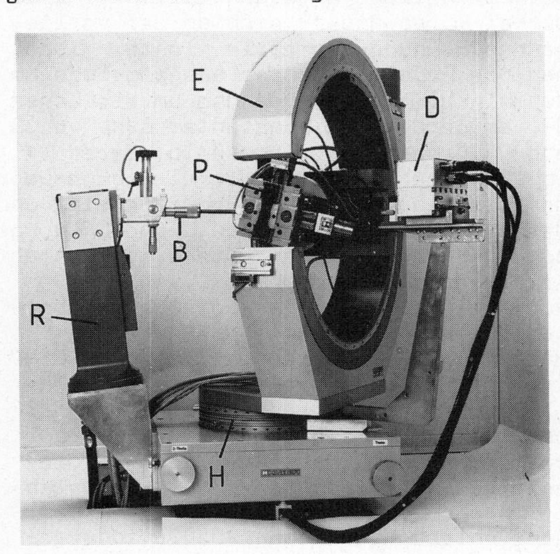

Bild 4: Texturgoniometer Typ Karlsruhe (Hersteller Huber). R Röntgenröhre, B Blendenrohr, D Detektor, E vertikaler Teilkreis (Eulerwiege), H horizontaler Teilkreis, P Probe

Es werden die {111}-Polfiguren beider Werkstoffe aufgenommen. Zusammen mit für die gleiche Walzverformung bereits vorliegenden {100}- und {110}-Polfiguren werden die Unterschiede der entstandenen Texturen aufgezeigt und erörtert.

Literatur: 17, 18, 40, 41.

Korngrößenermittlung

V 12

Grundlagen

Die metallischen Werkstoffe der technischen Praxis sind Vielkristalle. Sie bestehen aus einer großen Anzahl von Körnern (Kristalliten), die in einem bestimmten Kristallsystem kristallisieren (vgl. V 1), einen mit Gitterstörungen versehenen Gitteraufbau besitzen (vgl. V 3) und durch stärker gestörte Gitterbereiche, die Korn- bzw. Phasengrenzen, voneinander getrennt sind. Innerhalb der Körner können je nach Werkstofftyp und Vorgeschichte die verschiedenartigsten Gitterstörungen auftreten. Nur im Idealfall sind die kristallographischen Achsen der einzelnen Körner statistisch regellos verteilt. Meist treten davon jedoch mehr oder weniger starke Abweichungen und damit Texturen auf (vgl. V 11). Bei einphasigen Werkstoffen liegt nur eine Art von Körnern vor. Als Beispiel zeigt Bild 1 das Schliffbild einer homogenen Kupfer-Zink-

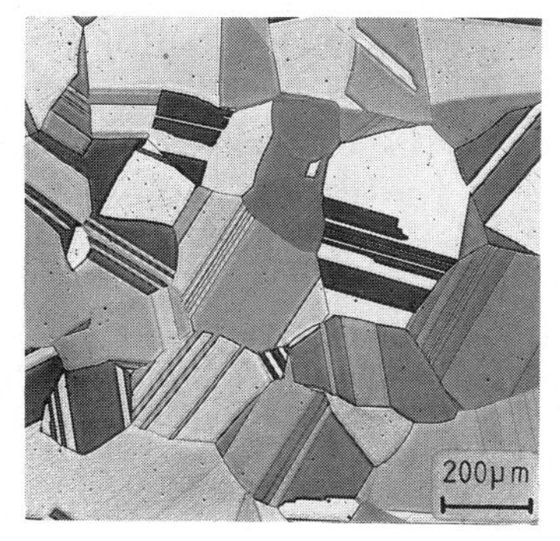

Bild 1: Schliffbild von Cu Zn 30

Bild 2: Schliffbild von Cu Zn 42

Legierung mit 30 Masse-% Zink. Die einzelnen α-Mischkristallkörner erscheinen verschieden hell. Die geradlinigen Streifungen innerhalb der Körner begrenzen Kornbereiche, die sich relativ zueinander in Zwillingspositionen befinden (vgl. V 3). Mehrphasige heterogene Werkstoffe besitzen Körner mit verschiedenen Kristallstrukturen. Ein Beispiel zeigt Bild 2. Dort ist das Schliffbild einer heterogenen Kupfer-Zink-Legierung mit 42 Masse-% Zink wiedergegeben. Die dunkel erscheinenden Schliffbereiche sind krz. ß-Mischkristalle, die hellen kfz. α-Mischkristalle. Auch hier sind die α-Mischkristalle von Zwillingen durchsetzt.

Die Korngröße beeinflußt die mechanischen Eigenschaften metallischer Werkstoffe, wie z. B. die Härte (vgl. V 9) sowie die Streckgrenze und die Zugfestigkeit (vgl. V 25). Deshalb ist die Kenntnis der Größe und der Verteilung der Körner für die Beurteilung des Werkstoffverhaltens von großer praktischer Bedeutung. Meist beschränkt man sich auf die Bestimmung der mittleren Kornabmessungen, wofür Standardverfahren entwickelt wurden.

Bei dem sog. Kreisverfahren (vgl. Bild 3a) wird auf dem photographischen Bild eines metallographischen Schliffes (vgl. V 8) ein Kreis mit dem Durchmesser D und dem Flächeninhalt $A_o = \pi D^2/4$ aufgezeichnet. Danach wird die Zahl n der Körner, die vollständig im Kreisinnern liegen und die Zahl n_R der Körner, die von der Kreislinie geschnitten werden, bestimmt. Letztere tragen, da sie nicht vollständig zur Kreisfläche gehören, nur mit dem Gewicht p = 0.67 zur Gesamtzahl $z = n + 0.67\, n_R$ der die Kreisfläche bedeckenden Körner bei. Liegt das Gefü-

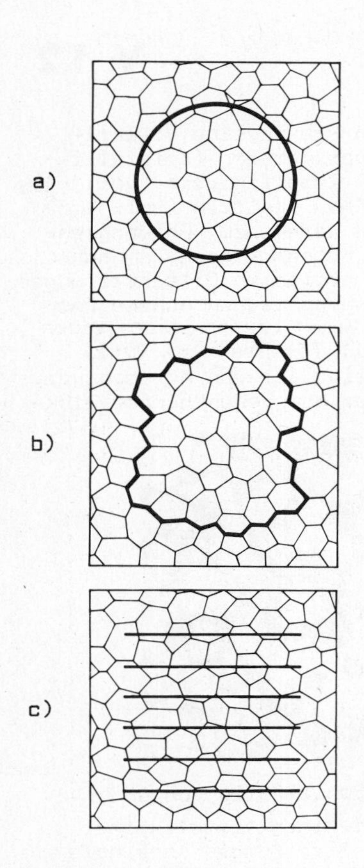

Bild 3: Zur Korngrößenbestimmung nach dem
a) Kreisverfahren
b) Flächenverfahren
c) Linienverfahren

gebild mit einer Vergrößerung V vor, so ergibt sich die mittlere Kornquerschnittsfläche zu

$$\bar{A} = \frac{A_0 10^6}{V^2 z} = \frac{A_0 10^6}{V^2(0{,}67\, n_R + n)} \quad [\mu m^2], \qquad (1)$$

wenn A_0 in mm^2 gemessen wird. Als mittlere Korngröße berechnet man

$$d = \sqrt{\bar{A}} \quad [\mu m]. \qquad (2)$$

Bei dem sog. Flächenverfahren (vgl. Bild 3b) wird ein hinreichend großer Gefügebereich etwa rechteckiger Form längs von Korngrenzen abgegrenzt und dessen Größe A_0 planimetrisch ermittelt. Aus der Zahl der eingeschlossenen Körner n berechnet sich dann die mittlere Kornfläche zu

$$\bar{A} = \frac{A_0 10^6}{n V^2} \quad [\mu m^2] \qquad (3)$$

und die Korngröße gemäß Gl. 2.

Sowohl bei Anwendung des Kreis- als auch des Flächenverfahrens weisen selbst im Idealfall räumlich regelloser Orientierungsverteilung die meisten Körner kleinere Schnittflächen als die maximal möglichen auf. Man erhält deshalb zu kleine mittlere Kornflächen. Lägen kugelförmige Körner vor, so würde als mittlerer Kornflächenwert der 0.64-fache des wahren gemessen.

Bei dem sog. Linienverfahren werden in das Schliffbild z Geraden der Länge L (mm) eingezeichnet (vgl. Bild 3c). Werden n_K Korngrenzen von den Geraden geschnitten und ist der Vergrößerungsmaßstab V, so wird als Korngröße

$$d = \frac{L\ z\ 10^3}{(n_K - 1)\ V} \quad [\mu m] \qquad (4)$$

angegeben. Meist wird mit 5 bis 10 Geraden gearbeitet. Auch bei dem Linienverfahren werden die meisten Körner von den Geraden nicht in ihren größten Durchmessern geschnitten, so daß ebenfalls kleinere mittlere Korngrößen festgestellt werden, als in Wirklichkeit vorliegen. Bei kreisförmiger Begrenzung der Kornschnittflächen würde nur das 0.79-fache des wahren Korndurchmessers ermittelt. Liegen Gefügezustände mit langgestreckten Körnern vor, so kann man das Linienverfahren mit zwei zueinander senkrecht angeordneten Liniengruppen anwenden. Das Verhältnis der so erhaltenen d-Werte wird Streckungsverhältnis genannt.

Die ASTM (American Society for Testing Materials) hat ein besonderes System zur Beurteilung vorliegender Korngrößen entwickelt. Dabei wird die Zahl z der bei 100-facher Vergrößerung pro Quadratzoll vorhandenen Körner als Basis für eine Korngrößenklassifizierung benutzt. Die

Klassennummer N entspricht der ASTM-Korngröße. N und z sind durch

$$z = 2^{N-1} \tag{5}$$

festgelegt, so daß

$$N = \frac{\lg z}{\lg 2} + 1 \tag{6}$$

wird. Tab. 1 faßt die Korngrößenklassen und die zugehörigen Kornzahlen pro Quadratzoll und Quadratmillimeter zusammen. Bild 4 zeigt die ASTM-Korngrößenrichtkarten, mit deren Hilfe durch direkten Vergleich mit einem 100-fach vergrößerten Schliffbild Korngrößenangaben möglich sind.

Tab. 1: Festlegung der Korngröße nach ASTM und die zugehörigen Kornzahlen pro mm²

Korngröße nach ASTM Typ	Klasse	Zahl der Körner pro Quadratzoll des 100-fach vergrößerten Schliffbildes	Zahl der Körner pro Quadratmillimeter der wahren Schlifffläche
Grobkörniges Gefüge	-1	0.25	4
	0	0.50	8
	1	1	16
	2	2	32
	3	4	64
	4	8	128
	5	16	256
Feinkörniges Gefüge	6	32	512
	7	64	1024
	8	128	2048
	9	256	4096
	10	512	8192
	11	1024	16384
	12	2048	32768

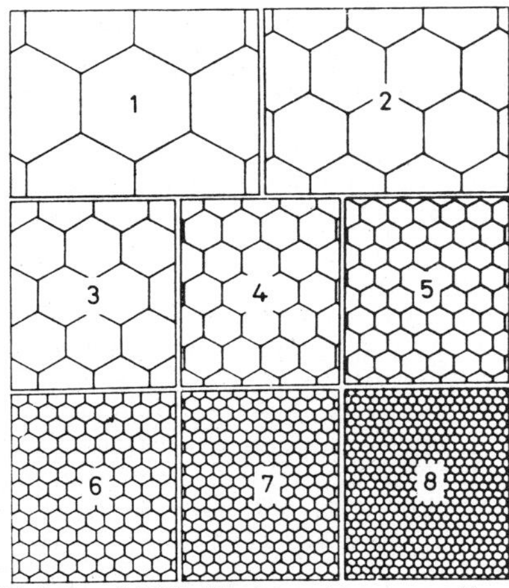

Bild 4: ASTM-Richtreihe zur Korngrößenbestimmung

Die Größe der im Schliffbild sichtbaren Körner hängt von der Wahl der Schnittfläche durch den Werkstoff bei der Schliffherstellung ab. Je nach Lage der Körner bezüglich der Schnittfläche werden sie unterschiedlich angeschnitten und erscheinen daher, wie schon erwähnt, auch dann verschieden groß, wenn sie exakt gleiche Größe hätten. Eine elementare **Voraussetzung für eine einigermaßen korrekte Korngrößenbestimmung besteht darin, daß die ver**messenen Schliffe hinreichend repräsentativ für das Werkstoffganze sind. Bei stark inhomogenen Korngrößenverteilungen sind daher an mehreren Stellen Korngrößenbestimmungen durchzuführen. Eventuelle Vorzugsrichtungen der Körner können durch Schliffe in verschiedenen makroskopischen Schnittebenen erkannt werden (vgl. auch V 21, Bild 7). Zwei typische Beispiele sind in den Bildern 6 und 7 wiedergegeben. Bild 6 zeigt die räumliche Gefügeausbildung eines relativ reinen Eisens. Vorzugsorientierungen der Körner sind nicht zu erkennen. In Bild 7, das für eine heterogene Legierung vom Typ TiAl 6 V 4 repräsentativ ist, treten dagegen ausgeprägte Richtungsabhängigkeiten in der Gefügeausbildung zutage.

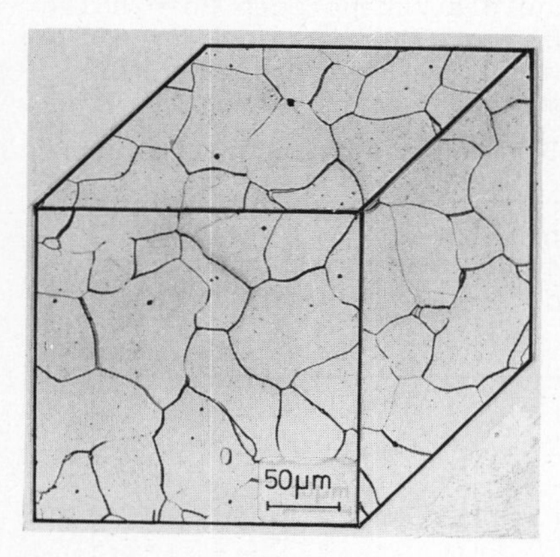

Bild 6: Räumliche Gefügeausbildung bei Armco-Eisen

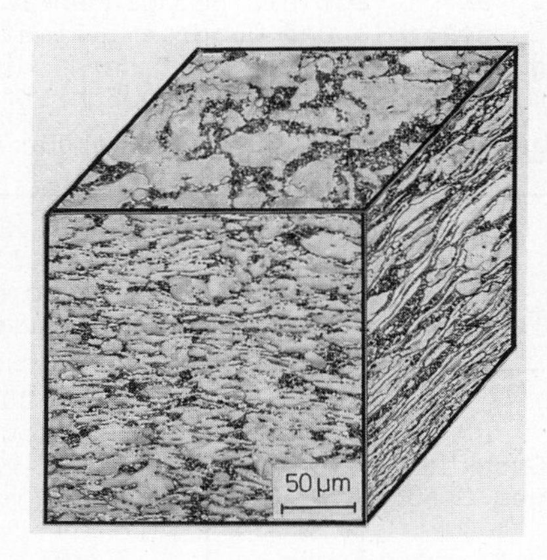

Bild 7: Räumliche Gefügeausbildung bei der Legierung TiAl 6 V 4

Selbstverständlich sind neben den durch Gl. 2 und 4 festgelegten Korngrößen auch Aussagen über die Häufigkeit möglich, mit der Körner vergleichbarer Linearabmessungen vorkommen. Die modernen Hilfsmittel der quantitativen Metallographie erlauben solche Aussagen mit relativ geringem Aufwand (vgl. V 19).

Aufgabe

Bei einer homogenen Kupfer-Zink-Legierung sind die nach Verformung und nach drei verschiedenen Wärmebehandlungen vorliegenden Kornabmessungen nach dem Flächen-, Kreis- und Linienverfahren zu bestimmen, miteinander zu vergleichen und zu diskutieren. Beim Auszählen sind die Grenzen der Rekristallisationszwillinge nicht wie Korngrenzen zu behandeln. Der Zusammenhang zwischen Korngröße und Härte sowie Streckgrenze der Legierungen ist zu ermitteln und zu erörtern.

Versuchsdurchführung

An vorbereiteten, wärmebehandelten Proben der Werkstoffe werden Zugversuche (vgl. V 25) zur Ermittlung der Streckgrenze durchgeführt. Da die Legierungen eine ausgeprägte untere Streckgrenze besitzen, brauchen nur die Unstetigkeitsstellen der Kraft-Verlängerungs-Diagramme ermittelt zu werden. Die zugehörigen Kräfte werden durch die jeweiligen Probenausgangsquerschnitte dividiert und liefern die Streckgrenzen. Dann werden an den Proben Brinellhärtemessungen (vgl. V 9) vorgenommen. Schließlich werden aus den Zugproben Teile für die Schliffherstellung (vgl. V 8) abgetrennt, in Kunstharz eingebettet, geschliffen, poliert und anschließend geätzt. Von den Schliffoberflächen werden Mikroaufnahmen bekannter Vergrößerung hergestellt und davon Abzüge gefertigt. Diese werden in der oben beschriebenen Weise ausgewertet.

Literatur: 42,43,44,45

Erholung und Rekristallisation

V 13

Grundlagen

Bei der Kaltumformung eines metallischen Werkstoffes wird der überwiegende Teil der geleisteten Verformungsarbeit in Wärme umgesetzt, und nur ein relativ kleiner Teil ($\lesssim 5\%$) führt als Folge der erzeugten Gitterstörung zur Erhöhung der inneren Energie und damit der freien Enthalpie des Werkstoffzustandes. Dieser thermodynamisch instabile Zustand ist bei Temperaturerhöhung bestrebt, durch Umordnung und Abbau der Gitterstörungen seine freie Enthalpie zu verkleinern. Das führt dazu, daß kaltverformte Werkstoffe nach gleich langer Glühung die aus Bild 1 ersichtliche Abhängigkeit der Raumtemperatur-Härte von der Glühtemperatur zeigen. Lichtmikroskopische Gefügebeobachtungen ergeben nach Glühungen links vom Steilabfall der Kurve keine Änderungen des vorliegenden Verformungsgefüges. Die dort auftretenden geringen Härteänderungen müssen also submikroskopischen Prozessen zugeordnet werden. Man spricht von Erholung. Dabei treten Reaktionen punktförmiger Gitterstörungen (vgl. V 3) untereinander und mit anderen Gitterstörungen auf. Ferner finden Annihilationen von Versetzungen unterschiedlichen Vorzeichens statt, und es bilden sich energetisch günstigere Versetzungsanordnungen aus. Als treibende Kraft für diese Prozesse ist der Abbau der freien Enthalpie des verformten Werkstoffvolumens anzusehen. Im Temperaturbereich des Steilabfalls und des sich anschließenden Plateaus der Härtewerte werden dagegen Gefügeänderungen in Form von Kornneubildungen sichtbar. Diesen Prozeß bezeichnet man als Rekristallisation. Er umfaßt alle Vorgänge, die zur Bildung neuer Kristallkeime und deren Wachstum auf Kosten des verformten Gefüges führen. Rekristallisation besteht daher in der Bildung und in der Wanderung von Großwinkelkorngrenzen.

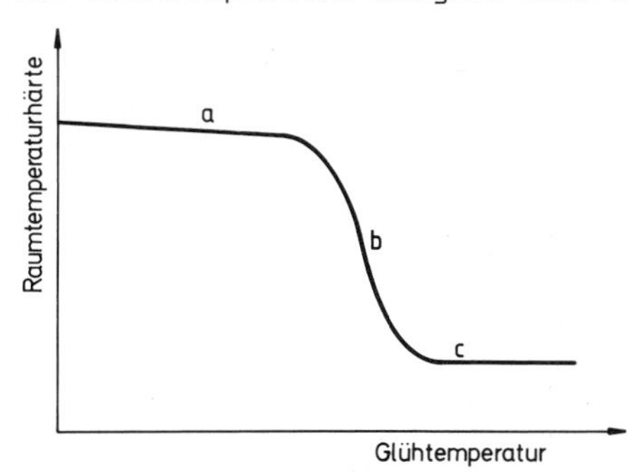

Bild 1: Einfluß gleich langer Glühungen bei verschiedenen Temperaturen auf die Raumtemperatur-Härte eines kaltverformten Werkstoffs (isochrone Rekristallisationskurve, schematisch)

Die treibende Kraft für das Keimwachstum ist die Differenz der gespeicherten Verformungsenergien in den Spannungsfeldern der Versetzungen der Keime und der verformten Matrix. Die treibende Kraft für die innerhalb rekristallisierter Bereiche stattfindende weitere Kornvergrößerung ergibt sich aus dem relativen Abbau der spezifischen Korngrenzenenergie. Im Gegensatz zur Erholung beginnen Rekristallisationsprozesse bei gegebener Temperatur erst nach einer temperaturabhängigen Inkubationszeit. Bild 2 zeigt als Beispiel drei transmissionselektronenmikroskopische Aufnahmen (vgl. V 20) eines 50 % kaltverformten austenitischen Stahles (X 10 CrNiMoTiB 15 15), die nach Glühung im oberen Plateaubereich (a), im oberen Teil des Steilabfalls (b) und im unteren Plateaubereich (c) einer Härte-Temperatur-Kurve erhalten wurden. Man sieht bei (a) das verformte Gefüge, bei (b) in dieses hineinwachsende relativ störungsfreie Kristallbereiche und bei (c) das vollkommen rekristallisierte Gefüge.

Wird ein kaltverformter Werkstoff bei einer hinreichend hohen Temperatur verschieden lange geglüht und in Abhängigkeit von der Glühzeit

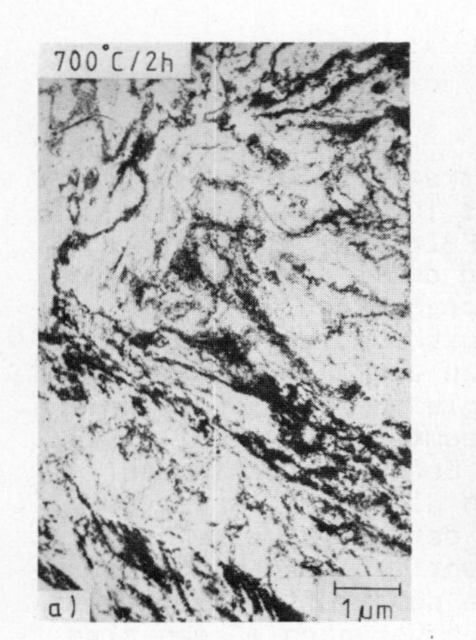

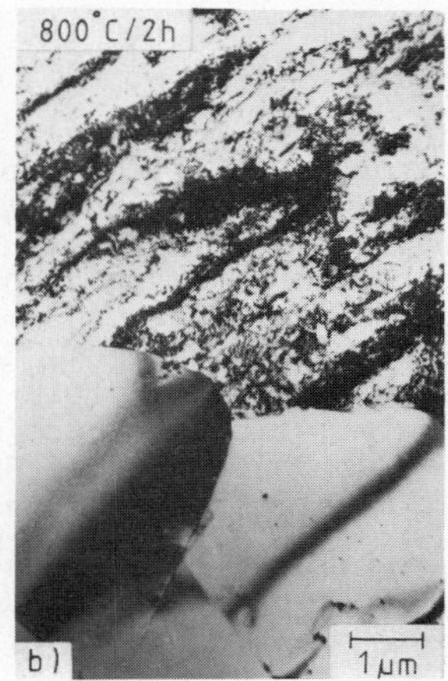

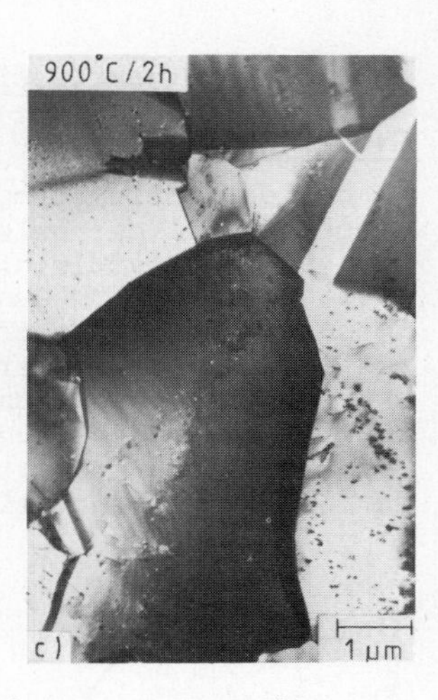

Bild 2: Verformter (a), teilrekristallisierter (b) und rekristallisierter Zustand (c) von X 10 CrNiMoTiB 15 15

die Raumtemperaturhärte sowie der rekristallisierte Anteil des Gefüges gemessen, so ergeben sich ähnliche Zusammenhänge wie in Bild 3. Nach einer Inkubationszeit t_o setzt der erste merkliche Härteabfall ein. Ab dieser Zeit sind Gefügeänderungen festzustellen, deren zeitlicher Ablauf schematisch in Bild 4 skizziert ist. Der Beginn der Rekristallisation ist in Bild 4a durch zwei kreisförmige Keime unterschiedlicher Größe angedeutet. Mit zunehmender Glühzeit (Bilder 4b bis d) wachsen von diesen Keimen ausgehend relativ ungestörte neue

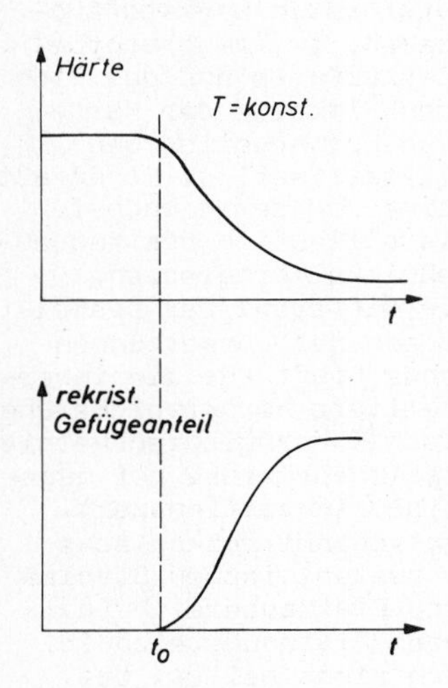

Bild 3: Raumtemperaturhärte und rekristallisierte Gefügeanteile in Abhängigkeit von der Glühzeit (Isotherme Rekristallisationskurven)

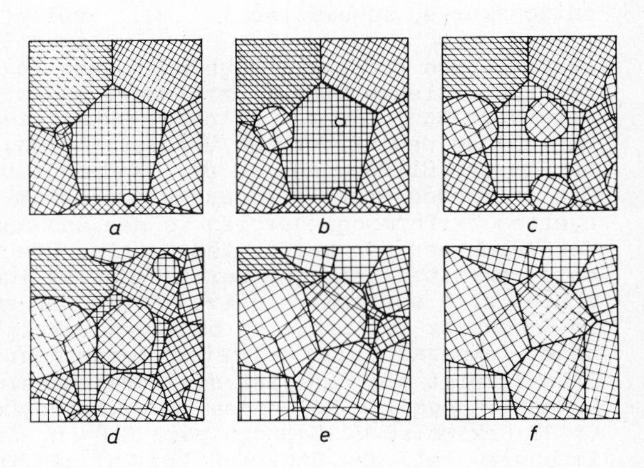

Bild 4: Kornneubildungen (schematisch) bei der Rekristallisation

Gitterbereiche in die verformten Körner hinein. Daneben entstehen weitere wachstumsfähige Keime. Bei der Bewegung der Großwinkelkorngrenzen zehren die neuen Körner die verformte Matrix, wie in den letzten Bildern 4e und f angedeutet, völlig auf. Die Rekristallisation ist lokal beendet, wenn die von benachbarten Keimen aus wachsenden Körner einander berühren. Gitterstörungszustand, Größe, Form und Orientierung der neu entstandenen Körner weichen relativ stark von denen des verformten Gefüges ab. Ist nach hinreichend langer Zeit der Rekristallisationsprozeß des gesamten Werkstoffvolumens abgeschlossen, so stellt sich ein Härteendwert und eine typische Rekristallisationstextur (vgl. V 11) ein. Außer verminderter Härte besitzt ein rekristallisierter Werkstoff gegenüber dem kaltverformten Zustand stets auch kleinere Werte der Streckgrenze und der Zugfestigkeit sowie eine größere Bruchdehnung und Brucheinschnürung (vgl. V 25).

Den beschriebenen Kornwachstumsprozeß, der - ausgehend von Keimen - zu einer stetigen Kornvergrößerung führt, nennt man primäre Rekristallisation. Unter bestimmten Bedingungen - nach großen Verformungsgraden und Glühungen bei sehr hohen Temperaturen - wird noch eine unstetige Kornvergrößerung beobachtet, bei der einige wenige rekristallisierte Körner auf Kosten aller anderen wachsen. Diesen Vorgang bezeichnet man als Sekundärrekristallisation. Einen Überblick über das Rekristallisationsverhalten eines Werkstoffes verschafft man sich an Hand sog. Rekristallisationsdiagramme (vgl. Bild 5). Dazu werden unterschiedlich stark verformte Proben bei verschiedenen Temperaturen gleich lange geglüht und die nach dieser Glühbehandlung vorliegenden Korngrößen ermittelt. Die Korngrößen werden als Funktion von Verformungsgrad und Glühtemperatur aufgetragen. Je nach gewählten Glühbedingungen werden dabei auch die Kornvergrößerungen durch Sekundärrekristallisation mit erfaßt.

In der Praxis bezeichnet man vielfach als Rekristallisationstemperatur T_R eines verformten Werkstoffes die Temperatur, bei der die Re-

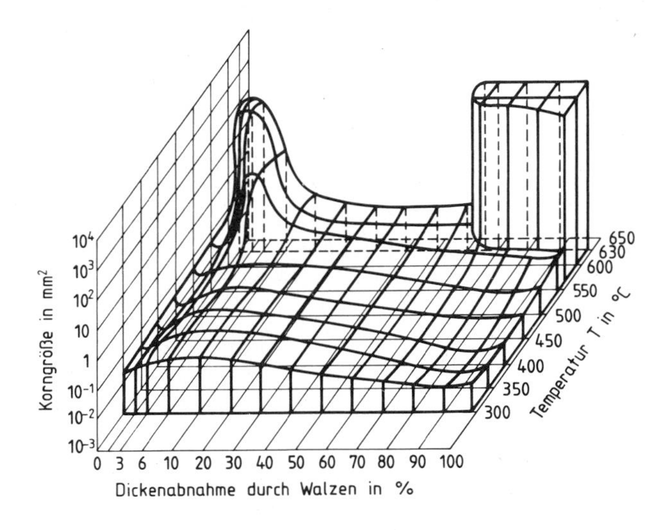

Bild 5: Rekristallisationsschaubild von Reinaluminium (99.6 Masse-% Al)

kristallisation nach einstündiger Glühbehandlung auf Grund visueller Beobachtung abgeschlossen ist. T_R kann für reine Metalle mit relativ großen Verformungsgraden mit Hilfe der Faustregel

$$T_R \approx 0{,}4\ T_S\ [K] \tag{1}$$

abgeschätzt werden. Dabei ist T_S die Schmelztemperatur in ^{o}K. Einige weitere wichtige Erfahrungswerte über die Rekristallisation verformter metallischer Werkstoffe lassen sich wie folgt zusammenfassen:

1) Sie setzt erst nach einer bestimmten Mindestdeformation ein;

2) sie beginnt bei um so tieferen Temperaturen, je größer die Kaltverformung und je länger die Glühzeit ist;

3) sie führt zu um so kleinerer Korngröße, je größer die Kaltverformung und je kleiner die Glühtemperatur ist (vgl. Bild 5);

4) sie setzt für verschiedene Korngrößen bei der gleichen Temperatur nach der gleichen Inkubationszeit ein, wenn bestimmte mit der Korngröße ansteigende Verformungsgrade aufgeprägt werden;

5) sie wird durch Zusatzelemente in sehr unterschiedlicher Weise beeinflußt (vgl. Bild 6);

6) sie wird durch Ausscheidungen, Disperionen und zweite Phasen verändert und z. T. stark behindert (vgl. Bild 7).

Insgesamt stellt die Rekristallisation metallischer Werkstoffe einen für die Werkstofftechnik außerordentlich wichtigen Prozeß dar, der zur Auflösung einer aufgeprägten Verformungsstruktur führt. Bei stark kaltverformten Werkstoffen kann dabei die Versetzungsdichte von 10^{12} cm^{-2} auf 10^{8} cm^{-2} abfallen, was zu einer starken Reduzierung der Mikroeigenspannungen (vgl. V 77) führt. Rekristallisationsvorgänge führen auch zum Abbau vorhandener Makroeigenspannungen. Schließlich bietet die Kombination von Kaltverformung und Rekristallisation eine elegante Möglichkeit zur Beeinflussung der Korngröße.

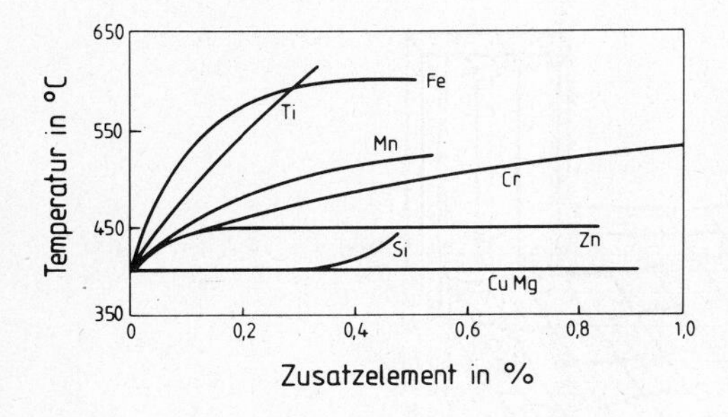

Bild 6: Einfluß von Legierungselementen auf das Rekristallisationsverhalten von 3 % gerecktem Reinstaluminium (99.99 Masse-% Al)

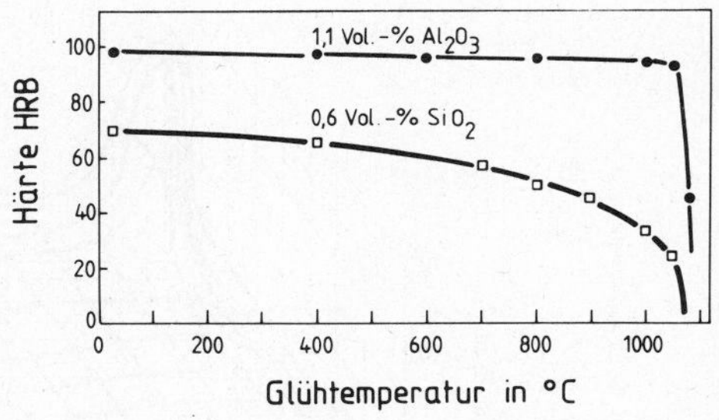

Bild 7: Einfluß einer einstündigen Glühbehandlung auf die Härte einer gesinterten Kupferbasislegierung mit Al_2O_3- bzw. SiO_2-Dispersionen

In Bild 8 ist ein Tiefziehteil aus einer AlMg 3-Legierung wiedergegeben, das nach dem Umformprozeß "weichgeglüht" wurde. Man erkennt, daß sich je nach lokal vorliegendem Umformgrad sehr unterschiedliche Korngrößen einstellen. Dementsprechend treten örtliche Festigkeitsunterschiede auf.

Bild 8: Zwischengeglühtes Tiefziehteil aus AlMg 3

Aufgabe

Bei 20 % und 80 % kaltverformten Aluminiumblechen sind bei Raumtemperatur die Änderungen der Vickershärte HV 3 zu messen, die durch Glühungen von 10 min Dauer bei 120 °, 220 °, 300 °, 350 ° und 500 °C hervorgerufen werden. Die ermittelten Härtewerte sind als Funktion der Glühtemperatur aufzuzeichnen. Das Verformungsgefüge nach dem Walzen und das Rekristallisationsgefüge nach Glühung bei 500 °C sind durch Makroätzung mit einer Mischung aus 25 ml H_2O, 30 ml HCl und 10 ml HNO_3 sichtbar zu machen und zu beurteilen (vgl. V 8).

Versuchsdurchführung

Für die Rekristallisationsuntersuchungen werden Werkstoffproben aus Al 99.5 auf einem Laborwalzwerk bis zu den verlangten Verformungsgraden kalt gewalzt (vgl. V 10). Nach dem Messen der Ausgangshärte (vgl. V 9) bei Raumtemperatur werden die Proben gleich lange bei den angegebenen Temperaturen geglüht und dann in Wasser abgeschreckt. Das Einbringen der Proben in den Glühofen und das Abschrecken erfolgt nach einem vorher zu erstellenden Zeitplan. Danach werden erneute Härtemessungen vorgenommen. Die auftretenden Härteänderungen werden als Mittelwert aus mehreren Messungen bestimmt.

Von einer kaltverformten und einer teilrekristallisierten Probe werden Schliffe angefertigt (vgl. V 8) und photographiert. Auf dem Schliffbild der rekristallisierten Probe werden die rekristallisierten Gefügeanteile durch Ausplanimetrieren bestimmt.

Literatur: 46,47,48.

V 14

Elektrische Leitfähigkeit

Grundlagen

Ein charakteristisches Merkmal metallischer Werkstoffe ist ihre gute elektrische Leitfähigkeit. Sie beruht auf der Bewegung von sog. Leitungselektronen unter der Einwirkung eines elektrischen Feldes. Besteht wie in Bild 1 zwischen den Enden eines quaderförmigen Leiters mit dem Querschnitt A und der Länge L eine elektrische Potentialdifferenz (elektrische Spannung) U, so wirkt die Feldstärke

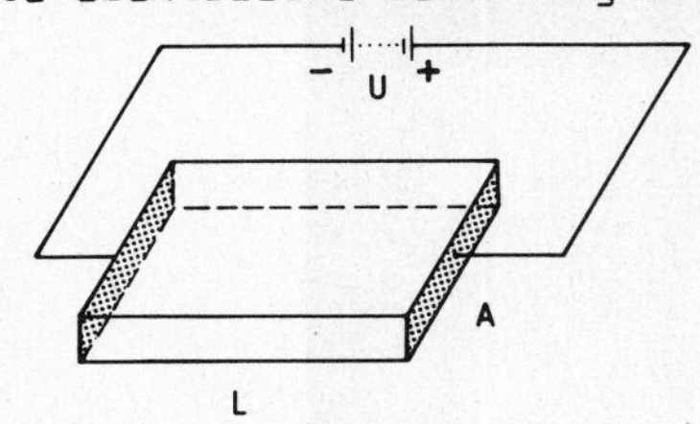

Bild 1: Stromkreis mit quaderförmigem Leiter

$$\mathfrak{E} = \frac{U}{L} \quad \left[\frac{\text{Volt}}{\text{cm}}\right] \tag{1}$$

und als Folge der Bewegung der Elektronen durchsetzt ein elektrischer Strom I die Querschnittsfläche A mit der Stromdichte

$$i = \frac{\mathfrak{E}}{\rho} = \frac{I}{A} \quad \left[\frac{\text{Volt/cm}}{\text{Ohm cm}} = \frac{\text{Ampère}}{\text{cm}^2}\right] \tag{2}$$

Dabei ist ρ der sog. spezifische elektrische Widerstand. Das Verhältnis

$$R = \frac{U}{I} = \frac{U}{iA} = \rho \frac{L}{A} \quad [\text{Ohm}] \tag{3}$$

wird als elektrischer Widerstand bezeichnet (Ohm'sches Gesetz). Somit läßt sich, wenn die Abmessungen des Leiters bekannt sind, der spezifische elektrische Widerstand gemäß

$$\rho = R \frac{A}{L} \quad [\text{Ohm cm}] \tag{4}$$

durch Messung von R ermitteln. Für praktische Zwecke ist es bequemer, L in m und A in mm^2 zu messen. Als Einheit von ρ wird deshalb häufig auch Ohm mm^2/m benutzt, wobei der Zusammenhang

$$10^{-4}\,\text{Ohm cm} = 1\,\text{Ohm}\,\frac{\text{mm}^2}{\text{m}} \tag{5}$$

besteht. Der Reziprokwert von R heißt elektrischer Leitwert [1/Ohm = Siemens], der Reziprokwert von ρ wird spezifische elektrische Leitfähigkeit $\varkappa$ [Siemens/cm] genannt.

Bei der Stromleitung werden die Leitungselektronen metallischer Werkstoffe einerseits durch das äußere elektrische Feld beschleunigt, andererseits durch Gitterschwingungen (Phononen) und Abweichungen von der regelmäßigen Gitterstruktur (Gitterstörungen) verzögert. Als Folge dieser Wechselwirkungen stellt sich eine mittlere Driftgeschwindigkeit der Leitungselektronen ein, die die Größe des spezifischen elektrischen Widerstandes bestimmt. Die Beeinflussung der Gitterschwingungen, z. B. durch Temperaturänderung, und/oder die der Gitterstörungen, z. B. durch Veränderung des Verformungszustandes, wirken sich daher auf die ρ-Werte aus. Als Beispiel zeigt Bild 2 die relativen Änderungen des spezifischen elektrischen Widerstandes $\Delta\rho/\rho$ von Kupfer durch plastische Verformung bei 83, 190 und 300 K. Sie nehmen mit dem Verformungsgrad zu, und zwar um so ausgeprägter, je kleiner die Verformungstemperatur ist.

Erfahrungsgemäß setzt sich der spezifische elektrische Widerstand ρ eines Werkstoffes additiv aus einem temperaturabhängigen Anteil ρ_T und

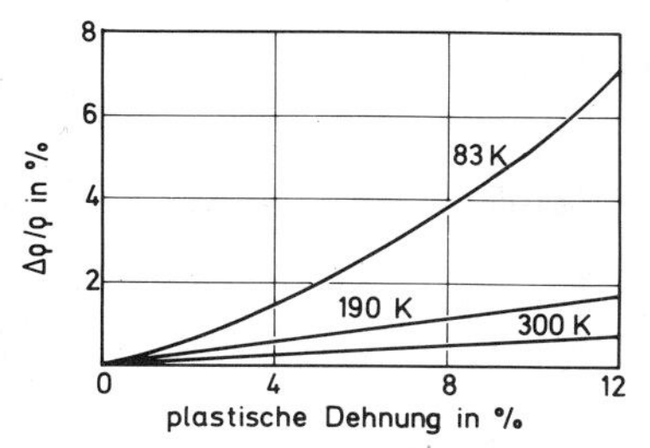

Bild 2: Verformungsbedingte Änderungen d. spez. elektr. Widerstandes von Kupfer bei verschiedenen Temperaturen

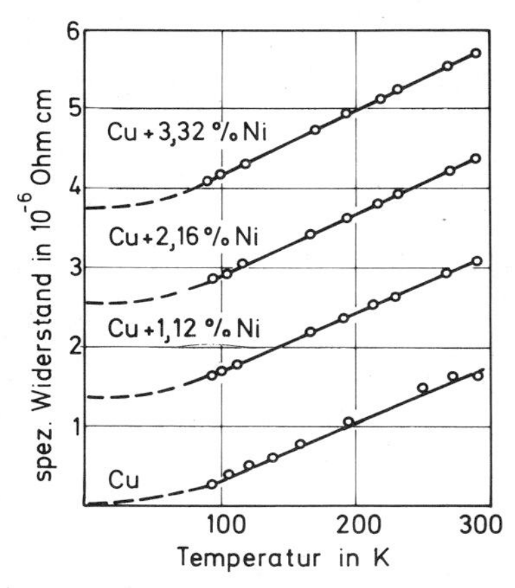

Bild 3: Temperaturabhängigkeit des spez. elektrischen Widerstandes von reinem und nickellegiertem Kupfer

einem temperaturunabhängigen Anteil ρ_0 zusammen. Es ist also

$$\rho = \rho_0 + \rho_T \, . \tag{6}$$

Verunreinigungen und strukturelle Störungen liefern den Beitrag ρ_0, die Gitterschwingungen den Beitrag ρ_T. In Bild 3 ist die Tieftemperaturabhängigkeit des spezifischen elektrischen Widerstandes von reinem Kupfer und von drei Kupfer-Nickel-Legierungen wiedergegeben. Mit wachsender Temperatur nimmt ρ zu, und zwar oberhalb von 100 K etwa linear mit der Temperatur. Die Nickelzusätze bewirken eine ihrer Konzentration proportionale Erhöhung des spezifischen elektrischen Widerstandes bei praktisch gleichbleibender Temperaturabhängigkeit. Der am absoluten Nullpunkt verbleibende ρ-Wert wird als spezifischer elektrischer Restwiderstand bezeichnet.

Die Temperaturabhängigkeit des spezifischen elektrischen Widerstandes läßt sich um und oberhalb Raumtemperatur mit hinreichender Genauigkeit durch ein Polynom zweiter Ordnung beschreiben. Mit $T_0 < T$ gilt

$$\rho(T) = \rho(T_0)\,[1 + \alpha(T - T_0) + \beta(T - T_0)^2] \, . \tag{7}$$

Dabei sind α und β die Temperaturkoeffizienten des spezifischen elektrischen Widerstandes. Geht $\beta \to 0$, so wird

$$\alpha = \frac{1}{\rho(T_0)} \cdot \frac{\rho(T) - \rho(T_0)}{T - T_0} \, . \tag{8}$$

Aus dem Anstieg der ρ,T-Kurve läßt sich in diesem Falle α direkt bestimmen.

Aufgabe

Von Proben aus Kupfer, Aluminium und Eisen, die verschieden stark kaltverformt wurden, ist der spezifische elektrische Widerstand zu bestimmen. Von je einer Probe der drei Werkstoffe ist für das Temperaturintervall 20 °C < T < 90 °C die Temperaturabhängigkeit von ρ zu ermitteln und α anzugeben.

Versuchsdurchführung

Die Messung von Widerständen $R_x > 1$ Ohm erfolgt zweckmäßigerweise mit einer Wheatstone-Brücke, die von Widerständen $R_x < 1$ Ohm dagegen mit einer Thomson-Brücke. Die Thomson-Brücke, deren Prinzip an Hand von Bild 4 erläutert werden kann, ist eine abgewandelte Wheatstone-Brücke (vgl. V 24). Deshalb wird in Bild 4a von einer solchen ausgegangen und angenommen, daß die Widerstände R_{BC} und R_{CD} der Zuleitungen BC und CD nicht gegenüber den Widerständen R_x und R_3 vernachlässigbar sind. Im Falle des Brückenabgleichs gilt dann

$$\frac{R_x + R_{BC}}{R_2} = \frac{R_3 + R_{CD}}{R_4} \, . \tag{9}$$

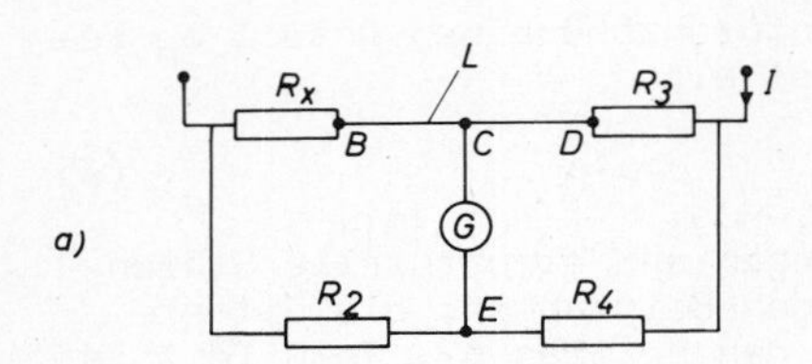

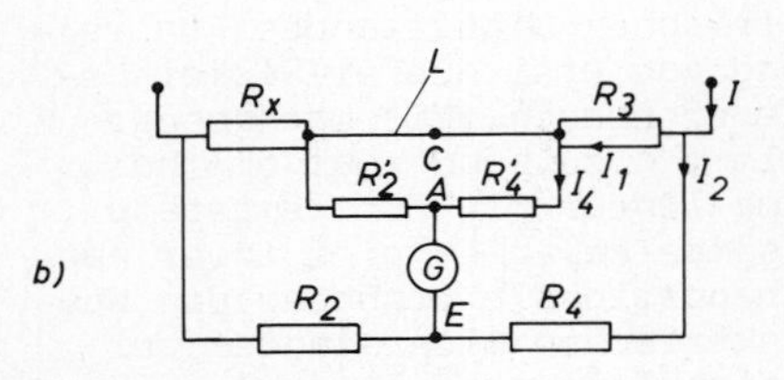

Bild 4: Meßbrücken zur Bestimmung elektrischer Widerstände. a) Wheatstone-Brücke, b) Thomson-Brücke

Wird

$$\frac{R_{BC}}{R_{CD}} = \frac{R_x}{R_3} \tag{10}$$

angestrebt, so vereinfacht sich die Abgleichbedingung zu

$$\frac{R_x}{R_2} = \frac{R_3}{R_4} \tag{11}$$

(vgl. V 24). Soll also der Einfluß der Zuleitungswiderstände eliminiert werden, so muß die Abgriffstelle C auf der Verbindungsleitung L so gelegt werden, daß sie deren Widerstand R_{BD} im Verhältnis $R_x : R_3$ bzw. $R_2 : R_4$ teilt. Das läßt sich durch die in Bild 4b skizzierte Schaltung erreichen. Die Verbindungsleitung L wird durch die Widerstände R_2' + R_4' überbrückt. Erfüllen diese die Nebenbedingung

$$\frac{R_2'}{R_4'} = \frac{R_2}{R_4} = \frac{R_x}{R_3} \quad , \tag{12}$$

so befinden sich der Punkt C der Verbindungsleitung und der Punkt A auf gleichem Potential. Zum Abgleich der Brücke sind dann nur noch die Punkte A und E auf gleiches Potential zu bringen. Das ist erreicht, wenn die in Bild 4b vermerkten Ströme I_1, I_2 und I_4 die Bedingungen

$$I_1 R_3 + I_4 R_4' = I_2 R_4 \tag{13}$$

und

$$I_1 R_x + I_4 R_2' = I_2 R_2 \tag{14}$$

erfüllen. Mit Gl. 12 folgt damit

$$R_x = R_3 \frac{R_2}{R_4} \quad . \tag{15}$$

Bei Messungen mit der Thomson-Brücke gilt also dieselbe Abgleichformel wie bei der Wheatstone-Brücke. Für Präzisionsmessungen ist die Thomson-Brücke als Doppelkurbelmeßbrücke ausgebildet, wobei der Feinabgleich durch gekoppelte Veränderung der Widerstände R_4 und R_4' erfolgt. Die Widerstände R_2' und R_4' sind immer $\geq 10\ \Omega$, so daß die Zuleitungseinflüsse zwischen $R_x R_2'$ und $R_3 R_2'$ meist vernachlässigbar sind. Die Brückenwiderstände sind aus Cu Mn 12 Ni 2 (Manganin) gefertigt. Sie besitzen einen sehr kleinen Temperaturkoeffizienten von etwa $1 \cdot 10^{-5}/^{o}C$ und extreme Langzeitkonstanz. Alle Kontakte und Kontaktbahnen sind versilbert, alle Kontaktflächen hartsilberplattiert. Mit der Thomson-Brücke ist eine absolute Meßgenauigkeit von $\pm 2 \cdot 10^{-9}\ \Omega$ erreichbar. Die für die Messungen vorgesehenen Proben werden mit Stromzuführungen versehen. Mit Schneiden, die auf die Proben in definiertem Abstand aufgesetzt werden, wird der Spannungsabfall über R_x abgenommen und der Brücke zugeführt. Dann erfolgt der Brückenabgleich. Die dazu erforderlichen Widerstandswerte werden abgelesen und der R_x - Berechnung zugrundegelegt. Die Messungen bei höheren Temperaturen erfolgen in einem geeigneten Flüssigkeitsbad.

Literatur: 4,7,49.

Metallographie unlegierter Stähle

V 15

Grundlagen

Die metallographische Untersuchung unlegierter Stähle setzt die Kenntnis des in Bild 1 gezeigten metastabilen Zustandsdiagrammes Eisen-Eisenkarbid voraus. Dieses gibt eine Übersicht über die Temperatur-Konzentrations-Bereiche, in denen bestimmte Phasen auftreten. Verein-

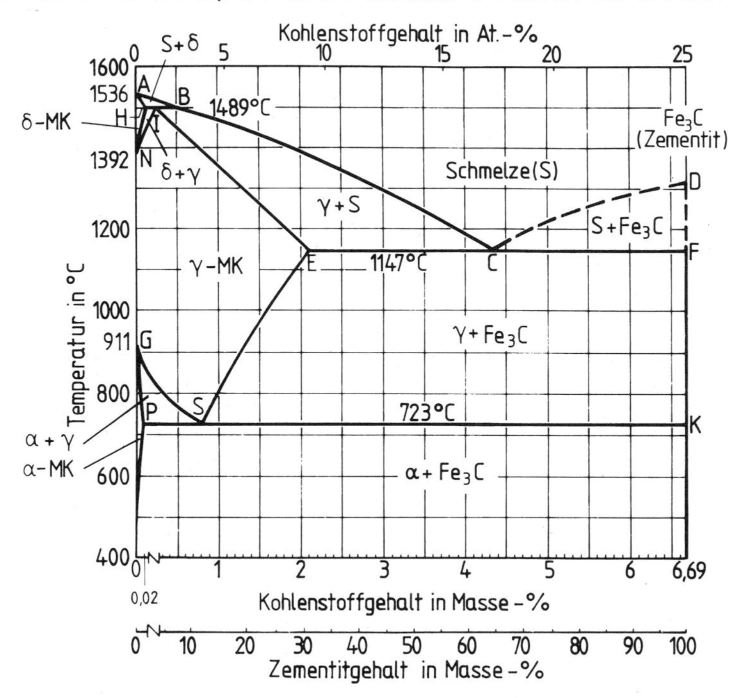

Bild 1: Das Fe,Fe_3C - Diagramm (phasenmäßige Kennzeichnung)

barungsgemäß werden einzelne Punkte des Zustandsdiagrammes durch große lateinische Buchstaben gekennzeichnet. Gleichgewichtslinien lassen sich daher auch durch Folgen dieser Buchstaben eindeutig festlegen. Den wichtigen Punkten P, I, S, E und C des Diagrammes kommen die Kohlenstoffmasse-%/Temperatur-Kombinationen 0.02 %/723 °C, 0.25 %/1489 °C, 0.8 %/723 °C, 2.1 %/1147 °C und 4.3 %/1147 °C zu. I heißt peritektischer Punkt, HIB peritektische Gerade, C eutektischer Punkt, ECF eutektische Gerade. S wird als eutektoider Punkt und PSK als eutektoide Gerade bezeichnet. Da es bei Zustandsdiagrammen üblich ist, die Schmelze ebenfalls mit S abzukürzen, tritt der gleiche Buchstabe mit zwei unterschiedlichen Bedeutungen auf.

Bei 1489 °C unterliegen alle Legierungen mit Kohlenstoffkonzentrationen zwischen H und B der peritektischen Umwandlung

$$\delta\text{-Mischkristalle } (\delta\text{-MK}) + \text{Schmelze (S)} \longrightarrow \gamma\text{-Mischkristalle } (\gamma\text{-MK}) \,, \tag{1}$$

bei der krz. δ-MK zusammen mit Schmelze in kfz. γ-MK übergehen. Alle

Legierungen mit Kohlenstoffgehalten zwischen E und F schließen ihren Erstarrungsvorgang bei 1147 °C mit der **Reaktion**

$$\text{Schmelze (S)} \longrightarrow \gamma\text{-Mischkristalle } (\gamma\text{-MK}) + \text{Eisenkarbid } (Fe_3C) \qquad (2)$$

ab, bei der sich Schmelze in kfz. γ-MK und orthorhombisches Eisenkarbid Fe_3C mit einem Kohlenstoffgehalt von 6.69 Masse-% umwandelt (eutektische Reaktion). Der γ-MK, bei dem die Kohlenstoffatome auf Oktaederlücken des kfz. Gitters eingelagert sind (vgl. Bild 4, V 1), wird auch als Austenit bezeichnet. Das eutektisch entstehende Gemenge aus γ-MK und Fe_3C heißt Ledeburit. Bei 723 °C schließlich gehen γ-MK in Legierungen mit größeren Kohlenstoffgehalten als 0.02 Masse-% gemäß

$$\gamma\text{-Mischkristalle } (\gamma\text{-MK}) \longrightarrow \alpha\text{-Mischkristalle } (\alpha\text{-MK}) + \text{Eisenkarbid } (Fe_3C) \qquad (3)$$

in krz. α-MK und Eisenkarbid über (eutektoide Reaktion). Der α-MK, in dem die gelösten Kohlenstoffatome Oktaederplätze der krz. Gitterstruktur einnehmen (vgl. Bild 4, V 1), wird Ferrit genannt. Das sich eutektoid bildende Gemenge aus Ferrit und Fe_3C heißt Perlit.

Die Konzentrationen der sich bei gegebener Temperatur innerhalb der 2-Phasengebiete im Gleichgewicht befindenden Phasen liest man als Abszissenwerte der Schnittpunkte der Geraden T = const. (Konoden) mit den Begrenzungslinien der Phasengebiete ab. Die zugehörigen Massenanteile der Phasen berechnen sich nach dem Hebelgesetz (vgl. V 7).

Die eutektische und die eutektoide Umwandlung beeinflussen die Ausbildung der Gleichgewichtsphasen in ganz charakteristischer Weise. Deshalb kann man der phasenmäßigen Betrachtung des Systems Fe,Fe_3C auch eine gefügemäßige gegenüberstellen. Bild 2 zeigt die entsprechende Darstellung. Dabei wird innerhalb der zweiphasigen Zustandsfelder der Zementit nach der Art seiner Entstehung unterschieden (Fe_3C^{I} Primärzementit, Fe_3C^{II} Sekundärzementit und Fe_3C^{III} Tertiärzementit). Ferner wird das eutektisch entstehende Phasengemenge als Ledeburit I und das sich daraus nach der Perlitumwandlung seiner Austenitanteile entwickelnde Phasengemenge als Ledeburit II bezeichnet. Für die Beurteilung des Gleichgewichtsgefüges unlegierter Stähle nach hinreichend langsamer Abkühlung auf Raumtemperatur ist eigentlich das Fe,Fe_3C-Diagramm nur links von 2.1 Masse-% C wichtig. Aus grundsätzlichen Erwägungen wird jedoch bei den nachfolgenden Erörterungen der gesamte Diagrammbereich bis 6.69 Masse-% C mit in die Betrachtungen einbezogen.

Oberhalb der Grenzlinien GS und SE liegen alle Legierungen mit weniger als 2.1 Masse-% C als homogene γ-Mischkristalle vor. Bei kleineren C-Gehalten als 0.02 Masse-% wandelt sich der Austenit während langsamer Abkühlung oberhalb 723 °C vollständig in Ferrit um. Wegen der unterhalb 723° mit sinkender Temperatur abnehmenden Löslichkeit des α-Eisens für Kohlenstoff verliert die Eisenmatrix bei der Abkühlung auf Raumtemperatur Kohlenstoff, und es bildet sich Fe_3C^{III} als sog. Tertiärzementit. Bei Raumtemperatur beträgt die Löslichkeitsgrenze des α-Eisens für Kohlenstoff etwa 10^{-6} bis 10^{-7} Masse-%. Der Schliff einer Legierung mit 0.01 Masse-% C zeigt nach Bild 3a durch Korngrenzen voneinander getrennte Ferritkörner unterschiedlicher Größe und tertiären Zementit an den Korngrenzen. Mit wachsendem Kohlenstoffgehalt treten zu den Ferritkörnern perlitische Bereiche hinzu. Bei einer Legierung mit 0.45 Masse-% C zeigt der Schliff nach Bild 3c nur noch etwas mehr als 40 % Ferritkörner. Die restliche Schlifffläche wird von Perlitbereichen ("Perlitkörnern") gebildet, die aus einer streifigen bzw. lamella-

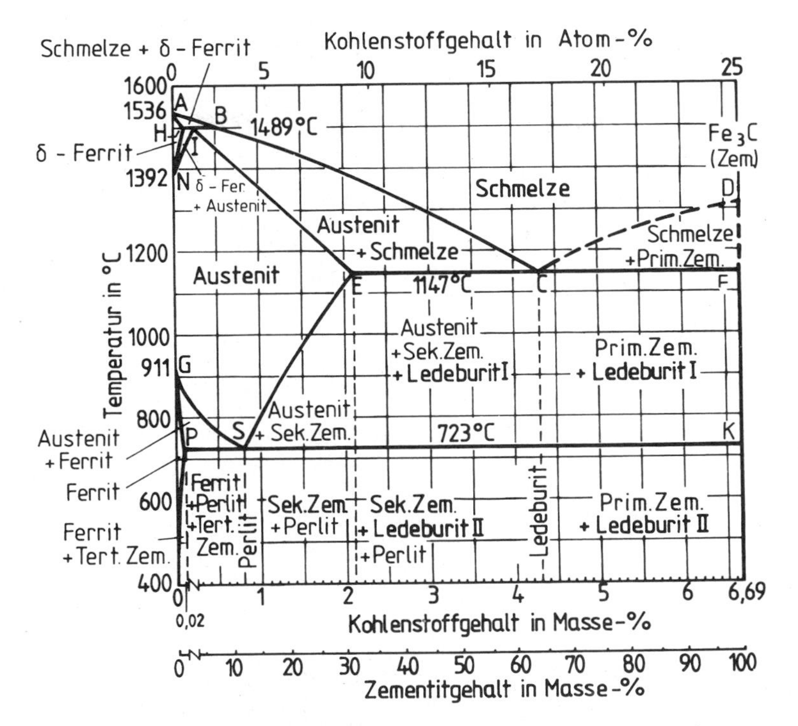

Fe_3C^I aus Schmelze		längs CD entstehender Primärzementit bei C entstehender eutektischer Zementit
Fe_3C^{II} aus Austenit		längs SE entstehender Sekundärzementit bei S entstehender eutektoider Zementit
Fe_3C^{III} aus Ferrit		längs PQ entstehender Tertiärzementit

Ledeburit I = Austenit (+ Fe_3C^{II}) + eutektischer Zementit
Ledeburit II = Perlit (+ Fe_3C^{II}) + eutektischer Zementit
Perlit = Ferrit (+ Fe_3C^{III}) + eutektoider Zementit

Bild 2: Das Fe,Fe3C-Diagramm (gefügemäßige Kennzeichnung). Nur die lichtmikroskopisch unterscheidbaren Gefügeanteile sind vermerkt

ren Anordnung einander abwechselnder Ferrit- und Zementitlamellen bestehen. Wird die Legierung aus dem γ-Gebiet hinreichend langsam abgekühlt, so bildet sich bei Unterschreiten der Linie GS zunächst Ferrit, dessen Menge mit sinkender Temperatur auf Kosten des verbleibenden Austenits zunimmt. Bei 723 °C besteht ein Gleichgewicht zwischen etwa 45 % Ferrit mit 0.02 Masse-% C und etwa 55 % Austenit mit 0.8 Masse-% C. Unterschreitet der Austenit 723 °C, so wandelt er sich eutektoid in Perlit um. Die Perlitreaktion wird durch heterogene Keimbildung an den Austenitkorngrenzen eingeleitet. Beim Wachsen in die Austenitkörner ordnen sich die Phasen Ferrit und Zementit einander abwechselnd lamellenförmig an. In der Wachstumsfront werden durch starke Kohlenstoffdiffusionsströme die Unterschiede zwischen dem Kohlenstoffgehalt des Austenits (0.8 Masse-%) und dem des Ferrits (0.02 Masse-%) sowie des Zementits (6.69 Masse-%) überbrückt. Der perlitisch gebildete Ferrit unterscheidet sich entstehungsmäßig, nicht aber strukturell von dem längs GS gebildeten Ferrit.

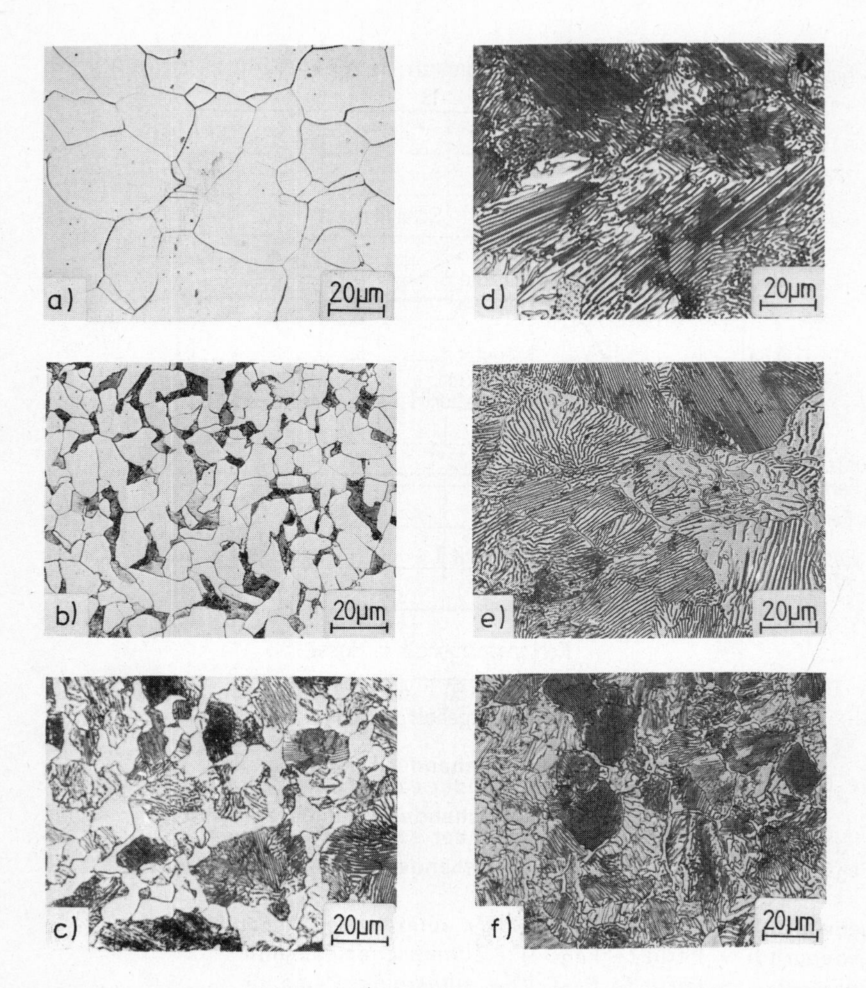

Bild 3: Gefüge von unlegierten Stählen mit 0.01 (a), 0.22 (b), 0.45 (c), 0.80 (d), 1.15 (e) und 1.50 (f) Masse-% C nach langsamer Abkühlung aus dem γ-Gebiet

Eine Legierung mit 0.8 Masse-% C zeigt nach langsamer Abkühlung aus dem γ-Gebiet auf Raumtemperatur als Folge der bei 723 °C ablaufenden eutektoiden γ - α Umwandlung ein rein perlitisches Gefüge (vgl. Bild 3d). Bei einer Legierung mit 1.5 Masse-% C bildet sich dagegen zunächst nach Unterschreiten der Linie SE an den Austenitkorngrenzen Fe_3C^{II} (Sekundärzementit). Der Karbidanteil nimmt mit abnehmender Temperatur auf Kosten des Austenitanteils zu, weil dessen Kohlenstoffgehalt längs der Linie ES auf den Wert von 0.8 Masse-% bei 723 °C abfällt. Bei Absenkung der Temperatur unter 723 °C wandelt sich der dann noch vorhandene Austenit eutektoid in Perlit um. Nach Abkühlung auf Raumtemperatur liegt schließlich wie in Bild 3f eine Gefügeausbildung vor, bei der Karbidnetze zusammenhängende Perlitbereiche umsäumen. Die für C 150 bei 1300, 910, 730 und 20 °C auftretenden Gefügezustände, die Massenanteile der bei diesen Temperaturen im Gleichgewicht befindlichen Phasen und die Kohlenstoffbilanzen sind in Bild 4 wiedergegeben.

T [°C]	Gefüge (Phasen)	Kennzeichnung des Hebels (C-Gehalt in Masse-%)	Massenanteile der Phasen i	Massenanteile der Phasen k	Kohlenstoffbilanz
1300	Austenit (γ-MK); Schmelze (S)	l_γ, l_S; c_γ (=1,25), c (=1,5), c_S (=2,95)	$\frac{m_\gamma}{m} = \frac{l_S}{l} = \frac{2{,}95 - 1{,}5}{2{,}95 - 1{,}25} = 0{,}853$	$\frac{m_S}{m} = \frac{l_\gamma}{l} = \frac{1{,}5 - 1{,}25}{2{,}95 - 1{,}25} = 0{,}147$	$c = \frac{m_\gamma}{m} c_\gamma + \frac{m_S}{m} c_S = 1{,}066 + 0{,}433 = 1{,}5$
910	Sekundärzementit (Fe_3C); Austenit (γ-MK)	l_γ, l_{Fe_3C}; c_γ (=1,3), c (=1,5), c_{Fe_3C} (=6,69)	$\frac{m_\gamma}{m} = \frac{l_{Fe_3C}}{l} = \frac{6{,}69 - 1{,}5}{6{,}69 - 1{,}3} = 0{,}963$	$\frac{m_{Fe_3C}}{m} = \frac{l_\gamma}{l} = \frac{1{,}5 - 1{,}3}{6{,}69 - 1{,}3} = 0{,}037$	$c = \frac{m_\gamma}{m} c_\gamma + \frac{m_{Fe_3C}}{m} c_{Fe_3C} = 1{,}252 + 0{,}247 = 1{,}5$
730	Sekundärzementit (Fe_3C); Austenit (γ-MK)	l_γ, l_{Fe_3C}; c_γ (=0,8), c (=1,5), c_{Fe_3C} (=6,69)	$\frac{m_\gamma}{m} = \frac{6{,}69 - 1{,}5}{6{,}69 - 0{,}8} = 0{,}881$	$\frac{m_{Fe_3C}}{m} = \frac{1{,}5 - 0{,}8}{6{,}69 - 0{,}8} = 0{,}119$	$c = 0{,}705 + 0{,}794 = 1{,}5$
20	Sekundärzementit (Fe_3C); Perlit (α-MK+Fe_3C)	l_α, l_{Fe_3C}; c_α (≈0), c (=1,5), c_{Fe_3C} (=6,69)	$\frac{m_\alpha}{m} = \frac{l_{Fe_3C}}{l} = \frac{6{,}69 - 1{,}5}{6{,}69} = 0{,}776$	$\frac{m_{Fe_3C}}{m} = \frac{l_\alpha}{l} = \frac{1{,}5}{6{,}69} = 0{,}224$	$c = \frac{m_\alpha}{m} c_\alpha + \frac{m_{Fe_3C}}{m} c_{Fe_3C} \approx 0 + 1{,}5 = 1{,}5$

Bild 4: Gleichgewichte einer Legierung mit 1.50 Masse-% Kohlenstoff bei verschiedenen Temperaturen

Für die den Gleichgewichtslinien GS, PSK und SE des Zustandsdiagrammes zukommenden Halte- bzw. Umwandlungspunkte (Arrêts) werden auch die Bezeichnungen A_3, A_1 und A_{cm} benutzt. Da diese bei Abkühlung (refroidissement) und bei Aufheizung (chauffage) unterschiedlich sind und nicht mit den Gleichgewichtswerten übereinstimmen, werden sie als A_{r3}-, A_{r1}- und A_{rcm}- bzw. A_{c3}-, A_{c1}- und A_{ccm}-Temperaturen bezeichnet.

Eisen-Kohlenstoff-Legierungen mit Kohlenstoffgehalten kleiner (größer) als 0.8 Masse-% heißen untereutektoide (übereutektoide) Legierungen. Da alle unlegierten Stähle mit Kohlenstoffgehalten zwischen 0.02 und 2.1 Masse-% bei langsamer Abkühlung auf Raumtemperatur ihre Austenitumwandlung mit der beschriebenen Perlitreaktion abschließen, umfaßt ihr Gefüge unterschiedlich große Anteile an Perlit. Im Gefüge untereutektoider Stähle liegt bei Raumtemperatur ein mit dem Kohlenstoffgehalt linear zunehmender Anteil von Perlit vor. Bei übereutektoiden Stählen treten je nach Kohlenstoffgehalt unterschiedliche Anteile von Zementit und Perlit auf. Bei Legierungen mit Kohlenstoffgehalten 2.1 < Masse-% C < 6.69 entsteht bei langsamer Abkühlung nie mehr ein Zustand, in dem reiner Austenit vorliegt. Zu Beginn der Erstarrung untereutektischer Legierungen mit < 4.3 Masse-%·C bilden sich zuerst γ-MK, deren Anteil mit sinkender Temperatur zunimmt und deren Kohlenstoffgehalt durch die Linie IE festgelegt ist. Die verbleibende Schmelze nimmt anteilmäßig mit der Temperatur ab und ist in ihrem Kohlenstoffgehalt durch die Linie BC bestimmt. Bei Erreichen von 1147 °C besitzt die Restschmelze einen Kohlenstoffgehalt von 4.3 Masse-% und erstarrt eutektisch. Die Erstarrung übereutektischer Legierungen mit > 4.3 Masse-% C beginnt mit der Bildung von Fe_3C^{I} (Primärzementit), dessen Anteil mit abnehmender Temperatur wächst. Die mit dem Fe_3C^{I} im Gleichgewicht befindliche Schmelze nimmt mengenmäßig mit der Abkühlung ab und besitzt jeweils die durch die Linie CD gegebene Kohlenstoffkonzentration. Bei 1147 °C erreichen auch die Restschmelzen aller übereutektischer Legierugen einen Kohlenstoffgehalt von 4.3 Masse-%. Wird also die eutektische Temperatur von 1147 °C unterschritten, so erfolgt bei allen Legierungen mit 2.1 bis 6.69 Masse-% C eine eutektische Umwandlung der Restschmelze. Das entstehende eutektische Gemenge aus γ-MK und Fe_3C^I wird Ledeburit I genannt. Bei weiter absinkender Temperatur scheidet sich aus dem Austenit, wegen seiner längs der Linie ES abfallenden Löslichkeit für Kohlenstoff, Sekundärzementit aus, der aber nur bei untereutektischen Legierungen als gesonderter Gefügebestandteil nachzuweisen ist. Der Austenit untereutektischer Legierungen und der Austenit im Ledeburit I aller Legierungen mit 2.1 bis 6.69 Masse-% C wandelt sich schließlich bei Unterschreiten der eutektoiden Temperatur von 723 °C perlitisch um in α-Eisen und Fe_3C^{II}. Die aus Ledeburit I bestehenden Werkstoffbereiche werden dabei in den Gefügezustand Ledeburit II übergeführt, der aus Perlit und Eisenkarbid besteht. Bei Raumtemperatur umfaßt daher das Gefüge untereutektischer Legierungen Perlit, Sekundärzementit und Ledeburit II (vgl. Bild 5a), das Gefüge übereutektischer Legierungen dagegen nur Primärzementit und Ledeburit II (vgl. Bild 5c). Eine eutektische Legierung mit 4.3 Masse-% C liegt bei Raumtemperatur in Form von Ledeburit II vor (vgl. Bild 5b).

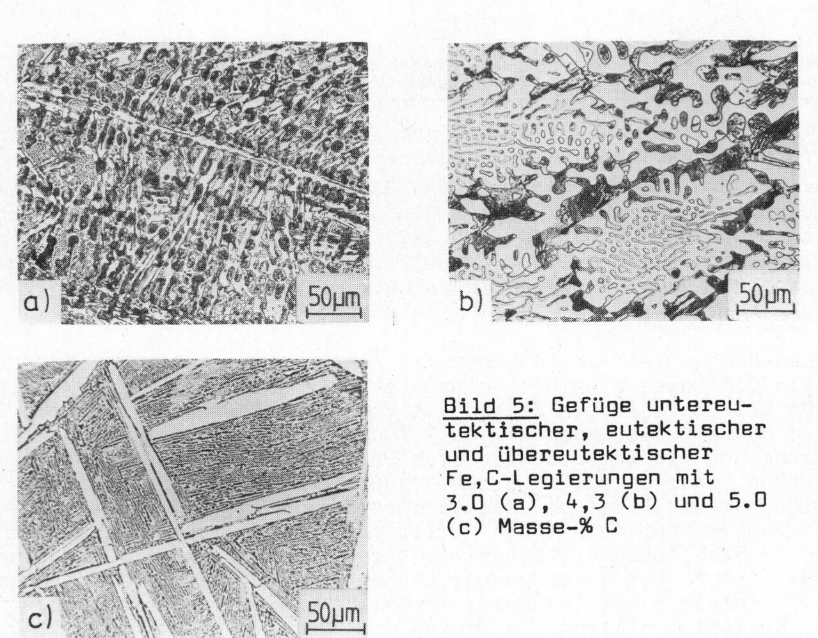

Bild 5: Gefüge untereutektischer, eutektischer und übereutektischer Fe,C-Legierungen mit 3.0 (a), 4,3 (b) und 5.0 (c) Masse-% C

Bild 6 zeigt zusammenfassend die für das Eisenkarbid im Zustandsdiagramm Fe,Fe_3C bestehenden Zusammenhänge. Der totale Gehalt an Fe_3C nimmt linear mit dem Kohlenstoffgehalt zu. Direkt aus der Schmelze entsteht Karbid oberhalb 4.3 Masse-% C. Die aus der Schmelze ledeburitisch, aus dem Austenit direkt, aus dem Austenit perlitisch und aus dem Ferrit direkt gebildeten Karbidanteile besitzen bei 4.3, 2.1, 0.8 und 0.02 Masse-% ihre Größtwerte und fallen von diesen sowohl zu höheren als auch zu kleineren Kohlenstoffgehalten hin linear ab.

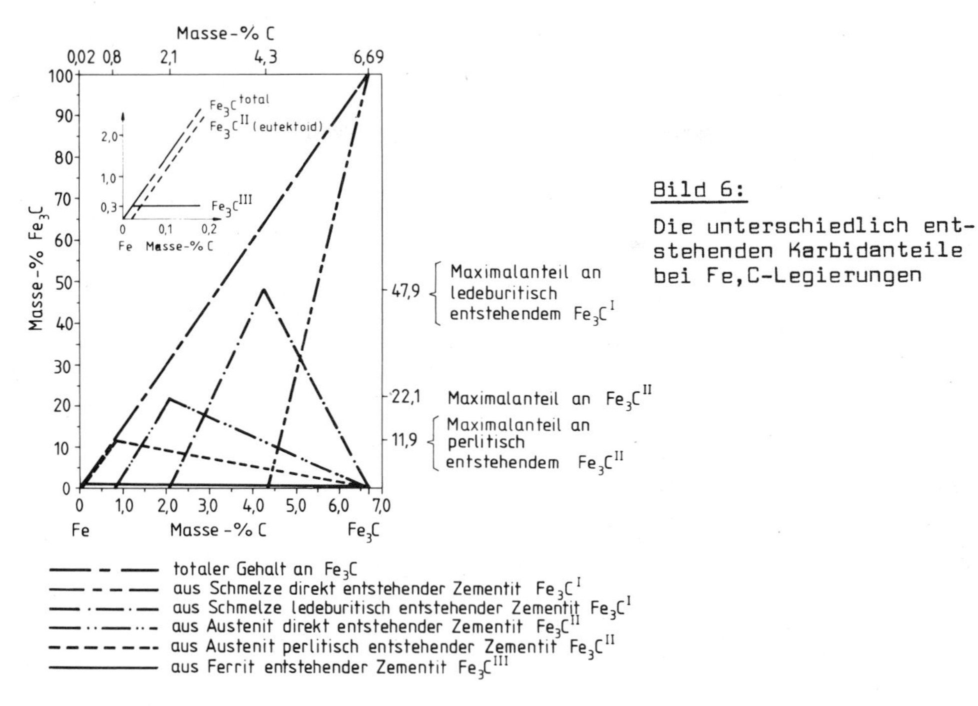

Bild 6:

Die unterschiedlich entstehenden Karbidanteile bei Fe,C-Legierungen

Aufgabenstellung

Mehrere unlegierte unter- und übereutektoide Stähle werden austenitisiert und langsam aus dem γ-Gebiet abgekühlt. Von diesen Werkstoffzuständen sind Schliffe herzustellen, die Gefüge zu beurteilen und die Kohlenstoffgehalte auf Grund der Gefügeausbildung abzuschätzen.

Versuchsdurchführung

Als Versuchseinrichtungen stehen zur Schliffherstellung Schleif- und Polierstände, Einrichtungen für die Ätzbehandlung sowie ein Metallmikroskop zur Schliffbeobachtung zur Verfügung (vgl. V 8). Die Proben werden zum Schleifen in eine Kunstharzmasse eingebettet. Der erste Schleifschritt erfolgt am zweckmäßigsten mit Schleifpapier der Nummer 80. Anschließend wird mit Schleifpapier der Nummern 240, 320, 400 und 600 gearbeitet, wobei jeweils die Schleifriefen des vorher benutzten Papiers beseitigt werden. Dazu wird bei jedem Schleifprozeß, der unter Wasser als Kühl- und Spülmittel erfolgt, die Probe um 90° gegenüber dem vorangegangenen gedreht. Nach dem Schleifen erfolgt die Polierbehandlung der Probe mit auf ein Wolltuch aufgeschlämmter Tonerde (Al_2O_3). Dabei wird die Probe dauernd gedreht. Geschmiert wird mit destilliertem Wasser. Die Umdrehungsgeschwindigkeit der Polierscheibe wird zu 300 bis 500 Umdrehungen/Minute gewählt. Nach dem Polieren werden die Schliffe zur Gefügeentwicklung mit einer Mischung aus 1-5 cm^3 Salpetersäure und 100 cm^3 Alkohol bzw. 4 cm^3 Pikrinsäure und 100 cm^3 Alkohol geätzt, anschließend in destilliertem Wasser und Alkohol gespült und getrocknet. Daraufhin erfolgt die lichtmikroskopische Beobachtung. Kennzeichnende Schliffbereiche werden fotografiert und der Gefügeauswertung zugrundegelegt.

Literatur: 50,51,52,53,54.

V 16

Martensitische Umwandlung

Grundlagen

Werden unlegierte Stähle durch Zufuhr thermischer Energie austenitisiert und anschließend aus dem Gebiete der γ - Mischkristalle mit hinreichend großer Abkühlgeschwindigkeit auf Raumtemperatur abgeschreckt, so entsteht ein charakteristisches Abschreckgefüge, dessen kennzeichnender Bestandteil als Martensit bezeichnet wird. Im Austenitgebiet, also oberhalb der Grenzlinie GSE des Eisen-Eisenkarbid-Diagramms (vgl. Bild 1 und 2, V 15), sind die Kohlenstoffatome vollständig im kfz. Eisengitter gelöst und nehmen dort oktaedrisch koordinierte Lückenplätze ein (vgl. Bild 4, V 1). Durch die rasche Abkühlung entsteht eine Nichtgleichgewichtsphase von größter praktischer Bedeutung.

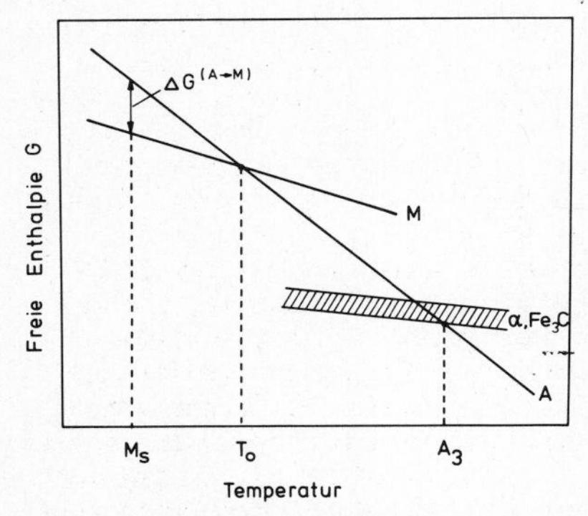

Bild 1: Temperaturabhängigkeit der freien Enthalpie von Austenit, Ferrit und Eisenkarbid sowie Martensit (schematisch)

Der austenitische Werkstoffzustand ist bei gegebener Temperatur und gegebenem Druck durch einen Minimalwert der freien Enthalpie G charakterisiert, der wie in Bild 1 von der Temperatur abhängt (Kurve A). Eine Umwandlung in eine andere Phase ist nur möglich, wenn dieser bei gegebener Temperatur eine kleinere freie Enthalpie zukommt als dem Austenit. Liegen z. B. die G,T - Kurven für die Phasen Ferrit (α) und Zementit (Fe_3C) im schraffierten Bereich von Bild 1, so setzt die Umwandlung in diese Phasen erst ein, wenn die Temperaturen A_3 bzw. A_{cm} die der Linie GSE im Fe,Fe_3C-Diagramm entsprechen, unterschritten werden. Diese Umwandlungen laufen diffusionsgesteuert ab und benötigen daher Zeit, so daß sie nur bei hinreichend langsamer Abkühlung aus dem γ - Mischkristallgebiet auftreten. Das System Eisen-Eisenkarbid zeichnet sich nun dadurch aus, daß sich außer den genannten Gleichgewichtsphasen auch eine Nichtgleichgewichtsphase bilden kann. Für sie ist die in Bild 1 mit M bezeichnete G,T-Kurve gültig, die gegenüber den Gleichgewichtsphasen zu höheren G-Werten verschoben ist. Die Nichtgleichgewichtsphase heißt Martensit. Sie kann offenbar nur entstehen, wenn durch hinreichend rasche Abkühlung des Austenits die diffusionsgesteuerte Ausbildung der Gleichgewichtsphasen verhindert wird. Ist das der Fall, so besitzen Austenit und Martensit bei der konzentrations- und druckabhängigen Temperatur $T = T_0$ die gleichen freien Enthalpien und sind miteinander im Gleichgewicht. Für die Einleitung der martensitischen Umwandlung ist jedoch eine bestimmte Keimbildungsenthalpie $\Delta G^{(A \rightarrow M)}$ erforderlich. Um sie aufzubringen, ist eine Unterkühlung des Austenits um die Temperaturdifferenz

$$\Delta T = T_0 - M_s \qquad (1)$$

notwendig. M_s wird deshalb zutreffend als Martensitstarttemperatur bezeichnet. In Bild 2 ist M_s als Funktion des Kohlenstoffgehaltes für unlegierte Stähle wiedergegeben. Der schraffierte Bereich deutet die Streubreite vorliegender M_s-Angaben an. Mit dargestellt ist die Kohlenstoffabhängigkeit der sog. Martensitfinishtemperatur M_f. Sie wird zweck-

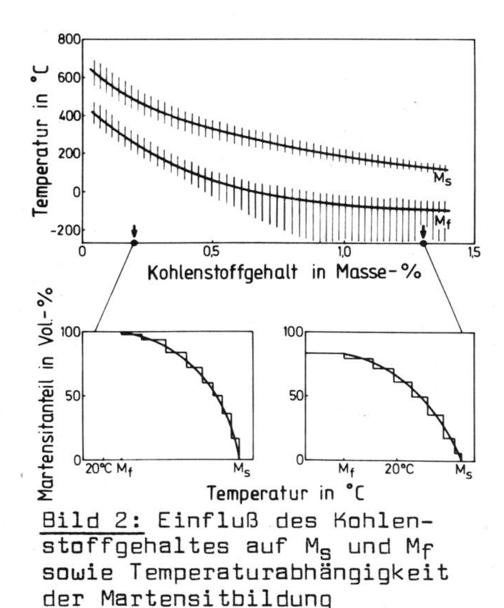

Bild 2: Einfluß des Kohlenstoffgehaltes auf M_s und M_f sowie Temperaturabhängigkeit der Martensitbildung

mäßigerweise als diejenige Temperatur angesprochen, unterhalb der der martensitische Umwandlungsprozeß - bewertet mit Hilfe gängiger Nachweismethoden - abgeschlossen ist. Auch hier deutet die Schraffur die Streubreite vorliegender Einzelangaben an. Etwa bei einem C-Gehalt von 0.5 Masse-% erreicht M_f Raumtemperatur. Deshalb ist bei abgeschreckten Eisenkohlenstofflegierungen mit C-Gehalten > 0.5 Masse-% Restaustenit als Folge noch nicht abgeschlossener Martensitbildung bei Raumtemperatur nachweisbar (vgl. V 17). Im unteren Teil von Bild 2 ist angegeben, wie sich die Martensitbildung volumenanteilmäßig bei kleinen und großen Kohlenstoffgehalten vollzieht. Die Umwandlung erfolgt diskontinuierlich in kleinen Volumenbereichen und in sehr kurzen Zeiten, wobei umwandlungsfreie Temperatur- bzw. Zeitintervalle auftreten. Die Bildungsgeschwindigkeit einzelner Martensitkristalle in Richtung ihrer größten Ausdehnung beträgt etwa 5000 m/s. Das jeweils umgewandelte Probenvolumen ist eine eindeutige Funktion der erreichten Temperatur zwischen M_s und M_f. Wichtig ist der in den unteren Teilbildern von Bild 2 skizzierte Sachverhalt, daß bei kleinen Kohlenstoffgehalten eine vollständige, bei großen Kohlenstoffgehalten dagegen keine vollständige Austenitumwandlung - auch bei Abkühlung auf sehr tiefe Temperaturen - zu erreichen ist. Der Martensitanteil beträgt also bei größeren Kohlenstoffgehalten auch für $T < M_f$ weniger als 100 Vol.-%. Die umwandlungsfreien Intervalle in den Martensitanteil-Temperatur-Kurven bei Abkühlung wachsen mit der Austenitkorngröße an. Bei hinreichend kleiner Austenitkorngröße kann jedoch davon ausgegangen werden, daß mit sinkender Temperatur der Martensitanteil monoton ansteigt. Nach Abschrecken auf T_U = 20 °C bzw. T_U = -196 °C sind in Abhängigkeit vom Kohlenstoffgehalt die Bild 3 entnehmbaren Martensit- und Restaustenitanteile

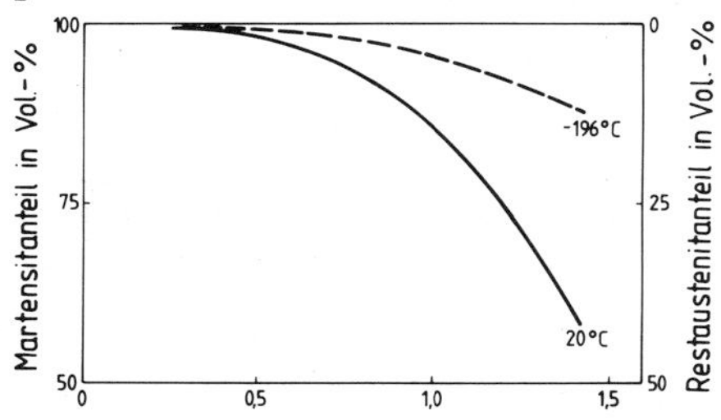

Bild 3: C-Abhängigkeit des Martensit- und Restaustenitanteils bei unlegierten Stählen

zu erwarten. Der Restaustenitgehalt läßt sich in beiden Fällen in guter Näherung beschreiben durch

$$RA = 100 \exp[-B(M_S - T_U)] \; [\text{Vol.-\%}] \qquad (2)$$

mit $B = 1.1 \cdot 10^{-2}$ $(^{\circ}C)^{-1}$ bei $T_U = 20^{\circ}C$
und $B = 7.5 \cdot 10^{-3}$ $(^{\circ}C)^{-1}$ bei $T_U = -196^{\circ}C$
B ist von der Umwandlungstemperatur und von der Austenitisierungstemperatur sowie von der Abkühlungsgeschwindigkeit abhängig.

Bei der martensitischen Umwandlung geht das kubisch-flächenzentrierte Austenitgitter in ein tetragonal-raumzentriertes Martensitgitter über. Dies läßt sich in der in Bild 4 wiedergegebenen Weise beschreiben. Betrachtet man zwei Elementarzellen des kubisch-flächenzentrierten Austenits mit der Gitterkonstanten a_A, so liegt in diesen eine tetragonal-raumzentrierte Elementarzelle be-

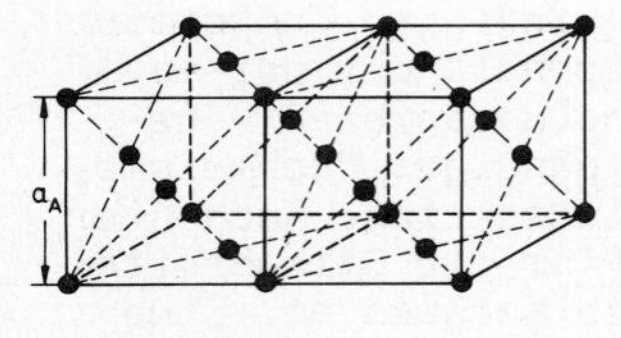

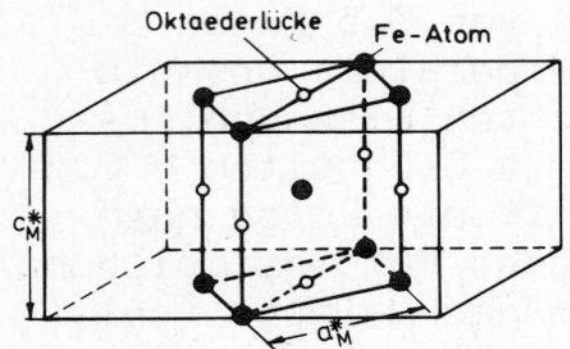

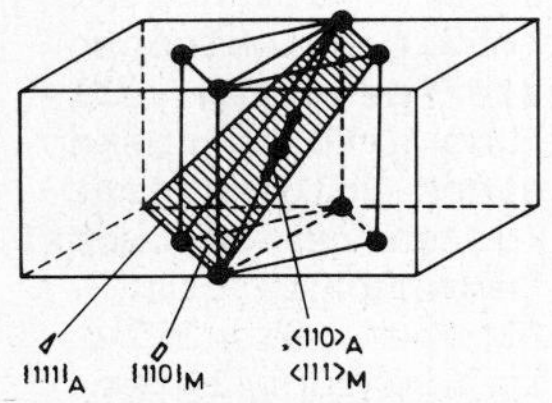

Bild 4: Gittergeometrische Veranschaulichung der Martensitumwandlung

reits als "virtuelle Martensitzelle" mit den Abmessungen $c_M^* = a_A$ und $a_M^* = a_A \sqrt{2}/2$ vor. Um die korrekten Gitterabmessungen c_M und a_M von Martensit zu erhalten, muß jedoch durch eine "homogene Deformation" c_M^* etwa um 20 % verkleinert und a_M^* um etwa 12 % vergrößert werden. Die eingezeichneten Oktaederlücken des Austenits gehen direkt in Oktaederlücken des Martensits über. Haben C-Atome im Austenit Oktaederlücken eingenommen, so befinden sie sich schon in den richtigen Lagen, den sog. z-Lagen, so daß während der Umwandlung keine Kohlenstoffdiffusion mehr erforderlich ist. Auf Grund dieser Betrachtung ist klar, daß die Besetzung einer z-Lage mit einem Kohlenstoffatom zu einer lokalen tetragonalen Verzerrung des Martensitgitters führt.

Vom kristallographischen Standpunkt aus sind die Orientierungszusammenhänge zwischen Austenit und Martensit sowie die Trennebenen zwischen austenitischen und martensitischen Werkstoffbereichen, die sog. Habitusebenen, von besonderer Bedeutung. Aus dem unteren Teil von Bild 4 ist ersichtlich, daß eine {111}-Ebene des Austenits mit einer {110}-Ebene des virtuell vorgebildeten Martensits identisch ist. Ferner entsprechen sich die dichtest gepackten Gitterrichtungen $\langle 110 \rangle_A$ und $\langle 111 \rangle_M$. Der Orientierungszusammenhang ist also durch die nach Sachs-Kurdjumov benannte Beziehung

$$\{111\}_A \rightarrow \{110\}_M \qquad \langle 110\rangle_A \rightarrow \langle 111\rangle_M \tag{3}$$

gegeben, die bei unlegierten Stählen oberhalb 0.5 Masse-% Kohlenstoff experimentell bestätigt wird.

Bei dem bei der martensitischen Umwandlung entstehenden tetragonal innenzentrierten Martensit werden in Abhängigkeit vom Kohlenstoffgehalt die in Bild 5 wiedergegebenen Gitterparameter a_M sowie c_M gemessen. Es gilt

$$c_M/a_M = 1{,}0000 + 0{,}046 \text{ Masse-\%C} \tag{4}$$

Die gestrichelten Kurventeile sollen andeuten, daß für C-Gehalte < 0.5 Masse-% keine einheitlichen Aussagen über die Tetragonalität des Martensits vorliegen. Da die kfz. γ-Mischkristalle dichter gepackt sind als die tetragonal raumzentrierten Martensite gleichen Kohlenstoffgehaltes (vgl. auch V 1), tritt bei der Umwandlung von Austenit in Martensit

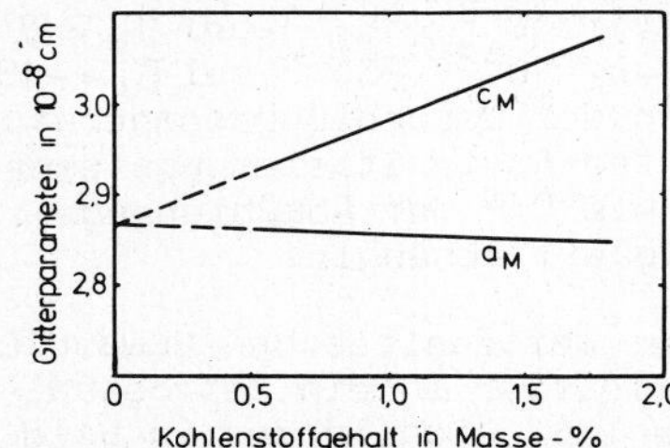

Bild 5: Einfluß des Kohlenstoffgehaltes auf die Gitterparameter c_M und a_M des Martensits unlegierter Stähle

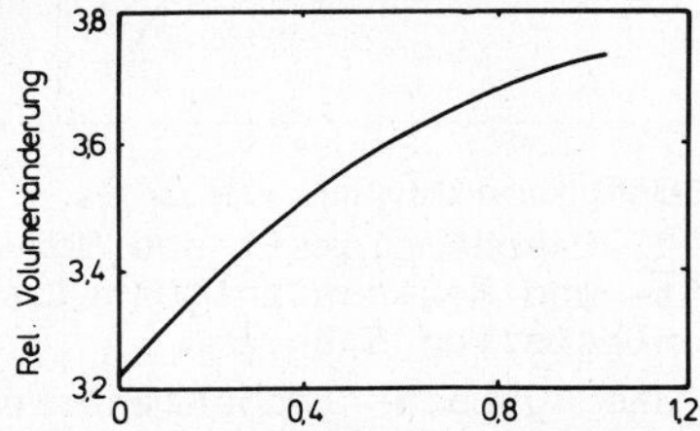

Bild 6: Einfluß des Kohlenstoffgehaltes auf die relativen Volumenänderungen bei der Martensitbildung unlegierter Stähle

eine Volumenvergrößerung auf. Die z. Z. besten Werte der mit der Martensitbildung bei unlegierten Stählen verbundenen relativen Volumenvergrößerungen sind in Bild 6 aufgezeichnet. Als Folge der mit dem Kohlenstoffgehalt zunehmenden Tetragonalität wächst die relative Volumenänderung an. Bei den Berechnungen wurden die Restaustenitgehalte, die nach der martensitischen Härtung bei höheren C-Gehalten vorliegen, berücksichtigt.

Die kennengelernten strukturellen Details beeinflussen das morphologische Erscheinungsbild der FeC-Martensite. Bild 7 zeigt die lichtmikroskopisch beobachtbaren Erscheinungsformen des Martensits der un-

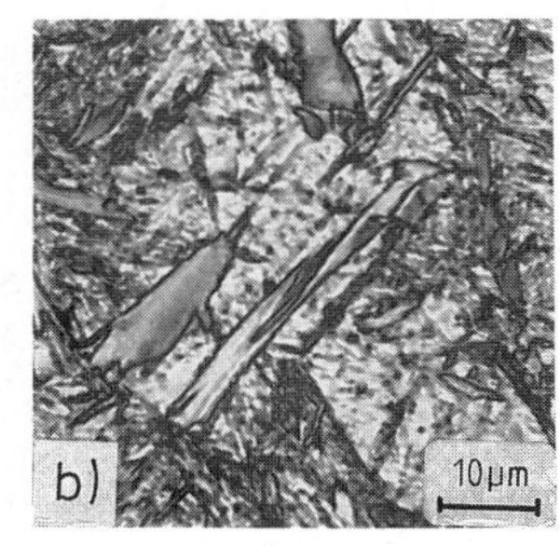

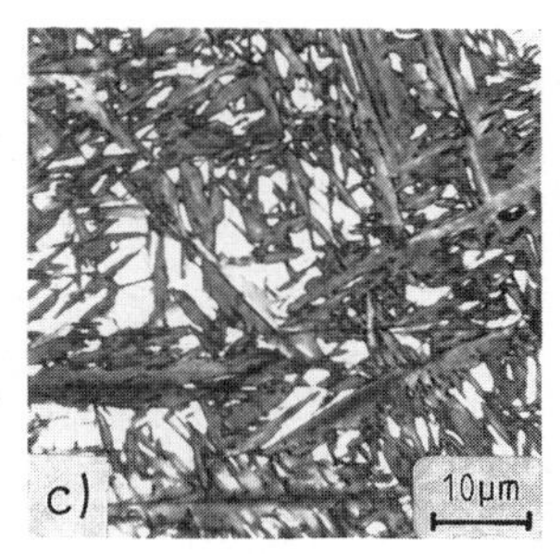

Bild 7: Martensitgefüge unlegierter Stähle. a) Massivmartensit (Ck 15), b) Mischmartensit (Ck 60), c) Plattenmartensit (C 130)

legierten Stähle Ck 15, Ck 60 und C 130. Bei kleinen C-Gehalten (< 0.5 Masse-%) wird eine Martensitstruktur mit Paketen paralleler Latten innerhalb ehemaliger Austenitkörner beobachtet. Die Latten sind mehrere µm lang und besitzen Dicken von 0.1 bis 0.5 µm. Das Gefüge wird als Latten- oder Massivmartensit bezeichnet. Bei größeren C-Gehalten

C-Gehalt [Masse-%]	Habitusebene	Orientierungsbeziehung	Typ	Feinstruktur
$< 0{,}5$	$\{111\}_A$ bzw. $\{123\}_M$	?	Massivmartensit	Pakete paralleler Latten in $<111>_M$ - Richtung mit hoher Versetzungsdichte (10^{11} bis 10^{12} cm/cm³)
0,5 bis 1,1	$\{225\}_A$ bzw. $\{112\}_M$	Kurdjumov-Sachs	Mischmartensit	Nebeneinander Latten (mit hoher Versetzungsdichte) und Platten (stark verzwillingt), Restaustenit
$> 1{,}1$	$\{225\}_A$ bzw. $\{112\}_M$ und $\{259\}_A$ bzw. $\{112\}_M$	Kurdjumov Sachs	Plattenmartensit	Willkürlich angeordnete linsenförmige Martensitplatten und Restaustenit, Platten verzwillingt, Zwillingsebenen $\{112\}_M$

Tab. 1: Strukturelle und morphologische Kennzeichnung des Martensits unlegierter Stähle mit unterschiedlichen Kohlenstoffgehalten

zwischen 0.5 und etwa 1.1 Masse-% treten zu den lattenförmigen Martensitbereichen in zunehmendem Maße plattenförmig ausgedehnte Martensit- und Restaustenitbereiche hinzu. Man spricht von sog. Mischmartensit. Bei C-Gehalten oberhalb etwa 1.1 Masse-% tritt - neben Restaustenit -

als einzige Martensitform nur noch Plattenmartensit auf. Der niederkohlenstoffhaltige Martensit enthält innerhalb der sich parallel zu $<111>_M$ - Richtungen erstreckenden Latten eine hohe Dichte verknäuelter Versetzungen von 10^{11} bis 10^{12} cm^{-2}. Diese Versetzungsdichte ist um 3 bis 4 Größenordnungen größer als bei rekristallisiertem Ferrit. Der hochkohlenstoffhaltige Martensit besteht dagegen überwiegend aus Zwillingen vom Typ $\{112\}_M$ mit mittleren Lamellendicken von etwa $60 \cdot 10^{-8}$ cm und mittleren Lamellenabständen von etwa $10 \cdot 10^{-8}$, denen eine Versetzungsfeinstruktur überlagert ist. Tab. 1 faßt einige der kennengelernten strukturellen und die morphologischen Erscheinungen des Massiv- und Plattenmartensits von FeC-Legierungen zusammen.

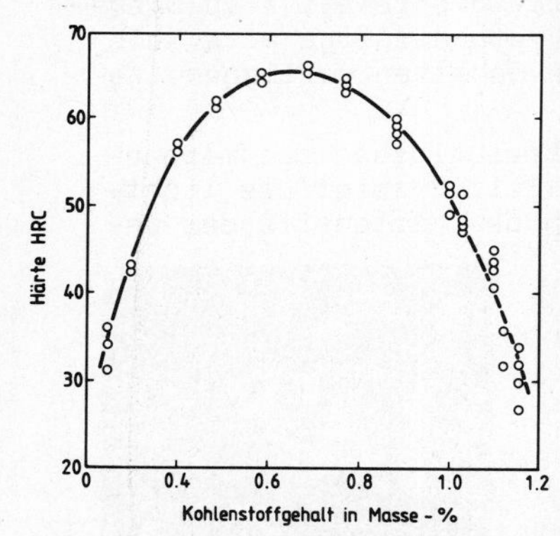

Bild 8: Härte martensitisch umgewandelter reiner FeC-Legierungen

Werden reine FeC-Legierungen hinreichend lange bei $T > A_3$ bzw. A_{cm} (vgl. V 15) austenitisiert und anschließend rasch auf 20 °C abgeschreckt, so zeigen sie auf Grund der erörterten strukturmechanischen Gegebenheiten in Abhängigkeit vom gelösten Kohlenstoffgehalt die in Bild 8 wiedergegebenen Härtewerte. Zwischen 0.1 und 0.5 Masse-% Kohlenstoff ist in guter Näherung der Zusammenhang

$$HRC = 35 + 50 \times \text{Masse-\% C} \qquad (5)$$

erfüllt. Bei etwa 0.7 Masse-% C treten maximale Härtewerte von etwa 66 HRC auf. Bei größeren Kohlenstoffgehalten fallen die HRC-Werte wegen der anwachsenden Restaustenitanteile kontinuierlich ab.

Aufgabe

Proben aus C 40 sind auf Temperaturen von 760 °C, 820 °C und 980 °C, Proben aus C 130 auf Temperaturen von 820 °C, 980 °C und 1080 °C zu erwärmen, dort 30 min zu halten und anschließend in Öl von 20 °C abzuschrecken. Die entstandenen Werkstoffzustände sind gefüge- und härtemäßig zu analysieren. Für unter- und übereutektoide Stähle sind Härtungsregeln abzuleiten (vgl. V 36).

Versuchsdurchführung

Für die Wärmebehandlungen stehen zwei kleine Laborsalzbadöfen zur Verfügung. Die Tiegeleinsätze bestehen aus hitzebeständigem Stahl. Die Öfen werden zunächst auf 820 °C und 980 °C eingestellt. Je zwei der gekennzeichneten Kleinproben aus C 40 und C 130 werden in die Salzbäder eingetaucht. Nach 30 min werden die Proben mit Zangen den Salzbädern entnommen und ohne Verzögerung in einem auf Raumtemperatur befindlichen Ölbad abgeschreckt. Der Salzbadofen mit der niederen (höheren) Temperatur wird dann auf 760 °C (1080 °C) abgekühlt (aufgeheizt). Nach Erreichen der Solltemperaturen wird eine C 40- (C 130-) Probe in das auf 760 °C (1080 °C) befindliche Salzbad eingetaucht, 30 min gehalten und anschließend ebenfalls in Öl von 20 °C abgeschreckt. Danach werden von den Proben Schliffe angefertigt. Die Ätzbehandlung erfolgt bei C 40 mit 2 %-iger, bei C 130 mit 6 %-iger Salpetersäure. Die Schliffe werden beurteilt. Von den Gefügezuständen werden ergänzende Makro- und Mikrovickershärten bestimmt (vgl. V 9 und V 27).

Literatur: 55,56,57.

Phasenanalyse mit Röntgenstrahlen **V 17**

Grundlagen

Liegen bei heterogenen Werkstoffen Phasen mit unterschiedlichen Gitterstrukturen und hinreichend großen Volumenanteilen vor, so lassen sich die einzelnen Phasenanteile röntgenographisch ermitteln. Das dabei angewandte Prinzip beruht auf der Registrierung der phasenspezifischen Interferenzlinien nach dem Debye-Scherrer-Verfahren (vgl. V 2) und auf der quantitativen Ermittlung sowie dem Vergleich der Röntgenintensitäten, die einzelnen Interferenzen der Phasen zukommen. Dabei kann davon ausgegangen werden, daß die Intensitäten der Röntgeninterferenzen den Volumenanteilen der Phasen in den bestrahlten Werkstoffbereichen proportional sind.

Ein technisch wichtiges Anwendungsgebiet der röntgenographischen Phasenanalyse stellt die Restaustenitbestimmung bei gehärteten Stählen dar (vgl. V 16). Nach der martensitischen Umwandlung treten bei vielen gehärteten und einsatzgehärteten Stählen (vgl. auch V 36 und 39) Anteile an nicht umgewandeltem Austenit als sog. Restaustenit auf. Da dieser die mechanischen Eigenschaften des Härtungsgefüges beeinflußt, ist man an zuverlässigen Methoden zu seiner Bestimmung sehr interessiert. Das röntgenographische Verfahren der Restaustenitbestimmung hat dabei bisher die weiteste Anwendung gefunden.

Bei Benutzung von monochromatischer Röntgenstrahlung liefern der kubisch-flächenzentrierte Restaustenit und der tetragonal-raumzentrierte Martensit wegen ihrer unterschiedlichen Gitterstrukturen gleichzeitig Röntgeninterferenzen unter verschiedenen Braggwinkeln 2θ. Sind V_i die Volumenanteile, mit denen die Phasen i vorliegen, so gilt für die Intensität der Interferenzlinien mit den Miller'schen Indizes $\{hkl\}$

$$\mathfrak{I}_i^{\{hkl\}} = R_i^{\{hkl\}} A(2\theta)\, V_i \quad . \tag{1}$$

Dabei ist $R_i^{\{hkl\}}$ eine durch mehrere physikalische Parameter bestimmte Größe und $A(2\theta)$ der Absorptionsfaktor. Bei hinreichend dicken Proben, wie man sie üblicherweise für röntgenographische Restaustenitbestimmungen benutzt, wird A unabhängig vom doppelten Braggwinkel 2θ. Besteht die gehärtete Stahlprobe ausschließlich aus Martensit (M) und Restaustenit (RA), so gilt demnach für die Restaustenitinterferenzen

$$\mathfrak{I}_{RA}^{\{hkl\}} = R_{RA}^{\{hkl\}} A\, V_{RA} \quad , \tag{2}$$

und für die Martensitinterferenzen

$$\mathfrak{I}_M^{\{hkl\}} = R_M^{\{hkl\}} A\, V_M \quad . \tag{3}$$

Selbstverständlich muß sein

$$V_{RA} + V_M = 100 \text{ Vol.-\%} \quad . \tag{4}$$

Aus den Gl. 2 - 4 folgt für den gesuchten Restaustenitgehalt

$$V_{RA} = \frac{100 \text{ Vol.-\%}}{1 + \dfrac{\mathfrak{I}_M^{\{hkl\}}}{\mathfrak{I}_{RA}^{\{hkl\}}} \dfrac{R_{RA}^{\{hkl\}}}{R_M^{\{hkl\}}}} \quad . \tag{5}$$

Zur Restaustenitbestimmung ist also mindestens die Registrierung von je einer Interferenzlinie $\{hkl\}$ des Martensits und des Restaustenits erforderlich. Die Winkellagen geeigneter Interferenzen für Messungen

Tab. 1: R-Faktoren und Winkellagen für verschiedene Interferenzen von Martensit und Restaustenit

Phase	Interferenz {hkl}	Strahlung CrKα $R \cdot 10^{-48}$	CrKα 2θ	MoKα $R \cdot 10^{-48}$	MoKα 2θ
Martensit	{200}	23.4	106.0	290.0	28.7
Martensit	{211}	237.0	156.1	558.0	35.3
Restaustenit	{200}	36.6	79.1	624.0	22.8
Restaustenit	{220}	57.1	128.5	388.0	32.4
Restaustenit	{311}	-	-	428.0	38.2

mit CrKα - bzw. MoKα- Strahlung sowie die benötigten R-Faktoren sind in Tab. 1 zusammengestellt. Üblicherweise werden jedoch für Restaustenitbestimmungen meistens vier Interferenzen registriert, und zwar jeweils zwei Martensit- und zwei Restaustenitinterferenzen. Auf Grund der Angaben in Tab. 1 bieten sich z. B. bei Messungen mit MoKα - Strahlung die Kombinationen

$$\frac{\mathfrak{I}_M^{\{200\}}}{\mathfrak{I}_{RA}^{\{311\}}} \frac{R_{RA}^{\{311\}}}{R_M^{\{200\}}} \qquad \frac{\mathfrak{I}_M^{\{211\}}}{\mathfrak{I}_{RA}^{\{311\}}} \frac{R_{RA}^{\{311\}}}{R_M^{\{211\}}}$$

und

$$\frac{\mathfrak{I}_M^{\{200\}}}{\mathfrak{I}_{RA}^{\{220\}}} \frac{R_{RA}^{\{220\}}}{R_M^{\{200\}}} \qquad \frac{\mathfrak{I}_M^{\{211\}}}{\mathfrak{I}_{RA}^{\{220\}}} \frac{R_{RA}^{\{220\}}}{R_M^{\{211\}}}$$

an. Die daraus berechneten V_{RA}-Werte werden gemittelt und liefern den gesuchten Restaustenitgehalt.

Aufgabe

An Proben aus C 130, die verschieden austenitisiert und gehärtet wurden, sind röntgenographisch die Restaustenitgehalte zu bestimmen. Als Strahlungsart ist MoKα - Strahlung zu verwenden (vgl. V 6). Auszuwerten sind die Interferenzen M {200}, M {211}, RA {220} und RA {311}.

Versuchsdurchführung

Für die Messungen steht ein Röntgendiffraktometer zur Verfügung, bei dem das sog. Bragg-Brentano-Fokussierungsprinzip ausgenutzt wird. Bild 1 zeigt schematisch eine entsprechende Meßanordnung. Die vom Brennfleck B der Röntgenröhre R ausgehende Strahlung gelangt durch die Aperturblende Bl 1, die den Öffnungswinkel des Primärstrahlenbündels begrenzt, auf die im Zentrum des Diffraktometers drehbar angebrachte Probe P. Beim Drehen der Probe mit der Winkelgeschwindigkeit ω tastet die Primärstrahlung nacheinander alle günstig orientierten Kristallite in den oberflächennahen Probenbereichen ab und reflektiert bei Erfüllung der Bragg'schen Bedingung (vgl. V 2) unter Winkeln $(2\theta)_i$ die von Netzebenen $\{hkl\}_i$ des Austenits und Martensits abgebeugte Intensität. Die abgebeugte Strahlung gelangt quasi-fokussiert in den Detektor De, wenn dieser sich mit doppelter Winkelgeschwindigkeit wie die Probe auf dem Meßkreis Me bewegt. Der Brennfleck der Röntgenröhre, die Pro-

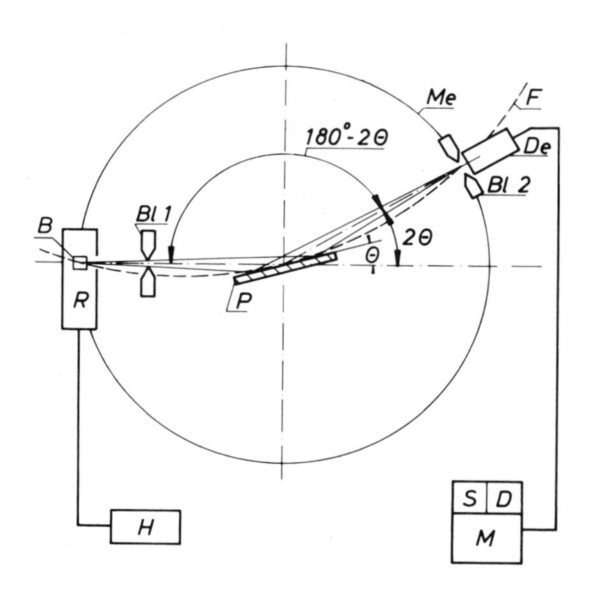

Bild 1:

Experimentelle Versuchseinrichtung zur röntgenographischen Restaustenitbestimmung (schematisch)

R Röntgenröhre
B Brennfleck
Bl 1 Aperturblende
Bl 2 Detektorblende
M Meßschrank
D Drucker
P Probe
De Detektor
Me Meßkreis
F Fokussierungskreis
S Schreiber
H Hochspannungsanlage

benoberfläche in der Probenachse und die Detektorblende liegen auf dem sog. Fokussierungskreis F. Die im Detektor, z. B. einem Szintillationszähler, in elektrische Impulse umgewandelten Röntgenquanten werden von nachgeschalteten Geräten M verstärkt, gezählt und über einen Drucker ausgegeben oder in Abhängigkeit von $2\,\theta$ kontinuierlich aufgezeichnet. Bild 2 zeigt die Intensität (Impulse/min) in Abhängigkeit von $2\,\theta$, wie sie im Bereich einer Interferenzlinie vorliegen kann. Der Phasenanalyse muß jeweils die Nettointensität der Interferenzlinie, die der Fläche S_L entspricht, zugrundegelegt werden. Dazu ist von der durch die Fläche $S_L + S_U$ gegebenen Gesamtintensität die durch S_U bestimmte Untergrundintensität abzuziehen. Um dies zu er-

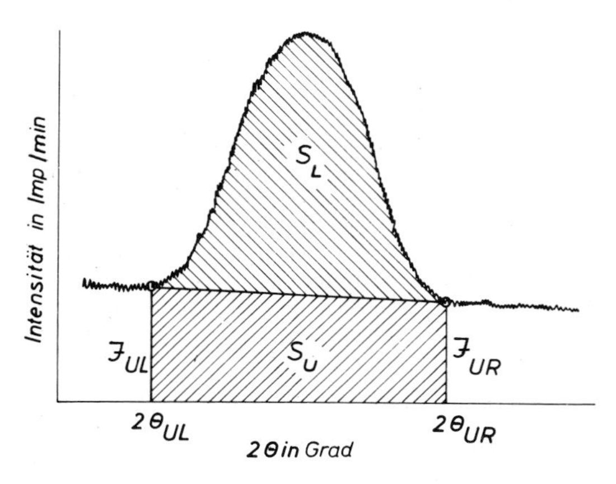

Bild 2:

Zur Ermittlung der integralen Interferenzlinienintensität

reichen, kann man zunächst den Strahlungsdetektor auf den Winkel $2\,\theta_{UL}$ einstellen und die Zeit t_{UL} messen, in der eine vorgewählte Impulszahl n_o anfällt. Man erhält dadurch die Impulsrate

$$J_{UL} = \frac{n_o}{t_{UL}} \quad . \tag{6}$$

Dann bewegt man den Detektor mit konstanter Winkelgeschwindigkeit in der Zeit t_L von $2\,\theta_{UL}$ bis $2\,\theta_{UR}$ und registriert dabei die Gesamtimpulszahl

$$n_\theta = \frac{t_L}{2\Theta_{UR} - 2\Theta_{UL}} \int_{2\Theta_{UL}}^{2\Theta_{UR}} J(2\Theta)\, d(2\Theta) = c\,(S_L + S_U) \quad . \tag{7}$$

Dabei ist c eine von den Meßbedingungen abhängige Konstante mit der Dimension min/Grad. Nach Erreichen der Winkellage $2\,\theta_{UR}$ bestimmt man in der gleichen Weise wie bei $2\,\theta_{UL}$ die Zeit t_{UR} bis zum Auflaufen der Impulszahl n_o und erhält

$$J_{UR} = \frac{n_o}{t_{UR}} \quad . \tag{8}$$

Für die mittlere Untergrundintensität J_U folgt dann aus Gl. 6 und 8

$$J_U = \frac{J_{UR} + J_{UL}}{2} = \frac{n_o}{2} \left[\frac{1}{t_{UR}} + \frac{1}{t_{UL}} \right] \quad . \tag{9}$$

In der Zeit t_L, in der der Detektor von $2\,\theta_{UL}$ nach $2\,\theta_{UR}$ läuft, trägt also der Untergrund zur Gesamtimpulszahl n_θ den Anteil

$$n_U = J_U\, t_L = \frac{n_o}{2} \left[\frac{1}{t_{UR}} + \frac{1}{t_{UL}} \right] t_L = c\, S_U \tag{10}$$

bei. Für die gesuchte Nettointensität der Interferenzlinie gilt demnach

$$c\, S_L = n_\Theta - n_U = n_\Theta - c \cdot S_U \tag{11}$$

oder

$$S_L = \frac{1}{c}\,(n_\Theta - n_U) \quad . \tag{12}$$

In dieser Weise ist für die vier zur Restaustenitbestimmung ausgewählten Martensit- und Restaustenitinterferenzen zu verfahren. Die ermittelten Nettointensitäten $S_i\,\{hkl\}$ der verschiedenen Interferenzlinien sind als $J_i\,\{hkl\}$ in Gl. 5 einzusetzen. Da die Konstante c bei jeder Interferenz gleich groß ist, fällt sie bei der zur Restaustenitbestimmung erforderlichen Quotientenbildung heraus.

Eine einfachere Art der Versuchsauswertung ist möglich, wenn man die Intensitäten der zur Restaustenitbestimmung gewählten Interferenzlinien direkt kontinuierlich als Funktion von $2\,\theta$ auf einem Schreiber aufzeichnet. Man erhält dann einen ähnlichen Registrierschrieb wie in Bild 2 und bestimmt daraus durch Ausplanimetrieren der Flächen S_L den Nettolinienintensitäten proportionale Größen. Die $S_L\{hkl\}$-Werte legt man wie oben der Restaustenitbestimmung zugrunde.

<u>Literatur:</u> 17,58.

Gefüge von Gußeisenwerkstoffen

V 18

Grundlagen

Gußeisenwerkstoffe sind Eisen-Kohlenstoff-Legierungen mit mehr als 2.0 Masse-% Kohlenstoff, deren Formgebung durch Gießen erfolgt. Obwohl die in der Praxis Verwendung findenden stabil erstarrenden Gußeisensorten durchweg über Siliziumgehalte bis zu etwa 3.0 Masse-% und Phosphorgehalte bis zu 1.0 Masse-% verfügen, stellt das in Bild 1 wiedergegebene stabile Zustandsdiagramm Eisen-Kohlenstoff die Basis für das Verständnis der bei diesen Werkstoffen auftretenden Phasen und Gefügezustände dar. Man kann davon ausgehen, daß bei sehr kleinen Abkühlgeschwindigkeiten und/oder bei Anwesenheit von Silizium kein Eisenkarbid entsteht. Für das Umwandlungsgeschehen beim Abkühlen aus dem schmelzflüssigen Zustand bis zu Raumtemperatur sind die aus dem Zustandsdiagramm ersichtlichen Gleichgewichtszustände maßgeblich. Wie ein Vergleich von Bild 1 mit dem Fe,Fe3C-Diagramm in V 15 zeigt, sind die eutektische und die eutektoide Gerade im stabilen System gegenüber dem metastabilen System zu etwas höheren Temperaturen verschoben. Der eutektische Punkt tritt bei 4.25 Masse-% C, der eutektoide Punkt bei 0.7 Masse-% C auf. Ferner ist die Löslichkeitsgrenze der γ-Mischkristalle für Kohlenstoff auf etwa 2.0 Masse-% verringert und die Liquiduslinie der übereutektischen Legierungen zu höheren Temperaturen verschoben. Die Punkte E'C'D'F'P'S'K' treten im stabilen System Fe,C an die Stelle der Punkte E C D F P S K des metastabilen Systems Fe,Fe_3C. Zulegieren von Silizium führt zu einer Verschiebung der Punke C', E' und S' zu kleineren Kohlenstoffgehalten und zu einer merklichen Anhebung der eutektoiden Geraden.

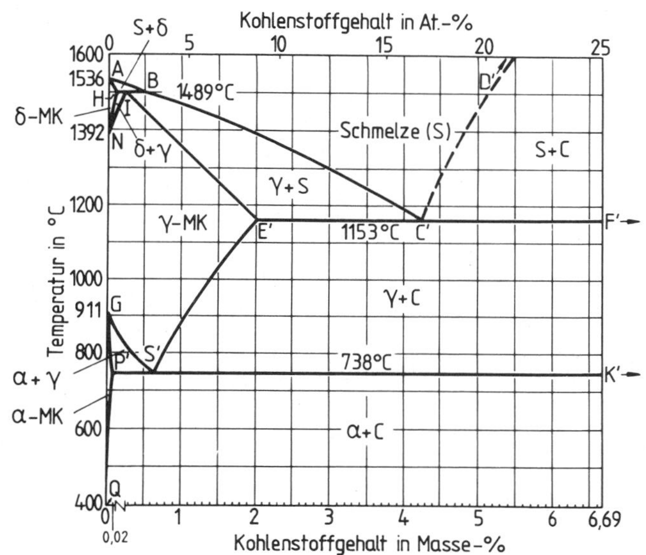

Bild 1: Das Fe,C-Diagramm (phasenmäßige Kennzeichnung)

Die durch Silizium und auch durch Phosphor bewirkte Verschiebung der eutektischen Kohlenstoffkonzentration der Eisengußlegierungen wird in der Gießereitechnik durch den sog. Sättigungsgrad

$$S_c = \frac{\text{Masse-\%C}}{4.25 - 0.31\,\text{Masse-\%Si} - 0.27\,\text{Masse-\%P}} \qquad (1)$$

beschrieben. $S_c = 1$ bedeutet eine eutektische Legierung, $S_c > 1$ eine übereutektische und $S_c < 1$ eine untereutektische Legierung. Wandeln Fe,C-Legierungen auf Grund des stabilen Eisen-Kohlenstoff-Diagramms um, so sind bei über- und untereutektischen Legierungen nach Abkühlung auf

Raumtemperatur unterschiedliche Gefügezustände zu erwarten. Darüber gibt das Fe,C-Diagramm in Bild 2 mit gefügemäßiger Kennzeichnung der Phasenfelder Auskunft. Bei einer übereutektischen Legierung bilden sich aus der Schmelze bei Erreichen der Liquiduslinie C'D' primäre Graphitkristalle. Die Restschmelze verarmt dadurch an Kohlenstoff. Bei 1153 ^{o} enthält die Restschmelze 4.25 Masse-% C. Das Hebelgesetz (vgl. V 7) bestimmt die Massenanteile von Restschmelze und Graphit. Bei weiterer Temperatursenkung zerfällt die Restschmelze eutektisch gemäß der Reaktion

$$S \longrightarrow \gamma\text{-MK} + \text{Graphit} \qquad (2)$$

in γ-MK und Graphit. Dieses Gemenge wird Graphiteutektikum I genannt. Aus den γ-MK entsteht bei sinkender Temperatur wegen ihrer längs E'S' abnehmenden Löslichkeit für Kohlenstoff weiterer Graphit C^{II}, der sich an den primären und an den eutektisch entstandenen Graphitteilchen anlagert. Nach Unterschreiten der eutektoiden Temperatur von 738° zerfallen alle vorhandenen γ-MK mit 0.7 Masse-% C gemäß

$$\gamma\text{-MK} \longrightarrow \alpha\text{-MK} + \text{Graphit} \qquad (3)$$

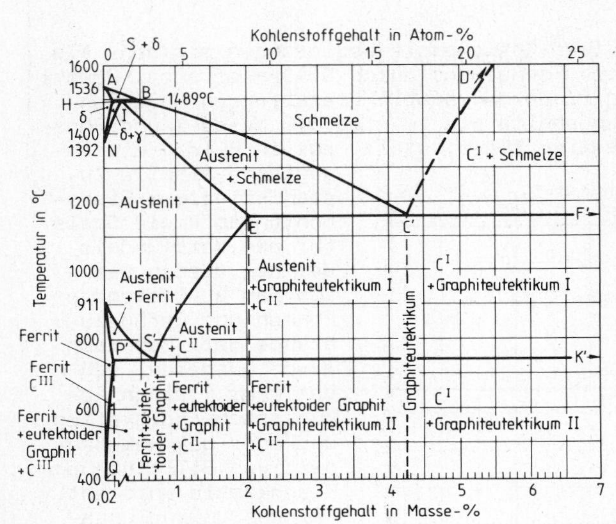

C^{I} aus Schmelze	längs C'D' entstehender Primärgraphit bei C' entstehender eutektischer Graphit
C^{II} aus Austenit	längs S'E' entstehender Sekundärgraphit bei S' entstehender eutektoider Graphit
C^{III} aus Ferrit	längs P'Q entstehender Tertiärgraphit

Graphiteutektikum I = Austenit (+C^{II}) + eutektischer Graphit
Graphiteutektikum II = Ferrit (+C^{III}) + eutektoider Graphit
(+C^{II}) + eutektischer Graphit

Bild 2: Das Fe,C-Diagramm (gefügemäßige Kennzeichnung). Nur die lichtmikroskopisch unterscheidbaren Gefügeanteile sind vermerkt

in α-MK und eutektoiden Graphit. Dadurch geht das Graphiteutektikum I in das Graphiteutektikum II über. Bei weiterer Temperaturabsenkung nimmt dann lediglich noch der Kohlenstoffgehalt des Ferrits im Graphiteutektikum II ab, wodurch sich etwas C^{III} bildet. Das Schliffbild bei Raumtemperatur (vgl. Bild 3a) läßt aber nur die groben primären Graphitlamellen und die eutektisch entstandenen feineren Graphitlamellen erkennen. Eine eutektische Legierung mit 4.25 Masse-% C geht dagegen unmittelbar aus dem schmelzflüssigen Zustand in das Graphiteutektikum I über. Die Erstarrung erfolgt in sog. eutektischen Zellen aus Austenit und Graphit, die sich, ausgehend von Kristallisationskeimen, nebeneinander aus der Schmelze bilden. Die eutektischen Zellen wachsen, bis ihre Grenzen aufeinander stoßen. Ihre mittlere Größe hängt daher von der Anzahl der Kristallisationskeime ab. Bei Unterschreiten von 738° wandeln sich die im Eutektikum enthaltenen γ-MK gemäß Gl. 3 in Ferrit und eutektoiden Graphit um. Nach Abkühlung auf Raumtemperatur, die mit geringer C^{III}-Bildung verbunden ist, liegt dann insgesamt die

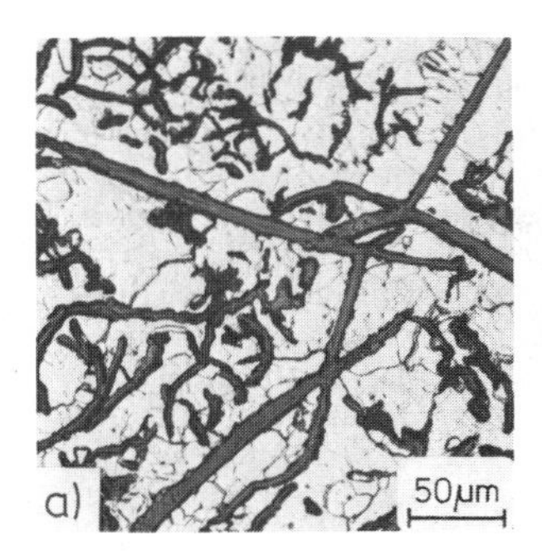

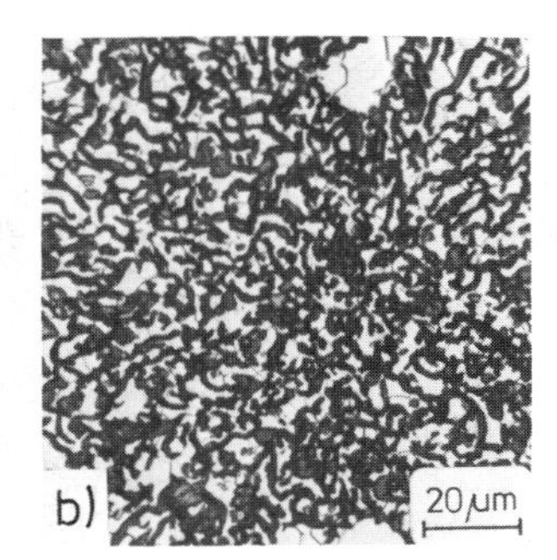

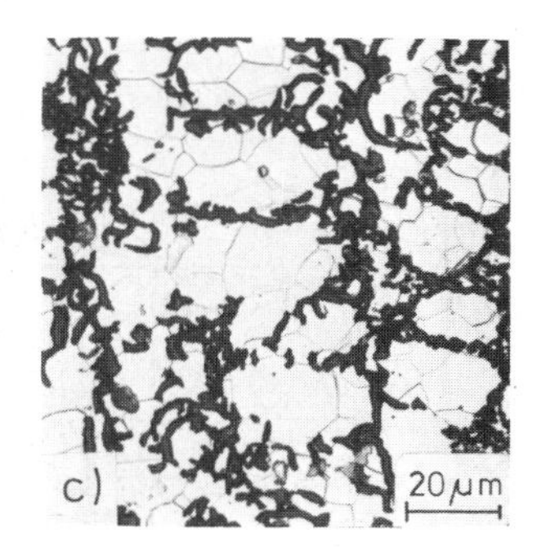

Bild 3: Graphitausbildung bei übereutektischen (a), eutektischen (b) und untereutektischen (c) FeC-Legierungen

aus Bild 3b ersichtliche eutektische Anordnung von Ferrit und Graphit vor. Bei einer untereutektischen Legierung bilden sich bei Erreichen der Liquiduslinie BC' aus der Schmelze zunächst primäre γ-MK. Dadurch reichert sich die Restschmelze an Kohlenstoff an. Nach Temperaturabsenkung besitzt bei 1153^0 die Restschmelze 4.25 Masse-% und der γ-MK-Anteil 2.0 Masse-% Kohlenstoff. Nach Unterschreiten der eutektischen Temperatur zerfällt die Restschmelze nach Gl. 2 in das eutektische Gemenge aus Graphit und Austenit (Graphiteutektikum I). Bei weiterer Temperaturabsenkung scheidet sich aus dem primär entstandenen γ-MK Kohlenstoff in Form von Sekundärgraphit aus. Gleichzeitig verliert auch der eutektisch entstandene Austenit Kohlenstoff. Bei jeder Temperatur zwischen 1153^0 und 738^0 bestimmt die Löslichkeitsgrenzlinie S'E' den in den γ-MK vorliegenden Kohlenstoffgehalt. Bei 738^0 wandeln sich die primären γ-MK bei Unterschreiten der Linie P'S'K' eutektoid in α-MK und Graphit um. Der eutektoide Graphit lagert sich an die bereits vorhandenen Graphitlamellen an, so daß die Bereiche ehemaliger γ-MK im Gefüge als graphitfreie Ferritbereiche zu erkennen sind. Gleichzeitig geht auch der γ-MK des Graphiteutektikums I in α-MK und Graphit über, und es entsteht das Graphiteutektikum II. Nach weiterer Abkühlung auf Raumtemperatur, während der noch etwas C^{III} gebildet wird, liegt dann ein ferritisches Gußeisen mit ungleichmäßig verteilten Graphitlamellen vor. Ein Beispiel zeigt Bild 3c.

Wie eingangs erwähnt, wird die Umwandlung von Gußeisenwerkstoffen nach dem stabilen System durch hinreichend hohe Si-Zusätze zu den FeC-Legierungen begünstigt. Von großer praktischer Bedeutung ist, daß man bei Gußeisenlegierungen durch gezielte Beeinflussung der Abkühlbedingungen den bei Raumtemperatur auftretenden Gefügezustand beeinflussen kann. Bild 4 faßt die grundsätzlich bestehenden Möglichkeiten zusammen. Im oberen Bildteil ist das Zustandsdiagramm für einen praxisnahen Siliziumgehalt mit drei charakteristischen Temperaturbereichen I, II und III angedeutet. Wie man sieht, wird durch den Silizium-Zusatz die Form und Größe der Zustandsfelder sowie die Kohlenstoffkonzentration des Graphiteutektikums verändert, und es treten zusätzliche Zustandsfelder auf. Im unteren Bildteil sind, je nach Abkühlungsbedingung, die in diesen Temperaturbereichen vorliegenden Phasen vermerkt. Erfolgt die Abkühlung so, daß die eutektische und die eutektoide Reaktion nach dem stabilen System Fe,C ablaufen, so erhält man, wie den bisherigen Erörterungen zugrundegelegt, ferritisches Gußeisen. Wenn die eutektische Reaktion nach dem stabilen System Fe,C, die eutektoide Reaktion dagegen nach dem metastabilen System Fe,Fe_3C abläuft, so entsteht, wie im mittleren unteren Teil von Bild 4 angedeutet, anstelle eines ferri-

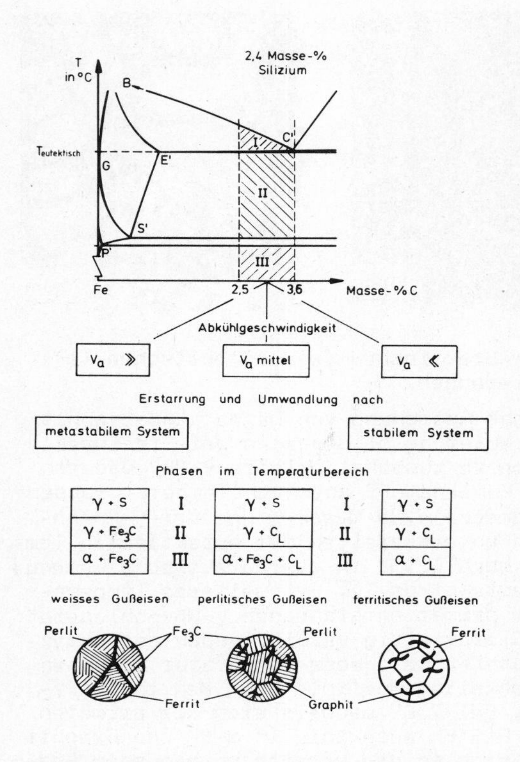

Bild 4: Zum Einfluß unterschiedlicher Abkühlbedingungen auf die Gefügeausbildung bei untereutektischen Fe C Si - Legierungen

tischen ein perlitisches Gußeisen mit lamellenförmiger Graphitausbildung. Läuft die eutektoide Umwandlung teilweise nach dem metastabilen und teilweise nach dem stabilen System ab, so bildet sich ein ferritisch-perlitisches Gußeisen. Eine sehr hohe Abkühlgeschwindigkeit führt schließlich - wie im linken unteren Teil von Bild 4 vermerkt - zur Erstarrung und Umwandlung nach dem metastabilen System und liefert weißes (ledeburitisches) Gußeisen. Ein weiterer wichtiger Gesichtspunkt ist, daß die Art der Graphitausbildung auch stark von keimbildenden Substanzen und damit von der Schmelzvorbehandlung sowie von weiteren Legierungselementen abhängig ist. Bei hohen Phosphorgehalten schließt sich beispielsweise der Graphit nesterförmig zusammen. Durch Zusatz kleiner Mengen an Magnesium oder Cer bildet sich der Graphit nicht mehr lamellen- sondern kugelförmig aus. Es entsteht Gußeisen mit Kugelgraphit. Durch Zusätze von Cer und geeignete Schmelzführung kann man auch die Ausbildung von wurmförmigen Graphitanordnungen erreichen. Auf diese Weise erhält man sog. Gußeisen mit Vermiculargraphit. In Bild 5 sind entsprechende Gefügeausbildungen von ferritischem Gußeisen mit Lamellengraphit (GG), mit Vermiculargraphit (GGV) und mit Kugelgraphit (GGG) gezeigt.

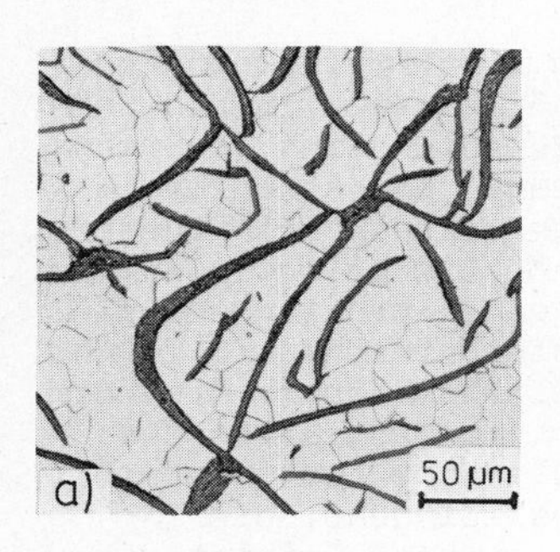

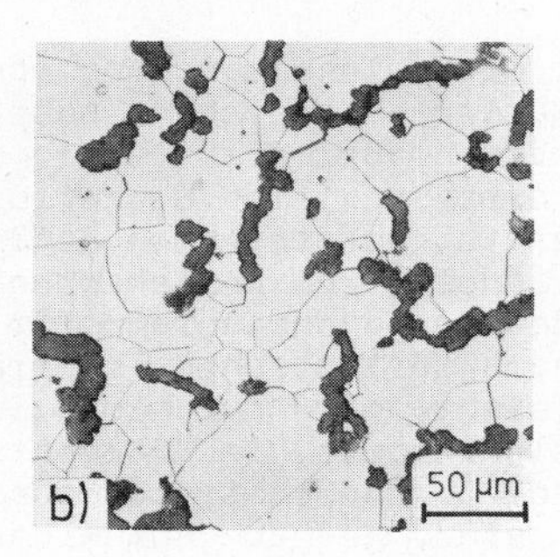

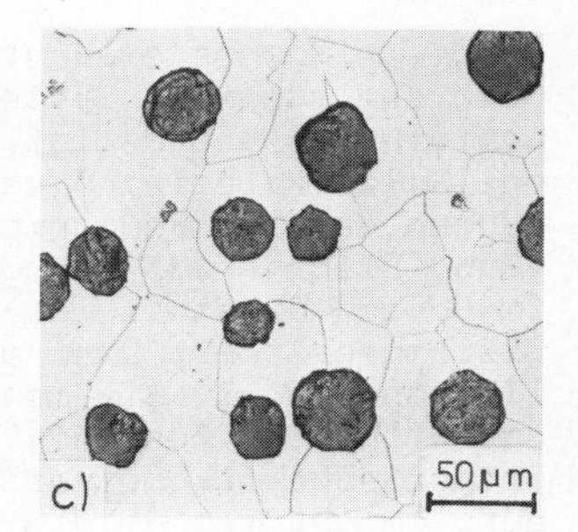

Bild 5: Ferritisches Gußeisen mit Lamellengraphit (a), Vermiculargraphit (b) und Kugelgraphit (c)

Aufgabe

Gegeben sind Proben aus Gußeisen mit Lamellengraphit mit den Sättigungsgraden S_C = 0.80, 0.98 und 1.1, von denen jeweils eine relativ rasch, die andere relativ langsam aus dem schmelzflüssigen Zustand auf

Raumtemperatur abgekühlt wurde. Die Gefügeausbildung dieser Werkstoffe ist zu untersuchen und an Hand vorliegender Gefügerichtreihen zu beurteilen.

Versuchsdurchführung

Alle für die metallographische Schlifferzeugung und Schliffbeobachtung erforderlichen Einrichtungen stehen zur Verfügung (vgl. V 8). Von den einzelnen Versuchsproben wurden Schliffe angefertigt. Die Beurteilung der Graphitausbildung erfolgt am ungeätzten, die Beurteilung des Matrixgefüges am mit 2 %-iger alkoholischer Salpetersäure geätzten Schliff. Charakteristische Werkstoffbereiche werden mit Hilfe mikroskopischer Beobachtung ausgewählt und photographisch dokumentiert. Die Schliffbilder werden mit den in Bild 6 gezeigten Graphitanordnungen verglichen. Die Ursachen für die unterschiedlichen Gefügeausbildungen werden diskutiert.

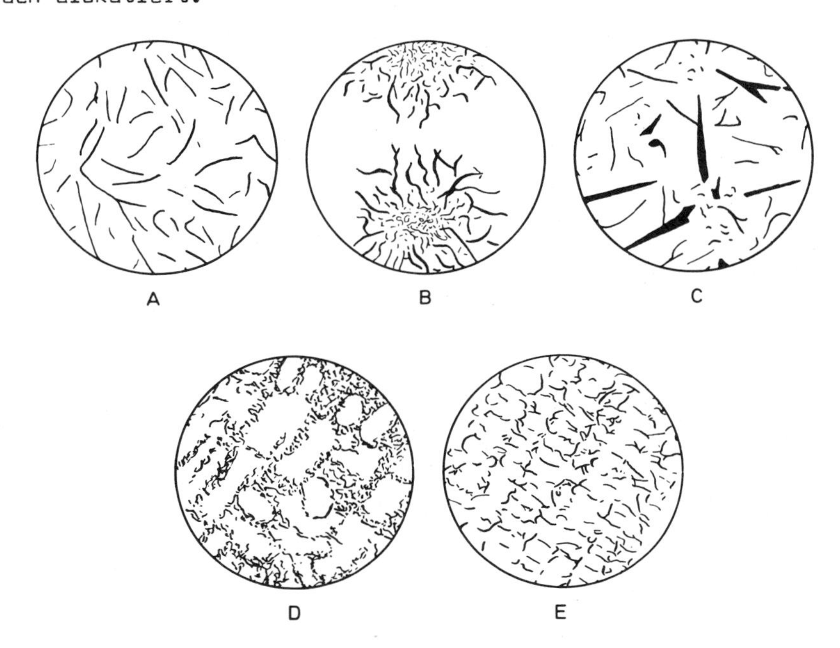

Bild 6: Richtreihe für die Graphitanordnung von Gußeisen mit Lamellengraphit. Die einzelnen Graphitarten werden als A-Graphit, B-Graphit usw. angesprochen.

Literatur: 59,60,116.

V 19

Grundlagen

Aufgabe der quantitativen Gefügeanalyse ist es, das Gefüge von Werkstoffen und seine möglichen Veränderungen durch geeignete Parameter quantitativ zu charakterisieren. Die dazu notwendigen Arbeitsschritte lassen sich in drei aufeinanderfolgenden Gruppen zusammenfassen (vgl. Bild 1):

- Herstellung eines geeigneten Präparates durch Probenahme, Einbetten, Schleifen, Polieren und Kontrastieren ("Präparation") ;
- optische, vergrößerte zweidimensionale Abbildung sowie eventuelle photographische und/oder elektronische Nachbildung, Nachvergrößerung und Vermessung ("quantitative Mikroskopie");
- näherungsweise Errechnung der den räumlichen Aufbau eines Werkstoffes charakterisierenden Daten über stereologische Gleichungen bzw. Rechenprogramme ("Stereologie").

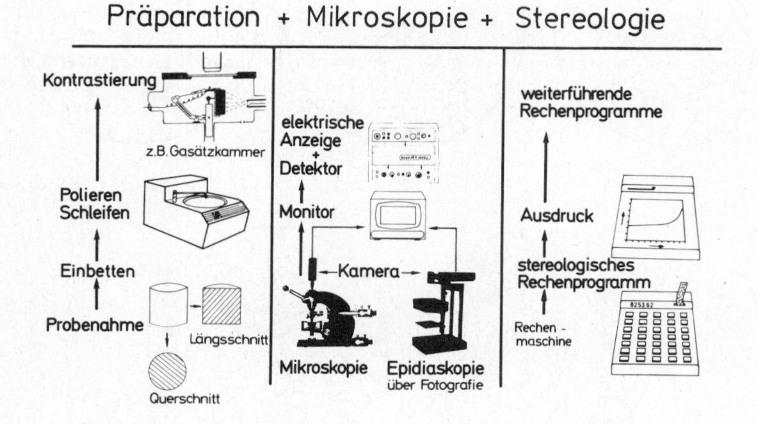

Bild 1: Schematische Darstellung der quantitativen Gefügeanalyse

Alle quantitativen Gefügebewertungen erfordern sehr viele Einzelmessungen. Visuelle Beobachtungen stoßen daher rasch wegen des ermüdungsbedingten Abbaus der Konzentrationsfähigkeit auf Grenzen. Man hat deswegen versucht, das menschliche Auge durch lichtempfindliche Detektoren zu ersetzen und die von diesen gewonnenen Daten elektronisch zu registrieren und weiter zu verarbeiten. Als geeignete Methode hat sich dabei das optische Abrastern herausgestellt, bei dem das Objekt bzw. dessen Bild in der Regel zeilenweise Punkt für Punkt abgetastet wird (Punktanalyse). Andere mögliche Abtastelemente sind Linien (Linearanalyse) oder Punktgruppen (Flächenanalyse). Das Objekt wird dabei durch die Gesamtheit der Messungen um so genauer beschrieben, je feiner das der Analyse zugrundegelegte Punktraster ist.

Die entsprechenden Meßgeräte lassen sich einteilen in manuelle, halb- und vollautomatische Systeme, wobei die Übergänge fließend sind. Manuelle Systeme sind solche, bei denen die Entscheidung über die Zuordnung der Meßpunkte, -linien oder -flächen zu bestimmten Bildmerkmalen (Selektion) sowie alle folgenden Operationen, die zum Resultat der Gefügeanalyse führen, vom Beobachter getroffen werden. Bei halbautomatischen Geräten übernimmt der Beobachter nur die Selektion, während alle anderen Operationen vom Gerät ausgeführt werden. Vollautomatische Geräte schließlich werden lediglich auf den zu analysierenden Gefügebereich justiert und führen dann die Gefügeanalyse unabhängig vom Beobachter durch.

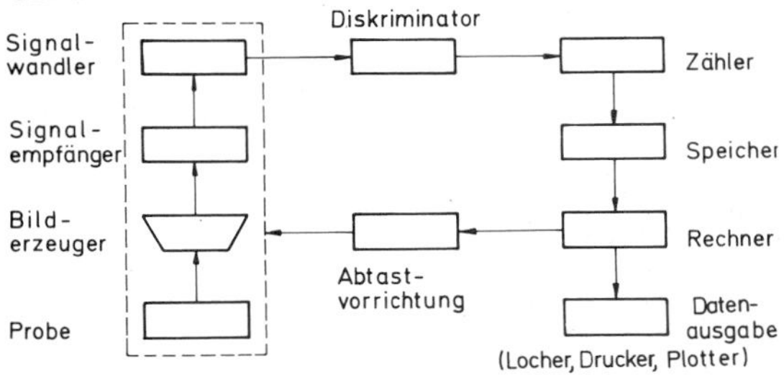

Bild 2: Schematischer Aufbau eines vollautomatischen Gefügeanalysators

Der grundsätzliche Aufbau eines quantitativen Gefügeanalysators geht aus Bild 2 hervor. Er umfaßt stets einen Bilderzeugungsteil mit Signalempfänger und -wandler, eine entweder elektronisch oder mechanisch arbeitende Abtastvorrichtung, einen Diskriminator sowie einen Registrier- und Datenverarbeitungsteil. Die vom bilderzeugenden Mikroskop gelieferten Informationen werden z. B. von einer Photozelle aufgenommen und über einen Sekundärelektronenvervielfacher oder über die Photokathode einer Fernsehkamera in elektrische Signale umgewandelt. Die Abtastung kann in einer zeilenförmigen mechanischen Bewegung der Probe oder in einer zeilenförmigen elektronischen Abtastung der Bildspeicherplatte der Fernsehkamera bestehen. Der Diskriminator sortiert die Beträge der elektrischen Signale und führt sie über einen Zähler entsprechenden Speichern zu, wo sie zunächst gesammelt und später zur Weiterverarbeitung durch den Rechner abgerufen werden.

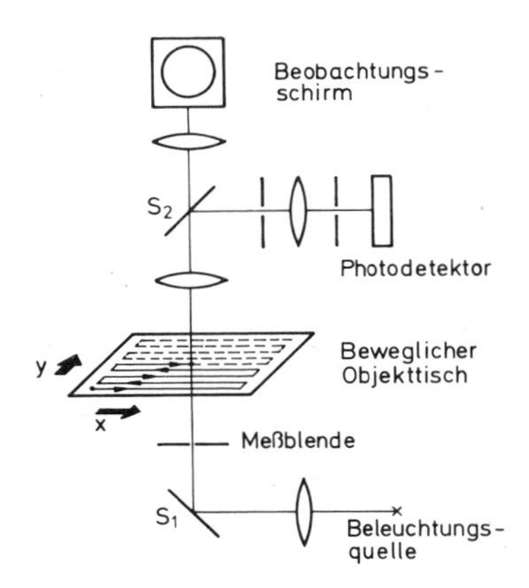

Bild 3: Einfache mechanische Objektabtastung

Grundsätzlich kann von Durchlicht- (Durchlichtmikroskopie) oder Auflichtpräparaten (Reflexionsmikroskopie) ausgegangen werden. In der Werkstoffkunde überwiegen Auflichtpräparate. Das Prinzip einer einfachen, mechanisch gesteuerten Abtastung eines Durchlichtpräparates ist in Bild 3 aufgezeichnet. Der Objekttisch wird in der angedeuteten Weise zeilenförmig bewegt. Durch die Meßblende wird aus dem Objekt jeweils ein kleiner Bereich ausgeblendet, der stets zentrisch zur optischen Achse des Systems liegt. Über einen halbdurchlässigen Spiegel S_2 werden die für die Objektstrukturen charakteristischen Lichtanteile einem Photodetektor zugeführt und von diesem in elektrische Signale umgesetzt.

Eine erheblich größere Meßgeschwindigkeit läßt sich erzielen, wenn die mechanische Objektbewegung durch eine elektronische Bildabtastung ersetzt wird. Diese läßt sich mit der in Bild 4 wiedergegebenen Meßanordnung erreichen, bei der in der Bildebene des Objektes die Photokathode einer Fernsehkamera angebracht wird. Je nach Helligkeit des Objektbildes werden dort Elektronen ausgelöst, beschleunigt und abbildungs-

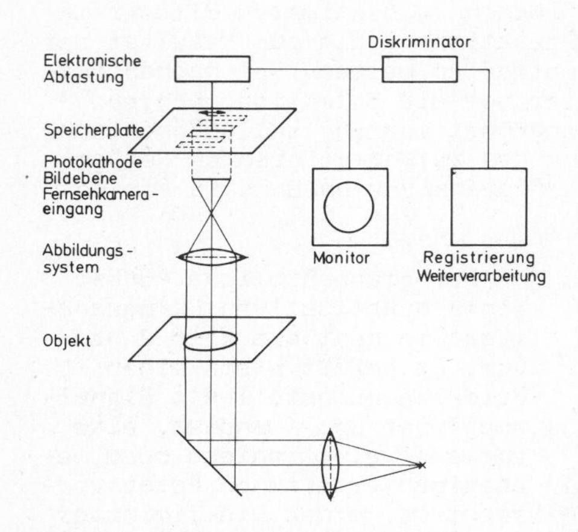

Bild 4: Elektronische Bildabtastung

gleich einer Speicherplatte zugeführt. Auf dieser entstehen je nach Intensität der auffallenden Elektronen lokal unterschiedlich viele Sekundärelektronen und damit lokalisierte Ladungsunterschiede, die den ursprünglichen Bildkontrasten entsprechen. Rastert man nun mit einem Elektronenstrahl die Ladungsverteilung der Speicherplatte ab und mißt die zur lokalen Ladungskompensation erforderliche Ladung, so ist diese direkt ein Maß für die Helligkeit des Bildpunktes und kann damit als Bildsignal zur elektronischen Weiterverarbeitung dem Registrier- und Weiterverarbeitungsteil zugeführt werden. Die für automatische Gefügeanalysen geeigneten Fernsehkameras müssen sehr lichtempfindlich sein und ein vorzügliches Auflösungsvermögen bei großem Signal-Untergrund-Verhältnis besitzen. Mit vollautomatischen Geräten, die nach diesem Prinzip arbeiten, werden zur quantitativen Vermessung eines Meßfeldes im Mittel etwa 3 Sekunden benötigt, die sich aus Abtastzeit, Rechenzeit und Ausdruckzeit zusammensetzen. Abweichungen von diesem Mittelwert sind abhängig vom Objekt, der Bildqualität und von der Aufgabenstellung sowie vom Gerätetyp. Einen solchen vollautomatischen Gefügeanalysator, bestehend aus bilderzeugendem Mikroskop (M) mit Fernsehkamera, Arbeitsmonitoren (A) mit Bedienfeldern und Funktionstasten, Recheneinheit (R) sowie Drucker (D) zur Datenausgabe zeigt Bild 5. Dagegen ist in Bild 6 ein flexibles System zur halbautomatischen Gefügeanalyse wiedergegeben. Dieses Gerät besteht aus einem sog. Meßtablett, einer Rechnereinheit und einem Monitor. Die Gefügeanalyse erfolgt durch manuelles Umfahren oder durch Antippen der interessierenden Strukturdetails auf einem dem Meßtablett aufgelegten Objektbild mit Hilfe eines Auswertestiftes.

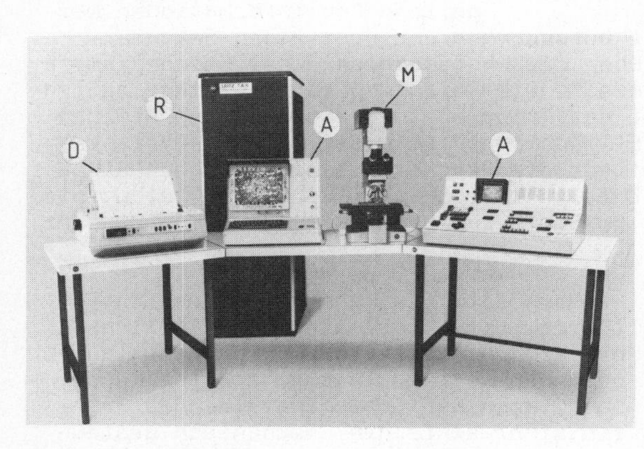

Bild 5: Vollautomatischer Gefügeanalysator (Bauart Leitz)

Bild 6: Halbautomatischer Gefügeanalysator (Bauart Kontron)

Das Meßverfahren beruht auf dem Magnetostriktionsprinzip. Unter der Meßfläche sind in Form eines quadratischen Netzes Stahldrähte angeordnet, die ein konstantes Magnetfeld erzeugen. Von den Tablettseiten aus werden in x- und y-Richtung magnetostriktive Impulse mit einer Frequenz von 100 Hz ausgesandt. In der Empfängerspule des Auswertestiftes werden diese Impulse aufgenommen, und die wegproportionale Laufzeit wird durch eine elektronische Kurzzeitmessung bestimmt. Aus den Laufzeiten in x- und y-Richtung wird damit das Koordinatenpaar in absoluten mm-Werten errechnet. Die Ermittlung von Gefügeparametern, wie z. B. Fläche oder Umfang, aus den während des Umfahrens der Strukturen anfallenden Koordinatenwerten erfolgt mit einem Mikroprozessor nach den Rechenvorschriften des gewählten Meßprogramms. Mittelwert und Standardabweichung der Gefügeparameter sowie Summenwerte, Prozentwerte und Häufigkeitsverteilungen werden nach jeder Einzelmessung automatisch berechnet und auf dem Monitor abgebildet.

Voraussetzung für die quantitative Erfassung von Gefügemerkmalen mit den beschriebenen Gerätetypen ist immer deren ausreichende Kontrastierung (vgl. Bild 1). Gemessen werden stets Schnittpunkte oder Schnittsehnenlängen im zweidimensionalen Gefügebild, wie dies beispielhaft in Bild 7 demonstriert ist. Es liege etwa längs einer Zeile die angegebene Verteilung von Teilchen einer zweiten Phase in einer Matrix vor, für die sich auf Grund des elektrischen Signalverlaufs eine bestimmte Anzahl von Schnittpunkten mit der Phasengrenze, bestimmte Schnittsehnenlängen innerhalb der Teilchen und eine bestimmte Schnittsehnenlängenverteilung aus der Messung ergeben. Dann lassen sich aus diesen Meßparametern über stereologische Beziehungen (wie z. B. die Saltykov'sche Methode der zufälligen Schnittlinien, das Delesse-Prinzip oder das Cauchy-Theorem) Gefügeparameter angeben, die den Werkstoff zwei- und dreidimensional gefügeanalytisch charakterisieren. Beispielsweise lassen sich über die Schnittsehnenlängen Angaben zur Größe und Größenklassenverteilung der Teilchen einer Phase oder von Poren oder von Körnern machen. Aus allen Meßpunkten der Schnittsehnen innerhalb der Teilchen einer Phase läßt sich deren Flächen- oder Volumenanteil bestimmen. Die Anzahl der Schnittpunkte von Sehnen mit Phasengrenzen liefert Werte über die Größe der Phasengrenzfläche.

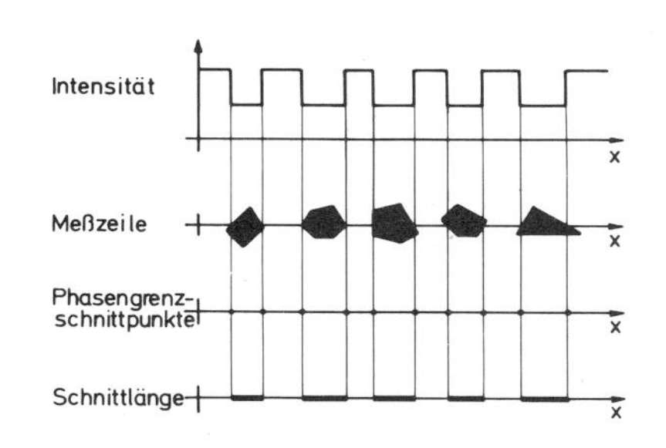

Bild 7: Zur Erfassung von Informationen im zweidimensionalen Gefügebild

Aufgabe

An ferritischem Gußeisen mit Kugelgraphit (GGG 40), Vermiculargraphit (GGV 30) und Lamellengraphit (GG 20) sind der Graphit-Volumenanteil c_G, die spezifische Graphitteilchenoberfläche O_G und die mittlere freie Weglänge $\overline{\lambda}$ zwischen den Graphitteilchen zu bestimmen. Ferner ist der Formfaktor

$$\eta = \frac{s_{max}^2}{4\pi A} \qquad (1)$$

zu ermitteln, wenn s_{max} die maximale Sehnenlänge und A die Fläche der Graphitteilchenschnittfiguren im Schliffbild ist.

Versuchsdurchführung

Von den Werkstoffen GGG 40, GGV 30 und GG 20 (vgl. V 18) werden Schliffe angefertigt und photographiert. Dann werden großformatige Schliffbilder (18 x 24 cm) hergestellt. Typische Graphitformen in den Schliffbildern der untersuchten Werkstoffe zeigt Bild 8. Die Bedeutung der stereologischen Hilfsgrößen A und s_{max} geht unmittelbar aus diesem Bild hervor. Die Kenngrößen c_G, O_G und λ werden unter Zuhilfenahme stereologischer Beziehungen ermittelt. Der Graphitvolumenanteil ergibt sich aus der Länge L_G der im Graphit verlaufenden Linienabschnitte und der Länge L der betrachteten Linien zu

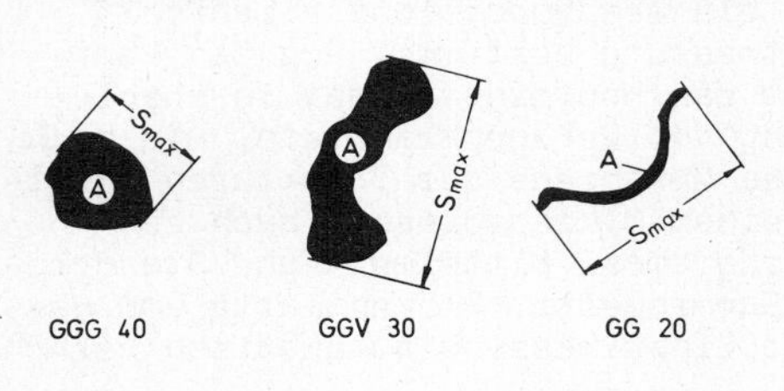

Bild 8: Typische Graphitformen bei Gußeisenwerkstoffen

$$c_G = \frac{L_G}{L}\,100\ \text{Vol.-\%} \quad . \qquad (2)$$

Die spezifische Graphitoberfläche erhält man aus der Zahl der im Graphit verlaufenden Linienabschnitte n_G zu

$$O_G = \frac{4n_G}{L} \quad . \qquad (3)$$

Die mittlere freie Weglänge berechnet sich zu

$$\overline{\lambda} = \frac{L_M}{n_M} \quad , \qquad (4)$$

wobei L_M die Länge der in der Matrix verlaufenden Linienabschnitte und n_M die Zahl dieser Abschnitte ist.

Für die Durchführung des Versuches steht ein Gefügeanalysator zur Verfügung, der sowohl vollautomatisch (Fernseh-System) als auch halbautomatisch (Digitalisierungstablett) betrieben werden kann. Die Kenngrößen c_G, S_G und $\overline{\lambda}$ werden vollautomatisch bestimmt. Dazu sind zunächst die Grauwert-Schwellen einzustellen, damit die Graphit-Phase korrekt erfaßt wird. Dies ist im vorliegenden Fall einfach, da sich Graphit- und Matrixphase im Kontrast stark unterscheiden. Die Häufigkeitsverteilung der Grauwerte, die der Gefügeanalysator vor Beginn der Auswertung im Fernsehmonitor angibt, erleichtert diesen Arbeitsschritt. Nach Eingabe der entsprechenden Programme werden die gewünschten Größen berechnet und im Monitor angezeigt. Der Bildschirminhalt kann auch mit Hilfe des angeschlossenen Druckers ausgegeben werden.

Der zweidimensionale Formfaktor η wird halbautomatisch bestimmt. Dazu werden Schliffbilder der zu untersuchenden Gußeisenwerkstoffe auf dem Digitalisierungstablett befestigt. Dann kann man die für die Bestimmung von η notwendigen Parameter s_{max} und A im Meßprogramm anwählen. Die Messung erfolgt durch Umfahren der Graphitteilchen mit einem elektronischen Auswertestift bzw. einem Fadenkreuz. η wird mit Hilfe eines Auswerteprogrammes berechnet. Trotz seines stereologisch zweidimensionalen Charakters hat sich dieser Formfaktor bei Gußeisenwerkstoffen als derzeit vernünftigster Gefügeparameter der Graphitphase für die Beurteilung mechanischer Kenngrößen wie z. B. des Elastizitätsmoduls (vgl. V 31) oder der 0.2 % - Dehngrenze und der Zugfestigkeit (vgl. V 25) erwiesen.

Literatur: 10,61,62.

Transmissionselektronenmikroskopie von Werkstoffgefügen **V 20**

Grundlagen

Das Transmissionselektronenmikroskop (TEM) stellt ein wichtiges Hilfsmittel für werkstoffkundliche Untersuchungen dar. Es ermöglicht die direkte Beobachtung von linien- und flächenförmigen sowie räumlichen Gitterstörungen wie Versetzungen, Stapelfehlern, Zwillingen, Korngrenzen und Ausscheidungen in interessierenden Werkstoffbereichen. Dazu sind von diesen durch geeignete Präparationsschritte hinreichend dünne Folien (d $<$ 0.1 µm) anzufertigen, die von Elektronen mit Energien $>$ 100 keV durchstrahlt werden können. Zunächst werden aus den vorliegenden größeren Werkstoffvolumina charakteristische Bereiche mechanisch herausgearbeitet. Diese werden anschließend möglichst schonend mechanisch, funkenerosiv, elektrochemisch oder mit Ionenätzung auf Dicken von $<$ 150 µm abgedünnt. Danach wird ein sorgfältiges Enddünnen (z. B. elektrochemisch oder mit Ionenätzung) durchgeführt. Die an den so hergestellten Folien transmissionselektronenmikroskopisch sichtbar gemachte Mikrostruktur ist nur dann repräsentativ für den Werkstoff, wenn sie durch die Präparation keine Veränderung erfahren hat.

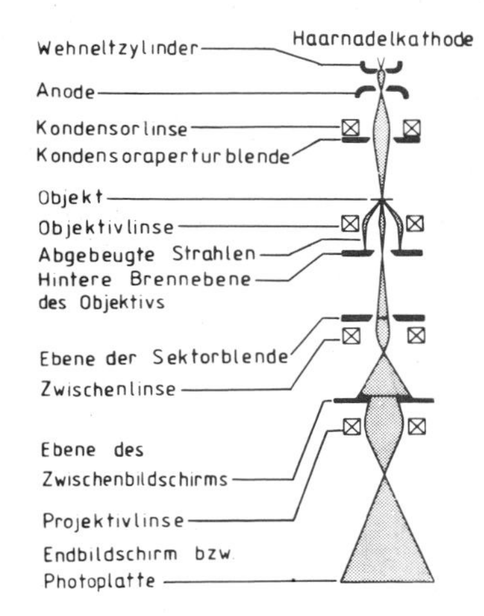

Bild 1: Schematischer Aufbau eines Elektronenmikroskops

Der schematische Aufbau eines TEM ist in Bild 1 wiedergegeben. Die von der Glühkathode in einem Hochvakuum von etwa 10^{-8} bar emittierten Elektronen werden durch die an einer durchbrochenen Anode liegende Hochspannung (meistens 40 - 120 kV, neuerdings bis zu 200 kV) beschleunigt und erzeugen - durch ein magnetisches Kondensorlinsensystem mit kleiner Apertur fokussiert - auf dem Objekt einen Brennfleckdurchmesser von 2 - 3 µm. Den Elektronen mit der Geschwindigkeit

$$v = \sqrt{\frac{2eU}{m}} \qquad (1)$$

(e Elementarladung, m Elektronenmasse, U Beschleunigungsspannung) kommt auf Grund der de Broglie-Beziehung eine Wellenlänge

$$\lambda = \frac{h}{m\,v} = \frac{h}{m}\sqrt{\frac{m}{2eU}} = 10^{-10}\sqrt{\frac{150}{U}}\ [\mathrm{m}] \qquad (2)$$

zu, wenn U in Volt gemessen wird. Bei U = 100 kV ist $\lambda \approx 0.04 \cdot 10^{-8}$ cm und damit etwa um zwei Größenordnungen kleiner als die für Feinstrukturuntersuchungen benutzten Röntgenstrahlen (vgl. V 2 bzw. 6). Bei kristallinen Präparaten führt deshalb die Erfüllung der Bragg'schen Interferenzbedingung (vgl. V 2) dazu, daß ein Teil des primären Elektronenstrahles abgebeugt und von der Objektivaperturblende aufgefangen wird. Wegen der kleinen Elektronenwellenlängen treten sehr kleine Beugungswinkel auf. Der Anteil des Elektronenstrahlenbündels, der das Objektiv direkt durchsetzt, liefert ein vergrößertes Zwischenbild, das bei der in Bild 1 zugrundegelegten Anordnung durch die Zwischenlinse eine zweite Vergrößerung und durch die Projektivlinse die Endvergrößerung erfährt. Ein Beispiel für das heute elektronenmikroskopisch erzielbare Auflösungsvermögen zeigt Bild 2. Dort ist das TEM-Bild der {200} - Ebenen von Gold mit einem Gitterebenenabstand von $2.04 \cdot 10^{-8}$ cm wiedergegeben.

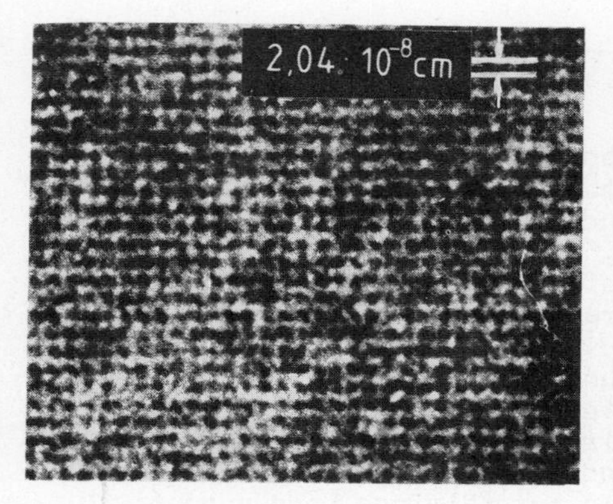

Bild 2: TEM-Aufnahme von {200}-Atomebenen in Gold

Bei der elektronenmikroskopischen Abbildung sind die entstehenden Bildkontraste hauptsächlich durch die Wechselwirkung der Elektronen mit den Objektatomen bestimmt. Bei amorphen Objekten treten die Elektronen mit den Atomkernen des Objektes in elastische Wechselwirkung und werden an diesen gestreut. Bild 3a deutet an, wie die Aperturblende in der hinteren Brennebene der Objektivlinse die gestreuten Elektronen abfängt. Die unterschiedliche Streuung der Elektronen im Objekt, die mit der Ordnungszahl, der Dicke und der Dichte des Objektmaterials zunimmt, bewirkt auf diese Weise einen Streuabsorptionskontrast. Weist z. B. der Objektbereich B eine höhere Dichte als die Umgebung A auf, so erscheint er im Bild als dunkler Streifen. Die bei der Durchstrahlung kristalliner Objekte entstehenden Kontraste sind jedoch weitgehend auf Beugungskontrast zurückzuführen. In Bild 3b ist für eine Hellfeldabbildung skizziert, wie die unter dem Winkel 2θ abgebeugten Wellen in der hinteren Brennebene des Objektives von der dort angeordneten Aperturblende abgefangen werden. An den Stellen des Objekts, an denen die Bragg'sche Gleichung erfüllt ist, ergeben sich daher auf hellem Untergrund dunkle Bereiche. Kippt man den Kondensor oder verschiebt man die Aperturblende, so wird erreicht, daß nur das abgebeugte Strahlenbündel zur Bildentstehung beiträgt, und man erhält dann - wie in Bild 3c und d angedeutet - hell abgebildete Bereiche auf dunklem Unter-

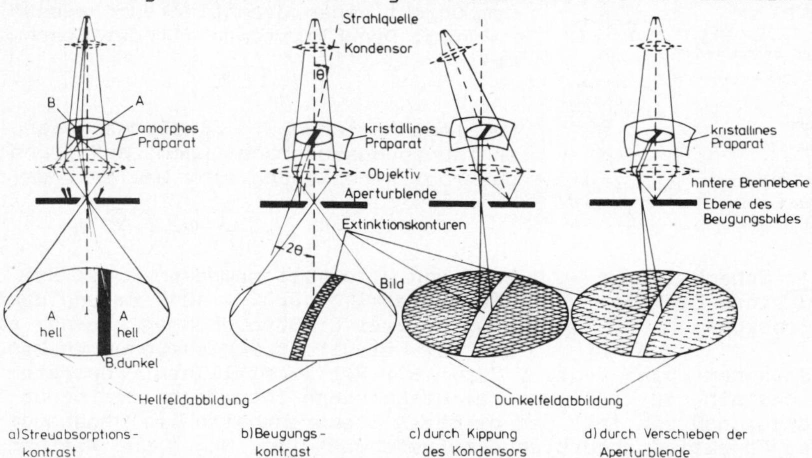

Bild 3: Strahlengang bei der Abbildung amorpher und kristalliner Objekte im Hell- und Dunkelfeld

grund. In diesen Fällen spricht man von Dunkelfeldabbildung. Ein typisches Beispiel für wirksamen Beugungskontrast stellt die TEM-Abbildung von Versetzungen (vgl. V 3) dar. Bild 4 zeigt anschaulich, welche Kontrasterscheinungen zu erwarten sind, wenn im Objekt Stufenversetzungen mit unterschiedlicher Orientierung gegenüber dem primären Elektronenstrahl vorliegen. Offenbar tritt dann kein Beugungskontrast auf, wenn

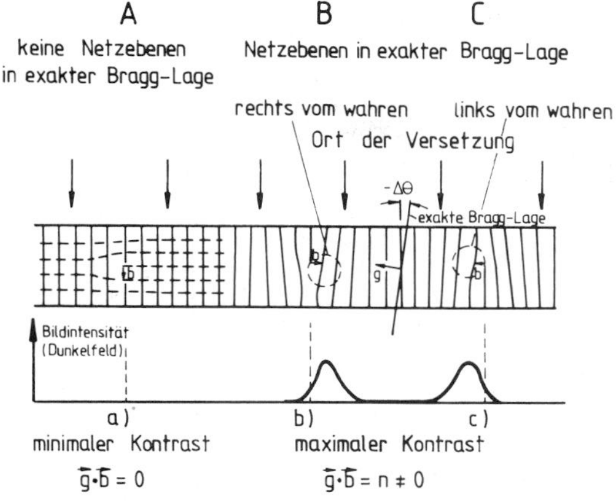

Bild 4: Zur Entstehung des Beugungskontrastes in der Nähe einer Stufenversetzung

von keiner der Netzebenen die Bragg-Bedingung erfüllt wird (Fall A). Treten nahe des Versetzungskerns aber Netzebenen mit exakter Bragg-Lage auf, so ist maximaler Kontrast zu erwarten, und zwar je nach Orientierung auf unterschiedlichen Seiten der Versetzungslinie (Fall B und C). Die Versetzungen werden also letztlich über die mit ihnen verbundenen Gitterverzerrungen abgebildet. Die Kontraststärke ist beurteilbar mit Hilfe des Skalarproduktes

$$\vec{g} \cdot \vec{b} = n \, . \qquad (3)$$

Dabei ist $\vec{g}$ ein spezieller Gittervektor, der normal auf den Ebenen steht, an denen die Bragg-Beugung des primären Elektronenstrahlbündels erfolgt. $\vec{b}$ ist der Burgersvektor, der bei Stufenversetzungen in der Gleitebene senkrecht zur Versetzungslinie orientiert ist (vgl. V 3). Die Beugungstheorie zeigt, daß $\vec{g} \cdot \vec{b} = 0$, also $\vec{g} \perp \vec{b}$ (Fall A) zu minimalem Kontrast führt. $\vec{g} \parallel \vec{b}$ liefert dagegen $\vec{g} \cdot \vec{b} = n \neq 0$ und damit maximalen Kontrast (Fall B und C). Diese einfachen Betrachtungen sind für aufgespaltene Versetzungen (Teilversetzungen) in kfz. und krz. Gittern zu modifizieren. Die Abbildbarkeit der Versetzungen hängt also von ihrer Orientierung zum Primärstrahl ab.

Weitere wichtige Beispiele für die Ausnutzung des Verzerrungskontrastes zur TEM-Abbildung stellen Objekte mit kohärenten, teilkohärenten und diskontinuierlichen Ausscheidungen dar, wenn bei diesen die sie umgebenden Spannungsfelder für die Kontrastbildung dominant sind. Eine Orientierungsabweichung aus der exakten Bragg-Lage kann für planparallel begrenzte Objektfolien auch auftreten, wenn diese gebogen sind. Man macht sich leicht klar, daß dann nur an einzelnen (bei symmetrischer Folienverbiegung an zwei) Stellen streifige Biegekontraste auftreten, die meist als Biege- bzw. Spannungskonturen angesprochen werden. Sie werden stark von dem vorliegenden Spannungszustand bestimmt.

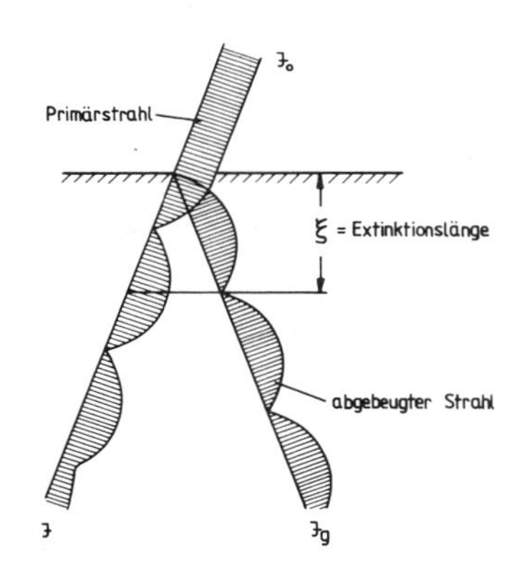

Bild 5: Veranschaulichung des sog. Extinktionskontrastes

Neben dem bisher besprochenen Verzerrungs(Beugungs)kontrast tritt bei der Durchstrahlung kristalliner Folien noch ein sog. Extinktions(längen)kontrast auf. Dieser beruht darauf, daß die Intensitäten des durchgehenden und des abgebeugten Elektronenbündels innerhalb des Objektes nicht voneinander unabhängig sind. Schematisch liegen unter bestimmten Bedingungen die in Bild 5 skizzierten Verhältnisse vor. Die gesamte Intensität des Elektronenstrahles pendelt - anschaulich gesprochen - als Folge von Beugungs- und Streuungseffekten zwischen durchgehendem

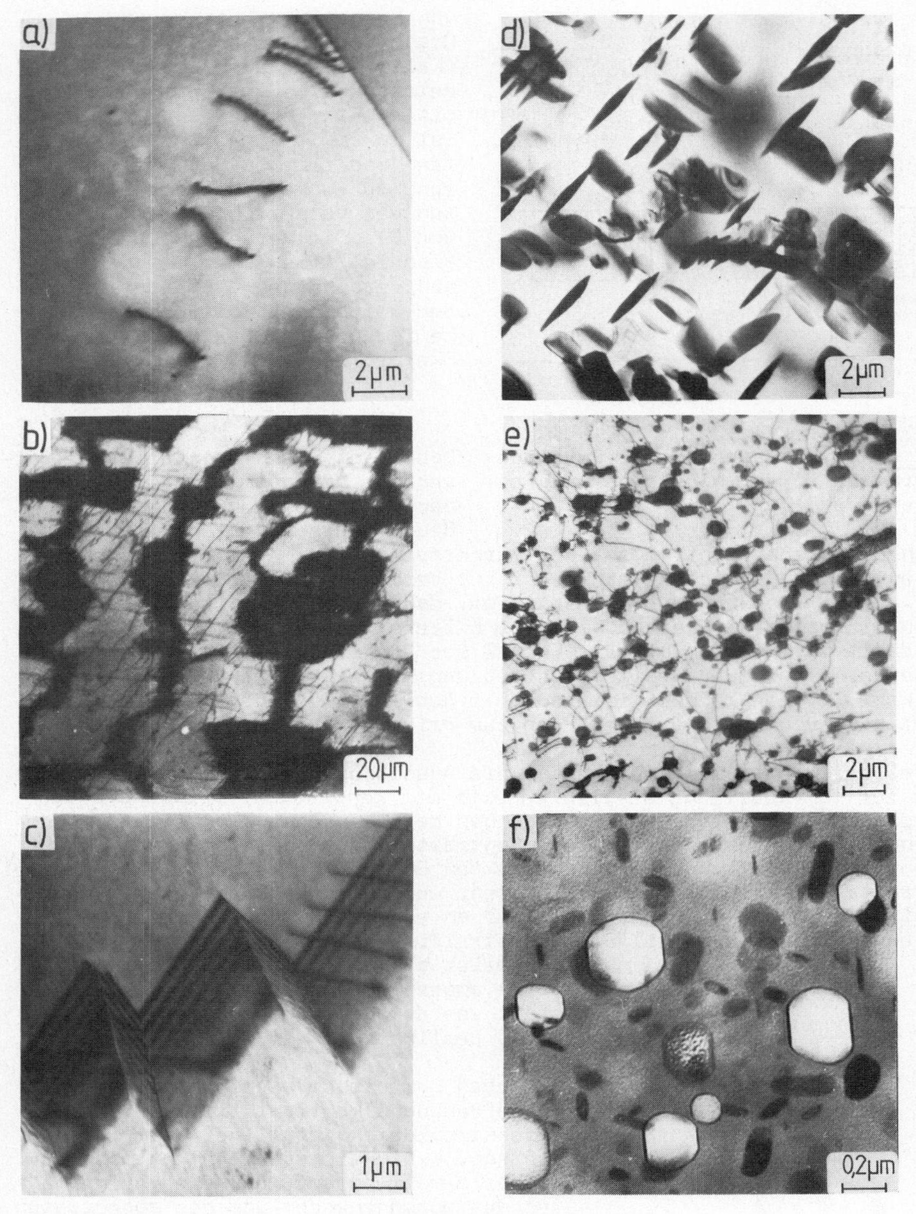

Bild 6: Einige Beispiele von TEM-Aufnahmen

a) Einzelversetzungen in X 12 CrNi 18 8
b) Ermüdungsstruktur des Ferrits von Ck 10
c) Zwillingsgrenzen in X 12 CrNi 18 8
d) Ni_3Nb-Ausscheidungen in einer Ni-Legierung
e) Versetzungen und ThO_2-Partikel in TD-Nickel
f) Bestrahlungsporen und $M_{23}C_6$-Karbide in X 8 CrNiMoN 16 16 6

und abgebeugtem Strahl hin und her. Die Oberflächenentfernung, in der die gesamte Primärstrahlintensität erstmals wieder voll im durchgehenden Strahl zu finden ist, wird Extinktionslänge genannt. Sie hängt vom lokal vorliegenden Streuvermögen des Objektmaterials für die Elektronenstrahlung ab und ist um so größer, je kleiner die Wellenlänge und je kleiner der Braggwinkel ist. Damit wird klar, daß beim Durchstrahlen von Objekten unterschiedlicher Dicke (keilförmige Proben) streifenartige Kontrasterscheinungen auftreten, deren Abstand durch die Extinktionslänge bestimmt wird. Aber auch Korngrenzen, Zwillingsgrenzen und Stapelfehler bilden sich streifenförmig ab, wobei die Streifen jeweils parallel zur Oberflächenspur dieser Grenzflächen liegen. Lokale Atomanhäufungen, wie z. B. bei kohärenten Ausscheidungen ohne Spannungsfeld, ändern ebenfalls die Extinktionslänge, so daß auch bei konstanter Objektdicke extinktionsbedingte Kontrasterscheinungen auftreten können.

Alle Kontrasterscheinungen bei TEM-Untersuchungen lassen sich auf die beschriebenen Grundphänomene des Verzerrungs- und des Extinktionskontrastes zurückführen. Diese treten allerdings nur in seltenen Fällen allein auf. Meistens liegt die Überlagerung beider Kontrasttypen vor. Bild 6 gibt beispielhaft für einige charakteristische mikrostrukturelle Details verschiedener Werkstoffe die zugehörigen TEM-Aufnahmen wieder.

Aufgabe

Von Proben aus reinem Kupfer und CuZn 30, die einachsig zügig 2 % und 10 % plastisch bei Raumtemperatur verformt werden, ist die Verformungsstruktur elektronenmikroskopisch zu untersuchen.

Versuchsdurchführung

Für die Untersuchungen steht ein Elektronenmikroskop mit einer Beschleunigungsspannung von 125 kV zur Verfügung. Die Verformung der Versuchsproben erfolgt in einer Zugprüfmaschine (vgl. V 23). Nach der Verformung werden aus den Proben mit Hilfe einer langsam laufenden Diamantsäge Scheiben von 1 mm Dicke abgetrennt und durch sorgfältiges Schleifen auf eine Dicke von 0.1 - 0.15 mm gebracht. Hieraus ausgestanzte Scheibchen von 3 mm Durchmesser werden in Aceton gereinigt, in ein Foliendünngerät eingebaut und elektrolytisch soweit abgedünnt, bis ein Loch entstanden ist. Die Abdünnbedingungen (elektrische Spannung sowie Art,Temperatur und Strömungsgeschwindigkeit des Elektrolyten) werden so gewählt, daß nahe der Lochränder über genügend große Bereiche ein keilförmiger Materialabtrag erfolgt und somit durchstrahlbare Werkstoffdicken entstehen. Die endgedünnte Folie wird nach Abspülen des Elektrolyten in das TEM gebracht und nahe der Lochränder untersucht.

Literatur: 63,64

V 21

Gefügebewertung

Grundlagen

Unter Metallographie versteht man die Untersuchung, Beschreibung und Beurteilung des Gefüges metallischer Werkstoffe. Dabei wird zweckmäßigerweise unterschieden zwischen dem aus dem schmelzflüssigen Zustand entstandenen Primärgefüge (Gußgefüge) und dem nach weiteren Umform- und/oder Wärmebehandlungsprozessen vorliegenden Sekundärgefüge (Umform-, Umwandlungsgefüge). Beide Gefügehauptgruppen sind voneinander abhängig. Primär- und Sekundärgefüge lassen sich makroskopisch, mikroskopisch und submikroskopisch betrachten und bewerten (vgl. V 8, 15, 18 u. 20).

Makroskopische Beobachtungen erfolgen visuell, mit Lupen oder mit Mikroskopen unter kleiner Vergrößerung. Sie umfassen die Untersuchung von Gußstrukturen, Blockseigerungen, Lunkern, Blasen, Grobkornzonen, Einschlüssen, Rissen sowie Umform- bzw. Verformungsstrukturen. Als Beispiel ist in Bild 1 der Längsschnitt durch eine geschmiedete Kurbel-

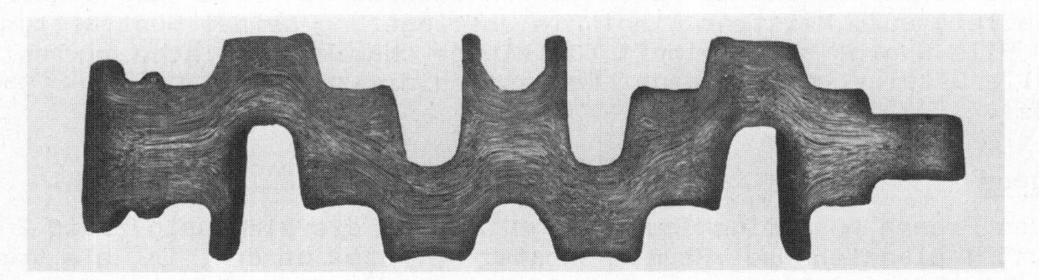

Bild 1: Makroätzung einer längsgeschnittenen Kurbelwelle aus 41Cr4

welle aus 41 Cr 4 gezeigt. In den gegossenen Rohlingen bildet sich nach der Schmiedeverformung ein anätzbarer Faserverlauf aus, den man der Endform des Bauteils optimal anzupassen versucht. Durch den Schmiedeprozeß werden die in dem primären Gußgefüge enthaltenen nichtmetallischen Einschlüsse, Dendriten, Seigerungen sowie Korngrenzenverunreinigungen gestreckt und ordnen sich zeilenförmig an (primäres Zeilengefüge). Wegen der dadurch hervorgerufenen lokal unterschiedlichen Anätzbarkeit des Bauteils entstehen die "Fasern".

Mikroskopische Gefügeuntersuchungen (vgl. V 8 und 12) vermitteln direkte Aussagen über die Art, Form, Größe und gegenseitige Anordnung der Körner sowie ggf. auch über deren Orientierung (vgl. V 11). Dazu ist stets die Anfertigung von Schliffen mit geeignet orientierten Schnittebenen durch das interessierende Werkstoffvolumen erforderlich. Ein Beispiel zeigt Bild 2. Dort ist die räumliche Gefügeausbildung eines warmgewalzten Halbzeuges aus dem Vergütungsstahl 42 Cr Mo 4 wiedergegeben. Sie ist durch bandförmig nebeneinander liegende ferritische und perlitische Werkstoffbereiche (sekundäres Zeilengefüge) charakterisiert. Durch das Warmwalzen im Austenitgebiet ordnen sich oxydische und sulfidische Einschlüsse des Ausgangsmaterials zeilenförmig an und wirken beim Abkühlen als Fremdkeime für die Ferritbildung (vgl. V 15). Die nachfolgende Perlitbildung erfolgt dann ebenfalls zeilenförmig. Ähnlich wirken sich Kornseigerungen aus, wie z. B. in phosphorhaltigen Stählen, wo die bei der Erstarrung zuerst und zuletzt entstehenden γ-Mischkristalle starke Phosphorunterschiede in den Dendritenästen aufweisen. Wegen der geringen Diffusionsfähigkeit des Phosphors im Austenit bleiben diese Seigerungen auch nach der ferritisch-perlitischen

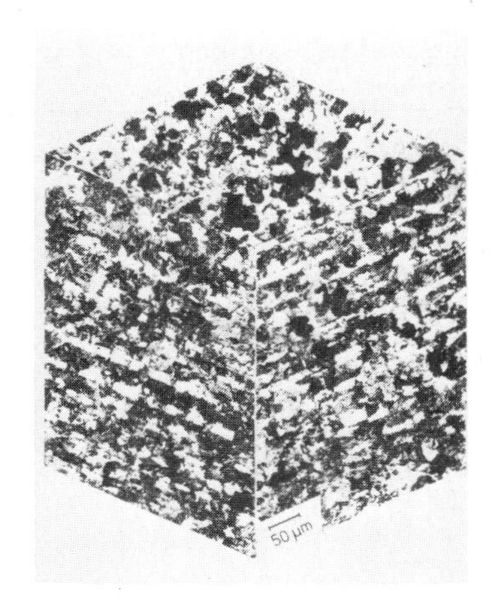

Bild 2: Räumliche Gefügeausbildung bei 42 CrMo 4

Umwandlung erhalten. Bei einer nachfolgenden Umformung werden die dendritisch ausgebildeten Phosphorseigerungen in langgestreckte Seigerungsstreifen übergeführt, die ihrerseits bei anschließenden Wärmebehandlungen die Ferrit-Perlit-Ausbildung beeinflussen. Da Phosphor die Kohlenstofflöslichkeit im γ-Mischkristall erniedrigt, tritt ein Kohlenstoffüberschuß in den phosphorarmen Austenitbereichen auf. Dementsprechend wird die Ferritbildung in den phosphorreichen und die Perlitbildung in den phosphorarmen Werkstoffbereichen begünstigt. Als Folge davon entstehen nebeneinander bandartig angeordnete Ferrit- und Perlitbereiche mit unterschiedlichen Phosphorgehalten. Aber auch bei seigerungs-, schlacken- und einschlußarmen Primärgefügen bewirken nachträgliche Umformprozesse grundsätzlich Gefüge mit Vorzugsrichtungen, und zwar als direkte Folge der erzwungenen Formänderung der Körner. Vielfach sind bereits unter schwacher Vergrößerung typische Umformgefüge mit langgestreckten Körnern parallel zur Hauptverformungsrichtung (vgl. V 10) deutlich zu erkennen.

Submikroskopische Gefügeuntersuchungen erfolgen mit elektronenmikroskopischen Hilfsmitteln (vgl. V 20). Sie liefern Informationen über den inneren Aufbau der das Gefüge bildenden Körner. Es lassen sich Versetzungen, Stapelfehler, Ausscheidungen und korngrenzennahe Werkstoffbereiche sichtbar machen. Dabei können von den interessierenden Werkstoffbereichen stets nur sehr kleine Volumina untersucht werden, so daß sichergestellt sein muß, daß die erfaßten Details repräsentativ für den Werkstoffzustand sind. Bild 3 zeigt als Beispiel die bei einem Stahl Ck 45 vorliegende Versetzungsstruktur in einem Ferritkorn, das an der linken Seite von einem Perlitbereich begrenzt wird.

Bild 3: Transmissionselektronenmikroskopische Gefügeaufnahme eines normalisierten Ck 45

Die Gefügebeurteilung bei Bauteilen erfolgt entweder stichprobenweise aus Überwachungsgründen bei der Fertigung oder bei der Analyse von Schadensfällen. Dabei stellt die Probenentnahme stets den ersten Arbeitsschritt dar. Sie muß in den interessierenden Bauteilbereichen so erfolgen, daß sie selbst zu keinen Gefügeänderungen führt. So muß z. B. bei Trennvorgängen die Probenerwärmung mit Hilfe von Kühlmitteln klein gehalten werden. Interessiert das Makrogefüge, so kann oft direkt nach einer geeigneten Oberflächenbearbeitung die interessierende Werkstoffstelle geätzt werden. Auch sog. Abdruckmethoden sind für die Gefügebeurteilung anwendbar. In Tab. 1 sind gebräuchliche Verfahren zusammengestellt. Ansonsten sind die entnommenen Proben stets einer abgestuften Schleif- und Polierbehandlung zu unterwerfen und erst danach anzuätzen (vgl. V 8). Für Übersichten über den räumlichen Gefügezustand sind mehrere Schliffe in geeigneten Ebenen durch das interessierende Werkstoffvolumen anzufertigen.

Tab. 1: Ätz- und Abdruckverfahren für Makrogefügebetrachtungen

Werkstoff	Nachweis	Ätz- bzw. Nachweismittel	Kurzname
Phosphorhaltige Stähle	Primäre und sekundäre Phosphorseigerungen Primäres und sekundäres Zeilengefüge	0.5 g Zinnchlorid 1 g Kupferchlorid 30 g Eisenchlorid 50 cm^3 konz. Salzsäure 500 cm^3 Äthylalkohol 500 cm^3 Wasser	Oberhofer-Ätzung
Stickstoffhaltige Stähle	Kraftwirkungslinien, Lüdersbänder	90 g Kupfer(II)-chlorid 120 cm^3 konz. Salzsäure 120 cm^3 Wasser	Fry-Ätzung
Schwefelhaltige Stähle	Schwefelseigerungen	Aufdrücken eines mit 5 %-iger Schwefelsäure getränkten Bromsilberpapiers auf Schliff (1 - 5 min). Papier anschließend fixieren und wässern	Baumann-Abdruck
Oxydhaltige Stähle	Oxydanhäufungen	Aufdrücken eines mit 5 %-iger Salzsäure getränkten Bromsilberpapiers auf Schliff (1 - 5 min). Nachbehandlung mit 2 %-iger Ferrozyankalilösung, Waschen in Wasser, Trocknen	Niessner-Abdruck

Aufgabe

Für eine durch Warmumformen hergestellte Schraube aus C 45 ist an Hand eines die Schraubenachse enthaltenden Längsschnittes das Makrogefüge zu beurteilen. Für Schaft und Kopf der Schraube sind mikroskopische Gefügebewertungen vorzunehmen.

Versuchsdurchführung

Für die Untersuchungen stehen Trenn-, Schleif- und Poliervorrichtungen sowie Mikroskopiereinrichtungen zur Verfügung. Die Schraube wird längs geschnitten und danach eine Hälfte in Kunstharz eingebettet. Von der verbliebenen Schraubenhälfte werden aus dem Kopf und aus dem Schaft kleine Werkstoffbereiche herausgetrennt und ebenfalls eingebettet. Danach erfolgt die Schleif- und Polierbehandlung der für die lichtmikroskopischen Untersuchungen vorgesehenen Teile. Die Schraubenhälfte wird nach dem Polieren mit Fry'schem Ätzmittel (vgl. Tab. 1) makrogeätzt und danach mit einem schwach vergrößernden (10-fach) Binokularmikroskop betrachtet. Die Schaft- und Kopfbereiche werden nach dem Polieren mit 2 %-iger alkoholischer Salpetersäure geätzt und anschließend bei 100- bis 500-facher Vergrößerung in einem Metallmikroskop untersucht.

Literatur: 25,29,53,54,65.

Topographie von Werkstoffoberflächen

V 22

Grundlagen

Aus Werkstoffen werden durch Gießen, Umformen oder Ver-, Be- und Nachbearbeitungsvorgänge Bauteile oder Prüflinge mit den verschiedenartigsten geometrischen Formen hergestellt, deren Oberflächen herstellungs- bzw. bearbeitungsspezifische Merkmale aufweisen. Im Gegensatz zu idealen Oberflächen, die eindeutig durch ihre geometrische Form gekennzeichnet werden können und keine mikrogeometrischen Unregelmäßigkeiten aufweisen, besitzen technische Oberflächen eine mehr oder weniger ausgeprägte Feingestalt. Formen und Höhen der Oberflächengebirge oder - wie man zusammenfassend sagt - die Topographien der technischen Oberflächen sind oft von ausschlaggebender Bedeutung für die Funktionstüchtigkeit, die Möglichkeit von Nachbehandlungen, die Festigkeit und das Aussehen von Bauteilen. Erwähnt seien in diesem Zusammenhang nur die Passungsfähigkeit sowie das Reibungs- und Verschleißverhalten gepaarter Teile, die Güte von Oberflächenbeschichtungen und das mechanische Verhalten unter schwingender Beanspruchung. Es besteht daher ein großes Bedürfnis an objektiven Kriterien zur Kennzeichnung und Beurteilung technischer Oberflächen. Die ideal gedachte (durch die Konstruktionszeichnung festgelegte) Begrenzung eines Bauteils wird geometrische Oberfläche (Solloberfläche) genannt. Die fertigungstechnisch erzielte Gestalt der Bauteilbegrenzung heißt technische Oberfläche (Istoberfläche). Ist- und Solloberflächen können sich grob (z. B. Tonnen- statt Zylinderform) und fein (z. B. Rauheit statt Ebenheit) voneinander unterscheiden. Man spricht von Gestaltabweichungen verschiedener Ordnung. Im folgenden wird nur auf die geometrische Feingestalt technischer Oberflächen (die sog. Gestaltabweichungen 3. bis 5. Ordnung nach DIN 4760) eingegangen.

Grundsätzlich bestehen mehrere Möglichkeiten zur Kontrolle der Feingestalt von Werkstoffoberflächen (vgl. Bild 1). Einmal können senkrecht oder schräg zur geometrischen Oberfläche Schnitte durch das Oberflächengebirge gelegt werden, die das Profil der lokal vorliegenden Topographie unvergrößert oder vergrößert wiedergeben (Profilschnitte). Zum anderen sind Schnitte parallel zur geometrischen Oberfläche möglich, die die Oberflächenbegrenzung der in gleicher Höhe liegenden Werkstoffbereiche liefern (Flächenschnitte). Die Beschreibung technischer Oberflächen erfolgt heute, wenn man von höchsten Ansprüchen absieht (vgl. V 27), durchweg mit Hilfe von Profilschnitten. Liegen längs eines solchen Profilschnittes keine groben Gestaltabweichungen (z. B. Welligkeiten) vor, so ist das gemessene Profil P (1) mit dem Rauhigkeitsprofil R (1) identisch und läßt sich

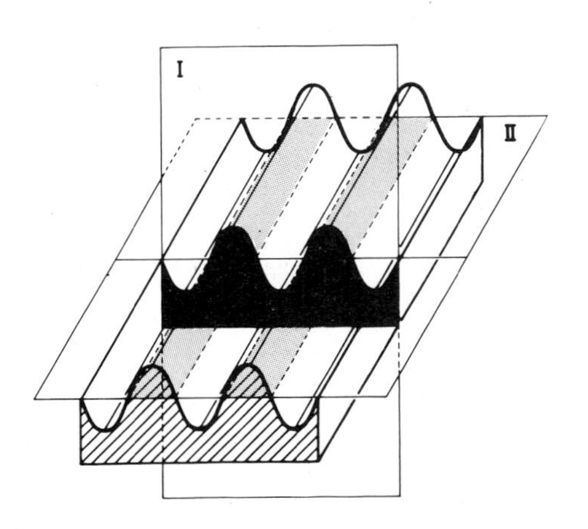

Bild 1: Oberflächenprofil mit Vertikalschnitt (I) und oberflächenparallelem Flächenschnitt (II)

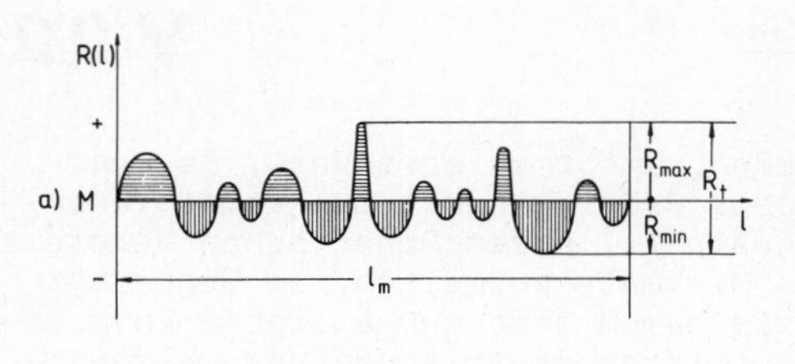

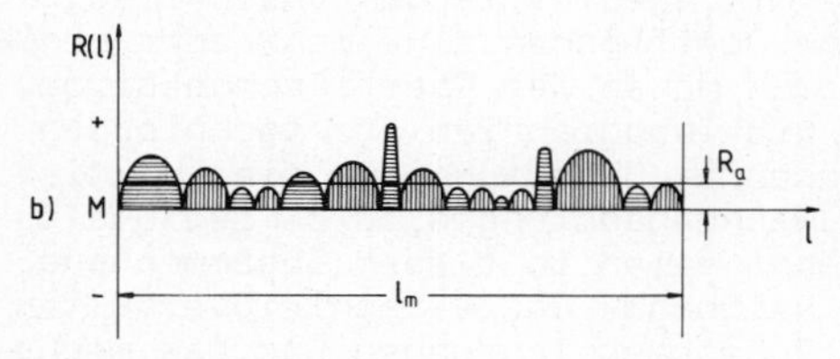

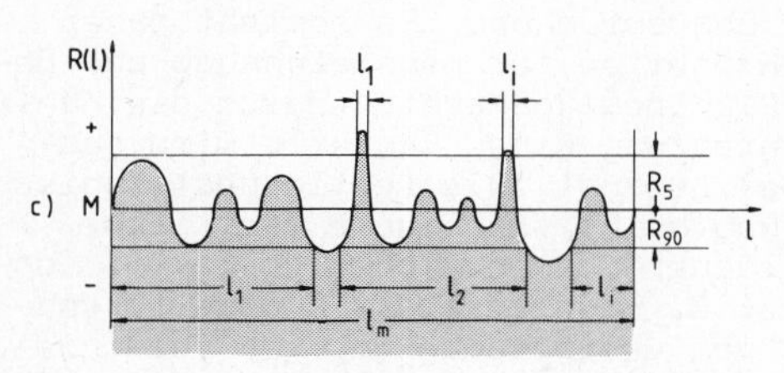

<u>Bild 2:</u> Zur quantitativen Festlegung von Oberflächenprofilen

quantitativ nach Festlegung einer mittleren Linie M als Bezugslinie (0 - Niveau des Profils) beurteilen. Die M-Linie schneidet das Profil so, daß die Summe der oberhalb und unterhalb von ihr liegenden "positiven und negativen Profilflächen" (Erhebungen und Vertiefungen) längs der Meßstrecke l_m gleich groß wird (vgl. Bild 2a). Damit lassen sich als Maßzahlen für den Profilausschnitt der Länge l_m festlegen:

1) Die (maximale) Rauhtiefe

$$R_t = |R_{max}| + |R_{min}| \tag{1}$$

als senkrechter Abstand zwischen höchstem und niedrigstem Punkt des Profils.

2) Die Glättungstiefe

$$R_p = R_{max} \tag{2}$$

als senkrechter Abstand zwischen höchstem Punkt und Mittellinie des Profils.

3) Der arithmetische Mittenrauhwert

$$R_a = \frac{1}{l_m} \int_0^{l_m} |R(l)|\, dl \tag{3}$$

als arithmetisches Mittel der absoluten Abstände aller Profilwerte von der Mittellinie (vgl. Bild 2b).

4) Der geometrische Mittenrauhwert

$$R_s = \sqrt{\frac{1}{l_m} \int_0^{l_m} R(l)^2\, dl} \tag{4}$$

als geometrisches Mittel der Abstände aller Profilwerte von der Mittellinie.

5) Die Rauheitstiefe

$$H = R_5 - R_{90} \tag{5}$$

als Abstand zweier zur Mittellinie paralleler Linien, die das Profil oben mit einem Traganteil

$$t_p = \frac{\Sigma l_i}{l_m} 100\% = 5\% \tag{6}$$

und unten mit einem Traganteil

$$t_p = \frac{\Sigma l_i}{l_m} 100\% = 90\% \tag{7}$$

schneiden (vgl. Bild 2c).

Als Maßzahl für die Rauhigkeitskenngrößen dient das µm. Hinsichtlich der Rauhtiefe werden in einer Normreihe, die von 0.04 µm bis zu 2500 µm reicht, mit Stufensprüngen von $\sqrt[5]{10} = 1.6$ (Normzahlreihe 5) 25 Klassen unterschieden. Auf Zeichnungen werden obere Grenzen der Rauhtiefe durch Dreiecke (Symbol für Drehmeisel) gekennzeichnet. So benutzt man z. B. in dem Nennmaßbereich 18 ... 50 mm der ISO-Qualitätsstufe 7 die Symbole ▽▽▽▽ für $R_t < 0.6$ µm, ▽▽▽ für $R_t < 2.5$ µm, ▽▽ für $R_t < 6$ µm und ▽ für $R_t < 25$ µm.

Für die praktischen Untersuchungen technischer Oberflächen wurde eine Vielzahl von verschiedenartigen Geräten entwickelt, von denen die wichtigsten die sog. Tastschnittgeräte sind. Bei diesen wird das Oberflächenprofil längs der Meßstrecke mit Hilfe einer Tastnadel abgetastet, deren Auslenkungen in geeigneter Weise gemessen und ausgewertet werden. In realen Fällen gilt, daß die Rauhigkeitskenngrößen durch die Meßstellenauswahl und die Länge der Meßstrecke beeinflußt werden. Man erhält also stets nur lokalisiert gültige Aussagen. Deshalb werden am gleichen Objekt meist mehrere Messungen an unterschiedlichen Stellen vorgenommen und der Auswertung die gesamte Meßstrecke zugrundegelegt. Aus der Gegenüberstellung verschiedener Rauhigkeitsprofile mit gleicher Rauhtiefe R_t in Bild 3 geht hervor, daß R_t keine Aussage über die Profilform enthält. Zueinander spiegelbildliche Profile (z. B. Spitzkamm- und Rundkammprofil) ergeben gleiche R_a-Werte, sind aber offensichtlich hinsichtlich ihrer Paarungseigenschaften vollkommen unterschiedlich zu bewerten. Schließlich können bei gleichen Glättungstiefen R_p Oberflächenerhebungen mit sehr verschiedenen Formen vorliegen.

Idealisierte Rauheitsprofile		Rauheitsmaße in µm		
Name	Form	R_t	R_a	R_p
Dreieck		20	5	10
Sinus		20	6,3	10
Spitzkamm		20	3,65	15,7
Rundkamm		20	3,65	4,3

Bild 3: Profile gleicher Rauhtiefe

Aufgabe

Von einer geschliffenen und einer gefrästen Planfläche eines Bauteils aus vergütetem C 80 sollen parallel und senkrecht zur Bearbeitungsrichtung die Oberflächenprofile mit einem Tastschnittgerät ermittelt werden. Daraus sind die Rauhigkeits- und die Welligkeitsprofile sowie die üblichen Rauhigkeitskennwerte zu ermitteln. Die Meßresultate sind für beide Bearbeitungszustände miteinander zu vergleichen und zu diskutieren.

Versuchsdurchführung

Für die Untersuchungen steht ein ähnliches Gerät wie das in Bild 4 gezeigte zur Verfügung, dessen prinzipielle Funktionsweise aus Bild 5 hervorgeht. Das Gerät umfaßt eine Objekthalterung (K, P), das eigentliche Meßsystem (V,T) und das Versorgungs- und Registriergerät (R). Auf einem Kreuztisch (K) mit einem Prismenblock (P) liegt das (im betrachteten Falle) rotationssymmetrische Bauteil (B). Ein Stativ (S) trägt das Vorschubgerät (V) mit dem Tastsystem (T). Je nach Solloberfläche des Meßobjektes stehen unterschiedliche Tastsysteme zur Verfügung, die die Tastnadelhalterung auf einer zur Oberfläche parallel ausgerichteten Bahn führen. Die Tastspitze aus Diamant ist mit dem

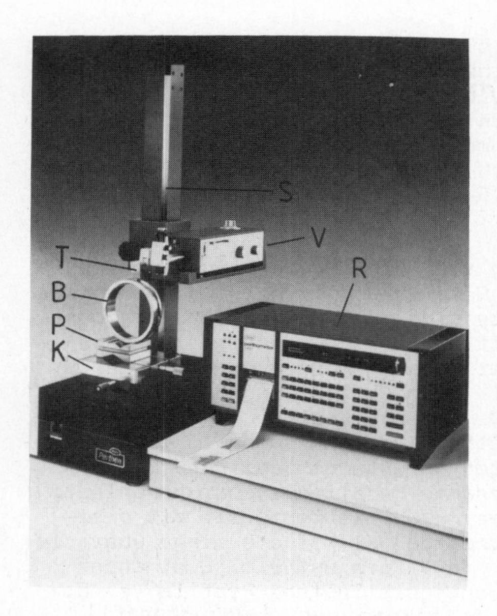

Bild 4: Oberflächenmeßgerät (Bauart Perthen)

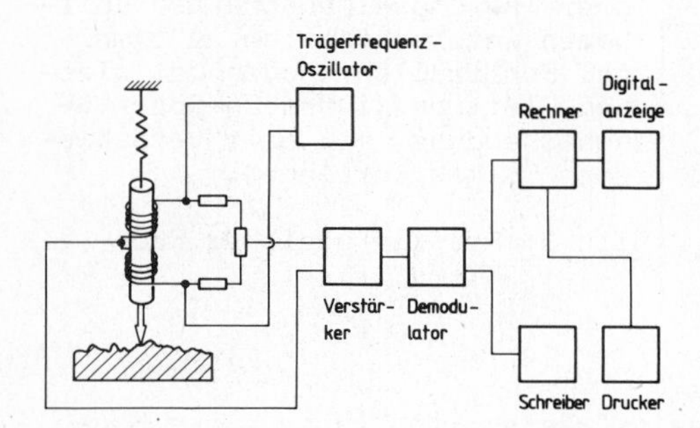

Bild 5: Prinzip des in Bild 4 gezeigten Meßgerätes

Kern eines induktiven Meßwertaufnehmers verbunden (vgl. Bild 5). Bei der Bewegung der Tastnadel (Radius < 3 µm, Flankenwinkel 90°, Andruckkraft 0.8 N) treten Induktivitätsänderungen und damit Verstimmungen der trägerfrequenzgespeisten Wechselstrombrükke auf, die den Ortsänderungen der Tastnadelspitze proportional sind. Das mit dem Oberflächenprofil modulierte Meßsignal wird zunächst verstärkt, dann demoduliert und anschließend einem Schreiber sowie einem Rechnersystem zugeführt. Ein Anzeigeinstrument dient zur Kontrolle der Verstärkeraussteuerung. Über eine digitale Meßwertanzeige können die interessierenden Meßgrößen in beliebiger Folge direkt abgelesen werden. Das Registriergerät enthält zudem einen Meßwertdrucker, der alle digital angezeigten Werte bei Abruf auch auf dem Schreiberstreifen ausdruckt. Das Gerät läßt bis zu 10^5-fache Vergrößerungen des Vertikalausschlages der Tastspitze zu. Bei einer Tastgeschwindigkeit von 0.5 mm/s sind bis zu 100-fache, bei einer Tastgeschwindigkeit von 0.1 mm/s bis zu 500-fache Horizontalvergrößerungen möglich. Die größtmögliche Taststrecke umfaßt 32 mm.

Zunächst wird das Gerät bezüglich der Oberfläche eines Tiefeneinstellnormals justiert und die tatsächlich vorliegende Meßvergrößerung ermittelt. Dann wird das Tastsystem auf das Meßobjekt aufgesetzt und das längs der Meßstrecke l_m vorliegende Profil P(l) ermittelt. Das ertastete Profil P(l) setzt sich aus der Welligkeit W(l) und Rauheit R(l) zusammen. Über ein Tiefpaßfilter werden die kurzwelligen Anteile des Profilsignals P(l) unterdrückt, so daß es durch eine Sinusfunktion geeigneter Wellenlänge λ approximiert werden kann, die das Welligkeitsprofil W(l) liefert. Die Differenz

$$P(l)-W(l)=R(l) \tag{8}$$

ergibt das Rauheitsprofil R(l), das der weiteren Auswertung (vgl. Bild 2) zugrundegelegt wird.

Literatur: 66,67.

Kraftkontrolle und Nachgiebigkeit einer Zugprüfmaschine **V 23**

Grundlagen

Der Zugversuch ist der wichtigste Versuch der mechanischen Werkstoffprüfung. Er erlaubt quantitative Aussagen über die Verlängerung von Proben geeigneter Form und Abmessungen unter der Einwirkung einer momentenfrei und monoton ansteigenden Zugbeanspruchung. Mit Hilfe des Zugversuches lassen sich die Werkstoffkenngrößen bestimmen, die die Grundlage für die Dimensionierung statisch beanspruchter Bauteile bilden. Zur Durchführung von Zugversuchen dienen Zugprüfmaschinen, deren prinzipiellen Aufbau Bild 1 veranschaulicht. Innerhalb des Gestells

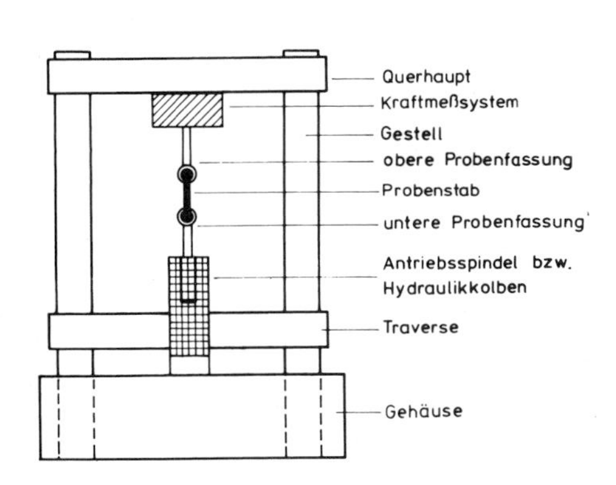

Bild 1: Schematischer Aufbau einer Zugprüfmaschine

der Maschine wird der Probestab in einer festen Probenfassung (angebracht an dem Querhaupt) und einer beweglichen Probenfassung (z.B. angebracht an der Traverse) eingespannt und durch Traversenverschiebung kontinuierlich zugbeansprucht. Man unterscheidet dabei zwischen Spindelprüfmaschinen, bei denen der Antrieb elektromechanisch über Gewindespindeln erfolgt, und Hydraulikprüfmaschinen, bei denen die belastenden Kräfte von Hydraulikzylindern erzeugt werden. Die Ansteuerung der Hydraulikzylinder kann entweder manuell-hydraulisch oder servohydraulisch mit Hilfe elektromagnetisch betätigter Steuerventile erfolgen. Unabhängig vom Prüfmaschinentyp wird ferner noch zwischen Zwei- und Einraummaschinen unterschieden, je nachdem, ob getrennte "Prüfräume" für Zug- und Druckbeanspruchung vorliegen oder nicht. Bild 2 zeigt den Aufbau einer zweiräumigen Zweispindelprüfmaschine, deren Traverse beidseitig doppelt in Kugelbüchsen geführt ist. Moderne Spindelprüfmaschinen sind mit Scheiben-

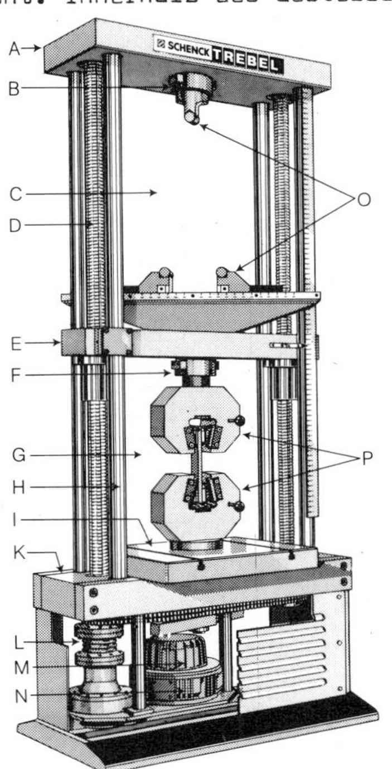

A — Querhaupt
B — Kraftaufnehmer
C — Oberer Prüfraum
D — Kugelumlaufspindel
E — Traverse
F — Kraftaufnehmer
G — Unterer Prüfraum
H — Säule
I — Arbeitsplatte
K — Sockel
L — Untersetzungsgetriebe
M — Tachogenerator
N — Scheibenläufermotor
O — Biegevorrichtung
P — Keilspannzeug

Bild 2: Ansicht einer zweiräumigen Zweispindelprüfmaschine (Bauart Schenck/Trebel)

läufermotoren ausgerüstet, die gegenüber den früher benutzten Gleichstromantrieben hinsichtlich Regelbarkeit und Ansprechempfindlichkeit erhebliche Vorteile besitzen. Durch geeignete Steuer- und Regeleinrichtungen wird gewährleistet, daß Versuche mit konstanter Traversengeschwindigkeit bzw. Kraftanstiegsgeschwindigkeit durchführbar sind.

Die Hydraulikprüfmaschinen verfügen über Hochdruckhydraulikpumpen, die Systemdrücke zwischen 200 und 300 bar erzeugen und bei mechanisch-hydraulischen Maschinen Förderleistungen zwischen 0.5 und 5 l/min, bei servohydraulischen Maschinen solche zwischen 1 und 20 l/min liefern. Bei mechanisch-hydraulischen Prüfmaschinen, die meist ohne aufwendige Steuer-, Regel- und Kontrolleinrichtungen betrieben werden, wird die Traversengeschwindigkeit über die Förderleistung der Hydraulikpumpe eingestellt. Servohydraulische Prüfmaschinen besitzen Hydraulikzylinder mit zwei Kammern, die über ein elektromagnetisches Servoventil miteinander verknüpft sind. Den prinzipiellen Aufbau einer solchen Maschine zeigt Bild 3. Der Funktionsgenerator (1) liefert die Sollwertvorgabe, auf Grund derer der im Hydraulikaggregat (2) erzeugte Ölstrom über das Servoventil (3) dem Hydraulikzylinder (4) zugeführt wird. Die dadurch hervorgerufene axiale Probenbelastung wird von dem Kraftmeßsystem (5) über den Meßverstärker (6) als Spannungssignal (Istwert) registriert und sowohl einem Digitalvoltmeter bzw. xy-Schreiber (7) und einem PID-Regler (8) zugeführt. Der PID-Regler vergleicht Ist- und Sollwert, führt die ermittelte Regelabweichung dem Verstärker (8a) zu, der diese in ein Stellsignal für das Servoventil umwandelt. Dadurch wird durch Veränderung der Zu- und Abflußbedingungen des Hydrauliköls zwischen den beiden Kammern des Hydraulikzylinders ein Differenzdruck erzeugt, der zu einer Verschiebung des Steuerkolbens und damit der Belastung der Probe im gewünschten Sinne führt. Außer in der Art des Antriebes und der Krafterzeugung unterscheiden sich Zugprüfmaschinen auch in den benutzten Kraftmeßsystemen. Bild 4 faßt einige der dabei ange-

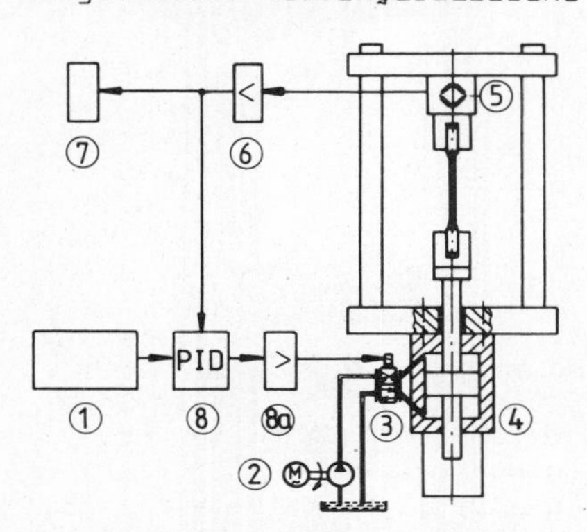

Bild 3: Schematischer Aufbau einer servohydraulischen Zugprüfmaschine

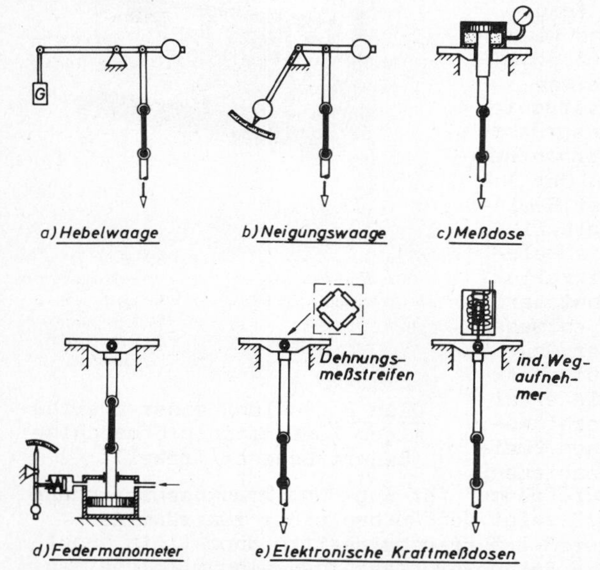

Bild 4: Kraftmeßsysteme bei Zugprüfmaschinen

wandten Prinzip zusammen. Bei älteren Maschinen findet man häufig noch die aus Bild 4a und 4b ersichtlichen Methoden der Kraftmessung mit Hebelwaage und Neigungswaage. Dabei wird der Ausschlag eines mit verschiedenen Gewichten beaufschlagbaren Hebels bzw. Pendels ermittelt. Auch hydraulische Meßdosen (vgl. Bild 4c) oder mit Hydraulikzylindern verbundene Federmanometer (vgl. Bild 4d) werden zur Kraftanzeige ausgenutzt. Bei den in Bild 4e gezeigten Systemen schließlich wird die Durchbiegung eines Meßbalkens mit Hilfe eines Dehnungsmeßstreifens bzw. eines induktiven Gebers (vgl. V 24) bestimmt.

Jede Zugprüfmaschine muß in bestimmten Abständen nachgeeicht werden. Als Eichgeräte dienen Kraftmeßbügel, die in die Zugprüfmaschine eingespannt und der Wirkung der zu bestimmenden Kraft ausgesetzt werden. Die von der aufgebrachten Kraft hervorgerufene Deformation des Kraftmeßbügels kann optisch oder mechanisch gemessen werden. Bild 5 zeigt einen solchen Kraftmeßbügel für eine maximale Prüfkraft von 60000 N. Er besteht aus einem symmetrisch geformten elastischen Stahlkörper, dessen Deformation an einer am Meßbügel angebrachten optischen Strichplatte mit Hilfe eines Meßmikroskopes abgelesen wird. Meßbügel, Meßmikroskop und Gegengewicht sind auf dem Meßbügelhalter befestigt. Derartigen Eichgeräten sind amtliche Prüfzeugnisse beigegeben.

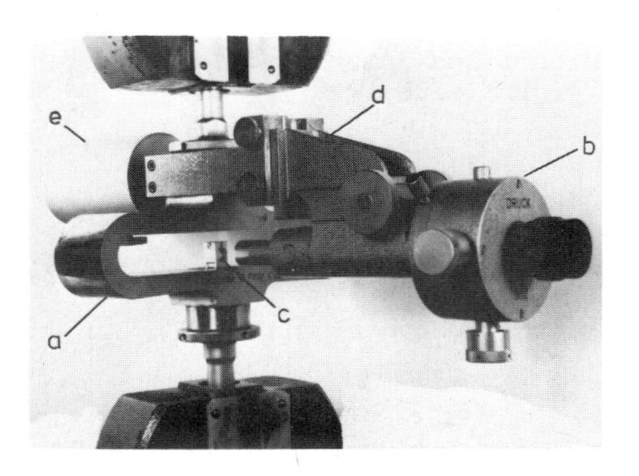

Bild 5: Kraftmeßbügel (Bauart Zwick) Meßbügel (a), Mikroskop (b), Strichplatte (c), Halter (d), Gegengewicht (e)

Bei der zügigen Beanspruchung einer Probe mit Querschnitt A_0 und Länge L_0 verformen sich außer der Probe auch das Gestell der Maschine, die Einspannungen sowie das Kraftmeßsystem. Deshalb ist nach Einschaltung des Maschinenantriebes die feststellbare Positionsänderung des ziehenden Spannkopfes (der Traverse) nicht mit der Verlängerung der Probe identisch. Die Traversenverschiebung ΔZ setzt sich bei jeder Kraft F zusammen aus der Probenverlängerung ΔL und der Abmessungsänderung des Prüfsystems Δs (Systemverlängerung). Es gilt also

$$\Delta Z = \Delta L + \Delta s = \Delta L [1 + \frac{\Delta s}{\Delta L}] . \quad (1)$$

Im einfachsten Falle liegen bei rein elastischer Beanspruchung einer Probe mit dem Elastizitätsmodul E die in Bild 6 skizzierten Verhältnisse vor. Auf Grund der Nachgiebigkeit C des Prüfsystems gilt

$$F = \frac{\Delta s}{C} . \quad (2)$$

Das Hooke'sche Gesetz (vgl. V 24) liefert

$$F = E\, A_0 \frac{\Delta L}{L_0} . \quad (3)$$

Somit folgt aus den Gl. 1, 2 und 3

$$\Delta Z = \Delta L [1 + \frac{C\, E\, A_0}{L_0}] . \quad (4)$$

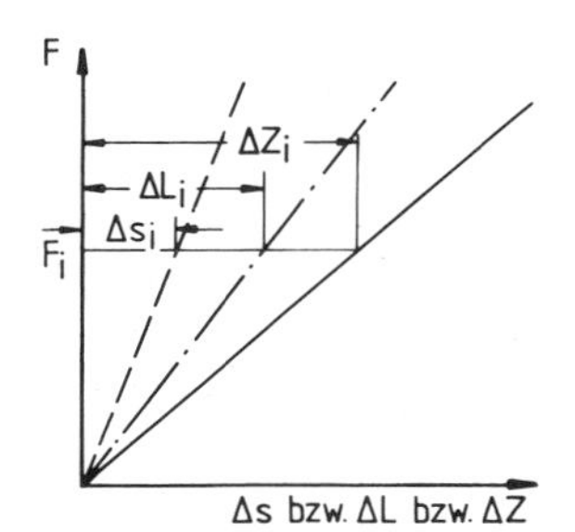

Bild 6: Zusammenhang zwischen Prüfkraft F und Probenverlängerung ΔL, Systemverlängerung Δs und Traversenverschiebung ΔZ

Die Traversenverschiebung ist also nur dann der Probenverlängerung gleich, wenn $C \to 0$ geht, die Prüfmaschine also eine sehr kleine Nachgiebigkeit hat. Bei kleiner Nachgiebigkeit spricht man von einer harten, bei großer Nachgiebigkeit von einer weichen Prüfmaschine.

Aufgabe

Bei einer Zugprüfmaschine ist die Kraftanzeige mit Hilfe eines Kraftmeßbügels mit optischer Anzeige zu überprüfen. Danach ist unter Benutzung eines Zugstabes aus 42 Cr Mo 4 die Nachgiebigkeit der Maschine zu bestimmen.

Versuchsdurchführung

Der Kraftmeßbügel wird in die Zugprüfmaschine eingebaut. Nach der Nullpunkteinstellung von Meßbügelanzeige M und Kraftanzeige F_z wird der Meßbügel mehrfach langsam und gleichmäßig belastet und wieder entlastet. Tritt keine Nullpunktsveränderung mehr auf, so wird die Zugkraft F_z in geeigneten Schritten gesteigert und jeweils die zugehörige Meßbügelanzeige M registriert. Daraus ergibt sich

$$F_z = \alpha_z M \quad . \tag{5}$$

Der wirkliche $F_w(M)$ - Zusammenhang des Meßbügels

$$F_w = \alpha_w M \tag{6}$$

liegt in Form eines Eichprotokolls vor, so daß man erhält

$$F_w = \frac{\alpha_w}{\alpha_z} F_z \ . \tag{7}$$

Damit ist die Kraftanzeigeskala der Prüfmaschine überprüft, und es kann nach Einspannung der vorbereiteten Stahlprobe ($E = 210\ 000$ N/mm^2) die Nachgiebigkeitsprüfung der Zugmaschine erfolgen. Dazu wird in Abhängigkeit von der belastenden Kraft der Traversenweg gemessen. Das geschieht am einfachsten, indem die Kraft zeitproportional zur Traversenverschiebung aufgeschrieben wird. Man erhält dann den $F, \Delta Z$ - Zusammenhang. Daraus errechnet sich unter Zuhilfenahme der Gl. 1 - 3 die Nachgiebigkeit zu

$$C = \frac{\Delta Z}{F} - \frac{L_0}{E A_0} \tag{8}$$

berechnet.

Literatur: 26,68,69.

Messung elastischer Dehnungen

V 24

Grundlagen

Wird ein Zugstab der Länge L_0 und des Durchmessers D_0 in der in Bild 1 angedeuteten Weise momentenfrei durch die Kräfte F belastet, so

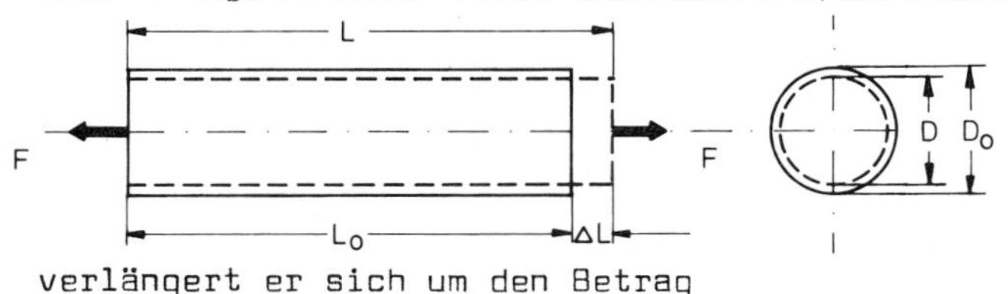

Bild 1: Abmessunsänderungen eines zylindrischen Stabes bei Zugbeanspruchung (schematisch)

verlängert er sich um den Betrag

$$\Delta L = L - L_o \quad . \tag{1}$$

Treten keine oder nur vernachlässigbar kleine plastische Verformungen (vgl. V 25) auf, so stellt sich unter der Nennspannung

$$\sigma_n = \frac{F}{A_o} = \frac{4F}{\pi D_o^2} \tag{2}$$

die elastische Längsdehnung

$$\varepsilon_{e,l} = \frac{\Delta L}{L_o} 100\% = \frac{L - L_o}{L_o} 100\% \tag{3}$$

und die elastische Querkontraktion

$$\varepsilon_{e,q} = \frac{\Delta D}{D_o} 100\% = \frac{D - D_o}{D_o} 100\% \tag{4}$$

ein. Längs- und Querdehnungen sind einander proportional. Es gilt

$$\varepsilon_{e,q} = -\nu \varepsilon_{e,l} \quad . \tag{5}$$

Dabei ist ν die elastische Querkontraktionszahl. Elastische Dehnungen sind reversible Dehnungen. Rein elastisch beanspruchte Zugstäbe nehmen daher nach Entlastung wieder ihre Ausgangslänge L_0 und ihren Ausgangsdurchmesser D_0 an.

Nennspannungen und elastische Längsdehnungen sind in für ingenieursmäßige Belange ausreichender Näherung durch das Hooke'sche Gesetz

$$\sigma_n = E\, \varepsilon_{e,l} \tag{6}$$

linear miteinander verknüpft. Dabei ist E der Elastizitätsmodul. Zu seiner Bestimmung müssen für mehrere Nennspannungen die zugehörigen elastischen Längsdehnungen gemessen werden. Bei geeichten Zugprüfmaschinen können die den Belastungen entsprechenden Nennspannungen σ_n direkt nach Gl. 2 aus der Maschinenkraftanzeige F und dem Probenquerschnitt A_0 berechnet werden. Für elastische Dehnungsmessungen sind jedoch Zusatzgeräte erforderlich, weil die Maschinenschriebe (Kraft-Traversenweg-Diagramme) neben der Probenverlängerung die Nachgiebigkeit (vgl. V 23) des gesamten Prüfsystems mit erfassen.

Es gibt mehrere Verfahren zur Messung der Dehnungen von Zugproben, wobei verschiedene physikalische Prinzipien ausgenutzt werden. Stets werden Längenänderungen ermittelt, und zwar entweder mechanisch bzw. elektrisch auf Grund der Verlagerung von Schneiden mit definiertem Abstand oder elektrisch auf Grund von Widerstandsänderungen aufgeklebter Drähte bzw. Folien aus geeigneten metallischen Werkstoffen. Bei mechanischen Dehnungsmessungen werden die zwischen zwei Schneiden auftreten-

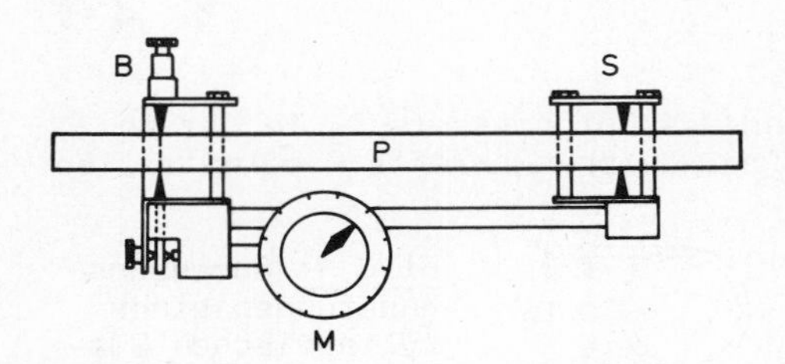

Bild 2: Prinzip eines mechanischen Verlagerungsaufnehmers

den Abstandsänderungen entweder direkt oder über ein Hebelsystem vergrößert registriert. In Bild 2 ist ein derartiger mechanischer Verlagerungsaufnehmer schematisch wiedergegeben. Die Verlängerung ΔL des Probestabes P wird mit einer empfindlichen Meßuhr M zwischen den starren Schneiden S und den beweglichen Schneiden B abgenommen. Die Auflösungsgrenze dieser Aufnehmer liegt bei etwa 10^{-4}, der Meßbereich kann mehrere Prozent Totaldehnung (vgl. V 25) umfassen.

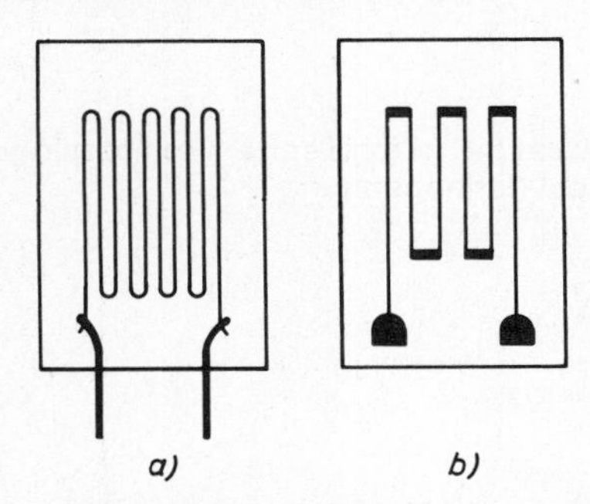

Bild 3: Schematischer Aufbau von Draht-DMS (a) und Folien-DMS (b)

Bei Dehnungsmessungen mit Hilfe von elektrischen Widerstandsänderungen finden Draht- und neuerdings zunehmend Folien-Dehnmeßstreifen (DMS) Anwendung (vgl. Bild 3). Bei den Draht-DMS wird ein 10 - 20 µm starker Metalldraht schleifenförmig in einer Ebene ausgelegt und in einer dünnen Plastikfolie eingebettet. Das Meßgitter von Folien-DMS wird aus einer dünnen auf einem Kunststoffträger befindlichen Metallfolie (Gesamtdicke etwa 25 µm) mit Hilfe einer speziellen Photoätztechnik herauspräpariert. Die vollständige Übertragung der Längenänderung einer Probe auf den aktiven Teil eines DMS erfordert eine günstige Konstruktion des DMS und vor allem eine gute Klebung mit Spezialkleber auf dem Meßobjekt. So soll z. B. das Verhältnis der Dicke von Träger zu Draht größer als 5 : 1 sein. Draht- und Folien-DMS verändern ihren elektrischen Widerstand (vgl. V 14)

$$R = \rho \frac{L}{A} \tag{7}$$

(ρ spez. elektrischer Widerstand, L Länge und A Querschnitt des Leiters) proportional zur elastischen Längenänderung und damit zur elastischen Dehnung der Probe. Bei einem Draht mit Durchmesser ϕ ist $A = \pi\phi^2/4$, und man erhält aus Gl. 7 durch totale Differentiation

$$\frac{\Delta R}{R} = \frac{\Delta\rho}{\rho} + \frac{\Delta L}{L} - 2\frac{\Delta\phi}{\phi} \ . \tag{8}$$

Daraus folgt unter sinngemäßer Anwendung der Gl. 3, 4 und 5

$$\frac{\Delta R}{R} = \left[\frac{\Delta\rho}{\rho}\frac{1}{\varepsilon_{e,l}} + 1 + 2\nu\right]\varepsilon_{e,l} = k\,\varepsilon_{e,l} \ . \tag{9}$$

Wenn der erste Term in der Klammer hinreichend klein ist, besteht also ein linearer Zusammenhang zwischen relativer Widerstandsänderung und Längsdehnung. k ist ein Maß für die Empfindlichkeit eines DMS. Draht-DMS haben k-Werte zwischen 1.5 und 2.5.

Die den Dehnungen proportionalen Widerstandsänderungen der DMS werden üblicherweise mit Hilfe von Dehnungsmeßbrücken gemessen. Im einfachsten Falle wird eine Wheatstone'sche Brücke benutzt, deren Aufbau Bild 4 zeigt. Der DMS wird als Widerstand R_x geschaltet. Durch Verän-

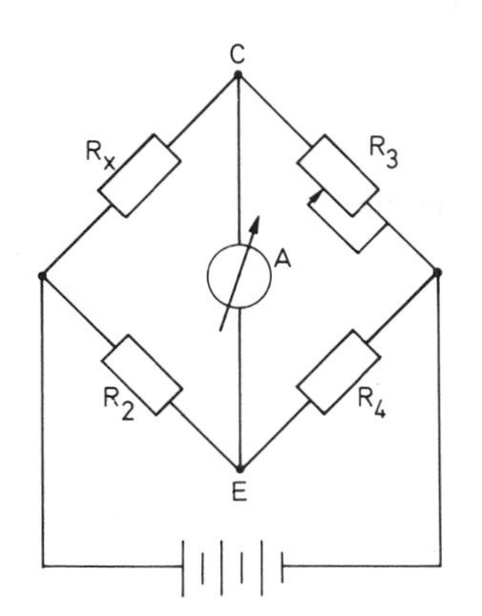

Bild 4: Wheatstone'sche Brückenschaltung zur Widerstandsmessung

derung des Regelwiderstandes R_3 wird die Brücke abgeglichen, bis das Amperemeter A stromlos ist. Dann ist der Spannungsabfall über den Widerständen R_x und R_2 gleich groß, und es gilt

$$\frac{R_x}{R_2} = \frac{R_3}{R_4} \,. \qquad (10)$$

Ändert nunmehr auf Grund einer Längenänderung durch mechanische Beanspruchung der auf den Werkstoff aufgeklebte DMS seinen Widerstand, so tritt zwischen den Brückenpunkten C und E eine Potentialdifferenz auf, und das Amperemeter zeigt einen der Dehnung proportionalen Strom an. Die Auflösungsgrenze der DMS liegt bei etwa $5 \cdot 10^{-6}$. Sie ist aber stark von der Güte der Klebung der DMS auf dem Prüfling abhängig. Der Meßbereich üblicher DMS umfaßt meist nicht mehr als etwa 5 % Totaldehnung. Da auch Temperaturschwankungen eine Widerstandsänderung des DMS bewirken, wird bei praktischen Messungen meistens der Widerstand R_2 als Temperaturkompensations-DMS mit auf das Untersuchungsobjekt geklebt, und zwar so, daß er mit Sicherheit keine Dehnung erfährt.

Bei der induktiven Dehnungsmessung wird von dem in Bild 5 gezeigten Differentialtransformator Gebrauch gemacht. Er enthält drei Spulen, die auf einem gemeinsamen Wickelkörper angebracht sind. Die innere Spule S, an der die Spannung U liegt, stellt die Primärwicklung, die äußeren Spulen S_1 und S_2 stellen die Sekundärwicklungen des Transformators dar. Die Spule S_1 wird anstelle von R_x, die Spule S_2 anstelle von R_2 in eine Wheatstone'sche Brücke geschaltet. Bei symmetrischer (0)-Stellung des Tauchkerns K sind die in den Sekundärspulen induzierten Spannungen gleich groß, und die Brücke wird mittels R_3 abgeglichen. Eine $\pm$ - Verschiebung des Tauchkerns infolge Längenänderungen des Meßobjektes hat Unterschiede in den Teilspannungen der Sekundärspulen und damit eine meßbare Verstimmung der Brückenschaltung zur Folge. Die Ankopplung eines induktiven Verlängerungsaufnehmers an einen Probestab erfolgt ähnlich wie die mechanischer Dehnungsmesser. In Bild 2 ließe sich z. B. die mechanische Meßuhr direkt durch einen induktiven Aufnehmer ersetzen. Die Auflösungsgrenze induktiver Aufnehmer ist mit der von DMS vergleichbar. Der Totaldehnungsmeßbereich ist jedoch erheblich größer. Tab. 1 faßt einige charakteristische Merkmale der besprochenen Meßmethoden zusammen.

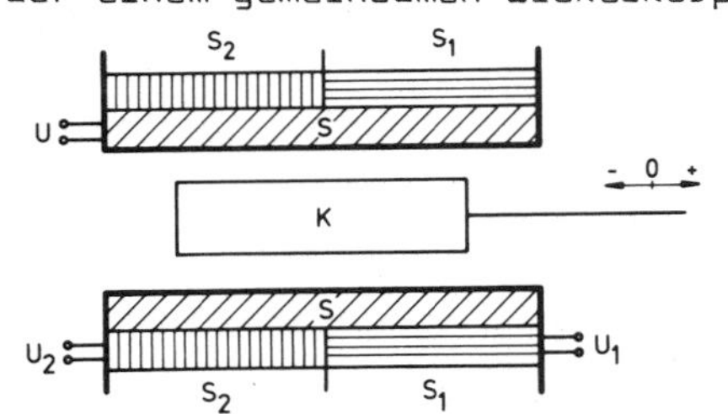

Bild 5: Schematischer Aufbau eines induktiven Dehnungsaufnehmers

Aufgabe

An vorbereiteten Zugstäben aus Armcoeisen, reinem Aluminium und reinem Kupfer sind Spannungs- und Dehnungsmessungen unter elastischer Beanspruchung durchzuführen und die Elastizitätsmoduln zu bestimmen. Die erhaltenen Kurvenanstiege sind mit denen zu vergleichen, die sich aus Kraft-Traversenverschiebungs-Kurven ergeben und zu diskutieren.

Tab. 1: Einige kennzeichnende Merkmale von Dehnungsaufnehmern

Merkmal	mechanische Aufnehmer	DMS	induktive Aufnehmer
Meßgröße	ΔL	ΔR	ΔU
Auflösung	10^{-4}	$5 \cdot 10^{-6}$	$5 \cdot 10^{-6}$
Temperaturkompensation	aufwendig	einfach	aufwendig
Direkt verwendbar im Temperaturbereich	0 bis 50 °C	-200 bis 1000 °C (spez. HT-DMS)	bis 70 °C
Meßbereich	mehrere %	<250 °C bis ~ 10 % >250 °C bis ~ 1 %	mehrere %
Anwendung	einfach	einfach	aufwendiger
Wiederverwendbarkeit	ja	nein	ja
Preis der Aufnehmer	groß	klein	mittel
Preis des Gesamtsystems	mittel	groß	groß

Versuchsdurchführung

Die Durchführung der Zugbelastungen erfolgt mit Hilfe einer hydraulischen Zugprüfmaschine mit Kraftanzeige durch Neigungspendel oder einer elektromechanischen Zugprüfmaschine (vgl. V 23). Die direkten Dehnungsmessungen werden bei Armcoeisen mit einer mechanischen Meßuhr, bei Aluminium mit aufgeklebten Dehnungsmeßstreifen und bei Kupfer mit einem induktiven Meßsystem durchgeführt. Für die DMS und den induktiven Dehnungsmesser stehen geeignete Meßbrücken zur Verfügung. Der k-Faktor des DMS-Systems ist bekannt, so daß Verlängerungen bzw. Dehnungen direkt bestimmt werden können. Für das induktive Meßsystem wird zunächst mit Hilfe eines Mikrometers eine Eichkurve aufgenommen. Zur Gewährleistung einer momentenfreien einachsigen Belastung werden die Köpfe der Versuchsproben sorgfältig in winkelbewegliche Formfassungen der Zugprüfmaschine eingehängt. Anschließend wird schrittweise belastet. Die Maschinenkraft und die Anzeigen der Dehnungsmeßgeräte werden bei jedem Belastungsschritt registriert, ebenso die Gesamtverschiebung der Maschinentraverse. Die Meßdaten werden in Spannungen und Dehnungen umgerechnet und gegeneinander aufgetragen. Die Steigungen der Ausgleichsgeraden durch die Meßpunkte, die sich auf Grund der direkten Dehnungsmessungen an den Zugproben ergeben, liefern die gesuchten Elastizitätsmoduln.

Literatur: 70,71.

Grundtypen von Zugverfestigungskurven **V 25**

Grundlagen

Der Zugversuch gibt Antwort auf die Frage, wie sich ein glatter, schlanker Prüfstab eines Werkstoffes mit der Meßlänge L_0 und dem Meßquerschnitt A_0 unter einachsiger, momentenfreier, kontinuierlich ansteigender Zugbeanspruchung verhält. Dazu wird die in eine Zugprüfmaschine (vgl. V 23) eingespannte Probe meist mit konstanter Traversengeschwindigkeit verformt. Die sich einstellende Zugkraft F wird in Abhängigkeit von der in Belastungsrichtung auftretenden totalen Probenverlängerung

$$\Delta L_t = L_t - L_0 \tag{1}$$

im allgemeinen bis zum Probenbruch registriert. Man erhält so ein Kraft-Verlängerungs-Diagramm, das die in Bild 1a skizzierte Form haben

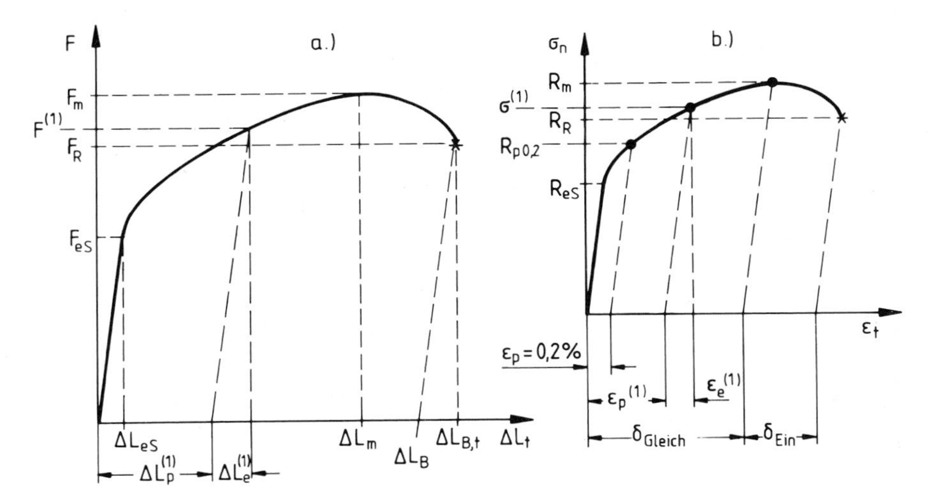

Bild 1: Kraft-Totalverlängerungs-Schaubild (a) und daraus abgeleitetes Nennspannungs-Totaldehnungs-Diagramm (b)

kann. Anfangs besteht bis $F = F_{eS}$ (Streckgrenzenkraft) ein linearer Zusammenhang zwischen F und ΔL_t. Bei weiterer Steigerung von F nimmt ΔL_t überproportional zu und erreicht bei $F = F_m$ (Maximalzugkraft) den Wert $\Delta L_t = \Delta L_m$. Danach tritt unter lokaler Probeneinschnürung ein Kraftabfall auf F_R (Reißkraft) und eine weitere Probenverlängerung bis $\Delta L_{B,t}$ auf. Dann bricht die Probe und zeigt - wenn man die Bruchstücke wieder zusammensetzt - eine bleibende Probenverlängerung ΔL_B.

Erfolgt beim Zugversuch eine Probenbelastung mit $F \ll F_{eS}$ und wird danach entlastet, so geht die totale Probenverlängerung ΔL_t wieder vollständig auf Null zurück. Man spricht von elastischer Beanspruchung. Es gilt also

$$\Delta L_t = \Delta L_e = L_t - L_0 \tag{2a}$$

mit

$$\Delta L_e \rightarrow 0 \quad \text{für } F \rightarrow 0 \,. \tag{2b}$$

Wird dagegen der Zugstab mit der Kraft $F > F_{eS}$ beansprucht und danach entlastet, so geht die totale Probenverlängerung ΔL_t nicht auf Null zurück, sondern es verbleibt eine plastische Probenverlängerung ΔL_p. Die totale Längenänderung ΔL_t unter Zugbeanspruchung umfaßt also einen elastischen Anteil ΔL_e und einen plastischen Anteil ΔL_p. Man spricht von elastisch-plastischer Beanspruchung, und es gilt

$$\Delta L_t = \Delta L_e + \Delta L_p = L_t - L_o \tag{3a}$$

mit

$$\Delta L_e \rightarrow 0 \quad \text{für } F \rightarrow 0 \tag{3b}$$

sowie

$$\Delta L_p = L_o' - L_o > 0 \quad \text{für } F \rightarrow 0\,. \tag{3c}$$

Dabei ist L_o' die nach Entlastung der Probe auf Null vorliegende Probenlänge.

Führt man mit Proben unterschiedlicher Abmessungen des gleichen Werkstoffes Zugversuche durch, so ergeben sich unterschiedliche Kraft-Totalverlängerungs-Kurven. Abmessungsunabhängigkeit erreicht man durch Einführung bezogener Größen. Die auf den Probenausgangsquerschnitt A_o bezogene Zugkraft wird als Nennspannung

$$\sigma_n = \frac{F}{A_o}\,, \tag{4}$$

die auf den jeweiligen Probenquerschnitt A bezogene Zugkraft

$$\sigma = \frac{F}{A} \tag{5}$$

wird als effektive oder wahre Spannung bezeichnet. Die auf die Ausgangslänge bezogene totale Längenänderung

$$\varepsilon_t = \frac{\Delta L_t}{L_o} = \frac{L_t - L_o}{L_o} \tag{6}$$

wird totale Dehnung genannt. Sie setzt sich gemäß

$$\varepsilon_t = \varepsilon_e + \varepsilon_p = \frac{\Delta L_e}{L_o} + \frac{\Delta L_p}{L_o} \tag{7}$$

aus einem elastischen Dehnungsanteil ϵ_e und einem plastischen Dehnungsanteil ϵ_p zusammen. Der elastische Dehnungsanteil ist dabei stets durch das Hooke'sche Gesetz

$$\frac{\sigma_n}{E} \approx \frac{\sigma}{E} = \varepsilon_e = \frac{\Delta L_e}{L_o} \tag{8}$$

bestimmt, wobei E der Elastizitätsmodul ist.

Unter Benutzung der Gl. 4 bis 8 lassen sich die Kraft-Totalverlängerungs-Kurven in Nennspannungs-Totaldehnungs-Kurven bzw. Spannungs-Totaldehnungs-Kurven umrechnen. Dazu werden die Ordinatenwerte durch A_o bzw. A, die Abszissenwerte durch L_o dividiert. Man erhält sog. Verfestigungskurven, die für Werkstofftyp und -zustand sowie die Beanspruchungsbedingungen (Traversengeschwindigkeit, Temperatur) charakteristisch sind. Bild 1b zeigt die zu Bild 1a gehörige Verfestigungskurve. Die Größe

$$R_{eS} = \frac{F_{eS}}{A_o} \tag{9}$$

wird Streckgrenze genannt. Sie stellt den Werkstoffwiderstand gegen einsetzende plastische Dehnung dar. Solange $\sigma_n < R_{eS}$ ist, wird der Werkstoff praktisch nur elastisch beansprucht, und es ist $\epsilon_t = \epsilon_e$ sowie $\epsilon_p \approx 0$. Dabei werden die Atome der den Werkstoff aufbauenden Körner (vgl. V 3) jeweils soweit aus ihren Gleichgewichtslagen bewegt, wie es die Bindungskräfte unter der wirksamen Nennspannung zulassen. Demgegenüber ist ein kleiner plastischer Verformungsanteil, der auf der Ausbauchung von Versetzungen der Versetzungsstruktur (vgl. V 3) beruht, zu vernachlässigen. Erst bei $\sigma_n > R_{eS}$ setzt makroskopische plastische Dehnung ein, wobei sich innerhalb der Körner Gleitversetzungen in nicht mehr reversibler Weise über größere Strecken bewegen. Die Größe

$$R_m = \frac{F_m}{A_o} \tag{10}$$

ist der Werkstoffwiderstand gegen beginnende Brucheinschnürung und heißt Zugfestigkeit. Unter Zugspannungen $R_{eS} < \sigma_n < R_m$ wird somit der Werkstoff elastisch-plastisch beansprucht, und es gilt in ausreichender Näherung

$$\varepsilon_t = \varepsilon_e + \varepsilon_p = \frac{\sigma_n}{E} + \varepsilon_p \quad . \tag{11}$$

Im Idealfall bleibt nach Entlastung jeweils der plastische Dehnungsanteil ϵ_p zurück (vgl. aber V 30). Die Größe

$$R_{p0,2} = \frac{F\,|_{\varepsilon_p = 0,2\,\%}}{A_o} \tag{12}$$

wird als 0.2 %-Dehngrenze definiert. Sie ist der Werkstoffwiderstand gegen das Überschreiten einer plastischen Verformung von $\epsilon_p = 0.2$ %. Schließlich wird als Reißfestigkeit die Größe

$$R_R = \frac{F_R}{A_B} \tag{13}$$

festgelegt. Der Querschnitt A_B der gebrochenen Probe ist um $\Delta A_B = A_o - A_B$ kleiner als der Ausgangsquerschnitt A_o. Die bezogene Größe

$$\psi = \frac{\Delta A_B}{A_o} \tag{14}$$

heißt Brucheinschnürung. Bezieht man die nach Probenbruch vorliegende bleibende Probenverlängerung

$$\Delta L_B = L_B - L_o \quad , \tag{15}$$

die einen Gleichmaßanteil ΔL_{Gleich} und einen Einschnüranteil ΔL_{Ein} umfaßt, auf die Ausgangslänge L_o, so ergibt sich die Bruchdehnung

$$\delta = \frac{\Delta L_B}{L_o} = \frac{\Delta L_{Gleich} + \Delta L_{Ein}}{L_o} = \delta_{Gleich} + \delta_{Ein} \;. \tag{16}$$

Es zeigt sich, daß die Einschnürdehnung zu $\sqrt{A_o}/L_o$ proportional ist. Man erhält deshalb nur dann gleiche Bruchdehnungen, wenn die Bedingung

$$\frac{\sqrt{A_o}}{L_o} = \text{const.} \tag{17}$$

erfüllt ist. Entsprechend genormte Zylinderstäbe mit $D_o/L_o = 1/5$ (1/10) werden kurze (lange) Proportionalstäbe genannt. Für die damit erhaltenen Bruchdehnungen δ_5 und δ_{10} gilt $\delta_5 > \delta_{10}$. In DIN 50 145 werden abweichend von hier für die Probenquerschnittsfläche das Symbol S, für die Bruchdehnungen die Symbole A_5 bzw. A_{10} und für die Brucheinschnürung das Symbol Z festgelegt, was bei der Angabe von Bruchdehnungen und Brucheinschnürungen zu beachten ist. Diese Festsetzungen sind bedauerlich, weil in vielen wissenschaftlichen Disziplinen der Buchstabe A seit langem und weiterhin als Flächensymbol und der Buchstabe Z allgemein als Koordinatenbezeichnung benutzt wird.

Die den bisherigen Betrachtungen zugrundegelegte Kraft-Totalverlängerungs- bzw. Nennspannungs-Totaldehnungs-Kurven treten in dieser Form nur bei bestimmten Werkstoffen und bei bestimmten Werkstoffzuständen auf. Alle technisch interessanten metallischen Werkstoffe besitzen einen mehr oder weniger ausgeprägten elastischen Dehnungsbereich mit werkstoffspezifischen Elastizitätsmoduln. Der Übergang in den elastisch-plastischen Verformungsbereich erfolgt aber je nach Werkstofftyp und -zustand unterschiedlich, und der sich anschließend einstellende Zusammenhang zwischen Nennspannung und totaler Dehnung wird durch den Werkstoffzustand und die Verformungsbedingungen beeinflußt. Insgesamt treten verschiedene Typen von Verfestigungskurven auf, von denen die wichtigsten in Bild 2 zusammengefaßt sind. Dabei ist überall der Probenbruch durch * vermerkt.

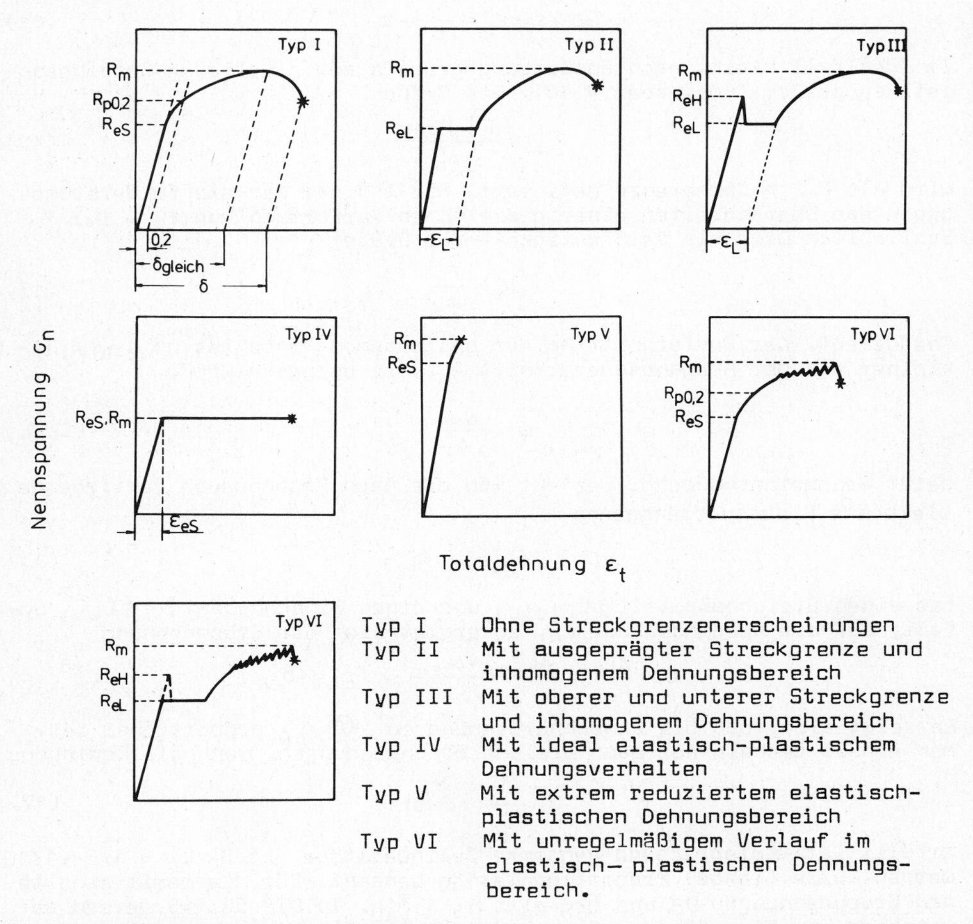

Bild 2: Charakteristische Verfestigungskurven metallischer Werkstoffe

Typ I stellt die schon kennengelernte Verfestigungskurve dar. Sie ist typisch für kfz. reine Metalle wie Aluminium, Kupfer, Nickel sowie Silber, für austenitische Stähle und für relativ hoch angelassene Vergütungsstähle (vgl. V 37). Nach Erreichen von R_m ist der Nennspannungsabfall der Lokalisierung der plastischen Verformung auf das Einschnürgebiet und der dadurch bedingten Verminderung des tragenden Probenquerschnitts zuzuschreiben. Mit wachsender Einschnürung sind zunehmend kleinere Nennspannungen zur Probenverlängerung erforderlich.

Die Typ II-Verfestigungskurve ist durch das Auftreten einer sog. unteren Streckgrenze R_{eL} charakterisiert, die den Hooke'schen Verformungsbereich abschließt und eine plastische Dehnungszunahme ϵ_L ohne Nennspannungssteigerung einleitet. ϵ_L wird Lüdersdehnung genannt. In diesem Verformungsabschnitt breiten sich - z. B. ausgehend von Querschnittsübergangsstellen - eine oder mehrere plastische Deformationsfronten über den Probenmeßbereich aus. Mögliche Verhältnisse sind in Bild 3 schematisch wiedergegeben. Zwischen dem um $\epsilon_p = \epsilon_L$ plastisch verformten und dem um $\epsilon_e = R_{eL}/E$ elastisch verformten Probenbereich vermittelt die sog. Lüdersfront, die geneigt zur Probenlängsachse über den Zugstab hinweg läuft. Die beiderseits der Lüdersfront vorliegenden Spannungs- und Dehnungsverhältnisse sind im unteren Bildteil vermerkt. Man spricht von der Ausbreitung eines Lüdersbandes, die stets makroskopisch inhomogen erfolgt. Typ II-Verfestigungskurven treten bei vielen Kupfer- und Aluminiumbasislegierungen auf.

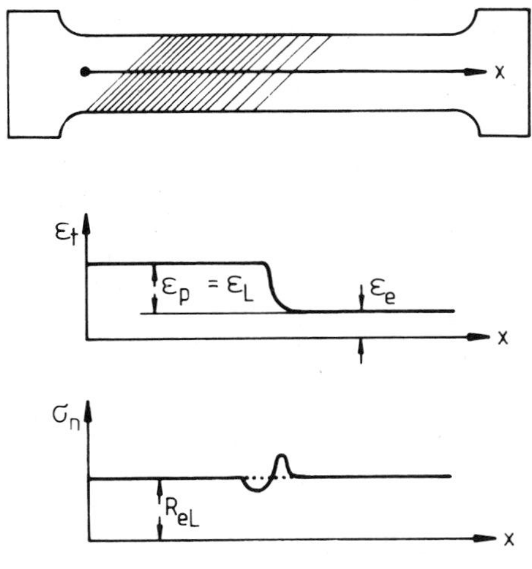

Bild 3: Zur Ausbildung und Ausbreitung von Lüdersbändern

Die Verfestigungskurve vom Typ III zeigt bei Erreichen von $\sigma_n = R_{eH}$ (obere Streckgrenze) einen abrupten Spannungsabfall auf R_{eL} (untere Streckgrenze) und danach unter Nennspannungskonstanz einen Lüdersdehnungsbereich ϵ_L. Nach Abschluß der inhomogenen Lüdersdeformationen nimmt die Nennspannung mit wachsender Totaldehnung zu, bis sich die Probe nach Erreichen von $\sigma_n = R_m$ unter Nennspannungsabfall einschnürt und zu Bruch geht. Derartige Verfestigungskurven werden bei unlegierten Stählen mit nicht zu großen Kohlenstoffgehalten (vgl. V 15) beobachtet.

Typ IV-Verfestigungskurven sind dadurch gekennzeichnet, daß sich an den elastischen Verformungsbereich ein Bereich mit horizontalem Kurvenverlauf anschließt. Bis zum Bruch wird also keine größere Nennspannung als R_{eS} benötigt. Verfestigungskurven vom Typ IV sind eine viel benutzte theoretische Abstraktion. Sie treten, zumindest näherungsweise, bei stark vorverformten Werkstoffzuständen und bei Hochtemperaturverformung bestimmter Werkstoffe auf.

Charakteristisch für Typ V-Verfestigungskurven ist das Fehlen größerer plastischer Dehnungen sowie eine Bruchausbildung mit sehr kleiner Bruchdehnung und -einschnürung. Dieses Verhalten ist typisch für unlegierte und legierte Stähle im martensitischen Zustand (vgl. V 16).

Verfestigungskurven vom Typ VI schließlich sind durch einen meist partiell gezackten Kurvenverlauf ausgezeichnet. Jeder Zacke entspricht ein Nennspannungsabfall und damit eine Reduzierung des gerade vorliegenden elastischen Dehnungsanteils. Gleichzeitig tritt ein Zuwachs an plastischer Dehnung auf, und die Spannung wächst wieder an. Gezackte Verfestigungskurven können sehr unterschiedliche Formen besitzen. Sie treten am häufigsten oberhalb Raumtemperatur auf und beruhen auf der Erscheinung der dynamischen Reckalterung (vgl. V 29).

Aufgabe

Von vorbereiteten Probestäben aus X 2 Cr Ni Mo 18 8 2 , Ck 10, Cu Zn 28 und Al Mg 5 sind in einer elektromechanischen Zugprüfmaschine bei Raumtemperatur die Kraft-Verlängerungs-Kurven aufzunehmen und daraus die Verfestigungskurven zu ermitteln. Vor Versuchsbeginn sind die verschiedenen Möglichkeiten zur Registrierung von Kraft-Verlängerungs-Diagrammen zu diskutieren. Die mechanischen Kenngrößen R_{eS}, $R_{p\,0.2}$, R_m, δ (bzw. A) und ψ (bzw. Z) sind zu bestimmen. Ferner ist in allen Fällen der Zusammenhang zwischen wahrer Spannung und Totaldehnung zu berechnen.

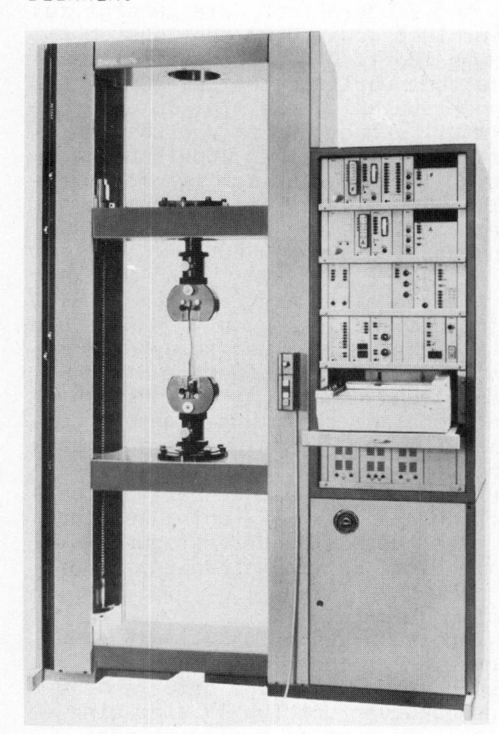

Bild 4: Elektromechanische 50 kN-Zugprüfmaschine (Bauart Zwick)

Versuchsdurchführung

Für die Versuche steht eine ähnliche Zugprüfmaschine wie die in Bild 4 gezeigte zur Verfügung. Die Versuchsproben werden momentenfrei in die Fassungen eingespannt und bei konstanter Traversengeschwindigkeit v bis zum Bruch verformt. Während des Zugversuches werden die Zugkraft über das Kraftmeßsystem und die Probentotalverlängerung mit Hilfe eines Aufsetz-Dehnungsaufnehmers registriert und auf einem x,y-Schreiber gegeneinander aufgeschrieben (F, ΔL_t - Kurve). Gleichzeitg wird mit der an der Prüfmaschine vorhandenen Registriereinrichtung die Prüfkraft als Funktion der Traversenverschiebung wegproportional (F, ΔZ - Kurve) bzw. mit einer Schreibergeschwindigkeit v_S zeitproportional (F,t - Kurve) aufgezeichnet. In Bild 5 ist die schematische Form der Registrierdiagramme wiedergegeben. Liegt eine "F, ΔL_t - Kurve" vor, so ist

$$x_t = \alpha_1 \, \Delta L_t = \alpha_1 (\Delta L_e + \Delta L_p) \, . \qquad (18)$$

Dabei ist α_1 der Verstärkungsfaktor der Dehnungsmeßeinrichtung. Die Totaldehnung ergibt sich somit zu

$$\varepsilon_t = \frac{\Delta L_t}{L_o} = \frac{x_t}{\alpha_1 L_o} \, . \qquad (19)$$

Aus dem anfänglichen linearen Kurvenanstieg folgt

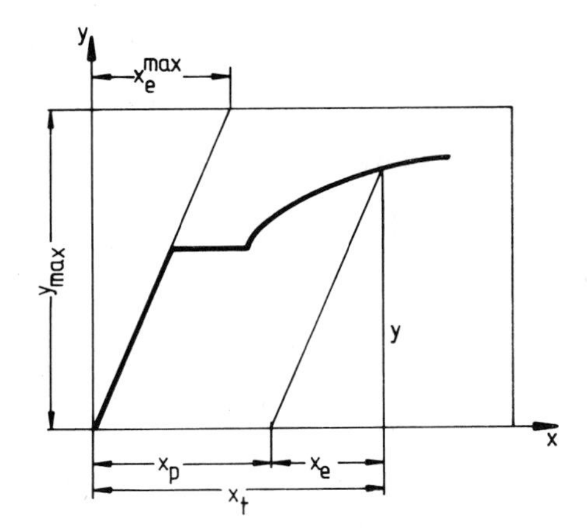

Bild 5: Schematisches Registrierdiagramm eines Zugversuches

$y \sim F$, $x \sim \Delta L_t$: $F, \Delta L_t$ - Kurve

$y \sim F$, $x \sim \Delta Z$: $F, \Delta Z$ - Kurve

$y \sim F$, $x \sim t$: F, t - Kurve

$$x_e = \frac{x_e^{max}}{y_{max}} y \tag{20}$$

so daß man für den elastischen Dehnungsanteil

$$\varepsilon_e = \frac{\Delta L_e}{L_o} = \frac{x_e}{\alpha_1 L_o} \tag{21}$$

erhält. Somit wird der plastische Dehnungsanteil

$$\varepsilon_p = \frac{1}{\alpha_1 L_o} \left[x_t - \frac{x_e^{max}}{y_{max}} y \right] . \tag{22}$$

Die verformende Zugkraft ergibt sich aus

$$F = \frac{y}{y_{max}} F_{max} , \tag{23}$$

wenn F_{max} zum Vollausschlag y_{max} führt. Somit wird die Nennspannung

$$\sigma_n = \frac{y}{y_{max}} \frac{F_{max}}{A_o} . \tag{24}$$

Da plastische Verformung unter Volumenkonstanz erfolgt, gilt

$$A L_t = A_o L_o \tag{25}$$

oder mit Gl. 6

$$A = \frac{A_o}{(1+\varepsilon_t)} . \tag{26}$$

Die wahre Spannung errechnet sich daher aus Gl. 5, 23 und 26 zu

$$\sigma = \frac{y F_{max}}{y_{max} A_o} (1+\varepsilon_t) . \tag{27}$$

Für $\epsilon_p \gg \epsilon_e$ kann man $\epsilon_t \approx \epsilon_p$ setzen.

Liegt eine "F, Δ Z - Kurve" vor, so ist

$$x_t = \alpha_2 \Delta Z_t = \alpha_2 (\Delta Z_e + \Delta Z_p) . \tag{28}$$

In diesem Fall entspricht α_2 dem Verstärkungsfaktor des Traversenwegmeßsystems, und man erhält

$$\Delta Z_t = \frac{x_t}{\alpha_2} \; . \tag{29}$$

Jetzt ist jedoch (vgl. V 23)

$$\Delta Z_t = \Delta L_t + \Delta s = \Delta L_e + \Delta L_p + \Delta s \quad , \tag{30}$$

wenn Δs die elastische Verlängerung von Maschine und Probenfassungen (vgl. V 23) ist. Die Totaldehnung ergibt sich demnach zu

$$\varepsilon_t = \frac{\Delta L_t}{L_o} = \frac{\Delta Z_t - \Delta s}{L_o} = \frac{x_t}{\alpha_2 L_o} - \frac{\Delta s}{L_o} \tag{31}$$

und ist nur bestimmbar, wenn Δs und somit die Nachgiebigkeit der Maschine bekannt ist. Die plastische Dehnung ergibt sich jedoch zu

$$\varepsilon_p = \frac{\Delta L_p}{L_o} = \frac{\Delta Z_t - (\Delta L_e + \Delta s)}{L_o} = \frac{\Delta Z_p}{L_o} = \frac{x_p}{\alpha_2 L_o} \tag{32}$$

und kann daher dem Registrierdiagramm direkt entnommen werden. Nennspannungen und wahre Spannungen berechnen sich nach Gl. 24 und 27.

Liegt schließlich eine "F,t - Kurve" vor, so liefert x_t die Zeit

$$t = \frac{x_t}{v_s} \quad , \tag{33}$$

in der sich die durch Gl. 23 gegebene Kraft F eingestellt hat. In dieser Zeit wird bei einer Traversengeschwindigkeit v der Weg

$$\Delta Z_t = v \; t = \frac{v}{v_s} \, x_t \tag{34}$$

zurückgelegt, der sich wiederum aus den in Gl. 30 aufgelisteten Anteilen zusammensetzt. Deshalb läßt sich auch bei dieser Registrierung nur ϵ_p und nicht ϵ_t ermitteln, es sei denn, Δs und damit die Maschinennachgiebigkeit ist bekannt.

Den Auswertungen werden die "F, ΔL_t" - Schriebe zugrundegelegt. Für die Versuchswerkstoffe werden die σ_n, ϵ_t - Kurven und die σ, ϵ_t - Kurven aufgetragen und diskutiert. Die zu bestimmenden Werkstoffkenngrößen werden tabellarisch zusammengestellt.

<u>Literatur:</u> 72,73,74,75,76,77,78.

Temperatureinfluß auf die Streckgrenze

V 26

Grundlagen

Werden metallische Werkstoffe bei nicht zu hohen Temperaturen zugverformt, so nimmt nach Überschreiten der Streckgrenze i. a. die wahre Spannung σ mit wachsender plastischer Verformung zu. Der Werkstoff verfestigt. Der Spannungszuwachs $\sigma(\epsilon_p) - R_{eS} = \Delta\sigma$ kann als Maß der Verfestigung angesehen werden. Die plastische Verformung beruht im Temperaturbereich $\lesssim 0.4\ T_S$ (T_S = Schmelztemperatur in K) auf der Bewegung und Erzeugung von Versetzungen in den verformungsfähigen Körnern der Vielkristallproben sowie auf der Wechselwirkung dieser Versetzungen mit Hindernissen, die ihrer Bewegung in den Körnern und an den Korn- bzw. Phasengrenzen entgegenwirken. Versetzungen treten je nach technologischer Vorgeschichte in den Körnern eines metallischen Werkstoffes mit mehr oder weniger großer Dichte bevorzugt in den dichtest gepackten Gitterebenen auf. Unter dem Einfluß von Schubspannungen führt die Versetzungsbewegung zu Relativverschiebungen benachbarter Kornbereiche und damit zur Probenverlängerung. Man spricht von Abgleitung bzw. Abscherung von Gleitebenen. Bei kfz. Metallen werden $\{111\}$ - Ebenen, bei krz. Metallen $\{110\}$-, $\{112\}$- und $\{123\}$ - Ebenen als Gleitebenen beobachtet. Während der plastischen Verformung werden durch verschiedene Mechanismen neue Versetzungen erzeugt. Versetzungen, die an den Werkstoffoberflächen längs ihrer Gleitebenen austreten, bewirken Oberflächenstufen, die als Gleitlinien angesprochen werden. Mehrere von benachbarten Gleitebenen stammende Gleitlinien bilden Gleitbänder. Letztere können geradlinig (z. B. bei homogenen Kupferbasislegierungen) oder wellig (z. B. im Ferrit unlegierter Stähle) sein. Beispiele zeigt Bild 1.

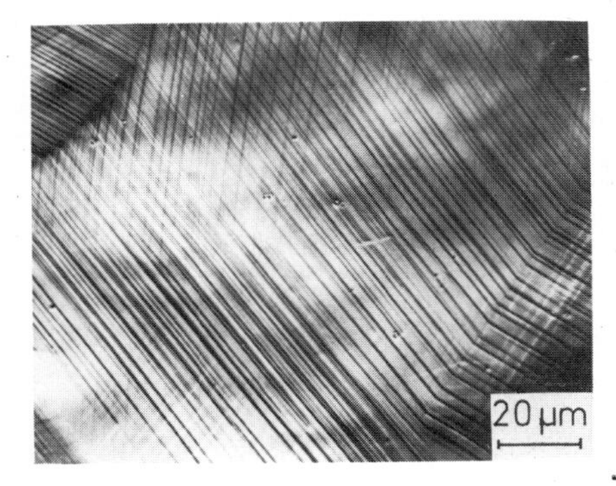

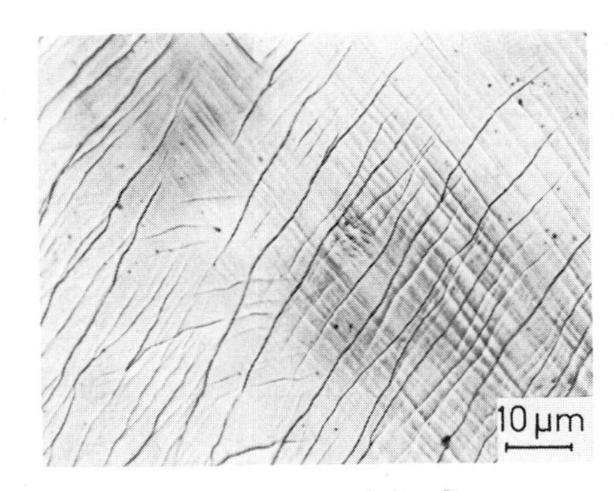

Bild 1: Geradlinige Gleitbänder bei CuAl 8 (links) und wellige Gleitbänder bei kohlenstoffarmem Eisen (rechts)

Bei ihrer Bewegung in den Gleitebenen der Körner treffen Versetzungen auf verschiedenartige Hindernisse, spüren also Widerstände, die entweder laufwegbegrenzend wirken oder unter Arbeitsaufwand zu überwinden sind. Man unterscheidet zwei Hindernisgruppen. Die eine ist charakterisiert durch weitreichende innere Spannungsfelder, die über einige tausend Atomabstände wirken, die andere durch kurzreichende innere Spannungsfelder, die nach wenigen Atomabständen abgeklungen sind. Letztere können von Gleitversetzungen unter Mithilfe von lokalisiert im Kristallgitter auftretenden thermischen Schwankungen überwunden werden. Der der Versetzungsbewegung entgegenwirkende Werkstoffwiderstand läßt sich dementsprechend in zwei additive Anteile

$$R = R_G(\text{Struktur}) + R^*(T, \dot{\varepsilon}, \text{Struktur}) \qquad (1)$$

zerlegen. Der von den Hindernissen mit weitreichenden Spannungsfeldern bestimmte Werkstoffwiderstand R_G wird von der Kristall- und Gefügestruktur des Werkstoffs und nur im Ausmaße der Temperaturabhängigkeit des Schubmoduls von der Temperatur beeinflußt. Da dieser Temperatureinfluß relativ schwach ist, wird R_G auch athermischer Werkstoffwiderstand genannt. Der Widerstandsanteil R^*, der von den Hindernissen mit kurzreichenden Spannungsfeldern herrührt, ist ausgeprägt von der Temperatur T und der Verformungsgeschwindigkeit

$$\dot{\varepsilon} = d\varepsilon_p/dt \qquad (2)$$

abhängig und wird ferner von der Kristall- und Gefügestruktur beeinflußt. Er wird als thermischer Werkstoffwiderstand bezeichnet. Auf Grund dieser Werkstoffwiderstände unterscheidet man auch bei den aufgeprägten Lastspannungen zwischen einem athermischen und thermischen Fließspannungsanteil.

Die Werkstoffwiderstandsanteile, die bei metallischen Werkstoffen für die sich einstellenden Fließspannungen verantwortlich sind, können an Hand von Bild 2 beurteilt werden. Dort sind die bei der Wechselwir-

Verfestigungsmechanismen: Wechselwirkung von Gleitversetzungen mit	Verfestigungsmechanismen: Schematische Darstellung	Werkstoffwiderstandsanteil	Oberflächenmerkmale
1. Versetzungen	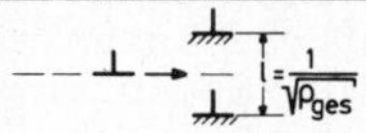 $l = 1/\sqrt{\rho_{ges}}$	$\Delta R_1 = R_{Vers} = \alpha_1 G b \sqrt{\rho_{ges}}$	Gleitlinien und Gleitbänder und/oder Zwillingslamellen
2. Korngrenzen		$\Delta R_2 = R_{KG} = \frac{k}{\sqrt{d}}$	Mehrfachgleitung
3. Gelösten Fremdatomen		$\Delta R_3 = R_{MK} = \alpha_2 G c^n$, $0{,}5 \le n \le 1$	Schärfer ausgeprägte Gleitbänder infolge kleinerer Stapelfehlerenergie
4. Teilchen a) kohärente Ausscheidungen	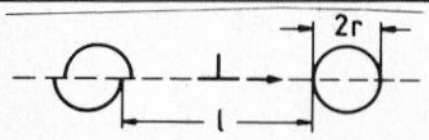 2r, l	$\Delta R_4^{(a)} = R_{Aus} = \alpha_3 \gamma_{eff}^m \frac{r^m}{l+2r}$, m = 1 bzw. 1,5	Grobgleitung
b) inkohärente Ausscheidungen bzw. Dispersionen	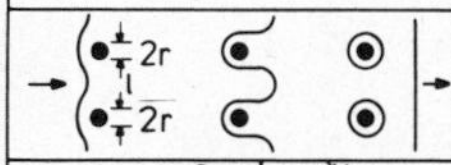 2r, l, 2r	$\Delta R_4^{(b)} = R_{Teil} = \alpha_4 \frac{Gb}{l} \ln \frac{r}{b}$	Feingleitung
c) körnige Anordnung 2. Phasen	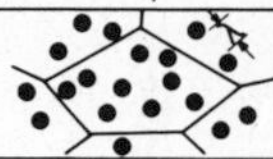	$\Delta R_4^{(c)} = R_{P,k} = \frac{k'}{\sqrt{\lambda}}$	Inhomogene Gleitung
d) lamellare Anordnung 2. Phasen	 λ	$\Delta R_4^{(d)} = R_{P,l} = \frac{\alpha_5}{\lambda}$	
e) grobe Zweiphasigkeit	 A, B	$\Delta R_4^{(e)} = R_{P,g} = (R_B - R_A) f_B$	

Bild 2: Zusammenstellung von Verfestigungsmechanismen und der von ihnen bewirkten Werkstoffwiderstandsanteile und Oberflächenmerkmale

kung von Gleitversetzungen mit Versetzungen, Korngrenzen, gelösten Fremdatomen sowie Teilchen bzw. Ausscheidungen bzw. Phasen wirksam werdenden Mechanismen mit den zugehörigen Widerstandsanteilen und den an der Oberfläche auftretenden Verformungsmerkmalen zusammengestellt. Die Versetzungsverfestigung

$$\Delta R_1 = R_{Vers} = \alpha_1 G b \sqrt{\rho_{ges}} \qquad (3)$$

beruht darauf, daß Gleitversetzungen bei ihrer Bewegung die Eigenspannungsfelder anderer Versetzungen überwinden müssen. Dabei ist α_1 eine Konstante, G der Schubmodul und b der Betrag des Burgersvektors. Die Korngrenzenverfestigung

$$\Delta R_2 = R_{KG} = k/\sqrt{d} \tag{4}$$

hat ihre Ursache darin, daß Korngrenzen unüberwindbare Hindernisse für die Gleitversetzungen eines Kornes darstellen. k ist eine werkstoffabhängige Konstante. Die als Folge gelöster Fremdatome auftretende Mischkristallverfestigung

$$\Delta R_3 = R_{MK} = \alpha_2 G c^n \tag{5}$$

beruht auf der elastischen Wechselwirkung von Gleitversetzungen mit Fremdatomen, die in den Gleitebenen bzw. in unmittelbarer Nachbarschaft der Gleitebenen im Kristallgitter vorliegen. Dabei ist c der Fremdatomanteil in At.-% und $0.5 \lesssim n \lesssim 1$. Die Teilchenverfestigung besteht darin, daß kohärente, teilkohärente oder inkohärente Ausscheidungen bzw. Dispersionen als Hindernisse für die Gleitversetzungen wirksam werden. Hinreichend kleine kohärente Ausscheidungen werden von Gleitversetzungen geschnitten und abgeschert. Für kugelförmige Ausscheidungen mit Radius r und freiem Abstand l gilt in bestimmten Fällen

$$\Delta R_4^{(a)} = R_{Aus} = \alpha_3 \gamma_{eff}^m \frac{r^m}{l+2r} \quad . \tag{6}$$

γ_{eff} ist dabei die beim Schneiden maßgebliche Grenzflächenenergie. Der Exponent m kann, je nach Anteil und Größe der Ausscheidungen, die Werte 1.5 oder 1 annehmen. Eine "geschnittene Ausscheidung" kann wegen der mit dem Schneidprozeß verbundenen Verkleinerung der wirksamen Hindernisfläche von nachfolgenden Versetzungen in der gleichen Gleitebene leichter durchsetzt werden als in benachbarten Gleitebenen. Die plastische Verformung konzentriert sich deshalb auf wenige Gleitebenen, die relativ stark abgeschert werden. An der Oberfläche führt dies zu hohen Gleitstufen, die einen relativ großen Abstand besitzen. Man spricht von Grobgleitung. Inkohärente Ausscheidungen bzw. Dispersionen, aber auch größere kohärente Ausscheidungen werden von Gleitversetzungen nicht geschnitten, sondern umgangen. Dabei ist der Widerstand

$$\Delta R_4^{(b)} = R_{Teil} = \alpha_4 \frac{Gb}{l} \ln \frac{r}{b} \tag{7}$$

zu überwinden. Es werden Versetzungsringe erzeugt, die die Teilchen umgeben und ihren freien Abstand l effektiv verkleinern. In der gleichen Gleitebene nachfolgende Versetzungen erfahren dadurch einen größeren Widerstand als in benachbarten Gleitebenen. Viele Gleitebenen werden aktiviert, jedoch vergleichsweise wenig abgeschert. Als Folge davon treten an der Oberfläche kleine Gleitstufen in geringem Abstand zueinander auf. Man spricht von Feingleitung. Voneinander separierte Körner (Teilchen) einer zweiten harten Phase wirken sich ebenfalls verfestigend und damit widerstandserhöhend aus. Quantitativ gilt

$$\Delta R_4^{(c)} = R_{p,k} = k'/\sqrt{\lambda} \quad , \tag{8}$$

wobei λ der mittlere freie Teilchenabstand ist. Voraussetzung für die Gültigkeit dieser Beziehung ist, daß der Teilchendurchmesser um Größenordnungen größer ist als bei der sonstigen Ausscheidungs- bzw. Teilchenverfestigung. Tritt die zweite Phase in lamellarer Form auf, so bewirkt sie einen Widerstandsanteil gegen plastische Verformung von

$$\Delta R_4^{(d)} = R_{p,l} = \frac{\alpha_5}{\lambda} \quad . \tag{9}$$

λ stellt dabei den mittleren Lamellenabstand dar. Tritt schließlich eine grobe Verteilung einer zweiten Phase B in einer weicheren Matrixphase A auf, so gilt näherungsweise

$$\Delta R_4^{(e)} = R_{p,g} = (R_B - R_A) f_B \qquad (10)$$

mit f_B als Volumenanteil der zweiten Phase. Dabei sind R_B und R_A die Verformungswiderstände der Phasen A und B. Sind die Phasenteilchen in körniger, lamellarer bzw. grober Ausbildung weniger verformbar als die Matrix, so ist an der freien Oberfläche der Matrixkörner eine inhomogene Verteilung der Gleitmerkmale zu erwarten.

Beim gleichzeitigen Auftreten verschiedenartiger Verfestigungsmechanismen kann in vielen Fällen die sich einstellende Fließspannung näherungsweise auf Grund des Prinzips der Additivität der Werkstoffwiderstandsanteile abgeschätzt werden. Für den Fall, daß nur ein Widerstandsanteil j bei den Phasenverfestigungsmechanismen wirksam ist und keine Textureinflüsse vorliegen, gilt beispielsweise für den athermischen Spannungsanteil

$$\sigma = \sigma_G = R_G = \sum_{i=1}^{4} \Delta R_i = R_{Vers} + R_{KG} + R_{MK} + \Delta R_4^{(j)} \quad . \qquad (11)$$

Der thermische Fließspannungsanteil $\sigma^* = R^*$ läßt sich unter Rückgriff auf die in die Form

$$\frac{d\varepsilon_p}{dt} = \dot{\varepsilon} = \frac{1}{M_T} \rho_{gl} b \frac{dL}{dt} \qquad (12)$$

umgeschriebene Gl. 2 quantitativ abschätzen. Dabei ist M_T der sog. Taylorfaktor, der den Zusammenhang zwischen makroskopischer und mikroskopischer Verformung der Körner von Vielkristallen herstellt. Die makroskopische plastische Dehnungsänderung $d\varepsilon_p$ im Zeitintervall dt ist durch die während dt erfolgende Verschiebung von ρ_{gl} Gleitversetzungen um das mittlere Gleitwegintervall dL bestimmt. Das Zeitintervall dt umfaßt einen Anteil freier Laufzeit t_L der Gleitversetzungen zwischen kurzreichenden Hindernissen sowie einen Anteil Wartezeit t_W vor Hindernissen dieser Art. Ersetzt man noch dL durch den mittleren Abstand l^* der kurzreichenden Hindernisse, so wird

$$dt = t_L + t_W = \rho_{gl} b l^* / M_T \dot{\varepsilon} \quad . \qquad (13)$$

Da zur Überwindung der kurzreichenden Hindernisse thermische Schwankungen beitragen, ist die mittlere Wartezeit der Gleitversetzungen vor Hindernissen immer wesentlich größer als die Laufzeit zwischen den Hindernissen. Es gilt also $t_W \gg t_L$. Die mittlere Wartezeit ihrerseits ist durch die Wahrscheinlichkeit für das lokalisierte Auftreten einer hinreichend großen Schwankung der freien Aktivierungsenthalpie ΔG gegeben, für die die statistische Mechanik die Beziehung

$$t_W = \frac{1}{\nu_0} \exp\left[\frac{\Delta G}{kT}\right] \qquad (14)$$

liefert. Dabei ist ν_0 die sog. Debyefrequenz, k die Boltzmannkonstante und T die absolute Temperatur. Mit $t_W \gg t_L$ erhält man aus Gl. 13 und 14 für die Verformungsgeschwindigkeit

$$\dot{\varepsilon} = \dot{\varepsilon}_0 \exp(-\frac{\Delta G}{kT}) \qquad (15)$$

mit der Geschwindigkeitskonstanten $\dot{\varepsilon}_0 = \rho_{gl}\, b\, l^*\, \nu_0 / M_T$.

Die anschauliche Bedeutung von ΔG geht aus Bild 3 hervor. Dort sind für einen kurzreichenden Hindernistyp sog. Kraft-Abstands-Kurven wiedergegeben, wie sie Gleitversetzungen bei verschiedenen Temperaturen in Hindernisnähe vorfinden. Es ist jeweils die lokal zur Versetzungsbewegung erforderliche Kraft, die der thermischen Fließspannung σ^* proportional ist, in Abhängigkeit vom Ortsabstand x schematisch aufgezeichnet. Bei $T = 0$ K muß die Kraft F_0^* bzw. Spannung σ_0^* zur Überwindung des Hinderniswiderstandes R_0^* aufgebracht werden, da am absoluten Nullpunkt keine thermischen Schwankungen auftreten. Bei den Temperaturen T_1 bzw. T_2 stehen endliche Beiträge ΔG_1 bzw. ΔG_2 an thermischer Energie zur Hindernisüberwindung zur Verfügung, wobei wegen $T_2 > T_1$ auch $\Delta G_2 > \Delta G_1$ ist. Die entsprechenden freien Enthalpien sind durch die schraffierten Bereiche gekennzeichnet. Man sieht anschaulich, daß zur Überwindung der gleichen Hinderniswiderstände bei tieferen Temperaturen größere Kräfte F^* bzw. Spannungen σ^* erforderlich sind als bei höheren. Man sieht ferner, daß mit Erreichen einer Temperatur T_0 die gesamte Arbeit zur Hindernisüberwindung thermisch aufgebracht wird. Dann ist der thermische Werkstoffwiderstand $R^* = 0$ und damit auch $F^* = 0$ bzw. $\sigma^* = 0$. Die erforderliche freie Aktivierungsenthalpie besitzt den Wert ΔG_0 und ist für den vorliegenden Hindernistyp charakteristisch.

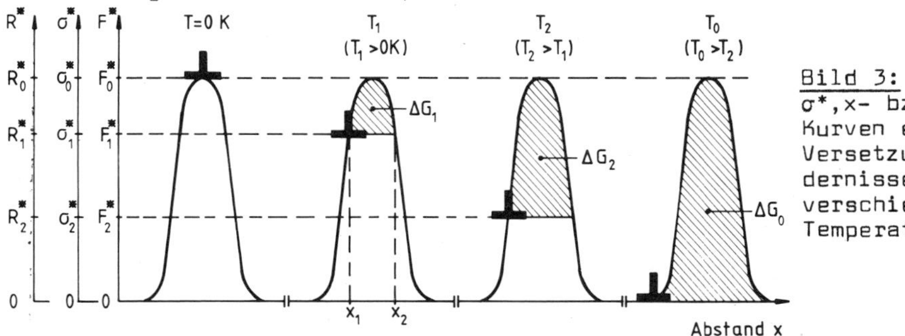

Bild 3: F^*,x-, σ^*,x- bzw. R^*,x-Kurven eines Versetzungshindernisses bei verschiedenen Temperaturen

Aus Bild 3 ist ersichtlich, daß ΔG durch F^* bzw. σ^* bzw. durch den thermischen Werkstoffwiderstand R^* bestimmt wird. Bei einer Reihe von metallischen Werkstoffen läßt sich ΔG durch ein Potenzgesetz der Form

$$\Delta G = \Delta G_0 \left[1 - \left(\frac{\sigma^*}{\sigma_0^*}\right)^{1/m}\right]^{1/n} = \Delta G_0 \left[1 - \left(\frac{R^*}{R_0^*}\right)^{1/m}\right]^{1/n} \qquad (16)$$

annähern. Für die Exponenten gilt beispielsweise $m = n = 1$ bei reinem Aluminium und einigen reinen hexagonalen Metallen, $m = 1/2$ und $n = 1$ bei Titanlegierungen, $m = 2$ und $n = 1$ bei reinem Eisen, $m = 4$ und $n = 1$ bei Kohlenstoffstählen sowie $m = 2$ und $n = 2/3$ bei homogenen Kupferlegierungen. Setzt man Gl. 16 in Gl. 15 ein, so liefert die Auflösung nach dem thermischen Fließspannungsanteil bzw. nach dem thermischen Werkstoffwiderstandsanteil für Temperaturen $T < T_0$

$$\sigma^* = R^* = R_0^* \left[1 - \left(\frac{T}{T_0}\right)^n\right]^m \qquad (17)$$

mit

$$T_0 = \frac{\Delta G_0}{k \ln \frac{\dot{\varepsilon}_0}{\dot{\varepsilon}}} \quad . \qquad (18)$$

Die Zusammenfassung von Gl. 1 und 17 liefert somit für $T < T_0$ als Summe des athermischen und thermischen Fließspannungsanteils

$$\sigma = \sigma_G + \sigma^* = R_G + R^* = R_G + R_0^* \left[1 - \left(\frac{T}{T_0}\right)^n\right]^m \qquad (19)$$

Berechnet man die Werkstoffwiderstände gegen einsetzende plastische Verformung in Abhängigkeit von der Temperatur für verschiedene Verformungsgeschwindigkeiten, so ergibt sich Bild 4. Die Werkstoffwiderstände fallen kontinuierlich mit wachsender Temperatur ab und münden um so eher in das R_G-Plateau ein, je geringer die Verformungsgeschwindigkeit ist. Sowohl R* als auch R_G werden bei metallischen Werkstoffen von der Gitterstruktur, den Gefügebestandteilen sowie deren Gitterstörungsstruktur beeinflußt. Als Beispiel sind in Bild 5 die Tieftemperaturverfestigungskurven von kfz. und krz. reinen Metallen einander schematisch gegenübergestellt. Während bei krz. Metallen ein ausgeprägter Temperatureinfluß auf die Streckgrenzen bzw. 0.2-Dehngrenzen vorliegt, ist dies bei kfz. Metallen nicht der Fall. Diese zeigen dagegen eine ausgeprägt temperaturabhängige Verfestigung, die wiederum bei den krz. Metallen nicht auftritt.

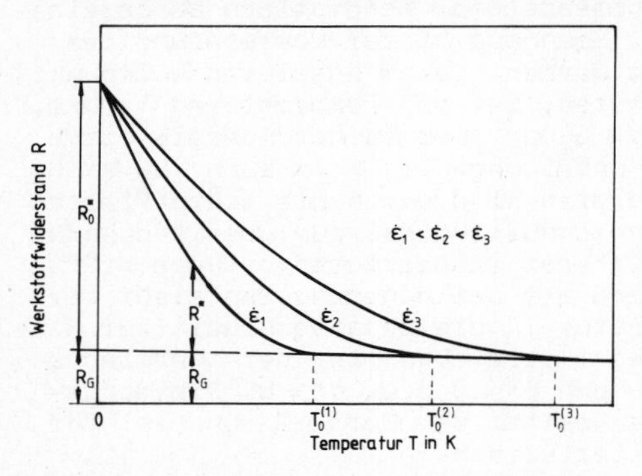

Bild 4: Einfluß von Verformungstemperatur und -geschwindigkeit auf den Werkstoffwiderstand gegen einsetzende plastische Verformung (Streckgrenze) bei Vielkristallen (schematisch)

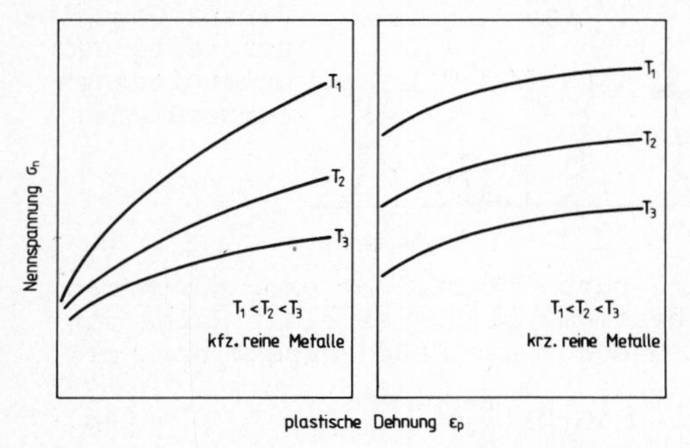

Bild 5: Einfluß der Verformungstemperatur auf die Verfestigungskurven kfz. und krz. Metalle (schematisch)

Aufgabe

Mit vorbereiteten Zugproben aus normalisiertem C 22 und rekristallisiertem CuSn 2 sind im Temperaturintervall $78 \lesssim T \lesssim 300\ ^{\circ}C$ Zugversuche durchzuführen. Die Temperaturabhängigkeit der Streckgrenzen dieser Werkstoffe ist zu ermitteln und mit der zu vergleichen, die bei untereutektoiden unlegierten Stählen sowie anderen homogenen CuSn-Legierungen vorliegt.

Versuchsdurchführung

Für die Untersuchungen steht eine Zugprüfmaschine mit einem Badkryostaten für die Tieftemperaturverformungen zur Verfügung. Die Meßanordnung hat den aus Bild 6 ersichtlichen schematischen Aufbau. Das Kryostatgefäß (1) besteht aus Messing mit eingelegten Kühlschlangen (2) aus Kupfer und ist außen wärmeisoliert. Die Kupferrohrleitung wird von flüssigem Stickstoff durchströmt und kühlt das Kälteübertragungsmittel (3) und damit die Zugprobe (4) im Behälterinneren. Die Temperaturregelung erfolgt über ein Magnetventil (5), welches bei Abweichung der über den Temperaturfühler (6) gemessenen Isttemperatur von der Solltemperatur den Stickstoffstrom freigibt oder unterbricht. Zur Vermeidung größerer Temperaturgradienten ist ein Rührwerk (7) tätig, welches mit der eingesetzten Regeleinrichtung (8) die Badtemperatur auf $\pm$ 1 °C konstant hält.

Als Kühlmittel dient im Temperaturbereich 95 K < T < 153 K Frigen 13, im Temperaturbereich 153 K < T < 273 K Frigen 11. Bei 78 K wird direkt mit flüssigem Stickstoff gearbeitet. Oberhalb 273 K finden Wasser/Alko-

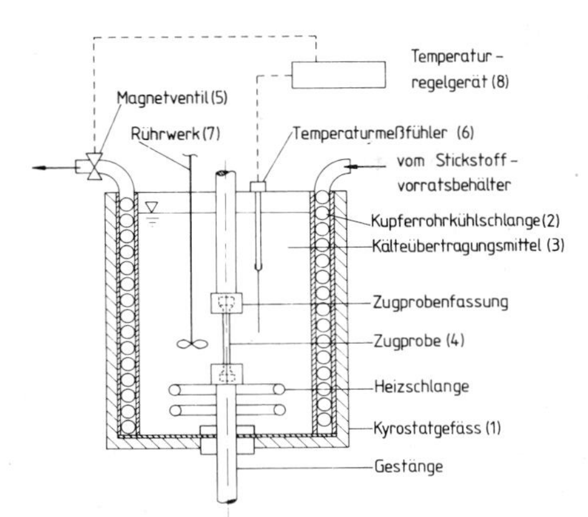

Bild 6: Badkryostat für Tieftemperaturversuche

hol- oder Wasserbäder Anwendung. Das zwischen 95 K und 153 K verwendete Frigen 13 wird zunächst wegen seines bei höheren Temperaturen (> 192 K) sehr großen Dampfdruckes in einen Druckbehälter mit flüssigem Stickstoff auf etwa 173 K vorgekühlt und danach unter dem Druck des Frigenvorratsbehälters in den Kryostaten gedrückt. Nach Versuchsende wird das Frigen 13 durch den durch Abkühlung des Druckbehälters erzeugten Unterdruck wieder aus dem Kryostatgefäß herausgesaugt.

Alle Versuche werden mit einer Dehnungsgeschwindigkeit $\dot{\epsilon} \approx 1 \cdot 10^{-4} s^{-1}$ entweder zeit- oder wegproportional gefahren (vgl. V 25). Die Auswertung der Maschinendiagramme erfolgt wie in V 25 beschrieben. Für den Vergleich und die Diskussion der Versuchsergebnisse dienen die in Bild 7a und b enthaltenen Angaben über die Temperaturabhängigkeit der Streckgrenze der benutzten Werkstoffe.

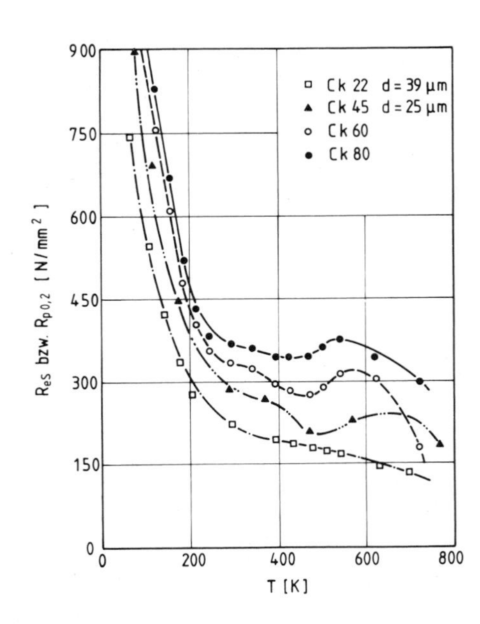

Bild 7a: Streckgrenze normalisierter Kohlenstoffstähle in Abhängigkeit von der Verformungstemperatur

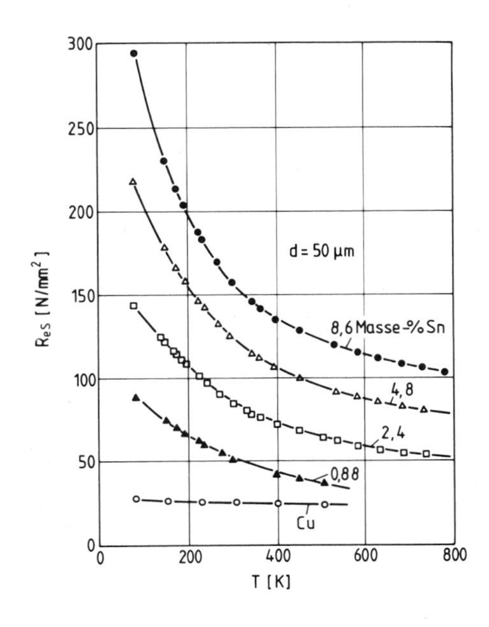

Bild 7b: Streckgrenze von Kupfer und Kupfer-Zinn-Legierungen in Abhängigkeit von der Verformungstemperatur

Literatur: 73,76,77,78.

V 27 Interferenzmikroskopie verformter Werkstoffoberflächen

Grundlagen

Die Oberflächen von Proben und Bauteilen aus metallischen Werkstoffen sind nie vollkommen eben (vgl. V 22). Der Unebenheitsgrad bzw. die Rauhigkeit hängen entscheidend von der Art der Umformung und der Endbearbeitung ab. So zeigt beispielsweise eine gehärtete Stahlprobe nach einer Schleifbehandlung eine andere Oberflächentopographie als nach einer elektrolytischen Polierbehandlung (vgl. V 8). Ein anderes Beispiel stellt die Veränderung des Profils elektrolytisch polierter Proben durch plastische Verformung dar.

Die direkte Messung von Profilhöhen zwischen etwa 0.05 µm und 2 µm ist innerhalb kleiner Bereiche blanker Oberflächen mit Hilfe der Interferenzmikroskopie möglich. Dieses Verfahren ist hochauflösend und daher für Detailuntersuchungen besser geeignet als zur gewöhnlichen Gütebestimmung technischer Oberflächen (vgl. V 22). Das Interferenzmikroskop ist im Prinzip ein Zweistrahlinterferometer, bei dem zusätzlich eine Abbildung der interessierenden Werkstoffoberfläche mit hoher Vergrößerung erfolgt. Bild 1 zeigt den optischen Aufbau eines solchen Gerätes. Ein paralleles Lichtbündel der Wellenlänge λ fällt auf ein sog. Scheideprisma S und wird dort in zwei Strahlenbündel geteilt. Der eine Strahl durchsetzt das Objektiv O_2, in dessen Brennebene sich ein Planspiegel S_2 befindet, der das Licht mit einem Phasensprung von λ/2 reflektiert und parallel zum Scheideprisma zurückführt. Das zweite Strahlenbündel fällt nach Durchlaufen des Objektives O_1 auf die in dessen Brennebene befindliche Objektoberfläche S_1 auf. Es wird dort ebenfalls mit einem Phasensprung von λ/2 reflektiert, läuft zum Scheideprisma zurück und interferiert mit dem vom Planspiegel reflektierten Bündel. Das senkrecht nach oben laufende Parallelstrahlenbündel wird durch das Linsensystem L in dessen Brennebene Z abgebildet, und zwar

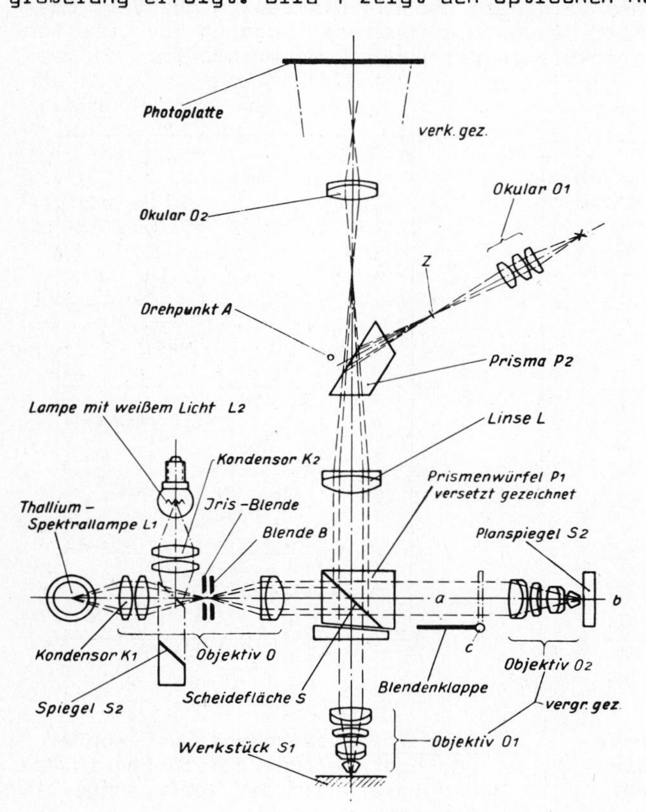

Bild 1: Optik eines Interferenzmikroskops

unter Knickung des Strahlenganges durch das Prisma P 2. In der Brennebene überlagern sog. "Interferenzstreifen gleicher Neigung" das Bild der Probenoberfläche, das mit dem Okular O 1 beobachtet wird. Durch Herausdrehen des Prismas P 2 aus dem Strahlengang kann die Interferenzerscheinung im interessierenden Oberflächenbereich auch photographisch festgehalten werden.

Die auftretenden Interferenzerscheinungen sind leicht an Hand von Bild 2a und b zu verstehen. Haben, wie in Bild 2a angenommen, Objekt S_1 und Spiegel S_2 die Entfernungen a_1 und a_2 vom Zentrum des Scheideprismas, so löschen sich die nach oben austretenden Teilbündel bei

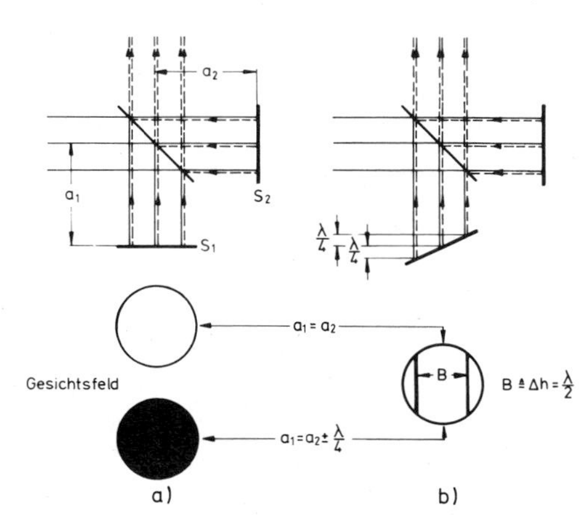

Bild 2: Zur Entstehung topographiebedingter Interferenzerscheinungen

$$a_1 = a_2 + \frac{\lambda}{4} i \qquad (i = 1,3,5,\ldots) \qquad (1)$$

aus, und sie verstärken sich bei

$$a_1 = a_2 + \frac{\lambda}{4} n \qquad (n = 0,2,4,\ldots)\ . \qquad (2)$$

Ändert man kontinuierlich a_1, so erscheint das Objekt im Gesichtsfeld abwechselnd hell und dunkel, und zwar periodisch mit $\Delta a = \lambda/4$. Ersetzt man die bisher als eben und senkrecht zur optischen Achse vorausgesetzte Objektoberfläche durch eine schräg liegende wie in Bild 2b, so erfolgt der beschriebene Interferenzvorgang nicht mehr zeitlich nacheinander, sondern örtlich versetzt zu gleicher Zeit. Bei $a_1 = a_2$ tritt Verstärkung, bei $a_1 = a_2 + \lambda/4$ Auslöschung, bei $a_1 = a_2 + 2\lambda/4$ Verstärkung usw. auf. Im Gesichtsfeld entstehen dunkle Linien, die durch helle Streifen getrennt sind. Der Abstand der Linien B entspricht Objektbereichen, die Höhenunterschiede von

$$\Delta h = 2 \cdot \frac{\lambda}{4} = \frac{\lambda}{2} \qquad (3)$$

besitzen. Arbeitet man beispielsweise mit dem grünen (gelben) Licht einer Thalliumlampe (Natriumlampe), so ist $\lambda = 0.535\ \mu m$ ($0.589\ \mu m$) und $\Delta h = 0.268\ \mu m$ ($0.295\ \mu m$). Man kann sich also die Interferenzstreifenentstehung einfach so vorstellen, daß man sich senkrecht zur optischen Achse des Mikroskopes Niveauflächen im Abstand $\lambda/2$ denkt, die die Objektoberfläche in Schichtlinien schneiden. Die Form dieser Schichtlinien stimmt dann mit dem Verlauf der Interferenzstreifen überein. In Bild 3 ist dies für eine ebene und eine gefurchte Oberfläche erläutert. Ist B die Streifenbreite und A die Streifenauslen-

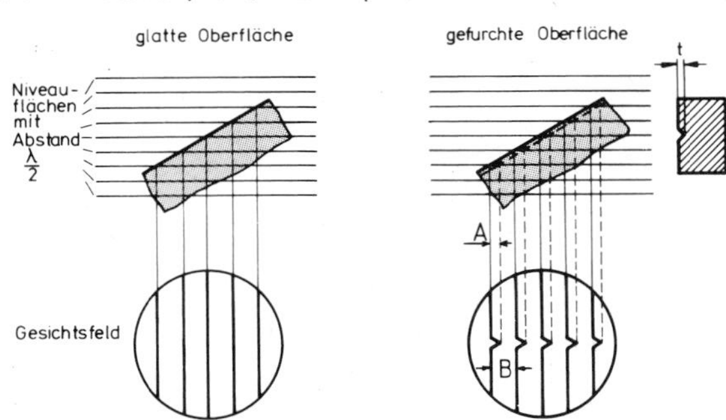

Bild 3: Interferenzstreifen bei glatter und gefurchter Oberfläche

kung an der Furchung, so ergibt sich die Furchentiefe zu

$$t = \frac{A}{B} \cdot \frac{\lambda}{2} \, . \qquad (4)$$

In Bild 4 sind für einen homogenen und einen heterogenen Werkstoff normale lichtmikroskopische Aufnahmen desselben Oberflächenbereiches in-

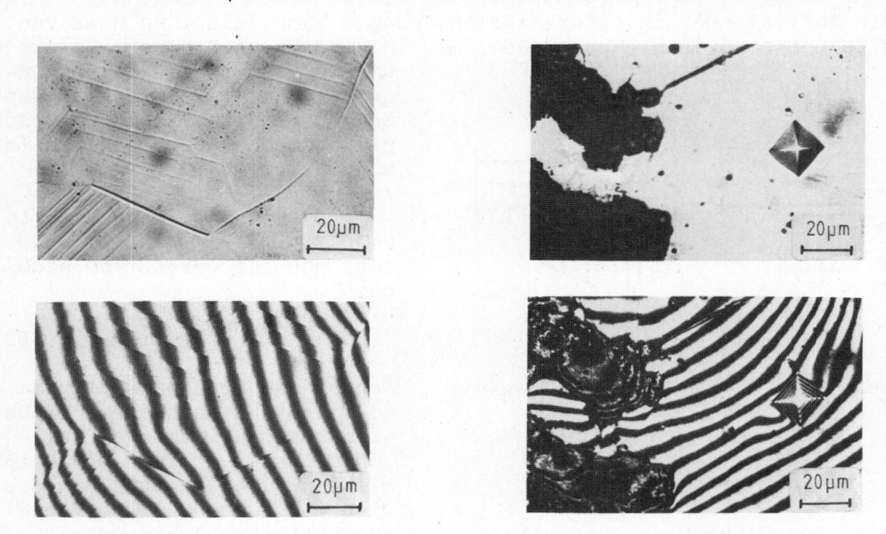

Bild 4: Lichtmikroskopische (oben) und interferenzmikroskopische (unten) Abbildung desselben Oberflächenbereiches bei Kupfer (links) und GGV 30 (rechts)

terferenzmikroskopischen gegenübergestellt. Die linken Bilder zeigen die Ausbildung von Gleitbändern in den Oberflächenkörnern von reinem Kupfer, das 5 % plastisch zugverformt wurde. Die rechten Teilbilder gehören zu einem 2 % zugverformten GGV 30 mit einem Mikrohärteeindruck in einem ferritischen Werkstoffbereich.

Aufgabe

Rekristallisierte und polierte Zugproben aus Cu, CuZn 10, CuZn 20 und CuZn 30 werden 5 und 10 % plastisch gereckt und danach die im Inneren und an den Korngrenzen größerer Körner auftretenden Gleitbandstrukturen untersucht. Der Zusammenhang zwischen Gleitstufenhöhe, Verformungsgrad und Mikrohärte wird bei den einzelnen Werkstoffen für das Innere und die Randbereiche größerer Oberflächenkörner ermittelt und diskutiert.

Versuchsdurchführung

Für die Untersuchungen steht ein Interferenzmikroskop und ein ähnliches Kleinlasthärteprüfgerät zur Verfügung, wie das in Bild 5 gezeigte. Der Stativfuß 14 trägt den Meßtisch 18 und die Säule 25, an der das eigentliche Meßgerät über die Rändelschraube 26 bewegt und mit dem Sterngriff 28 festgeklemmt werden kann. Der Meßtisch mit Objekt ist über die Meßspindeln 15 verschiebbar. Die höhenmäßige Grobeinstellung des Gerätes erfolgt über den Triebknopf 29 mit Hilfe des Nonius 27. Mit einem Einschwenksystem können zwei Objektive 12 und 20 sowie ein Prüfdiamant 13 zur Vickershärtebestimmung in die optische Achse einge-

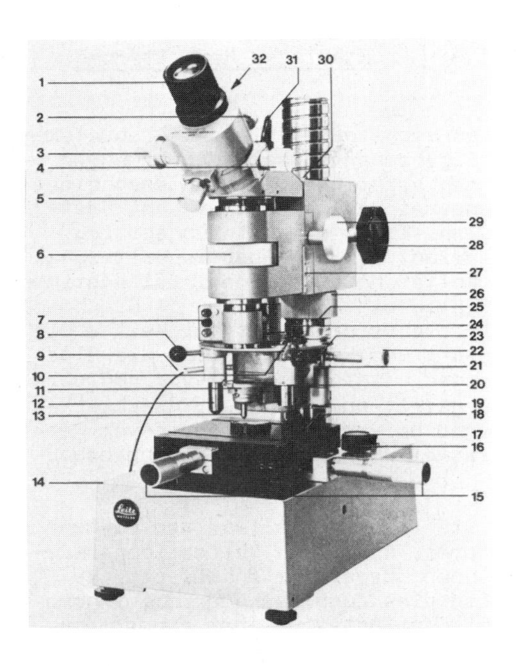

Bild 5: Kleinlasthärteprüfgerät (Bauart Leitz)

schwenkt und durch die Rastfeder 10 fixiert werden. Die Objektoberfläche wird durch den Rändelring 6 fein eingestellt. Das Feinmeßokular 1 mit Einstellmöglichkeiten 2 bis 5 wird über ein Fenster 32 beleuchtet (Schalter 17, Lichtstärkeregelung 16). Der Teller 11 dient zur Aufnahme verschiedener Prüfgewichte. Das Gerät verfügt über eine Ölbremse (Deckel 21, Kolbenstange 23). Die Absenkauslösung des Diamanten erfolgt mit dem Drahtauslöser 9, die Einstellung der Absenkgeschwindigkeit über die Rändelschraube 19. Mit Hilfe des Rändelknopfes 22 wird der Diamant wieder abgehoben. Die Signallampen 7 zeigen die Funktionsbereitschaft des Gerätes (grün), das Eindringen (rot) sowie das Abheben (gelb) des Eindringkörpers an. Üblicherweise wird mit Prüfkräften zwischen 0.147 N und 19.82 N gemessen. Die Vermessung der Diagonaleneindrükke erfolgt mit Hilfe von groben und feinen Okularmikrometern.

An den vorbereiteten Proben werden zur Kennzeichnung zunächst charakteristische Körner bzw. Kornbereiche durch Mikrohärteeindrücke markiert. Danach erfolgt die interferenzmikroskopische Aufnahme des Ausgangszustandes. Dann wird ein Teil der Proben um ~ 5 %, der andere um ~ 10 % plastisch zugverformt und erneut licht- und interferenzmikroskopisch untersucht.

Aus den "Interferogrammen" der interessierenden Oberflächenbereiche werden die Gleitbandhöhen im Korninnern der erfaßten Probenbereiche quantitativ gemessen und als Funktion des Verformungsgrades und der Stapelfehlerenergie der Versuchswerkstoffe aufgetragen. Danach werden zusätzliche Mikrohärtemessungen im Innern und an den Korngrenzen der Oberflächenkörner durchgeführt. Die Meßwerte werden mit den Härten verglichen, die sich aus den Markierungseindrücken vor Versuchsbeginn ergeben. Die Meßergebnisse werden diskutiert unter Rückgriff auf die unterschiedlichen Verformungsprozesse in homogenen kfz. Legierungen unterschiedlicher Stapelfehlerenergie.

Literatur: 29,79.

V 28 Statische Reckalterung

Grundlagen

Unter Alterung wird bei metallischen Werkstoffen die zeit- und temperaturabhängige Änderung bestimmter Eigenschaften nach Verformungen sowie Wärme- und anderen Vorbehandlungen verstanden. Man unterscheidet dabei oft zwischen natürlicher Alterung bei Raumtemperatur und künstlicher Alterung bei höheren Temperaturen. Tritt ein Alterungsprozeß nach Glühen und Abschrecken auf, so spricht man von Abschreckalterung. Alterung nach Verformung wird als Reckalterung bezeichnet. Bei bestimmten Stählen werden Streckgrenze, Zugfestigkeit, Bruchdehnung, Brucheinschnürung, Härte, Kerbschlagzähigkeit, elektrische Leitfähigkeit sowie magnetische Kenngrößen wie Koerzitivkraft und Remanenz durch die Alterung verändert. Das Ausmaß der Änderungen hängt vom Stahltyp, von der Auslagerungstemperatur, der Auslagerungszeit sowie bei der Abschreckalterung von der Abschrecktemperatur und bei der Reckalterung vom Reckgrad ab. Im folgenden wird nur die Erscheinung der Reckalterung behandelt.

Werden unlegierte untereutektoide Stähle im normalisierten Zustand bei Raumtemperatur im Zugversuch verformt, so treten Verfestigungskurven vom Typ III (vgl. V 25) auf, die nach Überschreiten der Streckgrenze einen Lüdersbereich zeigen. Wird eine Zugprobe über die inhomogene Lüdersdeformation hinaus verformt, entlastet und bei einer Temperatur T größer als Raumtemperatur eine Zeit t ausgelagert, so setzt bei einer erneuten Zugverformung plastische Deformation erst bei einer um $\Delta\sigma$ erhöhten Spannung ein. Dabei kann es, wie in Bild 1 angedeutet, wieder zur Ausbildung eines Lüdersbereiches kommen. Wird dagegen nach plastischer Vorverformung entlastet und sofort wiederbelastet, so beginnt die makroskopisch meßbare plastische Verformung bei einer etwas kleineren Spannung als der bei der Vorverformung erreichten. Es tritt kein Lüdersbereich auf, und die Spannung nähert sich mit wachsender Verformung asymptotisch den Werten, die sie auch ohne Versuchsunterbrechung erreicht hätte. Trägt man die bei Raumtemperatur gemessenen Spannungserhöhungen $\Delta\sigma$ für verschiedene Alterungstemperaturen T als Funktion der Alterungszeit t auf, so erhält man ähnliche Kurven wie in Bild 2. Bei kleinen Alterungstemperaturen steigt $\Delta\sigma$ mit zunehmender

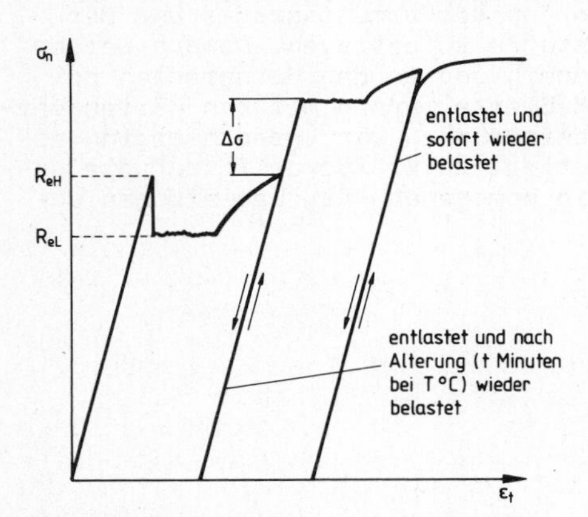

Bild 1: Auswirkung einer Alterungsbehandlung auf das σ_n,ϵ_t-Diagramm des Zugversuches (schematisch)

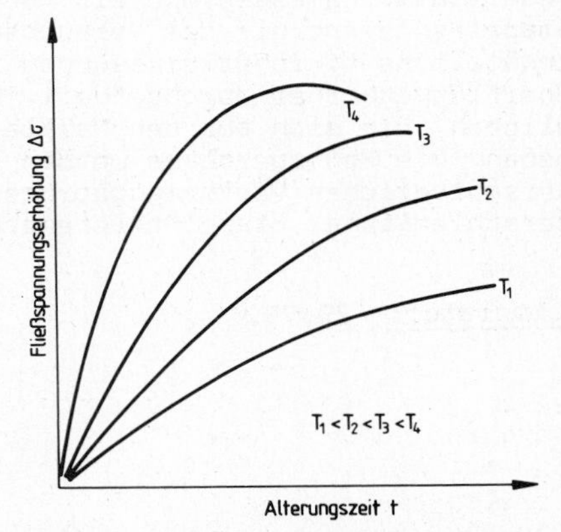

Bild 2: Spannungserhöhung in Abhängigkeit von der Alterungszeit bei verschiedenen Alterungstemperaturen (schematisch)

Alterungszeit um so stärker an, je größer T ist. Bei größeren Alterungstemperaturen wächst dagegen $\Delta\sigma$ bis zu einem Höchstwert, um danach wieder abzufallen. Man spricht von Überalterung. Dabei verschieben sich die Kurvenmaxima mit zunehmender Alterungstemperatur zu kleineren Zeiten.

Die auftretenden Fließspannungserhöhungen beruhen auf dem vergrößerten Werkstoffwiderstand gegen Verformung infolge der elastischen Wechselwirkung zwischen den im Ferrit vorhandenen Versetzungen und den interstitiell gelösten Kohlenstoff- (und Stickstoff-) Atomen. Im Ausgangszustand hat man davon auszugehen, daß im Verzerrungsfeld der vorhandenen Versetzungen, insbesondere der Stufenversetzungen, alle energetisch günstigen Plätze von Kohlenstoff- (und Stickstoff-) Atomen besetzt sind. Man spricht von Fremdatom- oder Cottrellwolken. Sie blockieren die Versetzungen und erfordern eine größere Spannung zur Versetzungsbewegung, als wenn sie nicht vorhanden wären. Zur plastischen Verformung bei Raumtemperatur ist die Bewegung von Gleitversetzungen im Ferrit unerläßliche Voraussetzung. Dazu werden viele der blockierten Versetzungen von ihren Fremdatomwolken losgerissen, jedoch auch neue Gleitversetzungen erzeugt. Nach plastischer Verformung liegen also fremdatomwolkenfreie Versetzungen bei insgesamt erhöhter Versetzungsdichte vor. Die Erhöhung des Verformungswiderstandes durch die Alterungsbehandlung beruht dann darauf, daß sich um die Gleitversetzungen, die den Deformationszuwachs erzeugt haben, durch Diffusion neue Cottrellwolken bilden. Ist n_0 die Atomkonzentration der in der Matrix gelösten Atome und $D = D_0\exp(-Q_W/kT)$ ihr Diffusionskoeffizient (vgl. V 29, Gl.1), so wird für die Cottrell-Wolkenbildung um Stufenversetzungen der Dichte $\rho_\perp$ ein Zeitgesetz der Form

$$n(t) = \alpha n_0 \varrho_\perp \left(\frac{ADt}{kT}\right)^{2/3} \qquad (1)$$

erwartet. Dabei ist α eine Konstante, A eine die elastische Wechselwirkung zwischen den gelösten Fremdatomen und den Stufenversetzungen charakterisierende Größe, k die Boltzmannkonstante und T die absolute Temperatur. Die relative Konzentrationsänderung $n(t)/n_0$ ist in erster Näherung dem zum Losreißen der Versetzungen erforderlichen Spannungszuwachs $\Delta\sigma$ proportional. Für ihn gilt mit α_1 als Konstanten

$$\Delta\sigma = \alpha_1 \varrho_\perp \left(\frac{ADt}{kT}\right)^{2/3}. \qquad (2)$$

Bei konstanter Auslagerungstemperatur sollte $\Delta\sigma$ linear mit $t^{2/3}$, bei gleicher Zeit mit zunehmender Temperatur anwachsen. Nach Erreichen eines Sättigungswertes kann es zur Bildung von Karbid- (bzw. Nitrid-) Ausscheidungen an den Versetzungen kommen, die die Versetzungen nicht so stark wie die Kohlenstoff- (bzw. Stickstoff-) Wolken verankern. Deshalb werden die Fließspannungsänderungen nach großen Alterungszeiten wieder kleiner. Metallische Legierungselemente in Eisenbasislegierungen mit hoher Affinität zu Kohlenstoff (und Stickstoff) beeinflussen die Alterungserscheinungen entweder dadurch, daß sie Kohlenstoff (und Stickstoff) binden und damit dem Ferritgitter entziehen oder dadurch, daß sie die Kohlenstoff- (und Stickstoff-) Diffusion verändern.

In Bild 3 sind die Ergebnisse von Reckalterungsexperimenten mit einem Stahl X 12 Ni 18 wiedergegeben, der im martensitischen Zustand untersucht wurde. Wie man sieht, ist bei den einzelnen Alterungstemperaturen die $t^{2/3}$-Abhängigkeit gut erfüllt. Trägt man die für $\Delta\sigma$ = const. vorliegenden t,T-Werte in einem lg t, 1/T-Diagramm auf, gleicht sie linear aus und bestimmt die Aktivierungsenergie für den alterungsbestimmenden Prozeß, so ergibt sich $Q \simeq 83$ kJ/mol = 0.86 eV. Dieser Wert entspricht etwa dem der Diffusion von Kohlenstoffatomen über Oktaederlücken

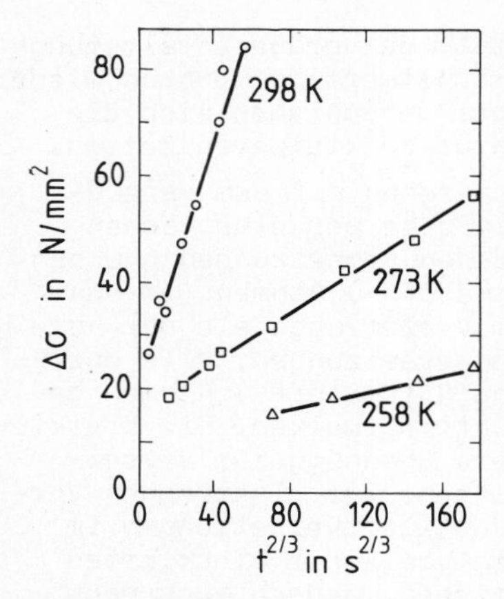

Bild 3: Spannungserhöhung in Abhängigkeit von der Alterungszeit bei verschiedenen Temperaturen (Werkstoff: X 12 Ni 18)

im krz. Gitter (vgl. V 1 und V 53) des α-Eisens.

Reckalterung wird nicht nur bei Eisenbasislegierungen, sondern auch bei anderen metallischen Werkstoffen beobachtet. So kann beispielsweise interstitiell gelöster Kohlenstoff in Vanadium, Chrom, Molybdän und auch in Nickel, interstitiell gelöster Sauerstoff in Niob, Vanadium und Tantal sowie interstitiell gelöster Wasserstoff in Nickel Versetzungen verankern. Aber auch substituierte Fremdatome können die Ursache von Alterungserscheinungen sein. Ein Beispiel stellt verformtes α-Messing dar, wo Zinkatome, die über Leerstellen zu Versetzungen diffundieren, diese blockieren und eine Fließspannungserhöhung hervorrufen. Auch bei anderen Kupferbasislegierungen und bei bestimmten Aluminiumbasislegierungen werden statische Reckalterungserscheinungen beobachtet.

Aufgabe

Für Zugproben aus einem Baustahl St 37, die verschieden weit über das Ende des Lüdersbereiches hinaus verformt werden, sind die Fließspannungserhöhungen in Abhängigkeit von der Auslagerungszeit für mehrere Auslagerungstemperaturen zu bestimmen.

Versuchsdurchführung

Die Zugverformung vorbereiteter Stahlproben erfolgt bei Raumtemperatur mit konstanter Traversengeschwindigkeit in einer Zugprüfmaschine (vgl. V 23 und V 25). Die Zugkraft wird auf einem Schreiber mit konstantem Papiervorschub registriert. Anhand der Registrierdiagramme kann das Ende des Lüdersbereiches leicht erkannt werden. Der zugehörige Spannungswert R_{eL} wird ermittelt. Ein Teil der Proben wird bis zum Erreichen einer Nennspannung $\sigma_n = 1.05\ R_{eL}$, ein anderer bis $\sigma_n = 1.10\ R_{eL}$ verformt. Danach werden die Proben jeweils entlastet, ausgespannt, in Wasserbädern verschiedener Temperatur verschieden lange gealtert und anschließend bis zum Einsetzen merklicher plastischer Dehnung weiterverformt. Aus den dann wirksamen Zugkräften werden die zugehörigen Spannungen berechnet und die gesuchten $\Delta\sigma$ - Werte ermittelt. $\Delta\sigma$ wird für verschiedene Auslagerungstemperaturen in Abhängigkeit von der Alterungszeit aufgetragen und diskutiert.

Literatur: 77, 80, 81.

Dynamische Reckalterung

V 29

Grundlagen

Die Verfestigungskurven bestimmter Werkstoffe (vgl. V 25) zeigen bei höheren Temperaturen oberhalb einer kritischen plastischen Dehnung ϵ_I einen unregelmäßigen, gezackten Verlauf. Als Beispiel sind in Bild 1 für ferritisches Gußeisen mit Vermiculargraphit Verfestigungskurven mit

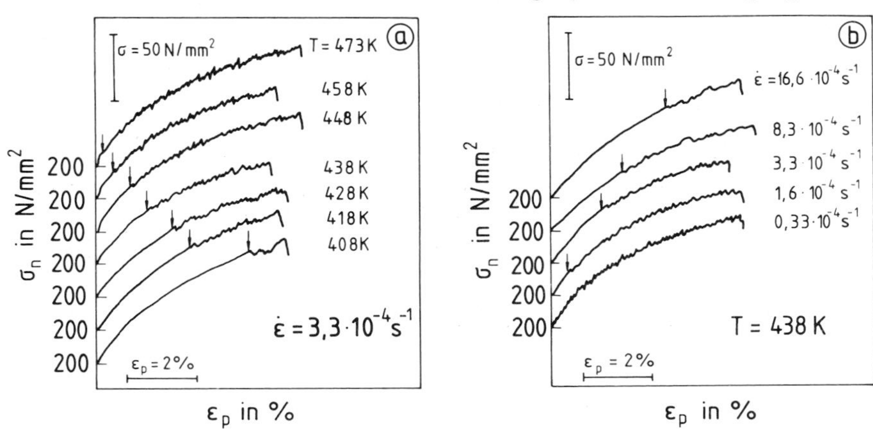

Bild 1: Zusammenhang zwischen Spannung und plastischer Dehnung für GGV 30 bei verschiedenen Temperaturen (a) und verschiedenen Dehnungsgeschwindigkeiten (b)

versetztem Ordinatenmaßstab wiedergegeben, die bei unterschiedlichen Temperaturen und Verformungsgeschwindigkeiten ermittelt wurden. Man sieht, daß sich der Einsatzpunkt (↓), ab dem ein gezackter Kurvenverlauf auftritt, mit sinkender Dehnungsgeschwindigkeit $\dot{\epsilon}$ und wachsender Temperatur T zu kleineren plastischen Dehnungen verschiebt. Man bezeichnet diese Erscheinung als dynamische Reckalterung oder nach ihren Entdeckern als Portevin-Le Chatelier-Effekt. Sie beruht auf der elastischen Wechselwirkung von Gleitversetzungen mit diffundierenden Legierungsatomen. Diese tritt besonders ausgeprägt auf, wenn die Diffusionsgeschwindigkeit v_D der Atome, die dem Diffusionskoeffizienten

$$D = D_0 \exp[-Q_W/kT] \tag{1}$$

(Q_W Aktivierungsenergie für die Diffusion von Interstitionsatomen, D_0 Konstante , k Boltzmannkonstante, T absolute Temperatur) proportional ist, ungefähr mit der mittleren Geschwindigkeit der Gleitversetzungen $\bar{v}$ übereinstimmt, also

$$\bar{v} = v_D \sim D \tag{2}$$

ist. Soll bei der Zugverformung eine bestimmte plastische Dehnungsgeschwindigkeit $\dot{\epsilon}$ von einer verfügbaren Gleitversetzungsdichte ρ [cm^{-2} = cm/cm^3] aufrechterhalten werden, so muß die Bedingung

$$\dot{\epsilon} \sim \rho \bar{v} \tag{3}$$

erfüllt sein. Aus Gl. 2 und 3 folgt somit als Voraussetzung für auftretende dynamische Reckalterung

$$\dot{\varepsilon} \sim \rho D \qquad (4)$$

Dann ist kurzzeitig die Konzentration der diffundierenden Atome um die Stufenanteile der Gleitversetzungen größer als im ungestörten Gitter. Die Versetzungen werden durch diese "Konzentrationswolken" verankert, so daß eine größere Spannung erforderlich wird, um sie wieder loszureißen (vgl. V 28). Ist dies erfolgt, so fällt die Spannung wieder ab. Der kontinuierlichen Verfestigung, die zum Anstieg der Verfestigungskurve führt, überlagern sich also einander abwechselnde "Losreiß- und Einfangprozesse", an denen die diffusionsfähigen Atome in der Nähe von Stufenversetzungen beteiligt sind.

Bei Interstitions- bzw. Einlagerungsmischkristallen, wo die Legierungsatome Gitterlückenplätze einnehmen (vgl. V 3), läßt sich - wenn $\rho \sim \epsilon^{\beta}$ angenommen wird - die Bedingung für den Beginn ϵ_I der dynamischen Reckalterung schreiben als

$$\dot{\varepsilon} = c_1 \rho D = c_1 \varepsilon_I^{\beta} \exp[-Q_w/kT] . \qquad (5)$$

Dabei sind c_1 und β Konstanten. Durch Logarithmieren folgt aus Gl. 5

$$\ln \dot{\varepsilon} = \ln c_1 + \beta \ln \varepsilon_I - Q_w/kT . \qquad (6)$$

Bestimmt man also aus Bild 1 bei konstanter Temperatur T für verschiedene $\dot{\epsilon}$ und bei konstanter Verformungsgeschwindigkeit $\dot{\epsilon}$ für verschiedene Temperaturen die Einsatzdehnungen ϵ_I und trägt diese in $\ln \epsilon_I$, $\ln \dot{\epsilon}$- und $\ln \epsilon_I$, 1/kT-Diagramme auf, so erhält man aus

$$\left.\frac{\partial \ln \dot{\varepsilon}}{\partial \ln \varepsilon_I}\right|_T = \beta \qquad (7)$$

und aus

$$\left.\frac{\partial \ln \varepsilon_I}{\partial (1/kT)}\right|_{\dot{\varepsilon}} = Q_w/\beta , \qquad (8)$$

woraus sich die Aktivierungsenergie Q_W für den einsetzenden dynamischen Reckalterungsprozeß berechnen läßt. Bild 2 zeigt die entsprechenden

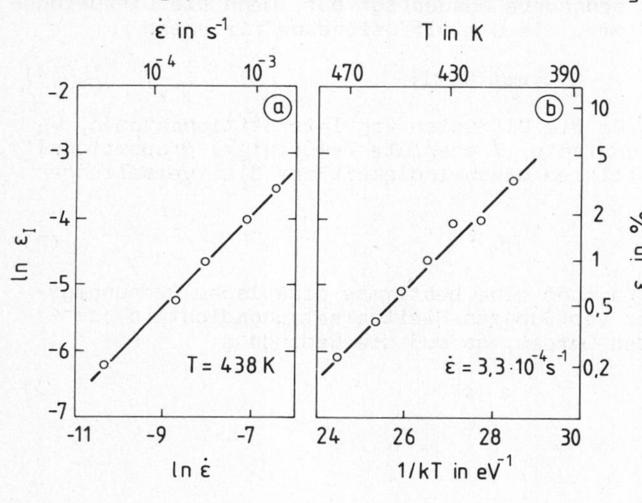

Bild 2: Einfluß der Dehnungsgeschwindigkeit $\dot{\epsilon}$ und der Temperatur T auf den Einsatzpunkt ϵ_I der dynamischen Reckalterung von GGV 30. $\ln \epsilon_I$, $\ln \dot{\epsilon}$ - Diagramm (links), $\ln \epsilon_I$, 1/kT-Diagramm (rechts)

Auftragungen für die Meßdaten aus Bild 1. Aus den Steigungen der Ausgleichsgeraden ergibt sich β = 1.44 und Q_W/β = 0.68 eV und damit Q_W = 0.98 eV. Q_W liegt in der Größenordnung der Aktivierungsenergie für die Diffusion der Kohlenstoffatome über Oktaederlücken in der FeSi-Mischkristallmatrix des untersuchten Gußeisens mit Vermiculargraphit.

Bei Substitutions- bzw. Austauschmischkristallen kann die Diffusion der Legierungsatome nur über Leerstellen erfolgen (vgl. V 3), so daß

$$D \sim c_L \exp[-Q_w/kT] \qquad (9)$$

wird. Die Leerstellenkonzentration umfaßt einen verformungsbedingten Anteil

$$c_{L,\varepsilon} \sim \varepsilon^m \qquad \text{mit } 1<m<2 \qquad (10)$$

als Folge nichtkonservativer Versetzungsbewegungen und einen thermischen Anteil

$$c_{L,th} \sim \exp[-Q_B/kT]\,, \qquad (11)$$

der der Gleichgewichtskonzentration bei der Verformungstemperatur T entspricht. Q_B ist die Bildungsenergie von Leerstellen. Bei nicht zu großen Temperaturen ist $c_{L,\epsilon} \gg c_{L,th}$, so daß sich nach Gl. 4, 9 und 10 als Bedingung für den Beginn ϵ_I der dynamischen Reckalterung

$$\dot{\varepsilon} = c\rho_I D = c_2 \varepsilon_I^{\beta} \varepsilon_I^{m} \exp[-Q_w/kT] \qquad (12)$$

schreiben läßt. Logarithmieren liefert

$$\ln\dot{\varepsilon} = \ln c_2 + (m+\beta)\varepsilon_I - Q_w/kT\,. \qquad (13)$$

Jetzt sollten die Anstiege von $\ln\epsilon_I$, $\ln\dot{\epsilon}$- und von $\ln\epsilon_I$, $1/kT$ - Diagrammen $1/(m+\beta)$ und $Q_W/(m+\beta)$ liefern, woraus sich wiederum Q_W berechnen läßt. Beispiele zeigt Bild 3 für CuZn28 mit unterschiedlichen Korngrö-

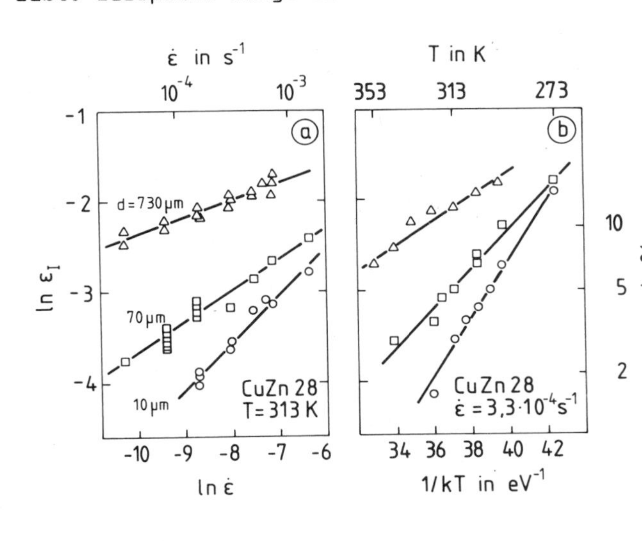

Bild 3: Einfluß der Dehnungsgeschwindigkeit $\dot{\epsilon}$ und der Temperatur T auf den Einsatzpunkt ϵ_I der dynamischen Reckalterung von CuZn 28 mit unterschiedlichen Korngrößen

ßen. Man sieht, daß ϵ_I und die Steigungen der Ausgleichsgeraden mit wachsender Korngröße zunehmen. Diese Einflüsse müssen durch verfeinerte Betrachtungen bei der quantitativen Behandlung der dynamischen Reckalterung in Substitutionsmischkristallen berücksichtigt werden.

Aufgabe

An Proben aus CuZn 37 mit hinreichend kleiner Korngröße sind die zwischen 250 K und 310 K auftretenden dynamischen Reckalterungserscheinungen unter einachsiger Zugverformung zu untersuchen. Der für den Einsatzpunkt der dynamischen Reckalterung maßgebende Prozeß ist durch seine Aktivierungsenergie zu charakterisieren und zu diskutieren.

Versuchsdurchführung

Für die Untersuchungen steht eine Zugprüfmaschine mit einem Badthermostaten zur Verfügung (vgl. V 26). Zunächst werden Zugversuche mit einer Dehnungsgeschwindigkeit $\dot{\epsilon} \sim 10^{-4}\ s^{-1}$ im angegebenen Temperaturintervall durchgeführt. Bei konstanter Temperatur T = 273 K (Eiswasser) werden anschließend mehrere Versuche mit abgestuften Dehnungsgeschwindigkeiten zwischen $10^{-5}\ s^{-1} < \dot{\epsilon} < 10^{-3}\ s^{-1}$ vorgenommen. Nach Ermittlung der Einsatzdehnungen ϵ_I werden $\ln \epsilon_I$, $\ln \dot{\epsilon}$- und $\ln \epsilon_I$, 1/kT-Diagramme erstellt und daraus die zur Berechnung von Q_W erforderlichen Daten entnommen.

Literatur: 82,83,84.

Bauschingereffekt

V 30

Grundlagen

Wird ein metallischer Werkstoff bis zu einer bestimmten Fließspannung überelastisch verformt, so beobachtet man nach Entlastung bei anschließender Umkehr der Beanspruchungsrichtung ein völlig anderes Verformungsverhalten, als wenn in der ursprünglichen Richtung weiterverformt wird. Bereits während der Entlastung treten Abweichungen von einem streng linear-elastischen Verlauf der Spannungs-Dehnungs-Kurve auf, wie sie idealisierten Betrachtungen zugrundegelegt werden (vgl. V 25, Bild 1). Bei der Rückverformung ist der Übergang von elastischer zu elastisch-plastischer Verformung kontinuierlich, so daß Streckgrenzenerscheinungen, wie sie bei nicht vorverformten Werkstoffen häufig beobachtet werden (vgl. V 25), völlig fehlen. Die Ursachen dieses Werkstoffverhaltens, das nach seinem Entdecker Bauschingereffekt genannt wird, beruhen auf den bei plastischer Verformung im Werkstoff ablaufenden strukturmechanischen Vorgängen. Bei homogenen Werkstoffen begünstigen die bei makroskopisch homogener Vorverformung entstehenden Versetzungskonfigurationen mit ihren inneren Spannungen das Rücklaufen von Versetzungen bei Lastumkehr und bewirken damit die beobachteten plastischen Rückverformungen. Bei heterogenen Werkstoffen treten zusätzlich Effekte als Folge der unterschiedlichen Verformbarkeit der verschiedenen Phasen auf, die dort nach Entlastung Mikroeigenspannungen unterschiedlichen Vorzeichens (vgl. V 77) hervorrufen. Sie führen zu einem gegenüber homogenen Werkstoffen vergrößerten Bauschingereffekt. Nach makroskopisch inhomogener Verformung, wie z. B. nach überelastischer Biegebeanspruchung (vgl. V 46), wirkt sich auch der auftretende Makroeigenspannungszustand auf den Bauschingereffekt aus.

Eine wesentliche Folge des Bauschingereffektes ist die gegenüber dem unverformten Zustand z. T. erhebliche Verminderung der Werkstoffwiderstandsgrößen gegen einsetzende plastische Verformung (R_{eS}) oder gegen das Überschreiten einer bestimmten plastischen Verformung (z.B. $R_{p\,0.2}$). Deshalb bietet es sich zunächst an, den Bauschingereffekt durch einen Vergleich zwischen den Dehngrenzen $R_{p\varepsilon}$ des unverformten und denen entsprechend vorverformter Werkstoffzustände zu beschreiben. In Bild 1 sind Kenngrößen zusammengestellt, die sich bei der quantitativen Er-

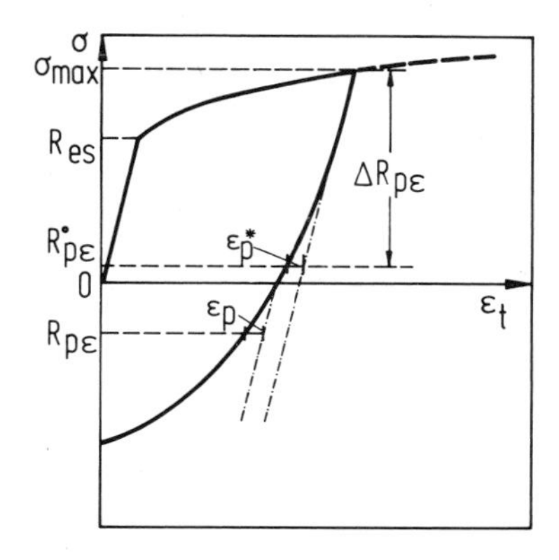

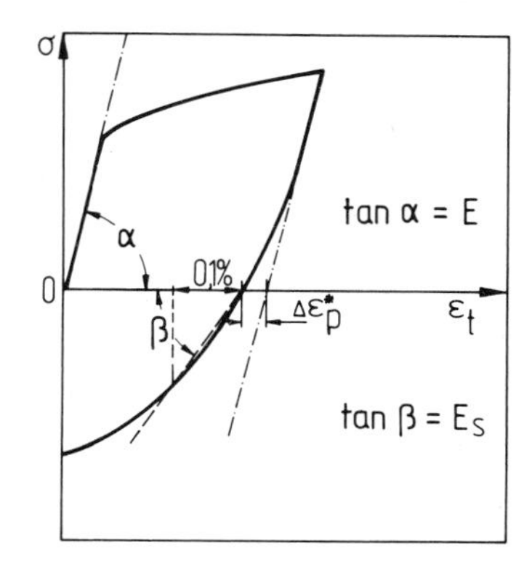

Bild 1: Kenngrößen zur Erfassung des Bauschingereffektes bei einachsig homogener Verformung

fassung des Bauschingereffektes als nützlich erwiesen haben. Eine solche Größe ist die Fließspannungsdifferenz $\Delta R_{p\epsilon}$, die unter Einschluß der schon während der Entlastung auftretenden plastischen Dehnungen auf bestimmte plastische Rückverformungen ϵ_p führt. Ein anderer Kennwert ist die während der Entlastung auftretende plastische Rückverformung $\Delta\epsilon_p^*$. Schließlich kann auch der Anstieg der Verfestigungskurve zu Beginn der Rückverformung als Sekantenmodul E_S für $\Delta\epsilon_p = 0.1$ % ermittelt und auf den Elastizitätsmodul E des Ausgangszustandes bezogen werden. Die genannten Kenngrößen erlauben es, einen Vergleich von Werkstoffen mit unterschiedlich stark ausgeprägtem Bauschingereffekt vorzunehmen.

Aufgabe

Der Bauschingereffekt ist bei Armcoeisen und C 80 nach einachsiger Zug- und anschließender Druckbeanspruchung für verschiedene Vorverformungsgrade zu untersuchen.

Versuchsdurchführung

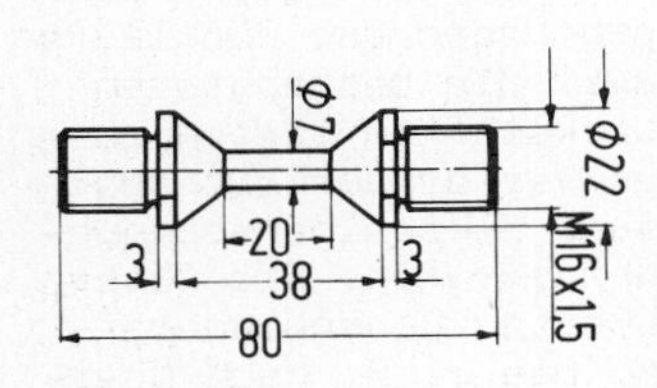

Bild 2: Probenform

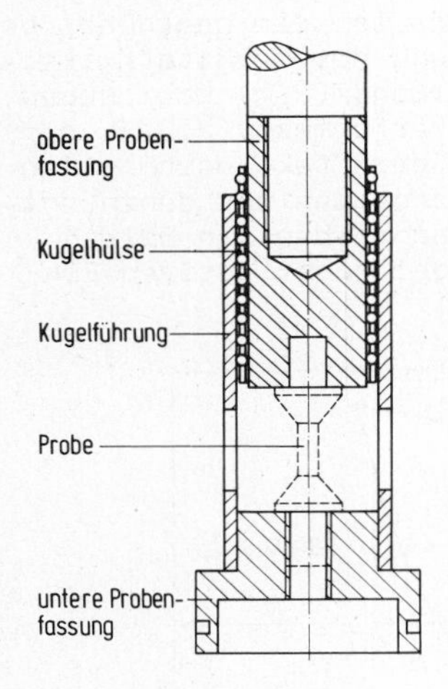

Bild 3: Einspann- und Verformungseinrichtung

Für die Versuche steht eine elektromechanische 50 kN-Werkstoffprüfmaschine zur Verfügung. Aus den zu untersuchenden Werkstoffen sind **besondere** Proben der in Bild 2 gezeigten Form vorbereitet, die unter Druckbeanspruchung nicht ausknicken. Die Proben werden in spezielle Fassungen (vgl. Bild 3) spielfrei eingespannt, die durch eine Kugelführung eine axiale Probenbelastung gewährleisten. Um Einflüsse der Probenfassungen und der Maschinensteifigkeit auszuschalten, werden die Probenverformungen unmittelbar an der Probe gemessen. Die Belastung erfolgt mit einer konstanten Traversengeschwindigkeit v = 1 mm/min zuerst in Zugrichtung bis zu einem vorgegebenen Totaldehnungswert. Anschließend wird die Beanspruchungsrichtung gewechselt und die Probe bis zur 0.2 %-Stauchgrenze auf Druck beansprucht. Derartige Beanspruchungszyklen werden für mehrere Vorverformungen wiederholt. Zur Kennzeichnung des Bauschingereffektes werden zunächst die Stauchgrenzen $R_{p\,0.2}^{(d)}$ bestimmt und als Funktion der totalen Zugvorverformung aufgetragen. Als weitere Kenngrößen werden die plastische Rückverformung im entlasteten Zustand $\Delta\epsilon_p^*$ und der bezogene Sekantenmodul E_S/E ermittelt und in Abhängigkeit von der Vorverformung graphisch dargestellt. Die Versuchsergebnisse beider Versuchswerkstoffe werden verglichen und Ursachen der auftretenden Unterschiede diskutiert.

Literatur: 77,85.

Gußeisen unter Zug- und Druckbeanspruchung **V 31**

Grundlagen

Wird ein rekristallisierter, metallischer Werkstoff wie in Bild 1 elastisch-plastisch verformt und dann entlastet, so ist der durch die Steigung der Sekante durch den Lastumkehrpunkt U und den Entlastungspunkt O gegebene Sekantenmodul E_S kleiner als der bei rein elastischer Beanspruchung ermittelte Elastizitätsmodul E_0 (Anfangsmodul). Verursacht wird dieses Werkstoffverhalten durch plastische Rückverformungen beim Entlasten, die auf dem Bauschingereffekt beruhen (vgl. V 30). Bei Gußeisenwerkstoffen (vgl. V 18) ist die Abnahme von E_S gegenüber E_0 besonders stark. Verantwortlich hierfür sind Risse in Graphitteilchen und Ablöseerscheinungen an den Grenzflächen Graphit/Matrix, die sich während der Zugbeanspruchung bilden. Beim Entlasten schließen sich diese Hohlräume teilweise und liefern damit zusätzliche Verformungsanteile, die E_S verkleinern. Bei Druckbeanspruchung können sich ebenfalls Ablösungen zwischen Graphit und Matrix bilden, und zwar quer zur Beanspruchungsrichtung. Das Ausmaß dieser Erscheinungen ist jedoch viel geringer als bei Zugbeanspruchung und die dadurch bedingte Herabsetzung von E_S entsprechend kleiner. Als Folge davon ist die Spannungsabhängigkeit des Sekantenmoduls von Gußeisenwerkstoffen bei Zug- bzw. Druckbeanspruchung - im Gegensatz zum Verhalten vieler anderer Werkstoffe - verschieden groß. Hinzu kommt, daß ein ausgeprägter Einfluß der Graphitform besteht (vgl. V 18 und 19).

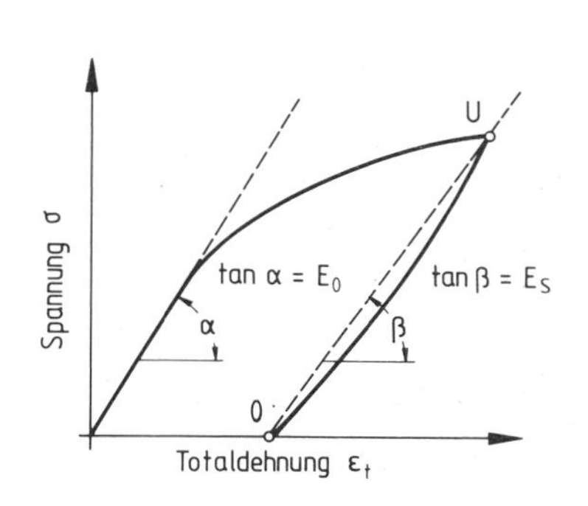

Bild 1: Zur Erläuterung von Anfangs- und Sekantenmodul

Aufgabe

An perlitischem bzw. ferritischem Gußeisen mit Kugelgraphit (GGG-70 bzw. GGG-40), ferritischem Gußeisen mit Vermiculargraphit (GGV-30) und perlitischem bzw. ferritischem Gußeisen mit Lamellengraphit (GG-30 bzw. GG-15) ist die Spannungsabhängigkeit des Sekantenmoduls E_S bei Zug- und Druckbeanspruchung zu bestimmen. Die Versuchsergebnisse sind hinsichtlich des Einflusses des Matrixgefüges und der Graphitausbildung zu diskutieren.

Versuchsdurchführung

Zur Durchführung der Versuche steht eine ähnliche Zugprüfmaschine wie in V 25 zur Verfügung. Die Prüfkraft wird mit Hilfe einer Kraftmeßdose und eines Kraftmeßverstärkers, die Dehnung mit Hilfe eines an die Probe angesetzten Verlängerungsaufnehmers und einer Meßbrücke bestimmt. Die Kraft-Verlängerungs-Kurven werden mit einem x,y-Schreiber aufgezeichnet. Mit jeder Probe werden etwa 10 Be- und Entlastungen mit wachsender Maximalkraft durchgeführt. Nach Beendigung der Experimente sind die Kraft-Verlängerungs-Kurven in Spannungs-Dehnungs-Kurven umzurechnen und die Sekantenmoduln entsprechend Bild 1 zu bestimmen. Anschließend wird E_S als Funktion der positiven und negativen Maximalspannung der Belastungszyklen aufgetragen.

Literatur: 86.

V 32 Dilatometrie

Grundlagen

Die bei Veränderungen der Temperatur durch Wärmeausdehnung oder durch Phasenumwandlung auftretenden Längenänderungen eines Werkstoffes lassen sich mit Hilfe eines Dilatometers messen. Den prinzipiellen Aufbau eines solchen Gerätes zeigt Bild 1. Die Probe P mit definierten Abmessungen wird in ein Quarzrohr R eingeführt und dort einseitig mit einem reibungsfrei gelagerten Quarzstab S verbunden. An der Probe ist zur Temperaturmessung ein Thermoelement Th angebracht. Das Quarzrohr wird in einen elektrischen Widerstandsofen W eingeschoben, wobei sich die entstehenden Längsabmessungsänderungen der Probe auf den Quarzstab übertragen. Die Position eines festgelegten Punktes * des Quarzstabes gegenüber einem Bezugspunkt 0 wird mechanisch, optisch bzw. induktiv (vgl. V 24) in Abhängigkeit von der Probentemperatur T als absolute Längenänderung ΔL der Probe gemessen. Dabei erfolgt die Registrierung des ΔL,T-Zusammenhanges mit konstanter Aufheizgeschwindigkeit dT/dt der Probe. Die Eigendehnung des Quarzstabes kann wegen seines kleinen Ausdehnungskoeffizienten ($\alpha \approx 5 \cdot 10^{-7}\,K^{-1}$) bei vielen Messungen unberücksichtigt bleiben. Liegt bei der Temperatur T_0 ein Stab der Länge L_0 vor, so nimmt dieser bei Erhöhung der Temperatur auf T infolge der thermischen Ausdehnung die Länge

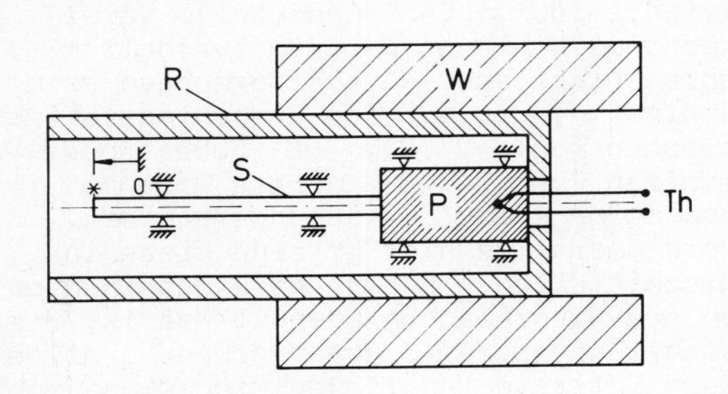

Bild 1: Dilatometer-Meßanordnung (schematisch)

$$L = L_0(1 + \alpha\Delta T + \alpha_1 \Delta T^2 + \alpha_2 \Delta T^3) \tag{1}$$

an. α ist der lineare thermische Ausdehnungskoeffizient, α_1 und α_2 sind Ausdehnungskoeffizienten höherer Ordnung. Letztere sind bei nicht zu hohen Temperaturen bei vielen metallischen Werkstoffen sehr klein. Dann gilt

$$L = L_0(1 + \alpha\Delta T)\ , \tag{2}$$

und es wird

$$\alpha = \frac{L - L_0}{L_0 \Delta T} = \frac{1}{L_0}\frac{dL}{dT}\ . \tag{3}$$

Im allgemeinen ist α keine Konstante, sondern nimmt mit der Temperatur zu. Meistens lassen sich jedoch Temperaturintervalle abgrenzen, für die mit hinreichender Genauigkeit von konstanten Ausdehnungskoeffizienten ausgegangen werden darf. Üblicherweise werden für metallische Werkstoffe die zwischen 0° und 100 °C gültigen mittleren α-Werte angegeben. Typische Zahlenwerte (in $10^{-6}\,K^{-1}$) für einige Metalle sind:

Ag	Al	Cu	Fe	Mg	Ni	Sn	Ti	W	Zn
19.7	23.8	16.8	11.7	26.0	13.3	23.0	9.0	4.5	29.8

Bei der Untersuchung von Umwandlungsvorgängen überlagern sich die damit verbundenen Volumenänderungen jeweils den thermisch bedingten Abmessungsänderungen der Versuchsproben. Während thermische Längenänderungen stetig verlaufende ΔL,T - Kurven liefern, ergeben umwandlungsbedingte Längenänderungen unstetige. Bild 2 erläutert schematisch diesen Sachverhalt für Eisen-Kohlenstoff-Legierungen mit C-Gehalten

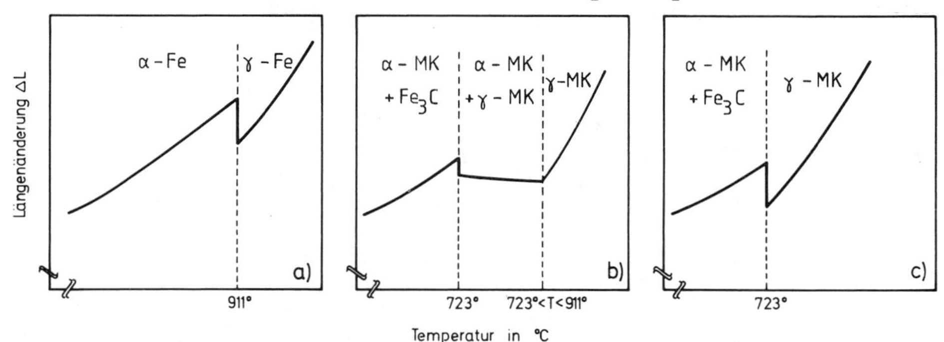

Bild 2: Längenänderung als Funktion der Temperatur bei Reineisen (a), unlegierten Stählen mit C-Gehalten um 0.4 Masse-% (b) und eutektoidem Stahl (c)

≤ 0.8 Masse-% (vgl. V 15). Eine Reineisenprobe (Bild 2a) verkürzt sich beim Übergang des α-Eisens in das γ-Eisen bei 911 °C sprunghaft um etwa 0.26 %. Dafür ist die Umwandlung des kubisch-raumzentrierten α-Eisens mit einer atomaren Packungsdichte von 68 % in das dichtest gepackte kubisch-flächenzentrierte γ-Eisen mit einer atomaren Packungsdichte von 74 % verantwortlich (vgl. V 1). Das oberhalb 911 °C stabile γ-Eisen besitzt einen größeren thermischen Ausdehnungskoeffizienten ($\sim 20 \cdot 10^{-6}\ K^{-1}$) als α-Eisen. Bei untereutektoiden Stählen mit $0.02 <$ Masse-% C < 0.8 setzt, wie man dem Eisen-Eisenkarbid-Diagramm (vgl. V 15, Bild 1) entnehmen kann, die γ-Umwandlung ab 723 °C ein, ist aber je nach Kohlenstoffgehalt erst zwischen 723 °C $\leq T \leq$ 911 °C abgeschlossen. Dementsprechend beobachtet man Dilatometerkurven der in Bild 2b schematisch wiedergegebenen Art. Der ΔL-Abfall bei 723 °C ist um so stärker, je mehr man sich der eutektoiden Legierungszusammensetzung nähert. Bei 0.8 Masse-% C zeigt die Dilatometerkurve (Bild 2c) nur noch bei 723 °C, wo die vollständige Umwandlung der gesamten Probe in Austenit erfolgt, eine sprunghafte Längenänderung. Man ersieht aus diesen Beispielen, daß sich die Begrenzungslinien der Zustandsfelder von Zustandsdiagrammen auf dilatometrischem Wege bestimmen lassen.

Aufgabe

Die Längenänderungs-Temperatur-Kurve von 50 mm langen Stahlproben aus C 40 und C 80 ist bei einer Aufheizgeschwindigkeit von 10 °C/min bis zu einer Temperatur von 1000 °C und bei anschließender Abkühlung auf Raumtemperatur zu ermitteln. Für die Temperaturintervalle zwischen 20° und 100 °C, 320° und 350 °C sowie 640° und 670 °C sind die Ausdehnungskoeffizienten anzugeben. Die den Aufheiz- und Abkühlkurven entnehmbaren Umwandlungserscheinungen sind hinsichtlich ihrer Vorgänge und ihrer Temperaturlage zu diskutieren.

Versuchsdurchführung

Für die Messungen steht ein handelsübliches Dilatometer zur Verfügung. Bei dem in Bild 3 gezeigten Gerät besteht das Meßsystem aus einem horizontalen Quarzrohr mit einer seitlichen Öffnung, in die der zu un-

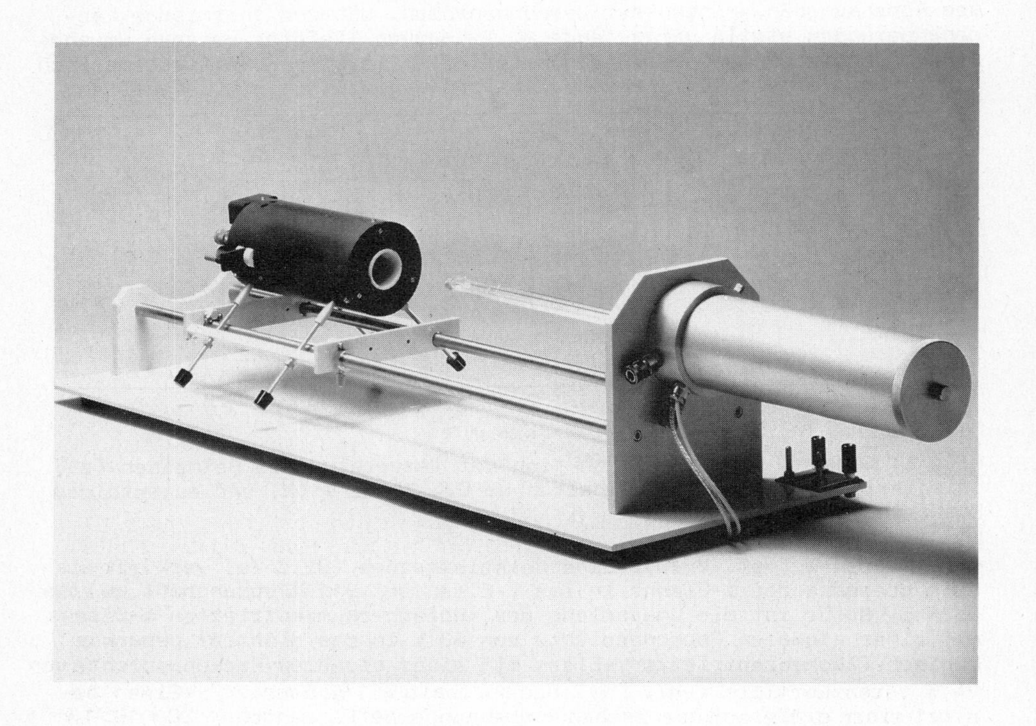

Bild 3: Handelsübliches Dilatometer (Bauart Linseis)

tersuchende Werkstoff gelegt wird. Ein Quarzstempel überträgt die Längenänderung der Probe einem Meßsystem. Um Reibung zwischen Quarzstempel und Quarzrohr zu vermeiden, liegt der Stempel frei im Quarzrohr und wird an seinem hinteren Ende von einem Metallführungsstift aufgenommen, der seinerseits in Kugellagern fast reibungslos läuft. Zur Temperaturmessung der Probe liegt ein PtRh-Pt-Thermoelement so über dem Quarzrohr, daß es Kontakt mit der Probe hat. Die Temperaturen werden an einem Millivoltmeter abgelesen. Um eine Verzunderung (vgl. V 68) der Probe bei höheren Temperaturen zu verhindern, ist das Meßsystem durch eine Quarz- und eine Glasglocke abgedichtet, die mit Hilfe einer Vakuumpumpe evakuiert werden. Die Aufheizung erfolgt mit konstanter Geschwindigkeit. Bei vorgeplanten Temperaturen werden die Längenänderungen abgelesen und als Funktion der Temperatur aufgetragen. Zur Bestimmung der α-Werte in den angegebenen Temperaturintervallen werden dort die durch die Meßwerte gelegten Ausgleichskurven durch Geradenabschnitte approximiert.

Literatur: 7,29

Wärmespannungen und Abkühleigenspannungen

V 33

Grundlagen

Wärmespannungen entstehen in Bauteilen immer, wenn bei Temperaturänderungen die thermische Ausdehnung bzw. Kontraktion behindert wird. Ist beispielsweise wie in Bild 1 bei der Temperatur T_0 ein Bolzen mit dem Ausdehnungskoeffizeinten α_1 starr mit den Querstegen eines Joches mit dem Ausdehnungskoeffizienten α_2 verbunden und wird das ganze System auf die größere (kleinere) Temperatur T gebracht, so treten Druckkräfte (Zugkräfte) im Bolzen und Zugkräfte (Druckkräfte) in den Stegen auf, wenn $\alpha_1 > \alpha_2$ ist. Wird die Temperatur wieder auf T_0 abgesenkt (angehoben), so verschwinden diese Kräfte, und das System wird spannungsfrei.

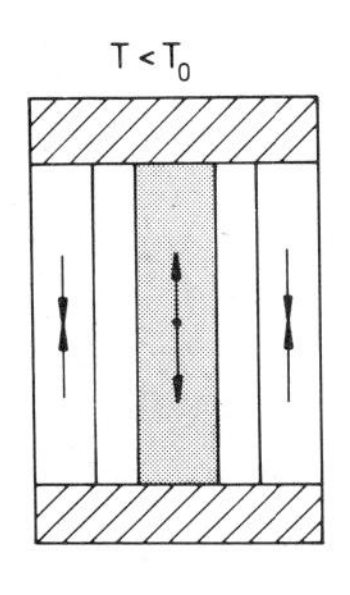

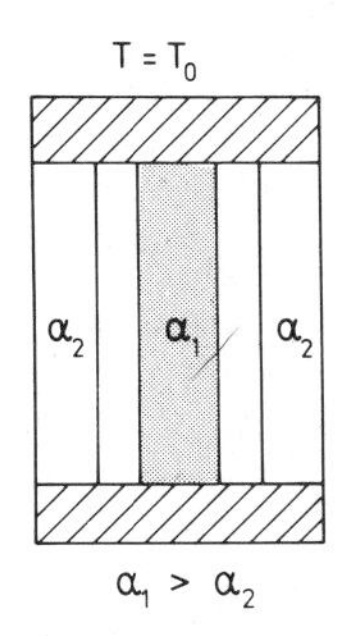

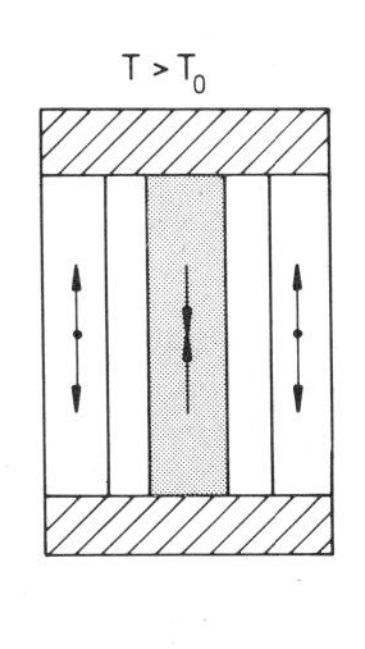

Bild 1: Zur Entstehung von Wärmespannungen als Folge von Unterschieden in den Ausdehnungskoeffizienten ($\alpha_1 > \alpha_2$) eines Verbunds

Wird dagegen das System auf eine solche Temperatur T erhitzt (abgekühlt), daß die im Bolzen auftretenden Druckkräfte (Zugkräfte) zu seiner plastischen Stauchung (Dehnung) führen, so ist nach Absenkung (Anhebung) der Temperatur auf T_0 das betrachtete Objekt nicht mehr spannungsfrei. Im Bolzen treten Zugkräfte (Druckkräfte) und in den Seitenstegen des Jochs Druckkräfte (Zugkräfte) auf, weil wegen der bei den höheren (tieferen) Temperaturen erfolgten plastischen Stauchung (Dehnung) der Bolzen nur dann noch bei der Temperatur T_0 in das Joch paßt, wenn er elastisch gezogen (gestaucht) wird. Das ist ein einfaches Beispiel dafür, wie als Folge der von Wärmespannungen in einem Verbund hervorgerufenen plastischen Deformationen nach Rückkehr in den Ausgangszustand Eigenspannungen entstehen können. Man spricht von thermisch induzierten Eigenspannungen oder auch kurz von Abkühleigenspannungen. Im betrachteten Beispiel haben sie den Charakter von Spannungen, die über größere Werkstoffbereiche in Betrag und Richtung gleich groß sind. Man nennt sie Eigenspannungen I. Art (vgl. V 77). Die zu ihrer Erzeugung erforderlich gewesenen Wärmespannungen treten nach Beseitigung der Temperaturdifferenz $\Delta T = T - T_0$ nicht mehr auf.

Wird ein bei einer höheren Temperatur T_0 wirksam gewordener Verbund verschiedener Werkstoffe oder verschiedener Phasen eines Werkstoffs mit unterschiedlichen Ausdehnungskoeffizienten auf Raumtemperatur abgekühlt, so werden die dann wirksamen Wärmespannungen ebenfalls als Abkühleigenspannungen angesprochen. Das ist zwar inkonsequent, entspricht aber dem Sprachgebrauch. Man sieht, daß zu ihrer Erzeugung keine plastischen Verformungen erforderlich sind. Bei vielen technisch wichtigen Plattierungen und Beschichtungen bestimmen die Wärmespannungen bei Raumtemperatur den vorliegenden makroskopischen Eigenspannungszustand. Bei zweiphasigen heterogenen Werkstoffen unterliegen nach der Abkühlung auf Raumtemperatur die Körner der Phase mit dem größeren Ausdehnungskoeffizienten Zugeigenspannungen und die Körner der Phase mit dem kleineren Ausdehnungskoeffizienten Druckeigenspannungen. Sche-

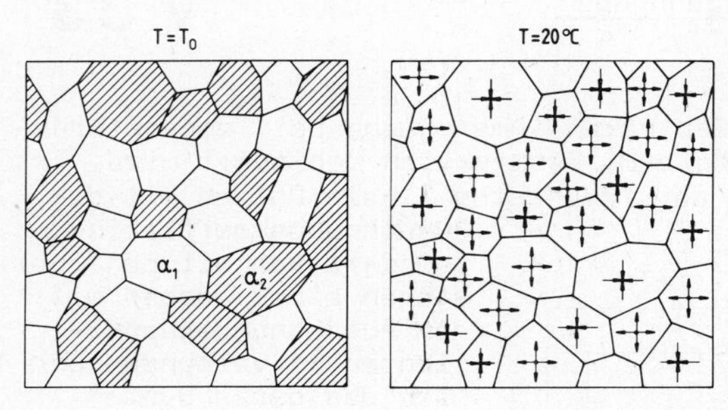

Bild 2: Zur Entstehung von Korn-Abkühleigenspannungen als Folge von Unterschieden in den Ausdehnungskoeffizienten der Körner ($\alpha_1 > \alpha_2$)

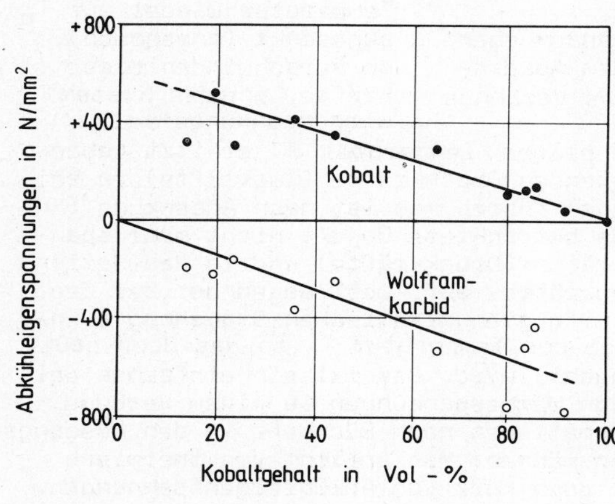

Bild 3: Bei Raumtemperatur röntgenographisch gemessene Abkühleigenspannungen in WC,Co-Legierungen (vgl. V 77)

matisch ist dieser Sachverhalt in Bild 2 dargestellt. Ihrem Charakter nach handelt es sich dabei um Eigenspannungen, die über mikroskopische Werkstoffbereiche (größere Kornbereiche) in Betrag und Richtung konstant sind. Sie werden als Eigenspannungen II. Art (vgl. V 77) angesprochen. Typische Beispiele sind ferritisch-perlitische Stähle mit höheren Kohlenstoffgehalten (α_{Ferrit} = 11.7 · 10^{-6} K^{-1}, $\alpha_{Eisenkarbid}$ = 10.5 · 10^{-6} K^{-1}) oder Wolframkarbid-Kobalt-Legierungen ($\alpha_{Wolframkarbid}$ = 5.4 · 10^{-6} K^{-1}, α_{Kobalt} = 12.5 · 10^{-6} K^{-1}). Die an binären WC, Co-Legierungen bei Raumtemperatur in den Phasen Wolframkarbid und Kobalt gemessenen Eigenspannungen sind in Bild 3 als Funktion der Legierungszusammensetzung wiedergegeben. Erwartungsgemäß (α_{WC} < α_{Co}) stehen die Kobaltkörner unter Zug- und die Wolframkarbidkörner unter Druckeigenspannungen.

Aufgabe

Von einem Verbundkörper aus Aluminium (α_{Al} = 23.8 · 10^{-6} K^{-1}) und Baustahl (α_{Fe} = 11.7 · 10^{-6} K^{-1}) ist der mittlere Ausdehnungskoeffizient $\bar{\alpha}$ im Temperaturbereich zwischen T_0 = -196 °C und T_1 = 20 °C zu ermitteln. Die beim Übergang von T_0 auf T_1 auftretenden Spannungen sind quantitativ abzuschätzen und zu erörtern.

Versuchsdurchführung

Die Versuche erfolgen mit dem in Bild 4 skizzierten Versuchskörper. Er besteht aus einem mit zwei Schrauben verschlossenen Stahlzylinder, in dem ein Aluminiumzylinder der Länge L_0 liegt. Durch Verstellen der Schrauben kann der Aluminiumzylinder leicht vorgespannt werden. Wird der Verbundkörper erwärmt, so dehnt er sich so aus, als ob er einen

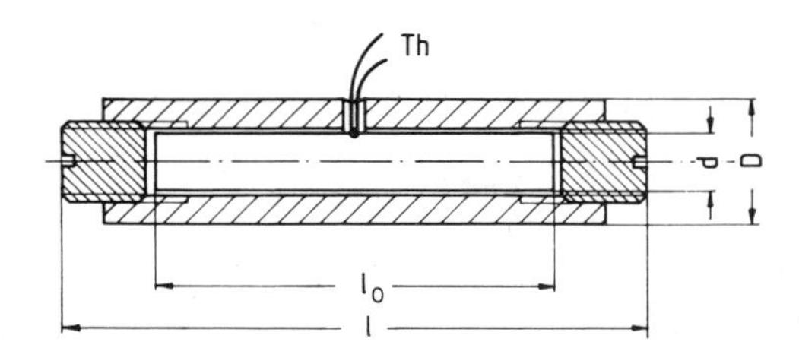

Bild 4: Versuchseinrichtung zur Erzeugung von Wärmespannungen

mittleren Ausdehnungskoeffizienten $\bar{\alpha}$ besäße. Hierbei entstehen Wärmespannungen. Die Druckspannungen im Aluminium werden von Zugspannungen im Stahl kompensiert. Die Längsspannungen berechnen sich im Aluminium zu

$$\sigma_{Al} = E_{Al}\,\varepsilon_{Al} \qquad (1)$$

und im Stahlzylinder zu

$$\sigma_{Fe} = E_{Fe}\,\varepsilon_{Fe}\,. \qquad (2)$$

Dabei sind E_{Al} und E_{Fe} die bei den jeweiligen Temperaturen gültigen Elastizitätsmoduln. Bei einer Temperaturänderung ΔT gegenüber dem spannungsfreien Ausgangszustand ergeben sich als Dehnungen

$$\varepsilon_{Al} = \frac{\bar{l} - l_{Al}}{l_o} = (\bar{\alpha} - \alpha_{Al})\,\Delta T \qquad (3)$$

und

$$\varepsilon_{Fe} = \frac{\bar{l} - l_{Fe}}{l_o} = (\bar{\alpha} - \alpha_{Fe})\,\Delta T\;. \qquad (4)$$

Die Bedeutung der Längen l_o, $\bar{l}$, l_{Al} und l_{Fe} geht aus Bild 5 hervor. Wegen des Kräftegleichgewichts muß im mittleren Teil des Versuchskörpers

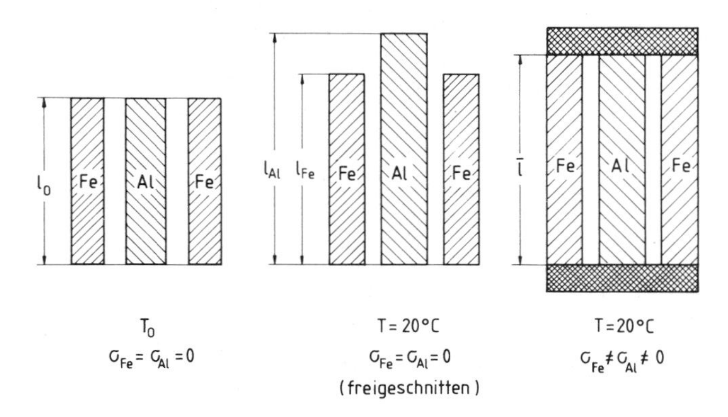

Bild 5: Zur Ableitung der Spannungs- und Dehnungsbeziehungen bei dem benutzten Verbundkörper

mit den Querschnittsanteilen A_{Al} und A_{Fe} gelten

$$\sigma_{Al}\,A_{Al} = -\sigma_{Fe}\,A_{Fe}\,. \qquad (5)$$

Das Hooke'sche Gesetzt liefert

$$\varepsilon_{Al}\ A_{Al}\ E_{Al} = -\varepsilon_{Fe}\, A_{Fe}\, E_{Fe}\ , \tag{6}$$

woraus mit den Beziehungen 3 und 4 folgt

$$\bar{\alpha} = \frac{\alpha_{Al}\, A_{Al}\, E_{Al} + \alpha_{Fe} A_{Fe}\, E_{Fe}}{A_{Al}\, E_{Al} + A_{Fe}\, E_{Fe}}\ .$$

Daraus ergibt sich mit $A_{Al} = \frac{\pi\, d^2}{4}$ und $A_{Fe} \approx \pi\, \frac{(D^2 - d^2)}{4}$ (7)

schließlich

$$\bar{\alpha} \approx \frac{\alpha_{Al}\, E_{Al}\, d^2 + \alpha_{Fe} E_{Fe} (D^2 - d^2)}{E_{Al}\, d^2 + E_{Fe}\, (D^2 - d^2)} \tag{8}$$

Zur Versuchsdurchführung wird der Verbundkörper in flüssigem Stickstoff auf -196 °C abgekühlt. Nach hinreichender Zeit wird durch leichtes Anziehen einer Endschraube Formschluß zwischen dem Stahlrahmen und dem Aluminiumbolzen hergestellt. Dann wird der Verbundkörper aus dem Kühlbad genommen, auf ein vorbereitetes Meßgestell gelegt und seine Temperatur T_0 sowie seine Länge l_0 gemessen. Dann werden in Abhängigkeit von der Temperatur der Thermoelementmeßstelle Th mit Hilfe einer Meßuhr die Längenänderungen $\Delta\bar{l}\,(T) \approx \Delta l\,(T) = l\,(T) - l_0$ ermittelt. Der gefundene Zusammenhang zwischen Δl und ΔT wird linear approximiert und daraus $\bar{\alpha}$ bestimmt (vgl. V 32). Damit können nach Gl. 1 bis 4 die bei verschiedenen Temperaturen wirksamen Längsspannungen unter Zugrundelegung der aus Bild 6 ersichtlichen Temperaturabhängigkeit der Elastizitätsmoduln von Eisen und Aluminium abgeschätzt werden.

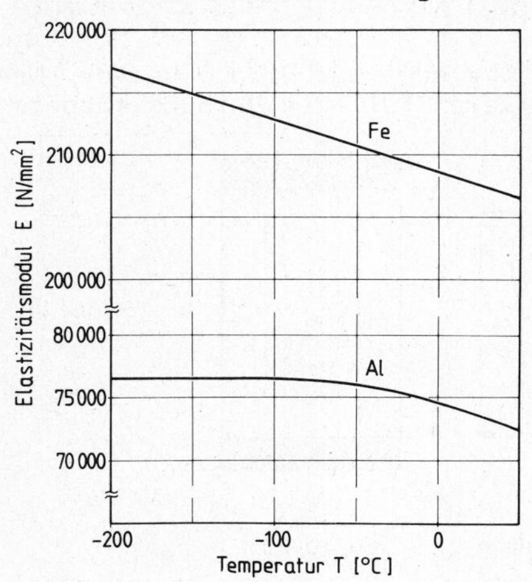

Bild 6: Temperaturabhängigkeit der Elastizitätsmoduln von Eisen und Aluminium

Literatur: 87,88.

Wärmebehandlung von Stählen

V 34

Grundlagen

Durch Wärmebehandlungen werden bei Stählen Gefüge- und Zustandsänderungen angestrebt, die die Verarbeitungs- und/oder Gebrauchseigenschaften in günstiger Weise beeinflussen. Man unterscheidet Diffusions-, Grobkorn-, Normal-, Weich-, Spannungsfrei(arm)- und Rekristallisationsglühen. Diese Wärmebehandlungsverfahren umfassen alle die Schritte Erwärmen, Halten und langsames Abkühlen. Bild 1 zeigt schematisch den zeitlichen Temperaturverlauf bei solchen Wärmebehandlungen. Die Erwärmzeit t_e umfaßt die Anwärmzeit t_{an}, in der die Werkstückoberfläche auf die Haltetemperatur T_h gelangt, und die zusätzlich erforderliche Durchwärmzeit t_d, in der das Werkstoffinnere die Haltetemperatur erreicht. Während der Erwärmzeit t_e treten als Folge der Wärmeleitung um so größere Temperaturunterschiede zwischen Werkstoffoberfläche und -innerem auf, je schneller bei gegebenen Werkstoffabmessungen aufgeheizt wird und je größer bei gegebener Anwärmzeit die Abmessungen sind. Eine kleine Wärmeleitfähigkeit steigert die auftretenden Temperaturunterschiede und begünstigt die damit gekoppelte Ausbildung thermischer Spannungen (vgl. V 33). Deshalb müssen bei Wärmebehandlungen die Aufheizgeschwindigkeiten den Werkstückabmessungen angepaßt werden. Aber auch beim Abkühlen bestimmen die Werkstückabmessungen und die Wärmeleitfähigkeit die sich ausbildenden Temperaturunterschiede. Deshalb müssen auch die Abkühlgeschwindigkeiten hinreichend langsam gewählt werden, wenn nach Abkühlung von hohen Temperaturen auf Raumtemperatur eigenspannungsfreie bzw. -arme Zustände vorliegen sollen. Für unlegierte Stähle lassen sich die bei den genannten Wärmebehandlungen zweckmäßigerweise zu wählenden Haltetemperaturen T_h an Hand des Eisen-Eisenkarbid-Diagramms (vgl. V 15) und aus den Bildern 2 - 5 sowie 7 und 8 festlegen. Die Haltezeiten t_h werden meist auf Grund vorliegender Erfahrungen gewählt.

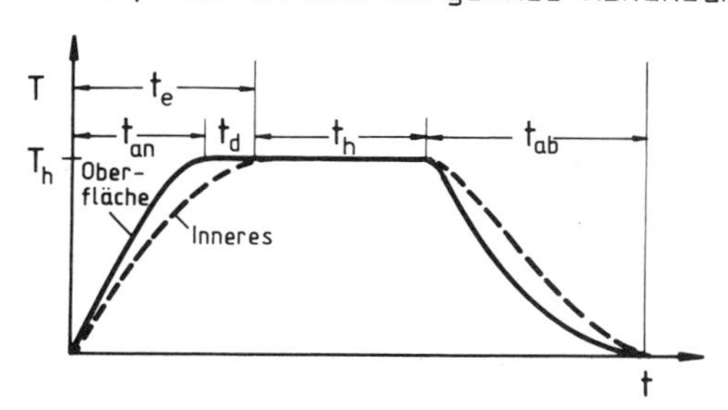

Bild 1: Temperatur-Zeit-Verlauf bei Wärmebehandlungen

Durch Diffusionsglühen (vgl. Bild 2), das i. a. viele Stunden bei Temperaturen zwischen 1000° und 1200 °C erfolgt, sollen Inhomogenitäten in der Verteilung der Legierungselemente (Mischkristallseigerungen) beseitigt oder vermindert werden. Dieser Ausgleich von Unterschieden in der lokalen chemischen Zusammensetzung erfordert ein hinreichend großes Diffusionsvermögen der gelösten Legierungselemente und damit langzeitiges Glühen bei relativ hohen Temperaturen. Karbide und andere bei diesen Temperaturen noch quasi-stabile intermediäre Verbindungen (vgl. V 36) verändern dabei ihre Form und bilden abgerundete Teilchen. Wegen der hohen Glühtemperaturen sind Grobkornbildungen nicht zu vermeiden. Das Auftreten von Randentkohlungen läßt sich

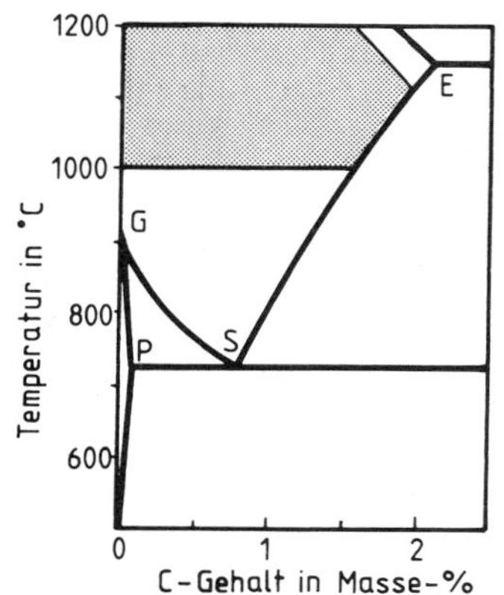

Bild 2: Haltetemperaturen beim Diffusionsglühen

durch Glühungen unter Schutzgas oder in Stahlspänen umgehen. Nach Abschluß der Diffusionsglühung kann die Grobkörnigkeit durch eine nochmalige Normalisierungsbehandlung beeinflußt werden. Das Diffusionsglühen wird häufig bei Stahlformguß (Stahlgußteilen) angewandt, um lokale Konzentrations- und Gefügeinhomogenitäten zu beseitigen.

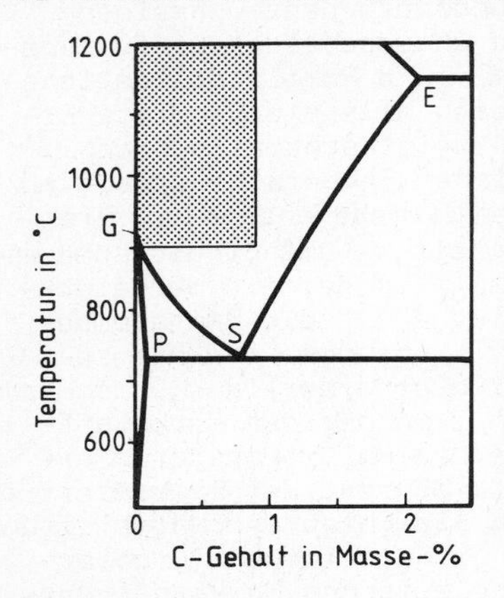

Bild 3: Haltetemperaturen beim Grobkornglühen

Durch Grobkornglühen (vgl. Bild 3) sollen kohlenstoffarme Stähle (insbesondere Einsatzstähle) verbesserte Zerspanungseigenschaften erhalten. Dies wird erreicht durch hinreichend langes Glühen oberhalb A_3 zwischen 900 °C und 1200 °C (1000 °C) und anschließendes zunächst langsames, unterhalb A_1 schnelles Abkühlen auf Raumtemperatur. Die Wahl der Glühtemperatur hängt von Menge und Art der vorliegenden nichtmetallischen Einschlüsse ab, die das angestrebte Wachstum der Austenitkörner beeinflussen. Das bei der Abkühlung auf Raumtemperatur entstehende grobkörnige ferritisch-perlitische Gefüge erleichtert zerspanende Fein- und Feinstbearbeitungen.

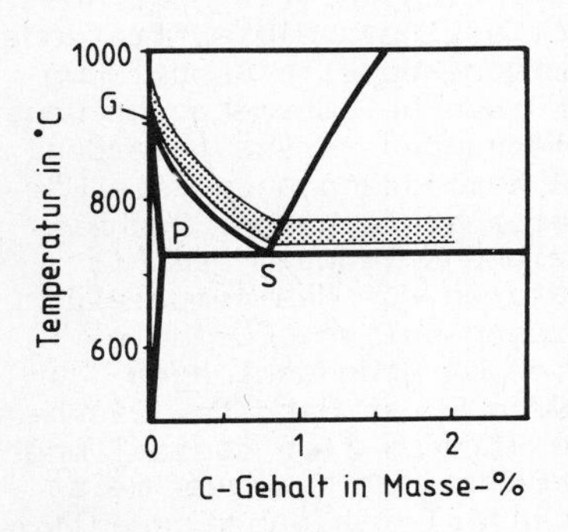

Bild 4: Haltetemperaturen beim Normalglühen

Das Normalglühen (Normalisieren) (vgl. Bild 4) wird angewandt, um die einem Stahl durch Vorbehandlungen (Gießen, Umformen, Bearbeiten, Fügen) aufgeprägten Zustandsänderungen zu beseitigen. Dazu führt man untereutektoide Stähle vollständig, übereutektoide teilweise in den austenitischen Zustand über und läßt sie anschließend in ruhender Atmosphäre abkühlen. Man erreicht auf diese Weise ein als "Normalzustand" ansprechbares Gefüge, das in reproduzierbarer Weise hergestellt werden kann. Untereutektoide Stähle werden zum Normalisieren etwa 30 bis 50° über A_3 gehalten. Dabei entstehen viele kleine Austenitkörner, woraus sich bei der anschließenden Abkühlung auf Raumtemperatur durch Umwandlung ein feinkörniges, gleichmäßiges Gefüge aus Ferrit und Perlit bildet (vgl. V 15). Übereutektoide Stähle werden dagegen zum Normalisieren nur über A_1 erwärmt und damit nur teilweise austenitisiert. Eine Haltetemperatur oberhalb SE würde vollständige Austenitisierung mit Grobkornbildung zur Folge haben. Die Glühung von etwa 50 °C über der eutektoiden Temperatur führt dagegen zur Ausbildung eines vom Kohlenstoffgehalt abhängigen, feinkörnigen Austenitanteils mit eingelagerten Zementitteilchen. Gleichzeitig koaguliert vorhandener sekundärer Korngrenzenzementit. Nach Abkühlung auf Raumtemperatur entsteht ein feinkörniges, perlitisches Gefüge mit dazwischenliegenden Zementitteilchen. Alle Normalisierungsbehandlungen nutzen also letztlich die Umwandlungsfolgen $\alpha \to \gamma \to \alpha$ und Perlit $\to \gamma \to$ Perlit zur Erzeugung eines feinkörnigen "Normalgefüges" aus.

Weichglühen (vgl. Bild 5) wird bei Stählen mit Kohlenstoffgehalten > 0.4 Masse-% angewandt, um lamellare Perlitbereiche in "eingeformte Perlitbereiche" überzuführen. Dazu glüht man untereutektoide Stähle hinreichend lange möglichst nahe bei A_1 und kühlt sie anschließend

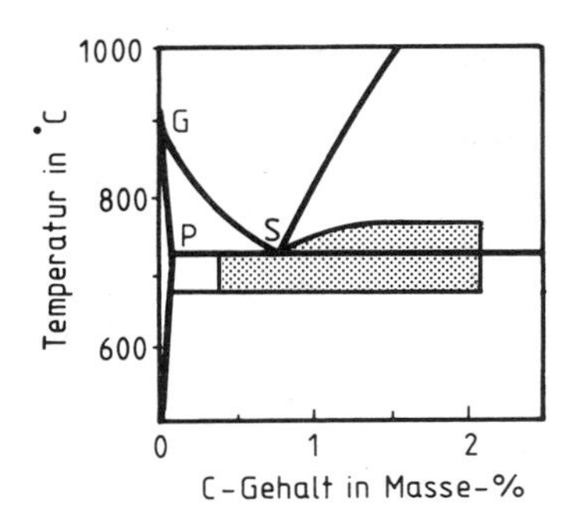

Bild 5: Haltetemperaturen beim Weichglühen

langsam auf Raumtemperatur ab. Der lamellare Zementit des Perlits geht dabei unter Abbau von Grenzflächenenergie in eine globulare Form über. Bei übereutektoiden Stählen wird dieser Einformungsvorgang durch eine Pendelglühung um die A_1-Temperatur (680 - 740 °C) beschleunigt. Bild 6 zeigt Schliffbilder von Ck 100 mit lamellarer (R_{eL} ≈ 390 N/mm²) und globularer (R_{eL} ≈ 250 N/mm²) Zementitausbildung. Letzterer erweist sich bei der spanenden Bearbeitung als vorteilhaft.

Rekristallisationsglühungen (vgl. Bild 7) werden angewandt, um die durch Kaltverformung erzwungenen Zustandsänderungen möglichst

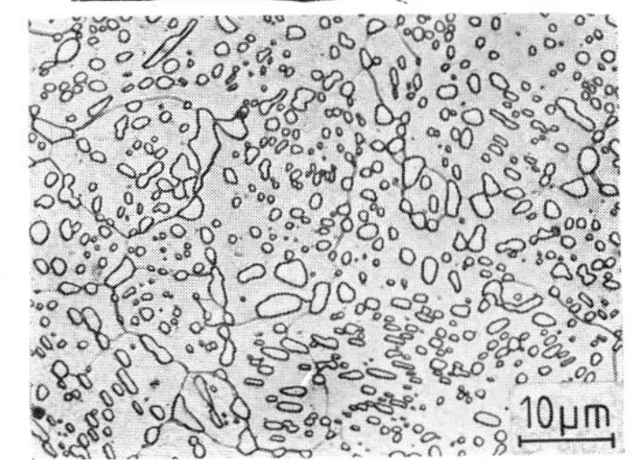

Bild 6: Schliffbild eines Ck 100 mit lamellarer (links) und globularer (rechts) Zementitausbildung

weitgehend wieder abzubauen (vgl. V 13). Die Haltetemperaturen werden üblicherweise zwischen 500 und 700 °C gewählt, müssen aber im Einzelfall auf den Verformungsgrad abgestimmt werden. Die Glühzeiten orientieren sich ebenfalls am Verformungsgrad. Bei Kohlenstoffgehalten < 0.2 Masse-% führen Rekristallisationsglühungen schwach verformter Bleche zur Grobkornbildung. Alle Zwischenglühungen bei Umformprozessen sind Rekristallisationsglühungen, die nach V 13 zu einer Gefügeneubildung mit einem Abbau der durch die Kaltverformung erhöhten Versetzungsdichte führen.

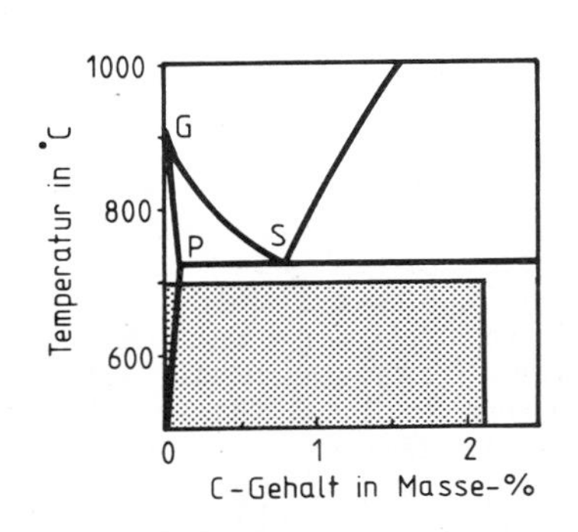

Bild 7: Haltetemperaturen beim Rekristallisationsglühen

Spannungsfrei(arm)glühen (vgl. Bild 8) dient zur Beseitigung bzw. zum Abbau von Makroeigenspannungen sowie zur Reduzierung von Mikroeigenspannungen (vgl. V 77). Beide Eigenspannungsarten entstehen als Folge der meisten technologischen Prozesse, denen Stähle unterworfen werden, um als Bauteile Anwendung zu finden. Üblicherweise werden bei unlegierten und schwachlegierten Stählen Spannungsarmglühungen zwischen 550 und 670 °C, also oberhalb bzw. im Bereich der Rekristallisationstemperaturen vorgenommen. Makroskopische Gefügeänderungen treten dabei stets auf, wenn größere plastische Verformungen die Eigenspannungsursachen waren. Wesentlich für den Makro-

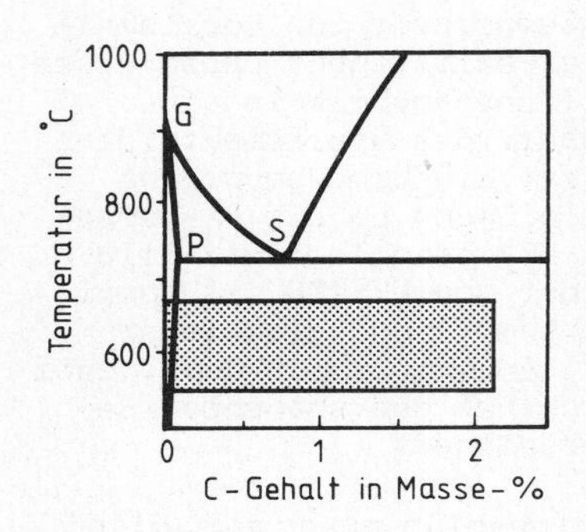

Bild 8: Haltetemperaturen beim Spannungsfreiglühen

eigenspannungsabbau sind die bei der Haltetemperatur vorliegenden Warmstreckgrenze und die Kriechneigung des Stahles. Bei hinreichend langer Glühzeit erfolgen plastische Verformungen, die zum Abbau und schließlich zum Ausgleich der Makroeigenspannungen führen können. Mikroeigenspannungen als Folge der Versetzungsgrundstruktur sowie Mikroeigenspannungen auf Grund der Unterschiede in den Ausdehnungskoeffizienten von Ferrit und Zementit lassen sich durch derartige Glühbehandlungen grundsätzlich nicht beseitigen. Die Abkühlung von der Haltetemperatur muß hinreichend langsam erfolgen, damit durch den Abkühlprozeß nicht neue Makroeigenspannungen entstehen.

Aufgabe

Von Ck 10 sind durch Grobkornglühungen bei verschiedenen Temperaturen Zustände mit unterschiedlicher Ferritkorngröße, von C 100 durch Veränderung der Abkühlgeschwindigkeit nach der Normalglühung Zustände mit unterschiedlichen Zementitlamellenabständen sowie durch Weichglühen (Pendelglühen) kugliger Zementit zu erzeugen. Die Auswirkungen dieser Wärmebehandlungen auf die Anfangsteile der mit $\dot{\epsilon} \approx 10^{-4}\ s^{-1}$ aufgenommenen Verfestigungskurven sind zu untersuchen und zu diskutieren.

Versuchsdurchführung

Für die Untersuchungen steht eine argongespülte Glühvorrichtung (Glühkasten) zur Verfügung, die in einem Kammerofen auf die jeweiligen Haltetemperaturen gebracht wird. Die Glühvorrichtung kann entweder in definierter Weise innerhalb des Ofens oder nach Entnahme aus dem Ofen an Luft abgekühlt werden.

Die Zugproben aus Ck 10 werden bei 950°, 1000°, 1100°, 1200° und 1300 °C jeweils 1 h geglüht und anschließend ofenabgekühlt. Die Normalglühung der Zugproben aus C 100 erfolgt bei 800 °C mit anschließender Luft- und zwei unterschiedlich schnellen Ofenabkühlungen. Die Weichglühung wird durch ein vierstündiges pendelndes Glühen zwischen 680° und 740 °C durchgeführt. Von den einzelnen Wärmebehandlungszuständen werden Schliffe angefertigt (vgl. V 8). Bei den Proben aus C 10 werden Korngrößenbestimmungen nach dem Kreisverfahren (vgl. V 12) vorgenommen. Bei den Proben aus C 100 werden die mittleren Abstände der Zementitlamellen bestimmt. Danach werden Proben der einzelnen Zustände in einer elektromechanischen Werkstoffprüfmaschine zugverformt. Die Anfangsteile der Verfestigungskurven (vgl. V 25) werden quantitativ ermittelt und aus diesen die unteren Streckgrenzen R_{eL} bzw. R_{eS} sowie die Lüdersdehnungen ϵ_L entnommen. Diese Kenngrößen werden als Funktion der Korngröße bzw. des Zementitlamellenabstandes (vgl. V 26) aufgetragen und diskutiert.

Literatur: 51,52,53,54,89,90,91,92.

ZTU - Schaubilder

V 35

Grundlagen

Die Gefügeausbildung und damit vor allem die mechanischen Eigenschaften von unlegierten und legierten Stählen können in einem relativ starken Ausmaße durch die Temperaturführung beim Übergang aus dem γ- Mischkristallgebiet auf Raumtemperatur beeinflußt werden. Da das in V 15 besprochene Eisen-Eisenkarbid-Diagramm streng nur für unendlich langsame Aufheizung und Abkühlung gilt, ist es für die Beurteilung technischer Wärmebehandlungen höchstens als Orientierungshilfe geeignet. Zwischen der unendlich langsamen Abkühlung und dem anderen Extrem, der in V 16 behandelten raschen Abschreckung, gibt es aber viele Varianten für die Abkühlung von Stahlproben aus dem γ- Gebiet auf Raumtemperatur. Will man deren Auswirkung auf die sich ausbildenden Gefügezustände genauer untersuchen, so hat man zunächst einen definierten Ausgangszustand durch hinreichend langes Glühen bei geeignet gewählter Temperatur im γ- Gebiet zu erzeugen. Danach prägt man den Proben definierte Temperatur-Zeit-Verläufe auf und verfolgt mit geeigneten Methoden Beginn, Ablauf und Ende der Austenitumwandlung. Auf diese Weise erhält man sog. Zeit-Temperatur-Umwandlungs-Schaubilder (ZTU-Schaubilder), die eine realistische Beurteilung des Umwandlungsgeschehens ermöglichen. Man unterscheidet isotherme und kontinuierliche ZTU-Schaubilder.

Zur Aufnahme eines isothermen ZTU-Schaubildes (vgl. Bild 1 links) werden Stahlproben von der Austenitisierungstemperatur T_A rasch auf verschiedene Umwandlungstemperaturen T_U abgekühlt und dort gehalten. Durch Hochtemperaturmikroskopie oder Ablöschen der Proben auf Raumtemperatur nach unterschiedlich langer Haltezeit und anschließende metallographische Untersuchung läßt sich das Ausmaß und die Art der Umwand-

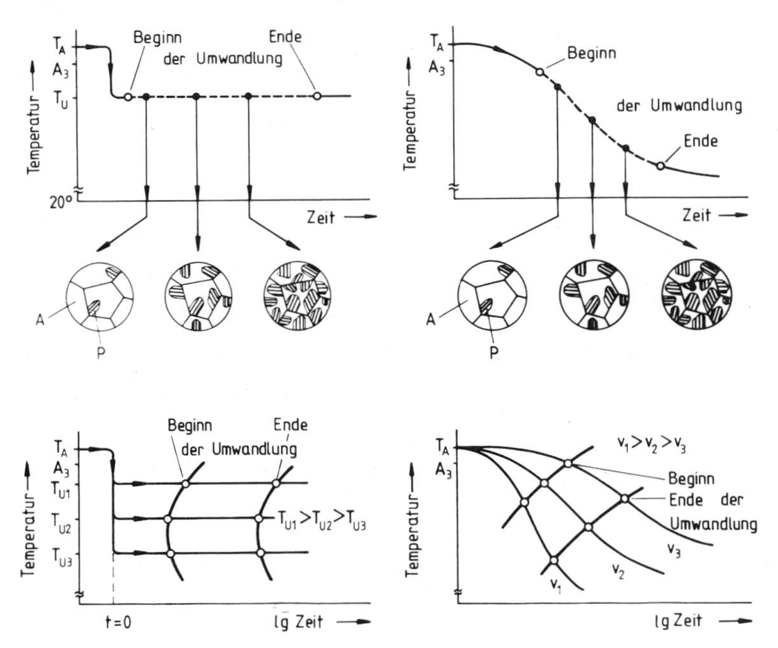

Bild 1: Versuchsführungen bei der Ermittlung isothermer (links) und kontinuierlicher (rechts) Zeit-Temperatur-Umwandlungsschaubilder

lung in Abhängigkeit von der Zeit quantitativ erfassen. Von Beginn bzw. Ende der Umwandlung wird gesprochen, wenn 2 Vol.-% bzw. 98 Vol.-% des Austenits umgewandelt sind. Umwandlungsbeginn und -ende lassen sich auch mit den Hilfsmitteln der thermischen Analyse (vgl. V 7) und der Dilatometrie (vgl. V 32) bestimmen. In einem Temperatur-Zeit-Diagramm mit logarithmischer Zeitachse werden dann bei jeder Umwandlungstemperatur die für das Umwandlungsgeschehen wesentlichen Zeiten aufgetragen und miteinander verbunden. Die nach Abschluß der isothermen Umwandlung vorliegenden Härtewerte können durch in Kreise eingetragene Zahlen vermerkt werden.

Zur Aufnahme eines kontinuierlichen ZTU-Schaubildes (vgl. Bild 1 rechts) werden dagegen Stahlproben unter Aufzwingung verschiedener Temperatur-Zeit-Verläufe von Austenitisierungstemperatur T_A auf Raumtemperatur abgekühlt und die dabei auftretenden Gefügeänderungen mit ähnlichen Methoden wie bei der isothermen Umwandlung erfaßt. Werden die einzelnen Abkühlungskurven in einem T,lg t - Diagramm eingezeichnet und in diesen die Anfangs- sowie die charakteristischen Zwischen- und Endpunkte der Umwandlung markiert und miteinander verbunden, so erhält man das gesuchte Schaubild. An den Enden der Abkühlkurven werden die bei Raumtemperatur auftretenden Härtewerte in Kreisen angeschrieben. Zusätzlich werden an kennzeichnenden Stellen des Diagramms die Mengenanteile der entstandenen Gefüge vermerkt.

Sowohl bei den isothermen als auch bei den kontinuierlichen ZTU-Schaubildern werden die aus dem Zustandsdiagramm $Fe-Fe_3C$ (vgl. V 15, Bild 1) entnehmbaren A_1- und A_3-Temperaturen, die bei unendlich langsamer Abkühlung der eutektoiden Temperatur und den auf der GS-Linie liegenden Temperaturen entsprechen, als Parallelen zur Abszisse eingetragen. Außerdem werden auch die M_S-Temperaturen (vgl. V 16) bis zu den Zeiten vermerkt, bei denen noch Martensitbildung zu erwarten ist.

Als Beispiel ist zunächst in Bild 2 das isotherme ZTU-Schaubild eines unlegierten Stahles mit 0.45 Masse-% C wiedergegeben. Die diesem Schaubild zugrundeliegenden Gesetzmäßigkeiten sollen etwas ausführlicher erörtert werden. Bei höheren Umwandlungstemperaturen bildet sich zuerst Ferrit (voreutektoider Ferrit) durch heterogene Keimbildung an Austenitkorngrenzen. Bei der später einsetzenden Perlitbildung wachsen dann, ebenfalls von den Korngrenzen des Austenits ausgehend, abwechselnd Ferrit- und Zementitlamellen in die Austenitmatrix hinein (vgl. V 15). Je niedriger die Umwandlungstemperatur ist, desto feinstreifiger werden die Ferrit- und Zementitlamellen und damit der Perlit. Die Größe der Perlitbereiche nimmt mit kleiner werdender Austenitkorngröße ab.

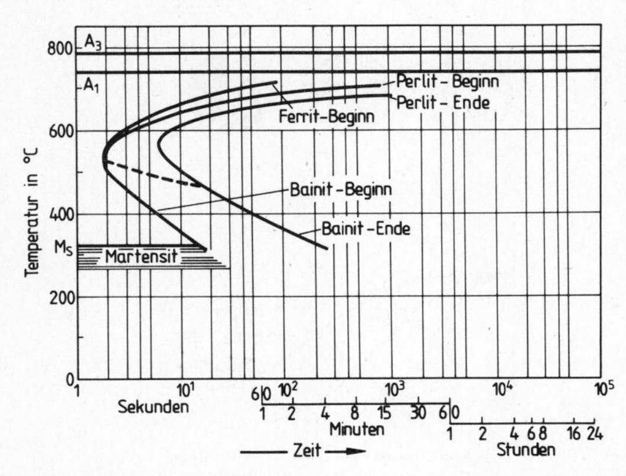

Bild 2: ZTU-Schaubild für isotherme Umwandlung eines unlegierten Stahles mit 0.45 Masse-% Kohlenstoff (Austenitisierungstemperatur T_A = 880 °C)

Die charakteristische Nase des isothermen ZTU-Schaubildes hat ihre Ursache in zwei von der Temperatur gegenläufig abhängigen Prozessen. Einmal nimmt mit wachsender Unterkühlung die Keimbildungsgeschwindigkeit c für die Perlitreaktion zu. Zum anderen nimmt der Diffusionskoeffizient D und damit die Diffusionsfähigkeit des Kohlenstoffs mit sinkender Temperatur ab. Die Umwandlungsgeschwindigkeit wird aber durch das Produkt c • D bestimmt und damit in einem bestimmten Temperaturintervall besonders groß. Deshalb setzt dort die Umwandlung früher als bei größeren und kleineren Temperaturen ein. Unterhalb der "Nase" im oberen Teil des sog. Bainitbereichs wird die Umwandlung ebenfalls diffusionsgesteuert eingeleitet, weil bei den dort vorliegenden Temperaturen der Kohlenstoff im Austenitgitter noch relativ beweglich ist. Lokal verringerte Kohlenstoffkonzentrationen begünstigen die Umwandlung des Austenits in Ferrit (Martensit) durch diffusionslose Umklappvorgänge, die mit sinkender Umwandlungstemperatur zunehmen. Dabei bleiben bestimmte Orientierungsbeziehungen zwischen dem Austenit und den neu entstandenen, an Kohlenstoff übersättigten und deshalb verspannten Ferrit(Martensit)kristallen bestehen. Wegen der relativ hohen Bildungstemperaturen und wegen der erheblich größeren Diffusionsgeschwindigkeit des Kohlenstoffs im Ferrit (Martensit) als im Austenit bildet sich Ferrit mit Zementitausscheidungen. Bei den Austenitkörnern mit angereichertem C-Gehalt entstehen an der Phasengrenze zum Ferrit ebenfalls Karbide, so daß auch für den verbliebenen Austenit Umklappumwandlungen erfolgen können. Insgesamt entsteht ein charakteristisches, teils nadeliges, teils plattenförmiges Gefüge aus Ferrit und Karbid, das als Bainit bezeichnet wird. Der bei höheren (tieferen) Temperaturen erzeugte Bainit besteht aus einer groben (feinen) Anordnung von Ferrit und Karbid. Dementsprechend unterscheidet man zwischen oberem und unterem Bainit. In Bild 3 ist eine rasterelektronenmikroskopische Aufnahme eines bainitischen Gefügebreiches von Ck 45 wiedergegeben. Im dunklen Ferrit sind die hellen Karbidteilchen eingelagert. Erfolgt hinreichend rasche Abkühlung auf Temperaturen unterhalb der Martensitstarttemperatur, so setzt die in V 16 schon ausführlich beschriebene diffusionslose Umwandlung des Austenits in Martensit (martensitische Umwandlung) ein.

Wichtig ist, daß die Lage der Umwandlungslinien der isothermen ZTU-Diagramme von der Wahl der Austenitisierungstemperatur und der Austenitisierungszeit sowie stark von den Legierungselementen abhängt. Oft

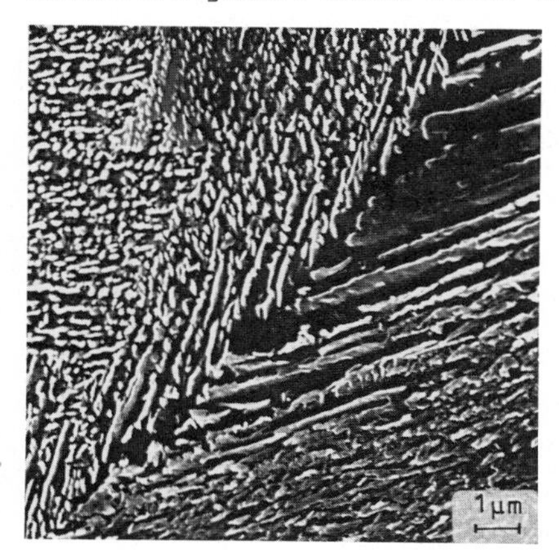

Bild 3: REM-Bild eines Bainitbereiches in Ck 45 mit dunkel erscheinendem Ferrit und hellen Karbiden

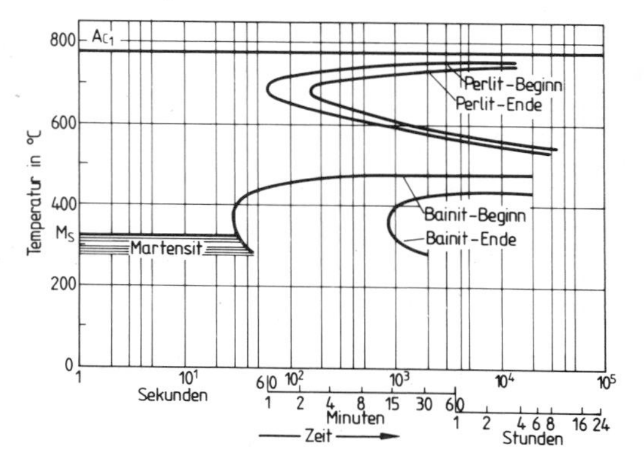

Bild 4: ZTU-Schaubild für isotherme Umwandlung eines Stahles mit 0.45 Masse-% C und 3.5 Masse-% Cr (Austenitisierungstemperatur 1050 °C)

werden die einzelnen Umwandlungsbereiche auch als Ferrit/Perlit-Stufe, Perlitstufe, Bainitstufe und Martensitstufe angesprochen. Wie Bild 4 belegt, führt bei einem Stahl vom Typ C 45 das Zulegieren von 3.5 Masse-% Chrom zu einer Aufspaltung des isothermen ZTU-Diagramms in zwei voneinander durch einen sehr umwandlungsträgen Temperaturbereich getrennte Teile unter gleichzeitiger Verschiebung der Perlit- und der Bainitumwandlung zu größeren Zeiten. Tendenzmäßig ähnlich wie Chrom wirken die Legierungselemente Molybdän, Vanadium und Wolfram. Auch sie fördern die Ausdehnung eines umwandlungsträgen Temperaturbereiches zwischen dem Perlit- und dem Bainitgebiet.

Ein Beispiel für ein kontinuierliches ZTU-Schaubild zeigt Bild 5. Auf Grund der eingangs getroffenen Festlegungen sind derartige Schaubilder längs der eingezeichneten Abkühlungskurven zu lesen.

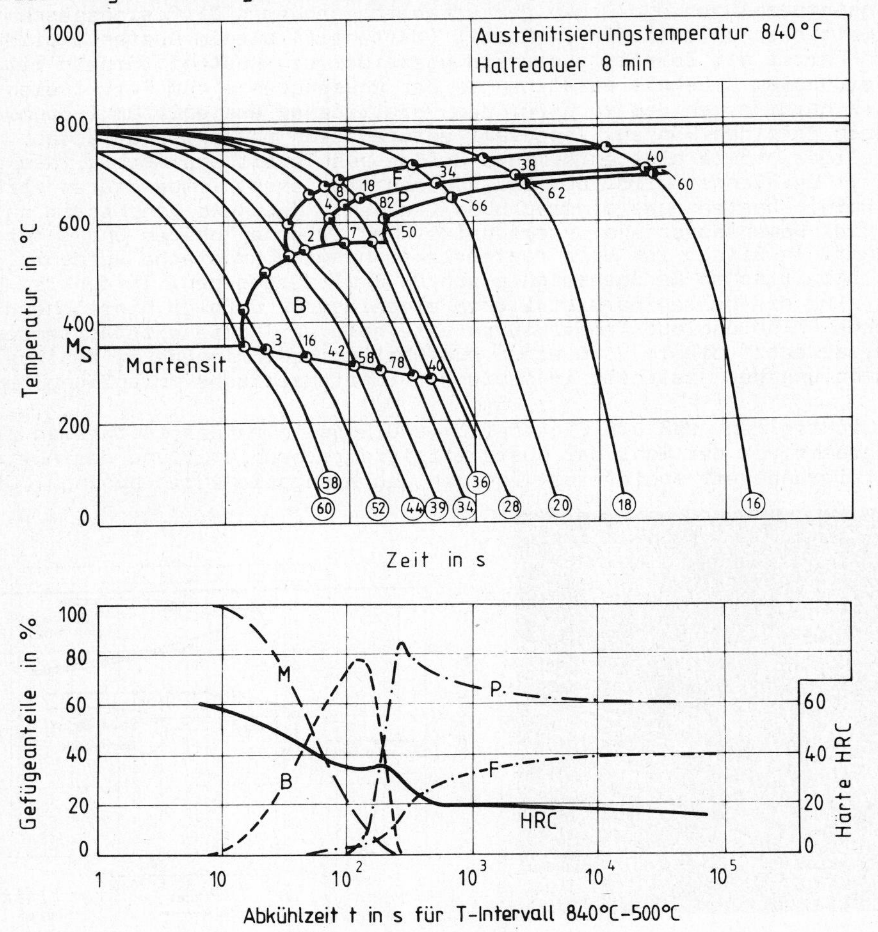

Bild 5: Kontinuierliches ZTU-Schaubild von 41 Cr 4 sowie auftretende Gefügeanteile und HRC-Werte bei Raumtemperatur als Funktion der Abkühlzeit von 840 °C auf 500 °C. M Martensit, B Bainit, P Perlit, F Ferrit

Wiederum gilt, daß die Lage der Umwandlungsbereiche von den Austenitisierungsbedingungen beeinflußt wird. Im allgemeinen wird mit zunehmender Austenitkorngröße, also wachsender Austenitisierungstemperatur, die Perlitumwandlung und weniger ausgeprägt die Bainitumwandlung verzögert. Die nach Abschluß der Umwandlungen bei Raumtemperatur vorliegenden Härtewerte sind durch die in Kreise eingetragenen Zahlen am Ende der Abkühlkurven vermerkt. Die an den Schnittpunkten der Abkühlungskurven mit den temperaturmäßig unteren Begrenzungen der Umwandlungsbereiche angeschriebenen Zahlen geben den Volumenanteil des jeweils entstandenen Gefüges an. Ergibt die Summe der Zahlenwerte längs einer Abkühlungskurve weniger als 100 Vol.-%, so ist das restliche Werkstoffvolumen martensitisch umgewandelt. Der Werkstoff, der nach Abkühlung auf Raumtemperatur z. B. 39 HRC besitze, weist als Bestandteile 2 Vol.-% Ferrit, 58 Vol.-% Bainit und 40 Vol.-% Martensit auf. Im unteren Teil von Bild 5 sind die bei Raumtemperatur vorliegenden Gefügeanteile und Härten in Abhängigkeit von der Zeit aufgezeichnet, die bei kontinuierlichen Abkühlungen zum Durchlaufen des Temperaturintervalls zwischen 840 °C und 500 °C benötigt wird.

Aufgabe

Proben des legierten Stahles 50 CrV 4 werden bei drei verschiedenen Temperaturen verschieden lange isotherm umgewandelt und danach auf Raumtemperatur abgelöscht, Es sind Schliffe anzufertigen und die Gefüge an Hand des vorliegenden isothermen ZTU-Diagramms zu beurteilen.

Versuchsdurchführung

Die Versuchsproben, deren isothermes ZTU-Schaubild vorliegt, werden 10 min bei 880 °C austenitisiert. Proben der beiden ersten Serien werden rasch in neutralen Salzbädern von 680 und 520 °C abgekühlt, dort 100 und 2000 s gehalten und dann auf Raumtemperatur abgeschreckt. Proben der dritten Serie werden in einem Salzbad von 600 °C abgekühlt, dort 20, 100 und 400 s gehalten und dann auf Raumtemperatur gebracht. Von allen drei Probenserien werden Schliffe in der in V 15 beschriebenen Weise hergestellt, mit alkoholischer Salpeter- bzw. Pikrinsäure geätzt, mikroskopisch betrachtet und beurteilt.

Literatur: 54,89,90,92,93.

V 36

Härtbarkeit von Stählen

Grundlagen

Die bei der martensitischen Härtung von Stählen (vgl. V 16) erreichbaren Härte- und Festigkeitswerte sind von der Austenitisierungstemperatur und -zeit, von der Abkühlgeschwindigkeit, der Stahlzusammensetzung und von den Werkstückabmessungen abhängig. Wegen der über dem Werkstoffquerschnitt lokal unterschiedlichen Abkühlgeschwindigkeiten treten - solange V_{krit} überschritten wird - die martensitischen Umwandlungen zeitlich versetzt auf und laufen - wenn die Abkühlgeschwindigkeiten zu klein werden - nicht mehr vollständig bzw. überhaupt nicht mehr ab. Durchhärtung ist bei größeren Abmessungen nur dann gewährleistet, wenn auch im Probeninnern eine größere Abkühlgeschwindigkeit als die kritische erreicht wird. Letztere läßt sich durch bestimmte Legierungselemente in weiten Grenzen beeinflussen.

Unter Härtbarkeit von Stählen versteht man das Ausmaß der Härteannahme nach Abkühlung von Austenitisierungstemperatur auf Raumtemperatur mit Abkühlgeschwindigkeiten, die zur vollständigen oder teilweisen Martensitbildung führen. Als Aufhärtbarkeit bezeichnet man dabei den an den Stellen größter Abkühlgeschwindigkeit erreichten Härtehöchstwert. Er wird bestimmt durch den bei der Austenitisierungstemperatur gelösten Kohlenstoffgehalt. Als Einhärtbarkeit spricht man dagegen den Härtetiefenverlauf an, der mit dem lokalen Erreichen der für die Martensitbildung erforderlichen kritischen Abkühlgeschwindigkeit auf das engste verknüpft ist und daher sowohl vom Kohlenstoffgehalt als auch von allen anderen gelösten Legierungselementen in kennzeichnender Weise abhängt. Härtbarkeit umfaßt also die Begriffe Aufhärtbarkeit und Einhärtbarkeit und beschreibt von der Oberfläche normal ins Innere des Werkstoffs fortschreitend die Beträge und die Verteilung der durch Abschrecken erzeugten Härte. Im Einzelfall sind für die Härtbarkeit die vorliegenden Abkühlbedingungen bestimmend, die ihrerseits von den Abmessungen, der Form, der Oberflächenbeschaffenheit, dem Wärmeinhalt, der Wärmeleitfähigkeit des zu härtenden Objektes und der wärmeentziehenden Wirkung des Kühlmittels, also der Wärmeübergangszahl, abhängen.

Insgesamt erfordert somit die Härtbarkeitsprüfung einer Stahlcharge die Abschreckhärtung von Proben definierter Form, die Anfertigung von Trennschnitten senkrecht zur Oberfläche und Härtemessungen in den Trennflächen. Der große Aufwand und die mangelnde Vergleichbarkeit derartiger Prüfungen hat schließlich zur Entwicklung des sog. Stirnabschreckversuches geführt, der heute als Härtbarkeitsprüfverfahren in vielen Ländern unter gleichartigen Bedingungen durchgeführt wird. Prüfling ist ein zylindrischer Stab von 25 mm Durchmesser und 100 mm Länge, der am einen Ende einen Kragen oder eine eingedrehte Rille zum Einhängen in eine Abschreckvorrichtung (vgl. Bild 1) besitzt. Der Zylinder wird in definierter Weise austenitisiert, innerhalb von 5 s in die Abschreckvorrichtung gehängt und danach an der unteren Stirnseite von einem Wasserstrahl (~ 20 °C) bespritzt, der eine freie Steighöhe von 65 ± 10 mm hat und aus einer 12 mm entfernten Düse mit 12 mm

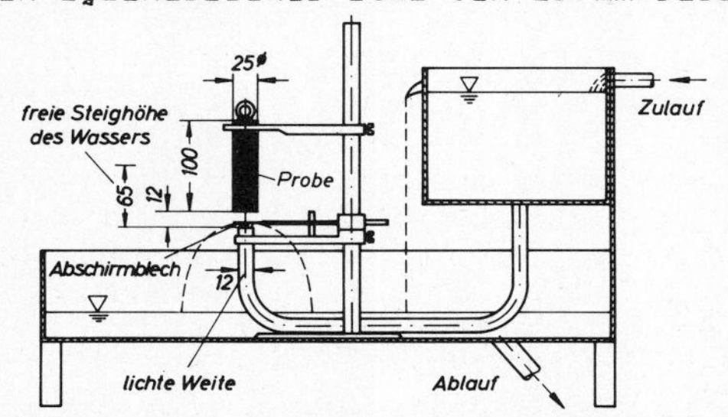

Bild 1: Versuchseinrichtung für Stirnabschreckversuch (**Jominy-Versuch**)

Innendurchmesser kommt. Die einzelnen Probenstellen kühlen dabei unterschiedlich schnell ab, so daß sich lokal verschiedene Gefüge und Härten ausbilden. Nach Erkalten werden an zwei gegenüberliegenden Mantellinien des Zylinders etwa 8 mm breite Fasen angeschliffen, längs derer dann die Härte als Funktion vom Abstand von der Stirnfläche (Härteverlaufskurve bzw. Stirnabschreckkurve) gemessen wird. Der stirnseitige Härtewert charakterisiert die Aufhärtbarkeit, der Härteabfall längs der Stirnabschreckprobe die Einhärtbarkeit. Typische Stirnabschreck-Härtekurven für unter gleichen Bedingungen abgeschreckte Proben aus 50 CrV 4 und 37 MnSi 5 sind in Bild 2 wiedergegeben. In verschiedenen Stirnflächenabständen liegen längs der Mantelfläche der Probe beim Erreichen bestimmter Temperaturen unterschiedliche Abkühlgeschwindigkeiten vor. In Bild 2 sind unten die bei 700 °C in verschiedenen Abständen von der Stirnfläche auftretenden Abkühlgeschwindigkeiten vermerkt. Die beiden Stähle besitzen die gleiche Aufhärtbarkeit, aber stark verschiedene Einhärtbarkeiten. Die nach der martensitischen Härtung vorliegenden Härtetiefenverteilungen kann man durch die Oberflächenentfernung kennzeichnen, in der noch bestimmte Härtewerte (HRC oder HV) vorliegen. Das ist ein Maß für die Einhärtung. Diese ist für einen Härtewert von 50 HRC bei dem Stahl 50 CrV 4 größer als 70 mm, bei dem Stahl 37 MnSi 5 dagegen nur 3 mm.

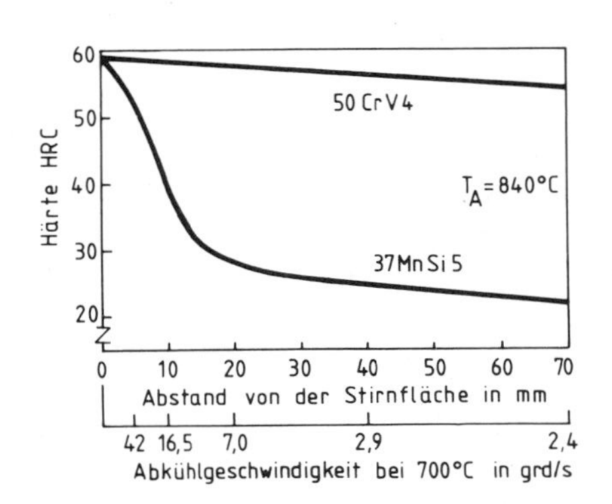

Bild 2: Härteverlaufskurven nach Stirnabschreckversuchen an Stahlproben aus 50 CrV 4 und 37 MnSi 5

Allgemein gilt, daß die Aufhärtung wesentlich durch den Kohlenstoffgehalt, die Einhärtung dagegen wesentlich durch den Gehalt an sonstigen Legierungselementen bestimmt wird (vgl. Bild 3). Eine gute Härtbarkeit liegt vor, wenn eine große Härte an der Stirnseite und ein kleiner Härteabfall längs der Stirnabschreckproben auftritt.

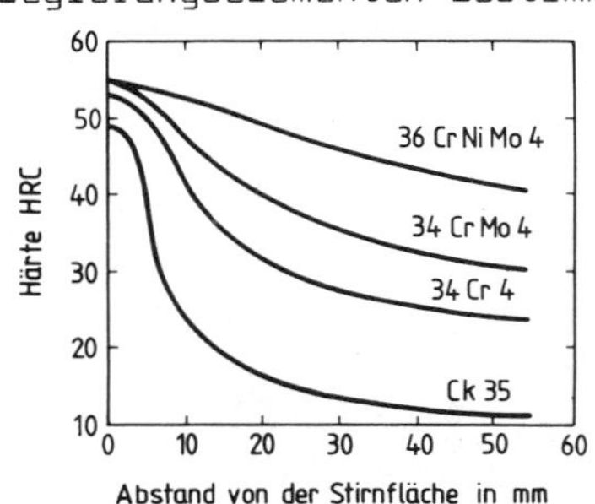

Bild 3: Einfluß von Legierungselementen auf die Härteverlaufskurven

Die Einhärtbarkeit von Stählen läßt sich auch noch anders beurteilen. So bezeichnet man z.B. bei gegebener Stahlzusammensetzung den Durchmesser eines Zylinderstabes, in dessen Innerem bei rascher Abkühlung auf Raumtemperatur noch 50 Vol.-% Martensit entsteht, als ideal kritischen Durchmesser Φ. Bei unlegierten Stählen gilt in guter Näherung

$$\Phi = \alpha(d_A)\sqrt{\text{Masse-\%C}} \quad . \qquad (1)$$

Dabei ist α (d_A) ein von der mittleren Austenitkorngröße d_A abhängiger Vorfaktor, der mit d_A anwächst. Zunehmende Austenitkorngröße senkt die Wahrscheinlichkeit für das Auftreten der durch Korngrenzenkeimwirkung ausgelösten Perlitbildung und fördert damit die martensitische Umwandlung (vgl. V 15 und V 16). Alle Legierungselemente außer S, P und Co vergrößern bei FeC-Legierungen die ideal kritischen Durchmesser, weil sie die kritische Abkühlgeschwindigkeit und die Ms-Temperatur absenken. Es gilt

$$\Phi_i = \Phi(1 + a_i \text{ Masse-\% } X_i) \quad , \qquad (2)$$

wobei X_i das Legierungselement i und a_i sein Wirkungsfaktor hinsichtlich der Einhärtung ist. a_i nimmt beispielsweise für Mn, Mo, Cr und Ni Werte von etwa 4.1, 3.1, 2.3 und 0.5 an.

Die gemessenen Härtewerte der Stirnabschreckkurven lassen durch Vergleich mit den Härteangaben im kontinuierlichen ZTU-Diagramm des untersuchten Stahles (vgl. V 35) eine rohe Beurteilung der lokal erzeugten Gefügezustände zu. Als Beispiel enthält Bild 4 das für Ck 45 gültige kontinuierliche ZTU-Diagramm mit mehreren Temperatur-Zeit-Kurven. Die Gesamtmenge der bei Raumtemperatur jeweils auftretenden Anteile an Ferrit, Perlit und Bainit ist durch die Summe der Zahlen bestimmt, die an den Schnittpunkten der Abkühlungskurven mit den einzelnen Bereichsgrenzen angegeben sind. In Bild 5 ist für eine Stirnabschreckprobe aus Ck 45 (T_A = 880 °C) der gemessene Härteverlauf der Gefügeaus-

Austenitisierungstemperatur 880°C (Haltedauer 3 min), aufgeheizt in 2 min

Temperatur in °C; 800; 600; 400; M_S; 200; A_{C3}; A_{C1}; A; F; P; B; M

A Bereich des Austenits
F Bereich der Ferritbildung
P Bereich der Perlitbildung
B Bereich der Bainit-Gefügebildung
M Bereich der Martensitbildung
○ Härtewerte in HV
1,2.....Gefügeanteile in %

0.1; 1; 10; 10^2; 10^3; 10^4; 10^5 Sekunden; 1; 10; 10^2; 10^3 Minuten; 1; 10 Stunden

—— Zeit ——▸

Bild 4: Kontinuierliches ZTU-Schaubild von Ck 45

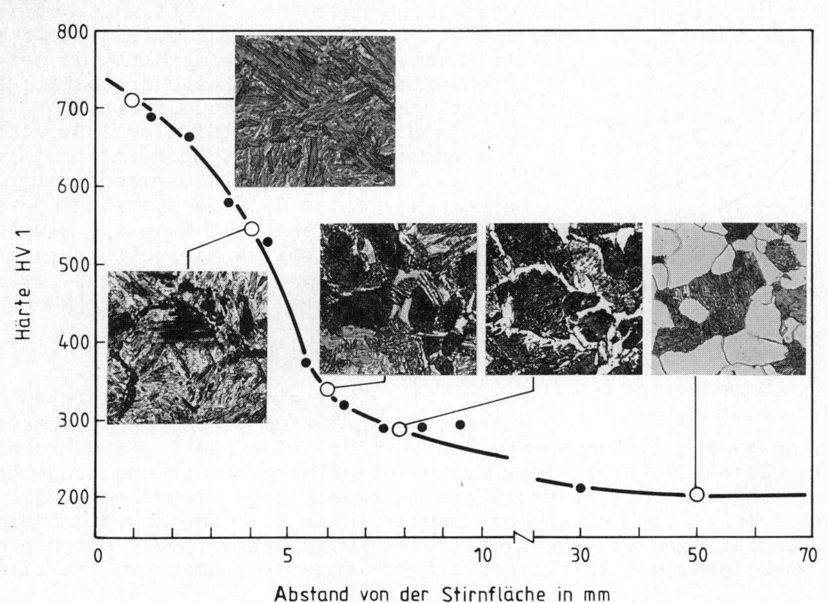

Bild 5: Stirnabschreckkurve und zugehörige Gefügeausbildung bei Ck 45

bildung gegenübergestellt. Man sieht in Abhängigkeit vom Stirnflächenabstand den Übergang vom rein martensitischen Gefüge an der Stirnseite der Probe bis hin zum ferritisch-perlitischen Gefüge am Probenende.

Bei der Härtung von Stählen ist die Ausbildung von Eigenspannungen (vgl. V 77) unvermeidlich. Da die mit einer Volumenvergrößerung verbundene martensitische Umwandlung des Austenits (vgl. V 16) in den einzelnen Querschnittsbereichen zeitlich nacheinander erfolgt, liegen nach der Härtung grundsätzlich neben Abkühleigenspannungen auch Umwandlungseigenspannungen I. Art vor. Der gesamte Eigenspannungszustand I. Art ist vom Stahltyp, von den Austenitisierungs- und Ablöschbedingungen sowie von den Werkstückabmessungen abhängig. Daneben bilden sich Mikroeigenspannungen aus als Folge der im Martensit in Nichtgleichgewichtskonzentration gelösten Kohlenstoffatome (vgl. V 16). Schließlich treten bei höher kohlenstoffhaltigen Stählen im Martensit und im Restaustenit Eigenspannungen II. Art mit unterschiedlichen Vorzeichen auf.

Aufgabe

Für den Vergütungsstahl Ck 35 und den Werkzeugstahl 90 MnV 8 sind Stirnabschreckkurven zu ermitteln. Vor dem Abschrecken ist Ck 35 30' bei 830 °C, 90 MnV 8 30' bei 780 °C zu austenitisieren. Die in Abhängigkeit von der Entfernung von der Stirnseite auftretenden Gefügezustände sind an Hand der kontinuierlichen ZTU-Diagramme beider Stähle zu erörtern.

Versuchsdurchführung

Die vorbereiteten Abschreckzylinder werden in Kammeröfen auf die vorgegebenen Austenitisierungstemperaturen gebracht. Während der Glühung wird die Versuchseinrichtung (vgl. Bild 1) so eingestellt, daß ohne Abschirmblech der aus einer Düse mit lichter Weite von 12 mm austretende Wasserstrahl eine freie Steighöhe von 65 mm hat. Danach wird das Abschirmblech in den Wasserstrahl eingeschwenkt. Die einzelnen Proben werden nach Austenitisierung mit einer Zange aus dem Ofen geholt und in die Gabel der Prüfeinrichtung eingehängt. Dann wird durch Drehen des Abschirmbleches der Wasserstrahl zum kontinuierlichen Auftreffen auf die Stirnseite der Probe freigegeben. Nach Abkühlung auf Raumtemperatur wird die Probe mit feinem Schmirgelpapier von Zunder befreit und die Meßfase geglättet. Danach wird längs der Fase, ausgehend von der Stirnfläche, in Abständen von etwa 5 mm die Rockwell-Härte gemessen (vgl. V 9) und die Härteverlaufskurve aufgezeichnet. Die lokal erwarteten Gefügezustände werden erörtert und durch Anfertigung von Schliffen stichprobenartig überprüft. Die Ursachen der Unterschiede in den Härteverlaufskurven werden diskutiert. Für beide Stähle werden als Maß für die Einhärtbarkeit die Stirnflächenabstände bestimmt, in denen eine Härte von 45 HRC vorliegt.

Literatur: 89,91,92,93.

V 37 Stahlvergütung und Vergütungsschaubilder

Grundlagen

Eine für den praktischen Stahleinsatz besonders wichtige Wärmebehandlung stellt das Vergüten dar. Es umfaßt bei untereutektoiden unlegierten und niedriglegierten Stählen (Vergütungsstählen) die im rechten Teil von Bild 1 schematisch wiedergegebenen Arbeitsschritte Glühen bei $T_A > A_3$ (Austenitisieren), martensitisches Härten durch hinreichend rasches Abschrecken auf $T < M_s$ (vgl. V 16) und Anlassen der gehärteten Stähle bei $T_{An} < A_1$. Je nach Werkstoff sowie gewählter Temperatur und Zeit laufen beim Anlassen unterschiedliche Vorgänge ab. Temperatur und vorgangsmäßig unterscheidet man sog. Anlaßstufen, deren Temperaturbegrenzungen sich je nach Werkstoff und Anlaßzeit zu höheren oder niederen Temperaturen verschieben können. Bei Temperaturen 80 °C schließen sich die im Martensit gelösten Kohlenstoffatome (vgl. V 16) unter Verringerung der Verzerrungsenergie des Gitters zu Clustern zusammen. Im Temperaturbereich $80 \lesssim T_{An} \lesssim 200$ °C (1. Anlaßstufe) entsteht aus dem Martensit bei un- und niedriglegierten Stählen das sog. ε-Karbid (Fe_xC mit $x \approx 2.4$) und ein Martensit α' mit einem von der Gleichgewichtskonzentration des Ferrits abweichenden Kohlenstoffgehalt. Der Vorgang ist mit geringen Volumenzunahmen und Härtesenkungen verknüpft. Die 2. Anlaßstufe tritt bei unlegierten Stählen etwa zwischen 200 und 320 °C, bei niedriglegierten Stählen zwischen 200 und 375 °C auf. In diesen Temperaturintervallen zerfällt der als Folge der martensitischen Härtung (bei unlegierten Stählen nur bei C-Gehalten ≳ 0.5 Masse-%) entstandene Restaustenit. Neben Karbiden bilden sich Ferritbereiche α", die sich hinsichtlich ihres C-Gehaltes noch von den Gleichgewichtsphasen Fe_3C und α (vgl. V 15) unterscheiden. Bestimmte Legierungszusätze, wie z. B. Chrom, verschieben den Restaustenitzerfall zu erheblich höheren Temperaturen. Erst in der 3. Anlaßstufe ($320 \lesssim T_{An} \lesssim 520$ °C) stellt sich das Gleichgewichtsgefüge aus Ferrit und Zementit ein, wobei die ablaufenden mikrostrukturellen Veränderungen die Härte relativ stark erniedrigen. Anlassen oberhalb 500 °C bewirkt eine zunehmende Einformung und Koagulation der Zementitteilchen. Bei bestimmten Legierungszusammensetzungen können in der 2. und 3. Anlaßstufe zusätzliche Entmischungs- und Ausscheidungsvorgänge ablaufen, die sich mindernd auf die Kerbschlagzähigkeit (vgl. V 48) auswirken (Anlaßversprödung). In legierten Stählen schließlich mit hinreichend großen Anteilen an karbidbildenden Elementen wie V, Mo, Cr und W entstehen in einer 4. Anlaßstufe etwa zwischen 450 und 550 °C feinverteilte Sonder- und/oder Mischkarbide, die zu einem Wiederanstieg der Härte (Sekundärhärte, vgl. V 41) führen.

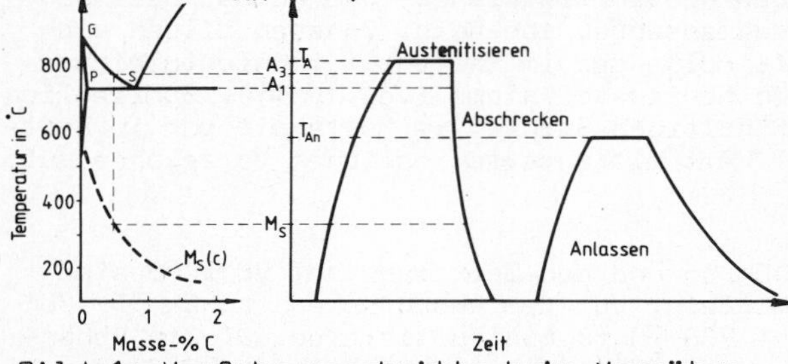

Bild 1: Verfahrensschritte beim Vergüten

Durch die Wahl der Anlaßbehandlung nach dem martensitischen Härten werden neben der Härte auch die mechanischen Kenngrößen des Zugversuchs (vgl. V 25) verändert. Für viele Belange sind in der technischen Praxis solche Werkstoffzustände besonders geeignet, die neben großen Streckgrenzen R_{eS} und großen Zugfestigkeiten R_m auch große Bruchdehnungen A_5 und A_{10} (bzw. δ_5 und δ_{10}) sowie große Brucheinschnürungen Z (bzw. ψ) besitzen. Bruchdehnung und Brucheinschnürung werden dabei oft als Zähigkeitsmaß benutzt. Vernünftiger ist es jedoch, als Maß für die Zähigkeit eines Werkstoffes oder eines Werkstoffzustandes die im Zugversuch bis zum Bruch geleistete plastische Verformungsarbeit pro Volumeneinheit anzusehen. Sie ergibt sich bei einem σ, ϵ_p-Diagramm als die von der Verfestigungskurve und von der Abszissenachse eingeschlossene Fläche. Durch Vergüten lassen sich bei hinreichend großen Zugfestigkeiten Werkstoffzustände mit in diesem Sinne guten Zähigkeiten erreichen. Ein Beispiel zeigt Bild 2. Dort sind für Ck 35 die Auswirkungen einer Vergütungsbehandlung mit unterschiedlichen Anlaßtemperaturen T_{An} auf die Spannungs-Dehnungskurven angegeben. Die unterste Kurve gilt für den normalisierten Werkstoffzustand, der durch Luftabkühlung nach dem Austenitisieren erzielt wurde. Die schraffierte Fläche entspricht einer Verformungsarbeit von $\sim$ 5950 J/cm^3. Der Werkstoffzustand ist durch eine große Bruchdehnung sowie durch einen duktilen Bruch mit großer Brucheinschnürung gekennzeichnet. Demgegenüber kommt dem von der Austenitisierungstemperatur direkt auf Raumtemperatur abgeschreckten Werkstoffzustand nur eine Verformungsarbeit von $\sim$ 1700 J/cm^3 zu. Die Bruchdehnung des nur gehärteten Werkstoffes ist sehr klein. Der Werkstoff bricht spröde ohne Brucheinschnürung. Durch Anlassen der abgeschreckten Proben bei 100 °, 200 °, 400 ° und 600 °C tritt ein systematischer Übergang hinsichtlich des Verformungsverhaltens von dem des normalisierten Werkstoffzustandes auf unter entsprechender Änderung von Streckgrenze R_{eS}, Zugfestigkeit R_m, Bruchdehnung A_5 bzw. A_{10} und Brucheinschnürung Z. Dabei entspricht der Zustand größter plastischer Verformungsarbeit nicht dem Zustand größter Bruchdehnung.

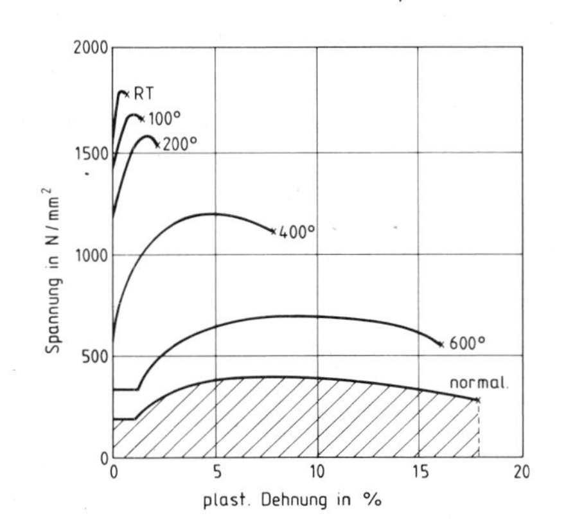

Bild 2: σ_n, ϵ_p-Kurven verschieden wärmebehandelter Proben aus Ck 35

Die Zugverfestigungskurven und die daraus bestimmbaren mechanischen Kenngrößen sind bei vergüteten Stählen vom Durchmesser der Prüfstäbe abhängig. Das liegt daran (vgl. V 36), daß es für jeden Stahl einen unteren Grenzdurchmesser gibt, ab dem die zur martensitischen Härtung erforderliche kritische Abkühlgeschwindigkeit nicht mehr im ganzen Werkstoffvolumen erreicht wird. Dementsprechend liegen innerhalb der Proben für die anschließende Anlaßbehandlung unterschiedliche Ausgangszustände vor, und auch nach dem Anlassen ist mit keiner gleichmäßigen Gefügeausbildung über dem Probenquerschnitt zu rechnen. Die zügigen Werkstoffkenngrößen ergeben sich als mittlere Werte des gesamten Probenzustandes. Bei unlegierten Stählen liegt die Grenze der Durchhärtbarkeit je nach Kohlenstoffgehalt bei Durchmessern von 6 - 10 mm. Ver-

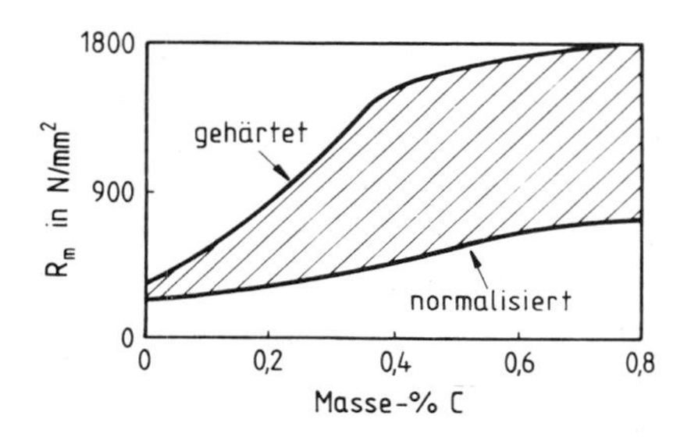

Bild 3: Durch Vergütungsbehandlung erzeugte Zugfestigkeiten bei unlegierten Stählen

gütungsbehandlungen ergeben für diese Werkstoffgruppe die aus Bild 3 ersichtliche Variationsbreite der Zugfestigkeit. Je nach gewählter Anlaßtemperatur stellen sich unterschiedliche Gefüge mit Festigkeiten ein, die zwischen denen der normalisierten und gehärteten Zustände liegen. Bei hohen Kohlenstoffgehalten sind Festigkeitsunterschiede um mehr als einen Faktor 2 erzielbar. Obwohl Bauteile aus unlegierten Stählen mit großen Querschnittsabmessungen nicht mehr durchhärten,

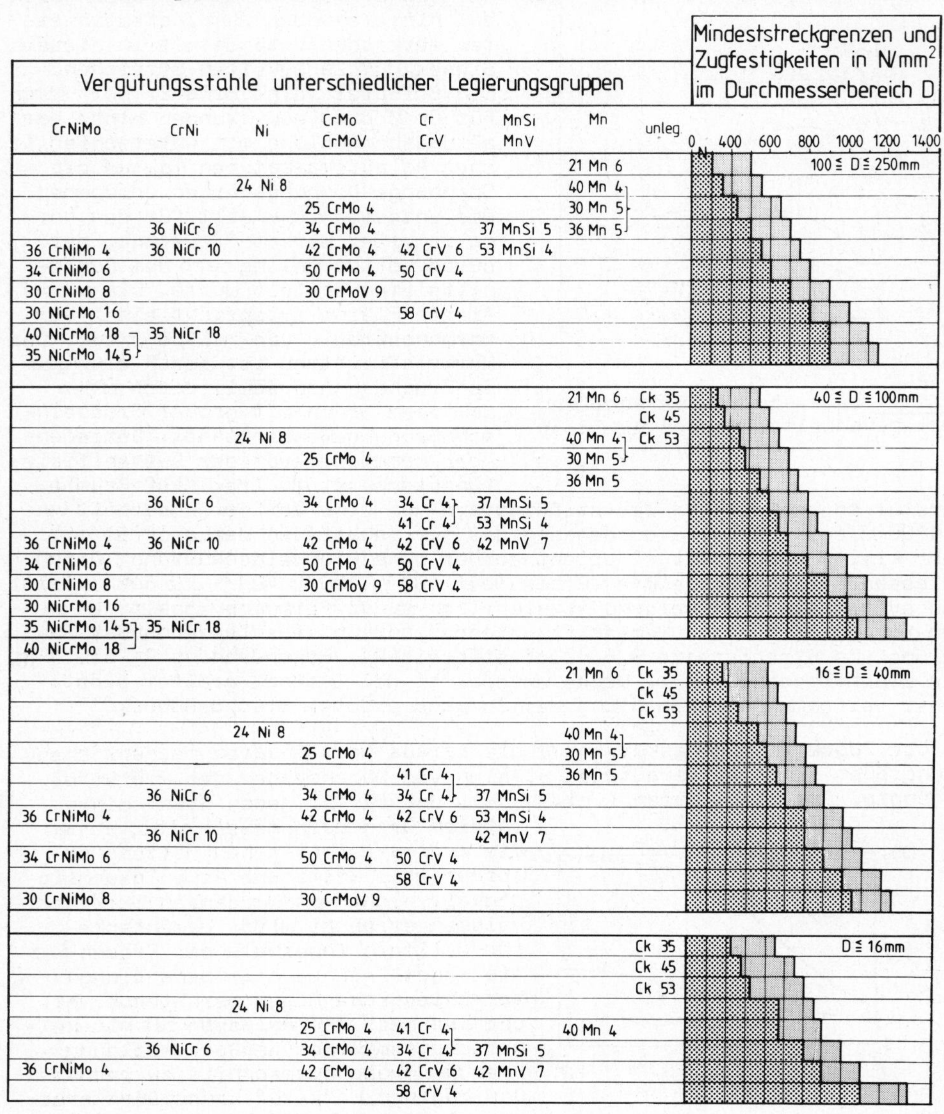

Bild 4: Übersicht über die mit Vergütungsstählen bei vorgegebenen Durchmesserforderungen zu erreichenden Mindeststreckgrenzen [dicht gepunktetes Feld] und Mindestzugfestigkeiten [grau getöntes Feld]

können durch eine anschließende Anlaßbehandlung Gefügezustände in den Rand- und Kernbereichen mit praktisch gleichen Festigkeitseigenschaften erzielt werden. Man spricht dann von Durchvergüten.

Durch Zugabe geeignet gewählter und in ihrer Menge aufeinander abgestimmter Legierungelemente läßt sich grundsätzlich die Härtbarkeit (vgl. V 36) der Stähle und damit auch die Vergütbarkeit in einem solchen Ausmaß verbessern, wie es technischen Erfordernissen entspricht. Bild 4 gibt eine Übersicht über die Vergütungsstähle, auf die bei der Erfüllung bestimmter Abmessungs- und Festigkeitsforderungen zurückgegriffen werden kann. Sind bei größeren Bauteilabmessungen Vergütungsbehandlungen beabsichtigt, die bei guter Zähigkeit hinreichend hohe Festigkeit ergeben sollen, so ist der Rückgriff auf legierte Stähle unerläßlich. Dabei führen, wie schon erwähnt, Legierungselemente wie Cr, Mo, V und W während des Anlassens im Temperaturbereich zwischen etwa 450 und 550 °C zu Karbidbildungen. Die damit verbundenen "Anlaßversprödungen" lassen sich durch Anlassen bei Temperaturen außerhalb dieses kritischen Temperaturbereiches und anschließendes rasches Abschrecken in Öl vermeiden. Kleine Mo-Zusätze mindern beim Vorliegen anderer karbidbildender Elemente die Anlaßversprödung ab.

Als Vergütungsschaubild eines Stahles wird die Abhängigkeit der Streckgrenze R_{eS} bzw. der 0.2 %-Dehngrenze $R_{p\,0.2}$, der Zugfestigkeit R_m, der Bruchdehnung A_5 bzw. A_{10} und der Brucheinschnürung Z von der Anlaßtemperatur nach martensitischer Härtung bezeichnet. In Bild 5 ist als Beispiel ein solches Schaubild für 25 CrMo 4 wiedergegeben. Mit der Anlaßtemperatur nehmen R_{eS} und R_m ab, A_5 und Z dagegen zu. Diese Tendenz gilt nicht mehr bei Legierungen mit größeren Anteilen an sonderkarbidbildenden Elementen. Bei diesen bewirkt, wenn die Austenitisierung zu einer weitgehenden Karbidauflösung führte, die Sekundärhärtung beim Anlassen zwischen 450 und 550 °C eine Zunahme von R_{eS} und R_m sowie eine Abnahme von A_5 bzw. A_{10} und Z (vgl. V 25) mit wachsender Anlaßtemperatur.

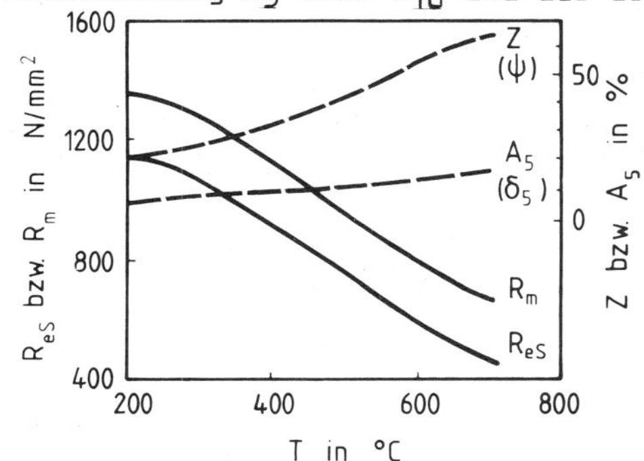

Bild 5: Vergütungsschaubild von 25 CrMo 4

Aufgabe

Von dem Vergütungsstahl 50 CrMo 4 ist das Vergütungsschaubild aufzustellen. Die Versuchsproben sind 30 min bei 830 °C zu austenitisieren, danach in Öl von 20 °C abzuschrecken und anschließend bei 300 °, 400 °, 500 ° und 600 °C jeweils 1 h anzulassen. Die erforderlichen Zugversuche sind mit $\dot{\varepsilon}_p = 2 \cdot 10^{-3} s^{-1}$ durchzuführen.

Versuchsdurchführung

Für die Versuche stehen vorgefertigte Zugproben zur Verfügung, deren Austenitisierung in einem Salzbadofen erfolgt. Bei der Abschreckbehandlung werden die Proben vertikal in das Ölbad eingeführt. Die verschiedenen Anlaßbehandlungen werden zweckmäßigerweise in schutzgasgespülten Kammeröfen durchgeführt. Nach Luftabkühlung auf Raumtemperatur erfolgt die Zugverformung zur Ermittlung der erforderlichen Werkstoffkenngrößen in einer geeigneten Zugprüfmaschine (vgl. V 23). Die Versuchsschriebe werden gemäß V 25 ausgewertet.

Literatur: 89,91,92,94.

V 38 Härte und Zugfestigkeit von Stählen

Grundlagen

Die im Zugversuch (vgl. V 25) ermittelten Werkstoffkenngrößen R_{eS}, $R_{p\,0.2}$ und R_m sind von großer praktischer Bedeutung, weil sie die Basis für die Dimensionierung statisch beanspruchter Bauteile liefern. Da der Zugversuch relativ aufwendig ist, liegt es nahe, nach einfachen Abschätzungsmöglichkeiten für die Zahlenwerte dieser Werkstoffkenngrößen zu suchen. Für den praktischen Werkstoffeinsatz ist es sehr wichtig, daß bei vielen Werkstoffen innerhalb gewisser Grenzen reproduzierbare Zusammenhänge zwischen

Härte und Zugfestigkeit

bestehen. So ergibt sich z. B. bei bestimmten Werkstoffgruppen zwischen Brinellhärte (vgl. V 9) und der Zugfestigkeit die Proportionalität

$$\text{Maßzahl HB} = c \cdot R_m . \qquad (1)$$

Dabei hat c die Dimension mm^2/N. Der bei normalisierten Stählen (vgl. V 34) zwischen **Zugfestigkeit** und den verschiedenen Härtearten bestehende Zusammenhang geht aus Bild 1 hervor. Auch für vergütete (vgl. V 37) und gehärtete (vgl. V 36) Stähle hat man empirische Zusammenhänge zwischen Härte und Zugfestigkeit ermittelt und diese z. B. in Form der sog. Poldi-Scheibe oder in Merkblättern und Handbüchern für den praktischen Gebrauch zugänglich gemacht.

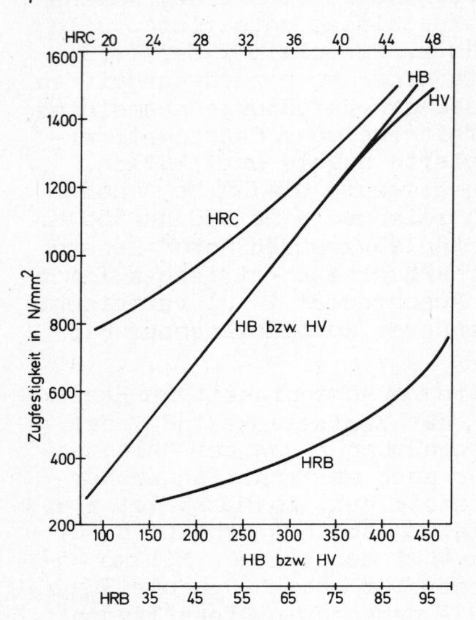

Bild 1: Zusammenhang zwischen **Härten und Zugfestigkeit** bei normalisierten Stählen

Aufgabe

Von mehreren unlegierten Stählen mit unterschiedlicher Vorbehandlung ist der Zusammenhang zwischen Brinellhärte und Zugfestigkeit zu ermitteln.

Versuchsdurchführung

Für die Untersuchungen steht eine Zugprüfmaschine (vgl. V 23) und ein Brinellhärteprüfgerät (vgl. V 9) zur Verfügung. Vorbereitete Zugproben der zu untersuchenden Werkstoffe mit dem Meßquerschnitt A_0 werden in die Zugmaschine eingespannt und mit einer Traversengeschwindigkeit von 0.6 mm/min momentenfrei bis zum Bruch verformt. Die Höchstlast wird jeweils dem Maschinendiagramm entnommen und daraus

$$R_m = \frac{F_{max}}{A_o} \qquad (2)$$

bestimmt. An den Stirnflächen der abgesägten Zugprobenschulterköpfe werden anschließend Brinellhärtemessungen durchgeführt. Der R_m, Härte-Zusammenhang wird aufgetragen und diskutiert.

Literatur: 95.

Einsatzhärten

V 39

Grundlagen

Das Einsatzhärten von Stählen umfaßt die Eindiffusion von Kohlenstoff (und/oder Stickstoff) in oberflächennahe Werkstoffbereiche bei hinreichend hohen Temperaturen und die anschließende martensitische Härtung, die entweder direkt oder nach geeignet gewählten Zwischenwärmebehandlungen erfolgt. Durch Einsatzhärten werden Werkstücke mit einer harten, dauer- und verschleißfesten Randschicht sowie zähem Kernbereich erzeugt. Dabei finden durchweg sog. Einsatzstähle mit niedrigem Kohlenstoffgehalt (un- und niedriglegierte Stähle mit weniger als 0.25 Masse-% C) Anwendung. Zum "Einsetzen" werden diese bei Temperaturen oberhalb A_3 einer Kohlenstoff liefernden Umgebung (Kohlenstoffspender, Kohlungsmittel) ausgesetzt und Randkohlenstoffgehalte zwischen etwa 0.7 und 1.0 Masse-% angestrebt. Übliche Aufkohlungstemperaturen liegen zwischen 880 und 950 °C. Die bei der Aufkohlung eines Einsatzstahles ablaufenden Teilvorgänge umfassen

- Reaktionen im Kohlenstoffspender zur Erzeugung von diffusionsfähigem Kohlenstoff,
- Grenzflächenreaktionen beim C-Übergang in den Einsatzstahl,
- Kohlenstoffdiffusion im Einsatzstahl und
- Bildung von Karbiden bei bestimmten Stahlzusammensetzungen bzw. nach sehr langen Einsatzzeiten.

Als Kohlenstoffspender finden bei der Einsatzhärtung pulverförmige (Pulveraufkohlung), flüssige (Salzbadaufkohlung) und gasförmige Medien (Gasaufkohlung) Anwendung. Von besonderer praktischer Bedeutung sind die Gasaufkohlungsverfahren. Die wichtigsten chemischen Gleichgewichtsreaktionen, die dabei ausgenutzt werden, umfassen

das Boudouard-Gleichgewicht

$$2\,CO \rightleftharpoons [C] + CO_2 \quad , \qquad (1)$$

das Methan-Wasserstoff-Gleichgewicht

$$CH_4 \rightleftharpoons [C] + 2H_2 \qquad (2)$$

und das gekoppelte Wassergas-Boudouard-Gleichgewicht

$$CO + H_2 \rightleftharpoons [C] + H_2O \quad . \qquad (3)$$

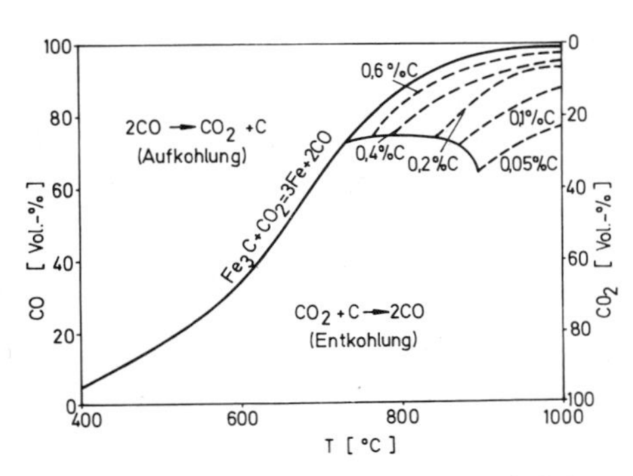

Bild 1: Boudouard-Gleichgewicht für Stähle mit verschiedenem Kohlenstoffgehalt

Der Reaktionsablauf von links nach rechts liefert jeweils den benötigten Kohlenstoff. Die bei diesen Reaktionen auftretenden gasförmigen Komponenten müssen in bestimmten Volumenverhältnissen vorliegen, wenn bei einer bestimmten Temperatur ein bestimmter Stahl aufgekohlt werden soll. In Bild 1 ist als Beispiel gezeigt, wie sich die Gleichgewichtszusammensetzung für CO, CO_2-Gemische mit der Temperatur in Gegenwart von Stählen mit unterschiedlichen Kohlenstoffgehalten ändern. Durchweg muß mit steigender Temperatur der CO-Anteil erhöht werden, wenn eine Aufkohlung erfolgen soll. Unter den vorlie-

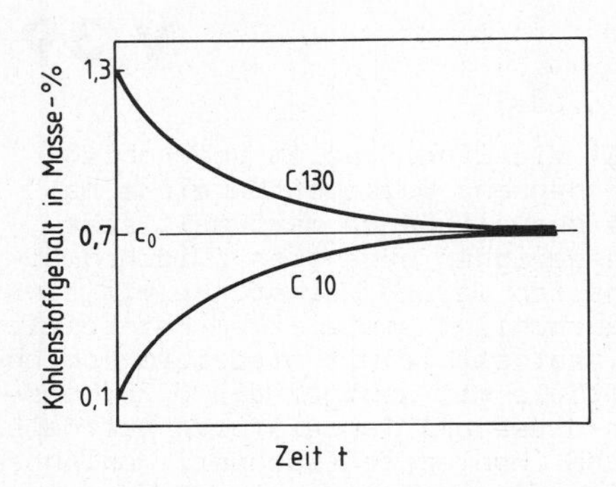

Bild 2: Zeitliche Änderung des Randkohlenstoffgehaltes von C 10 und C 130 in einem Kohlungsmittel mit konstantem Kohlenstoffpegel c_0 = 0.7 Masse-% (schematisch)

genden Gleichgewichtsbedingungen stellt sich bei einem Stahl nach hinreichender Zeit ein bestimmter Randkohlenstoffgehalt ein. Dieser wird Kohlenstoffpegel (oft unglücklicherweise auch Kohlenstoffpotential) genannt. Demgemäß spricht man auch vom Kohlenstoffpegel des Aufkohlungsmediums. Hat z. B. ein Kohlungsmittel bei einer bestimmten Temperatur einen Kohlenstoffpegel c_0 von 0.7 Masse-% (vgl. Bild 2), dann werden Eisen-Kohlenstoff-Legierungen sowie unlegierte Stähle mit geringen Anteilen an Begleitelementen und Kohlenstoffgehalten kleiner als 0.7 Masse-% aufgekohlt, während solche mit höheren Kohlenstoffgehalten als 0.7 Masse-% entkohlt werden. Die praktische Bestimmung des Kohlenstoffpegels erfolgt mit Hilfe dünner Reineisenfolien. Diese werden in das Kohlungsmedium eingebracht und nehmen je nach Kohlungstemperatur innerhalb weniger als 20 min dessen Gleichgewichtskohlenstoffgehalt an. Danach kann durch übliche C-Analyse der Kohlenstoffpegel ermittelt werden.

Der Ablauf des Aufkohlungsvorganges und das Ergebnis der Einsatzhärtung sind wesentlich davon abhängig, daß der dem gewünschten Randkohlenstoffgehalt entsprechende Kohlenstoffpegel im Kohlungsmittel eingehalten wird. Bei der Gasaufkohlung existieren dafür hinreichend genaue Meß- und Regelmethoden. Zur Berechnung der erforderlichen Gaszusammensetzung bei einer bestimmten Aufkohlungstemperatur muß aber die sogenannte Aktivität des gewünschten Randkohlenstoffgehaltes im Austenit bekannt sein. Unter Aktivität versteht man dabei im Sinne der chemischen Gleichgewichtslehre eine Ersatzgröße, die der analytisch meßbaren Kohlenstoff-Konzentration proportional ist. Das Verhältnis von Aktivität zu Konzentration ist jedoch innerhalb des Austenitbereiches nicht konstant, sondern von der Temperatur und vom Kohlenstoffgehalt selbst abhängig. Die Aktivität des Kohlenstoffs im Austenit kann an Hand von Bild 3 beurteilt werden. Dort sind im γ-Gebiet des stabilen Eisen-Kohlenstoff-Diagramms die Linien konstanter Kohlenstoffaktivität eingetragen. Der Sättigungslinie des γ-Mischkristalls an Kohlenstoff kommt die Aktivität $a_C = 1$ zu. Die Kohlenstoffaktivität wird bei gegebener Temperatur mit zunehmender Konzentration und bei gegebener Konzentration mit abnehmender Temperatur erhöht. Als Konsequenz für den Aufkohlungsvorgang ergibt sich, daß z. B. ein Kohlenstoffpegel von 1.0 Masse-% bei 850°C (1000°C) eine Aktivität des Kohlungsmediums von $a_C \approx 0.86$ (0.53) erfordert.

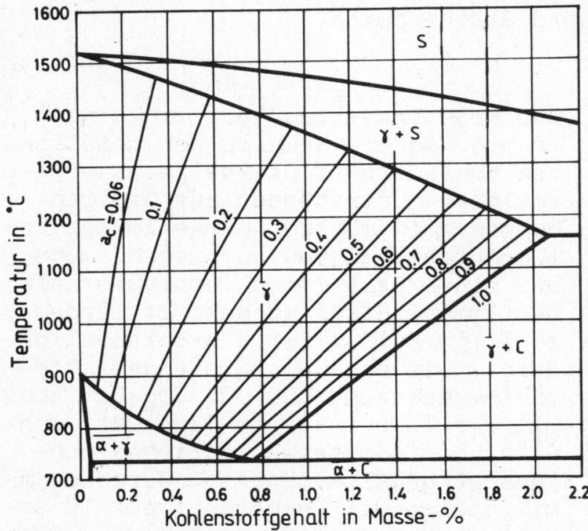

Bild 3: Linien gleicher Kohlenstoffaktivität a_C im Austenitbereich

Auch die Begleit- und Legierungselemente der in der Praxis verwen-

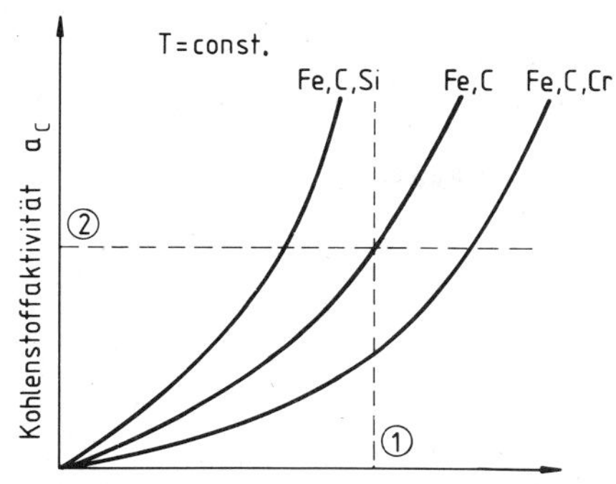

Bild 4: Veränderung der Kohlenstoffaktivität im Austenit durch Legierungselemente (schematisch)

deten unlegierten und legierten Einsatzstähle beeinflussen die Kohlenstoffaktivität im Austenit. So bewirken z.B. bei gegebenem Kohlenstoffgehalt die karbidbildenden Legierungselemente Chrom. Molybdän und Vanadium eine Erniedrigung die Legierungselemente Nickel, Silizium und Aluminium eine Erhöhung der Kohlenstoffaktivität. Diesen Sachverhalt erläutert beispielhaft Bild 4 an Hand von Schnitten T = const. durch das Austenitgebiet bei Fe,C, Fe,C,Si- und Fe,C,Cr-Legierungen. Bei c = const. = ① besitzt die Fe,C,Si-Legierung eine größere, die Fe,C,Cr-Legierung eine kleinere Kohlenstoffaktivität als die Fe,C-Legierung. Bei a_C = const. = ② ist der Randkohlenstoffgehalt der Fe,C,Si-Legierung kleiner und der der Fe,C,Cr-Legierung größer als der der Fe,C-Legierung. Der Randkohlenstoffgehalt kann deshalb bei gleichem Kohlenstoffpegel des Aufkohlungsmittels bei verschieden legierten Stählen unterschiedlich groß sein. Aktivitätserhöhende (erniedrigende) Elemente führen auf kleinere (größere) Randkohlenstoffgehalte.

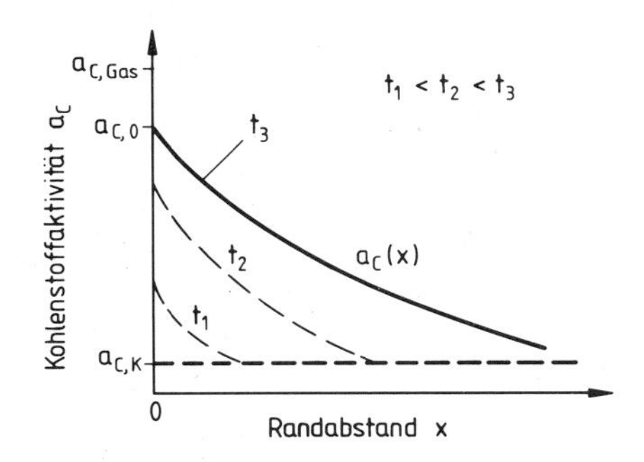

Bild 5: Verlauf der Kohlenstoffaktivität bei Gasaufkohlung nach verschiedenen Zeiten t_i (schematisch)

Die bei der Gasaufkohlung eines Bauteils vorliegenden Verhältnisse lassen sich zusammenfassend an Hand des schematischen Bildes 5 beschreiben. Das gasförmige Aufkohlungsmedium sei durch die Kohlenstoffaktivität $a_{C,Gas}$, der nicht aufgekohlte Einsatzstahl durch die Kohlenstoffaktivität $a_{C,K}$ gekennzeichnet. Nach Aufkohlungsbeginn steigt die Randkohlenstoffaktivität - unter Durchlaufen zeitabhängiger Aktivitätsgefälle - relativ rasch auf den Gleichgewichtswert $a_{C,0}$ an, der der Aktivität des Kohlenstoffpegels c_0 entspricht. Der Randabstand, in dem die Kohlenstoffaktivität $a_C(x)$ den konstanten Wert $a_{C,K}$ annimmt, wächst mit zunehmenden Zeiten t_i an. Die im Zeitintervall Δt durch die Bauteiloberfläche A transportierte Kohlenstoffmenge m_A ist der Aktivitätsdifferenz zwischen Aufkohlungsmedium $a_{C,Gas}$ und Bauteiloberfläche $a_{C,0}$ proportional und durch

$$m_A = \beta(a_{C,Gas} - a_{C,0}) \quad [g/cm^2s] \tag{4}$$

gegeben. Dabei ist ß die sog. Kohlenstoffübergangszahl, die angibt, welche Menge Kohlenstoff pro cm^2 und s bei der Aktivitätsdifferenz 1 vom Aufkohlungsmedium zum Bauteil übergeht.

Die in der Entfernung x von der Oberfläche nach der Zeit t anzutreffende Kohlenstoffkonzentration läßt sich näherungsweise mit Hilfe des 2. Fick'schen Gesetzes zu

$$c_x = c_0 - (c_0 - c_K)\,\mathrm{erf}\,\varphi \tag{5}$$

berechnen. Dabei ist c_0 der Kohlenstoffpegel des Aufkohlungsmediums, c_K der Kohlenstoffgehalt des Bauteils und erf φ die Gauß'sche Fehlerfunktion (error function)

$$\mathrm{erf}\,\varphi = \frac{2}{\pi}\int_0^{\varphi} e^{-\varphi^2}d\varphi \tag{6}$$

mit

$$\varphi = \frac{x}{2\sqrt{Dt}} \quad . \tag{7}$$

D, der Volumendiffusionskoeffizient des Kohlenstoffs im γ-Eisen, ist in der Form

$$D = D_0 \exp\left[-Q/RT\right] \tag{8}$$

von der Temperatur T abhängig. Q ist die Aktivierungsenergie des Diffusionsvorganges, R die Gaskonstante und D_0 eine Konstante. Bei konstanter Temperatur verhalten sich also die Zeiten t_1 und t_2, nach denen an den Stellen x_1 und $x_2 = nx_1$ dieselbe Kohlenstoffkonzentration vorliegt, wie

$$\frac{x_1}{nx_1} = \frac{\sqrt{t_1}}{\sqrt{t_2}} \tag{9}$$

oder

$$t_2 = n^2 t_1 \quad . \tag{10}$$

Soll also in einer um den Faktor n gegenüber einer Bezugstiefe größeren Probentiefe dieselbe Kohlenstoffkonzentration erzielt werden, so verlangt dies eine Ver-n^2-fachung der Diffusionszeit. Andererseits wird an derselben Probenstelle eine bestimmte Konzentration um so eher erreicht, je größer die Temperatur und damit der Diffusionskoeffizient ist. Aus den Gl. 7 und 8 folgt

$$\frac{t_2}{t_1} = \frac{D_1}{D_2} = \frac{\exp\left[-Q/RT_1\right]}{\exp\left[-Q/RT_2\right]} \quad . \tag{11}$$

Bei Erhöhung der Einsatztemperaturen von T_1 auf T_2 können daher die Einsatzzeiten im Verhältnis der Diffusionskoeffizienten D_1/D_2 verkleinert werden ($D_2 > D_1$).

Die Dicke der entstehenden Einsatzschicht ist von der Einsatzzeit, der Temperatur und dem Aufkohlungsmittel abhängig. Sie wird üblicher-

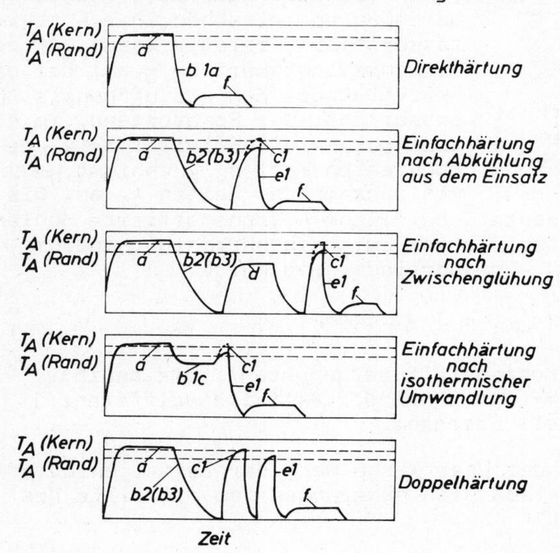

Bild 6: Behandlungsfolgen beim Einsatzhärten (nach DIN 17 210)

a Einsetzen

b Abkühlen
- 1a Wasser oder Öl
- 1c Salzbad
- 2 Einsetzkasten
- 3 Luft

c[1] Härten in Wasser oder Öl

d Zwischenglühen

e[1] Härten in Wasser oder Öl

f Anlassen

Die Austenitisierungstemperaturen T_A sind nach dem Aufkohlen wegen der unterschiedlichen Kohlenstoffgehalte für Probenkern und -rand verschieden.

weise nicht größer als 2 mm gewählt. Die angestrebten Randkohlenstoffgehalte liegen, wie schon erwähnt, zwischen 0.7 und 1.0 Masse-%.

Die an die Einsatzbehandlung anschließende Härtung kann sehr verschiedenartig durchgeführt werden. In Bild 6 sind mögliche Behandlungen zusammengestellt und erläutert. In allen Fällen erfolgt nach dem Härten eine Anlaßbehandlung, die dazu dienen soll, die Zähigkeit der gehärteten Randschicht zu verbessern. Erfahrungsgemäß wird dadurch die bei der oft notwendigen Schleifnachbehandlung auftretende Schleifrißempfindlichkeit herabgesetzt. Das einfachste Verfahren, die Direkthärtung, findet heute bei geeigneten Stählen aus Kostenersparnisgründen und wegen des relativ geringen Verzugs breite Anwendung. Voraussetzung für die Direkthärtung sind legierte Stähle, die nach dem Einsetzen noch hinreichend feinkörnig bleiben. Stähle mit relativ großen Gehalten an Cr, Mn und Ni, wie z. B. 18 CrNi 8, sind nicht direkthärtbar.

Als Folge der Einsatzhärtung erwartet man einen über den Bauteilquerschnitt veränderlichen Kohlenstoff- und damit auch Härteverlauf, wie er schematisch in Bild 7 gezeigt ist. Die Gesamttiefe Gt der Einsatzschicht ist durch den Oberflächenabstand gegeben, in dem die Härte und/oder der Kohlenstoffgehalt die Werte des Werkstoffkernes annehmen. Da Gt nicht eindeutig bestimmt werden kann, wurde die Einsatzhärtungstiefe Eht als Bewertungskriterium festgelegt. Sie ist der senkrechte Abstand von der Oberfläche bis zu dem Punkt im Innern der Randschicht, bei dem die Grenzhärte von 550 HV auftritt. Als Aufkohlungstiefe At wird der Abstand von der Oberfläche bis zu dem Punkt im Inneren der Randschicht bezeichnet, bei dem ein Grenzkohlenstoffgehalt von 0.3 Masse-% vorliegt. Dieser Kohlenstoffgehalt ergibt nach martensitischer Härtung und Anlassen auf die für einsatzgehärtete Teile üblichen Anlaßtemperaturen von 150 - 180 °C eine Härte von etwa 550 HV, so daß die Aufkohlungstiefe etwa mit der Einsatzhärtungstiefe identisch wird. Dies trifft jedoch nicht zu, wenn bei dickwandigen Teilen mit entsprechend geringerer Abkühlgeschwindigkeit und nicht ausreichendem Legierungsgehalt bei 0.3 Masse-% Kohlenstoff keine vollständige Umwandlung in der Martensitstufe erfolgen kann (vgl. V 36). Die Einsatzhärtungstiefe ist dann geringer als die Aufkohlungstiefe. In Bild 7 ist ferner angedeutet, daß der Anlaßvorgang die Härte der Randschicht kohlenstoffabhängig absenkt. Schließlich ist vermerkt, daß der mit wachsendem Kohlenstoffgehalt zunehmende Restaustenit einen weiteren Abfall der Härte in der äußeren Randschicht bewirkt. Bei gegebenem Kohlenstoff steigern die Elemente Mo, Ni, Cr, V, Mn in der angegebenen Reihenfolge den Restaustenitgehalt.

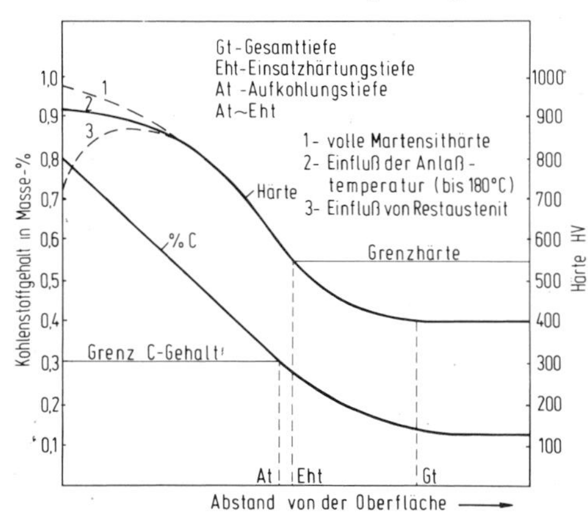

Bild 7: Tiefenverteilung des Kohlenstoffs und der Härte bei einsatzgehärteten Bauteilen (schematisch)

Der Härteverlauf nach der Einsatzhärtung ist von den Aufkohlungsbedingungen, der gewählten Härtemethode (vgl. Bild 6), der Stahlzusammensetzung sowie der Bauteilform und -größe abhängig. So führen z. B. die in Bild 8 oben gezeigten Veränderungen der Kohlenstoffkonzentrationsverteilung mit der Aufkohlungszeit und der Aufkohlungstemperatur bei 16 MnCr 5 nach Einfachhärtung (vgl. Bild 6) von 825 °C zu den in Bild 8 unten aufgezeichneten Härteverteilungen.

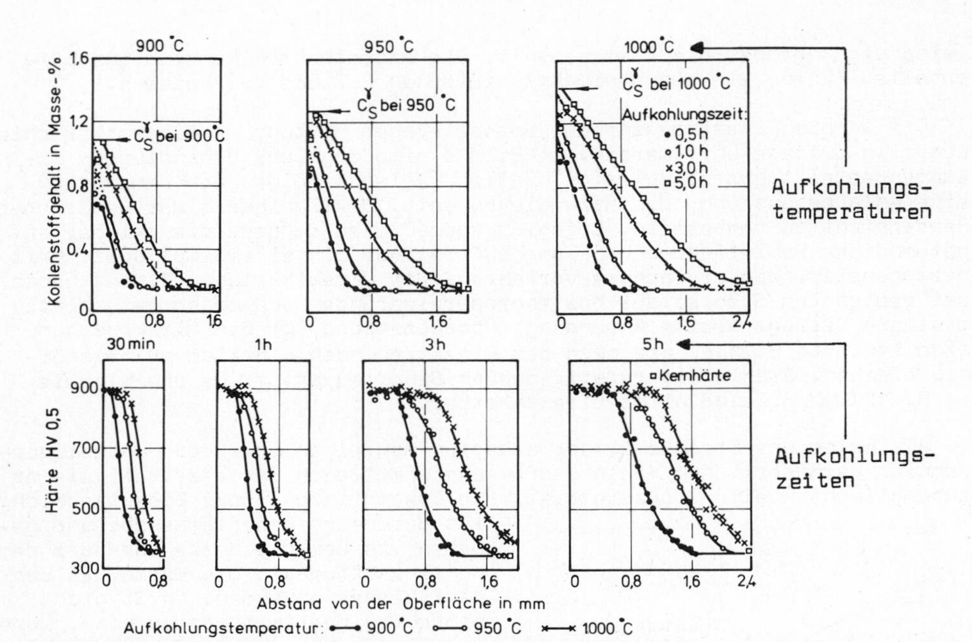

Bild 8: Aufkohlungskurven des Stahles 16 MnCr 5 nach Salzbadaufkohlung bei 900, 950 und 1000 °C (oben) und Härtetiefenverteilungen nach Einfachhärtung von 825 °C in Öl (unten). C_S^γ Sättigungskonzentrationen des Kohlenstoffs im Austenit

Außer einer hohen Oberflächenhärte, die meistens im Bereich von 60 HRC liegt, und einer ausreichenden Einsatzhärtungstiefe werden an einsatzgehärtete Werkstücke die unterschiedlichsten Anforderungen hinsichtlich der Kernfestigkeit gestellt. Je nach der Einhärtbarkeit des Einsatzstahles, der Werkstückgröße und den Abschreckbedingungen werden bei unlegierten Einsatzstählen Kernfestigkeiten von 400 - 700 N/mm² und bei legierten Einsatzstählen bis zu 1500 N/mm² erreicht.

Aufgabe

Drei Proben aus einem Einsatzstahl sind verschieden lange aufzukohlen und direkt zu härten. Der Härtetiefenverlauf von der Oberfläche zum Probenkern ist zu bestimmen und die Einsatzhärtetiefe anzugeben. Ferner ist die Biegefestigkeit dieser Proben zu ermitteln.

Versuchsdurchführung

Drei Proben aus Ck 15 mit quadratischem Querschnitt (10 x 10 mm) werden 2 bzw. 4 bzw. 6 Stunden bei 930 °C eingesetzt. Als aufkohlendes Mittel steht das Salzbad C 5 zur Verfügung. Die Proben werden direkt aus dem Einsatz in Wasser gehärtet. Anschließend werden von den Proben Endstücke von 10 mm Länge abgetrennt und die Probenquerschnitte metallographisch geschliffen und poliert (vgl. V 8). Danach wird die Vickershärte HV 0.5 (vgl. V 9 und V 27) in Abhängigkeit von der Oberflächenentfernung bestimmt. In Randnähe sind die Meßpunkte möglichst dicht zu legen. Die Auswertung der Messung erfolgt analog zu Bild 7. Die Biegeversuche werden unter 3-Punkt-Belastung (vgl. V 46) durchgeführt. Dabei wird die Durchbiegung als Funktion der Belastung bis zum Bruch ermittelt und mit den Meßergebnissen des blindgehärteten Grundwerkstoffes verglichen.

Literatur: 89, 91, 92, 96, 97.

Nitrieren **V 40**

Grundlagen

Unter Nitrieren versteht man chemo-thermische Wärmebehandlungen, bei denen über geeignete Umgebungsmedien (Spender) den Oberflächen von Bauteilen aus Eisenwerkstoffen Stickstoff zugeführt wird. Stickstoffatome werden vom krz. α-Eisen interstitiell gelöst, besitzen dort (vgl. Bild 1) mit etwa 0.10 Masse-% eine größere maximale Löslichkeit

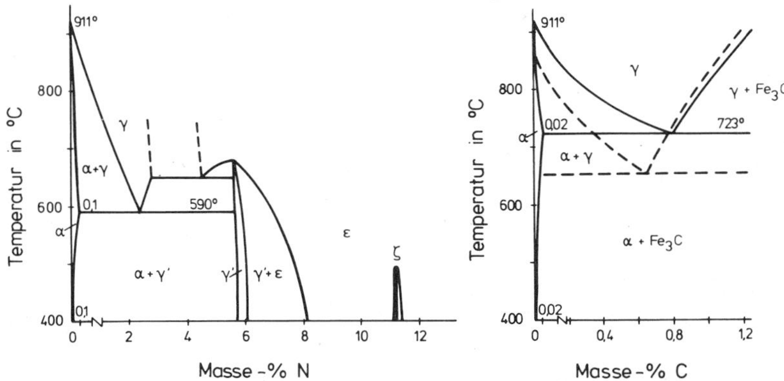

Bild 1: Fe,N-Zustandsdiagramm (links) und Verschiebung der Gleichgewichtslinien des Fe,C-Zustandsdiagramms durch Stickstoff (rechts)

als Kohlenstoff (vgl. V 15, Bild 1) und verschieben die Gleichgewichtslinien des Fe,Fe_3C-Zustandsdiagramms zu tieferen Temperaturen (vgl. rechten Teil von Bild 1). Stickstoff kann mit Eisen des kfz. γ'-Nitrid Fe_4N, das hex. ε-Nitrid $Fe_{2-3}N$, das orthorhombische ζ-Nitrid Fe_2N und das metastabile krz. α-Nitrid $Fe_{16}N_2$ bilden. Liegen Legierungselemente wie z. B. Al, Cr, Mo, V, Ti und/oder Ta vor, so entstehen auch mit diesen Nitride (Sondernitride). Da sich in den Nitriden der Stickstoff relativ leicht durch Kohlenstoff austauschen läßt, ist bei Anwesenheit von Kohlenstoff stets auch mit der Bildung von Carbonitriden zu rechnen.

In der technischen Praxis will man durch Nitrierbehandlungen die Härte, die Verschleißfestigkeit, die Schwingfestigkeit und die Korrosionsbeständigkeit von Bauteilen verbessern. Je nach Art des Nitriermittels unterscheidet man dabei zwischen Gas-, Salzbad-, Pulver- und Plasmanitrieren. Von besonderer Bedeutung ist, daß dabei mit relativ niederen Nitriertemperaturen gearbeitet werden kann, so daß keine Umwandlungs- und Verzugsprobleme für die zu nitrierenden Bauteile auftreten. Die folgenden Ausführungen beziehen sich auf Nitrierbehandlungen, bei denen das "Aufsticken" bei Temperaturen zwischen 500° und 590 °C erfolgt. Dabei findet neben dem Badnitrieren neuerdings zunehmend das Kurzzeitgasnitrieren Anwendung. Ersteres erfolgt in geeigneten Salzbädern, die meist eine Mischung von Natrium- und Kaliumsalzen (z. B. 67 % KCNO, 25 % Na_2CO_3 und 8 % K_2CO_3) sind. Die Hauptreaktion, die Stickstoff und Kohlenstoff liefert, läßt sich in der Form

$$2\,KCNO + \frac{1}{2}O_2 \longrightarrow K_2CO_3 + C + N \qquad (1)$$

schreiben. Bei der Kurzzeitgasnitrierung benutzt man z. B. ein Gemisch aus ~ 50 % Endogas (z. B. 30 % H_2, 23 % CO, 45.7 % N_2, 0.4 % CO_2, 0.9 % H_2O) und ~ 50 % Ammoniak (100 % NH_3). Sowohl bei Badnitrieren als auch bei Kurzzeitgasnitrieren liegen also in der Praxis Spender vor, die neben Stickstoff auch Kohlenstoff an die Werkstückoberflächen abgeben. Von diesem Verfahren unterscheidet sich methodisch das Karbonitrieren, bei dem eine gleichzeitige gezielte Kohlenstoff- und Stickstoffeindiffusion bei Temperaturen meist über A_1 vorgenommen wird (DIN 17 014).

Bild 2 zeigt beispielhaft das Mikrogefüge der Randschicht eines badnitrierten Einsatzstahles Ck 15 nach Wasserabschreckung (Teilbild a) und nach Luftabkühlung (Teilbild b). In beiden Fällen erscheint die äußere Schicht nach der Ätzung in 1 - 3 %-iger Salpetersäure hell und kaum strukturiert. Sie wird Verbindungszone (-schicht) genannt und besteht vorwiegend aus Eisenkarbonitriden, weil beim gewählten Verfahren simultan Stickstoff- und Kohlenstoffatome in die Werkstoffoberfläche eindiffundieren. Wäre eine alleinige Eindiffusion von Stickstoff erfolgt, so bestünde die Verbindungsschicht aus unterschiedlichen Anteilen von ϵ- und γ'-Nitrid. Gegenüber diesen reinen Nitridschichten besitzen die Verbindungsschichten aus vorwiegend Eisencarbonitriden eine geringere Sprödigkeit und auf Grund ihres niedrigen Reibwertes auch ein verbessertes Verschleißverhalten.

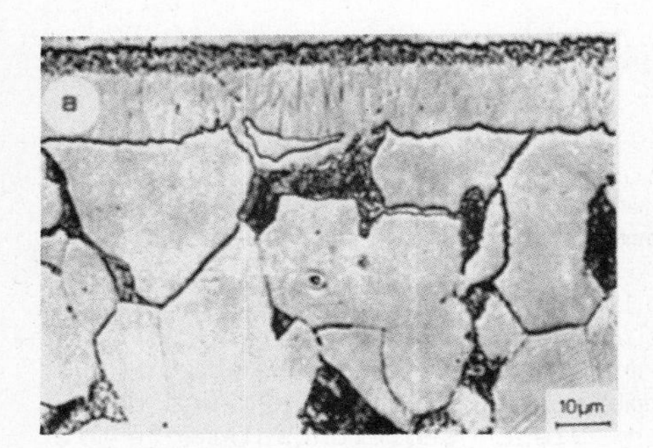

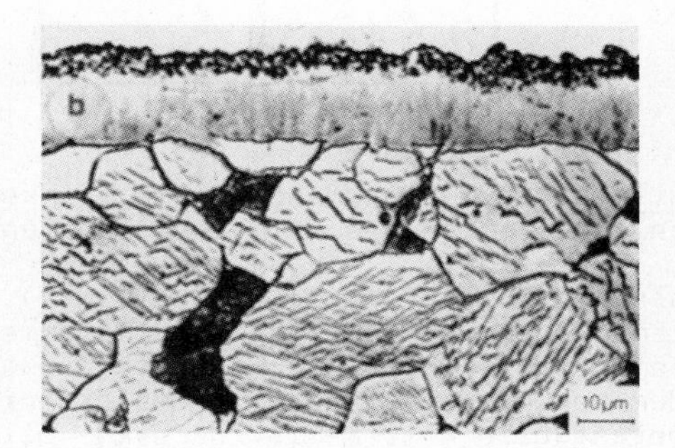

Bild 2: Randschicht eines 90 min bei 570 °C badnitrierten Ck 15 nach Wasserabschreckung (a) und Luftabkühlung (b)

An die Verbindungszone schließt sich in Bild 2 mit deutlich begrenztem Übergang die sog. Mischkristallzone oder Diffusionsschicht an, in der der dorthin eindiffundierte Stickstoff bei der Nitriertemperatur im Mischkristall interstitiell gelöst wird. Bei rascher Abkühlung (Wasserabschreckung) bleibt dieser Stickstoff in übersättigter Lösung erhalten (vgl. Bild 2a). Bei langsamer Abkühlung (Luftabkühlung) scheiden sich in der Mischkristallzone nadelförmige Nitride aus (vgl. Bild 2b). Bei der Entmischung der nach Wasserabschreckung stickstoffübersättigten α-Mischkristalle bildet sich γ'-Nitrid über das metastabile α-Nitrid. Dies kann je nach Temperatur während der an die Nitrierbehandlung anschließenden Lagerung und/oder während der Betriebszeit der Bauteile erfolgen. Die einzelnen Entmischungsstadien sind mit unterschiedlichen mechanischen Eigenschaften verknüpft.

Werden Eisenbasiswerkstoffe nitriert, die die eingangs erwähnten nitridbildenden Legierungselemente enthalten, so bilden sich zusätzlich Nitride und Carbonitride dieser Elemente in der Diffusionsschicht aus. Diese Sondernitride bewirken eine beträchtliche Erhöhung der Härte. In Bild 3 sind die Härtetiefenverlaufskurven verschiedener Vergütungsstähle aufgezeichnet. Die erreichbare Randhärte ist von der Art der Legierungselemente des Grundwerkstoffes abhängig. Die größte Härtesteigerung wird bei Cr-Al-Mo-legierten Stählen erreicht. Aus derartigen Härteverlaufskurven kann die Nitrierhärtetiefe ermittelt werden. Man geht dabei in der aus Bild 4 ersichtlichen Weise vor. Als Nitrierhärtetiefe Nht gilt derjenige Oberflächenabstand, in dem eine Härte erreicht wird, die gleich der Kernhärte + 50 HV ist. Wichtig ist, daß die Diffusion des Stickstoffs durch die im Werkstoff vorliegenden Begleitelemente beeinflußt wird. Bild 5 gibt einige Anhaltspunkte für die Zeiten, die notwendig sind, um bei verschiedenen Stählen bestimmte Nitriertiefen (Dicke der Verbindungs- und Diffusionsschicht) zu erreichen.

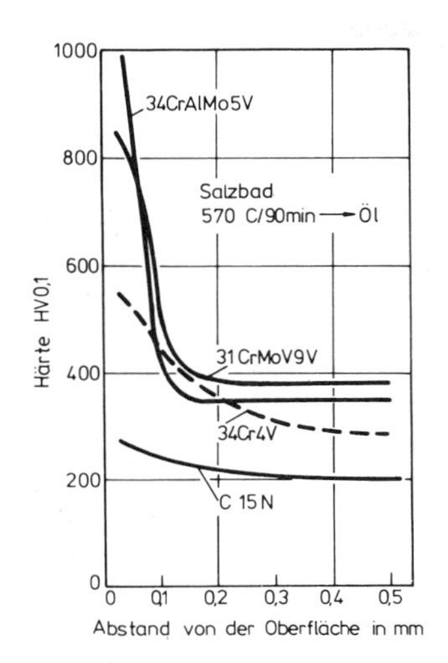

Bild 3: Härtetiefenverläufe badnitrierter Vergütungsstähle (570 °C 90 min → Öl)

Aufgabe

Proben aus Ck 15, GGG 60, 16 MnCr 5, 42 CrMo 4 und 34 CrAl 6 werden unterschiedlich lange badnitriert. Danach wird das Gefüge der nitrierten Randschicht metallographisch bewertet und mit Hilfe von Kleinstlasthärtemessungen (HV 0.5) die Nitrierhärtetiefe bestimmt.

Versuchsdurchführung

Für die Untersuchungen steht ein elektrisch beheizter Salzbadofen mit einem Titantiegel und einem Salzfassungsvolumen von 25 Litern zur Verfügung. Bei der Badnitrierung kommen cyanid- und cyanathaltige Salzschmelzen zur Anwendung. Von jedem Werkstoff werden zwei zylindrische Proben von 10 mm Durchmesser und 50 mm Länge unterschiedlich lange (90', 120' und 180') bei 570 °C nitriert. Anschließend wird eine Probe in Wasser von 18 °C abgeschreckt, die andere an Luft auf Raumtemperatur abgekühlt. Danach werden von den Proben Zylinderscheiben abgetrennt und zur Prä-

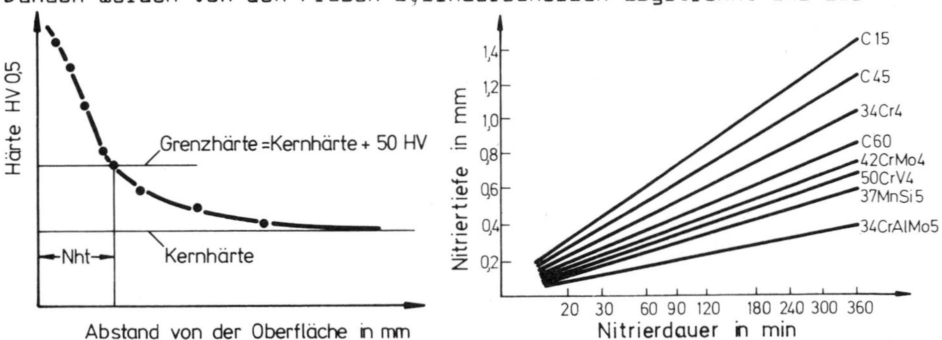

Bild 4: Zur Festlegung der Nitrierhärtetiefe Nht

Bild 5: Richtwerte zur Erzielung bestimmter Nitriertiefen

paration eingebettet. Die Präparation erfolgt wie in V 8 beschrieben. Nach der Ermittlung der Härtetiefenverlaufskurven (vgl. V 9) werden die Nht-Werte gemäß Bild 4 bestimmt und zusammen mit den Schliffbildern diskutiert.

Literatur: 89,91,98,99

V 41 Wärmebehandlung von Schnellarbeitsstählen

Grundlagen

Werkzeugstähle müssen neben hinreichender Festigkeit und Zähigkeit vor allem gute Anlaßbeständigkeit und Schneidhaltigkeit sowie einen hohen **Verschleißwiderstand** besitzen. Durch geeignete Wahl und Kombination bestimmter Legierungselemente sowie durch optimierte Wärmebehandlungen (Härten und Anlassen) sind diese Eigenschaften erreich- und gezielt veränderbar. Bei den für spanende Bearbeitungsprozesse in Form von Drehmeißeln, Fräsern, Bohrern u.a.m. eingesetzten Werkstoffen handelt es sich um unlegierte, niedriglegierte sowie hochlegierte Stähle.

Die unlegierten Werkzeugstähle umfassen vier Gütegruppen (W1, W2, W3, WS), deren Symbole der kohlenstoffmäßigen Stahlbezeichnung angehängt werden (z. B. C 70 W 2 oder C 130 W 2). Da sie häufig als "Schalenhärter" Anwendung finden, bei denen nur relativ dünne Randbereiche martensitisch umwandeln sollen, werden hinsichtlich der Begleitelemente strenge Grenzen gesetzt. Ein Stahl C 100 W 1 besitzt z. B. einen höheren Reinheitsgrad als ein Stahl C 100 W 2. Stähle für Sonderzwecke erhalten das Kurzzeichen WS (z. B. C 85 WS). Werkzeuge aus unlegierten Werkzeugstählen zeichnen sich durch große Randhärte und große Kernzähigkeit aus. Sie eignen sich nur für Werkzeuge, die sich bei der Zerspanung nicht stark erwärmen. Die obere Grenze der realisierbaren Schnittgeschwindigkeiten bei Kohlenstoffstählen liegt etwa bei ~ 15 m/min. Typische Anwendungsbeispiele dieser Stahlgruppe sind z. B. Holzbearbeitungs- und Preßwerkzeuge aus C 100 W 1, Messer, Gewindebohrer, Ziehdorne und Feilen aus C 130 W 2, Spannzangen und Ziehdorne aus C 90 W 3.

Die niedriglegierten Werkzeugstähle besitzen meistens Kohlenstoffgehalte zwischen 0.8 und 1.5 Masse-% und karbidbildende Zusätze von Mangan, Vanadium, Wolfram, Molybdän und Chrom. Typische Beispiele sind 90 MnV 8 (Gewindeschneider, Reibahlen), 100 WCrV 5 (Fräser, Gewindeschneider, Sägen, Bohrer) und 140 Cr 2 (Hobel, Feilen, Fräser, Schaber, Bohrer). Die z. T. schwerlöslichen Karbide der Legierungselemente erfordern höhere Härtetemperaturen als unlegierte Werkzeugstähle mit vergleichbarem Kohlenstoffgehalt. Durch die Legierungszusätze wird die Einhärtung erheblich verbessert. Gleichzeitig werden Verschleißwiderstand und Anlaßbeständigkeit erhöht. Der Einsatz dieser Stähle ist bis zu Arbeitstemperaturen von etwa 200 °C möglich. Bei höheren Temperaturen setzt, wie die Anlaßschaubilder für vanadiumlegierte Stähle in Bild 1 belegen, ein von der Menge der einzelnen Legierungszusätze abhängiger Härteabfall ein. Als Grenze für die mit niedriglegierten Werkzeugstählen erzielbaren Schnittgeschwindigkeiten bei der Zerspanung von Kohlenstoffstählen ist etwa 40 m/min anzusehen.

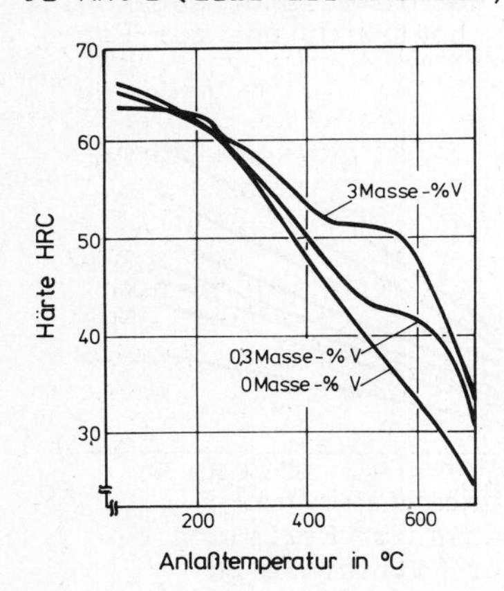

Bild 1: Veränderung der Anlaßschaubilder von C 100 durch Vanadiumzusätze

Die Schnellarbeitsstähle sind durchweg hochlegierte Stähle mit Kohlenstoffgehalten zwischen 0.7 und 1.1 Masse-%. Neben stets 4 Masse-% Chrom werden als Legierungselemente Wolfram, Molybdän, Vanadium und Kobalt in geeigneten Kombinationen benutzt. Beispiele sind S 6-5-2 (6 Masse-% W, 5 Masse-% Mo, 2 Masse-% V), S 6-5-2-5 (6 Masse-% W, 5 Masse-% Mo, 2 Masse- % V, 5 Masse-% Co) und S 18-1-2-10 (18 Masse-% W, 1 Masse-% Mo, 2 Masse-% V, 10 Masse-% Co). Wolfram, Molybdän und Vanadium bilden harte Sonderkarbide. Der Kohlenstoffgehalt und der Anteil der Sonderkarbidbildner werden sorgfältig aufeinander abgestimmt. Die Schnellarbeitsstähle zählen zur Gruppe der sog. ledeburitischen Stähle, weil ihr Gußgefüge ledeburitisch erstarrte Gefügebereiche enthält. Die nach der Härtung vorliegenden Gefügezustände, die etwa 60 - 70 % Martensit, 20 - 30 % Restaustenit und 10 - 20 % nichtaufgelöste Karbide enthalten, werden durch Größe und Homogenität der Austenitkörner beeinflußt. Um hinreichende Anteile der Sonderkarbide im Austenit zur Lösung zu bringen, sind sehr hohe Härtetemperaturen (je nach Stahlqualität 1180 - 1300 °C) erforderlich, die in sehr engen Grenzen eingehalten werden müssen (vgl. Bild 2). Die Erwärmung der Werkzeuge auf Härtetemperaturen erfolgt nach Anwärmen auf etwa 450 °C meistens in einer weiteren zweistufigen Tempe-

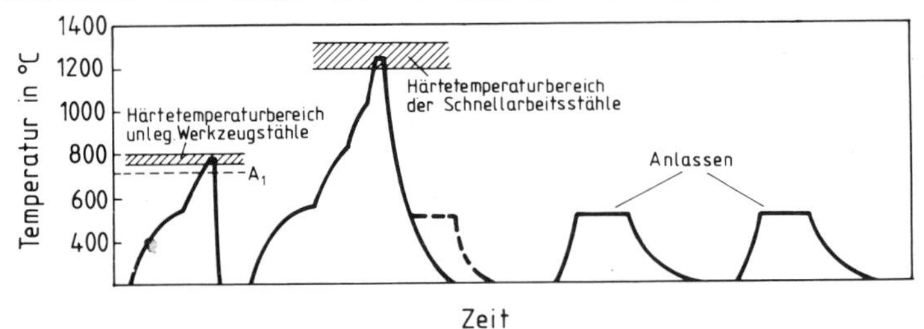

Bild 2: Temperatur-Zeit-Schaubild beim Härten von unlegierten Werkzeugstählen und Schnellarbeitsstählen

raturerhöhung auf 850 °C und 1050 °C. Schnellarbeitsstähle erlauben beim Zerspanen von Kohlenstoffstählen Schnittgeschwindigkeiten bis etwa 90 m/min. Die dabei auftretenden hohen Schneidtemperaturen erfordern eine Anlaßbeständigkeit dieser Stähle bis etwa 600 °C. Auf die Anlaßbeständigkeit der Schnellarbeitsstähle wirkt sich Kobalt günstig aus.

Bild 3 zeigt als Beispiel für den Schnellarbeitsstahl S 6-5-2 links den Einfluß der Härtetemperatur auf die Härte und den Restaustenit nach Abschrecken auf Raumtemperatur. Werden derartige Werkstoffzustände einer anschließenden Anlaßbehandlung unterworfen, so treten ähnliche Härte- und Restaustenitgehaltsänderungen auf, wie sie in Bild 3 rechts für eine Härtetemperatur von 1220 °C ersichtlich sind. Zunächst nimmt die Härte mit der Anlaßtemperatur kontinuierlich ab, steigt dann aber oberhalb 400 °C wieder merklich an, durchläuft das Sekundärhärtemaximum (Sonderkarbidbildung) und wird schließlich oberhalb 550 °C kontinuierlich mit wachsender Temperatur kleiner. Dabei bleibt bis etwa 500 °C der Restaustenitgehalt konstant und fällt dann auf unmeßbar kleine Werte ab.

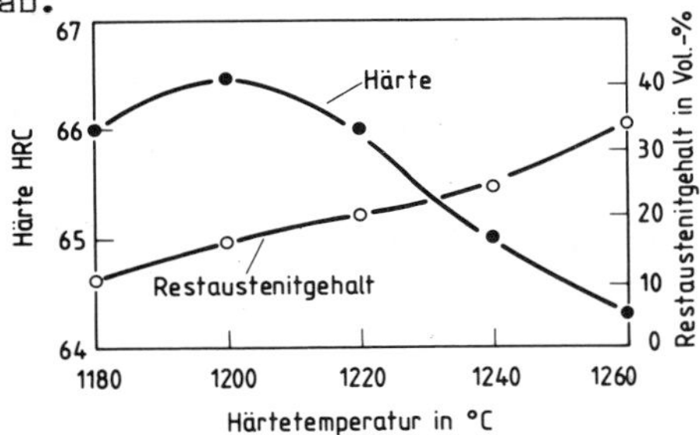

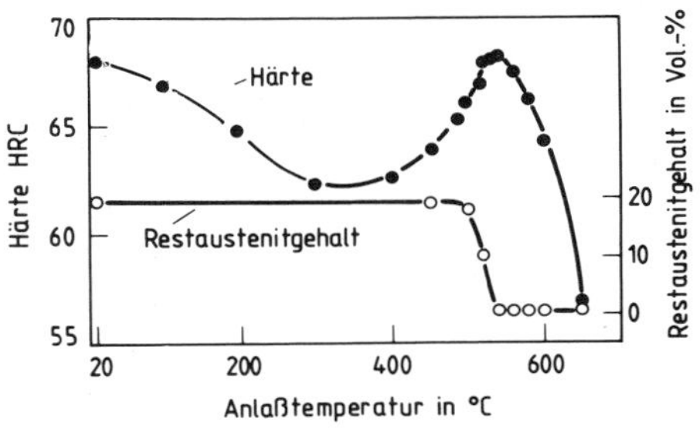

Bild 3: Einfluß der Härtetemperatur (links) und der Anlaßtemperatur (rechts) auf Härte und Restaustenitgehalt von S 6-5-2

(Sonderkarbidbildung) und wird schließlich oberhalb 550 °C kontinuierlich mit wachsender Temperatur kleiner. Dabei bleibt bis etwa 500 °C der Restaustenitgehalt konstant und fällt dann auf unmeßbar kleine Werte ab.

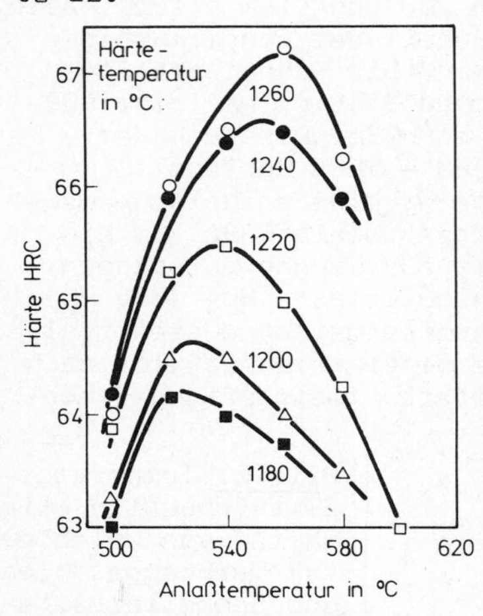

Bild 4: Zum Anlaßverhalten von verschieden gehärtetem S 6-5-2

Durch geeignete Wahl der Härtetemperatur und der Anlaßbehandlung (z. B. Mehrfachanlassen) läßt sich die Sonderkarbidausbildung und damit der gesamte Gefügezustand so beeinflussen, daß sich eine optimale Kombination von Härte und Zähigkeit einstellt. Dadurch erhält der Werkstoffzustand die angestrebte vorzügliche Schneidhaltigkeit. Bild 4 zeigt für S 6-5-2, welch unterschiedliche Härtehöchstwerte erreicht werden können, wenn nach Abschrecken von verschiedenen Härtetemperaturen angelassen wird. Größte Verschleißwiderstände werden durch Anlassen bei Temperaturen erzielt, bei denen die Sonderkarbidhärtemaxima auftreten. Meist werden jedoch die Anlaßtemperaturen so gelegt, daß sie mit den Temperaturen der abfallenden Äste der Härteanlaßtemperaturkurve korrespondieren, wodurch eine verbesserte Zähigkeit erreicht wird.

Erwähnt werden sollte noch, daß bei der Härtung von Schnellarbeitsstählen mit Vorteil die sog. Warmbadhärtung angewandt wird. Dabei wird das Werkzeug von der Härtetemperatur in ein Salzbad von etwa 520 °C abgeschreckt, dort bis zum Temperaturausgleich gehalten und dann - wegen der zur Martensitbildung erforderlichen kleinen kritischen Abkühlgeschwindigkeit - unter weiterer Luftabkühlung martensitisch umgewandelt. Dadurch werden Eigenspannungsausbildung, Härterißneigung und Verzugsgefahr gering gehalten.

Aufgabe

Zylinderbolzen aus S 2-9-1 sind von drei Austenitisierungstemperaturen (Härtetemperaturen) in Öl von 20 °C abzuschrecken. Danach sind die Bolzen ein- und zweimal zwischen 200° und 600 °C anzulassen. Die Rockwellhärte ist als Funktion der Anlaßtemperatur zu bestimmen und zu diskutieren.

Versuchsdurchführung

Für die Untersuchungen steht eine ausreichende Zahl von Proben des Stahls S 2-9-1 zur Verfügung. Nach Anwärmen bei 450 °C im Schutzgasofen und jeweils 5-minütigem Austenitisieren bei 1180 °C bzw. 1200 °C bzw. 1220 °C in einem Salzbad werden die Proben in Öl von 20 °C abgeschreckt. Anschließend wird je eine der verschieden austenitisierten Proben 1 h bei 200°, 250°, 300°, 400°, 500°, 500° und 650 °C in einem Luftwälzofen angelassen. Nach leichtem Abschleifen der Oberflächen wird die Rockwellhärte der Proben bestimmt und über der Anlaßtemperatur aufgetragen. Danach wird die Anlaßbehandlung der einzelnen Proben wiederholt und erneut die Härte gemessen. Die erhaltenen Härtewerte werden dann mit denen der ersten Anlaßbehandlung verglichen und diskutiert.

Literatur: 100,101.

Thermo-mechanische Stahlbehandlung

V 42

Grundlagen

Unter der thermo-mechanischen Behandlung von Stählen versteht man Umformprozesse unter gezielter Temperaturführung. Dabei wird der erwärmte Stahl entweder im stabil austenitischen ($T > A_3$) oder im metastabil austenitischen ($T < A_3$) Zustand oder während der Austenitumwandlung einer mechanischen Umformbehandlung unterworfen. Derartige Verfahrensschritte werden heute großtechnisch in vielfältiger Weise angewandt. Besondere Anreize dazu bieten die mit großer Oberflächengüte erzielbaren Werkstoffeigenschaften unter Einsparung zusätzlicher Wärmebehandlungen.

Die Gesamtheit der Anwendung findenden thermo-mechanischen Verfahren läßt sich in vereinfachter Weise in den in Bild 1 gezeigten drei Gruppen zusammenfassen. In schematischen ZTU-Diagrammen (vgl. V 35)

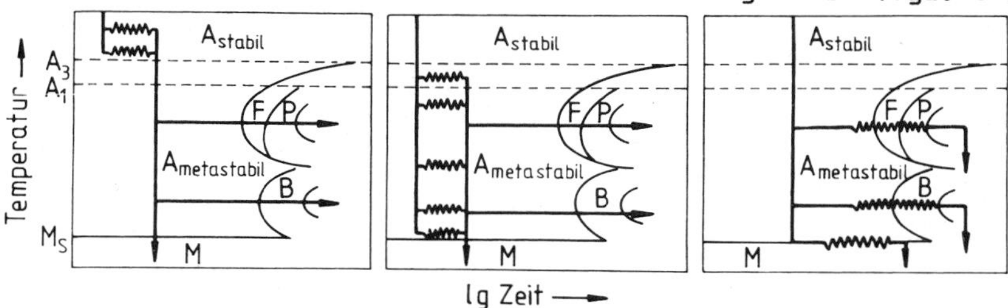

Bild 1: Erläuterung verschiedener thermo-mechanischer Behandlungen an Hand eines schematischen ZTU-Diagramms. Umformung im stabilen Austenitbereich (a), im metastabilen Austenitbereich (b) und während der Austenitumwandlung (c)

sind dabei als starke Linien die den Werkstoffen aufgeprägten Temperatur-Zeit-Verläufe angegeben, wobei der gezackte Kurvenanteil jeweils den Umformvorgang andeuten soll. Bei der in Bild 1a skizzierten sog. HTMT-Behandlung (high-temperature thermomechanical treatment) erfolgt die Warmumformung im stabilen Austenitgebiet, also bei relativ großen Temperaturen, so daß eine Rekristallisation des verformten Werkstoffes (vgl. V 13) vor der anschließenden Umwandlung in der Ferrit-Perlit- bzw. Bainit- bzw. Martensit-Stufe erfolgen kann. Die LTMT-Behandlung (low-temperature thermomechanical treatment) nach Bild 1b besteht in einer Umformung bei Temperaturen, bei der der Austenit metastabil vorliegt. Diese Temperaturen können größer oder kleiner als die Rekristallisationstemperatur des umgeformten Stahles sein, so daß die anschließende Umwandlung entweder von teilrekristallisiertem oder nicht rekristallisiertem Austenit ausgeht. Bei Stählen mit ausscheidungsbildenden Zusätzen wird die Rekristallisation zusätzlich gehemmt. Die anschließenden ferritisch-perlitischen oder bainitischen Umwandlungen führen zu feinkörnigen Gefügezuständen mit hoher Versetzungs- und gegebenenfalls hoher feindisperser Ausscheidungsdichte. Wird nach der Umformung des metastabilen Austenits eine martensitische Umwandlung (vgl. V 16) vorgenommen, so entstehen martensitische Gefüge höchster Festigkeit. Man nennt diese spezielle Art einer thermo-mechanischen Behandlung Austenitformhärten. Sie läßt sich nur bei legierten Stählen durchführen, bei denen der Austenit hinreichend lange in metastabiler Form vorliegt und die zur Martensitbildung erforderlichen v_{krit}-Werte relativ klein sind. Die thermomechanischen Behandlungen in Bild 1c schließlich gehen von der mechanischen Umformung während der Austenitumwandlung aus. Die Verformung kann wiederum während der ferritisch-perlitischen, der bainitischen oder der martensitischen Umwandlung erfolgen. Durch die gleichzeitige Überlagerung von Verformungs- und Umwandlungsvorgängen entstehen komplexe Gefügezustände mit interessanten mechanischen Eigenschaften.

Aufgabe

Vom hochfesten Edelbaustahl X 41 CrMoV 51, der das in Bild 2 gezeigte ZTU-Schaubild besitzt, sind nach verschieden großen Umformungen des metastabilen Austenits austenitformgehärtete Zustände zu erzeugen und deren mechanische Eigenschaften sowie deren Anlaßverhalten zu untersuchen.

Versuchsdurchführung

Für die Untersuchungen stehen Wärmebehandlungseinrichtungen, ein Walzwerk sowie Vorrichtungen zur Ermittlung mechanischer Kenngrößen zur Verfügung. Zunächst werden an Hand von Bild 2 zweckmäßige Temperaturen für die Austenitisierung und die Umformung festgelegt. Einen möglichen Arbeitsplan enthält Bild 3. Vorbereitete Flachproben mit 150 bis 200 mm Länge werden dann etwa 30 Minuten austenitisiert, anschließend auf die zwischen 500 und 600 °C gewählte Umformtemperatur in einem neutralen Salzbad abgekühlt (ca. 5 Minuten) und dann in einem Laborwalzwerk in mehreren Stichen auf Walzgrade $\epsilon_W = h/h_0 \cdot 100\ \% = 40$, 60 und 80 % (vgl. V 10) abgewalzt. Dabei läßt sich die Walzfolge so abstimmen, daß sich die Abkühlungen zwischen den Stichen etwa durch die Aufheizeffekte während der Umformung kompensieren. Zweckmäßigerweise wird auf der Auslaufseite der Walzen mit einem Heiztisch mit einer Oberflächentemperatur von etwa 500 °C gearbeitet. Nach abgeschlossener Walzverformung werden die Proben in Öl von Raumtemperatur abgeschreckt. Als einfachste mechanische Kenngröße wird von den austenitformgehärteten Proben die Vickershärte (vgl. V 9) bestimmt, in Abhängigkeit vom Walzgrad aufgetragen und unter Heranziehung von Härtewerten konventionell gehärteter Proben diskutiert. Anschließend werden Anlaßbehandlungen bei Temperaturen bis T $\lesssim$ 800 °C je 1 h lang vorgenommen und die danach bei Raumtemperatur vorliegenden HV 50 - Werte bestimmt. Die dabei ermittelten Meßwerte werden mit den oben gefundenen verglichen und erörtert.

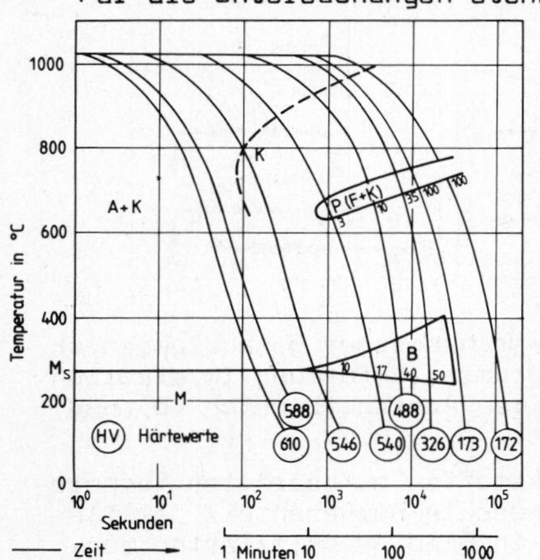

Bild 2: Kontinuierliches ZTU-Schaubild von X 41 CrMoV 51 (A Austenit, K Karbid, F Ferrit, P Perlit, B Bainit, M Martensit)

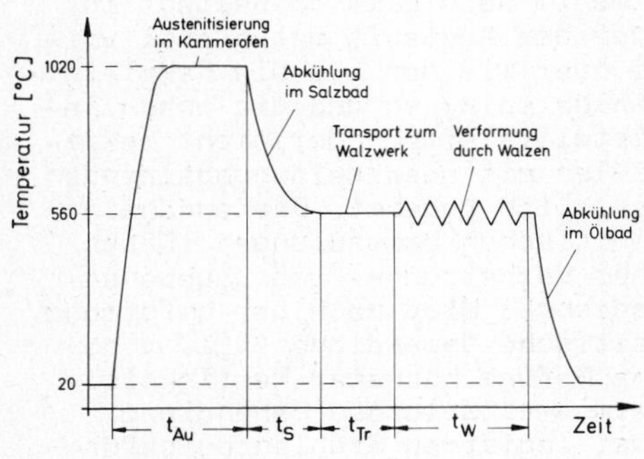

Bild 3: Möglicher T,t-Verlauf bei der Austenitformhärtung

Literatur: 102, 103.

Aushärtung einer AlCu - Legierung

V 43

Grundlagen

Fließspannungen, Festigkeit und Härte bestimmter Legierungen lassen sich durch die Erzeugung von Ausscheidungen steigern. Im einfachsten Falle binärer Legierungen ist eine dazu notwendige aber nicht immer hinreichende Voraussetzung die beschränkte und mit sinkender Temperatur abnehmende Löslichkeit einer Legierungskomponente. Das Prinzip der Ausscheidungsverfestigung wurde an einer Aluminium-Kupfer-Mangan-Legierung entdeckt und als Aushärtung bezeichnet. In der Übersicht über technisch wichtige Aluminiumlegierungen in Bild 1 sind die aushärtbaren besonders gekennzeichnet. Ternäre AlCuMg-Legierungen mit 3.5 - 4.8

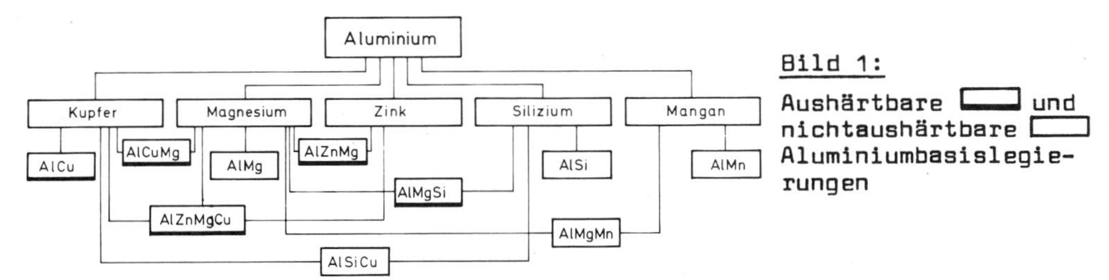

Bild 1: Aushärtbare und nichtaushärtbare Aluminiumbasislegierungen

Masse-% Cu und 0.4 - 1.0 Masse-% Mg, AlMgSi- und AlZnMg-Legierungen mit 1.4 - 2.8 Masse-% Mg und 4.5 Masse-% Zn sowie AlMgSi-Legierungen mit 0.6 - 1.4 Masse-% Mg und 0.6 - 1.3 Masse-% Si finden häufig Anwendung.

Die Aushärtungsmechanismen sind bei AlCu-Legierungen besonders gut untersucht und verstanden. Die aluminiumreiche Seite des Zustandsdiagramms dieser Legierung ist in Bild 2 wiedergegeben. Von 660 °C, dem Schmelzpunkt des reinen Aluminiums, fällt die Liquidustemperatur der Legierungen mit zunehmendem Kupfergehalt bis zur eutektischen Temperatur von 548 °C ab. Die Löslichkeit des - Mischkristalls für Kupferatome nimmt von 660 °C bis 548 °C mit sinkender Temperatur zu, unterhalb 548 °C dagegen ab, so daß die eingangs genannte Bedingung erfüllt ist.

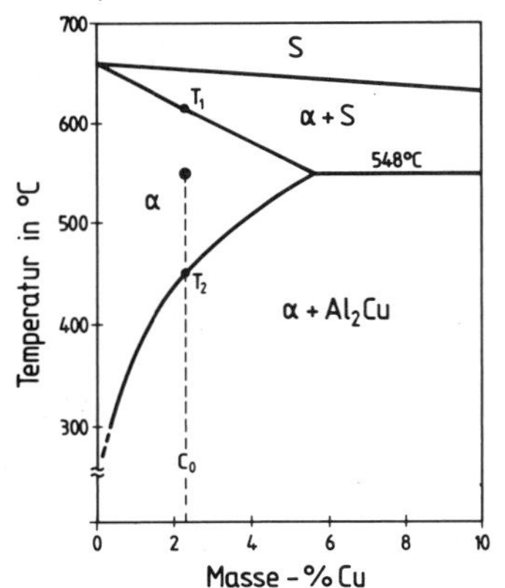

Bild 2: Aluminiumreiche Seite des Zustandsdiagramms AlCu

Wird eine Legierung mit der Kupferkonzentration c_0 hinreichend lange im Temperaturbereich $T_2 < T < T_1$ lösungsgeglüht, so bilden sich homogene α-Mischkristalle (Substitutionsmischkristalle), bei denen die Kupferatome regellos Gitterplätze in der Aluminiummatrix einnehmen. Wird der α-Mischkristall genügend langsam abgekühlt, so bilden sich beim Unterschreiten der Temperatur T_2 der Löslichkeitslinie Kristalle der Gleichgewichtsphase Al_2Cu. Mit sinkender Temperatur nimmt die Menge und der Kupfergehalt der α-Mischkristalle ab, die Menge der intermetallischen Phase Al_2Cu entsprechend zu. Bei Raumtemperatur liegt eine zweiphasige Legierung aus α-Mischkristallen und Al_2Cu vor, deren Mengenanteile sich nach dem Hebelgesetz berechnen (vgl. V 7). Die intermetallische Verbindung Al_2Cu wird θ-Phase genannt. Die Löslichkeit der α - Phase für Kupfer ist bei Raumtemperatur sehr klein und beträgt c_1 < 0.1 Masse-%. Wird eine Legierung derselben Konzentration c_0 nach hinreichend langer Glühung im Temperaturbereich $T_2 < T < T_1$ dagegen schnell auf Raumtemperatur abgeschreckt, so liegt danach die Legierung in Form von übersättigten α - Mischkristallen mit der Kupferkonzentration c_0 vor. Der Legierungszustand ist instabil, weil das Aluminiumgitter bei Raumtemperatur im Gleichgewicht nur eine Kupferkonzentration c_1 lösen kann. Nach hinreichend langer Zeit und/oder Energiezufuhr gehen die übersättigten Mischkristalle über mehrere Zwischenzustände (Ausscheidungszustände) in die Gleichgewichtsphasen α und Al_2Cu über. Das ist schematisch in Bild 3 angedeutet. Je nach Kupferkonzentration, Abschreckgeschwindigkeit und anschließender Auslagerungstempe-

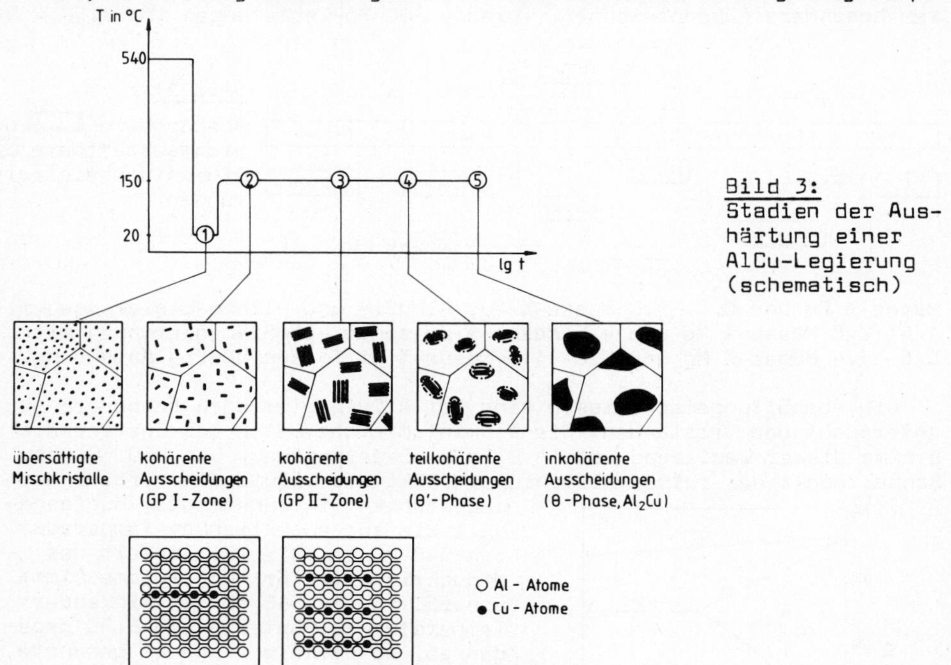

Bild 3:
Stadien der Aushärtung einer AlCu-Legierung (schematisch)

ratur treten bei AlCu-Legierungen die folgenden Ausscheidungen auf:

1) Die GP I - Zonen, nach ihren Entdeckern (Guinier und Preston) benannt, sind scheibenförmige Ansammlungen von Kupferatomen in monoatomaren Schichten auf {100} - Ebenen der Aluminium-Matrix mit einem Durchmesser von ca. $100 \cdot 10^{-8}$ cm.

2) Die GP II - Zonen stellen eine abwechselnde Folge von übereinander gelagerten monoatomaren Aluminium- und Kupferschichten in {100} - Ebenen der Aluminiummatrix dar und sind mit einer tetragonalen Verzerrung des Gitters ($a = 4.04 \cdot 10^{-8}$ cm, $c = 7.60 \cdot 10^{-8}$ cm) verknüpft. Die Zonen erreichen Dicken bis zu etwa $100 \cdot 10^{-8}$ cm und Durchmesser bis zu etwa $1500 \cdot 10^{-8}$ cm.

3) Die θ' - Phase ist eine plättchenförmige Nichtgleichgewichtsphase mit tetragonaler Struktur ($a = 4.04 \cdot 10^{-8}$ cm, $c = 5.90 \cdot 10^{-8}$ cm). Die Dicke der Plättchen erreicht Werte von etwa $300 \cdot 10^{-8}$ cm.

4) Die θ - Phase ist die stabile tetragonale Endphase Al_2Cu mit a = 6.02 · 10^{-8} cm und c = 4.87 · 10^{-8} cm.

Keimbildungsschwierigkeiten für die Gleichgewichtsphase sind der Grund für das Auftreten der genannten Nichtgleichgewichtszustände nach Auslagerung bei Raumtemperatur oder erhöhten Temperaturen. So bilden sich in einer Aluminiumlegierung mit 4 Masse-% Kupfer schon wenige Minuten nach dem Abschrecken auf Raumtemperatur GP I - Zonen. Wird die gleiche Probe weitere 5 Stunden bei 160 °C geglüht, so erhält man vorwiegend GP II - Zonen. Erfolgt dagegen nach dem Abschrecken eine 24-stündige Glühung bei 240 °C, so stellt sich die θ' - Phase ein. Erst nach Glühen oberhalb von etwa 300 °C bildet sich die Gleichgewichtsphase θ (Al_2Cu) aus. Voraussetzung für die beschriebenen Ausscheidungsvorgänge ist eine hinreichend hohe Leerstellenkonzentration, die eine Diffusion der Legierungsatome auch noch bei relativ niederen Temperaturen ermöglicht (vgl. V 3). Diese Voraussetzung wird dadurch geschaffen, daß die bei der Lösungsglühtemperatur vorliegende Leerstellenkonzentration durch das rasche Abschrecken auf Raumtemperatur zunächst im "eingefrorenen Zustande" vorliegt.

Bei der Beurteilung der Auswirkung von Ausscheidungen auf die mechanischen Eigenschaften einer aushärtbaren Legierung ist der Begriff der "Kohärenz" von Bedeutung. Man unterscheidet (vgl. Bild 4) kohärente, teilkohärente und inkohärente Ausscheidungen. Bei einer kohärenten Ausscheidung korrespondiert das Kristallgitter mit dem der Matrix. Die auftretenden Unterschiede in den Atomabständen der beiden Gitter führen zu sog. Kohärenzspannungen. Besteht eine teilweise Kohärenz zwischen den Gittern der Ausscheidung und der Legierungsmatrix, so spricht man von teilkohärenten Ausscheidungen. Inkohärente Ausscheidungen besitzen stets eine von der Legierungsmatrix deutlich verschiedene Gitterstruktur. In AlCu-Legierungen sind die GP I - und GP II - Zonen als kohärent, die θ'-Phase als teilkohärent und die θ - Phase als inkohärent anzusprechen. Die verschiedenen Ausscheidungstypen stellen innerhalb und an den Grenzen der α - Kristallite der AlCu-Legierungen Hindernisse für die Versetzungsbewegung dar. Bei den kohärenten GP I- und GP II-Zonen, die sehr fein verteilt vorliegen, behindern vor allem die sich um die Zonen ausbildenden Kohärenzspannungen die Bewegung der Gleitversetzungen und beeinflussen die mechanischen Werkstoffwiderstandsgrößen stark. Dabei sind GP I-Zonen wirksamer als GP II-Zonen. Bei der mit gröberer Verteilung plättchenförmig auftretenden θ'-Phase zeigen die Deckflächen kohärente und die Seitenflächen inkohärente Übergänge zur α-Mischkristallmatrix, und es treten keine Kohärenzspannungen mehr auf. Da ferner mit zunehmender Auslagerungszeit die Größe und der mittlere Abstand zwischen den jeweiligen Ausscheidungstypen anwachsen, ändert sich auch der Mechanismus, mit der die Gleitversetzungen diese Hindernisse überwinden. Dies kann dadurch geschehen, daß sie entweder die Ausscheidungen schneiden oder zwischen den Ausscheidungen ausbauchen. Während der Scheidwiderstand mit der Auslagerungs-

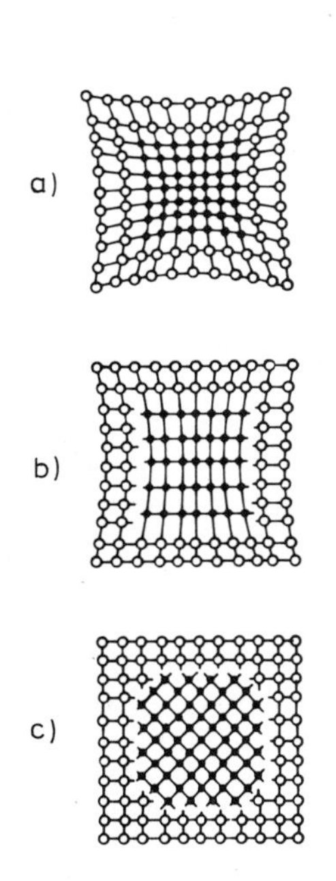

Bild 4: Kohärente (a), teilkohärente (b) und inkohärente (c) Ausscheidungen schematisch in ebener Darstellung

dauer anwächst, fällt der Ausbauchwiderstand mit dieser ab. Hat sich also nach hinreichend langer Auslagerung ein kohärenzspannungsarmer Ausscheidungszustand gebildet, bei dem Ausbauch- und Schneidprozesse gleich wahrscheinlich sind, so führt jede weitere Verlängerung der Auslagerung zu einer Teilchenvergröberung und damit zu einer Abnahme des Werkstoffwiderstandes gegen plastische Verformung. Man spricht dann von Überalterung. Als Beispiele sind in Bild 5 für mehrere AlCu-Legierungen die nach verschieden langen Auslagerungen bei 130 °C und nachfolgender Abschreckung auf Raumtemperatur gemessenen Härtewerte als Funktion der Auslagerungsdauer (sog. Härte-Isothermen) wiedergegeben. Vor der Aushärtungsbehandlung wurden alle Proben 20 min bei 550 °C lösungsgeglüht und anschließend in Wasser von 20 °C abgeschreckt. Ergänzende röntgenographische bzw. elektronenmikroskopische Untersuchungen (vgl. V 2 und V 20) ermöglichten die vorgenommene Zuordnung der einzelnen Ausscheidungstypen zu den jeweiligen Härte-Isothermen. Bei gegebener Legierungszusammensetzung treten bei den gewählten Aushärtungstemperaturen unterschiedlich große Härtemaxima nach unterschiedlichen Auslagerungsdauern auf.

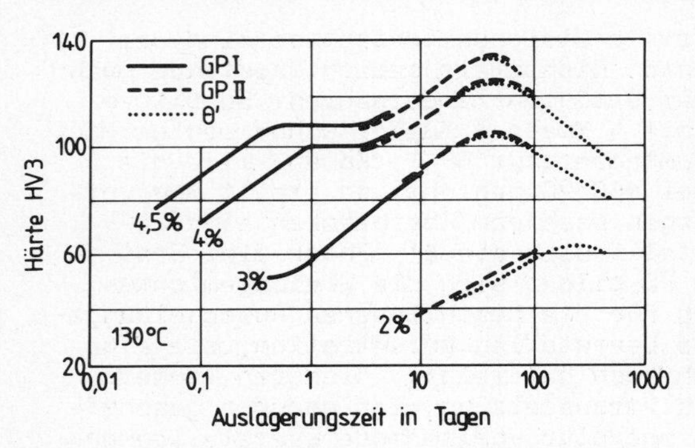

Bild 5: Härte-Isothermen von AlCu-Legierungen mit 2, 3, 4 und 4.5 Masse-% Cu, die bei 130 °C ausgelagert wurden

Aufgabe

Lösungsgeglühte und abgeschreckte Proben aus aushärtbaren Aluminiumlegierungen vom Typ AlCuMg oder AlMgSi werden bei Raumtemperatur und bei 120 °C ausgelagert. Die Brinellhärte ist als Funktion der Auslagerungszeit zu ermitteln.

Versuchsdurchführung

Um einen eindeutigen Ausgangszustand zu erreichen, werden vorbereitete Probestreifen der Legierung mit Abmessungen von etwa 1 x 10 x 80 mm einer einheitlichen Lösungsglüh- und Abschreckbehandlung unterworfen. Die Proben werden dazu etwa 20 min in einem geeigneten Ofen bei einer Temperatur von etwa 500 °C gehalten und danach zur Erzeugung übersättigter Mischkristalle möglichst rasch in Wasser abgeschreckt. An den bei Raumtemperatur auszulagernden Proben werden die Brinellhärtemessungen (vgl. V 9) unmittelbar nach dem Abschrecken begonnen. Die Auslagerungen bei 120 °C erfolgen in einem Kammerofen. Die ersten Härtemessungen sollten nach einer Auslagerungszeit von etwa 8 min vorgenommen werden. Alle weiteren Messungen erfolgen in geeigneten zeitlichen Abständen. Um die Streuung der Aushärtungszustände besser beurteilen zu können, erfolgt die Aufnahme der Härteisothermen mit jeweils vier Proben.

Literatur: 20, 104, 105.

Formzahlbestimmung

V 44

Grundlagen

Wird ein glatter, zylindrischer Stab wie in Bild 1a durch äußere Kräfte F beansprucht, so wirken in einer zur Kraftrichtung senkrecht liegenden Querschnittsfläche A_0 Nennspannungen einheitlicher Größe und Richtung, die durch

$$\sigma_n = \frac{F}{A_0} \qquad (1)$$

gegeben sind. Wirken die Kräfte parallel zur Probenlängsachse genau in den Flächenschwerpunkten der Stabenden, so liegt eine momentenfreie Beanspruchung vor. Betrag und Richtung der Spannungen sind an allen Querschnittsstellen makroskopisch gleich. Der Spannungszustand ist einachsig und homogen.

Wirken die gleichen äußeren Kräfte F auf einen gekerbten Rundstab, dessen Kerbgrundquerschnitt (vgl. Bild 1b) den gleichen Durchmesser hat wie der glatte Stab, so bildet sich im Kerbgrundquerschnitt ein gleichsinnig dreiachsiger Spannungszustand mit inhomogener Spannungsverteilung aus. Senkrecht zur Längs- oder Axialspannung $\sigma_1(r)$ bilden sich Umfangs- oder Tangentialspannungen $\sigma_2(r)$ sowie senkrecht zu $\sigma_1(r)$ und $\sigma_2(r)$ Radialspannungen $\sigma_3(r)$ aus. An der Kerbgrundoberfläche $r = r_K$ ist $\sigma_3 = 0$. Die Längsspannung erreicht dort ihren Höchstwert $\sigma_1(r = r_K) = \sigma_{max}$, der größer als die Nennspannung σ_n ist. Aus Gleichgewichtsgründen muß in einer gewissen Entfernung vom Kerbgrund die Längsspannung kleiner als die Nennspannung sein. Eine Betrachtung, die sich bei gekerbten Proben nur auf die Nennspannung stützt, erfaßt also nicht die tatsächlich im Kerbgrundquerschnitt vorliegende Spannungsverteilung und die im Kerbgrund auftretende Höchstspannung. Die Größe

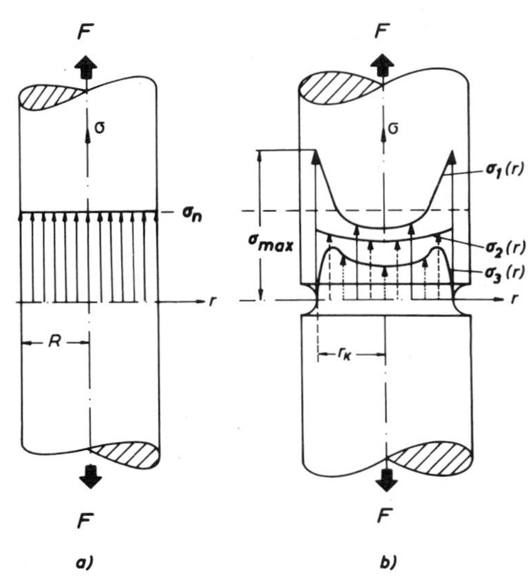

Bild 1: Spannungsverteilungen über dem Querschnitt eines glatten (a) und dem Kerbgrundquerschnitt eines gekerbten Rundstabes (b) mit $r_K = R$

$$\alpha_K = \frac{\sigma_{max}}{\sigma_n} \qquad (2)$$

wird Formzahl genannt und charakterisiert die Kerbwirkung. α_K ist praktisch werkstoffunabhängig und wird nur durch die Kerbgeometrie bestimmt. Bei Rundkerben ist α_K von der Kerbtiefe t, dem Kerbradius ρ und dem Kerbgrunddurchmesser d abhängig. In Bild 2 sind als Beispiel für verschiedene t/ρ - Werte die Formzahlen für Umlaufkerben zugbeanspruchter Zylinderstäbe als Funktion von $d/2\rho$ wiedergegeben.

Alle bei technischen Bauteilen aus funktionalen Gründen vorhandenen Querschnittsübergänge, -änderungen und -umlenkungen wie z. B. Nuten, Hohlkehlen, Bohrungen, Auswölbungen, Absätze, Winkel, Rillen und Ge-

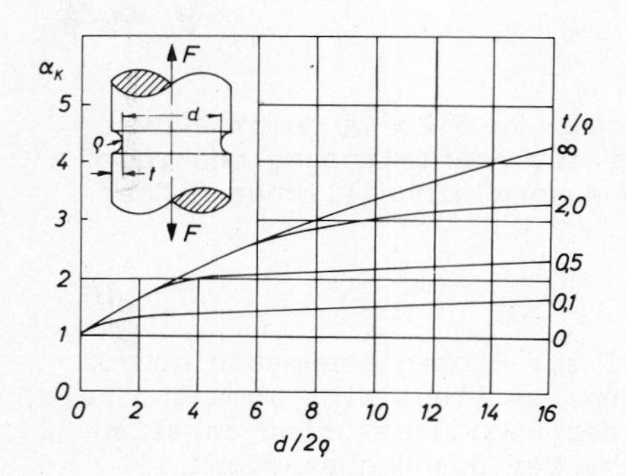

Bild 2: Der Geometrieeinfluß auf die Formzahl von zugbeanspruchten Zylinderstäben mit Umlaufkerben

winde haben bei Beanspruchung Kerbwirkungen zur Folge und führen je nach geometrischer Form zu charakteristischen mehrachsigen Spannungszuständen. Bei einfachen Bauteilen und Kerbformen sowie übersichtlichen Beanspruchungsverhältnissen lassen sich die Spannungsverteilungen und damit die Formzahlen theoretisch berechnen bzw. abschätzen. Daneben kommt der experimentellen Bestimmung der Formzahlen eine große praktische Bedeutung zu. Dabei wird auf Grund einer Analyse der elastischen Dehnungen im Kerbgrund des belasteten Kerbstabes auf die dort wirksamen Spannungen geschlossen. Bei gekerbten Flachstäben kann man durch Dehnungsmessungen an der Oberfläche des Kerbgrundquerschnitts auch Aussagen über die Kerbspannungsverteilung erhalten. Bei hinreichend dünnen Proben sind die Spannungen senkrecht zur Oberfläche klein und können in erster Näherung vernachlässigt werden.

Im folgenden wird der zweiachsige Spannungszustand eines gekerbten Flachstabes mit den Hauptspannungen σ_1 und σ_2 ($\sigma_3 = 0$) betrachtet, wobei angenommen wird, daß die erste Hauptspannungsrichtung mit der Beanspruchungsrichtung übereinstimmt. Nach dem verallgemeinerten Hooke'schen Gesetz tritt dann in Richtung von σ_1 die Hauptnormaldehnung

$$\varepsilon_1 = \frac{1}{E}(\sigma_1 - \nu\sigma_2) \tag{3}$$

und in Richtung σ_2 die Hauptnormaldehnung

$$\varepsilon_2 = \frac{1}{E}(\sigma_2 - \nu\sigma_1) \tag{4}$$

auf. Daraus berechnen sich die Hauptspannungen zu

$$\sigma_1 = \frac{E}{1-\nu^2}(\varepsilon_1 + \nu\varepsilon_2) \tag{5}$$

und

$$\sigma_2 = \frac{E}{1-\nu^2}(\varepsilon_2 + \nu\varepsilon_1)\ . \tag{6}$$

Bei bekanntem Elastizitätsmodul E und bekannter Querkontraktionszahl ν lassen sich also die lokal vorliegenden Hauptspannungen durch Dehnungsmessungen senkrecht und parallel zur Beanspruchungsrichtung ermitteln. Längsdehnungsmessungen im Kerbgrund (vgl. Bild 3) liefern ϵ_1 und damit $\sigma_1 = \sigma_{max}$, woraus sich nach Gl. 2 die Formzahl α_K ergibt. Messungen an den Seitenflächen der Probe zeigen den Verlauf der Längs- und Querdehnung $\epsilon_1(x)$ und $\epsilon_2(x)$ am Rand des Kerbgrundquerschnittes. Extrapolation der daraus ermittelten Spannung $\sigma_1(x)$ auf $x = r_K$ liefert wiederum σ_{max}, sofern $\sigma_3 = 0$ ist.

Aufgabe

An einem beidseitig gekerbten Flachstab aus Stahl, dessen Kerbbereich die in Bild 3 gezeigte Form und Abmessungen hat, sind die Ober-

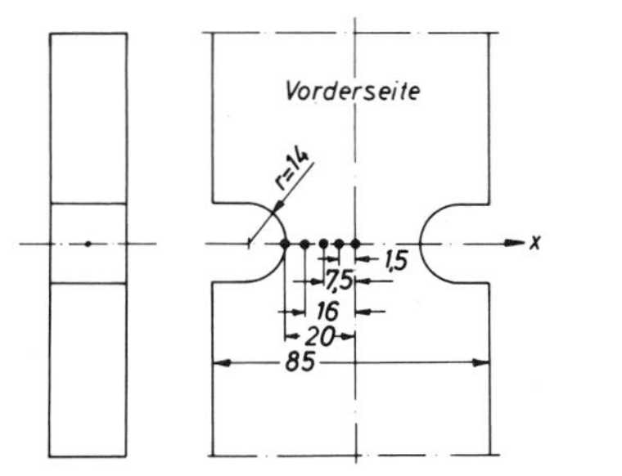

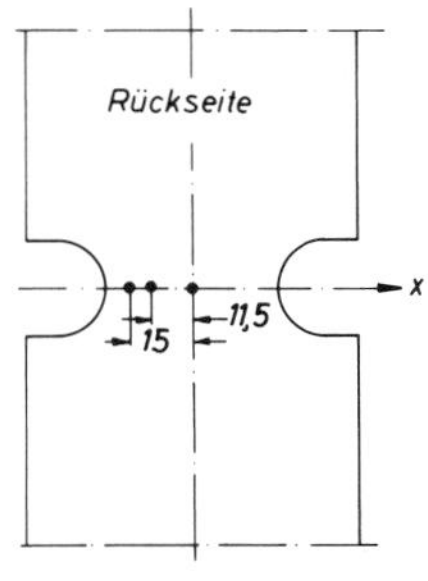

Bild 3: Abmessungen des Kerbstabes mit Lage (•) der DMS

flächenlängs- und -querspannungen an den vermerkten Stellen zu ermitteln und daraus die Spannungsverteilungen $\sigma_1(x)$ und $\sigma_2(x)$ sowie die Formzahl α_K zu bestimmen. Der Kerbstab besitzt einen Elastizitätsmodul $E = 210\,000$ N/mm^2 und eine Querkontraktionszahl $\nu = 0.28$.

Versuchsdurchführung

Auf dem Kerbstab sind an den festgelegten Stellen (vgl. Bild 3) Dehnungsmeßstreifen (DMS) für Längs- und Querdehnungsmessungen anzubringen (vgl. V 24). Die so vorbereitete Probe wird momentenfrei in einer geeigneten Zugprüfmaschine eingespannt (vgl. V 23). Die Anschlüsse der einzelnen Dehnungsmeßstreifen werden den Klemmen eines Meßstellenumschalters zugeführt und von dort nacheinander dem Eingang einer Dehnungsmeßbrücke zugeleitet, an der die Dehnungswerte unmittelbar abzulesen sind. Da durch Temperaturschwankungen die Widerstände der DMS verändert und dadurch scheinbare Dehnungen vorgetäuscht werden können, werden bei den Messungen die einzelnen aktiven DMS jeweils mit einem unbelasteten DMS auf einer Referenzprobe aus dem gleichen Werkstoff verglichen. Unter mehreren geeignet gewählten Belastungen (Nennspannungen) werden nacheinander die Dehnungsanalysen an den einzelnen Meßstellen vorgenommen. Einen möglichen Versuchsaufbau zeigt Bild 4. Aus den Meßdaten werden unter Zuhilfenahme der Gl. 5 und 6 die lokal vorliegenden Spannungen berechnet, in Abhängigkeit vom Kerbgrundabstand aufgetragen und durch ausgleichende Kurven ausgemittelt. Die Messungen werden für mindestens drei verschiedene Nennspannungen durchgeführt, die etwa das 0.3-, 0.4- und 0.5-fache der Streckgrenze des Versuchswerkstoffes betragen sollten. Die Formzahl α_K wird mit Hilfe von Gl. 2 aus den gewählten Nennspannungen und aus den auf den Kerbgrund extrapolierten Spannungen σ_1 bzw. aus den direkt im Kerbgrund gemessenen Spannungen σ_1 errechnet.

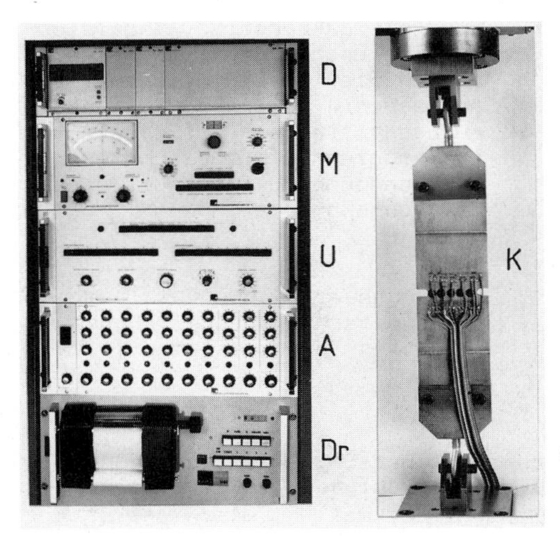

Bild 4: Versuchsaufbau (K Kerbstab, D Digitalanzeige, M Meßbrücke, U Meßstellenumschalter, A Abgleicheinheit, Dr Drucker)

Literatur: 106, 107.

V 45 Zugverformungsverhalten von Kerbstäben

Grundlagen

Bei der Beanspruchung gekerbter Bauteile durch äußere Kräfte und/oder Momente treten mehrachsige inhomogene Spannungszustände auf. Die Frage ist von zentraler Bedeutung, unter welchen Bedingungen dabei plastische Verformung einsetzt und Bruch auftritt. Das einfachste Modell eines gekerbten Bauteils ist ein zylindrischer Kerbstab, der nach Herstellung eigenspannungsfrei (vgl. V 34) geglüht wurde. Führt man mit derartigen Stäben Zugversuche durch, so lassen sich neben der verformenden Kraft F auch die in Beanspruchungsrichtung auftretenden Längenänderungen der Meßstrecke l_0, die die Kerbe einschließt (vgl. Bild 1), relativ einfach erfassen. Man erhält damit einerseits Nennspannungswerte $\sigma_n = F/A_K$, die Mittelwerte der sich einstellenden inhomogenen Spannungsverteilungen sind. Andererseits kann man aus der Längenänderung der Meßstrecke formale Dehnungswerte berechnen, die ein Maß für die insgesamt sich ausbildenden Abmessungsänderungen der Meßstrecke sind. Vielfach spricht man als Kerbstreckgrenze den Werkstoffwiderstand gegenüber der auf den Kerbgrundquerschnitt bezogenen Kraft an, die zum ersten Abweichen vom linearen Anfangsteil der Kraft-Verlängerungskurve führt. Selbstverständlich ist diese Beanspruchung nicht mit der Nennspannung identisch, bei der erstmals plastische Verformungen im Kerbgrund auftreten. Will man daher zu genaueren Aussagen über die Kerbstreckgrenze $R_{K,eS}$ (Widerstand gegen einsetzende plastische Verformung im Kerbgrund) und/oder Kerbdehngrenzen $R_{K,px}$ gelangen, so sind genauere Dehnungsanalysen im Kerbgrund unerläßlich. Dagegen läßt sich die Kerbzugfestigkeit

$$R_{K,m} = \frac{F_{max}}{A_K} \qquad (1)$$

in einfacher Weise aus dem Maximalwert F_{max} des Kraftverlängerungsschriebes und der Kerbgrundquerschnittsfläche A_K ermitteln.

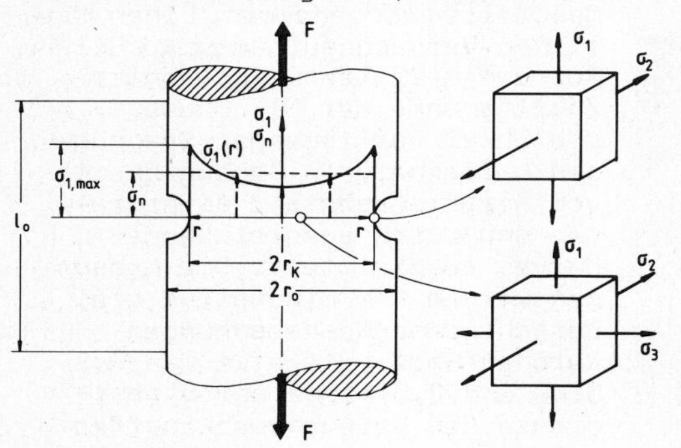

Wird ein gekerbter Zylinderstab auf Zug beansprucht, so bildet sich - wie in Bild 1 schematisch angegeben - im Inneren des Kerbquerschnittes ein dreiachsiger, im Kerbgrund ein zweiachsiger Kerbspannungszustand aus, dessen Spannungskomponenten

Bild 1:
Spannungsverteilung über dem Kerbgrundquerschnitt eines zugbeanspruchten Zylinderstabes

$$\sigma_1 > \sigma_2 > \sigma_3 \qquad (2)$$

inhomogen verteilt sind. Die in Beanspruchungsrichtung wirkende Spannung σ_1 besitzt ihren Größtwert $\sigma_{1,max}$ im Kerbgrund. Die auf die Kerbgrundquerschnittsfläche $A_K = \pi r_K^2$ bezogene Zugkraft F, also

$$\sigma_n = \frac{F}{A_K} = \int_0^{r_K} \frac{\sigma_1(r)\, 2\pi\, r\, dr}{A_K} \qquad (3)$$

wird als Nennspannung definiert.

Das Verhältnis

$$\sigma_{1,max}/\sigma_n = \alpha_K \tag{4}$$

heißt Formzahl der Kerbe. Typisch für Kerbwirkungen ist somit - selbst bei einfachen Beanspruchungsarten - das Auftreten mehrachsiger Spannungszustände. Eine Ausnahme bilden gekerbte dünne Bleche, wo man im Kerbgrund von einachsigen Kerbwirkungen ausgehen kann.

Liegt im Kerbgrund bei einachsiger Beanspruchung nur eine einachsige Kerbspannungsverteilung vor, so setzt plastische Verformung selbstverständlich dann ein, wenn die Kerbgrundspannung $\sigma_{1,max}$ die Streckgrenze R_{eS} erreicht, also

$$\sigma_{1,max} = \alpha_K \sigma_n = R_{eS} \tag{5}$$

wird. Der zugehörige Werkstoffwiderstand mit Nennspannungscharakter

$$\sigma_n = \frac{R_{eS}}{\alpha_K} = R^{(1)}_{K,eS} \tag{6}$$

heißt Kerbstreckgrenze. $R^{(1)}_{K,eS}$ fällt hyperbolisch mit wachsendem α_K ab. Bei einachsiger Beanspruchung mit zweiachsiger Kerbwirkung ergibt sich dagegen unter Zugrundelegung der Gültigkeit der Gestaltänderungsenergiehypothese für einsetzende plastische Verformung die Kerbstreckgrenze zu

$$R^{(2)}_{K,eS} = \frac{R_{eS}}{\alpha_K \sqrt{1+a^2-a}} , \tag{7}$$

wobei $a = \sigma_2/\sigma_1$ ist. Es gilt also

$$R_{eS} > R^{(2)}_{K,eS} > R^{(1)}_{K,eS} . \tag{8}$$

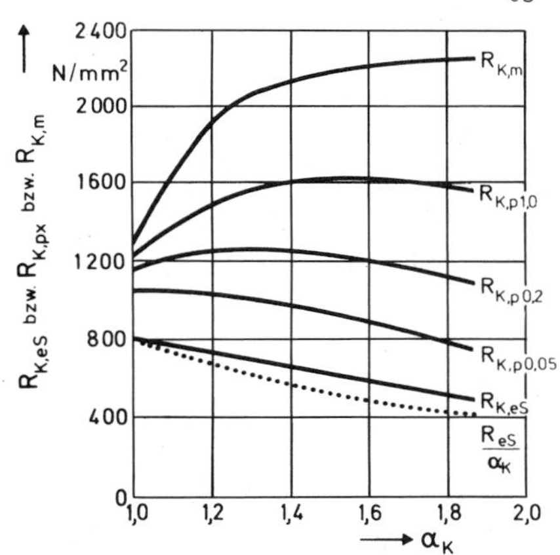

Bild 2: Experimentell ermittelte Kerbdehngrenzen und Kerbzugfestigkeiten in Abhängigkeit von der Formzahl

In Bild 2 sind als Beispiel die an gekerbten Zylinderstäben aus 32 NiCrMo 14 5 experimentell ermittelten Kerbstreckgrenzen $R_{K,eS}$, die Kerbdehngrenzen $R_{K,px}$ und die Kerbzugfestigkeiten $R_{K,m}$ als Funktion von α_K wiedergegeben. Punktiert eingetragen ist der Kerbstreckgrenzenverlauf, wie er bei einachsiger Kerbwirkung nach Gl. 6 erwartet wird. Alle gemessenen Kerbstreckgrenzen sind größer als diese mit α_K abnehmenden Grenzwerte. Die Kerbdehngrenzen für kleine plastische Verformungen fallen ebenfalls mit wachsender Formzahl ab. $R_{K,p\,0.2}$ und $R_{K,p\,1.0}$ steigen dagegen zunächst mit der Formzahl an und nehmen erst bei größeren Formzahlen wieder kleinere Werte an. Die Kerbzugfestigkeit $R_{K,m}$ wächst dagegen im untersuchten Formzahlbereich mit α_K kontinuierlich an. Die sich in Abhängigkeit von α_K in den Oberflächenbereichen des Kerbgrundes ausbildenden Verfestigungszustände und die Mehrachsigkeit des Spannungszustandes bewirken bei den R_K,α_K - Kurven einen kontinuierlichen Übergang von negativen zu positiven Anfangssteigungen.

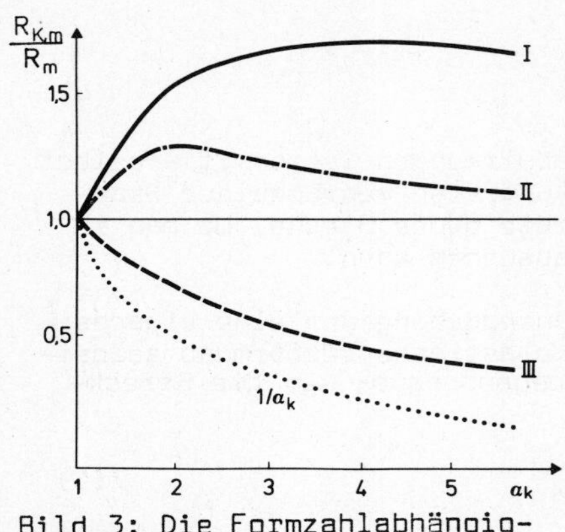

Bild 3: Die Formzahlabhängigkeit des Verhältnisses $R_{K,m}/R_m$ bei verschiedenen Werkstoffzuständen

Einige ergänzende Bemerkungen erfordert noch die α_K - Abhängigkeit der Kerbzugfestigkeit. Die obere Kurve in Bild 2 zeigt, daß $R_{K,m}$ mit α_K ansteigt. Das gilt generell für duktile Werkstoffzustände, bei denen vor dem Bruchvorgang hinreichend große plastische Verformungen auftreten. Gemäß Bild 3, Kurve I, steigt dann das Verhältnis

$$n_{K,m/m} = \frac{R_{K,m}}{R_m} \qquad (9)$$

ebenfalls mit α_K an. Voraussetzung für den Bruch ist, daß sich, ausgehend vom Kerbgrund, die plastische Verformung sukzessive weiter über den Kerbquerschnitt ausbreitet. Bei hinreichend spröden Werkstoffzuständen, bei denen ein Normalspannungskriterium für den Bruch des Kerbstabes verantwortlich ist, fällt dagegen $n_{K,m/m}$ mit wachsender Formzahl von Anfang an kontinuierlich ab, wie es Kurve III in Bild 3 andeutet. Kurve III kann der durch $1/\alpha_K$ bestimmten punktierten Kurve recht nahe kommen. Zwischen den beschriebenen Extremen liegen ähnliche $n_{K,m/m}$, α_K - Kurven wie Kurve II, die zunächst mit α_K ansteigen, einen Maximalwert durchlaufen und dann wieder abfallen. Hier wirkt sich der mit α_K zunehmende gleichsinnige Mehrachsigkeitsgrad dahingehend aus, daß bei größeren α_K - Werten die größte Hauptnormalspannung in zunehmendem Maße das Bruchgeschehen kontrolliert, weil die Hauptschubspannungen mit wachsenden Beträgen des mehrachsigen Spannungszustandes kleiner werden.

Aufgabe

An vergüteten Kerbzugstäben aus 42 Cr Mo 4 mit unterschiedlichen Formzahlen sind Zugversuche mit einer elektromechanischen Prüfmaschine durchzuführen. Dabei sind Kraft-Zeit-Diagramme mit dem maschineneigenen Registriersystem sowie Kraft-Kerbgrundlängs- und Kraft-Kerbgrundquerdehnungs-Diagramme mit DMS zu ermitteln. Kerbstreckgrenzen, Kerbdehngrenzen und Kerbzugfestigkeiten sind zu bestimmen und zu beurteilen.

Versuchsdurchführung

Für die Versuche werden Kerbzugproben der in Bild 4 gezeigten Form mit ρ = 5.0, 2.0, 1.0 und 0.15 mm benutzt. Bei einem Teil der Proben sind im Kerbgrund zur Anbringung von Dehnungsmeßstreifen jeweils vier um 90° versetzte Längsfasen von etwa 2.5 mm Breite eingefräst. Dadurch erhält der Kerbgrundquerschnitt das in Bild 4 gezeigte nahezu regelmäßige Achtkantprofil. Auf den Fasen werden Mikrodehnungsmeßstreifen mit einem 0.6 mm breiten und 1.0 mm langen Meßgitter aufgeklebt. Der Bestimmung der theoretischen Formzahlen α_K wird bei den angefasten Proben der Äquivalentdurchmesser

$$d_o = \sqrt{4A_K/\pi} \qquad (10)$$

zugrundegelegt. Die Zugversuche erfolgen mit einer elektromechanischen 100 kN-Zugprüfmaschine bei Raumtemperatur. Um weitgehend einachsige

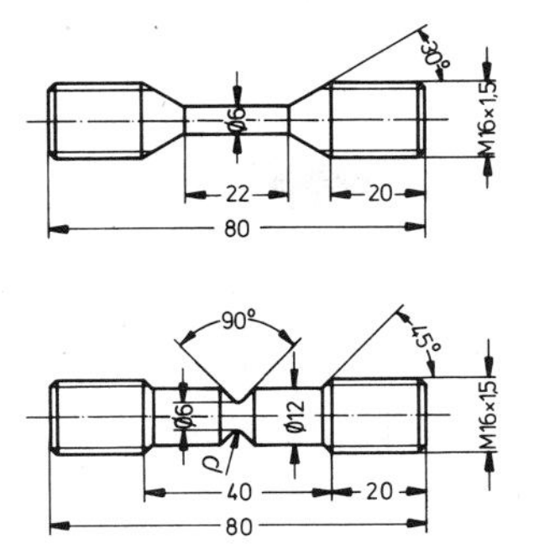

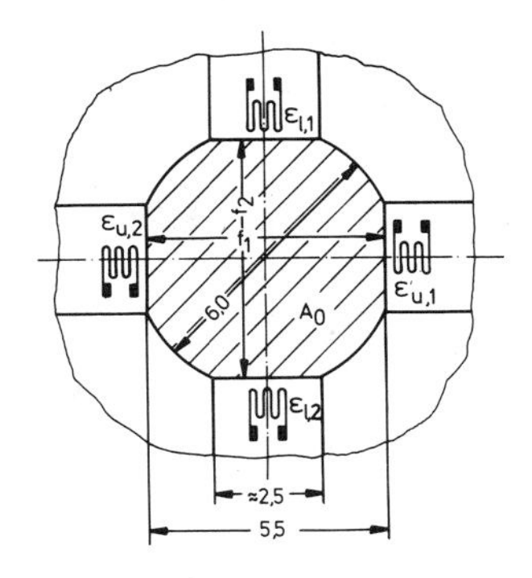

Bild 4: Versuchsproben und Kerbquerschnitt der angefasten Kerbprobe

und momentenfreie Beanspruchung zu erzielen, empfiehlt sich die Benutzung einer ähnlichen Spezialeinrichtung, wie sie Bild 5 zeigt. Sie ermöglicht die zusätzliche induktive Vermessung der Verschiebung der Probeneinspannköpfe als Funktion der Zugkraft. Die Probenverformung erfolgt mit einer Traversengeschwindigkeit v = 0.5 mm/min.

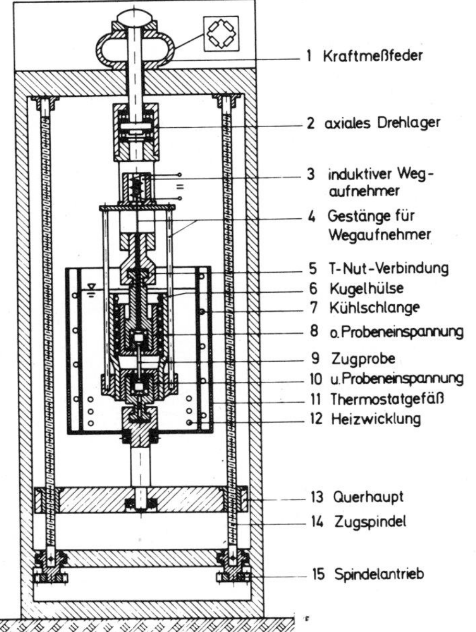

Bild 5: Verformungseinrichtung für Kerbzugversuche

Aus den registrierten Kraft-Zeit-Schrieben werden die Nennspannungen erster Abweichung von der Anfangsgeraden (vgl. V 25)

$$R_{K,I} = \frac{F_I}{A_K} \qquad (11)$$

und die Kerbzugfestigkeit

$$R_{K,mI} = \frac{F_{max,I}}{A_K} \qquad (12)$$

bestimmt. Die mit Hilfe von Dehnungsmeßbrücken und Zweikomponentenschreibern ermittelten Kraft-Längs- bzw. Kraft-Umfangsdehnungszusammenhänge dienen zur Festlegung der Kerbstreckgrenze

$$R_{K,eS} = \frac{F_{eS}}{A_K} \qquad (13)$$

beim Auftreten erster Abweichungen von der Hooke'schen Geraden im Kerbgrund sowie der Kerbdehngrenzen

$$R_{K,px} = \frac{F_{p,x}}{A_K} \qquad (14)$$

beim Erreichen bestimmter plastischer Längsdehnungen x im Kerbgrund. Die ermittelten Kenngrößen werden als Funktion von α_K aufgetragen, miteinander verglichen und diskutiert.

Literatur: 107,108.

V 46

Grundlagen

Der Biegeversuch ist ein einachsiger Verformungsversuch mit inhomogener Spannungs- und Dehnungsverteilung über der Biegehöhe. Dabei werden meist relativ schlanke Probestäbe auf zwei Auflager gelegt und, wie in Bild 1 angedeutet, entweder in der Mitte durch eine Einzelkraft

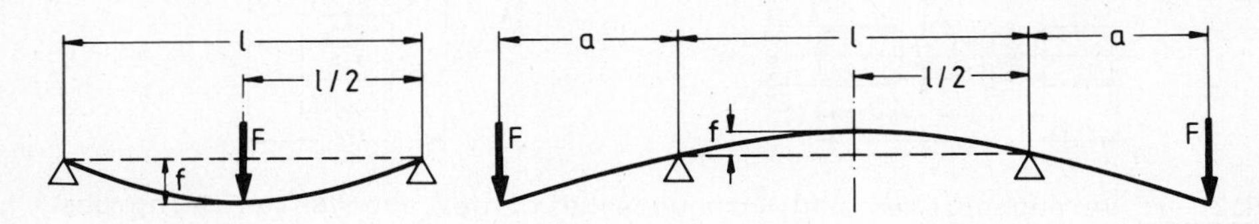

Bild 1: Einfache Biegebeanspruchungen. 3-Punktbiegung (links), 4-Punktbiegung (rechts). F belastende Kräfte, f Durchbiegungen, a und l Längsabmessungen

(3-Punktbiegung) oder an den Enden symmetrisch zur Mitte durch zwei Einzelkräfte (4-Punktbiegung) belastet. Im ersten Falle wird der untere Querschnittsteil der Biegeprobe gedehnt und der obere gestaucht, im zweiten Falle ist es umgekehrt. Die mit Zug- und Druckspannungen beaufschlagten Querschnittsteile werden durch eine unbeanspruchte Probenschicht, die neutrale Faser, getrennt. Bei rein elastischer 4-Punktbiegung liegt in Stabmitte die in Bild 2 gezeigte lineare Spannungs- und

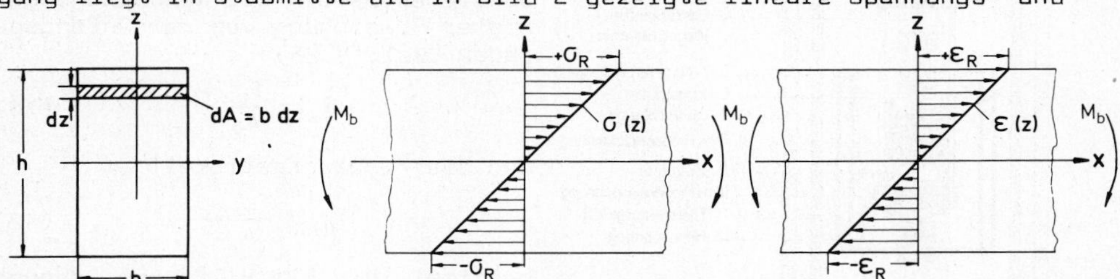

Bild 2: Spannungs- und Dehnungsverteilung über der Biegehöhe zwischen den Auflagern bei elastischer 4-Punktbiegebeanspruchung

Dehnungsverteilung über der Biegehöhe h vor. Wirkt das Biegemoment M_b bezüglich der y-Achse, so ergibt sich die Spannungsverteilung zu

$$\sigma(z) = \frac{M_b}{J_y} z \tag{1}$$

und nach dem Hooke'schen Gesetz folgt daraus als Dehnungsverteilung

$$\varepsilon(z) = \frac{\sigma(z)}{E} = \frac{M_b}{E J_y} z \, . \tag{2}$$

Dabei ist E der Elastizitätsmodul und

$$J_y = \int_{-h/2}^{h/2} z^2 b \, dz \tag{3}$$

das axiale Flächenträgheitsmoment bezüglich der y-Achse. In den Randfasern der Probe ($z = \pm h/2$) treten also die Randspannungen

$$\sigma_R = \pm \frac{M_b h/2}{J_y} = \pm \frac{M_b}{W_b} \tag{4}$$

und die Randdehnungen

$$\varepsilon_R = \pm \frac{1}{E} \frac{M_b}{W_b} \tag{5}$$

auf. W_b wird Widerstandsmoment gegen Biegung genannt. Wegen Gl. 3 ist W_b von der Form der Querschnittsfläche der Biegestäbe abhängig. Die Durchbiegung des Biegestabes f in der Mitte zwischen den Auflagern mit dem Abstand l nimmt proportional zum dort übertragenen Biegemoment und damit auch proportional zur dort auftretenden Randspannung bzw. Randdehnung zu. Es gilt

$$f = \alpha \frac{l^2}{Eh} \sigma_R = \alpha \frac{l^2}{h} \varepsilon_R \tag{6}$$

mit $\alpha = 1/6$ bei 3-Punktbiegung und $\alpha = 1/4$ bei 4-Punktbiegung. Wird das Biegemoment M_b auf den Wert M_{eS} (Streckgrenzenmoment) gesteigert, so erreicht die positive (negative) Randspannung σ_R die Streckgrenze R_{eS} (Stauchgrenze R_{deS}). Bei $M_b > M_{eS}$ treten in den Randfasern elastisch-plastische Dehnungen auf. Tiefer gelegene Fasern der Biegeproben, in denen die Streck- bzw. Stauchgrenze noch nicht erreicht ist, verformen sich dagegen rein elastisch. Um weitere Probenbereiche elastisch-plastisch zu verformen, ist eine Steigerung des Biegemomentes erforderlich. Bei einem überelastisch beanspruchten Biegestab mit einer Zugverfestigungskurve vom Typ I (vgl. V 25) liegen die in Bild 3 gezeigten Spannungs- und Totaldehnungsverteilungen vor. Sie sind bei gleichem Verfestigungsverhalten unter Zug- und Druckbeanspruchung symmetrisch zur neutralen Faser. In der Probenmitte wachsen die Spannungsbeträge linear mit der Entfernung von der neutralen Faser an. In den Probenrandbereichen stellen sich die der jeweiligen Totaldehnung entsprechenden Fließspannungen ein. Dagegen bleibt erfahrungsgemäß bei überelastischer Biegung die Totallängsdehnung

$$\varepsilon_t = \varepsilon_e + \varepsilon_p \tag{7}$$

(ϵ_e elastischer, ϵ_p plastischer Dehnungsanteil) über der Biegehöhe linear verteilt, so wie es der untere Teil von Bild 3 zeigt. Bis zu $z = \pm z_{eS}$ ist $\epsilon_p = 0$. Für $|z_{eS}| < |z| < |h/2|$ ist $\epsilon_e = \sigma(z)/E$. Da auch bei überelastischer Biegebeanspruchung ($M_b > M_{eS}$) das Biegemoment

$$M_b = \int_{-h/2}^{h/2} z\,\sigma(z)\,b\,dz \tag{8}$$

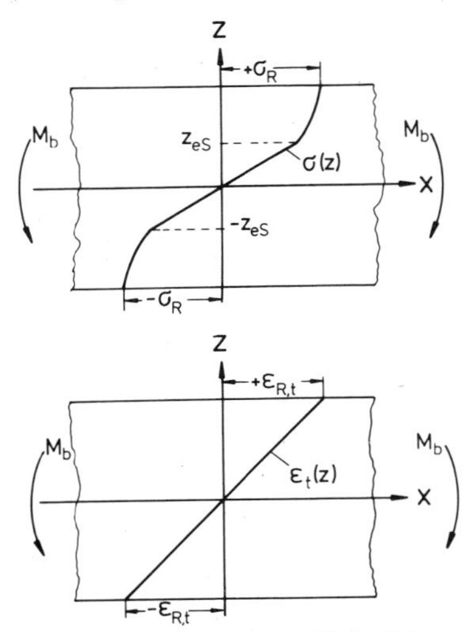

Bild 3: Spannungs- und Totaldehnungsverteilung über der Biegehöhe bei überelastischer Biegebeanspruchung eines Werkstoffes mit einer Verfestigungskurve vom Typ I

ein Maß für die Beanspruchung des Biegestabes ist, hat es sich als zweckmäßig erwiesen, weiterhin mit den unter diesen Bedingungen an sich nicht mehr gültigen Gl. 1 und 4 Spannungsverteilungen bzw. Randspannungen zu berechnen. Man ermittelt so bei elastisch-plastischer Biegung eine fiktive lineare Spannungsverteilung $\sigma^*(z)$ mit den fiktiven Randspannungen

$$\sigma_R^* = \pm \frac{M_b}{W_b} \qquad (M_b > M_{eS}) \; . \tag{9}$$

Diese sind größer als die tatsächlich in den Randfasern wirksamen Fließspannungen. In Bild 4 (links) sind schematisch die fiktive und die wahre Spannungsverteilung über der Biegehöhe eines elastisch-plastisch beanspruchten Biegestabes aufgetragen. Beide Spannungsverteilungen erfüllen die Bedingung

$$\int_{-h/2}^{h/2} z\,\sigma(z)\,b\,dz = \int_{-h/2}^{h/2} z\,\sigma^*(z)\,b\,dz \tag{10}$$

Den fiktiven Spannungen $\sigma^*(z)$ können unter formaler Zugrundelegung des Hooke'schen Gesetzes fiktive elastische Dehnungen $\epsilon_e^*(z) = \sigma^*(z)/E$ zu-

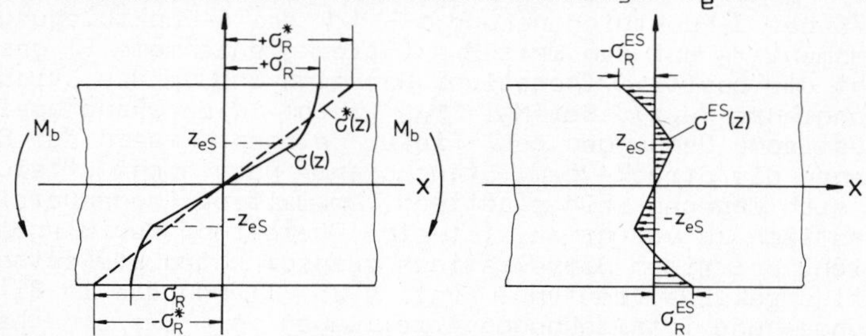

Bild 4: Verteilung der wahren und fiktiven Biegespannungen bei Belastung mit M_b (links) sowie der Eigenspannungen nach Entlastung auf $M_b = 0$ (rechts) über der Höhe eines Biegestabes

geordnet werden. Bei der Entlastung des Biegestabes von $M_b > M_{eS}$ auf $M_b = 0$ tritt eine elastische Rückverformung auf, die der Belastung des Biegestabes mit dem Moment $-M_b$ entspricht. Nach dem Entlasten ergibt sich die in Bild 4 (rechts) aufgezeichnete Spannungsverteilung $\sigma^{ES}(z)$, die sich aus der Differenz von wahrer und fiktiver Biegespannung

$$\sigma^{ES}(z) = \sigma(z) - \sigma^*(z) \tag{11}$$

berechnet. Die Spannungen $\sigma^{ES}(z)$ werden, da sie ohne äußere Kraftwirkung existieren, Eigenspannungen genannt (vgl. V 33 und V 77). Man sieht, daß in den zugbeansprucht gewesenen Randfasern des Biegestabes Druckeigenspannungen und in den druckbeansprucht gewesenen Randfasern Zugeigenspannungen entstehen. Insgesamt entwickelt sich über der Biegehöhe eine Eigenspannungsverteilung, die durch dreimaligen Vorzeichenwechsel charakterisiert ist.

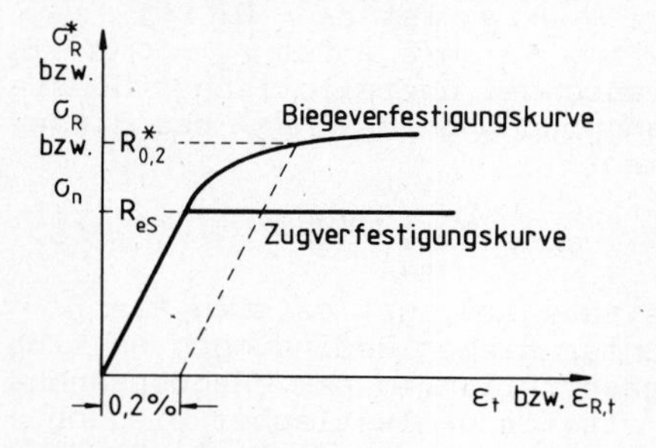

Bild 5: Biegeverfestigungskurve bei ideal elastisch-plastischem Werkstoffverhalten

Der Zusammenhang zwischen σ_R bzw. σ_R^* und der elastischen Randdehnung $\epsilon_{R,e}$ bzw. der totalen Randdehnung $\epsilon_{R,t}$ wird Biegeverfestigungskurve genannt. Sie wird durchweg aus den Meßdaten gewonnen, die im Stabbereich in der Mitte zwischen den Auflagern anfallen. Bild 5 zeigt die Biegeverfestigungskurve eines Werkstoffes, der im Zugversuch eine Verfestigungskurve vom Typ IV besitzt (vgl. V 25). Aus dem Anstieg des linearen Anfangsteils der Kurve berechnet sich der Elastizitätsmodul des Werkstoffes mit Hilfe der Gl.4 und 5. Die Biegestreckgrenze R_{eS}, als Widerstand des Biegestabes gegen einsetzende plastische Verformung in seinen Randfasern, ergibt sich aus der ersten Abweichung der Verfestigungskurve von der Hooke'schen Anfangsgeraden. Als 0.2 % - Biegedehngrenze

$$R^*_{0.2} = \frac{M_{0.2}}{W_b} \qquad (12)$$

wird der Werkstoffwiderstand gegen Überschreiten einer rückbleibenden Randdehnung von 0.2 % festgelegt. Dabei ist zu beachten, daß nach Entlastung der Probe ($M_{0.2} \rightarrow 0$) die plastischen Randdehnungen bzw. -stauchungen etwas von 0.2 % verschieden sind, weil die oben angesprochenen Eigenspannungen entstehen, die in der von äußeren Kräften freien Probe elastische Zusatzdehnungen bewirken. Da das Widerstandsmoment W_b (vgl. Gl. 3 und 4) von der Querschnittsform des Biegestabes abhängig ist, bezeichnet man die 0.2 %-Biegedehngrenzen auch als Formdehngrenzen. Als Biegefestigkeit wird der Werkstoffwiderstand

$$R^*_m = \frac{M_{max}}{W_b} \qquad (13)$$

festgelegt, der im Biegeversuch bei Erreichen der maximalen fiktiven Randspannung vor Bruch des Biegestabes wirksam wird. Man sieht, daß R^*_m über W_b von der Querschnittsform des Biegestabes abhängig ist.

Aufgabe

Von schlanken Biegestäben mit quadratischem Querschnitt aus einem unlegierten Stahl im normalisierten und vergüteten Zustand sind Kraft-Durchbiegungs-Kurven aufzunehmen. Daraus sind unter der Annahme, daß Gl. 6 auch für $\epsilon_{R,t}$ gilt, die Anfangsteile der Biegeverfestigungskurven zu erstellen. Als Werkstoffkenngrößen sind der Elastizitätsmodul E, die Biegestreckgrenze R_{eS}, die 0.2 % - Biegedehngrenze $R^*_{0.2}$ und die Biegefestigkeit R^*_m zu ermitteln. Diese sind mit den aus Zugversuchen vorliegenden Daten zu vergleichen und zu bewerten.

Versuchsdurchführung

Für die Biegeversuche steht ein geeignetes Krafterzeugungssystem (z. B. eine Zugprüfmaschine, vgl. V 23) mit eingebauter Biegevorrichtung für Dreipunktbelastung zur Verfügung. Die Stützweite der Auflager, von denen eines beweglich ist, beträgt 150 mm. Biegestäbe mit Querschnittsabmessungen von 20 x 20 mm werden benutzt. Die Kraftmessung erfolgt direkt über das Kraftmeßsystem der Prüfmaschine. Die Probendurchbiegung wird in der Probenmitte mit Hilfe einer 1/1000 mm auflösenden Meßuhr festgestellt. Auf Grund der bekannten Zugfestigkeit der Probenwerkstoffe wird der Kraftbedarf abgeschätzt, wobei von einer maximalen fiktiven Biegerandspannung $\sigma_R^* \approx 1.5\ R_m$ ausgegangen wird. Dann werden geeignet abgestufte Biegemomente erzeugt und die zugehörigen Durchbiegungen gemessen. Aus dem erhaltenen M_b,f-Zusammenhang werden mit Hilfe von Gl. 4 und 9 die jeweiligen Randspannungen und fiktiven Randspannungen sowie mit Hilfe von Gl. 6 die Randdehnungen $\varepsilon_{R,e}$ bzw. $\varepsilon_{R,t}$ berechnet. Damit läßt sich die Biegeverfestigungskurve aufzeichnen. Aus dem Kurvenverlauf werden die verlangten Kenngrößen ermittelt.

Literatur: 107, 109, 110.

V 47

Grundlagen

Natürliches Licht setzt sich aus elektromagnetischen Wellen unterschiedlicher Frequenz zusammen, wobei sich innerhalb der einzelnen Wellenzüge die elektrische Feldstärke $\mathfrak{E}$ und die magnetische Feldstärke $\mathfrak{H}$ periodisch ändern. Elektrischer und magnetischer Vektor stehen senkrecht zueinander und schwingen ihrerseits - wie in Bild 1 angedeutet - in Ebenen senkrecht zur Fortpflanzungsrichtung des Lichtes. Man hat sich geeinigt, die Schwingungsrichtung des elektrischen Vektors einer Lichtwelle als deren Schwingungsrichtung festzulegen. Aus einem Gemisch von Lichtwellen, die regellos in allen möglichen Richtungen schwingen, lassen sich mit Hilfe eines sog. Polarisators diejenigen Wellen heraussieben, bei denen die Schwingungen nur noch in einer bestimmten Ebene (Polarisationsebene) auftreten. Die Beträge der Vektoren der elektrischen Feldstärke der polarisierten Lichtwellen ändern sich zeitlich sinusförmig und schreiten in einer räumlich konstanten Schwingungsebene mit konstanter Geschwindigkeit fort.

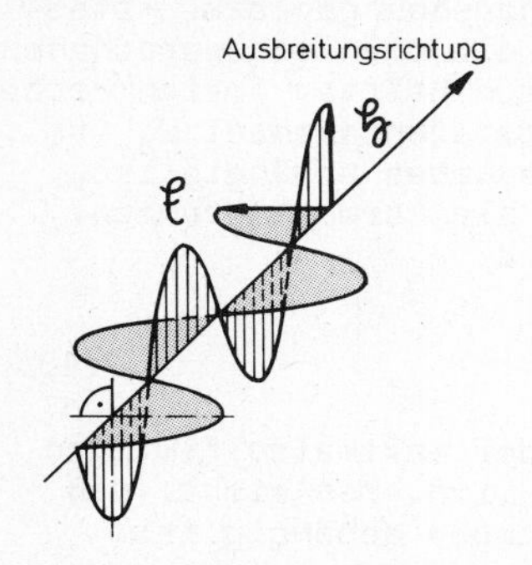

Bild 1: Licht als elektromagnetische Schwingung

Vorrichtungen zur Untersuchung (vgl. Bild 2) von polarisiertem Licht heißen Polarisationsapparate. Sie bestehen aus einem Polarisator P, der das Licht polarisiert, und einem Analysator A, der den Polarisations-

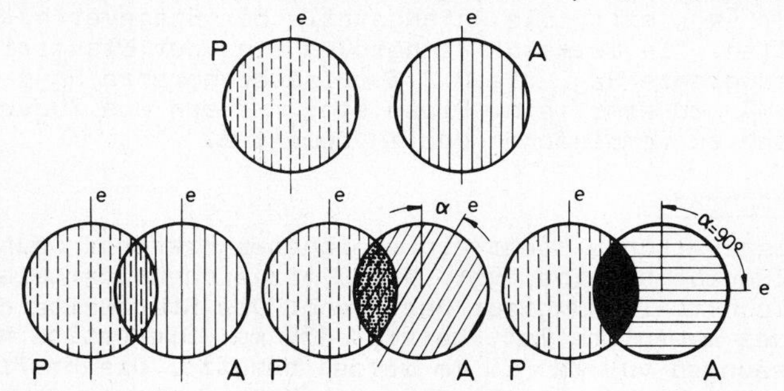

Bild 2: Veranschaulichung der Wirkungsweise von Analysatoren A und Polarisatoren P in verschiedenen Stellungen. (Die jeweilige Lage der Polarisationsebenen e ist durch Striche an den Kreisen vermerkt.)

zustand analysiert. Erscheint das durch den Polarisator dringende Licht hinter dem Analysator mit größter bzw. kleinster Intensität, dann sind P und A parallel bzw. gekreuzt zueinander angeordnet. Im ersten Fall bilden die Polarisationsebenen miteinander den Winkel 0°, im zweiten Fall den Winkel 90°. Schließen die Polarisationsebenen von P und A einen Winkel α ein, so ist die aus A austretende Lichtintensität durch

$$J = J_o \cos^2\alpha \qquad (1)$$

gegeben. J_o ist die Austrittsintensität des Lichtes bei paralleler Stellung von P und A.

Überlagert man zwei senkrecht zueinander linear polarisierte Lichtwellen, so entsteht bei einer Phasendifferenz der beiden Wellenzüge von einem geradzahligen Vielfachen eines Viertels der Wellenlänge wiederum linear polarisiertes Licht. Beträgt dagegen der Phasenunterschied ein ungerades Vielfaches einer Viertelschwingung, so ergibt sich zirkular polarisiertes Licht. Letzteres stellt man mit sog. $\lambda/4$-Blättchen her. Dabei nutzt man die Tatsache aus, daß Lichtbündel, die doppelbrechende Kristalle durchsetzen, in zwei senkrecht zueinander vollständig linear polarisierte Teilstrahlen aufspalten und zusätzlich eine von der Dicke des Kristalls abhängige Phasendifferenz annehmen. Sind die Intensitäten der Teilbündel gleich groß und beträgt ihre Phasendifferenz $\lambda/4$, so erhält man zirkular polarisiertes Licht.

Die optische Spannungsanalyse nutzt die Eigenschaft einiger durchsichtiger, optisch isotroper Festkörper aus, die unter der Einwirkung mechanischer Beanspruchung für auffallendes Licht doppelbrechend werden. Fällt, wie in Bild 3 angenommen, ein monochromatisches durch P

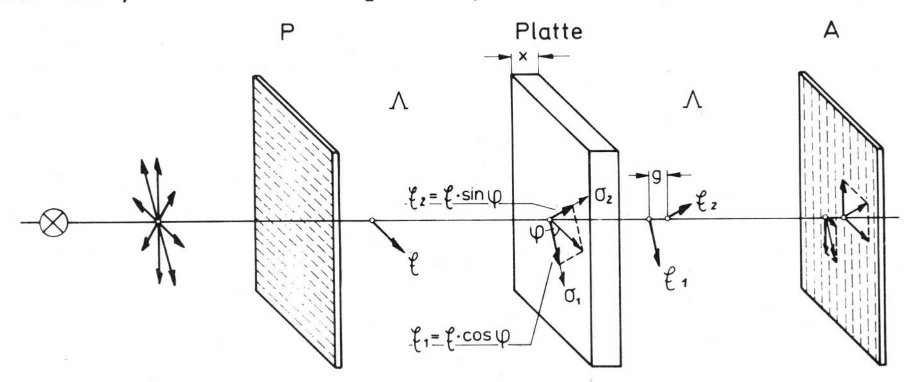

Bild 3: Prinzip einer spannungsoptischen Versuchseinrichtung

linear polarisiertes Lichtbündel mit dem Schwingungsvektor $\mathfrak{E}$ senkrecht auf eine Platte der Dicke x auf, in der die Hauptspannungen σ_1 und σ_2 wirksam sind, so wird das Bündel in zwei zueinander linear polarisierte Teilstrahlen zerlegt, deren Schwingungsvektoren $\mathfrak{E}_1$ und $\mathfrak{E}_2$ mit der Richtung der Hauptspannungen übereinstimmen und die mit unterschiedlichen Geschwindigkeiten v_1 und v_2 die Platte durchsetzen. Ist v_0 die Lichtgeschwindigkeit in dem unverspannten Plattenmaterial, so gilt

$$v_1 = v_0 + c_1\sigma_1 - c_2\sigma_2 \tag{2}$$

und

$$v_2 = v_0 + c_1\sigma_2 - c_2\sigma_1 \; , \tag{3}$$

wobei c_1 und c_2 stoffspezifische Konstanten mit der Dimension mm^3/Ns sind. Die beiden Teilstrahlen, die aus der Platte austreten, besitzen demnach einen Geschwindigkeitsunterschied

$$v_1 - v_2 = (c_1 + c_2)(\sigma_1 - \sigma_2) \; , \tag{4}$$

aus dem sich durch Multiplikation mit $t = x/v_0$, also der Zeit zum Durchlaufen der unbeanspruchten Platte, und Division durch λ die Ordnung

$$n = \frac{v_1 - v_2}{\lambda} t = \frac{v_1 - v_2}{\lambda} \frac{x}{v_0} = \frac{g}{\lambda} \qquad (5)$$

ergibt. Der Gangunterschied $g = n \cdot \lambda$ stellt ein Vielfaches der benutzten Lichtwellenlänge dar. Aus Gl. 4 und 5 folgt somit als Grundgleichung der Spannungsoptik

$$\sigma_1 - \sigma_2 = \frac{v_1 - v_2}{c_1 + c_2} = \frac{\lambda v_0}{c_1 + c_2} \frac{n}{x} = \frac{s}{x} n \, . \qquad (6)$$

Die Größe

$$s = \frac{\lambda v_0}{c_1 + c_2} \left[\frac{N}{\text{mm Ordnung}} \right] \qquad (7)$$

heißt spannungsoptische Konstante. Durchsetzen die Teilstrahlen mit der Ordnung n bzw. mit dem Gangunterschied g wie in Bild 3 den gekreuzt zum Polarisator P stehenden Analysator A, so läßt A nur die Vertikalkomponenten $\mathfrak{k}_1 \sin\varphi$ und $\mathfrak{k}_2 \cos\varphi$ hindurchtreten. Diese interferieren und liefern als austretende Intensität

$$\mathfrak{I}_+ \sim \sin^2 2\varphi \, \sin^2 \pi n \, . \qquad (8)$$

Der Index + soll auf die gekreuzte Stellung von A und P hinweisen. φ ist der Winkel zwischen der Polarisationsebene des einfallenden Lichtes und der Ebene, in der in der Platte die Hauptspannung σ_1 wirkt. Aus Gl. 8 folgt, daß an den Plattenpunkten Dunkelheit auftritt, an denen entweder

$$\sin^2 \pi n = 0 \qquad (9)$$

oder

$$\sin^2 2\varphi = 0 \qquad (10)$$

ist. Bei paralleler Anordnung von P und A (Index //) gilt dagegen

$$\mathfrak{I}_{/\!/} \sim [1 - \sin^2 2\varphi \, \sin^2 \pi n] \, , \qquad (11)$$

so daß sich Dunkelheit ergibt, wenn $\sin^2 2\varphi = 1$ und $\sin^2 \pi n = 1$ wird. Bringt man beiderseits des Objektes, also hinter dem Polarisator und vor dem Analysator, an den in Bild 3 mit Λ bezeichneten Stellen jeweils noch eine $\lambda/4$ - Platte an, so vereinfacht sich Gl. 8 zu

$$\mathfrak{I}_+ \sim \sin^2 \pi n \, , \qquad (12)$$

und Gl. 9 liefert die Bedingung für Dunkelheit. Sie ist erfüllt, wenn die Ordnung n ganzzahlig ist. Dann beträgt nach Gl. 5 der Gangunterschied ganzzahlige Vielfache der Wellenlänge. Die Plattenpunkte, für die $n = 0, 1, 2$ usw. ist, liegen also auf dunklen Linien und werden Isochromaten genannt. Sie sind nach Gl. 6 Stellen gleicher Hauptspannungsdifferenz, deren Betrag mit wachsender Ordnung ansteigt. Ihr Name kommt daher, weil bei spannungsoptischen Untersuchungen mit weißem Licht anstelle der dunklen Linien farbige entstehen, und zwar mit der Farbe, die sich als Mischung aus allen nicht durch Interferenz ausgelöschten Wellenlängen ergibt (Komplementärfarbe). Als Beispiel ist in Bild 4 die Isochromatenaufnahme eines belasteten 4 Punkt-Biegestabes (vgl. V 46) wiedergegeben. Die Isochromatenanordnung wird für einen

Bild 4: Isochromaten eines auf reine Biegung beanspruchten Stabes

bestimmten Punkt durch Zählen der dort bei Belastungssteigerung durchlaufenden Isochromaten ermittelt. Bei weißem Licht kann die Isochromatenordnung durch Abzählen aufeinanderfolgender Linien gleicher Farbe ermittelt werden.

Nach Gl. 10 kann beim Arbeiten mit linear polarisiertem Licht auch durch Veränderung des Winkels φ zwischen der Schnittlinie der Polarisationsebene mit der Platte und der Hauptspannungsrichtung Auslöschung erfolgen, und zwar dann, wenn $\varphi = 0^o$ oder 90° wird. Dann fällt die Schnittlinie der Polarisationsebene mit der Platte mit einer der Hauptspannungsrichtungen zusammen. Die dann als dunkle Linien erscheinenden Verbindungen zwischen Punkten gleicher Hauptspannungsrichtung werden als Isoklinen bezeichnet. Man sieht, daß die Auslöschung unabhängig von n und damit auch von λ ist, so daß sie sowohl bei monochromatischem als auch bei weißem Licht erfolgt.

Aus dem Gesagten geht hervor, daß man Isochromaten zweckmäßigerweise mit monochromatischem zirkular polarisierten Licht beobachtet, welches keine Isoklinen liefert. Isoklinen dagegen registriert man vorteilhaft mit weißem linear polarisierten Licht. Dabei unterscheiden sich die Isoklinen als dunkle Linien gut von den gleichzeitig auftretenden farbigen Isochromaten.

Aufgabe

Ein 4-Punkt-Biegestab (vgl. V 46) und zwei gekerbte Zugstäbe (vgl. V 44) aus demselben Modellwerkstoff werden in einer spannungsoptischen Apparatur beansprucht. Die entstehenden Isochromaten werden zunächst qualitativ betrachtet und dann quantitativ ausgewertet. Für den Biegestab wird die spannungsoptische Konstante an Hand der innerhalb des Bereichs konstanten Biegemomentes auftretenden Isochromaten bestimmt. Der dort vorliegende Spannungszustand wird mit dem nahe der Auflagerstellen verglichen. An den beiden Zugstäben, die einfache und mehrfache Randkerben besitzen, wird die Kerbwirkung und die Entlastungskerbwirkung untersucht und diskutiert.

Versuchsdurchführung

Für die Untersuchungen steht eine ähnliche Einrichtung zur Verfügung, wie sie die Skizze in Bild 3 zeigt. Zusätzlich ist eine Kamera vorhanden, mit der die spannungsoptischen Bilder photographisch festgehalten werden können. Das zu untersuchende Modell wird zwischen den Polarisator und den Analysator gebracht, die objektseitig ein- bzw. ausschwenkbare $\lambda/4$ - Blättchen enthalten. Es wird mit zirkular-polarisiertem Licht gearbeitet. Als Lichtquelle dient eine Natriumdampf-Lampe. Der Modellwerkstoff ist ein Kunstharz mit einem Elastizitätsmodul $E \approx 3500\ N/mm^2$ und einer Querkontraktionszahl $\nu \approx 0.36$. Die Herstellung der Modellkörper erfolgt mit größter Sorgfalt ohne starke örtliche Verformungen oder Erwärmungen, damit Eigenspannungen vermieden werden, die sich lokal ebenfalls spannungsoptisch bemerkbar machen. Auch die aus der Umgebungsatmosphäre mögliche Wasseraufnahme der randnahen Modellbereiche kann die genaue Ermittlung der Isochromatenordnung stören. Deshalb werden die fertiggestellten Modelle bis zum Versuchsbeginn entweder in einem Exsikkator oder in einer Temperierkammer bei ~ 80 °C aufbewahrt.

Das im Bereich konstanten Biegemomentes auftretende Isochromatenbild hat das in Bild 5 skizzierte Aussehen. Mit ansteigendem Biegemo-

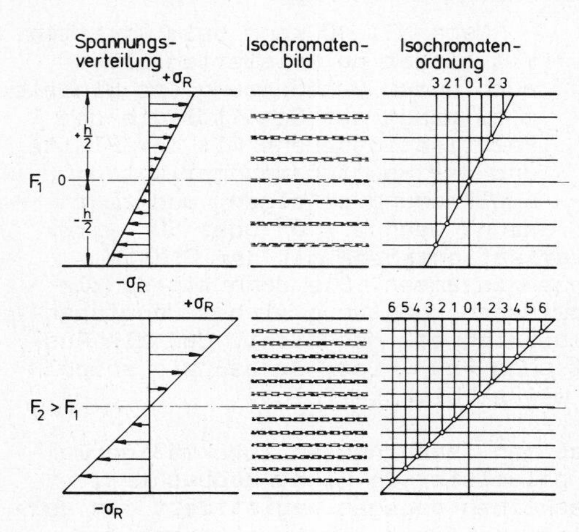

Bild 5: Spannungsverteilung, Isochromatenbild und -ordnung bei unterschiedlich stark beanspruchten Biegestäben

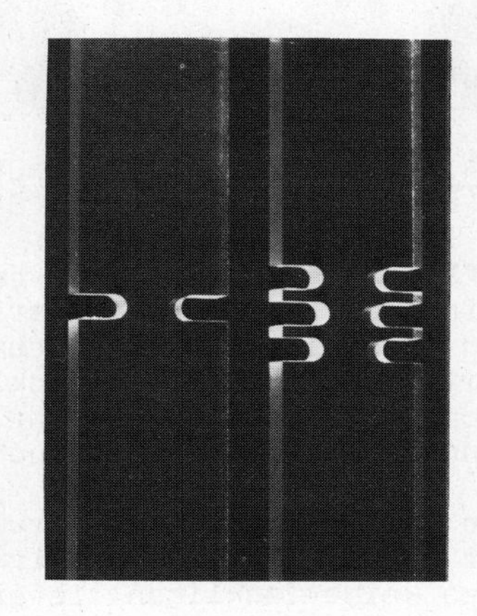

Bild 6: Stäbe für spannungsoptische Untersuchungen von Einfach- und Mehrfachkerben

ment M = Fa, d. h. mit wachsender Kraft F, erhält man zunehmende Isochromatenordnungen für die Randfasern des Biegestabes, die, wie in den rechten Teilbildern angedeutet, durch Extrapolation ermittelt werden können. Aus der Auftragung von F als Funktion der Randisochromatenordnung n ergibt sich

$$s = \frac{1}{X} \frac{\Delta F}{\Delta n} , \qquad (13)$$

wobei x die Dicke des Modellbiegestabes ist.

Die Kerbstäbe haben die in Bild 6 gezeigte Form. Sie werden in eine geeignete Vorrichtung eingespannt und druckbelastet. Die unterschiedlichen Folgen der Isochromaten werden bei beiden Stabformen dokumentiert, ausgewertet und diskutiert.

Literatur: 3,111.

Kerbschlagbiegezähigkeit **V 48**

Grundlagen

Die in der Technik Anwendung findenden Werkstoffe unterliegen vielfach schlagartigen Beanspruchungen. Die Erfahrung hat gezeigt, daß dabei um so häufiger verformungsarme Brüche vorkommen, je tiefer die Beanspruchungstemperatur und je mehrachsiger der Beanspruchungszustand ist. Zur Beurteilung des Werkstoffverhaltens unter diesen Bedingungen sind daher die in quasistatischen Zugversuchen an glatten Proben mit Verformungsgeschwindigkeiten zwischen $10^{-5} < \dot{\varepsilon} < 10^{-1}\ s^{-1}$ ermittelten Werkstoffkenngrößen (vgl. V 26) nicht mehr oder nur bedingt geeignet. Sowohl die Zunahme der Verformungsgeschwindigkeit als auch die Abnahme der Verformungstemperatur bewirkt einen Anstieg der Streckgrenze und der Zugfestigkeit, womit meist auch eine Verringerung der Bruchdehnung und Brucheinschnürung und damit der bis zum Bruch erforderlichen Verformungsarbeit (Zähigkeit) verbunden ist. Die dabei auftretende Tendenz zum Übergang zu verformungsarmen Brüchen wird oft mit den Schlagworten "Geschwindigkeitsversprödung" und "Temperaturversprödung" beschrieben. Ferner wirkt eine vorzeichengleiche mehrachsige Beanspruchung (vgl. V 45) im gleichen Sinne festigkeitssteigernd und versprödend. Man spricht demzufolge von "Spannungsversprödung". Somit stellen erhöhte Verformungsgeschwindigkeit, tiefe Temperaturen und große gleichsinnige Mehrachsigkeiten sprödbruchfördernde Faktoren dar. Dieser Sachverhalt erforderte die Entwicklung geeigneter Prüfverfahren.

Unter den verschiedenen Versuchen mit großer Beanspruchungsgeschwindigkeit ist wegen seiner Einfachheit der Kerbschlagbiegeversuch der wichtigste. Er ist neben Härteprüf- und Zugversuch der am häufigsten angewandte Versuch der mechanischen Werkstoffprüfung. Dabei wird, wie aus Bild 1 hervorgeht, mit Hilfe eines Pendelschlagwerkes eine gekerbte Normprobe zerschlagen. Der Pendelhammer fällt mit vorgegebener kinetischer Energie auf die der Kerbe gegenüberliegende Seite einer

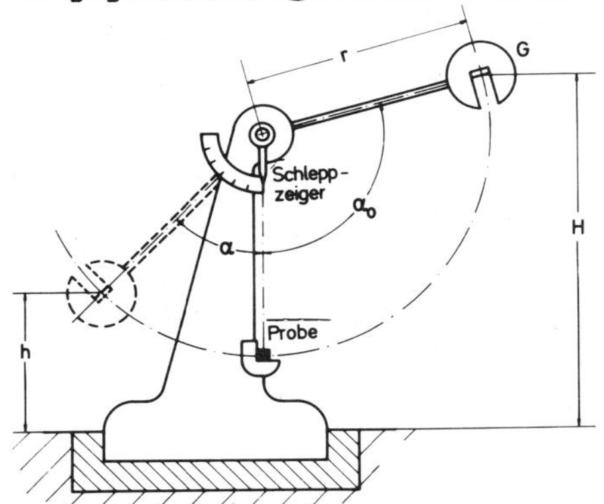

Bild 1: Prinzip der Versuchseinrichtung beim Kerbschlagbiegeversuch

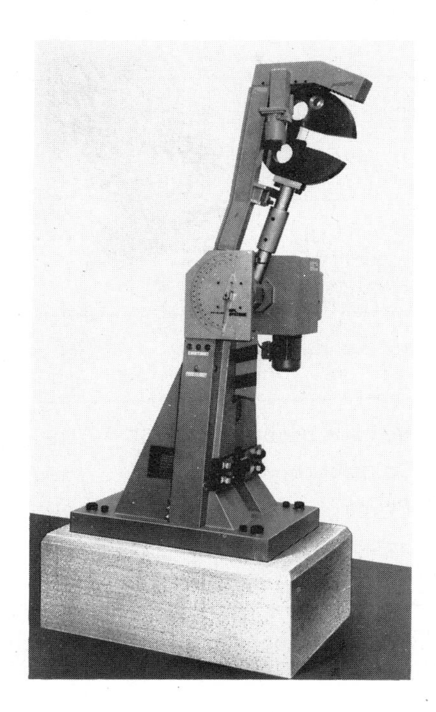

Bild 2: Modernes Pendelschlagwerk (Bauart Mohr u. Federhaff)

Biegeprobe auf und ruft im kerbgrundnahen Probenbereich mit großer Anstiegsgeschwindigkeit eine mehrachsige Beanspruchung hervor. Eine Variation der Beanspruchungsgeschwindigkeit ist durch Veränderung der Fallhöhe des praktisch reibungsfrei gelagerten Pendelhammers möglich. Bild 2 zeigt ein modernes Gerät für derartige Versuche.

Als Zähigkeitsmaß des zu untersuchenden Werkstoffes bzw. Werkstoffzustandes wird die Arbeit angesehen, die zum Bruch der Kerbschlagbiegeprobe erforderlich ist. Erreicht der in der Höhe H unter dem Winkel α_0 gegenüber der Ruhestellung ausgelöste Pendelhammer mit dem Gewicht $G = m\,g$ (m Hammermasse, g Erdbeschleunigung) nach Zerschlagen der Probe die Endhöhe h unter dem (durch Schleppzeiger angezeigten) Winkel α gegenüber der Ruhestellung, so entspricht sein durch

$$W = G(H-h) \tag{1}$$

gegebener Energieverlust der an der Probe geleisteten Schlagarbeit. Die auf den gekerbten Probenquerschnitt A_K bezogene Schlagarbeit

$$a_K = \frac{W}{A_K} = \frac{G}{A_K}(H-h) \qquad \left[\frac{J}{cm^2}\right] \tag{2}$$

wird Kerbschlagbiegezähigkeit oder abgekürzt Kerbschlagzähigkeit genannt. Neuerdings wird in DIN 50 115 als Symbol der Kerbschlagarbeit auch A_V benutzt. Die bei Kerbschlagbiegeversuchen gebräuchlichen Probenformen sind in Bild 3 einander gegenübergestellt. In Deutschland wird häufig die DVM-Probe benutzt. Da die Schlagarbeiten geometrieabhängig sind, werden mit den einzelnen Probeformen unterschiedliche Beträge der Kerbschlagzähigkeit ermittelt. Dies ist beim Vergleich von a_K-Werten zu beachten. Bei der Verwendung von ISO-Proben mit festgelegter

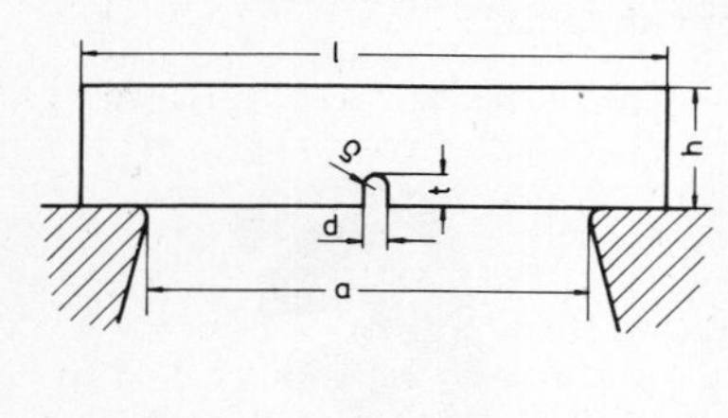

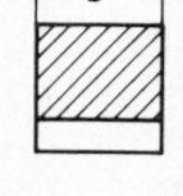

Bezeichnung	Abmessungen in mm						
	l	b	2 h	t	d	ρ	a
ISO-Rundkerbprobe	55	10	10	5	2	1	40
ISO-Spitzkerbprobe	55	10	10	2	(r=0.25	α = 45°)	40
DVM-Probe	55	10	10	3	2	1	40
DVMF-Probe	55	8	10	4	8	4	40
DVMK-Probe	44	6	6	2	1.5	0.75	30

Bild 3: Abmessungen und Bezeichnungen der bei Kerbschlagbiegeversuchen Anwendung findenden Proben (vgl. auch DIN 50 115)

Größe des Kerbquerschnittes ist man übereingekommen, als Zähigkeitsmaß nur noch die Schlagarbeit anzugeben. Dementsprechend ist

$$a_K^{ISO} = G(H-h) \qquad [J]\ . \tag{3}$$

Der Kerbschlagbiegeversuch liefert somit als Zähigkeitsmaß entweder die absolute Schlagarbeit oder die auf den Probenquerschnitt bezogene Schlagarbeit. Damit ist klar, daß a_K-Werte - im Gegensatz beispielsweise zu Streckgrenze, Zugfestigkeit (vgl. V 25) oder Wechselfestigkeit (vgl. V 57) - keine Basis für die Berechnung und Dimensionierung von Bauteilen bieten. Es kann nur gesagt werden, daß sich ein Werkstoff mit großem a_K bei gegebener Temperatur unter mehrachsiger Schlagbeanspruchung günstiger verhält als ein solcher mit kleinem a_K. Große Kerbschlagzähigkeiten sind im allgemeinen gleichbedeutend mit relativ großen Bruchdehnungen und -einschnürungen. Wegen der Einfachheit des Kerbschlagbiegeversuches wird auch immer wieder versucht, zwischen a_K und anderen Werkstoffkenngrößen quantitative Beziehungen aufzustellen. Ferner werden bestimmte Werkstoffeigenschaften (z. B. Anlaßversprödungen, Alterungsanfälligkeiten) über a_K-Messungen nachgewiesen. Letzteres ist möglich, weil erfahrungsgemäß die Kerbschlagzähigkeit relativ empfindlich auf Veränderungen von Werkstoffzuständen reagiert, die sich beispielsweise bei zügiger Beanspruchung kaum oder gar nicht auswirken.

Bei Kerbschlagbiegeversuchen, wo Probenform und Versuchsdurchführung den Spannungszustand und die Beanspruchungsgeschwindigkeit bestimmen, ist natürlich für einen gegebenen Werkstoffzustand der Zusammenhang zwischen Kerbschlagzähigkeit und Temperatur von besonderem Interesse. Die in Bild 4 gezeigten Grundtypen von a_K,T - Kurven werden beobachtet. Typ I - Kurven sind charakteristisch für Baustähle, unlegierte und legierte Stähle mit ferritisch-perlitischer Gefügeausbildung sowie für krz. und hex. Metalle. Dies wird beispielhaft durch die a_K,T - Kurven für normalisierte unlegierte Stähle in Bild 5 belegt. In allen Fällen werden bei hohen Temperaturen relativ große (Hochlage), bei tiefen Temperaturen dagegen relativ kleine Kerbschlagzähigkeiten (Tieflage) beobachtet. In den dazwischenliegenden Temperaturintervallen fallen die Kerbschlagzähigkeiten mehr oder weniger steil mit sinkender Temperatur ab.

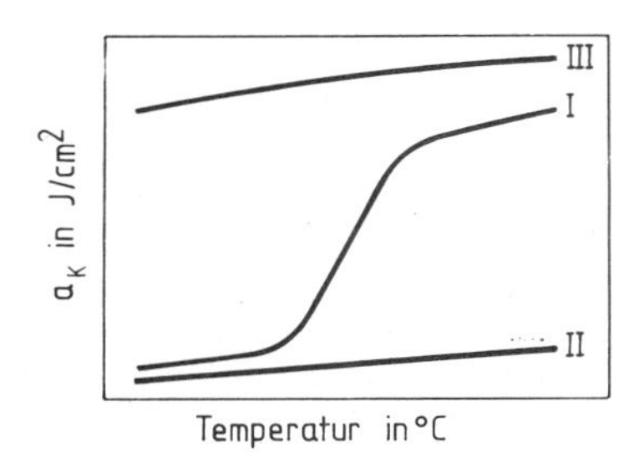

Bild 4: a_K,T-Kurven (schematisch)

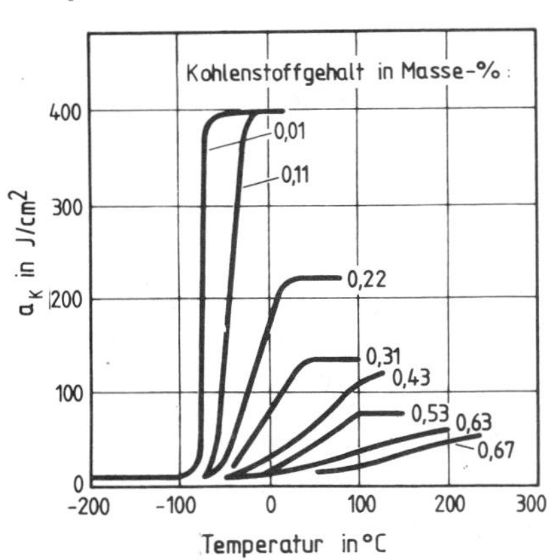

Bild 5: a_K,T - Kurven unlegierter Stähle

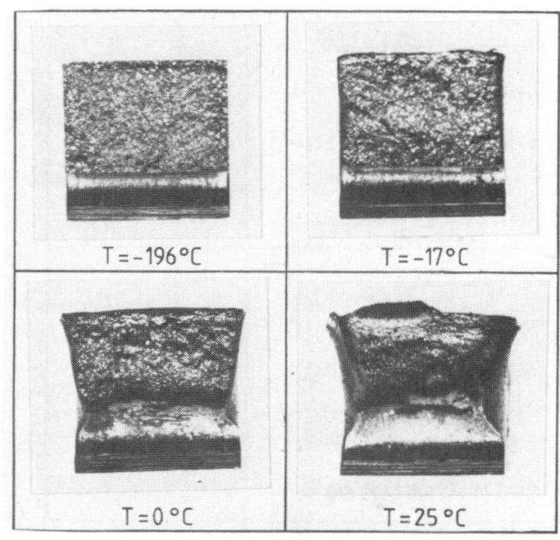

Bild 6: Temperatureinfluß auf Bruchflächen von Kerbschlagbiegeproben aus St 37

Man sieht, daß der Übergang von der Hochlage zur Tieflage der Kerbschlagzähigkeit um so steiler erfolgt, je kleiner der Kohlenstoffgehalt ist. Gleichzeitig tritt eine starke Zunahme der a_K - Werte in der Hochlage auf. Von einem Steilabfall im strengen Sinne des Wortes kann man also nur bei kleinen Kohlenstoffgehalten sprechen. In den einzelnen Temperaturbereichen der a_K,T - Kurven beobachtet man unterschiedliche Bruchflächenausbildung. In Bild 6 sind von einem Baustahl, der bei unterschiedlichen Temperaturen zerschlagen wurde, Bruchflächen gezeigt. In der Hochlage (25 °C und 0 °C) treten duktile Verformungsbrüche, in der Tieflage (-196 °C) Trennbrüche auf. Im Bereich des Steilabfalls (-17 °C) werden Mischbrüche beobachtet mit duktilen und spröden Bruchflächenanteilen. Als charakteristisch für die Temperaturabhängigkeit der Kerbschlagzähigkeit derartiger Stähle kann die Übergangstemperatur $T_Ü$ am Ende des Steilabfalls angesehen werden, bei der a_K einen Wert von 20 J/cm² annimmt. Selbstverständlich kann die Übergangstemperatur auch in anderer Weise festgelegt werden, z. B. durch quantitative Bewertung der Bruchflächen der zerschlagenen Proben hinsichtlich spröder und duktiler Bruchflächenanteile oder einfach in % des a_K - Wertes der Hochlage. Als Beispiel zeigt Bild 7, wie die Korngröße von St 37-3 die Temperatur beeinflußt, bei der noch 50 % der Kerbschlagzähigkeit der Hochlage auftritt. Mit kleiner werdender Korngröße nimmt die so festgelegte Übergangstemperatur ab. Auch andere Kenngrößen des Werkstoffzustandes sowie die Versuchsbedingungen beeinflussen die $T_Ü$ - Werte. Tab. 1 faßt einige versuchs- und werkstoffbedingte Einflußgrößen und deren Auswirkungen zusammen. Durch Wärmebehandlungen läßt sich die Übergangstemperatur eines Werkstoffes sowohl erhöhen als auch

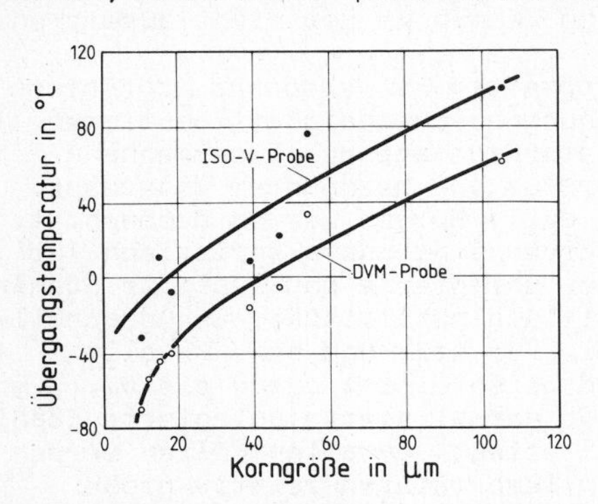

Bild 7: Korngrößeneinfluß auf die Kerbschlagzähigkeit von St 37-3

	Einflußgröße	Auswirkung
versuchsbedingt	Probendicke	↑
	Probenbreite	↑
	Kerbschärfe	↑
	Schlaggeschwindigkeit	↑
	Auflagerabstand	↓
werkstoffbedingt	Alterung	↑
	Wärmebehandlungen	↑ ↓
	Kaltverformung	↑
	Gefügeinhomogenitäten	↑
	Feinkörnigkeit	↓

Tab. 1: Einflußgrößen auf $T_Ü$
(↑ Erhöhung, ↓ Absenkung von $T_Ü$)

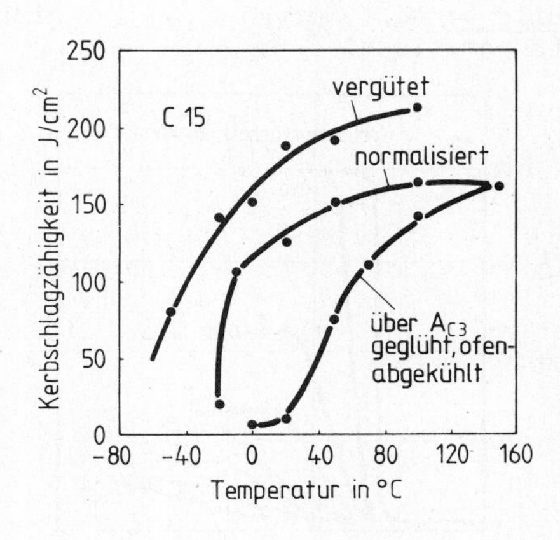

Bild 8: a_K,T - Kurven von C 15 nach verschiedenen Vorbehandlungen

erniedrigen. Beispiele für die unterschiedliche Auswirkung verschiedener Wärmebehandlungen auf die a_K,T - Kurven von C 15 zeigt Bild 8.

Kerbschlagzähigkeits-Temperatur-Kurven vom Typ II (vgl. Bild 4) sind durch sehr kleine a_K - Werte ausgezeichnet und lassen keine eindeutige Differenzierung zwischen Hoch- und Tieflage mehr zu. Dieses Verhalten wird bei Werkstoffen angetroffen, bei denen zum Bruch unter zügiger Beanspruchung nur kleine Verformungsarbeiten notwendig sind. Typische Vertreter sind Gußeisen mit Lamellengraphit, hochfeste Stähle und martensitisch gehärtete Werkstoffzustände. a_K,T - Kurven vom Typ III schließlich zeigen ebenfalls keine Hoch- und Tieflagen, sind aber durch sehr große Kerbschlagzähigkeiten auch bei tiefen Temperaturen ausgezeichnet. Werkstoffe, die sich so verhalten, nennt der Praktiker kaltzäh. Dazu zählen reine kfz. Metalle und homogene Legierungen dieser Metalle sowie austenitische Stähle.

Abschließend sei nochmals betont, daß die Kerbschlagzähigkeit zwar ein nützliches Maß für die Sprödbruchanfälligkeit metallischer Werkstoffe ist, keinesfalls aber Aussagen über mögliche Temperaturgrenzen für den Werkstoffeinsatz liefert.

Aufgabe

An Proben aus St 37, von denen ein Teil nach Normalisierungsglühung bei 900 ^{o}C luft-, der andere Teil ofenabgekühlt wurde, ist die Temperaturabhängigkeit der Kerbschlagzähigkeit zu ermitteln und zu bewerten. Der beim benutzten Pendelschlagwerk zwischen α_0, α, r, h und H bestehende Zusammenhang ist abzuleiten.

Versuchsdurchführung

Es liegt eine größere Zahl vorbereiteter ISO-Rundkerbproben vor. Für die Kerbschlagbiegeversuche wird ein ähnliches Pendelschlagwerk wie das in Bild 2 gezeigte benutzt. Bei den einzelnen Versuchen wird α_0 so gewählt, daß der Hammer jeweils mit einer kinetischen Energie von 300 J auf die zweipunktgelagerten Kerbschlagbiegeproben auffällt. Nach dem Zerschlagen der Probe kann die Schlagarbeit direkt aus der Stellung des Schleppzeigers an der Anzeigeskala abgelesen werden. Jeweils drei Versuchsproben werden in einem Bad aus flüssigem Stickstoff auf 78 K, in einem Eis-Kochsalz-Gemisch auf 260 K, in einem Eis-Wasser-Gemisch auf 273 K, in Leitungswasser auf $\sim$286 K und in beheizbaren Wasserbädern auf Temperaturen von 286 K $\leq$ T $\leq$ 373 K gebracht. Nach erfolgter Temperatureinstellung werden die Proben rasch in das Pendelschlagwerk eingesetzt und zerschlagen. Die a_K,T - Kurven beider Werkstoffzustände werden aufgezeichnet. Die bei den einzelnen Temperaturen auftretenden Bruchflächen werden hinsichtlich ihrer spröden und duktilen Anteile lichtmikroskopisch untersucht und in geeigneter Weise quantitativ beurteilt. Möglichkeiten zur Festlegung von Übergangstemperaturen werden diskutiert.

Literatur: 9,77,112,113.

V 49 Rasterelektronenmikroskopie

Grundlagen

Zur Beobachtung der Topographieerscheinungen bei unebenen und zerklüfteten Werkstoffoberflächen (z. B. bei Bruchflächen, bei angeätzten Schliffen oder bei spanend bearbeiteten Flächen) sind optische Einrichtungen mit hinreichender Schärfentiefe, Auflösung und Vergrößerung erforderlich. Bei lichtmikroskopischer Beobachtung (vgl. V 8) nimmt der scharf abbildbare Tiefenbereich einer Bruchfläche rasch mit der Vergrößerung ab. In Bild 1 gibt die gestrichelte Kurve den Zusammenhang zwischen Schärfentiefe S und förderlicher Vergrößerung V_f bzw. lateraler Punktauflösung X für das Lichtmikroskop (LM) wieder. X gibt den Abstand zweier visuell gerade noch getrennt erkennbarer Punkte an und kann - bedingt durch das kurzwellige Ende des sichtbaren Lichtes - nicht kleiner als 0.2 μm werden. Da andererseits ein Abstand von 0.2 mm auf einem vergrößerten Bild noch gut zu erkennen ist, gilt

$$V_f \, x \approx 0{,}2 \text{ [mm]} \qquad (1)$$

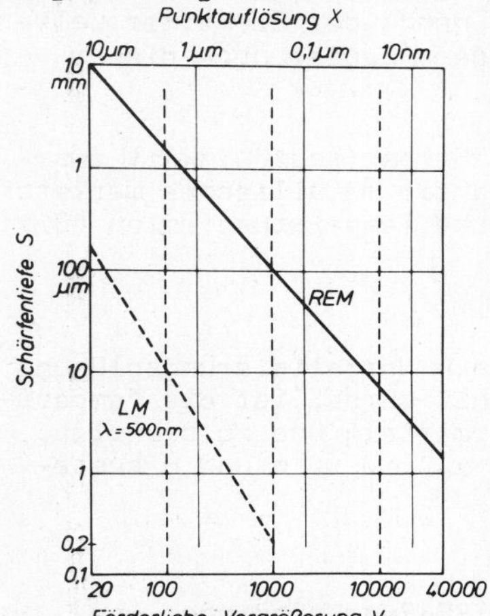

Bild 1: Zusammenhang zwischen Punktauflösung, Schärfentiefe und förderlicher Vergrößerung bei der Abbildung im Lichtmikroskop (LM) und im Rasterelektronenmikroskop (REM)

Bei lichtmikroskopischer Beobachtung liegt deshalb bei 1000-facher bzw. 20-facher Vergrößerung und einer Punktauflösung von 0.2 um bzw. 10 um eine Schärfentiefe von 0.2 um bzw. ~ 100 μm vor (vgl. Bild 1). Unebene Oberflächen können also lichtmikroskopisch nur mit kleinen Vergrößerungen hinreichend genau betrachtet werden.

Eine gegenüber dem Lichtmikroskop verbesserte Punktauflösung und vergrößerte Schärfentiefe bietet das Rasterelektronenmikroskop (REM). Die von der Betriebsspannung, dem Objektmaterial und der Geräteart abhängige kleinste Punktauflösung erreicht hier etwa 0.005 μm und ist damit etwa 40mal besser als beim LM. Die ausgezogene Kurve in Bild 1 beschreibt den Zusammenhang zwischen Schärfentiefe, Vergrößerung und Punktauflösung bei rasterelektronenmikroskopischen Beobachtungen. Man sieht, daß bei gleicher Punktauflösung die Schärfentiefe des REM etwa 100 bis 800mal besser ist als die des LM. Bei gleicher Schärfentiefe ist die Punktauflösung des REM etwa 80 bis 100mal größer als die des LM. Der schematische Aufbau eines mit drei Elektronenlinsen bestückten REM ist in Bild 2 gezeigt. Das Gerät besteht aus der mit dem Evakuierungssystem gekoppelten Mikroskopsäule (M) und den davon getrennten Meß- und Regeleinrichtungen. Die aus der Elektronenquelle (EK) austretenden Primärelektronen (PE) werden durch eine regelbare Gleichspannung von bis zu 60 keV beschleunigt und durch die Elektronenlinsen (EL) zu einem Elektronenstrahl mit einem Durchmesser kleiner 0.01 μm gebündelt. Über die vom Ablenkgenerator (AG) gespeisten Ablenkspulen (AS) wird der Primärelektronenstrahl so geführt, daß er einen quadratisch begrenzten Bereich der Objektoberfläche (O) in z. B. 1000 Zeilen punktweise nacheinander abrastert. Durch die Wechselwirkung der schnellen Primärelektronen mit dem Objekt entstehen Sekundärelektronen (SE), Rückstreuelektro-

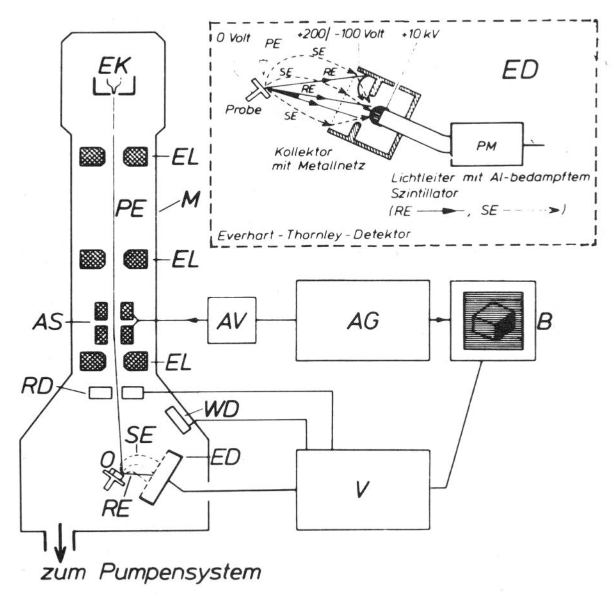

Bild 2: Schematischer Aufbau eines Rasterelektronenmikroskops mit 3 Elektronenlinsen

nen (RE), absorbierte Elektronen (Probenstrom), Röntgenstrahlen, elektrische Ladungsverschiebungen zwischen verschiedenen Probenbereichen, Auger-Elektronen und sichtbares Licht infolge Kathodolumineszenz.

Die rasterelektronenmikroskopische Abbildung erfolgt durch Aufnahme der vom Objekt ausgehenden Signale in Form von Elektronen (SE und/oder RE) mit Hilfe eines geeigneten Elektrondetektors (ED). Im oberen Teil von Bild 2 ist ein sog. Everhart-Thornley-Detektor skizziert. Dieser umfaßt einen Szintillator, der in einem durch ein Metallnetz abgedeckten Kollektor sitzt, und einen Photomultiplier (PM). Der Szintillator trägt eine etwa 0.05 µm dicke an +10 kV liegende Aluminiumschicht, die die das Netz durchfliegenden Sekundär- und Rückstreu-Elektronen auf sich zu beschleunigt. Nach Durchdringen der Aluminiumschicht werden diese Elektronen im Szintillator abgebremst und erzeugen dort Lichtquanten. Diese werden über den Lichtleiter dem Photomultiplier zugeführt und lösen dort über den photoelektrischen Effekt Photoelektronen aus. Die Photoelektronen schließlich werden über Elektronenstoßprozesse an mehreren Elektroden des PM vervielfacht, als elektrisches Signal dem Videoverstärker (V) zugeführt, dort weiter verstärkt und schließlich als Nutzinformation zur Intensitätssteuerung des Schreibstrahls der Bildröhre (B) benutzt. Der Ablenkgenerator (AG) sorgt für die synchrone Steuerung der Lage von Primärelektronen- und Schreibstrahl. Lokal unterschiedliche SE- und/ oder RE-Ausbeuten führen zur Helligkeitsmodulation des Schreibstrahles und damit zum Kontrast des REM-Bildes. Jedes der durch die Wechselwirkung zwischen den Primärelektronen und der Probenoberfläche entstehenden Signale besitzt eine oder mehrere Informationen über die Beschaffenheit der Probenoberfläche und/oder des oberflächennahen Probenvolumens. Da alle Signale durch die Detektoren in elektrische Spannungen umgewandelt werden, bestehen für sie zahlreiche Möglichkeiten der elektronischen Weiterverarbeitung. Sie reichen von der Variation der Verstärkercharakteristiken, dem Mischen mehrerer Signale in beliebigen Verhältnissen, der gleichzeitigen Betrachtung von Bildern verschiedener Signale bis hin zur Möglichkeit der frei programmierbaren Auswertung der Signale mittels eines Rechners. Die für Bruchflächenuntersuchungen wichtigen Signale sind die der Sekundärelektronen, der Rückstreuelektronen und der Röntgenstrahlen.

Unter Sekundärelektronen (SE) werden die Elektronen verstanden, die aus der Probenoberfläche austreten und eine Energie $\lesssim$ 50 eV besitzen. Bild 3 deutet an, daß die langsamen SE nur in einer dünnen Oberflächen-

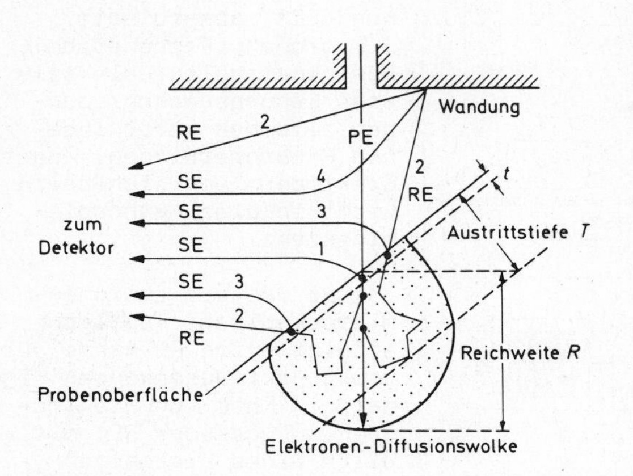

Bild 3: Zur Bewertung der von Primärelektronen ausgelösten Sekundär- und Rückstreuelektronen (schematisch)

schicht (von $t \approx 1-10 \cdot 10^{-7}$ mm Dicke) erzeugt werden. Abhängig vom Erzeugungsmechanismus können SE außer am Auftreffpunkt der PE (SE 1) auch 0.1 bis mehrere µm seitlich davon aus der Probenoberfläche austreten (SE 3). Rückstreuelektronen (RE), welche die Wände der Probenkammer treffen, lösen dort ebenfalls SE (SE 4) aus. Die SE 3 tragen somit Informationen über die Probenstelle in einiger Entfernung von den auftreffenden PE, die SE 4 solche der Probenkammerwand. Die Anzahl der SE 3 und SE 4 ergibt die "Hintergrundstrahlung" und bewirkt eine Kontrastverschlechterung, die sich jedoch auf elektronischem Wege beseitigen läßt. Etwa die Hälfte aller Sekundärelektronen wird in unmittelbarer Nähe des Auftreffpunktes des primären Elektronenbündels erzeugt, so daß sich mit diesem Signal die beste laterale Punktauflösung erzielen läßt. Die Anzahl der erzeugten SE ist um so größer, je größer der Winkel zwischen der lokalen Oberflächennormalen der Objektstelle und der primären Elektronenstrahlrichtung ist. Man spricht vom Neigungskontrast. Das SE-Signal umfaßt also alle wesentlichen Informationen über die Topographie und ergibt die hochaufgelösten Bilder.

Auf Grund ihrer geringen Energie werden die SE durch elektrische und magnetische Felder an der Probenoberfläche beeinflußt. Mit ihnen können daher auch magnetische Strukturen oder elektrische Potentiale an der Probenoberfläche abgebildet werden. In der Praxis der Bruchflächenuntersuchung metallischer Proben tauchen solche "Oberflächenpotentiale" öfters auf. Sie entstehen durch elektrisch nichtleitende Einschlüsse oder Schmutzpartikel, die durch die Bestrahlung mit den PE auf Grund der vom Grundmaterial verschiedenen SE-Ausbeuten elektrisch aufgeladen werden. Dies führt oft zu erheblichen Bildstörungen, die durch Beseitigung der Potentiale oder durch Bedampfen der ganzen Probe mit einem Metallfilm eliminiert werden können.

Unter RE werden alle Elektronen verstanden, die aus der Probenoberfläche austreten und eine Energie > 50 eV besitzen. Wie Bild 3 andeutet, entstehen sie in einem größeren Bereiche um den Auftreffpunkt der PE und in größeren Oberflächenentfernungen als die SE. Die Abmessungen ihres Austrittsbereiches bestimmen die erzielbare Auflösung und hängen ab von der Energie der PE und der Ordnungszahl des Probenmaterials. Je größer die PE-Energie und je kleiner die Ordnungszahl ist, um so größer wird dieser Bereich und um so schlechter wird die Auflösung. Wie bei den SE ist die Ausbeute der RE ebenfalls vom Winkel zwischen Oberflächennormale und Strahlrichtung abhängig. Des weiteren besteht - im Gegensatz zu den SE - eine systematische Abhängigkeit von der Ordnungszahl des Probenmaterials. Je nach Art des Detektorsystems (in Verbindung mit der elektronischen Signalverarbeitung) kann somit ein Topographie- oder Materialkontrast erzeugt werden. Wegen ihrer hohen Energie (die maximale Energie der RE ist nur wenig kleiner als die der PE) wirken sich magnetische und elektrische Felder nicht auf die RE aus. Es entstehen nur selten Aufladungserscheinungen.

Das REM besitzt den großen Vorteil, daß alle Oberflächen die vakuumbeständig und elektrisch leitend sind, ohne Präparation direkt und mit großer Schärfentiefe abgebildet werden können. Nichtleitende Objekte können nach Bedampfen mit einer dünnen elektrisch leitenden Schicht (z. B. Gold) ebenfalls untersucht werden. Bild 4 zeigt als Beispiele Ausschnitte von den Bruchflächen von Zugproben aus Armcoeisen,

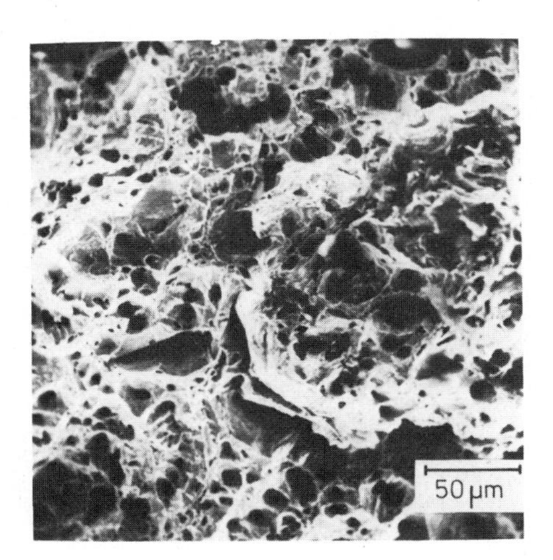

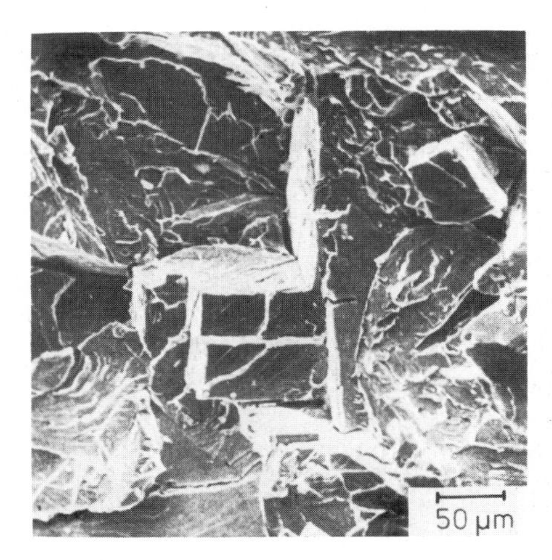

Bild 4: Bruchflächen von Zugproben aus Armcoeisen, verformt bei Raumtemperatur (links) und bei -196 °C (rechts)

die bei Raumtemperatur (links) und bei der Temperatur des flüssigen Stickstoffs (rechts) bis zum Bruch verformt wurden. Man sieht links eine Grübchenstruktur, die auf einen Verformungsbruch hindeutet. Rechts sind Spaltbruchflächen zu erkennen, die typisch sind für Sprödbrüche.

Auch zur Bestimmung von Ausbildung und Form der bei heterogenen Werkstoffen vorliegenden Gefügebestandteile bietet sich das REM an. Dazu werden Schliffe hergestellt (vgl. V 8) und geeignete Tiefätzungen vorgenommen. Als Beispiele sind in Bild 5 Graphitausbildungen bei ferritischem GG 15 und ferritischem GGG 40 wiedergegeben.

Durch die Wechselwirkung der PE mit den Atomen der Werkstoffoberfläche werden auch Röntgenstrahlen erzeugt. Es tritt sowohl Bremsstrahlung als auch Eigenstrahlung (Fluoreszenzstrahlung) auf (vgl. V 6). Durch Messung der Intensität der Eigenstrahlung, die für die emittierenden Atome einer Elementart charakteristisch ist, läßt sich mit Hilfe eines geeigneten Detektorsystems die Werkstoffzusammensetzung von kleinen Probenbereichen bis hin zum Volumen eines Würfels mit der Kantenlänge von 1 µm ermitteln. Man spricht von einer Elektronenstrahlmikroanalyse. Mit ihrer Hilfe können Elementverteilungen, Einschlüsse, Ausscheidungen, Seigerungen u. a. m. erkannt und hinsichtlich ihrer chemischen Zusammensetzung bestimmt werden. Nachweisgrenzen, Vollständigkeit und Genauigkeit solcher Analysen sind in hohem Maße abhängig vom

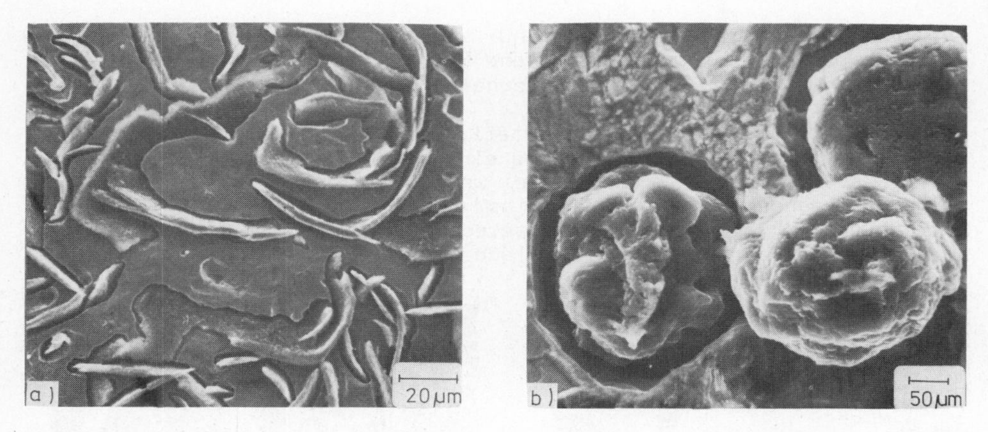

Bild 5: Graphitformen in ferritischem GG 15 (a) und ferritischem GGG 40 (b)

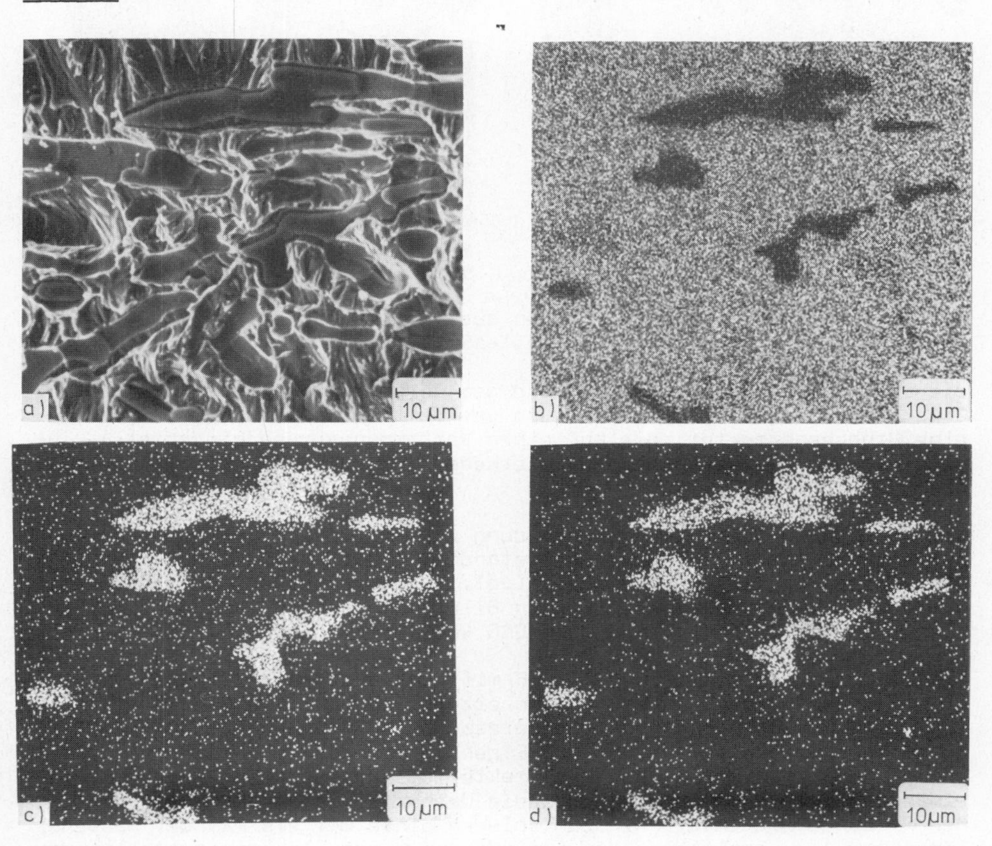

Bild 6: Bruchfläche von St 50-2 (a) mit zugehörigen Intensitätsverteilungen der FeKα- (b), MnKα- (c) und SKα-Eigenstrahlung (d)

verwendeten Detektorsystem und den notwendigen Korrekturrechnungen. Alle REM lassen sich mit entsprechenden Zusatzeinrichtungen zur mikroanalytischen Bestimmung oberflächennaher Werkstoffzusammensetzungen ausrüsten. Diese erlauben sowohl von lokalen Werkstoffbereichen Punktanalysen als auch von größeren Werkstoffbereichen durch zeilenweises Abrastern Flächenanalysen der vorliegenden Elemente. Als Beispiel zeigt Bild 6a die Bruchfläche eines Stahles (St 50 - 2) mit Mangansulfideinschlüssen. Ein Teil der Einschlüsse ist noch in der Bruchfläche eingebettet, ein Teil ist herausgebrochen. In Bild 6b ist die Fe-Verteilung über dem erfaßten Probenteil wiedergegeben. Man sieht, daß an den Stellen der nicht ausgebrochenen MnS-Einschlüsse keine, an allen anderen Stellen dagegen eine gleichmäßige $FeK\alpha$ - Eigenstrahlungsintensität vorliegt. Die Bilder 6c und 6d zeigen, daß hohe $MnK\alpha$ - und $SK\alpha$ - Eigenstrahlungsanteile nur von den Einschlüssen emittiert werden. Offensichtlich erlaubt die beschriebene Kombination von rasterelektronenmikroskopischer und mikroanalytischer Beobachtung Detailaussagen, die für die weiterführende Beurteilung von Bruchflächenerscheinungen unerläßlich sind.

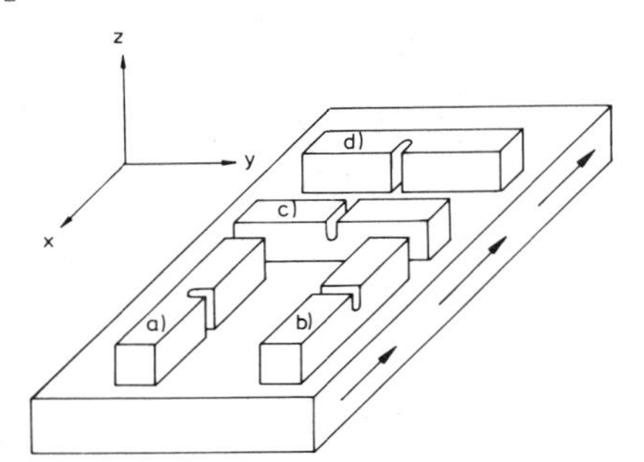

Bild 7: Probenentnahmeplan für die Kerbschlagbiegeproben

Aufgabe

Einem gewalzten Blech aus St 37 werden Kerbschlagbiegeproben mit verschiedener Orientierung zur Walzrichtung entnommen (vgl. Bild 7). Von den einzelnen Probengruppen sind Kerbschlagzähigkeits-Temperatur-Kurven (vgl. V 48) aufzunehmen. Die auftretenden Unterschiede im Kurvenverlauf sind zu diskutieren. Die Bruchflächen von Proben, die im Übergangsgebiet zwischen Hoch- und Tieflage zerschlagen wurden, sind rasterelektronenmikroskopisch zu untersuchen und hinsichtlich ihrer spröden und duktilen Bruchflächenanteile zu bewerten. Die in den Bruchflächen auftretenden Einschlüsse sind qualitativ zu analysieren.

Versuchsdurchführung

Für die Untersuchungen steht ein Pendelschlagwerk (vgl. V 48) zur Verfügung. Ferner ist ein handelsübliches Rasterelektronenmikroskop mit Mikroanalysatorzusatz vorhanden. Von den vorbereiteten Proben werden wie in V 48 die a_K,T - Kurven ermittelt. Danach werden von charakteristischen Probenhälften etwa 10 mm lange Stücke unter Einschluß der Bruchfläche abgeschnitten und mit Hilfe eines magnetischen Wechselfeldes entmagnetisiert, mit Leitsilber auf dem Objektträger des REM fixiert und in das Mikroskop eingeschleust. Nach Erreichen des Betriebsdruckes (10^{-4} mbar) werden verschiedene Bereiche der Bruchoberfläche bei unterschiedlichen Vergrößerungen beobachtet, photographiert und beurteilt. Die ausgewalzten Einschlüsse werden mikroanalytisch auf die Elemente Si, Mn, S und P untersucht. Daraus wird auf Grund des Werkstofftyps die vermutliche Einschlußart bestimmt. Der Einfluß der Einschlüsse auf die Kerbschlagzähigkeit wird diskutiert.

Literatur: 114, 115, 116, 117.

V 50

Grundlagen

Der Torsionsversuch dient zur Aufnahme der Torsionsverfestigungskurve eines Werkstoffes. Daraus können der Torsionsmodul (Schubmodul), die Torsionsgrenze, die Torsionsschergrenzen, sowie die Torsionsfestigkeit ermittelt werden. Wird wie in Bild 1 ein einseitig eingespannter

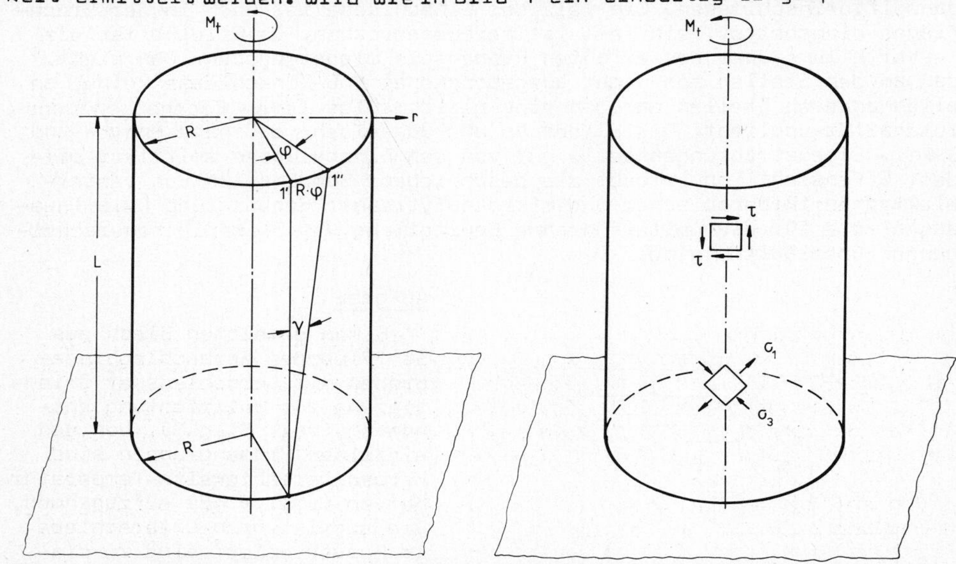

Bild 1: Torsionsbeanspruchung eines einseitig eingespannten Zylinders

Zylinderstab durch ein Moment M_t beansprucht, so verdrehen sich alle Querschnitte umso stärker um die Zylinderachse, je weiter sie von der Einspannung entfernt sind. Eine Mantellinie 11' des Zylinders geht dabei in eine Schraubenlinie 11" mit konstanter Steigung über. Beide Linien schließen den Schiebewinkel γ ein. γ wird Scherung genannt. Zwei senkrecht zur Zylinderachse befindliche Querschnitte mit dem Abstand L tordieren relativ zueinander um den Torsionswinkel φ. Ist r die laufende Koordinate in radialer Richtung des Torsionsstabes und R der Stabradius, so gilt bei nicht zu großen Winkeländerungen

$$L\gamma = r\varphi \quad . \tag{1}$$

Daraus folgt für die Scherung

$$\gamma = \frac{\varphi}{L} r \quad . \tag{2}$$

Die Scherung steigt also linear mit r an und erreicht am Probenrand für r = R den Größtwert

$$\gamma_R = \frac{\varphi}{L} R \quad . \tag{3}$$

Die ursprünglich rechten Winkel α_1 und α_2 zwischen Stablängsebenen, die die Zylinderachse enthalten, und Querschnittsebenen (vgl. Bild 2) gehen unter Torsionsbeanspruchung in Winkel α_1' und α_2' über, die größer als 90° sind. Das ist die Folge der Schubspannungen $\tau(r)$, die in den senk-

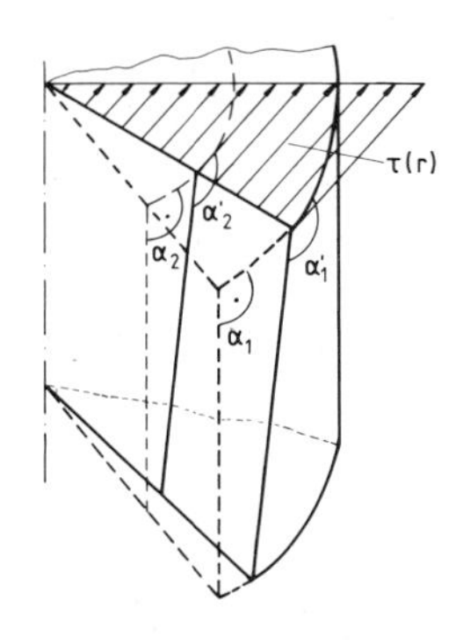

Bild 2: Winkeländerungen beim Torsionsversuch

recht zur Zylinderachse liegenden Querschnittsebenen wirksam sind. Auf Grund des Hooke'schen Gesetzes gilt

$$\tau = G\gamma\ , \tag{4}$$

wobei G der Torsionsmodul (Schubmodul) ist. Aus Gl. 2 und 4 folgt

$$\tau = G\frac{\varphi}{L}r\ . \tag{5}$$

Die Schubspannungen wachsen also ebenfalls linear über dem Probenradius an. Sie halten dem von außen wirksamen Torsionsmoment

$$M_t = \int_0^R r\tau(r)2\pi r\,dr = G\frac{\varphi}{L}2\pi\int_0^R r^3 dr \tag{6}$$

das Gleichgewicht. Dabei ist

$$J_o = 2\pi\int_0^R r^3 dr \tag{7}$$

das polare Flächenträgheitsmoment. Auf Grund des Gesetzes der zugeordneten Schubspannungen treten die Schubspannungen jeweils paarweise auf und haben die im rechten Teil von Bild 1 angegebenen Richtungen. Unter reiner Torsionsbeanspruchung liegt ein zweiachsiger Spannungszustand mit den Hauptspannungen σ_1 und σ_3 ($\sigma_1 = -\sigma_3$) vor, die unter 45° gegenüber der Längsachse des Zylinderstabes wirksam sind.

Von besonderem Interesse ist der am Rand des Stabes auftretende Zusammenhang zwischen Schubspannung und Scherung. Aus Gl. 5 bis 7 ergibt sich für r = R

$$\tau_R = \frac{M_t}{J_o}R\ . \tag{8}$$

Führt man als Widerstandsmoment gegen Torsion die Größe

$$W_t = \frac{J_o}{R} \tag{9}$$

ein, so folgt für die Randschubspannung

$$\tau_R = \frac{M_t}{W_t}\ . \tag{10}$$

τ_R wächst proportional zu M_t an und bewirkt nach Gl. 4 eine umso größere Randscherung γ_R, je kleiner der Schubmodul ist.

Die bisher angegebenen Beziehungen gelten streng nur für rein elastische Beanspruchung. Wird M_t gesteigert bis auf den Wert $M_t = M_{eS}$, so wird $\tau_R = R_{\tau eS}$, und am Zylinderrand setzt plastische Scherung ein. $R_{\tau eS}$ heißt Torsionsgrenze. Wird in den randnahen Bereichen des zylindrischen Stabes $R_{\tau eS}$ überschritten, so liegt dort ein elastisch-plastischer Verformungszustand vor, während weiterhin die inneren Probenpartien noch rein elastisch beansprucht werden. Erfahrungsgemäß bleiben auch dann noch die Totalscherungen

$$\gamma_t = \gamma_e + \gamma_p \tag{11}$$

(γ_e elastischer, γ_p plastischer Scherungsanteil) linear über dem Probenradius verteilt, nicht dagegen die Schubspannungen. Dies veranschau-

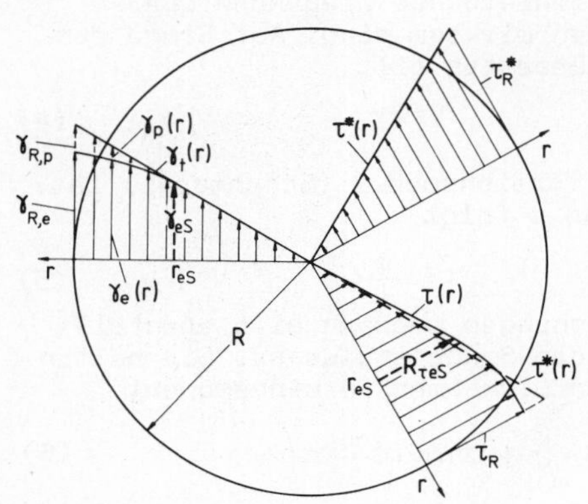

Bild 3: Scherungsverteilung $\gamma_t(r)$ sowie wahre $\tau(r)$ und fiktive $\tau^*(r)$ Schubspannungsverteilung über dem Radius eines überelastisch tordierten Zylinders

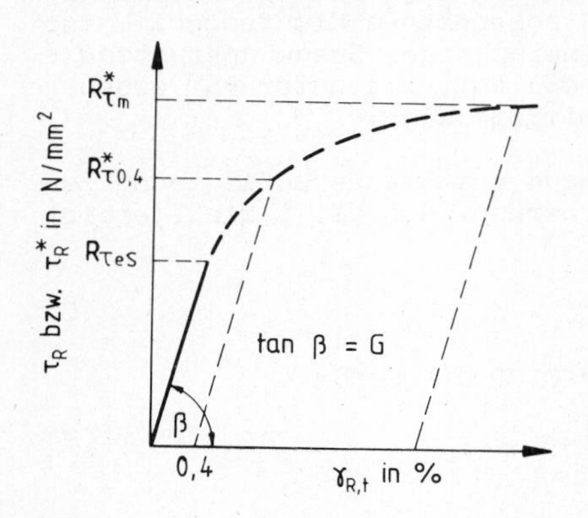

Bild 4: Torsionsverfestigungskurve (schematisch)

licht Bild 3. Die Schubspannungen stellen sich im überelastisch beanspruchten Probenrandbereich gemäß des vorliegenden Verfestigungszustandes ein. Da aber das Torsionsmoment M_t auch bei elastisch-plastischer Beanspruchung ein eindeutiges Maß für die Torsionsbeanspruchung darstellt, postuliert man - ähnlich wie bei überelastischer Biegung (vgl. V 46) - für $\tau_R > R_{\tau eS}$ eine linear über r ansteigende fiktive Schubspannungsverteilung $\tau^*(r)$. Die fiktive Randschubspannung ergibt sich zu

$$\tau_R^* = \frac{M_t}{W_t} \quad (M_t > M_{eS}) \ . \qquad (12)$$

In Bild 3 ist einer wahren Schubspannungsverteilung $\tau(r)$ die zugehörige fiktive Schubspannungsverteilung $\tau^*(r)$ gegenübergestellt, die auf das gleiche Torsionsmoment führt. τ_R bzw. τ_R^* werden als Funktion von $\gamma_{R,p}$ bzw. $\gamma_{R,t}$ aufgetragen und liefern die Torsionsverfestigungskurve. Dabei wird meist die nach Gl. 3 im Bogenmaß zu ermittelnde Scherung γ_R in % angegeben. Bild 4 zeigt eine Torsionsverfestigungskurve mit kennzeichnenden Größen. Aus dem Tangens des Anfangsanstieges der Verfestigungskurve berechnet sich nach Gl. 5 der Torsionsmodul G. Die Torsionsgrenze $R_{\tau eS}$ ist der Widerstand der Randfasern des Torsionsstabes gegenüber einsetzender plastischer Verformung. Sie ergibt sich aus der ersten Abweichung vom linearen $\tau_R,\gamma_{R,t}$-Verlauf. Als 0.4 %-Torsionsschergrenze $R^*_{\tau 0.4}$ wird der Werkstoffwiderstand gegen Überschreiten einer fiktiven Randschubspannung definiert, die auf eine rückbleibende Randscherung von 0.4 % führt. $R^*_{\tau 0.4}$ wird deshalb oft als Torsionsschergrenze gewählt, weil dann eine plastische Randscherung $\gamma_{R,p} \approx 0.4$ % vorliegt, die man als vergleichbar mit $\epsilon_p = 0.2$ % bei Zugbeanspruchung ansehen kann. Als Torsionsfestigkeit $R^*_{\tau m}$ wird der Werkstoffwiderstand beim Erreichen der größten fiktiven Schubspannung im Torsionsversuch vor Bruch der Probe angesprochen.

Je nach Werkstoffzustand tritt bei Erreichen der Torsionsfestigkeit ein duktiler oder ein spröder Bruch mit charakteristischer Bruchgeometrie auf. In Bild 5 sind die Bruchflächenausbildungen bei einem duktil gebrochenen (Schubspannungsbruch) und einem spröd gebrochenen (Normalspannungsbruch) Zylinderstab gezeigt. Ein duktiler Torsionsbruch (vgl. Bild 5, links) ist durch eine senkrecht zur Stablängsachse liegende Bruchfläche charakterisiert. Bei einem spröden Torsionsbruch (vgl. Bild 5), rechts) treten dagegen unter 45° zur Stablängsachse gelegene Teilbruchflächen auf.

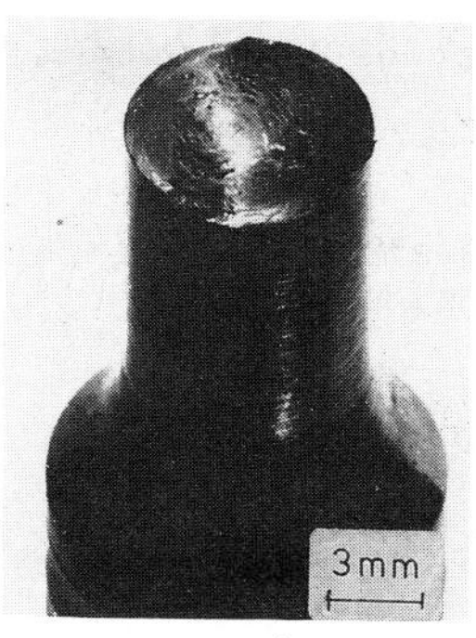

Bild 5: Duktiler (links) und spröder (rechts) Torsionsbruch unterschiedlich wärmebehandelter zylindrischer Proben aus Ck 60

Aufgabe

An Zylinderproben aus reinem Kupfer und aus einem Baustahl sind die Zusammenhänge zwischen Torsionsmoment M_t und Torsionswinkel φ zu bestimmen und daraus die Torsionsverfestigungskurven zu berechnen. Als Werkstoffkenngrößen sind der Torsionsmodul (Schubmodul) G, die Torsionsgrenze R_{TeS}, die 0.4 %-Torsionsschergrenze $R^*_{T\,0.4}$ und die Torsionsfestigkeit R^*_{Tm} zu ermitteln.

Versuchsdurchführung

Für die Versuche steht eine ähnliche Versuchseinrichtung wie die in Bild 6 gezeigte Torsionsmaschine zur Verfügung. Nach Festklemmen der Proben wird ein Einspannkopf über ein stufenlos regelbares Getriebe verdreht und tordiert die Probe. An einem Teilkreis kann die Ver-

Bild 6: Torsionsprüfmaschine (Bauart Mohr-Federhaff-Losenhausen)

drehung und damit ein Maß für φ_t abgelesen werden. Der andere Einspannkopf sitzt auf der Drehachse eines Pendels, dessen Auslenkung bei der Torsion der Probe ein Maß für das auf die Probe ausgeübte Torsionsmoment M_t ist. Mit elektrischen Hilfsmitteln ist die kontinuierliche Registrierung von M_t und φ_t möglich. Die Berechnung der Torsionsverfestigungskurve aus dem M_t, φ_t - Zusammenhang erfolgt unter Zugrundelegung der sorgfältig ermittelten Probenabmessungen mit Hilfe der Gl. 3 und Gl. 4. Die Größen G, R_{TeS}, $R^*_{T\,0.4}$ und R^*_{Tm} werden der Torsionsverfestigungskurve entnommen.

Literatur: 107.

V 51 Schubmodulbestimmung aus Torsionsschwingungen

Grundlagen

Nach V 50 besteht bei einem einseitig eingespannten Zylinder des Durchmessers 2 R und der Länge L zwischen Torsionsmoment und Torsionswinkel φ der Zusammenhang

$$M_t = G\,\frac{\varphi}{L}\int_0^R r^2\, 2\pi r\, dr = \frac{\pi G R^4}{2L}\,\varphi \tag{1}$$

Ist der Zylinder sehr lang gegenüber seinem Durchmesser (Draht) und wird sein unteres Ende wie in Bild 1 mit einer zylindrischen Scheibe A verbunden, so führt das ganze System nach Wegnahme des äußeren Momentes Drehschwingungen aus. Es liegt ein Torsionspendel vor. Ist Θ_0 das Massenträgheitsmoment des Systems bezüglich der Drahtachse und ist die Systemdämpfung (vgl. V 91) hinreichend klein, so lautet die Bewegungsdifferentialgleichung

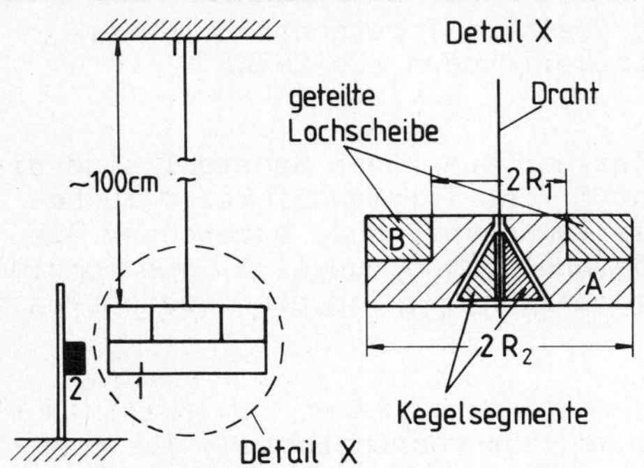

Bild 1: Einfache Experimentalanordnung zur Erzeugung und Messung von Drehschwingungen

$$\Theta_0\ddot{\varphi} = -M_t(\varphi) = -\frac{\pi G R^4}{2L}\varphi = -D\varphi \tag{2a}$$

bzw.

$$\ddot{\varphi} = -\omega^2\varphi\,. \tag{2b}$$

Dabei ist D das sog. Direktionsmoment und ω die Kreisfrequenz des schwingungsfähigen Systems. Die Lösung dieser Differentialgleichung lautet

$$\varphi = \varphi_0\cos\omega t = \varphi_0\cos 2\pi\nu t = \varphi_0\cos 2\pi\,\frac{t}{t_0} \tag{3}$$

mit der Schwingungsdauer

$$t_0 = 2\pi\sqrt{\frac{\Theta_0}{D}} = 2\pi\sqrt{\frac{2L\Theta_0}{\pi G R^4}}\,. \tag{4}$$

Somit ergibt sich bei bekanntem L, R und Θ_0 durch Messung von t_0 der Schubmodul zu

$$G = \frac{8\pi L\Theta_0}{R^4 t_0^2}\,. \tag{5}$$

Da sich aber das Massenträgheitsmoment des schwingungsfähigen Gebildes aus Scheibe, Draht und Einspannung praktisch nicht berechnen läßt, bringt man zentrisch zu Draht und Scheibe eine geteilte Lochscheibe B der Masse m_1 mit dem Innenradius R_1 und dem Außenradius R_2 an (vgl. Bild 1), der für sich ein Trägheitsmoment

$$\Theta = \int_{R_1}^{R_2} r^2 dm = \frac{1}{2}m_1(R_1^2+R_2^2) \tag{6}$$

besitzt. Für das veränderte System ist nunmehr ein Trägheitsmoment

$$\Theta_1 = \Theta_0 + \Theta \tag{7}$$

wirksam, so daß sich als Schwingungsdauer

$$t_1 = 2\pi\sqrt{\frac{\Theta_1}{D}} \tag{8}$$

ergibt. Quadrieren und Subtrahieren der Gl. 8 und 4 liefert

$$t_1^2 - t_o^2 = \frac{4\pi^2}{D}(\Theta_1 - \Theta_o) = \frac{4\pi^2}{D}\Theta \quad . \tag{9}$$

Daraus folgt mit D aus Gl. 2a und Gl. 6

$$G = \frac{4\pi m_1(R_1^2 + R_2^2)L}{(t_1^2 - t_o^2)R^4} \quad . \tag{10}$$

Aufgabe

Es liegen dünne Drähte mit unterschiedlichen aber bekannten thermisch-mechanischen Vorgeschichten aus einer Kupfer-Zinn-Legierung und aus einem unlegierten Stahl mit 0.2 Masse-% Kohlenstoff vor, deren Torsionsmoduln zu bestimmen sind.

Versuchsdurchführung

Für die Untersuchungen steht eine ähnliche Einrichtung wie in Bild 1 zur Verfügung. Etwa 100 cm lange Drähte, deren Durchmesser zunächst sehr genau vermessen werden, werden an der einen Seite in eine Klemmfassung eingespannt und an der anderen Seite mit der selbstfassenden Zylinderscheibe A versehen. Danach wird die freie Länge des eingespannten Drahtes ermittelt und das ganze System von Hand zu Drehschwingungen angeregt. Die Scheibe A trägt eine Marke (1), deren relative Lageänderung bezüglich einer Schneide (2) leicht beobachtet werden kann. Die Schwingungsdauer t_o wird aus den Koinzidenzen von Marke und Schneide bestimmt. Dazu wird die für 50 Schwingungen erforderliche Zeit gemessen. Dies wird viermal wiederholt. Danach wird die teilbare Lochscheibe B gewogen und vermessen und bündig auf die Scheibe A aufgesetzt. Die Schwingungsdauer t_1 des nunmehr veränderten Systems wird ebenfalls durch Messung der Zeit von etwa 50 Schwingungen ermittelt. Aus den Meßwerten werden mit Hilfe von Gl. 10 die vorliegenden Schubmoduln berechnet, miteinander verglichen und auf Grund der bekannten Vorgeschichte bewertet.

Literatur: 118.

V 52 Elastische Moduln und Eigenfrequenzen

Grundlagen

In metallischen Werkstoffen lassen sich durch geeignete Anregung elastische Longitudinal-, Transversal- und Torsionsschwingungen erzeugen. Die Fortpflanzungsgeschwindigkeit dieser Wellen ist mit der Schallgeschwindigkeit in diesen Werkstoffen identisch. Korrespondiert die erzeugte Wellenlänge mit bestimmten Probenabmessungen, so treten Resonanzerscheinungen auf. Immer dann werden besonders große Schwingungsamplituden beobachtet, wenn die erregende Frequenz mit einer der Eigenfrequenzen des Probestabes übereinstimmt. Bei einem zu longitudinalen Schwingungen angeregten Probestab tritt Resonanz auf, wenn die Stablänge L [mm] gleich einem ganzzahligen Vielfachen der halben Wellenlänge λ der erregenden Wellen ist. Dann gilt

$$L = n \frac{\lambda}{2} \quad (n = 1,2,3....) , \qquad (1)$$

wobei n als Ordnung der Schwingung bezeichnet wird. n = 1 entspricht der Grundschwingung, n > 1 den Oberschwingungen. Da zwischen der Ausbreitungsgeschwindigkeit c, der Frequenz ν und der Wellenlänge λ der elastischen Wellen die Beziehung

$$c = \lambda \nu \qquad (2)$$

besteht, ergeben sich die möglichen Eigenfrequenzen zu

$$\nu_{n,long} = \frac{nc}{2L} \quad . \qquad (3)$$

Die Ausbreitungsgeschwindigkeit elastischer Longitudinalwellen ist in schlanken Stäben, deren Querschnittsabmessungen klein gegenüber der Länge sind, von der Querschnittsform unabhängig und eindeutig durch den Elastizitätsmodul E [N/mm^2] und die Dichte ρ [g/cm^3] bestimmt. Es ist

$$c = 3{,}16 \cdot 10^4 \sqrt{\frac{E}{\rho}} \quad \left[\frac{mm}{s}\right] . \qquad (4)$$

Aus Gl. 3 und 4 folgt somit als Zusammenhang zwischen Eigenfrequenz und Elastizitätsmodul

$$E = \frac{4L^2\rho}{n^2} 10^{-9} (\nu_{n,long})^2 \quad \left[\frac{N}{mm^2}\right] . \qquad (5)$$

Bei Kenntnis der Länge und der Dichte des angeregten Stabes läßt sich also der Elastizitätsmodul des Werkstoffes aus den Eigenfrequenzen der Longitudinalschwingungen $\nu_{n,long}$ ermitteln.

Bei transversal schwingenden Stäben liegen kompliziertere Verhältnisse vor. Die Ausbreitungsgeschwindigkeit elastischer Transversalschwingungen ist sowohl von der Form der Proben als auch von der Frequenz abhängig. Deshalb sind hier die Frequenzen der Oberschwingungen keine ganzzahligen Vielfachen der Frequenz der Grundschwingungen mehr. Als Zusammenhang zwischen dem Elastizitätsmodul und den Eigenfrequenzen der Transversalschwingungen ($\nu_{n,trans}$) ergibt sich bei schlanken Rundstäben (o) der Länge L [mm] und des Durchmessers d [mm]

$$E^{o} = \frac{64 L^4 \pi^2 \rho}{K_n^2 d^2} 10^{-9} (\nu^{o}_{n,trans})^2 \quad \left[\frac{N}{mm^2}\right] . \qquad (6)$$

Bei schlanken Rechteckstäben (▭) der Länge L [mm] mit der Querschnittsseite a [mm] parallel zur Schwingungsrichtung ist dagegen

$$E^{\square} = \frac{48 L^4 \pi^2 \rho}{K_n^2 a^2} 10^{-9} (\nu_{n,trans}^{\square})^2 \quad \left[\frac{N}{mm^2}\right] . \tag{7}$$

Dabei gelten je nach Ordnung und Frequenzverhältnis der Eigenschwingungen bei einem transversal frei schwingenden Stab bzw. bei einem einseitig eingespannten Stab für K_n^2 die folgenden Werte

Ordnung	n	1	2	3	4
freier Stab	ν_n/ν_1	1.00	2.78	5.46	9.01
	K_n^2	492	3798	14641	39976
einseitig geklemmter Stab	ν_n/ν_1	1.00	8.98	24.95	48.95
	K_n^2	6.1	492	3797	14641

Sowohl die Transversal- als auch die Longitudinalwellen erzeugen lokal elastisch verdichtete und dilatierte Werkstoffbereiche. Es treten daher periodische Volumenänderungen auf, die mit Temperaturänderungen verknüpft sind. Wegen der Schnelligkeit der Vorgänge ist ein Temperaturausgleich innerhalb einer Schwingungsperiode unmöglich, so daß adiabatische Verhältnisse vorliegen. Daher wird über Eigenfrequenzmessungen der sog. adiabatische Elastizitätsmodul E_{ad} ermittelt. Dieser ist immer größer als der isotherme Elastizitätsmodul E_{is}, der z. B. im Zug- oder Biegeversuch (vgl. V 25 und 46) ermittelt werden kann. Zwischen beiden Moduln besteht die Beziehung

$$E_{is} = \frac{E_{ad}}{\left(1 + 10^3 \frac{\alpha^2 T E_{ad}}{\rho c_p}\right)} \quad \left[\frac{N}{mm^2}\right] , \tag{8}$$

wobei α der Wärmeausdehnungskoeffizient in 1/K, T die absolute Temperatur in K und c_p die spezifische Wärme bei konstantem Druck in J/kg K ist.

Die Ausbreitungsgeschwindigkeit elastischer Torsionswellen ist ebenfalls von der Querschnittsform der Probestäbe abhängig. Für Rundstäbe (o) ergibt sich

$$c_{tors}^{\circ} = 3{,}16 \cdot 10^4 \sqrt{\frac{G}{\rho}} \quad \left[\frac{mm}{s}\right] , \tag{9}$$

wobei G der Schubmodul und ρ wiederum die Dichte ist. Wie bei Longitudinalschwingungen sind auch hier die Gl. 1, 2 und 3 gültig, und es folgt die zu Gl. 5 analoge Beziehung

$$G = \frac{4 L^2 \rho}{n^2} 10^{-9} (\nu_{n,tors})^2 \quad \left[\frac{N}{mm^2}\right] . \tag{10}$$

Weil bei der Torsionswellenausbreitung keine Volumenänderungen auftreten, gilt

$$G_{is} = G_{ad} . \tag{11}$$

Bild 1 gibt den bei reinen Metallen bestehenden Zusammenhang zwischen dem Schubmodul und dem isothermen Elastizitätsmodul wieder.

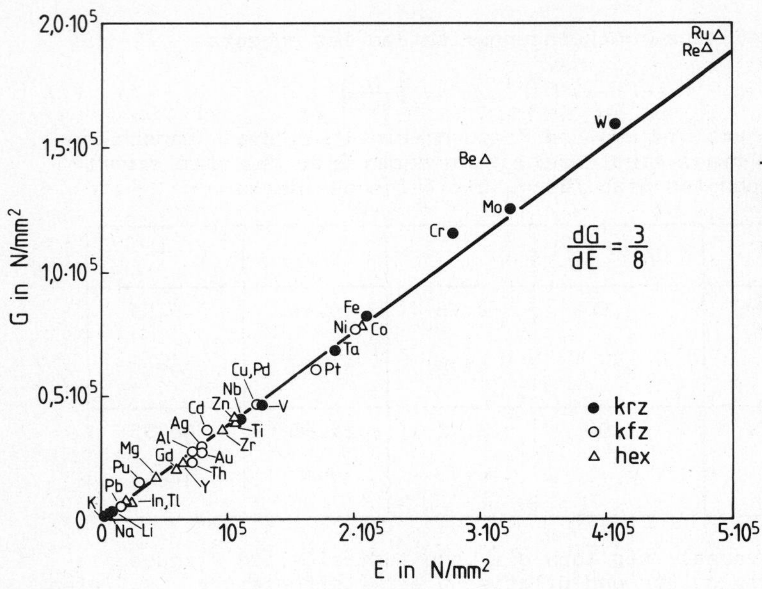

Bild 1: Zusammenhang zwischen dem Schubmodul und dem isothermen Elastizitätsmodul reiner Metalle. In vielen Fällen ist in guter Näherung der Zusammenhang

$$G = 3/8\ E$$

erfüllt.

Aufgabe

Für verschiedene Werkstoffe sind bei Raumtemperatur mit Hilfe von Eigenfrequenzmessungen der adiabatische Elastizitätsmodul und der Schubmodul zu ermitteln. Die Versuchsergebnisse sind zu diskutieren und mit den zur Verfügung gestellten isothermen Elastizitätsmoduln zu vergleichen. Die Querkontraktionszahlen der Versuchswerkstoffe sind anzugeben.

Versuchsdurchführung

Als Versuchsapparatur steht ein Förster-Elastomat oder ein ähnliches Gerät zur Verfügung. Damit lassen sich die Eigenfrequenz eines Probe-

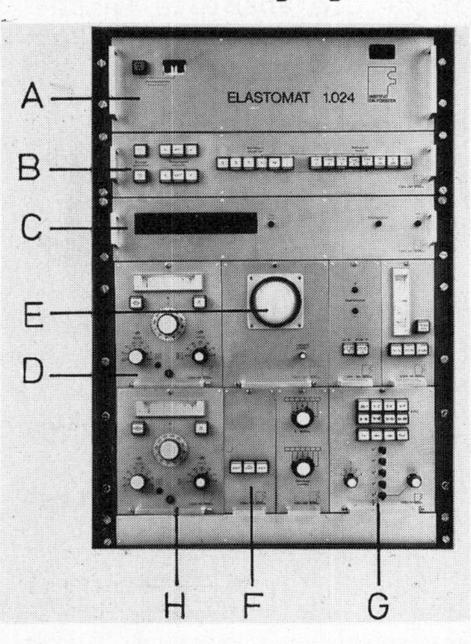

Bild 2: Elastomat (Bauart Institut Dr. Förster). Links Versorgungs-, Auswertungs- und Anzeigeeinrichtungen, unten Meßeinrichtung mit Prüfkörper

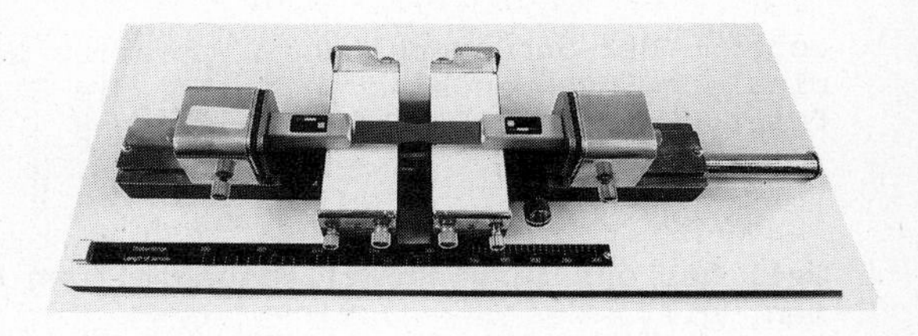

stabes und ihre Veränderung durch Temperatur, Variation des Werkstoffzustandes usw. mit großer Genauigkeit ermitteln. Bild 2 zeigt einen

Elastomaten, bestehend aus dem Grundgerät (links), das die erforderlichen elektronischen Baugruppen enthält, und Prüfkörperaufnahmevorrichtung mit Erreger- und Empfängersystem (rechts). Der Einschub (A) dient der Stromversorgung des Gerätes. Mit Hilfe des Betriebsartenwählers (B) werden die Erregungs- und Anzeigearten sowie die Meßbereiche eingestellt, wobei entweder die Frequenz oder die Periodendauer der Stabschwingungen gemessen werden. Der Zähler (C) enthält ein siebenstelliges elektronisches Zählwerk zur Meßwertanzeige. Das Oszilloskop (E) zeigt als horizontale Ablenkung die Amplitude der Generatorschwingung und als vertikale Ablenkung die Amplitude der Probenschwingung an. Der Generator (G) erzeugt Sinusschwingungen in acht Frequenzbereichen von 0.5 bis 100 kHz. Diese werden über einen Leistungsverstärker im Meßteil (D) dem piezoelektrischen bzw. elektromagnetischen Erregersystem zugeführt. Im Meßteil (D) sind auch alle Einrichtungen zur Verstärkung der Meßsignale und ein Analoginstrument für ihre Anzeige untergebracht. Der zu (D) identisch aufgebaute Meßteil (H) dient zu Vergleichsmessungen unter Verwendung von zwei Prüfkörpern. Der Einschub (F) enthält die Elektronik für die automatische Durchführung bestimmter Messungen. Die Prüfkörperaufnahme besteht aus der Grundplatte und zwei Auflageböcken. Letztere besitzen Spannvorrichtungen für dünne Auflagedrähte, auf die die Proben aufgelegt werden. Der rechte Auflagebock ist verschiebbar, so daß der Drahtabstand den Meßobjekten angepaßt werden kann. Ferner tragen die Auflageböcke das Erreger- bzw. Empfängersystem. Das Prinzip der gesamten Meßanordnung faßt Bild 3 nochmals zusammen. Die Probenanregung ist z. B. mit Hilfe eines piezoelektrischen Kristalls möglich, dessen Schwingungen dem Prüfstab über einen (~ 6 cm langen) Draht einseitig aufgeprägt werden. Durch geeignete Anbringung des Ankoppeldrahtes lassen sich Longitudinal-, Transversal- und Torsionsschwingungen erregen. Am anderen Stabende werden über einen zweiten Kopplungsdraht die elastischen Objektschwingungen einem zweiten piezoelektrischen Kristall zugeführt und in elektrische Schwingungen umgewandelt. Das Meßsignal wird verstärkt und dem Oszilloskop sowie der Meßeinheit zugeführt. Bei Variation der Erregerfrequenz läßt sich der Resonanzfall - dann erreicht die Amplitude der Probenschwingung ein Maximum - an der maximalen Vertikalablenkung des Oszilloskops (E) bzw. am maximalen Ausschlag des Analoginstrumentes im Einschub (D) erkennen. Das elektronische Zählwerk zeigt die jeweilige Frequenz an.

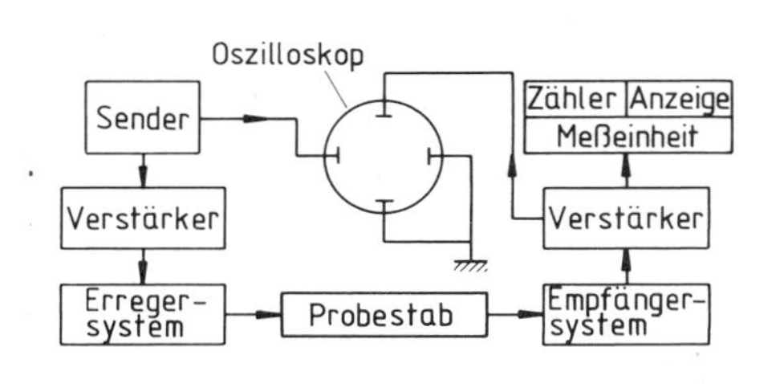

Bild 3: Prinzip der Meßanordnung

Bei ferromagnetischen Werkstoffen können Longitudinal- und Transversalschwingungen auch mit Hilfe einer Spule, die ein magnetisches Wechselfeld hervorruft, erzeugt werden. In günstigen Fällen gelingt dies auch bei nichtmagnetischen Proben durch dort induzierte Wirbelströme.

Für die Untersuchungen finden zylindrische Probestäbe von 100 bis 200 mm Länge und 8 bis 20 mm Durchmesser Anwendung. Als Richtwerte für die Eigenfrequenzen erster Ordnung bei Stäben von 100 mm Länge und 10 mm

Tab. 1: Eigenfrequenzen 1. Ordnung zylindrischer Stäbe mit L = 100 mm, d = 10 mm aus verschiedenen Metallen bei unterschiedlichen Schwingungsarten

Werkstoff	$\nu_{1,long}$ [Hz]	$\nu_{1,trans}$ [Hz]	$\nu_{1,tors}$ [Hz]
Aluminium	25 625	4 562	15 658
Eisen	25 895	4 610	16 114
Kupfer	19 035	3 389	11 614
Nickel	24 935	4 439	15 751
Silber	13 980	2 489	8 467
Titan	23 795	4 236	14 433
Zink	18 025	3 209	11 469
Zirkonium	16 130	2 872	9 730

Durchmesser können die in Tab. 1 aufgeführten Werte gelten. Die Vermessung der nichtferromagnetischen Versuchsproben erfolgt mit piezoelektrischen, die der ferromagnetischen Versuchsproben mit magnetischen Erreger- und Empfängersystemen. Es werden jeweils Longitudinal- und Torsionsschwingungen angeregt und die ersten 3 Ordnungen der Eigenfrequenzen bestimmt. Daraus werden die gesuchten Moduln mit Hilfe von Gl. 5 bzw. Gl. 10 berechnet. Die auftretenden Unterschiede zwischen den adiabatischen und den isothermen Elastizitätsmoduln werden mit der theoretischen Erwartung verglichen und diskutiert. Die erhaltenen $(E/G)_{iso}$-Werte werden den Angaben in Bild 1 gegenübergestellt. Mit Hilfe der elastizitätstheoretischen Beziehung

$$G = \frac{E}{2(1+\nu)} \left[\frac{N}{mm^2}\right] \qquad (12)$$

werden die Querkontraktionszahlen berechnet.

Literatur: 119.

Anelastische Dehnung und Dämpfung

V 53

Grundlagen

Die Bewegung von Atomen innerhalb des Kristallgitters der Körner oder längs der Korngrenzen eines metallischen Werkstoffs nennt man Diffusion. Derartige atomare Platzwechsel sind nur möglich, wenn freies Gittervolumen existiert. In reinen Metallen oder in Substitutionsmischkristallen sind dazu Leerstellen (vgl. V 3) erforderlich, die sich in jedem Kristall als punktförmige Gitterstörungen mit einer von der Temperatur abhängigen Konzentration ausbilden. Dieser Fehlordnungsgrad führt zu einer Minimierung der freien Enthalpie und ist damit aus thermodynamischen Gründen für die Kristallexistenz erforderlich.

Bei Interstitionsmischkristallen, in denen die Legierungsatome Gitterlückenplätze annehmen, ist immer freies Gittervolumen vorhanden, weil nie alle Gitterlücken besetzt sind. Deshalb sind dort stets Diffusionsbewegungen möglich, wenn thermische Schwankungen zu hinreichend großen lokalisierten Energieangeboten führen, die den Sprung einzelner Interstitionsatome zu benachbarten Gitterlücken erlauben. Dabei kann selbstverständlich der Weg, den ein einzelnes Interstitionsatom wählt, nicht vorausgesagt werden. Für eine räumliche Zufallsbewegung in der Zeit t liefert die statistische Mechanik als mittleres Verschiebungsquadrat des Weges

$$\bar{X}_n^2 = \frac{1}{6}\, d^2 \nu t \;. \tag{1}$$

Dabei ist d der bei einem Sprung zurückgelegte Weg und ν die mittlere Sprungfrequenz eines Interstitionsatomes. Die Größe

$$D = \frac{\nu}{6} d^2 = \frac{1}{6}\frac{d^2}{\tau} \quad \left[\frac{cm^2}{s}\right] \tag{2}$$

wird Diffusionskoeffizient genannt. ν ist der Reziprokwert der Verweilzeit τ, innerhalb der eine thermische Schwankung lokal die freie Enthalpie ΔG_W aufbringt, die zum Sprung des Atoms von einer Gitterlücke zu einer benachbarten erforderlich ist. Ist n die Zahl der in gleicher Entfernung befindlichen Gitterlücken, so gilt

$$\nu = \nu_0\, n \exp\left[-\frac{\Delta G_W}{kT}\right] \;. \tag{3}$$

Dabei ist $\nu_0 \approx 10^{14} s^{-1}$ die sog. Debye-Frequenz, die die obere Grenzfrequenz der Gitterschwingungen bestimmt. Da bei konstanter Temperatur auf Grund allgemeiner thermodynamischer Prinzipien gemäß

$$\Delta G = \Delta H - T\Delta S \tag{4}$$

eine Änderung von ΔG mit einer Enthalpieänderung ΔH und einer Entropieänderung ΔS verknüpft ist, folgt aus den Gl. 2-4

$$\begin{aligned} D &= \frac{1}{6}\, d^2 n \nu_0 \exp\left[\frac{\Delta S_W}{k}\right] \exp\left[-\frac{\Delta H_W}{kT}\right] \\ &= D_0 \exp\left[-\frac{Q_W}{kT}\right] . \end{aligned} \tag{5}$$

$\Delta H_W = Q_W$ wird Aktivierungsenergie des Diffusionsprozesses genannt. Die für die Diffusion von Kohlenstoff-, Stickstoff- und Wasserstoffatomen in Eisen maßgebenden Größen D_0 und Q_W besitzen folgende Zahlenwerte:

Element	D_0 [cm^2/sec]	Q_w [eV]	[kJ/mol]
C	$2 \cdot 10^{-2}$	0,87	84,0
N	$1,5 \cdot 10^{-2}$	0,83	80,0
H	$2 \cdot 10^{-3}$	0,126	12,1

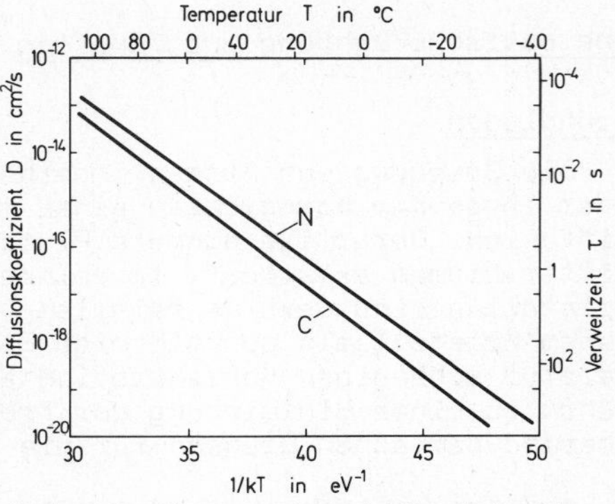

Bild 1: Temperaturabhängigkeit von D und τ für Kohlenstoff- und Stickstoffatome in α-Eisen

In Bild 1 ist für die Interstitionsatome C und N in α-Eisen (vgl. V 15) der Logarithmus des Diffusionskoeffizienten als Funktion der reziproken Temperatur aufgetragen. Mit vermerkt ist auf der Ordinate die mittlere Verweilzeit $\tau = 1/\nu$ (vgl. Gl. 2) der Atome zwischen zwei Sprüngen. Man sieht, daß bei Raumtemperatur diese Zeiten etwa in der Größenordnung von Sekunden liegen, also Sprungfrequenzen in der Größenordnung von einigen Hertz auftreten. Wird daher ein C- und/oder N-haltiges α -Eisen im Raumtemperaturbereich zu erzwungenen Schwingungen mit derartigen Frequenzen angeregt, so überlagert sich der periodischen elastischen Verformung des Gitters die Sprungbewegung der Interstitionsatome, was zu einer speziellen Dämpfung der Schwingungen führt.

Die Platzwechselvorgänge gelöster Atome in einem krz. Gitter unter der Einwirkung elastischer Spannungen weisen nun eine Besonderheit auf, die an Hand von Bild 2 leicht zu verstehen ist. Dort ist der Fall einer von äußeren Spannungen freien Elementarzelle aufgezeichnet, bei der die Kohlenstoffatome im statistischen Mittel (●) gleichberechtigt Oktaederlücken mit sog. x-, y- und z-Lagen einnehmen. Man sieht sofort, daß unter der Einwirkung einer Spannung in z-Richtung diese Gleichwertigkeit der Oktaederpositionen verlorengeht. Dann sind die z-Lagen Positionen kleinerer Verzerrungsenergie als die x- und y-Lagen und die Interstitionsatome tendieren dazu, aus letzteren mit Vorzugsrichtung längs der gestrichelten Wege in z-Lagen überzugehen. Das führt aber zu einer zusätzlichen Dehnung der Elementarzelle und damit auch des Kristalls bzw. des Vielkristalls in Beanspruchungsrichtung. Hält man die Beanspruchung konstant, so wird sich nach hinreichend langer Zeit ein Sättigungszustand an besetzten z-Lagen ergeben. Entscheidend ist dabei, daß sich dem elastischen Dehnungsanteil ϵ_e ein zeitabhängiger, sog. anelastischer Dehnungsanteil ϵ_a überlagert. Es gilt also

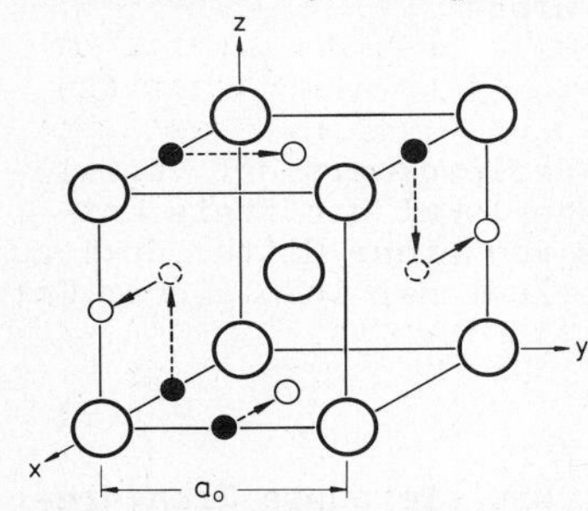

Bild 2: Mögliche Platzwechselvorgänge von Interstitionsatomen in einem krz. Gitter (vgl. V 1) mit der Gitterkonstanten a_0

$$\varepsilon(t) = \varepsilon_e + \varepsilon_a(t) \tag{6}$$

mit

$$\varepsilon_a(t) = \varepsilon_{a\infty}[1 - \exp(-t/\tau)] \; . \tag{7}$$

Dabei ist $\epsilon_{a\infty}$ der Dehnungswert, der sich nach ∞ langer Wartezeit einstellen würde, und τ die sog. Relaxationszeit des Vorganges. Schematisch liegen die in Bild 3 links skizzierten Verhältnisse vor. Wird zur

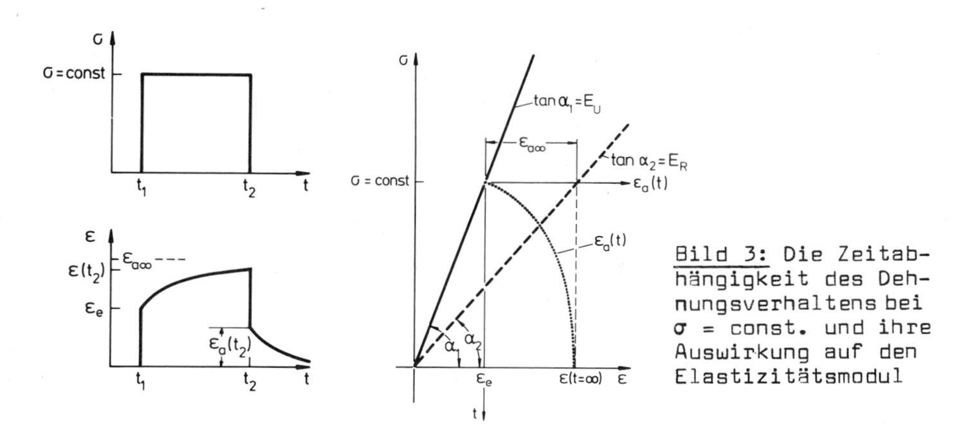

Bild 3: Die Zeitabhängigkeit des Dehnungsverhaltens bei σ = const. und ihre Auswirkung auf den Elastizitätsmodul

Zeit t_1 der Werkstoff belastet, so stellt sich spontan die elastische Dehnung ϵ_e ein und mit wachsender Zeit nimmt wegen des asymptotisch anwachsenden anelastischen Dehnungsanteils die gesamte Dehnung ϵ zu. Nach Wegnahme der Spannung zur Zeit t_2 geht die elastische Dehnung sofort auf den Wert Null zurück. Die Gesamtdehnung wird dann durch den anelastischen Dehnungsanteil $\epsilon_a(t_2)$ bestimmt. Mit wachsender Zeit fällt dieser asymptotisch auf Null ab. Führt man zu verschiedenen Zeiten Elastizitätsmodulbestimmungen durch, so würde sich, wie aus dem rechten Teil von Bild 3 ersichtlich, unmittelbar nach Belastung der unrelaxierte Modul $E_U = \sigma/\epsilon_e$ und nach ∞ langer Zeit der relaxierte Modul $E_R = \sigma/(\epsilon_e + \epsilon_{a\infty})$ ergeben (vgl. auch Bild 4).

Als Konsequenz der zeitabhängigen anelastischen Dehnungsanteile ergibt sich bei periodischer mechanischer Beanspruchung eine Phasenverschiebung zwischen Spannung σ und gesamter Dehnung ϵ. In einem solchen Falle kann offenbar das Hooke'sche Gesetz (vgl. V 24)

$$\sigma = E\varepsilon_e \tag{8}$$

nicht mehr das Werkstoffverhalten ausreichend beschreiben. Man ist auf ein komplizierteres Stoffgesetz mit zeitabhängigen Gliedern in der Form

$$\sigma + \tau_\varepsilon \dot{\sigma} = E_R(\varepsilon + \tau_\sigma \dot{\varepsilon}) \tag{9}$$

angewiesen, das sowohl Dehnungsrelaxationen (bei konstanter Spannung) als auch Spannungsrelaxationen (bei konstanter Dehnung) einschließt. Dabei haben τ_ε bzw. τ_σ die Bedeutung sog. Relaxationszeiten der Spannung bzw. Dehnung bei konstanter Dehnung bzw. Spannung.

Für den oben betrachteten Fall σ= const. führt Gl.9 mit $\dot{\sigma} = 0$ auf die Differentialgleichung

$$\sigma = E_R(\varepsilon + \tau_\sigma \dot{\varepsilon}) \tag{10}$$

mit der Lösung

$$\varepsilon(t) = \frac{\sigma}{E_R} + \left(\frac{\sigma}{E_U} - \frac{\sigma}{E_R}\right) \exp[-t/\tau_\sigma]] . \tag{11}$$

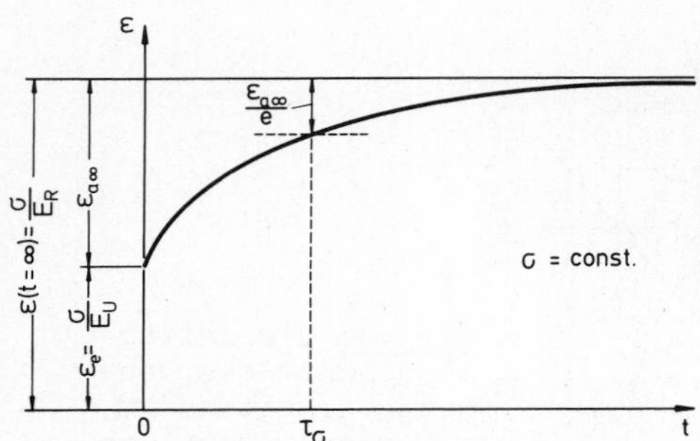

Bild 4: Zur Bedeutung der Relaxationszeit τ_σ

Für $t = \tau_\sigma$ ist, wie Bild 4 belegt, der anelastische Dehnungsanteil auf das (1/e)-fache seines Endwertes $\epsilon_{a\infty}$ angewachsen. Damit ist auch die Bedeutung der Relaxationszeit τ_σ anschaulich klargelegt. Für den Grenzübergang $dt \rightarrow 0$ folgt ferner aus Gl. 9

$$\tau_\varepsilon \, d\sigma = E_R \tau_\sigma d\varepsilon \tag{12a}$$

oder

$$\frac{\tau_\varepsilon}{\tau_\sigma} = \frac{E_R}{d\sigma/d\varepsilon} = \frac{E_R}{E_U} \; . \tag{12b}$$

Relaxierter und unrelaxierter Modul verhalten sich also zueinander wie die Relaxationszeit der Spannung bei konstanter Dehnung zur Relaxationszeit der Dehnung bei konstanter Spannung.

Bei periodischer Beanspruchung ist die Lösung von Gl. 9 für eine wechselnde Spannung $\sigma(t) = \sigma_a \cos \omega t$ der Amplitude σ_a und eine um δ phasenverschobene Dehnung $\epsilon(t) = \epsilon_a \cos(\omega t - \delta)$ der Amplitude ϵ_a zu suchen. Mit $\sqrt{\tau_\sigma \tau_\epsilon} = \tau$ ergibt sich für den Tangens des Phasenwinkels im stationären Zustand

$$\tan\delta = \frac{\omega\tau}{(1+\omega^2\tau^2)} \frac{E_U - E_R}{\sqrt{E_U E_R}} \; . \tag{13}$$

Der zwischen den Grenzen E_U und E_R liegende "dynamische Elastizitätsmodul" wird

$$E(\omega) = E_U \left[1 - \frac{E_U - E_R}{E_U (1+\omega^2\tau^2)} \right] . \tag{14}$$

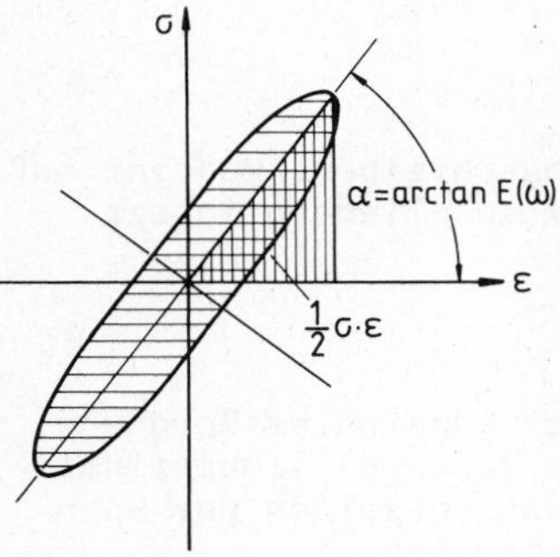

Bild 5: Zur Veranschaulichung des dynamischen Elastizitätsmoduls

Wegen der zwischen σ und ϵ bestehenden Phasenverschiebung ergibt sich für den Spannungs-Dehnungszusammenhang eine Ellipse (vgl. Bild 5), bei der die Neigung der großen Halbachse gegenüber der ϵ-Achse ein Maß für den dynamischen Elastizitätsmodul $E(\omega)$ ist. Die Ellipsenfläche ergibt die pro Schwingung dissipierte Energie $\Delta U = \oint \sigma d\epsilon$. Der während einer Schwingung maximal aufgenommene Wert der Verformungsenergie ist $U = \sigma\epsilon/2$. Als Dämpfung wird der auf 2π bezogene relative Energieverlust pro Schwingung

$$Q^{-1} = \frac{1}{2\pi}\frac{\Delta U}{U} = \frac{\omega\tau}{(1+\omega^2\tau^2)} \frac{E_U - E_R}{\sqrt{E_U E_R}} \tag{15}$$

definiert. Aus Gl. 13 und 15 folgt somit

$$Q^{-1} = \tan\delta \; . \tag{16}$$

Der Tangens des Phasenwinkels ist also gleich der Dämpfung.

In Bild 6 ist Q^{-1} bzw. $\tan\delta$ und $E(\omega)$ als Funktion von $\omega\tau$ aufgetra-

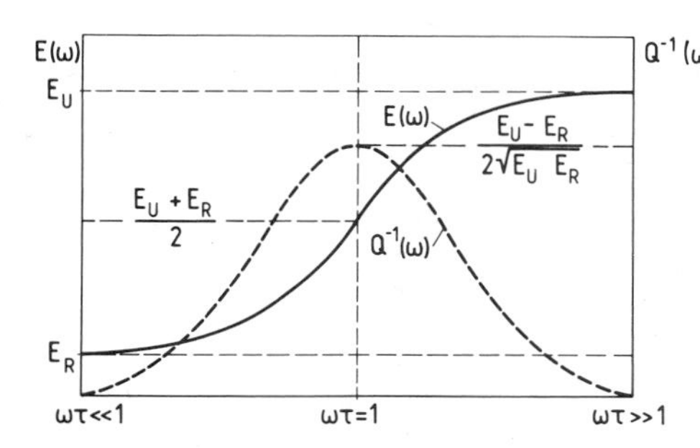

Bild 6: Frequenzabhängigkeit von Dämpfung und Elastizitätsmodul

gen. Die Dämpfung nimmt ihren Größtwert $Q^{-1}_{max} = (E_U - E_R)/2\sqrt{E_U E_R}$ für $\omega\tau = 1$ an und verschwindet bei sehr großen und sehr kleinen Werten von $\omega\tau$. $E(\omega)$ nähert sich für $\omega\tau \ll 1$ dem Wert E_R und für $\omega\tau \gg 1$ dem Wert E_U an und wird bei $\omega\tau = 1$ zu $(E_R + E_U)/2$. Da es leichter ist, das Maximum als den Wendepunkt einer Funktion zu bestimmen, bietet der Q^{-1},$\omega\tau$-Zusammenhang eine einfache Möglichkeit zur Ermittlung der Relaxationszeit τ. Dazu ist eine Variation der Kreisfrequenz $\omega = 2\pi\nu$ erforderlich. Ist jedoch - wie häufig festzustellen - die Relaxationszeit temperaturabhängig, so kann man auch bei konstanter Frequenz unter Variation der Temperatur die Dämpfungskurve durchlaufen und den bei $\omega\tau = 1$ auftretenden Maximalwert von Q^{-1} ermitteln.

Sind - wie eingangs vorausgesetzt - die anelastischen Dehnungserscheinungen durch atomare Platzwechsel- und damit durch Diffusionsvorgänge bestimmt, so muß offenbar zwischen Relaxationszeit τ und Diffusionskoeffizient D ein einfacher Zusammenhang bestehen. Im besprochenen Fall des krz. α-Eisens mit gelösten C- oder/und N-Atomen sind die Interstitionsatome auf die 6 Oktaederlücken pro Elementarzelle mit gleicher Wahrscheinlichkeit verteilt. Bei Belastung in z-Richtung sind die z-Lagen energetisch bevorzugt, und es erfolgen Sprünge aus besetzten x- und y-Lagen in unbesetzte z-Lagen. Die Sprungweite ist dabei jeweils $d = a_0/2$ (vgl. Bild 2). Wegen der Gleichverteilung in der Oktaederlückenbesetzung finden daher nach Belastung im Mittel nur 2/3 der Interstitionsatome in ihrer Nachbarschaft unbesetzte z-Lagen vor. Theoretisch ergibt sich somit nach Gl. 2 mit $\nu = 1/\tau$ und unter Berücksichtigung des Gewichtsfaktors 2/3 für den Diffusionskoeffizienten

$$D = \frac{2}{3}\frac{\nu}{6}d^2 = \frac{a_0}{36}\nu = \frac{a_0}{36\tau} \quad . \tag{17}$$

Aufgabe

An Draht aus einer Eisenbasislegierung mit etwa 0.05 Masse-% C ist nahe Raumtemperatur der Diffusionskoeffizient der Kohlenstoffatome mit einem Torsionspendel zu bestimmen. Durch Variation der Versuchsfrequenz sind Aussagen über die Aktivierungsenergie des Diffusionsvorgangs zu gewinnen.

Versuchsdurchführung

Für die Messungen steht eine ähnliche Meßeinrichtung zur Verfügung wie die in Bild 7 skizzierte. Der Versuchsdraht hat einen Durchmesser von etwa 1 mm und eine Länge von etwa 30 cm. Er wird über ein Kupplungsstück mit dem Torsionsschwinger verbunden, der seinerseits an einem Torsionsfaden aufgehängt ist. Der Torsionsschwinger trägt an seinen horizontalen Pendelarmen Massen, durch deren Lageänderung das Trägheitsmoment und damit die Schwingungsfrequenz (vgl. V 51) des Systems zwischen 0.5 und 2.5 Hz verändert werden kann. Ferner sind dort Weicheisenplättchen so angebracht, daß sie Elektromagneten gegenüberstehen. Kurzzeitiges Einschalten der Elektromagnete bewirkt die Auslenkung

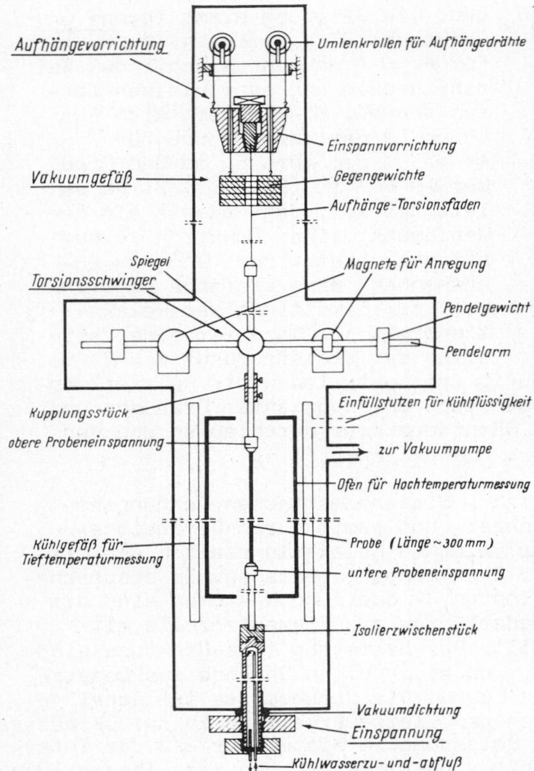

Bild 7: Aufbau eines Torsionspendels (schematisch)

der Pendelarme in entgegengesetzte Richtungen und damit die Anregung der Torsionsschwingungen. Im Zentrum trägt der Torsionsschwinger einen Spiegel. Über diesen wird ein Lichtzeiger auf eine Skala abgebildet, so daß leicht die Zeiten der Umkehrpunkte der Torsionsschwingungen ermittelt werden können. Der eigentliche Meßraum ist von einem Ofen sowie von einem Gefäß zur Aufnahme von Kühlflüssigkeit umgeben, so daß sowohl Messungen oberhalb als auch unterhalb Raumtemperatur erfolgen können. Außerdem ist das ganze System evakuierbar, so daß eine äußere Dämpfung des Systems durch Luftreibung entfällt.

Die Dämpfung wird anhand der abklingenden Torsionsschwingungen ermittelt. Aus dem Verhältnis zweier aufeinanderfolgender Amplituden A_i und A_{i+1} nach der gleichen Seite bestimmt sich das sog. logarithmische Dekrement zu

$$\Lambda = \ln \frac{A_i}{A_{i+1}} \quad (18)$$

Da die Amplituden sich bei aufeinanderfolgenden Schwingungen nur relativ wenig ändern, wird zweckmäßigerweise die Zeit $t_{1/2}$ oder $t_{1/n}$ ermittelt, in der die Amplitude auf die Hälfte oder den n-ten Teil ihres Ausgangswertes abgefallen ist. Es gilt (vgl. V 91)

$$\Lambda = \frac{\ln 2}{\nu t_{1/2}} = \frac{\ln n}{\nu t_{1/n}}, \quad (19)$$

wobei ν die Frequenz der gedämpften Schwingung ist, die hinreichend genau mit der des ungedämpften Systems übereinstimmt. Λ ist mit der hier interessierenden Dämpfungsgröße Q^{-1} durch die Beziehung

$$Q^{-1} = \frac{\Lambda}{\pi} \quad (20)$$

verknüpft.

Diese Messungen werden im Temperaturbereich 10 °C $\lesssim T \lesssim$ 30 °C zunächst mit konstanter Frequenz durchgeführt. Die ermittelten Q^{-1}-Werte werden als Funktion von T aufgetragen. Für die Temperatur, bei der die maximale Dämpfung auftritt, wird der Diffusionskoeffizient berechnet. Dabei wird von einer Gitterkonstanten des Ferrits von $a_0 = 2.86 \cdot 10^{-8}$ cm ausgegangen. Danach wird für drei weitere Frequenzen die maximale Dämpfung und der zugehörige Diffusionskoeffizient ermittelt. Die Auftragung von ln D über $1/kT_{max}$ sollte nach Gl. 5 einen linearen Zusammenhang ergeben, dessen Anstieg durch die Aktivierungsenergie Q_W für die Wanderung der Interstitionsatome bestimmt ist.

Literatur: 120, 121, 122.

Rißzähigkeit

V 54

Grundlagen

Viele Bauteilbrüche lassen sich auf Risse zurückführen, die als Folge der Herstellung und/oder der Nachbehandlung der benutzten Werkstoffe entstanden sind. Risse sind unerwünschte Werkstoffdiskontinuitäten. Sie stellen im Idealfall eben begrenzte Werkstofföffnungen endlicher Länge dar, deren Begrenzungsflächen (Rißflächen) einen atomar kleinen Abstand und deren Enden (Rißspitzen) einen Krümmungsradius mit atomaren Abmessungen haben. Die Bruchmechanik geht von der Existenz rißbehafteter Konstruktionswerkstoffe aus und hat Kriterien dafür entwickelt, wie sich Risse unter der Einwirkung äußerer Kräfte aufweiten, vergrößern und schließlich zu völliger Werkstofftrennung führen.

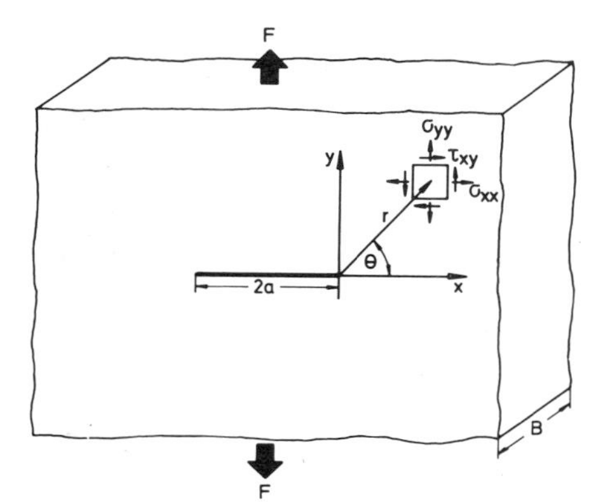

Bild 1: Elliptisch begrenzte Öffnung (oben) und Riß (unten) unter Einwirkung äußerer Kräfte F

Als Ausgangspunkt für die theoretische Behandlung eines von äußeren Kräfte F beanspruchten rißbehafteten Körpers bietet sich (vgl. Bild 1 oben) eine ∞ ausgedehnte Platte der Dicke B mit einer zentralen elliptischen Öffnung (Achsen 2a > 2b) an. An den Scheiteln der großen Ellipsenachse tritt dann jeweils der Krümmungsradius

$$\rho = \frac{b^2}{a} \qquad (1)$$

auf. Legt man als Ursprung eines xy-Koordinatensystems auf der großen Ellipsenachse den Punkt fest, der um $\rho/2$ vom Ellipsenscheitel entfernt ist, so ergibt sich in Scheitelnähe an der Stelle r, θ die Spannungsverteilung näherungsweise zu

$$\left.\begin{matrix}\sigma_{xx}\\ \sigma_{yy}\\ \sigma_{zz}\\ \tau_{xy}\end{matrix}\right\} = \frac{K}{\sqrt{2\pi r}}\left\{\begin{matrix}\cos\frac{\Theta}{2}\left(1-\sin\frac{\Theta}{2}\sin\frac{3\Theta}{2}\right) - \frac{\rho}{2r}\cos\frac{3\Theta}{2}\\ \cos\frac{\Theta}{2}\left(1+\sin\frac{\Theta}{2}\sin\frac{3\Theta}{2}\right) + \frac{\rho}{2r}\cos\frac{3\Theta}{2}\\ 2\nu^*\cos\frac{\Theta}{2}\\ \cos\frac{\Theta}{2}\sin\frac{\Theta}{2}\cos\frac{3\Theta}{2} - \frac{\rho}{2r}\sin\frac{3\Theta}{2}\end{matrix}\right\}$$

$$\tau_{yz} = \tau_{zx} = 0 \quad . \qquad (2)$$

Die Größe

$$K = \sigma\sqrt{\pi a} \qquad (3)$$

wird Spannungsintensität genannt. Dabei ist σ die im ungeschwächten Plattenquerschnitt von F hervorgerufene Normalspannung. Bei ebenem Spannungszustand (ESZ) ist $\nu^* = 0$, bei ebenem Dehnungszustand (EDZ) ist $\nu^* = \nu$ (Querkontraktionszahl). Am Ellipsenscheitel ($r = \rho/2$, $\theta = 0$) tritt parallel zur äußeren Kraftwirkung als Maximalspannung

$$\sigma_{max} = \sigma_{yy}\Big|_{r=\rho/2,\,\Theta=0} = \frac{2K}{\sqrt{\pi\cdot\rho}} = 2\sigma\sqrt{\frac{a}{\rho}} \qquad (4)$$

auf, so daß sich als Formzahl (vgl. V 44) der schlanken elliptischen Kerbe

$$\alpha_K = \frac{\sigma_{max}}{\sigma} = 2\sqrt{\frac{a}{\rho}} \tag{5}$$

ergibt. Daraus folgt für den Übergang zum Riß ($b \to 0$, $\rho \to 0$)

$$\lim_{\rho \to 0} \left(\frac{1}{2}\alpha_K \sigma \sqrt{\pi \rho}\right) = K\ . \tag{6}$$

Die Spannungsintensität K läßt sich also als der dem Rißproblem angepaßte Grenzwert der elastischen Kerbwirkung interpretieren. Mit $\rho \to 0$ verschwinden aber in den Gl. 2 die zweiten Terme, und man erhält daher für das rißspitzennahe Spannungsfeld

$$\left.\begin{matrix} \sigma_{xx} \\ \sigma_{yy} \\ \sigma_{zz} \\ \tau_{xy} \end{matrix}\right\} = \frac{K}{\sqrt{2\pi r}} \left\{\begin{matrix} \cos\frac{\Theta}{2}\left(1-\sin\frac{\Theta}{2}\sin\frac{3\Theta}{2}\right) \\ \cos\frac{\Theta}{2}\left(1+\sin\frac{\Theta}{2}\sin\frac{3\Theta}{2}\right) \\ 2\nu^*\cos\frac{\Theta}{2} \\ \cos\frac{\Theta}{2}\sin\frac{\Theta}{2}\cos\frac{3\Theta}{2} \end{matrix}\right\} \tag{7}$$

$$\tau_{yz} = \tau_{zy} = 0$$

Die zugehörigen Verschiebungskomponenten in x-, y- und z-Richtung ergeben sich zu

$$\left.\begin{matrix} u \\ v \end{matrix}\right\} = \frac{K(1+\nu)}{2E}\sqrt{\frac{r}{2\pi}} \left\{\begin{matrix} (2\varkappa-1)\cos\frac{\Theta}{2} - \cos\frac{3\Theta}{2} \\ (2\varkappa+1)\sin\frac{\Theta}{2} - \sin\frac{3\Theta}{2} \end{matrix}\right\} \tag{8}$$

$$w = -\sigma_{zz}\frac{z}{E} = -\nu^*\frac{K}{E}\frac{z}{\sqrt{2\pi r}}\, 2\cos\frac{\Theta}{2}$$

mit $\varkappa = (3-\nu)/(1+\nu)$ und $\nu^* = \nu$ bei ESZ sowie $\varkappa = (3-4\nu)$ und $\nu^* = 0$ bei EDZ. E ist der Elastizitätsmodul. Aus Gl. 8 folgt $u = w = 0$ für $\Theta = \pm\pi$, so daß sich die Rißufer nur parallel zur wirksamen Kraft in y-Richtung verschieben. Dafür ergibt sich

$$v = v\big|_{\Theta=\pm\pi} = \frac{K}{E^*}\sqrt{\frac{8r}{\pi}} \quad \textbf{mit} \quad \begin{matrix} E^* = E \text{ bei ESZ} \\ E^* = E/(1-\nu^2) \text{ bei EDZ}\ . \end{matrix} \tag{9}$$

Die Spannungsintensität K beschreibt also in eindeutiger Weise das Spannungs- und Verschiebungsfeld nahe der Rißspitze einer senkrecht zur Rißebene von äußeren Kräften beanspruchten Platte. Man spricht vom Beanspruchungsmodus I. Die auftretende $r^{-1/2}$ - Singularität der Spannungen an der Rißspitze ($r = 0$) ist die Folge des nicht mehr definierten Krümmungsradius ($\rho \to 0$). Die kontinuumsmechanische Behandlung des Rißproblems führt deshalb dort zu einer ungültigen Lösung. Wichtig ist aber, daß die angegebenen Beziehungen auch bei Proben mit endlichen Abmessungen und anderen Rißgeometrien gültig bleiben. Dabei ist lediglich anstelle von Gl. 3 mit der modifizierten Spannungsintensität

$$K = \sigma\sqrt{\pi a}\, Y \tag{10}$$

zu rechnen. $Y = f(a/W)$ ist ein von der Rißanordnung, der Rißgröße 2a und der Probengröße W abhängiger Geometriefaktor.

Unter der Voraussetzung linear-elastischen Werkstoffverhaltens läßt sich die Bedingung für instabile Rißverlängerung ganz allgemein formulieren. Ist U_0 die elastisch gespeicherte Energie einer rißfreien Probe der Dicke B, bei der die belastenden Kräfte F die Normalspannungen σ bewirken, so nimmt bei Einbringung eines Risses der Länge 2a die elastische Energie auf den Wert

$$U_{el} = U_o - \frac{\pi \sigma^2 a^2}{E^*} B \qquad (11)$$

ab. Der dabei erzeugten Rißfläche kommt eine Oberflächenenergie

$$\mathcal{W} = 2 \cdot 2aB\,\gamma \qquad (12)$$

zu. Dabei ist γ die spez. Oberflächenenergie. Eine Rißverlängerung um d (2a) erfordert also eine Energiefreisetzung d U_{el} und bewirkt einen Oberflächenenergiezuwachs d $\mathcal{W}$. Die Größe

$$\mathcal{G} = -\frac{1}{B}\frac{dU_{el}}{d(2a)} = \frac{\pi \sigma^2 a}{E^*} \qquad (13)$$

mit der Dimension [Nmm/mm²] nennt man daher anschaulich auch Rißverlängerungskraft (Energiefreisetzungsrate) und die Größe

$$\mathcal{R} = \frac{1}{B}\frac{d\mathcal{W}}{d(2a)} = 2\gamma \qquad (14)$$

mit der gleichen Dimension Rißwiderstandskraft. Soll Rißverlängerung auftreten, so muß, wie in Bild 2 angedeutet, die Bedingung

$$\mathcal{G} \geq \mathcal{R} \qquad (15)$$

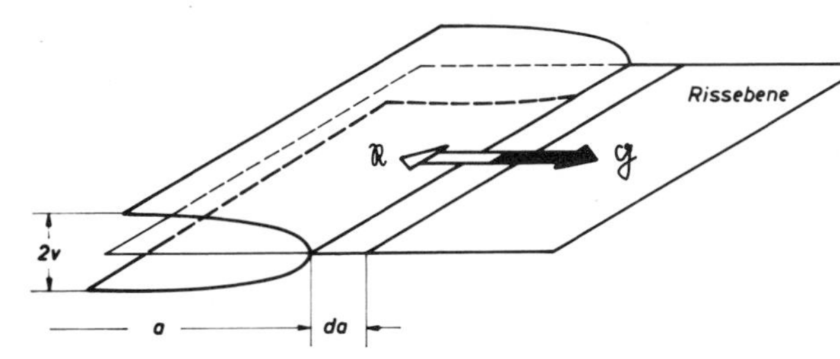

Bild 2: Veranschaulichung der Wirkung von Rißverlängerungskraft und Rißwiderstandskraft

erfüllt sein. Aus den Gl. 13 - 15 folgt somit als Instabilitätsbedingung

$$\mathcal{G} = \frac{\pi \sigma^2 a}{E^*} = \frac{K^2}{E^*} \geq 2\gamma\,. \qquad (16)$$

Dabei ist wieder $E^* = E$ bei ESZ und $E^* = E/(1 - \nu^2)$ bei EDZ. In Bild 3 sind die vorliegenden energetischen Verhältnisse erläutert. Dort sind die auf die Probendicke B bezogenen Energiebeträge als Funktion der Rißlänge 2a aufgetragen. Die dünne horizontale Linie bestimmt U_o/B. Die dick gestrichelte Gerade gibt $\mathcal{W}/B$ wieder. Kurz gestrichelt gezeichnet ist U_{eL}/B. Die Gesamtenergie des Systems U_{ges}/B ist durch die dick ausgezogene Kurve gegeben. Man sieht, daß die Gesamtenergie ihren Maximalwert erreicht, wenn der Anstieg der $\mathcal{W}/B$,2a-Kurve gleich dem negativen Anstieg der U_{el}/B,2a-Kurve ist. Dann ist instabiles Gleichgewicht erreicht, und es tritt Rißverlängerung unter Absenkung der Gesamtenergie des Systems auf.

Die den Gleichheitszeichen in Gl. 16 entsprechenden Größen $\mathcal{G}$ und K werden bei EDZ als

$$\mathcal{G}_{Ic} \quad \text{und} \quad K_{Ic}\,,$$

bei ESZ als

$$\mathcal{G}_c \quad \text{und} \quad K_c$$

bezeichnet. $\mathcal{G}_{Ic}$ heißt spez. Rißenergie, K_{Ic} wird Rißzähigkeit genannt.

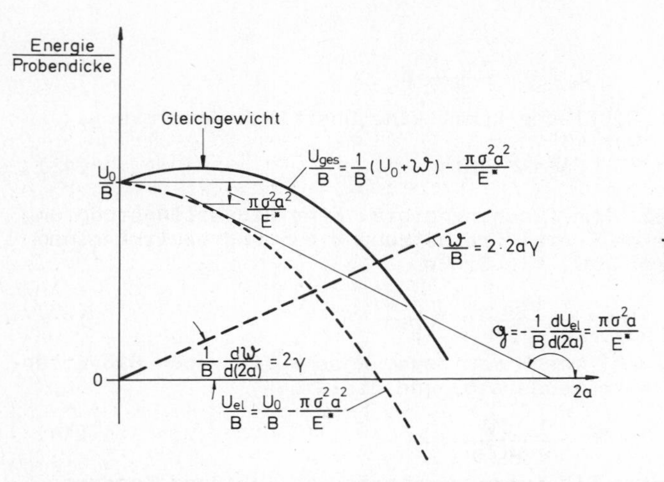

Bild 3: Energetische Verhältnisse bei der Rißverlängerung

Das bei den bisherigen Überlegungen vorausgesetzte ideal linear-elastische Werkstoffverhalten ist eine Abstraktion, die unabhängig von der Größe der Beanspruchung nur linear-elastische und keinerlei plastische Verformungen zuläßt. Bei belasteten realen Werkstoffen ist aber in Rißspitzennähe wegen der dort vorliegenden großen Spannungsbeträge stets mit plastischen Verformungen zu rechnen. Deshalb ist die Übertragung der kennengelernten Beziehungen auf reale Werkstoffe nur dann möglich, wenn Ausmaß und Auswirkung der plastischen Verformung in Rißspitzennähe die umgebende elastische Spannungs- und Verschiebungsverteilung nicht stark beeinflussen. Nach Gl. 13 ist für die instabile Rißverlängerung die Änderung der elastischen Energie der ganzen Werkstoffprobe mit der Rißlänge wesentlich. Solange die plastische Zone vor der Rißspitze sehr klein ist, bleibt der von dort stammende Beitrag zur gesamten freigesetzten elastischen Energie klein. Dann können die entwickelten quantitativen Beziehungen für die die instabile Rißausbreitung bestimmenden Größen weiter benutzt werden. Man spricht allgemein auch dann noch von linear-elastischem Werkstoffverhalten.

Die bei der Beanspruchung eines angerissenen realen Werkstoffes an der Rißspitze entstehende plastische Zone ist also für dessen unterschiedliches Verhalten gegenüber einem ideal linear-elastischen Werkstoff verantwortlich. Sie verändert dort den Spannungszustand und muß daher bei der Bewertung der Rißstabilität beachtet werden. Für die quantitative Behandlung des Problems bietet sich an, die plastische Zone in geeigneter Weise mit in den Riß einzubeziehen und anstelle der wahren Rißlänge mit einer effektiven Rißlänge zu arbeiten. Im betrachteten Fall wird

$$2a_{eff} = 2(a + r_{pl}) \; . \qquad (17)$$

Dabei ist r_{pl} ein Maß für die Abmessung der plastischen Zone an der Rißspitze. Man erreicht dadurch, daß außerhalb der plastischen Zone ($x > a + r_{pl}$) nur elastisch beanspruchte Werkstoffbereiche vorliegen, auf die die oben beschriebenen Grundgleichungen weiterhin angewandt werden können. Eine exakte Berechnung von r_{pl} ist nur näherungsweise möglich, weil elastisch-plastische Spannungs- und Verformungszustände unter Einschluß der Werkstoffverfestigung berücksichtigt werden müssen. Alle Abschätzungen führen aber auf Beziehungen der Form

Form

$$r_{pl} = \alpha \left(\frac{K}{R_{eS}} \right)^2 , \qquad (18)$$

wobei α von den zugrundegelegten Modellvorstellungen sowie vom Beanspruchungszustand abhängt. Das Quadrat des Verhältnisses von Spannungsintensität K und Streckgrenze R_{eS} bestimmt das Ausmaß der plastischen Verformung vor der Rißspitze. Unter EDZ treten kleinere plastische Zonen auf als unter ESZ. Sind somit die Abmessungen der plastischen Zone vor der Rißspitze hinreichend klein, dann können die gleichen energetischen Überlegungen wie oben angestellt werden, wenn nur berücksichtigt wird, daß bei der Rißverlängerung lokale plastische Deformationen auftreten, die sich formal als vergrößerte Oberflächenenergie und damit als erhöhte Rißwiderstandskraft auswirken.

Die Erfahrung zeigt, daß in dicken angerissenen Proben die Bedingungen des EDZ in Rißspitzennähe als Folge der starken Querdehnungsbehinderung ($\epsilon_{zz} = 0$) gut erfüllt sind. An den Oberflächen ist stets $\sigma_{zz} = 0$, so daß dort grundsätzlich ein ESZ vorliegt. Mit abnehmender Probendikke B wird also der unter EDZ stehende innere Probenteil der Dicke B' relativ kleiner. Infolgedessen ist die Unterdrückung der Ausbildung der plastischen Zone bei dicken Proben insgesamt größer als bei dünnen, und man erwartet eine entsprechende Auswirkung auf die Rißverlängerungskraft und auf die sich tatsächlich einstellende Bruchart. Bild 4 faßt das grundlegende Ergebnis schematisch für mit Innenriß versehene Proben zusammen, bei denen die Risse, ausgehend von symmetrisch zu einer zentralen Bohrung gelegenen Sägeschnitten, durch Zugschwellbeanspruchung erzeugt wurden. Im oberen Teil des Bildes ist die Bruchflächenausbildung je einer Probenhälfte skizziert. Die durch Rißverlängerung entstandenen Bruchflächen ändern sich in charakteristischer Weise mit der Probendicke. Überwiegender Trennbruch mit Bruchflächen senkrecht zur Beanspruchungsrichtung tritt nur bei großen B-Werten auf. Bei mittleren Probendicken werden Mischbrüche mit Scherlippen in den oberflächennahen Probenbereichen beobachtet. Kleine Probendicken sind ausschließlich durch Scherbrüche charakterisiert. K_c wächst mit abnehmender Probendicke an und durchläuft ein Maximum, wo erstmals reine Scherbrüche auftreten. Das B'/B-Verhältnis steigt oberhalb der zum maximalen K_c-Wert gehörigen Probendicke kontinuierlich an und nähert sich dem Wert 1 bzw. 100 % bei großen Proben-

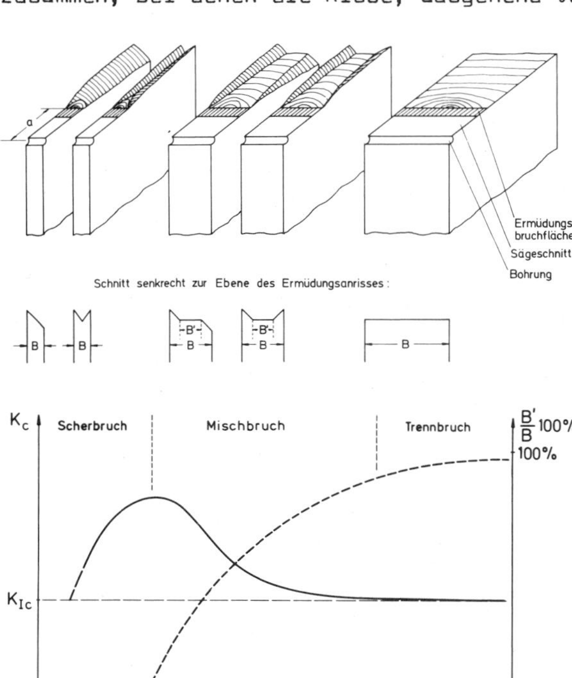

Bild 4: K_c, B - Zusammenhang und dickenabhängige Bruchflächenausbildung rißbehafteter Platten

dicken. Als wichtiges Ergebnis dieser Betrachtungen ergibt sich, daß erst oberhalb einer bestimmten Probendicke ein konstanter und B-unabhängiger K_{Ic}-Wert gemessen wird. Die vorliegende Dickenabhängigkeit der K_c-Werte ist von großer praktischer Bedeutung. Aus dem Gesagten geht einerseits klar hervor, daß nur K_{Ic}-Werte Werkstoffkenngrößen sind. Andererseits haben aber K_c-Werte offenbar für die Beurteilung dünnwandiger Bauteile erhebliche Bedeutung. Eine wichtige Konsequenz des geschilderten Dickeneinflusses ist die Festlegung bestimmter Mindestabmessungen für Proben, an denen Rißzähigkeiten bestimmt werden sollen. Man geht heute davon aus, daß zur hinreichenden Realisierung linear-elastischen Werkstoffverhaltens für die Probendicke B und die unangerissene Probenabmessung W - a (vgl. Bild 5) die Bedingung

$$B, (W-a) \geq 2{,}5 \left(\frac{K_{Ic}}{R_{eS}}\right)^2 \tag{19}$$

erfüllt sein muß.

Zur experimentellen Bestimmung von Rißzähigkeiten hat man somit die Beanspruchung zu ermitteln, bei der bei einer hinreichend dicken Probe instabile Rißausbreitung einsetzt. Dazu ist im Idealfall die Kraft zu messen, bei der die angerissene Probe plötzlich bricht. In der Mehrzahl der Fälle werden jedoch Proben vermessen, die nicht mehr instabil brechen. Dabei setzt bei einer kritischen Spannungsintensität zunächst stabile Rißverlängerung ein als Folge des nicht 100%-igen EDZ über der gesamten Probendicke. Man muß daher zur Ermittlung der Rißzähigkeit den Beginn der stabilen Rißverlängerung möglichst eindeutig feststellen. Das kann mit entsprechendem Aufwand in unterschiedlicher Weise erfolgen, z. B. durch

1) Kraft - Rißöffnungs-Messungen. Dabei wird mit geeigneten Meßgebern die Gesamtverschiebung der Rißufer an einer gut zugänglichen Probenstelle in Abhängigkeit von der belastenden Kraft gemessen.

2) Kraft - Potential-Messungen. Dabei wird ein konstanter elektrischer Strom durch die angerissene Probe geschickt und der elektrische Potentialabfall zwischen den Rißufern der Probe in Abhängigkeit von der belastenden Kraft gemessen.

3) Kraft - Bruchflächen-Beobachtungen. Dabei werden mehrere Proben verschieden stark belastet und nach Entlastung entweder mechanisch zugschwellbeansprucht oder thermisch nachbehandelt und schließlich gebrochen. Auf Grund der Nachbehandlungen kann man den Rißfortschritt auf der Bruchfläche erkennen und vermessen.

Bei derartigen Untersuchungen finden die in Bild 5 gezeigten 3-Punkt-Biegeproben (3 PB-Proben), Compact-Tension-Proben (CT-Proben) und Round-Compact-Tension-Proben (RCT-Proben) Anwendung. In allen Fällen wird der Anriß künstlich durch Zugschwellbeanspruchung (vgl. V 57) erzeugt.

Aufgabe

Für unterschiedlich vergütete Stangen aus 90 MnV 8 ist die Rißzähigkeit bei Raumtemperatur mit Hilfe von Kraft-Rißöffnungs-Messungen zu bestimmen. Der Einfluß der Wärmebehandlung auf die Meßwerte ist darzulegen und zu erörtern.

Versuchsdurchführung

Die Untersuchungen erfolgen mit 3 PB-Proben. Bei diesen besteht zwischen Spannungsintensität K, belastender Kraft F und den Probenabmessungen der Zusammenhang

$$K = \frac{FS}{BW^{3/2}} \; \frac{3\sqrt{\frac{a}{W}}}{2(1+2\frac{a}{W})(1-\frac{a}{W})^{3/2}} \left[1{,}99 - \frac{a}{W}(1-\frac{a}{W})[\,2{,}15 - 3{,}93\frac{a}{W} + 2{,}7(\frac{a}{W})^2\,]\right] \qquad (20)$$

$$\text{für} \qquad 0 \leq \frac{a}{W} \leq 1 \quad \text{und} \quad \frac{S}{W} = 4{,}0.$$

Als Abmessungen werden L = 210 mm, B = 25 mm, W = 50 mm und a ≈ 25 mm gewählt. Für die Messungen steht eine 200 kN-Zugprüfmaschine mit Zu-

Typ	Kurzbezeichnung	Merkmale	Probenform	Mindestabmessungen
3-Punkt Biegeprobe	3 PB	Quaderförmige schlanke Biegeprobe mit einseitigem Kerbgrundanriß an der längeren Schmalseite	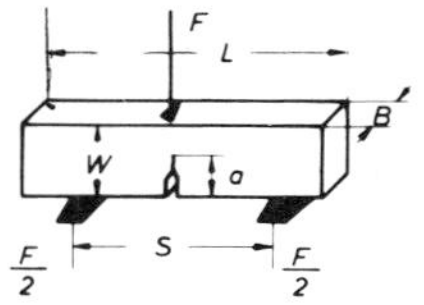 F, L, B, W, a, S, F/2, F/2	$a \geq 2{,}5$, $B \geq 2{,}5$, $W \geq 5{,}0$ $\cdot \left(\frac{K_{Ic}}{R_{eS}}\right)^2$; $S = 4 \cdot W$; $L \geq 4{,}2 \cdot W$
Kompakt-Zugprobe quadratisch	CT	Quaderförmige, nahezu quadratisch begrenzte Zugprobe mit einseitigem Kerbgrundanriß und symmetrisch dazu angebrachten Krafteinleitungsbohrungen	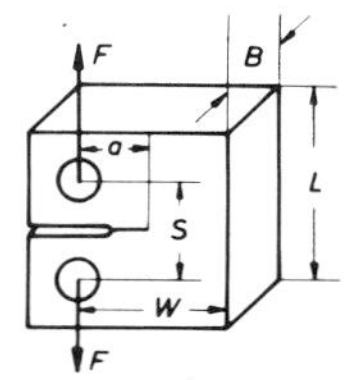 F, B, a, L, S, W, F	$a \geq 2{,}5$, $B \geq 2{,}5$, $W \geq 5{,}0$ $\cdot \left(\frac{K_{Ic}}{R_{eS}}\right)^2$; $W = 2 \cdot B$; $L = 2{,}4 \cdot B$; $S = 1{,}1 \cdot B$
Kompakt-Zugprobe rund	RCT	Zylinderförmige Zugprobe mit radialem Kerbgrundanriß und symmetrisch dazu angebrachten Krafteinleitungsbohrungen	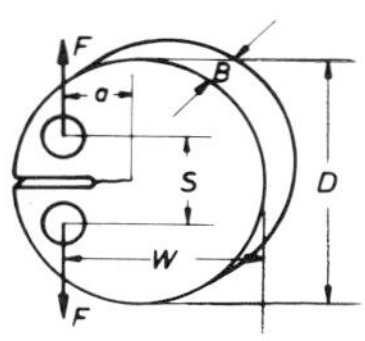 F, a, B, S, D, W, F	$a \geq 2{,}5$, $B \geq 2{,}5$, $W \geq 5{,}0$ $\cdot \left(\frac{K_{Ic}}{R_{eS}}\right)^2$; $S = 0{,}41 \cdot D$; $D = 2{,}7 \cdot B$; $W = 0{,}74 \cdot D$

Bild 5: Häufig benutzte Standardproben zur Ermittlung von Rißzähigkeiten (vgl. ASTM E 399-81)

satzeinrichtungen zur Verfügung (vgl. V 23), so daß leicht 3-Punkt-Biegeversuche durchgeführt werden können. Die Anrißerzeugung der vorgekerbten Proben erfolgt (vgl. V 57) durch geeignete Schwingbeanspruchung. Die maximale Spannungsintensität soll zu Beginn des Anschwingens

$$K_{max} \leq 0{,}8\, K_Q \qquad (21)$$

und während der letzten 2.5 % der Rißlängenerzeugung

$$K_{max} \leq 0{,}6\, K_Q \quad \text{mit} \quad K_{max}/E \lesssim 10^{-2}\,\text{mm}^{1/2} \qquad (22)$$

nicht überschreiten. Die Kraftanstiegsgeschwindigkeit für die Rißzähigkeitsbestimmung ist innerhalb der Grenzen

$$0{,}3 \leq \dot{F} \leq 1{,}5 \;\text{kN/s} \qquad (23)$$

zu wählen. Die Rißaufweitung wird mit einem speziellen Wegaufnehmer ermittelt, dessen prinzipieller Aufbau aus Bild 6 hervorgeht. Er besteht

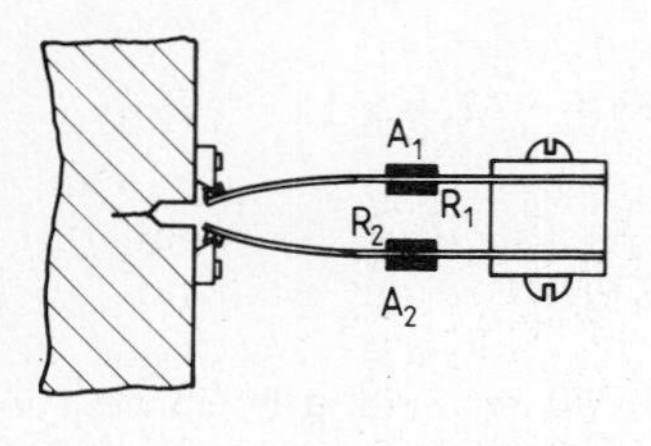

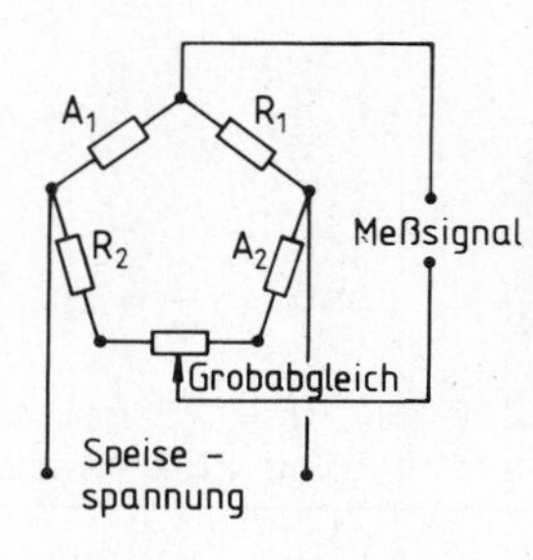

Bild 6: Wegaufnehmer zur Erfassung der Rißaufweitung (crack opening displacement, COD) und dabei angewandte Meßschaltung

aus zwei Federstegen, die auf ihren beiden Flachseiten mit je einem Dehnungsmeßstreifen versehen sind. Die Stege des Aufnehmers werden in Schneiden eingehängt, die auf die Biegeprobe beiderseits der Kerbe aufgeschraubt werden. Die Verschiebung der Aufhängepunkte v (F) wird mit Hilfe der in Bild 6 angegebenen Brückenschaltung gemessen. Bei derartigen Untersuchungen treten die in Bild 7 aufgezeichneten Grundtypen von F,v-Kurven auf, die mit Hilfe des sog. Sekantenverfahrens ausgewertet werden. Dazu werden in die Meßschriebe Sekanten S gelegt, die gegenüber den linearen Anfangsteilen der F,v-Kurven (den Anfangstangenten T) eine um 5 % geringere Steigung besitzen. Der Schnittpunkt der Sekante mit der Originalkurve wird F_x genannt. Auf diese Weise kann man neben F_x auch die Kraft $F = 0.8\ F_x$ und die Rißaufweitungszunahmen Δv_x und Δv bestimmen. Dem Kurvenverlauf lassen sich unmittelbar $\hat{F}$ und F_{max} entnehmen. Schließlich ermittelt man an der gebrochenen Probe die zu Versuchsbeginn vorgelegene Rißlänge

$$a = \frac{1}{3}(a_1 + a_2 + a_3)\ . \qquad (24)$$

Dazu werden, wie in Bild 8 angedeutet, die Rißlängen a_1, a_2 und a_3 bei 1/4, 1/2 und 3/4 der Probendicke gemessen. Stets muß

$$a_i \geq 0{,}95\, a \qquad (25)$$

und die Rißlänge an den Seitenflächen

$$a_{si} \geq 0{,}90\, a\ . \qquad (26)$$

sein

Bild 7: Grundtypen (I - III) von F,v-Diagrammen bei der K_{Ic} - Bestimmung

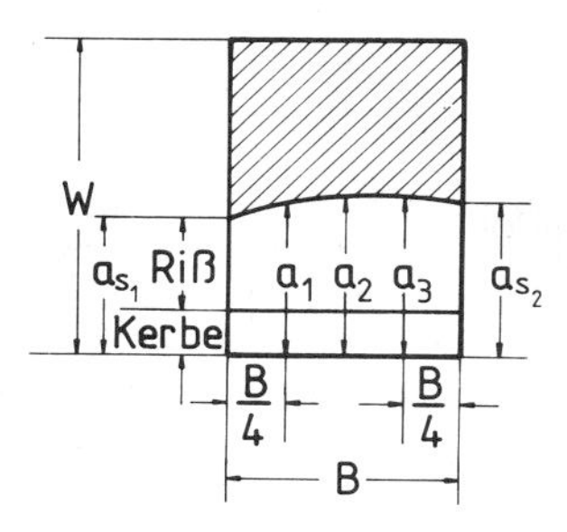

Bild 8: Zur Festlegung der Rißlänge

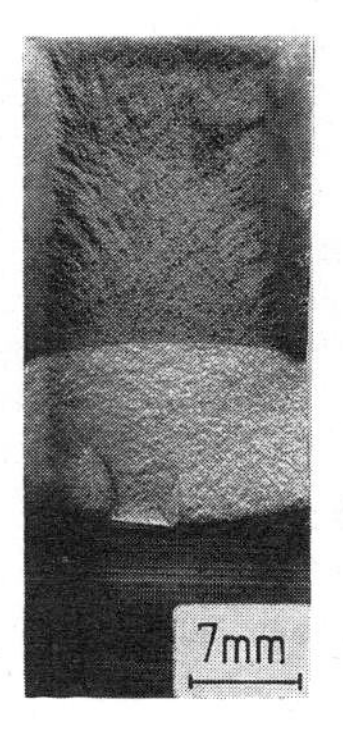

Bild 9: Die beiden Bruchflächen der CT-Probe einer hochfesten Al-Legierung. Im Probenbereich instabiler Rißausbreitung treten Scherlippen (vgl. Bild 4) **auf**

In Bild 9 sind die Bruchflächen einer CT-Probe wiedergegeben. Die gekrümmte Begrenzung des durch Ermüdung erzeugten Anrisses ist deutlich zu erkennen.

Der endgültigen K_{Ic}-Bestimmung werden dann die folgenden weiteren Auswertungsschritte zugrundegelegt:

1) Ermittlung der für die Rißausbreitung als kritisch angesehenen Kraft.

$F_Q = F_x$ bei Kurventyp I,
$F_Q = \hat{F}$ bei Kurventyp II,
$F_Q = F_{max}$ bei Kurventyp III.

2) Nachweis, daß

$$\Delta v \leq 0{,}25\,\Delta v_x \qquad (27)$$

und neuerdings einfach, daß

$$F_{max}/F_Q \leq 1{,}10\ . \qquad (28)$$

3) Berechnung von K_Q durch Einsetzen von F_Q in Gl. 20.

4) Kontrolle, ob

$$K_Q \leq R_{eS}\sqrt{\frac{a}{2{,}5}} \quad \text{bzw.} \quad R_{eS}\sqrt{\frac{B}{2{,}5}} \qquad (29)$$

erfüllt ist.

5) Sind die Gl. 27, 28 und 29 erfüllt, dann ist

$$K_Q = K_{Ic}\ . \qquad (30)$$

6) Sind die Gl. 27, 28 und 29 nicht erfüllt, dann ist

$$K_Q \neq K_{Ic} \qquad (31)$$

und der Versuch muß mit größerer Probendicke wiederholt werden.

Literatur: 77, 123, 124, 125, 126.

V55

Grundlagen

In Bild 1 sind ein rißfreier und ein rißbehafteter Probekörper aufgezeichnet, deren untere Enden (Probenquerschnitt A_0, Probenlänge l_0, Rißlänge 2a) starr fixiert und deren obere Enden mit einer Zugkraft F beaufschlagt sind. Bei der rißfreien Probe besteht zwischen Probenverlängerung Δl und Zugkraft F der Zusammenhang

$$\Delta l = c_0 F \quad , \tag{1}$$

wobei auf Grund des Hooke'schen Gesetzes (vgl. V 24)

$$c_0 = \frac{l_0}{E A_0} \tag{2}$$

ist. Bei der rißbehafteten Probe gilt dagegen

$$\Delta l = c F \tag{3}$$

wobei sich c auf Grund der Proben- und Rißgeometrie sowie der elastischen Probeneigenschaften zu

$$c = \frac{l_0}{E A_0} f(2a)$$

ergibt. c ist die reziproke Federkonstante des Systems und wird Nachgiebigkeit oder Compliance der angerissenen Probe genannt. c wächst mit der Rißlänge an. Die sich ergebenden F,ΔL - Zusammenhänge sind im unteren Teil von Bild 1 schematisch wiedergegeben. Solange keine Rißverlängerung auftritt, ist die reversibel von der Probe aufnehmbare Verformungsarbeit durch

$$U_{el} = \int_0^{\Delta l} F \, d(\Delta l) = \frac{1}{2} F \Delta l = \frac{1}{2} F^2 c = \frac{1}{2} \frac{(\Delta l)^2}{c} \tag{5}$$

gegeben. Verlängert sich der Riß bei einer bestimmten Beanspruchung um d (2a), so lassen sich die Veränderungen des Systems auf Grund der total differenzierten Gl. (3)

$$d(\Delta l) = F\,dc + c\,dF \tag{6}$$

beurteilen. Da man für d (2a) > 0 sowohl eine Probenverlängerung d (Δl) > 0 als auch eine Kraftabnahme dF < 0 erwarten kann, muß stets dc > 0 sein. Die Nachgiebigkeit nimmt also mit der Rißverlängerung zu. Wenn der Riß sich verlängert, ändert sich auf jeden Fall die elastisch in der Probe gespeicherte Energie. Ist damit eine Verlagerung der Kraftangriffspunkte verbunden, so ändert sich zusätzlich die potentielle Energie des Systems um den Betrag, der dem Produkt aus Kraftangriffspunktverlagerung und Kraft entspricht.

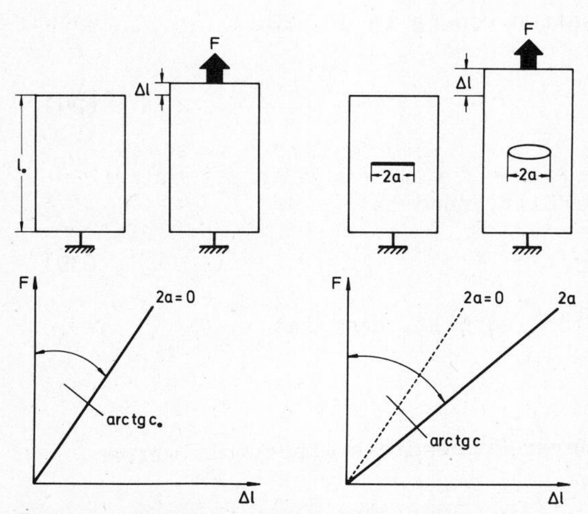

Bild 1: Vergleich des Kraft-Verlängerungsverhaltens eines rißfreien und eines rißbehafteten Probekörpers

Bei der Betrachtung von Rißverlängerungen ist es zweckmäßig, die Grenzfälle konstanter Kraft und konstanter Probenlänge zu unterscheiden. Sie sind in Bild 2 schematisch aufgezeichnet. Bei Δl= const. tritt keine Arbeit ($d\mathfrak{A}$= 0) der belastenden Kraft F auf. Die elastische Energieänderung, durch den schraffierten Bereich in Bild 2 (links) gegeben, berechnet sich aus Gl. 5 in der hier ausreichenden Näherung zu

$$dU_{el} = -\frac{1}{2}\frac{(\Delta l)^2}{c^2}\,dc \approx -\frac{1}{2}F^2 dc\,. \tag{7}$$

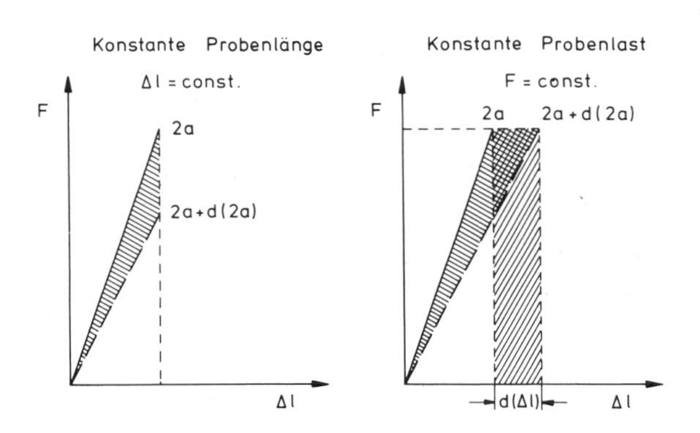

Bild 2: Auswirkung der Rißverlängerung bei konstanter Probenlänge bzw. konstanter Probenlast auf das F,Δl -Diagramm

Die elastisch gespeicherte Energie nimmt also mit der Rißverlängerung ab. Die Änderung der gesamten potentiellen Energie des Belastungszustandes ist somit durch

$$d(\mathfrak{A} + U_{el}) = -\frac{1}{2}F^2 dc \tag{8}$$

gegeben. Bei F = const. tritt dagegen eine zusätzliche Arbeit der belastenden Kraft und damit eine Abnahme der ihr zukommenden potentiellen Energie auf, die durch den rechteckig begrenzten, schräg schraffierten Bereich in Bild 2 (rechts) bestimmt und daher durch

$$d\mathfrak{A} = -F\,d(\Delta l) = -F^2 dc \tag{9}$$

gegeben ist. Gleichzeitig nimmt die elastische Energie der Probe um

$$dU_{el} = \frac{1}{2}F\,d(\Delta l) = \frac{1}{2}F^2 dc \tag{10}$$

zu, was dem schraffierten Zwickel in diesem Bild entspricht. Die Änderung der gesamten potentiellen Energie ist also

$$d(\mathfrak{A} + U_{el}) = -F^2 dc + \frac{1}{2}F^2 dc = -\frac{1}{2}F^2 dc \tag{11}$$

und somit ebenso groß wie im Falle konstanter Probenlänge. Während also die elastische Energie der Probe mit der Rißverlängerung bei Δl = const. abfällt, wächst sie bei F = const. mit der Rißverlängerung an. Bei Δl = const. liefert die bei der Rißverlängerung freiwerdende Energie des elastischen Spannungsfeldes der Probe die zur Rißverlängerung erforderliche Energie. Bei F = const. wird die zur Rißverlängerung erforderliche Energie dagegen von der Reduzierung der potentiellen Energie des wirksamen Lastsystems geliefert. Wesentlich ist aber, wie die Gl. 8 und 11 zeigen, daß die mit der Rißverlängerung verbundenen energetischen Änderungen - wenn man kinetische Energieanteile vernachlässigt - unabhängig von den betrachteten Versuchsführungen sind. Diese Aussage darf auch auf andere Versuchsführungen übertragen werden, so daß der Beanspruchungsfall konstanter Probenlänge als für alle anderen Fälle hinreichend repräsentativ angesehen werden kann. Dann läßt sich (vgl. V 54) als Energiefreisetzungsrate pro Rißflächenzuwachs allgemein als

$$\mathcal{G} = -\frac{1}{B}\,\frac{d(\mathfrak{a}+U_{el})}{d(2a)} \qquad (12a)$$

oder mit $d\,\mathfrak{a} = 0$ als

$$\mathcal{G} = -\frac{1}{B}\,\frac{dU_{el}}{d(2a)} \qquad (12b)$$

festlegen. Mit Gl. 3 und 7 folgt daraus

$$\mathcal{G} = \frac{1}{2}\,\frac{F^2}{B}\,\frac{dc}{d(2a)} = \frac{1}{2}\,\frac{F^2}{B}\,\frac{d\left(\frac{\Delta l}{F}\right)}{d(2a)}, \qquad (13)$$

so daß sich die Energiefreisetzungsrate experimentell in einfacher Weise aus Compliancemessungen bestimmen läßt.

Aufgabe

Über Compliance-Messungen ist für CT-Proben aus AlZnMgCu 0.5 der Zusammenhang zwischen Rißöffnung und belastender Kraft bei verschiedenen a/W-Verhältnissen zu bestimmen und mit rechnerischen Lösungen zu vergleichen. Ferner sind die bei einsetzender instabiler Rißausbreitung vorliegenden Energiefreisetzungsraten anzugeben und mit den aus den Rißzähigkeiten berechneten zu vergleichen.

Versuchsdurchführung

Es liegen fünf CT-Proben aus AlZnMgCu 0,5 der Dicke B = 25 mm mit den a/W-Verhältnissen 0.350, 0.375, 0.400, 0.425 und 0.450 vor (vgl. Bild 5 in V 54). Zur Vermessung werden die einzelnen Proben jeweils über ein Bolzengestänge in eine Zugprüfmaschine eingespannt. Dann wird, wie aus Bild 3 ersichtlich, die Rißöffnung v (vgl. V 54) und die Verschiebung der Lastangriffspunkte Δl als Funktion der belastenden Kraft F gemessen. Aus den F,Δl - Kurven werden die für die einzelnen Proben gültigen Compliances $\Delta l / \Delta F = c$ entnommen, als Funktion von a/W aufgetragen und durch eine Ausgleichskurve angenähert. Der Kurvenverlauf wird mit der Beziehung

$$c = \frac{1}{EB}\left[\,103{,}8 - 930{,}4\,\frac{a}{W} + 3600\left(\frac{a}{W}\right)^2 - 5930{,}5\left(\frac{a}{W}\right)^3 + 3979\left(\frac{a}{W}\right)^4\right] \qquad (14)$$

verglichen, die als gute Näherung für CT-Proben angesehen werden kann.

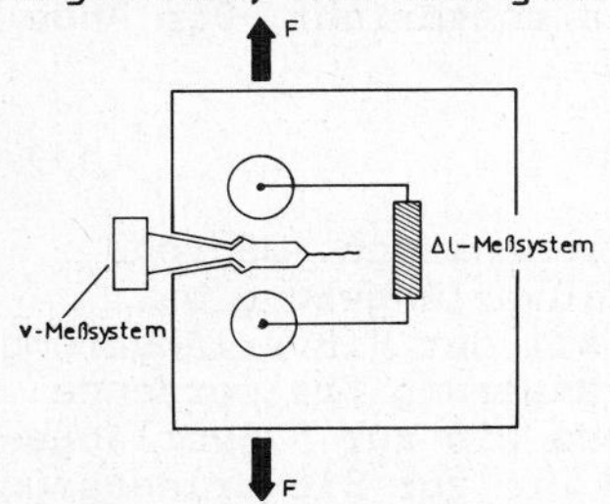

Bild 3: v- und Δl-Messung (schematisch)

Danach werden die Proben bis zum Bruch durch Rißausbreitung belastet. Dabei ergeben sich F,v-Kurven vom Typ I (vgl. Bild 7 in V 54). Daraus werden nach dem Sekantenverfahren die F_Q-Werte entnommen. Mit $F_Q = F$ und den empirisch erhaltenen Änderungen der Compliance mit der Rißlänge wird die Energiefreisetzungsrate nach Gl. 13 berechnet. Ferner werden mit den F_Q-Werten nach V 54 die Rißzähigkeiten K_{Ic} bestimmt und daraus die zugehörigen spez. Rißenergien $\mathcal{G}_{Ic}$ ermittelt. Die Ergebnisse werden verglichen und erörtert.

Literatur: 123,124.

Kriechen **V 56**

Grundlagen

Bei höheren Temperaturen verlieren metallische Werkstoffe mehr und mehr ihre Fähigkeit, statische Beanspruchungen rein elastisch zu ertragen. Unter der Wirkung hinreichend großer Nennspannungen treten zeitabhängige plastische Deformationen auf. Man sagt, der Werkstoff "kriecht". Der bei gegebener Nennspannung und Temperatur bestehende Zusammenhang zwischen totaler bzw. plastischer Dehnung und Zeit wird als Kriechkurve bezeichnet. Mit Kriechdehnungen in technisch interessantem Ausmaße muß unter statischer Beanspruchung bei Temperaturen

$$T \geq 0{,}4\, T_S \quad [K] \tag{1}$$

gerechnet werden, wenn T_S die Schmelztemperatur des Werkstoffes in Grad K ist. Aus Bild 1 kann man für einige reine Metalle die Schmelztemperaturen und die zugehörigen $0.4\ T_S$-Werte entnehmen. Bei einem mit der Zugspannung

$$\sigma_n = \frac{F}{A_o} \tag{2}$$

(F Zugkraft, A_o Probenausgangsquerschnitt) beaufschlagten Werkstoff stellt sich bei gegebener Temperatur und definierten sonstigen Umgebungsbedingungen zwischen der plastischen Dehnung

$$\varepsilon_p = \varepsilon_t - \varepsilon_e = \varepsilon_t - \frac{\sigma_n}{E} \tag{3}$$

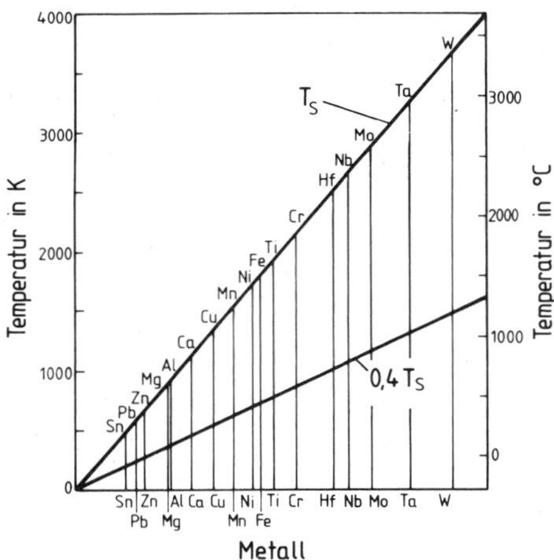

Bild 1: T_S und $0.4\ T_S$ einiger reiner Metalle

(ϵ_t totale Dehnung, ϵ_e elastische Dehnung, E Elastizitätsmodul) und der Zeit t der in Bild 2 schematisch aufgezeichnete Zusammenhang ein. Dabei ist angenommen, daß nach Aufprägung der Zugspannung σ_n eine plastische Anfangsdehnung ϵ_{po} auftritt. Diese kann Null sein, wenn mit so kleinen Zugspannungen gearbeitet wird, daß nach Belastungseinstellung zunächst nur elastische Dehnungen vorliegen. Bei dem betrachteten Beispiel nimmt im Zeitintervall $0 < t < t_1$, dem primären Kriechbereich (I), die plastische Dehnung anfangs schneller, später langsamer zu. Die Kriechgeschwindigkeit $\dot{\epsilon}_p = d\epsilon_p/dt$ fällt kontinuierlich ab. Im Zeitintervall $t_1 < t < t_2$, dem sekundären Kriechbereich (II), ändert sich die plastische Dehnung linear mit der Beanspruchungszeit. Die Kriechgeschwindigkeit $\dot{\epsilon}_p = \dot{\epsilon}_s$ ist konstant. Im Zeitintervall $t_2 < t < t_B$, dem tertiären Kriechbereich (III), nehmen die pla-

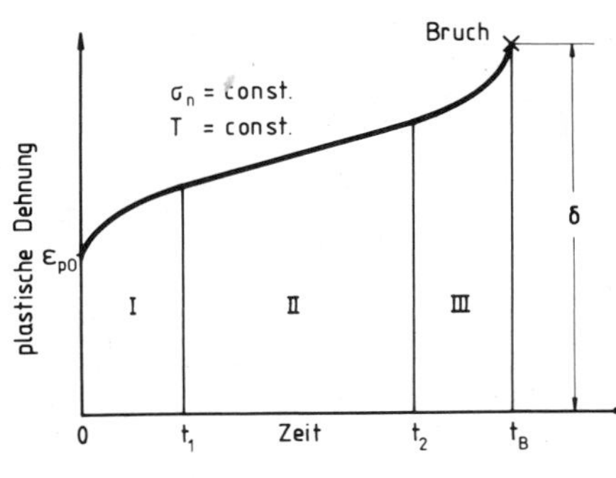

Bild 2: Kriechkurve (schematisch)

stische Dehnung und die Dehnungsgeschwindigkeit stetig zu, bis bei $t = t_B$ nach Erreichen eines bestimmten Dehnungswertes $\epsilon_p = \delta$ die Probe unter Einschnürung zu Bruch geht. Da die Verformungsprozesse im Kriechstadium III sehr rasch ablaufen können, sind sie experimentell vielfach nicht sehr genau erfaßbar.

Das Auftreten von Bereichen konstanter Kriechgeschwindigkeit in den Kriechkurven deutet auf ein dynamisches Gleichgewicht zwischen verfestigend und entfestigend wirkenden strukturmechanischen Prozessen in den Körnern der Kriechproben hin. Für die Bewertung des Langzeitverhaltens unter gegebenen Beanspruchungsbedingungen stellt daher $\dot{\epsilon}_s$ die wesentliche Werkstoffreaktion dar. In vielen Fällen besteht zwischen $\dot{\epsilon}_s$ und Bruchzeit t_B ein empirischer Zusammenhang der Form $\dot{\epsilon}_s \sim 1/t_B$. Bei einer Reihe von Aluminium-, Kupfer-, Eisen- und Nickelbasislegierungen ist die Beziehung

$$\lg t_B + m \lg \dot{\epsilon}_S = \text{const.} \qquad (4)$$

mit $0.77 < m < 0.93$ und $0.48 < \text{const.} < 1.3$ erfüllt.

Die vorliegenden empirischen Daten vieler Werkstoffe zeigen, daß bei höheren Temperaturen die Selbstdiffusion der Atome die den Kriechprozeß kontrollierende oder zumindest die dafür wesentliche Werkstoffkenngröße ist. Ähnliche Versuchsergebnisse wie die in Bild 3 schematisch wiedergegebenen dienen als Beleg für diese Feststellung. Im linken Teilbild sind doppeltlogarithmisch die mit Proben gleicher Korngröße bei verschiedenen Temperaturen gewonnenen $\dot{\epsilon}_s$-Werte als Funktion der Spannung aufgetragen. Bezieht man die $\dot{\epsilon}_s$-Werte auf die bei den einzelnen Temperaturen gültigen Diffusionskoeffizienten D, so ordnen sie sich in einem $\lg \dot{\epsilon}_s/D$, $\lg \sigma_n$-Diagramm längs einer einzigen Ausgleichsgeraden an. Es gilt also

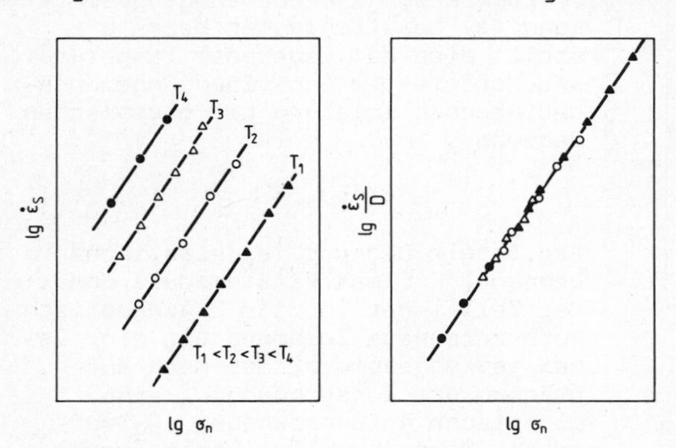

Bild 3: $\lg\dot{\epsilon}_s$, $\lg\sigma_n$- und $\lg\dot{\epsilon}_s/D$, $\lg\sigma_n$-Diagramme für den stationären Kriechbereich

$$\dot{\epsilon}_S = c_0 \sigma_n^q D = c_1 \sigma_n^q \exp(-\frac{Q}{RT}), \qquad (5)$$

wobei Q die Aktivierungsenergie für die Selbst- bzw. Fremdatomdiffusion, R die Gaskonstante und T die absolute Temperatur ist. c_0, c_1, q und Q sind werkstoffabhängig. q-Werte zwischen 1 und 8 werden beobachtet. Bei hohen Spannungen ist der das exponentielle Anwachsen von $\dot{\epsilon}_s$ mit der Temperatur bestimmende strukturmechanische Prozeß das spannungs- und diffusionskontrollierte Klettern von Stufenversetzungen. Dieses wird bei tieferen Temperaturen durch Diffusion der Gitteratome längs der Versetzungslinien, bei höheren Temperaturen durch Volumendiffusion gesteuert. Je größer die Spannung, desto ausgeprägter läuft bei gegebener Temperatur der Kletterprozeß ab und um so mehr Gleitversetzungen sind verfügbar. Man spricht von Versetzungs- oder Potenz-Gesetz-Kriechen.

Bei kleinen Spannungen werden Kriechprozesse wirksam, die auf der spannungsinduzierten Diffusion von Gitteratomen zu den senkrecht zur Beanspruchungsrichtung orientierten Korngrenzen eines Vielkristalls beruhen. Die physikalische Ursache dafür ist die erleichterte Leerstellenbildung in Bereichen gedehnter gegenüber kontrahierter Werkstoffvolumina. Als Folge davon entsteht ein Leerstellenstrom von senkrecht zu parallel zur Beanspruchungsrichtung orientierten Korngrenzen. Der damit verbundene Gitteratomtransport in entgegengesetzter Richtung führt zur makroskopischen Verlängerung der Kriechprobe. Dabei werden die Kriechdehnungen bei Temperaturen nahe des Schmelzpunktes durch spannungsgesteuerte Diffusionsprozesse in korngrenzennahen Werkstoffvolumenbereichen (sog. Herring-Nabarro-Kriechen) bewirkt. Für die Kriechgeschwindigkeit gilt

$$\dot{\varepsilon}_S = c_2 \frac{\sigma_n D_V}{d^2} \tag{6}$$

wobei D_V der Volumendiffusionskoeffizient und d der mittlere Korndurchmesser ist. Auch bei schmelzpunktferneren Temperaturen wird eine mit σ_n anwachsende Kriechgeschwindigkeit beobachtet. Dann bestimmen jedoch spannungsgesteuerte Diffusionsprozesse längs der Korngrenzen (sog. Coble-Kriechen) die Kriechgeschwindigkeit, die sich zu

$$\dot{\varepsilon}_S = c_3 \frac{\sigma_n D_{KG}}{d^3} \tag{7}$$

ergibt, mit D_{KG} als Korngrenzendiffusionskoeffizient. Damit keine Hohlräume zwischen den Körnern entstehen, sind Abgleitprozesse längs der Korngrenzen eine notwendige Begleiterscheinung der beschriebenen Prozesse. Sowohl das Herring-Nabarro- als auch das Coble-Kriechen bezeichnet man als Diffusionskriechen.

Den gesamten Spannungs-, Zeit- und Temperatureinfluß auf das Kriechen metallischer Werkstoffe bei höheren Temperaturen faßt man unter dem Begriff "Zeitstandverhalten" zusammen. Um darüber ein einigermaßen zutreffendes Bild zu bekommen, müssen bei mehreren Temperaturen Kriechkurven unter mehreren Belastungen ermittelt werden. Man erhält dann bei konstanter Prüftemperatur ähnliche Kurvenscharen wie in Bild 4a. Dort ist

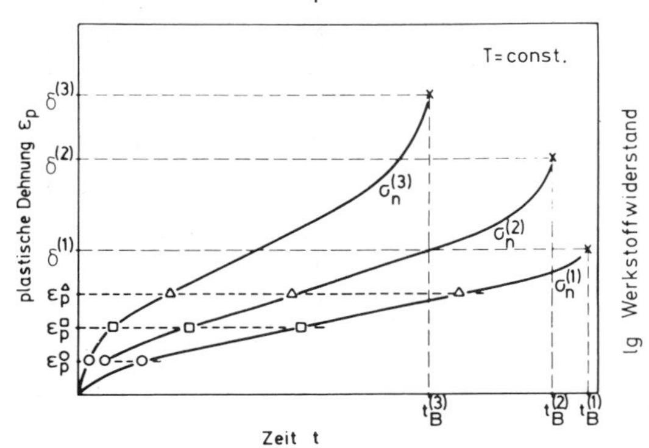

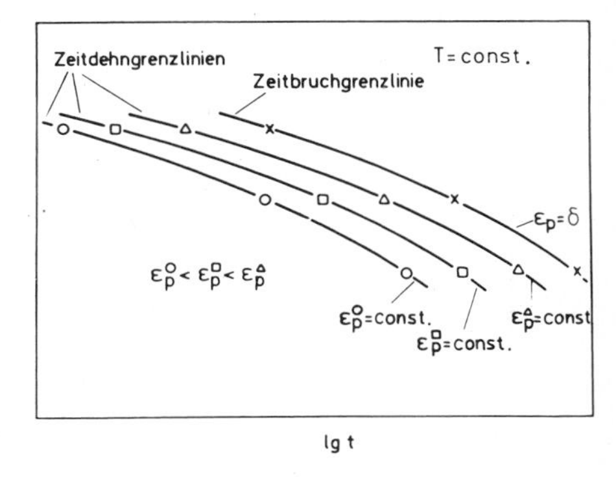

Bild 4: Kriechkurven (a) und daraus entwickeltes Zeitstanddiagramm (b)

für t = 0 vorausgesetzt, daß $\epsilon_t = \epsilon_e = \sigma_n/E$ und damit $\epsilon_p = 0$ ist. Aus diesen Kriechkurven ergibt sich das in Bild 4 schematisch aufgezeichnete Zeitstanddiagramm, wenn für ϵ_p = const. und für die Bruchdehnung $\epsilon_B = \delta$ die den Nennspannungen σ_n entsprechenden Werkstoffwiderstände R über den zugehörigen Zeiten t doppeltlogarithmisch gegeneinander aufgetragen werden. Die Ausgleichskurven durch die Meßwerte bei ϵ_p = const. werden Dehngrenzlinien genannt. Sie bestimmen die Zeitdehngrenzen

$$R^{(T)}_{px/t} \quad ,$$

also die Werkstoffwiderstandsgrößen gegen das Überschreiten einer plastischen Deformation $\epsilon_p = x\,\%$ in der Zeit t bei der Temperatur T. Die Ausgleichskurve durch die den Kriechbrüchen zukommenden Wertepaaren aus Bruchwiderstand und Zeit ergibt die Zeitbruchgrenzlinie. Ihr entnimmt man, wie lange bestimmte Nennspannungen bei gegebener Temperatur bis zum Bruch ertragen werden. Diese Werkstoffwiderstandsgrößen heißen Zeitstandfestigkeiten und werden als $R_{m/t}^{(T)}$ bezeichnet. In Bild 5 ist als Beispiel das Zeitstanddiagramm einer Hochtemperaturlegierung auf Nickelbasis (Inconel 702 mit 15.6 Masse-% Cr, 3.4 Masse-% Al, 0.7 Masse-% Ti und weiteren kleineren Zusätzen von Co, Mo, Fe, V, Zr und B) wiedergegeben. Den Zeitbruchgrenzlinien sind als Zahlen die Zeitbruchdehnungen in % beigefügt. Manchmal werden zusätzlich auch die Zeitbrucheinschnürungen angegeben. Dann werden die beiden Maßzahlen in der Form x(y) vermerkt, wobei x die Zeitbruchdehnung und y die Zeitbrucheinschnürung ist. Werden für einen Werkstoff bei mehreren Temperaturen die Zeitbruchgrenzlinien ermittelt, so lassen sich Zeitstandfestigkeits-Temperatur-Diagramme für verschiedene Bruchzeiten angeben.

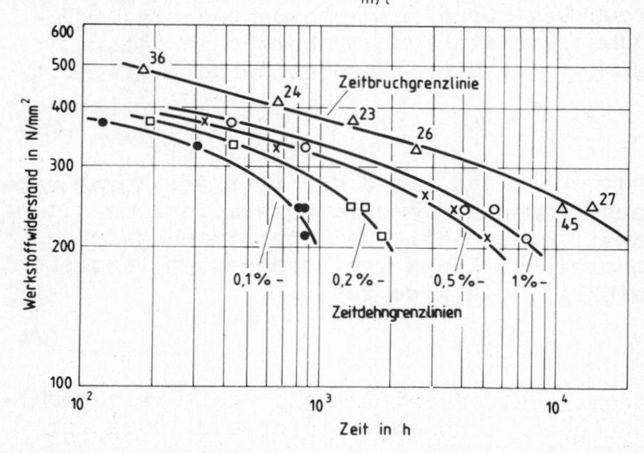

Bild 5: Zeitstanddiagramm von Inconel 702 bei der Beanspruchungstemperatur 649 °C

Kriechversuche werden in Zeitstandanlagen durchgeführt. Sie bestehen entweder aus einem kräftigen Maschinenrahmen zur Aufnahme mehrerer Kriechstände oder aus mehreren Einzelrahmen zur Aufnahme je eines Kriechstandes. Jeder Kriechstand umfaßt stets eine Einspann- und eine Belastungsvorrichtung, meist eine Dehnungsmeßeinrichtung sowie immer einen Ofen, mit dem über geeignete Temperaturmeß- und Regelsysteme an der zu prüfenden Probe der angestrebte Temperatur-Zeit-Verlauf realisiert werden kann. In Einzelkriechständen lassen sich auch mehrere Prüfstränge anbringen, die zudem noch mehrere Proben enthalten können. Meist wird mit widerstandsbeheizten Konvektionsöfen gearbeitet, mit denen sich Prüftemperaturen im Bereich zwischen 250 °C und 1000°C einstellen lassen. Aber auch Infrarotstrahlungsöfen finden Anwendung. Die Temperaturmessungen werden entweder mit Thermoelementen oder mit Thermowiderständen durchgeführt. Bei den meisten Anlagen (vgl. Bild 6a) erfolgt die Probenbelastung über den oberen Spannkopf mit Hilfe einer Hebelwaage und aufsetzbaren Gewichten, wobei oft eine automatische Hebelnachstellung für Versuche mit konstanter wahrer Spannung vorgesehen ist. Daneben finden aber auch Maschinen Anwendung (vgl. Bild 6b), bei denen die Probenbeanspruchung über servomotorgesteuerte Federbelastung erfolgt. Auch hydraulische, pneumatische oder servohydraulische Belastungseinrichtungen werden benutzt. Die Probenverlängerungen (vgl. V 24) werden über geeignete Aufnehmersysteme (Extensometer) entweder mit Präzisionsmeßuhren hoher Auflösung (0.005 mm) oder über induktive bzw. kapazitive Meßeinrichtungen (Weggeber) kontinuierlich ermittelt. Oft werden aber auch die Zeitstandversuche unterbrochen und die Verlängerungsbestimmungen an den "zwischenausgebauten" Proben vorgenommen, wenn diese mit geeigneten Markierungen (z. B. Härteeindrücken) versehen wurden. Bild 7 zeigt einen modernen mikroprozessorgesteuerten Einzelkriechstand.

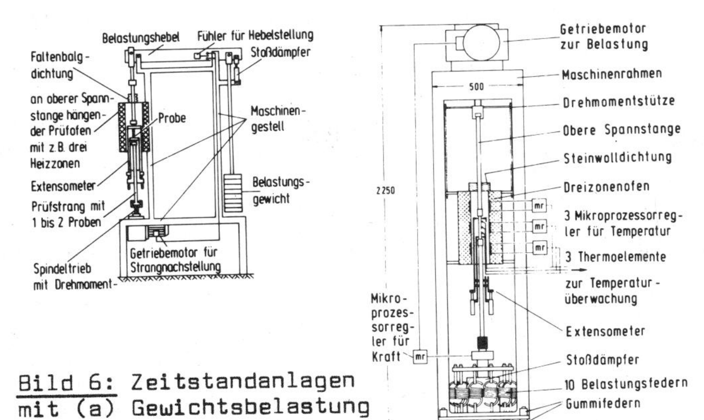

Bild 6: Zeitstandanlagen mit (a) Gewichtsbelastung und (b) Federbelastung

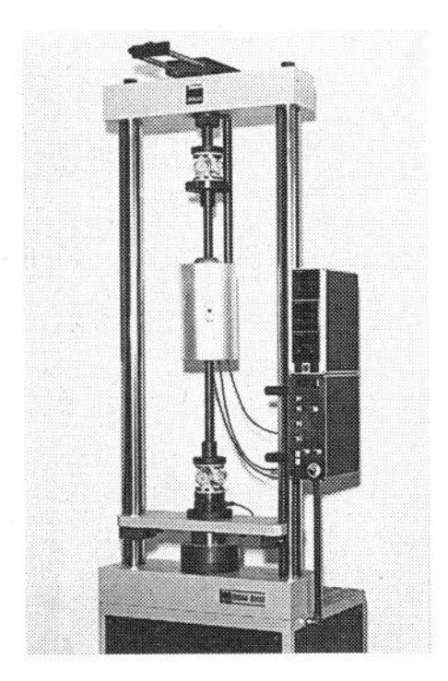

Bild 7: Moderner Einzelkriechstand (Bauart Amsler)

Aufgabe:

Für einen austenitischen Stahl ist das Kriechverhalten im Temperaturintervall $T_1 < T\ ^{o}C < T_2$ zu untersuchen. Sechs Kriechkurven, die zur Ergänzung bereits vorliegender Versuchsergebnisse dienen, sind durch weitere Meßwerte zu ergänzen. Das zwischen Bruchzeit und sekundärer Kriechgeschwindigkeit gültige Potenzgesetz ist zu ermitteln. Für drei Temperaturen sind Zeitstanddiagramme zu erstellen. Die für $t = 10^3$ h bestehende Temperaturabhängigkeit der Zeitstandfestigkeit und der 1 %-Zeitdehngrenze ist anzugeben.

Versuchsdurchführung

Mit Gewindeköpfen versehene Rundproben mit 5 mm Meßstreckendurchmesser und 50 mm Meßstreckenlänge werden in die Probenfassungen der Kriechstände einer mit Hebelgewichtsbelastung arbeitenden Zeitstandanlage eingeschraubt, langsam erwärmt und zunächst unbelastet gehalten bis zum Erreichen der vorgesehenen Prüftemperaturen. Nach Aufbringung von Vorlasten von 10 % der Sollbelastungen werden die Meßuhren eingestellt. Die vollen Prüflasten werden aufgebracht, wenn sich unter der jeweiligen Vorlast sowohl die Probentemperatur als auch die Meßuhrenanzeige mindestens 5 min lang nicht verändern. Während der Versuche werden die totalen Verlängerungen der Meßlänge der Proben in geeigneten Zeitintervallen abgelesen. Daraus werden zunächst die totalen Dehnungen ϵ_t berechnet und dann unter Berücksichtigung der Temperaturabhängigkeit des Elastizitätsmoduls (vgl. V 24) die plastischen Dehnungen ϵ_p bestimmt. Alle Spannungen werden als Nennspannungen angegeben. Die Proben werden bei relativ hohen Temperaturen mit hinreichend großen Nennspannungen beansprucht, damit relativ große Kriechraten auftreten.

Unter Einschluß bereits vorliegender Kriechkurven werden zunächst die bei zwei Temperaturen für verschiedene Nennspannungen bestehenden $\epsilon_s, 1/t_B$-Zusammenhänge geklärt. Durch doppeltlogarithmische Auftragung wird überprüft, ob ein einfaches Potenzgesetz gültig ist. Dann werden die Zeitstanddiagramme mit den Zeitbruchlinien und den 0.2 %-, 1 %- und 2 %-Zeitdehngrenzlinien ermittelt. Anschließend wird unter Heranziehung von weiteren Zeitstanddiagrammen für andere Temperaturen die Temperaturabhängigkeit von $R_{p1.0/10^3}$ und $R_{m/10^3}$ bestimmt, in Diagrammform wiedergegeben und erörtert.

Literatur: 75, 76, 127, 128, 129, 130.

V 57

Grundlagen

Metallische Werkstoffe ertragen sinusförmig aufgeprägte Spannungen auch dann nicht beliebig oft ohne Bruch, wenn die Spannungsamplitude relativ klein gegenüber der im Zugversuch (vgl. V 25) ermittelten Zugfestigkeit ist. In vielen Fällen, z. B. bei normalisierten unlegierten Stählen, gehen zug-druck-wechselbeanspruchte Proben selbst dann noch zu Bruch, wenn die Spannungsamplitude kleiner als die Streckgrenze der Werkstoffe ist. Das Werkstoffverhalten wird also durch die Spannungsamplitude und die Häufigkeit ihrer Wiederholung bestimmt. Daneben wirken sich die Mittelspannung, die Beanspruchungsart, die Umgebungsbedingungen und die Probengeometrie auf die Schwingfestigkeit aus. Diese Feststellungen führen zur Notwendigkeit, bestimmte Kenngrößen zur Beurteilung des mechanischen Verhaltens schwingend beanspruchter Werkstoffe zu ermitteln. Das geschieht in Dauerschwingversuchen mit geeigneten Schwingprüfmaschinen und im einfachsten Falle durch Aufnahme einer sog. Spannungs-Wöhlerkurve. Wird einem Werkstoff der in Bild 1 skizzierte Spannungs-Zeit-Verlauf aufgeprägt, der zwischen der Oberspannung σ_o und der Unterspannung σ_u wechselt, so gilt für die Spannungsamplitude

$$\sigma_a = \frac{\sigma_o - \sigma_u}{2} \qquad (1)$$

für die Mittelspannung

$$\sigma_m = \frac{\sigma_o + \sigma_u}{2} \qquad (2)$$

und für das Spannungsverhältnis

$$\varkappa = \frac{\sigma_u}{\sigma_o} \quad . \qquad (3)$$

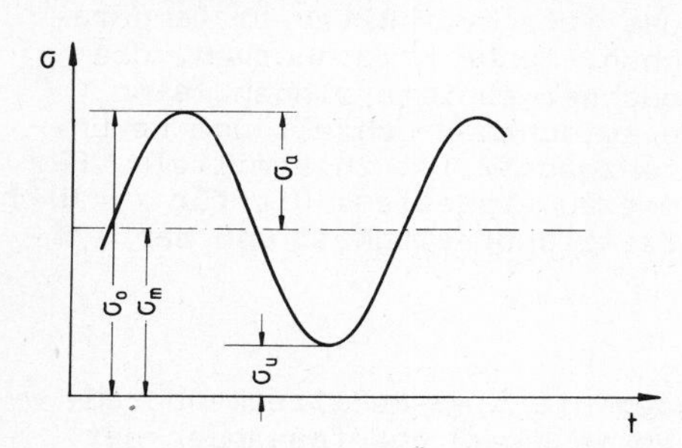

Bild 1: Spannungs-Zeit-Verlauf
$\sigma(t) = \sigma_m + \sigma_a \sin \omega t$

Je nach Größe der Mittelspannung σ_m unterscheidet man bei Dauerschwingbeanspruchung die in Bild 2 festgelegten Beanspruchungsbereiche. Dauerschwingversuche werden meistens mit relativ schnell laufenden Schwingprüfmaschinen durchgeführt. Bild 3 faßt schematisch die wichtigsten der dabei Anwendung findenden Krafterzeugungssysteme zusammen. Maschinen mit Zwangsantrieb werden mit Frequenzen zwischen 5 und 50 Hz betrieben. Mit Resonanzmaschinen werden bei mechanischem Antrieb 10 - 130 Hz, bei elektromechanischem Antrieb 35 - 300 Hz und bei elektro-

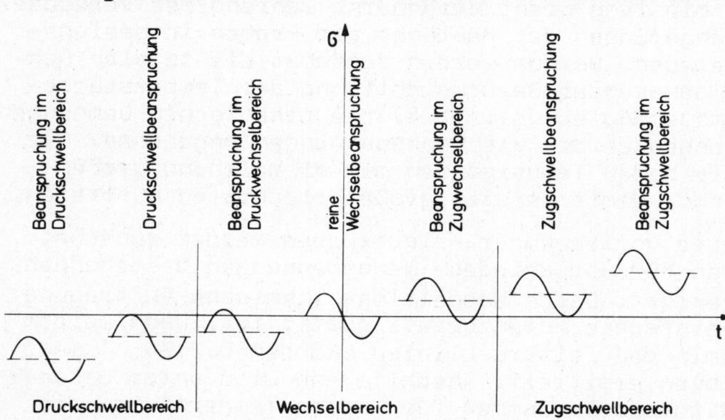

Bild 2: Bezeichnungsvereinbarungen bei spannungskontrollierter Schwingbeanspruchung

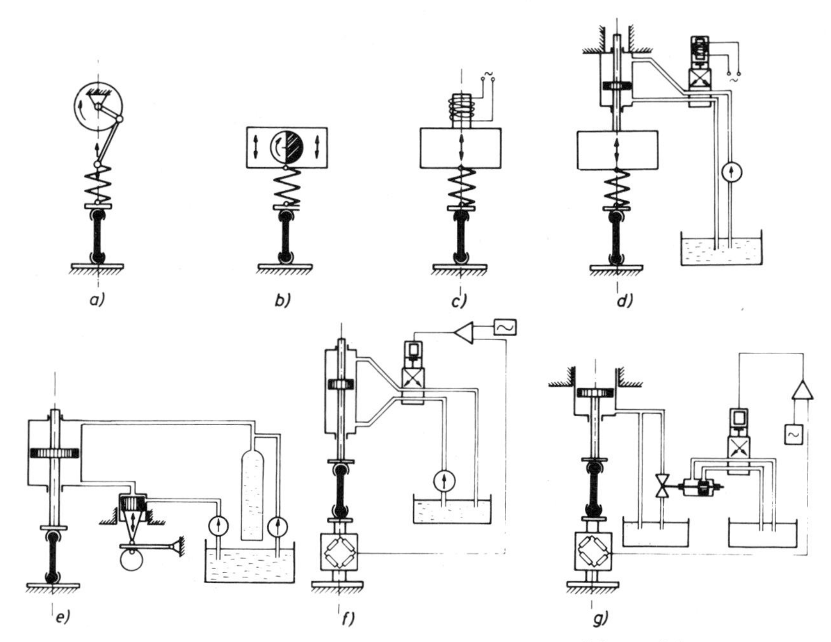

Bild 3: Krafterzeugungsprinzipien bei Schwingprüfmaschinen
a) Zwangsantrieb mit zwischengeschalteter Feder
b) Resonanzantrieb mit Fliehkrafterregung
c) Resonanzantrieb mit elektromagnetischer Erregung
d) Resonanzantrieb mit elektrohydraulischer Erregung
e) Hydraulischer Antrieb mit volumetrisch gesteuertem Pulsator
f) Hydraulischer Antrieb mit elektro-hydraulischem Servo-Ventil
g) Hydraulischer Antrieb mit elektro-hydraulischem Servo-Kreis

hydraulischem Antrieb 150 - 1000 Hz erreicht. Volumetrisch gesteuerte hydraulische Schwingprüfmaschinen arbeiten mit Frequenzen bis zu 60 Hz, Anlagen mit elektrohydraulischen Servoventilen mit Frequenzen bis zu 150 Hz. Neuerdings finden auch Schwingprüfeinrichtungen mit Ultraschallanregung Anwendung, die im kHz-Gebiet (z. B. 20 kHz) arbeiten.

Zur Aufnahme einer Wöhlerkurve werden hinreichend viele (z. B. 30) Probestäbe aus dem gleichen Werkstoff mit einheitlicher Oberflächenbeschaffenheit hergestellt und bei konstanter Mittelspannung mit verschieden großen Spannungsamplituden bis zum Bruch schwingend beansprucht. Man erhält so Wertepaare von σ_a und der Bruchlastspielzahl N_B, die entweder in ein $\sigma_a, \lg N_B$ - oder in ein $\lg \sigma_a$, $\lg N_B$-Diagramm eingetragen werden. Die durch die Meßwerte gelegten Ausgleichskurven werden Spannungs-Wöhlerkurven genannt. Grundsätzlich werden zwei verschiedene Typen von $\sigma_a, \lg N_B$-Kurven beobachtet (vgl. Bild 4). Bei den meisten Stählen und bei vielen heterogenen Nichteisenmetallegierungen wächst die Bruchlastspielzahl mit sinkender Spannungsamplitude an. Unterhalb einer bestimmten Spannungsamplitude ertragen diese Werkstoffe beliebig große Lastspielzahlen ohne Bruch. Der zugehörige Werkstoffwiderstand gegen einsetzenden Ermüdungsbruch wird bei Mittelspannung $\sigma_m = 0$ Wechselfestigkeit R_W, bei Mittelspannung $\sigma_m \neq 0$ Dauerfestigkeit R_D genannt. Man spricht von einer Wöhlerkurve vom Typ I und unterscheidet dabei das Wechsel- bzw. Dauerfestigkeitsgebiet (W bzw. D), das Zeit-

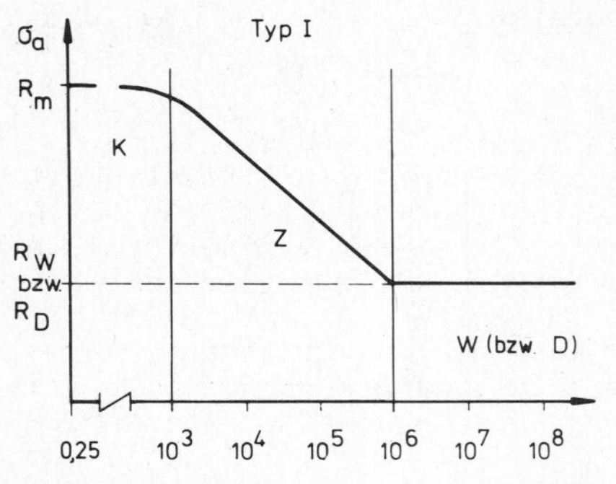

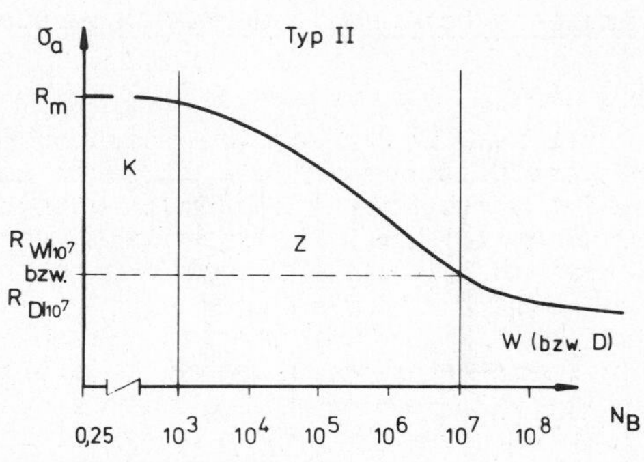

Bild 4: Wöhlerkurven vom Typ I und II (schematisch)

festigkeitsgebiet Z mit dem Lebensdauerbereich $10^3 \lesssim N_B \lesssim 10^6$ sowie das Kurzzeitfestigkeitsgebiet K. Bei reinen kfz. Metallen (z. B. Kupfer, Aluminium) sowie bei vielen kfz. Legierungen (z. B. α-Messingen, austenitischen Stählen) werden dagegen noch Bruchlastspiele > 10^7 beobachtet, so daß bis dahin keine Wechsel- bzw. Dauerfestigkeit auftritt. Es tritt eine Wöhlerkurve vom Typ II auf, bei der N_B im betrachteten Lebensdauerbereich kontinuierlich mit abnehmendem σ_a wächst. Auch hier werden die Bereiche W bzw. D, Z und K unterschieden. Als Wechselfestigkeit $R_{W(10^7)}$ bzw. Dauerfestigkeit $R_{D(10^7)}$ wird der Widerstand gegen Bruch bei einer Spannungsamplitude festgelegt, die bei $\sigma_m = 0$ bzw. $\sigma_m \neq 0$ zu einer Bruchlastspielzahl von $N_B = 10^7$ führt. Es liegen Hinweise vor, daß Wöhlerkurven vom Typ II bei $N \gtrsim 10^8$ in einen horizontalen Verlauf (vgl. Typ I) übergehen.

Aufgabe

Für St 60 mit einer unteren Streckgrenze $R_{eL} = 360$ N/mm² und einer Zugfestigkeit $R_m = 640$ N/mm² sind die Spannungs-Wöhlerkurven bei Zug-Druck-Beanspruchung und konstanten Mittelspannungen $\sigma_m = 0$, 100 und 200 N/mm² zu ermitteln. Der grundsätzliche Mittelspannungseinfluß auf die Dauerfestigkeit ist zu diskutieren (vgl. V 59).

Versuchsdurchführung

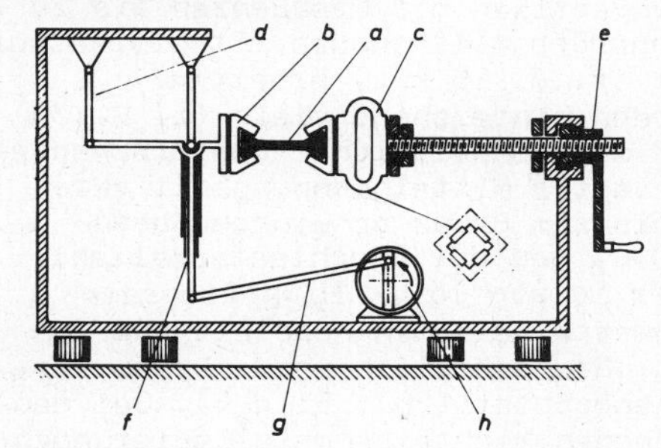

Bild 5: Versuchseinrichtung. Probe (a), Spannkopf (b), Meßbügel (c), Führung (d), Mittelkrafteinstellung (e), Antriebsfeder (f), Pleuel (g) Exzenter (h)

Für die Versuche steht eine Zug-Druck-Schwingprüfmaschine mit dem in Bild 3a dargestellten Krafterzeugungsprinzip oder eine geeignete andere Maschine zur Verfügung. Den schematischen Aufbau eines derartigen Pulsators zeigt Bild 5. Die Belastung der Proben wird über einen Exzenter eingestellt und bleibt während des Versuches konstant. Die Messung der Kraft erfolgt über einen mit Dehnungsmeßstreifen versehenen Meßbügel. Proben liegen in hinreichender Zahl mit vergleichbarer Oberflächengüte vor. Vorhandene Versuchsergebnisse werden durch Versuche mit $\sigma_m = 0$ auf mehreren Spannungshorizonten ergänzt.

Literatur: 75, 76, 131, 132, 133, 134, 135, 136, 137.

Statistische Auswertung von Dauerschwingversuchen **V 58**

Grundlagen

Bei der Ermittlung von Spannungswöhlerkurven (vgl. V 57) liefern mehrere Versuche auf dem gleichen Spannungshorizont im Zeitfestigkeitsgebiet unterschiedliche Bruchlastspielzahlen (Lebensdauern). Auf Spannungshorizonten im Übergangsbereich von der Zeit- zur Wechselfestigkeit treten bei Typ I - Wöhlerkurven neben Probenbrüchen mit endlichen Lebensdauern sog. Durchläufer auf, die innerhalb einer festgesetzten Grenzlastspielzahl nicht brechen. Sowohl im Zeit- als auch im angesprochenen Übergangsbereich können also die Bruchlastspielzahlen relativ stark streuen. Das einfache Zeichnen einer Ausgleichskurve mit abszissenparallelem Endteil durch die experimentellen σ_a, lg N_B - Werte stellt somit offenbar kein sehr objektives Verfahren zur Festlegung von Spannungswöhlerkurven dar. Diesen Sachverhalt veranschaulicht Bild 1. Dort sind die Ergebnisse von Dauerschwingversuchen mit einem Stahl in solcher Weise aufgetragen, daß jeweils 1/10 der Ergebnisse zur Festlegung einer Wöhlerkurve benutzt wurde. Die ermittelten Einzelwerte wurden nicht mit eingetragen. Da alle Versuchsproben hinsichtlich ihres Zustandes übereinstimmten und bei allen Schwingbeanspruchungen die Versuchsbedingungen gleich waren, bestimmen offenbar alle Versuchsergebnisse "die Spannungswöhlerkurve". Man muß also die Gesamtheit der Meßresultate unter Zuhilfenahme statistischer Methoden so auswerten, daß verläßliche Angaben über Zeit- und Wechselfestigkeit gewonnen werden. Dazu sind entsprechende Auswertungsverfahren entwickelt worden. Sie erfordern eine geeignete Versuchsplanung und einen Mindestaufwand an Versuchsproben.

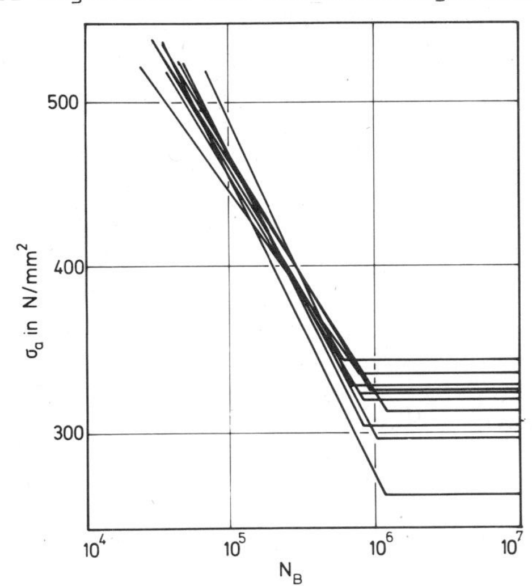

Bild 1: Ausgleichskurven durch jeweils gleich viele Ergebnisse spannungskontrollierter Dauerschwingversuche bei demselben Werkstoff

Bild 2 erläutert für den Zeitfestigkeitsbereich das bei spannungskontrollierten Wöhlerversuchen grundsätzlich bestehende Problem. Auf fünf Spannungshorizonten liefern jeweils n = 5 Einzelversuche fünf unterschiedliche N_B - Werte. Im linken Teilbild ist die Gesamtheit der Meßwerte schematisch in einem σ_a,lg N_B-Diagramm dargestellt und durch zwei Zeitfestigkeitsäste abgegrenzt. Würde man weitere Versuche auf den einzelnen Spannungshorizonten durchführen, so würde sich die Lage der Grenzkurven ändern. Zu einer Objektivierung der Aussagen gelangt man nur, wenn man für die einzelnen Spannungshorizonte die Bruchwahrscheinlichkeit als Funktion der Lastspielzahl N_B angeben kann. Ist n die Gesamtzahl der mit σ_a beanspruchten Versuchsproben, i die den einzelnen

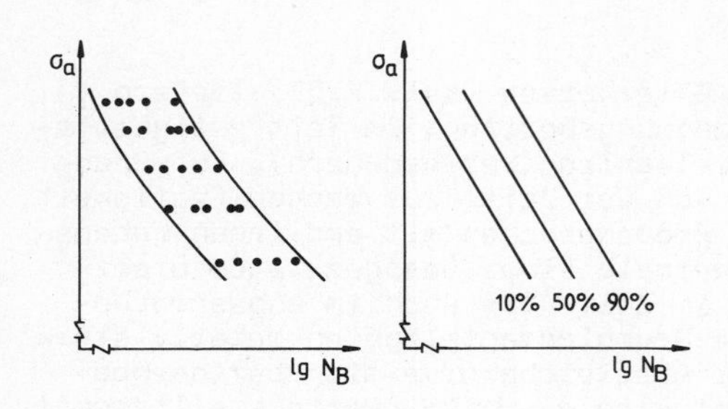

Bild 2: Verteilung der Bruchlastspielzahlen spannungskontrollierter Dauerschwingversuche auf verschiedenen Spannungshorizonten (links) und Zuordnung von Bruchwahrscheinlichkeiten (rechts)

Proben gemäß ihrer Bruchlastspielzahl N_B zuzuordnende Laufzahl (i = 1 entspricht kleinstem, i = n größtem N_B-Wert), so ist die Bruchwahrscheinlichkeit P durch

$$P = \frac{i}{n} 100 \quad [\%] \quad i < n \qquad (1)$$

und

$$P = \left(1 - \frac{1}{2n}\right) 100 \quad [\%] \quad i = n \qquad (2)$$

festlegbar. Gl. 2 ist erforderlich, damit der Probe mit i = n, die voraussetzungsgemäß wie alle anderen Proben zu Bruch geht, eine Bruchwahrscheinlichkeit < 100 % zukommt. Kennt man die Verteilungsfunktion $P = f(N_B)$, so lassen sich für jeden Spannungshorizont die N_B-Werte mit bestimmten Bruchwahrscheinlichkeiten angeben. Im rechten Teil von Bild 2 ist dies für P = 10 %, 50 % und 90 % geschehen. Das eigentliche Problem ist die Ermittlung der Funktion $P = f(N_B)$. Im Laufe der Zeit wurden dafür die verschiedenartigsten Lösungsansätze entwickelt und diskutiert. Ist z. B. die Funktion

$$y = \frac{2}{\sqrt{2\pi}} \int_0^u e^{-x^2/2} dx \qquad (3)$$

erfüllt, so liegt mit $x = \lg N_B$ eine logarithmische Normalverteilung der Bruchlastspielzahlen vor. Dann korrespondieren die nach Gl. 1 und 2 berechneten Bruchwahrscheinlichkeiten mit den Summenprozenten dieser Verteilung. Die statistische Auswertung der Dauerschwingversuche kann dann mit Hilfe eines handelsüblichen Wahrscheinlichkeitsnetzes erfolgen, dessen Ordinate nach dem Gauß'schen Wahrscheinlichkeitsintegral und dessen Abszisse logarithmisch geteilt ist. Ein Beispiel zeigt Bild 3. Die experimentell ermittelten Bruchwahrscheinlichkeiten liegen in guter Näherung auf einer Geraden. Die Schnittpunkte von Parallelen zur Abszisse bei P = 10 %, 50 % und 90 % mit der Ausgleichsgeraden liefern die Bruchlastspielzahlen, die auf dem betrachteten Spannungshorizont die Lage der 10 %-, 50 %- und 90%-Bruchwahrscheinlichkeitskurve bestimmen (vgl. rechten Teil von Bild 2). Führt man diese Betrachtungen für mehrere Spannungsamplituden durch, so erhält man Spannungswöhlerkurven mit definierter Bruchwahrscheinlichkeit im Zeitfestigkeitsgebiet.

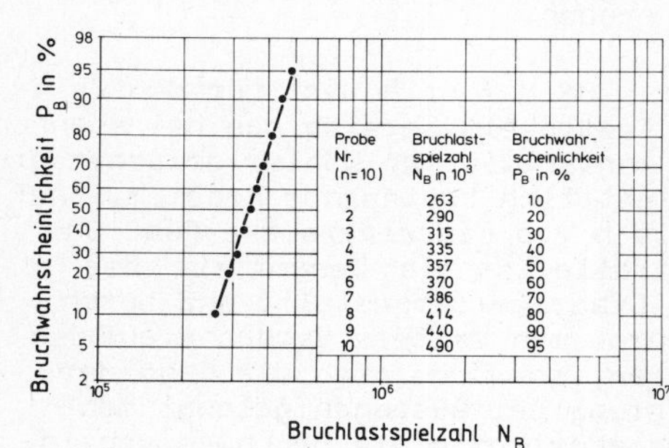

Probe Nr. (n=10)	Bruchlastspielzahl N_B in 10^3	Bruchwahrscheinlichkeit P_B in %
1	263	10
2	290	20
3	315	30
4	335	40
5	357	50
6	370	60
7	386	70
8	414	80
9	440	90
10	490	95

Bild 3: Logarithmisch normalverteilte Bruchlastspielzahlen auf einem Spannungshorizont im Zeitfestigkeitsbereich

Als besonders nützlich für die statistische Auswertung von Dauerschwingversuchen hat sich in den letzten Jahren die sog. arc sin $\sqrt{P}$-Transformation erwiesen. Sie stellt ein einfaches Verfahren zur graphischen und zur rechnerischen Auswertung von Wöhlerversuchen dar und zwar sowohl im Zeitfestigkeitsbereich als auch im Übergangsgebiet von Zeit- zu Wechselfestigkeit. Da dieses Verfahren in allen Fällen technisch brauchbare Resultate geliefert hat und zudem mit einer erträglichen Probenzahl (etwa 40 bis 60 pro Wöhlerkurve) auskommt, kann es heute als die Methode der Wahl eingestuft werden. Bild 4 erläutert das Verfahren für das Zeitfestigkeits- und das Übergangsgebiet eines Wöhlerdiagramms. Im Zeitfestigkeitsgebiet ist die Bruchwahrscheinlichkeit über der Lastspielzahl, also die Funktion $P_{Zeit} = f(\lg N_B)$ von Bedeutung. Im Übergangsbereich interessiert dagegen die Bruchwahrscheinlichkeit als Funktion der Spannungsamplitude, also die Funktion $P_{Über} = g(\sigma_a)$. In beiden Fällen läßt sich mit Hilfe der Größe arc sin $\sqrt{P}$ ein linearer Zusammenhang zu lg N_B bzw. zu σ_a herstellen. Die entsprechende Beziehung lautet für den Zeitfestigkeitsbereich

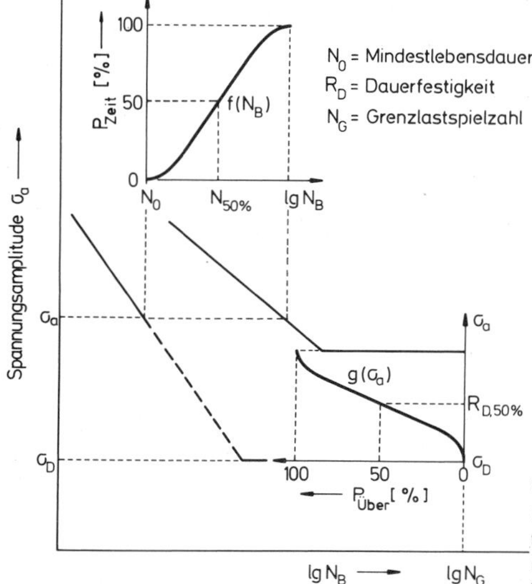

Bild 4: Zur Anwendung der arc sin $\sqrt{P}$-Transformation auf den Zeitfestigkeits- und den Übergangsbereich des Wöhlerdiagramms

$$\lg N_B = a_{Zeit} + b_{Zeit} \operatorname{arc\,sin} \sqrt{P_{Zeit}} , \qquad (4)$$

wobei P_{Zeit} mit Hilfe der Gl. 1 und 2 zu berechnen ist. Dabei ergeben sich, wenn arc sin $\sqrt{P_{Zeit}} = x$ gesetzt wird, die Größen b_{Zeit} und a_{Zeit} nach den Regeln der Regressionsrechnung zu

$$b_{Zeit} = \frac{\sum^n x \lg N_B - \sum^n \lg N_B \frac{\sum^n x}{n}}{\sum^n x^2 - \frac{(\sum^n x)^2}{n}} \qquad (5)$$

und

$$a_{Zeit} = \frac{\sum^n \lg N_B - b_{Zeit} \sum^n x}{n} \qquad (6)$$

Für den Übergangsbereich gilt

$$\sigma_a = a_{Über} + b_{Über} \operatorname{arc\,sin} \sqrt{P_{Über}} \qquad (7)$$

mit

$$P_{Über} = \frac{r}{n} \cdot 100 \quad [\%] \qquad \text{für} \quad r > 0 \qquad (8)$$

und

$$P_{Über} = \frac{1}{2n} \cdot 100 \quad [\%] \qquad \text{für} \quad r = 0 , \qquad (9)$$

wobei r die Zahl der gebrochenen und n die Zahl der beanspruchten Proben pro Lasthorizont ist. $a_{Über}$ und $b_{Über}$ berechnen sich analog zu Gl. 5 und 6, wenn nur dort der Index Zeit durch den Index Über ersetzt wird. Tab. 1 faßt für verschiedene Probenzahlen $n \leq 10$ pro Lasthorizont die Werte von arc sin $\sqrt{P} = x$ zusammen, die bestimmten i- und n-Werten nach Gl. 1 und 2 bzw. r- und n-Werten nach Gl. 8 und 9 zukommen.

Der praktischen Anwendung der arc sin $\sqrt{P}$-Transformation wird nachfolgend ein von Dengel angegebenes Beispiel zugrundegelegt. Normalisier-

Tab. 1: arc sin $\sqrt{}$ -Transformation der Bruchwahrscheinlichkeit P für Stichproben von n = 3 bis n = 10

i,r	n = 3	n = 4	n = 5	n = 6	n = 7	n = 8	n = 9	n = 10	i,r
0	0.420534	0.361367	0.321750	0.292842	0.270549	0.252680	0.237941	0.225513	0
1	0.615479	0.523598	0.463647	0.420534	0.387596	0.361367	0.339836	0.321750	1
2	0.955316	0.785398	0.684719	0.615479	0.563942	0.523598	0.490882	0.463647	2
3	0.150261	1.047197	0.886077	0.785398	0.713724	0.659058	0.615479	0.579639	3
4	0.000000	1.209429	1.107148	0.955316	0.857071	0.785398	0.729727	0.684719	4
5	0.000000	0.000000	1.249045	1.150261	1.006853	0.911738	0.841068	0.785398	5
6	0.000000	0.000000	0.000000	1.277953	1.183199	1.047197	0.955316	0.886077	6
7	0.000000	0.000000	0.000000	0.000000	1.300246	1.209429	1.079913	0.991156	7
8	0.000000	0.000000	0.000000	0.000000	0.000000	1.318116	1.230959	1.107148	8
9	0.000000	0.000000	0.000000	0.000000	0.000000	0.000000	1.332855	1.249045	9
10	0.000000	0.000000	0.000000	0.000000	0.000000	0.000000	0.000000	1.345282	10

te Proben aus 37 Mn Si 5 ergaben bei sieben Schwingversuchen mit konstanter Spannungsamplitude von σ_a = 514 N/mm^2 die Bruchlastspielzahlen 321 000, 106 000, 239 000, 324 000, 141 000, 277 000 und 179 000. Damit lag die folgende Reihenfolge der Bruchlastspielzahlen mit den Laufzahlen i und den zugehörigen Rechengrößen vor:

N_B	Laufzahl i	P_{Zeit} in %	lg N_B	x	x^2	x · lg N_B
106 000	1	14.3	5.025306	0.387597	0.150231	1.947792
141 000	2	28.6	5.149219	0.563943	0.318031	2.903864
179 000	3	42.9	5.252853	0.713724	0.509402	3.749089
239 000	4	57.1	5.378398	0.857072	0.734572	4.609674
277 000	5	71.4	5.442480	1.006854	1.013754	5.479781
321 000	6	85.7	5.506505	1.183200	1.399961	6.515295
324 000	7	92.9	5.510545	1.300247	1.690641	7.165067
		Σ	37.265306	6.012636	5.816594	32.370562

Aus den Gl. 5 und 6 folgt somit

$$b_{Zeit} = 0{,}554562 \text{ und } a_{Zeit} = 4{,}847274 \quad ,$$

so daß

$$\lg N_B = 4{,}8473 + 0{,}5546 \arcsin\sqrt{P_{Zeit}}$$

wird. Daraus ergibt sich

$$\lg N_B\big|_{P_{Zeit}=0\,\%} = 4{,}8473$$

und

$$N_B\big|_{P_{Zeit}=0\,\%} = 70{,}4 \cdot 10^3 \quad .$$

Entsprechend wird

$$N_B\big|_{P_{Zeit}=50\,\%} = 191{,}8 \cdot 10^3$$

und

$$N_B\big|_{P_{Zeit}=100\,\%} = 523 \cdot 10^3 \quad .$$

Im Übergangsgebiet wurden auf fünf Spannungshorizonten bei jeweils sieben Versuchen die nachfolgend vermerkten Bruchzahlen gemessen, denen die angegebenen Rechengrößen zukommen:

σ_a in N/mm^2	Zahl der Brüche	$P_{Über}$ in %	x	x^2	$x \cdot \sigma_a$
416	0	7.1	0.270549	0.073197	112.54838
428	1	14.3	0.387596	0.150231	165.89109
440	2	28.6	0.563942	0.318031	248.13448
452	4	57.1	0.857071	0.734571	387.39609
464	5	71.4	1.006853	1.013753	467.17979
2200			3.086011	2.289783	1381.14983

Damit folgt nach Gl. 5 und 6 (Index $_{Zeit}$ durch $_{Über}$ ersetzt!)

$$b_{Über} = 60{,}51826 \quad \text{und} \quad a_{Über} = 402{,}64800$$

und somit

$$\sigma_a = 402{,}65 + 60{,}52 \arcsin \sqrt{P_{Über}} \; .$$

Man erhält also

$$R_w = \sigma_a \Big|_{P_{Über} = 0\,\%} = 402{,}6 \;\; N/mm^2$$

$$\sigma_a \Big|_{P_{Über} = 50\%} = 450{,}2 \;\; N/mm^2$$

und

$$\sigma_a \Big|_{P_{Über} = 100\%} = 497{,}7 \;\; N/mm^2 \, .$$

Damit ist die prinzipielle Aufgabe gelöst. Selbstverständlich läßt sich an Stelle der rechnerischen Auswertung der Meßwerte auch eine graphische vornehmen. Dazu braucht man nur - analog zur Normalverteilung in Bild 3 - ein Wahrscheinlichkeitsnetz mit einer arc sin $\sqrt{P}$-

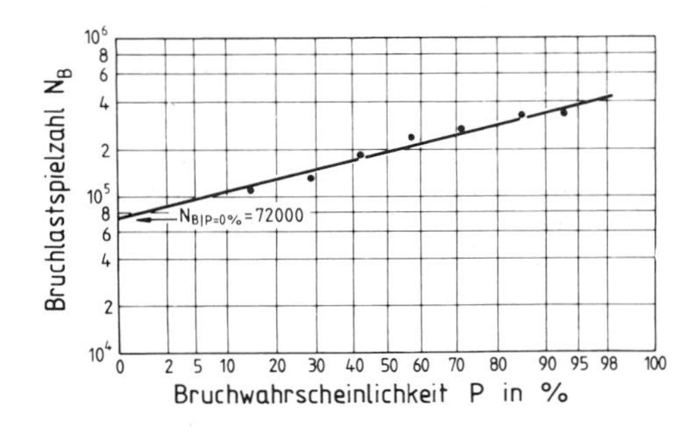

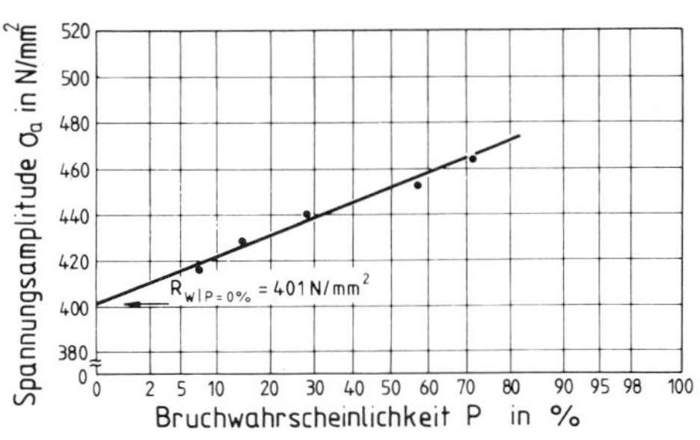

Bild 5: Graphische Ermittlung von Bruchwahrscheinlichkeiten im Zeitfestigkeitsgebiet (links) und im Übergangsgebiet (rechts) unter Benutzung des Wahrscheinlichkeitsnetzes der arc sin $\sqrt{P}$ - Transformation

Unterteilung der Abszisse zu entwickeln. Die Auswertung der Meßwerte im Zeitfestigkeitsgebiet hat dann mit einer logarithmisch unterteilten N_B-Ordinate, die Auswertung der Meßwerte im Übergangsgebiet mit einer linear unterteilten σ_a-Ordinate zu erfolgen. Bild 5 zeigt entsprechende Wahrscheinlichkeitsnetze mit den Zahlenwerten, die den oben benutzten Beispielen zugrunde liegen. Die Ordinatenabschnitte der Ausgleichsgeraden durch die P-Werte liefern $R_{W|P=0\,\%} = 401$ N/mm² und $N_{B|P=0\,\%} = 72\,000$ in guter Übereinstimmung mit den Rechenwerten.

Aufgabe

Es liegen die spannungskontrolliert ermittelten Bruchlastspielzahlen für vergütete sowie für vergütete und kugelgestrahlte Werkstoffzustände aus Ck 45 auf mehreren Horizonten des Zeitfestigkeitsgebietes vor. Der Einfluß der Kugelstrahlbehandlung auf das Zeitfestigkeitsverhalten ist quantitativ zu bestimmen und zu bewerten.

Versuchsdurchführung

Versuchsproben aus Ck 45 für Wechselbiegeversuche wurden gefertigt und anschließend einer Vergütungsbehandlung (15' 800 °C → Öl von 20 °C, 2 h 400 °C → Luft) unterworfen. Die Hälfte der Proben wurde in einer Schleuderradmaschine (vgl. V 79) kugelgestrahlt. Als Strahlmittel diente Stahlgußgranulat mit einer Korngröße von 0.6 mm. Die Abwurfgeschwindigkeit betrug 53 m/s. Dreifache Überdeckung des Strahlgutes wurde angestrebt. Mit geeichten Wechselbiegemaschinen wurden auf vier Spannungshorizonten die Bruchlastspielzahlen von je 6 Proben mit den folgenden Ergebnissen ermittelt:

σ_a in N/mm² / Laufzahl i	vergütet 750	700	650	600	σ_a in N/mm² / Laufzahl i	vergütet und kugelgestrahlt 900	800	750	700
1	61000	107000	161000	290000	1	15000	60000	97000	205000
2	65000	114000	178000	342000	2	16000	64000	128000	210000
3	75000	129000	192000	453000	3	17000	65000	137000	218000
4	86000	153000	280000	468000	4	19000	75000	145000	275000
5	95000	196000	316000	488000	5	20000	79000	210000	350000
6	105000	224000	442000	613000	6	23000	104000	220000	484000

Für diese Versuchsdaten werden die Lebensdauerlinien mit 10 %, 50 % und 90 % Bruchwahrscheinlichkeit im Zeitfestigkeitsbereich unter Zugrundelegung der arc sin $\sqrt{P}$ - Transformation berechnet und diskutiert.

Literatur: 132, 133, 138.

Dauerfestigkeits-Schaubilder

V 59

Grundlagen

Der bei einer Mittelspannung $\sigma_m = 0$ und einer beliebig oft aufprägbaren Spannungsamplitude σ_a wirksame Werkstoffwiderstand gegen Ermüdungsbruch wird bei Werkstoffen, die Wöhlerkurven vom Typ I besitzen, als Wechselfestigkeit R_W bezeichnet (vgl. V 57). Weniger präzise sagt man auch einfach, daß die unter $\sigma_m = 0$ beliebig oft gerade noch ohne Bruch ertragbare Spannungsamplitude σ_a die Wechselfestigkeit R_W ist. Analog wird meist auch die bei $\sigma_m \neq 0$ gerade noch ohne Bruch ertragbare Spannungsamplitude σ_a als Dauerfestigkeit R_D angesprochen. Erfahrungsgemäß führen positive (negative) Mittelspannungen zu Dauerfestigkeiten, die kleiner (größer) als die Wechselfestigkeit sind.

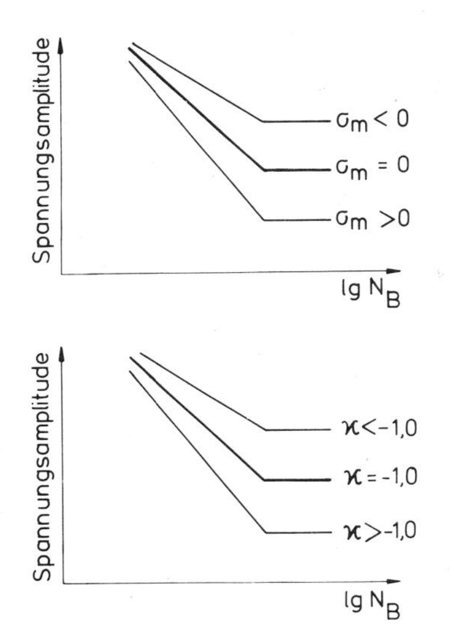

Bild 1: Mittelspannungseinfluß (oben) bzw. κ-Einfluß (unten) auf die Lage der Spannungs-Wöhlerkurven (schematisch)

Durchweg werden bei spannungskontrollierten Versuchen mit σ_m = const. die dauerfest ertragbaren Spannungsamplituden innerhalb bestimmter Grenzen mit algebraisch abnehmender Mittelspannung erhöht (vgl. Bild 1 oben). Bei spannungskontrollierten Versuchen mit konstantem Spannungsverhältnis

$$\kappa = \frac{\sigma_u}{\sigma_o} = \frac{\text{Unterspannung}}{\text{Oberspannung}} \qquad (1)$$

liefern algebraisch abnehmende κ-Werte (vgl. Bild 1 unten) ebenfalls erhöhte Dauerfestigkeiten. Da in der technischen Praxis häufig die Überlagerung einer zeitlich konstanten mit einer periodisch veränderlichen Spannung vorliegt, kommt dem Werkstoffverhalten unter Schwingbeanspruchung mit Mittelspannung erhebliche Bedeutung zu. Der Praktiker bewertet derartige Beanspruchungsfälle an Hand sog. Dauerfestigkeits-Schaubilder, die meist jedoch nur den Zusammenhang zwischen den positiven Mittelspannungen und den dabei dauerfest ertragbaren Spannungsamplituden $\sigma_a = \pm R_D(\sigma_m)$ beschreiben. Die wichtigsten Dauerfestigkeits-Schaubilder sind das Smith-Diagramm und das Haigh-Diagramm. Im Smith-Diagramm (vgl. Bild 2 und Bild 3 oben) werden die den jeweils dauerfest ertragbaren Oberspannungen bzw. Unterspannungen entsprechenden Werkstoffwiderstände, die "Oberspannungsdauerfestigkeit"

$$R_{DO} = \sigma_m + R_D \qquad (2)$$

bzw. die "Unterspannungsdauerfestigkeit"

$$R_{DU} = \sigma_m - R_D \qquad (3)$$

als Funktion der Mittelspannung σ_m aufgezeichnet. Für $\sigma_m = 0$ wird definitionsgemäß $R_{DO} = +R_W$ und $R_{DU} = -R_W$. Ferner wird als Zusatzbedingung $R_{DO} \leq R_{eS}$ festgelegt. Dadurch werden keine größeren dauerfest ertragbaren Oberspannungen als die Streckgrenze zugelassen. Auf diese Weise glaubt man, makroskopische plastische Verformungen bei der Schwingbeanspruchung zu verhindern (vgl. aber V 62). Somit liegen innerhalb der getönten Bereiche in Bild 2 und oben in Bild 3 alle Ober- und Unterspan-

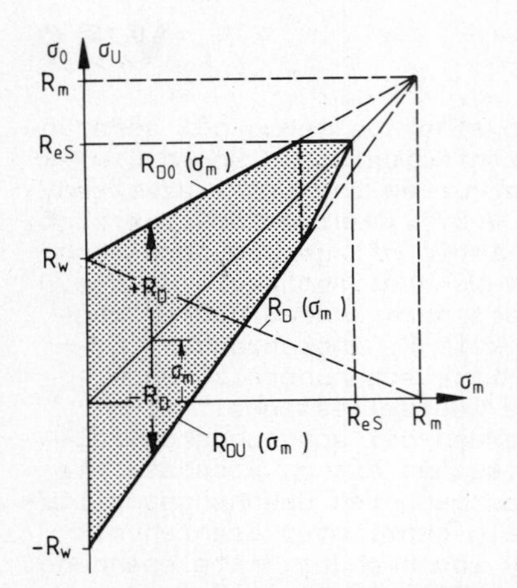

Bild 2: Smith-Diagramm mit dauerfest ertragbaren Beanspruchungen im getönten Bereich

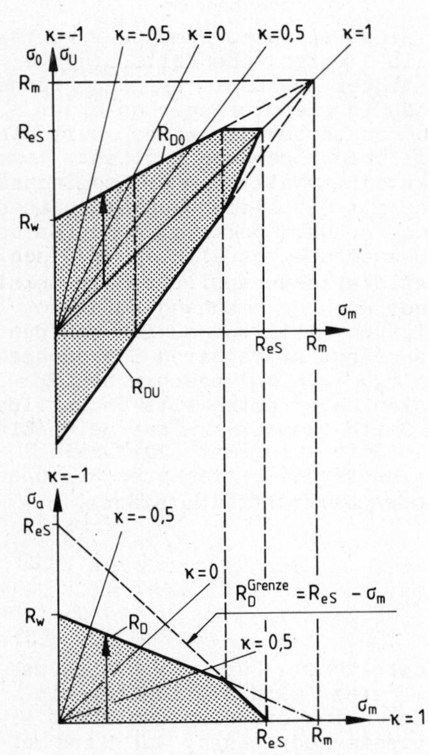

Bild 3: Zusammenhang zwischen Smith- (oben) und Haigh-Diagramm (unten)

nungen, die bei positiven Mittelspannungen beliebig oft ohne Bruch ertragen werden. Die Linien mit konstantem Spannungsverhältnis $\varkappa$ legen jeweils innerhalb der getönten Bereiche die zugehörigen dauerfest ertragbaren Kombinationen aus Mittelspannung und Spannungsamplitude fest.

Bei dem im unteren Teil von Bild 3 gezeigten Haigh-Diagramm werden die den dauerfest ertragbaren Spannungsamplituden entsprechenden Werkstoffwiderstände R_D direkt als Funktion der Mittelspannung σ_m aufgetragen. Auch hier erfolgt eine Begrenzung der Amplituden durch R_D $(\sigma_m) \leq R_{eS}$, um makroskopische plastische Verformungen auszuschließen. Dies glaubt man bei größeren Mittelspannungen durch Vorgabe der sog. Streckgrenzengerade

$$R_D^{Grenze} = R_{eS} - \sigma_m \qquad (4)$$

zu erreichen, die im unteren Teil von Bild 3 gestrichelt eingezeichnet ist.

Der zwischen Smith- und Haigh-Diagramm bestehende Zusammenhang geht unmittelbar aus der Gegenüberstellung beider Schaubilder in Bild 3 hervor. Alle dauerfest ertragbaren Kombinationen aus Oberspannungen (bzw. Unterspannungen) und positiven Mittelspannungen sowie Spannungsamplituden und positiven Mittelspannungen befinden sich innerhalb der getönten Bereiche. Im Smith-Diagramm liegen die bestimmten $\varkappa$-Werten zukommenden σ_O, σ_m-Kombinationen auf den dünn ausgezogenen Geraden, die durch

$$\sigma_O = \sigma_m + \sigma_a = \left[\frac{1-\varkappa}{1+\varkappa} + 1\right] \sigma_m \qquad (5)$$

gegeben sind. Im Haigh-Diagramm werden die bestimmten $\varkappa$-Werten zukommenden σ_a, σ_m-Kombinationen durch die Geraden

$$\sigma_a = \left[\frac{1-\varkappa}{1+\varkappa}\right] \sigma_m \qquad (6)$$

beschrieben.

Es gibt nur wenige Werkstoffe bzw. Werkstoffzustände, für die die Grenzlinien des Smith- bzw. Haigh-Diagramms hinreichend genau ermittelt wurden. Selbstverständlich müßten eigentlich alle für die Erstellung von Dauerfestigkeits-Schaubildern benutzten Meßwerte statistisch abgesichert sein (vgl. V 58). Da der dazu erforderliche experimentelle Aufwand aber sehr groß ist, informiert man sich oft nur stichprobenartig über den vorliegenden Mittelspannungseinfluß. Dazu werden z. B. nur die Wechselfestigkeit R_W sowie die Dauerfestigkeit R_D bei einer (mehreren) geeignet gewählten Mittelspannung(en) σ_m bestimmt und daraus Rückschlüsse auf die Mittelspannungsempfindlichkeit gezogen. Meist werden jedoch allein mit Hilfe der Wechselfestigkeit R_W, der Streckgrenze R_{eS} und der Zugfestigkeit R_m die Grenzlinien der Dauerfestigkeitsschaubilder festgelegt. Erfahrungsgemäß liegen nämlich bei vielen Werkstoffen die von den Mittelspannungen abhängigen Dauerfestigkeiten innerhalb der Grenzen, die durch die sog. Goodman-Gerade

$$R_D^{Goodman} = R_W\left[1 - \left(\frac{\sigma_m}{R_m}\right)\right] \quad (7)$$

und die sog. Gerber-Parabel

$$R_D^{Gerber} = R_W\left[1 - \left(\frac{\sigma_m}{R_m}\right)^2\right] \quad (8)$$

gegeben sind. Es ist also

$$R_D^{Goodman} < R_D < R_D^{Gerber} \quad (9)$$

erfüllt. Ist dies der Fall, so können die obere und die untere Grenzlinie des Smith-Diagramms sowie der dauerfest ertragbare Beanspruchungsbereich des Haigh-Diagramms in konservativer Weise mit Hilfe des Goodman'schen Ansatzes berechnet werden, wenn vom Versuchswerkstoff die Wechselfestigkeit, die Streckgrenze und die Zugfestigkeit bekannt sind.

Aufgabe

Für St 60 mit einer Streckgrenze $R_{eS} = 360$ N/mm² und einer Zugfestigkeit $R_m = 640$ N/mm² ist zunächst die Wechselfestigkeit R_W zu bestimmen. Dann sind für $\sigma_m = +100$ N/mm², +200 N/mm² und +300 N/mm² die Dauerfestigkeiten R_D zu ermitteln. Die Meßwerte von R_D sind mit den nach Goodman und Gerber berechneten zu vergleichen. Für das Untersuchungsmaterial ist das Smith- und das Haigh-Diagramm anzugeben.

Versuchsdurchführung

Für die Untersuchungen sind bruchlastspielzahlorientierte Dauerschwingversuche erforderlich. Diese können mit konventionellen Pulsatoren ohne großen elektronischen Steuer- und Registrieraufwand durchgeführt werden. Mit einem entsprechenden Gerät werden vier Versuche mit Mittelspannungs-Amplituden-Kombinationen durchgeführt, die Bruchlastspielzahlen von etwa $N_B \approx 10^4$ ergeben. Wegen des großen Zeitbedarfs für die zur Lösung der Aufgabe insgesamt erforderlichen Versuche liegen hinreichend viele Meßergebnisse in tabellierter Form vor. Zunächst werden über den Bruchlastspielzahlen die Spannungsamplituden aufgetragen und durch Wöhlerkurven vom Typ I approximiert. Die Wechselfestigkeit und die Dauerfestigkeiten werden dann nach dem arc sin $\sqrt{P}$ - Verfahren (vgl. V 58) bestimmt. Danach werden die nach Gl. 7 bzw. 8 nach Goodman bzw. Gerber zu erwartenden Dauerfestigkeiten berechnet und mit den experimentell beobachteten Dauerfestigkeiten verglichen. Ist Gl. 9 erfüllt, dann werden unter Zugrundelegung sowohl der Gl. 7 als auch der Gl. 8 das Smith- und das Haigh-Diagramm konstruiert.

Literatur: 132, 133, 134, 139

V60

Kerbwirkung bei Schwingbeanspruchung

Grundlagen

Nach V 45 ist bei zügiger Beanspruchung die Zugfestigkeit gekerbter duktiler Proben stets größer als die glatter. Erfahrungsgemäß ergibt sich dagegen bei zyklischer Beanspruchung, daß gekerbte gegenüber glatten Proben eine kleinere Wechselfestigkeit besitzen. Die vorliegenden Verhältnisse sind in Bild 1 schematisch durch die Spannungs-Wöhlerkur-

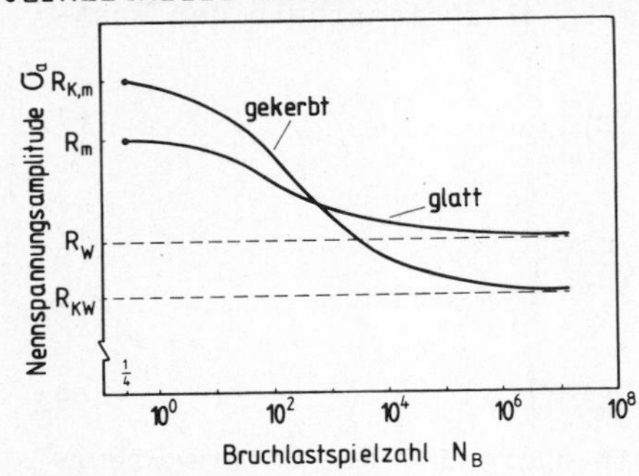

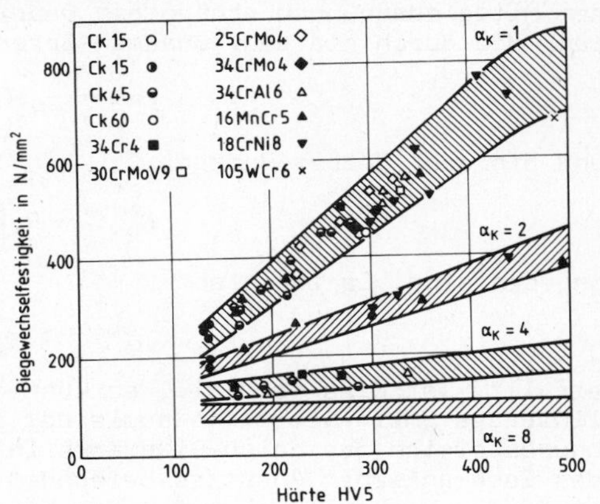

Bild 1: Wöhlerkurven (schematisch) glatter und gekerbter Proben eines duktilen Werkstoffes

Bild 2: Biegewechselfestigkeit in Abhängigkeit von der Härte bei verschiedenen Formzahlen

ven (vgl. V 57) glatter und gekerbter Proben desselben Werkstoffzustandes bei reiner Wechselbeanspruchung dargestellt. Dabei ist R_m die Zugfestigkeit, $R_{K,m}$ die Kerbzugfestigkeit, R_W die Wechselfestigkeit und R_{KW} die Kerbwechselfestigkeit. Im Zeitfestigkeitsgebiet besitzen gekerbte Proben eine kleinere Lebensdauer als ungekerbte, im Kurzzeitfestigkeitsgebiet ist es umgekehrt. Die Wechselfestigkeit gekerbter Proben nimmt i.a. um so stärker mit der Formzahl α_K ab, je größer die Zugfestigkeit und damit die Härte (vgl. V 38) des Werkstoffes ist. Als Beispiel sind in Bild 2 für mehrere Stähle mit verschiedenen Formzahlen in Abhängigkeit von der Härte die Biegewechselfestigkeiten wiedergegeben. Man sieht, daß bei α_K = const. die Kerbempfindlichkeit gegenüber schwingender Beanspruchung mit wachsender Härte steigt. Bei großen Formzahlen wird aber - unabhängig von Stahltyp und Ausgangshärte - praktisch die gleiche Biegewechselfestigkeit beobachtet.

Hinsichtlich der Beeinflussung der Wechselfestigkeit glatter Werkstoffproben durch Kerben der Formzahl α_K lassen sich grundsätzlich die in Bild 3 dargestellten Fälle unterscheiden:

1) Die Kerbe hat keinen Einfluß auf die Wechselfestigkeit. Dann ist $R_{KW} = R_W$. Ein Beispiel für derartiges Verhalten stellt Gußeisen mit Lamellengraphit dar.

2) Die Kerbe hat einen der vollen Kerbwirkung entsprechenden Einfluß auf die Wechselfestigkeit. Dann ist bei einer Nennspannung σ_n die wirksame Spannungsamplitude im Kerbgrund $\sigma_a = \alpha_K \sigma_n$, und man erwartet als Kerbwechselfestigkeit $R_{KW}^{Grenze} = R_W/\alpha_K$. Dieser Fall tritt praktisch nicht auf.

3) Die Kerbe hat einen geringeren Einfluß auf die Wechselfestigkeit, als ihrer Formzahl α_K entspricht. Dann läßt sich die wirksame Span-

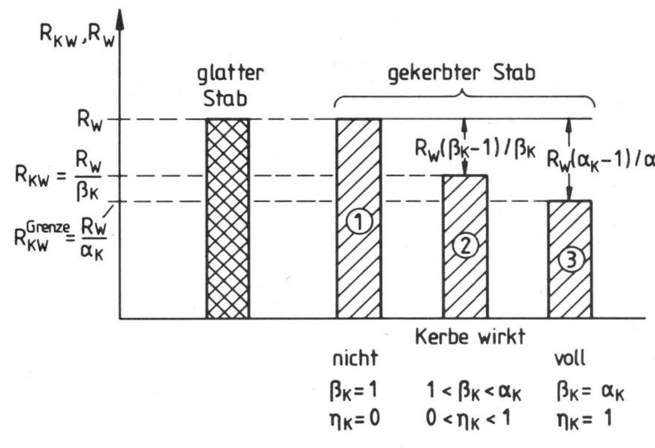

Bild 3: Formale Erfassung der möglichen Auswirkung von Kerben auf die Wechselfestigkeit

nungsamplitude im Kerbgrund durch $\sigma_a = \beta_K \sigma_n$ mit $\beta_K < \alpha_K$ beschreiben, und die Kerbwechselfestigkeit ergibt sich zu $R_{KW} = R_W / \beta_K$. Dieser Fall liegt meistens vor.

Die Größe

$$\beta_K = \frac{R_W}{R_{KW}} \tag{1}$$

wird als Kerbwirkungszahl, die Größe

$$\eta_K = \frac{\beta_K - 1}{\alpha_K - 1} \tag{2}$$

als Kerbempfindlichkeitszahl bezeichnet. Ist die Kerbe unwirksam (Fall 1), so ist $\beta_K = 1$ und $\eta_K = 0$. Bei voller Wirksamkeit der Kerbe (Fall 3) wäre dagegen $\beta_K = \alpha_K$ und $\eta_K = 1$. Bei abgeschwächter Kerbwirkung schließlich (Fall 2) wird $1 < \beta_K < \alpha_K$ und $0 < \eta_K < 1$. β_K ist, im Gegensatz zur Formzahl, stark vom untersuchten Werkstoff und der Oberflächengüte abhängig. β_K und η_K sind nützliche Arbeitsgrößen, die bei vorgegebenem Werkstoff und einheitlichen Versuchsbedingungen eine formale Erfassung der Kerbwirkung bei Wechselbeanspruchung ermöglichen. In Bild 4 sind als Beispiel die bei einer abgesetzten Welle aus St 50

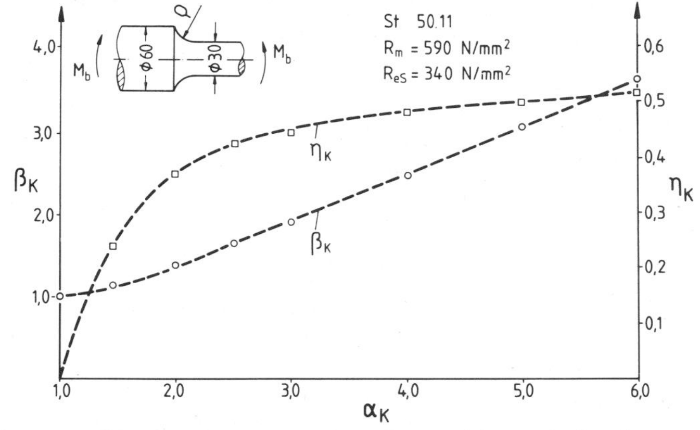

Bild 4: η_K und β_K als Funktion der Formzahl α_K bei einem wechselbiegebeanspruchten Wellenabsatz aus St 50

mit unterschiedlichen Ausrundungsradien ρ und damit Formzahlen α_K unter Wechselbiegebeanspruchung beobachteten η_K und β_K wiedergegeben. Beide Größen, deren werkstoffmechanische und metallphysikalische Bedeutung weiterer Untersuchungen bedarf, steigen mit wachsendem α_K an. Gelegentlich werden die Gl. 1 und 2 auch auf zeitfest ertragene Spannungsamplituden angewandt (vgl. V 57). Dann wird β_K lastspielzahlabhängig und kann sogar größere Werte als α_K annehmen.

Aufgabe

Von gekerbten Probestäben aus vergütetem 42 Cr Mo 4 mit unterschiedlichen Formzahlen (α_K = 1.0, 2.4 und 5.6) sind Spannungs-Wöhlerkurven aufzunehmen und die Kerbwirkungszahlen sowie die Kerbempfindlichkeitszahlen zu bestimmen. Die Gl. 1 und 2 sind formal auch auf Zeit- und Kurzzeitfestigkeiten anzuwenden. Die Versuchsergebnisse sind zu diskutieren.

Versuchsdurchführung

Für die Versuche steht eine mechanische Schwingprüfmaschine mit Exzenterverstellung zur Verfügung (vgl. V 57). Da nur bruchlastspielzahlorientierte Einstufenversuche durchgeführt werden müssen, wäre der Einsatz einer servohydraulischen Prüfmaschine (vgl. V 61) zu aufwendig. Der Meßquerschnitt der glatten und der Kerbquerschnitt der gekerbten Zylinderstäbe sind gleich groß. Die unterschiedlichen Formzahlen werden durch umlaufende Winkelkerben mit verschiedenen Flankenwinkeln und Kerbradien realisiert. Die ungekerbten Proben werden einer Zug-Druck-Wechselbeanspruchung mit Spannungsamplituden σ_a = 800, 700, 600, 500 und 480 N/mm^2 unterworfen und die dabei auftretenden Bruchlastspielzahlen ermittelt. Bei den gekerbten Proben werden geeignet veränderte Spannungsamplituden aufgeprägt. Wegen des großen Zeitaufwandes für die Versuche wird für jeden Probentyp ein Dauerschwingversuch mit einer Spannungsamplitude durchgeführt, die etwa auf $N_B \approx 10^4$ führt. Alle anderen Meßwerte liegen in tabellierter Form vor. Die Spannungsamplituden σ_a werden über dem Logarithmus von N_B aufgetragen. Durch die Meßwerte werden Wöhlerkurven vom Typ I gelegt bzw. statistisch abgesichert berechnet und R_W bzw. R_{KW} bestimmt. Damit sind die Angaben von β_K und η_K möglich. Ferner werden den Wöhlerkurven die Kurzzeit- und Zeitfestigkeiten für die Bruchlastspielzahlen 10, 10^2, 10^3, 10^4 und 10^5 entnommen und diesen formale β_K- und η_K-Werte zugeordnet.

Literatur: 132,133,134.

Wechselverformung unlegierter Stähle **V 61**

Grundlagen

Die Ermüdung metallischer Werkstoffe bei Wechselbeanspruchung setzt das Auftreten plastischer Verformungen voraus. Diese Aussage gilt bei unlegierten Stählen auch dann, wenn die aufgeprägten Spannungsamplituden kleiner als die untere Streckgrenze sind. Es besteht daher ein großes praktisches Interesse an der Messung der im Anfangsstadium einer Wechselbeanspruchung entstehenden plastischen Dehnungen. Dazu werden die während des Durchlaufens einzelner Lastwechsel von den Versuchsproben aufgenommenen Spannungen und Dehnungen registriert und gegeneinander aufgetragen. Solange rein elastische Verformung erfolgt, ergibt sich dabei, wie links in Bild 1, eine Hooke'sche Gerade. Treten dagegen während eines Lastwechsels plastische Deformationen auf, so wird an der Versuchsprobe Verlustarbeit geleistet, und man erhält wie rechts in Bild 1 als Spannungs-Dehnungs-Zusammenhang eine Hysteresis-

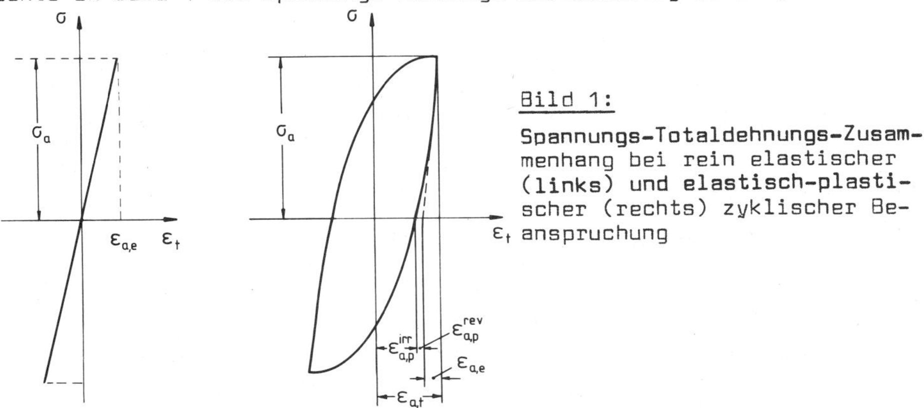

Bild 1:
Spannungs-Totaldehnungs-Zusammenhang bei rein elastischer (links) und elastisch-plastischer (rechts) zyklischer Beanspruchung

schleife. Diese ist charakterisiert durch die Spannungsamplitude σ_a, die Totaldehnungsamplitude $\epsilon_{a,t}$ und die Fläche

$$A = \oint \sigma \, d\varepsilon_t \quad , \qquad (1)$$

welche die pro Lastspiel an der Probe geleistete plastische Verformungsarbeit pro Volumeneinheit darstellt. Die Totaldehnung ϵ_t umfaßt zu jedem Zeitpunkt einen elastischen Anteil ϵ_e und einen plastischen Anteil ϵ_p. ϵ_p setzt sich aus einem reversiblen Dehnungsanteil ϵ_p^{rev}, der bei Entlasten auf $\sigma = 0$ verschwindet, und einem irreversiblen Dehnungsanteil ϵ_p^{irr} zusammen. ϵ_p^{irr} bei $\sigma = 0$ bestimmt die halbe Breite der Hysteresisschleife und wird als plastische Dehnungsamplitude $\epsilon_{a,p}$ bezeichnet. Treten während einer Wechselbeanspruchung im Werkstoff Vorgänge auf, die zu Veränderungen des σ,ϵ_t - Zusammenhanges führen, so sind die Hysteresiskurven nicht geschlossen und ändern mit der Lastspielzahl ihre Form.

Bei Dauerschwingversuchen sind grundsätzlich drei verschiedene Versuchsdurchführungen möglich, je nachdem, ob die Spannungsamplitude σ_a, die Totaldehnungsamplitude $\epsilon_{a,t}$ oder die plastische Dehnungsamplitude $\epsilon_{a,p}$ während der Schwingbeanspruchung konstant gehalten wird. In Bild 2 sind schematisch die bei diesen Versuchsführungen vorliegenden Verhältnisse aufgezeichnet. Nimmt mit der Lastspielzahl bei

konst. Größe	Meß-größe		Mögliche Hysteresisschleifen bei N_1 und $N_2 \gg N_1$	Zugehörige Wechselverformungskurven
σ_a	$\varepsilon_{a,t}$	$\varepsilon_{a,p}$	σ; N_1; N_2; $2\sigma_a$; ε_t	$\varepsilon_{a,t}$, $\varepsilon_{a,p}$; $\varepsilon_{a,t}(N)$; $\varepsilon_{a,p}(N)$; lgN
$\varepsilon_{a,t}$	$\varepsilon_{a,p}$	σ_a	σ; N_2; N_1; ε_t; $2\varepsilon_{a,t}$	$\varepsilon_{a,p}$, σ_a; $\varepsilon_{a,p}(N)$; $\sigma_a(N)$; lgN
$\varepsilon_{a,p}$	σ_a	$\varepsilon_{a,t}$	σ; N_2; N_1; ε_t; $2\varepsilon_{a,p}$	σ_a, $\varepsilon_{a,t}$; $\varepsilon_{a,t}(N)$; $\sigma_a(N)$; lgN

Bild 2: Auswirkung unterschiedlicher Versuchsführungen bei Untersuchungen der anrißfreien Ermüdungsphase metallischer Werkstoffe. Die angegebenen Hysteresisschleifen und die zugehörigen Wechselverformungskurven sind typisch für wechselverfestigende Werkstoffzustände.

$\varepsilon_{a,t}$ = const. bzw. $\varepsilon_{a,p}$ = const. die Spannungsamplitude zu (ab), so sagt man, der Werkstoff wechselverfestigt (wechselentfestigt). Dagegen spricht man bei spannungskontrollierter Versuchsführung mit σ_a = const. von Wechselverfestigung (Wechselentfestigung), wenn die plastische Dehnungsamplitude $\varepsilon_{a,p}$ mit der Lastspielzahl abfällt (anwächst). In der letzten Spalte von Bild 2 sind jeweils die für Wechselverfestigung typischen Reaktionsgrößen in Abhängigkeit vom Logarithmus der Lastspielzahl aufgezeichnet. Diese Zusammenhänge heißen Wechselverformungskurven.

In Bild 3 ist für Ck 45 im normalisierten Zustand das Ergebnis von Zug-Druck-Dauerschwingversuchen mit verschiedenen konstanten Spannungsamplituden wiedergegeben. Aufgezeichnet ist jeweils die plastische Dehnungsamplitude als Funktion der Lastspielzahl. In allen Fällen war σ_a = const. < R_{eL}. Man sieht, daß rein elastische Verformung ($\varepsilon_{a,p}$ = 0) umso länger erfolgt, je kleiner die Spannungsamplitude ist. Die anfängliche Zunahme der $\varepsilon_{a,p}$-Werte ist mit inhomogenen Verformungserscheinungen in Form von Ermüdungslüdersbändern verknüpft. Die spätere Abnahme der $\varepsilon_{a,p}$-Werte ist der Ausbildung spezieller Versetzungsstrukturen zuzuordnen. Der Meßwertanstieg vor dem jeweiligen Probenbruch (↑) ist auf Anrißöffnung zurückzuführen. Für vergleichbare Ermüdungszustände

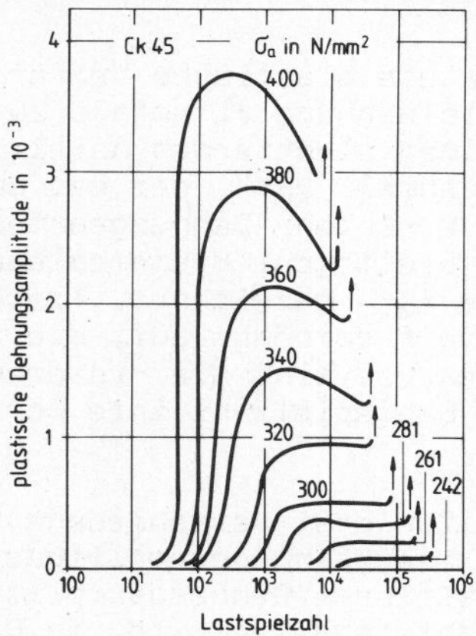

Bild 3: Wechselverformungskurven von Ck 45 bei spannungskontrollierter Versuchsführung

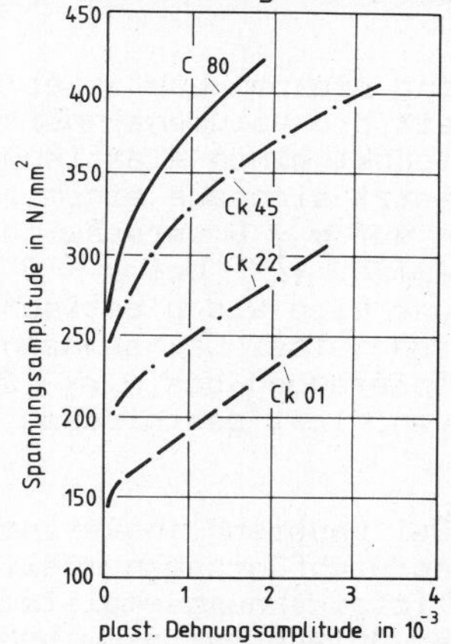

Bild 4: Zyklische Verfestigungskurven unlegierter Stähle

können derartigen Wechselverformungskurven die plastischen Dehnungs- und Spannungsamplituden entnommen und gegeneinander aufgetragen werden. Man erhält auf diese Weise die sog. zyklische Spannungs-Dehnungs-Kurve des untersuchten Werkstoffs bzw. Werkstoffzustandes. Dabei ist in bestimmten Fällen der Rückgriff auf die Zahlenwerte, die bei Rißbildung oder bei $N = N_B/2$ vorliegen, in strukturmechanischer Hinsicht sinnvoll. Bild 4 zeigt die zyklischen Spannungs-Dehnungs-Kurven einiger normalisierter unlegierter Stähle.

Aufgabe

Für Proben aus normalisiertem Ck 35 sind mit mehreren Spannungsamplituden die im anrißfreien Ermüdungsbereich auftretenden Vorgänge bei mittelspannungsfreier Zug-Druck-Wechselbeanspruchung zu untersuchen. Die Wechselverformungskurven und die zyklische Spannungs-Dehnungskurve sind anzugeben. Die zyklische und die zügige Spannungs-Dehnungskurve sind gegenüberzustellen und zu diskutieren.

Versuchsdurchführung

Für die Untersuchungen steht eine servohydraulische Versuchseinrichtung zur Verfügung. Die maximale Prüfkraft beträgt 100 kN. Einzelheiten der Meßanordnung gehen aus Bild 5 hervor. Die Proben werden in die hydraulischen Fassungen der Maschine eingespannt und mit einem kapazitiven Dehnungsaufnehmer versehen. Die Maschine wird so eingestellt, daß die Proben mit Spannungsamplituden von 0.4 R_{eL}, 0.5 R_{eL}, 0.6 R_{eL}, 0.7 R_{eL} und 0.8 R_{eL} beaufschlagt werden. Es wird mit einer dreieckförmigen Last-Zeit-Funktion gearbeitet bei einer Frequenz von 5 Hz. Die Hysteresisschleifen werden in hinreichend dichter Folge bis zum jeweiligen Anriß der Proben über eine rechnergesteuerte Datenerfassungsanlage gemessen und abgespeichert. Nach Versuchsende werden aus den Meßdaten unter Berücksichtigung der Probengeometrie und der Kalibrierungsfaktoren der Kraftmeßdose und der Dehnungsmeßeinrichtung die interessierenden Spannungsamplituden und plastischen Dehnungsamplituden berechnet. $\varepsilon_{a,p}$ wird als Funktion von lg N ausgedruckt und auf einem x,y-Schreiber aufgezeichnet. Aus den sechs Wechselverformungskurven wird die zyklische Verfestigungskurve ermittelt unter Vergleich der bei $N = N_B/2$ vorliegenden Probenzustände. Zuletzt wird eine Versuchsprobe mit der sich aus der Prüffrequenz der Schwingversuche ergebenden Verformungsgeschwindigkeit zugverformt und der Anfangsteil der zügigen Verfestigungskurve bestimmt (vgl. V 25).

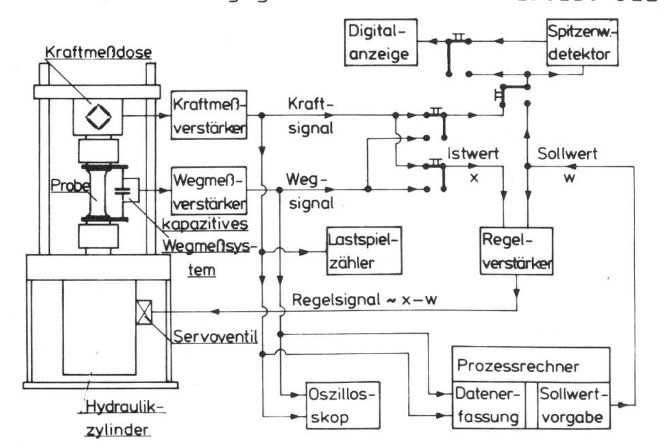

Bild 5: Servohydraulische Versuchseinrichtung mit Prozeßrechner zur Sollwertvorgabe und Datenerfassung (schematisch)

Literatur: 140,141.

V 62

Grundlagen

Für das Ermüdungsverhalten metallischer Werkstoffe während der anrißfreien Phase (vgl. V 65) sind strukturelle Veränderungen typisch, die sich innerhalb des Probenvolumens als Folge plastischer Verformungsvorgänge ausbilden. Sie lassen sich pauschal an Hand der während der einzelnen Lastspiele auftretenden Spannungs-Dehnungs-Zusammenhänge (Hysteresisschleifen) beurteilen (vgl. V 61). Werden spannungskontrollierte Ermüdungsversuche (σ_a = const.) mit konstanter Mittelspannung σ_m durchgeführt, so können ähnliche Hysteresisschleifen auftreten wie in Bild 1. Als Kenngrößen einer solchen Hysteresisschleife sind die Mitteldehnung ϵ_m sowie die totale und die plastische Dehnungsamplitude $\epsilon_{a,t}$ und $\epsilon_{a,p}$ anzusehen. Während der Schwingbeanspruchung tritt in Abhängigkeit von der Lastspielzahl N eine Änderung der plastischen Dehnungsamplitude $\epsilon_{a,p}$ und damit - bei konstant gehaltenem Mittelspannungswert - eine Änderung der Breite der Hysteresisschleife auf. Wird $\epsilon_{a,p}$ über lg N aufgetragen, so ergibt sich die für die gewählte σ_a,σ_m-Kombination gültige Wechselverformungskurve. Daneben können während der mittelspannungsbeaufschlagten Schwingbeanspruchung entweder durch zyklische Erwärmung oder durch gerichtete plastische Deformationsprozesse Mitteldehnungsänderungen auftreten. Der zuletzt angesprochene Prozeß wird zyklisches Kriechen genannt. Der grundsätzliche Befund wird durch Bild 2 belegt. Dort ist im linken Teilbild für 42 CrMo 4 im normalisierten Zustand die Wechselverformungskurve aufgezeichnet, die sich bei einer Mittelspannung σ_m = 20 N/mm² und einer Spannungsamplitude σ_a = 295 N/mm² ergibt. Im rechten Teilbild ist die Mitteldehnung aufgetragen, die die Probe während der Schwingbeanspruchung erfährt. Nach 3 · 10⁴ Lastspielen hat sich unter den vorliegenden Bedingungen die Probe um etwa 0.6 % (!) verlängert. Die untere Streckgrenze des untersuchten Werkstoffzustandes lag bei ~ 345 N/mm².

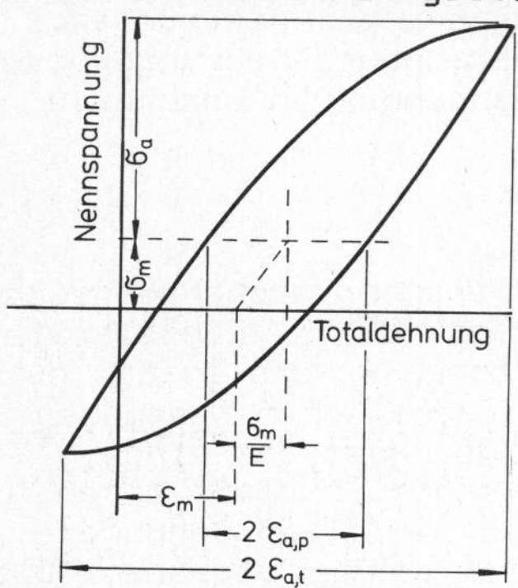

Bild 1: Hysteresisschleife bei Schwingbeanspruchung mit Mittelspannung

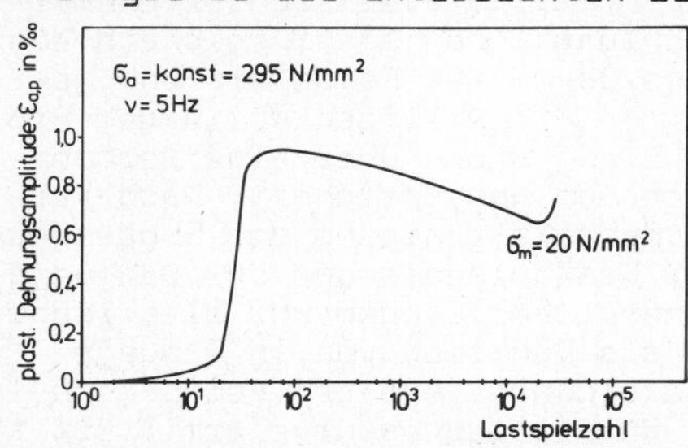

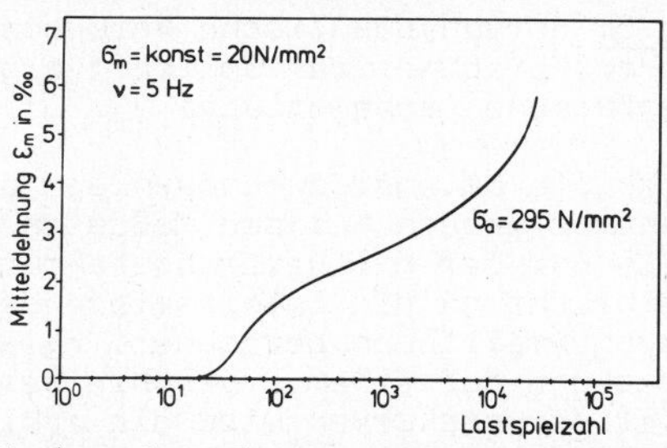

Bild 2: Zyklisches Kriechen von 42 CrMo 4 unter Zug-Druck-Beanspruchung

Im unteren Teil von Bild 3 sind als weiteres Beispiel die bei normalisiertem Ck 45 unter verschiedenen Mittelspannungen bei einer Spannungsamplitude von 320 N/mm² auftretenden Mitteldehnungen wiedergegeben. Die Mitteldehnungen nehmen um so rascher größere Werte an, je größer die Mittelspannung ist. Die zugehörigen Wechselverformungskurven im obe-

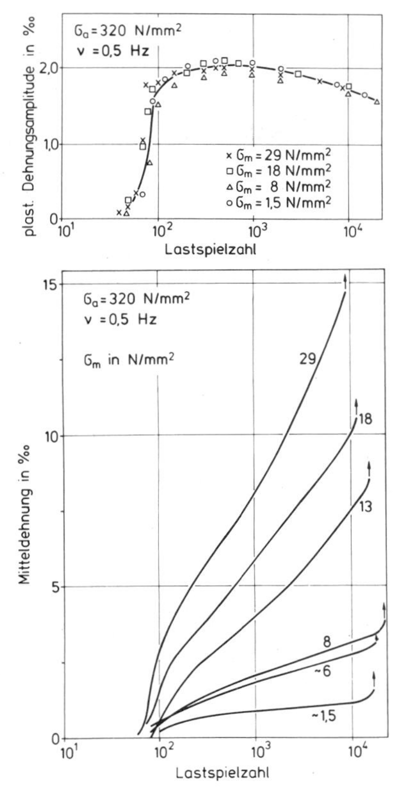

Bild 3: Wechselverformungs- und ϵ_m, lg N - Kurven bei der Zug-Druck-Wechselbeanspruchung von normalisiertem Ck 45 mit unterschiedlichen Mittelspannungen

ren Teil von Bild 3 sind praktisch unabhängig von der Mittelspannung.

Diesen Abmessungsinstabilitäten bei nicht mittelspannungsfreier Ermüdung kommt eine grundsätzliche Bedeutung zu und macht eine Modifizierung der bekannten Dauerfestigkeitsschaubilder (vgl. V 59) notwendig, wenn diese - wie in der Praxis üblich - auch auf zeitfest ertragene Spannungsamplituden erweitert werden. Dabei wird implizit stets davon ausgegangen, daß bei schwingender Beanspruchung solange keine makroskopischen plastischen Verformungen auftreten, wie die Oberspannung kleiner bleibt als die Streckgrenze. Nach Bild 2 und 3 können aber bei Beanspruchungskombinationen, die nach den heute üblicherweise zur zeitfesten Dimensionierung verwandten Smith- bzw. Haigh-Dauerfestigkeitsschaubildern durchaus zulässig sind, erheblich größere Abmessungsänderungen als 0.2 % auftreten. Es scheint daher sinnvoll, das Versagenskriterium "Ermüdungsbruch" durch das Versagenskriterium bleibende "Kriechdehnung" zu ergänzen. Bild 4 zeigt ein erweitertes Haighdiagramm, in dem die zyklischen Kriechdehnungen (Mitteldehnungen) bei konstanten Lastspielzahlen N_i bzw. Anrißlastspielzahlen N_A als Funktion der Spannungsamplitude σ_a und der zugehörigen Mittelspannung σ_m für normalisierten Ck 45 aufgetragen sind.

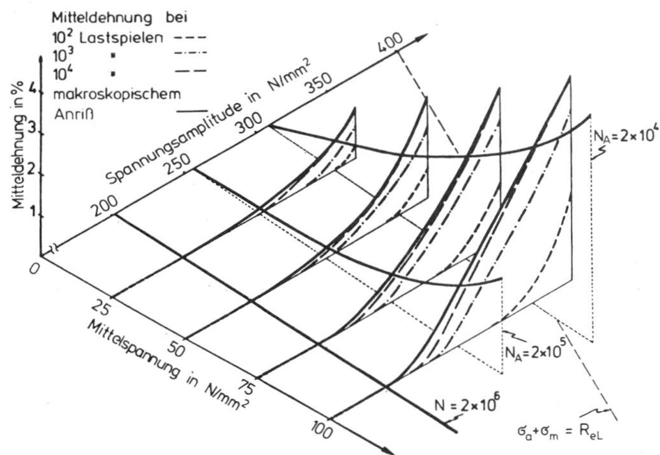

Bild 4: Ausschnitt aus einem erweiterten Dauerfestigkeitsschaubild für Ck 45 im normalisierten Zustand

Man sieht, daß in dem durch die gestrichelte Streckgrenzengerade $\sigma_a + \sigma_m = R_{eL}$ (vgl. V 59) abgegrenzten Diagrammbereich viele Kombinationen von Spannungsamplitude und Mittelspannung existieren, die auf z. T. beträchtliche Mitteldehnungen und damit makroskopische Probenabmessungsänderungen führen. Alle diese Beanspruchungskombinationen liefern Anrißlastspielzahlen $N_i < 2 \cdot 10^6$.

Aufgabe:

Das Wechselverformungsverhalten von normalisiertem Ck 45 und vergütetem 42 CrMo 4 ist in der anrißfreien Phase unter Zug-Druck-Schwingbeanspruchung mit überlagerter Mittelspannung $\sigma_m \neq 0$ zu untersuchen. In beiden Fällen sind die auftretenden plastischen Längenänderungen in Abhängigkeit von der Lastspielzahl zu messen und zu diskutieren.

Versuchsdurchführung

Für die Untersuchungen steht eine servohydraulische 50 kN-Schwingprüfmaschine zur Verfügung (vgl.V 61), die mit einem Rechner zur Datenerfassung ausgerüstet ist. Zunächst wird eine normalisierte Rundprobe aus Ck 45 (1 h 850 °C, Luftabkühlung im Glühkasten) biegefrei mit hydraulischen Fassungen eingespannt. Die Dehnungsmessung erfolgt mit einem kapazitiven Dehnungsaufnehmer, der mit einer Klemmvorrichtung an den Schultern der zylindrischen Proben befestigt wird. Die Probe wird mit einer Spannungsamplitude $\sigma_a = 320$ N/mm^2 und einer Mittelspannung $\sigma_m = 15$ N/mm^2 bis zum Bruch beansprucht. Die Spannungs- und Dehnungswerte werden auf Grund einer dem Rechner eingegebenen Speichertermintabelle gemessen und auf dem Plattenspeicher abgelegt. Mit der vergüteten Probe aus 42 CrMo 4 (3 h 850 °C/Öl 20 °C/4 h 570 °C/ Ofenabkühlung) wird in gleicher Weise verfahren. Als Beanspruchungsgrößen werden $\sigma_a = 550$ N/mm^2 und $\sigma_m = 350$ N/mm^2 gewählt. Die Umrechnung der vom Rechner während des gesamten Versuchsablaufes gemessenen elektrischen Größen geschieht mittels eines Auswerteprogrammes, das die Geometrie der Probe sowie die Kalibrationsfaktoren der verwendeten Kraftmeßdose und der Dehnungsmeßeinrichtung berücksichtigt. Das Rechnerprotokoll enthält zugeordnet zur jeweiligen Lastspielzahl die Spannungsamplitude σ_a, die Mittelspannung σ_m, die plastische Dehnungsamplitude $\epsilon_{a,p}$, die Mitteldehnung ϵ_m und die Totaldehnungsamplitude $\epsilon_{a,t}$. Die $\epsilon_{a,p}$,lg N - und ϵ_m,lg N - Kurven werden ermittelt und diskutiert. An Hand vorliegender Dauerfestigkeitsschaubilder werden die Konsequenzen der Versuchsergebnisse erörtert.

Literatur: 142.

Verformung und Verfestigung bei Wechselbiegung

V 63

Grundlagen

Bei der Zug-Druck-Wechselbeanspruchung gekerbter Proben treten mehrachsig inhomogene Spannungsverteilungen auf, wobei nennspannungsmäßig kein so starker Abfall der Wechselfestigkeit beobachtet wird, wie man auf Grund der Formzahl erwartet (vgl. V 60). Die Wechselbiegebeanspruchung stellt einen zweiten technisch wichtigen inhomogenen Beanspruchungsfall dar (vgl. V 46), die auf durchweg höhere Wechselfestigkeiten führt als bei makroskopisch homogener Wechselbeanspruchung. Als Beispiel sind in Bild 1 Wöhlerkurven aus Wechselbiege- und Umlaufbiegeversuchen der für Zug-Druck-Beanspruchung gültigen Wöhlerkurve schematisch gegegnübergestellt. R'_{ubW} ist größer als R_{wbW} und dieses wiederum größer als R'_{zdW}.

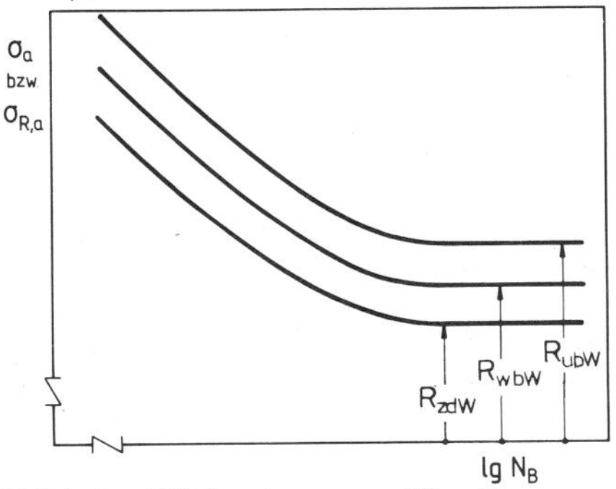

Bild 1: Wöhlerkurven für Zug-Druck-, Wechselbiege- und Umlaufbiege-Beanspruchung

Die bei inhomogener Biegewechselbeanspruchung auftretenden mikrostrukturellen Veränderungen lassen sich in der anrißfreien Phase der Ermüdung ebenfalls durch Hysteresismessungen nachweisen. Werden z. B. bei einem kfz. Metall unter konstant gehaltener Randtotaldehnungsamplitude nach verschiedenen Lastspielzahlen die Änderungen des Biegemomentes M_b und damit der Randspannung σ_R als Funktion der Randtotaldehnung $\epsilon_{R,t}$ gemessen, so ergeben sich ähnliche Hysteresisschleifen, wie sie in Bild 2 für Nickel wiedergegeben sind. Bei makroskopisch elastischer Biegung ist dabei die Randspannungsamplitude durch

$$\sigma_{R,a} = \pm \frac{M_{b,a}}{W_b} \quad , \qquad (1)$$

bei makroskopisch überelastischer Biegung ($M_{b,a} > M_{eS}$) die fiktive Randspannungsamplitude (vgl. V 46) durch

$$\sigma^*_{R,a} = \pm \frac{M_{b,a}}{W_b} \qquad (2)$$

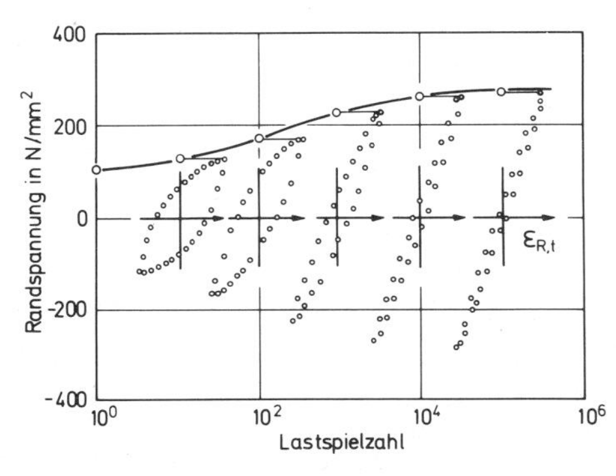

Bild 2: Biegewechselverformungskurve von rekristallisiertem Nickel mit charakteristischen Hysteresisschleifen

gegeben. Dabei ist W_b das Widerstandsmoment gegen Biegung. Die Amplitude der Randspannung, die Fläche der Hysteresisschleife

$$A = \oint \sigma_R \, d\varepsilon_{R,t} \qquad (3)$$

und die plastische bzw. bleibende Randdehnungsamplitude nach Entlasten auf $M_b = 0$ ändern sich mit der Lastspielzahl in kennzeichnender Weise. Die Wechselverfestigung bewirkt, daß sich die Hysteresisschleifen mit wachsender Lastspielzahl aufrichten. $M_{b,a}$ und damit $\sigma_{R,a}$ werden dabei größer, und die plastische Randdehnungsamplitude fällt ab. $M_{b,a} = f(\lg N)$ bzw. $\sigma_{R,a} = f(\lg N)$ werden als Biegewechselverfestigungskurven bezeichnet.

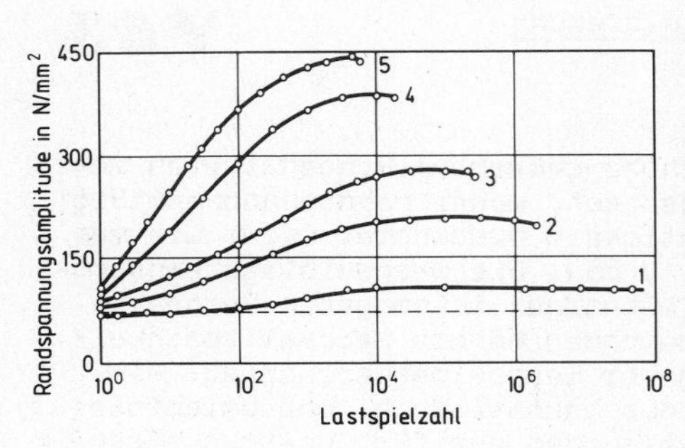

Bild 3: Einfluß der Randtotaldehnungsamplitude (1 kleinste, 5 größte) auf die Biegewechselverformungskurve von Nickel

In Bild 3 sind Wechselverformungskurven von reinem Nickel gezeigt, das in der Reihenfolge 1 ... 5 mit zunehmender konstanter Randtotaldehnungsamplitude biegewechselbeansprucht wurde. Man sieht, daß sich um so größere Randspannungsamplituden einstellen, je größer die Randtotaldehnungsamplitude ist. Die Wechselverformungskurven des Werkstoffs sind durch rasche Anfangsverfestigung und die Einstellung eines von der Totaldehnungsamplitude abhängigen Sättigungswertes der Amplitude der Randspannung (bzw. der Amplitude des Biegemomentes) charakterisiert. Die Sättigungsspannung wird um so früher erreicht, je größer die Randtotaldehnungsamplitude ist. Nach Erreichen der Sättigung ist in den Oberflächenkristalliten der ermüdeten Proben Mikrorißbildung (vgl. V 65) nachweisbar. Werden die Spannungsamplituden der Sättigungszustände über den zugehörigen Randtotaldehnungsamplituden aufgetragen, so erhält man die sog. zyklische Verfestigungskurve (vgl. V 61).

Aufgabe

Bei vier konstanten Randtotaldehnungsamplituden sind für Kupfer die Hysteresisschleifen bis zu einer Lastspielzahl von 10^4 aufzuzeichnen und die Amplitude des Biegemoments, die plastische Randdehnungsamplitude und die Fläche der Hysteresisschleife als Funktion des Logarithmus der Lastspielzahl zu bestimmen. Die zyklische Verfestigungskurve für Biegewechselbeanspruchung ist zu ermitteln und mit der vorliegenden zyklischen Verfestigungskurve unter Zug-Druck-Wechselbeanspruchung sowie der vorliegenden zügigen Verfestigungskurve zu vergleichen und zu diskutieren.

Versuchsdurchführung

Die Biegewechselversuche werden mit einer Wechselbiegemaschine durchgeführt, deren Prinzip Bild 4 zeigt. Das übertragene Biegemoment ist für alle Querschnittsteile gleich und wird über den Ausschlag einer Meßschwinge mit Hilfe eines induktiven Verlagerungsaufnehmers gemessen. Die totale Randdehnungsamplitude, die während eines Versuches konstant bleibt, wird über einen verstellbaren Exzenter eingestellt. Da die jeweilige Randdehnung der Probe dem Biegewinkel proportional ist, kann sie nach entsprechender Eichung ebenfalls mit einem induktiven Verlagerungsaufnehmer gemessen werden. Biegemoment und Biegewinkel werden mit einem x,y-Schreiber registriert und liefern direkt die der Versuchsauswertung zugrunde zu legenden Hysteresisschleifen.

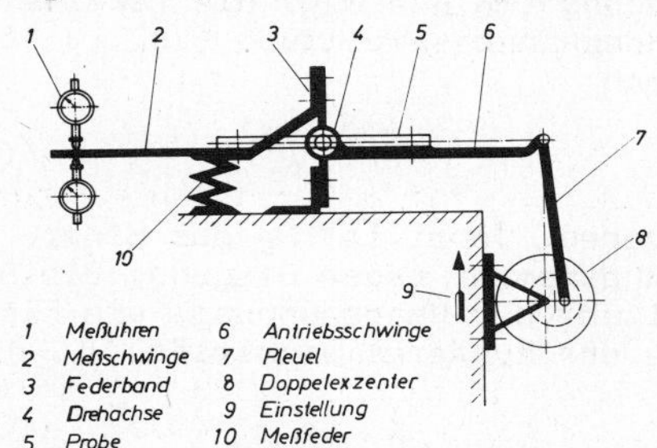

Bild 4: Prinzip einer Wechselbiegemaschine (Bauart Schenck)

Literatur: 131,143.

Dehnungswöhlerkurven

V 64

Grundlagen

Das Ergebnis lebensdauerorientierter Dauerschwingversuche mit konstanter Beanspruchungsamplitude sind Wöhlerkurven. Bei spannungskontrollierten Wechselbeanspruchungen ergeben sich je nach Werkstoff Wöhlerkurven vom Typ I oder Typ II (vgl. V 57). In beiden Fällen nehmen die bis zum Bruch ertragenen Lastspielzahlen mit abnehmender Beanspruchungsamplitude zu. Bei Stählen ist die Wechselfestigkeit durchweg kleiner als die Streckgrenze. Steigert man die Spannungsamplituden, so daß sich Lebensdauern im Zeitfestigkeits- und Kurzzeitfestigkeitsbereich ergeben, so nähert man sich mit der Spannungsamplitude der Streckgrenze und überschreitet diese. Von Beginn der Wechselbeanspruchung an treten dann neben elastischen Dehnungen, die den Spannungen direkt proportional sind, auch plastische Dehnungen auf. Je nach Größe der Spannungsamplitude können dabei die plastischen Dehnungsamplituden erheblich größer als die elastischen sein. Dann ist es zweckmäßiger, an Stelle von Versuchen mit konstanter Spannungsamplitude solche mit konstanter Totaldehnungsamplitude $\varepsilon_{a,t}$ zu fahren. Führt man solche Experimente mit unterschiedlichen $\varepsilon_{a,t}$-Werten durch, so ergeben sich um so kleinere Lebensdauern, je größer die Totaldehnungsamplitude ist. Werden doppeltlogarithmisch über den Bruchlastspielzahlen N_B die zugehörigen Totaldehnungsamplituden $\varepsilon_{a,t}$ aufgetragen und die Meßpunkte durch eine Ausgleichskurve ausgeglichen, so erhält man eine Dehnungs-Wöhlerkurve wie z. B. die stark ausgezogene Kurve im oberen Teil von Bild 1. Spaltet man die totale Dehnungsamplitude nach hinreichend großer Lastspielzahl, aber noch ausreichend weit von N_B entfernt, in ihren elastischen und plastischen Anteil gemäß

$$\varepsilon_{a,t} = \varepsilon_{a,e} + \varepsilon_{a,p} \qquad (1)$$

auf, so ergeben sich für beide Anteile näherungsweise lineare Zusammenhänge.

Für $N_B > N_{ü}$ ist $\varepsilon_{a,e} > \varepsilon_{a,p}$,
für $N_B = N_{ü}$ ist $\varepsilon_{a,e} = \varepsilon_{a,p}$ und
für $N_B < N_{ü}$ ist $\varepsilon_{a,e} < \varepsilon_{a,p}$.

$N_{ü}$ wird als Übergangslastspielzahl bezeichnet. Quantitativ gilt für die plastische Dehnungsamplitude

$$\varepsilon_{a,p} = \varepsilon_f N_B^{-\alpha} \qquad (2)$$

und für die elastische Dehnungsamplitude

$$\varepsilon_{a,e} = \frac{\sigma_f}{E} N_B^{-\beta} \quad . \qquad (3)$$

Dabei ist ε_f der Ermüdungsduktilitätskoeffizient, σ_f der Ermüdungsfestigkeitskoeffizient und E der Elastizitätsmodul. Die Exponenten α und β heißen Ermüdungsduktilitäts- und Ermüdungsfestigkeitsexponent. Umgeschrieben liefert Gl. 2 die sog. Manson-Coffin-Beziehung

$$\varepsilon_{a,p} N_B^{\alpha} = \varepsilon_f = \text{const.} \qquad (4)$$

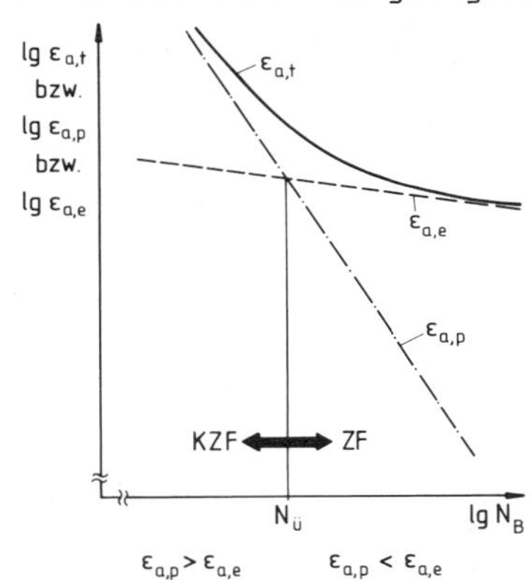

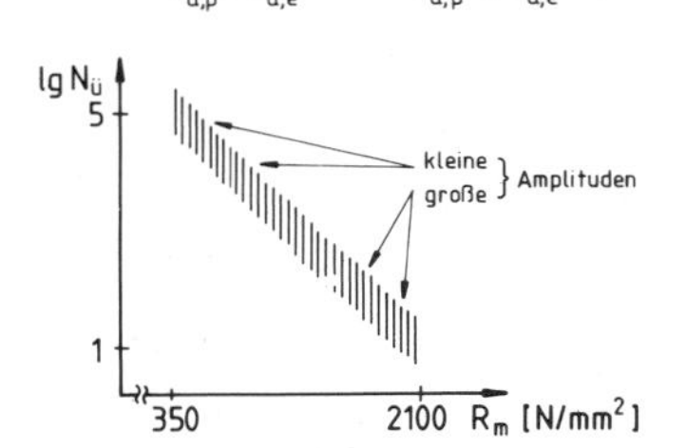

Bild 1: Dehnungs-Wöhlerkurve und Abhängigkeit der Übergangslastspielzahl von der Zugfestigkeit bei Stahl

ϵ_f ist der logarithmischen Brucheinschnürung bei Zugverformung φ_B = ln A_B/A_0 (vgl. V 25 und V 74) proportional. Aus Gl. 3 ergibt sich

$$\varepsilon_{a,e} E = \sigma_a = \sigma_f N_B^{-\beta} . \qquad (5)$$

Dieser Zusammenhang heißt Basquin-Beziehung. Dabei ist σ_f der Zugfestigkeit proportional. Aus Bild 1 erkennt man, daß der Kurzzeitfestigkeitsbereich (KZF) durch die Manson-Coffin-Beziehung, der Zeitfestigkeitsbereich (ZF) durch die Basquin-Beziehung quantitativ bestimmt wird. Da üblicherweise große Brucheinschnürungen mit kleinen Zugfestigkeiten verknüpft sind und umgekehrt, besitzen Werkstoffe großer Duktilität eine gute Kurzzeitfestigkeit, Werkstoffe großer Zugfestigkeit dagegen eine gute Wechselfestigkeit. Die Übergangslastspielzahl $N_Ü$ ist eine Funktion des Werkstoffzustandes. Bei Stählen z. B. verschiebt sie sich, wie im unteren Teil von Bild 1 vermerkt, mit wachsender Festigkeit zu kleineren Werten. Deshalb kann man $N_Ü$ nur bedingt als Grenze zwischen dem Kurzzeit- und dem Zeitfestigkeitsbereich ansprechen. Als Beispiel zeigt Bild 2 zwei Dehnungs-Wöhlerkurven von Ck 45. Der Wärmebehandlungszustand mit 595 HV besitzt im Wechselfestigkeitsgebiet ein besseres Werkstoffverhalten als der Zustand mit 225 HV. Im Kurzzeitfestigkeitsgebiet verhält sich dagegen der Zustand mit 225 HV besser als der mit 595 HV. Generell ergibt sich für große Lebensdauern eine plastische Grenzdehnungsamplitude, unterhalb der sich der Werkstoff wechselfest verhält. Diese Grenze läßt sich auch in spannungskontrollierten Versuchen (vgl. V 61) erkennen, wenn man die während der Wechselbeanspruchung auf verschiedenen Spannungshorizonten auftretenden plastischen Dehnungsamplituden genauer untersucht. In Bild 3 sind die Ergebnisse entsprechender Messungen an normalisierten Stählen wiedergegeben. Es sind jeweils die unter konstanter Spannungsamplitude bei $N = N_B/2$ gemessenen plastischen Dehnungsamplituden $\epsilon_{a,p}$ als Funktion der Bruchlastspielzahl aufgezeichnet. Offenbar existiert bei allen vermessenen Stählen eine Grenze von $\epsilon_{a,p}$, bei deren Unterschreitung kein Ermüdungsbruch innerhalb von $2 \cdot 10^6$ Lastspielen mehr auftritt. Diese plastische Grenzamplitude liegt etwa zwischen $1 \cdot 10^{-4}$ und $1 \cdot 10^{-5}$ und läßt keinen systematischen Einfluß

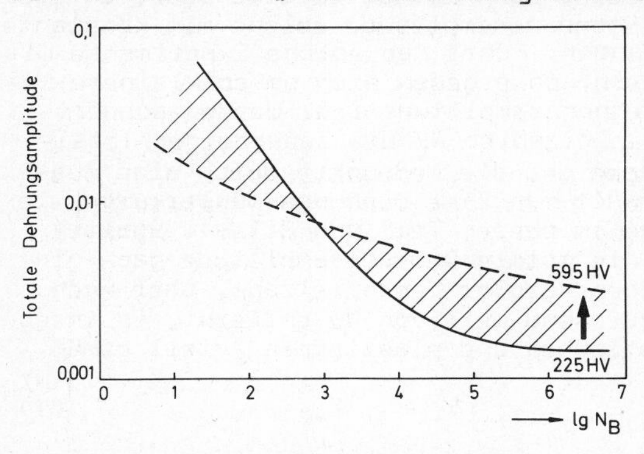

Bild 2: Dehnungs-Wöhlerkurven von Ck 45 in unterschiedlichen Wärmebehandlungszuständen

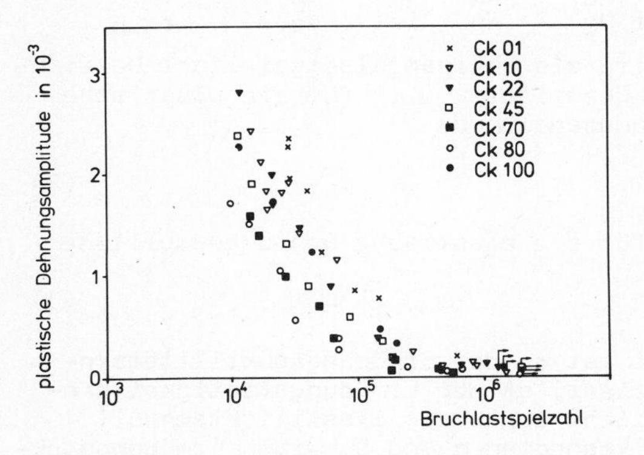

Bild 3: $\epsilon_{a,p}$ für $N = N_B/2$ als Funktion der Bruchlastspielzahl bei normalisierten unlegierten Stählen (→ Durchläufer)

des Kohlenstoffgehaltes erkennen. Daraus folgt, daß bei der Schwingbeanspruchung von normalisierten Stählen unabhängig vom Kohlenstoffgehalt bestimmte makroskopische plastische Dehnungsamplituden aufgenommen werden müssen, wenn Ermüdungsbruch auftreten soll.

Aufgabe

Für C 60 sind im normalisierten Zustand (30' 850 °C Luftabkühlung) und im vergüteten Zustand (30' 850 °C Öl 20 °C, 2 h 500 °C) totaldehnungsgesteuerte Dauerschwingversuche durchzuführen. ϵ_f, σ_f, α und β sind zu bestimmen. In beiden Fällen kann von einem Elastizitätsmodul $E = 210\,000$ N/mm^2 ausgegangen werden.

Versuchsdurchführung

Für die Versuche steht eine servohydraulische Prüfmaschine (vgl. V 61) zur Verfügung. Zu vorliegenden Meßdaten sind durch Versuche, die auf Bruchlastspielzahlen von etwa $N_B \approx 10^4$ führen, bei beiden Wärmebehandlungszuständen weitere Ergebnisse beizusteuern. Hierzu werden vorbereitete Proben eingespannt und mit Dehnungsaufnehmern versehen. Die bei der Beanspruchung auftretenden Probendehnungen werden erfaßt und zur Regelung der Prüfmaschine verwendet (Totaldehnungsreglung). Stichprobenweise werden die während der Schwingbeanspruchung bestehenden Spannungs-Dehnungszusammenhänge registriert. Auf Grund der ermittelten Versuchsdaten werden die $\epsilon_{a,t}$-Werte beider Wärmebehandlungszustände doppeltlogarithmisch über N_B aufgezeichnet. Anhand des Versuchsprotokolls werden jeweils für $N \approx 0.9\ N_B$ die plastischen und elastischen Dehnungsamplituden ermittelt (zur Auswertung der Hysteresisschleifen vgl. V 61) und in die Diagramme eingetragen. Die Exponenten α und β sind als Steigungen der entsprechenden Ausgleichsgeraden zu bestimmen. Die Koeffizienten ϵ_f und σ_f/E ergeben sich durch Extrapolation der Geraden auf $N_B = 1$ als Ordinatenwerte.

Literatur: 131, 132, 134, 144.

V 65 Strukturelle Zustandsänderungen bei Schwingbeanspruchung

Grundlagen

Wird einem metallischen Werkstoff eine periodische Beanspruchungs-Zeit-Funktion aufgeprägt, so stellen der Spannungs-Totaldehnungs-Zusammenhang in Abhängigkeit von der Lastspielzahl (vgl. z.B. V 61) sowie die Bruchlastspielzahl (vgl. z. B. V 57) wichtige Meßergebnisse dar. Um zu vertieften Aussagen über die in schwingbeanspruchten Werkstoffen ablaufenden Ermüdungsprozesse zu gelangen, sind aber weiterführende Untersuchungen erforderlich. Von besonderer Bedeutung sind dabei lichtmikroskopische sowie transmissions- und rasterelektronenmikroskopische Beobachtungen (vgl. V 8, V 20, V 27, V 49).

Man hat frühzeitig erkannt, daß sich bei hinreichend duktilen Werkstoffzuständen während der Schwingbeanspruchung in den oberflächennahen Körnern Verformungsmerkmale auch in den Fällen ausbilden, in denen die Wechselfestigkeit erheblich kleiner als die Streckgrenze ist. Der ersten systematischen Studie dieser Art ist Bild 1 entnommen. Es entstehen Ermüdungsgleitbänder, deren Dichte innerhalb der Körner mit der Lastspielzahl zunimmt. Auch wächst die Zahl der Körner, die Verformungsmerkmale zeigen, mit der Lastspielzahl an. Bei normalisierten Stählen, die eine Wöhlerkurve vom Typ I besitzen (vgl. V 61), läßt sich für einen relativ breiten Amplitudenbereich eine Lastspielzahl N_G ermitteln, ab der in einzelnen Oberflächenkörnern Ermüdungsgleitbänder nachweisbar sind. N_G nimmt mit wachsender Spannungsamplitude ab. Auch bei Amplituden, die kleiner als die Wechselfestigkeit (~ 180 N/mm²) sind, treten nach hinreichender Wechselbeanspruchung Verformungsmerkmale auf. In Bild 2 sind die Ergebnisse entsprechender Messungen an C 20 wiedergegeben. Neben der Wöhlerkurve (σ_a, lg N_B-Kurve) und der Gleitband-Wöhlerkurve (σ_a, lg N_G - Kurve) ist als weitere Kurve die sog. Anriß-Wöhlerkurve (σ_a, lg N_A - Kurve) eingezeichnet. Bei gegebener Spannungsamplitude können in der Werkstoffoberfläche nach bestimmten Lastspielzahlen N_A mikroskopische Werkstofftrennungen beobachtet werden. Man bezeichnet sie als Mikrorisse, wobei deren Erfassung von der Auflösung der benutzten Meßeinrichtungen abhängt. Meistens vereinbart man als Mikrorißbildung den Zeitabschnitt, in dem der Anriß eine bestimmte Länge oder eine bestimmte Rißfläche annimmt. Bei werkstoffwissenschaftlichen Betrachtungen sind Mikrorisse im allgemeinen Werkstofftrennungen mit Abmessungen $\lesssim$ 5 µm. Bei ingenieursmäßigen Betrachtungen interessieren dagegen meistens Werkstofftrennungen, die um mindestens eine Größenordnung

Bild 1: Ermüdungsgleitbänder in schwedischem Eisen

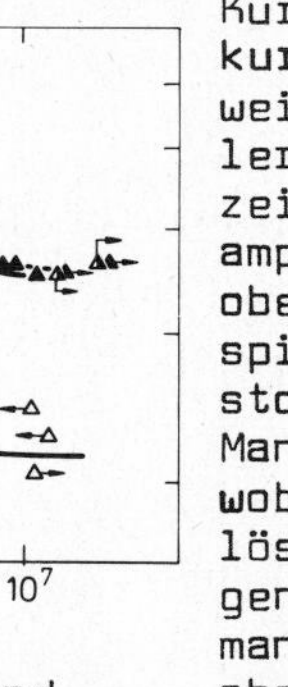

Bild 2: Gleitband-, Anriß- und Bruch-Wöhlerkurven von C 20 bei Raumtemperatur

größere Abmessungen besitzen. Während in der anrißfreien Anfangsphase der Ermüdung von Vielkristallen nahezu alle strukturmechanischen Vorgänge das ganze verformungsfähige Werkstoffvolumen erfassen, stellt die Rißbildung einen lokalisiert ablaufenden Prozeß dar, der fast immer auf die Körner der äußersten Werkstoffoberfläche beschränkt ist. Als Rißbildungsstadium spricht man die Bildung der Mikrorisse, die Vermehrung ihrer Zahl und ihr Anfangswachstum auf nachweisbare Rißlänge an. Der Anfangsbereich A der Ermüdung (vgl. Bild 3), der je nach vorliegendem Werkstoffzustand mit Verfestigungs-, Entfestigungs- oder kombinierten Ver- und Entfestigungsvorgängen verbunden sein kann, geht überlappend in den Rißbildungsbereich B über, wobei gleichzeitig eine Verlagerung der für den Ermüdungsvorgang wesentlichen plastischen Verformungen vom gesamten verformbaren Probenvolumen hin zu den oberflächennahen Probenteilen erfolgt. Das weitere Ermüdungsgeschehen konzentriert sich dabei zunehmend auf relativ kleine Probenvolumina in unmittelbarer Nähe der Spitzen der Mikrorisse. Von diesen Rissen breitet sich dann meist einer, und zwar der normalspannungsmäßig bevorzugte, dominant aus und entwickelt sich zum Makroriß. Danach finden alle weiteren Ermüdungsprozesse überwiegend in der sog. plastischen Zone vor der Rißspitze dieses Risses statt. Man befindet sich im Rißausbreitungsbereich C. Die streng lokalisierte Rißausbreitung erfolgt stabil mit einem definierten Rißlängenzuwachs pro Lastspiel über einen relativ großen Lebensdauerbereich (vgl. V 66). Ist eine hinreichend große Querschnittsfläche vom Ermüdungsriß durchlaufen, so reicht schließlich das erste Viertel eines weiteren Lastwechsels aus, um den Ermüdungsbruch D durch instabile Rißausbreitung zu erzwingen. Der Ermüdungsvorgang metallischer Werkstoffe umfaßt also vier Stadien, die in Bild 3 für eine mittlere Beanspruchungsamplitude schematisch angegeben sind.

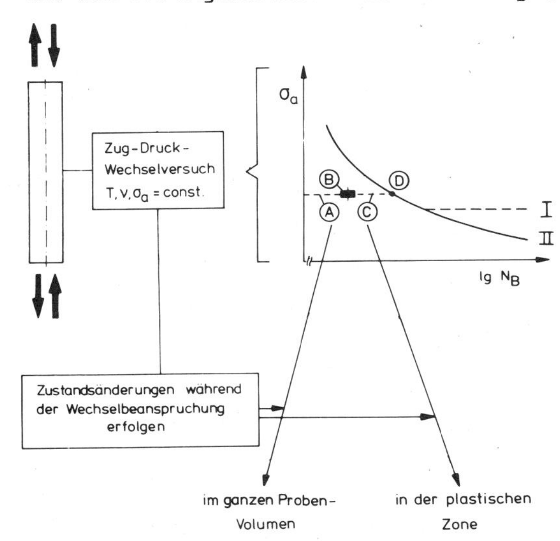

Bild 3: Lebensdauermäßige Unterteilung der Ermüdungsstadien

Bei der Wechselbeanspruchung bilden sich infolge plastischer Verformungen, die eine notwendige Voraussetzung für die Ermüdung metallischer Werkstoffe sind, in den verformungsfähigen Körnern der Vielkristalle charakteristische Versetzungsanordnungen aus. Bei kfz. Metallen und homogenen Legierungen werden diese stark von der Stapelfehlerenergie γ beeinflußt (vgl. V 3), die die Aufspaltungsweite der Versetzungen in Teilversetzungen bestimmt. Bei großer Stapelfehlerenergie bilden sich unter kleinen Beanspruchungsamplituden Versetzungsstränge und unter großen Beanspruchungsamplituden Versetzungszellen aus. Bei kleiner Stapelfehlerenergie ($\gamma \lesssim 20$ erg/cm^2) tritt dagegen unter kleinen Beanspruchungsamplituden eine sog. Versetzungsdebrisstruktur und unter großen Beanspruchungsamplituden eine Versetzungsbandstruktur auf. Dieser grundsätzliche Unterschied ist darauf zurückzuführen, daß bei großen Stapelfehlerenergien leicht Quergleitung von Schraubenversetzungen möglich ist. Dadurch ändert sich die Art der Versetzungsbewegung in charakteristischer Weise: Bei großer Stapelfehlerenergie können die Versetzungen leicht ihre Gleitebene verlassen, bei kleiner Stapelfehlerenergie sind sie dagegen an ihre Gleitebene gebunden. Im ersten Falle spricht man von welliger, im zweiten Falle von planarer Gleitung. Bild 4

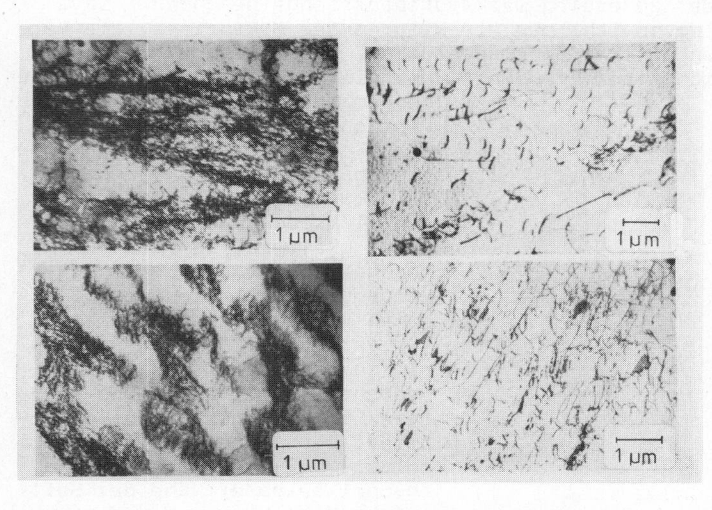

Bild 4: Ermüdungsstrukturen in Kupfer (links) und CuZn 31 (rechts)

zeigt links für Kupfer ($\gamma \approx 40$ erg/cm^2) und rechts für CuZn 31 ($\gamma \approx 10$ erg/cm^2) die nach $N \approx 5 \cdot 10^2$ (oben) und $N \approx 5 \cdot 10^4$ (unten) auftretenden Versetzungsstrukturen mit den besprochenen Merkmalen. Im Inneren der oberflächennahen Körner von Kupfervielkristallen erwartet man nach Ermüdung mit mittlerer Beanspruchungsamplitude ähnliche Versetzungsanordnungen wie die in Bild 5 gezeigten. Parallel zu den Hauptgleitebenen vom Typ {111} entstehen senkrecht zum Burgersvektor Versetzungsstränge, die durch relativ versetzungsfreie Zonen voneinander getrennt sind. Die Versetzungsstränge werden überwiegend von Stufenversetzungen in sog. Dipol- bzw. Multipollagen gebildet. Mit wachsender Lastspielzahl wächst die Dichte der Versetzungsstränge an, und ihr Abstand wird kleiner. Die gezeigte Versetzungsanordnung dürfte typisch sein für den Sättigungsbereich vgl. V 63) der Wechselverformungskurven. Als Oberflächenmerkmale entwickeln sich an den Stellen, an denen Versetzungen aus dem Werkstoff austreten, viele feine linienförmige Streifungen. Nach Erreichen der Sättigung bricht die Strangstruktur lokal zusammen, und es bilden sich aus den Multipolsträngen Versetzungswände mit regelmäßigen Abständen. Man spricht von einer Leiterstruktur, weil - wie Bild 6 zeigt - die die {112} - Ebenen durchdringenden Wände Ähnlichkeit mit den Sprossen einer Leiter haben. Die Kornbereiche, in denen sich diese Leiterstrukturen bilden, stellen stets auch Ermüdungsgleitbänder dar. Ihre Dichte nimmt mit wachsender Lastspielzahl zu, und auf sie konzentrieren sich in zunehmendem Maße die weiteren plastischen Wechselverformungen. Das führt zu ausgeprägten Oberflächenmerkmalen mit

Bild 5: Räumliche Versetzungsstruktur nach Ermüdung von Kupfer mit mittleren Amplituden

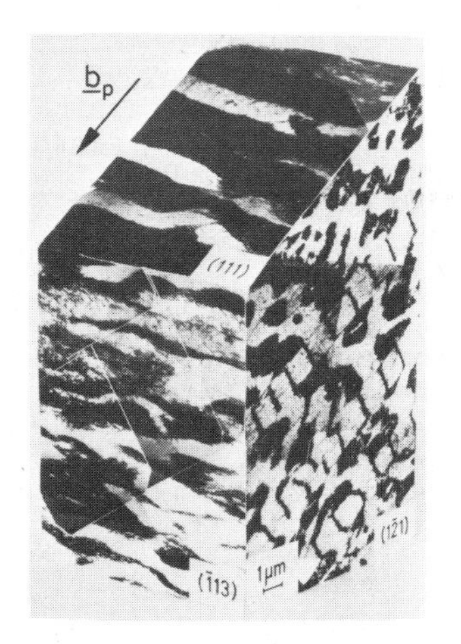

Bild 6: Aus Strangstruktur entstandene Leiterstruktur bei Kupfer

Erhebungen (Extrusionen) und Vertiefungen (Intrusionen), die nach Abpolieren bei weiterer Wechselbeanspruchung immer an denselben Stellen auftreten. Deshalb werden diese Ermüdungsgleitbänder auch persistente Gleitbänder (PSB) genannt.

Für die Rißbildung ist der oberflächennahe Werkstoffzustand sowie die während der Anfangsphase der Ermüdung sich ausbildende Oberflächenstruktur von ausschlaggebender Bedeutung. Ermüdungsrisse werden beobachtet nahe von Ermüdungsgleitbändern, in und nahe Korngrenzen, in und nahe zweiter Phasen, in und nahe Einschlüssen sowie in ausgeprägten Tälern der Oberflächentopographie. Die Anrißart wird durch den Prozeß bestimmt, der am leichtesten erfolgen kann. Die besprochene Konzentrierung der Abgleitprozesse bei homogenen Vielkristallen nicht zu kleiner **Stapelfehlerenergie auf die Ermüdungsgleitbänder führt beispielsweise als Folge nicht vollständig reversibler Abgleitprozesse zur Ausbildung mehr oder weniger ausgeprägter Erhebungen und Vertiefungen in den oberflächennahen Körnern, deren Kerbwirkung die Anrißbildung begünstigt. Ein Beispiel zeigt Bild 7.**

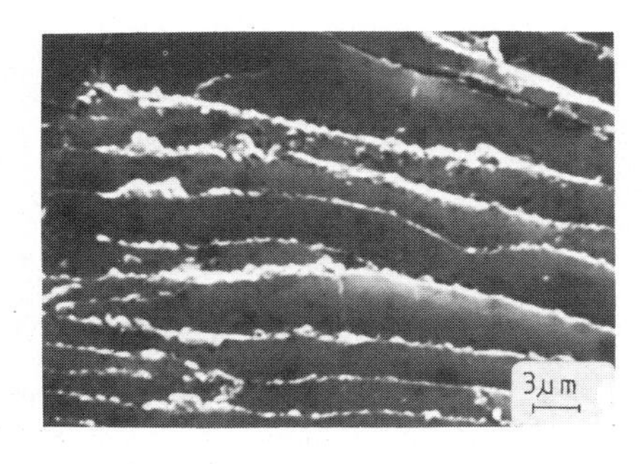

Bild 7: Intrusionen und Extrusionen auf der Oberfläche von ermüdetem Ck 10

Bei homogenen Vielkristallen werden unter kleinen Beanspruchungsamplituden Rißbildungen bevorzugt in oder nahe der Ermüdungsgleitbänder und bei großen Amplituden an Korngrenzen beobachtet. Bilden sich keine ausgeprägten Ermüdungsgleitbänder aus, wie bei Werkstoffen mit kleiner Stapelfehlerenergie, so erfolgt die Mikrorißbildung bei kleinen Beanspruchungsamplituden an großen Oberflächengleitstufen mit günstiger Kerbwirkung, bei großen Spannungsamplituden an oberflächennahen Korn- und Zwillingsgrenzen wegen der dort auftretenden Spannungskonzentrationen. Bei heterogenen Werkstoffen

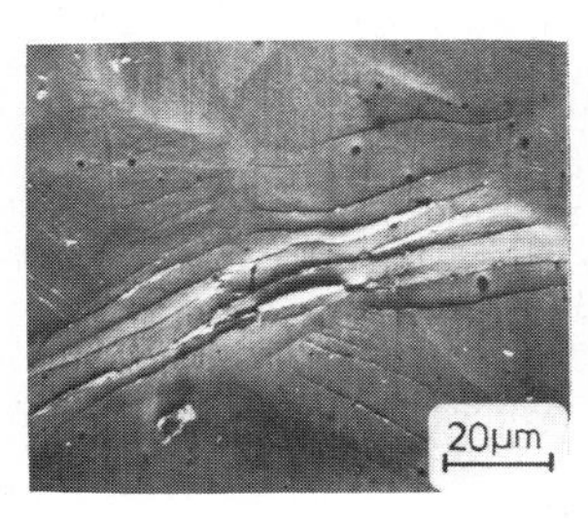

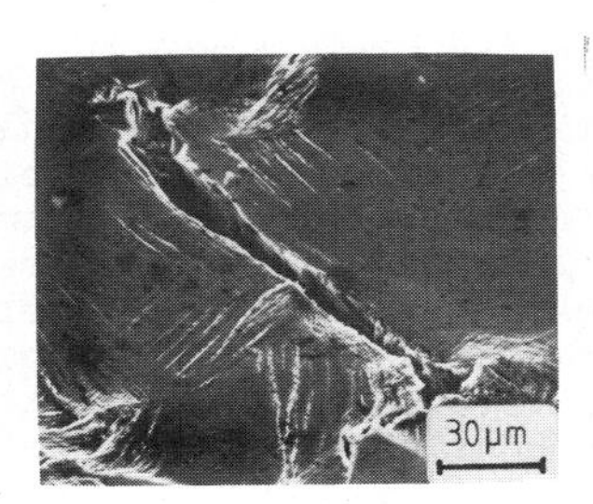

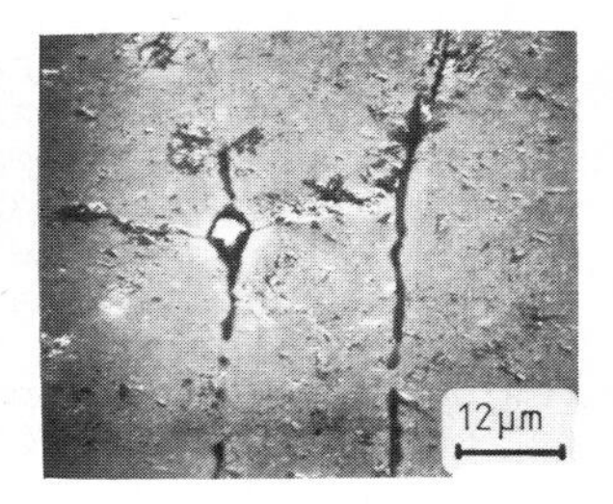

Bild 8: Beispiele für Gleitbandanriß (links), Korngrenzenanriß (Mitte) und Einschlußanriß (rechts)

dominiert die Anrißbildung an Korn- und Phasengrenzen sowie an Einschlüssen. Korngrenzenausscheidungen begünstigen die Entwicklung von Ermüdungsrissen an Korngrenzen. Oberflächennahe Einschlüsse fördern, auch bei kleinen Beanspruchungsamplituden, die Anrißbildung. Die eigentliche Rißbildung kann je nach Werkstoff, Werkstoffzustand und Beanspruchungsamplitude etwa 1 bis 30 % der Lebensdauer umfassen. Typische Beispiele für die verschiedenen Anrißarten sind in Bild 8 zusammengestellt.

Aufgabe

An elektrolytisch polierten Probestäben aus Armcoeisen und CuSn 6 unterschiedlicher Korngröße sind die unter Zug-Druck-Wechselbeanspruchung auftretenden Oberflächenverformungsstrukturen und Anrißbildungen in Abhängigkeit von der Spannungsamplitude und der Lastspielzahl lichtmikroskopisch zu untersuchen. Die Versuchsergebnisse sind strukturmechanisch zu bewerten.

Versuchsdurchführung

Für die Versuche stehen zwei mit Mikroskopen versehene Kleinpulsatoren (vgl. Bild 9 und V 57) zur Verfügung. Die elektrolytisch polierten Flachproben werden sorgfältig bei der Exzenterstellung Null mittelspannungsfrei in die Klemmbacken eingespannt. Lokalisierte Bereiche der

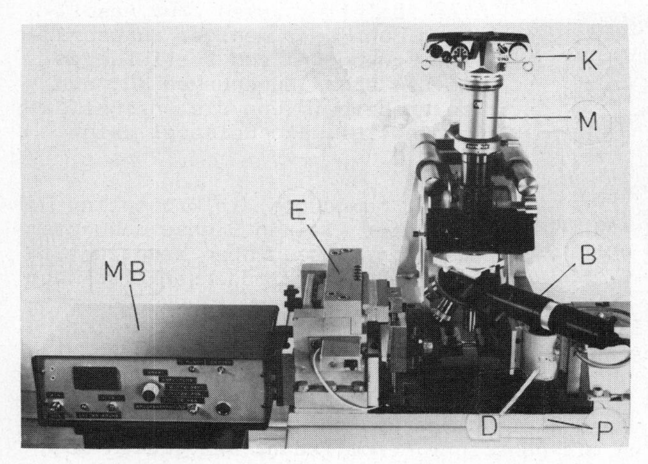

Bild 9: Versuchseinrichtung
Mikroskop (M), Kamera (K), Beleuchtungseinrichtung (B), Pulsator (P), linker Einspannbock (E), Dynamometer (D), Meßbrücke (MB)

Probenoberfläche werden dann mit 50-, 100- oder 250-facher Vergrößerung beobachtet und photographiert. Die Werkstoffe besitzen etwa gleiche Wöhlerkurven, so daß eine Spannungsamplitude von 150 N/mm^2 auf $N_B \sim 10^4$ führt. Die dazu erforderliche Kraft wird berechnet und mit Hilfe der Eichkurven am Exzenter eingestellt. Beim anschließenden ersten Lastwechsel wird der Exzenter zur Kontrolle der Krafteinstellung langsam um 360° gedreht. Danach erfolgt die erneute lichtmikroskopische Betrachtung der fixierten Oberflächenbereiche. Weitere Beobachtungen schließen sich nach geeignet erscheinenden Lastspielintervallen an. An Hand der auf den Photographien dokumentierten Verformungsmerkmale sowie weiterer bereits vorliegender Versuchsergebnisse mit anderen Amplituden wird der oberflächennahe Ermüdungsvorgang diskutiert.

Literatur: 145, 146, 147.

Ausbreitung von Ermüdungsrissen V 66

Grundlagen

Bei Wechselbeanspruchung metallischer Werkstoffe setzt nach anfänglichen Ver- und/oder Entfestigungsprozessen, die das gesamte Probenvolumen erfassen (vgl. V 61 und 65), Mikrorißbildung in oberflächennahen Kornbereichen ein. Die an der Probenoberfläche nachweisbaren Mikrorisse bilden sich bei homogenen Werkstoffen unter kleinen Beanspruchungsamplituden bevorzugt an Ermüdungsgleitbändern, unter großen Beanspruchungsamplituden bevorzugt an Korngrenzen und, falls vorhanden, an Zwillingsgrenzen (vgl. V 65). An die Mikrorißbildung schließt sich kontinuierlich die Mikrorißausbreitung an. Sie erfolgt bei kleinen Amplituden zunächst in oder nahe von Ermüdungsgleitbändern parallel zu deren Oberflächen- und Tiefenausdehnung. Da die Ermüdungsgleitbänder die Oberflächenspuren günstig orientierter Gleitsysteme mit größten Schubspannungen sind, liegen die Risse bevorzugt in den Bändern, die unter 45° zur Zug-Druck-Beanspruchungsrichtung, also in Richtung größter kontinuumsmechanisch wirksamer Schubspannungen orientiert sind. Die anfängliche Mikrorißverlängerung wird Rißausbreitungsstadium I genannt. Dabei werden oberflächennahe Körner mit einer relativ kleinen Ausbreitungsgeschwindigkeit von einigen 10^{-8} mm/Lastwechsel (LW) durchlaufen. Gleichzeitig wächst die Breitenausdehnung des Mikrorisses seitlich weiter. Bei weiter zunehmender Lastspielzahl schwenkt meist einer der 45°-Mikrorisse in eine Ebene unter 90° zur angelegten Nennspannung ein und breitet sich nun (Rißausbreitungsstadium II) mit ständig wachsender Geschwindigkeit (von $\approx 10^{-6}$ mm/LW bis zu $\approx 10^{-2}$ mm/LW) als Makroriß aus. Bild 1 zeigt im oberen Teil schematisch diese Verhältnisse und im unteren Teil ein reales Beispiel, das bei kaltgewalztem Aluminium beobachtet wurde. Man sieht, wie ein Stadium I-Riß in einer bestimmten Oberflächenentfernung abbiegt und dann als Stadium II-Riß näherungsweise senkrecht zur Probenachse weiterläuft. Wesentlich für den Übergang vom Stadium I zum Stadium II der Rißverlängerung ist das Verhältnis der Schubspannung im Ermüdungsgleitband zu der an der Rißspitze auftretenden kerbwirkungsbedingten Normalspannung. Ist letztere so groß geworden, daß im Rißspitzenbereich Mehrfachgleitung auftritt und ein größeres rißspitzennahes Volumen plastisch verformt wird, dann ändert sich die Rißausbreitung so, daß während der folgenden Belastungszyklen Rißöffnungen und -schließungen unter energetisch günstigster Rißuferbewegung möglich werden. Da sich bei homogenen Werkstoffen mit wachsender Amplitude die Rißbildung mehr und mehr zu den Korn- bzw. Zwillingsgrenzen verlagert, kommt bei der Rißausbreitung von Anfang an Stadium II zunehmend zur Geltung. Bei heterogenen Werkstoffen wird das Stadium I der Rißausbreitung nur in den oberflächennahen Körnern der verformungsfähigen Phase beobachtet. Ferner wird die Rißbildung durch Spannungskonzentrationen an Korn- und/oder Phasengrenzen sowie nahe von intermetallischen und/oder intermediären Verbindun-

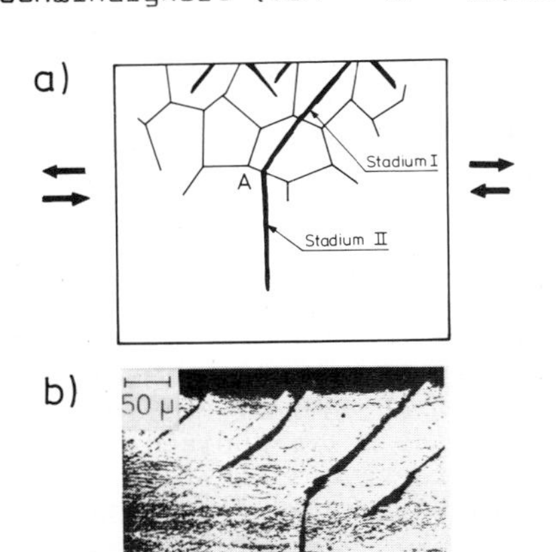

Bild 1: Rißausbreitung im Stadium I und II schematisch a) und reales Beispiel b)

gen sowie Einschlüssen begünstigt. Zudem sind bei den in der technischen Praxis benutzten Werkstoffen und Werkstoffzuständen auch beim Fehlen makroskopischer Kerben die mikroskopischen Bearbeitungsmerkmale viel bestimmender für die Rißbildung und die anfängliche Rißausbreitung als submikroskopische Strukturdetails, so daß auch hier im allgemeinen kein Stadium I der Rißausbreitung beobachtet wird. Allgemein gilt, daß der größte Teil der sich ausbildenden Ermüdungsbruchfläche eine im Rißausbreitungsstadium II geschaffene makroskopische Rißfläche ist. Alle folgenden Angaben beziehen sich auf Rißausbreitung im Stadium II.

Da die Bildung und anfängliche Ausbreitung von Ermüdungsrissen zufällige lokale Ereignisse sind, werden quantitative Rißausbreitungsuntersuchungen durchweg mit angekerbten Proben durchgeführt, bei denen vorab durch eine geeignete Schwingbeanspruchung im Kerbgrund Risse erzeugt wurden. Quantitative Messungen zur Rißausbreitung können beginnen, wenn sich ein bei geringer lichtmikroskopischer Vergrößerung deutlich erkennbarer Riß der Länge a_0 gebildet hat. Die Rißlänge a bzw. die Rißverlängerung $da = a - a_0$ wird dann für mehrere konstante Lastamplituden in Abhängigkeit von der Lastspielzahl N entweder lichtoptisch oder über Widerstandsmessungen verfolgt. Das grundsätzliche Ergebnis solcher Experimente zeigt der linke Teil von Bild 2. Die Rißlänge nimmt

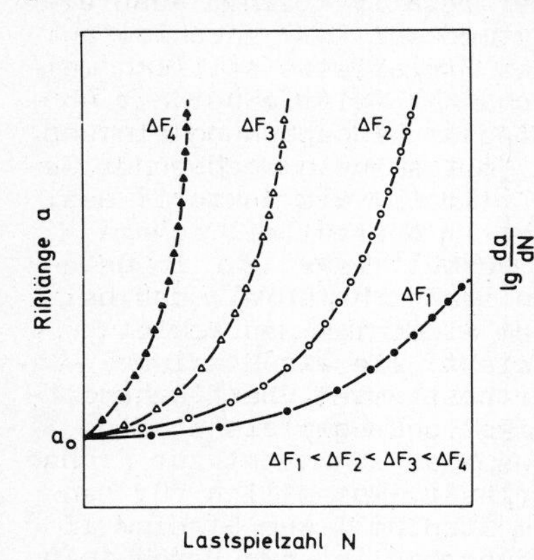

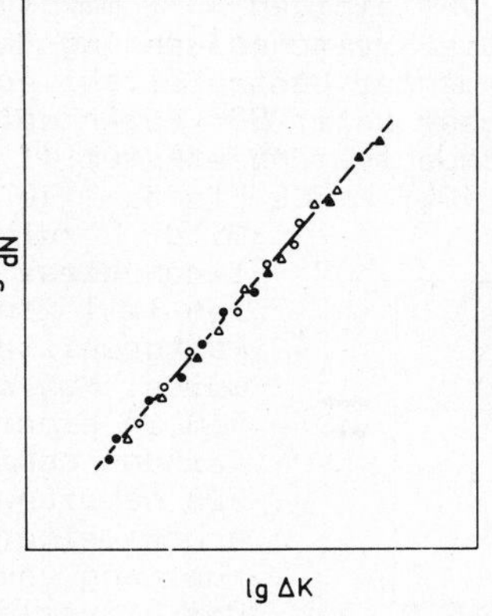

Bild 2: Rißlänge a in Abhängigkeit von der Lastspielzahl N bei verschiedenen Lastschwingbreiten (links) und zugehöriges lg da/dN, lg ΔK-Diagramm (rechts)

mit wachsender Lastspielzahl zu, und zwar um so stärker, je größer die Lastschwingbreite ΔF ist. Bei gleicher Rißlänge wächst der Kurvenanstieg da/dN mit ΔF an. Die Rißausbreitung erfolgt makroskopisch quasieben und kristallographisch weitgehend undefiniert. Die Rißfront durchläuft bevorzugt eine Ebene senkrecht zur größten lokalen Zugspannung. Offensichtlich wird dabei das Kontinuums(mechanische)verhalten der Kristallite durch das in Rißspitzennähe vorliegende Spannungsfeld bestimmt. Dieses läßt sich auf Grund allgemeiner bruchmechanischer Prinzipien (vgl. V 54) durch die von der Oberspannung $\sigma_O = F_O/A_0$ und Unterspannung $\sigma_U = F_U/A_0$ bestimmten Spannungsintensitäten

$$K_O = \sigma_O \sqrt{\pi a}\, Y \quad \textbf{und} \quad K_U = \sigma_U \sqrt{\pi a}\, Y \qquad (1)$$

beschreiben. Dabei ist a die Rißlänge und Y ein Geometriefaktor, der von Probenform und -abmessungen, den Belastungsbedingungen sowie dem Verhältnis von Rißlänge zu Probenbreite abhängt. Die Zulässigkeit dieser Überlegungen veranschaulicht der rechte Teil von Bild 2. Dort sind die unter den angenommenen Lastschwingbreiten $\Delta F_1 < \Delta F_2 < \Delta F_3 < \Delta F_4$ auftretenden Rißausbreitungsgsgeschwindigkeiten doppeltlogarithmisch als Funktion der zugehörigen Schwingbreiten der Spannungsintensität

$$\Delta K = \Delta \sigma \sqrt{\pi a}\, Y = K_O - K_U \qquad (2)$$

aufgetragen. Wie man sieht, ergibt sich - unabhängig von den bei den Einzelversuchen benutzten Lastschwingbreiten - ein einheitlicher linearer Zusammenhang. Die Rißausbreitungsgeschwindigkeit ist also eindeutig durch die positive Schwingbreite der Spannungsintensität vor der Rißspitze bestimmt und läßt sich durch ein Potenzgesetz der Form

$$\frac{da}{dN} = c\,(\Delta K)^m \qquad (3)$$

beschreiben. Dieser grundlegende Zusammenhang hat sich bei vielen Rißausbreitungsstudien mit der Einschränkung bestätigt, daß er bei großen und kleinen ΔK- Werten zu modifizieren ist. Für lastgesteuerte Versuche mit unterschiedlichen Spannungsverhältnissen $\varkappa$ (vgl. V 57) faßt Bild 3 die bei der Rißausbreitung bestehenden Gesetzmäßigkeiten schematisch zusammen. Bei gegebenem ΔK nimmt die Rißausbreitungsgeschwindigkeit mit wachsendem $\varkappa$ zu. An den Bereich der stabilen Rißausbreitung schließt sich, unabhängig von $\varkappa$, ein Bereich instabiler Rißverlängerung an, der mit dem Bruch der Probe endet. Mit zunehmendem $\varkappa$ wird die Schwingbreite der Spannungsintensität, bei der instabile Rißausbreitung einsetzt, zu kleineren ΔK- Werten verschoben. Der Probenbruch erfolgt jeweils im ersten Viertel des Lastwechsels, bei dem die obere Spannungsintensität K_O den bei den vorliegenden Verhältnissen gültigen K_c-Wert des Werkstoffs (vgl. V 54) erreicht. Es gilt also

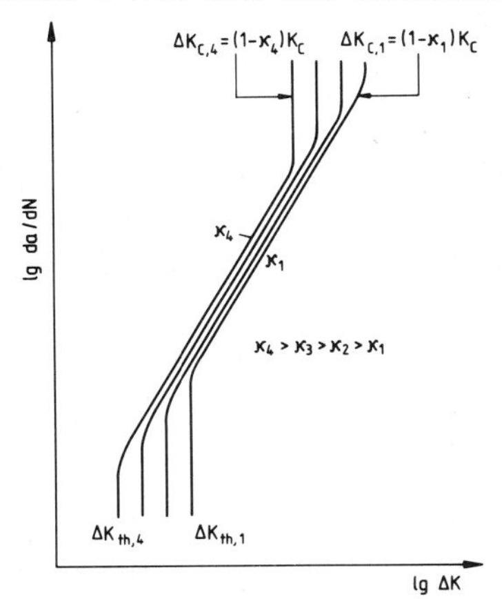

Bild 3: Einfluß des Spannungsverhältnisses $\varkappa$ auf den Zusammenhang zwischen Rißausbreitungsgeschwindigkeit und Schwingbreite der Spannungsintensität. Die mittleren Teile der S-förmigen lg da/dN, lg ΔK-Zusammenhänge werden Paris-Geraden genannt.

$$\lim_{K_O \to K_C} \left(\frac{da}{dN}\right) \longrightarrow \infty\,. \qquad (4)$$

Da aber

$$\varkappa = \frac{K_U}{K_O} = \frac{\sigma_U}{\sigma_O} \qquad (5)$$

und daher auch

$$1-\varkappa = 1 - \frac{K_U}{K_O}\,, \qquad (6)$$

ist, wird

$$K_O = \frac{\Delta K}{(1-\varkappa)}\,. \qquad (7)$$

Somit läßt sich nach Gl. 4 auch schreiben

$$\lim_{\Delta K \to K_C(1-\varkappa)} \left(\frac{da}{dN}\right) \longrightarrow \infty \qquad (8)$$

Nähert sich also ΔK dem Werte K_C $(1-\varkappa)$, so beginnt instabile Rißausbreitung und die lg da/dN, lg ΔK - Kurven biegen nach oben ab. Das modifizierte Rißausbreitungsgesetz

$$\frac{da}{dN} = \frac{c\,(\Delta K)^m}{K_C(1-\varkappa) - \Delta K} \qquad (9)$$

trägt diesem Gesichtspunkt Rechnung. Andererseits ist bei kleinen ΔK-

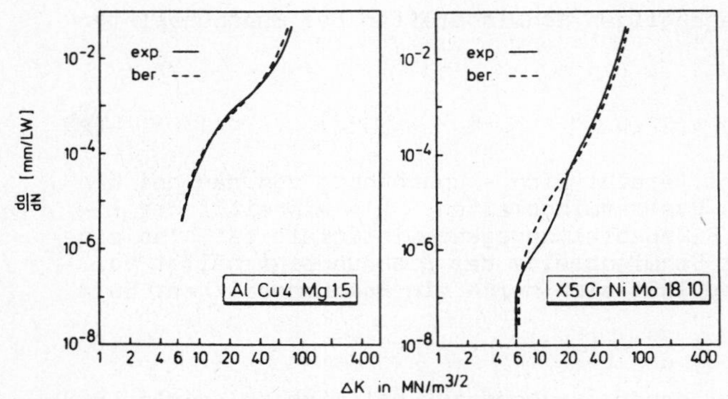

Bild 4: Experimentelle und nach Gl. 11 berechnete Rißgeschwindigkeitskurven

Werten zu erwarten, daß es einen unteren Schwellwert $\Delta K \rightarrow \Delta K_{th}$ gibt, bei dessen Unterschreitung zyklische Beanspruchung zu keiner meßbaren Rißausbreitung mehr führt. Man weiß heute zweifelsfrei, daß bei vielen Werkstoffen solche Grenzwerte existieren. ΔK_{th} wird um so kleiner, je größer $\varkappa$ ist. Bei vielen normalisierten und nach der martensitischen Härtung hoch angelassenen Stählen liegen für $0.05 < \varkappa < 0.3$ diese Grenzwerte im Intervall

$$8\,MN/m^{3/2} \leq \Delta K_{th} \leq 12\,MN/m^{3/2} \tag{10}$$

Will man auch die Abwärtskrümmung der Rißgeschwindigkeitskurve quantitativ berücksichtigen, so muß offenbar Gl. 9 durch Einbeziehung der Grenzschwingbreite der Spannungsintensität ΔK_{th} modifiziert werden. Beispielsweise ist die Beziehung

$$\frac{da}{dN} = c(\Delta K - \Delta K_{th})^2 \left[1 + \frac{\Delta K}{K_c - K_0}\right] \tag{11}$$

auf alle drei Bereiche der Makrorißausbreitung anwendbar. Bild 4 zeigt experimentelle und nach Gl. 11 berechnete Rißgeschwindigkeitskurven für AlCu 4 Mg 1.5 und X 5 CrNiMo 18 10.

Aufgabe

Unter Zugschwellbeanspruchung ist das Rißausbreitungsverhalten von Ck 22 zu untersuchen. Die Messungen erfolgen an Flachproben mit einer zentrischen Innenkerbe, für die nach Rißeinbringung im Bereich $0 \leq 2a/W \leq 0.7$ als Geometriefaktor

$$Y = 0.998 + 0.128 \left[\frac{2a}{W}\right] - 0.288 \left[\frac{2a}{W}\right]^2 + 1.523 \left[\frac{2a}{W}\right]^3 \tag{12}$$

gilt. Im Rißausbreitungsgeschwindigkeitsintervall 10^{-5} mm/LW $\leq da/dN \leq 10^{-3}$ mm/LW ist der bestehende Zusammenhang zwischen da/dN und ΔK zu ermitteln und zu diskutieren.

Versuchsdurchführung

Vorbereitete Flachproben der in Bild 5 gezeigten Form werden in einer geeigneten Schwingprüfmaschine (vgl. V 57) zugschwellbeansprucht, bis sich beidseitig Risse einer Länge a_0 (Gesamtrißlänge $2a_0$) gebildet haben. Die Schwingprüfmaschine verfügt über eine mikroskopische Meßvorrichtung zur hinreichend genauen Rißlängenbestimmung. Einen möglichen Versuchsaufbau zeigt Bild 6. Zunächst wird für die vorliegende Probenbreite W für mehrere angenommene Rißlängen 2a der Geometriefaktor Y(2a/W) berechnet und als Funktion von a aufgezeichnet. Anschließend wird, ausgehend von 2 a_0, unter den gewählten Beanspruchungsbedingungen die gesamte Rißlänge 2a in Abhängigkeit von der Lastspielzahl N gemessen. Diese Messungen werden an drei Proben mit verschiedenen konstanten Oberlasten durchgeführt. Dann werden die Logarithmen der halben Gesamtrißlängen als Funktion der Lastspielzahl aufgetragen.

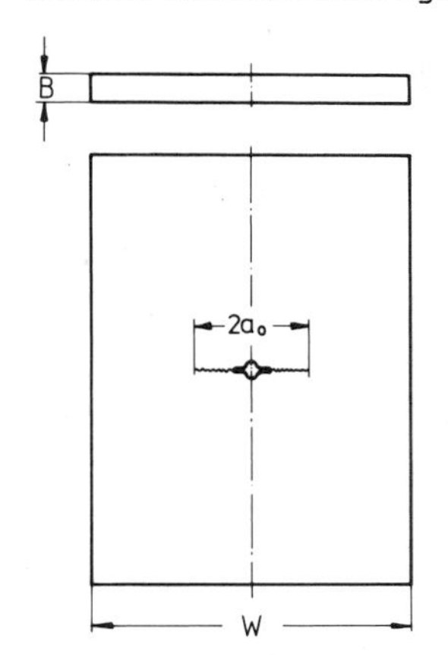

Bild 5: Probenform

Bild 6: Versuchsaufbau zur lichtmikroskopischen Rißlängenmessung

Diese lg a,N-Diagramme liefern für verschiedene N als Kurvenanstiege

$$\left.\frac{d\lg a}{dN}\right|_N = \left.\frac{d\lg a}{da}\cdot\frac{da}{dN}\right|_N = \lg e \left.\frac{d\ln a}{da}\cdot\frac{da}{dN}\right|_N = \lg e \left.\frac{1}{a}\,\frac{da}{dN}\right|_N \qquad (13)$$

Mit lg e = 0.434 folgt für die Rißausbreitungsgeschwindigkeiten

$$\left.\frac{da}{dN}\right|_N = \frac{a}{0{,}434}\,\left.\frac{d\lg a}{dN}\right|_N \qquad (14)$$

Die zu den verschiedenen N gehörigen Schwingbreiten ΔK des Spannungsintensitätsfaktors berechnen sich nach Gl. 2 und 12 aus dem beobachteten a(N), den Probenabmessungen, dem Geometriefaktor und der Probennennbelastung. Nach doppeltlogarithmischer Auftragung von da/dN über ΔK und Ausgleich der Meßpunkte durch eine Gerade ergibt deren Steigung für den Exponenten m in Gl. 3

$$m = \frac{d\lg da/dN}{d\lg \Delta K} \qquad (15)$$

Extrapolation der Ausgleichsgeraden auf K = 1 liefert den Wert der Konstanten C.

Literatur: 75, 124, 126, 148, 149

V 67 Ermüdungsbruchflächen

Grundlagen

Das letzte Stadium der Ermüdung stellt die instabile, zum Bruch führende Rißausbreitung dar. Vorausgegangen sind die Stadien der Ver- und/oder Entfestigungsvorgänge, der Rißbildung und der stabilen Rißausbreitung (vgl. V 65). Der lebensdauermäßige Anteil dieser drei Stadien an der Bruchlastspielzahl hängt von den mechanischen Werkstoffeigenschaften, von der Probengeometrie, von der Rißgröße und von den Beanspruchungsbedingungen ab. Bild 1 zeigt als typisches Beispiel die

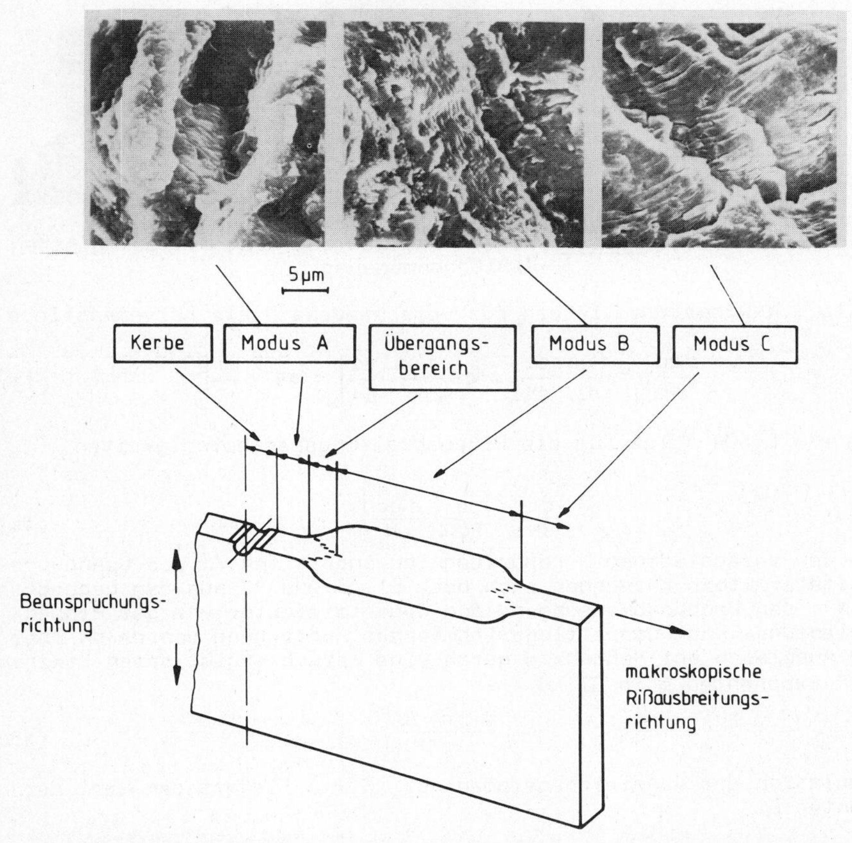

Bild 1: **Ermüdungsbruchflächenausbildung bei einem Flachstab aus Al 99.5**

Ermüdungsbruchfläche eines künstlich angerissenen Flachstabes aus Reinaluminium. In allen Fällen lag eine Stadium-II-Rißausbreitung vor (vgl. V 66). Trotzdem ist die Bruchfläche in verschiedenen Probenteilen unterschiedlich gegenüber der Richtung der wirksam gewesenen Zug-Druck-Wechselbeanspruchung geneigt. Bei kleinen Rißlängen und damit kleinen Spannungsintensitäten liegt nur eine kleine plastische Zone vor, und es überwiegt ein ebener Dehnungszustand (vgl. V 54). Als Folge davon tritt eine 90°-Bruchfläche (Modus A) senkrecht zur Beanspruchungsrichtung auf. Wächst mit zunehmender Rißlänge die Spannungsintensität und damit die Größe der plastischen Zone an, so wirkt sich zunehmend der ebene

Spannungszustand aus, und es tritt eine unter 45° zur Beanspruchungsrichtung geneigte makroskopische Scherbruchfläche (Modus B) auf. Zwischen der 90°- und der 45°-Bruchfläche besteht ein Übergangsgebiet mit unterschiedlich großen Anteilen an beiden Bruchflächenarten. Im Modus B kann sich an Stelle einer einzigen Scherfläche auch ein von zwei Scherflächen gebildetes Dachprofil entwickeln. Bei dem in Bild 1 betrachteten duktilen Flachstab aus Reinaluminium schließt sich an den Modus B wieder eine 90°-Bruchfläche an, in der dann auch der Restbruch (Gewaltbruch) verläuft. In den einzelnen Bereichen der makroskopischen Bruchflächen liegen unterschiedliche Mikromorphologien vor, wie die beigefügten rasterelektronenmikroskopischen Aufnahmen erkennen lassen.

Bereits die ersten systematischen rasterelektronenmikroskopischen Untersuchungen von Ermüdungsbruchflächen enthüllten ein breites Spektrum an Details, wobei oft deutlich und klar begrenzte Streifungen senkrecht zur Rißausbreitungsrichtung auffielen. Derartige Schwingstreifen (auch striations genannt), die die Bruchfläche in nahezu gleichen Abständen durchsetzen, zeigt der untere Teil von Bild 2. Der Pfeil gibt die Rißausbreitungsrichtung an. Man weiß heute, daß Schwingstreifen nur bei mittleren Rißausbreitungsgeschwindigkeiten von etwa 10^{-5} mm/LW bis etwa 10^{-3} mm/LW auftreten. Im oberen Teil von Bild 2 ist ein unter den gleichen Beanspruchungsbedingungen im Hochvakuum erzeugter Ermüdungsbruchflächenanteil zu sehen. Er zeigt keinerlei Streifungen. Man ersieht daraus, daß die Bruchflächenausbildung stark von den Versuchsbedingungen abhängig ist. Das Fehlen von Schwingstreifen auf einer Bruchfläche spricht also nicht gegen eine wirksam gewesene Schwingbeanspruchung. Schwingstreifen wurden inzwischen auf den Ermüdungsbruchflächen vieler Werkstoffe nachgewiesen, so z. B. bei Al, Cu, Ni, Ti, Mg, Zn, Cr, Ta, Fe und bei Legierungen dieser Metalle. Identifiziert man die Schwingstreifenbreite mit dem Rißzuwachs pro Lastspiel - was bei den o. g. mittleren Rißausbreitungsgeschwindigkeiten (vgl. V 66) möglich ist -, dann läßt sich bei bekannter Frequenz aus dem gemessenen Streifenabstand die lokal vorliegende Rißausbreitungsgeschwindigkeit bestimmen.

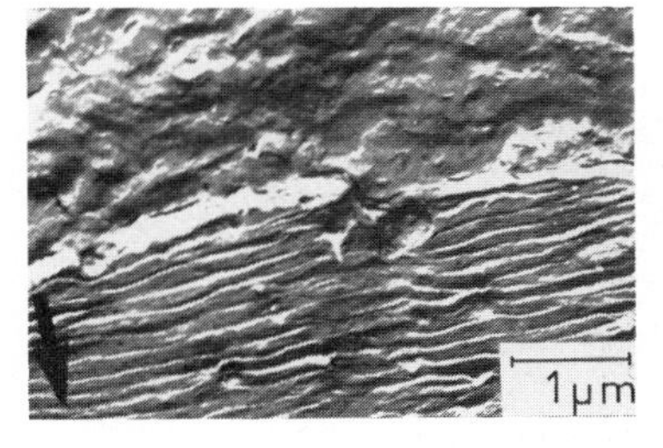

Bild 2: Im Vakuum (oberer Teil) und unter Laborbedingungen (unterer Teil) erzeugte Ermüdungsbruchfläche

Bei Konstruktionswerkstoffen kann die lokale Schwingstreifenlage mehr oder weniger stark von der makroskopischen Rißausbreitungsrichtung abweichen und z. B. durch Einschlüsse erheblich beeinflußt werden. Bei heterogenen Werkstoffen schließlich bilden sich Schwingstreifen nur in der verformungsfähigen Phase aus. Als Beispiel zeigt Bild 3 die Beeinflussung der Schwingstreifen im Ferrit von 42 CrMo 4 durch Karbide.

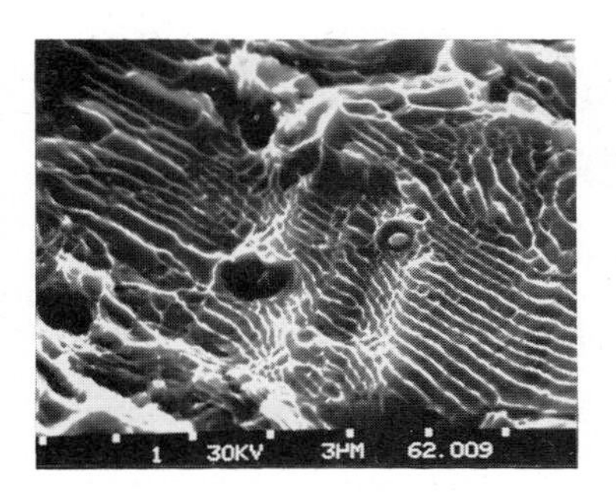

Bild 3: Schwingstreifen bei normalisiertem 42 CrMo 4 nach Schwingbeanspruchung im Zugwechselbereich

Bei Ermüdungsbrüchen von Bauteilen zeigen die Bruchflächen - mit Ausnahme der Rest- oder Gewaltbruchflächenanteile - keine Bereiche, die auf größere plastische Verformungen hinweisen. In vielen Fällen,

insbesondere bei sehr lange im Einsatz gewesenen Teilen, kann die Bruchfläche charakteristische Streifungen aufweisen, die oft mit bloßem Auge oder schon bei schwacher Vergrößerung erkennbar sind. Man spricht von sog. Rastlinien. Sie entstehen bei verschieden lang einwirkender Beanspruchung unterschiedlicher Größe als Folge charakteristischer Rißausbreitungs- und damit Bruchflächenmorphologien mit jeweils typischer Oxidations- und/oder Korrosionsanfälligkeit. Die sich farblich unterscheidenden Bänder sind jeweils der Rißausbreitung während einer größeren Anzahl von Lastwechseln zuzuordnen. In Bild 4 ist als typisches Beispiel die Bruchfläche der Kurbelwelle einer Fließpresse aus 34 CrMo 4 (Lagerzapfendurchmesser 200 mm) gezeigt. Die unterschiedliche Krümmung der Rastlinien erlaubt eine Lokalisierung des Rißbeginns. Die Bruchflächenanteile, die dem Ermüdungs- bzw. dem Gewaltbruch zukommen, sind deutlich zu erkennen. Eine durch Schwingbeanspruchung unter Laborbedingungen erzeugte Bruchfläche zeigt Bild 5. Die Probe wurde bei kleinen Frequenzen mehrfach mit unterschiedlich langen Folgen kleiner und großer Spannungsamplituden im Zugwechselbereich (vgl. V 57) beansprucht. Die Belastungsfolgen bilden sich deutlich auf der Bruchfläche ab. Der Ermüdungsanriß wurde durch eine Ankerbung bei 0 induziert. Nur der relativ kleine untere Teil der Bruchfläche mit deutlich andersartiger Strukturierung ist dem Gewaltbruch zuzuschreiben.
Es liegt nahe, die bei einfachen Geometrien, einfachen Beanspruchungsarten und unterschiedlichen Beanspruchungshöhen auftretenden makroskopischen Ermüdungsbruchflächen zu systematisieren. In Bild 6 sind im oberen Teil für ungekerbte und gekerbte Rundstäbe die bei unterschied-

Bild 4: Ermüdungsbruchfläche einer Kurbelwelle aus 34 CrMo 4

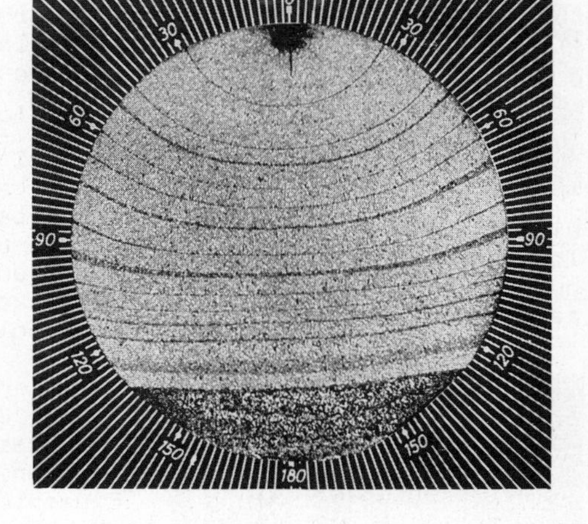

Bild 5: Ermüdungsbruchfläche eines Stabes aus einem Vergütungsstahl

lichen Schwingbeanspruchungen mit hohen und niedrigen Nennspannungen sich ausbildenden Ermüdungsbruchflächen schematisch aufgezeichnet. Die hellen Bruchflächenbereiche sollen dabei den Ermüdungsbruchflächenanteil, die dunklen Bruchflächenbereiche den Gewaltbruchanteil kennzeichnen. Im unteren Bildteil sind entsprechende Angaben für Flachstäbe wiedergegeben. Durch Vergleich realer Bruchflächen mit den Angaben in Bild 6 kann qualitativ auf Beanspruchungsart und -höhe rückgeschlossen werden.

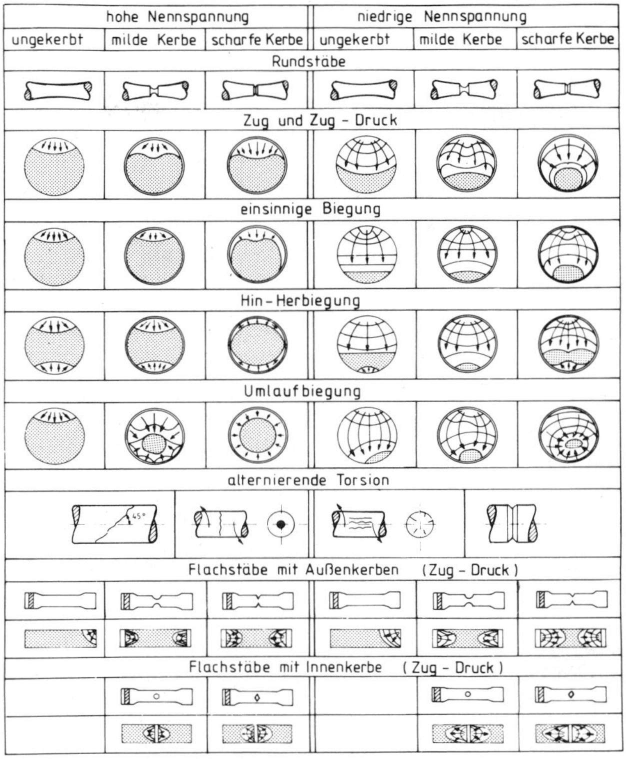

hohe Nennspannung			niedrige Nennspannung		
ungekerbt	milde Kerbe	scharfe Kerbe	ungekerbt	milde Kerbe	scharfe Kerbe
Rundstäbe					
Zug und Zug - Druck					
einsinnige Biegung					
Hin - Herbiegung					
Umlaufbiegung					
alternierende Torsion					
Flachstäbe mit Außenkerben (Zug - Druck)					
Flachstäbe mit Innenkerbe (Zug - Druck)					

Bild 6: Systematik der makroskopischen Ermüdungsbruchflächenausbildung bei ungekerbten und gekerbten Rund- und Flachstäben

Aufgabe

An einer Probe und zwei Bauteilen, die als Folge schwingender Beanspruchung zu Bruch gingen, sollen Bruchflächenuntersuchungen vorgenommen werden. Bei der Probe aus AlCuMg 1 soll die vorliegende Schwingstreifenstruktur quantitativ bewertet werden. Bei den Bauteilen aus 34 CrMo 4 und 16 MnCr 5 soll auf Grund der Bruchflächenausbildung auf die vorangegangenen Beanspruchungsarten geschlossen werden.

Versuchsdurchführung

Für die Untersuchung steht ein handelsübliches Rasterelektronenmikroskop sowie ein Stereomikroskop zur Verfügung. Den Untersuchungsobjekten werden Proben von maximal 25 x 25 x 20 mm Größe unter Einschluß der Ermüdungsbruchfläche entnommen. Nach lichtmikroskopischer Betrachtung werden diese zur rasterelektronenmikroskopischen Untersuchung (vgl. V 49) vorbereitet. Charakteristische Bruchflächenbereiche werden photographiert. Bei AlCuMg 1 wird der Abstand der Schwingstreifen vermessen und daraus die Rißausbreitungsgeschwindigkeit berechnet. Die Daten werden mit einem vorliegenden Rißgeschwindigkeitsdiagramm (vgl. V 66) verglichen. Die Bruchflächen der Bauteile aus 16 MnCr 5 werden unter Zuhilfenahme von Bild 6 zunächst makroskopisch beurteilt. Danach werden mikroskopische Details an Hand der REM-Aufnahmen erörtert.

Literatur: 116, 150, 151.

V 68

Verzunderung

Grundlagen

Unter Verzunderung versteht man die bei höheren Temperaturen auftretende Bildung dickschichtiger Oxydationsprodukte an der Oberfläche metallischer Werkstoffe als Folge von Metall-Sauerstoff-Reaktionen. Diese lassen sich allgemein in der Form

$$\frac{2x}{y} Me + O_2 \rightleftarrows \frac{2}{y} Me_xO_y \qquad (1)$$

schreiben (vgl. Bild 1), wobei x und y ganze Zahlen sind. Der Prozeß verläuft bei gegebener Temperatur spontan von links nach rechts ab, wenn sich dabei die freie Enthalpie des Reaktionsproduktes $G_R = (H - TS)_R$ gegenüber der der Ausgangsstoffe $G_A = (H - TS)_A$ verkleinert und damit die Differenz

$$\Delta G_0 = G_R - G_A = \Delta H - T\Delta S \qquad (2)$$

negativ wird (H Enthalpie, S Entropie). $\Delta G_0 > 0$ bedeutet Reaktionsablauf von rechts nach links. $\Delta G_0 = 0$ stellt den Fall des chemischen Gleichgewichts dar. ΔG_0 wird, wenn ein Sauerstoffdruck $p_{O_2} = 1$ bar vorliegt, freie Standardbildungsenthalpie genannt. In Bild 1 ist für einige Oxydationsreaktionen die Temperaturabhängigkeit von ΔG_0 wiedergegeben, wie sie sich auf Grund vorliegender thermodynamischer Daten über $\Delta H(T)$ und $\Delta S(T)$ berechnen läßt. Liegt bei der Temperatur T ein Sauerstoffdruck $p_{O_2} \neq 1$ bar vor, so gilt für die die Oxydationsreaktion charakterisierende freie Bildungsenthalpie

$$\Delta G = \Delta G_0 - RT \ln p_{O_2} \qquad (3)$$

Bild 1 zeigt, daß bei allen betrachteten Metallen (Ausnahme Ag) nur negative ΔG_0-Werte auftreten, die mit wachsender Temperatur algebraisch zunehmen. Die einzelnen ΔG_0,T-Kurven verlaufen nahezu parallel zueinander und besitzen etwa den gleichen Anstieg. Im Falle von Silber wird $\Delta G_0 = 0$ bei 190 °C. Dann besteht Gleichgewicht zwischen Ag, O_2 und Ag_2O. Der Zersetzungsdruck von Ag_2O erreicht den vorausgesetzten Sauerstoffdruck von 1 bar. Bei höheren Temperaturen wird der Zersetzungsdruck von Ag_2O größer, und das Metall bildet sich zurück. Insgesamt folgt, daß die angesprochenen Metalle außer Silber im betrachteten Temperaturbereich vollständig in ihre Oxide übergehen müßten. Da aber die Oxydation an der Oberfläche einsetzt und die entstehende Oxidschicht die Reaktionspartner Metall/Sauerstoff trennt, wird der zeitliche Oxydationsverlauf werkstoffspezifisch beeinflußt. Als Zusammenhang zwischen Oxydationsschichtdicke y und Oxydationszeit t werden bei niederen Temperaturen und dünnen Schichten das logarithmische Zeitgesetz

$$y = A \ln t \quad , \qquad (4)$$

das invers logarithmische Zeitgesetz

$$1/y = A_1 - B_1 \ln t \quad , \qquad (5)$$

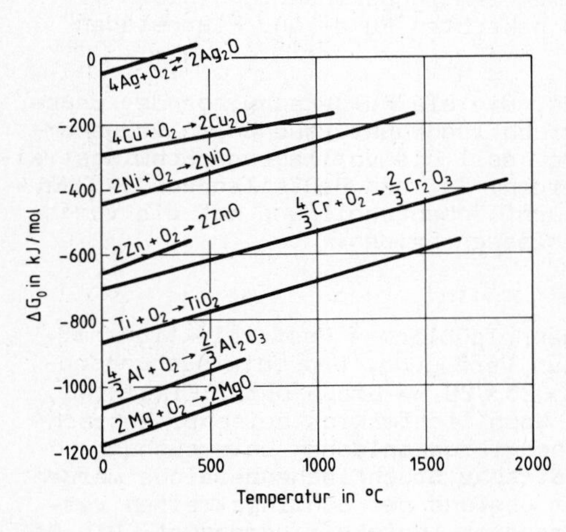

Bild 1: Temperaturabhängigkeit der freien Standardbildungsenthalpie einiger Oxydationsreaktionen zwischen 0 °C und der Schmelztemperatur der betrachteten Metalle

oder das asymptotische Zeitgesetz

$$y = A_2[1 - e^{-B_2 t}] \qquad (6)$$

beobachtet, wobei A, A_1 und A_2 sowie B_1 und B_2 Konstanten sind. Bei höheren Temeraturen erweist sich entweder das parabolische Zeitgesetz

$$y^2 = A_3 t \qquad (7)$$

oder das lineare Zeitgesetz

$$y = A_4 t \qquad (8)$$

als gültig. Parabolische Zeitgesetze treten auf, wenn die Oxidationsgeschwindigkeit von der Diffusion der Metall- bzw. Sauerstoffionen durch die Oxidschicht bestimmt wird. Lineare Zeitgesetze werden beobachtet, wenn die Oxidschichten gasdurchlässig sind, also zur Poren- und Rißbildung bzw. zum Abblättern neigen, und daher Metall und Sauerstoff nicht mehr räumlich voneinander getrennt sind. Erfolgt die Diffusion der Sauerstoffionen durch die Oxidschicht schneller als eine der Phasengrenzreaktionen, so kann ebenfalls ein lineares Zeitgesetz beobachtet werden. Dies tritt bisweilen bei hohen Temperaturen, also großer Diffusionsgeschwindigkeit, und gleichzeitig vermindertem Sauerstoffpartialdruck auf.

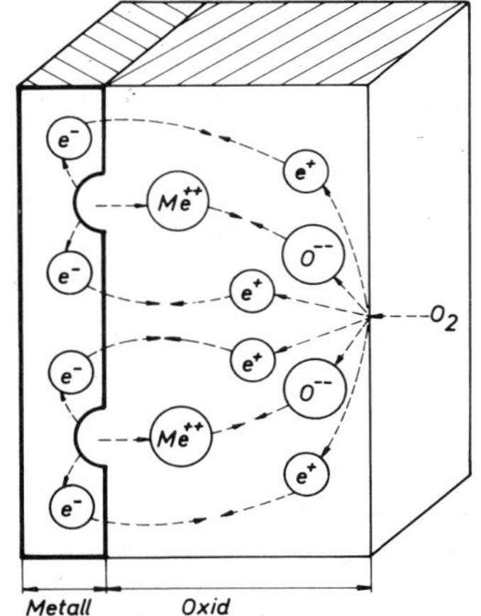

Bild 2: Vorgänge bei der Oxidbildung in porenfreien Schichten (schematisch)

Als Beispiel sind in Bild 2 die an der Phasengrenze Metall/Metalloxid bei dicken porenfreien Oxidschichten ablaufenden Prozesse schematisch angedeutet. Aus der Metalloberfläche treten Ionen Me^{z+} in die Oxidschicht ein und lassen z Elektronen e^- im Metall zurück, wobei aus Neutralitätsgründen

$$Me \longrightarrow Me^{z+} + z\,e^- \qquad (9)$$

gilt. An der Grenzfläche Metalloxid/Sauerstoff werden Sauerstoffmoleküle O_2 zu Sauerstoffionen O^{--} reduziert. Ein Sauerstoffatom nimmt dabei zwei Elektronen auf, so daß in der Oxidschicht zwei Defektelektronen oder Elektronenlöcher e^+ entstehen. Dieser Prozeß läßt sich schreiben

$$O \longrightarrow O^{--} + 2\,e^+ \,. \qquad (10)$$

Zum Wachsen der Oxidschicht ist es notwendig, daß entweder die Metallionen zu den Sauerstoffionen oder umgekehrt die Sauerstoffionen zu den Metallionen diffundieren und sich unter Ladungsausgleich im Ionengitter zusammenschließen können. Damit keine Raumladungen entstehen, die eine weitere Ionisation von Metallatomen und Reduktion von Sauerstoffatomen verhindern würden, müssen Elektronen und Elektronenlöcher miteinander rekombinieren. Das Oxid muß also entweder ein Elektronenleiter (n-Typ) oder ein Defektelektronenleiter (p-Typ) sein.

Da die Elektronen- bzw. Defektelektronen um einige Größenordnungen beweglicher sind als die Ionen, ist der geschwindigkeitsbestimmende Prozeß für das Wachstum der Oxidschicht die Diffusion der Ionen. Die treibende Kraft ist dabei das für die wandernde Ionenart über der Oxidschicht vorliegende Konzentrationsgefälle. Nach dem 1. Fick'schen Gesetz ist die Dickenzunahme dy der Oxidschicht in dem Zeitintervall dt dem Konzentrationsgradienten dc/dy proportional, so daß sich

$$\frac{dy}{dt} \sim \frac{dc}{dy} \quad (11)$$

ergibt. Da ferner

$$\frac{dc}{dy} \sim \frac{1}{y} \quad (12)$$

ist, folgt aus Gl. 10 und 11

$$\frac{dy}{dt} \sim \frac{1}{y} \quad (13)$$

oder

$$y^2 \sim t \ . \quad (14)$$

Für eine durch Ionendiffusion kontrollierte Verzunderung gilt also ein parabolisches Zeitgesetz. Die Diffusion der Ionen geschieht dabei über die Gitterfehlordnung in der Oxidschicht. Entweder sind dort Gitterplätze unbesetzt (Leerstellen, z. B. in Kupfer(I)-Oxid Cu_2O) oder zwischen den normalen Gitterplätzen sind zusätzlich Ionen eingelagert (Zwischengitteratome, z. B. in Zinkoxid ZnO). In einer Oxidschicht aus Kupfer(I)-Oxid sind für die fehlenden Cu^+-Ionen (vgl. Bild 3) aus Gründen der elektrischen Neutralität Cu^{2+}-Ionen im Gitter eingebaut. Diese chemisch induzierte Fehlordnung ist bei Kupfer(I)-Oxid besonders groß, da es nicht in der stöchiometrischen Zusammensetzung als Cu_2O, sondern als $Cu_{1.8}O$ vorliegt. In der Oxidschicht wandern die Kupferionen entsprechend dem Konzentrationsgradienten durch Leerstellendiffusion zur Grenzfläche Metalloxid/Sauerstoff. Gleichzeitig wandern die Cu^{2+}-Ionen durch Ladungswechsel zwischen den ein- und zweiwertigen Kupferionen (was als Wanderung von Defektelektronen beschrieben werden kann) von der Oxidoberfläche zur Phasengrenze Metall/Metalloxid.

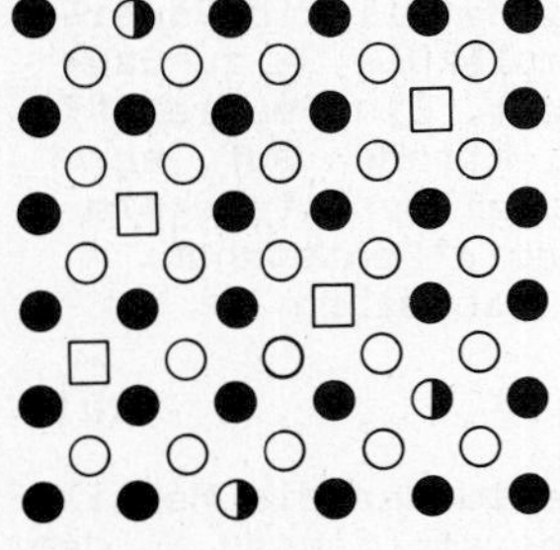

Bild 3: Fehlstellenstruktur einer Kupfer (I)-Oxidschicht

Die Zunderschicht eines reinen Metalls ist nur dann einheitlich aufgebaut, wenn es mit einer einzigen chemischen Wertigkeit auftritt. Kommen mehrere Wertigkeiten vor, dann bilden sich von innen nach außen Schichten mit steigender Wertigkeit des Oxids. Bei Kupfer kann sich deshalb an Cu_2O außen noch eine Schicht aus CuO anschließen, die für Kupferionen praktisch undurchlässig ist. Die Verzunderung kommt zum Stillstand. Legierungselemente beeinflussen die Bildung von Oxidschichten. Bei Kupfer erhöhen z. B. Al-Zusätze die Zunderbeständigkeit. Zunächst oxydiert Kupfer zu Cu_2O. Dann diffundiert Al zur Grenzschicht Metall/Cu_2O und bildet nach einiger Zeit eine geschlossene Al_2O_3-Schicht, die praktisch keine Kupferionen mehr durchläßt. Die Verzunderung kommt zum Stillstand. Anschließend wird dann Cu_2O weiter zu CuO oxydiert.

Von besonderem Interesse ist die komplizierte Oxydation von Eisen in Luft. Dabei treten oberhalb 570 °C 3-schichtige Zunderschichten aus FeO, Fe_3O_4 und Fe_2O_3 auf. Bild 4 zeigt links ein Beispiel nach 5-stündiger Glühung bei 1000 °C. Die Oxidphase mit der größten Bildungsgeschwindigkeit (FeO) besitzt die größte Schichtdicke. Das rechte Teilbild erläutert die schichtbestimmenden Ionen- und Elektronenbewegungen. Die FeO- und die Fe_3O_4-Schichten wachsen über nach außen gerichtete

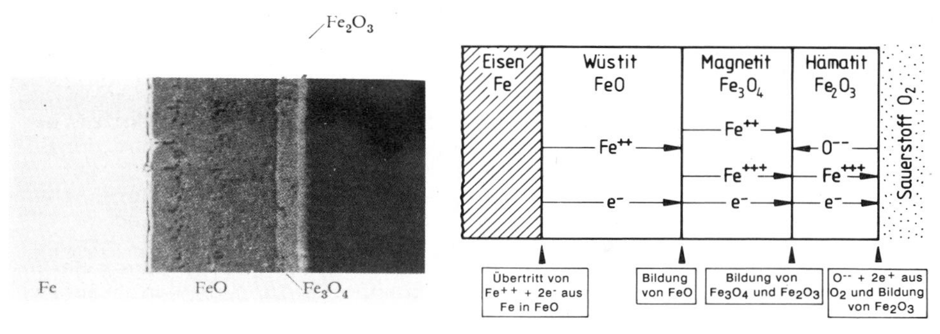

Bild 4: Zur Zunderbildung bei reinem Eisen oberhalb 570 °C

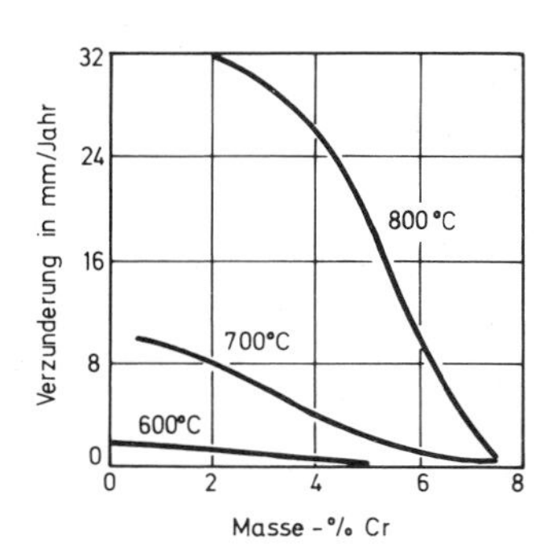

Bild 5: Cr-Einfluß auf die Verzunderung eines Stahls vom Typ C 15

Wanderung von Fe^{+++}- bzw. Fe^{++}- und Fe^{+++}-Ionen und Elektronen. An der Grenzfläche FeO/Fe_3O_4 bildet sich FeO durch Phasenumwandlung. In Fe_2O_3 besitzen die Fe^{+++}- und O^{--}-Ionen etwa gleiche Beweglichkeit, so daß die Hämatitschicht sowohl durch nach innen wandernde O^{--}- als auch nach außen wandernde Fe^{+++}-Ionen wächst. Unterhalb 570 °C zerfällt Wüstit gemäß $4\ FeO \rightarrow Fe_3O_4 + Fe$ in Magnetit und Eisen. Auch bei Eisen läßt sich durch geeignete Zusätze die Verzunderungsneigung beeinflussen. Dabei sind z. B. Ni und Co nur wenig, Cr, Si und Al dagegen stark wirksam. In den entstehenden Zunderschichten bilden sich Cr-, Si- und Al-Oxide, die Diffusionsbarrieren für die Metall- und Sauerstoffionen bilden. Bild 5 zeigt, wie Cr-Zusätze die Verzunderung (gemessen in mm Zunderschichtdicke/Jahr) bei den angegebenen Temperaturen beeinflussen. Bei hitzebeständigen Stählen wird die größte Zunderbeständigkeit durch Chromzusätze von 6 - 30 Masse-% unter gleichzeitigem gezieltem Zusatz von Aluminium und/oder Silizium erreicht.

Aufgabe

Das Oxydationsverhalten von reinem Kupfer und CuAl 5 ist bei 850 °C zu untersuchen. Als Maß für die Oxidschichtausbildung ist dabei die Massenzunahme der Werkstoffe zu ermitteln. Die auftretenden Zeitgesetze sind zu diskutieren.

Versuchsdurchführung

Metallstreifen aus Kupfer und aus CuAl 5 werden durch Eintauchen in HCl von möglichen Deckschichten befreit und danach in senkrecht stehende, auf 850 °C aufgeheizte Rohröfen eingebracht. Die Proben hängen frei Luft an zunderfesten Drähten, die ihrerseits an den Balken von Analysenwaagen mit digitaler Meßwertanzeige befestigt sind. Das Gewicht der Proben wird zu Versuchsbeginn jede Minute und nach 10 Minuten nur noch alle 5 Minuten ermittelt. Die Meßdaten werden auf normalem Millimeterpapier und auf doppeltlogarithmischem Papier aufgetragen, ausgewertet und diskutiert.

Literatur: 152,153.

V 69 Elektrochemisches Verhalten unlegierter Stähle

Grundlagen

Die Veränderungen bzw. Zerstörungen eines metallischen Werkstoffes infolge chemischer oder elektrochemischer Reaktionen mit seiner Umgebung bezeichnet man als Korrosion. Elektrochemische Korrosion tritt auf, wenn sich bei Anwesenheit eines Elektrolyten zwischen Oberflächenbereichen des gleichen Werkstoffes oder zwischen zwei verschiedenartigen Werkstoffen eine elektrische Potentialdifferenz ausbildet. Ein derartiges "Korrosionselement" besteht stets aus einer Anode, einer Kathode und einem Elektrolyten. Ein Elektronenstrom in den metallischen Bereichen und ein Ionenstrom in dem Elektrolyten bilden den Stromkreis des Korrosionselementes.

Bei der elektrochemischen Korrosion besteht die anodische Teilreaktion in der Oxydation (Elektronenabgabe) des Metalls, die sich immer in der Form

$$Me \rightarrow Me^{z+} + ze^- \quad (1)$$

schreiben läßt. Die kathodische Teilreaktion ist stets die Reduktion (Elektronenaufnahme) eines Oxydationsmittels. Diese ist je nach Elektrolyt verschieden. Erfolgt die Korrosion beispielsweise (unter Lufteinwirkung) in einem sauerstoffhaltigen alkalischen, neutralen oder schwach sauren Elektrolyten, so ist der gelöste Sauerstoff das Oxydationsmittel (Sauerstoffkorrosionstyp), und der kathodische Reduktionsprozeß ist durch

$$1/2\, O_2 + 2e^- + H_2O \rightarrow 2\, OH^- \quad (2)$$

bestimmt. Bei der Korrosion in Säuren mit $pH < 5$ wirken dagegen bei Abwesenheit zusätzlicher oxydierender Substanzen die H^+ - Ionen als Oxydationsmittel (Wasserstoffkorrosionstyp), und die kathodische Teilreaktion ist durch

$$2H^+ + 2e^- \rightarrow H_2 \quad (3)$$

gegeben. Die Stellen eines Korrosionselementes, an denen ein Oxydationsmittel reduziert wird, nennt man kathodische Bereiche, die Stellen der Metallauflösung anodische Bereiche. Daß auch bei einem homogenen Werkstoff anodische und kathodische Bereiche bei Einwirkung eines Elektrolyten auftreten können, belegt der Tropfenversuch von Evans (vgl. Bild 1). Dazu wird ein Tropfen einer Kochsalzlösung, die Zusätze von Phenolphtalein und Kaliumhexacyanoferrat (III) enthält, auf eine blanke Eisenoberfläche gebracht. Das Eisen korrodiert im Zentrum des Tropfens. Die dort entstehenden Fe^{++} - Ionen ergeben zusammen mit $K_3Fe(CN)_6$ eine Blaufärbung. Der Sauerstoff wird in der Nähe der Dreiphasengrenze Metall/Elektrolyt/Luft reduziert. Die entstehenden OH^- - Ionen werden durch die Rotfärbung des Indikators Phenolphtalein nachge-

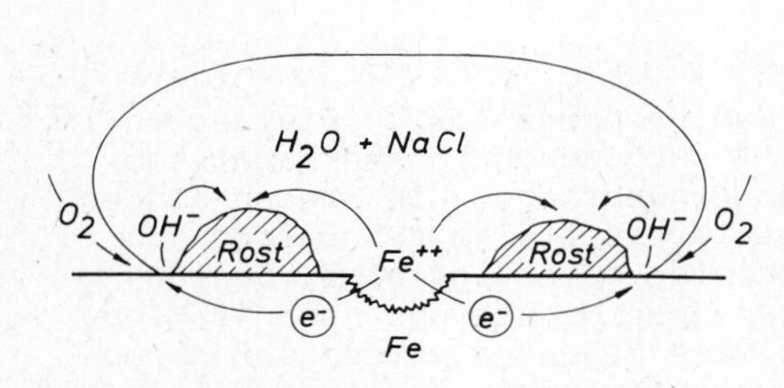

Bild 1: Evans'scher Tropfenversuch (schematisch)

wiesen. Zwischen den anodischen und kathodischen Bereichen bildet sich $Fe(OH)_2$ (Rost). Interessanterweise korrodiert Eisen gerade an Rissen und Spalten, zu denen das Oxydationsmittel Luftsauerstoff keinen Zutritt hat (Spaltkorrosion).

Die oxydierende bzw. reduzierende Wirkung der beschriebenen chemischen Reaktionen, die mit der Abgabe bzw. Aufnahme von Elektronen verbunden ist, führt je nach vorliegender Metall-Elektrolyt-Kombination zwischen diesen zur Ausbildung unterschiedlicher Potentialdifferenzen, die nicht absolut meßbar sind. Man ist daher übereingekommen, das Potential eines Metalls in einer definierten Lösung eines seiner Salze - man spricht von einem Halbelement oder einer Halbzelle - mit einem Halbelement zu vergleichen, dem willkürlich das Potential Null zugeordnet wird. Als entsprechendes Bezugs-Halbelement dient die sog. Wasserstoffnormalelektrode. Sie besteht aus einem Platinblech, das von Wasserstoff unter 1 bar Druck in einer 1-normalen HCl-Lösung umspült wird. Die bei 25 °C und 1 bar auftretende Potentialdifferenz zwischen dieser Wasserstoffnormalelektrode und einem Metall, das in eine 1-aktive Lösung eines seiner Salze taucht, wird als Normalpotential dieses Metalls bezeichnet. Die Aktivität a der Salzlösung ist dabei als die effektiv wirksame Ionenkonzentration in mol/l definiert. Ordnet man die Metalle nach Betrag und Vorzeichen ihrer Normalpotentiale, so ergibt sich die in Tab. 1 wiedergegebene elektrochemische Spannungsreihe. Ein Metall A heißt edler als ein Metall B, wenn sein Potential U_A positiver als U_B ist. Gold ist also edler als Kupfer, Kupfer edler als Chrom.

Tab. 1 Potentiale in Volt (V) für einige Metalle in Lösungen ihrer Salze

Me/Me^{z+}	Normalpotential U_0 für a = 1 mol/l	Potential U für a = 10^{-6} mol/l
Na/Na^+	-2.713	-3.061
Mg/Mg^{2+}	-2.375	-2.549
Al/Al^{3+}	-1.662	-1.778
Ti/Ti^{2+}	-1.630	-1.804
Mn/Mn^{2+}	-1.190	-1.364
Cr/Cr^{3+}	-0.744	-0.860
Fe/Fe^{2+}	-0.440	-0.614
Ni/Ni^{2+}	-0.230	-0.404
Sn/Sn^{2+}	-0.136	-0.310
Fe/Fe^{3+}	-0.036	-0.152
H/H^+	0.000	
Cu/Cu^{2+}	+0.337	+0.163
Cu/Cu^+	+0.522	+0.174
Ag/Ag^+	+0.799	+0.451
Au/Au^{3+}	+1.498	+1.382

Liegen von den genannten Standardbedingungen abweichende Aktivitäten $a_{Me^{z+}}$ und/oder abweichende Temperaturen T vor, so berechnet sich das

Potential des Metallhalbelementes gegenüber der Wasserstoffnormalelektrode mit Hilfe der Nernst'schen Gleichung zu

$$U = U_0 + 1.98 \cdot 10^{-4} \frac{T}{z} \log a_{Me^{z+}} \quad . \tag{4}$$

Dabei ist U_0 das Normalpotential und z die Ionenwertigkeit. Demnach hat z. B. Eisen in einer 10^{-6} - aktiven Fe^{2+} - Ionenlösung bei Raumtemperatur (293 K) ein Potential von

$$U = -0{,}440 + 1{,}98 \cdot 10^{-4} \frac{293}{2} \lg 10^{-6} = -0{,}440 - 0{,}174 = -0{,}614 \text{ Volt} \quad . \tag{5}$$

Entsprechende Werte für andere Metalle sind in der dritten Spalte von Tab. 1 aufgeführt. Taucht somit ein Stück Eisen in einen Elektrolyten mit der Fe^{2+} - Ionenkonzentration von 10^{-6} mol/l, so wird es bei einer Potentialdifferenz $U > -0.614$ Volt gegenüber der Wasserstoffnormalelektrode in Lösung gehen. Das gilt unabhängig vom pH-Wert der Lösung so lange, bis das Löslichkeitsprodukt der Reaktion

$$Fe^{2+} + 2(OH^-) \rightleftharpoons Fe(OH)_2 \tag{6}$$

überschritten wird. Trägt man also die Potentialdifferenz über dem pH-Wert auf, so wird, wie in Bild 2, ein Bereich der Immunität ($U < -0.614$ V) von einem Bereich der Korrosion ($U > -0.614$ V) durch eine Gerade parallel zur Abszisse getrennt. Im Punkt A ist die (OH^-)-Konzentration so groß geworden, daß gemäß Gl. 6 als weitere feste Phase $Fe(OH)_2$ auftritt und sich eine schützende Deckschicht auf der Eisenprobe ausbilden kann (Deckschichtpassivität). Bei A besteht also ein Gleichgewicht zwischen Fe, $Fe(OH)_2$ und Fe^{2+} - Lösung. Neben $Fe(OH)_2$ trägt bei größeren Potentialdifferenzen in Gegenwart von Sauerstoff auch die Bildung von Fe_2O_3 und Fe_3O_4 zur Deckschichtpassivität bei. Im Bereich sehr großer pH-Werte tritt Korrosion unter Ferratbildung (FeO_2H^-) auf. Im schraffierten Gebiet des U,pH-Diagramms ist das Eisen zwar thermodynamisch instabil, korrodiert jedoch nur sehr langsam. Man spricht vom Passivitätsbereich (vgl. V 70). Bild 2 wird Pourbaix - Diagramm genannt. Es gibt die thermodynamische Beständigkeit eines Metalls und die seiner Korrosionsprodukte in Abhängigkeit vom pH-Wert und vom Potential gegenüber der Wasserstoffnormalelektrode wieder. Normalerweise sind in den Pourbaix - Diagrammen die Begrenzungen der Zustandsfelder für mehrere Aktivitäten der gelösten Metallionen eingezeichnet.

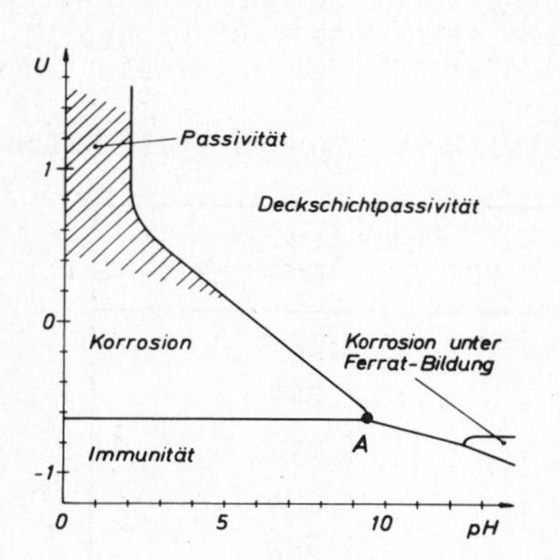

Bild 2: Pourbaix - Diagramm des Systems Eisen/Wasser bei einer Eisenionen-Konzentration von 10^{-6} mol/l

Durch elektrochemische Maßnahmen ist es möglich, bei einem System Stahl/Elektrolyt den Bereich der Immunität (vgl. Bild 2) gezielt einzustellen. Dazu wird das zu schützende Objekt (Rohrleitung, Schiffskörper) zur Kathode des Korrosionselementes gemacht. Ein solcher kathodischer Schutz kann mit galvanischen Anoden oder mit Hilfe eines Fremdstromes in einfacher Weise (vgl. Bild 3) erreicht werden. Im er-

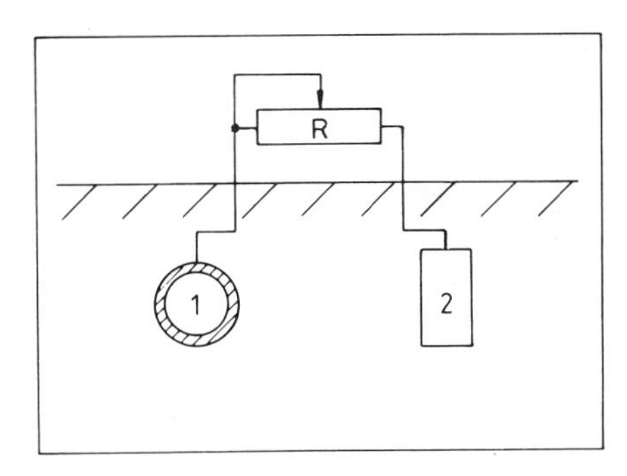

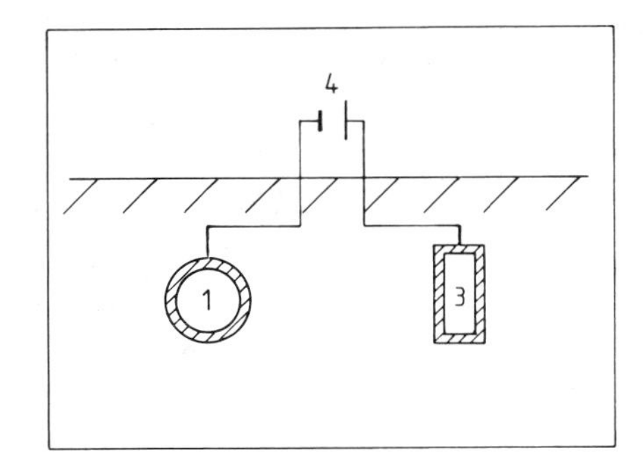

Bild 3: Kathodischer Schutz mit Opferanode (links) und Fremdstrom (rechts)
1 Objekt, 2 Opferanode, R Widerstand, 3 Fremdstromanode, 4 Stromquelle

sten Fall ist mit gegenüber Eisen unedleren Anoden zu arbeiten, die ggf. über einen einstellbaren Widerstand mit dem zu schützenden Objekt verbunden werden. Als Anodenmaterial werden üblicherweise Mg, MgAl 6 Zn 3 oder Zn benützt. Die Schutzwirkung ist mit einer Aufzehrung der Anode (Opferanode) gemäß der durch Gl. 1 gegebenen Reaktion verbunden. Die Dauerschutzwirkung hängt somit von der eingesetzten Masse der Opferanode ab. Bei Magnesiumanoden werden Stromausbeuten von etwa 1200 Ah/kg erreicht. Schutzstromdichten für Stahl in Sand- und Lehmböden liegen im Bereich von 10 bis 50 mA/m^2.

Beim kathodischen Schutz durch Fremdstrom (der z. B. über Gleichrichter dem Netz entnommen wird) besteht die Schutzanode aus Eisen oder Gußeisen mit etwa 15 Masse-% Si, meist jedoch aus Graphit. Der Anodenverbrauch bei in Koks eingebettetem Eisen beträgt etwa 1 g/Ah, bei Graphit dagegen nur etwa 0.1 g/Ah. Mit Hilfe eines solchen fremdstromgespeisten Systems ist es z. B. je nach Isolationszustand, Objektabmessungen und Einspeisepotential möglich, Rohrleitungssysteme bis etwa 50 km Länge zu schützen.

Aufgabe

Für zwei unlegierte Stähle unterschiedlichen Kohlenstoffgehaltes sind die in verschiedenen Elektrolyten auftretenden Potentiale zu bestimmen. Die Meßergebnisse und die auftretenden Korrosionswirkungen sind an Hand von Pourbaix-Diagrammen zu diskutieren.

Versuchsdurchführung

Für die Messungen steht eine Kalomel-Vergleichselektrode zur Verfügung. Sie besteht aus Quecksilber, das mit Kalomel (Quecksilber(I)-chlorid) und einer gesättigten KCl-Lösung bedeckt ist. Gegenüber einer Wasserstoffnormalelektrode besitzt sie ein Potential von

$$U_{Hg/Hg_2Cl_2} = 0{,}242 \text{ Volt} \quad .$$

Blechstreifen aus den vorgesehenen Stählen werden in vorbereitete Elektrolyte getaucht, deren pH-Werte mit einem pH-Meßgerät ermittelt werden. Die Potentialdifferenzen der Stahlproben gegenüber der Kalomel-Vergleichselektrode werden mit Hilfe eines hochohmigen Voltmeters gemessen und auf Potentiale gegenüber der Wasserstoffnormalelektrode umgerechnet. Die Meßbefunde werden durch lichtoptische Oberflächenbeobachtungen ergänzt.

Literatur: 154, 155, 156, 157.

V 70

Stromdichte-Potential-Kurven

Grundlagen

Die Stromdichte-Potential-Kurve der Elektroden eines Korrosionselementes charakterisiert den Ablauf der elektrochemischen Prozesse im System Elektrode/Elektrolyt und stellt daher eine wichtige Bewertungsbasis für die ablaufenden Korrosionsvorgänge dar. An Hand der Stromdichte-Potential-Kurve kann bei gegebenem pH-Wert das Korrosionsverhalten verschieden stark oxydierender Elektrolyte vorhergesagt werden. Stromdichte-Potential-Kurven lassen sich mit der in Bild 1 skizzierten experimentellen Anordnung aufnehmen. Eine Arbeits- und eine Gegenelektrode, die in einen Elektrolyten eintauchen, sind über ein Potentiometer P mit einer Spannungsquelle S verbunden. Eine Bezugselektrode (vgl. V 69) ist über ein Voltmeter V und eine Haber-Luggin-Kapillare K an die Arbeitselektrode angekoppelt. Durch das Potentiometer P läßt sich eine Stromstärke I zwischen Arbeitselektrode und Gegenelektrode einstellen und mit Hilfe des Amperemeters A messen. Die auf die Fläche F der Arbeitselektrode bezogene Stromstärke I liefert die dort vorliegende Stromdichte i = I/F. Das Voltmeter V zeigt die zwischen Bezugselektrode und Arbeitselektrode auftretende Potentialdifferenz U* an. Bis auf eine additive Konstante ist U* gleich der Potentialdifferenz U zwischen der Arbeitselektrode und einer Wasserstoffnormalelektrode. Der Zusammenhang zwischen i und U heißt Stromdichte-Potential-Kurve.

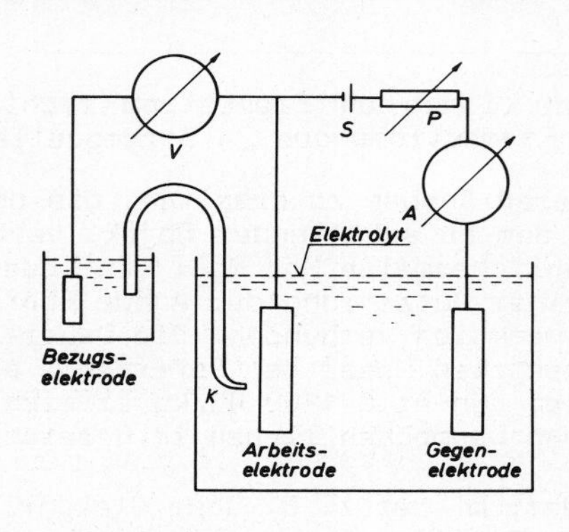

Bild 1: Meßanordnung zur Aufnahme von Stromdichte-Potential-Kurven

Der Verlauf der Stromdichte-Potential-Kurve kann für die einzelnen Korrosionstypen (vgl. V 69) auf Grund einer genauen Betrachtung der Einzelvorgänge vorausgesagt werden. Bei gleichmäßiger Korrosion in einer sauren, sauerstofffreien Lösung (Wasserstoffkorrosionstyp) läßt sich die chemische Bruttoreaktion in der Form

$$Me + zH^+ \longrightarrow Me^{z+} + \frac{z}{2} H_2 \qquad (1)$$

schreiben. Sie entsteht durch die Überlagerung

der anodischen Metallauflösung $Me \longrightarrow Me^{z+} + ze^-$, (2)

der kathodischen Metallabscheidung $Me^{z+} + ze^- \longrightarrow Me$, (3)

der kathodischen Wasserstoffabscheidung $zH^+ + ze^- \longrightarrow \frac{z}{2} H_2$ (4)

und der anodischen Wasserstoffionisation $\frac{z}{2} H_2 \longrightarrow zH^+ + ze^-$. (5)

Diese vier Reaktionen bestimmen mit den Stromdichteanteilen i_1, i_2, i_3 und i_4 die Gesamtstromdichte

$$i_s = i_1 + i_2 + i_3 + i_4 \sim I \,, \qquad (6)$$

die der vom Amperemeter A angezeigten Stromstärke I proportional ist. Unter der Annahme, daß bei den durch die Gl. 2 bis 5 gegebenen Einzelreaktionen der geschwindigkeitsbestimmende Prozeß jeweils der thermisch aktivierte Durchtritt von Metallionen bzw. Elektronen durch die Grenzschicht Metall/Elektrolyt ist, erhält man für die einzelnen Teilstromdichten

$$i_1 = B_{Me} \exp\left[\frac{U}{b_{Me}}\right] \quad (7)$$

$$i_2 = -A_{Me} \exp\left[-\frac{U}{a_{Me}}\right] \quad (8)$$

$$i_3 = -A_H \exp\left[-\frac{U}{a_H}\right] \quad (9)$$

und

$$i_4 = B_H \exp\left[\frac{U}{b_H}\right] . \quad (10)$$

Dabei ist U die sich einstellende Potentialdifferenz. A_H, A_{Me}, B_H und B_{Me} sind positive Konstanten. Die ebenfalls positiven Größen a_H, a_{Me}, b_H und b_{Me} **sind der** absoluten Temperatur direkt proportional. Die anodische Metallauflösung (Gl. 2 bzw. Gl. 7) und die anodische Wasserstoffionisation (Gl. 5 bzw. Gl. 10) ergeben einen positiven Stromdichtebeitrag (sie liefern Elektronen), die kathodische Metallabscheidung (Gl. 3 bzw. Gl. 8) und die kathodische Wasserstoffabscheidung (Gl. 4 bzw. Gl. 9) einen negativen (sie verbrauchen Elektronen). Im allgemeinen können die durch Gl. 3 und 5 beschriebenen Teilreaktionen und damit auch die Stromdichten i_2 (Gl. 8) und i_4 (Gl. 10) vernachlässigt werden, so daß sich aus den Gl. 6, 7 und 9 als Zusammenhang zwischen Gesamtstromdichte und Potential

$$i_s(U) = i_1 + i_3 = B_{Me} \exp\left[\frac{U}{b_{Me}}\right] - A_H \exp\left[-\frac{U}{a_H}\right] \quad (11)$$

ergibt. Die Stromdichte-Potential-Kurve einer unter Wasserstoffentwicklung gleichmäßig korrodierenden Metallelektrode setzt sich also, wie in Bild 2 skizziert, additiv aus zwei Teilzweigen zusammen, die der anodischen Metallauflösung (i_1) und der kathodischen Wasserstoffabscheidung (i_3) zuzuordnen sind. Die Reaktionsgeschwindigkeit der elektrochemischen Korrosion (Korrosionsgeschwindigkeit) wird durch die anodische Teilstromdichte bestimmt. Das der Summenstromdichte $i_s = 0$ zukommende Potential $U = U_R$ wird Ruhepotential genannt. Die zugehörige Stromdichte der Teilströme

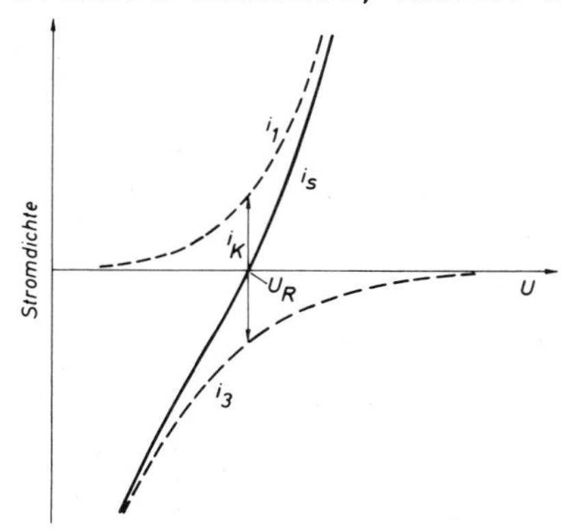

Bild 2: **Entstehung der i_s,U-Kurve aus der Überlagerung der anodischen und kathodischen Teilstromdichten**

$$i_K = B_{Me} \exp\left[\frac{U_R}{b_{Me}}\right] = A_H \exp\left[-\frac{U_R}{a_H}\right] \quad (12)$$

wird als Korrosionsstromdichte bezeichnet. Sie ist ein Maß für die Korrosionsgeschwindigkeit des frei im Elektrolyten korrodierenden Metalls.

Mit Gl. 12 können B_{Me} und A_H aus Gl. 11 eliminiert werden, und man erhält

$$i_s = i_K\left\{\exp\left[\frac{U-U_R}{b_{Me}}\right] - \exp\left[-\frac{U-U_R}{a_H}\right]\right\} . \quad (13)$$

Ist $(U-U_R)$ sehr groß und positiv (negativ), so ist der zweite (erste) Term dieser Gleichung gegenüber dem ersten (zweiten) vernachlässigbar. Für $(U-U_R) >> 0$ gilt also

$$i_s \approx i_K \exp\left[\frac{U-U_R}{b_{Me}}\right] = i_1 \tag{14}$$

und für $(U-U_R) << 0$ erhält man

$$i_s \approx -i_K \exp\left[-\frac{U-U_R}{a_H}\right] = i_3 \quad . \tag{15}$$

Wird für beide Fälle $\ln|i_s|$ als Funktion von U aufgetragen, so ergeben sich wie in Bild 3 Geraden mit den Anstiegen

$$\frac{d \ln|i_s|}{dU} = \frac{1}{b_{Me}} \tag{16}$$

und

$$\frac{d \ln|i_s|}{dU} = -\frac{1}{a_H} \quad , \tag{17}$$

die sich bei $U = U_R$ schneiden und als zugehörigen Ordinatenwert $\ln|i_K|$ und damit die Korrosionsstromdichte i_K liefern. Die linke gestrichelte Kurve i_3 in Bild 3 entspricht der kathodischen Reaktion (Wasserstoffabscheidung), die rechte gestrichelte Kurve i_1 der anodischen Reaktion (Metallauflösung).

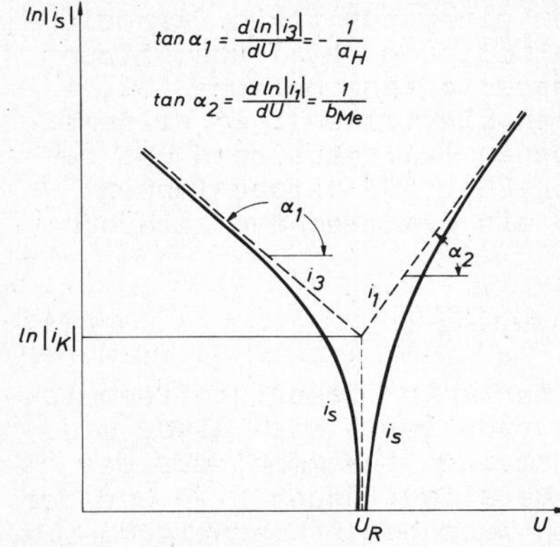

Bild 3: Zur Bestimmung der Korrosionsstromdichte i_K

Der Reziprokwert dU/di_s des Anstiegs der Gesamtstromdichte-Potential-Kurve (vgl. Bild 2) an der Stelle $U = U_R$ wird Polarisationswiderstand R_p $[\Omega\, cm^2]$ genannt. Differentiation von Gl. 13 liefert

$$i_K = \frac{a_H\, b_{Me}}{(a_H + b_{Me}) R_p} \quad . \tag{18}$$

Damit ist bei bekanntem a_H und b_{Me} die Korrosionsstromdichte auf den Polarisationswiderstand zurückgeführt.

Der bisher besprochenen gleichmäßigen Korrosion in sauren Lösungen (pH < 5) steht als zweite Korrosionsart die Korrosion unter Sauerstoffverbrauch gegenüber, die bei Sauerstoff- oder Lufteinwirkung in schwach sauren, neutralen und alkalischen Lösungen beobachtet wird (Sauerstoffkorrosionstyp, vgl. V 69). Als kathodische Teilreaktion tritt dabei der Reduktionsprozeß

$$\frac{1}{2} O_2 + 2e^- + H_2O \longrightarrow 2\, OH^- \tag{19}$$

auf. Wiederum bestimmen die Teilvorgänge an den Elektroden additiv die Gesamtstromdichte. Unter Beachtung der Besonderheiten der Sauerstoffreaktion kann also, analog wie oben für den Wasserstoffkorrosionstyp, der Verlauf der Stromdichte-Potential-Kurve vorausgesagt werden. Voraussetzung für den Ablauf der Sauerstoffreaktion ist die Diffusion des im Elektrolyten gelösten Sauerstoffs zu der Grenzschicht Elektrolyt/Metall. Der Teilstrom i_3 ist daher durch die Diffusionsgeschwindigkeit der O_2-Moleküle im Elektrolyten betragsmäßig begrenzt. Als Folge davon hat die Stromdichte-Potential-Kurve den in Bild 4 dargestellten Verlauf. Auch hier kann aus der Steigung der i_s,U - Kurve an der Stelle des Ruhe-

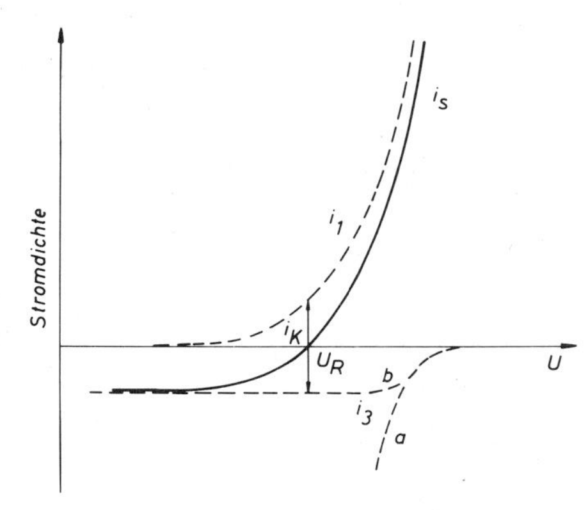

Bild 4: Stromdichte-Potential-Kurve bei Sauerstoff-Korrosion. Ungestörte (a) und diffusionsbegrenzte (b) Kathodenreaktion

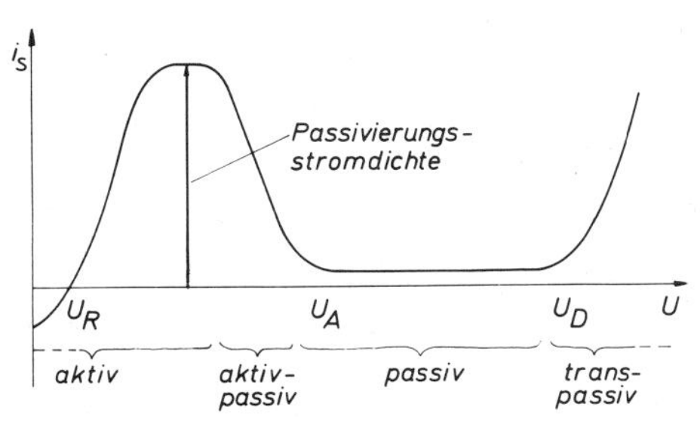

Bild 5: Stromdichte-Potential-Kurve eines passivierbaren Metalls

potentials $U = U_R$ der Polarisationswiderstand R_p ermittelt werden. Er ist in diesem Fall mit der Korrosionsstromdichte i_K durch die Beziehung

$$i_K = b_{Me}\frac{1}{R_p} \qquad (20)$$

verknüpft.

Gegenüber den bisher bespochenen Stromdichte-Potential-Kurven zeigen einige Metalle, wie z.B. Fe, Cr, Ni, Al, Ti und Zr, bei größeren Potentialen eine veränderte Kurvenform. Es ergeben sich Zusammenhänge, wie sie in Bild 5 schematisch gezeigt sind. In diesen Fällen spricht man von passivierbaren Metallen und von Passivitätserscheinungen. Die Passivierung beruht auf der Bildung von Oxidschichten. Nach Anstieg der Gesamtstromdichte mit wachsendem Potential tritt ein Bereich fehlender H_2- bzw. O_2-Entwicklung auf, so daß die Gesamtstromdichte ein Plateau durchläuft. Danach fällt i_s rasch auf einen kleinen Wert ab, hält diesen über einen größeren Potentialbereich und steigt schließlich bei noch größerem Potential wieder an. Man unterscheidet den aktiven, den aktiv-passiven, den passiven und den transpassiven Elektrodenzustand. Neben dem Ruhepotential U_R spricht man dabei als Abgrenzungswerte das Aktivierungspotential U_A und das Durchbruchspotential U_D an. Die Passivierung wird wirksam, wenn die Passivierungsstromdichte (Maximum der i_s,U-Kurve) durchlaufen ist. Es sind dann chemisch stabile Metalloxidschichten entstanden, und der weitere Gesamtstrom wird durch die Geschwindigkeit bestimmt, mit der die Metallionen die Oxidschicht durchsetzen (vgl. V 68). Steigt bei höheren Potentialen als U_D die Stromdichte wieder an, so befindet man sich im Gebiet der Transpassivität.

Die passivierende Wirkung oxidischer Deckschichten kann bei Anwesenheit von Chlor-, Brom- und Jodionen im Elektrolyten wieder verlorengehen. Es tritt dann sog. Lochfraßkorrosion auf. Die dabei im einzelnen ablaufenden Prozesse sind noch nicht vollständig geklärt. Beispielsweise existiert bei Chromnickelstählen in der Stromdichte-Potential-Kurve ein sog. Lochfraßpotential U_L, bei dem, wie in Bild 6 angedeutet, ein starker Stromdichteanstieg auftritt. In sauren chlorid- und nitrathaltigen Elektrolyten kann bei diesen Stählen neben dem unteren Lochfraßpotential U_L noch ein oberes Lochfraßpotential U_{LO} auftreten, oberhalb dessen wieder passives Verhalten der Metall/Elektrolyt-Kombination vorliegt.

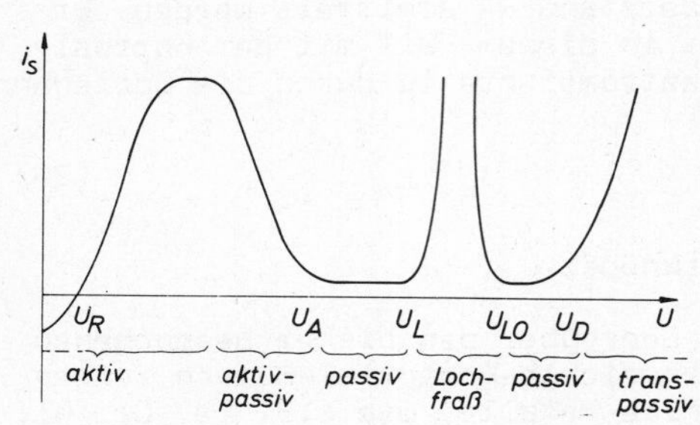

Bild 6: Stromdichte-Potential-Kurve eines CrNi-Stahles in NaCl- bzw. NaCl/$NaNO_3$-haltigem Elektrolyt

Von großer praktischer Bedeutung ist, daß sich die Korrosionsstromdichte i_K und damit die Korrosionsgeschwindigkeit durch Zusatzstoffe zu den Elektrolyten stark beeinflussen lassen. Solche Zusätze heißen Inhibitoren. Als Adsorptionsinhibitoren werden Substanzen bezeichnet, die auf der Metalloberfläche adsorbiert werden und die Korrosion stark vermindern. Je nachdem, ob der benutzte Inhibitor bevorzugt die anodische oder die kathodische Teilreaktion hemmt, spricht man von anodisch oder kathodisch wirksamen Inhibitoren. Zusätze, die zur Ausbildung von passiven Deckschichten führen, heißen Passivatoren.

Aufgabe

Von X 2 CrNi 18 8 sind in O_2-freier 1-normaler H_2SO_4-Lösung mit und ohne Zusatz von NaCl Stromdichte-Potential-Kurven aufzunehmen und das Ruhepotential, das Aktivierungspotential und das Durchbruchpotential zu bestimmen. Ferner ist für St 37 in einer normalen H_2SO_4-Lösung der Einfluß eines Inhibitors auf den Korrosionsstrom i_K zu untersuchen und die Änderung des Masseverlustes pro cm^2 und Jahr anzugeben.

Versuchsdurchführung

Die Stromdichte-Potential-Kurven werden mit Hilfe eines Potentiostaten ermittelt. Das Gerät vergleicht selbsttätig die zwischen der Arbeitselektrode (vgl. Bild 1) und der Bezugselektrode auftretende Istspannung mit einer vorgegebenen Sollspannung. Der zwischen Arbeitselektrode und Gegenelektrode fließende Strom wird solange automatisch verändert, bis Soll- und Istspannung übereinstimmen. Zur Aufnahme der Stromdichte-Potential-Kurve wird die Sollspannung zeitproportional mittels eines Schrittmotorpotentiometers verstellt. Istspannung und Strom werden von einem x,y-Schreiber registriert und liefern die Stromdichte-Potential-Kurven. Den Kurven werden Ruhepotential, Aktivierungspotential und Durchbruchpotential entnommen.

Aus der Stromdichte-Potential-Kurve des Baustahls in inhibitorfreier H_2SO_4-Lösung werden durch Auftragen von $\ln |i_s|$ über U (vgl. Bild 3) die Korrosionsstromdichte i_K, die Konstanten a_H und b_{Me} sowie R_p bestimmt. Nach Inhibitorzusatz wird in der gleichen Weise verfahren. Für beide Fälle ist der den Korrosionsstromdichten entsprechende Masseverlust während eines Jahres pro cm^2 Oberfläche (A) abzuschätzen. Das 1. Faraday'sche Gesetz liefert

$$\frac{m}{A} = c_{äqu}\, i_K t \quad \left[\frac{mg}{cm^2}\right] . \qquad (21)$$

Dabei ist $c_{äqu}$ das elektrochemische Äquivalent, das die von der Ladung einer Amperesekunde (As) transportierte Stoffmenge in mg angibt. Für Fe^{2+} ist $c_{äqu}$ = 0.289 mg/As, für Fe^{3+} ist $c_{äqu}$ = 0.193 mg/As.

Literatur: 155,156.

Spannungsrißkorrosion **V 71**

Grundlagen

Als Spannungsrißkorrosion (SRK) wird die Bildung und Ausbreitung von Rissen in deckschichtbehafteten metallischen Werkstoffen während zügiger Beanspruchung durch Last- und/oder Eigenspannungen in einem spezifischen Korrosionsmedium bezeichnet. Dabei erfolgen die Rißbildungen bei glatten Proben lokalisiert an Stellen relativer Spannungskonzentrationen und/oder relativ erhöhter korrosionschemischer Empfindlichkeit. Bei gekerbten Proben entwickeln sich die SRK-Risse vom Kerbgrunde ausgehend. Je nach Werkstoff und Korrosionsmedium wachsen die Risse inter- oder transkristallin, durchsetzen unter Verzweigungen das Werkstoffvolumen und führen schließlich zu einer solchen Querschnittsschwächung, daß Werkstoffversagen durch Gewaltbruch einsetzt. Bei Aluminiumlegierungen wird meist interkristalline SRK, bei Magnesiumlegierungen dagegen überwiegend transkristalline SRK beobachtet. In Kupferbasis- und Eisenbasislegierungen treten je nach Korrosionsmedium beide SRK-Arten auf. Austenitische CrNi-Stähle zeigen bei erhöhten Temperaturen in chloridhaltigen und stark alkalischen Lösungen transkristallines SRK-Verhalten. Bei den gleichen Werkstoffen tritt nach einer Sensibilisierungsglühung zwischen 450^{0} und 750 ^{0}C, die zur Ausscheidung von Chromkarbiden auf den Korngrenzen führt, interkristalline SRK auf. Bei α-Messing wird in neutralen und stark alkalischen ammoniakhaltigen $CuSO_4$-Lösungen interkristalline SRK beobachtet, in schwach alkalischen Lösungen dagegen transkristalline. Als Beispiele sind in Bild 1 links transkristalline SRK-Erscheinungen bei X 10 CrNiTi 18 9 und rechts interkristalline SRK-Erscheinungen bei Reinstkupfer wiedergegeben.

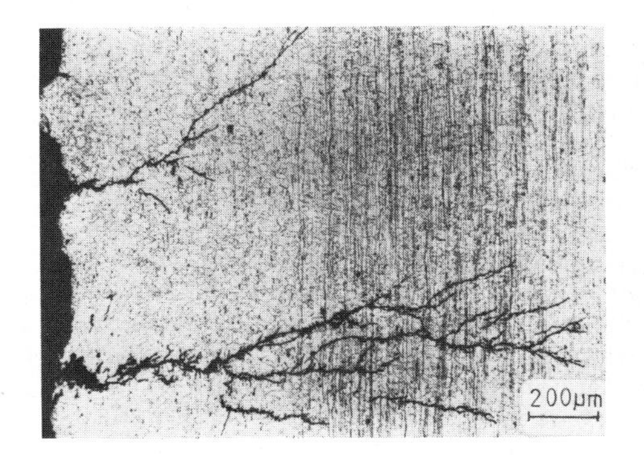

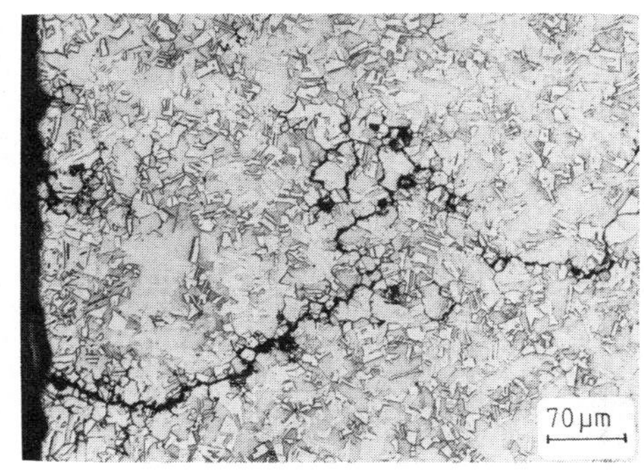

Bild 1: Transkristalline SRK bei X 10 CrNiTi 18 9 unter Einwirkung chloridhaltiger Lösung (links) und interkristalline SRK bei Reinstkupfer unter Einwirkung von Brauchwasser (rechts)

Eine einfache Prüfmöglichkeit der lebensdauerbegrenzenden Wirkung der SRK bietet der Zeitstandversuch unter konstanter Zuglast bei Einwirkung des Korrosionsmediums. Interessante Befunde derartiger Untersuchungen sind in Bild 2 und 3 gezeigt. In Bild 2 sind für Eisen mit unterschiedlichen aber kleinen Kohlenstoff- und Stickstoffgehalten die Standzeiten in heißer $Ca(NO_3)_2$-Lösung als Funktion der auf die spezifische Korngrenzenfläche S bezogenen Masse-% von Fe_3C und Fe_4N wiedergegeben. Der Gehalt an Kohlenstoff und Stickstoff wächst in der Reihenfolge 1 bis 20 an. Bei den Standversuchen wurde mit Zugspannungen von 0.8 R_m gearbeitet. Der monotone Abfall der Standzeiten wird von der mit wachsenden C- und N-Gehalten zunehmenden Belegungsdichte der Korn-

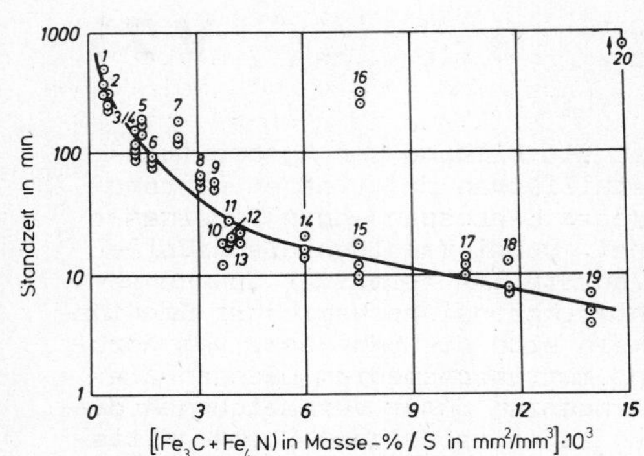

Bild 2: Standzeiten von Eisen mit C-Gehalten < 0.110 und N-gehalten < 0.014 Masse-% in heißer $Ca(NO_3)_2$-Lösung als Funktion der auf die Korngrenzenflächendichte bezogenen Fe_3C- und Fe_4N-Anteile

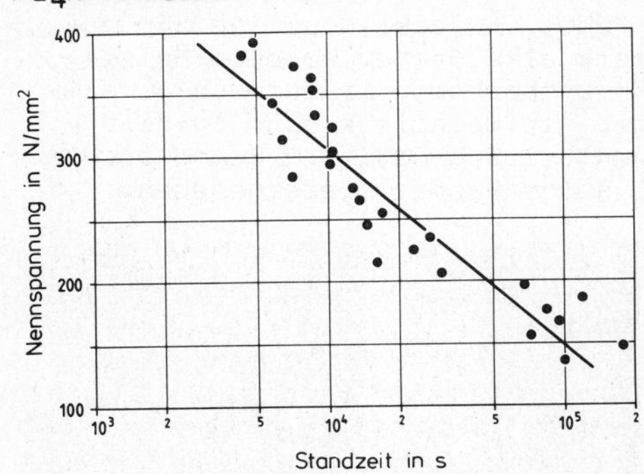

Bild 3: Nennspannungs-Standzeit-Diagramm von warmausgehärtetem AlZn 5 Mg 3 in 2 % - iger NaCl-Lösung mit 0.5 % Na_2CrO_4

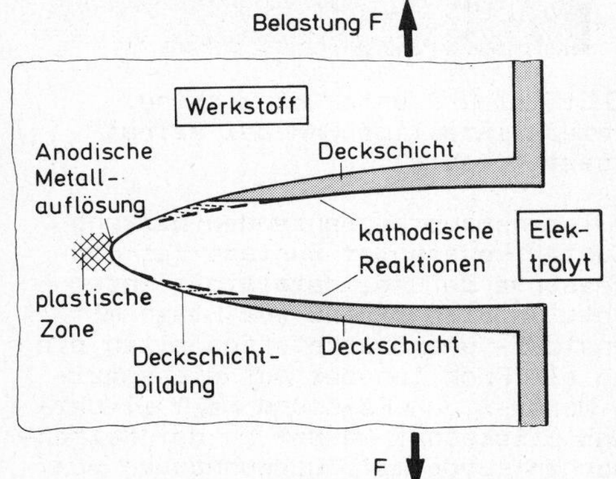

Bild 4: Zur Veranschaulichung des SRK-Prozesses

grenzen mit Fe_3C und Fe_4N bestimmt. Bild 3 zeigt als weiteres Beispiel den Spannungseinfluß auf die Standzeiten einer warmausgehärteten AlZn 5 Mg 3-Legierung mit einer 0.2 % Dehngrenze von 410 N/mm² und einer Zugfestigkeit von 500 N/mm². Offensichtlich lassen sich die Standzeiten t in ausreichender Näherung durch eine auch in anderen SRK-Fällen häufig beobachtete Beziehung

$$t = t_0 \exp[-\alpha \sigma_n] \quad (1)$$

beschreiben. Dabei sind t_0 und α empirische Konstanten. σ_n ist die Nennspannung.

Bisher gibt es keine einheitliche Theorie der SRK metallischer Werkstoffe, die die vorliegenden vielschichtigen Ergebnisse übergeordnet und widerspruchsfrei deutet. Es liegen jedoch Beweise dafür vor, daß die Geschwindigkeit der Ausbreitung von SRK-Rissen der anodischen Stromdichte der Metallauflösung im Rißspitzenbereich (vgl. V 70) proportional ist. Andererseits zeigt die Erfahrung, daß SRK-empfindliche Werkstoffe stets Deckschichten aufweisen, so daß SRK nur möglich ist, wenn diese, wie z.B. in den rißspitzennahen plastischen Zonen, durch plastische Verformung aufgerissen werden. Deshalb beschränkt sich die Metallauflösung ausschließlich auf die Umgebung der Rißspitzen, während sich auf den Rißflächen neue Deckschichten bilden. Letztere wirken als Kathoden mit hoher SRK-Beständigkeit gegenüber der anodischen Rißspitze. Ein kontinuierlicher SRK-Prozeß würde dann anschaulich (vgl. Bild 4) so zu erklären sein, daß bei Rißfortschritt die auf den Rißflächen wachsenden Deckschichten die durch ständige Metallauflösung an der Rißspitze neugebildeten Rißoberflächen nie einholen. Dagegen wäre mit einem diskontinuierlichen SRK-Prozeß zu rechnen, wenn stets eine vollständige Repassivierung der an der Rißspitze erzeugten Oberflächen erfolgen und erst durch deren Aufreißen wieder SRK möglich würde. Man neigt heute ferner der Auffassung zu, daß als Folge der Wasserstoffentwicklung während der Rißspitzenkorrosion lokale Wasserstoffversprödungen (vgl. V 72) die Vorgänge bei der Rißausbreitung mit beeinflussen.

Es liegt nahe, außer mit glatten und gekerbten auch mit angerissenen Proben eines Werkstoffes SRK-Experimente zu machen und diese nach bruchmechanischen Gesichtspunkten zu beurteilen. Beaufschlagt man entsprechende Proben mit Anfangsspannungsintensitäten, die erheblich kleiner als die Rißzähigkeit K_{Ic} (vgl. V 54) sind, so gehen diese trotzdem zu Bruch. Trägt man die Anfangsspannungsintensitäten K_0 als Funktion des Logarithmus der Standzeit auf, so ergeben sich ähnliche Abhängigkeiten, wie sie schematisch Bild 5 zeigt. Offenbar treten drei Belastungsbereiche auf. K_{Ic} ist die Grenze spontaner instabiler Rißausbreitung. Die normalen bruchmechanischen Instabilitätsbedingungen bestimmen das Geschehen. Unter den Belastungsbedingungen $K_{IScc} < K_0 < K_{Ic}$ setzt spannungskorrosionsinduziertes Rißwachstum ein, und die Probe geht umso früher zu Bruch, je größer die Anfangsspannungsintensität ist. Man erwartet, daß zunächst eine stabile Rißverlängerung auftritt, bis der effektiv wirksame K-Wert sich der Rißzähigkeit K_{Ic} nähert. Bei $K_0 < K_{IScc}$ werden keine Brüche mehr beobachtet. K_{IScc} ist daher der Werkstoffwiderstand gegen die Ausbreitung eines Risses unter den vorliegenden Belastungs- und Umgebungsbedingungen. Er wird Spannungskorrosionsrißwiderstand genannt.

Ein relativ einfaches Verfahren zur K_{IScc}-Bestimmung mit Hilfe nur einer Probe benutzt die in Bild 6 gezeigte Probenform. Der mit einem Ermüdungsriß (vgl. V 66) der Länge a_0 versehenen Probe wird mit Hilfe der Schrauben eine bestimmte Anfangsspannungsintensität K_0 aufgeprägt, die sich aus der Rißöffnung v und der Rißlänge a_0 ergibt. K_0 wird so gewählt, daß unter der Einwirkung eines Umgebungsmediums Rißwachstum, aber kein SRK-Bruch auftritt. Der Riß wächst unter Verringerung der wirksamen Spannungsintensität, bis sich ein konstanter Endwert a_{Scc} oder eine sehr kleine Rißausbreitungsgeschwindigkeit (bei verschiedenen Al-Basislegierungen $< 10^{-8}$ cm/s) eingestellt hat. Der dem zugehörigen K-Wert entsprechende Werkstoffwiderstand wird K_{IScc} genannt. Er läßt sich mit Hilfe von Eichkurven direkt aus der Endrißlänge ermitteln.

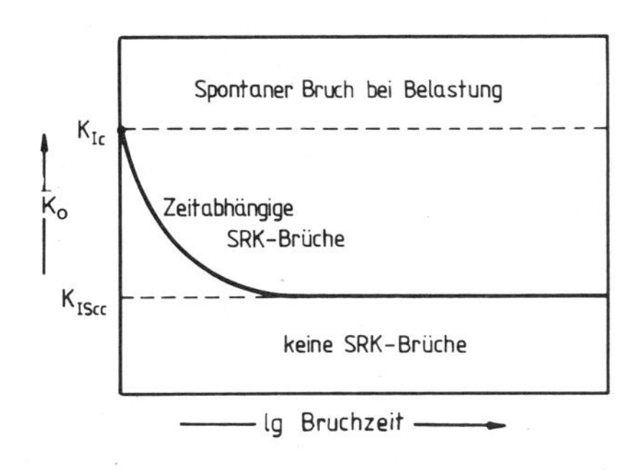

Bild 5: K_0, lg t_B-Diagramm zur Abgrenzung des Auftretens zeitabhängiger SRK-Brüche

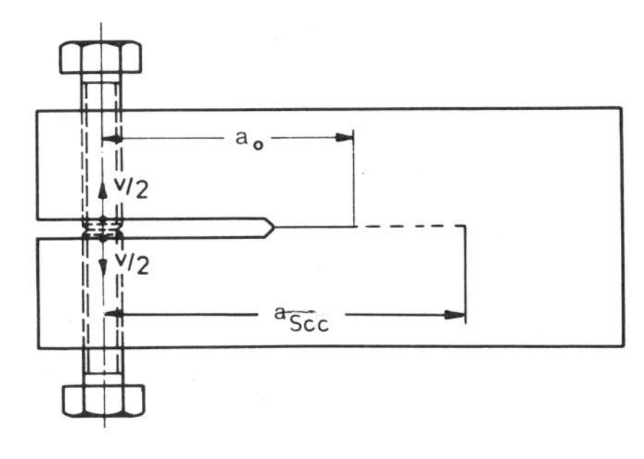

Bild 6: Durch Schrauben auf v = const. beanspruchte SRK-Probe zur Ermittlung des Spannungskorrosionsrißwiderstandes

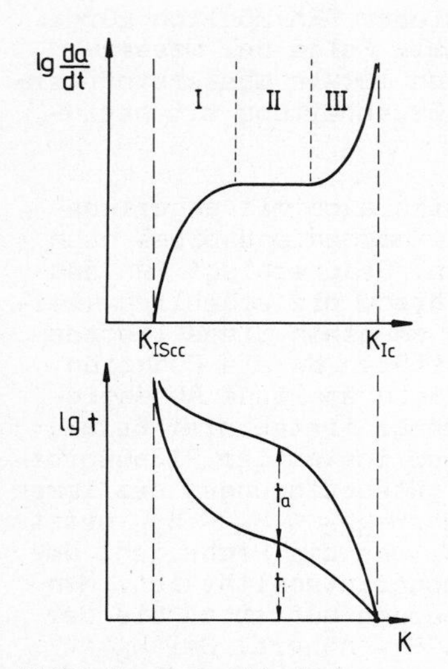

Bild 7: Quantitative Rißausbreitung unter SRK-Bedingungen

Weitergehende Kenntnisse über das Rißwachstum unter SRK-Bedingungen werden durch direkte Messungen der Rißausbreitungsgeschwindigkeit da/dt in Abhängigkeit von der wirksamen Spannungsintensität erhalten. Grundsätzlich bestehen die aus Bild 7 ersichtlichen Zusammenhänge. Man hat drei unterschiedliche Rißwachstumsbereiche zu unterscheiden. Im Bereich I steigt da/dt mit wachsendem K an. Ist bei kleinem K der Kurvenanstieg sehr groß, so nähert sich dort die lg da/dt,K-Kurve asymptotisch K_{IScc}. Diesem Anfangsbereich ansteigender Rißausbreitungsgeschwindigkeit schließt sich ein Bereich II an, in dem da/dt nahezu unabhängig von K ist. Sowohl im Bereich I als auch im Bereich II ist die Rißausbreitungsgeschwindigkeit sehr stark von Art, Temperatur und Druck des Umgebungsmediums sowie von Art und Festigkeit des untersuchten Werkstoffes abhängig. Im Bereich III schließlich wächst da/dt mit K wieder stark an. Für $K \to K_{Ic}$ setzt die zum Bruch der Probe führende instabile Rißausbreitung ein. Weiterführende Untersuchungen haben für diesen Bereich ergeben, daß wegen der großen Rißausbreitungsgeschwindigkeiten nur noch ein geringer Einfluß des Umgebungsmediums besteht. Der untere Teil von Bild 7 zeigt, daß sich die Zeit zum Erreichen einer bestimmten Rißlänge bei gegebenem K in eine Inkubationszeit t_i und eine Rißausbreitungszeit t_a aufteilt. Man sieht, daß mit wachsendem K und damit wachsender Rißausbreitungsgeschwindigkeit der Anteil der Inkubationszeit kleiner wird.

Aufgabe

Biegeproben aus TiAl 6 V 4, deren K_{Ic}-Wert bekannt ist, werden mit einem V-Kerb versehen und zur Rißeinleitung biegeschwellbeansprucht. An den angerissenen Proben wird in einer wässrigen 3%-igen NaCl-Lösung die Rißausbreitungsgeschwindigkeit unter konstanten Belastungsbedingungen in Abhängigkeit von der Zeit gemessen. K_{IScc} ist abzuschätzen.

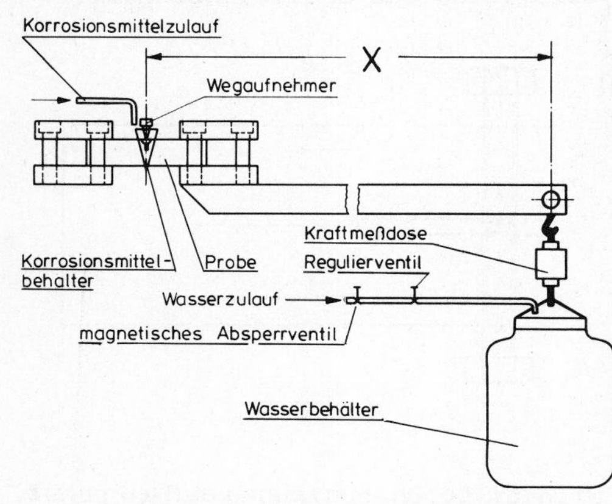

Bild 8: Versuchseinrichtung für Rißgeschwindigkeitsbestimmungen unter SRK-Bedingungen

Versuchsdurchführung

Bei der Versuchseinrichtung (vgl. Bild 8) erfolgt die Belastung über einen Behälter, der ventilgesteuert mit Wasser gefüllt werden kann. Damit ist die Belastungsgeschwindigkeit bis zum Erreichen des vorgesehenen K_o-Wertes einstellbar. Zunächst erfolgt die Eichung der Anlage. Dazu werden von vier vorbereiteten Proben mit unterschiedlicher Rißlänge a_o ohne Elektrolyteinwirkung F,v-Kurven (vgl. V 55) ermittelt. Die erhaltene Kurvenschar liefert für F = const. den Zusammenhang zwischen a_0 und v. Dieser dient zur Umrechnung der bei den Korrosionsversuchen zu bestimmenden v,t-Kurven in a,t-Kurven.

Zur Rißausbreitungsmessung wird der Versuchsprobe die in Bild 9 gezeigte "Korrosionskammer" aufgeklebt. Sie enthält eine Hilfselektrode und eine Luggin-Kapillare für (hier nicht interessierende) potentiostatische und elektrochemische Messungen. Die Schlauchverbindung dient zum Verbund der Kapillare mit einem Bezugshalbelement (vgl. V 70). Vor Beginn der Belastung wird der Korrosionsmittelbehälter mit der 3 %-igen NaCl-Lösung gefüllt und an der Seitenfläche der Probe ein Rißöffnungsmesser (vgl. V 54) aufgesetzt. Die K_0-Einstellung erfolgt durch entsprechende Füllung des Wasserbehälters. Zwischen Spannungsintensität K, belastender Kraft F, Hebelarm X, Rißlänge a, Probendicke B und Probenhöhe W gilt der Zusammenhang

$$K=\frac{F4X}{BW^2}\sqrt{a}\left\{1{,}99-2{,}47\left(\frac{a}{W}\right)+12{,}97\left(\frac{a}{W}\right)^2-23{,}17\left(\frac{a}{W}\right)^3+24{,}80\left(\frac{a}{W}\right)^4\right\} \quad (2)$$

Kraft F und Rißöffnung v werden als Funktion der Zeit bis kurz vor einsetzendem Probenbruch registriert. Nach Umrechnung der v,t-Kurve in eine a,t-Kurve werden aus letzterer für verschiedene a die Rißausbreitungsgeschwindigkeiten entnommen und den momentanen K-Werten zugeordnet. Die Versuchsergebnisse von mehreren Proben werden diskutiert und zur Abschätzung von K_{ISCC} benutzt.

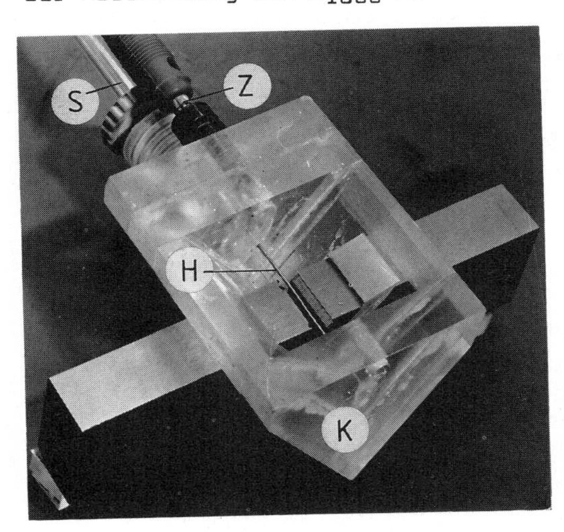

Bild 9: Versuchsprobe mit aufgeklebtem Korrosionsmittelbehälter (K) und Schlauchverbindung (S) sowie Hilfselektrode (H) und Zuleitung (Z)

Literatur: 76,157,158,159,160.

V 72

Wasserstoffschädigung in Stahl

Grundlagen

Bei Stählen tritt unter bestimmten Bedingungen eine Reihe von Versprödungs- und anderen Schädigungserscheinungen auf, die der Wirkung von Wasserstoff zuzuschreiben sind. Wasserstoff kann sowohl bei verschiedenen technologischen Fertigungsprozessen (z. B. Schmelzen, Gießen, Schweißen, Beizen, Plattieren, Emaillieren, Galvanisieren, Wärmebehandlungen) als auch beim Werkstoffeinsatz (Reaktoren, Druckbehälter, Rohrleitungen, Bolzen) aufgenommen werden. So werden beispielsweise Stähle bei der Beizbehandlung zur Beseitigung von Zunder- und Rostschichten meist mit verdünnter Schwefel- oder Salzsäure behandelt. Bei Benutzung von H_2SO_4 tritt nach der Entfernung der Deckschichten die Reaktion

$$Fe + H_2SO_4 \longrightarrow FeSO_4 + H_2 \quad (1)$$

auf, die die Teilreaktionen

$$Fe^{++} + SO_4^{--} \longrightarrow FeSO_4 \quad (2)$$

und

$$2H^+ + 2e^- \longrightarrow 2H \quad (3)$$

umfaßt. Der atomar entstehende Wasserstoff diffundiert entweder in den Werkstoff ein oder rekombiniert zu Wasserstoffmolekülen gemäß

$$H + H \longrightarrow H_2 . \quad (4)$$

Bei Laborversuchen läßt sich bei Stahl eine Wasserstoffaufnahme relativ einfach durch

- kathodische Beladung,
- Gleichgewichtseinstellung in einer Druckwasserstoffumgebung sowie durch
- Glühung bei höheren Temperaturen in einer Wasserstoffatmosphäre

erreichen. Grundsätzlich gilt, daß molekular angebotener Wasserstoff H_2 zunächst an der Stahloberfläche adsorbiert wird, dort durch katalytische Reaktionen unter Umkehrung von Gl. 4 dissoziiert und anschließend in atomarer Form vom Ferrit interstitiell gelöst wird. Dabei ist von grundlegender Bedeutung, daß der Wasserstoff im Eisen nur eine sehr kleine Löslichkeit ($<$ 1 ppm), aber eine sehr große Beweglichkeit besitzt. Seine Diffusionskonstante ist im Ferrit von Stählen bei Raumtemperatur etwa 10^{12}mal größer als die von Kohlenstoff und Stickstoff (vgl. V 53). Wegen ihrer kleinen Atomradien bewegen sich die Wasserstoffatome im Eisengitter über Gitterlücken und besonders schnell längs der Dilatationsbereiche der Stufenversetzungen (vgl. V 3) der Versetzungsgrundstruktur. Unter Abminderung der freien Enthalpie des α-Mischkristalls können sich die H-Atome zu plattenförmigen Wasserstoffklustern zusammenschließen.

Erfahrungsgemäß beträgt jedoch die von Stählen bei gegebener Temperatur und bei gegebenem Druck aufnehmbare Wasserstoffkonzentration ein Vielfaches der im Ferrit löslichen. Dies beruht darauf, daß sich der atomare Wasserstoff an inneren Grenzflächen und Hohlräumen des Gitters zunächst ansammelt und in den Hohlräumen gemäß Gl. 4 wieder zu Wasserstoffmoleküle rekombiniert. Als derartige Wasserstoff-Fallen kommen Mikrorisse, Phasengrenzflächen, Mikroporen, Einschlüsse, geeignete Versetzungsanordnungen u. a. m. in Betracht. Der in Stählen befindliche Gesamtwasserstoffgehalt umfaßt also stets einen atomaren Anteil, der im Ferritgitter interstitiell gelöst oder an inneren Grenzflächen adsorbiert ist, sowie einen molekularen Anteil, der sich in Hohlräumen ansammelt. Da der Gleichgewichtsdruck der durch Gl. 4 beschriebenen Reaktion sehr große Werte annehmen kann, ist in den lokalen Ansammlungen der Wasserstoffmoleküle relativ hoher Druck (z. B. 10^4 bar) möglich. Der dort angesammelte Wasserstoff ist irreversibel "gebunden", solange keine Redissoziationen auftreten. Diese sind möglich, wenn plastische Verformung lokalisiert die Hohlraumoberfläche aufreißt und dort eine H_2-Zersetzung begünstigt. Erfolgt plastische Verformung in einer Wasserstoffatmosphäre, so wird auch eine beschleunigte Dissoziation der Wasserstoffmoleküle in den Oberflächenbereichen beobachtet, wo Gleitbänder die Oberfläche durchsetzen (vgl. V 27). Ferner sind zwischen den die plastische Verformung bestimmenden Gleitversetzungen und den gelösten bzw. adsorbierten Wasserstoffatomen die verschiedenartigsten Wechselwirkungen möglich. Wichtig ist noch, daß bei gegebener Temperatur und gegebenem Druck an Wasserstoff übersättigte α-Mischkristalle ihrer Gleichgewichtskonzentration zustreben und daher Wasserstoff effundieren. Der atomare Wasserstoff ist also im Ferrit reversibel gebunden.

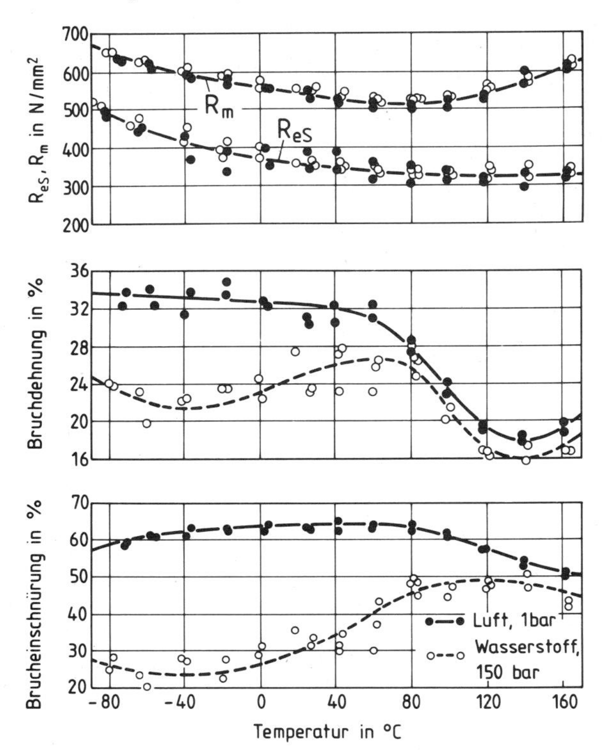

Bild 1: Einfluß der Verformungstemperatur auf Kenngrößen des Zugversuches bei Verformung unter Laborbedingungen (1 bar) und unter Druckwasserstoff (150 bar)

Die nachfolgenden Beispiele sollen die Auswirkungen von aufgenommenem Wasserstoff auf das mechanische Verhalten von Stahlproben veranschaulichen. Werden Kohlenstoffstähle bei Raumtemperatur in Druckwasserstoffatmosphäre verformt, so ändern sich bis etwa ~ 150 bar Verfestigungskurven, Streckgrenze und Zugfestigkeit gegenüber Normalbedingungen praktisch nicht, wenn die Auswirkung des hydrostatischen Druckes der Gasatmosphäre auf die Spannungswerte berücksichtigt wird. Dagegen nehmen die Brucheinschnürung und die Bruchdehnung (vgl. V 25) mit wachsendem Wasserstoffdruck ab. In Bild 1 sind als Beispiel entsprechende Untersuchungsergebnisse von Ck 22 für Verformungstemperaturen zwischen -80 und 160 °C wiedergegeben. Die offenen Kreise markieren die unter der Einwirkung von

Druckwasserstoff erhaltenen Meßwerte, die vollen Kreise die in Luft unter Atmosphärendruck bestimmten. Im ganzen überstrichenen Temperaturintervall werden mit und ohne Einwirkung von Druckwasserstoff gleiche Streckgrenzen und Zugfestigkeiten beobachtet, dagegen ungleiche Bruchdehnungen und -einschnürungen. Bei den beiden zuletzt genannten Werkstoffkenngrößen sind die Unterschiede unterhalb 40 bzw. 80 °C besonders groß.

Zu ähnlichen Befunden gelangt man bei kathodisch beladenen Stahlproben aus C 20. Wie Bild 2 erkennen läßt, wirkt sich der versprödende

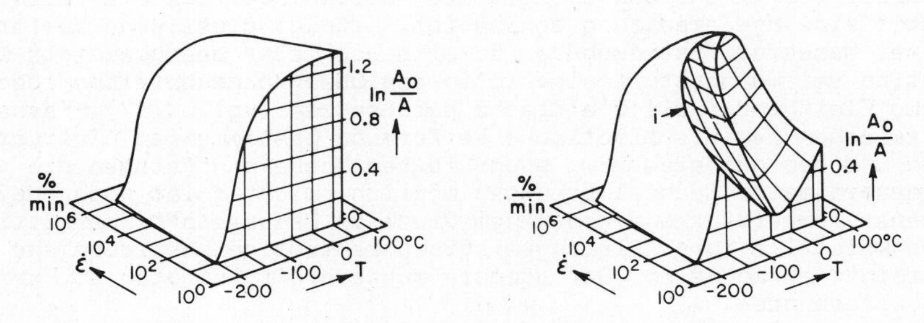

Bild 2: Logarithmus des Ausgangsquerschnitts A_0 bezogen auf den Bruchquerschnitt A (log. Brucheinschnürung) als Funktion von $\dot{\epsilon}$ und T bei C 20 ohne Wasserstoffbeladung (links) und mit Wasserstoffbeladung (rechts)

Einfluß des Wasserstoffs zwischen -150° und +70 °C um so stärker aus, je kleiner die Verformungsgeschwindigkeit ist. In diesem Temperaturintervall gibt es bei jeder Verformungsgeschwindigkeit eine Temperatur, bei der Kleinstwerte der log. Brucheinschnürung auftreten. Dieses Duktilitätsminimum ist der elastischen Wechselwirkung der im Ferritgitter diffundierenden Wasserstoffatome mit den Gleitversetzungen (vgl. V 29) zuzuschreiben, die dann besonders wirksam wird, wenn die Versetzungsgeschwindigkeit vergleichbar wird mit der Diffusionsgeschwindigkeit der Wasserstoffatome. Mit wachsendem $\dot{\epsilon}$ wird deshalb das Duktilitätsminimum zu höheren Temperaturen verschoben.

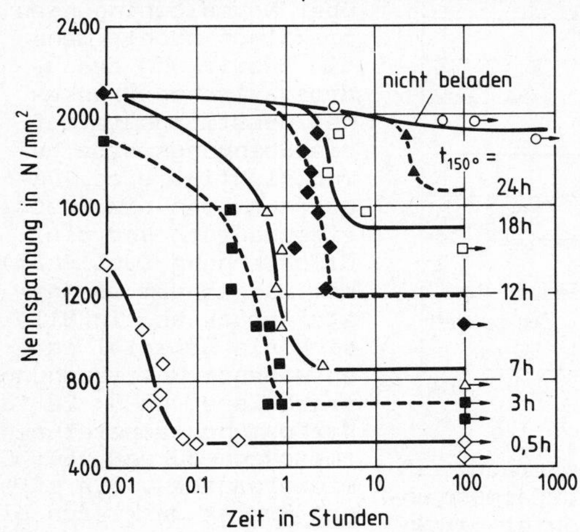

Bild 3: Zusammenhang zwischen Nennspannung und Bruchzeit für bei Raumtemperatur zugbeanspruchte Kerbstäbe aus 40 CrMo 4 mit verschieden großen Wasserstoffbeladungen. Verschiedene Wasserstoffgehalte wurden durch unterschiedlich lange Glühzeiten bei 150 °C ($t_{150\,°C}$) nach der Wasserstoffbeladung erzeugt

Technisch wichtig sind durch Wasserstoff hervorgerufene Sprödbrüche, die besonders häufig bei gekerbten Bauteilen auftreten. Die grundsätzliche Erscheinung geht aus Bild 3 hervor. In Zeitstandversuchen mit konstanter Spannung treten um so rascher Brüche auf, je größer die Spannung und je höher die Wasserstoffbeladung ist. Unterschiedliche Wasserstoffbeladungen wurden dadurch erzeugt, daß die Proben zur Wasserstoffeffusion unterschiedlich lange bei 150 °C geglüht wurden. Bei hoher Wasserstoffbeladung führen selbst Spannungen, die erheblich unter der Streckgrenze des Werkstoffe liegen, in relativ kurzen Zeiten zum verformungsarmen Bruch. Bei den einzelnen Versuchsserien sind die ohne Bruch ertragenen Spannungen um so kleiner, je mehr Wasserstoff in den Proben zurückbleibt. Da die Kurvenverläufe in Bild 3 Ähnlichkeit zu dem Ergebnis eines Wöhlerversuches (vgl. V 57) haben, spricht man gelegentlich von "statischer Ermüdung".

Interessant ist auch das Rißausbreitungsverhalten belasteter Stähle unter der Einwirkung von Wasserstoffatmosphären mit unterschiedlichem Druck. In Bild 4 sind die Rißausbreitungskurven (vgl. V 71) von C 20 wiedergegeben, wie sie unter Wasserstoffpartialdrücken von 0.77, 0.33, 0.11 und 0.02 bar bei 24 °C gemessen wurden. Man sieht, daß die Grenzwerte beginnender Rißausbreitung mit wachsendem Druck zu kleineren K-Werten verschoben werden. Gleichzeitig verschiebt sich der Übergang zum Bereich II der da/dt,K-Kurven zu größeren Rißausbreitungsgeschwindigkeiten. Im Bereich II wird ein nahezu druckunabhängiger Kurvenanstieg beobachtet.

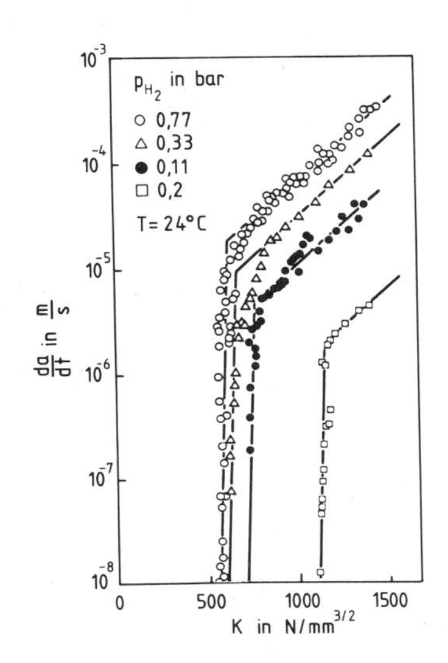

Bild 4: da/dt,K - Kurven von C 20 bei verschiedenen H_2 - Drücken

Bei hohen Temperaturen und hohem Wasserstoffdruck tritt zu den schon besprochenen Wirkungen des Wasserstoffs noch eine spezielle chemische Werkstoffveränderung hinzu. Sie ist ihrer Natur nach völlig anders als die bisher besprochenen Versprödungserscheinungen und besteht bei unlegierten Stählen in einer Zersetzung des Zementits unter Bildung von Methan nach der Bruttogleichung

$$Fe_3C + 4H \longrightarrow 3Fe + CH_4 \quad . \qquad (5)$$

Dabei erfolgt in der Reaktionsschicht eine Entkohlung. Durch Zulegieren bestimmter Elemente wie Cr, Mo, W und V, die eine größere Affinität zu Kohlenstoff haben als Eisen, gelingt es, die Methanbildung und damit die Entkohlung stark zu reduzieren. Das in Bild 5 wiedergegebene Diagramm zeigt, welche Temperaturen und Wasserstoffpartialdrücke eingehalten werden müssen, wenn ein Wasserstoffangriff bzw. eine Entkohlung verhindert werden soll.

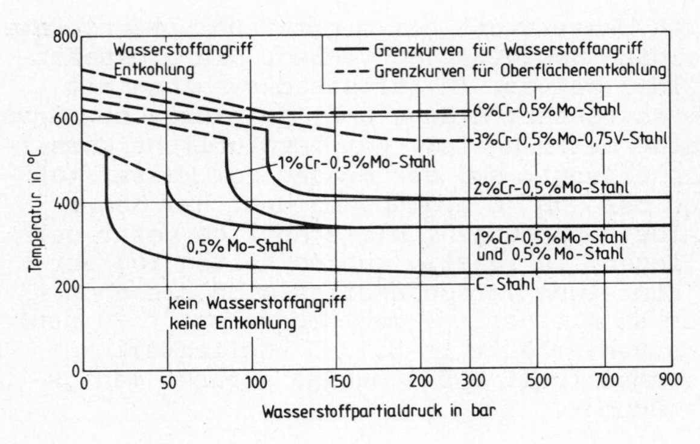

Bild 5: Grenzkurven für Temperaturen und Wasserstoffpartialdrücke, die beim Einsatz bestimmter Stähle nicht überschritten werden dürfen, damit keine Wasserstoffschädigungen (———) bzw. Oberflächenentkohlungen (– – –) auftreten

Aufgabe

Hochfeste Zylinderschrauben (DIN 912) M 20 x 200 mm der Festigkeitsklasse 12.9 (DIN 267) aus 42 CrMo 4 sollen hinsichtlich ihrer Versprödungsneigung durch Wasserstoff überprüft werden. Dazu sind mit Proben aus dem vorliegenden Werkstoffzustand und mit zusätzlich wasserstoffbeladenen Proben Zugversuche bei Raumtemperatur durchzuführen. Die Bewertung der Versuchsergebnisse hat unter Heranziehung rasterelektronenmikroskopischer Bruchflächenbeobachtungen (vgl. V 49) zu erfolgen.

Versuchsdurchführung

Aus den Schäften der vorliegenden Schrauben werden 6 schlanke Zugproben mit einem Durchmesser von 4 mm herausgearbeitet. Drei dieser Proben werden ohne Wasserstoffbeladung mit Verformungsgeschwindigkeiten von $\sim 10^{-2}$, 10^{-3} und $10^{-4}s^{-1}$ zugverformt (vgl. V 25). Die restlichen Proben werden mit der in Bild 6 schematisch gezeigten Versuchseinrichtung 2 h in einer 4 %-igen H_2SO_4-Lösung mit 0.1 % As_2O_3-Zusatz bei einer Stromdichte von etwa $3 \cdot 10^{-3}$ A/cm^2 mit Wasserstoff beladen. Danach werden die Proben sofort mit den obengenannten Verformungsgeschwindigkeiten bis zum Bruch verformt. Die zügigen Werkstoffkenngrößen der wasserstoffbeladenen und -unbeladenen Proben werden verglichen und unter Heranziehung von REM-Bruchflächenbeobachtungen (vgl. V 49) diskutiert.

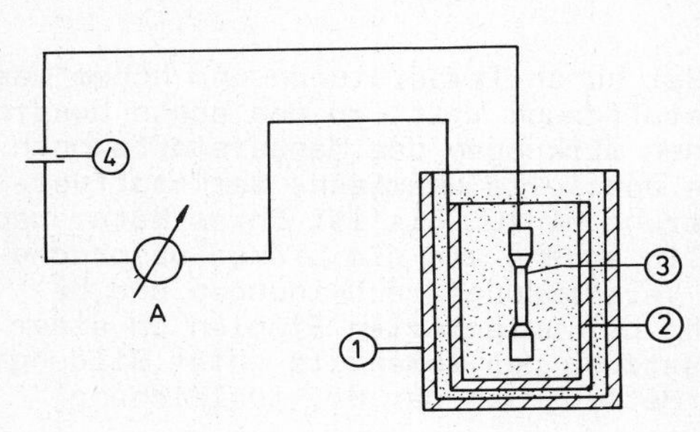

Bild 6: Vorrichtung zur kathodischen Wasserstoffbeladung. Glasbehälter mit Elektrolyt (1), Kupferanode (2), Probe (3), Gleichspannungsquelle (4), Amperemeter (A)

Literatur: 76, 156, 157, 161, 162, 163.

Tiefziehfähigkeit von Stahlblechen

V 73

Grundlagen

An Bleche und Bänder für Tiefzieharbeiten werden hohe Anforderungen in Bezug auf ihre Kaltverformbarkeit gestellt, weil sie relativ große plastische Verformungen ohne Anrißbildung ertragen müssen. Werkstoffe gleicher chemischer Zusammensetzung können sich dabei je nach Gleichmäßigkeit des Gefüges, Vorgeschichte und Wärmebehandlung, Betrag und Abmessungskonstanz der Blech- bzw. Banddicke sowie der Oberflächenqualität verschieden verhalten. Für die Prüfung von plattenförmigen Blechen (Ronden), aus denen Hohlkörper gefertigt werden, haben sich Standardprüfmethoden herausgebildet, mit denen die in der Praxis auftretenden Beanspruchungen weitgehend simuliert werden sollen.

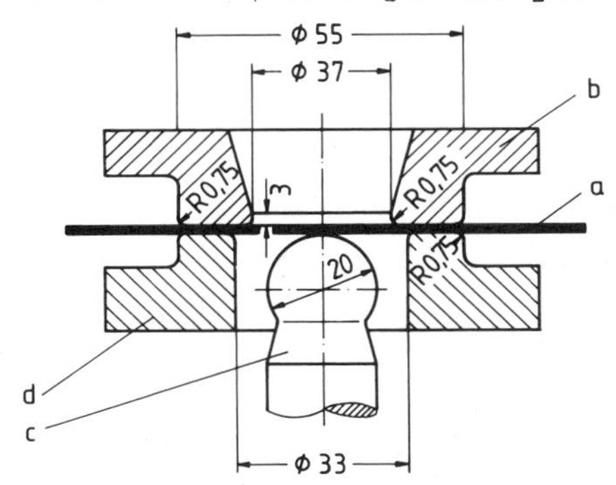

Bild 1: Schematischer Aufbau einer Tiefungsprüfeinrichtung (Bauart Erichsen) für Bleche und Bänder mit Breiten b > 90 mm und Dicken von 0.2 bis 2.0 mm

Die Tiefungsprüfung nach Erichsen erfolgt mit der in Bild 1 skizzierten Vorrichtung. Die zu untersuchende Blechronde (a) wird an die Matrize (b) angelegt und durch einen halbkugelig abgerundeten Stempel (c) bis zum Bruch beansprucht. Die Probe wird dabei durch einen Faltenhalter (d) am Ausbeulen gehindert. Die beim Bruch festgestellte Tiefung in mm wird als Maß für die Tiefziehfähigkeit angegeben. Liegt eine gleichmäßig starke Blechverwalzung in Längs- und Querrichtung vor, so stellt sich beim Prüfling ein kreisförmig verlaufender Riß ein. Wird dagegen bei der Herstellung des Bleches eine Walzrichtung bevorzugt, was eine zeilige Gefügeausbildung und ausgeprägte Texturen (vgl. V 19 und 11) begünstigt, so reißt das Blech beim Tiefungsversuch geradlinig ein. Die Rauhigkeit der Oberfläche des tiefgezogenen Blechteiles (vgl. V 22) ist je nach Ausgangskorngröße verschieden. Bei den vorliegenden Beanspruchungen wächst die Tiefung mit der Blechdicke an. In Bild 2 ist für verschiedene Werkstoffe, die für Tiefzieharbeiten geeignet sind, der Zusammenhang zwischen Erichsentiefung und Blechdicke wiedergegeben. Bei größeren Blechdicken wird nach dem gleichen Prinzip wie in Bild 1 gearbeitet, nur mit veränderten Abmessungen der Prüfeinrichtung.

Ein Prüfverfahren, bei dem die in der Praxis des Tiefziehens vorliegenden Beanspruchungsverhältnisse besser angenähert werden als bei der Erichsen-Tiefung, stellt der Tiefziehversuch dar. Den schematischen Aufbau der Versuchseinrichtung zeigt Bild 3. Blechronden mit verschiedenen Durchmessern D werden mit einem zylindrischen Bolzen, der den Durchmesser d_1 besitzt, durch eine Matrize gezogen (Tiefziehen im Anschlag). Die so erhaltenen Näpfchen werden ohne thermische Zwischenbehandlung mit einem Bolzen des Durchmessers $d_2 < d_1$ und einer zugehörigen Matrize erneut tiefgezogen, so daß Hohlkörper mit einem Durchmesser $d = d_2$ entstehen (Tiefziehen im Weiterschlag). Gesucht wird das Durchmesserverhältnis $(D/d)_{max}$, bei dem der erste Anriß eintritt. Dazu wird bei einer Meßserie

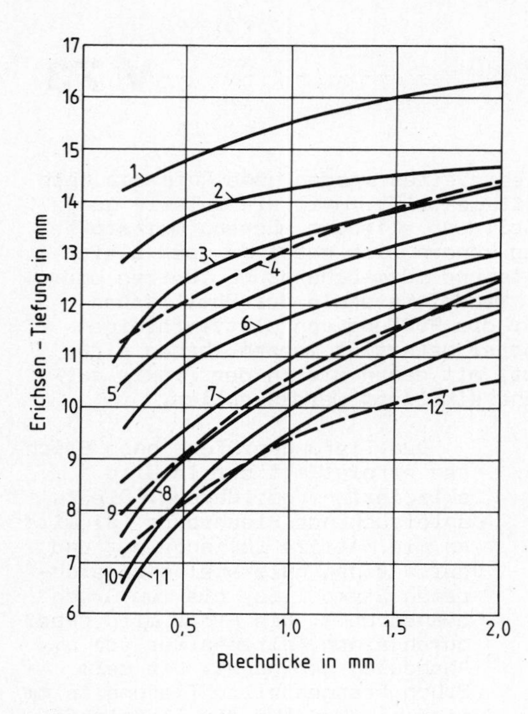

Bild 2: Zusammenhang zwischen Erichsen-Tiefung und Blechdicke bei

1) X 8 CrNi 12 12
2) CuZn 28
3) CuZn 37
4) X 12 CrNi 18 8
5) CuZn 24 Ni 15
6) Cu
7) St 4 G
8) Al 99
9) USt 14
10) USt 12
11) St 10
12) X 10 CrNi 13

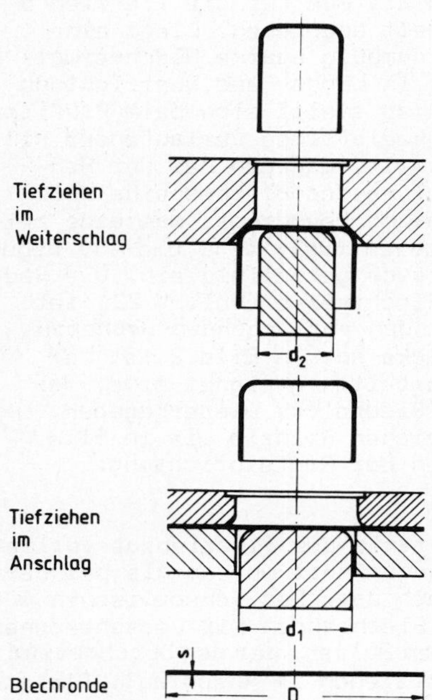

Bild 3: Versuchsanordnungen und Arbeitsschritte beim Tiefziehversuch

der Rondenaußendurchmesser D schrittweise soweit vergrößert, bis bei der Herstellung des zweiten Näpfchens ein Anriß eintritt. Anstelle der Größe $(D/d)_{max}$, die auch Grenztiefziehverhältnis genannt wird, kann zur Beurteilung einer Blechqualität auch die gesamte Tiefung benutzt werden, die bei der Näpfchenherstellung zu Anrissen führt.

Zur Beurteilung der Tiefziehfähigkeit von Blechen findet schließlich noch der Tiefzieh-Lochaufweitungsversuch Anwendung. Dabei benutzt man Blechronden, in die mittig ein Loch mit Durchmesser d_0 gestanzt wird. Diese Ronden werden - wie in Bild 4 skizziert - fest zwischen Halter und Matrize eingespannt, so daß bei der Ziehbewegung des zylindrischen Stempels nur der außerhalb der Einspannung liegende Blechwerkstoff verformt wird. Ist der nach

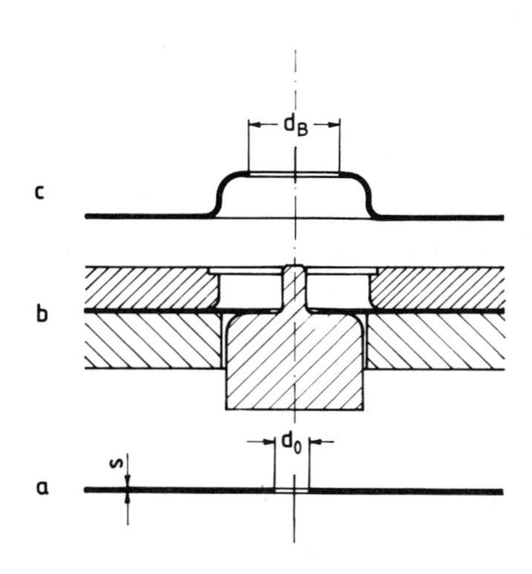

Bild 4: Anordnung beim Tiefzieh-Lochaufweitungsversuch

der Verformung rißfrei erreichte Durchmesser des Loches d_B, so ist die Aufweitung des Loches

$$\Delta = \frac{d_B - d_0}{d_0} \cdot 100\% \qquad (1)$$

ein Maß für die Tiefziehfähigkeit des Blechwerkstoffes.

Aufgabe

An 90 - 100 mm breiten und mindestens 270 mm langen Streifen unterschiedlich dicker Bleche sind Tiefungsprüfungen nach Erichsen vorzunehmen. Neben der Tiefung ist jeweils der Kraft-Tiefungs-Zusammenhang zu ermitteln. Die Versuchsergebnisse sind für die einzelnen Werkstoffe auf Grund ihres Makro- und Mikrogefügeaufbaus zu diskutieren und zu bewerten.

Versuchsdurchführung

Für die Untersuchungen steht ein kommerzielles Erichsen-Tiefungsgerät zur Verfügung, mit dem Bleche bis zu 2 mm Dicke geprüft werden können. Alle mit dem Blech in Berührung kommenden Teile des Gerätes sind gehärtet, geschliffen und poliert. Vor Versuchsbeginn werden sie eingefettet. Nach Einlegen des Bleches wird der Faltenhalter mit einem Druck von etwa 10 000 N angepreßt. Der Faltenhalterdruck kann über die Durchbiegung einer Feder mittels einer angebauten Meßuhr bestimmt werden. Der kugelförmig abgerundete Stößel wird mit einer Geschwindigkeit zwischen etwa 5 und 20 mm/min bis zum Einreißen der Probe bewegt. Die während der Tiefung jeweils vorhandene Preßkraft kann ebenso wie der Faltenhalterdruck an einer Meßuhr, der Weg des Stempels an einem Maßstab abgelesen werden. Einsetzende Rißbildung ist in einem Spiegel zu erkennen, der die Rückseite der beanspruchten Probe zeigt. Da die Preßkraft bei Rißbildung absinkt, liefert ihre Kontrolle eine zusätzliche Aussage über die Größe der Tiefung im Augenblick des Durchreißens.

Literatur: 164.

V 74

r- und n-Werte von Feinblechen

Grundlagen

Durch Kaltumformung von Feinblechen aus Stahl und Nichteisenmetallen werden in der technischen Praxis die verschiedenartigsten Bauteile hergestellt. Die wichtigsten Kaltumformverfahren sind das Tiefziehen und das Streckziehen (vgl. Bild 1). Die dabei ablaufenden Verformungsprozesse versucht man unter labormäßigen Bedingungen nachzuvollziehen, um zu praxisorientierten Bewertungskriterien für das Verhalten der umzuformenden Bleche zu gelangen (vgl. V 73). Die Übertragung der Befunde derartiger Modellversuche auf Umformvorgänge mit veränderten geometrischen Anordnungen und andersartigen Reibungsverhältnissen ist nur bedingt möglich. Deshalb besteht ein großes Interesse an Kenngrößen, die - unabhängig von den im Einzelfall vorliegenden Verformungsbedingungen - die Kaltumformbarkeit von Feinblechen hinreichend charakterisieren.

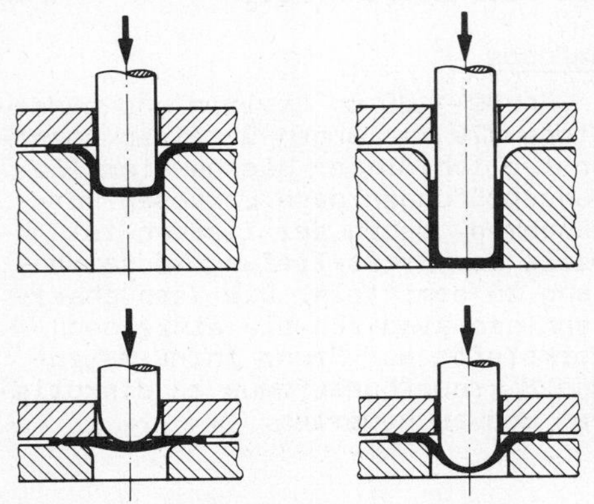

Bild 1: Schema des Tiefziehens (oben) und Streckziehens (unten)

Der Beschreibung des Umformverhaltens von Feinblechen kann man i.a. keine isotropen bzw. quasiisotropen Werkstoffzustände zugrundelegen. Die zur Blechherstellung erforderlichen plastischen Walzverformungen (vgl. V 10) führen als Folge der elementaren Abgleitprozesse in den Körnern zu Orientierungsänderungen und damit zur Ausbildung typischer Walztexturen (vgl. V 11). Je nach Werkstoffzustand und vorangegangenen Umformbedingungen ist zudem mit "Gefügezeiligkeiten" (vgl. V 19) zu rechnen. Insgesamt liegt daher in den Blechen keine statistisch regellose Verteilung der Kornorientierungen und der Kornformen vor. Als Folge davon werden die makroskopischen mechanischen Eigenschaften der Bleche richtungsabhängig. Für Kaltumformverfahren sind die Werkstoffe bzw. Werkstoffzustände besonders geeignet, bei denen die mit wachsender plastischer Verformung auftretenden Querschnittsänderungen ohne anisotrope Formänderungen sowie ohne abrupte Querschnittsreduzierungen und Rißbildung ertragen werden. Man benötigt deshalb quantitative Daten über das Längs- und Querdehnungsverhalten sowie über das Verfestigungsverhalten der Bleche, und es liegt nahe, diese unter einachsiger Beanspruchung von Blechstreifen in einem Zugversuch (vgl. V 25) zu ermitteln.

Betrachtet man wie in Bild 2 den durch die Abmessungen L_0, B_0 und D_0 gegebenen Bereich eines Blechstreifens, so nimmt dieser nach Einwirkung einer hinreichend großen, zu L_0 parallelen Zugnennspannung $\sigma_n = F/A_0 = F/B_0D_0$ die Abmessungen L, B und D an. Die Probe hat sich plastisch verlängert ($L > L_0$) und ihre Querabmessungen plastisch verkürzt ($B < B_0$, $D < D_0$). Da plastische Verformung unter Volumenkonstanz erfolgt, gilt

$$L B D = L_0 B_0 D_0 \tag{1}$$

oder

$$\ln\frac{L}{L_0} + \ln\frac{B}{B_0} + \ln\frac{D}{D_0} = 0 \quad . \tag{2}$$

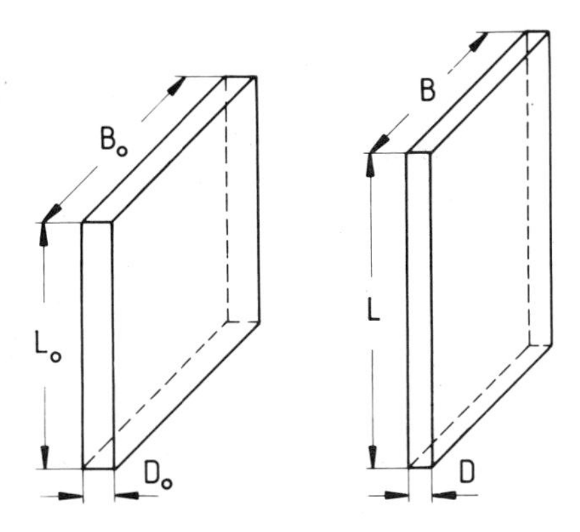

Bild 2: Abmessungsänderungen von Blechen nach elastisch-plastischer Zugverformung parallel zu L_o

Die Größen

$$\varphi_{L,p} = \ln \frac{L}{L_o} = \int_{L_o}^{L} \frac{dL}{L} , \qquad (3)$$

$$\varphi_{B,p} = \ln \frac{B}{B_o} = \int_{B_o}^{B} \frac{dB}{B} \qquad (4)$$

und

$$\varphi_{D,p} = \ln \frac{D}{D_o} = \int_{D_o}^{D} \frac{dD}{D} \qquad (5)$$

werden logarithmische plastische Verformungen (kurz log. Verformungen) genannt. Sie sind definiert als die Integrale der auf die jeweiligen Probenabmessungen bezogenen Abmessungsänderungen. Zwischen der plastischen Längsdehnung

$$\varepsilon_{L,p} = \frac{L - L_o}{L_o} \qquad (6)$$

und der durch Gl. 3 gegebenen log. plastischen Längsdehnung $\varphi_{L,p}$ besteht der Zusammenhang

$$\varphi_{L,p} = \ln(\varepsilon_{L,p} + 1) \ . \qquad (7)$$

Trägt man die wahre Zugspannung $\sigma = F/BD$ als Funktion von $\varphi_{L,p}$ auf, so ergibt sich ein Zusammenhang, den die Umformtechniker als Fließkurve bezeichnen. In vielen Fällen (nicht z. B. bei metastabilen austenitischen Stählen) läßt sich dabei der Kurvenverlauf durch die Ludwik'sche Beziehung

$$\sigma = \sigma_o \varphi_{L,p}^{n} \qquad (8)$$

annähern. n wird Verfestigungsexponent genannt. Bei einem sich verfestigenden Werkstoff ist die log. Gleichmaßdehnung erreicht, wenn Einschnürung und damit ein Höchstwert der belastenden Kraft auftritt. Mit

$$F = \sigma A \qquad (9)$$

und

$$dF = \sigma\, dA + A\, d\sigma \qquad (10)$$

gilt dann die Bedingung

$$dF = 0 \qquad (11)$$

und somit

$$\frac{d\sigma}{\sigma} = -\frac{dA}{A} \ . \qquad (12)$$

Andererseits folgt aus Gl. 1 und 3

$$-\frac{d(BD)}{BD} = -\frac{dA}{A} = \frac{dL}{L} = d\varphi_{L,p} \ , \qquad (13)$$

so daß sich aus Gl. 12 und 13 ergibt

$$\sigma = \frac{d\sigma}{d\varphi_{L,p}}\Bigg|_{\varphi_{L,p}=\varphi_{gleich}} \tag{14}$$

Einsetzen von Gl. 8 führt zu

$$\sigma_o \varphi_{gleich}^{n} = \sigma_o n \varphi_{gleich}^{n-1} \tag{15}$$

Diese Bedingung liefert

$$n = \varphi_{gleich} \tag{16}$$

Der Verfestigungsexponent ist also numerisch gleich der log. Gleichmaßdehnung.

In Bild 3 ist als Beispiel die Fließkurve von C 10 in linearer und doppeltlogarithmischer Weise wiedergegeben. Im Bereich $0.03 < \varphi_{L,p} < 0.22$ tritt ein einheitlicher Verfestigungsexponent $n = 0.22$ auf.

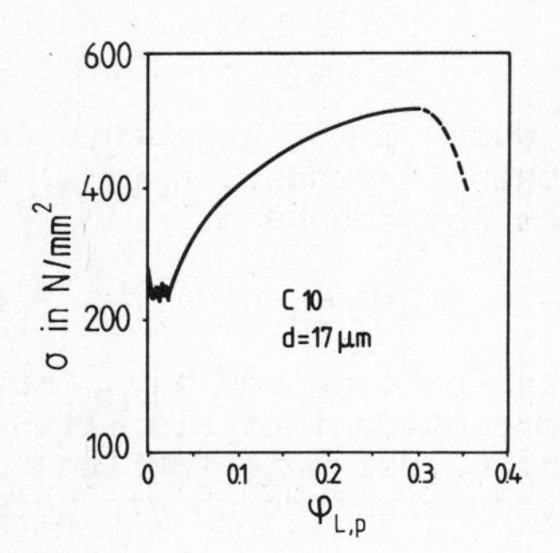

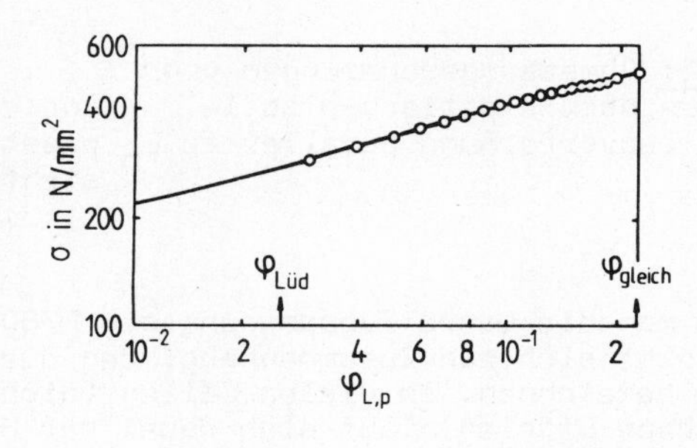

Bild 3: $\sigma, \varphi_{L,p}$ - Verlauf (links) und lg σ, lg $\varphi_{L,p}$ - Verlauf (rechts) von C 10 bei einer Dehnungsgeschwindigkeit $\dot{\epsilon} = 8.33 \cdot 10^{-4}\ s^{-1}$

Mißt man die log. plastischen Querverformungen als Funktion der Zugspannung, so läßt sich damit beurteilen, ob eine Verformungsanisotropie vorliegt. Verformt sich der Werkstoff makroskopisch isotrop, so gilt nach Gl. 4 und 5

$$\varphi_{B,p} = \varphi_{D,p} . \tag{17}$$

Liegt dagegen plastisch anisotropes Verhalten vor, so wird

$$\varphi_{B,p} \neq \varphi_{D,p} . \tag{18}$$

Das Verhältnis der log. plastischen Verformungen in Breiten- und Dickenrichtung

$$r = \frac{\varphi_{B,p}}{\varphi_{D,p}} \tag{19}$$

wird "senkrechte Anisotropie" genannt. r = 1 bedeutet gleiche Abmessungsänderungen in Breiten- und Dickenrichtung. r > 1 (r < 1) zeigt an, daß das Blech unter Zugbeanspruchung mehr seine Breite (Dicke) als seine Dicke (Breite) ändert. Ein geeignet festgelegter r-Wert wird heute als Kenngröße für die Beurteilung der Tiefziehfähigkeit von Blechen benutzt. Der n-Wert dient zur Beurteilung der Streckziehfähigkeit der Bleche. Große r-Werte treten bei Werkstoffzuständen auf, die unter Zugbeanspruchung stärker ihre Breite als ihre Dicke verändern. Große n-Werte gehören zu Werkstoffzuständen, die sich stark verfestigen und zudem große Gleichmaßdehnungen besitzen.

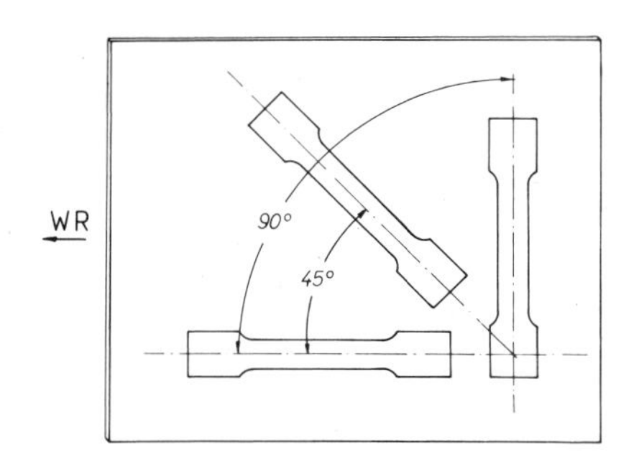

Bild 4: Probenentnahme zur Bestimmung von r_m (WR Walzrichtung)

Werden einem Blech, wie in Bild 4 angedeutet, parallel sowie 45° und 90° geneigt zur Walzrichtung Zugstäbe gleicher Abmessungen entnommen und mit diesen Zugversuche durchgeführt, so ergeben sich i. a. unterschiedliche r- und n-Werte. Gemittelte Werte über alle Richtungen in der Blechebene wären demnach die für die Beurteilung der Tief- und Streckzieheigenschaften wünschenswerten Größen. Die Erfahrung hat ergeben, daß der Mittelwert

$$r_m = \frac{r_{0°} + 2r_{45°} + r_{90°}}{4} \qquad (20)$$

ein geeignetes Maß für die Anisotropie des Verformungsverhaltens ist. r_m wird "mittlere senkrechte Anisotropie" genannt. Dabei darf aus $r_{0^o} = r_{45^o} = r_{90^o}$ nicht auf Verformungsisotropie geschlossen werden. Diese liegt nur vor, wenn $r_{0^o} = r_{45^o} = r_{90^o} = 1$ ist. Meistens ist r_{0^o} und r_{90^o} größer als r_{45^o}. Als "mittlere ebene Anisotropie" wird die Größe

$$\Delta r = \frac{r_{0°} + r_{90°}}{2} - r_{45°} \qquad (21)$$

Bild 5: Tiefgezogene Becher mit und ohne Zipfelbildung

definiert. Weichen die einzelnen r-Werte in Gl. 20 in den drei Meßrichtungen stark voneinander ab, dann treten beim Näpfchenziehen die aus Bild 5 ersichtlichen zipfelartigen Begrenzungen der tiefgezogenen Teile auf. Die Zipfel erwartet man in den Richtungen, in denen die größten r-Werte vorliegen. Zipfelbildung erfolgt in 0°- und 90°-Richtung (45°-Richtung), wenn sich nach Gl. 21 ein positiver (negativer) Δr-Wert ergibt. Da die Zipfelbildung unerwünscht ist, erfordert ein gutes Tiefziehvermögen einen großen r_m-Wert, der möglichst wenig von den Einzelwerten r_{0^o}, r_{45^o} und r_{90^o} abweicht.

In Bild 6 sind für unberuhigte und Al-beruhigte Stahlbleche (~0.07 Masse-% C, 0.35 Masse-% Mn) die r_m-Werte als Funktion des Kaltverformungsgrades gezeigt. Bei den unberuhigten Blechen treten nur bei mittleren Umformgraden r_m-Werte größer 1.0 auf. Im Vergleich dazu erreichen die beruhigten Bleche r_m-Werte bis 1.4, in anderen Fällen bis 1.8. Große r_m-Werte liefern, wie Bild 7 zeigt, große Grenztiefziehverhältnisse, worunter man das experimentell bestimmte größte Verhältnis $(D/d)_{max}$ aus dem Durchmesser D der Ronden zum Durchmesser d der fehlerfrei tiefgezogenen Näpfchen versteht (vgl. V 73). Das Grenztiefziehverhältnis wächst auch bei anderen Werkstoffen mit r_m an. Das Tiefziehvermögen von Blechen wird u. a. vom Gehalt an Legierungselementen

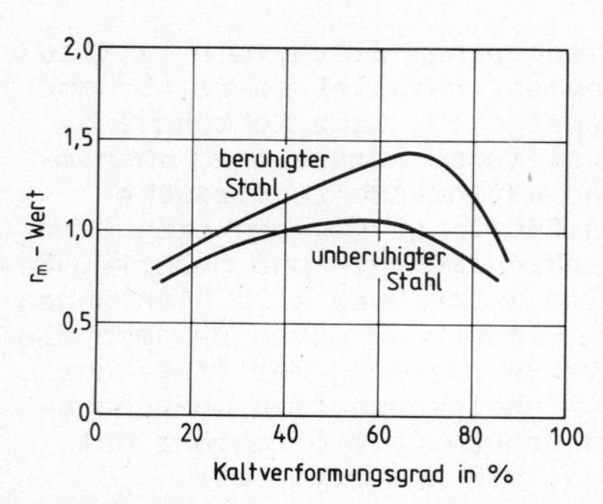

Bild 6: Kaltverformungseinfluß auf r_m bei un- und beruhigtem Stahlblech

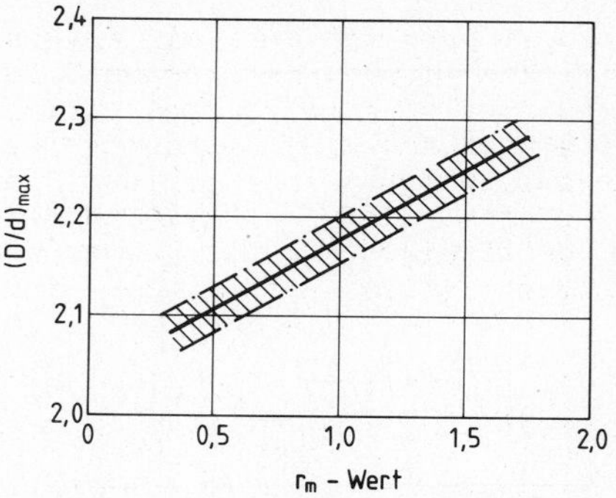

Bild 7: Grenztiefziehverhältnis eines Stahlbleches als Funktion von r_m

beeinflußt. Bild 8 zeigt r_m- und Δr-Werte von gehaspelten und bei 550 °C geglühten Stahlblechen mit unterschiedlichen Mangangehalten.

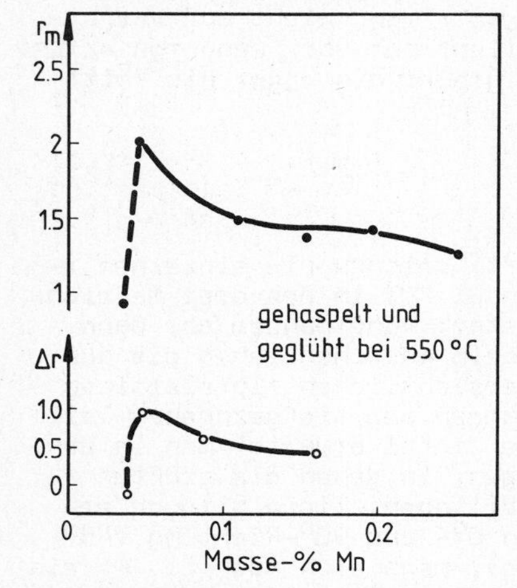

Bild 8: r_m- und Δr-Werte von Stahlblechen mit unterschiedlichen Mangangehalten

Man sieht, daß sowohl r_m als auch Δr oberhalb 0.05 Masse-% mit wachsendem Mangananteil kontinuierlich abfallen.

Aufgabe

Gegeben sind drei Tiefziehbleche verschiedener Tiefziehqualität. Mit Hilfe induktiver Dehnungsaufnehmer sind die r_m-, Δr- und n-Werte der Bleche zu ermitteln und zu bewerten.

Versuchsdurchführung

Für die Untersuchungen steht eine Zugprüfmaschine mit Dehnungsmeßeinrichtungen zur Verfügung (vgl. V 23 und 24). Aus den vorliegenden Blechen werden, wie in Bild 4 angedeutet, Versuchsproben mit einer Gesamtlänge von 230 mm herausgearbeitet bzw. herausgestanzt, die im Meßbereich eine Breite von 20 mm besitzen. Die Meßlänge L_0 beträgt etwa 50 mm. Zur Erfüllung der Meßaufgabe sind während des Zugversuches die Änderungen der Länge, der Breite und der Dicke der Proben als Funktion der Zugspannung zu ermitteln. Um dabei gleiche Genauigkeit bei $\varphi_{B,p}$ und $\varphi_{D,p}$ zu erreichen, sind an die Messung der Änderungen der Probendicke größere Anforderungen zu stellen als an die der Probenbreite. Man kann dies umgehen, weil nach Gl. 2 bis 5

$$\varphi_{D,p} = -(\varphi_{L,p} + \varphi_{B,p}) \tag{22}$$

ist. Für die Ermittlung von

$$r_m = \frac{\varphi_{B,p}}{\varphi_{D,p}} = -\frac{\varphi_{B,p}}{\varphi_{L,p} + \varphi_{B,p}} \tag{23}$$

sind deshalb nur Verformungsmessungen in Längs- und Breitenrichtung erforderlich. Die Verformungsmessungen erfolgen entweder mit zwei induktiven

Dehnungsaufnehmern oder mit speziell entwickelten Längen-Breitenänderungs- Meßsystemen, von denen Bild 9 ein Beispiel zeigt. Für die Messungen der Längenänderungen ist ein Grobaufnehmer (1) und ein bei Bedarf einschwenkbarer Feinaufnehmer (2) vorgesehen. Die Änderungen der Querabmessungen werden mit dem Breitenänderungsaufnehmer (3) erfaßt. Die Aufnehmer werden mit ihren Meßschneiden der Probe (4) aufgesetzt und positioniert. Bei der Zugverformung können gleichzeitig F,ΔL- und ΔB, ΔL-Kurven registriert werden. Die Messungen bleiben auf den Beanspruchungsbereich beschränkt, in dem noch keine Probeneinschnürung auftritt. Aus den ΔL(F)- und ΔB(F)-Werten erfolgt die Berechnung der für F gültigen σ sowie $\varphi_{L,p}$- und $\varphi_{B,p}$- Werte. Damit sind die r-Werte angebbar. σ und $\varphi_{L,p}$ werden doppeltlogarithmisch aufgetragen und - soweit möglich - durch eine Ausgleichsgerade oder Ausgleichsgeradenabschnitte approximiert. Aus den Geradenanstiegen wird n ermittelt. Die r_m- und Δr - Werte der einzelnen Bleche werden nach Abschluß der Zugversuche für die Blechstreifen mit unterschiedlicher Orientierung gegenüber der Walzrichtung berechnet.

Bild 9: Längen-Breitenänderungs-Meßsystem (Bauart Zwick)

Literatur: 165,166,167.

V 75

Grundlagen

Ein wichtiges Teilgebiet der zerstörungsfreien Werkstoffprüfung stellt die Ultraschallprüfung dar. Sie nutzt die Reflexion und Brechung von Ultraschallwellen an den Grenzflächen aus, die Werkstoffbereiche unterschiedlichen Schallwiderstandes trennen. Lunker, Einschlüsse, Poren, Dopplungen, Trennungen und Risse lassen sich auf diese Weise nachweisen, wenn sie eine hinreichend große flächenhafte Ausdehnung besitzen. Schallwellen sind in Festkörpern elastische Schwingungen und können dort als Longitudinal- und Transversalschwingungen auftreten. Bei den Longitudinalwellen erfolgen die Schwingungen in Fortpflanzungsrichtung, bei den Transversalwellen senkrecht zur Fortpflanzungsrichtung. In Gasen und Flüssigkeiten, die keine oder nur äußerst geringe Schubkräfte übertragen können, sind Schallwellen stets Longitudinalschwingungen.

Bei einer ungedämpften akustischen Longitudinalschwingung läßt sich die Auslenkung η der Materieteilchen in x-Richtung durch die Beziehung

$$\eta = \eta_a \sin[2\pi(\nu t - \frac{x}{\lambda})] \quad (1)$$

beschreiben. Dabei ist η_a die Amplitude der Auslenkung, ν die Frequenz, λ die Wellenlänge und t die Zeit. Durch Differentiation nach der Zeit ergibt sich aus Gl. 1 die Teilchengeschwindigkeit zu

$$v = \frac{d\eta}{dt} = 2\pi\nu\eta_a \cos[2\pi(\nu t - \frac{x}{\lambda})] \ . \quad (2)$$

Die Größe

$$v_a = 2\pi\nu\eta_a \quad (3)$$

wird als Schallschnelle bezeichnet. Mit der Schallausbreitung ist der Aufbau eines orts- und zeitabhängigen Druckfeldes verbunden, das durch

$$p = p_0 + v_a c_L \varrho \cos[2\pi(\nu t - \frac{x}{\lambda})] \quad (4)$$

gegeben ist. Dabei ist p_0 der herrschende Druck ohne akustische Schwingung, ϱ die Dichte und c_L die longitudinale Schallgeschwindigkeit. Das Produkt

$$p_a = v_a c_L \varrho \quad (5)$$

wird als Schalldruckamplitude, das Verhältnis

$$\frac{p_a}{v_a} = c_L \varrho = W \quad (6)$$

als Schallwiderstand bezeichnet. Die Intensität der Schallwelle ist dem Quadrat der Schalldruckamplitude direkt und dem Schallwiderstand umgekehrt proportional und ergibt sich zu

$$J = \frac{1}{2} p_a v_a = \frac{1}{2} \frac{p_a^2}{c_L \varrho} = \frac{1}{2} \frac{p_a^2}{W} \ . \quad (7)$$

Tab. 1 enthält für einige Metalle, Flüssigkeiten und Luft Angaben der Dichte, der Schallgeschwindigkeit und des Schallwiderstandes.

Tab. 1: Kenngrößen einiger Medien

Medium	Elastizitätsmodul [N/m²] E	Dichte [kg/m³] ρ	Querkontraktionszahl ν	Schallgeschwindigkeit [m/s] c_L	c_T	Schallwiderstand [kg/m²s] $W = c_L\,\rho$
Aluminium	$7.2 \cdot 10^{10}$	$2.70 \cdot 10^{3}$	0.34	6410	3150	$17.3 \cdot 10^{6}$
Kupfer	$12.5 \cdot 10^{10}$	$8.93 \cdot 10^{3}$	0.34	4640	2280	$41.4 \cdot 10^{6}$
Eisen	$21.0 \cdot 10^{10}$	$7.87 \cdot 10^{3}$	0.28	5840	3230	$46.0 \cdot 10^{6}$
Plexiglas	$0.65 \cdot 10^{10}$	$1.18 \cdot 10^{3}$	0.35	2970	1430	$3.5 \cdot 10^{6}$
Wasser (4 °C)	—	$1.00 \cdot 10^{3}$	—	1483	—	$1.5 \cdot 10^{6}$
Dieselöl	—	$0.80 \cdot 10^{3}$	—	1250	—	$1.0 \cdot 10^{6}$
Luft (0 °C)	—	$1.29 \cdot 10^{-3}$	—	331.3	—	$4.3 \cdot 10^{2}$

Trifft eine ebene longitudinale Schallwelle, aus einem Medium mit dem Schallwiderstand W_1 kommend, senkrecht auf ein zweites mit dem Schallwiderstand W_2, so wird ein Teil der auffallenden Schallenergie reflektiert, der andere Teil tritt durch die Grenzfläche hindurch. Das Verhältnis der Schalldruckamplitude von reflektiertem zu einfallendem Strahl berechnet sich zu

$$\frac{p_{a,r}}{p_{a,e}} = \frac{W_2 - W_1}{W_2 + W_1} \quad . \tag{8}$$

Das Verhältnis der Schalldruckamplituden von durchgehendem zu einfallendem Strahl beträgt dagegen

$$\frac{p_{a,d}}{p_{a,e}} = \frac{2W_2}{W_2 + W_1} \quad . \tag{9}$$

Für eine Grenzfläche Eisen/Luft sind die vorliegenden Verhältnisse in Bild 1 skizziert. Für das Verhältnis der Schalldruckamplituden von reflektiertem bzw. durchgehendem zu einfallendem Strahl ergibt sich dabei $p_{a,r}/p_{a,e} = -0.99998$ bzw. $p_{a,d}/p_{a,e} = 0.00002$. Die reflektierte Schallwelle übernimmt also fast die gesamte Schalldruckamplitude des einfallenden Strahles. Das Minuszeichen beschreibt den Phasensprung um π , der bei der Reflexion an der Grenzfläche auftritt.

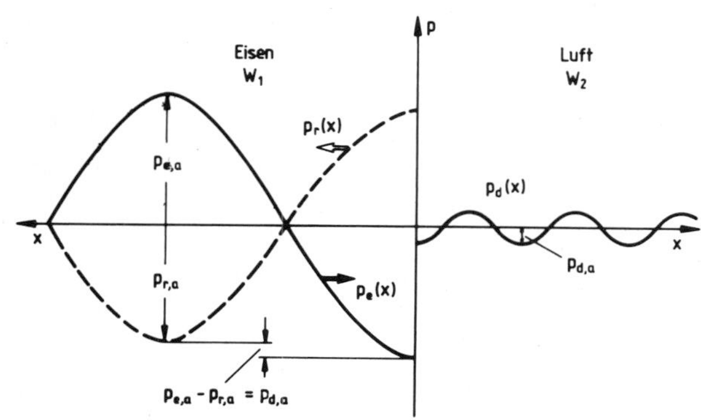

Bild 1: Auffallen einer Schallwelle auf eine Grenzfläche Eisen/Luft ($p_d(x)$ stark vergrößert)

Fällt eine ebene longitudinale Schallwelle nicht senkrecht, sondern schräg auf die Grenzfläche zwischen zwei Medien I und II, so treten Reflexion und Brechung auf. Die reflektierte und die gebrochene Schallwelle spalten dabei auf in je eine Longitudinalwelle L und eine Transversalwelle T. Bild 2 zeigt schematisch die bestehenden Zusammenhänge. Bei der Re-

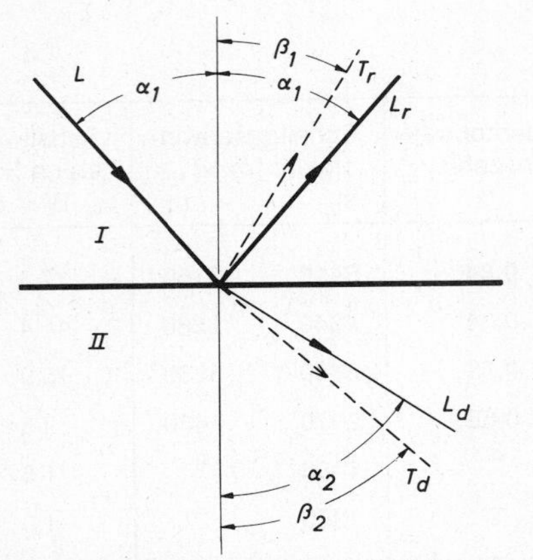

Bild 2: Brechung und Reflexion einer longitudinalen Schallwelle an der Grenzfläche zweier fester Medien I und II

flexion gilt für die Longitudinalwellen L und L_r das aus der Optik bekannte Gesetz

$$\text{Einfallswinkel} = \text{Ausfallswinkel} \tag{10}$$

Für die Longitudinalwelle L_r und die Transversalwelle T_r sind die sich einstellenden Ausbreitungsrichtungen α_1 und β_1 gemäß

$$\frac{\sin\alpha_1}{\sin\beta_1} = \frac{c_{L,I}}{c_{T,I}} \tag{11}$$

durch die Schallgeschwindigkeiten $c_{L,I}$ und $c_{T,I}$ im Medium I bestimmt. Bei der Brechung gilt für die Longitudinalwellen

$$\frac{\sin\alpha_1}{\sin\alpha_2} = \frac{c_{L,I}}{c_{L,II}} , \tag{12}$$

wobei $c_{L,I}$ und $c_{L,II}$ die zugehörigen Schallgeschwindigkeiten in den Medien I und II sind. Für die transversalen und longitudinalen Schallwellen im Medium II ergibt sich

$$\frac{\sin\alpha_2}{\sin\beta_2} = \frac{c_{L,II}}{c_{T,II}} . \tag{13}$$

Ist E der Elastizitätsmodul, G der Schubmodul und ν die Querkontraktionszahl eines isotropen Festkörpers, so berechnet sich die Geschwindigkeit der elastischen Longitudinalwellen zu

$$c_L = \sqrt{\frac{E}{\varrho}\frac{(1-\nu)}{(1+\nu)(1-2\nu)}} \tag{14}$$

und die Geschwindigkeit der elastischen Transversalwellen zu

$$c_T = \sqrt{\frac{G}{\varrho}} = \sqrt{\frac{E}{\varrho}\frac{1}{2(1+\nu)}} . \tag{15}$$

Es gilt also stets (vgl. Tab. 1)

$$c_L > c_T , \tag{16}$$

so daß die Winkel β_1 und β_2 in Bild 2 stets kleiner sind als α_1 und α_2. Durch geeignete Wahl von α_1 kann man erreichen, daß $\alpha_2 = 90^0$ wird. Dann verläuft die Longitudinalwelle L_d parallel zur Grenzfläche, und es breitet sich im Medium II nur noch die Transversalwelle T_d aus. Das wird bei der Ultraschallprüfung durch Schrägeinschallung mit Hilfe sog. Winkelprüfköpfe realisiert.

Von den verschiedenen Ultraschallverfahren, die in der Werkstoffprüfung Anwendung finden, wird besonders häufig das Impulslaufzeitverfahren benutzt, dessen Prinzip Bild 3 wiedergibt. Ein Impulsgenerator erzeugt Spannungsimpulse, die vom Schwingkristall in akustische Signale umgewandelt und über ein Kopplungsmedium (z. B. Glyzerin) auf das Werkstück übertragen werden. Als Schwingkristalle finden piezoelektrische Substanzen wie z. B. Quarz (SiO_2), Bariumtitanat ($BaTiO_3$) oder Lithiumtantalat (Li_2TaO_3) Anwendung. Die Impulsfolge wird auf den Prüfwerkstoff ab-

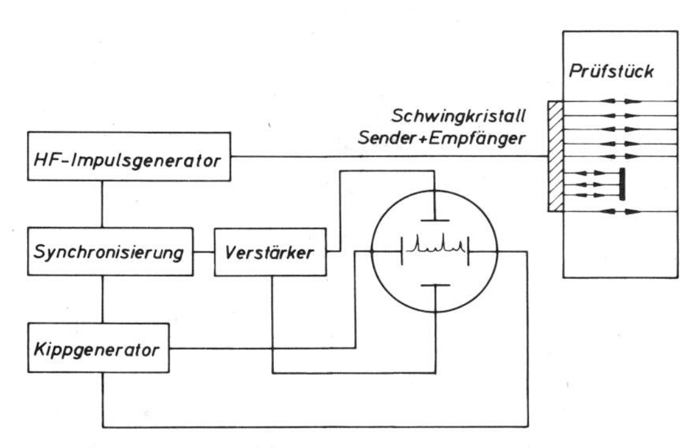

Bild 3: Prinzipschaltbild bei Ultraschall-Impulslaufzeitmessungen

gestimmt, die Impulsdauer umfaßt einige Schwingungsperioden. Die an der Rückseite und an eventuellen Grenzflächen im Innern des Prüfstücks reflektierten Wellen werden von dem gleichzeitig als Empfänger wirkenden Schwingkristall in elektrische Impulse zurückverwandelt und als Echosignale in einem Verstärker soweit verstärkt, daß sie auf dem Bildschirm eines Oszillographen sichtbar werden. Mit Hilfe einer Gleichrichterschaltung werden die Echosignale einseitig senkrecht zur Nullinie ausgelenkt. Der dem Oszillographen ebenfalls zugeleitete Sendeimpuls stellt dort als sog. Eingangsecho den Bezugspunkt für die Bewertung der Echosignale dar. Die Horizontalauslenkung des Elektronenstrahls erfolgt mit Hilfe eines Kippgenerators. Die zeitliche Abstimmung zwischen Horizontalauslenkung und Sendeimpuls wird durch ein Synchronisierglied erreicht. Bei bekannter Auslenkgeschwindigkeit des Elektronenstrahls in horizontaler Richtung kann jedem Echosignal eine bestimmte Laufzeit der Schallwelle zugeordnet werden. Bei bekannter Schallgeschwindigkeit lassen sich somit die Abstände der Echos auf dem Bildschirm des Oszillographen in Entfernungen von der Probenoberfläche umrechnen.

Aufgabe

Es liegen verschiedene Bauteile mit künstlich eingebrachten Fehlern vor. Der Oberflächenabstand sowie die flächenhafte Erstreckung der Fehler sind zu ermitteln.

Versuchsdurchführung

Für die Untersuchungen steht ein Ultraschall-Universalprüfgerät mit mehreren Prüfköpfen zur Verfügung, die über Glyzerin an die Objekte angekoppelt werden. Die Prüffrequenzen liegen bei Al- und Fe-Legierungen zwischen 2 und 8 MHz, bei Cu- Legierungen und Gußeisenwerkstoffen zwischen 0.2 und 2 MHz. Vor jeder Versuchsreihe wird für einen artgleichen Körper definierter Abmessungen die Dauer und Folge der Impulse, die Helligkeit und Schärfe der Oszillographenanzeige sowie die Signalverstärkung eingestellt. Ferner wird über die Messung der Laufzeit zwischen Eingangs- und Rückwandecho für die vorliegende Schallgeschwindigkeit eine Wegeichung der Anzeige vorgenommen. Während der Prüfkopfbewegung längs der Objektoberfläche werden die auf dem Oszillographen auftretenden Signale beobachtet, identifiziert und die Oberflächenentfernungen der Fehlerechos festgestellt. Auf Grund der Veränderung der Höhe der Echosignale lassen sich Angaben über die flächenhafte Erstreckung der Fehler machen. Bei der gleichzeitigen Beschallung mehrerer innerer oder äußerer Oberflächen können Mehrfachechos entstehen, die die Auswertung der Oszillographenanzeige erschwert. Beispiele dafür werden gezeigt und diskutiert.

Literatur: 168,169

V 76 Magnetische und magnetinduktive Werkstoffprüfung

Grundlagen

Neben Röntgen- und γ-Strahlen (vgl. V 80) sowie Ultraschallwellen (vgl. V 75) lassen sich auch magnetische und magnetinduktive Erscheinungen zur zerstörungsfreien Werkstoffprüfung ausnutzen. Man unterscheidet dabei die auf der magnetischen Kraftlinienwirkung beruhenden Verfahren von den die Induktionswirkung ausnutzenden Wirbelstromverfahren. Die magnetinduktiven Prüfmethoden zeichnen sich durch große Prüfgeschwindigkeiten sowie relativ einfache Automatisierbarkeit aus und haben daher ein breites Anwendungsspektrum vor allem in der Qualitätskontrolle gefunden.

Bei den Rißprüfverfahren mit Kraftlinienwirkung wird in ferromagnetischen Prüfkörpern ein magnetisches Feld erzeugt, wobei die in Bild 1 skizzierten Methoden Anwendung finden. Die Joch- bzw. Spulenmagnetisierung

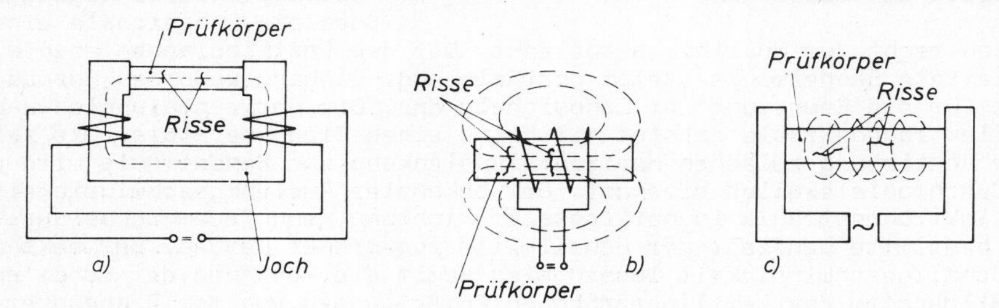

Bild 1: Verschiedene Magnetisierungsmöglichkeiten (schematisch). Jochmagnetisierung (a), Spulenmagnetisierung (b), Durchflutungsmagnetisierung (c)

durch Gleichstrom bewirkt eine Längsmagnetisierung, die Durchflutungsmagnetisierung durch Wechselstrom eine Kreismagnetisierung. Dabei wird die gleichmäßige Ausbildung der magnetischen Kraftlinien durch Fehler wie Poren und Risse im Werkstoff gestört. Über und seitlich von den hier besonders interessierenden Oberflächenrissen treten als Folge ihrer gegenüber dem Meßobjekt erhöhten magnetischen Widerstände magnetische Streufelder auf, über die auf die Existenz der Risse geschlossen werden kann. Ein Riß kann um so besser nachgewiesen werden, je näher er der Oberfläche liegt, je größer sein Tiefen / Breiten - Verhältnis ist, je höher die Magnetisierungsfeldstärke gewählt wird und je genauer er senkrecht zu den magnetischen Kraftlinien orientiert ist. Da die Streufeldbreite die wahre Rißbreite erheblich übertrifft, sind Risse mit Breiten von 1 μm durchaus noch nachweisbar. Der Streufeldnachweis kann mit Magnetpulver, mit einem Magnetband oder mit einer Magnetfeldsonde (Förstersonde) erfolgen. Bei der Magnetpulverprüfung wird die Magnetisierung in einem Ölbad vorgenommen, in dem ferromagnetisches Pulver aufgeschlämmt ist. Die Streufelder in der Umgebung von oberflächennahen Rissen führen dort zur Anhäufung der Pulverteilchen. Dem Öl zugemischte fluoreszierende Zusätze erleichtern bei ultravioletter Lichteinstrahlung die Direktbeobachtung der Pulveranhäufungen und damit der Lage der Risse. Mit Hilfe der Durchflutungsmagnetisierung werden Längsrisse nachgewiesen. Meistens schließt sich an die Sichtprüfung eine Entmagnetisierungsbehandlung der geprüften Teile an. Bild 2 zeigt ein modernes Rißprüfgerät, welches zwei getrennt wirksame Magnetisierungskreise (Durchflutungs- und Jochmagnetisierung) zur

Bild 2: Magnetpulverprüfeinrichtung zur Rißprüfung an Kurbelwellen (Bauart Tiede)

Erkennung von Längs- und Querrissen besitzt.

Bei den Verfahren mit Induktionswirkung werden durch hochfrequente Wechselströme in den Prüfkörpern Wirbelströme induziert und zum Fehlernachweis ausgenutzt. Dabei unterscheidet man das Durchlauf-, das Innen-, das Tast- und das Gabelspulen-Verfahren, deren Prinzipien aus Bild 3 hervorgehen. Bei allen vier Methoden wird der Prüfling in den Wirkungsbereich einer wechselstromdurchflossenen Prüfspule

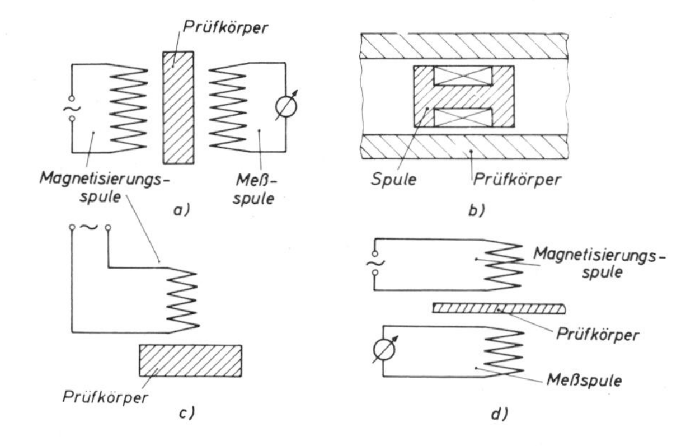

Bild 3: Verschiedene Meßprinzipien der Wirbelstromprüfung:

a) Durchlaufspule

b) Innenspule

c) Tastspule

d) Gabelspule

(Magnetisierungsspule) gebracht. Das magnetische Wechselfeld der Prüfspule erzeugt im Meßobjekt Wirbelströme, die ihrerseits ein magnetisches Wechselfeld hervorrufen, das auf Grund der Lenz'schen Regel dem von der Prüfspule erzeugten entgegengesetzt gerichtet ist. Somit stellt sich im Bereich der Prüfspule oder einer geeignet angebrachten Meßspule ein resultierendes magnetisches Wechselfeld ein, das den Wechselstromwiderstand der Prüfspule oder der Meßspule verändert. Die auftretenden Änderungen sind von der Meßanordnung, von der Frequenz des magnetischen Wechselfeldes, von den Abmessungen der Prüfspule, von dem Abstand zwischen Prüfspule und Prüfkörper sowie von der Leitfähigkeit, der Permeabilität und den Abmessungen des Prüfkörpers abhängig. Da Risse, Poren, Lunker und Einschlüsse die lokale Wirbelstromausbildung beeinflussen, sind sie in der geschilderten Weise über die magnetinduktive Rückwirkung auf die Prüf- bzw. Meßspule nachweisbar. Bei vorgegebenen Werkstoffeigenschaften wird bei einer bestimmten Frequenz die größte magnetinduktive Rückwirkung erhalten. Durch geeignete elektrische Schaltmaßnahmen kann erreicht werden, daß die bei praktischen Messungen unvermeidbaren kleinen Abstandsänderungen zwischen Prüfspule und Werkstoff sich nicht auf das Meßresultat auswirken. Bild 4 zeigt ein modernes Wirbelstromprüfgerät mit Tastspulen bei der Vermessung einer Turbinenschaufel und eines Zylinderkopfes. Oberflächenfehler wer-

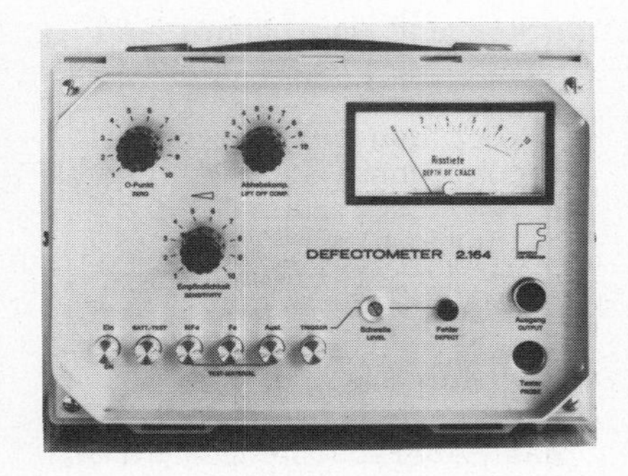

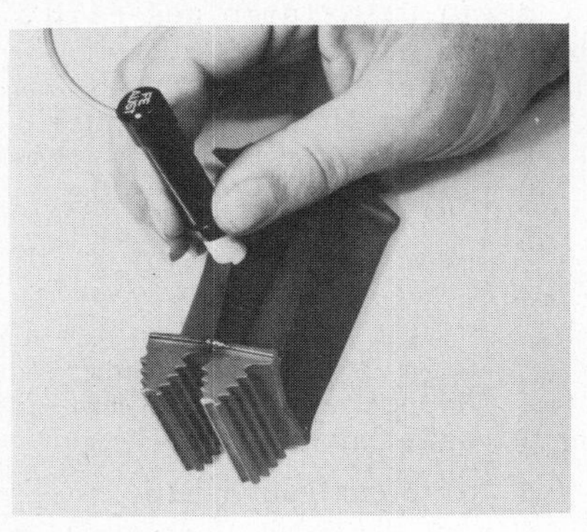

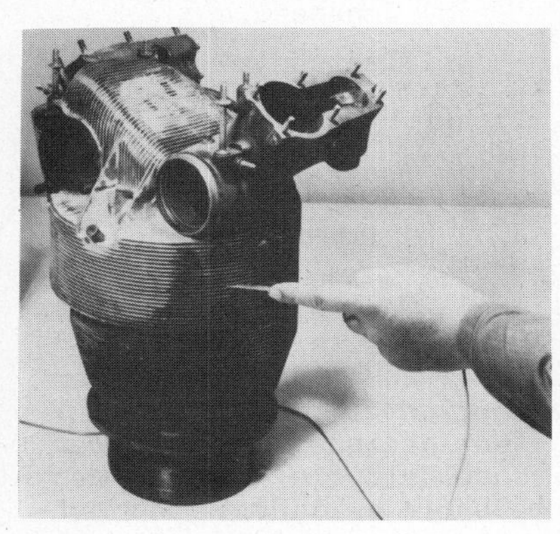

Bild 4: Vermessung einer Turbinenschaufel und eines Zylinderkopfes mit einem Defektometer (Bauart Institut Dr. Förster)

den vom Meßgerät durch maximalen Zeigerausschlag angezeigt, wenn sie sich zentrisch unterhalb der Tastspule befinden.

Aufgabe

Eine Kurbelwelle, eine Turbinenschaufel und ein Gußteil aus bekannten Werkstoffen und mit bekannter Vorgeschichte sind mit einem Tastspulgerät auf Oberflächenrisse zu untersuchen. Die Meßbefunde sind unter Berücksichtigung der Festigkeitseigenschaften und der Bauteilgeometrie zu diskutieren.

Versuchsdurchführung

Für die Messungen steht ein Wirbelstromprüfgerät mit Handtaster (Prüfspule) zur Verfügung. Das Meßgerät wird an Hand der Bedienungsanleitung betriebsbereit gemacht. Der eigentliche Meßvorgang besteht darin, daß die Oberflächen der zu untersuchenden Bauteile nach einer zu erstellenden Prüfstrategie mit der Prüfspule abgetastet werden. Unter der Prüfspule liegende Risse werden vom Meßgerät durch Zeigerausschlag registriert. Vor Beginn der eigentlichen Messungen wird das Meßgerät mit Hilfe von Eichproben, die bekannte Rißtiefen enthalten, geeicht. Beim Arbeiten mit der Prüfspule ist zu beachten, daß Randeffekte das Meßergebnis beeinflussen, und zwar um so stärker, je weiter sich die Prüfspule den Objektkanten nähert. Daher ist zu Beginn der Untersuchungen an einer fehlerfreien Eichprobe zunächst nachzuprüfen, bis zu welchen Randentfernungen die Prüfspule ohne Ausschlag des Anzeigeinstrumentes betrieben werden kann.

Literatur: 170, 171, 172, 173.

Röntgenographische Eigenspannungsbestimmung **V 77**

Grundlagen

Eigenspannungen sind mechanische Spannungen, die in einem Werkstoff ohne Einwirkung äußerer Kräfte und/oder Momente vorhanden sind. Die mit diesen Spannungen verbundenen inneren Kräfte und Momente sind im mechanischen Gleichgewicht. Es hat sich als zweckmäßig erwiesen, drei Eigenspannungsarten zu unterscheiden, denen heute meist die folgenden Definitionen zugrundegelegt werden:

1. Eigenspannungen I. Art sind über größere Werkstoffbereiche (mehrere Körner) nahezu homogen. Die ihnen zukommenden inneren Kräfte sind bezüglich jeder Schnittfläche durch den ganzen Körper im Gleichgewicht. Ebenso verschwinden die mit ihnen verbundenen inneren Momente bezüglich jeder Achse. Bei Eingriffen in das Kräfte- und Momentengleichgewicht von Körpern, in denen Eigenspannungen I. Art vorliegen, treten immer makroskopische Maßänderungen auf.
2. Eigenspannungen II. Art sind über kleine Werkstoffbereiche (ein Korn oder Kornbereiche) nahezu homogen. Die mit ihnen verbundenen inneren Kräfte und Momente sind über hinreichend viele Körner im Gleichgewicht. Bei Eingriffen in dieses Gleichgewicht können makroskopische Maßänderungen auftreten.
3. Eigenspannungen III. Art sind über kleinste Werkstoffbereiche (mehrere Atomabstände) inhomogen. Die mit ihnen verbundenen inneren Kräfte und Momente sind in kleinen Bereichen (hinreichend großen Teilen eines Korns) im Gleichgewicht. Bei Eingriffen in dieses Gleichgewicht treten keine makroskopischen Maßänderungen auf.

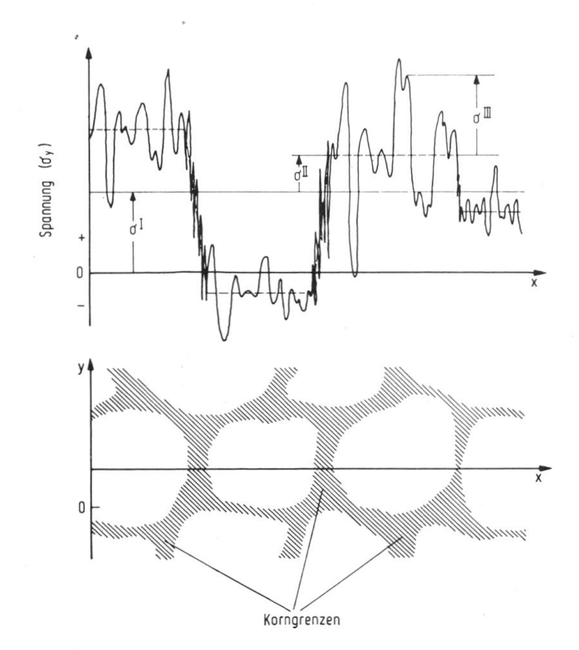

Bild 1: Mögliche Überlagerung von Eigenspannungen I., II. und III. Art in mehreren Körnern

Diese Definitionen beschreiben idealisierte Eigenspannungszustände. Sie sind aber ebenso anwendbar bei allen Überlagerungen von Eigenspannungen I. bis III. Art, wie sie in technischen Werkstoffen immer vorliegen. Bild 1 gibt hierzu ein schematisches Beispiel. Für die Darstellung ist eine Werkstoffoberfläche als Zeichenebene (x, y) gewählt. Betrachtat werden nur die y-Komponenten des Eigenspannungszustandes. Der eingetragene Eigenspannungsverlauf stellt die y-Komponenten der "wahren örtlichen Eigenspannungen" längs der im unteren Teilbild angenommenen x-Achse dar.

Die wichtigste Methode zur Eigenspannungsbestimmung stellt die röntgenographische Spannungsmessung (RSM) dar. Sie beruht auf der Ermittlung von Gitterdehnungsverteilungen, denen mit Hilfe des verallgemeinerten Hooke'schen Gesetzes Spannungen zugeordnet werden.

Im Gegensatz zu den Makrodehnungsmessungen (vgl. V 24) bei der üblichen Spannungsanalyse erfolgen bei der RSM Gitterdehnungsmessungen über atomare Längen. Dabei werden die unter Einwirkung von Spannungen in einzelnen oberflächennahen Körnern eines vielkristallinen Werkstoffs auftretenden Abstandsänderungen bestimmter Gitterebenen {hkl} gemessen (vgl. V 1).

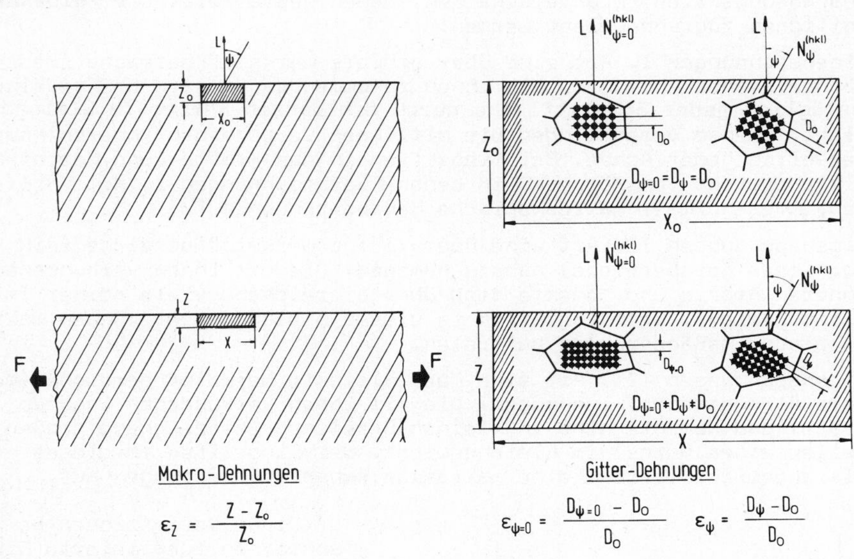

$$\varepsilon_Z = \frac{Z - Z_o}{Z_o} \qquad \varepsilon_{\psi=0} = \frac{D_{\psi=0} - D_0}{D_0} \qquad \varepsilon_\psi = \frac{D_\psi - D_0}{D_0}$$

Bild 2: Zur Veranschaulichung der Begriffe "Makro-Dehnungen" und "Gitter-Dehnungen"

Bild 2 erläutert den Unterschied zwischen Makrodehnungen (links) und Gitterdehnungen (rechts) für einen oberflächennahen Werkstoffbereich mit den Abmessungen X_0 und Z_0. Im rechten Teil des Bildes sind zwei Körner betrachtet, bei denen die Normalen von Gitterebenen {hkl} unter den Winkeln $\psi = 0$ und ψ gegenüber dem Oberflächenlot liegen. Im spannungsfreien Zustand sind die Gitterebenenabstände $D_{\psi=0}$ und D_ψ gleich D_0. Unter der Einwirkung einer Kraft F ändern sich die makroskopischen Abmessungen des oberflächennahen Werkstoffbereiches von X_0 in X und von Z_0 in Z sowie die Abstände der betrachteten Gitterebenen von D_0 in $D_{\psi=0}$ bzw. D_ψ . Mißt man diese Größen, so erhält man in der angegebenen Weise Makrodehnungen und Gitterdehnungen. Gitterdehnungen können, wie in Bild 3 schematisch angegeben, aus den Braggwinkeländerungen $d\theta = \theta - \theta_0$ ermittelt werden, die ein an den Gitterebenen {hkl} abgebeugter monochromatischer Röntgenstrahl (vgl. V 6) erfährt, wenn sich der Gitterebenenabstand von D_0 auf D ändert. Auf Grund der Bragg'schen Gleichung (vgl. V 2, Gl. 2) gilt

$$d\Theta = \Theta - \Theta_0 = -\tan\Theta_0\left(\frac{D-D_0}{D_0}\right) \qquad (1)$$

Bei gegebener Gitterdehnung dD/D_0 ist $d\theta$ umso größer, je größer der Beugungswinkel θ_0 ist. Deshalb führt man Gitterdehnungsmessungen meistens im sogenannten Rückstrahlbereich mit $70^0 < \theta < 85^0$ aus. Dehnungs-

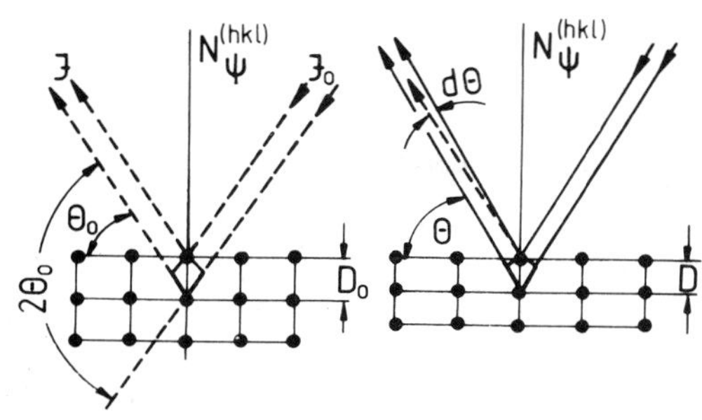

Bild 3: Zur röntgenographischen Messung von Gitterdehnungen an Ebenen $\{hkl\}$

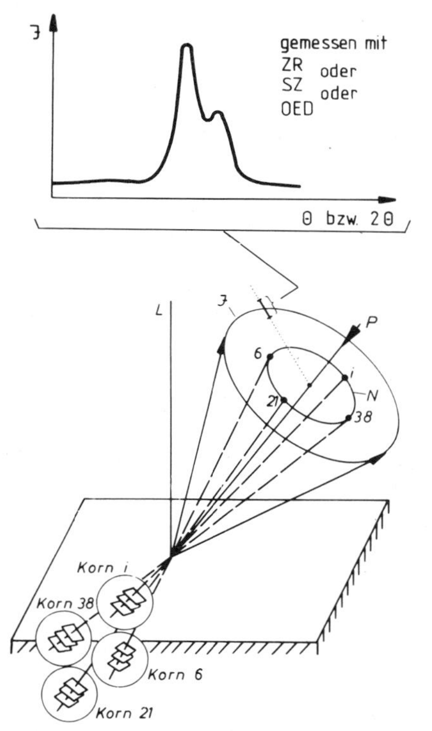

Bild 4: Interferenzkegel (J) und Normalkegel (N) bei schräg gegenüber dem Oberflächenlot L geneigten Primärstrahl P und schematische Darstellung der zu bestimmten Stellen der Interferenz beitragenden oberflächennahen Körner. Bei radialem Schnitt des Interferenzkegels wird die eingeblendete Intensitätsverteilung gemessen (ZR = Zählrohr, SZ = Szintillationszähler, OED = ortsempfindlicher Detektor).

meßrichtung ist immer die Normale auf den vermessenen $\{hkl\}$-Ebenen der erfaßten Körner. Fällt ein primärer Röntgenstrahl konstanter Wellenlänge λ mit der Intensität J_0 schräg zur Oberfläche eines spannungsfreien Vielkristalls ein, und liegen im bestrahlten Werkstoffvolumen hinreichend viele statistisch regellos orientierte Körner vor, so tritt - wie in Bild 4 angedeutet - ein zum Primärstrahl P symmetrischer Interferenzkegel J auf. Bei den zur Interferenz beitragenden Körnern liegen die Normalen gleicher Gitterebenen $\{hkl\}$ ebenfalls auf einem zum Primärstrahl symmetrischen Kegel N. Ist der erfaßte Werkstoffbereich verspannt, so treten unsymmetrische Interferenz- und Normalenkegel bezüglich des Primärstrahls auf. Die abgebeugte Röntgenstrahlung kann in unterschiedlicher Weise registriert werden. Wird senkrecht zur Primärstrahlrichtung ein Röntgenfilm angebracht, so ergibt sich als Schnitt des Interferenzkegels mit der Filmebene ein "Interferenzring", dessen lokale Röntgenintensitäten von ganz bestimmt orientierten Körnern stammen. Wird die abgebeugte Röntgenstrahlung z. B. mit einem Zählrohr, einem Szintillationszähler oder einem ortsempfindlichen Detektor in einer auf den Primärstrahl radial zulaufenden Richtung vermessen, so erhält man - wie in Bild 4 oben angedeutet - einen lokalen Schnitt durch den Interferenzkegel in Form einer J,θ- bzw. $J,2\theta$-Verteilung. Diesen Schnitt bezeichnet man als die $\{hkl\}$-Interferenz oder das $\{hkl\}$-Interferenzlinienprofil unter den gewählten Aufnahmebedingungen. Je nach benutzter Röntgenwellenlänge enthält die abgebeugte Röntgenintensität Informationen aus unterschiedlichen Tiefenlagen des vermessenen Werkstoffs. Als Beispiel sind in Bild 5 für Eisen die bei verschiedenen Wellenlängen aus den Oberflächenentfernungen z zur abgebeugten Intensität beitra-

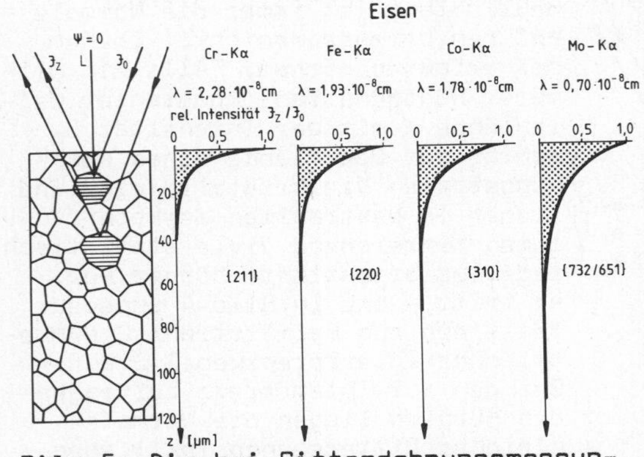

Bild 5: Die bei Gitterdehnungsmessungen an Eisen mit verschiedenen Röntgenwellenlängen unter $\psi = 0^0$ erfaßten Tiefenbereiche.

genden relativen Intensitätsanteile

$$\frac{\mathfrak{I}_z}{\mathfrak{I}_0} = \exp\left[-\frac{2\mu z}{\cos\psi}\right] \qquad (2)$$

(μ = linearer Schwächungskoeffizient) aufgetragen, wenn Gitterdehnungsmessungen senkrecht zur Werkstoffoberfläche ($\psi = 0$) erfolgen. Bei Gitterdehnungsbestimmungen unter einem anderen Meßwinkel $\psi \neq 0$ wird über kleinere Randbereiche integriert. Die wichtigsten Merkmale röntgenographischer Gitterdehnungsmessungen lassen sich wie folgt zusammenfassen:

1. Sie sind nur an kristallinen Werkstoffen möglich.
2. Sie erfolgen ohne Anbringung irgendwelcher Meßmarken und verändern den vorliegenden Werkstoffzustand nicht.
3. Sie werden senkrecht oder geneigt zur Werkstoffoberfläche unter Rückstrahlbedingungen durchgeführt.
4. Sie ermitteln den Abstand benachbarter Gitterebenen, wobei um etwa acht Größenordnungen kleinere Meßmarkenabstände vorliegen als bei mechanischen oder elektrischen Dehnungsmessungen.
5. Sie werden immer in den kristallographischen Richtungen senkrecht zu den reflektierenden Gitterebenen vom Typ {hkl} vorgenommen.
6. Sie sind wegen der geringen Eindringtiefe der benutzbaren Röntgenstrahlungen bei metallischen Werkstoffen auf relativ dünne Oberflächenschichten beschränkt.
7. Sie erfassen bei einphasigen Werkstoffen selektiv stets nur speziell orientierte Kristallite bzw. Kristallitbereiche im angestrahlten Volumenbereich.
8. Sie können bei mehrphasigen Werkstoffen an jeder Phase mit ausreichendem Volumenanteil erfolgen.
9. Sie liefern bei heterogenen Werkstoffen nur über speziell orientierte Kristallite bzw. Kristallitbereiche einer Phase im angestrahlten Volumenbereich Aussagen.
10. Sie erfassen stets nur elastische Dehnungen, die sowohl durch äußere Kräfte als auch durch innere Kräfte oder durch beide hervorgerufen sein können.

Zur Bestimmung von Spannungen ist eine Verknüpfung der gemessenen Gitterdehnungen mit elastizitätstheoretischen Aussagen über den vorliegenden Spannungszustand erforderlich. Unter Zugrundelegung des Koordinatensystems in Bild 6 liefert die lineare Elastizitätstheorie für einen durch die oberflächenparallelen Hauptspannungen σ_1 und σ_2 sowie die Hauptdehnungen ϵ_1, ϵ_2 und ϵ_3 gegebenen Beanspruchungszustand als Dehnung $\epsilon_{\varphi,\psi}$ in der durch das Azimut φ gegenüber σ_1 und den Distanzwinkel ψ gegenüber ϵ_3 gegebenen Richtung

$$\varepsilon_{\varphi,\psi} = \varepsilon_1 \cos^2\varphi \sin^2\psi + \varepsilon_2 \sin^2\varphi \sin^2\psi + \varepsilon_3 \cos^2\psi \quad . \qquad (3)$$

Da die Hauptdehnungen mit den Hauptspannungen (E Elastizitätsmodul, ν Querkontraktionszahl) durch die Beziehungen

$$\varepsilon_1 = \frac{1}{E}(\sigma_1 - \nu\sigma_2)\ , \quad \varepsilon_2 = \frac{1}{E}(\sigma_2 - \nu\sigma_1)\ , \quad \varepsilon_3 = -\frac{\nu}{E}(\sigma_1 + \sigma_2) \tag{4}$$

verknüpft sind, ergibt sich aus Gl. 3

$$\varepsilon_{\varphi,\psi} = \frac{\nu+1}{E}\,(\sigma_1\cos^2\varphi + \sigma_2\sin^2\varphi)\sin^2\psi - \frac{\nu}{E}(\sigma_1 + \sigma_2)\ . \tag{5}$$

Die Oberflächenspannungskomponente im Azimut φ unter ψ = 90° ist

$$\sigma_\varphi = \sigma_1\cos^2\varphi + \sigma_2\sin^2\varphi\ . \tag{6}$$

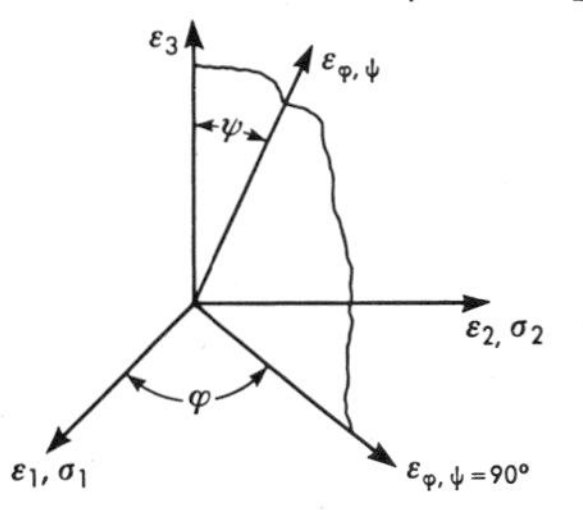

Bild 6: Koordinatensystem

Unter Benutzung der Voigtschen Elastizitätskonstanten

$$\frac{1}{2}s_2 = \frac{\nu+1}{E} \tag{7}$$

und

$$s_1 = -\frac{\nu}{E} \tag{8}$$

folgt aus den Gl. 5 und 6

$$\varepsilon_{\varphi\psi} = \frac{1}{2}s_2\sigma_\varphi\sin^2\psi + s_1(\sigma_1 + \sigma_2)\ . \tag{9}$$

Man sieht, daß Dehnungen schräg zur Wirkungsebene der Hauptspannungen σ_1 und σ_2 mit diesen Hauptspannungen und den durch sie bestimmten Spannungskomponenten σ_φ verknüpft werden können. Dieser elastizitätstheoretische Zusammenhang ist von grundlegender Bedeutung für die RSM.

Der entscheidende weitere Schritt ist der, daß die bei Vorliegen eines Oberflächenspannungszustandes in den Richtungen φ, ψ erwarteten Dehnungen $\epsilon_{\varphi,\psi}$ den Gitterdehnungen $(dD/D_0)_{\varphi,\psi}$ gleichgesetzt werden, die in den Richtungen φ,ψ röntgenographisch gemessen werden. Unter Zuhilfenahme von Gl. 1 postuliert man also

$$\varepsilon_{\varphi\psi} = \left(\frac{dD}{D_0}\right)_{\varphi\psi} = \frac{D_{\varphi\psi} - D_0}{D_0} = -\cot\Theta_0\, d\Theta_{\varphi\psi}\ . \tag{10}$$

Als Zusammenhang zwischen Gitterdehnungen und Spannungszustand liefert dann die Zusammenfassung der Gl. 9 und 10

$$\varepsilon_{\varphi\psi} = -\cot\Theta_0\, d\Theta_{\varphi\psi} = \frac{1}{2}s_2\sigma_\varphi\sin^2\psi + s_1(\sigma_1 + \sigma_2)\ . \tag{11}$$

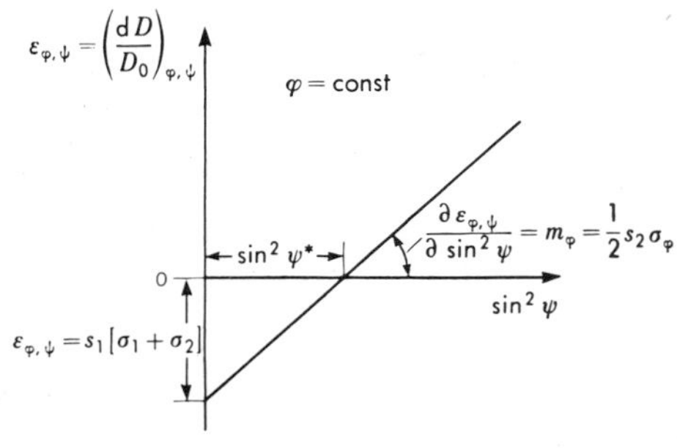

Das ist die Grundgleichung aller röntgenographischen Verfahren zur Ermittlung elastischer Spannungen. Die $\epsilon_{\varphi,\psi}$ - Werte sind dabei Gitterdehnungen, die in der einleitend erwähnten Weise über atomare Bezugsstrecken in den Richtungen φ,ψ ermittelt werden. Bei einem gegebenen ebenen Spannungs-

Bild 7: Dehnungsverteilung in einer Azimutebene φ = const eines ebenen Spannungszustandes

zustand gelten also offenbar für die Gitterdehnungen $\epsilon_{\varphi,\psi}$ in einer durch das Azimut φ = const gegebenen Ebene die folgenden durch Bild 7 erläuterten Gesetzmäßigkeiten:

1. Unabhängig vom Azimut φ sind die Gitterdehnungen stets linear über $\sin^2\psi$ verteilt.
2. Der Anstieg der $\epsilon_{\varphi,\psi}$-$\sin^2\psi$-Geraden in einer Ebene φ = const

$$m_\varphi = \frac{\partial \varepsilon_{\varphi\psi}}{\partial \sin^2\psi} = \frac{1}{2} s_2 \sigma_\varphi \qquad (12)$$

   ist durch das Produkt aus der Elastizitätskonstanten 1/2 s_2 und der im Azimut φ wirksamen Spannungskomponente σ_φ gegeben.
3. Der Ordinatenabschnitt der $\epsilon_{\varphi,\psi}$-$\sin^2\psi$-Geraden in einer Ebene φ = const

$$\varepsilon_{\varphi,\psi=0} = \varepsilon_3 = s_1(\sigma_1 + \sigma_2) \qquad (13)$$

   ist durch das Produkt aus der Elastizitätskonstanten s_1 und der Summe der Hauptspannungen ($\sigma_1 + \sigma_2$) bestimmt.
4. Der Abszissenschnittpunkt der $\epsilon_{\varphi,\psi}$-$\sin^2\psi$-Geraden in einer Ebene φ = const

$$\sin^2\psi^* = -\frac{2s_1}{s_2}\,\frac{\sigma_1+\sigma_2}{\sigma_\varphi} = \frac{\nu}{1+\nu}\,\frac{\sigma_1+\sigma_2}{\sigma_\varphi} \qquad (14)$$

   wird durch die Querkontraktionszahl ν und den Spannungszustand festgelegt.

Man ersieht daraus, daß aus der Gitterdehnungsverteilung, die bei einem ebenen Spannungszustand in einer Azimutebene φ = const vorliegt, die Hauptspannungssumme ($\sigma_1 + \sigma_2$) und die azimutale Spannungskomponente σ_φ bestimmt werden können, wenn die Elastizitätskonstanten bekannt sind.

Praktische Gitterdehnungsmessungen erfolgen gelegentlich noch mit dem besonders übersichtlichen konventionellen Röntgenrückstrahlverfahren mit Filmregistrierung. Die meisten Gitterdehnungsmessungen werden heute jedoch mit dem Röntgendiffraktometerverfahren mit Zählrohr- oder Szintillationszählerregistrierung durchgeführt.

Bei Gitterdehnungsmessungen mit dem Rückstrahlfilmverfahren wird meist nur der Teil des Interferenzkegels (vgl. Bild 4) auf einem Film registriert, der die benötigte Information enthält. Das ist der beiderseits der gewählten Meßebene φ = const liegende Ausschnitt der Interferenzlinie. Mit jeder Rückstrahlaufnahme werden so, wie in Bild 8 angegeben, die für zwei Dehnungsmeßrichtungen φ,ψ_1 und φ,ψ_2 kennzeichnenden Interferenzringanteile erfaßt. Die Dehnungsmeßrichtungen fallen dabei stets mit den Normalenrichtungen der reflektierenden Gitterebenen zusammen und bilden die Winkelhalbierenden zwischen dem Primärstrahl und den abgebeugten Röntgenstrahlen. Um den Abstand zwischen Probenoberfläche und Film sowie die Verschiebung der Interferenzlinien $dr_{\varphi,\psi}$ einfach ermitteln zu können, wird auf die zu vermessende Werkstoffoberfläche noch eine Eichsubstanz aufgebracht, die bei der benutzten Röntgenwellenlänge in der Nähe der Probeninterferenz eine Eichstoffinterferenz mit dem halben Öffnungswinkel $2\eta_E = 180^0 - 2\,\theta_E$ liefert. Ist r_E der Radius der Eichstoffinterferenzlinie, so ergibt sich der Abstand zwischen Film und Werkstoffoberfläche zu

$$A = r_E / \tan(180 - 2\Theta_E) = r_E / \tan 2\eta_E \quad . \qquad (15)$$

Im spannungsfreien Zustand ist auf beiden Seiten des Röntgenfilms (vgl.

Bild 9) der Abstand zwischen Probeninterferenz- und Eichstoffinterferenzlinie gleich groß, also $\Delta_{\varphi,\psi 1} = \Delta_{\varphi,\psi 2} = \Delta_0$. Im spannungsbehafteten Zustand ist dagegen $\Delta_{\varphi,\psi 1} \neq \Delta_{\varphi,\psi 2}$. Die zur Meßrichtung φ,ψ gehörende

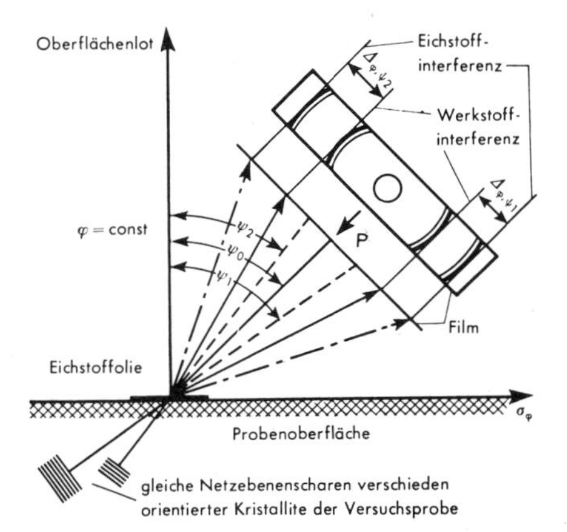

Bild 8: Geometrische Verhältnisse bei einer Rückstrahlschrägaufnahme mit Eichstoff

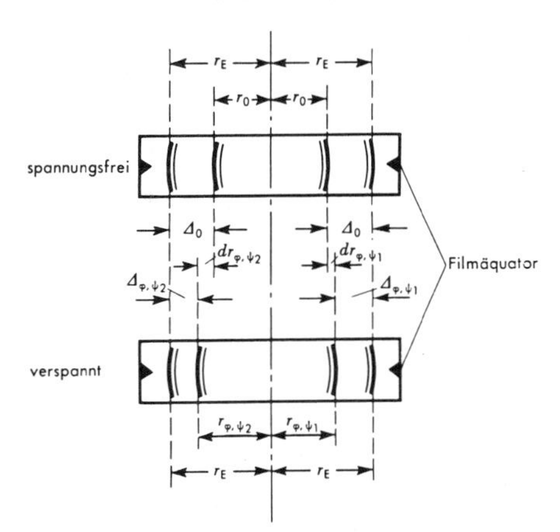

Bild 9: Bestimmung von Interferenzlinienlagenänderungen mit Hilfe eines Eichstoffes

Interferenzlinienverschiebung errechnet sich daraus zu

$$dr_{\varphi\psi} = \Delta_0 - \Delta_{\varphi\psi} = -\frac{2A}{\cos^2 2\Theta_0} d\Theta_{\varphi\psi} \tag{16}$$

und die Kombination von Gl. 10 und 16 liefert für die Gitterdehnung

$$\varepsilon_{\varphi\psi} = -\frac{\cot\Theta_0 \cos^2 2\Theta_0}{2A} (\Delta_0 - \Delta_{\varphi\psi}) \ . \tag{17}$$

Damit ist die Gitterdehnungsmessung $\varepsilon_{\varphi,\psi}$ auf die Bestimmung der Abstände der Proben-und Eichstoffinterferenzlinien zurückgeführt, die im spannungsfreien (Δ_0) und im spannungsbehafteten Zustand ($\Delta_{\varphi,\psi}$) auf dem Röntgenfilm auftreten. Aus den Gl. 17, 15 und 9 folgt schließlich als Grundgleichung der röntgenographischen Spannungsmessung mit dem Rückstrahlfilmverfahren

$$\begin{aligned} \varepsilon_{\varphi\psi} &= -\frac{\cot\Theta_0 \cos^2 2\Theta_0}{2r_E} \tan 2\eta_E (\Delta_0 - \Delta_{\varphi\psi}) \\ &= c(\Delta_0 - \Delta_{\varphi\psi}) = \frac{1}{2} s_2 \sigma_\varphi \sin^2\psi + s_1(\sigma_1 + \sigma_2) \ . \end{aligned} \tag{18}$$

Ermittelt man also bei einem zweiachsigen Spannungszustand im Azimut φ mehrere $\Delta_{\varphi,\psi}$ - Werte - z. B. vier aus zwei Rückstrahlaufnahmen mit geeigneten Einstrahlwinkeln ψ_0 - und trägt diese als Funktion von $\sin^2\psi$ auf, so ergibt sich ein linearer Zusammenhang. Der Kurvenanstieg M_φ liefert die Spannungskomponente

$$\sigma_\varphi = \frac{-c}{1/2 s_2} \cdot \frac{\partial \Delta_{\varphi\psi}}{\partial \sin^2\psi} = -C_2 M_\varphi \ . \tag{19}$$

Aus dem Ordinatenabschnitt ($\Delta_{\varphi,\psi=0} - \Delta_0$) ergibt sich die Hauptspannungssumme zu

$$(\sigma_1 + \sigma_2) = \frac{c}{s_1} (\Delta_0 - \Delta_{\varphi\psi=0}) = C_1 (\Delta_{\varphi\psi=0} - \Delta_0) \ . \tag{20}$$

Für praktische Messungen liegen die bei bestimmten Werkstoffen, Röntgenstrahlungen und Eichstoffen gültigen C_1- und C_2-Werte tabelliert vor, und zwar für Eichringdurchmesser $2r_E = 50$ mm (vgl. Tab. 1). Liegen davon abweichende Eichringdurchmesser $2r_E$ vor, so sind die zugehörigen $\Delta'_{\varphi,\psi}$ - Werte gemäß

$$\Delta_{\varphi\psi} = \Delta'_{\varphi\psi} \frac{50{,}00}{2r_E} \tag{21}$$

zu korrigieren.

Tab. 1 Zahlenwerte für RSM am Ferrit von Eisenbasiswerkstoffen

Strahlungstyp	Mo Kα	Co Kα	Cr Kα
Wellenlänge in 10^{-8}cm	0.7094	1.7889	2.2896
Elastizitätsmodul		210 000 N/mm^2	
Querkontraktionszahl		0.28	
Gitterkonstante		$2.8668 \cdot 10^{-8}$ cm	
Werkstoffinterferenz	{732/651}	{310}	{211}
Braggwinkel	76.976°	80.627°	78.006°
Eichstoff	W	Ag	Cr
Eichstoffgitterkonstante in 10^{-8} cm	3.1648	4.0865	2.8844
Eichstoffinterferenz	{662}	{420}	{211}
Braggwinkel	77.717°	78.196°	76.456°
$c \cdot 10^3$ in mm^{-1}	1.707	1.294	1.814
Δ_0 in mm	1.73	5.59	3.25
C_1 in N/mm^3	-1280.6	970.6	1360.9
C_2 in N/mm^3	-280.1	212.3	297.6
K_1 in N/mm^2 Grad	3028.7	2161.1	2781.7
K_2 in N/mm^2 Grad	662.4	472.7	608.4

Bei Gitterdehnungsmessungen mit dem Diffraktometerverfahren wird das Meßobjekt im Zentrum des Diffraktometerkreises angebracht, auf dessen Umfang sich der Röntgenröhrenfokus F oder der Eintrittsspalt der Röntgenstrahlen sowie ein Strahlungsdetektor D (Szintillationszähler, Zählrohr) befinden. Während der Registrierung der abgebeugten Strahlungsintensität bewegt sich der Strahlungsdetektor mit der doppelten Winkelgeschwindigkeit der Probe P. Man arbeitet heute entweder mit sog. ψ- oder ω-Diffraktometern, die sich in der Anordnung und Drehung der Proben bei der Einstellung bestimmter Meßrichtungen ψ unterscheiden. Die ψ-Einstellung erfolgt beim ψ-Diffraktometer (vgl. Bild 10 rechts) unter Drehung der Probe um eine in der Diffraktometerebene liegende Achse, die senkrecht auf der θ-Achse der Bragg-Winkelmessung steht. Die L,σ-Ebene steht senkrecht zur Diffraktometerebene. Im ω-Diffraktometer (vgl. Bild 10 links) erfolgt dagegen die Drehung der Probe um eine Achse senkrecht zur Diffraktometerebene, die mit der θ-Achse der Bragg-Winkelmessung identisch ist. Die L,σ-Ebene liegt in der Diffraktometerebene. Das ψ-Diffraktometer hat verschiedene Vorteile gegenüber dem ω-Diffraktometer. Es besitzt vor allem einen symmetrischen Strahlengang, der unabhängig von ψ ist, und zwar gleichgültig, ob die ψ-Drehung in positiver oder negativer Richtung erfolgt.

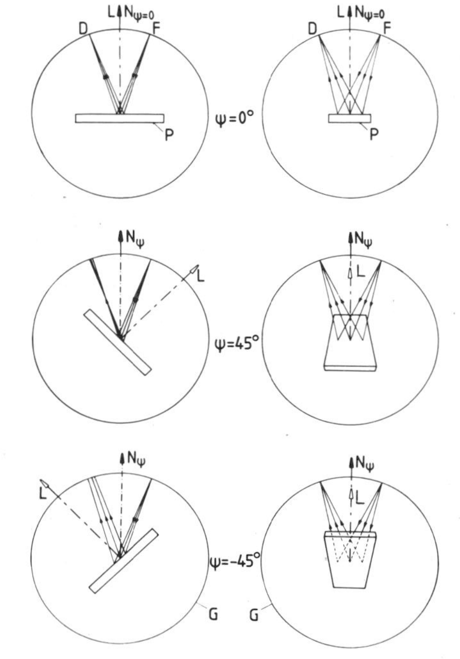

Bild 10: Lage und Drehung der Proben P beim ψ-Diffraktometer (rechts) im Vergleich zum ω-Diffraktometer (links) für $\psi = 0$ und $\psi = \pm\ 45^0$. G ist der Grundkreis des Diffraktometers.

Bei der Spannungsermittlung mit Diffraktometern werden für φ = const in mehreren ψ-Richtungen direkt die dort in den registrierten J,2θ-Schrieben (vgl. Bild 4) auftretenden Linienlagen in $2\theta_{\varphi,\psi}$ gemessen. Dazu werden die Objekte so gegenüber dem Primärstrahl geneigt, daß in den zu $\sin^2\psi$ = 0, 0.2, 0.4, 0.6 bzw. 0, 0.1, 0.2, 0.3, 0.4 und 0.5 gehörigen ψ-Richtungen gemessen werden kann. Als spannungsbedingte Braggwinkeländerungen erhält man

$$d\Theta_{\varphi\psi} = \frac{1}{2}(2\Theta_{\varphi\psi} - 2\Theta_0)\ . \qquad (22)$$

Dabei ist $2\theta_0$ die Interferenzlinienlage im spannungsfreien Zustand. Mit Gl. 9 folgt daraus als Grundgleichung zur Spannungsermittlung nach dem Diffraktometerverfahren

$$\varepsilon_{\varphi\psi} = -\cot\Theta_0 \frac{1}{2}(2\Theta_{\varphi\psi} - 2\Theta_0) = \frac{1}{2}s_2\sigma_\varphi \sin^2\psi + s_1(\sigma_1 + \sigma_2)\ . \qquad (23)$$

Bei einem zweiachsigen Spannungszustand sind also die $2\theta_{\varphi,\psi}$ - Werte linear über $\sin^2\psi$ verteilt. Ihr Anstieg N_φ bestimmt die Spannungskomponente

$$\sigma_\varphi = -\frac{\cot\Theta_0}{\frac{1}{2}s_2} \cdot \frac{1}{2}\ \frac{\partial 2\Theta_{\varphi\psi}}{\partial \sin^2\psi} = -K_2 N_\varphi\ , \qquad (24)$$

ihr Ordinatenabschnitt ($2\theta_{\varphi,\psi=0} - 2\theta_0$) die Hauptspannungssumme

$$(\sigma_1 + \sigma_2) = -\frac{\cot\Theta_0}{s_1}\,\frac{1}{2}(2\Theta_{\varphi,\psi=0} - 2\Theta_0) = K_1\,\frac{1}{2}(2\Theta_{\varphi,\psi=0} - 2\Theta_0)\ . \qquad (25)$$

Zahlenwerte für K_1 und K_2 liegen tabelliert vor (vgl. Tab. 1).

Aufgabe

Ein normalisierter Flachstab aus 42 CrMo 4 mit den Abmessungen 150 x 15 x 10 mm wird im 4-Punkt-Biegeversuch mit einem Biegemoment $M > M_{eS}$ bis zu einer Randtotaldehnung von etwa 3 % verformt und anschließend entlastet (vgl. V 46). Die zu erwartende Eigenspannungsverteilung über der Biegehöhe ist zu diskutieren und stichprobenweise durch röntgenographische Spannungsmessungen zu überprüfen.

Versuchsdurchführung

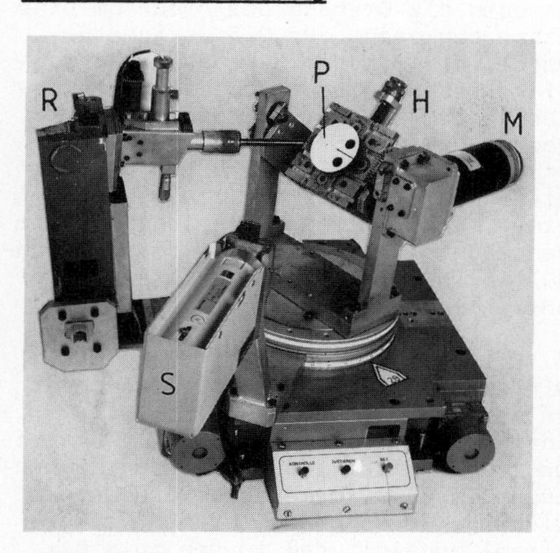

Bild 11: ψ-Diffraktometer Typ Karlsruhe. R Röntgenröhre, S Szintillationszähler, H Halterung, M ψ-Einstellmotor, P Probe. Gezeigt ist die Meßanordnung zur Bestimmung der Oberflächeneigenspannungen vor der Rißspitze einer RCT-Probe (vgl. V 54, Bild 5)

Für die Versuche steht ein ψ-Diffraktometer der in Bild 11 gezeigten Bauart zur Verfügung. Die verformte Biegeprobe wird zunächst mit einem räumlich justierbaren Probenhalter so fixiert, daß die Probenoberfläche im Diffraktometerzentrum und der Primärstrahl auf die gewählte Meßstelle auf der Seitenfläche der Biegeprobe ausgerichtet ist. Für $\psi = 0$ liegt die Probenlängsachse parallel zur θ-Achse. Wegen der zu erwartenden inhomogenen Längseigenspannungsverteilung über der Biegehöhe sind die Durchmesser der bestrahlten Oberflächenbereiche kleiner als 1 mm zu wählen. Es wird mit CrKα-Strahlung gearbeitet. Die $\{211\}$-Interferenzlinien werden mit Hilfe eines Szintillationszählers in den Meßrichtungen $\psi = 0^\circ$, 18°, 27°, 33°, 39° und 45° im Braggwinkelbereich $2\,\theta \approx 156^\circ$ registriert. Die Änderungen der Lage der Intensitätsschwerpunkte werden bezüglich einer festen Winkelmarke ermittelt und als Funktion von $\sin^2\psi$ aufgetragen. Die Auswertung gemäß Gl. 24 liefert σ_φ. Da bei der vorgenommenen Probenjustierung $\varphi = 0^\circ$ ist und angenommen werden kann, daß die Hauptspannungen mit dem Probenachsensystem übereinstimmen, ist nach Gl. 6 $\sigma_\varphi = \sigma_1$. In der beschriebenen Weise werden mehrere Messungen über der Biegehöhe durchgeführt.

Literatur: 174,175.

Grundlagen

Ein einfaches Beispiel für Eigenspannungen I. Art (vgl. V 77) bietet die umwandlungsfreie Abschreckung eines Stahlzylinders von Temperaturen < 700 °C auf Raumtemperatur. Dabei zeigen die oberflächennahen und die kernnahen Probenbereiche (vgl. Bild 1a) verschiedene Temperatur-Zeit-Kurven. Die nach der Abschreckung zunächst zunehmende Temperaturdifferenz zwischen Oberflächen- und Kernbereich des Zylinders führt zu der in Bild 1b angegebenen anwachsenden Verspannung beider Zylinderteile. Die Spannungsverteilung gilt unter der Annahme, daß sich der Stahlzylinder während der Abkühlung auf Raumtemperatur linear elastisch verhält. Der in seiner Schrumpfung behinderte Oberflächenbereich gerät in Längs- und Umfangsrichtung unter Zugspannungen, die beim Erreichen der maximalen Temperaturdifferenz ΔT_{max} ihren Höchstwert annehmen. Entsprechende Druckspannungen in den Kernbereichen halten diesen das Gleichgewicht. Bei der weiteren Abkühlung nehmen die Beträge der Kern- und Randspannungen wegen der Reduzierung der Temperaturdifferenz zwischen Probenrand und -kern wieder ab und gehen auf Null zurück, wenn der vollständige Temperaturausgleich erreicht ist. Diese als Folge makroskopischer Temperaturunterschiede auftretenden Spannungen sind nach V 33 als Wärmespannungen anzusprechen. Sie verschwinden im beschriebenen Fall mit $\Delta T \rightarrow 0$ und haben keine Eigenspannungen zur Folge.

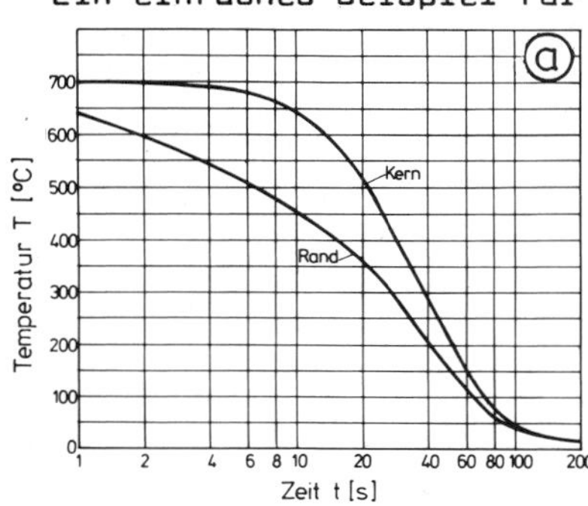

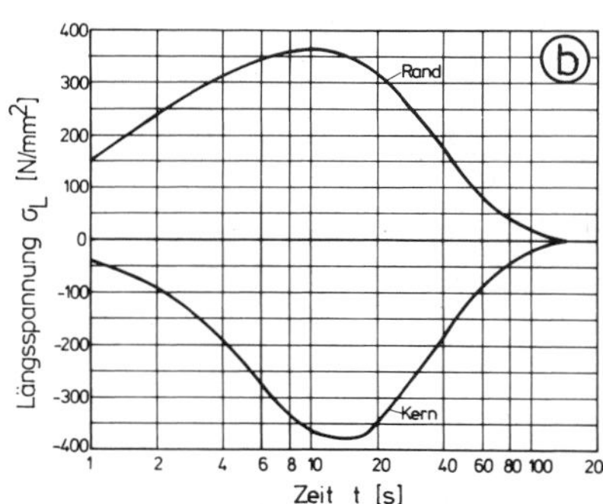

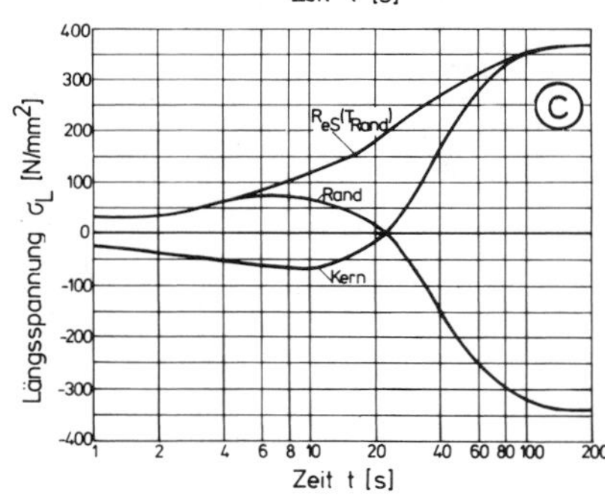

Bild 1: Abschreckung eines Zylinders (d = 40 mm) aus Ck 45 von 700 °C in H_2O von 20 °C

a) T,t-Verlauf

b) σ_L,t-Verlauf bei linear-elastischem Werkstoffverhalten

c) σ_L,t-Verlauf bei Berücksichtigung von $R_{eS}(T)$

In Wirklichkeit besitzen viele Stähle jedoch bei höheren Temperaturen relativ kleine Streckgrenzen, so daß die beim Abschrecken entstehenden Wärmespannungen nicht mehr rein elastisch aufgenommen werden können und zu plastischen Verformungen führen. In Bild 1c ist neben den Rand- und Kernspannungen auch die Warmstreckgrenze als Funktion der Abkühlzeit und damit implizit auch als Funktion der Randtemperatur eingezeichnet. Unter Vernachlässigung der Mehrachsigkeit des Wärmespannungszustandes setzt bei ideal elastisch-plastischem Werkstoffverhalten plastische Verformung dann ein, wenn die Wärmelängsspannungen die Streckgrenze erreichen. Diese Bedingung ist für den Teil des Abkühlprozesses erfüllt, in dem hohe Wärmespannungswerte und hohe Temperaturen gleichzeitig auftreten. Später versuchen Kern und Rand um den vollen Betrag gemäß dem weiteren Temperaturabfall zu schrumpfen. Bei fortgeschrittener Abkühlung passen dann aber die plastisch verformten Probenbereiche nicht mehr zusammen, so daß aus Kompatibilitätsgründen der Probenrand unter Druckeigenspannungen und der Probenkern unter Zugeigenspannungen gerät. Die Beträge der bei Raumtemperatur verbleibenden Abschreckeigenspannungen werden um so größer, je größer die maximale Temperaturdifferenz zwischen Zylinderkern und -rand wird. Diese wächst mit dem Durchmesser der Zylinderproben und mit der Kühlwirkung des Abschreckmediums.

In Bild 2 ist die nach Ablöschen eines Zylinders aus Ck 45 mit 40 mm Durchmesser von 700 °C in Wasser von 20 °C entstandene vollständige Eigenspannungsverteilung wiedergegeben. Es sind die mit einem Finite-Element-Programm berechneten Längseigenspannungen σ_L, Umfangseigen-

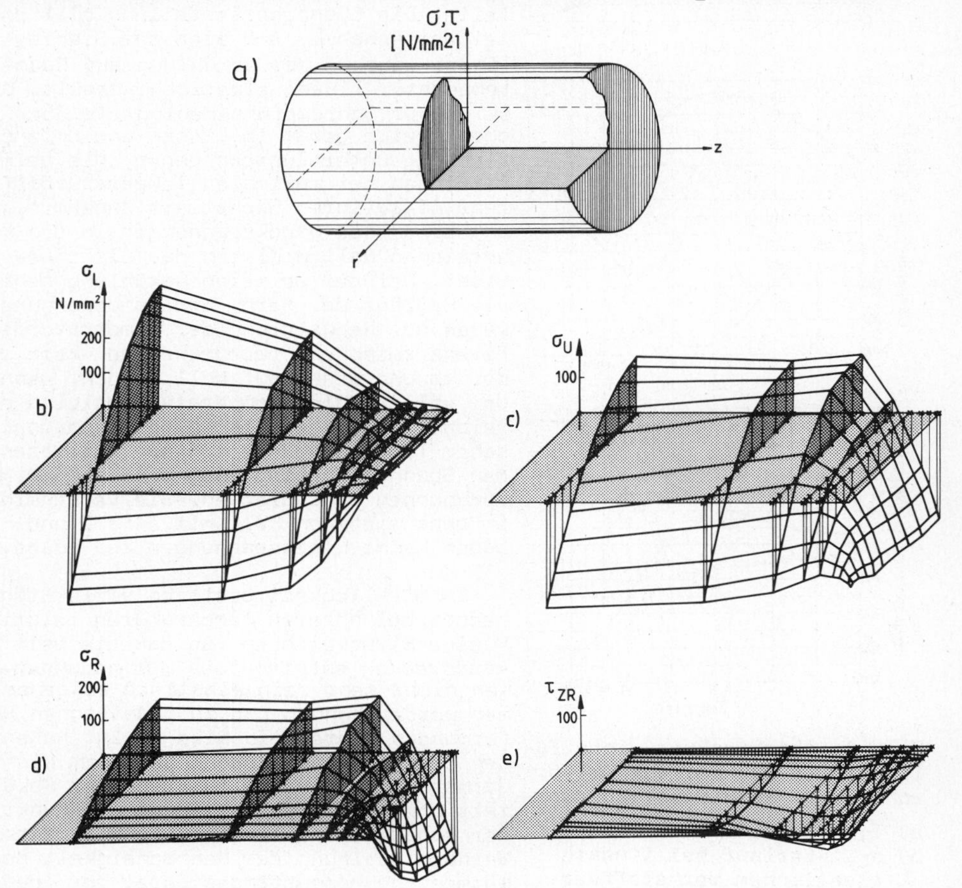

<u>Bild 2:</u> Eigenspannungsverteilung für den in a) gekennzeichneten Schnitt eines von 700 °C auf 20 °C in H_2O abgeschreckten Zylinders aus Ck 45 mit 80 mm Länge und 40 mm Durchmesser (vgl. Text). b) Längs-, c) Umfangs-, d) Radial- und e) Schubeigenspannungen. Bei den längs einiger Radien (xx x x) wiedergegebenen Verteilungen sind jeweils die positiven Eigenspannungskomponenten getönt hervorgehoben

spannungen σ_U, Radialeigenspannungen σ_R und Schubeigenspannungen τ_{ZR} über einem Viertel des Zylinderlängsschnittes aufgetragen, dessen Lage aus Bild 2a hervorgeht. Zugeigenspannungen sind als nach oben gerichtete, Druckeigenspannungen als nach unten gerichtete Strecken mit einer dem Betrag der Spannungen entsprechenden Länge aufgetragen. Man sieht, daß in hinreichender Entfernung von den Stirnseiten des Zylinders die Schubeigenspannungen verschwinden, so daß Längs-, Umfangs- und Radialeigenspannungen als Hauptspannungen den Eigenspannungszustand vollständig bestimmen.

Die quantitative experimentelle Erfassung eines solchen räumlichen Eigenspannungszustandes ist dadurch möglich, daß man durch gezielte mechanische Eingriffe in den Zylinder die Gleichgewichtsbedingungen stört, dadurch makroskopische Abmessungsänderungen hervorruft und diese mit geeigneten Methoden, z. B. über aufgeklebte Dehnungsmeßstreifen oder mit Hilfe anderer Dehnungsmesser (vgl. V 24), ermittelt. Aus den gemessenen Dehnungen muß dann auf den ursprünglich vorhanden gewesenen Eigenspannungszustand geschlossen werden. Als Beispiel wird ein abgeschreckter Zylinder oder Hohlzylinder betrachtet, der Drucklängseigenspannungen im Randbereich und Zuglängseigenspannungen im Probeninnern aufweist. Nachdem der Zylindermantel mit Dehnungsmeßstreifen in Längs- und Umfangsrichtung versehen ist, wird der Zylinder schrittweise zentrisch um Δr auf anwachsende Innendurchmesser r_i aufgebohrt. Dadurch wird das Kräftegleichgewicht gestört, und der verbleibende Hohlzylinder erfährt Änderungen seines Spannungszustandes. Damit verbunden sind Dehnungsänderungen auf dem Zylindermantel ($r = R$) in Längsrichtung $\Delta\varepsilon_L(R)$ und Umfangsrichtung $\Delta\varepsilon_U(R)$, aus denen sich die ursprünglich an den Stellen $r = r_i$ vorhanden gewesenen Längseigenspannungen zu

$$\sigma_L(r_i) = \frac{E}{(1-\nu^2)}\left\{\frac{R^2-r_i^2}{2r_i}\left[\frac{\Delta\varepsilon_L(R)+\nu\Delta\varepsilon_U(R)}{\Delta r}\right] - \left[\Sigma\,\Delta\varepsilon_L(R) + \nu\,\Sigma\,\Delta\varepsilon_U(R)\right]\right\} \tag{1}$$

berechnen. Dabei ist E der Elastizitätsmodul und ν die Querkontraktionszahl. Die für $r = r_i$ im Ausgangszustand wirksam gewesenen Umfangs- und Radialeigenspannungen ergeben sich aus den gemessenen Dehnungswerten zu

$$\sigma_U(r_i) = \frac{E}{(1-\nu^2)}\left\{\frac{R^2-r_i^2}{2r_i}\cdot\frac{\Delta\varepsilon_U(R)+\nu\Delta\varepsilon_L(R)}{\Delta r} - \frac{R^2+r_i^2}{2r_i^2}\left[\Sigma\,\Delta\varepsilon_U(R) - \nu\,\Sigma\Delta\varepsilon_L(R)\right]\right\} \tag{2}$$

und

$$\sigma_R(r_i) = \frac{E}{(1-\nu^2)}\,\frac{R^2-r_i^2}{2r_i^2}\left[\Sigma\,\Delta\varepsilon_U(R) + \nu\,\Sigma\,\Delta\varepsilon_L(R)\right] \quad . \tag{3}$$

Aufgabe

Ein Hohlzylinder aus St 37 mit 15 mm Innen-, 42 mm Außendurchmesser und 168 mm Länge wird 30 min bei 630 °C in einem Salzbad geglüht und anschließend in Wasser von 20 °C abgeschreckt. Der Werkstoff hat einen Elastizitätsmodul $E = 210\,000$ N/mm^2 und eine Querkontraktionszahl $\nu = 0.28$. Die vorliegende Verteilung der Längs-, Umfangs- und Radialeigenspannungen ist nach dem Ausbohrverfahren zu bestimmen.

Versuchsdurchführung

Für die Untersuchungen stehen eine Universal-Leitspindel-Drehbank, eine Temperiereinrichtung zur Erzeugung konstanter Temperaturbedingungen und eine Dehnungsmeßbrücke zur Verfügung. Ein Zylinder wird in der angegebenen Weise wärmebehandelt und danach in Probenmitte jeweils auf gegenüberliegenden Zylinderseiten mit je zwei Dehnungsmeßstreifen in

Längs- und Umfangsrichtung versehen. An den Dehnungsmeßstreifen werden Anschlußbuchsen angebracht, die eine Verbindung mit der Dehnungsmeßbrücke erlauben. Ein in dieser Weise vorbereiteter zweiter Zylinder, der für die eigentlichen Messungen dient, wurde bis auf einen Durchmesser von 15 mm bereits aufgebohrt. Dieser Hohlzylinder wird sorgfältig in der Leitspindeldrehbank eingespannt und mit Hilfe der Temperiereinrichtung auf 25 °C gebracht. Dann werden die einzelnen DMS der Meßbrücke zugeschaltet, und es erfolgt jeweils der Brückenabgleich unter Registrierung der Dehnungswerte (vgl. V 24). Danach wird die Probe vorsichtig weiter ausgebohrt. Die dabei auftretenden Dehnungsänderungen werden gemessen. Da der Ausbohrversuch relativ aufwendig ist, werden zwei Ausbohrschritte von je Δr_i = 1 mm vorgenommen, die dabei auftretenden Dehnungsänderungen auf beiden Zylinderseiten bestimmt, gemittelt und mit den in Tab. 1 angegebenen Meßwerten verglichen. Bei ungefährer Übereinstimmung der gemessenen mit den bereits registrierten Zahlenwerten werden der weiteren Auswertung die Meßwerte aus Tab. 1, die in einem getrennten Versuch mit 10 Ausbohrschritten ermittelt wurden, zugrundegelegt. Mit Hilfe von $\Delta\epsilon_L$ (R) und $\Delta\epsilon_U$ (R) und den Gl. 1 bis 3 werden $\sigma_L(r_i)$, $\sigma_U(r_i)$ und $\sigma_R(r_i)$ berechnet, in geeigneter Weise aufgetragen und diskutiert.

Ausbohr-schritt	M e ß g r ö ß e n			
	r_i	Δr_i	$\Delta\epsilon_l$ (R) in 10^{-6}	$\Delta\epsilon_U$ (R) in 10^{-6}
1	9.0	1.5	57.9	22.2
2	10.0	1.5	102.3	64.8
3	11.5	1.5	138.4	123.2
4	13.1	1.6	124.1	121.8
5	13.9	0.8	108.3	81.9
6	15.0	1.1	88.9	119.4
7	16.0	1.0	116.7	79.6
8	17.0	1.0	79.6	66.2
9	18.0	1.0	88.9	87.5
10	19.0	1.0	80.6	72.2

Tab. 1: Mit dem Ausbohrverfahren bei einem Hohlzylinder (Außendurchmesser 42 mm, Innendurchmesser 15 mm) erhaltene Meßgrößen

Literatur: 176,177.

Kugelstrahlen von Werkstoffoberflächen **V 79**

Grundlagen

Das "Strahlen eines Werkstoffes" (oft einfach "Kugelstrahlen" genannt) besteht im Beschuß seiner Oberfläche mit kleinen, hinreichend harten metallischen (Stahl, Stahlguß, Temperguß, Hartguß, Draht) oder nichtmetallischen Teilchen (Glas, Korund, Keramik, Aluminiumoxyd). Die Beschleunigung der Teilchen des Strahlmittels auf die erforderliche mittlere kinetische Energie erfolgt heute meistens pneumatisch in Druckluftanlagen oder unter Ausnutzung von Fliehkräften in Schleuderradanlagen. Das Prinzip derartiger Strahlmaschinen geht aus Bild 1 hervor. Strahlbehandlungen finden in der Werkstofftechnik vielfältige Anwendungen. Sie werden zur Oberflächenverfestigung, zur Veränderung

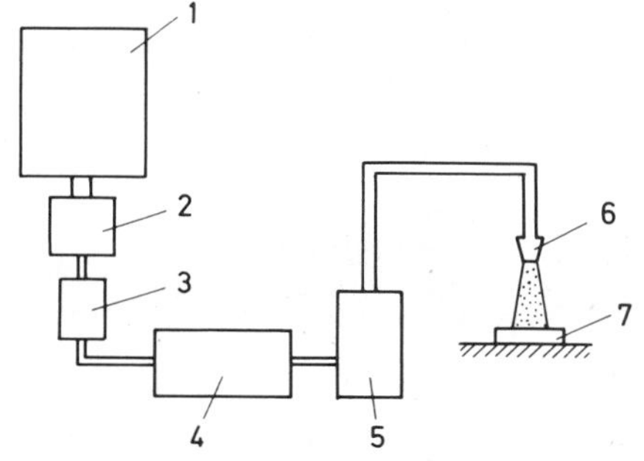

1 Strahlmittelspeicher
2 Druckschleuse
3 Druckgebläse
4 Dosiereinrichtung
5 Strahlmittelmeßkammer
6 Düse
7 Strahlgut

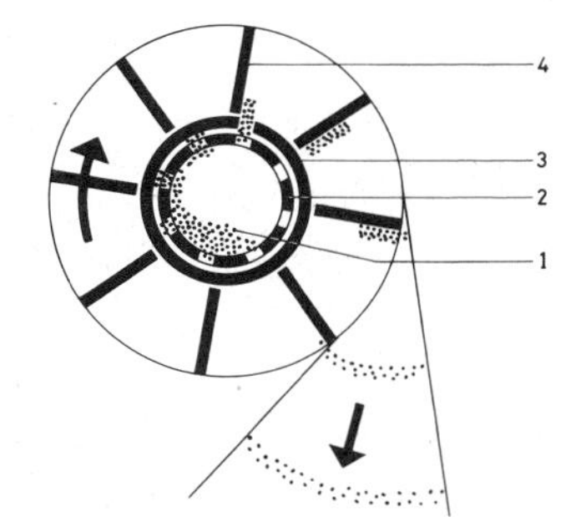

1 Strahlmittel
2 Verteiler
3 Einlaufstück
4 Wurfschaufel

Bild 1: Prinzipieller Aufbau einer Druckluft- (links) und einer Schleuderradstrahlanlage (rechts)

der Oberflächenfeingestalt, zur Erhöhung der Verschleiß-, der Wechsel- bzw. Dauerfestigkeit und der Korrosionsbeständigkeit, zum Gußputzen, zum Entzundern sowie zum Umformen und Richten ausgenutzt. Demgemäß spricht man, je nach angestrebter Wirkung der Strahlbehandlung, z. B. auch von Festigkeitsstrahlen, Reinigungsstrahlen und Umform- bzw. Richtstrahlen. Die Schleuderradmaschinen ermöglichen einen hohen Durchsatz zu strahlender Teile (Strahlgut) und das wirtschaftliche Strahlen großer Flächen. Die Strahlmittelgeschwindigkeit, die dabei meist als Abwurfgeschwindigkeit v_{ab} angegeben wird, läßt sich über die Umdrehungsgeschwindigkeit des Schleuderrades regeln. Die Druckluftmaschinen ermöglichen das definierte Strahlen von Teilen komplizierter Geometrie auch an geometrisch schwer zugänglichen Stellen. Die mittlere Strahlmittelgeschwindigkeit wird über den Systemdruck p gesteuert.

Mehrere Kenngrößen haben sich für die Beurteilung einer Strahlbehandlung als wichtig erwiesen. So beeinflussen z. B. Art, Härte, Form, Größe und Größenverteilung der Teilchen (Körner) das Ergebnis einer Strahlbehandlung. Zum Einsatz gelangen beim Festigkeitsstrahlen von Eisenwerkstoffen Stahlgußgranulat oder arrondiertes Stahldrahtkorn, beim Putzstrahlen vielfach Hartgußgries oder auch Quarzsand. Beim Strahlen von NE-Metallen finden Glasperlen, Korund und Strahlmittel aus Aluminiumoxyd Anwendung. Auch aufeinanderfolgende Strahlbehandlungen mit verschiedenen Strahlmitteln sind in bestimmten Fällen angebracht. Die am häufigsten benutzten Stahl-Strahlmittel besitzen Härten zwischen 45 und 55 HRC. Als mittlere Korngrößen $\overline{d}$ werden Werte zwischen $0.2 < \overline{d} < 2.0$ mm angestrebt. Meist werden die $\overline{d}$-Werte in 10^{-4} inch angegeben (z. B. S 230 mit $\overline{d} = 230 \cdot 10^{-4}$ inch = 0.584 mm). Die im Strahlmittel vorliegende Korngrößenverteilung läßt sich durch Sieben in speziellen Siebsätzen mit aufeinander abgestimmten Maschenweiten ermitteln (vgl. V 92). Beim Strahlen ändert sich durch Abrieb, Deformation und Zersplitterung die Form und die Größe der einzelnen Körner des Strahlmittels. Größere Körner erleiden beim Strahlen wegen ihrer höheren kinetischen Energie größere Masseverluste als kleine. Entsprechend verschiebt sich die Häufigkeitsverteilung der Korngrößen eines Kornkollektivs zu kleineren Werten, und man erhält von der Durchgangszahl abhängige Siebrückstandskurven, die zudem von den Maschinen- und Betriebsbedingungen beeinflußt werden. Typische Korngrößenverteilungen von Betriebsgemischen zeigt Bild 2.

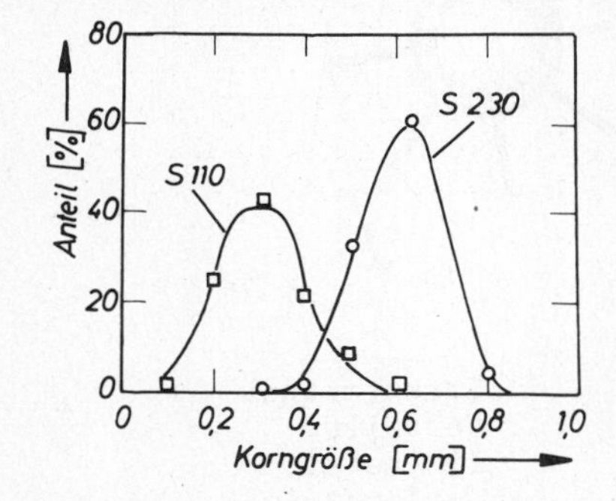

Bild 2: Typische Korngrößenverteilungen von zwei praxisüblichen Strahlmitteln im Betriebsgemisch

Bild 3: Profilschriebe grobgeschliffener (oben) und gestrahlter (unten) Oberflächen von gehärtetem Ck 45

Bei praktischen Strahlbehandlungen wird als Strahlzeit t_S die Zeitspanne zwischen Beginn und Ende der Einwirkung der Strahlmittelteilchen auf das Strahlgut festgelegt. Um einen Zusammenhang zwischen Strahlzeit und strahlbedingter Oberflächenwirkung herzustellen, wird der Überdeckungsgrad

$$Ü = \frac{\text{Durch Strahlmitteleinschläge verformter Oberflächenanteil}}{\text{Gesamtoberfläche}} \cdot 100\,\% \qquad (1)$$

definiert. Dabei wird ein kennzeichnender Oberflächenbereich unter 50-facher Vergrößerung lichtmikroskopisch ausgewertet. Als einfache Überdeckung wird Ü = 98 % bezeichnet. Die zugehörige Strahlzeit heißt $t_{98\,\%}$. Längere Strahlzeiten t_S werden in Vielfachen von $t_{98\,\%}$ angegeben, also z. B.

$$t_S = x\ t_{98\%}\ . \qquad (2)$$

Man spricht von x-facher Überdeckung. In Bild 3 ist gezeigt, wie sich die Oberflächenfeingestalt (vgl. V 22) einer gehärteten und geschliffenen Probe aus Ck 45 durch Bestrahlen mit 1-facher Überdeckung ändert.

Als "Strahlintensität" müßte eigentlich die in der Zeiteinheit pro Flächeneinheit auf die zu strahlende Werkstoffoberfläche einfallende Teilchenenergie angegeben werden. Davon abweichend wird aber die gesamte an der gestrahlten Oberfläche abgegebene kinetische Energie als Strahlintensität bezeichnet. Für sie gilt

$$J \sim v_{ab}^2 \,(\text{bzw } p)\, \bar{d}^3 t_S \qquad (3)$$

Ihrer exakten Bestimmung stehen große Schwierigkeiten im Wege. Deshalb wird auf empirischem Wege ein Maß der Strahlungsintensität festgelegt. Dazu wird die unter einseitiger Bestrahlung bei einfacher Überdeckung auftretende Durchbiegung sog. "Almen-Testplättchen", die hinsichtlich Werkstoff, Abmessungen und Vorgeschichte genormt sind, in mm gemessen und als "Almenintensität" angegeben.

Bei jeder Strahlbehandlung wird ein Anteil der kinetischen Energie der Teilchen des Strahlmittels in den oberflächennahen Bereichen des Strahlgutes umgesetzt zur Erzeugung von elastischen und plastischen Formänderungen, Fehlordnungszuständen, neuen Oberflächen und Wärme sowie zum Transport entstehender Verschleißteilchen. Bei bestimmten Werkstoffzuständen (z. B. gehärteten Stählen) sind auch strahlinduzierte Phasenumwandlungen möglich. Werkstücke erfahren deshalb durch Strahlen mikrostrukturelle Änderungen der oberflächennahen Werkstoffbereiche, Veränderungen ihrer Oberflächentopographie, Masseverluste sowie Veränderungen ihres Eigenspannungszustandes. Eine objektive Beurteilung gestrahlter Oberflächen ist deshalb möglich an Hand der vor und nach dem Strahlen auftretenden Unterschiede in

- der Härte als Maß für die randnahe Verfestigung (vgl. V 9),
- der Halbwertsbreite von Röntgeninterferenzlinien als Maß für die Mikroeigenspannungen (vgl. V 2 und 77),
- der Makroeigenspannungen als Maß der makroskopisch inhomogenen plastischen Randverformungen (vgl. V 77),
- der Phasenanteile als Maß für Umwandlungsvorgänge (vgl. V 17),
- der Masse als Maß für den absoluten Verschleiß und
- der Rauhtiefe bzw. des arithmetischen Mittenrauhwertes als Maß für Topographieänderungen (vgl. V 22).

Die genannten Meßgrößen und deren Änderungen hängen von Art und Zustand des Strahlgutes sowie von den angewandten Strahlbedingungen ab. Als Beispiel sind in Bild 4 die vor und nach dem Strahlen von blindgehärteten Flachproben aus 16 Mn Cr 5 vorliegenden Eigenspannungsverteilungen in den randnahen Werkstoffbereichen wiedergegeben. Es bilden sich oberflächennahe Druckeigenspannungen aus. Der Höchstwert der Druckeigenspan-

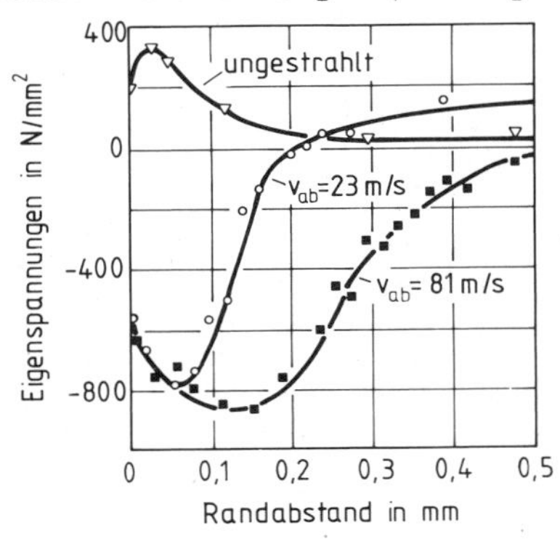

Bild 4:
Eigenspannungsverteilung bei ungestrahltem und gestrahltem blindgehärtetem 16 MnCr 5
▽ ungestrahlt
○ gestrahlt mit v_{ab} = 23 m/s
■ gestrahlt mit v_{ab} = 81 m/s

nungen tritt unterhalb der Probenoberfläche auf. Er verschiebt sich mit wachsender Abwurfgeschwindigkeit, solange Rißbildungen in den äußersten Werkstoffbereichen ausbleiben, ins Werkstoffinnere. Gleichzeitig wächst, bei konstanter Randeigenspannung, die Größe der von Druckeigenspannungen beaufschlagten Randzone an. Bei den beschriebenen Befunden war $\bar{d}$ = 0.6 mm und die Überdeckung 1-fach. Bild 5 zeigt ein quantitatives Beispiel für strahlinduzierte Phasenumwandlungen in randnahen Strahlgutbereichen bei einsatzgehärtetem 16 MnCr 5.

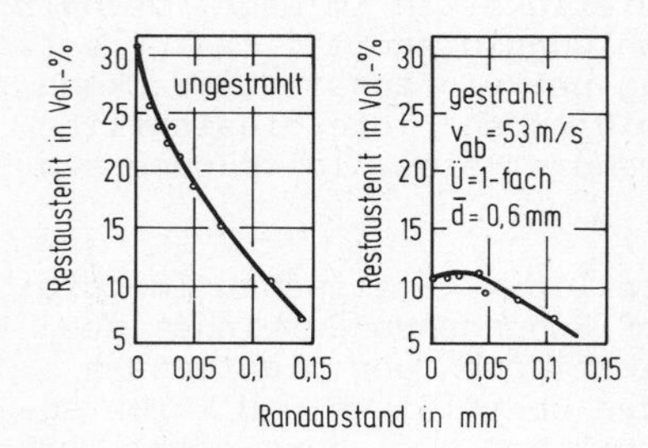

Bild 5: Tiefenverteilung des Restaustenits bei ungestrahlten (links) und gestrahlten (rechts) Flachproben aus einsatzgehärtetem 16 MnCr 5

Von besonderer praktischer Bedeutung ist die Tatsache, daß durch geeignete Strahlbehandlung das Dauerschwingverhalten von Bauteilen in beträchtlichem Maße verbessert werden kann. Die Mehrzahl der praktisch angewandten Strahlbehandlungen dient daher auch, wenn man vom Reinigungs- und Umformstrahlen absieht, der Anhebung der zyklischen Festigkeitswerte des jeweiligen Strahlgutes. Auf die Verbesserungen der Wechsel- und Zeitfestigkeiten (vgl. V 57) haben neben den Makroeigenspannungen auch die Mikroeigenspannungen und die erzeugten Rauhtiefen Einfluß. Die erzielbaren Wechselfestigkeitssteigerungen sind je nach

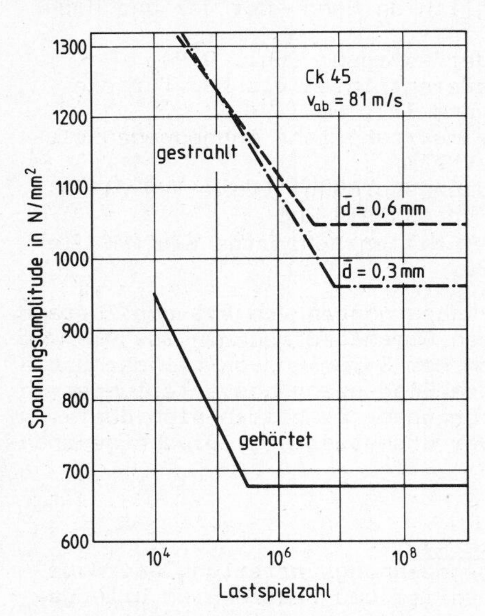

Bild 6: Wöhlerkurven mit 50 %iger Bruchwahrscheinlichkeit (vgl. V 58) von gehärtetem Ck 45 im ungestrahlten Zustand und nach zwei Strahlbehandlungen mit verschiedenen Strahlmitteln bei gleicher Abwurfgeschwindigkeit v_{ab} = 81 m/s

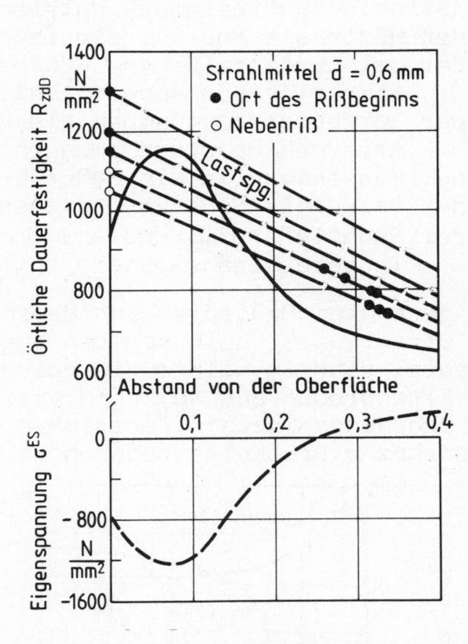

Bild 7: Oberflächennahe Eigenspannungsverteilungen (unten) bei gehärtetem und gestrahltem Ck 45 (v_{ab} = 81 m/s) sowie zugehörige örtliche Dauerfestigkeitsverteilung (oben) mit Anrißlagen

Werkstofftyp und Werkstoffzustand verschieden groß. Bild 6 belegt, daß selbst bei martensitisch gehärteten Stahlproben aus Ck 45 durch Kugelstrahlen noch erhebliche Verbesserungen des Dauerschwingverhaltens erzielbar sind. Das gröbere Strahlmittel ergibt dabei eine größere Biegewechselfestigkeitssteigerung als das feinere. Im unteren Teil von Bild 7 ist für die mit d = 0.6 mm gestrahlten Proben die oberflächennahe Eigenspannungsverteilung wiedergegeben. Daraus wurde unter der Annahme, daß sich die Eigenspannungen bei Biegewechselbeanspruchung wie Mittelspannungen verhalten, unter Zugrundelegung der Goodman-Beziehung (vgl. V 59, Gl. 7) die im oberen Teil von Bild 7 gezeigte lokale Dauerfestigkeit der gestrahlten Proben errechnet. Mit eingetragen (gestrichelt) sind die Biegelastspannungsverteilungen, die bestimmten Randspannungsamplituden entsprechen, und die dabei auftretenden Orte der Ermüdungsanrisse. Man sieht, daß bei kleinen Amplituden die zum Bruche führenden Anrisse unter der Oberfläche dort entstehen, wo die lokale Beanspruchung die örtliche Dauerfestigkeit überschreitet. Oberflächennahe Nebenrisse sind nicht ausbreitungsfähig.

Aufgabe

Für je zwei Prüfplättchen aus Ck 22 sind nach drei aufeinander abgestimmten Strahlbehandlungen der Gewichtsverlust, die Änderung der Oberflächenrauhigkeit und der Oberflächenhärte sowie die Probendurchbiegung zu bestimmen. Vor und nach der Strahlbehandlung ist eine Korngrößenanalyse des Strahlmittels vorzunehmen. Die Ursache der Probendurchbiegung ist modellhaft zu begründen.

Versuchsdurchführung

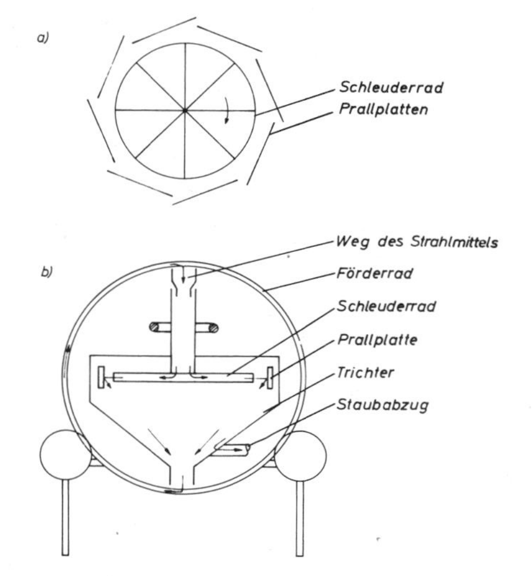

Bild 8: Prinzip einer Schleuderradlabormaschine. Aufsicht (a), Seitenansicht (b)

Für die Versuche steht die in Bild 8 skizzierte (oder eine andere) Strahleinrichtung zur Verfügung. Das siebanalysierte Strahlmittel (vgl. V 92) wird von einem achtschaufeligen Schleuderrad, das mit 800 U/min umläuft, auf die an den kreisförmig angeordneten Prallplatten befestigten Prüfplättchen geschleudert. Die abgeprallten Körner fallen durch einen Trichter auf ein Förderrad, das sie wieder dem Schleuderrad zuführt. Eine mit einem Sieb gekoppelte Saugeinrichtung entfernt alle Körnungen mit $d < 0.02$ mm. Die vor der Strahlung gewogenen sowie hinsichtlich Härte (vgl. V 9), Rauhtiefe (vgl. V 22) und Durchbiegung vermessenen Probenplättchen werden nach abgestuften Strahlzeiten aus der Maschine entnommen und erneut vermessen. Die Meßwerte werden als Funktion der Strahlzeit bzw. der abgeschätzten Überdeckung aufgetragen und erörtert.

Literatur: 178, 179, 180.

V 80 Grobstrukturuntersuchung mit Röntgenstrahlen

Grundlagen

Mit Hilfe von Röntgenstrahlen lassen sich in Werkstücken und Bauteilen makroskopische Fehlstellen, Einschlüsse, Seigerungen, Gasblasen, Risse und Fügungsfehler nachweisen, wenn diese lokal eine gegenüber dem Grundmaterial veränderte Strahlungsschwächung ergeben. Man spricht von Grobstrukturuntersuchungen. Als Strahlungsquellen dienen dabei Grobstrukturröntgenröhren mit Wolframanoden. Ausgenutzt wird das kontinuierliche Röntgenspektrum (vgl. V 6), das beim Abbremsen der unter der Wirkung großer Beschleunigungsspannungen auf die Anode auffallenden Elektronen entsteht. Bild 1 zeigt, wie sich die Intensitätsverteilung der Bremsstrahlung einer Wolframanode mit der Beschleunigungsspannung ändert. Die charakteristischen Eigenstrahlungen $K\alpha$ und $K\beta$ mit Quantenenergien von 59 keV und 67 keV (vgl. V 6) sind nicht mit eingezeichnet. Mit wachsender Beschleunigungsspannung treten immer kurzwelligere Strahlungsanteile auf.

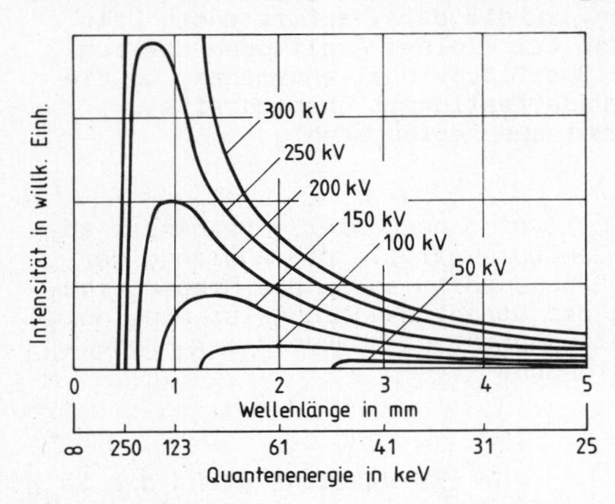

Bild 1: Der Einfluß der Beschleunigungsspannung auf die Bremsspektren einer Wolframanode

Röntgenstrahlen werden beim Durchgang durch Materie geschwächt. Fällt auf einen homogenen Werkstoff der Dicke D ein ausgeblendetes Röntgenbündel der Intensität J_0 auf, so liegt hinter dem Werkstoff (vgl. Bild 2a) noch die Intensität

$$J_1 = J_0 \exp[-\mu D] \tag{1}$$

vor. μ, der mittlere lineare Schwächungskoeffizient, ist von den Wellenlängen der Röntgenstrahlung und der chemischen Zusammensetzung des durchstrahlten Materials abhängig. Enthält der homogene Werkstoff der Dicke D, wie in Bild 2b angenommen, einen quaderförmigen Hohlraum der Dicke d, so wird an dieser Stelle die Primärstrahlintensität J_0 hinter dem Werkstoff auf die Intensität

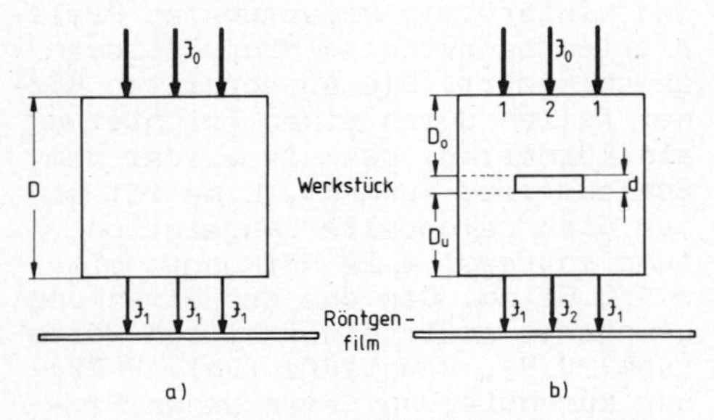

Bild 2: Prinzip des röntgenographischen Fehlernachweises

$$J_2 = J_0 \exp[-\mu(D-d)] = J_0 \exp[-\mu(D_o - D_u)] > J_1 \tag{2}$$

abgesenkt. Man erhält daher auf dem Röntgenfilm hinter dem Hohlraumbereich eine stärkere Filmschwärzung als hinter den seitlich angrenzenden Werkstoffbereichen. Je stärker das Verhältnis der beiden Intensitäten

$$\frac{J_2}{J_1} = \exp[\mu d] \tag{3}$$

von 1 abweicht, um so stärker ist der auf dem Röntgenfilm auftretende Schwärzungsunterschied und um so besser läßt sich die Lage des Hohlraumes erkennen. Bei gegebenem d ist also ein möglichst großer Schwächungskoeffizient μ des Untersuchungsmaterials günstig. In Gl. 3 geht die Werkstoffdicke D nicht ein. Dementsprechend sollte sich bei gegebener Fehlerausdehnung d das Intensitätsverhältnis als unabhängig von der Objektdicke erweisen. Das entspricht jedoch nicht der Erfahrung. Wegen der unvermeidbaren Streustrahlung, die vom primären Röntgenbündel im Objekt und in der Objektumgebung erzeugt wird, beträgt die Grenzdicke eines Fehlers, der noch aufgelöst werden kann, etwa 1 % der durchstrahlten Dicke. Denkt man sich den Hohlraum in Bild 2b mit einer Substanz x gefüllt, die den Schwächungskoeffizienten μ_x besitzt, dann wird

$$J_2 = J_0 \exp[-\mu(D_0+D_u)-\mu_x d] \ , \qquad (4)$$

und man erhält

$$\frac{J_2}{J_1} = \exp[(\mu-\mu_x)d] \ . \qquad (5)$$

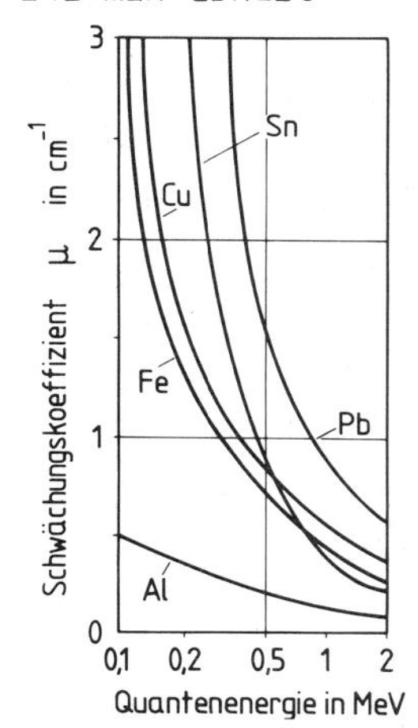

Bild 3: Abhängigkeit des Schwächungskoeffizienten einiger Metalle von der Quantenenergie der Röntgenstrahlung

Bei gegebenem d tritt somit auf dem Röntgenfilm ein um so größerer Schwärzungsunterschied auf, je größer die Differenz der Schwächungskoeffizienten ist. Der Schwächungskoeffizient eines Werkstoffes wird mit zunehmender Quantenenergie und damit abnehmender Wellenlänge der Röntgenstrahlung kleiner. Bild 3 enthält quantitative Angaben für einige Metalle. Im hier interessierenden Bereich konventioneller Röntgenstrahlungen mit Röhrenspannungen $\lesssim$ 400 kV erfolgt die Schwächung der Röntgenstrahlen durch Absorption und Streuung. Bei der Absorption werden Elektronen (sog. Photoelektronen) aus den Atomhüllen der Werkstoffatome herausgeschlagen, und es entsteht daher gleichzeitig eine sekundäre Röntgenstrahlung. Bei der Streuung werden Röntgenquanten an den Hüllelektronen bzw. an den Kernen der Werkstoffatome unelastisch bzw. elastisch aus ihrer ursprünglichen Flugbahn abgelenkt und fliegen mit veränderter bzw. gleicher Energie weiter. Die unelastische Streuung ist mit der Bildung sog. Compton-Elektronen verbunden. Während die Absorption etwa mit der dritten Potenz der Ordnungszahl der Werkstoffatome und proportional zu λ^3 anwächst, ist die Streuung nahezu unabhängig von der Ordnungszahl und etwa zu λ proportional. Bei bekannter chemischer Zusammensetzung eines Werkstoffes der Dichte ρ errechnet sich der Schwächungskoeffizient zu

$$\mu = \left[\frac{\text{Masse-\%A}}{100\ \%}\frac{\mu_A}{\rho_A} + \frac{\text{Masse-\%B}}{100\ \%}\frac{\mu_B}{\rho_B} + \cdots\right]\rho \ . \qquad (6)$$

Dabei sind μ_A, μ_B ... die Schwächungskoeffizienten und ρ_A, ρ_B ... die Dichten der Komponenten A, B ... des Werkstoffes.

Aus dem Gesagten geht hervor, daß Röntgengrobstrukturuntersuchungen mit möglichst langwelliger (weicher) Strahlung durchgeführt werden sollten. Da aber andererseits das Durchdringungsvermögen der Röntgenstrahlen mit wachsender Wellenlänge abnimmt und damit bei gegebener Objektdicke die erforderliche Belichtungszeit für eine Durchstrahlungsaufnahme rasch steigt, muß immer ein Kompromiß zwischen der Härte der Röntgenstrahlung und der wellenlängenabhängigen Fehlererkennbarkeit geschlossen werden.

Bei Grobstrukturuntersuchungen sind die Schwärzungsunterschiede zwischen den Bereichen auf einem Röntgenfilm, die von unterschiedlichen Röntgenintensitäten getroffen werden, nicht allein von der Strahlenhärte abhängig. Bei gegebenem Intensitätsunterschied wird die entstehende Schwärzungsabstufung auch durch die sog. Gradation des benutzten Röntgenfilmes bestimmt. Unter Gradiation

$$\gamma = \frac{S_2 - S_1}{\lg B_2 - \lg B_1} \qquad (7)$$

versteht man den Anstieg der sog. Schwärzungskurve, die, wie in Bild 4 skizziert, den Zusammenhang zwischen Filmschwärzung S und dem Logarithmus der Belichtung B (Produkt aus Belichtungszeit t und Strahlungsintensität ℑ) beschreibt. S_0 ist die sog. Schleierschwärzung. Je größer die Gradation ist, um so stärker ist bei gegebenem Intensitätsverhältnis der Schwärzungsunterschied und damit der Kontrast. Gleichzeitig verringert sich aber mit wachsender Gradation der Belichtungsspielraum des Röntgenfilmes. Die Bildqualität wird ferner von der erwähnten Streustrahlung beeinflußt, die in jedem von Röntgenstrahlen getroffenen Körper entsteht und bei größeren Objektabmessungen zu einer merklichen Bildverschleierung führt. Eine Verminderung der Streustrahlenwirkung wird durch eine möglichst enge Begrenzung des Primärstrahlbündels erreicht. Die im Werkstück bei der Schwächung der Röntgenstrahlen entstehenden Photo- und Comptonelektronen tragen ebenfalls in unerwünschter Weise zur Filmschwärzung bei. Man verhindert ihre Wirkung durch Anwendung kombinierter Blei- und Zinnfolien, die (vgl. Bild 5) zwischen Objekt und Röntgenfilm gelegt werden. Solche Metallfolien werden bei Untersuchungen von Stahl ab Dicken von 50 mm angewandt.

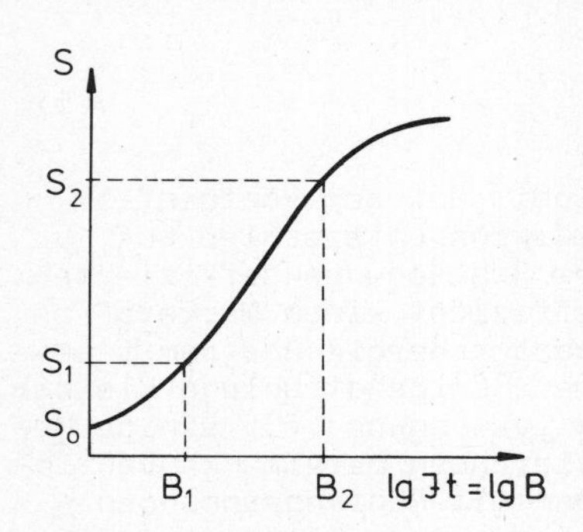

Bild 4: Schwärzungskurve eines Röntgenfilms

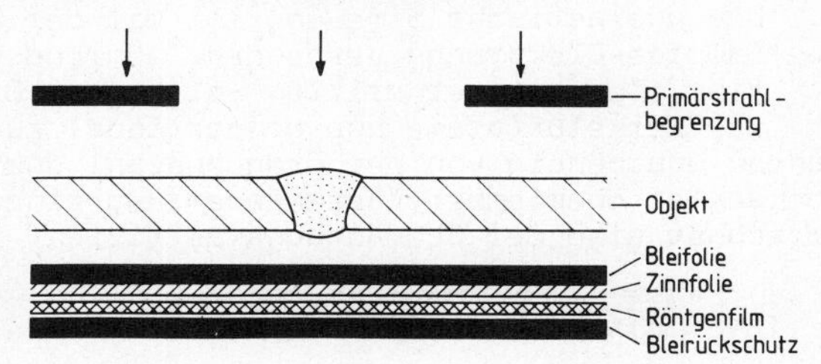

Bild 5: Ausblendung und Benutzung von Streustrahlenfolien bei Grobstrukturuntersuchungen (schematisch)

Außer von den bisher angesprochenen Faktoren wird die Güte von Röntgendurchstrahlungsaufnahmen vor allem auch durch die Zeichenschärfe bestimmt. Die Zeichenschärfe ist dann am größten, wenn die geometrisch bedingte Randunschärfe, die Bewegungsschärfe des Objektes sowie die innere Unschärfe des Filmes möglichst kleine Werte annehmen und von vergleichbarer Größe sind. Unter der inneren Unschärfe U_i versteht man die kleinste Abmessung eines Werkstoffehlers, die vom Filmmaterial noch aufgelöst werden kann. Im allgemeinen ist ein Kompromiß zwischen Filmempfindlichkeit und innerer Unschärfe zu treffen, weil empfindlichere Filmmaterialien größere innere Unschärfen haben. Die geometrische Unschärfe U_g ist durch die Aufnahmeanordnung und die räumliche Ausdehnung der Strahlenquelle bestimmt. Bild 6 veranschaulicht die Entstehung einer Randunschärfe als Folge der Ausdehnung H des Halbschattengebietes rings um einen abzubildenden Fehler. Das Halbschattengebiet H wird um so kleiner, je kleiner der Brennfleck F der Röntgenröhre, je kleiner die Entfernung b Fehler/Film und je größer die Entfernung (e - b) Brennfleck/Fehler ist. Quantitativ gilt

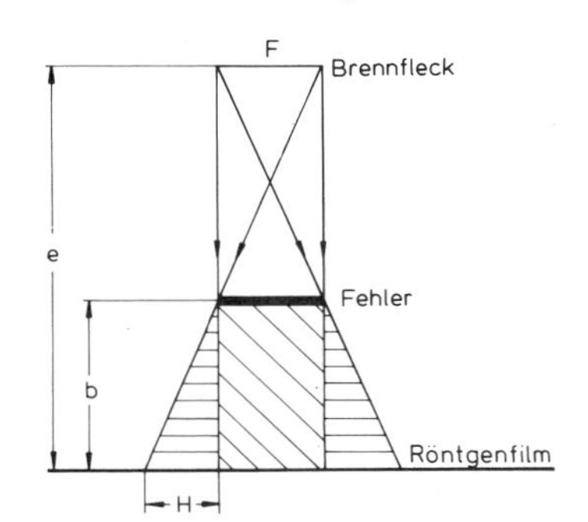

Bild 6: Zur Entstehung von Halbschattengebieten auf dem Röntgenfilm bei Röntgendurchstrahlungen

$$H = U_g = \frac{b}{(e-b)} F \quad . \tag{8}$$

Bei gegebener innerer Unschärfe U_i des Röntgenfilms, einer linearen Brennfleckabmessung F und einem Fehler/Film-Abstand b soll der Abstand zwischen Röntgenfilm und Brennfleck gemäß

$$e > \frac{b(F+U_i)}{U_i} \tag{9}$$

gewählt werden.

Da die Photoschichten gegenüber kurzwelliger Röntgenstrahlung relativ unempfindlich sind, erfolgen die meisten Grobstrukturaufnahmen mit Verstärkerfolien, zwischen die der Röntgenfilm gepackt wird. Salz- und Bleifolien finden Anwendung. Bei ersteren besteht die aktive Substanz meist aus Kalziumwolframat, dessen Wolframatome Röntgenstrahlen stark absorbieren und ein intensives Fluoreszenzlicht liefern. Dadurch ist eine Verstärkung der Filmschwärzung bis auf das 50-fache erreichbar, allerdings unter Erhöhung der inneren Filmunschärfe von U_i = 0.1 bis etwa 0.4 mm. Deshalb finden überwiegend Bleiverstärkerfolien Verwendung, die U_i nicht in diesem Maße vergrößern. Die zusätzliche Filmschwärzung bewirken hier die in der filmnahen Seite der Bleischicht erzeugten Sekundärelektronen. Diese Verstärkerwirkung tritt aber erst oberhalb 88 kV Röhrenspannung auf. Zur Kontrolle der Detailerkennbarkeit auf Durchstrahlungsaufnahmen und damit der Bildgüte benutzt man Drahtstege der in Bild 7 gezeigten Form. Sie bestehen aus sieben in eine Gummiplatte eingebetteten Drähten aus ähnlichem Material wie das Untersuchungsobjekt. Die Drahtstege, deren Durchmesser gegeneinander um einen Faktor 1.25 abgestuft sind, werden an der der Strahlenquelle zugewandten Seite des Objektes angebracht. Der Durchmesser des dünnsten auf der Röntgenaufnahme noch erkennbaren Drahtes bestimmt die Bildgütezahl. Für gegebene Objektdicken wurden in DIN 54109 bei Eisenwerkstoffen zwei Bildgüteklassen festgelegt,

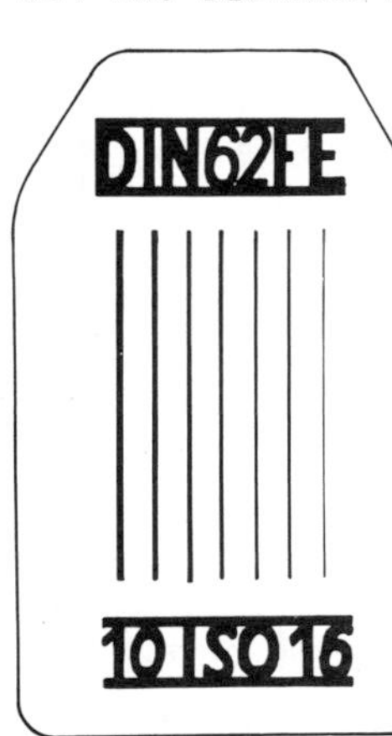

Bild 7: 1962 eingeführter DIN (ISO)-Steg mit Drahtdurchmessern zwischen 10 und 16 mm für Eisen (FE)-Durchstrahlungen

deren Bildgütezahlen durch die folgenden Drahtstegdurchmesser bestimmt sind:

Werkstückdicke [mm]		Klasse I		Klasse II	
von	bis	Bildgüte-zahl	Stegdurch-messer [mm]	Bildgüte-zahl	Stegdurch-messer [mm]
0	6	16	0.100	14	0.160
6	8	15	0.125	13	0.200
8	10	14	0.160	12	0.250
10	16	13	0.200	11	0.320
16	25	12	0.250	10	0.400
25	32	11	0.320	9	0.500
32	40	10	0.400	8	0.630
40	50	9	0.500	7	0.800
50	60	8	0.630	7	0.800
60	80	8	0.630	6	1.000
80	150	7	0.800	5	1.250
150	170	6	1.000	4	1.600
170	180	6	1.000	3	2.000
180	190	6	1.000	2	2.500
190	200	6	1.000	1	3.200

Für praktische Grobstrukturuntersuchungen der wichtigsten Werkstoffgruppen sind im Laufe der Zeit Belichtungsdiagramme erstellt worden. Sie enthalten die zur Erzeugung einer guten Durchstrahlungsaufnahme erforderlichen Daten. Bei den Beispielen in Bild 8 sind über der Objektdicke die bei bestimmten Röhrenspannungen (kV) erforderlichen Belichtungsgrößen als Produkte aus Röhrenstrom (mA) und Belichtungszeit (min) aufgetragen. Die Kurven gelten für den in der Praxis üblichen Abstand Film/Brennfleck (Fokusabstand FA) von 70 cm.

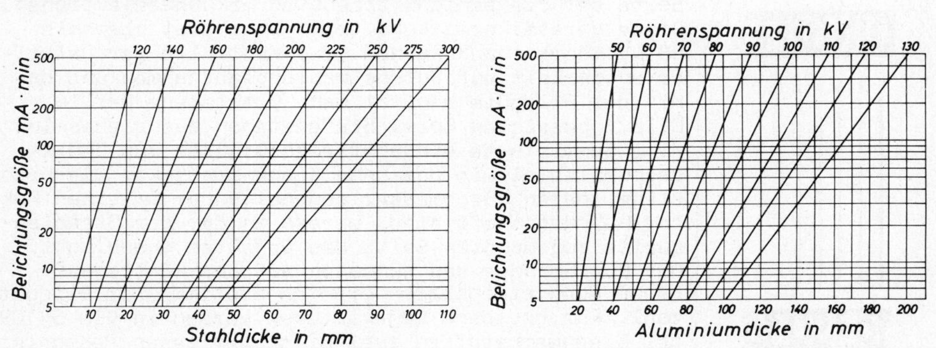

Bild 8: Belichtungsdiagramme für Eisen- (links) und Aluminiumbasislegierungen (rechts). Filmschwärzung S = 1.5, FA = 70 mm, Bleifolienverstärkung, Gleichspannungsröntgenanlage

Aufgabe:

Bei einem quaderförmig begrenzten Bauteil aus einer Aluminiumbasislegierung sind die Koordinaten und die Größen eingelegter Stahlkugeln zu bestimmen, und zwar einmal mit versetzter Strahlungsquelle und einmal mit versetztem Film. Ferner ist die Gütezahl der Durchleuchtungsaufnahmen zu ermitteln.

Versuchsdurchführung

Für die Untersuchungen steht eine Grobstruktur-Röntgenanlage (vgl. Bild 9) mit einer maximalen Betriebsspannung von 160 kV und einem maximalen Röhrenstrom von 20 mA zur Verfügung. Das Objekt wird zunächst in der aus Bild 10 links ersichtlichen Weise nacheinander in zwei Stellungen 1 und 2 unter Verwendung desselben Filmes durchstrahlt. Die Tiefenlage h des Fehlers ergibt sich auf Grund der vorliegenden Geometrie zu

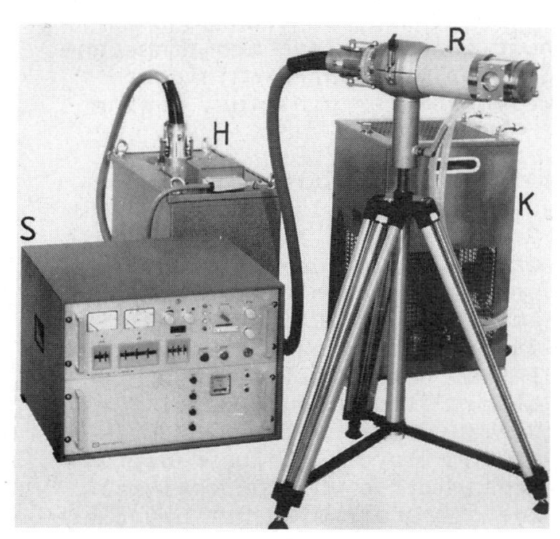

Bild 9: 160 kV-Röntgengrobstrukturanlage (Bauart Rich. Seifert & Co.) Hochspannungserzeuger (H), Schaltgerät (S), Röntgenröhre im Schutzgehäuse (R), Kühlungssystem (K)

$$h = \frac{x\,e}{(l+x)}\,, \qquad (10)$$

wobei l die Strecke ist, um die das Prüfobjekt mit Film relativ zur Röntgenröhre verschoben wird. x ist der Abstand der Fehlstellen auf dem Film nach Doppelbelichtung. Die erforderlichen Belichtungsdaten sind Bild 8 zu entnehmen. Vor der jeweiligen Belichtung sind Drahtstege DIN Al 10/16 auf die filmferne Objektseite aufzulegen. Anschließend wird eine weitere Durchstrahlung bei konstanter Filmlage mit versetzter Röntgenröhre durchgeführt. Bild 10 rechts zeigt die dann gültigen geometrischen Verhältnisse. Mit den dort benutzten Bezeichnungen ergibt sich die Tiefenlage des Fehlers ebenfalls nach Gl. 10. Die Aufnahmegüte wird auf Grund der Drahtstegerkennbarkeit unter Zuhilfenahme ähnlicher Angaben wie in Tab. 1 festgelegt.

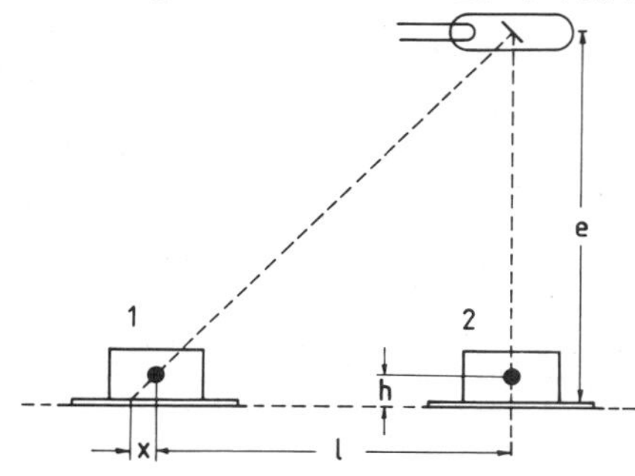

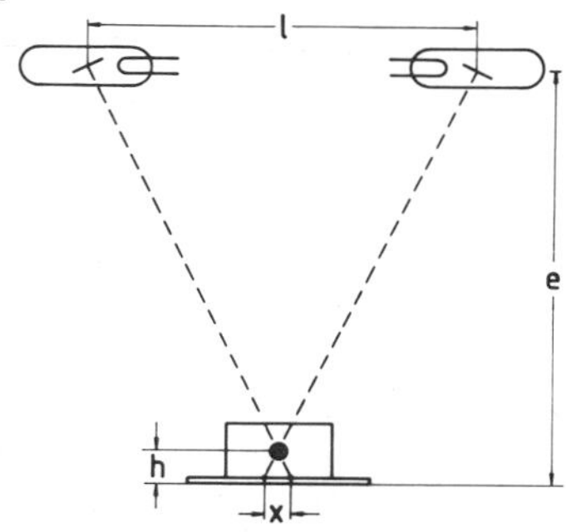

Bild 10: Versuchsanordnungen zur Fehlertiefenbestimmung in Bauteilen

Literatur: 17, 181, 182.

V 81

Metallographische und mechanische Untersuchung von Schweißverbindungen

Grundlagen

Schweißen ist ein Fügeverfahren, das zu unlösbaren Verbindungen führt. Dabei werden unter Einwirkung von thermischer Energie und/oder Druck Werkstoffe mit oder ohne artgleiche Zusätze miteinander verbunden. Die Güte einer Schweißverbindung wird durch den Grundwerkstoff und dessen Vorbehandlung, den Zusatzwerkstoff, die Schweißnahtvorbereitung, das Schweißverfahren, die Schweißbedingungen und die Nachbehandlung bestimmt. Bei der quantitativen Qualitätsprüfung von Schweißverbindungen werden praktisch alle dafür brauchbaren Methoden der Werkstoffprüfung angewandt. Im folgenden wird - unter Beschränkung auf Schmelzschweißverfahren - nur auf die metallographische und auf Teilaspekte der mechanischen Untersuchung von Schweißnähten eingegangen, die durch Verbindungsschweißen gleicher Werkstoffe entstanden sind. Über die wichtigsten Schmelzschweißverfahren gibt Tab. 1 eine schematische Übersicht.

Je nach Verfahren, Wanddicke, Position und geometrischen Gegebenheiten werden bei technischen Bauteilen unterschiedliche Schweißnahtformen ausgeführt. Bild 1 faßt einige Grundtypen mit den dafür vereinbarten Namen zusammen. Derartige Verbindungen können mit dem Gas- oder den verschiedenartigsten Lichtbogenschweißverfahren leicht hergestellt werden. In allen Fällen liegen dabei für die zu verbindenden Grundwerkstoffteile die gleichen Verfahrensschritte vor. Durch lokale Energiezufuhr wird der Grundwerkstoff und ggf. ein Zusatzwerkstoff (Schweißdraht) an der beabsichtigten Verbindungsstelle aufgeschmolzen und dem angrenzenden Grundwerkstoff eine inhomogene und zeitlich veränderliche Temperaturverteilung aufgezwungen. Nach einer relativ kurzen, vom gewählten Verfahren abhängigen Zeit wird dem entstandenen Schmelzbad (Schweiße, Schweißgut) und den die Schmelze haltenden benachbarten Werkstoffbereichen von außen keine weitere thermische Energie mehr zugeführt. Die Schweiße und ihre unaufgeschmolzenen Nachbarbereiche kühlen auf Raumtemperatur ab. Die an die aufgeschmolzene Zone angrenzenden Werkstoffbereiche, in denen während der Aufheiz- und Abkühlzeit nachweisbare Veränderungen der Ausgangsgefügestruktur auftreten, werden wärmebeeinflußte Zonen oder kurz Wärmeeinflußzonen (WEZ) genannt. Bild 2 zeigt schematisch die auftretenden Verhältnisse. Eine Schmelzschweißverbindung umfaßt also stets eine Schweißgutzone (SZ), die meist als "die Schweißnaht" angesprochen wird, und zwei Wärmeeinflußzonen. SZ und WEZ sind durch Schmelzlinien (SL) voneinander getrennt. An den SZ-nahen Seiten der WEZ treten Grobkornzonen (GZ) auf. Die Breiten der SZ und der WEZ sind abhängig von dem Schweiß-

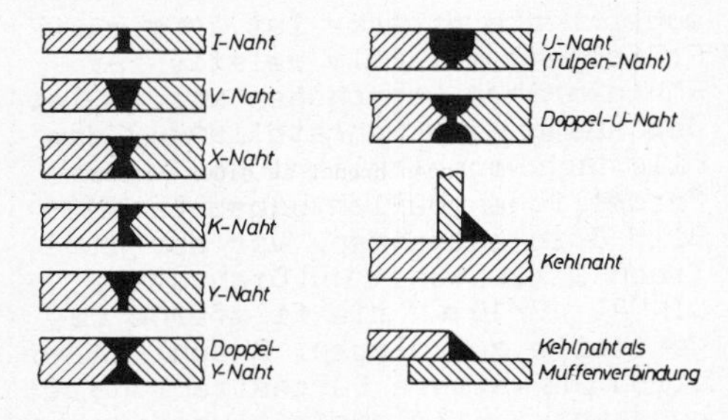

Bild 1: Zusammenstellung verschiedener Schweißnahtformen (nach DIN 1912)

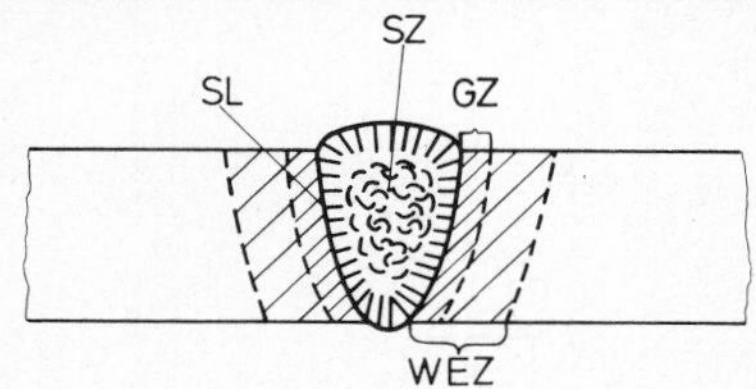

SZ = Schweißgutzone GZ = Grobkornzone
SL = Schmelzlinie WEZ = Wärmeeinflußzone

Bild 2: Schematische Darstellung der Bereiche einer einlagigen Schweißverbindung

Tab. 1: Übersicht über wichtige Schmelzschweißverfahren

Typ	Prinzip	Charakteristikum
Gasschweißen		Wärmeerzeugung durch Verbrennung von Gas (z. B. Azetylen)
Offenes (Gasabgedecktes) Schweißen		Wärmeerzeugung durch Lichtbogen zwischen Zusatzwerkstoff (als umhüllte oder gefüllte Abschmelzelektrode) und Grundwerkstoff. Schmelzbadabdeckung durch Gase, die beim Verdampfen der Elektrodenumhüllung (füllung) entstehen.
Unterpulver-Schweißen (UP-Schweißen)		Wärmeerzeugung durch Lichtbogen unter Pulver zwischen nacktem Draht und Grundwerkstoff. Lichtbogen brennt in einer von aufgeschmolzenem Pulver gebildeten Zwischenschicht.
Wolfram-Inertgas-Schweißen (WIG-Schweißen)		Wärmeerzeugung durch Lichtbogen zwischen nicht abschmelzender Wolframelektrode und Grundwerkstoff. Schmelzbad, Elektrode und Zusatzwerkstoff werden von Inertgas (Argon, Helium) umspült
Elektronenstrahl-schweißen		Wärmeerzeugung durch Abbremsung fokusierter, energiereicher Elektronen im Grundwerkstoff. Evakuierter Arbeitsraum ($\approx 10^{-5}$ bis 10^{-2} Torr).
Widerstands-schweißen		Wärmeerzeugung durch elektrische Widerstandserhitzung

verfahren, der zugeführten Energie, dem Zusatzwerkstoff, der Nahtform sowie den Abmessungen und den Eigenschaften des Grundwerkstoffes. Grundsätzlich treten als Folge des Schweißens Eigenspannungen auf (Schweißeigenspannungen).

SZ und WEZ bestimmen die Güte einer Schweißverbindung. Bei der Aufheizung und der Abkühlung durch den Schweißvorgang durchläuft jedes räumliche Element der SZ und der WEZ einer einlagigen Schweißverbindung einen charakteristischen Temperatur-Zeit-Zyklus. Bei Mehrlagenschweißungen (vgl. Bild 3) wird jeweils der oberflächennahe Teil der SZ der vorangegangenen Lage erneut aufgeschmolzen und der oberflä-

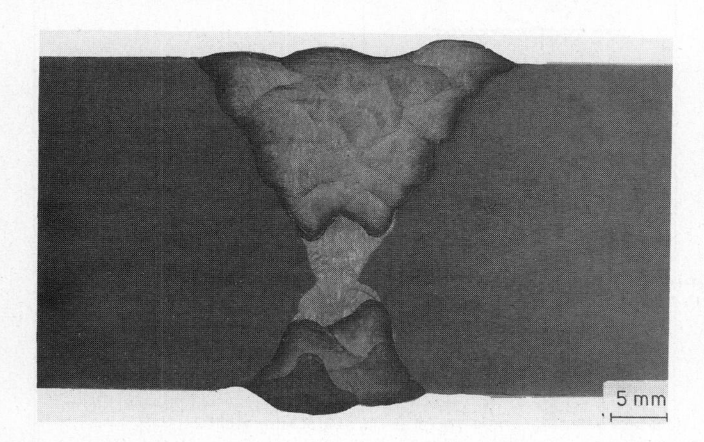

Bild 3:
2/3 X-Naht mehrlagig geschweißter Stahlplatten

chenferne Teil zur "WEZ" der gerade gefertigten Lage. Bestimmte Bereiche der Schweißverbindung erfahren also mehrfache und nicht miteinander übereinstimmende Temperatur-Zeit-Zyklen in verschiedener Reihenfolge. Die beim Schweißen im Werkstoff ablaufenden Umwandlungsprozesse sind daher äußerst komplex. Die sich ausbildenden Makro- und Mikrogefügezustände sind durch Nichtgleichgewichtsvorgänge charakterisiert. Sie lassen sich deshalb nicht oder höchstens bedingt an Hand von Zustandsschaubildern beurteilen. Trotzdem ist der Rückgriff auf diese Diagramme zum Erkennen der grundsätzlichen Zusammenhänge sehr nützlich. Davon wird nachfolgend Gebrauch gemacht. Insbesondere sind Zustandsdiagramme für die Beurteilung von Schmelzschweißverbindungen zwischen unterschiedlichen Werkstoffen unerläßlich. Ist beispielsweise die Bildung intermetallischer Verbindungen zu erwarten, dann ist wegen deren Sprödigkeit selten eine ausreichende Schweißnahtgüte zu erreichen.

In Bild 4 sind unter Zuhilfenahme der aluminiumreichen Seite des Zustandsdiagramms Al-Mg die zu erwartenden Verhältnisse skizziert, wenn Reinaluminium oder AlMg 5 stumpfgeschweißt und sich dabei wie unter Gleichgewichtsbedingungen verhalten würde. Für Al (links) und für AlMg 5 (rechts) sind hypothetische Temperaturverteilungen T(x) angegeben, mit deren Hilfe auf Grund des Zustandsdiagrammes für jeden Werkstoffbereich die zu erwartenden werkstofflichen Veränderungen diskutiert werden können. Bei reinem Aluminium liegt in den Bereichen mit $T > T_S$ ein schmelzflüssiger Zustand vor. Damit ist die Breite der Schweißgutzone SZ bestimmt. In den Bereichen mit $T < T_S$ bleibt der Werkstoff fest. Je nachdem, ob harte oder weiche Bleche miteinander verbunden werden und ob mit einem artgleichen oder artfremden Zusatzwerkstoff gearbeitet wird, können als Folge des Schweißens recht unterschiedliche Zustandsänderungen auftreten. Im unteren linken Teil von Bild 4 sind die für die angesprochenen

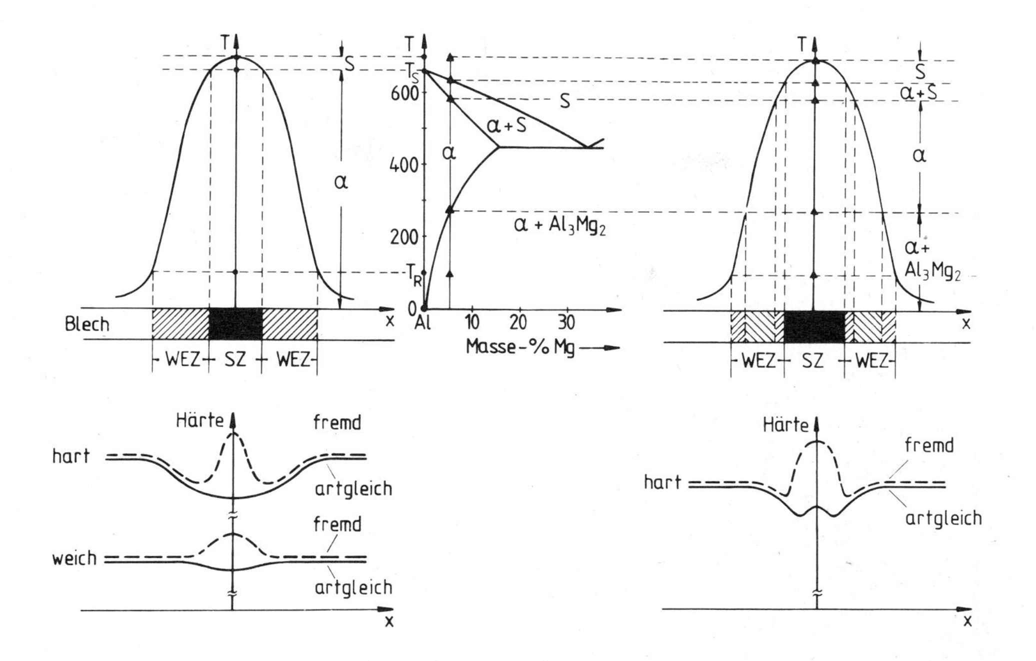

Bild 4: Zur Beurteilung der Schweißnahtausbildung bei Reinaluminium und bei der Legierung AlMg 5 an Hand des Zustandsdiagramms Al-Mg

Fälle zu erwartenden Härteverlaufskurven senkrecht zur Naht schematisch wiedergegeben. Besonders ausgeprägte Zustandsänderungen treten nur bei dem harten Werkstoff als Folge von Rekristallisation und Kornwachstum (vgl. V 13) auf. Das ist im Temperaturintervall oberhalb der Rekristallisationstemperatur $T_R \approx 0.4\ T_S$ (K) möglich. Dementsprechend sind die Wärmeeinflußzonen seitlich abgegrenzt. Bei der Erstarrung der Schweiße, die durch stark ungleichmäßige Wärmeabfuhr nach den festen Nachbarbereichen und den freien Oberflächen hin gekennzeichnet ist, entstehen außen längliche, innen mehr globulare Kristalle. In den schmelzzonennahen Werkstoffbereichen der WEZ entstehen Grobkornzonen. Von diesen aus fällt die Korngröße kontinuierlich auf die Korngröße des schweißunbeeinflußten Grundwerkstoffes ab. Die Probenbereiche, die auf Temperaturen unterhalb der Rekristallisationstemperatur erwärmt werden, erfahren nur eine Anlaßbehandlung im Erholungsgebiet und damit keine größeren Zustandsänderungen. Werden weiche, rekristallisierte Aluminiumbleche geschweißt, so treten kleinere WEZ auf, weil nur noch die Grobkornzonen unmittelbar neben der SZ gebildet werden, aber keine Rekristallisation mehr einsetzt. Deshalb sind links unten in Bild 4 beim kaltverfestigten, harten Werkstoffzustand breite und betragsmäßig große Härteeinbrüche angegeben, beim rekristallisierten Werkstoffzustand dagegen schmale und betragsmäßig kleinere.

Bei der nichtaushärtenden Legierung AlMg 5 erwartet man nach der Stumpfschweißung die dem rechten Teil von Bild 4 entnehmbaren Veränderungen des Werkstoffes. Nach Ausbildung des Schmelzbadzustandes liegen in den angrenzenden Probenteilen α-Mischkristalle und aufgeschmolzene Legierungsbereiche nebeneinander vor. Weiter nach außen schließen sich ein Gebiet von α-Mischkristallen und ein heterogenes Gebiet mit α-Mischkristallen und der intermetallischen Verbindung Al_3Mg_2 an. Die Auflösung der Al_3Mg_2-Kristalle wird vollständig nur im zentralen Bereich der Schweißung erwartet. In der SZ bildet sich beim Erstarren eine typische Gußstruktur aus mit innen globularen und außen in Wärmeabflußrichtung länglich gestreckten Kristallen (vgl. Bild 5). Von den schweißgutnahen Grobkornzonen der WEZ geht mit wachsender Entfernung von der Naht der Gefügezustand kontinuierlich in den des Grundzustandes über. In den Werkstoffbereichen, in denen $T < T_R$ bleibt, sind keinerlei Gefügeveränderungen festzustellen. Die bei der Schweißung harter Legierungszustände unter Benutzung fremder oder artgleicher Zusätze zu erwartenden Härte-Abstandskurven sind rechts im unteren Teil von Bild 4 angegeben.

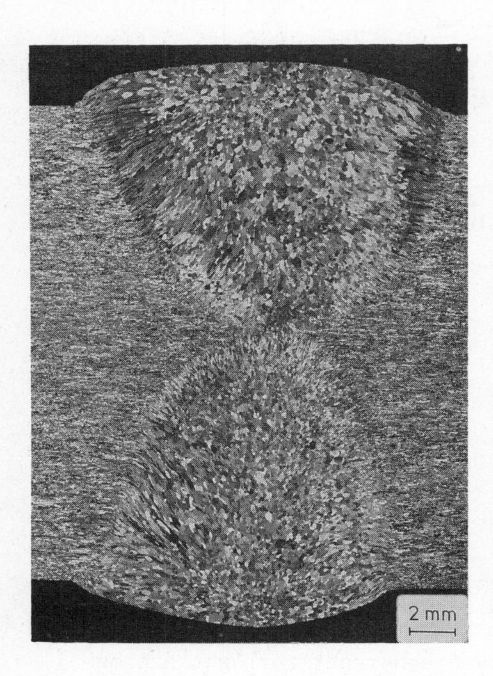

Bild 5: X-Naht geschweißter Platten einer AlMg-Legierung

Die bei Schweißverbindungen von unlegierten Stählen auftretenden Verhältnisse lassen sich unter den eingangs genannten Einschränkungen an Hand des Eisen- Eisenkarbid-Diagramms (vgl. V 15) beurteilen. Erschwerend kommt dabei aber hinzu, daß die beim Schweißen austenitisierten Werkstoffbereiche je nach Abkühlgeschwindigkeit verschiedenartig (ferritisch/perlitisch, bainitisch, martensitisch) umwandeln können (vgl. V 35). Die entstehenden Gefügezustände sind um so härter, je größer der Kohlenstoffgehalt ist. Entsteht Martensit, so spricht man von Aufhärtung. Da erfahrungsgemäß mit der Härte des Martensits auch dessen Rißanfälligkeit wächst, begrenzt man den Kohlenstoffgehalt für schweißgeeignete Stähle auf Werte < 0.22 Masse-%. Da mit den meisten Legierungszusätzen zu Eisen die kritische Abkühlgeschwindigkeit für die Martensitbildung ebenfalls herabgesetzt wird (vgl. V 16), stellen Aufhärtungserscheinungen beim Schweißen legierter Stähle ein erhebliches Problem dar. Abhilfe kann man dabei durch Vorwärmen der Grundwerkstoffe und/oder geeignete Wärmenachbehandlung der Schweißverbindung schaffen.

Die beim Schweißen von unlegierten Stählen und von Massenbaustählen grundsätzlich zu erwartenden Verhältnisse können an Hand von Bild 6 besprochen werden. Dort ist eine hypothetische Temperaturverteilung während des Schweißens der eisenreichen Seite des Eisen-Eisenkarbid-Diagramms (vgl. V 15) gegenübergestellt. Betrachtet wird ein Stahl mit etwa 0.2 Masse-% Kohlenstoff. Bei der angenommenen Temperaturverteilung befinden sich alle Probenbereiche mit $T > T_L$ (Liquidustemperatur) im voll schmelzflüssigen Zustand. In den daran angrenzenden Bereichen liegen Schmelze und δ - Mischkristalle nebeneinander vor. Dieser innere

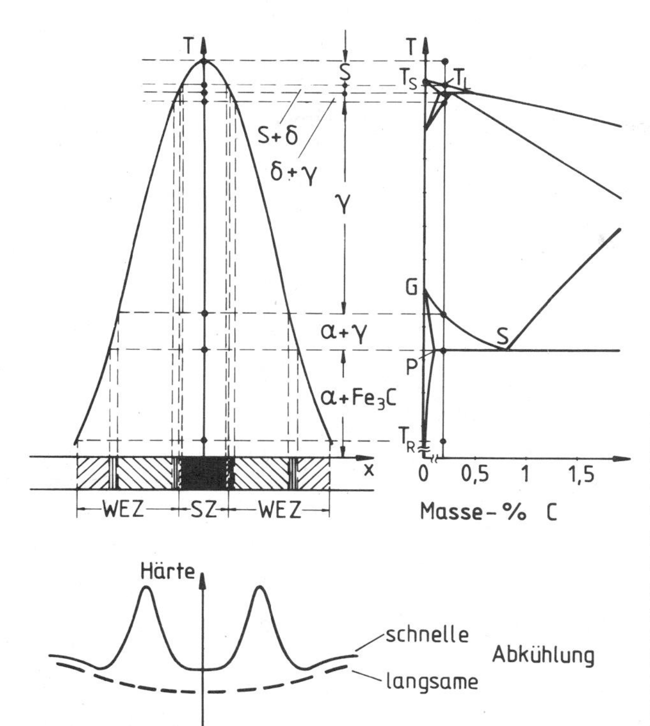

Bild 6: Zur Beurteilung der Schweißnahtausbildung bei einem kaltverfestigten, unlegierten Stahl mit ~ 0.2 Masse-% Kohlenstoff

Teil der Schweißung kann als SZ angesprochen werden. Beiderseits davon erfahren einzelne Grundwerkstoffbereiche mehrfache Umwandlungen im festen Zustand. So treten z.B. bei der Erhitzung in den direkt an die SZ angrenzenden Teilen die Umwandlungen $\alpha + Fe_3C \rightarrow \gamma$, $\alpha \rightarrow \gamma$ und $\gamma \rightarrow \delta$ auf. Wenn dort beim anschließenden Temperaturabfall die Abkühlgeschwindigkeit nicht die kritische erreicht, dann laufen die Umwandlungen in der umgekehrten Reihenfolge $\delta \rightarrow \gamma$, $\gamma \rightarrow \alpha$ und $\gamma \rightarrow \alpha + Fe_3C$ ab. Würde dagegen die Abkühlgeschwindigkeit größer als die kritische, so entstünde wegen des kleinen Kohlenstoffgehaltes ein rel. weicher Martensit, weil grober Austenit mit dem völlig gelösten Kohlenstoff martensitisch umwandeln würde. In diesem Zusammenhang muß beachtet werden, daß die zur Martensitbildung erforderliche kritische Abkühlgeschwindigkeit von der Austenitkorngröße abhängig ist und mit wachsendem Austenitkorn kleiner wird. Normalerweise wird jedoch in den nahtnahen Bereichen, wozu auch die Probenteile zu zählen sind, die weit über die GS-Linie erhitzt werden, die kritische Abkühlgeschwindigkeit nicht erreicht. Während der Abkühlung bilden sich hier - wegen des bei den hohen Temperaturen entstandenen grobkörnigen Austenits - relativ große globulare Ferrit- und Perlitbereiche mit einer sog. Widmannstätten'schen Struktur aus. Man findet also eine vergröberte Gefügezone vor. In dem Bereich der WEZ, der nicht zu hohe Temperaturen oberhalb A_3 annimmt, entsteht ein feinkörniger Austenit, aus dem nach Abkühlung auf Raumtemperatur je nach Abkühlgeschwindigkeit entweder ein relativ feinkörniges ferritisch-perlitisches Gefüge, oder ein feinkörniger, kohlenstoffarmer Martensit entsteht.

Beachtet werden müssen auch die Vorgänge in den Bereichen der WEZ, die Temperaturen zwischen A_1 und A_3 einnehmen. Die dort beim Aufheizen entstehenden Austenitkörner haben durchweg größere Kohlenstoffgehalte als 0.2 Masse-%. Erfolgt hier die Abkühlung schneller als die kritische, so entsteht ein feinkörniger Martensit, der wegen seines rel.

hohen C-Gehaltes eine merklich größere Härte aufweist und daher auch rißanfälliger ist als der möglicherweise nahtnäher entstandene Martensit. Bei hinreichend langsamer Abkühlung wandeln sich natürlich die in diesem Werkstoffbereich entstandenen Austenitkörner wieder perlitisch um. Schließlich laufen dort, wo sich Temperaturen zwischen der eutektoiden und der Rekristallisation-Temperatur einstellen, Rekristallisationsprozesse ab, falls die zu schweißenden Teile kaltverfestigt vorliegen. Die WEZ werden somit nach außen durch die Probenbereiche begrenzt, die $T = T_R \approx 0.4\, T_S\, [K]$ erreichen. Allerdings können in den noch weiter außen liegenden Probenbereichen, in denen $T < T_R$ ist, noch Alterungserscheinungen (vgl. V 28) auftreten und die lokalen mechanischen Eigenschaften verändern.

Die erörterten Vorgänge bei der Schweißung können je nach den tatsächlich vorliegenden Bedingungen in der SZ und in der WEZ zur Ausbildung recht unterschiedlicher Gefügezustände und dementsprechenden mechanischen Eigenschaften führen. Beispielsweise kann bei einem kaltverformten unlegierten Stahl der im unteren Teil von Bild 6 skizzierte Härteverlauf auftreten, wenn artgleich geschweißt wird. Dabei ist im Falle der schnellen Abkühlung angenommen, daß lokal die zur Martensit- oder Bainit-Bildung notwendige Abkühlgeschwindigkeit erreicht wurde und am Rande der WEZ merkliche Rekristallisation einsetzte. Bei langsamer Abkühlung ist dagegen nur eine leichte Absenkung der Härtewerte längs der Meßstrecke zu erwarten. Bei schmalen Nähten ohne Wärmestau in der Nahtmitte (z. B. beim Elektronenstrahlschweißen) können auch zentrale Härtespitzen in der Schweißgutzone auftreten. Bei niedriglegierten Baustählen liegen die Härtemaxima seitlich von der Schmelzlinie in der Grobkornzone.

Die Herstellung guter Schweißnähte wird mit zunehmendem Kohlenstoffgehalt und zunehmendem Gehalt an Legierungselementen, die die Härtbarkeit (vgl. V 36) steigern, schwieriger. Unlegierte Stähle mit Kohlenstoffgehalten > 0.4 Masse-% müssen vor Schweißbeginn vorgewärmt werden. Bezüglich der kleinstmöglichen Vorwärmtemperatur kann man sich an der Martensitstarttemperatur (vgl. V 16) orientieren. Die Beurteilung der Aufhärtungsneigung legierter Stähle erfolgt oft auf Grund eines empirisch festgelegten Kohlenstoffäquivalents $C_{äqu}$, wofür mehrere quantitative Ansätze vorliegen. Häufig wird mit

$$C_{äqu} = C + \frac{Mn}{6} + \frac{Cr+Mo+V}{5} + \frac{Ni+Cu}{15} \quad [\text{Masse-\%}] \qquad (1)$$

gerechnet, wobei die einzelnen Elementsymbole die Bedeutung Masse-% einschließen. Liegen $C_{äqu}$-Werte > 0.4 Masse-% vor, so werden Vorwärmungen vorgenommen. Die tatsächlich auftretenden Abkühlgeschwindigkeiten sind aber von der Blechdicke abhängig. Deshalb ist bei gegebenem $C_{äqu}$ die Aufhärtung blech- bzw. wanddickenabhängig. Bild 7 zeigt die bei bestimmten Blechdicken für niedriglegierte Stähle erforderlichen Kohlenstoffäquivalente, bei denen erfahrungsgemäß betriebssichere bzw. rißgefährdete Schweißungen zu erwarten sind.

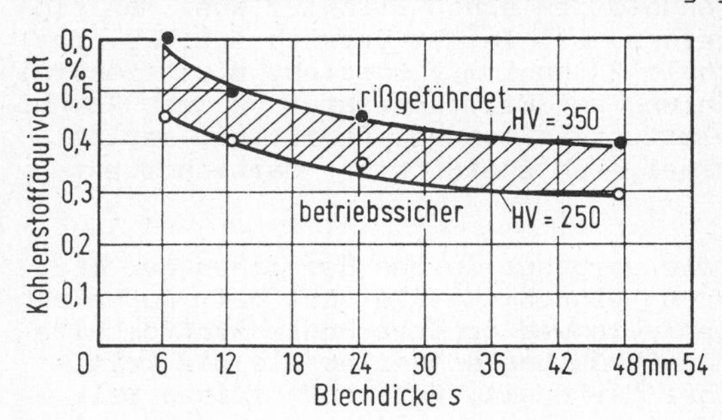

Bild 7: Zulässige Kohlenstoffäquivalente bei verschiedenen Blechdicken niedriglegierter Stähle

Über die tatsächlich in den Schweißverbindungen vorliegenden Gefüge lassen sich selbstverständlich nur an Hand der lokal auftretenden Temperatur-Zeit-Verläufe und der diesen zuordenbaren Umwandlungsvorgänge genaue Aussagen machen. Das läuft auf die Ermittlung schweißspezifischer Zeit-Temperatur-Umwandlungsschaubilder hinaus (vgl. V 35). Man hat deshalb mit Hilfe von Testproben, die in geeigneten Apparaten lokal schnell (4 bis 8 s) auf hinreichend hohe Temperaturen (Spitzentemperaturen) erhitzt wurden, sog. Schweiß-ZTU-Diagramme entwickelt. In Bild 8 ist als Beispiel ein solches Diagramm für einen wetterfesten Feinkornbaustahl vom Typ WT St 52-3 wiedergegeben. Es ist als "kontinu-

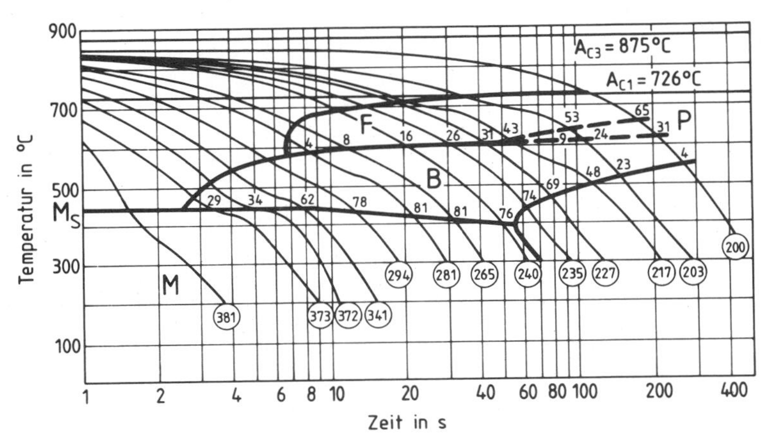

Bild 8: Schweiß-ZTU-Diagramm von WT St 52-3 für eine Spitzentemperatur von 1350°C

ierliches ZTU-Diagramm" längs der einzelnen Abkühlungskurven zu lesen. Vielfach werden auf Grund derartiger Messungen die Zeiten

$$K_{30} = [t_{500°C} - t_{A_3}]_{30\,Vol.-\%} \tag{2}$$

und

$$K_{50} = [t_{500°C} - t_{A_3}]_{50\,Vol.-\%} \tag{3}$$

ermittelt, in denen beim Durchlaufen des Temperaturintervalls zwischen A_3 und 500 °C entweder 30 oder 50 Vol.-% Martensit entstehen. So gelangt man zu Beurteilungskriterien für zulässige Abkühlzeiten. Man tendiert dazu, 30 Vol.-% Martensit zu tolerieren, wenn keine Nachbehandlung der Schweißverbindungen erfolgt. 50 Vol.-% Martensit läßt man zu, wenn nach dem Schweißen eine Spannungsarmglühung der Schweißverbindung vorgesehen ist (vgl. V 34). Solche Spannungsarmglühungen dienen dazu, die nach jeder Schweißung unvermeidbar auftretenden Eigenspannungen durch Zufuhr thermischer Energie abzubauen. Vorhandener Martensit wird dabei in das der Werkstoffzusammensetzung entsprechende Gleichgewichtsgefüge übergeführt (vgl. V 37). Die nach einer Stumpfschweißung dünner Bleche vorliegenden Verteilungen der Längs- und Quereigenspannungen sind in Bild 9 schematisch angegeben. In der Naht treten in Längsrichtung und - abgesehen von den Blechrändern - auch in Querrichtung Zugeigenspannungen auf. Die Beträge der $\sigma_x(y)$- und der $\sigma_y(x)$-Verteilungen fallen mit Annäherung an die seitlichen Plattenbegrenzungen auf Null ab.

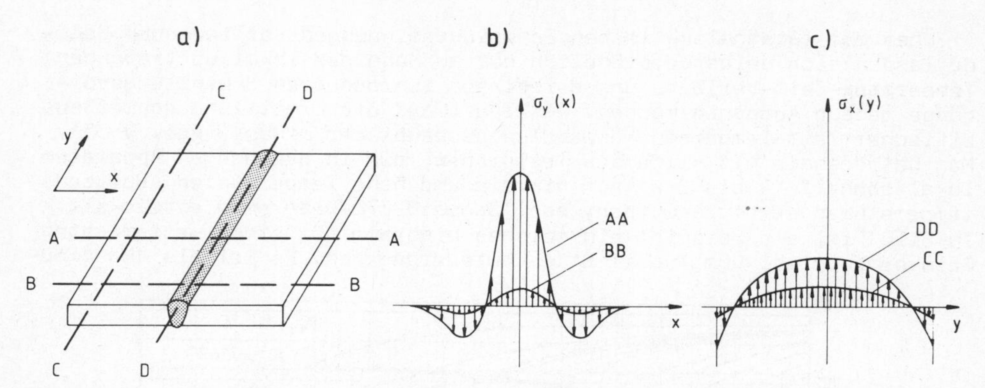

Bild 9: Verteilung der Längseigenspannungen (b) und Quereigenspannungen (c) in verschiedenen Bereichen einer stumpfgeschweißten Platte (a)

Aufgabe:

Es liegen elektrohand- und unterpulvergeschweißte Platten aus St 52-3 mit einer Dicke von 15 mm vor. Die Gefügeausbildung der Schweißverbindungen ist zu bewerten. Ferner sind Vorschläge zu entwickeln, wie ergänzend zu den einfach zu bestimmenden Härteverläufen quantitative Daten über Streckgrenze, Zugfestigkeit, Kerbschlagzähigkeit und Rißzähigkeit der Schweißverbindungen erhalten werden können.

Versuchsdurchführung

Die Untersuchung der Gefügeausbildung erfolgt mit den Hilfsmitteln der Metallographie (vgl. V 8). Dazu werden durch Vertikalschnitte aus den Platten Werkstoffbereiche herausgetrennt, die die Schweißverbindungen im Querschnitt enthalten. Danach erfolgt die notwendige Schleif-, Polier- und Ätzbehandlung. Die Gefügeentwicklung erfolgt mit einem Ätzmittel der Zusammensetzung 25 cm^3 dest. H_2O, 50 cm^3 konz. HCl, 15 mg $FeCl_3$ (Eisen-III-Chlorid) und 5 g $CuCl_2 \cdot 2NH_4Cl \cdot 2H_2O$ (Kupferammoniumchlorid). Dabei ist das Kupferammoniumchlorid zunächst in H_2O und das Eisenchlorid in HCl zu lösen, bevor beide Lösungen vermischt werden. Nach der lichtmikroskopischen Betrachtung der angeätzten Schweißverbindung werden die Härteverteilungen quer zur Naht in verschiedenen Höhen gemessen. Die Härteverläufe werden mit der Gefügeausbildung verglichen. Ferner werden Zugversuche (vgl. V 25) mit Proben durchgeführt, die senkrecht zur Schweißnaht und innerhalb der SZ parallel zu dieser entnommen werden. Danach wird für die Schweißplatten ein Probenentnahmeplan entworfen, der Experimente zur Bestimmung der Kerbschlagzähigkeit in der SZ und an definierten, vorher festgelegten Stellen der WEZ ermöglichen soll. Nach Durchführung der Kerbschlagversuche mit ISO V-Proben (vgl. V 48) werden alle erhaltenen mechanischen Kenngrößen mit denen des Grundwerkstoffs verglichen und diskutiert.

Literatur: 183, 184, 185, 186.

Schweißnahtprüfung mit Röntgen- und γ-Strahlen

V 82

Grundlagen

In der technischen Praxis sind die verschiedenartigsten Schmelzschweißverbindungen zwischen gleichartigen oder ungleichartigen Werkstoffen anzutreffen. Einige häufig vorkommende Nahtformen sind in Bild 1 von V 81 zusammengestellt. Zur Kontrolle und Überprüfung derartiger Schweißverbindungen sind Röntgengrobstrukturuntersuchungen (vgl. V 80) die Methode der Wahl. Voraussetzung dazu ist, daß Untersuchungsobjekt und Röntgenstrahlungsquelle relativ zueinander in die für die Durchstrahlung erforderlichen Positionen gebracht werden können. Ist dies nicht möglich, so greift man mit Erfolg auf handhabbare Gammastrahlungsquellen zurück, mit denen nach dem gleichen Prinzip wie bei Röntgenstrahlen Grobstrukturuntersuchungen möglich sind. Dabei finden heute durchweg künstliche radioaktive Elemente Anwendung, und zwar überwiegend Ir^{192} mit γ-Quanten einer mittleren Energie von 0.38 MeV sowie Co^{60} mit γ-Quanten der Energien 1.33 und 1.17 MeV. Die Strahlenquellen haben meist zylindrische Form und sind in Strahlerkapseln gefaßt. Ein Beispiel zeigt Bild 1. Die Strahlerkapseln werden ihrerseits in sog. Gammageräten untergebracht, die einerseits vollkommen den Anforderungen des Strahlenschutzes genügen und andererseits eine leichte Positionierung der dauernd γ-Strahlen emittierenden Strahlungsquelle bezüglich des Meßobjektes ermöglichen.

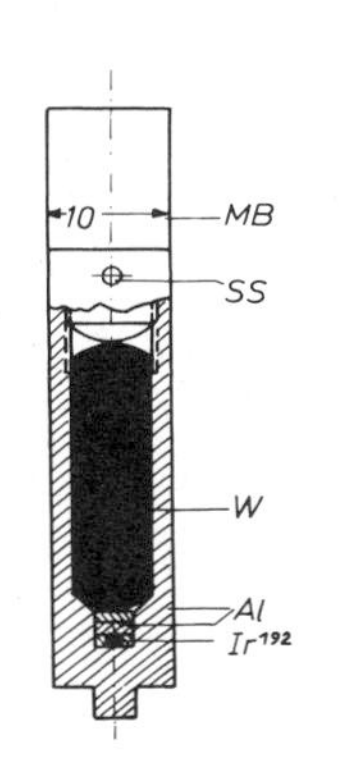

Bild 1: Ir^{192}-Strahlerkapsel (Schnitt).
MB Messingbolzen
SS Sicherungsschraube
W Wolframstift
Al Aluminiumhülle

Bei der Schweißnahtprüfung werden alle Abweichungen von einer einwandfreien Schweißverbindung und von der beabsichtigten geometrischen Form der Schweißnaht als Schweißfehler angesprochen. Typische Fehler sind Risse, Hohlräume, Einschlüsse, unvollkommene Durchschweißungen, Kerben, Überhöhungen, Versätze u.a.m. . In Bild 2 ist für V-Nahtverbindungen eine Reihe von Fehlern schematisch aufskizziert. Man spricht in den aufgeführten Fällen von Poren (a), Schlacken (b), deckseitigen (c) bzw. wurzelseitigen (d) Einbrandkerben, Wurzelrückfall (e), Wurzelfehlern (f), Wurzelfehlern mit Bindefehlern (g), Wurzelrückfall mit Bindefehlern (h), Versatz (i), Versatz mit Riß (k), Versatz mit einseitigem (l) bzw. doppelseitigem (m) Bindefehler. Der Nachweis derartiger Defekte mit Röntgen- oder γ-Strahlen ist von der Größe, der Form und der Orientierung der Fehler zur Durchstrahlungsrichtung abhängig. Meistens sind nur die senkrecht oder schwach geneigt zur Plattenebene liegenden Fehler mit hinreichender Tiefenausdehnung in Durchstrahlungsrichtung nachweisbar. Parallel zur Durchstrahlungsrichtung orientierte Fehler werden

Bild 2: Einige Schweißfehler bei V-Nähten (schematisch)

nur erfaßt, wenn sie mit einer relativ großen Spaltbreite > 1.5 % der Plattendicke verbunden sind. Auch lassen sich bei den üblichen Messungen, die meistens mit einer fixierten Lage von Strahlungsquelle und Film erfolgen, keinerlei Aussagen über die Tiefenlage der Fehler und deren Ausdehnung in Durchstrahlungsrichtung machen. Vielfach ist der erfahrene Schweißnahtprüfer jedoch in der Lage, aus Form und Lage der Fehlerabbildung auf dem Film auf den Ursprungsort innerhalb der Schweißverbindung zu schließen (vgl. dazu auch Bild 4). Beispiele für das Aussehen von Röntgenaufnahmen fehlerhafter Schweißverbindungen geben die in Bild 3 zusammengestellten Durchstrahlungsbilder. Mit angegeben sind jeweils schematische Schnitte durch die zugehörigen Schweißnähte. Die Bilder zeigen bei a) einen scharfen Flankenriß, bei b) einen scharfen Anriß längs der Naht, bei c) stark zurückgefallene Wurzelbereiche, bei d) starke Wurzeldurchbrüche und bei e) grobe Porenanhäufungen.

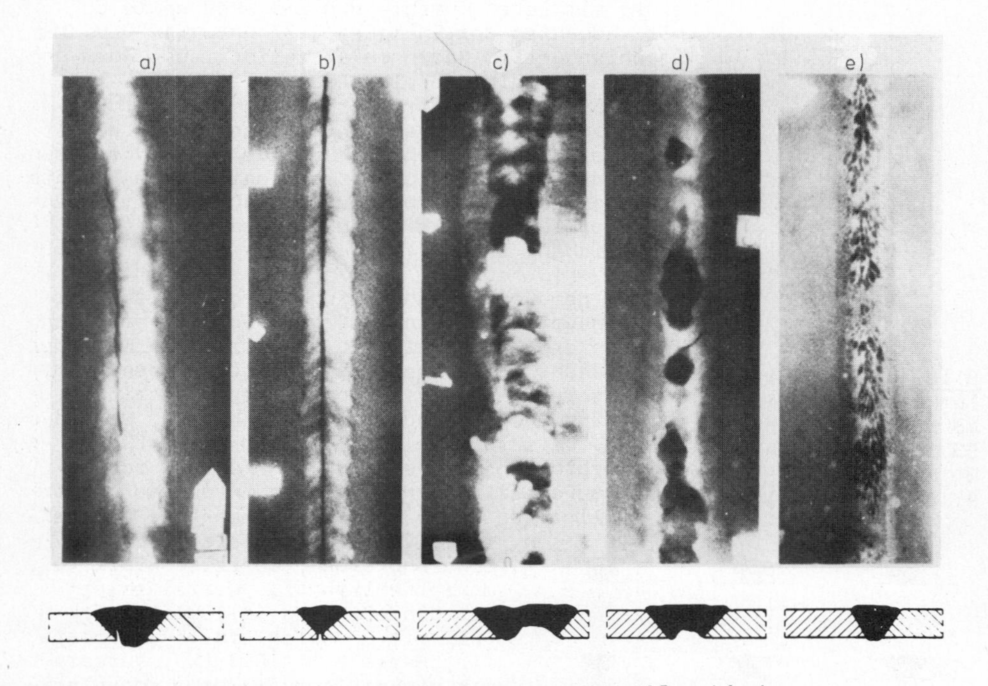

Bild 3: Röntgengrobstrukturaufnahmen von Schweißverbindungen
a) Scharfer Flankenanriß b) Nahtlängsriß
c) Grober Wurzelrückfall d) Starke Durchbrüche
e) Grobe Porenanhäufung

Damit die Beurteilung von Schweißverbindungen in einheitlicher Weise erfolgt, sind auf nationaler und internationaler Ebene mehrere Vorschläge für die systematische Einteilung und Benennung der möglichen Fehler bei Schmelzschweißverbindungen entwickelt worden. Einige der für V-Nähte vom IIW (International Institute of Welding) und nach DIN 8524 festgelegten Ordnungsnummern und Benennungen von Schweiß-

Ordnungsnummer	Benennung	schematische Röntgenaufnahme der Schweißnaht	schematische Darstellung
101	Längsriß	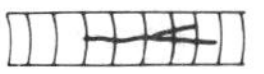	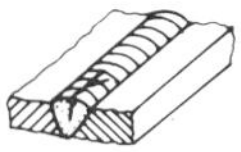
102	Querriß	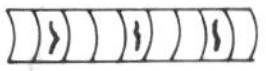	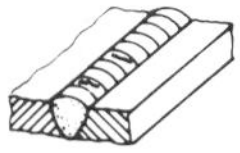
103	sternförmiger Riß	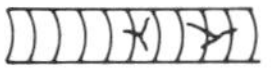	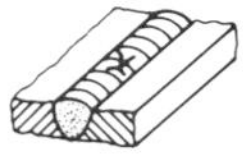
2012	Porosität		
2014	Porenzeile		
2015	Gaskanal	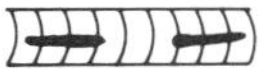	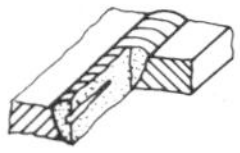
301	nicht scharfkantiger Schlackeneinschluß	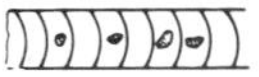	
401	Bindefehler		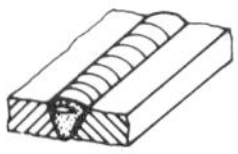
402	ungenügende Durchschweißung		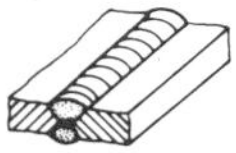
5011	Einbrandkerben durchlaufend	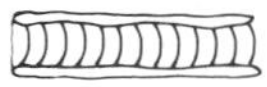	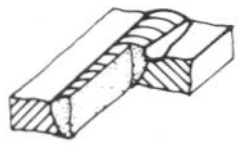
5015	Querkerben in der Decklage		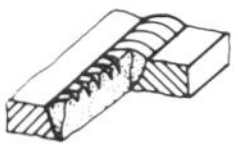
504	zu große Wurzelüberhöhung	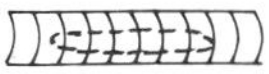	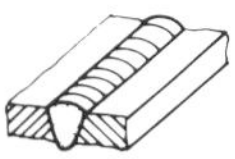
511	Decklagenunterwölbung	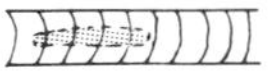	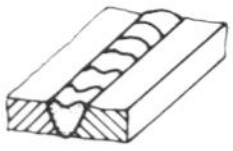

Bild 4: Zur Systematik von Schweißfehlern bei V-Nähten

fehlern sind in Bild 4 zusammengefaßt. Sie sind jeweils ergänzt durch schematische Skizzen der Fehler und die von diesen auf Grobstrukturfilmen hervorgerufenen Schwärzungsverhältnisse.

Aufgabe

Es liegen mehrere unterschiedlich dicke WIG-geschweißte Bleche aus St 52-3 mit verschiedenartigen Nahtfehlern vor. Von den Schweißverbindungen sind Röntgengrobstrukturaufnahmen anzufertigen und zu beurteilen (vgl. V 80).

Versuchsdurchführung

Bauteil	Werkstoff	Wandstärke			
		0-20	20-40	40-80	> 80

Röntgenprüfung	kV	mA	Bel.-zeit	Filter	Verst.-folie	Film	Sonstiges

Gammaprüfung	Jr^{192}	Cs^{137}	Co^{60}	Bel.-zeit	Film	Verst.-folie

Schweißnaht	Nahtart	Schweiß-verfahren	Zusatz-werkstoff	sonstige Schweißdaten

Fehlerart Ord.-Nr.	Fehlerart Kommentar	Röntgenaufnahme	Bewertung	
100			Güteklasse	
101				
102			Bildgütezahl	
103				
201			Aufnahmedaten	
2012				
2014			Kontrast	
2015				
300			Zeichenschärfe	
301			Gesamturteil :	
3011				
401				
402				
500				
5011				
5015				
504				
515				
			Name :	
			Datum :	

Bild 5: Protokoll der Röntgen-Grobstrukturuntersuchung einer Schweißverbindung

Es steht eine Röntgengrobstrukturanlage zur Verfügung. Von den zu untersuchenden Schweißverbindungen wird eine für die Durchstrahlung ausgewählt. Für die restlichen Schweißverbindungen werden vorbereitete Durchstrahlungsaufnahmen mit den benutzten Aufnahmedaten zur Verfügung gestellt. Dann werden zunächst die Dicken der Prüfobjekte ermittelt und unter Heranziehung von DIN 54111 die dort empfohlenen Aufnahmedaten festgelegt. Diese werden einerseits mit den für die vorliegenden Aufnahmen benutzten Daten verglichen und andererseits als Einstellgrößen für die durchzuführenden Grobstrukturuntersuchungen benutzt. Danach wird eine Filmkassette bezüglich der interessierenden Schweißnahtstelle positioniert. Nach Einstellung eines Film-Fokusabstandes von 70 cm und Aufbringung eines DIN-Drahtsteges (vgl. V 80) auf der filmfernen Seite der Schweißverbindung wird die Belichtung vorgenommen. Anschließend werden zwei weitere Filmkassetten belichtet, und zwar mit um 50 kV größeren und 50 kV kleineren Röhrenspannungen als in DIN 54111 für die Prüfklasse B empfohlen. Während der Durchstrahlungen sind die einschlägigen Bedingungen des Strahlenschutzes zu beachten.

Nach der Belichtung werden die Filme in der Dunkelkammer den Kassetten entnommen, entwickelt, fixiert, gewässert und getrocknet. Danach werden sie auf einen Lichtkasten gelegt und zusammen mit den vorliegenden Röntgenaufnahmen der anderen Schweißverbindungen betrachtet und nach DIN 8563 beurteilt. Die Ergebnisse der Prüfungen werden in Protokollen der in Bild 5 gezeigten Form festgehalten.

Literatur: 17, 181, 187.

Schadensfalluntersuchung

V 83

Grundlagen

Bauteile der technischen Praxis werden üblicherweise so bemessen, daß sie unter den zu erwartenden Beanspruchungen und Umgebungsbedingungen nicht versagen. Trotzdem kommen die verschiedenartigsten Konstruktions-, Werkstoffauswahl-, Werkstoffbehandlungs- und Fertigungsfehler vor, die zusammen mit unvollkommen eingeschätzten Beanspruchungseinflüssen und Betriebsfehlern lebensdauerbegrenzend für einzelne Bauteile wirken. Es treten Schadensfälle auf, die - ganz abgesehen von den wirtschaftlichen Konsequenzen -oft Folgeschäden (im schlimmsten Falle mit der Gefährdung von Menschenleben) bewirken und stets Reparaturen oder Ersatzbeschaffungen nach sich ziehen. Die Aufklärung der Ursachen solcher Schadensfälle erlaubt rationale Maßnahmen zu ihrer Vermeidung. Deshalb kommt der Aufklärung von Schäden (Schadenskunde) große praktische Bedeutung zu.

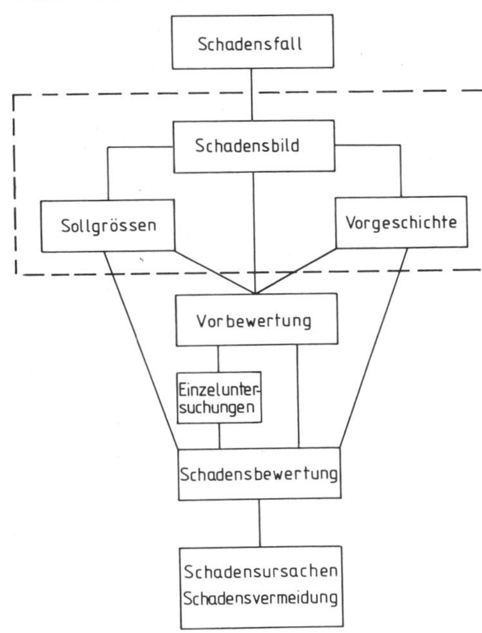

Bild 1: Schematischer Ablauf einer Schadensfalluntersuchtung

Bei der Bearbeitung von Schadensfällen geht man zweckmäßigerweise von dem aus Bild 1 ersichtlichen Schema aus. Die ersten Arbeitsschritte dienen der Bestandsaufnahme aller ersichtlichen, erfragbaren und dokumentierten Details, die für den Schadensfall von Bedeutung sein können. Dementsprechend umfaßt die Bestandsaufnahme (in Bild 1 gestrichelt umrandet) die drei Untergruppen Schadensbild, Sollgrößen sowie Vorgeschichte. Die Erfassung des Schadensbildes erfordert

- Sichtprüfungen,
- photographische Dokumentation,
- konstruktive Dokumentation,
- abmessungsmäßige Dokumentation,
- Sicherstellung schadensrelevanter Teile,

ferner die Feststellung von der (dem)

- Lage der Teile,
- Form der Teile,
- Aussehen der Teile,
- Ausmaß des Schadens,

schließlich die Betrachtung von

- plastischen Verformungen,
- Brüchen,
- Rissen,
- Korrosionserscheinungen,
- Erosionserscheinungen,

- ○ Kavitationserscheinungen,
- ○ Verschleißerscheinungen

sowie der

- ○ allgemeinen Oberflächenbeschaffenheit.

Die Sollgrößen des zu Schaden gegangenen Bauteils werden vom Benutzer bzw. Hersteller erfragt. Nützliche Informationen stellen dabei Angaben dar zu der (den)

- ○ Bauteilfunktion,
- ○ Betriebsvorschrift,
- ○ mechanischen Auslegung,
- ○ thermischen Auslegung,
- ○ erwarteten Umgebungsmedien,
- ○ vorgesehenen Lebensdauer,
- ○ vorgesehenen Werkstoffen,
- ○ vorgesehenen Werkstoffbehandlungen,
- ○ vorgesehenen Fertigung,
- ○ vorgesehenen Überwachungen,
- ○ vorgesehenen Wartungen.

Hinsichtlich der Vorgeschichte interessier(en)t

- ○ Abnahme,
- ○ Prüfzeugnisse,
- ○ Inbetriebnahme,
- ○ Betriebsweise,
- ○ Betriebszeit,
- ○ Überwachungen,
- ○ Wartungen,
- ○ frühere Schäden,
- ○ Reparaturen,
- ○ besondere Beobachtungen vor, während und nach Schadenseintritt,
- ○ Schadensablauf.

Die aus dem Schadensbild und aus den Informationen über Sollgrößen und Vorgeschichte des Bauteils möglichen Folgerungen erlauben eine Vorbewertung des versagenskritischen Querschnitts. In einfachen Fällen ist daraus bereits eine abschließende Beurteilung des Schadensfalls möglich. In komplizierteren Fällen sind weiterführende Einzeluntersuchungen erforderlich. Letztere haben stets eine genauere

- ○ Beanspruchungsanalyse,
- ○ Werkstoffanalyse,
- ○ Fertigungsanalyse,
- ○ Konstruktionsanalyse,

zum Ziel. Dabei empfiehlt sich für jede Einzelanalyse die Aufstellung eines zweckmäßigen Untersuchungsplanes. Bei der Werkstoffanalyse ist beispielsweise die Probenentnahme von besonderer Bedeutung. Sie muß an einer für den Schadensfall relevanten Bauteilstelle erfolgen. Bei den anschließenden Untersuchungen sind zunächst einfache Experimente vorzusehen und diese gegebenenfalls später durch aufwendigere zu ergänzen. Im einzelnen können nützlich sein

- ○ Chemische Analyse,
- ○ Härtemessungen,
- ○ metallographische Gefügeuntersuchungen,
- ○ Kleinlast- und/oder Mikrohärtemessungen,
- ○ Bruchflächenuntersuchungen (Fraktographie),

- Riß- und Homogenitätsprüfungen,
- Topographieprüfungen,
- Kerbschlagbiegeversuche,
- Zugversuche,
- Korrosionsversuche,
- Eigenspannungsbestimmungen,
- vertiefende Untersuchungen (REM, TEM, sonstiges).

Den Abschluß der Schadensanalyse bildet die Schadensbewertung. Ihr Ziel muß sein,

- versagensrelevante Fehler und Einflußgrößen objektiv zu belegen,
- eine Versagensbetrachtung durchzuführen,
- die Schadensursachen zweifelsfrei zu begründen und
- den Schadensablauf zu rekonstruieren.

Daraus sind Schadensabhilfemaßnahmen entwickelbar, wie z. B.

- Reparaturvorschläge,
- Konstruktionsänderungen,
- Werkstoffwechsel,
- Wärmebehandlungsänderungen,
- Fertigungsänderungen,
- Betriebsänderungen,
- Inspektionsänderungen,
- Überwachungsmaßnahmen.

Die Gesamtheit der durchgeführten Untersuchungen und ihre Ergebnisse werden abschließend in einem Bericht zum Schadensfall zusammengefaßt.

Aufgabe

Die Ursachen des Bruchs einer LKW-Kurbelwelle sind zu ermitteln.

Versuchsdurchführung

Bei der Untersuchung des Schadensfalls ist nach dem in Bild 1 angegebenem Ablaufschema vorzugehen. Für die Aufgabe stehen alle Konstruktions- und Fertigungsdaten sowie alle für die Vorgeschichte des Schadens wichtigen Details zur Verfügung. Für die werkstoffkundlichen Einzeluntersuchungen sind alle analytischen und metallographischen Hilfsmittel vorhanden. Ferner können alle Methoden der zerstörenden und der zerstörungsfreien Werkstoffprüfung angewandt werden. Die Versuchsergebnisse sind zu bewerten und in einem Schadensbericht zusammenzufassen.

Literatur: 150, 151, 188, 189, 190, 191.

V 84 Aufbau und Struktur von Polymerwerkstoffen

Grundlagen

Das charakteristische mikrostrukturelle Merkmal der Polymerwerkstoffe ist ihr Aufbau aus Makromolekülen. Diese werden entweder durch Veredlung polymerer Naturstoffe oder heute überwiegend synthetisch aus organischen Verbindungen hergestellt. Makromoleküle (Polymere) bilden sich bei Erfüllung bestimmter Voraussetzungen durch das repetitive Aneinanderlagern von reaktionsfähigen Molekülen (Monomeren). Beispielsweise werden Ethylenmoleküle C_2H_4, deren Aufbau sich durch die Strukturformel

$$\begin{array}{ccc} H & & H \\ | & & | \\ C & = & C \\ | & & | \\ H & & H \end{array} \qquad (1)$$

beschreiben läßt, wobei jedem Bindungsstrich eine spinabgesättigte Elektronenpaarbindung (kovalente Bindung) entspricht, durch das Aufbrechen der Kohlenstoffdoppelbindung bifunktionell. Dadurch erhalten die Monomere zwei reaktionsfähige Enden, und es können sich n Moleküle in der Form

$$n\left[\begin{array}{ccc} H & & H \\ | & & | \\ C & = & C \\ | & & | \\ H & & H \end{array}\right] \rightarrow -\begin{array}{c} H \\ | \\ C \\ | \\ H \end{array}-\begin{array}{c} H \\ | \\ C \\ | \\ H \end{array}-\begin{array}{c} H \\ | \\ C \\ | \\ H \end{array}-\cdots\cdots-\begin{array}{c} H \\ | \\ C \\ | \\ H \end{array}-\begin{array}{c} H \\ | \\ C \\ | \\ H \end{array}-\begin{array}{c} H \\ | \\ C \\ | \\ H \end{array}- \widehat{=} \left[-\begin{array}{c} H \\ | \\ C \\ | \\ H \end{array}-\begin{array}{c} H \\ | \\ C \\ | \\ H \end{array}-\right]_n \qquad (2)$$

zu einer makromolekularen Kette, dem Polyethylenmolekül, zusammenschließen (vgl. Bild 1). Dieser Vorgang heißt Polymerisation. Derartige Reaktionen können durch die verschiedenartigsten Mechanismen und mit Hilfe unterschiedlicher Initiatoren ausgelöst werden. Das Kettenwachstum wird unterbrochen, wenn sich die reaktionsfähigen Enden zweier Moleküle miteinander verbinden, oder wenn eine Bindung über ein Wasserstoffatom und ein freies Elektron zu einer Nachbarkette erfolgt. Die Zahl der sich aneinander lagernden Monomere n wird Polymerisationsgrad genannt. Bei i Makromolekülen mit den Polymerisationsgraden n_i liegt ein mittlerer Polymerisationsgrad

$$\bar{n} = \frac{\sum n_i}{i} \qquad (3)$$

und eine mittlere relative Molekülmasse

$$\overline{M}_r = \bar{n}\, M_r \qquad (4)$$

vor.

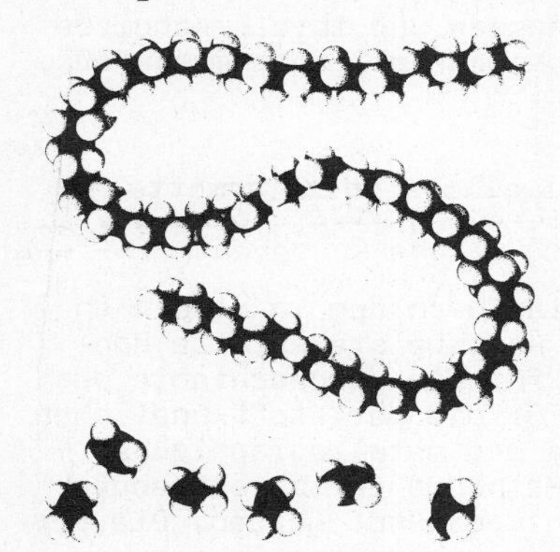

Bild 1: Strukturmodell eines Polyethylenmoleküls und der es aufbauenden Monomere

Dabei ist M_r die relative Monomermasse, die durch die Summe der relativen Atommassen seiner Atome gegeben ist. Im Falle des Ethylens ist $M_r = 2 \cdot 12 + 4 \cdot 1 = 28$. Ein charakteristischer mittlerer Polymerisationsgrad von Polyethylen ist $\bar{n} = 5 \cdot 10^3$, dem somit eine mittlere relative Molekülmasse $\overline{M}_r = 140\,000$ entspricht. Die benachbarten Kohlen stoffatome der Polyethylenkette haben einen Abstand $l = 1.54 \cdot 10^{-8}$ cm. Damit läßt sich die Kettenlänge in erster Näherung zu

$$L = l(n+2) \approx l n \qquad (5)$$

abschätzen. In Wirklichkeit beträgt aber der Bindungswinkel zwischen den Kohlenstoffatomen nicht 180°. Vielmehr kann jedes Kohlenstoffatom der Kette gegenüber der Bindungsrichtung der beiden vorangegangenen

Kohlenstoffatome eine beliebige Lage auf dem Mantel eines Kegels mit dem halben Öffnungswinkel von $\sim 70^{\circ}$ einnehmen und damit gegenüber der vorhergehenden Bindungsrichtung um einen Winkel von $\sim 110^{\circ}$ abweichen. Eine räumliche Verdrehung und Abwinklung der Makromoleküle ist deshalb erheblich wahrscheinlicher als eine geradlinige Erstreckung. Der mittlere Abstand der Enden eines regellos orientierten Makromoleküls berechnet sich zu

$$\bar{L} = l\sqrt{n} \,. \qquad (6)$$

Somit ergibt sich nach Gl. 5 mit $n = \bar{n} = 5 \cdot 10^{3}$ für Polyethylen $L = 7.7 \cdot 10^{-5}$ cm, aus Gl. 6 folgt für $\bar{L} = 10.9 \cdot 10^{-7}$ cm. Man ersieht daraus, daß jede räumlich verdrehte Kette ein großes Streckvermögen besitzt, ohne daß sich dabei die atomaren Abmessungen zwischen den Kettenbausteinen ändern.

Die technisch äußerst wichtigen Polyvinylverbindungen lassen sich allgemein durch die Strukturformel

$$\left[- \overset{\displaystyle H}{\underset{\displaystyle H}{C}} - \overset{\displaystyle H}{\underset{\displaystyle \mathbf{R}}{C}} - \right]_{n} \qquad (7)$$

beschreiben. Dabei ist R die Abkürzung für die verschiedenartigsten anlagerungsfähigen Radikale wie z. B. -H (Ethylen), -Cl (Vinylchlorid), $-CH_3$ (Propylen), -OH (Vinylalkohol), $-OCOCH_3$ (Vinylazetat), -CN (Acrylnitril) oder $-C_6H_5$ (Styrol). Linear ausgerichtete atomare Modelle einiger dieser Makromoleküle sind zusammen mit den Strukturformeln ihrer Monomeren in Bild 2 gezeigt. Die räumliche Ausdehnung der aneinandergereihten Atomgruppen ist durch die aufeinanderfolgenden Kohlenstoffatome bestimmt, die in einer Ebene angeordnet wurden und deren Schwerpunkte jeweils gegeneinander um die bereits erwähnten $\sim 110^{\circ}$ versetzt sind. Dadurch entstehen linear ausgerichtete Ketten. Ferner ist angenommen, daß die Chloratome bei Polyvinylchlorid (PVC) sowie die CH_3-Gruppen bei Polypropylen (PP) und die C_6H_5-Gruppen bei Polystyrol (PS) einseitig regelmäßig (isotaktisch) angeordnet sind. Neben dieser ist auch eine wechselseitig regelmäßige (syndiotaktische) und eine regellose (ataktische) Anordnung der Seitengruppen möglich. Man spricht von Taktizität. Ferner können die Seitengruppen bei aufeinanderfolgenden Mono-

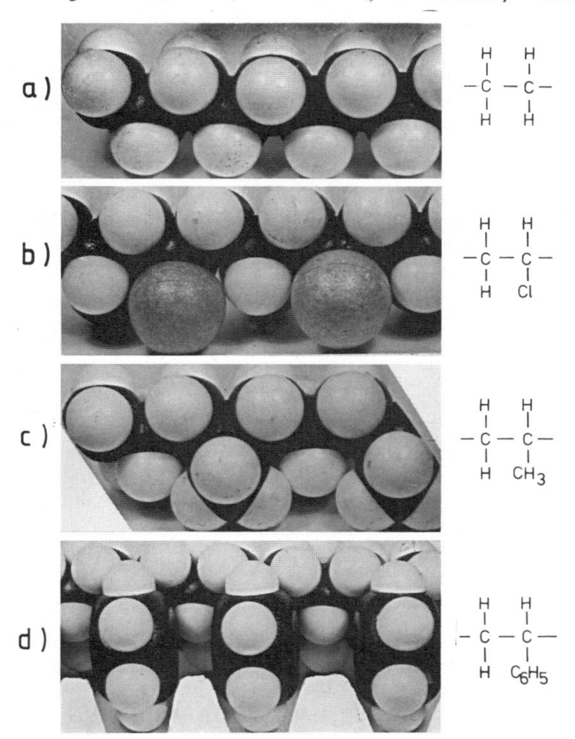

Bild 2: Modelle makromolekularer Ketten
a) Polyethylen b) Polyvinylchlorid
c) Polypropylen d) Polystyrol

meren jeweils benachbart (syndiotaktisch) oder separiert voneinander (isotaktisch) sein. Schließlich können sich auch isotaktische und syndiotaktische Kettensegmente unregelmäßig (ataktisch) aneinanderreihen. Man spricht von sterischer Ordnung. Diese Konfigurationsunterschiede haben starken Einfluß auf die Lagen, die die einzelnen Ketten in polymeren Festkörpern relativ zueinander einnehmen können. Bei dem einfach aufgebauten Polyethylen ist es z. B. sehr leicht möglich, daß sich Kettensegmente unter der Wirkung von Nebenvalenzkräften parallel so zueinander anordnen, wie es in Bild 3 gezeigt ist. Man kann sich dann den Polymerwerkstoff lokalisiert aus Elementarzellen aufgebaut denken und die auftretende Struktur als kristallin ansprechen. Jedes einzelne Makromolekül durchsetzt im betrachteten Falle mehrere der angebbaren rhombischen Elementarzellen. Wegen der möglichen Verdrehungen der Kettensegmente und der unterschiedlichen Kettenlängen bilden sich derartig perfekt kristallisierte Bezirke nur innerhalb kleiner Werkstoffbereiche aus, können aber große Volumenanteile (> 50 %) umfassen. Allgemein gilt, daß der gleiche Polymerwerkstoff mit isotaktischen Ketten leichter kristallisiert, etwas größere Dichten annimmt und fester ist als mit ataktischen Ketten.

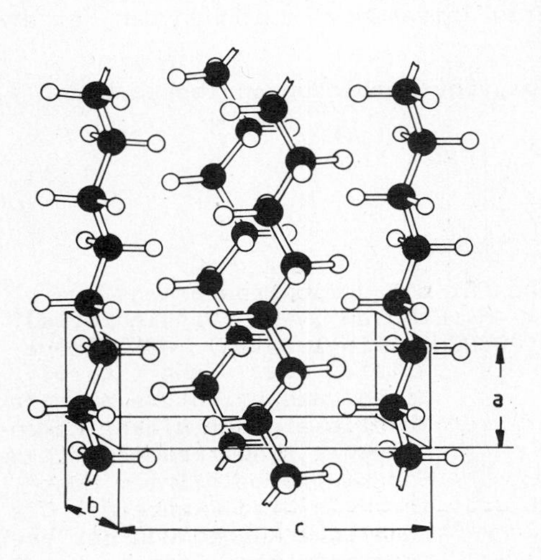

Bild 3: Kristallisiertes Polyethylen ($a = 2.53 \cdot 10^{-8}$ cm, $b = 4.92 \cdot 10^{-8}$ cm, $c = 7.36 \cdot 10^{-8}$ cm)

Neben den bisher besprochenen makromolekularen Ketten aus bifunktionellen Monomeren gibt es auch verzweigte Ketten und chemisch aneinander gebundene Ketten. Werden z. B. bei Polyethylen die Plätze seitlicher Wasserstoffatome von Kohlenstoffatomen eingenommen, dann bilden sich Verzweigungen der folgenden Art

```
                                         |
                                       H-C-H
                                         |
                                       H-C-H
                                         |
                                       H-C-H
                                         |
  H     H     H     H     H     H     H  H-C-H  H     H     H     H
  |     |     |     |     |     |     |    |    |     |     |     |
 -C-----C-----C-----C-----C-----C-----C----C----C-----C-----C-----C-       (8)
  |     |     |     |     |     |     |    |    |     |     |     |
  H   H-C-H   H     H     H     H     H    H    H     H     H     H
        |
      H-C-H
        |
      H-C-H
        |
      H-C-H
        |
```

aus. Andererseits ist das chemische Aneinanderbinden makromolekularer Ketten immer dann möglich, wenn größere Monomere mit leicht aufbrechbaren Doppelbindungen vorliegen, so daß das Monomer gleichzeitig in zwei benachbarte Ketten eingebaut werden kann. So kann z. B. ein Divinylbenzolmolekül

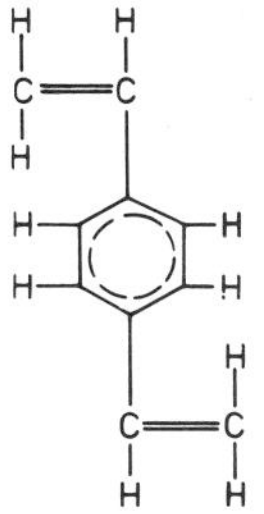

(9)

zwei benachbarte Polystyrolmakromoleküle in der Form

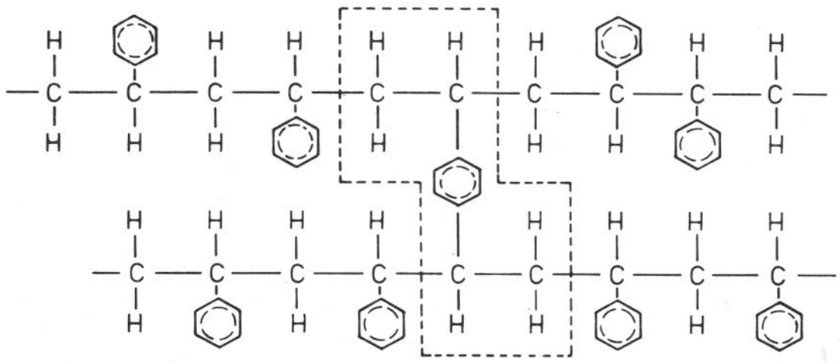

(10)

zusammenknüpfen. Offensichtlich schränken derartige Verknüpfungen die freie Beweglichkeit der Ketten stark ein.

Der ausführlich erörterte Polymerisationsvorgang, bei dem die gleichen bifunktionellen Monomere miteinander verknüpft werden, wird Homopolymerisation genannt. Natürlich ist auch eine Verknüpfung ungleicher Monomere möglich. Dieser Vorgang wird als Co- oder Mischpolymerisation bezeichnet. Ein Beispiel stellt die Reaktion von Vinylchlorid (VC) mit Vinylacetat (VAC) zum VC/VAC-Mischpolymer

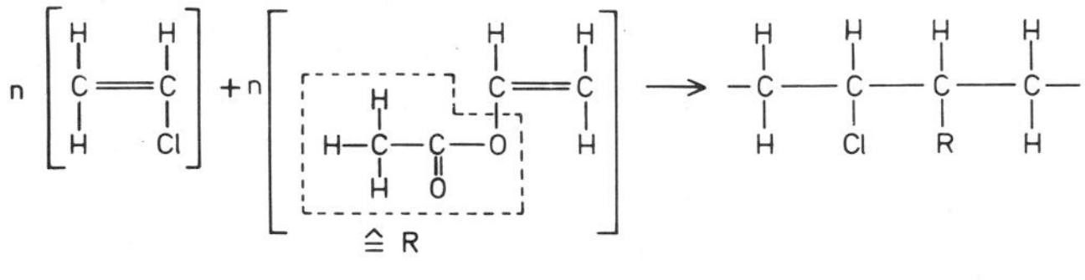

(11)

dar. Auch hierbei können verschiedene Modifikationen je nach Aufeinanderfolge der Monomere auftreten. Symbolisiert man die beiden Monomertypen, die sich miteinander zusammenschließen, durch offene und geschlossene Kreise, so läßt sich die entstehende Molekülkette durch

(12)

darstellen, und man spricht von regelmäßiger Copolymerisation. Die Folge

(13)

wird regellose Copolymerisation, die Folge

(14)

Blockpolymerisation genannt. Verzweigungen der folgenden Art

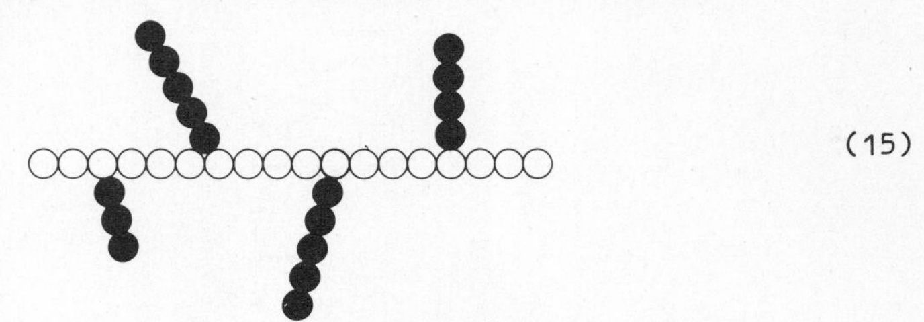

(15)

heißen Pfropfcopolymerisation. Die Eigenschaften copolymerer Festkörper werden durch den Anteil der einzelnen Monomere bestimmt. Die angesprochenen Vinylchlorid-Acetat-Mischpolymere sind beispielsweise bei Raumtemperatur mit ~ 90 Masse-% Vinylchlorid und $\overline{M}_r \approx 10\,000$ Polymerwerkstoffe guter Festigkeit und Lösungsbeständigkeit. Dieselben Mischpolymere stellen mit ~ 92 Masse-% Vinylchlorid und $\overline{M}_r \approx 19\,000$ die Basis für synthetische Fasern dar und bilden bei ~ 96 Masse-% Vinylchlorid und $\overline{M}_r \approx 22\,000$ gummiartige Festkörper.

Neben der Polymerisation bieten noch zwei weitere Synthesereaktionen, die Polykondensation und die Polyaddition, Möglichkeiten zur Erzeugung von Polymerwerkstoffen. Bei der Polykondensation reagieren zwei verschiedene niedermolekulare Monomere unter Bildung von Reaktionsprodukten miteinander, wie z. B. Wasser, Halogenwasserstoffen und Alkoholen. Die entstehenden Polykondensate besitzen also im Gegensatz zu den Polymerisaten eine andere relative Molekülmasse, als der Summe der relativen Massen der Atome der an dem Prozeß beteiligten Monomere zukommt. Mittlere relative Molekülmassen zwischen 10 000 und 20 000 sind von praktischer Bedeutung. Ein Beispiel für eine Polykondensationsreaktion, die der Phenolharzerzeugung zugrundeliegt, stellt der Zusammenschluß von Phenol und Formaldehyd gemäß

$$\mathrm{HO{-}C_6H_5} + \mathrm{O{=}CH_2} \longrightarrow \mathrm{HO{-}C_6H_4{-}CH_2{-}OH} \qquad (16)$$

zu Phenolalkohol und dessen Reaktion mit Phenol gemäß

$$\mathrm{HO{-}C_6H_4{-}CH_2{-}OH} + \mathrm{H{-}C_6H_4{-}OH} \longrightarrow \mathrm{HO{-}C_6H_4{-}CH_2{-}C_6H_4{-}OH} + \mathrm{H_2O} \qquad (17)$$

dar. Die Phenolmoleküle wirken dabei trifunktionell, weil die zur Wasserbildung benötigten H-Atome den Monomeren an drei Stellen entnommen werden können. Als Folge davon bildet sich keine lineare makromolekulare Kette, sondern ein polymeres Netzwerk mit dreidimensionaler Struktur. Der Begriff des Makromoleküls verliert dabei seine Bedeutung. Symbolisiert man die ehemaligen Phenolbereiche durch ● und die CH_2-Brükken des Formaldehyd durch o , so läßt sich das entstandene Netzwerkpolymer durch das schematische Bild 4 veranschaulichen. Offensichtlich liegen ganz andere atomare Verhältnisse vor als bei linearen Poly-

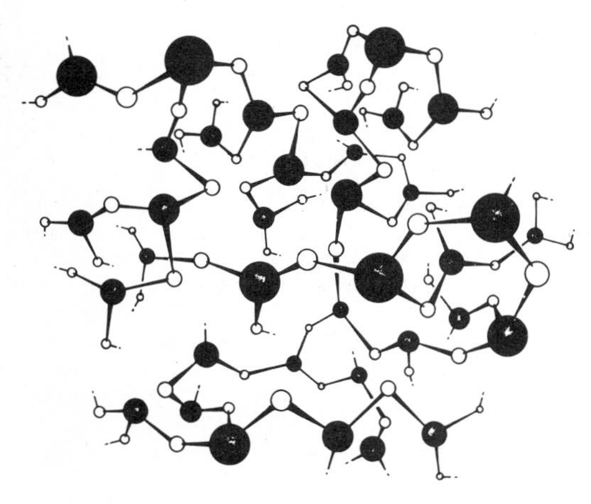

Bild 4: Räumliches Netzwerkmodell von Bakelit. C_6H_4OH (●), CH_2 (o)

meren. Sind die sich zusammenschließenden Polymere bifunktionell, so bilden sich auch bei der Polykondensation lineare Ketten, wie z. B. im Falle von Polyamid.

Bei der Polyaddition schließlich finden lediglich Umlagerungen von Atomen zwischen zwei verschiedenen Monomerarten statt, ohne daß ein niedrigmolekulares Reaktionsprodukt auftritt. Ein Beispiel ist die Reaktion von Diisocyanaten mit Dialkoholen, bei der sich durch die sich wiederholende Verknüpfungswirkung der NHCOO-Gruppen gemäß

$$O{=}C{=}N{-}CH_2\cdots CH_2{-}N{=}C{=}O + H{-}O{-}CH_2\cdots CH_2{-}O{-}H \longrightarrow \cdots CH_2{-}CH_2{-}NH{-}\overset{O}{\overset{\|}{C}}{-}O{-}CH_2{-}CH_2\cdots \quad (18)$$

eine lineare Polyurethankette entwickelt.

Allgemein gilt, daß längs der Ketten von linearen und verzweigten Polymeren sowie längs der Segmente der räumlichen polymeren Netzwerke (wozu auch die miteinander vernetzten makromolekularen Ketten zählen) stets starke kovalente Bindungen wirksam sind. Zusätzlich treten zwischen den Atomen benachbarter makromolekularer Ketten bzw. den Atomen der räumlichen Polymerstrukturen interatomare Kräfte als Folge sog. Nebenvalenzbindungen (van der Waals'sche Bindung, Wasserstoffbrückenbindung) auf. Diese Nebenvalenzbindungen sind gegenüber den Hauptvalenzbindungen relativ schwach. Die van der Waals'sche Bindung erreicht nur etwa 0.1 bis 0.2 %, die Wasserstoffbrückenbindung dagegen etwa 10 % der Stärke der Hauptvalenzbindungen. Sind nur Nebenvalenzbindungen für den Zusammenhang der Makromoleküle untereinander bestimmend, so entstehen als Festkörper sog. Thermoplaste. Sie sind dadurch charakterisiert, daß sie sich in reversibler Weise beliebig oft aufschmelzen und danach wieder in den festen Zustand überführen lassen. Dabei nimmt allerdings bei all zu häufiger Wiederholung die rel. Molekülmasse ab, womit Änderungen auch der mechanischen Eigenschaften verbunden sind.

Im schmelzflüssigen Zustand liegt eine hohe freie Beweglichkeit der Molekülketten bzw. der Molekülkettenabschnitte vor, so daß eine kontinuierliche Neuordnung der Moleküle relativ zueinander möglich ist und insgesamt ein relativ großes Volumen (vgl. Bild 5) eingenommen wird. Mit sinkender Temperatur nimmt diese Beweglichkeit und damit das Volumen ab. Aber auch nach Unterschreiten der Schmelztemperatur T_S bleibt noch ein schmelzähnlicher Zustand erhalten, so daß man von einer unter-

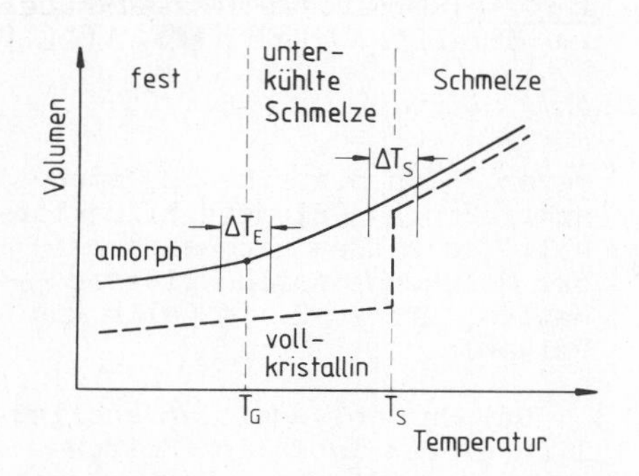

Bild 5: Temperaturabhängigkeit des Volumens von Thermoplasten

kühlten Flüssigkeit spricht. Erst nach Unterschreiten der sog. Glasübergangstemperatur T_G ist keine thermisch induzierte Neuordnung der Moleküle mehr möglich. Die Molekülketten bzw. Molekülkettenabschnitte führen auf Grund des Angebotes an thermischer Energie nur noch temperaturabhängige Schwingungen und Verdrehungen durch. Dementsprechend fällt bei weiter abnehmender Temperatur das Volumen weniger stark ab als oberhalb T_G. Läge ein "vollkristalliner" Polymerwerkstoff vor, so wäre die gestrichelte V,T-Kurve in Bild 5 gültig. Meistens treten an Stelle von T_S und T_G ein Schmelztemperaturbereich ΔT_S und ein Glasübergangstemperaturbereich ΔT_E (Einfrier- bzw. Erweichungsbereich) auf. Da der Kristallinitätsgrad durch die Taktizität bestimmt wird, sollten isotaktische und ataktische Polymerwerkstoffe neben unterschiedlichen Dichten auch verschiedene Schmelztemperaturen besitzen. In der Tat betragen Schmelztemperatur und Dichte bei isotaktischem Polypropylen 160 °C und 0.92 g/cm³, bei ataktischen dagegen 75 °C und 0.85 g/cm³. Die entsprechenden Zahlenwerte von isotaktischem bzw. ataktischem Polystyrol sind 230 °C und 1.08 g/cm³ bzw. 100 °C und 1.06 g/cm³.

Von den Thermoplasten, die durchweg von linearen Polymeren gebildet werden, sind aufbau- und eigenschaftsmäßig die Elastomere und die Duroplaste zu unterscheiden. Als Elastomere werden Polymerwerkstoffe mit weitmaschig vernetzten Ketten angesprochen. Dagegen werden engmaschige polymere Netzwerke als Duroplaste bezeichnet. Durch die Vernetzung verliert der Makromolekülbegriff seine Bedeutung. An die Stelle der relativen Molekülmasse tritt der Vernetzungsgrad bzw. die relative Molekülmasse zwischen zwei Vernetzungspunkten. Diese können durch geeignete mehrfunktionelle Zusätze beeinfluß werden. Elastomere und Duroplaste sind nicht schmelzbar. Bei Überschreiten einer bestimmten Temperatur, der Zersetzungstemperatur T_Z, lösen sie sich in irreversibler Weise auf. Die Erscheinungsformen der angesprochenen Grundtypen der Polymerwerkstoffe faßt Bild 6 nochmals schematisch zusammen. Dabei ist bei Thermoplasten zwischen amorphen und teilkristallinen Werkstoffzuständen unterschieden. Einen Überblick über die Herstellungsarten, die Typen und die vereinbarten Kurzbezeichnungen wichtiger Polymerwerkstoffe gibt Tab. 1.

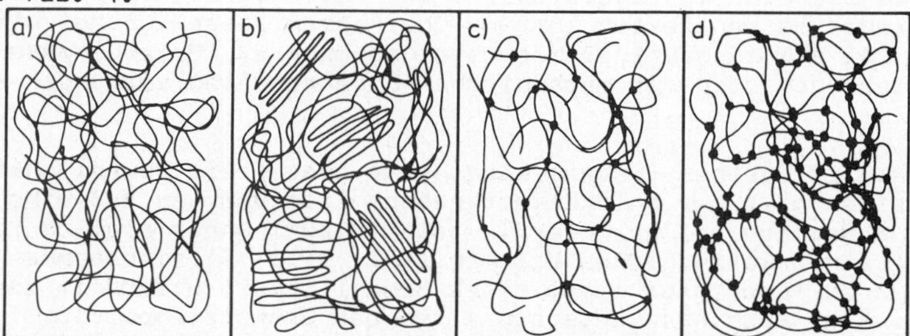

Bild 6: Erscheinungsformen von Polymerwerkstoffen (schematisch). Amorpher Thermoplast (a), teilkristalliner Thermoplast (b), Elastomer (c), Duroplast (d)

Tab. 1 Typ, Bezeichnung und Herstellungsart einiger Polymerwerkstoffe

Typ	Name	Abkürzung	Polymerisation	Polykondensation	Polyaddition	Naturstoff
Duroplaste	Phenolharz	PF		+		
	Harnstoffharz	HF		+		
	Polyurethan	PUR			+	
	Polyesterharz	UP		+		
	Epoxidharz	EP			+	
	Harnstoff-Formaldehydharz	UF		+		
Elastomere	Polyisopren	IR	+			
	Polybutadien	BR	+			
	Polychloropren	CR	+			
	Silikon	SI		+		
	Polyurethan	PUR			+	
	Naturkautschuk	NR				+
Thermoplaste	Polyvinylchlorid	PVC	+			
	Polymethylmethacrylat	PMMA	+			
	Polystyrol	PS	+			
	Acrylnitril-Butadien-Styrol	ABS	+			
	Styrol-Acrylnitril	SAN	+			
	Polyamid	PA		+		
	Polyethylen	PE	+			
	Polyurethan	PUR			+	
	Polycarbonat	PC		+		
	Polypropylen	PP	+			
	Polyoxymethylen	POM	+			
	Polytetrafluorethylen	PTFE	+			

Auf Grund ihres strukturellen Aufbaus zeigen die verschiedenen Polymerwerkstofftypen unterschiedliche Temperaturabhängigkeiten bestimmter mechanischer Eigenschaften, z. B. des Schubmoduls. Grundsätzlich gilt, daß Polymerwerkstoffe bei sehr tiefen Temperaturen hart und spröde sind. Unter der Einwirkung wachsender äußerer Kräfte besteht dort wie bei Metallen zunächst ein durch das Hooke'sche Gesetz (vgl. V 24) beschreibbarer Zusammenhang zwischen Spannungen und elastischen Dehnungen. Man spricht von energieelastischem (metallelastischem) Werkstoffverhalten. Relative Abstandsänderungen und räumliche Lageänderungen der Bindungsrichtungen zwischen benachbarten Atomen unter der Einwirkung der äußeren Kräfte sind dafür verantwortlich. Bei höheren Temperaturen erweichen amorphe und teilkristalline Thermoplaste (vgl. Bild 7). Es tritt ein Erweichungstemperaturbereich ΔT_E auf, der durch die Glasübergangstemperatur T_G gekennzeichnet ist. Oberhalb T_G überwiegt bei mechanischer Beanspruchung zunächst das sog. entropieelastische Werkstoffverhalten. Man versteht darunter mechanisch erzwungene Umlagerungen und Rotationen ganzer Kettensegmente entgegen der Wirkung der thermischen Energie, die eine regellose Makromolekülanordnung mit im thermodynamischen Sinne größerer Entropie einzustellen versucht. In diesem Temperaturbereich verkürzt (!) sich bei Zufuhr thermischer Energie ein unter konstanter Kraft stehender Polymerwerkstoff. Gemeinsam mit den entropieelastischen treten auch viskose Verformungsanteile auf, die irreversible Verschiebungen einzelner Makromoleküle relativ zueinander bewirken. Bei weiterer Temperatursteigerung werden Thermoplaste im Schmelzbereich ΔT_S in den schmelzflüssigen Zustand übergeführt. Dabei wird ΔT_S bei teilkristallinen Thermoplasten um so kleiner, je größer der Kristallinitätsgrad ist, weil den kristallinen Werkstoffbereichen eine relativ definierte Schmelztemperatur T_S zukommt. Im schmelzflüssigen Zustand ist eine weitgehend ungehinderte Verschiebung der einzelnen Makromoleküle relativ zueinander möglich unter thermischer und gegebenenfalls mechanischer Überwindung der Nebenvalenzbindungen. Das fluidmechanische Verhalten der Polymerschmelze wird durch ihre Viskosität bestimmt (vgl. V 85). Diese nimmt mit wachsender Temperatur ab und bei gegebener Temperatur mit $\overline{M}_r$ und der Größe der Seitengruppen (sterische Behinderung) zu. Bei weiterer Temperatursteigerung erfolgt bei T_Z thermische Zersetzung. Auf Grund der geschilderten Zusammenhänge erwartet man somit für die mechanischen Kenngrößen amorpher Thermoplaste - wie z. B. PS, PVC, PC und ABS - die in Bild 7 links schematisch wiedergegebene Temperaturabhängigkeit. Bis zur Glasübergangstemperatur T_G dominiert energieelastisches, oberhalb T_G entropieelastisches Verhalten unter zunehmendem Viskositätsverlust bei weiterer Temperatursteigerung.

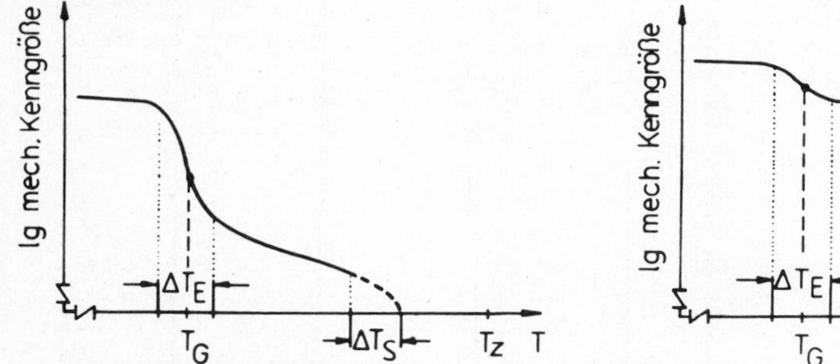

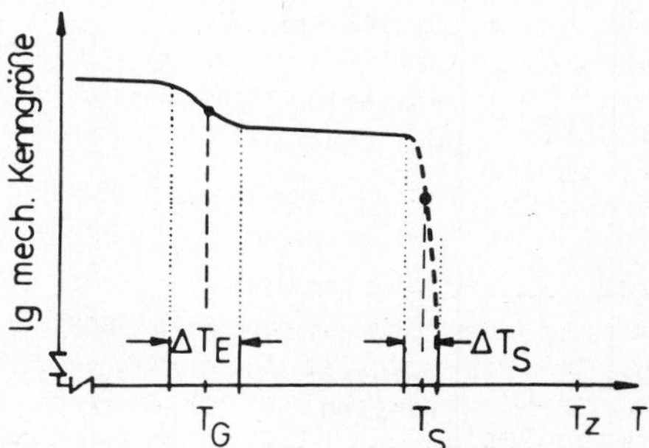

Bild 7: Temperaturabhängigkeit mechanischer Kenngrößen bei amorphen (links) und teilkristallinen (rechts) Thermoplasten (schematisch)

Bei teilkristallinen Thermoplasten (vgl. Bild 7 rechts) - wie z. B. PE, PP und PA - zeigen nur die amorphen Anteile der Polymerwerkstoffe bis T_G energieelastisches, oberhalb T_G entropieelastisches Verhalten. Die kristallinen Werkstoffbereiche bewirken jedoch eine mit wachsendem Anteil zunehmende Formstabilität, so daß bis zum Erreichen von ΔT_S energieelastisches Verhalten überwiegen kann.

Während Thermoplaste eine Glasübergangstemperatur sowohl unterhalb

Raumtemperatur (PE: ~ -112 °C) als auch oberhalb Raumtemperatur (PA: ~+60 °C) aufweisen können, liegt T_G bei weitmaschig vernetzten Elastomeren wie z. B. SI, BR und PUR meist unterhalb Raumtemperatur. Nach Bild 8 (links) ist von T_G bis zur Zersetzungstemperatur T_Z und damit meist auch bei Raumtemperatur entropieelastisches Werkstoffverhalten dominant. Die engmaschig vernetzten Duroplaste wie z. B. PF, EP und UP, verhalten sich bis T_G energieelastisch, oberhalb T_G entropieelastisch. Bei T_Z erfolgt der irreversible Übergang aus dem erweichten Zustand in die Zersetzungsprodukte. Weder bei Elastomeren noch bei Duroplasten treten Schmelzbereiche bzw. Schmelztemperaturen auf.

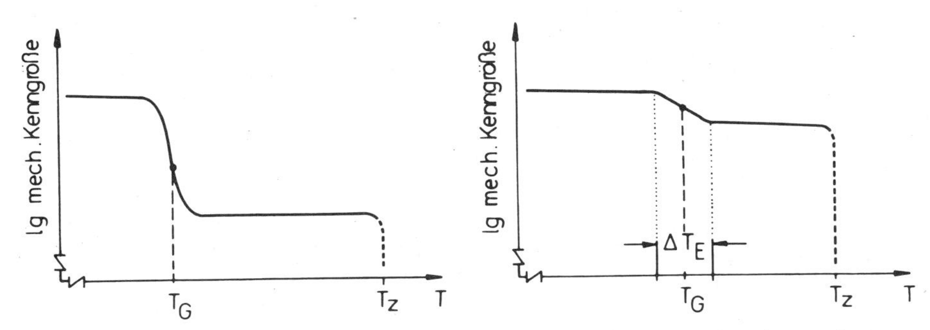

Bild 8: Eigenschafts-Temperatur-Verlauf bei Elastomeren (links) und Duroplasten (rechts)

Aufgabe

Ausgehend von Raumtemperatur sind für Polyvinylchlorid und Polystyrol dilatometrisch die Längenänderungen als Funktion der Temperatur zu messen und daraus die Ausdehnungskoeffizienten sowie die Glastemperaturen (bzw. die Einfrier- oder Erweichungstemperaturen) zu ermitteln. Parallel dazu sind technologisch die Erweichungstemperaturen mit einer Stifteindringmethode festzulegen. Ferner sind mit Hilfe von Viskositätsmessungen die mittleren relativen Molekülmassen der Polymerwerkstoffe zu bestimmen.

Versuchsdurchführung

Für die Versuche stehen ein Dilatometer, ein Vicat-Erweichungsprüfgerät sowie ein Kapillarviskosimeter zur Verfügung. Die dilatometrischen Messungen werden wie in V 32 durchgeführt und ausgewertet. Die technologische Ermittlung der Erweichungstemperatur erfolgt mit einem ähnlichen Gerät, wie es in Bild 9 gezeigt ist. Es findet in der Praxis häufig Anwendung zur Überprüfung der Wärmeformbeständigkeit von Thermoplasten. In die Werkstoffproben wird bei Prüftemperatur durch eine definierte Gewichtsbelastung von 50 N eine Stahlnadel mit 1 mm^2 Grundfläche eingedrückt. Bei verschiedenen Temperaturen werden die Zeiten gemessen, in denen der Stahlstift in eine bestimmte Tiefe eindringt. Trägt man die Meßzeiten über der Temperatur auf, so läßt sich die Erweichungstemperatur aus einem Knickpunkt des Kurvenverlaufes entnehmen. Diese Meßwerte werden mit den dilatometrisch ermittelten verglichen und diskutiert. Im Gegensatz zu der hier gewählten Vorgehensweise wird die Vicat-Temperatur als Erweichungstemperatur so gemessen, daß die Probe unter der genannten Belastung kontinuierlich mit einer Heizgeschwindigkeit von 50 °C/h erwärmt und dabei die Temperatur bestimmt wird, bei der der Stift 1 mm tief eingedrungen ist.

Bild 9: Vicat-Gerät

Die Bestimmung der relativen Molekülmassen erfolgt mit einem Kapillarviskosimeter. Dazu werden die Polymere mit unterschiedlicher Konzentration in geeigneten Lösungsmitteln gelöst. Bei Polystyrol finden z. B. Benzol, Toluol und Chloroform, bei Polyvinylchlorid Tetrahydrofuran, Cyclohexanon und Dimethylformamid als Lösungsmittel Anwendung. Lösungskonzentrationen von 0.1, 0.2 und 0.3 g/100 cm^3 werden hergestellt. Im Kapillarviskosimeter werden die Durchlaufzeiten der verschiedenen Lösungen t_L sowie die der Lösungsmittel t_{LM} bestimmt. Dann verhalten sich auf Grund des Hagen-Poiseuille'schen Gesetzes die Durchlaufzeiten wie die zugehörigen Viskositäten. Man erhält also

$$\frac{t_L}{t_{LM}} = \frac{\eta_L}{\eta_{LM}} = \eta_{rel} \quad , \qquad (19)$$

wobei stets $t_L > t_{LM}$ ist. η_{rel} heißt relative Viskosität. Daraus errechnet sich die spezifische Viskosität zu

$$\eta_{spez} = \frac{\eta_L - \eta_{LM}}{\eta_{LM}} = \eta_{rel} - 1 \quad . \qquad (20)$$

η_{spez} ist um so größer, je größer die Konzentration der Lösung und die mittlere relative Molekülmasse der Polymere ist. Bei konstanter Lösungskonzentration nimmt η_{spez} mit $\overline{M}_r$ zu. Trägt man die auf die Lösungskonzentration c bezogene spez. Viskosität als Funktion von c auf, so ergeben sich Meßpunkte, die durch eine Gerade approximiert werden können. Der Schnittpunkt der Ausgleichsgeraden durch die Meßwerte mit der Ordinate liefert die Grenzviskosität

$$\eta = \left. \frac{\eta_{spez}}{c} \right|_{c \to 0} \quad . \qquad (21)$$

Zwischen η und der mittleren relativen Molekülmasse $\overline{M}_r$ besteht der empirische Zusammenhang

$$\eta = a \overline{M}_r^{\alpha} \quad . \qquad (22)$$

a und α sind Stoffkonstanten der jeweiligen Polymer-Lösungsmittel-Kombination und liegen vor. Die so erhaltenen $\overline{M}_r$-Werte sind kleiner als die Molekülmassen, die sich als Mittelwert aus der tatsächlich vorliegenden Häufigkeitsverteilung der Molekülmassen der Polymeren ergeben würden.

Literatur: 192, 193, 194, 195.

Viskoses Verhalten von Polymerwerkstoffen

V 85

Grundlagen

Bei der praktischen Verarbeitung von Thermoplasten werden die in granulierter oder Pulverform vorliegenden Polymere unter der Einwirkung von Wärme und Druck aufgeschmolzen und erfahren in geeigneten Werkzeugen die für das Fertigteil oder das Halbzeug erforderliche Formgebung. Die wichtigsten Fertigungsmethoden sind das Extrudieren, das Spritzgießen und das Pressen.

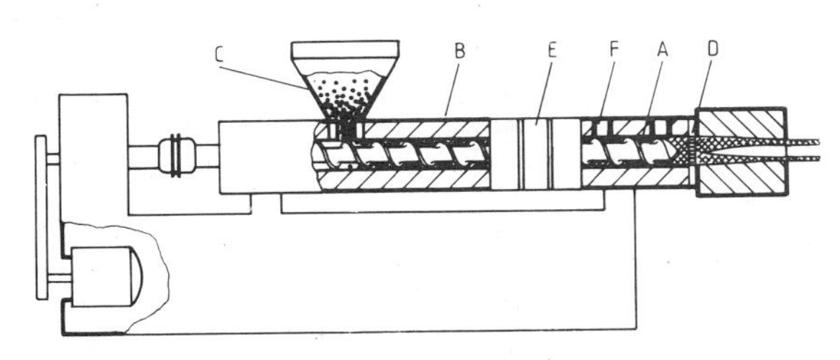

Bild 1: Schematischer Aufbau eines Extruders. A Schnecke, B Zylinderrohr, C Granulatzufuhr, D Prallplatte, E Heizung, F Temperaturmeßeinrichtungen

Zum Extrudieren werden Extruder eingesetzt, deren schematischer Aufbau in Bild 1 gezeigt ist. Derartige Maschinen arbeiten mit einer Schnecke, die in einem Zylinderrohr mit einer Umfangsgeschwindigkeit von etwa 0.5 m/s rotiert. Auf dem Mantel des Zylinderrohrs sind Heizbänder angebracht. Mit Hilfe eines Temperaturregelsystems lassen sich längs des Zylinders definierte Temperaturen einstellen. An der vorderen Öffnung des Zylinders befindet sich ein Flansch zur Aufnahme der Formgebungswerkzeuge. Meistens wird mit einer Dreizonenschnecke gearbeitet. In der Einzugszone mit konstantem Durchmesser des Schneckenkerns wird aus dem Einflußtrichter Granulat aufgenommen, angewärmt, vorwärtsbewegt und verdichtet. Die Wärmezufuhr erfolgt über die Zylinderwand. In der Umwandlungszone treibt die Schnecke anfangs ungeschmolzenes und angeschmolzenes Granulat, später die zähflüssig gewordene Werkstoffmasse weiter. Um zunehmende Verdichtung zu erreichen, wird das Arbeitsvolumen innerhalb der Schneckengänge kontinuierlich dadurch verkleinert, daß die Schneckenkerndurchmesser anwachsen. Das zähplastische Material wird schließlich in der Ausstoßzone, wo wenige flache Schneckengänge mit den größten Kerndurchmessern vorliegen, zu einer homogenen Schmelze, die im letzten Verfahrensschritt dem angeflanschten Werkzeug zugeführt wird. Ist dieses eine Ringdüse, so entsteht ein Rohr, ist es eine Breitschlitzdüse, so erhält man eine Platte. Auch bei der Herstellung von Hohlkörpern erfolgt das Plastifizieren mit Extrusionsverfahren. Bei der durch Bild 2 veranschaulichten Methode wird ein Schlauch extrudiert und in eine geteilte Form eingeführt. Bläst man nach Schließen der Form Druckluft in den Schlauch, so preßt sich dieser den Formwänden an und ergibt einen Hohlkörper. Das Blasverfahren besitzt große praktische Bedeutung, z. B. zur Herstellung von Heizölbehältern, Kfz.-Kraftstoffbehältern, Flaschen usw. .

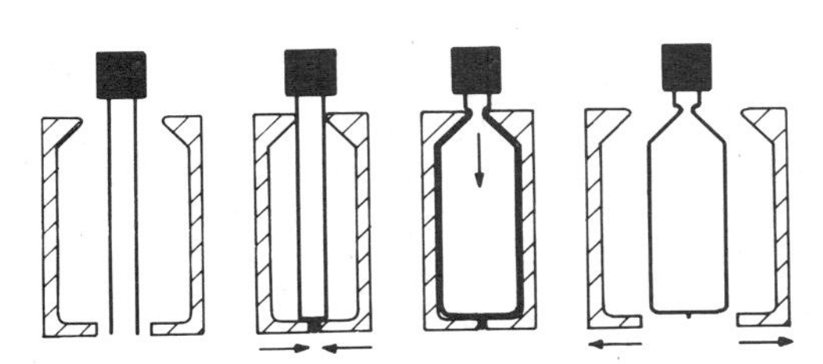

Bild 2: Arbeitsschritte beim Extrusionsblasverfahren

Beim Spritzgießen wird die erzeugte Polymerschmelze in geeigneter Weise einer geschlossenen Form zugeführt, dort eine angemessene Zeit unter Druck gehalten und abgekühlt. Das angewandte Prinzip geht

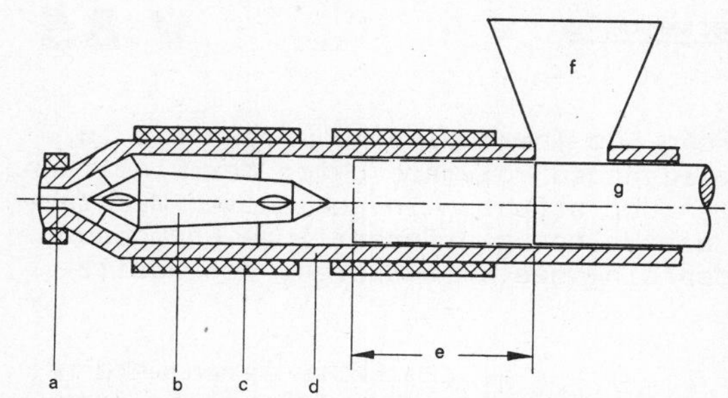

Bild 3: Kolben-Spritzeinheit (schematisch). a Düse, b Verdrängerkörper, c elektrisches Heizband, d Zylinder, e wirksamer Hub, f Trichter, g Kolben

aus Bild 3 hervor. Über einen Trichter (f) wird Granulat einem von außen beheizten (c) Zylinder (d) zugeführt und von einem Kolben (g) vorwärtsbewegt. Zusätzlich befindet sich im vorderen Zylinderteil ein Verdrängerkörper (b), der als Plastifizierhilfe zur Spaltverengung dient. Während seiner Vorwärtsbewegung wird das Granulat allmählich plastifiziert und liegt schließlich an der Düse (a), die mit dem Angußkanal des Werkzeuges verbunden ist, im schmelzflüssig homogenen Zustand vor. Nach dem Schließen des Werkzeuges wird durch den wirksamen Hub (e) des Kolbens die Polymermasse in das Werkzeug gepreßt und dort unter Druck gehalten. Dann fährt der Kolben zurück, und neues Granulat fällt in den Zylinder. Nachdem der Polymerwerkstoff in der geschlossenen Form hinreichend fest geworden ist, wird die Form geöffnet und das Bauteil ausgestoßen.

Derartige Kolbenspritzgußmaschinen werden nur noch selten benutzt. Heute baut man nahezu ausschließlich hydraulisch angetriebene Schneckenspritzgußmaschinen. Ein Beispiel zeigt Bild 4. Hier übernimmt die axial verschiebbare Schnecke sowohl die Plastifizierung als auch das Einspritzen des polymeren Materials in das an die Düse angeschlossene Werkzeug. Mit Hilfe des Spritzgießverfahrens lassen sich die vielfältigsten Formen aus Polymerwerkstoffen herstellen. Es ist deshalb das am häufigsten angewandte Formgebungsverfahren.

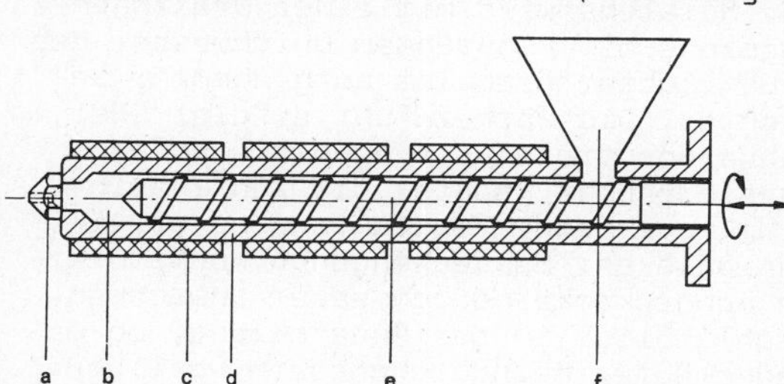

Bild 4: Schnecken-Spritzeinheit mit axial verschiebbarer Schnecke (schem.). a Düse, b Sammelraum, c elektrisches Heizband, d Zylinder, e Schnekkenkolben, f Trichter

Geringere praktische Bedeutung hat das Herstellen von Bauteilen aus Polymerwerkstoffen durch Pressen. Bei diesem Verfahren wird der Polymerwerkstoff zwischen Stempel und Matrize einer Preßform entweder als Pulver oder als Granulat eingebracht. Beim hydraulischen Schließen der Form schmilzt das polymere Material unter Einwirkung von Wärme und Druck und füllt den Hohlraum zwischen Stempel und Matrize aus.

Für die angesprochenen Fertigungsverfahren ist das mechanische Verhalten der polymeren Schmelzen von ausschlaggebender Bedeutung. Sie würden bei laminarer Strömung in einem Rohr parabelförmige Geschwindigkeitsprofile besitzen, wenn sie Newton'sche Flüssigkeiten wären (vgl. Bild 5a). Bei einer solchen besteht bekanntlich zwischen Schubspannung τ, Viskosität η und Geschwindigkeitsgefälle $\dot{\gamma}$ der Zusammenhang

$$\tau = \eta \dot{\gamma} = \eta \frac{dv}{dr} \quad . \qquad (1)$$

$\dot{\gamma}$ mit der Dimension s^{-1} wird Schergeschwindigkeit genannt. Erfahrungsgemäß ist aber Gl. 1 bei Polymerwerkstoffschmelzen höchstens für kleine Schergeschwindigkeiten erfüllt. Oft treten bei gegebener Temperatur Rohrströmungen auf, die anstelle eines parabolischen ein nach der Mitte

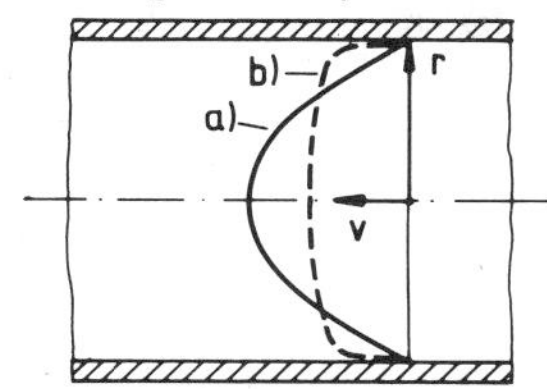

Bild 5: Geschwindigkeitsprofile laminarer Rohrströmungen. Newton'sche Flüssigkeit (a), strukturviskose Flüssigkeit (b)

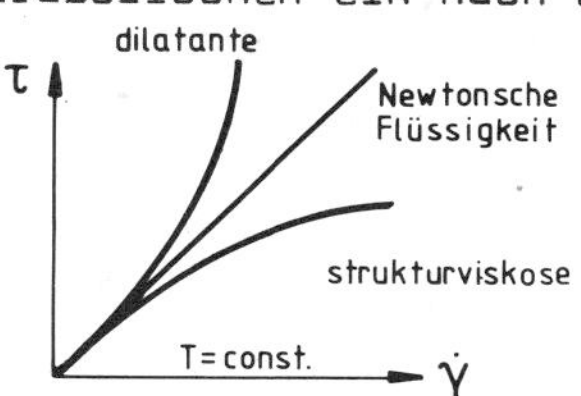

Bild 6: $\tau, \dot{\gamma}$ - Zusammenhänge bei dilatanten, Newton'schen und strukturviskosen Flüssigkeiten

hin abgeflachtes Geschwindigkeitsprofil (vgl. Kurve b in Bild 5) zeigen. Dann gilt anstelle von Gl. 1 näherungsweise

$$\tau = \eta \dot{\gamma}^m \quad . \tag{2}$$

m heißt Fließexponent. Wird mit steigender Schergeschwindigkeit eine relative Abnahme der Viskosität beobachtet (vgl. Bild 6), so liegt eine strukturviskose Flüssigkeit vor. Tritt ein entgegengesetztes Verhalten auf, wie z. B. bei PVC-Schmelzen, so spricht man von einer dilatanten Flüssigkeit. Die Temperaturabhängigkeit der Viskosität läßt sich quantitativ durch die Beziehung

$$\eta = \eta_0 \exp[Q/RT] \tag{3}$$

beschreiben. Dabei hat Q die Bedeutung einer Aktivierungsenergie. R ist die Gaskonstante und T die absolute Temperatur. In Bild 7 ist als Beispiel die Temperaturabhängigkeit der Viskosität von Polystyrol wiedergegeben.

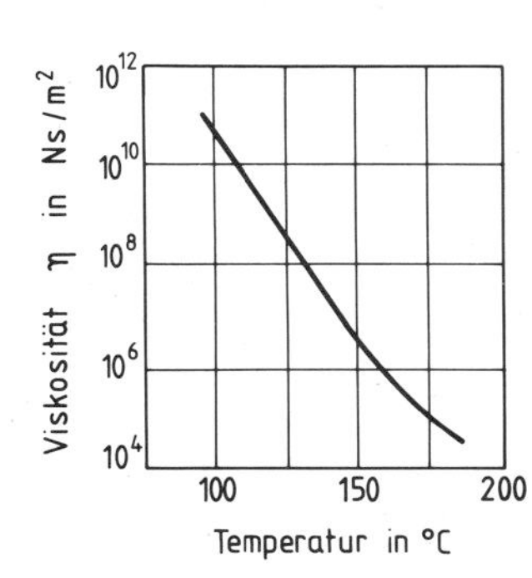

Bild 7: Temperaturabhängigkeit der Viskosität von Polystyrol

Die viskosen Schmelzeigenschaften der Polymerwerkstoffe sind für die Bauteil- und Halbzeugfertigung von großer praktischer Bedeutung. Beispielsweise benötigt man beim Spritzgießen von komplizierten Bauteilen mit großem Fließweg-Wanddicken-Verhältnis "leichtfließende" Spritzgußmassen niedriger Viskosität. Dagegen muß die Polymerschmelze beim Extrudieren dickwandiger Halbzeuge oder beim Hohlkörperblasen (vgl. Bild 2) nach dem Austritt aus dem Werkzeug hinreichend hochviskos sein. Die Viskositäten üblicher Polymerschmelzen besitzen bei den besprochenen Bearbeitungsverfahren Werte zwischen 10^2 Ns/m^2 $< \eta < 10^6$ Ns/m^2. In praktischen Fällen wählt man die Temperatur und den Druck (bei Drucksteigerung wächst die Viskosität an) so, daß sich eine optimale Schmelzviskosität ergibt. Um die vorliegenden Verhältnisse - beispielsweise in der kreisförmig begrenzten Düse eines Extruders - zu erfassen, behandelt man die Polymerschmelze näherungsweise als Newton'sche Flüssigkeit und wendet auf diese das Hagen-Poiseuille'sche Gesetz an. Dazu postuliert man rechnerische (scheinbare) Schergeschwindigkeiten $\dot{\gamma}_S$ und Randschubspannungen τ_S. Wirkt auf eine Extruderdüse mit Länge L und Radius R der Druck p, so tritt eine Druckkraft

$$F_p = p\pi R^2 \tag{5}$$

auf, der die Reibungskraft

$$F_r = 2\pi R L \tau_S \tag{6}$$

entgegenwirkt. Im stationären Fall folgt aus Gl. 5 und 6

$$\tau_S = \frac{p\pi R^2}{2\pi R L} = \frac{pR}{2L} \ . \tag{7}$$

Andererseits liefert das Hagen-Poiseulle'sche Gesetz

$$\eta = \frac{\pi R^4 p t}{8 V L} \tag{8}$$

wenn ein Rohr der Länge L unter dem Druck p von dem Volumen V in der Zeit t durchsetzt wird. Somit folgt als scheinbares Schergefälle aus den Gl. 1, 7 und 8

$$\dot{\gamma}_S = \frac{\tau_S}{\eta} = \frac{4V}{\pi R^3 t} \ . \tag{9}$$

Bei bekannter Geometrie läßt sich also $\dot{\gamma}_S$ aus der Messung des Volumenstromes V/t einfach ermitteln. Der Zusammenhang zwischen $\dot{\gamma}_S$ und τ_S wird als Fließkurve bezeichnet. Bei gegebenem Druck erhält man τ_S aus Gl. 7.

Beim Extrudieren von Polymerschmelzen treten neben den viskosen auch entropieelastische Verformungen (vgl. V 84) auf. Das hat zur Folge, daß die Polymerschmelze während ihrer Verweilzeit in der Extruderdüse unter Druckspannungen steht. Wenn die Temperaturbedingungen ungünstig sind und zu schnell abgekühlt wird, dann werden diese Spannungen eingefroren und beeinflussen das Bauteilverhalten.

Aufgabe

Die Fließkurve und die Strangaufweitung von Polystyrol sind bei 180 °C mit Hilfe eines Laborextruders zu ermitteln.

Versuchsdurchführung

Es steht ein Plastifizierextruder mit einer Dreizonenschnecke zur Verfügung. Für die 3 Heizbereiche werden die Temperaturen auf 150 °C, 160 °C und 180 °C eingeregelt. Als Austrittsdüse wird eine Kapillare mit 2 mm Innendurchmesser und 8 mm Länge benutzt. Die Temperatur der Polymerschmelze (Massetemperatur) wird mit Hilfe eines Thermoelements gemessen. Ein Druckaufnehmer erlaubt die Messung des Systemdruckes vor der Kapillare. Das Granulat wird dem Einfülltrichter zugeführt. Anschließend wird die Maschine bei einer Schneckendrehzahl von $n = 20\ \text{min}^{-1}$ in einen stationären Arbeitszustand gebracht, der etwa nach 2 min erreicht ist. Danach wird der Systemdruck, die pro Minute extrudierte Masse (durch Wägung) und der mittlere Strangdurchmesser ermittelt. In der gleichen Weise wird bei jeweils um 10 min^{-1} erhöhten Schneckendrehzahlen bis zu $n = 120\ \text{min}^{-1}$ verfahren.

Die Meßwerte werden in Abhängigkeit von n aufgetragen. Der Massenstrom wird mit Hilfe des Dichtewertes von PS bei 180 °C, $\rho = 0.983\ \text{g/cm}^3$ in den Volumenstrom umgerechnet. $\dot{\gamma}_S$ wird nach Gl. 9, τ_S nach Gl. 7 berechnet. $\dot{\gamma}_S$ wird über τ_S aufgetragen und liefert die Fließkurve bei 180 °C. Danach wird der Fließexponent m in Gl. 2 als Maß für die vorliegende Strukturviskosität bestimmt. Schließlich werden die Viskosität und die Strangaufweitung als Funktion der scheinbaren Schubspannung aufgezeichnet und diskutiert.

Literatur: 193, 194, 196, 197.

Zugverformungsverhalten von Polymerwerkstoffen

V 86

Grundlagen

Die Polymerwerkstoffe zeigen bei mechanischer Beanspruchung auf Grund ihres mikrostrukturellen Aufbaus (vgl. V 84) gegenüber metallischen Werkstoffen eine Reihe von Unterschieden. Von besonderer Bedeutung ist die vielfach bereits bei oder nahe bei Raumtemperatur auftretende starke Temperatur- und Zeitabhängigkeit der mechanischen Eigenschaften. Deshalb lassen Kurzzeitversuche, die unter definierten Bedingungen bei Raumtemperatur durchgeführt werden, nur grobe Charakterisierungen einzelner Werkstoffe zu. Dimensionierungskenngrößen müssen dagegen zeit- und temperaturabhängig ermittelt werden. Nachfolgend wird auf das zügige Verformungsverhalten von Polymerwerkstoffen näher eingegangen.

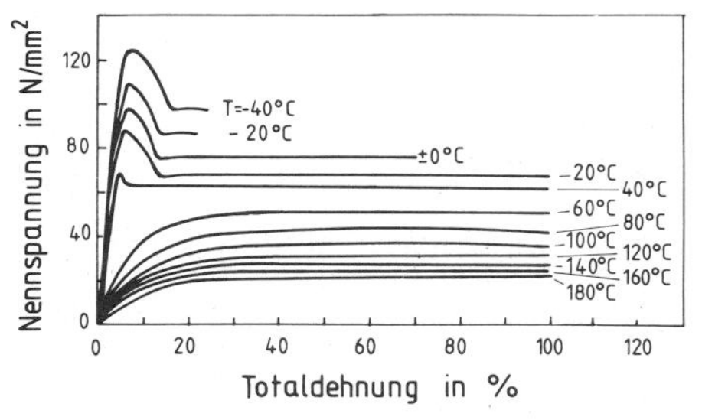

Bild 1: Isotherme Nennspannungs-Totaldehnungskurven eines PA

In Bild 1 sind Nennspannungs-Totaldehnungs-Kurven von teilkristallinen Polyamidproben wiedergegeben, die bei verschiedenen Temperaturen mit einer Traversengeschwindigkeit von etwa $2 \cdot 10^{-2}$ cm/s ermittelt wurden. Es besteht ein ausgeprägter Temperatureinfluß auf den anfänglichen Kurvenanstieg (Anfangsmodul $E_0 = d\sigma_n/d\epsilon_t$) und auf den weiteren Kurvenverlauf. Bei und unterhalb 40 °C zeigen die Kurven Maxima, nach deren Durchlaufen die weitere Probendehnung unter lokaler Einschnürung bei sinkender Nennspannung erfolgt. Oberhalb 40 °C wachsen die Spannungen anfänglich monoton mit zunehmender Totaldehnung an, und es treten keine Spannungsmaxima mehr auf. Die Zugproben ertragen unter gleichmäßiger Querschnittsverminderung große Totaldehnungen bis zum Bruch. Die veränderte Kurvencharakteristik oberhalb 40 °C weist darauf hin, daß nunmehr die Verformungstemperatur größer ist als die Erweichungstemperatur der amorphen Werkstoffanteile (vgl. V 84) der Versuchsproben.

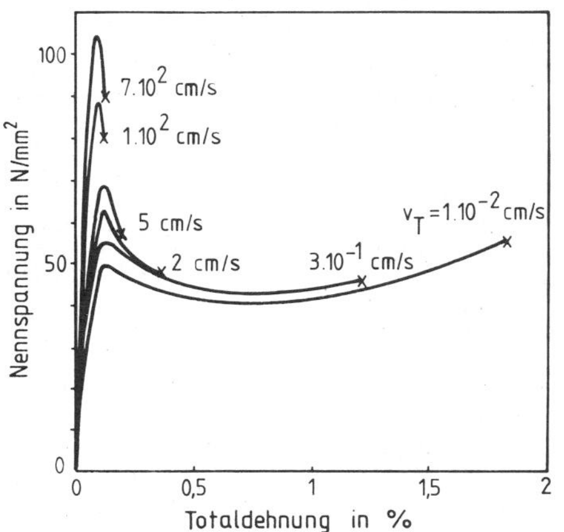

Bild 2: Nennspannungs-Totaldehnungskurven von PVC bei verschiedenen Traversengeschwindigkeiten

Bild 2 zeigt für Polystyrol, wie sich bei zügiger Beanspruchung die Nennspannungs-Totaldehnungs-Kurven mit der Traversengeschwindigkeit verändern. Mit zunehmender Verformungsgeschwindigkeit wächst die von PVC maximal aufnehmbare Spannung stark an. Gleichzeitig reduziert sich die Bruchdehnung drastisch. Allgemein gilt, daß Änderungen der Temperatur einen erheblich größeren Einfluß auf das zügige Verformungsverhalten von Polymerwerkstoffen besitzen als die in der Praxis auftretenden Änderungen der Verformungsgeschwindigkeit. Insgesamt zeigt der Vergleich der Bilder 1 und 2, daß je nach Verformungstemperatur und Verformungsgeschwindigkeit bei den einzelnen Polymer-

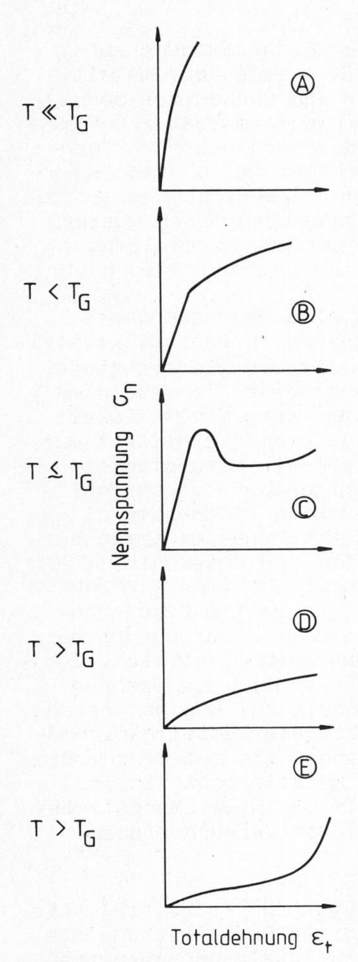

Bild 3: Charakteristische Zugverformungskurven von Polymerwerkstoffen. Bei Raumtemperatur wird z. B. beobachtet

Typ A bei PS,
Typ B bei SB,
Typ C bei PA,
Typ D bei LDPE und
Typ E bei PUR

werkstoffen recht unterschiedliche Zugverformungskurven auftreten. Ihre Form wird vom vorliegenden strukturellen und gefügemäßigen Aufbau sowie den bei den Versuchsbedingungen wirksam werdenden Verformungsmechanismen bestimmt. Für die Beurteilung des zügigen Raumtemperaturverhaltens der verschiedenen Polymerwerkstoffe bei nicht zu großen Traversengeschwindigkeiten ist aber neben Art und Struktur der Werkstoffe vor allem die relative Lage ihrer Glasübergangstemperatur gegenüber Raumtemperatur wesentlich. Allgemein kann man, je nachdem, ob die Verformungstemperatur kleiner, nahe bei oder größer T_G ist, die in Bild 3 zusammengestellten Kurventypen unterscheiden. Der Kurventyp A ist charakteristisch für Duroplaste sowie amorphe und teilkristalline Thermoplaste, deren Glasübergangstemperaturen sehr viel größer als die Verformungstemperaturen sind und die sich deshalb energieelastisch verhalten. Es tritt ein ausgeprägt linearer Anfangsbereich der σ_n, ϵ_t - Kurve mit relativ steilem Anstieg auf. Die Proben brechen nach sehr kleinen Deformationen spröde. Auch Elastomere zeigen bei extrem tiefen Temperaturen dieses Verformungsverhalten vom Typ A.

Zugverformungskurven vom Typ B sind bei $T < T_G$ charakteristisch für amorphe Polymerwerkstoffe, bei denen sich bereits unter kleinen Beanspruchungen sog. Fließzonen (crazes) ausbilden. Man versteht darunter lokal begrenzte Deformationserscheinungen, wobei sich örtlich polymere Kettenstränge in ausgeprägter Weise parallel zur Zugrichtung orientieren. Dies führt zu relativ großen lokalen Dichteverminderungen (bis zu etwa 60 %) gegenüber der übrigen Matrix. Mit wachsender Beanspruchung weiten sich diese Fließzonen, von denen Bild 4 ein Modell zeigt, zunehmend auf. Im Gegensatz zu Mikrorissen, bei denen lokale Werkstofftrennungen vorliegen, sind die Begrenzungen der Fließzonen durch gleichartig orientierte Molekülstränge miteinander verbunden. Bei weiterer Belastungssteigerung können sich in den Fließzonen Risse bilden.

Zugverformungskurven vom Typ C treten bei Verformungstemperaturen kleiner aber relativ nahe der Glasübergangstemperatur von teilkristallinen Thermoplasten auf. Der Anfangsanstieg der σ_n, ϵ_t - Kurven wird weitgehend durch das mechanische Verhalten der amorphen Werkstoffbereiche bestimmt, die wesentlich größere Dehnungen liefern als die kristallinen. Bei der angesprochenen Werkstoffgruppe können die kristallinen Werkstoffbereiche in unterschiedlicher Weise ausgebildet sein. Zwei kristalline Über-

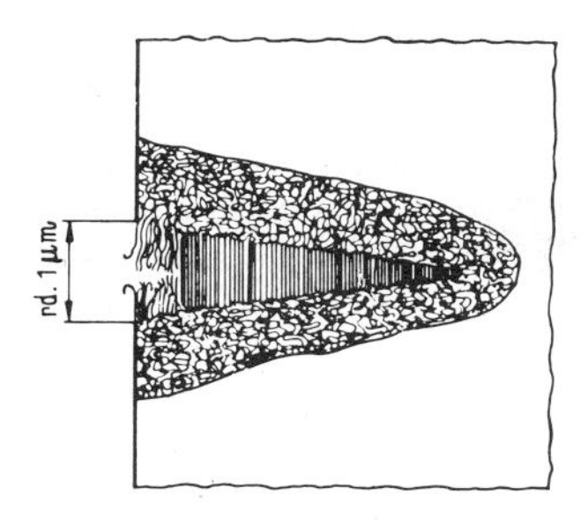

Bild 4: Schematisches Bild einer Fließzone

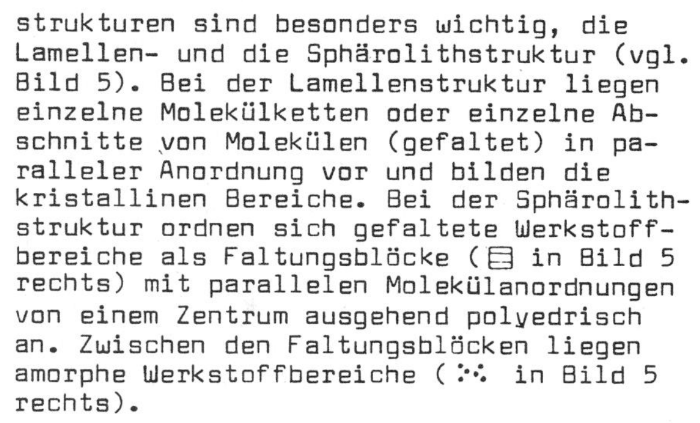

strukturen sind besonders wichtig, die Lamellen- und die Sphärolithstruktur (vgl. Bild 5). Bei der Lamellenstruktur liegen einzelne Molekülketten oder einzelne Abschnitte von Molekülen (gefaltet) in paralleler Anordnung vor und bilden die kristallinen Bereiche. Bei der Sphärolithstruktur ordnen sich gefaltete Werkstoffbereiche als Faltungsblöcke (⊟ in Bild 5 rechts) mit parallelen Molekülanordnungen von einem Zentrum ausgehend polyedrisch an. Zwischen den Faltungsblöcken liegen amorphe Werkstoffbereiche (⁘ in Bild 5 rechts).

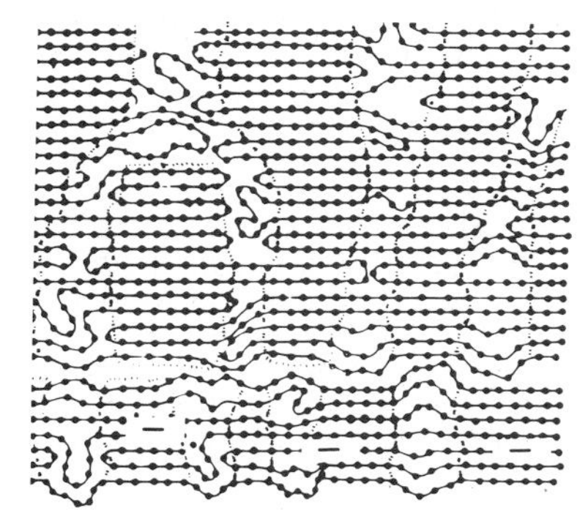

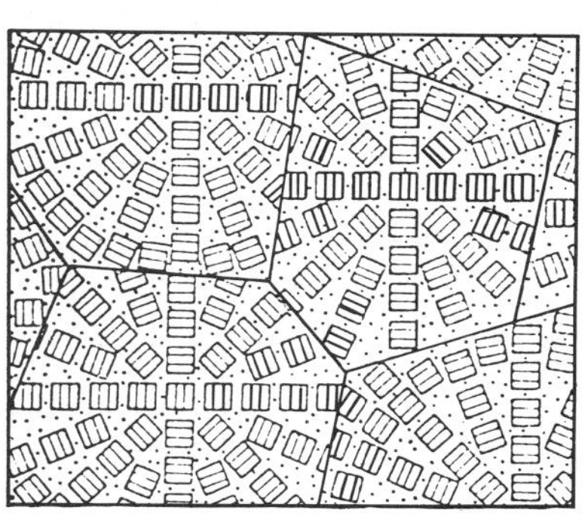

Bild 5: Lamellenstruktur (links) und Sphärolithstruktur (rechts) teilkristalliner Thermoplaste

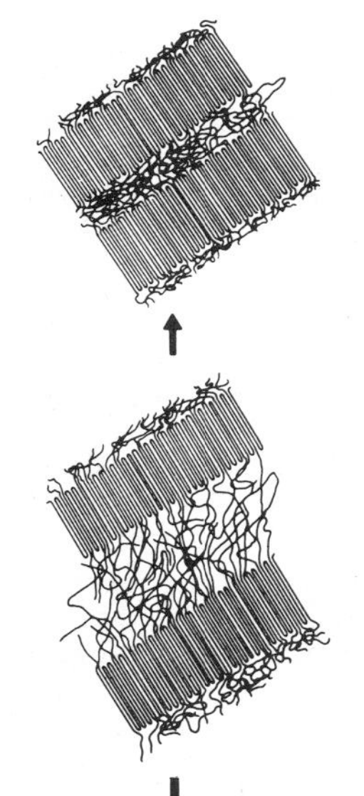

Bild 6: Zur Verformung teilkristalliner Thermoplaste

Die Verformung teilkristalliner Thermoplaste mit Lamellenstruktur hat man sich wie in Bild 6 so vorzustellen, daß sich zunächst günstig orientierte amorphe Bereiche verformen. Im betrachteten Fall ist die Streckung der dort vorliegenden Makromoleküle mit einer Verschiebung und Drehung der kristallinen Bereiche verbunden, wobei diese sich mit ihren parallel zueinander liegenden Molekülen zunehmend in Beanspruchungsrichtung orientieren. Faltungsblöcke, die senkrecht zur Beanspruchungsrichtung angeordnet sind, werden entfaltet und parallel zur Kraftwirkungsrichtung auseinandergezogen. Findet dieses starke Nachgeben der amorphen Werkstoffbereiche und die ausgeprägte Umlagerung bzw. Entfaltung der kristallinen Werkstoffbereiche infolge örtlicher Temperaturerhöhungen ($T_{lokal} > T_G$) statt, so tritt eine lokale Einschnürung (sog. Neckbildung) mit Spannungsabfall wie beim Kurventyp C auf. Der spätere Wiederanstieg der Nennspannung beruht auf einer zunehmenden Mitheranziehung der Hauptvalenzbindungen zur Lastaufnahme.

Bei $T > T_G$ findet das beschriebene Nachgeben der amorphen sowie die Umlagerung bzw. Entfaltung der kristallinen Werkstoffbereiche gleichmäßig verteilt über dem ganzen Werkstoffvolumen statt. Dies führt zu einer gleichmäßigen Querschnittsverminderung über der gesamten Probenlänge unter stetig ansteigendem Kraftbedarf zur weiteren Probenverlängerung. Letztere beruht wieder auf der zunehmenden Streckung und Entknäuelung der Makromoleküle und dem mit wachsender Deformation zunehmenden Anteil der zum Tragen herangezogenen Hauptvalenzbindungen längs der Kettenmoleküle. Es entsteht eine zügige Verformungskurve vom Typ D.

Liegen teilkristalline Thermoplaste mit sphärolithischer Werkstoffstruktur vor, so werden die kugelförmigen Sphärolithe zunächst ellipsoidförmig verformt, wobei sie relativ große reversible Verformungsanteile aufnehmen können. Die zur bleibenden Probenverlängerung beitragenden irreversiblen Dehnungen werden überwiegend von den senkrecht zur Beanspruchungsrichtung gelegenen Sphärolithbereichen geliefert. Dabei bestimmen die zwischen den Faltungsblöcken einzelner Sphärolithen und die zwischen den Sphärolithen liegenden amorphen Bereiche (vgl. Bild 5 rechts) die anfänglichen Längsdehnungen. Sind diese amorphen Zwischenbereiche nicht mehr in der Lage, die auftretenden Dehnungsunterschiede auszugleichen, so bilden sich dort Risse.

Zugverformungskurven vom Typ E sind charakteristisch für Elastomere. Die Totaldehnung ist weitgehend entropieelastischer Natur (oft >100 %!) und beruht auf dem Übergang der ursprünglich verknäuelten polymeren Ketten in gestreckte Positionen. Der Anfangselastizitätsmodul ist sehr klein, weil praktisch kaum Relativänderungen der kovalent gebundenen Atome der einzelnen makromolekularen Ketten auftreten. Erst wenn diese erfolgen, steigt die σ_n, ϵ_t - Kurve bei größeren Totaldehnungen aufwärts gekrümmt an. Wichtig ist, daß der Anfangsmodul von Elastomeren mit wachsender Temperatur anwächst.

Bei der Festlegung der aus Zugversuchen von Polymerwerkstoffen bestimmbaren Werkstoffwiderstandsgrößen hat man eine besondere Sprachregelung vereinbart. In Bild 7 sind zwei Kraft-Verlängerungs-Diagramme (etwa wie Typ C und D in Bild 3) mit genormten Bezeichnungen wiedergegeben. Bei der Kurve vom Typ C nennt man F_S die Kraft bei der Streckspannung, F_{max} die Höchstkraft und F_R die Reißkraft. Die zugehörigen Längenänderungen ΔL_S, $\Delta L_{F_{max}}$ und ΔL_R werden als die Längenänderung bei der Streckkraft, der Höchstkraft und der Reißkraft bezeichnet. Bei der Kurve vom Typ D wird F_{Sx} als die Kraft bei x %-Dehnspannung bezeichnet und ΔL_{Sx} als die Längenänderung bei der Kraft, die der x %-Dehnspannung entspricht. Demgemäß unterscheidet man folgende Werkstoffwiderstandsgrößen bei Zugverformung:

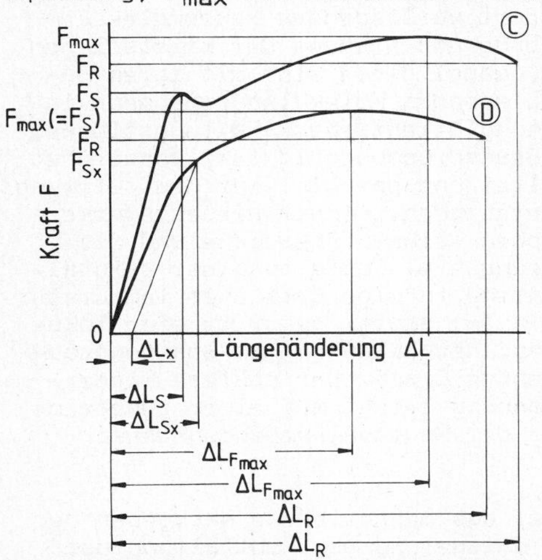

Bild 7: Bezeichnungen bei Kraft-Verlängerungsdiagrammen von Polymerwerkstoffen nach DIN 53 455

Die Streckspannung R_S als den Werkstoffwiderstand, bei dem die Steigung der σ_n, ϵ_t-Kurve zum erstenmal gleich Null wird,

die x %-Dehnspannung R_{Sx} als den Werkstoffwiderstand gegenüber Überschreiten einer Totaldehnung, die um x % größer ist als die elastische Dehnung unter Zugrundelegung des Anfangsmoduls E_0 bei linear elastisch

angenommenem Werkstoffverhalten,

die Zugfestigkeit R_m als den Werkstoffwiderstand bei der höchstertragbaren Zugkraft,

die Reißfestigkeit R_R als den nennspannungsmäßigen Werkstoffwiderstand gegen das Zerreißen der Zugprobe.

Im Falle des Vorliegens von σ_n, ϵ_t - Kurven vom Typ C bzw. Typ B und D (vgl. Bild 3) ist demnach die Streckspannung gleich der Zugfestigkeit bzw. der Reißfestigkeit.

Aufgabe

Für Zugstäbe aus schlagfestem Polystyrol sind die zwischen -40 °C und +100 °C auftretenden Nennspannungs-Gesamtdehnungs-Kurven bei konstanter Traversengeschwindigkeit von 0.1 cm/min zu ermitteln. Die Anfangsmoduln, die Streckspannungen, die Zugfestigkeiten und die bis zum Probenbruch erforderlichen Verformungsarbeiten sind als Funktion der Temperatur darzustellen und zusammen mit der beobachteten Temperaturabhängigkeit der Verformungskurven zu erörtern. Ferner sind bei Raumtemperatur ergänzende Zugversuche mit 10- und 100mal größerer Traversengeschwindigkeit durchzuführen.

Versuchsdurchführung

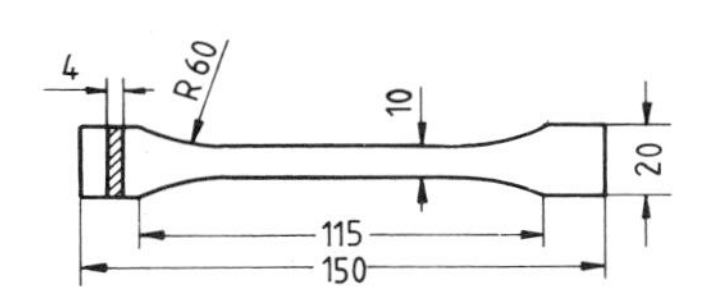

Bild 8: Form und Abmessungen der Probestäbe

Für die Untersuchungen steht eine elektromechanische Zugprüfmaschine mit einem Lastbereich von 10 kN und einer Temperiervorrichtung zur Durchführung der Versuche im angegebenen Temperaturbereich (vgl. V 26) zur Verfügung. Die Probestäbe haben die in Bild 8 wiedergegebene Form und Abmessung. Die Zugversuche werden unter zeitproportionaler Registrierung der Kraft durchgeführt. Die Versuchsauswertung erfolgt wie in V 25.

Literatur: 193, 194, 198, 199.

V 87

Zeitabhängiges Deformationsverhalten von Polymerwerkstoffen

Grundlagen

Polymerwerkstoffe neigen auf Grund ihres strukturellen Aufbaus bereits bei relativ niedrigen Temperaturen zum Kriechen. Wird eine Polymerwerkstoffprobe bei gegebener Temperatur einer konstanten Zugbelastung unterworfen, so wird eine zeitliche Zunahme der Dehnung in Beanspruchungsrichtung beobachtet. Die Gesamtdehnung umfaßt einen elastischen, einen viskosen und einen viskoelastischen Anteil.

Die elastische Dehnung ϵ_e ist eine eindeutige Funktion der wirkenden Nennspannung σ_n und unabhängig von der Belastungszeit. Sie ist durch das Hooke'sche Gesetz

$$\varepsilon_e = \frac{\sigma_n}{E} \quad (1)$$

gegeben, wobei E der Elastizitätsmodul ist. Wird zur Zeit $t = t_1$ die Spannung σ_n aufgeprägt, so stellt sich nach Bild 1a sofort die durch

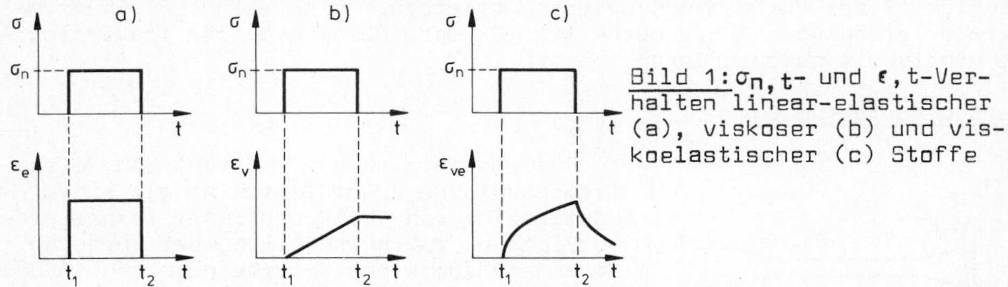

Bild 1: σ_n, t- und ϵ, t-Verhalten linear-elastischer (a), viskoser (b) und viskoelastischer (c) Stoffe

Gl. 1 bestimmte Dehnung σ_n/E ein. Wird bei $t = t_2$ die Spannung auf Null abgesenkt, so geht auch sofort die elastische Dehnung auf Null zurück. Dagegen ist die viskose Dehnung ϵ_v zeitabhängig und ihrem Charakter nach eine plastische Dehnung. Sie ist gegeben durch

$$\varepsilon_v = \frac{1}{\eta_0} t \sigma_n \quad , \quad (2)$$

steigt also umgekehrt proportional zur Viskosität η_0 und linear mit der Belastungszeit t an (vgl. Bild 1b). Wird ein viskoser Körper zur Zeit $t = t_1$ mit σ_n beaufschlagt, so bleibt nach Absenkung der Spannung auf Null bei $t = t_2$ die viskose Dehnung $\epsilon_v = (t_2 - t_1)\sigma_n / \eta_0$ erhalten. Die viskoelastische Dehnung ϵ_{ve} schließlich (vgl. Bild 1c) ist eine während der Spannungseinwirkung sich zeitabhängig einstellende Dehnung, die eindeutig durch die sog. Relaxationszeit τ bestimmt wird und durch

$$\varepsilon_{ve} = \alpha[1 - \exp(-t/\tau)]\sigma_n \quad (3)$$

gegeben ist. Dabei ist α eine Materialkonstante. Bei σ_n = const wächst ϵ_{ve} mit der Belastungszeit t bis zu einem Sättigungswert $\alpha\ \sigma_n$ an. Nach Wegnahme der belastenden Spannung bei $t = t_2$ fällt ϵ_{ve} mit t exponentiell ab. ϵ_{ve} ist also ihrem Charakter nach eine zeitabhängige reversible (relaxierende) Dehnung.

Eine anschauliche Darstellung der drei Dehnungsanteile ermöglichen mechanische Analogiemodelle, die von Federn und Dämpfungsgliedern (Dämpfern) Gebrauch machen. Elastisches Stoffverhalten läßt sich durch eine Feder wie in Bild 2a, viskoses Verhalten durch ein Dämpfungsglied wie

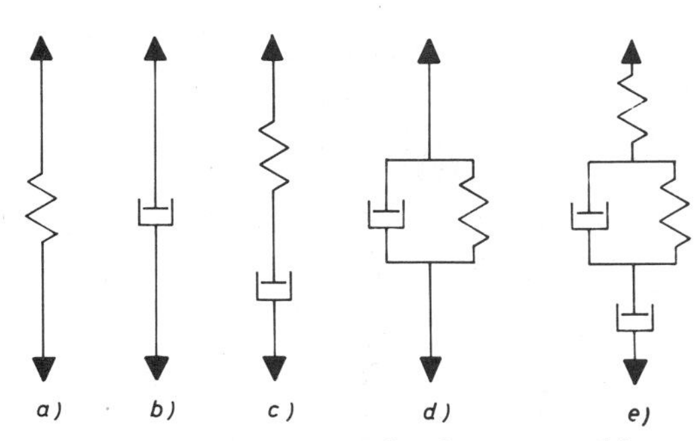

Bild 2: Mechanische Analogiemodelle zur Beschreibung des Verformungsverhaltens von Festkörpern (vgl. Text)

in Bild 2b wiedergeben. Das Hintereinanderschalten von Feder und Dämpfer (Maxwell-Körper) beschreibt gekoppeltes elastisches und viskoses Verformungsverhalten (vgl. Bild 2c), das Parallelschalten von Feder und Dämpfer (Voigt-Kelvin-Körper) viskoelastisches Verformungsverhalten (vgl. Bild 2d). Das in Bild 2e gezeigte Vier-Parameter-Modell läßt dann offenbar die Beschreibung des Verformungsverhaltens eines Polymerwerkstoffes zu, wenn gleichzeitig elastische, viskose und viskoelastische Verformungsvorgänge auftreten. Bei Belastung mit $F = const.$ zur Zeit $t = t_1$ wird die obere Feder sofort elastisch verlängert (elastische Dehnung), und das untere Dämpfungsglied beginnt sich linear mit der Belastungszeit zu strecken (viskose Dehnung). Der Voigt-Kelvin-Körper in der Mitte des Modells liefert, behindert durch das Dämpfungsglied, eine exponentiell zeitabhängige Verlängerung (viskoelastische Dehnung). Insgesamt ergibt sich in Abhängigkeit von der Zeit das in Bild 3 skizzierte Verformungsverhalten. Bei Entlastung $F = 0$ zur Zeit $t = t_2$ wird die obere Feder des Modellkörpers sofort auf ihre Ausgangslänge verkürzt (elastische Rückverformung), wogegen das Dämpfungsglied seine Dehnung noch beibehält. Im Voigt-Kelvin-Körper bewirkt die Feder eine langsame Rückverformung des Dämpfungsgliedes (viskoelastische Rückverformung). Als Folge davon stellt sich eine mit der Zeit abnehmende Totaldehnung ein, die für $t \rightarrow \infty$ den Wert $\epsilon_v(t_2)$ annimmt.

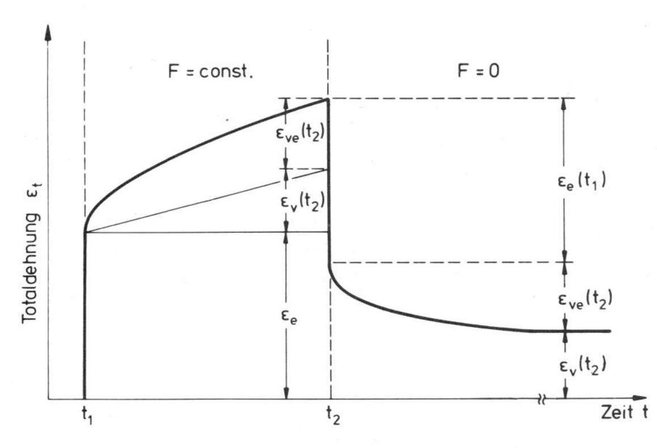

Bild 3: Zeitabhängiges Dehnungsverhalten eines Polymerwerkstoffes bei Belastung mit $F = const.$ und nach Entlastung auf $F = 0$

Zur Erfassung der Totaldehnung in Abhängigkeit von der Zeit sind bei den für Konstruktionsteile vorgesehenen Polymerwerkstoffen aufwendige Langzeitversuche erforderlich. Nur sie erlauben eine genaue Beurteilung des Werkstoffverhaltens. Besonders bei den Thermoplasten treten unter längerer Einwirkung hinreichend hoher Temperaturen und Belastungen beträchtliche viskose und viskoelastische Dehnungsanteile auf. In Bild 4 sind als Beispiel für ein POM die unter verschiedenen Spannungen bei 20 °C auftretenden Totaldehnungs-Zeit-Kurven in doppeltlogarithmischer Darstellung wiedergegeben. Bei den Polymerwerkstoffen läßt sich der elastische Dehnungsanteil als Vergrößerung der Atomabstände und als reversible Verdrehung der Valenzwinkel zwischen den Atomen ansehen (vgl. V 84). Einen Beitrag liefert auch die reversible Streckung von verknäuelten Molekülen. Wenn dagegen in einem mechanisch beanspruchten Polymerwerk-

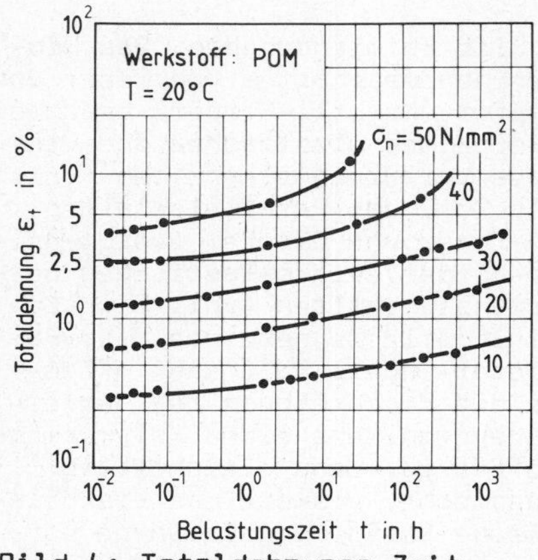

Bild 4: Totaldehnungs-Zeit-Kurven von POM unter verschiedenen Lastspannungen bei 20 °C

stoff infolge lokalisierter thermischer Schwankungen Teile der Molekülketten Plätze höherer Energie einnehmen, von denen sie nach Entlastung wieder in ihre Ausgangslagen zurückspringen können, dann werden zeit- und temperaturabhängige Rückverformungen beobachtet. Man spricht von "reversiblem Fließen". Bleibende Dehnungen schließlich entstehen durch Aufhebung von Molekülverschlingungen, Verlagerung von Molekülgruppen, überelastische Verdrehungen der Valenzwinkel und bei Thermoplasten durch Abgleitung einzelner Ketten relativ zueinander. Gerade auf die letzte Erscheinung ist die stärkere Fließneigung der Thermoplaste zurückzuführen.

Aufgabe

An Probestäben aus dem Thermoplast Polyethylen (PE) sind bei einer Temperatur von 75 °C die unter mehreren Belastungen und nach Entlastung auftretenden Längsdehnungen als Funktion der Zeit zu bestimmen. Die elastischen, viskoelastischen und viskosen Dehnungsanteile sind zu ermitteln.

Versuchsdurchführung

Die Probestäbe werden in geeigneten Vorrichtungen eingespannt und zunächst 10 Minuten lang ohne Last im Flüssigkeitsbad eines Thermostaten auf etwa 75 °C erwärmt. Diese Temperatur liegt für das verwendete PE im Übergangsgebiet zwischen energieelastischem und entropieelastischem bzw. viskosem Zustandsbereich (vgl. V 84). Unmittelbar nach den für die einzelnen Proben unterschiedlich großen Belastungen werden die elastischen Verformungsanteile bestimmt. Anschließend wird bei den einzelnen Proben über eine Zeitspanne von 30 Minuten die Verformung in Abhängigkeit von der Zeit ermittelt. Nach dem Entlasten werden die Rückverformungskurven aufgenommen und die bleibenden viskosen Verformungsanteile bestimmt. Die viskoelastischen Dehnungsanteile können dann abgeschätzt werden.

Literatur: 193,194,198,199.

Schlagzähigkeit von Polymerwerkstoffen **V 88**

Grundlagen

Für die Beurteilung der mechanischen Werkstoffeigenschaften sind Kenngrößen notwendig, die unter definierten Bedingungen in reproduzierbarer Weise mit kleiner Schwankungsbreite ermittelt werden können. Bei Polymerwerkstoffen sind solche Kenngrößen in viel stärkerem Ausmaße von den Verarbeitungs- und Prüfbedingungen abhängig als bei metallischen Werkstoffen. So sind beispielsweise die Zug- und die Biegefestigkeit von Probekörpern, die aus der gleichen Charge eines Polymerwerkstoffes durch Spritzgießen hergestellt werden, stark von den dabei vorliegenden Parametern abhängig. Einflußgrößen sind z. B. die Aufheizgeschwindigkeit des Ausgangsgranulats, die Durchmischung und Verweilzeit des Materials im Zylinder der Spritzgußmaschine, die örtlichen Überhitzungen, die Werkstofftemperatur in der Spritzgußmaschine (Massetemperatur), der Spritzdruck, die Nachdruckzeit, die Formtemperatur und die Abkühlgeschwindigkeit (vgl. V 85). Selbst bei Konstanz des wichtigsten Parameters Massetemperatur können sich als Folge anderer Parametervariationen Werkstoffzustände mit unterschiedlichen mechanischen Eigenschaften ergeben.

Bild 1: Pendelschlagwerk zur Bestimmung der Schlagzähigkeit von Polymerwerkstoffen (Bauart Frank)

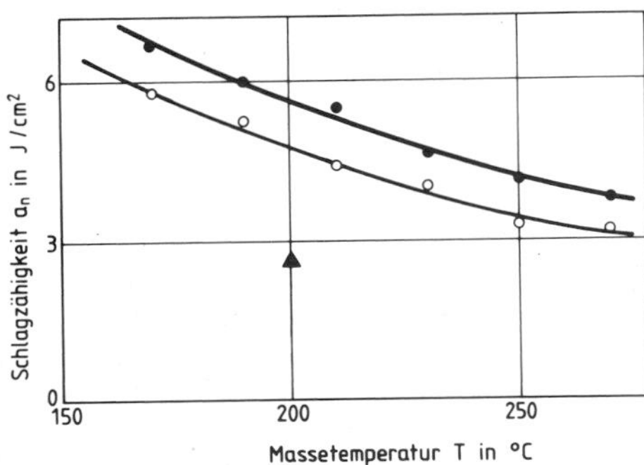

Bild 2: Einfluß der Massetemperatur auf die Schlagzähigkeit von Standard-PS. • Maschine A, o Maschine B, ▲ gepreßte Probe

Eine einfache Methode zur quantitativen Erfassung unterschiedlicher Zustände von Polymerwerkstoffen stellt der Schlagversuch dar. Dabei wird eine glatte Polymerwerkstoffprobe mit einem kleinen Pendelhammer (vgl. Bild 1) zerschlagen und die dabei aufzuwendende Schlagarbeit ähnlich wie bei Versuch 48 gemessen. Als Schlagzähigkeit

$$a_n = \frac{W}{A} \quad [\frac{J}{cm^2}] \qquad (1)$$

wird die auf die Bruchfläche A bezogene Schlagarbeit W definiert. Bild 2 zeigt als Beispiel die Schlagzähigkeit von Versuchsproben aus Polystyrol, die aus gleichem Ausgangsmaterial bei gleichen Massetemperaturen auf zwei verschiedenen Spritzgußmaschinen gefertigt wurden. Zum Vergleich ist die geringe Schlagzähigkeit gepreßter Proben mit angegeben. Man sieht, daß die Schlagzähigkeit der Spritzgußproben beider Maschinen unterschiedlich groß ist, aber etwa eine vergleichbare Abhängigkeit von der Massetemperatur zeigt.

Die oben erwähnten Spritzgußparameter beeinflussen fast alle den Grad der Ausrichtung der Molekülketten in den Probekörpern. Eine ausgeprägte Anordnung der polymeren Ketten mit einer Vorzugsrichtung (Orientierung), wie sie in Bild 3b schematisch angedeutet ist, entsteht durch das hohe Schergefälle (vgl. V 85), das

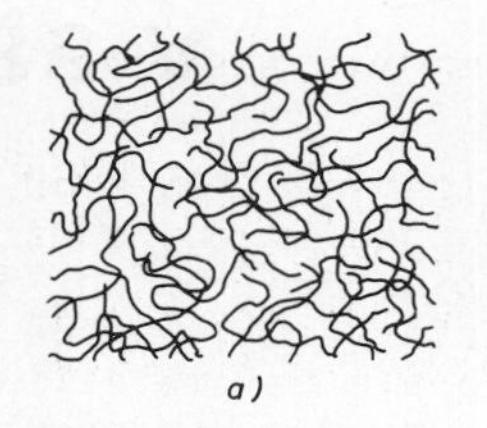

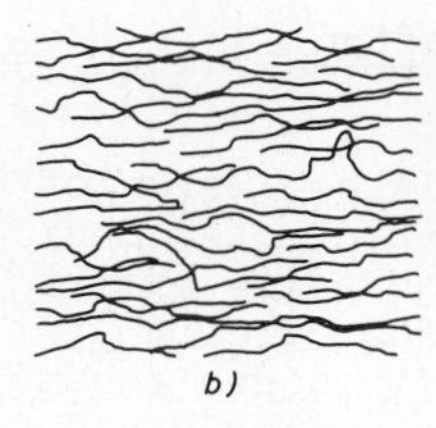

Bild 3: Amorpher Thermoplast (schematisch)

a) regellos verknäuelt
b) mit Vorzugsrichtung

sich beim Spritzguß in der zähen Polymerwerkstoffmasse ausbildet. Steigende Massetemperatur führt wegen abnehmender Viskosität zu einer weniger ausgeprägten Orientierung der Kettenmoleküle. Bei schneller Abkühlung unter die Einfriertemperatur des Polymerwerkstoffes erstarren die orientierten Moleküle unter Beibehaltung ihrer Vorzugsrichtung. Ein großer Orientierungsgrad hat bei der Beanspruchung im Schlagversuch, wenn die Normalspannung in Orientierungsrichtung wirkt, hohe Werte der Schlagzähigkeit zur Folge. Eine anschließende Temperungsbehandlung im Bereich der Erweichungstemperatur führt die gestreckten Moleküle in die energieärmere verknäuelte Lage (vgl. Bild 3a) zurück. Dabei zieht sich der Probekörper in der Richtung, die mit der Orientierungsrichtung übereinstimmt, unter Volumenkonstanz zusammen. Ist L_0 die Bezugslänge und L_1 die Länge nach der Temperungsbehandlung, so wird die Größe

$$S = \frac{L_0 - L_1}{L_0} \cdot 100\,\% \qquad (2)$$

als Schrumpfung definiert. Bild 4 zeigt, daß bei Polystyrol eine um so größere Schrumpfung auftritt, je kleiner die Massetemperatur ist, je rascher also die Abkühlung der Proben unter die Einfriertemperatur erfolgt. Große Masse- und Formtemperaturen begünstigen schon in der Form die Rückkehr der Molekülketten des Spritzgußteils in die verknäuelte Lage.

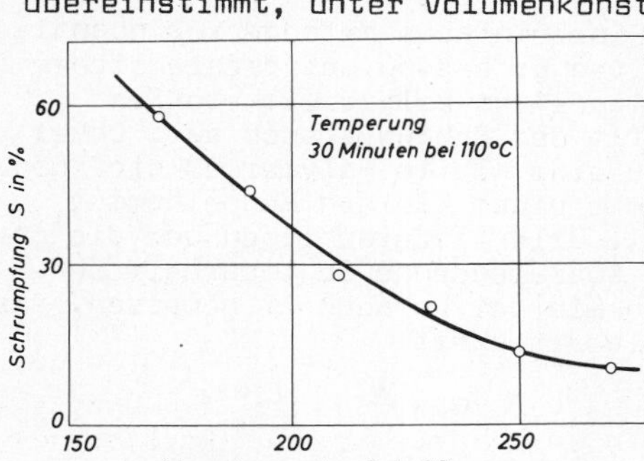

Bild 4: Schrumpfung von Standard-PS in Abhängigkeit von der Massetemperatur

Im Gegensatz zum herstellungsabhängigen Zusammenhang zwischen Schlagzähigkeit und der Massetemperatur (vgl. Bild 2) besteht zwischen der Schlagzähigkeit und dem Orientierungsmaß Schrumpfung ein eindeutiger Zusammenhang. Das wird durch Bild 5 belegt, wo sich für die gleichen Werkstoffzustände, die den Messungen in Bild 2 zugrundelagen, ein von den Herstellungsdetails unabhängiger linearer Zusammenhang zwischen Schlagzähigkeit und Schrumpfung ergibt. Sollen demnach mit verschiedenen Spritzgußmaschinen Probekörper gleicher Eigenschaften hergestellt werden, so ist die Maschineneinstellung so zu wählen, daß die Probekörper gleiche Schrumpfung aufweisen (vgl. V 85).

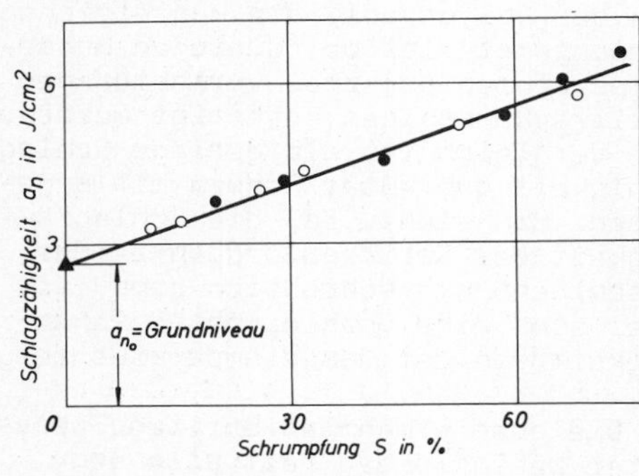

Bild 5: Schlagzähigkeit in Abhängigkeit von der Schrumpfung
• Maschine A, o Maschine B,
▲ gepreßte Probe

Im Gegensatz zu spritzgegossenen Probekörpern erweisen sich die im Preßverfahren hergestellten als praktisch orientierungs- und damit schrumpfungsfrei. Ihre mechanischen Kennwerte, die kleiner als die der spritzgegossenen Proben in Orientierungsrichtung sind, werden als Grundniveauwerte angesprochen. Das Grundniveau der Schlagzähigkeit des untersuchten Polystyrols ist in Bild 5 durch ▲ vermerkt. Das Grundniveau läßt sich bei spritzgegossenen Proben durch hinreichend langes Tempern in einer fest umschließenden Form erreichen.

Als Folge des Auftretens von mehr oder weniger stark orientierten Werkstoffbereichen besitzt jedes Spritzgußteil richtungsabhängige mechanische Eigenschaften. Aus Bild 5 darf jedoch nicht der Schluß gezogen werden, daß zunehmende Orientierung der Makromoleküle die mechanischen Eigenschaften spritzgegossener Teile in jedem Fall günstig beeinflußt. Bei Fertigteilen kann z. B. abnehmende Orientierung durchaus zu besserem mechanischem Verhalten unter bestimmten Beanspruchungsbedingungen führen. Ermittelt man beispielsweise für Polystyrolfertigteile die Fallhöhe einer Kugel vorgegebener Masse, die nach freiem Fall die Prüfkörper zerschlägt, so nimmt diese mit steigender Massetemperatur, also abnehmender Orientierung zu.

Aufgabe

Für Polystyrol (PS) ist der Einfluß der Massetemperatur beim Spritzgießen auf die Schlagzähigkeit und auf die Schrumpfung nach 30 Minuten Temperung 30° oberhalb der Vicattemperatur zu untersuchen. Als Grundniveau für die Schlagzähigkeit sind die Meßwerte verpreßter Proben zu benützen.

Versuchsdurchführung

Zur Ermittlung der Schlagzähigkeit wird ein kleines Pendelschlagwerk mit einem Auflagerabstand von 40 mm verwendet, dessen Pendelhammer mit einer kinetischen Energie von 4 J auf den Prüfkörper auftrifft. Als Prüfkörper dienen Normkleinstäbe mit den Maßen 50 x 6 x 4 mm, die bei Massetemperaturen von 170°, 190°, 210°, 230°, 250° und 270° gespritzt wurden. Vor Beginn der Schrumpfungen wird zunächst der Vicat-Erweichungspunkt der einzelnen Werkstoffzustände ermittelt. Dazu werden Proben mit den Abmessungen 10 x 10 x 5 mm, auf die ein mit 50 N belasteter Stößel von 1 mm^2 Grundfläche drückt, kontinuierlich aufgeheizt. Als Vicat-Temperatur ist diejenige Temperatur festgelegt, bei der der Stößel 1 mm tief in den Kunststoff eingedrungen ist (vgl. V 84).

An den für die Schrumpfungsuntersuchungen vorgesehenen Proben werden die Meßlängen L_0 ermittelt. Die Schrumpfungsbehandlung der Proben erfolgt dann 30° oberhalb der Vicat-Temperatur in Glykol. Nach 30 Minuten ist erfahrungsgemäß der Schrumpfprozeß praktisch beendet. Danach werden die Längen L_1 bestimmt, wobei durch geeignete Mittlung berücksichtigt wird, daß sich die oberflächennahen Probenbereiche wegen ihres starken Orientierungsgrades stärker verkürzen als die Kernbereiche.

Literatur: 193,194.

V 89 Glasfaserverstärkte Polymerwerkstoffe

Grundlagen

Die Eigenschaften von Polymerwerkstoffen lassen sich durch den chemischen oder physikalischen Einbau von geeigneten Zusätzen in gezielter Weise beeinflussen. Zweckmäßigerweise unterscheidet man dabei zwischen teilchen- und faserförmigen Einlagerungen. Das mechanische Verhalten dieser heterogenen Polymerwerkstoffe wird durch die Form, die Größe, die Verteilung sowie die Art der Einlagerungen bestimmt. Bei Teilcheneinlagerungen spricht man von gefüllten sowie von modifizierten Polymerwerkstoffen, bei Fasereinlagerungen von faserverstärkten Polymerwerkstoffen.

Bei den glasfaserverstärkten Polymerwerkstoffen finden als Matrix überwiegend ungesättigte Polyesterharze und Epoxidharze Anwendung. Als Verstärkungsfasern werden i. a. Glasfaserspinnfäden in Form von Rovings, Geweben oder Matten (vgl. Bild 1) verwendet. Die einzelnen Spinnfäden werden von jeweils mindestens 200 Elementarfasern (Durchmesser 7-13 μm) gebildet. Einzelne Rovings umfassen stets eine bestimmte Anzahl von Spinnfäden (z. B. 30 oder 60). Gewebe bestehen aus senkrecht verkreuzten Spinnfäden oder Rovings. Matten schließlich werden meist aus regellos orientierten, etwa 50 mm langen Spinnfädenstücken oder endlosen, schlingenförmig gelegten Spinnfäden hergestellt. Auch Thermoplaste können durch Einlagerung von Fasern verstärkt werden. Dabei finden durchweg kurze Fasern mit Längen von ~ 0.2 mm Anwendung. Im Leichtbau verwendet man zunehmend auch Fasern aus Kohlenstoff und aromatischen Polyamiden, die infolge ihrer extrem hohen Festigkeits- und Modulwerte Verbundwerkstoffe mit außerordentlich günstigem Festigkeits-Gewichts-Verhältnis ergeben.

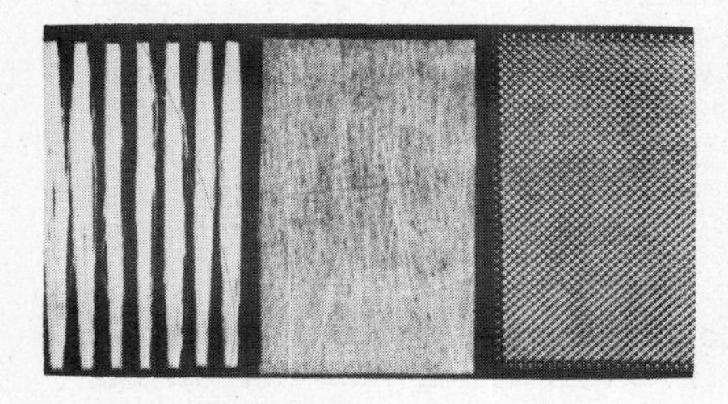

Bild 1: Glasfaserverstärkungen für Duroplaste. Rovings (links), Matte (Mitte), Gewebe (rechts)

Die bei der Herstellung von glasfaserverstärkten Duroplasten benutzten Harze liegen in flüssiger Form vor. Sie werden nach Zugabe geeigneter Härtungszusätze mit den Glasverstärkungen zusammengebracht und nach der Formgebung ausgehärtet. Dabei geht die Matrix in einen festen, vernetzten und damit unschmelzbaren Zustand über. Elastizitätsmodul und Zugfestigkeit der Glasfasern und des ausgehärteten Harzes unterscheiden sich beide etwa um einen Faktor 20. Bei Kenntnis der Eigenschaften der Komponenten lassen sich die Eigenschaften des Verbundwerkstoffs abschätzen. Den einfachsten Fall stellt die in Bild 2 skizzierte unidirektionale Rovingverstärkung dar. Dabei unterscheidet man die vier angedeuteten Grundbeanspruchungsarten. Bei der Beanspruchung durch Normalspannungen längs ($\sigma_{\parallel}$) bzw. quer ($\sigma_{\perp}$) zu den Fasern kann der Verbundkörper als Parallelschaltung bzw. Hintereinanderschaltung von Harz- und Glasbereichen aufgefaßt werden. Bei $\sigma_{\parallel}$-Beanspruchung vermittelt zwischen der mittleren Spannung und der mittleren Dehnung der nach der linearen Mischungsregel berechenbare Elastizitätsmodul. Man erwartet

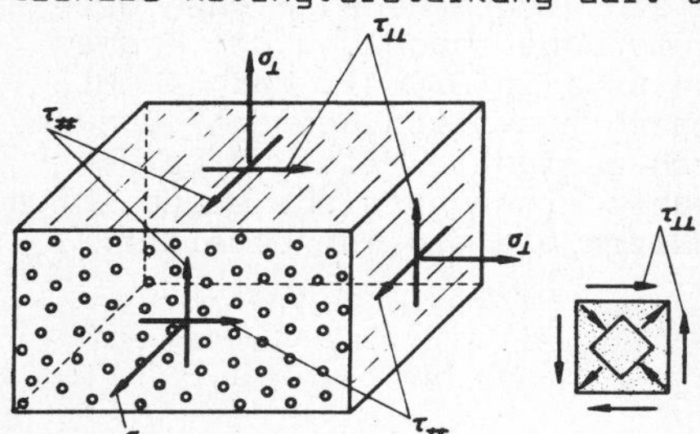

Bild 2: Grundbeanspruchungen

eine große Verstärkungswirkung. Bei $\sigma_\perp$-Beanspruchung stehen beide Komponenten unter gleicher Spannung und wegen der starken Modulunterschiede treten zwischen Glas und Harz große Dehnungsunterschiede auf. Da die Glasdehnungen sehr klein sind, wird praktisch die ganze Verformung vom Harz aufgenommen. Die tatsächliche Dehnung des Harzes ist aber größer als die makroskopisch meßbare Dehnung am Verbund. Die Glasfasern können als im Harz schwimmend angesehen werden. Insgesamt erwartet man eine kleinere Quer- als Längszugfestigkeit. Infolge der Kerbwirkung der Fasern und der Dehnungsvergrößerung des Harzes zwischen den Fasern ist die Querzugfestigkeit kleiner als 1/3 der Zugfestigkeit des unverstärkten Harzes. Schließlich wirken bei Quer-Quer- und Längs-Quer-Schubbeanspruchung unterschiedliche Glasfaseranordnungen den Belastungen entgegen, so daß man auch Unterschiede in den entsprechenden Schubfestigkeitswerten erhält. Die Quer-Quer-Schubfestigkeit (⊥⊥) ergibt sich deutlich größer als die Querzugfestigkeit (⊥), und die Längs-Quer-Schubfestigkeit (#) ist fast so groß wie die Schubfestigkeit des unverstärkten Harzes.

Wegen ihrer grundsätzlichen Bedeutung für die Beurteilung der Verstärkungswirkung wird nachfolgend eine Faserverstärkung unter Längszugbeanspruchung genauer betrachtet. Die Fasern sollen dabei die Matrix vollständig und parallel zueinander durchsetzen. Solange sich im Anfangsstadium Fasern und Harz rein elastisch verhalten, ergibt sich der Elastizitätsmodul des Verbundwerkstoffes zu

$$E_V = E_F V_F + E_H (1 - V_F) . \qquad (1)$$

Dabei sind V_F und $V_H = (1 - V_F)$ die Volumenanteile, E_F und E_H die Elastizitätsmoduln von Faser und Harz. Die Abschätzung nach Gl. 1 stellt eine obere Grenze für den Elastizitätsmodul des parallel zu den Fasern beanspruchten Verbundwerkstoffes dar. Verformen sich bei höheren Beanspruchungen nur noch die Fasern elastisch (vgl. Bild 3 a), so tritt an Stelle von Gl. 1 die Beziehung

$$E_V = E_F V_F + \left|\frac{d\sigma_n}{d\varepsilon_t}\right|_{\varepsilon=\varepsilon_t} (1 - V_F) \quad . \qquad (2)$$

Dabei ist $d\sigma_n/d\varepsilon_t|_{\varepsilon=\varepsilon_t}$ der Kurvenanstieg der σ_n,ε_t-Kurve der reinen Harzmatrix bei der Totaldehnung ε_t, die der Totaldehnung des Verbundes entspricht. Ist $d\sigma_n/d\varepsilon_t$ hinreichend klein, so ist der Elastizitätsmodul näherungsweise durch

$$E_V = E_F V_F \qquad (3)$$

bestimmt.

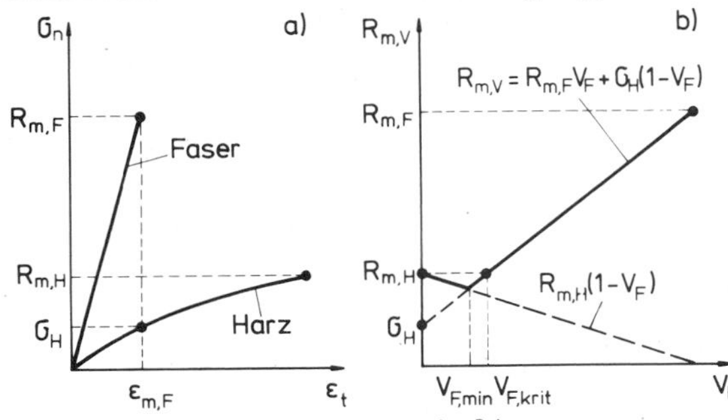

Bild 3: Zugverformungsverhalten von Faser und Harz (a) sowie Festigkeit des Verbunds in Abhängigkeit vom Faservolumenanteil (b)

Bei der Beurteilung der Zugfestigkeit des Verbundwerkstoffes geht man davon aus, daß diese erreicht ist, wenn die Totaldehnung der verstärkten Matrix gleich der Bruchdehnung der Fasern unter Zugbeanspruchung ist. Die Zugfestigkeit ergibt sich daher zu (vgl. Bild 3b)

$$R_{m,V} = R_{m,F} V_F + \sigma_H (1 - V_F) . \qquad (4)$$

Dabei ist $R_{m,F}$ die Zugfestigkeit der Fasern und σ_H die Matrixspannung, bei der die genannte Bedingung erreicht wird. Der theoretische Grenzwert von V_F liegt für Fasern mit kreisförmigem Querschnitt bei $\pi/2\sqrt{3}\cdot 100$ Vol.-% = 90.7 Vol.-%. Praktisch lassen sich aber keine größeren Werte als ~ 80 Vol.-% erreichen. Ist $R_{m,H}$ die Bruchspannung des reinen Harzes, so folgt aus Gl. 4 als Forderung für eine Verstärkungswirkung

$$R_{m,V} = R_{m,F}\,V_F + \sigma_H(1-V_F) \geq R_{m,H} \tag{5}$$

oder

$$V_F \geq \frac{R_{m,H}-\sigma_H}{R_{m,F}-\sigma_H} = V_{F,krit}\,. \tag{6}$$

Bei sehr kleinen Fasergehalten gehorcht jedoch die verstärkte Matrix nicht mehr Gl. 4. Nimmt man nämlich an, daß alle Fasern eines Querschnitts gebrochen sind, dann wird nur dann der vollständige Bruch des Verbundwerkstoffes erfolgen, wenn $R_{m,V} > R_{m,H}\,(1-V_F)$ ist. Dabei ist $R_{m,H}\,(1-V_F)$ der Widerstand des verbleibenden Harzvolumens gegen eine vollständige Trennung. Das führt auf die veränderte Bruchbedingung

$$R_{m,V} = R_{m,F}\,V_F + \sigma_H(1-V_F) \geq R_{m,H}(1-V_F)\,, \tag{7}$$

womit sich der minimale V_F-Wert, ab dem Gl.4 gültig ist, zu

$$V_F > \frac{R_{m,H}-\sigma_H}{R_{m,F}-\sigma_H+R_{m,H}} = V_{F,min} \tag{8}$$

ergibt. In Bild 3b sind die erörterten Zusammenhänge aufgezeichnet. Stets ist $V_{F,min} < V_{F,krit}$. Bei kleinen V_F-Werten fällt $R_{m,V}$ mit wachsendem V_F zunächst ab, erreicht seinen Minimalwert bei $V_F = V_{F,min}$ und wächst dann wieder linear mit V_F an. In praktischen Fällen kann der Minimalwert Beträge bis etwa 0.5 $R_{m,H}$ annehmen.

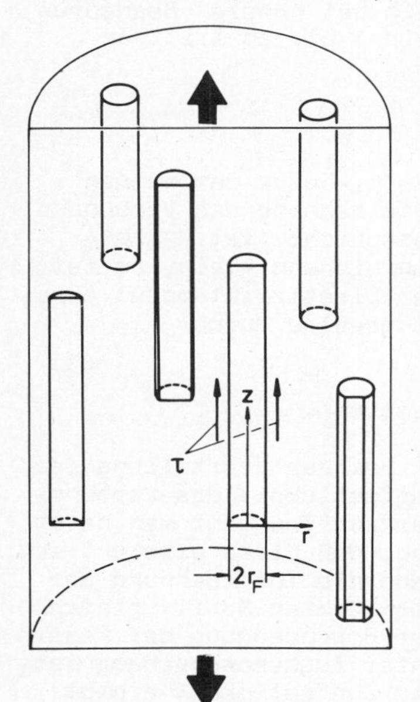

Bild 4: Modell von in Harz diskontinuierlich eingebundenen Glasfasern

Für unidirektional verstärkte Polymerwerkstoffe, bei denen diskontinuierlich verteilte Fasern mit in jedem Querschnitt konstantem Anteil wie bei kontinuierlicher Faserverstärkung vorliegen, läßt sich der Elastizitätsmodul ebenfalls durch Gl. 2 beschreiben, wenn nur die Fasern eine bestimmte Länge überschreiten, die sich aus den veränderten Kraftübertragungsbedingungen ableiten läßt. In Bild 4 ist der Verbund aus einzelnen Glasfasern und einem Harzmatrixvolumen schematisch angedeutet, der als ganzes makroskopisch homogen gedehnt sein soll. Unter der Einwirkung einer einachsigen Zugbeanspruchung parallel zu den Faserachsen treten - wegen der unterschiedlichen Elastizitätsmoduln - verschieden große Längenänderungen von Harz und Glas auf. Diese rufen in den die Glasfasern umgebenden Harzbereichen achsenparallele Scherungen hervor, die die Aufteilung der belastenden Kraft auf die beiden Verbundkomponenten bewirken. Die Kraftübertragung auf die Fasern erfolgt durch die in der zylindrischen Grenzfläche Harzmatrix/Glasfaser wirksamen Schubspannungen τ. Nimmt man an, daß über die Faserenden keine Kraftübertragung auf die Fasern erfolgt, dann gilt an jeder Stelle z für den von τ übertragenen Kraftanteil

$$dF = 2\pi r_F \tau dz \qquad (9)$$

Liegt eine hinreichend flach verlaufende Nennspannungs-Totaldehnungs-Kurve des Harzes vor, so kann bei einer Zugbeanspruchung des Verbundes, die zu einer elastisch-plastischen Harzverformung und zu einer elastischen Faserverformung führt, τ als unabhängig von z angesehen werden. Dann liefert die Integration von Gl. 9 die Kraftwirkung an der Stelle z einer Faser zu

$$F_z = \int_0^z dF = 2\pi r_F \tau z \qquad (10)$$

und als zugehörige Normalspannung

$$\sigma_{zz} = \frac{F_z}{\pi r_F^2} \qquad (11)$$

Aus Gl. 10 und 11 folgt

$$\sigma_{zz} = \frac{2\tau z}{r_F} \qquad (12)$$

Sowohl die örtlich auf die Faser wirkende Längskraft F_z als auch die ihr proportionale Längsspannung σ_{zz} steigen linear mit der Entfernung von den Faserenden an (vgl. Bild 5a und b). Die mittlere Längsspannung der Faser im Verbund ergibt sich zu

$$\frac{1}{l} \int_0^l \sigma_{zz} dz = \sigma_{||} \qquad (13)$$

Eine betragsmäßige Begrenzung von σ_{zz} ist dabei dadurch gegeben, daß die elastischen Längsdehnungen der Faser nirgends die mittlere Dehnung ϵ_V des Verbundes überschreiten dürfen, weil sonst Rißbildung auftreten würde. Durch $\sigma_{zz} = F_z/\pi r_F^2 < \epsilon_V E_F$ wird dies erreicht. Als Folge davon steigen F_z und σ_{zz} von den Faserenden aus linear mit z jeweils nur bis zu von ϵ_V abhängigen Beträgen an und bleiben dann konstant. Damit eine Faser diese Beanspruchung aber überhaupt aufnehmen kann, muß sie - wie aus Gl. 12 folgt - eine Faserlänge

$$2z = l \geq 2z_{min} = l_{min} = \frac{r_F E_F}{\tau} \varepsilon_V \qquad (14)$$

besitzen. Bei den in Bild 5 skizzierten Verhältnissen ist angenommen,

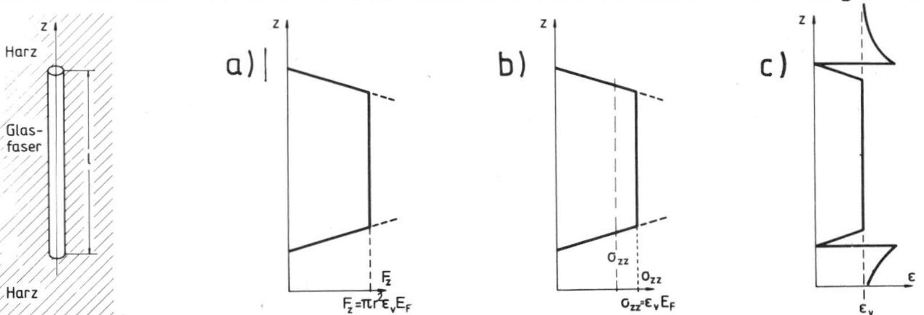

Bild 5: Verteilung von Längskraft (a) und Längsspannung (b) in einer Faser sowie Längsdehnung (c) in und beiderseits einer Faser

daß $l > l_{min}$ erfüllt ist.

Andererseits muß aber offensichtlich auch verhindert werden, daß über die Scherungen Längsspannungen σ_{zz} entstehen, die die Zugfestigkeit $R_{m,F}$ der Faser überschreiten. Gl. 12 liefert dafür mit $\sigma_{zz} < R_{m,F}$ die Bedingung

$$2z = l \quad < \quad 2z_{krit} = l_{krit} = \frac{r_F R_{m,F}}{\tau} \tag{15}$$

Genauere Untersuchungen haben ergeben, daß sich die kritische Faserlänge l_{krit} in guter Näherung mit $\tau = R_{m,\tau}$ abschätzen läßt. Dabei ist $R_{m,\tau}$ die Scherfestigkeit des Verbundes Glasfaser/Harz. Die Größe

$$l_ü = \frac{1}{2}\, l_{krit} = \frac{r_F}{2} \frac{R_{m,F}}{R_{m,\tau}} \tag{16}$$

wird Übertragungslänge genannt. Bei einer Faserlänge $l > l_{krit}$ liegen daher die in Bild 6 skizzierten Verhältnisse vor, wenn im mittleren Teil der Faser eine Längsspannung σ_{zz} erreicht wird, die der Zugfestigkeit $R_{m,F}$ der Faser entspricht. Dann ist $l_{min} = l_{krit}$, und als mittlere Zugfestigkeit $\bar{R}_{m,F}$ der Faser im Verbund ergibt sich

$$\bar{R}_{m,F} = R_{m,F} \frac{l - 2l_ü}{l} + R_{m,F} \frac{l_ü}{l} = R_{m,F}(1 - \frac{l_ü}{l}) = R_{m,F}(1 - \frac{l_{krit}}{2l}) \tag{17}$$

Ist $R_{m,F}$ bekannt, so läßt sich nunmehr die Zugfestigkeit $R_{m,V}$ des gesamten Verbundwerkstoffes mit dem Faservolumenanteil V_F unter Zuhilfenahme von Gl. 4 abschätzen. Wird dort $R_{m,F}$ durch $\bar{R}_{m,F}$ nach Gl. 17 ersetzt, so erhält man

$$R_{m,V} = R_{m,F}(1 - \frac{l_{krit}}{2l}) V_F + \sigma_H (1 - V_F) \tag{18}$$

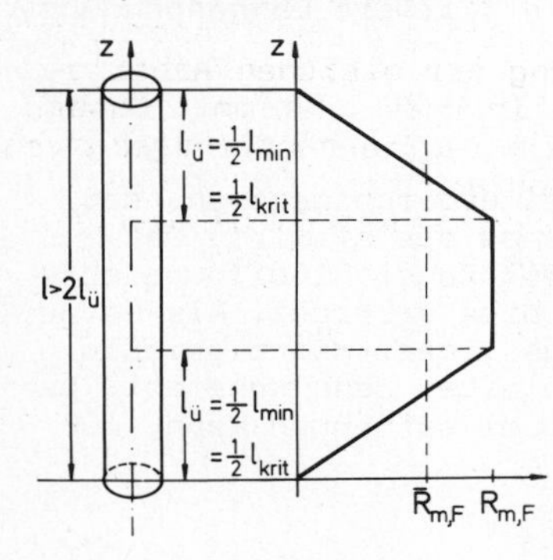

Bild 6: Verteilung der Längsspannung σ_{zz} in einer Faser mit $l > 2 l_ü$, wenn in Fasermitte $\sigma_{zz} = R_{m,F}$ ist

Der Vergleich mit Gl. 4 zeigt, daß bei gleichem Fasergehalt diskontinuierliche Fasern zu kleineren Festigkeiten des Verbundes führen als kontinuierliche Fasern. Ferner folgt, daß $R_{m,V}$ um so kleiner wird, je größer bei gegebenem Fasergehalt die kritische Faserlänge l_{krit} ist. Man strebt deshalb wegen Gl. 16 große $R_{m,\tau}$-Werte, also beste Haftung zwischen Glasfaser und Harzmatrix an. Andererseits ersieht man aus Gl. 18, daß, bei gegebener Zugfestigkeit $R_{m,F}$ der Fasern, ein bestimmter $R_{m,V}$-Wert mit um so kleinerer kritischer Faserlänge erreicht werden kann, je größer der Glasfaseranteil ist.

Aufgabe

Es liegen mit Rovings kontinuierlich längsverstärkte Polyesterharzplatten mit unterschiedlichen Glasgehalten vor. Aus diesen und aus reinen Harzplatten sind Zugstäbe mit Längs- und Querorientierung herauszuarbeiten. Daran sind die Anfangselastizitätsmoduln mit einem Aufsetzdehnungsmesser und die Nennspannungs-Totaldehnungs-Kurven in konventioneller Weise zu ermitteln. Die Versuchsergebnisse sind zu diskutieren und zu begründen.

Versuchsdurchführung

Die glasfaserverstärkten Polyesterharzplatten werden mit einer Wickelmaschine auf einem 8-eckigen Wickelkörper aus X 12 CrNi 18 8 hergestellt. Das Prinzip einer geeigneten Maschine zeigt Bild 8. Der von einem drehzahlgeregelten Elektromotor angetriebene Wickelkörper spult Glasfaserfäden (Rovings), die zuvor in Harz getränkt werden, längs des Achteckumfanges nebeneinander auf. Dabei läßt sich die Fadenspannung, die Fadendichte (und damit der Glasfasergehalt) und die Anzahl der Lagen variieren. Als Harz wird ungesättigtes Polyesterharz UP-P5 verwendet. Nach der Fertigstellung des Wickelkörpers wird dieser abgenommen und 3 h bei 140 °C ausgehärtet. Danach wird der achteckige Rohling längs seiner Kanten mit einer Trennscheibe aufgeschnitten. Aus den so erhaltenen 4 mm dicken Platten werden Flachzugstäbe mit zwei unterschiedlichen Orientierungen des Faserverlaufs zur Stablängsachse herausgearbeitet. Die Meßstrecke hat eine Länge von 120 mm und eine Breite von 20 mm.

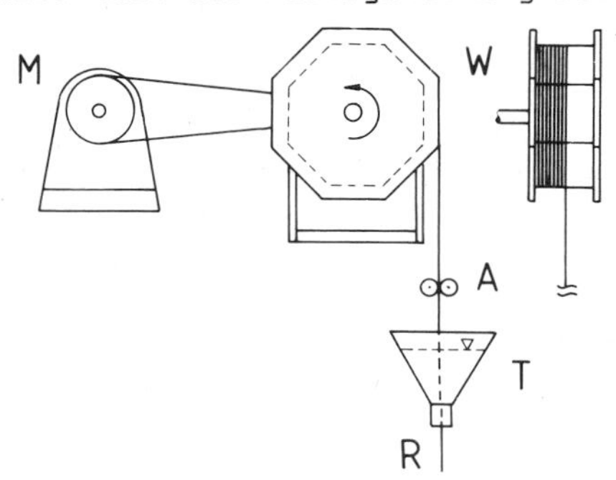

Bild 7: Schematischer Aufbau einer Wickelmaschine zur Herstellung von glasfaserverstärkten Polymerwerkstoffen.
R Roving, T Tränkwanne, A Abstreifer, W Wickelkörper, M Antriebsmotor

Für die Versuche liegen drei Gruppen von Probestäben mit unterschiedlichen Glasgehalten sowie Probestäbe aus Reinharz vor. Die mechanischen Untersuchungen erfolgen mit einer 100 kN-Zugprüfmaschine. Zunächst werden die Anfangsmoduln der Proben unter Zugrundelegung der gleichen Arbeitsschritte wie in V 24 bestimmt. Danach werden die Kraft-Längenänderungskurven (vgl. V 25) aufgenommen und daraus kennzeichnende Werkstoffwiderstandsgrößen ermittelt (vgl. V 86).

Literatur: 193,194,200.

V 90

Grundlagen

Wärmeleitvermögen von Schaumstoffen

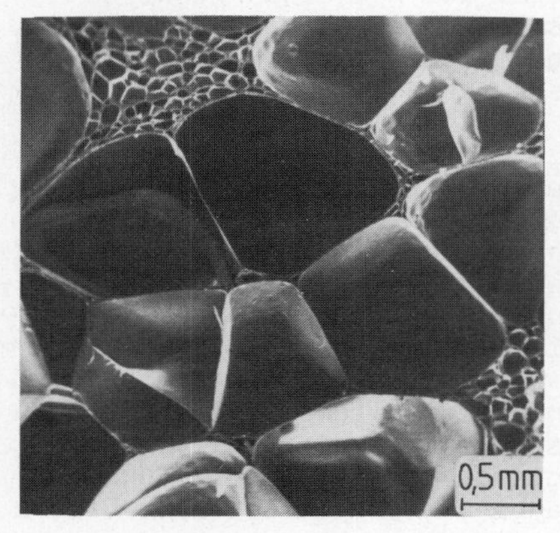

Bild 1: Querschliff durch einen PVC-Hartschaum

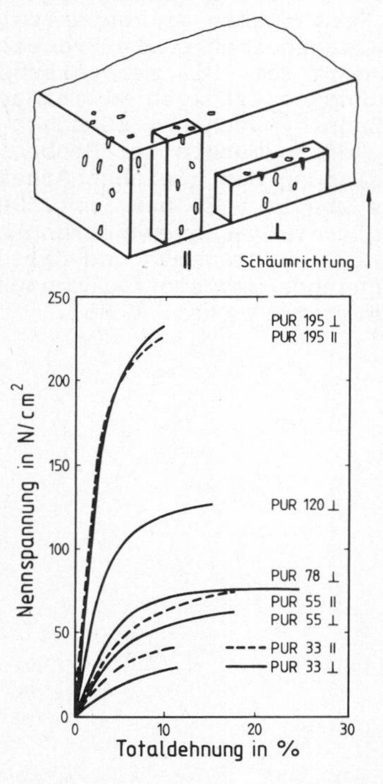

Bild 2: Nennspannungs-Totaldehnungs-Kurven von Hartschaumproben unterschiedlichen Raumgewichtes und verschiedener Entnahmerichtungen aus einem PUR-Schaumblock

Schaumstoffe bestehen aus vielen kleinen, wabenförmigen, luft- oder gasgefüllten Hohlräumen (Zellen), die von offenen oder geschlossenen polymeren Gerüststrukturen umgeben sind. Wichtige Vertreter sind die Polystyrol-, die Polyvinylchlorid- und die Polyurethanschäume. Das Raumgewicht der Schaumstoffe kann über den Polymerwerkstoffanteil sowie die mittlere Zellgröße weitgehend unabhängig voneinander eingestellt werden. Bild 1 zeigt den Querschliff durch einen PVC-Hartschaum mit einem Raumgewicht von 740 N/m^3. Offene und geschlossene Zellwände sind gut zu erkennen. Wegen ihrer vorzüglichen mechanischen sowie wärme- und schallisolierenden Eigenschaften finden Schaumstoffe verbreitete Anwendung.

Bei der Schaumstoffherstellung werden verschiedenartige Methoden angewandt. Bei PS geht man entweder von aufgeschmolzenen Polymeren aus, denen das Treibmittel unter Druck zugepumpt wird, oder man benutzt ein bereits mit Treibmitteln versehenes Granulat (schäumbare Polymerpartikel) als Ausgangssubstanz. Die erstgenannte Methode wird mit speziell ausgerüsteten Extrudern (vgl. V 85) realisiert. Es entstehen Schaumstoffe mit geschlossenen Zellen und Raumgewichten von 250 - 400 N/m^3. Das von schäumbaren PS-Teilchen ausgehende Schaumherstellungsverfahren arbeitet zweistufig. Dabei werden zunächst die Teilchen bis zu einer bestimmten Dichte durch Wasserdampf oder heißes Wasser aufgeschäumt und dann nach Zwischenlagerung in einer festen Form ebenfalls durch Einblasen von Wasserdampf weiter aufgeschäumt bis zur völligen Verschweißung der Teilchen untereinander. Bei der PU-Schaumstoffherstellung erfolgt dagegen die Verschäumung gleichzeitig während der polymeren Synthesereaktion. Durch geeignete Wahl der Ausgangssubstanzen läßt sich z. B. erreichen, daß CO_2 abgespaltet wird, unter dessen Wirkung sich die entstehenden Polymere in einer räumlichen Zellstruktur anordnen.

Die mechanischen Eigenschaften der Schaumstoffe können chemisch durch Einbau größerer und steiferer Gruppen, durch Beeinflussung der Vernetzungsdichte, durch Verkürzung der polymeren Ausgangsketten sowie durch Erhöhung der Zahl der Kettenverzweigungen beeinflußt werden (vgl. V 84). Eine Vorstellung von den zügigen Verformungseigenschaften, die PUR-Hartschäume unterschiedlichen Raumgewichtes besitzen, gibt Bild 2. Man sieht, daß die Lastaufnahmefähigkeit mit wachsendem Raumgewicht anwächst und von der Lage der Proben bezüglich der Schäumrichtung beeinflußt wird. Nachfolgend wird näher auf das Wärmeleitvermögen der Schaumstoffe eingegangen.

Die Wärmeübertragung von einem Ort hoher Temperatur zu einem anderen mit kleinerer Temperatur kann durch Wärmeleitung, Wärmekonvektion und/oder Wärmestrahlung erfolgen. Bei der Wärmeleitung geschieht der Energietransport in Festkörpern über die Wärmeschwingungen der Atome, in Gasen über die Stoßwirkung der Moleküle. In beiden Fällen ist damit kein Transport von Materie verbunden. Die Wärmekonvektion ist dagegen gerade durch Materialtransport charakterisiert. Die Energieübertragung erfolgt durch Bewegung der die Wärme transportierenden Substanz. Bei der Wärmestrahlung schließlich wird Energie ohne jegliche direkte oder indirekte Mitwirkung von Materie durch elektromagnetische Wellen übertragen. In Schaumstoffen tragen alle drei Mechanismen zum Wärmetransport bei. Besteht zwischen den ebenen Begrenzungen eines Schaumstoffs eine Temperaturdifferenz, so wird von der Oberfläche mit der höheren Temperatur die Wärme zunächst über die Stege und Zellwände der Hartschaumstruktur weitergeleitet. Von dort findet ein Wärmeübergang in das Zellgas statt, welches seinerseits die Wärme an die kühleren Wände weiterleitet. Reine Wärmeleitung tritt dabei nur in kleinen Zellen auf. Bei größeren Zellen kann es infolge der durch die einseitige Erwärmung bedingten Dichteunterschiede zu einer Wärmekonvektionsströmung kommen, die sich der Wärmeleitung überlagert. Ein weiterer Teilbetrag der Wärmemenge wird durch Strahlung von der wärmeren auf die kältere Seite der Schaumzelle übertragen. Wirken in der beschriebenen Weise Leitung, Konvektion und Strahlung zusammen, so läßt sich der ganze Wärmetransport durch

$$Q_{gesamt} = Q_{Leitung(Fest)} + Q_{Leitung(Gas)} + Q_{Konvektion(Gas)} + Q_{Strahlung} \quad (1)$$

beschreiben. Meist ist $Q_{Konvektion(Gas)}$ vernachlässigbar klein. Als Beispiel sind in Tab. 1 für einen Polyurethanschaum mit Luft- bzw. Frigenfüllung die Anteile der einzelnen Übertragungsmechanismen angegeben, wobei die vom Hartschaumstoff mit Luftfüllung übertragene Wärmemenge gleich 100 % gesetzt wurde. Man sieht, daß die Wärmeübertragung bei

Anteile	Zellgas	
	Luft	Frigen
$Q_{Leitung}$ (Fest)	16.7 %	16.7 %
$Q_{Leitung}$ (Gas	71.0 %	21.0 %
$Q_{Konvektion}$ (Gas)	0	0
$Q_{Strahlung}$	12.3 %	12.3 %
Q_{gesamt}	100.0 %	50.0 %

Tab. 1: Prozentuale Anteile der einzelnen Wärmeübertragungsmechanismen bei einem Polyurethanschaum mit einem Raumgewicht von 320 N/m^3

frigengefülltem Polyurethan nur halb so groß ist wie bei luftgefülltem. Beim Wärmetransport durch den luftgefüllten Schaumstoff überwiegt der Anteil $Q_{Leitung(Gas)}$ des Zellgases. Der geringe Anteil $Q_{Leitung(Fest)}$ an Q_{gesamt} ist darauf zurückzuführen, daß der Hartschaum infolge des Raumgewichtes von 320 N/m^3 nur knapp 3 Vol.-% Polymerwerkstoff enthält. Bei dem frigengefüllten Schaumstoff sind wegen des geringen Wärmeleitvermögens des Frigens $Q_{Leitung(Gas)}$ und $Q_{Leitung(Fest)}$ nahezu gleich groß.

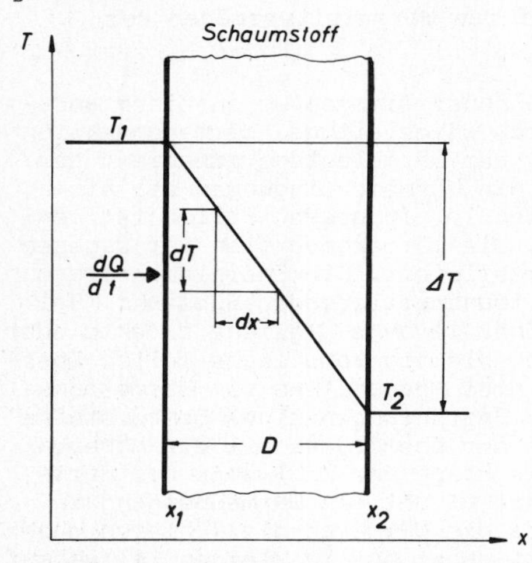

Bild 3: Lineares Temperaturgefälle in einer Schaumstoffschicht

Für die praktische Beurteilung der Wärmeübertragung bei Schaumstoffen reicht eine weniger detaillierte Betrachtung aus. Bei dem in Bild 3 skizzierten Fall tut man so, als ob der Wärmeübergang allein durch Wärmeleitung bestimmt wäre und setzt die Gültigkeit der eindimensionalen Wärmeleitungsgleichung

$$\frac{dQ}{dt} = \lambda^* A \frac{dT}{dx} \qquad (2)$$

voraus. Dabei ist dQ/dt die Wärmemenge dQ, die im Zeitintervall dt die Fläche A durchsetzt, wenn über der Strecke dx der Temperaturunterschied dT vorliegt. λ^* hat hier die Bedeutung einer fiktiven Wärmeleitzahl. Zeitliche Integration von Gl. 2 liefert

$$\lambda^* = \frac{Q}{At}\,\frac{dx}{dT} \quad \left[\frac{J}{mhGrad}\right]. \qquad (3)$$

Bei konstantem Temperaturgefälle dT/dx läßt sich also durch Messung der in der Zeit t durch die Fläche A hindurchgeflossenen Wärmemenge Q die Wärmeleitzahl λ^* bestimmen. Dieses stationäre Meßverfahren ist sehr aufwendig, weil die Temperaturen T_1 und T_2 während der Messung konstant gehalten werden müssen. Deshalb wird vielfach ein instationäres Meßverfahren angewandt, bei dem dem Prüfobjekt eine definierte Wärmemenge

$$dQ = mc_p dT \qquad (4)$$

über einen Wärmespeicher zugeführt wird. Dabei ist m die Masse und c_p die spezifische Wärme des Wärmespeichers bei konstantem Druck und dT der Temperaturunterschied zwischen Wärmespeicher und Umgebung. Zur Ableitung der Wärme wird der Wärmespeicher mit dem Prüfobjekt in Kontakt gebracht. Dabei zeigt die Kontakttemperatur als Funktion der Zeit einen ähnlichen Verlauf wie in Bild 4. Auf Grund von Gl. 2 und 4 gilt

$$\lambda^* = \frac{mc_p}{A}\,\frac{dx}{dT}\,\frac{dT}{dt}. \qquad (5)$$

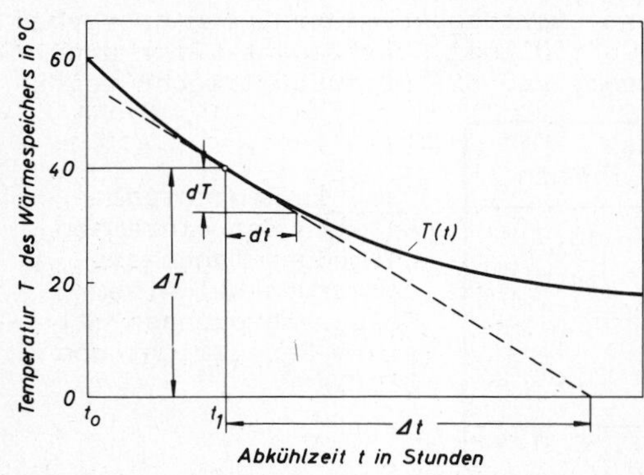

Bild 4: Abkühlkurve der Kontaktseite des Prüfkörpers zum Wärmespeicher

dT/dt wird der Abkühlkurve T(t) als $dT/dt = \Delta T/\Delta t$ entnommen. Die T,t-Kurve stellt, da $dT/dt \sim T$ ist, eine Exponentialfunktion dar, deren Subtangenten für beliebige t gleich groß sind. Das zugehörige Temperaturgefälle dT/dx der Probe mit der Dicke D wird als $dT/dx = \Delta T/D$ eingesetzt. Damit wird Gl. 5 zu

$$\lambda^* = \frac{m c_p D}{A} \cdot \frac{1}{\Delta t} \quad . \tag{6}$$

Sind m, c_p, D und A bekannt, so läßt sich also die Wärmeleitzahl λ^* mit Hilfe der Subtangente Δt berechnen, die man für einen beliebigen Zeitpunkt durch Ziehen einer Tangente an die T(t) - Kurve erhält.

Aufgabe

Von zwei Hartschaumstoffen aus Polystyrol mit unterschiedlichen Füllgasen ist die Wärmeleitzahl λ^* zu bestimmen.

Versuchsdurchführung

Aus den zu prüfenden Schaumstoffen werden Hohlzylinder der in Bild 5 oben angegebenen Form hergestellt. Als Wärmespeicher dient ein vorgefertigter Kupferzylinder (c_p = 0.3884 kJ/grad kg, m = 0.209 kg), der in einem Trockenschrank auf ~ 80 °C erwärmt und anschließend in die Bohrung des Prüfkörpers eingeschoben wird. Dabei wird ein zuvor eingelegtes Thermoelement gegen die Innenwand des Hohlzylinders gedrückt. Danach wird das verbleibende Hohlzylindervolumen beidseitig mit Stopfen aus Schaumstoff verschlossen. Der so vorbereitete Prüfkörper wird in ein eng anliegendes Glasgefäß eingeschoben. Danach wird das Glasgefäß zusammen mit einem Referenzthermoelement, wie in Bild 5 unten angedeutet, in Eiswasser eingehängt und der zeitliche Verlauf der Temperatur an der Schaumstoffoberfläche gemessen. Für die λ^*-Bestimmung wird die Subtangente der T,t-Kurve bei einer Temperatur von 40 °C ermittelt. Bei der gewählten Versuchsanordnung entsteht wegen der endlichen Länge des Prüfkörpers und der Annahme eines örtlichen linearen Temperaturverlaufs ein systematischer Fehler. Um die wahre Wärmeleitzahl λ^*_w zu erhalten, ist der nach Gl. 6 berechnete λ^*-Wert gemäß

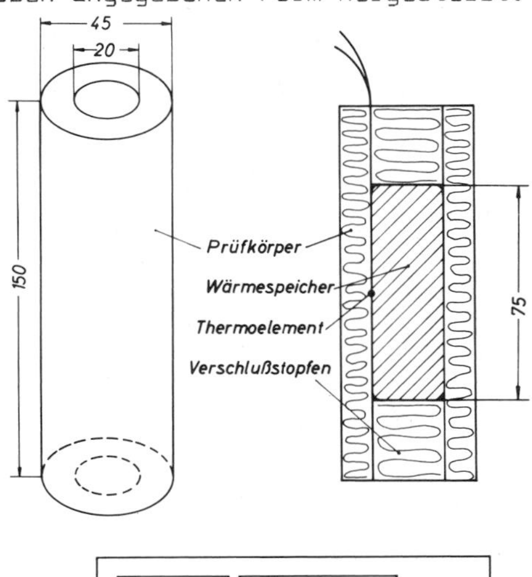

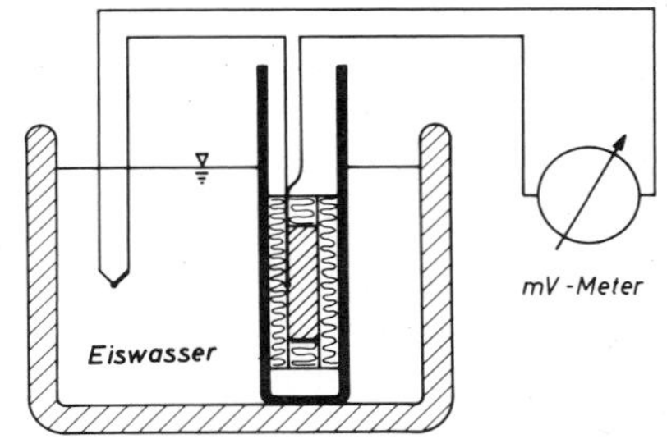

Bild 5: Versuchsanordnung zur Bestimmung der Wärmeleitzahl λ^*

$$\lambda^*_w = c\,\lambda^* \tag{7}$$

mit einem Korrekturfaktor c zu multiplizieren, der in Vorversuchen mit Schaumstoffen bekannter Wärmeleitzahl bestimmt wurde.

Literatur: 193,201,202.

V 91 Dämpfung metallischer und nichtmetallischer Werkstoffe

Grundlagen

Metallische Werkstoffe übertragen i. a. Schwingungsenergie erheblich besser als nichtmetallische. Unabhängig vom Werkstofftyp zeigt ein zu freien Schwingungen angeregter Körper einen um so schnelleren Abfall der Schwingungsamplituden, je größer die pro Schwingung auftretende Verlustenergie ist. Man spricht vom Dämpfungsvermögen oder kurz von der Werkstoffdämpfung. Die Werkstoffdämpfung ist keine Werkstoffkenngröße. Sie ist vom Werkstoffzustand, den Umgebungsbedingungen (z. B. Temperatur) und von der Art der Schwingungserregung sowie von Form, Amplitude und Frequenz der aufgeprägten Schwingungen abhängig. Bei der Mehrzahl der in der Technik eingesetzten Werkstoffe (Ausnahme: Glocken) ist eine große Werkstoffdämpfung erwünscht, weil sie das Gesamtdämpfungsverhalten kritischer Konstruktionen in entscheidender Weise verbessert. Dies ist besonders dort wichtig, wo Resonanzerscheinungen durch Koppelschwingungen auftreten. Ein Beispiel stellt das unvermeidliche Durchlaufen von Resonanzfrequenzen bei Generatorwellen dar, wobei stark dämpfende gußeiserne Fundamente eine merkliche Erniedrigung der Wellenamplitude bewirken. Ein anderes Beispiel bieten schnellaufende Turbinenschaufeln, die im Resonanzfall unverhältnismäßig hohe Beanspruchungen erfahren würden, wenn sie kein gutes Dämpfungsverhalten aufwiesen.

Die Vielzahl möglicher Einflußgrößen macht die Angaben brauchbarer Dämpfungswerte für praktische Zwecke recht schwierig. Deshalb ist ein vertretbarer Weg der, die unter kleinen Beanspruchungsamplituden bei Proben vergleichbarer Geometrie ermittelten Dämpfungswerte miteinander zu vergleichen. Als Maß für die Dämpfung wird häufig das Verhältnis aus der pro Schwingspiel verbrauchten Arbeit $\oint \sigma \, d\epsilon$ (Dämpfungsarbeit) und der Arbeit $1/2 \, \hat{\sigma} \hat{\epsilon}$ benutzt, die linear-elastisch aufzubringen wäre, um die positiven Größtwerte von Spannung und Dehnung zu realisieren (vgl. Bild 1). Dabei erweist es sich als zweckmäßig, die Größe

$$Q^{-1} = \frac{1}{2\pi} \frac{\oint \sigma \, d\varepsilon}{\frac{1}{2} \hat{\sigma} \hat{\varepsilon}} \qquad (1)$$

als Dämpfung zu definieren. Im Idealfall wird die freie gedämpfte Schwingung eines linearen Schwingers der Masse m quantitativ durch die Differentialgleichung

$$m\ddot{x} + k\dot{x} + cx = 0 \qquad (2)$$

beschrieben, wobei k die Dämpfungs- und c die Federkonstante ist. Die Lösung von Gl. 2 lautet

$$x(t) = x_0 \exp\left[-\frac{k}{2m} t\right] \cos\left[\sqrt{\frac{c}{m} - \frac{k^2}{4m^2}} \; t - \varphi\right] \qquad (3)$$

Dabei ist

$$\omega_d = 2\pi \nu_d = \sqrt{\frac{c}{m} - \frac{k^2}{4m^2}} \qquad (4)$$

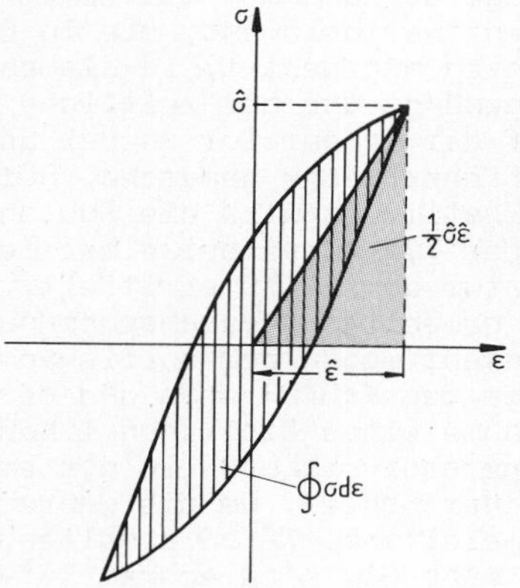

Bild 1: Zur Erläuterung der Begriffe Dämpfungsarbeit und Dämpfung

die Kreisfrequenz des gedämpften Systems. In Bild 2 ist der zeitliche Schwingungsverlauf einer gedämpften Schwingung, die Gl. 3 gehorcht, wiedergegeben. Das Verhältnis zweier aufeinanderfolgender Amplituden $\hat{x}_{t1}$ und $\hat{x}_{t2}$ ist gegeben durch

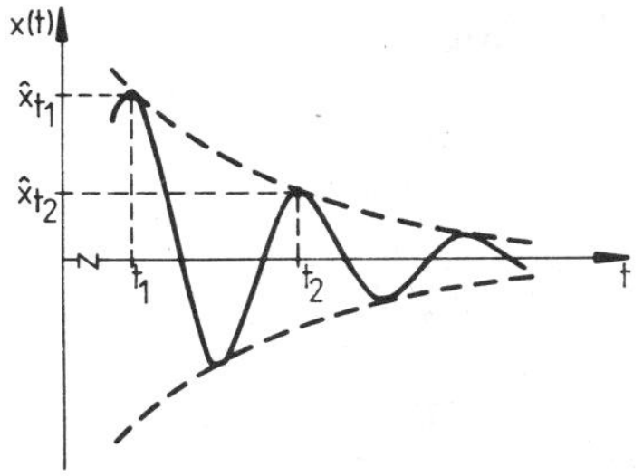

$$\frac{\hat{x}_{t_1}}{\hat{x}_{t_2}} = \frac{\exp\left[-\frac{k}{2m}t_1\right]}{\exp\left[-\frac{k}{2m}t_2\right]} = \exp\left[\frac{k}{2m}(t_2 - t_1)\right] . \quad (5)$$

Der natürliche Logarithmus dieses Verhältnisses

$$\Lambda = \ln\frac{\hat{x}_{t_1}}{\hat{x}_{t_2}} = \frac{k}{2m}(t_2 - t_1) \quad (6)$$

Bild 2: Gedämpfte Schwingung

heißt logarithmisches Dekrement. Der relative Energieverlust pro Schwingung ergibt sich zu

$$\frac{\Delta U}{U} \approx \frac{\hat{x}_{t_1}^2 - \hat{x}_{t_2}^2}{\hat{x}_{t_1}^2} = 1 - \exp\left[-2\frac{k}{2m}(t_2 - t_1)\right] , \quad (7)$$

was für kleine k/2m - Werte zu

$$\frac{\Delta U}{U} \approx \frac{k}{m}(t_2 - t_1) = \frac{k}{m\nu_d} = 2\Lambda \quad (8)$$

wird. Die Zeit, in der die Amplitude x(t) auf die Hälfte bzw. auf den n-ten Teil abgefallen ist, ergibt sich zu

$$t_{1/2} = \frac{\ln 2}{k/2m} \quad (9a)$$

bzw.

$$t_{1/n} = \frac{\ln n}{k/2m} . \quad (9b)$$

Daraus folgt mit Gl. 8

$$\Lambda = \frac{\ln 2}{t_{1/2}\nu_d} \quad (10a)$$

bzw.

$$\Lambda = \frac{\ln n}{t_{1/n}\nu_d} . \quad (10b)$$

Gleichsetzung der bezogenen Verlustarbeiten liefert schließlich auf Grund von Gl. 1 und Gl. 8 und unter Berücksichtigung der Gl. 10a und 10 b für die Dämpfung

$$Q^{-1} = \frac{\Lambda}{\pi} = \frac{\ln 2}{\pi t_{1/2}\nu_d} = \frac{\ln n}{\pi t_{1/n}\nu_d} . \quad (11)$$

Damit besteht eine einfache Möglichkeit, Dämpfungswerte auf Grund des Abklingens freier Schwingungen zu ermitteln. Beispielsweise verhalten sich bei Eisenbasiswerkstoffen die Q^{-1}-Werte von Gußeisen mit Lamellengraphit, Gußeisen mit Kugelgraphit, Stahlguß und Baustahl etwa wie 1.00 : 0.40 bis 0.50 : 0.25 : 0.20.

Aufgabe

Flachproben (200 x 10 x 1 mm) aus normalisiertem, gehärteten und vergüteten Ck 45, aus GG 20, GGV 30 und GGG 40, aus Cu, CuSn5 und CuZn30, aus Al und Sn sowie aus PVC, PP, PS und PMMA werden bei Raumtemperatur einseitig eingespannt und zu Biegeschwingungen angeregt. Das Abklingverhalten der Schwingungsamplituden wird quantitativ verfolgt und daraus eine Reihenfolge für das Dämpfungsvermögen dieser Werkstoffe festgelegt.

Versuchsdurchführung

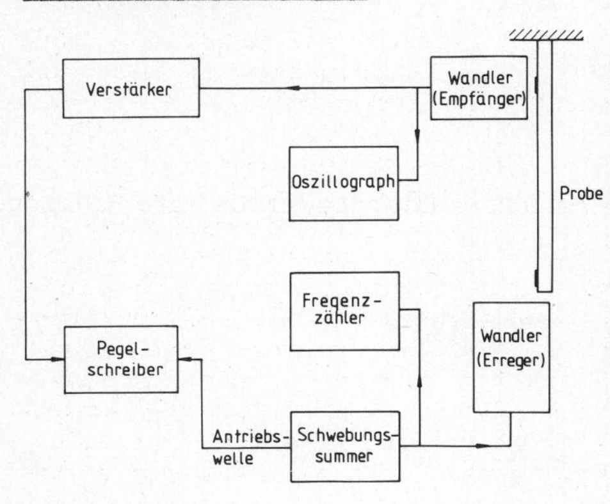

Bild 3: Schematischer Aufbau eines Dämpfungsmeßplatzes

Als Versuchseinrichtung steht ein Biegeschwinggerät zur Verfügung, dessen schematischer Aufbau in Bild 3 gezeigt ist. Die metallischen Probestäbe werden durch einen elektromagnetischen Wandler zu erzwungenen Schwingungen angeregt, dessen Frequenz sich durch einen Schwebungssummer im Bereich zwischen 2 und 2000 Hz einstellen läßt. Die Stabschwingungen werden mit einem Empfänger registriert, der Meßsignale zu einem Verstärker und einem Pegelschreiber bzw. zu einem Oszillographen überträgt. Bei den Polymerwerkstoffproben werden zur Anregung und Messung der Schwingungen dünne, weichmagnetische Metallplättchen gegenüber dem Erreger und dem Empfänger des Meßsystems angebracht.

Literatur: 121,203.

Kornanalyse eines Quarzsandes

V 92

Grundlagen

Zur Herstellung von Gußstücken benötigt die Gießereitechnik Formen. Die jeweils nur für einen Abguß verwandten sog. verlorenen Formen werden aus Formstoffen hergestellt, die ein Gemenge aus Sand, Bindemittel und geeigneten Zusatzstoffen sind. Für die Beurteilung der Sande sind Kenntnisse über die vorliegenden Korngrößen und Kornformen notwendig. Man ist übereingekommen, nur die Sandteilchen als Körner zu bezeichnen, die Linearabmessungen ≥ 0.02 mm besitzen. Alle anderen Sandteilchen werden Schlämmstoffe genannt. Sie umfassen neben Abrieben von Sandkörnern und Bindemitteln auch Reaktionsrückstände von vorangegangenen chemisch-physikalischen Prozessen bei höheren Temperaturen. Bei den Sandkörnern unterscheidet man runde, kantengerundete, eckige und splittrige Teilchen. Bild 1 zeigt charakteristische Beispiele. Größe, Verteilung und Form der Körner beeinflussen bei gegebenem Binder- und Wassergehalt (vgl. V 93) die Festigkeit, die Gasdurchlässigkeit sowie das Raumgewicht des Formstoffes und damit die Gebrauchseigenschaften der Form. Sie sind ferner für die Oberflächengüte der Gußstücke von Bedeutung. Es besteht deshalb großes Interesse an der siebanalytischen Kornklassierung und an der Ermittlung des Schlämmstoffanteils von Gießereisanden. Entsprechende Messungen bezeichnet man als Kornanalyse.

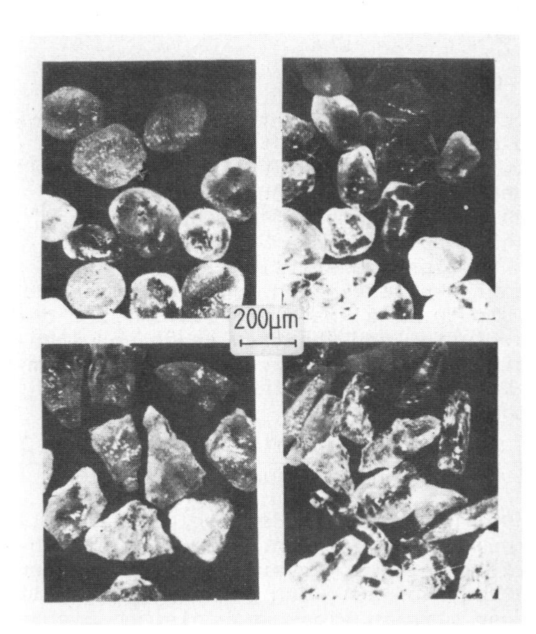

Bild 1: Runde, kantengerundete, eckige und splittrige Sandkörner

Die Schlämmstoffbestimmung erfolgt durch Wägung. Zur Trennung der Schlämmstoffe von den Quarzkörnern wird eine getrocknete Sandmenge der Masse m_o in Wasser mechanisch verwirbelt und anschließend mehrfach absedimentiert. Mit dem am Ende vorliegenden Bodensatz der Masse m_e ergibt sich der Schlämmstoffgehalt zu

$$m_s = m_o - m_e \quad . \qquad (1)$$

Bei der Siebanalyse werden von einer vorgegebenen Sandmenge mit verschiedenen Sieben unterschiedlicher Maschenweite die in bestimmte Größenklassen fallenden Kornanteile massemäßig ermittelt. Als Durchsatz wird der jeweils insgesamt durch das jeweilige Sieb mit gegebener Maschenweite hindurchgehende Sandanteil in % der geprüften Gesamtsandmenge angegeben. Trägt man den Durchsatz als Funktion der Maschenweite auf, so erhält man ähnliche Kurven wie die in Bild 2 wiedergegebene. Der von großen Maschenweiten s-förmig abfallenden Kurve entnimmt man als mittlere Korngröße MK die Maschenweite des Siebes, das noch 50 %

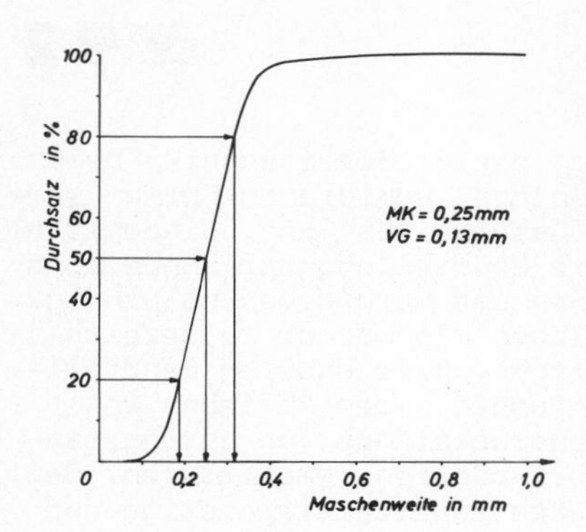

Bild 2: Siebkurve eines Quarzsandes

der Prüfmenge durchläßt. Als Verteilungsgrad VG der Körner des Quarzsandes wird die Differenz der Maschenweiten festgelegt, die gerade noch einen Durchsatz von 20 % und 80 % der Sandmenge zulassen. Die in Bild 2 enthaltenen Meßdaten liefern MK = 0.25 mm und VG = 0.13 mm.

Aufgabe

Für einen Quarzsand ist der Schlämmstoffgehalt anzugeben und die Korngrößenverteilung in Form eines Durchsatz-Maschenweiten-Diagrammes zu ermitteln. Die mittlere Korngröße sowie der Verteilungsgrad des Sandes sind zu bestimmen.

Versuchsdurchführung

Zur Schlämmstoffbestimmung wird zunächst eine getrocknete Sandmenge von 20 g in einem mit Wasser halb gefüllten 600 cm^3-Becherglas 4 min lang gekocht. Zur Dispergierung werden 10 cm^3 einer 5 %-igen Natriumpyrophosphatlösung zugegeben. Danach wird das Gemenge 5 min lang mit einem Rührwerk verwirbelt, wodurch die Schlämmstoffteilchen von den Sandkörnern getrennt werden. Anschließend wird das Becherglas bis zu einer Höhe von 12,5 cm mit einem kräftigen Wasserstrahl aus einer Spritzflasche aufgefüllt. Nach einer Absetzzeit von 8 min wird das noch vom Schlämmstoff getrübte Wasser bis in eine Tiefe von 2.5 cm über dem Boden des Becherglases abgehebert. Auffüllen, Absetzenlassen und Abhebern werden solange wiederholt, bis nach dem Absetzen klares, schlämmstoffarmes Wasser zurück bleibt. Vom dritten Absetzen an wird je nach Wassertemperatur mit den folgenden Absetzzeiten

Wassertemperatur	10°	12°	14°	16°	18°	20°	22° [C]
Absetzzeit	5'40"	5'30"	5'15"	5'00"	4'50"	4'40"	4'30"

gearbeitet. Der Rückstand im Becherglas wird filtriert, getrocknet und gewogen. Der durch das Abhebern aufgetretene Gewichtsverlust liefert gegenüber der Einwaage von 20 g den Schlämmstoffgehalt. Die Siebanalyse wird in einem mechanischen Siebapparat durchgeführt. Das in Bild 3 gezeigte Gerät enthält auf einer elektrisch angetriebenen Vibriervorrichtung zwölf turmartig gestaffelte Siebe, deren Maschenweiten von oben nach unten von 3 bis 0.02 mm abfallen. Die einzelnen Siebe sind fugenlos ineinandergesteckt. Nach Eingabe von 20 g trokkenen, abgeschlämmten Sandes wird das oberste Sieb durch einen Deckel verschlossen und die gesamte Siebanordnung durch einen Unwuchtantrieb 15 Minuten lang in eine kombinierte horizontale und vertikale Bewegung versetzt. Die dadurch in den einzelnen Sieben aufgefangenen Sandmengen werden sorgfältig gesammelt und gewogen. Daraus wird der Durchsatz ermittelt und über der Maschenweite aufgetragen. Der erhaltenen Ausgleichskurve werden MK und VG entnommen.

Bild 3: Siebapparat (Bauart G. Fischer)

Literatur: 204,205,206.

Kenngrößen bentonitgebundener Formstoffe **V 93**

Grundlagen

Die zur Herstellung von Gußstücken benutzten verlorenen Formen müssen während des Formfüllvorganges und der Abkühlung der Schmelze den auftretenden mechanischen, thermischen und chemischen Beanspruchungen mit hinreichender Festigkeit und Abmessungsstabilität widerstehen und für die im Forminneren entstehenden Gase und Dämpfe eine ausreichende Gasdurchlässigkeit besitzen. Als Formstoffe finden Mischungen aus einer körnigen Grundsubstanz (z. B. Quarz, Zirkon, Olivin oder Chromeisenerz mit Linearabmessungen von etwa 0.02 bis 3 mm), einem Bindemittel (z. B. Ton, Wasserglas, Öl, Kunstharz) und Zusatzstoffen (z. B. Eisenoxidpulver, Kohlenstaub) Anwendung. Die Wahl des Mischungsverhältnisses und die Herstellungsbedingungen beeinflussen die Formstoffeigenschaften. Die folgenden Ausführungen beziehen sich auf zusatzfreie Formstoffmischungen aus Quarzsand, Bentonit und Wasser, bei denen durch Mischen und Kollern eine gleichmäßige Vermengung der Komponenten angestrebt wird.

Zur Überprüfung der Gleichmäßigkeit der Eigenschaften von Formstoffen dienen in der Praxis einfache Kenngrößen, die sich in reproduzierbarer Weise mit geringem Aufwand ermitteln lassen. Als Kennwerte bentonitgebundener Formsande haben sich das Raumgewicht γ, die Gasdurchlässigkeitszahl Γ, die Druckfestigkeit R_{dm} und der Wassergehalt W bewährt. Das Raumgewicht eines Sandkörpers ist durch

$$\gamma = \frac{G}{V} \qquad \left[\frac{N}{cm^3}\right] \tag{1}$$

festgelegt, wobei G das Gewicht und V das Volumen ist. Die Gasdurchlässigkeitszahl Γ gibt an, welches Luftvolumen Q bei einem Überdruck Δp in der Zeit t durch einen zylindrischen Sandkörper mit der Grundfläche A_0 und der Höhe h hindurchgeht. Es ist

$$\Gamma = \frac{Q\,h}{A_0 \Delta p\, t} \qquad \left[\frac{cm^4}{Ns}\right] \tag{2}$$

Praktische Messungen erfolgen an zylindrischen Normprüfkörpern von 50 mm Durchmesser und 50 mm Höhe. Mit solchen Normprüfkörpern werden unter einachsiger Druckbeanspruchung auch die Druckfestigkeiten

$$R_{dm} = \frac{|F_{max}|}{A_0} \qquad \left[\frac{N}{cm^2}\right] \tag{3}$$

der Formsande bestimmt. F_{max} ist dabei die vor der Probekörperzerstörung auftretende Höchstkraft. Der Wassergehalt W des Formsandes schließlich ergibt sich zu

$$W = \frac{G - G_t}{G_t} \cdot 100 \quad [\%] , \tag{4}$$

wobei G das Gewicht einer Formstoffmenge vor und G_t das Gewicht derselben Menge nach einer Trockenbehandlung bei ungefähr 110 °C ist.

Die Kontrolle von Raumgewicht, Gasdurchlässigkeit, Druckfestigkeit und Wassergehalt dient in der Praxis oft zur stichprobenartigen Überwachung der Qualität der Sandaufbereitung. Anhand dieser Kenngrößen wird häufig auch eine Beurteilung des Verhaltens des Formstoffes unter Form- und Gießbedingungen vorgenommen. In Bild 1 sind für einen bentonitgebundenen Quarzsand mit einer mittleren Korngröße MK = 0.25 mm

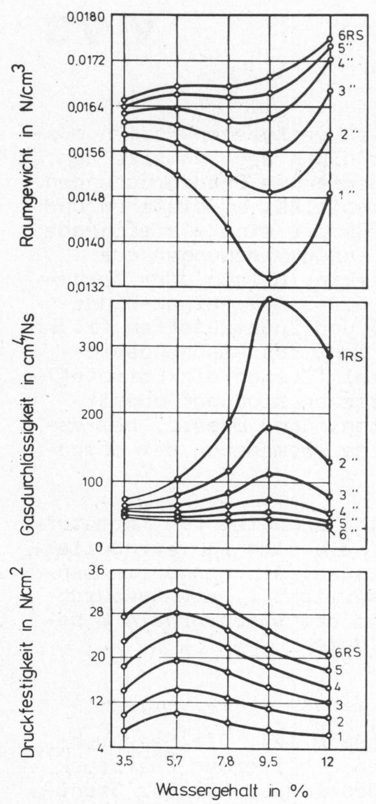

Bild 1: Kenngrößen eines Quarzsandes mit 6 % Bentonit in Abhängigkeit vom Wassergehalt bei verschiedener Verdichtung

und einem Verteilungsgrad VG = 0.13 mm (vgl. V92) die nach Verdichtung mit verschiedenen Rammschlägen RS bestehenden Abhängigkeiten von Raumgewicht, Gasdurchlässigkeit und Druckfestigkeit vom Wassergehalt wiedergegeben.

Aufgabe

Raumgewicht, Gasdurchlässigkeitszahl und Druckfestigkeit sind für Quarzsand-Bentonit-Mischungen mit vier verschiedenen Wassergehalten zu bestimmen. Die einzelnen Formstoffe sind jeweils durch sechs und neun Rammschläge zu Normprüfkörpern zu verdichten. Die Meßergebnisse sind in Abhängigkeit vom Wassergehalt aufzuzeichnen und zu diskutieren.

Versuchsdurchführung

Die Gasdurchlässigkeit und die Druckfestigkeit werden an zylindrischen Normprüfkörpern von 50 mm Durchmesser und 50 mm Höhe ermittelt. Diese werden durch definiertes Rammen (Rammgewicht 66.66 N, Rammhöhe 50 mm) einer geeigneten Sandmenge in einer Rammbüchse hergestellt (vgl. Bild 2). Die richtige Sandmenge wird durch Probieren und Wägen mit einer Waage festgelegt. Da das Raumgewicht mit der Zahl der Rammschläge wächst, ist für die Herstellung von Normprüfkörpern mit größerer Verdichtung eine größere Sandeinwaage erforderlich. Aus dem Gewicht und den Abmessungen des Prüfkörpers kann unmittelbar nach Gl. 1 das Raumgewicht bestimmt werden.

Für die Messung des Gasdurchlässigkeit der Normprüfkörper steht die in Bild 3 schematisch skizzierte Versuchseinrichtung zur Verfügung. Die unter einem Überdruck von 10 cm WS in einer Glocke befindliche Luft wird nach Umstellen eines Dreiweghahnes durch den noch in der Rammbüchse befindlichen Prüfkörper gepreßt. Die Verwendung kalibrierter Düsen ermöglicht das direkte Ablesen der Gasdurchlässigkeitszahl an einem Manometer.

Die Druckfestigkeitsbestimmung der Normprüfkörper erfolgt zwischen den Druckstem-

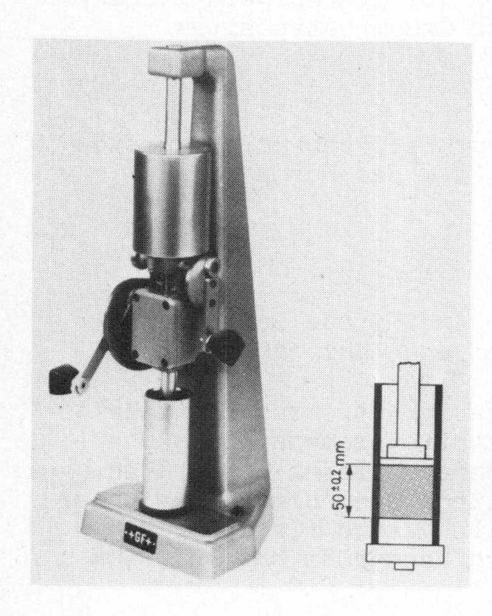

Bild 2: Gerät zur Herstellung von Normprüfkörpern (Bauart G. Fischer) und Prüfkörperrohr mit Normprüfkörper (schematisch)

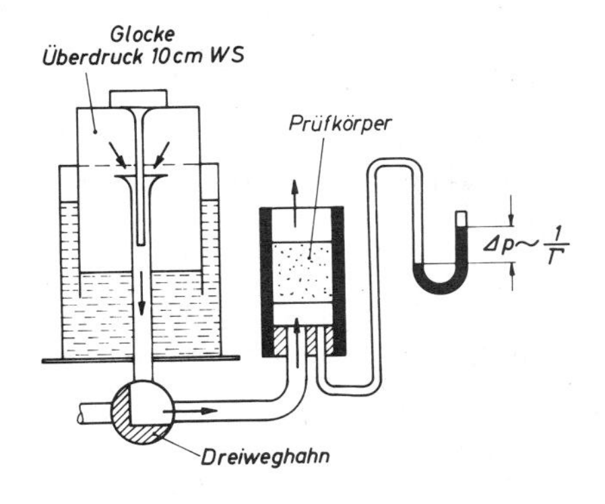

Bild 3: Prinzip der Gasdurchlässigkeitsmessung von Formstoffen

Bild 4: Gerät zur Druckfestigkeitsbestimmung (Bauart G. Fischer)

peln A und B des in Bild 4 gezeigten Gerätes. Durch Drehen der Handkurbel K wird in einem Ölzylinder, der mit dem beweglichen Druckstempel B verbunden ist, der Druck erhöht. Über eine angeschlossene Bourdonfeder wird der Druck auf eine Meßuhr U übertragen, deren Skale direkt in N/cm^2 geeicht ist. Die Belastungsgeschwindigkeit der Prüfkörper soll konstant sein und etwa 0.25 N/cm^2s betragen. Der Höchstwert der Druckspannung vor Probenbruch wird durch einen Schleppzeiger angezeigt.

Der Wassergehalt des Formsandes wird durch Wägung einer Menge von 20 g vor und nach einer Trocknungsbehandlung mit Hilfe von Gl. 4 bestimmt. Die Trocknung erfolgt 7 Minuten lang durch einen Infrarotstrahler, auf dessen Trockenschale die Sandmenge ausgebreitet wird. Eine anschließende Lagerung im Exsikkator bis zur Abkühlung auf Raumtemperatur ist empfehlenswert.

Literatur: 205,206,207,208.

V 94

Temperatureinfluß auf die Druckfestigkeit von Formstoffen

Grundlagen

Beim Abgießen von Metall- und Legierungsschmelzen in Sandformen ist der Formstoff thermischen und mechanischen Beanspruchungen ausgesetzt. Eine hinreichend große Festigkeit der Form bei hohen Temperaturen ist daher eine wesentliche Voraussetzung für fehlerfreien Guß. Durch Festigkeitsuntersuchungen bei entsprechenden Temperaturen können auf empirischem Wege die Formstoffmischungen ermittelt werden, die bestimmte Festigkeiten liefern. Zweckmäßigerweise prüft man dabei Druckfestigkeiten. Solche Untersuchungen sind von praktischem Interesse, weil die Übertragbarkeit der an bestimmten Formstoffmischungen gewonnenen Festigkeiten auf andere Formstoffe nicht möglich ist.

Die Druckverformung eines Formsandes ist abhängig von der Verteilung, der Größe und der Form der Körner, von der Art und Menge des Bindemittels, vom Wassergehalt bei der Verwendung von Tonbindern, von der Vorbehandlung, von der Verdichtung, von der Erwärmungsgeschwindigkeit und von den bei höheren Temperaturen im Sand ablaufenden physikalisch-chemischen Prozessen. Druckverformungsexperimente können mit der in Bild 1 skizzierten Versuchseinrichtung durchgeführt werden. Der auf einer Quarzscheibe in einer Metallhalterung stehende und mit einer Quarzkappe abgedeckte Prüfkörper von 20 mm Höhe und 11 mm Durchmesser wird zwischen zwei axial angeordnete Druckstempel eingesetzt. Der obere Stempel ist starr mit dem Gestänge des Apparates verbunden. Der untere Stempel erhält von einem Drehstrommotor über ein stufenlos regelbares Getriebe und ein zweistufiges Schneckengetriebe eine konstante Vorschubgeschwindigkeit, die zwischen 0.03 und 0.65 mm/s variiert werden kann. Zwischen den unteren Stempel und das Schneckengetriebe ist eine Kraftmeßdose geschaltet, die zwei Biegefedern enthält, deren Durchbiegung induktiv gemessen wird. Die Verformung des Prüfkörpers wird ebenfalls induktiv über ein Hebelgestänge erfaßt, das am unteren Druckstempel befestigt ist. Die Meßeinrichtungen werden über ein stabilisiertes Gleichspannungsgerät elektrisch versorgt. Die der Prüfkörperlast und -verkürzung proportionalen Meßwerte werden von einem x,y-Schreiber als Kraft-Weg-Diagramm aufgezeichnet. Für Versuche oberhalb Raumtemperatur wird ein elektrisch beheizter Ofen erschütterungsfrei über den Prüfkörper abgesenkt. Der Ofen befindet sich mit zusätzlichen Meßeinrichtungen zur Querdehnungsmessung der Prüfkörper auf einer austarierten Tragebühne. Die Ofentemperatur wird über ein in der Ofenwand befindliches Thermoelement mit Hilfe eines elektronischen Zweipunktreglers konstant gehalten. Durch Netzschwankungen hervorgerufene Änderungen der Ofenheizleistung werden mit einem Wattmeter überwacht und mit dem Steuergerät korrigiert. Sowohl die Ofenwand- als auch die Prüfkörpertemperatur werden von einem Zweikanalschreiber zeitproportional registriert.

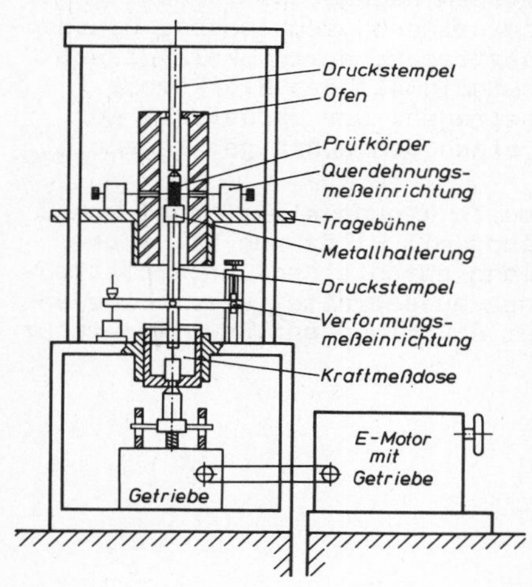

Bild 1: Prinzipskizze eines Druckverformungsgerätes

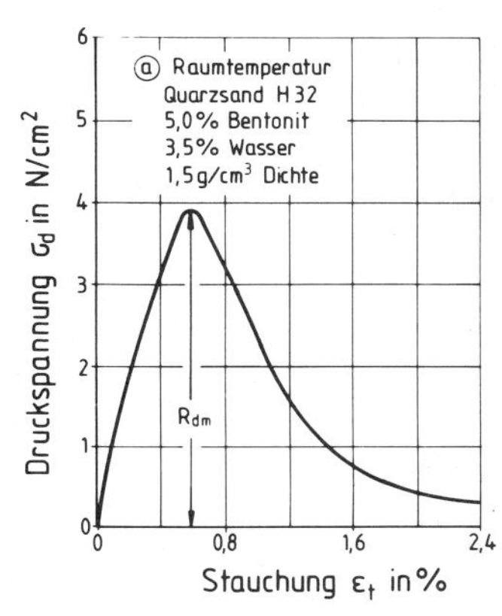

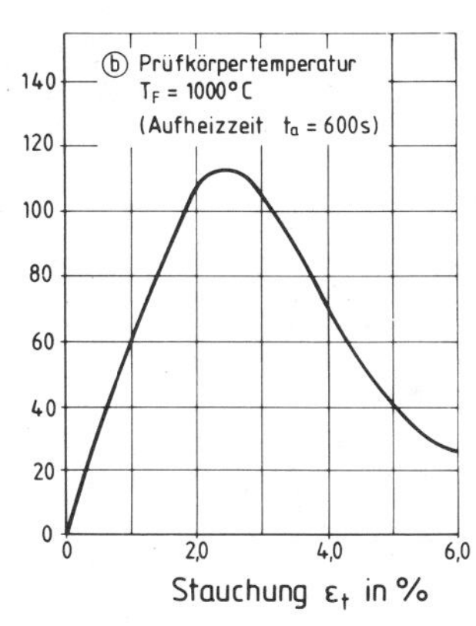

Bild 2: Spannungs-Stauchungs-Diagramme von bei Raumtemperatur (a) und bei 1000 °C (b) mit konstanter Verformungsgeschwindigkeit verformten Prüfkörpern aus betonitgebundenem Quarzsand

Typische Druckverformungsdiagramme eines bentonitgebundenen Formstoffes bei 20° und 1000°C zeigt Bild 2. In beiden Fällen wurde mit gleicher Verformungsgeschwindigkeit v = 0.03 mm/s gearbeitet. Unabhängig von der Verformungstemperatur tritt zunächst ein linearer Zusammenhang zwischen Druckspannung und Stauchung auf. Nach Durchlaufen des Druckspannungsmaximums, das der Druckfestigkeit R_{dm} entspricht, erfolgt ein anfänglich steiler und danach flacher Spannungsabfall. Ein quantitativer Vergleich der beiden Stauchungskurven ergibt, daß bei 1000 °C (nach einer Aufheizzeit von 600 s) ein etwa achtmal so großer Verformungsmodul ($E \approx 6000$ N/cm^2) wie bei Raumtemperatur vorliegt. Das Verhältnis der Druckfestigkeit bei beiden Prüfkörpertemperaturen ist 27.5. Bild 3 faßt den Einfluß der Aufheizgeschwindigkeit auf die Temperaturabhängigkeit von Verformungsmodul und Druckfestigkeit zusammen. Beide Meßgrößen nehmen zunächst mit der Prüfkörpertemperatur zu, durchlaufen Maxima und fallen dann stark ab. Die Maxima erreichen um so größere Werte, je geringer die Aufheizgeschwindigkeit ist.

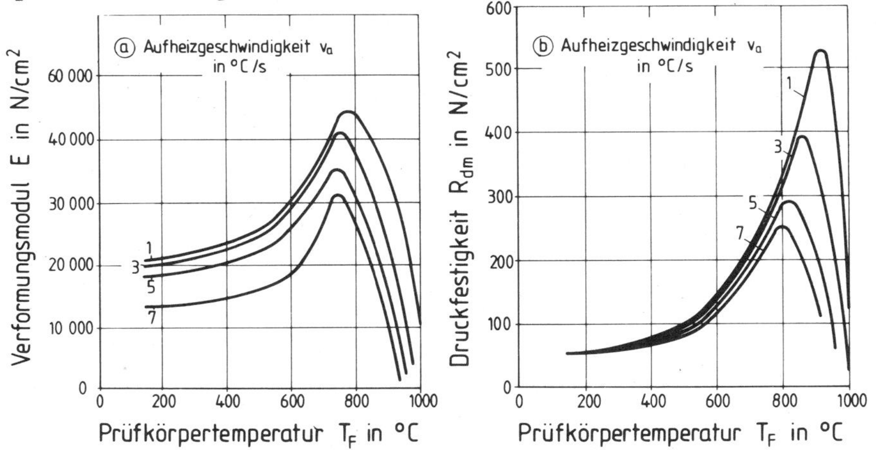

Bild 3: Einfluß der Prüfkörpertemperatur auf a) den Verformungsmodul und b) die Druckfestigkeit bei verschiedenen Aufheizgeschwindigkeiten

Aufgabe

Für bentonitgebundene Quarzsande mit verschiedenen Wassergehalten sind für je zwei unterschiedliche Verdichtungszustände die

Druckfestigkeiten in Abhängigkeit von der Temperatur bei einer gegebenen Kraftanstiegsgeschwindigkeit zu messen. Der Einfluß von Wassergehalt und Raumgewicht auf die Temperaturabhängigkeit der Druckfestigkeit ist zu diskutieren.

Versuchsdurchführung

Zunächst werden zylindrische Prüfkörper verschiedener Wassergehalte durch geeignete Wasserzusätze bei der Sandzubereitung hergestellt. Das Raumgewicht (vgl. V 93) der Prüfkörper wird über die Sandeinwaage und die Verdichtung variiert. Die Verdichtung der Proben auf Sollmaß erfolgt durch Pressen in einer Formbüchse, aus der die fertigen Prüfkörper mit einem Ausstoßbolzen herausgeschoben werden. Für die Druckverformungen steht ein ähnliches Hochtemperaturprüfgerät wie in Bild 1 zur Verfügung. Nach Aufsetzen des Prüfkörpers auf den unteren Quarzstempel wird der vertikal verschiebbare Widerstandsofen über das Meßsystem geschoben. Durch Steuerung des Heizstroms kann eine unterschiedlich schnelle Aufheizung der Probe auf die Solltemperatur erzielt werden. Prüfkörpertemperaturen bis zu 1000 °C können erreicht werden. Während der Erwärmung dehnt sich der Prüfkörper zunächst unbehindert aus. Nach Erreichen der Solltemperatur wird der Prüfkörper kontinuierlich bis zum Bruch belastet und der Zusammenhang zwischen Kraft und Abmessungsänderungen der Probe registriert.

Literatur: 209.

Festigkeitseigenschaften von Kernsanden

V 95

Grundlagen

Zur Herstellung von Hohlräumen und Hinterschneidungen benötigt man bei Gußstücken sog. Kerne, die aus speziellen Sand- und Bindemittelmischungen hergestellt werden. Als Bindemittel finden vorwiegend Ölbinder, wasserlösliche Flüssigbinder, Wasserglas und Kunstharze Verwendung, die ein gutes Füllungsvermögen bei der Verarbeitung der Kernsande sowie eine große Festigkeit und gute Gasdurchlässigkeit der Kerne ergeben. Von einem guten Kernbinder wird verlangt, daß er sich nach dem Abguß bei der Erstarrung der Schmelze unter dem Einfluß der hohen Temperaturen zersetzt, so daß der Kernsand nach hinreichender Abkühlung leicht aus den Hohlräumen der Gußstücke entfernt werden kann.

Beim Gießen können die Kerne relativ großen Druck-, Zug- oder Biegebeanspruchungen ausgesetzt sein. Zudem tritt eine starke Gasentwicklung als Folge der Zersetzung der Kernbinder auf. Man benötigt deshalb Daten über die Druck-, Zug- und Biegefestigkeit sowie die Gasdurchlässigkeit der benutzten Kernsandmischungen. Die Druckfestigkeit und die Gasdurchlässigkeit von Kernsanden sind wie bei Formsanden definiert (vgl. V 93) und werden wie dort an zylindrischen Normprüfkörpern von 50 mm Durchmesser und 50 mm Höhe ermittelt. Die Zugfestigkeit wird mit einer speziellen Zugvorrichtung an achterförmigen Zugprüfkörpern (vgl. Bild 1) ermittelt. Die Messungen erfolgen mit dem bei V 93 in Bild 3 gezeigten Gerät. Als Zugfestigkeit wird

$$R_m = \frac{F_{max}}{A_o} \qquad (1)$$

bestimmt, wobei F_{max} die vor dem Bruch erzielte Höchstlast und A_o der kleinste Prüfkörperquerschnitt ist. Die Biegefestigkeit R_{bm} wird an

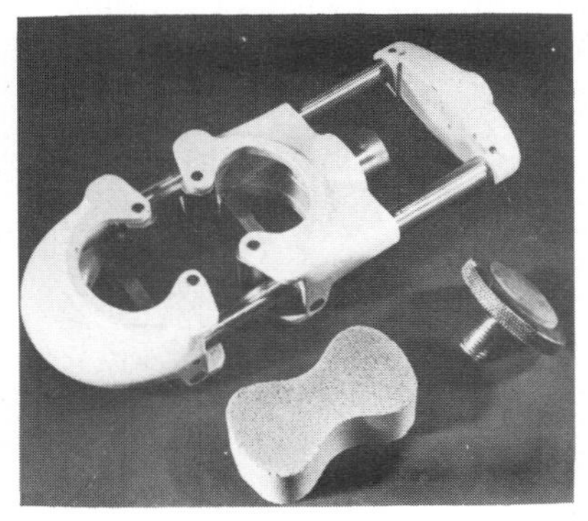

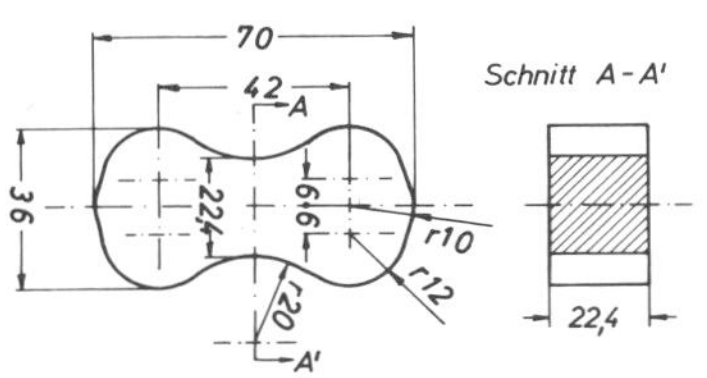

Bild 1: Zugvorrichtung für Zugprüfkörper (Bauart G.Fischer)

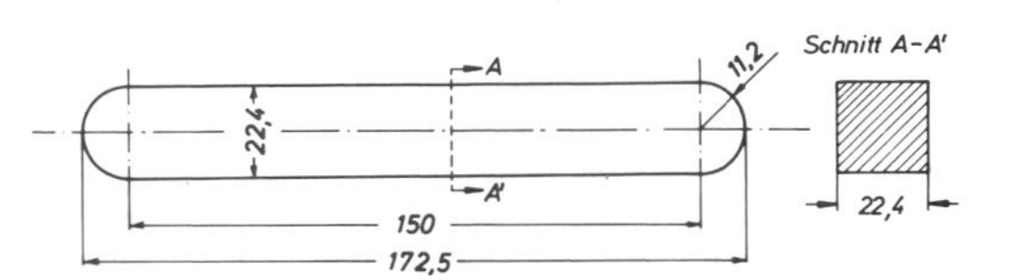

Bild 2: Biegevorrichtung für Biegeprüfkörper (Bauart G.Fischer)

balkenförmigen Probekörpern mit einer 3-Punkt-Biegevorrichtung (vgl. Bild 2) ermittelt. Die Beanspruchung erfolgt ebenfalls mit Hilfe des bei V 93 als Bild 4 gezeigten Druckfestigkeitsprüfgerätes. Das zum Bruch führende Biegemoment M_b, bezogen auf das Widerstandsmoment W_b des Probenquerschnitts, also

$$R_{bm} = \frac{M_b}{W_b} \qquad (2)$$

wird als Biegefestigkeit des Kernsandes angegeben.

Aufgabe

Es sind drei Kernsandmischungen aus Quarzsand und kalthärtendem Kunstharz vorzubereiten und daraus Normprüfkörper für Druck-, Zug- und Biegeversuche herzustellen. Der Einfluß der Bindermenge auf Zug-, Druck- und Biegefestigkeit ist zu diskutieren.

Versuchsdurchführung

Aus den zu prüfenden Kernsanden werden nach dem Mischen durch Verdichten in einem Rammapparat Probekörper hergestellt. Die dazu in die vorliegenden Formen einzufüllenden Sandmengen sind durch Probieren so zu bestimmen, daß die zylindrischen Prüfkörper nach dem Rammen eine Höhe von 50 ± 0.3 mm, die balken- und achterförmigen Prüfkörper eine Höhe von 22.4 ± 0.3 mm besitzen. Die fertig geformten Prüfkörper werden dann in der vorgeschriebenen Weise bei Raumtemperatur ausgehärtet.

Von den zylindrischen Prüfkörpern wird mit Hilfe des in V 93 beschriebenen Gerätes unter Benutzung eines Adapters die Druckfestigkeit ermittelt. Zur Bestimmung der Zugfestigkeit werden die achterförmigen Prüfkörper in das aus Bild 1 ersichtliche Zusatzgerät des Druckfestigkeitprüfgerätes eingespannt und verformt. Zur Messung der Biegefestigkeit werden die balkenförmigen Prüfkörper, wie aus Bild 2 ersichtlich, mit ihren Enden auf zwei Auflager aufgesetzt, in das Prüfgerät eingeführt und in der Mitte durch eine kontinuierlich steigende Belastung auf Biegung beansprucht.

Literatur: 206,207,208,210.

Fehler bei Sandguß

V 96

Grundlagen

Beim Gießen in verlorenen Formen können als Folge der physikalischen und chemischen Wechselwirkung zwischen Metallschmelze und Formstoff Gießfehler auftreten, von denen beispielhaft die Fehler Blattrippen, rauhe Oberflächen mit Penetration, Fließfehler und Schülpen in Bild 1 schematisch wiedergegeben sind. Blattrippen sind schmale Gußgrate, die 2 bis 15 mm aus den Gußoberflächen herausragen und sich vorwiegend an konkav gekrümmten Gußwänden bilden. Sie entstehen während der Abkühlung der Schmelze, wenn der erhitzte Formstoff unter der Wirkung von Wärmespannungen aufreißt und die Schmelze in die entstandenen Risse eindringt und dort erstarrt. Ihre Bildung wird durch hohe Gießtemperaturen sowie durch ungünstige Gußstückgeometrien und Formstoffeigenschaften gefördert.

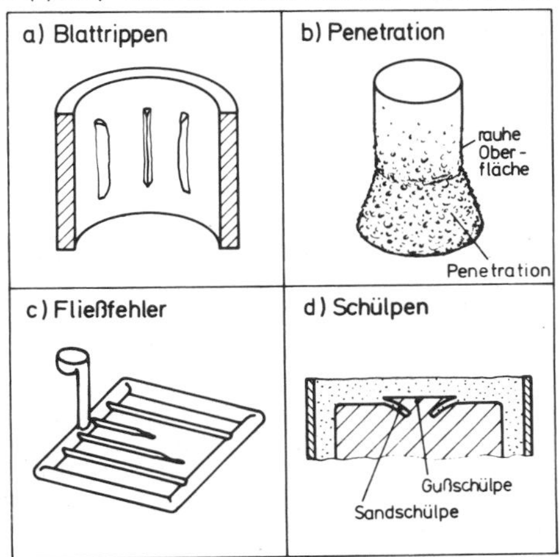

Bild 1: Charakteristische Gußfehler: a) Blattrippen, b)Penetration, c) Fließfehler, d) Schülpen

Beim Abguß in verlorenen Formen wird die Schmelze durch den metallstatischen Druck in die Poren der Formoberflächen gepreßt und steht mit der dort wirksamen Grenzflächenspannung im Gleichgewicht. Bei der Erstarrung der Schmelze bildet sich die oberflächennahe Kornstruktur der benetzten Formoberflächen ab. Dadurch entsteht die Oberflächenrauhigkeit des Gußstückes. Diese nimmt mit der Schmelzsäulenhöhe zu. Kann die Grenzflächenspannung dem Druck der Schmelze unter ungünstigen Bedingungen nicht widerstehen, so dringt die Schmelze in das durch die Kornstruktur bestimmte Porensystem der Form ein. Nach der Erstarrung bildet sich ein fester Verbund aus Sandkörnern und Gußwerkstoff, der zu Abweichungen von der Sollgestalt des Gußstückes führt. Diesen Fehler bezeichnet man als Penetration. Sie wächst ebenso wie die Oberflächenrauhigkeit mit zunehmender Schmelzsäulenhöhe an. Die Bildung beider Fehler wird z. B. durch geringe Formdichten und hohe Gießtemperaturen begünstigt. Fließfehler schließlich entstehen dadurch, daß die Schmelze während der Formfüllung nicht den gesamten Forminnenraum ausfüllt (vgl. V 4).

Besonders unerwünschte Fehler stellen die Gußschülpen dar, die die Folge von Sandschülpen sind. Ein Beispiel zeigt Bild 2. Man sieht den aus der Oberfläche einer zylindrisch begrenzten Sanddecke ausgebrochenen Sandbereich und die von dessen Begrenzungen ausgehenden Aufreißungen der Formdecke. Die Entstehung derartiger Sandschülpen ist hinreichend geklärt. Während des Abgießens wird die Formdecke von dem in der Form aufsteigenden Schmelzspiegel angestrahlt. Wärmeübergang und Wärmeleitung führen zur Ausbildung instationärer Temperaturverteilungen in der Formdecke. Dem thermisch bedingten Ausdehnungsbestreben der oberflächennahen Formbereiche wirken die kälteren Formbereiche und der steife Formkasten entgegen. Dadurch entstehen in der Formdecke

Bild 2: Sandschülpe bei einer ebenen Formdecke

oberflächenparallele Wärmedruckspannungen. Diese verursachen eine Auswölbung der Formdecke in den Forminnenraum und erzeugen dadurch senkrecht zur Formdeckenoberfläche Zugspannungen. Da die Formdeckenoberfläche während der Formfüllung frei von äußeren Kräften ist und die Temperaturen sandeinwärts abnehmen, wachsen die Zugspannungen von Null mit zunehmender Entfernung von der Oberfläche an, durchlaufen ein Maximum und fallen dann wieder ab. Mit fortschreitender Formfüllung und damit zunehmender Erwärmung der Formdecke wird der Zugspannungsmaximalwert größer und entfernt sich mit fortschreitender Zeit immer langsamer von der Formdeckenoberfläche. Die instationären Temperaturverteilungen bewirken in der Formdecke Änderungen der mechanischen Eigenschaften des Formstoffes. Erreichen deshalb die unter der Wärmeeinwirkung entstandenen Zugspannungen die lokal vorliegende Zugfestigkeit, so tritt Formstoffversagen ein. Erfahrungsgemäß entsteht in einer Oberflächenentfernung von 3 bis 8 mm ein Riß, der sich nahezu oberflächenparallel rasch nach den Seiten ausbreitet und zur Ablösung einer dünnen Sandschicht von der Formdecke führt. Unter der Wirkung der seitlichen Druckspannungen und des Eigengewichtes fällt die Sandschicht auf den steigenden Schmelzspiegel oder wölbt sich als Lappen aus der ursprünglichen Lage. Bildet die aufsteigende Schmelze die so entstandene Sandschülpe ab, so entsteht nach der Erstarrung der Schmelze eine "Gußschülpe". Schülpen führen häufig zum Ausschuß von Gußstücken. Deshalb ist man an Maßnahmen zu ihrer Vermeidung interessiert. Oft werden mit Hilfe einer technologischen Gießprobe unter gezielter Veränderung der Versuchsparameter empirisch die Bedingungen ermittelt, die der Schülpenbildung entgegenwirken.

Aufgabe

Aus Formstoffen mit unterschiedlichem Wassergehalt sind Formen verschiedenen Raumgewichtes herzustellen und mit Hilfe eines elektrischen Widerstandsofens auf ihre Schülpanfälligkeit zu untersuchen. Unter Variation der Ofentemperatur ist als Schülpzeit die Bestrahlungsdauer bis zum Ablösen einer Sandschicht und als Schülptiefe deren Dicke zu ermitteln. Der Einfluß der Versuchsparameter auf diese Meßgrößen ist zu erörtern.

Versuchsdurchführung

Die für die Versuche erforderlichen Formstoffe werden durch Mischen und Kollern eines Quarzsandes mit dem Tonbinder Bentonit und unterschiedliche Wasserzusätze in einem Kollergang aufbereitet. Die Herstellung der Formen erfolgt durch verschieden starkes Einpressen abgewogener Formstoffmengen in Formkästen auf einer Modellplatte. Die unterschiedliche Verdichtung der Formstoffe bewirkt dabei eine verschieden große Binderbrückenzahl zwischen den Körnern der Form. Zur

Aufheizung der Form dient die Strahlungswärme eines elektrischen Widerstandsofens, der aus sechs waagerechten in einem Mauerwerk parallel angeordneten Heizstäben besteht. Bild 3 zeigt die Versuchsanordnung. Die Ofentemperatur wird mit Ni-CrNi-Thermoelementen gemessen und mit einer Regeleinrichtung auf dem Sollwert gehalten. Eine Rahmenblende schützt den Formkasten vor der Strahlungswärme des Ofens und fördert dadurch die Schülpenbildung. Eine seitliche Öffnung im Mauerwerk des Ofens ermöglicht die Beobachtung des bestrahlten Formoberflächenbereiches und die Bestimmung der Schülpzeit. Die Messung der Schülptiefe erfolgt an der erkalteten Form.

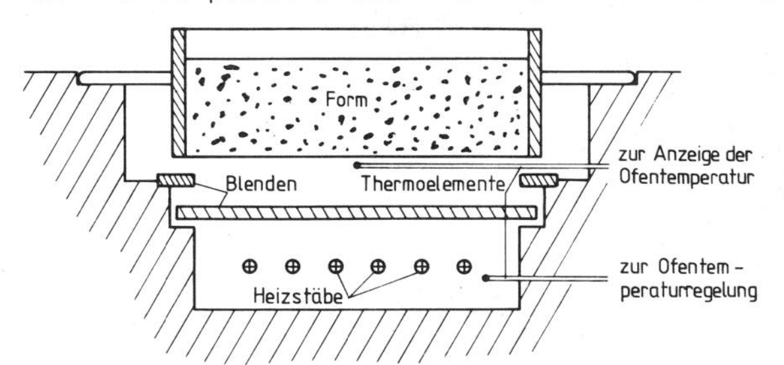

Bild 3: Versuchsanordnung zur Bestimmung der Schülpenanfälligkeit

Literatur: 210,211,212.

A1 Charakteristische Kenngrößen einiger reiner Metalle

Element	Kurzzeichen	Ordnungszahl	relative Atommasse	Schmelzpunkt [°C]	Siedepunkt [°C]	Schmelzwärme [J/g]	Verdampfungswärme [kJ/g]	elektrische Leitfähigkeit [m/(Ωmm²)]	Wärmeleitfähigkeit [W/(mK)]	spezifische Wärme [J/(gK)]	Ausdehnungskoeffizient [10⁻⁶ 1/K]	Dichte [g/cm³]	Kristallstruktur	Gitterkonstante(n) [10⁻⁸ cm]	Elastizitätsmodul [10³ N/mm²]	Querkontraktionszahl
Aluminium	Al	13	26,982	660	2467	403	10,8	37,8	238	0,917	23,8	2,699	kfz	a: 4,04	72	0,34
Beryllium	Be	4	9,012	1287	2477	1430	34,3	25,0	147	2,052	12,0	1,848	hex	a: 2,29, c: 3,58	305	0,05
Blei	Pb	82	207,19	327	1750	24	0,86	4,84	35	0,130	29,0	11,34	kfz	a: 4,95,	16	0,44
Chrom	Cr	24	51,996	1890	2680	370	6,58	7,75	67	0,461	6,5	7,14	krz	a: 2,89	279	0,21
Eisen	Fe	26	55,847	1536	3070	272	6,09	10,3	78	0,461	11,7	7,87	krz	a: 2,87	210	0,28
Gold	Au	79	196,967	1063	2860	65	1,74	48,54	312	0,131	14,2	19,32	kfz	a: 4,08	79	0,42
Iridium	Ir	77	192,22	2454	4530	144	3,19	20,28	59	0,131	6,8	22,65	kfz	a: 3,84	528	0,26
Kobalt	Co	27	58,933	1492	2930	266	6,76	17,86	69	0,427	12,5	8,89	hex	a: 2,51, c: 4,07	206	0,31
Kupfer	Cu	29	63,546	1083	2595	205	4,81	59,8	397	0,386	16,8	8,93	kfz	a: 3,61	125	0,34
Magnesium	Mg	12	24,312	650	1107	358	5,51	23,26	156	1,038	26,0	1,74	hex	a: 3,21, c: 5,21	44	0,29
Mangan	Mn	25	54,938	1244	2060	268	4,21	0,70	50	0,486	22,8	7,44	kub	a: 8,90	198	0,24
Molybdän	Mo	42	95,94	2615	4825	288	6,15	20,0	142	0,251	5,1	10,28	krz	a: 3,14	325	0,30
Nickel	Ni	28	58,71	1455	2730	302	6,38	14,49	89	0,450	13,3	8,91	kfz	a: 3,52	202	0,31
Niob	Nb	41	92,906	2467	4930	246	7,36	7,54	54	0,272	7,1	8,58	krz	a: 3,29	104	0,38
Osmium	Os	76	190,20	3030	5020	147	4,06	10,53	87	0,130	4,6	22,61	hex	a: 2,74, c: 4,32	559	0,25
Platin	Pt	78	195,09	1769	3830	101	2,41	10,19	71	0,134	9,0	21,45	kfz	a: 3,92	170	0,39
Silber	Ag	47	107,868	961	2212	106	2,35	67,11	419	0,234	19,7	10,50	kfz	a: 4,09	80	0,38
Tantal	Ta	73	180,948	2996	5425	137	4,25	8,04	55	0,142	6,6	16,67	krz	a: 3,30	185	0,35
Titan	Ti	22	47,90	1675	3262	393	8,89	2,38	17	0,527	9,0	4,51	hex	a: 2,95, c: 4,68	106	0,36
Vanadium	V	23	50,942	1902	3410	345	8,98	5,26	31	0,498	8,5	6,09	krz	a: 3,02	127	0,36
Wismut	Bi	83	208,980	271	1560	53	0,86	0,90	8	0,125	12,4	9,80	rhom	a: 4,74, α: 57°14'	32	0,33
Wolfram	W	74	183,85	3410	5555	196	4,01	20,41	162	0,134	4,5	19,26	krz	a: 3,16	407	0,28
Zink	Zn	30	65,37	420	909	109	1,75	17,54	120	0,388	29,8	7,14	hex	a: 2,66, c: 4,95	105	0,29
Zinn	Sn	50	118,67	232	2625	60	2,40	9,10	73	0,226	23,0	7,29	tetr	a: 5,83, c: 3,18	54	0,33
Zirkonium	Zr	40	91,22	1852	4377	211	6,36	2,50	23	0,276	5,9	6,51	hex	a: 3,23, c: 5,15	96	0,33

Literatur:

Bei den nachfolgenden Angaben wird gemäß der Konzeption dieses Buches keinerlei Vollständigkeit angestrebt. Die ersten fünfzehn Zitate bieten Einführungen in die in den Titeln angesprochenen Gebiete. Die anschließenden Hinweise beziehen sich auf Arbeiten, die bei den einzelnen Versuchen einen raschen Zugang zu weiterführenden und vertiefenden Studien ermöglichen. Die Verlagszitate erfolgen bei den Büchern in verkürzter aber eindeutiger Weise. Überlassenes bzw. übernommenes Bildmaterial wird, soweit es nicht aus Untersuchungen am IWK I der Universität Karlsruhe stammt, im Quellennachweis aufgeführt.

1) M.F. Ashby u. D.R.H. Jones, Engineering Materials, 1/2, Pergamon Press, Oxford, 1980/1986; Ingenieurwerkstoffe, Springer, Berlin, 1985.
2) H.J. Bargel u. G. Schulze, Werkstoffkunde, 3. Aufl., VDI, Düsseldorf, 1983.
3) H. Blumenauer, Werkstoffprüfung, 4. Aufl., VEB Grundstoffind., Leipzig, 1986.
4) H. Böhm, Einführung in die Metallkunde, Bibl. Inst. Mannheim, 1968.
5) W. Finkelnburg, Atomphysik, 12. Aufl., Springer, Berlin, 1976.
6) C. Gerthsen, H. Kneser u. H. Vogel, Physik, 14. Aufl., Springer, Berlin, 1982.
7) A.G. Guy, Metallkunde für Ingenieure, 4. Aufl., Akad. Verlagsges., Frankfurt, 1983.
8) B. Ilschner, Werkstoffwissenschaften, Springer, Berlin, 1982.
9) E. Hornbogen, Werkstoffe, 3. Aufl., Springer, Berlin, 1982.
10) G. Ondracek, Werkstoffkunde, 2. Aufl., expert verlag, Grafenau, 1985.
11) K.M. Ralls, Th.H. Courtney u. J. Wulff, Introduction to Materials Science and Engineering, Wiley & Sons, New York, 1976.
12) W. Schatt, Einführung in die Werkstoffwissenschaft, 5. Aufl., VEB Grundstoffind., Leipzig, 1984.
13) R.E. Smallman, Modern Physical Metallurgy, 3. Aufl., Butterworths, London, 1970.
14) W. Bergmann, Werkstofftechnik, Bd. 1/2, Hanser, München, 1984, 1986.
15) A. Troost, Einführung in die allg. Werkstoffkunde metallischer Werkstoffe, 2. Aufl., Bibl. Inst. Mannheim, 1984.
16) H.D. Hardt, Die periodischen Eigenschaften der chemischen Elemente, Thieme, Stuttgart, 1974.
17) R. Glocker, Materialprüfung mit Röntgenstrahlen, 5. Aufl., Springer, Berlin, 1985.
18) S. Steeb, Röntgen- und Elektronenbeugung, expert verlag, Sindelfingen, 1985.
19) D. Hull u. D.J. Bacon, Introduction to Dislocations, 3. Aufl., Pergamon Press, Oxford, 1984.
20) F.R.N. Nabarro, Dislocations in Solids, Vol. 4, North-Holland, Amsterdam, 1979.
21) E. Macherauch, Einführung in die Versetzungslehre, 6. Aufl., IWK I, Karlsruhe, 1980.
22) B. Chalmers, Principles of Solidification, 2. Aufl., Wiley & Sons, New York, 1967.
23) K. Hein u. E. Bubrig, Kristallisation aus Schmelzen, VEB Grundstoffind., Leipzig, 1983.
24) G.F. Balandin, Kristallisation und Kristallstruktur in Gußstücken, VEB Grundstoffind., Leipzig, 1975.
25) A. u. J. Pokorny, De Ferri Metallographia III, Berger-Levrault, Paris, 1967.
26) E. Siebel, Handbuch der Werkstoffprüfung, 2. Aufl., Springer, Berlin, 1958.

27) G.L. Mason in F. Weinberg, Tools and Techniques in Physical Metallurgy, Vol. 2, Dekker, New York, 1970, S. 651.
28) M. Hansen u. K. Anderko, Constitution of Binary Alloys, McGraw-Hill, New York, 1958. R.P. Elliott, First Supplement, 1965, F.A. Shunk, Second Supplement, 1969.
29) H. Schumann, Metallographie, 11. Aufl., VEB Grundstoffind., Leipzig, 1983.
30) H. Freund, Handbuch der Mikroskopie in der Technik, Bd. I u. III, Umschau, Frankfurt, 1968.
31) G. Petzow, Metallographisches Ätzen, 5. Aufl., Bornträger, Stuttgart, 1976.
32) M. Beckert u. H. Klemm, Handbuch der metallographischen Ätzverfahren, 4. Aufl., VEB Grundstoffind., Leipzig, 1985.
33) DIN 50103, 50133, 50150, 50200, 51224, 51225.
34) K.-H. Habig, Verschleiß und Härte von Werkstoffen, Hanser, München, 1980.
35) G. Reicherter, Die Härteprüfung nach Brinell, Rockwell und Vickers, 3. Aufl., Springer, Berlin, 1981.
36) E.R. Relly in Techniques of Metals Research, Vol. V / 2, Interscience, New York, 1971, S. 157.
37) Kaltumformung, DGM-Symposium, Riederer, Stuttgart, 1970; Walzen, DGM-Symposium, DGM Oberursel, 1972.
38) K. Lange, Lehrbuch der Umformtechnik, Springer, Berlin, 1972/74.
39) H. Lippmann, Mechanik des plastischen Fließens, Springer, Berlin, 1981.
40) G. Wassermann u. J. Grewen, Texturen metallischer Werkstoffe, Springer, 1962.
41) G. Gottstein u. K. Lücke, Textures of Materials, Springer, Berlin, 1978.
42) ASTM E 112-63, Stahl-Eisen Prüfblatt 1510-61.
43) H. Brandis u. K. Wiebking, DEW-Technische Berichte, 7 (1967), 215.
44) E. Macherauch, Z. Metallkde. 59 (1968), 669.
45) Gefüge und mechanische Eigenschaften, DGM-Symposium, DGM, Oberursel, 1981.
46) F. Haessner, Recrystallisation of Metallic Materials, 2. Aufl., Riederer, Stuttgart, 1978.
47) J.G. Byrne, Recovery, Recrystallisation and Grain Growth, McMillan, New York, 1965.
48) Wärmebehandlung, DGM-Symposium, DGM Oberursel, 1973.
49) E. Döring, Werkstoffe der Elektrotechnik, Vieweg, Braunschweig, 1981. P. Guillery et al., Werkstoffe der Elektrotechnik, 6. Aufl., Vieweg, Braunschweig, 1983.
50) O. Horstmann, Das Zustandsdiagramm Eisen-Kohlenstoff, 5. Aufl., Stahleisen, Düsseldorf, 1985.
51) H.-J. Eckstein, Wärmebehandlung von Stahl, VEB Grundstoffind., Leipzig, 1971.
52) W.C. Leslie, The Physical Metallurgy of Steels, McGraw-Hill, New York, 1981.
53) L. Habraken u. J.L. de Brouwer, DeFerri Metallographia I, Presses Acad. Europ., Brüssel, 1966.
54) A. Schrader u. A. Rose, DeFerri Metallographia II, Stahleisen, Düsseldorf, 1966.
55) O. Vöhringer u. E. Macherauch, HTM 32 (1977), 153; HTM 41 (1986),71.
56) Phase Transformations, ASM-Seminar, ASM, Metals Park, 1970.
57) Z. Nishiyama, Martensitic Transformation, Academic Press, London, 1978.
58) Sonderheft der HTM 27 (1972), 230/278.

59) B. Lux, A. Vendl u. H. Hahn, Radex-Rundschau, Heft 1/2 (1980), 30.
60) W. Jähnig, Metallographie der Gußlegierungen, VEB Grundstoffind., Leipzig, 1971.
61) S.A. Saltykov, Stereometrische Metallographie, VEB Grundstoffind., Leipzig, 1974.
62) K. Schmidt et al., Gefügeanalyse metallischer Werkstoffe, Hanser, München, 1985.
63) M. v. Heimendahl, Einführung in die Elektronenmikroskopie, Vieweg, Braunschweig, 1970.
64) G. Thomas u. M.J. Goringe, Transmission Electron Microscopy of Materials, Wiley & Sons, New York, 1979.
65) W. Rostoker u. J.R. Dvorak, Interpretation of Metallographic Structures, Academic Press, New York, 1977.
66) DIN 4760, 4768.
67) O. Kienzle u. K. Mietzner, Grundlagen einer Typologie umgeformter metallischer Oberflächen, Springer, Berlin, 1965.
68) G. Jacoby, Prüfmaschinen für metallische Werkstoffe, Int. RILEM-Symposium, Stuttgart, 1968.
69) DIN 51220, 51221, 51300.
70) R.K. Müller, Handbuch der Modellstatik, Springer, Berlin, 1971.
71) C. Rohrbach u. N.Czaika, Handbuch der experimentellen Spannungsanalyse, VDI, Düsseldorf, 1986.
72) DIN 50125, 50145.
73) E. Macherauch u. O. Vöhringer, Z. Werkstofftechn. 9 (1978), 370.
74) W. Dahl u. H. Rees, Die Spannungs-Dehnungs-Kurve von Stahl, Stahleisen, Düsseldorf, 1976.
75) R.W. Hertzberg, Deformation and Fracture of Engineering Materials, Wiley & Sons, New York, 1976.
76) D. Aurich, Bruchvorgänge in metallischen Werkstoffen, WTV, Karlsruhe, 1978.
77) W. Dahl, Grundlagen der Festigkeit, der Zähigkeit und des Bruches, Stahleisen, Düsseldorf, 1983.
78) L. Gastberger, O. Vöhringer u. E. Macherauch, Z. Metallkde. 65 (1974), 17,26,32.
79) H. Bückle, Mikrohärteprüfung und ihre Anwendung, Berliner Union, Stuttgart, 1965.
80) E.O. Hall, Yield Point Phenomena in Metals and Alloys, McMillan, London, 1970.
81) J.D. Baird, Met. Rev. 16 (1971), 1.
82) O. Vöhringer, Metall 28 (1974), 1072.
83) K. Hüttebräucker, D. Löhe, O. Vöhringer u. E. Macherauch, Gießereiforschung 30 (1978), 47.
84) M. Mayer, Dr.-Ing. Diss., Universität Karlsruhe, 1979.
85) B. Scholtes, Dr.-Ing. Diss., Universität Karlsruhe, 1980.
86) D. Löhe, Dr.-Ing. Diss., Universität Karlsruhe, 1980.
87) E. Macherauch, Z. Werkstofftechn. 10 (1979), 97.
88) E. Macherauch u. V. Hauk (Hrsg.), Eigenspannungen, Band 1/2, DGM Oberursel, 1983.
89) J. Grosch, Wärmebehandlung der Stähle, WTV, Karlsruhe, 1981.
90) W. Ritsch, Grundlagen der Wärmebehandlung von Stahl, Stahleisen, Düsseldorf, 1976.
91) H.J. Eckstein, Technologie der Wärmebehandlung von Stahl, VEB Grundstoffind., Leipzig, 1976.
92) H. Benninghoff, Wärmebehandlung der Bau- und Werkzeugstähle, 3. Auflage, BAZ, Basel, 1978.
93) H.P. Hougardy, HTM 33 (1978), 63.
94) DIN 17200.

95) K. Wellinger, P. Gimmel u. M. Bodenstein, Werkstoff-Tabellen der Metalle, 7. Aufl., Kröner, Stuttgart, 1972.
96) Beitrag zur Metallurgie der Gasaufkohlung, Druckschrift DI 081145 D, BBC, Dortmund.
97) K. Mayer u. Th. Schmidt, HTM 26 (1971), 85.
98) B. Finnern, Bad-und Gasnitrieren, Hanser, München, 1965.
99) B. Finnern u. H. Kunst, HTM 30 (1975), 26.
100) W. Haufe, Schnellarbeitsstähle, 2. Aufl., Hanser, München, 1972.
101) A. von den Steinen u. W. Schmidt, in 77).
102) L. Meyer, Stahl und Eisen 101 (1981), 483.
103) A. Rose u. E.H. Schmidtmann, in 77).
104) Aluminium-Taschenbuch, 13. Aufl. Aluminium-Verlag, Düsseldorf, 1974.
105) A. Kelly u. R.B. Nicholson, Strengthening Methods in Crystals, Elsevier, Oxford, 1971.
106) H. Neuber, Kerbspannungslehre, 3. Aufl., Springer, Berlin, 1985.
107) R. E. Peterson, Stress Concentration Factors, John Wiley, New York, 1974.
108) W. Backfisch u. E. Macherauch, Arch. Eisenhüttenwes. 50 (1979), 167.
109) DIN 51227.
110) W. Klein, Dr.-Ing. Diss., Universität Karlsruhe, 1978.
111) H. Wolf, Spannungsoptik, 2. Aufl., Springer, Berlin, 1976.
112) DIN 50115.
113) Sprödes Versagen von Bauteilen aus Stählen, VDI-Bericht 318, VDI, Düsseldorf, 1978.
114) L. Reimer u. G. Pfefferkorn, Rasterelektronenmikroskopie, 2. Aufl., Springer, Berlin, 1977.
115) L. Engel u. H. Klingele, Rasterelektronenmikroskopische Untersuchung von Metallschäden, 2. Aufl., Gerling, Köln, 1982.
116) R. Mitsche et al., Anwendung des Raterelektronenmikroskopes bei Eisen- und Stahlwerkstoffen, Radex Rundschau, Heft 3/4 (1978), 575/890.
117) L. Engel et al., Rasterelektronenmikroskopische Untersuchungen von Kunststoffschäden, Hanser, München, 1978.
118) P.E. Armstrong in Techniques of Metals Research, Vol. V, 2, Interscience, New York, 1971, S. 123.
119) F. Förster, Z. Metallkde. 29 (1937), 109. Druckschrift Institut Dr. Förster, Reutlingen.
120) P. Schiller, Z. Metallkde. 53 (1962), 9.
121) D.N. Bechers in Techniques of Metals Research, Vol. VII, 2, Interscience, New York, 1971, S. 529.
122) H. Preisendanz in Metallphysik, Stahleisen, Düsseldorf, 1976, S. 303.
123) E. Macherauch in Gefüge und Bruch, Bornträger, Stuttgart, 1977.
124) K.H. Schwalbe, Bruchmechanik metallischer Werkstoffe, Hanser, München, 1980.
125) H. Blumenauer u. G. Pusch, Technische Bruchmechanik, 2. Aufl. VEB Grundstoffind., Leipzig, 1986
126) K. Heckel, Einführung in die technische Anwendung der Bruchmechanik, 3. Aufl., Hanser, München, 1991
127) B. Ilschner, Hochtemperatur-Plastizität, Springer, Berlin, 1973.
128) W. Dienst, Hochtemperaturwerkstoffe, WTV, Karlsruhe, 1978.
129) Das Verhalten thermisch beanspruchter Werkstoffe und Bauteile, VDI-Bericht 302, VDI, Düsseldorf, 1977.
130) DIN 50118, 50119.
131) G. Schott, Werkstoffermüdung, 3. Aufl., VEB Grundstoffind., Leipzig, 1985; Ermüdungsfestigkeit, Springer, Berlin, 1985.
132) D. Munz, K.-H. Schwalbe u. P. Mayr, Dauerschwingverhalten metallischer Werkstoffe, Vieweg, Braunschweig, 1971.

133) W. Günther, Schwingfestigkeit, VEB Grundstoffind., Leipzig, 1973.
134) N.E. Frost, K.J. Marsh u. L.J. Pook, Metal Fatigue, Clarendon Press, Oxford, 1974.
135) E. Macherauch u. P. Mayr, Z. Werkstofftechn. 8 (1977), 213.
136) D. Findeisen u. K. Federn, Konstruktion 30 (1978), 1,53.
137) DIN 50100.
138) D. Dengel, Z. Werkstofftechn. 6 (1975), 253 und in 140).
139) P. Mayr u. E. Macherauch, Archiv Eisenhüttenwes. 52 (1981), Heft 8.
140) W. Dahl, Verhalten von Stahl bei schwingender Beanspruchung, Stahleisen, Düsseldorf, 1978.
141) Werkstoff- und Bauteilverhalten unter Schwingbeanspruchung, VDI-Bericht 268, VDI, Düsseldorf, 1976.
142) D. Pilo et al., Arch. Eisenhüttenwes. 49 (1978), 37; 50 (1979), 439; 51 (1980), 155.
143) R.J. Hartmann u. E. Macherauch, Z. Metallkde. 54 (1963), 197, 282.
144) K.F. Rie u. E. Haibach, Kurzzeitfestigkeit und elasto-plastisches Werkstoffverhalten, DVM, Berlin, 1979.
145) Fatigue and Microstructure, ASM-Seminar, ASM, Metals Park, 1979.
146) H. Mughrabi in Strength of Metals and Alloys, Proc. ICSMA 5, Vol. 3, Pergamon, Oxford, 1980, S. 1615.
147) P. Mayr, Habilitationsschrift, Universität Karlsruhe, 1978.
148) R.O. Ritschie, Int. Met. Rev. 24 (1979), 205.
149) Metal Science Journal, Fatigue 1977, 11 (1977), 274/438.
150) Das Gesicht des Bruches metallischer Werkstoffe, Bd. I/II u. III, Allianz, München, 1956.
151) G. Henry u. D. Horstmann, DeFerri Metallographia V, Stahleisen, Düsseldorf, 1979.
152) H. Pfeifer u. H. Thomas, Zunderfeste Legierungen, Springer, Berlin, 1963.
153) O. Kubaschewski u. B.E. Hopkins, Oxidation of Metals and Alloys, Butterworths, London, 1967.
154) DIN 50 900, 50 905, 50 980.
155) H. Kaesche, Die Korrosion der Metalle, 2. Aufl., Springer, Berlin, 1979.
156) A. Rahmel u. W. Schwenk, Korrosion und Korrosionsschutz von Stählen, Verlag Chemie, Weinheim, 1977.
157) M.G. Fontana u. R.W. Staehle, Advances in Corrosion Science, Plenum Press, New York, 1971-1973.
158) E. Wendler-Kalsch, Z. Werkstofftechn. 29 (1978), 703.
159) H.E. Hänninen, Int. Met. Rev. 24 (1979), 851.
160) DIN 50 908, 50 915.
161) I.M. Bernstein u. A.W. Thompson, Hydrogen in Metals, ASM-Bericht, ASM, Metals Park, 1974.
162) S.-H. Hwang, Dr.-Ing. Diss. RWTH Aachen, 1977.
163) E. Fromm u. G. Hörz, Int. Met. Rev. 25 (1980), 269.
164) DIN 50101, 50102.
165) D.V. Wilson, Met. Rev. 14 (1969), 175.
166) Ch. Straßburger, W. Müschenborn u. G. Robiller in 9).
167) P. Messien u.T. Greday in Texture and the Properties of Materials, Met. Soc., Oxford, 1976, S. 266.
168) J. u. H. Krautkrämer, Werkstoffprüfung mit Ultraschall, 6. Aufl., Springer, Berlin, 1986.
169) DIN 54 119, 54 120, 54 122.
170) F. Förster in 26).
171) H. Heptner u. H. Stroppe, Magnetische und magnetinduktive Werkstoffprüfung, VEB Grundstoffind., Leipzig, 1965.
172) P. Höller in 9).
173) DIN 54 130, 54 131.

174) H.-D. Tietz, Grundlagen der Eigenspannungen, VEB Grundstoffind., Leipzig, 1984.
175) E. Macherauch, Metall 34 (1980), 1087.
176) A. Peiter, Eigenspannungen I. Art, Triltsch, Düsseldorf, 1966.
177) H.-J. Yu, Dr.-Ing. Diss., Universität Karlsruhe, 1977.
178) E. Macherauch, H. Wohlfahrt u. R. Schreiber, HFF-Bericht Nr. 6, Hannover, 1980.
179) W. Gesell, Verfahren und Kennwerte der Strahlmittelprüfung, VDG, Düsseldorf, 1979.
180) P. Starker, Dr.-Ing. Diss., Universität Karlsruhe, 1981.
181) K. u. W. Kolb, Grobstrukturprüfung mit Röntgen- und γ-Strahlen, Vieweg, Braunschweig, 1970.
182) DIN 54 109, 54 112, 54 116, 54 119.
183) H. Wohlfahrt u. E. Macherauch, Materialprüfung 19 (1977), 272.
184) F. Eichhorn, Schweißtechnische Fertigungsverfahren, Bd. 1-3, VDI, Düsseldorf, 1983, 1986.
185) P. Seyfarth, Schweiß-ZTU-Schaubilder, VEB Technik, Berlin, 1982.
186) J. Ruge, Handbuch der Schweißtechnik, 2. Aufl., Bd. 1-4, Springer, Berlin, 1980, 1985, 1986.
187) DIN 54 109, 54 111.
188) Allianz-Handbuch der Schadenverhütung, 3. Aufl., VDI, Düsseldorf, 1984.
189) F. Naumann, Das Buch der Schadensfälle, 2. Aufl., 1980.
190) H. Müller, Habilitationsschrift, Universität Karlsruhe, 1980.
191) H. Berns et al., Handbuch der Schadenskunde metallischer Werkstoffe, Hanser, München, 1986.
192) B. Vollmert, Grundriß der makromolekularen Chemie, Springer, Berlin, 1962.
193) G.W. Ehrenstein, Polymerwerkstoffe, Hanser, München, 1978.
194) G. Menges, Werkstoffkunde der Kunststoffe, 2. Aufl., Hanser, München, 1985.
195) J.M.G. Corvie, Chemie und Physik der Polymeren, Verlag Chemie, Weinheim, 1976.
196) G.W. Ehrenstein u. G. Erhard, Konstruieren mit Polymerwerkstoffen, Hanser, München, 1983.
197) Kunststoff-Bearbeitung im Gespräch, 4. Aufl., BASF, Ludwigshafen, 1977.
198) J.M. Ward, Mechanical Properties of Solid Polymers, Wiley-Interscience, London, 1971.
199) G. Erhard u. E. Strickle, Maschinenelemente aus thermoplastischen Kunststoffen, VDI, Düsseldorf, 1974.
200) R. Taprogge, R. Scharwächter u. P. Hahnel, Faserverstärkte Hochleistungsverbundwerkstoffe, Vogel, Würzburg, 1975.
201) Schaumkunststoffe, Hanser, München, 1976.
202) A. Völker, Dr.-Ing. Diss., Universität Karlsruhe, 1972.
203) A. Troost, ZGV-Mitteilungen, Blatt Nr. 1111.
204) W. Batel, Einführung in die Korngrößenmeßtechnik, 3. Aufl., Springer, Berlin, 1971.
205) DIN 52 401.
206) F. Hofmann, Technologie der Gießereiformstoffe, 2. Aufl., G. Fischer, Schaffhausen, 1966.
207) F. Hofmann, Tongebundene Formstoffe, Gießerei-Verlag, Düsseldorf, 1975.
208) I. Bindernagel, Formstoffe und Formverfahren in der Gießereitechnik, VDG, Düsseldorf, 1983.
209) J. Laubenheimer et al., Gießereiforsch. 23 (1971), 179.
210) DIN 52 404.
211) A. Schröder u. E. Macherauch, Gießereiforsch. 25 (1973), 1.
212) A. Schröder, Habilitationsschrift, Universität Karlsruhe, 1980.
213) H. Reuter u. Ph. Schneider, Gußfehleratlas, Gießerei-Verlag, Düsseldorf, 1971.

Quellennachweis

V 1, Bild 2) Nickel-Informationsbüro GmbH., Düsseldorf
V 6, Bild 5 u. 6) Siemens Druckschrift, Röntgenanalysengeräte, 1980
V 9, Bild 5) E. Siebel, 26)
V 12, Bild 4) Metals Handbook 1948, ASTM (1948), 401
V 13, Bild 2) Dr. K. Ehrlich, Karlsruhe
Bild 4) G. Sachs, Prakt.Metallkde. 2.Teil, Springer, Berlin, 1934
Bild 5) O. Dahl u. F. Pawlek, Z.Metallkde. 28 (1936), 266
Bild 8) D. Altenpohl, Aluminium von innen betrachtet, Aluminium-Verlag, Düsseldorf, 2. Aufl., 1970
V 18, Bild 6) VDG-Merkblatt P 441, VDG, Düsseldorf
V 19, Bild 1) G. Ondracek, 10)
V 20, Bild 2) Prof. Dr. H. Neff, Karlsruhe
Bild 3) L. Reimer, Elektronenmikroskopische Untersuchungs- und Preparationsmethoden, Springer, Berlin, 1966
Bild 6) Dr. H. Wagner, Karlsruhe (a,c), Dr. K. Pohl, Mannheim (b), Dr. K. Ehrlich, Karlsruhe (d,f), Dr. R. Scharwächter, Stuttgart (e)
V 21, Bild 1) Dr. S. Sailer, Stuttgart
V 35, Bild 2) D. Horstmann, Das Zustandsschaubild Eisen-Kohlenstoff, 4. Aufl., Stahleisen, Düsseldorf, 1961
Bild 3) Dr. H. P. Hougardy, Düsseldorf
Bild 4) wie Bild 2)
Bild 5) H. P. Hougardy, 93)
V 36, Bild 4) F. Wever u. A. Rose, Atlas der Wärmebehandlung der Stähle I, Stahleisen, Düsseldorf, 1954
V 39, Bild 6) DIN 17 210, Beuth-Verlag, Berlin
Bild 8) K. Bungardt et al., HTM 19 (1964), 146
V 40, Bild 2) H. Krzyminski, HTM 23 (1968), 198
V 42, Bild 1) L. Meyer, 102)
V 49, Bild 1 u. 2) G. Pfefferkorn, 116)
Bild 3) L. Reimer u. G. Pfefferkorn, 114)
Bild 6) Frau O. Michel u. Dr. H. Christian, Ismaning
V 53, Bild 7) K. Bungardt, H. Preisendanz u. H. Brandis, Arch. Eisenhüttenwes. 32 (1961), 113
V 56, Bild 6a u. 6b) K.H. Kloos et al., Mat. Prüf. 30 (1988), 93
V 60, Bild 2) H. Wiegand u. G. Tolasch, HTM 22 (1967), 330
V 65, Bild 1) J.A. Ewing u. J.C.W. Humphrey, Trans.Roy.So. 200 (1903),250
Bild 4) P. Lukáš u. M. Klesnil, phys.stat.sol. 5 (1971), 16
Bild 5 u. 6) Dr. H. Mughrabi, Stuttgart
V 67, Bild 4) G. Jacoby, 9)
Bild 5) D. E. Meyn, Trans ASM 61 (1968), 52
V 68, Bild 4) ABC der Stahlkorrosion, Mannesmann, Düsseldorf
V 71, Bild 2) L. Graf u. H. Becker, Z.Metallkde. 62 (1971), 685
Bild 3) L. Ratke u. W. Gruhl, Z. Metallkde. 71 (1980), 568
Bild 8 u. 9) H. Döker, Dr.-Ing.Diss., Univ. Karlsruhe 1979
V 72, Bild 1) W. Hoffmann u. W. Rauls, Arch.Eisenhüttenwes.34 (1963),925
Bild 2) M. R. Louthan, in 161)
Bild 5) ABC der Stahlkorrosion, Mannesmann, Düsseldorf
V 80, Bild 8) E.A.W. Müller, Handbuch der zerstörungsfreien Werkstoffprüfung, Oldenburg, München, 1968
V 81, Bild 5) Dr. H. P. Falkenstein, Bonn
Bild 8) nach P. Seyffarth, Schweiß-ZTU-Schaubilder, VEB Verlag Technik, Berlin, 1982
V 82, Bild 3) Dr. K. Kolb, Stuttgart
V 84, Bild 3 u. 4) BASF, 197)
V 85, Bild 4) Dr. G. Erhard, Ludwigshafen
Bild 5 u. 6) G.W. Ehrenstein, 193)
V 88, Bild 1 u. 2) G.W. Ehrenstein, 193)

Sachverzeichnis:

Werkstoffkunde für die Elektrotechnik

Für Studenten der Elektrotechnik und der Werkstoffwissenschaften ab 1. Semester.

Von Paul Guillery, Rudolf Hezel und Bernd Reppich

6., durchgesehene Auflage 1983. X, 240 Seiten mit 155 Abbildungen (uni-text.) Paperback
ISBN 3-528-53508-3

Dieses Lehrbuch wendet sich an Studenten der Elektrotechnik und Werkstoffwissenschaften ab 1. Semester an Fachhochschulen und Hochschulen sowie an Ingenieure der Elektrotechnik. Es ist in zwei Teile gegliedert. Der erste Teil beschäftigt sich mit dem Aufbau und den Eigenschaften der Werkstoffe und behandelt die wichtigsten Werkstoffgruppen (Eisenwerkstoffe, Nichteisenmetalle, nichtmetallische Werkstoffe). Der zweite Teil gliedert sich nach den elektrotechnischen Anwendungsbereichen: Zunächst werden die Einblicke in den Aufbau der Werkstoffe von elektrophysikalischen Gesichtspunkten aus vertieft. Anschließend werden behandelt: metallische Leiter- und Widerstandswerkstoffe, Supraleiter, Kontaktwerkstoffe, Halbleiter, Isolierstoffe, Flüssigkristalle, die Wärmeleitfähigkeit, Magnetwerkstoffe. Dabei wird aus der Fülle der Werkstoffe, mit denen der Elektroingenieur heute zu tun hat, jeweils das Typische der einzelnen Werkstoffgruppen herausgestellt und insbesondere – der allgemeinen Entwicklung der modernen Werkstoffwissenschaft folgend – das Verständnis für die Zusammenhänge zwischen Struktur und Eigenschaften vermittelt.

Die 7. Auflage ist in Vorbereitung und wird voraussichtlich Ende diesen Jahres erscheinen.

Verlag Vieweg · Postfach 58 29 · D-65048 Wiesbaden